CÁLCULO DE VÁRIAS VARIÁVEIS

Produzido pelo Consórcio baseado em Harvard, com auxílio financeiro do National Science Foundation

William G. McCallum
University of Arizona

Daniel Flath
University of South Alabama

Andrew M. Gleason
Harvard University

Sheldon P. Gordon
Suffolk County Community College

David Mumford
Harvard University

Brad G. Osgood
Stanford University

Deborah Hughes-Hallett
Harvard University

Douglas Quinney
University of Keele

Wayne Raskind
University of Southern California

Jeff Tecosky-Feldman
Haverford College

Joe B. Thrash
University of Southern Mississippi

Thomas W. Tucker
Colgate University

com a colaboração de

Paul M. N. Feehan
Harvard University

Adrian Iovita
Centre Interuniversitaire en
Calcul Mathématique Algébrique

WILLIAM G. McCALLUM
DEBORAH HUGHES-HALLETT
ANDREW M. GLEASON et al.

CÁLCULO DE VÁRIAS VARIÁVEIS

Tradução:
ELZA F. GOMIDE
Prof.ª Dr.ª do Instituto de Matemática
e Estatística da Universidade de São Paulo

MULTIVARIABLE CALCULUS

A edição em língua inglesa foi publicada pela
JOHN WILEY & SONS, INC.

Cálculo de várias variáveis

3ª reimpressão - 2015

Blucher

Rua Pedroso Alvarenga, 1245, 4º andar
04531-934 - São Paulo - SP - Brasil
Tel 55 11 3078-5366
contato@blucher.com.br
www.blucher.com.br

FICHA CATALOGRÁFICA

Cálculo de várias variáveis / Willian G. McCallum...[et al.]; tradução Elza F. Gomide. - São Paulo: Blucher, 2009.

Título original: Multivariable calculus.
ISBN 978-85-212-0144-1

1. Cálculos - Livros-textos I. McCallum, William G.

08-11931 CDD-515

Índices para catálogo sistemático:
1. Cálculo de várias variáveis: Matemática 515

PREFÁCIO

O Cálculo é uma das grandes realizações do intelecto humano. Inspirados por problemas de astronomia, Newton e Leibniz desenvolveram as idéias do Cálculo há 300 anos. Desde então cada século demonstrou o poder do cálculo para iluminar questões de matemática, das ciências físicas e das ciências sociais e biológicas.

O Cálculo foi tão bem sucedido por causa de seu extraordinário poder para redução de problemas complicados a regras e procedimentos simples. Nisto reside o perigo no ensino de Cálculo: é possível ensinar o assunto como se nada mais fosse que regras e procedimentos – perdendo assim de vista tanto a matemática quanto seu valor prático. Com o generoso apoio da National Science Foundation nosso grupo se propôs a criar um novo currículo de Cálculo que restaurasse essa visão. Este livro é o segundo estágio nessa empreitada. O primeiro estágio é nosso texto sobre uma variável.

Princípios básicos

Os dois princípios básicos que guiaram nossos esforços ao desenvolver o texto em uma variável permanecem válidos. O primeiro é nossa receita para restaurar o conteudo matemático do Cálculo:

> **A Regra de Três:** Todo tópico deve ser apresentado geometricamente, numericamente e algebricamente.

Constantemente encorajamos os estudantes a pensar e escrever sobre o significado geométrico e numérico do que estão fazendo. Não é nossa intenção reduzir o aspecto puramente algébrico do Cálculo, mas antes reforçá-lo dando significado aos símbolos. Nos problemas para trabalho de casa lidando com aplicações, continuadamente perguntamos aos estudantes o que significam suas respostas em termos práticos.

O segundo princípio, inspirado por Arquimedes, é nossa receita para recuperar a compreensão prática:

> **A maneira de Arquimedes:** Definições e procedimentos formais decorrem da investigação de problemas práticos.

Arquimedes acreditava que se ganha entendimento de problemas matemáticos investigando primeiro problemas mecânicos ou físicos.* Pela mesma razão, nosso texto é conduzido por problemas. Sempre que possível partimos de um problema prático e dele extraímos resultados gerais. Por problemas práticos em geral, mas não sempre, entendemos aplicações ao mundo real. Esses dois princípios levaram a um currículo dramaticamente novo – mais do que uma olhada rápida ao conteúdo poderia indicar.

Tecnologia

No Cálculo de várias variáveis, mais ainda do que no de uma variável, a tecnologia do computador pode ser usada muito vantajosamente para ajudar os estudantes a pensar matematicamente. Por exemplo, olhar gráficos de superfícies e diagramas de curvas de nível ajuda enormemente a compreender funções de várias variáveis. Além disso, a capacidade de usar eficazmente a tecnologia como um instrumento em si é da maior importância. Espera-se que os estudantes usem sua capacidade de reflexão para decidir onde a tecnologia é útil.

Porém o livro não exige nenhum software específico ou tecnologia, e nós acomodamos aqueles que não têm acesso

* ... julguei conveniente descrever para você e explicar em detalhe ... a peculiaridade de um certo método, pelo qual será possível a você ter um ponto de partida para permitir-lhe investigar alguns problemas de matemática por meio da mecânica. Este procedimento, estou persuadido, não é menos útil mesmo para a prova dos próprios teoremas; pois certas coisas primeiro se tornam claras para mim por um método mecânico, embora tenham que ser demonstradas depois por geometria, porque sua investigação pelo método referido não fornece uma real demonstração. Mas é claro que é mais fácil, quando pelo método já se adquiriu algum conhecimento da questão, fornecer a prova, do que achá-la sem qualquer conhecimento prévio. De *O Método* em *The Works of Archimedes* editado e traduzido por Sir Thomas L Heath (Dover,NY)

a tecnologia suficientemente poderosa fornecendo cópias master suplementares para "slides" mostrando gráficos de superfícies, diagramas de contorno, curvas parametrizadas e campos de vetores. Idealmente os estudantes deveriam ter acesso à tecnologia, com a capacidade de traçar gráficos de superfícies, diagramas de contornos, e campos de vetores, e de calcular integrais múltiplas e integrais de linha numericamente. Faltando isso, porém, a combinação de calculadoras gráficas manuais e de transparências para superposição é bem satisfatória, e tem sido usada com sucesso em lugares em que foi testada.

Que preparo anterior do estudante se espera ?

Estudantes usando este livro deveriam ter completado com sucesso um curso Cálculo de uma única variável. Não é necessário que tenham usado o livro sobre uma única variável escrito pelo mesmo grupo para que possam aprender com este livro.

O livro provoca reflexão em estudantes bem preparados, sendo ainda acessível a estudantes com preparo anterior mais fraco. Procedimentos gráficos e numéricos bem como algébricos fornecem aos estudantes outro modo de dominar o material. Esta abordagem encoraja os estudantes a persistir, diminuindo as taxas de fracasso.

Conteúdo

Nosso procedimento ao planejar o currículo foi o mesmo que usamos no nosso livro de uma variável: partimos de uma lousa vazia e compilamos uma lista de tópicos que julgamos fundamentais para o assunto, após discussões com engenheiros, físicos, químicos, biólogos e economistas. Para responder a necessidades individuais ou exigências de cursos, facilmente podem ser acrescentados ou retirados tópicos, ou a ordem mudada.

Em todo o livro supomos que as funções de duas ou mais variáveis são definidas em regiões com fronteiras lisas por pedaços.

Capítulo 1: Funções de várias variáveis

Introduzimos funções de várias variáveis de diversos pontos de vista, usando gráficos de superfícies, diagramas de contornos e tabelas. Este capítulo desempenha o mesmo papel para este curso que o Capítulo 1 para o de uma única variável; dá aos estudantes a capacidade de ler gráficos e diagramas de contornos e de pensar graficamente, ler tabelas e pensar numericamente, e aplicar essas capacidades, juntamente com as habilidades algébricas, para modelar o mundo real. Damos particular atenção à idéia de uma seção de uma função, obtida variando uma variável independentemente das outras. Vimos que é útil para o estudante estudar esta noção antes de avançar para as derivadas parciais e gradientes. Estudamos com detalhe as funções lineares, como preparação para a noção de linearidade local. Concluímos com uma seção sobre continuidade.

Capítulo 2: Um instrumento fundamental: vetores

Definimos vetores como objetos geométricos tendo direção e magnitude, com vetores de deslocamento como modelo, e depois introduzimos a representação de vetores em termos de coordenadas. Damos definições geométrica e algébrica equivalentes do produto escalar e do produto vetorial.

Capítulo 3: Diferenciação de funções de várias variáveis

Introduzimos as noções básicas de derivada parcial, derivada direcional, gradiente e diferencial. De acordo com o espírito do livro de uma variável, pomos estas noções na moldura de linearidade local. Também usamos a linearidade local para introduzir a noção de diferenciabilidade, e na discussão da regra da cadeia em várias variáveis. Discutimos derivadas parciais de ordem superior, sua interpretação e equações a derivadas parciais e sua aplicação a aproximações de Taylor quadráticas. Concluímos com uma seção sobre diferenciabilidade.

Capítulo 4: Otimização

Aplicamos as idéias do capítulo anterior a problemas de otimização, tanto sem vínculos como com vínculos. Obtemos o critério da segunda variável para extremos locais considerando primeiro o caso de polinômios quadráticos e depois apelando para a aproximação de Taylor quadrática. Discutimos a existência de extremos globais para funções contínuas em regiões fechadas e limitadas. Na seção sobre otimização com vínculos discutimos multiplicadores de Lagrange, vínculos de igualdades e desigualdades, problemas com mais de um vínculo e a lagrangeana.

Capítulo 5: Integração de funções de várias variáveis

Motivamos a integral definida em várias variáveis graficamente, considerando o problema de avaliar a população total a partir de um diagrama de contornos para densidade de população, usando grades cada vez mais finais. Continuamos com exemplos numéricos usando tabelas, e depois damos dois métodos para calcular integrais múltiplas: analiticamente, por meio de integrais iteradas, e numericamente pelo método de Monte Carlo. Discutimos integrais duplas e triplas em coordenadas cartesianas, polares, esféricas e cilíndricas. Também discutimos aplicações a probabilidade em mais de uma variável.

Capítulo 6: Curvas e superfícies paramétricas

Partimos do problema de representar curvas parametricamente, depois usamos curvas parametrizadas para representar movimento. Definimos velocidade e aceleração geometricamente, depois damos fórmulas em termos de componentes. Continuamos com uma seção sobre superfícies parametrizadas e discutimos a conexão entre representações implícitas, explícitas e paramétricas de superfícies usando o teorema da função implícita. A seção final discute uma das aplicações primeiras, originais, do Cálculo: a explicação de Newton para as leis de Kepler sobre os movimentos dos planetas.

Capítulo 7: Campos de vetores

Neste breve capítulo introduzimos funções de várias variáveis a valores vetoriais, ou campos de vetores. Este capítulo dá as bases para o tratamento geométrico nos três capítulos seguintes das integrais de linha, integrais de fluxo, divergência e rotacional. Começamos com exemplos físicos tais como campos vetoriais de velocidade e de força, e incluímos muitos esboços de campos de vetores para ajudar a formar a intuição geométrica. Discutimos também as linhas de corrente de campos de vetores e sua relação com sistemas de equações diferenciais.

Capítulo 8: Integrais de linha

Apresentamos o conceito de integrar um campo de vetores ao longo de um caminho com uma definição livre de coordenadas. Levamos algum tempo formando a intuição usando esboços de campos de vetores com caminhos superpostos, antes de introduzir o método para calcular integrais de linha usando parametrizações. Então discutimos campos conservativos, campos gradientes e o Teorema Fundamental do Cálculo para Integrais de Linha. Continuamos com a discussão de campos não conservativos e o teorema de Green, e damos o critério do rotacional para um campo de vetores conservativo. Concluímos com uma prova do teorema de Green usando a fórmula para mudança de variáveis.

Capítulo 9: Integrais de fluxo

Introduzimos a integral de fluxo de um campo de vetores através de uma superfície parametrizada do mesmo modo que introduzimos integrais de linha. Primeiro damos uma definição sem coordenadas, depois discutimos exemplos em que a integral de fluxo (ou pelo menos seu sinal) pode ser calculada geometricamente. Depois mostramos como calcular integrais de fluxo sobre gráficos de superfícies, porções de cilindros, e porções de esferas. Concluímos esta seção com integrais de fluxo sobre superfícies parametrizadas arbitrárias.

Capítulo 10: Cálculo de campos vetoriais

Introduzimos divergência e rotacional de modo livre de coordenadas: a divergência em termos de densidade de fluxo e o rotacional em termos de densidade de circulação. Damos então fórmulas em coordenadas cartesianas. No livro de uma só variável deduzimos o teorema fundamental do Cálculo mostrando que a integral da taxa de variação é a variação total. De modo muito semelhante deduzimos o teorema da Divergência mostrando que a integral da densidade de fluxo sobre um volume é o fluxo total para fora do volume e o teorema de Stokes mostrando que integral da densidade de circulação sobre uma superfície é a circulação total sobre seu bordo. Discutimos os três teoremas fundamentais do Cálculo de várias variáveis e mostramos como levam ao critério tridimensional do rotacional para um campo de vetores conservativo. Concluímos com uma seção provando os teoremas da divergência e de Stokes usando a fórmula de mudança de variáveis.

Mudanças com relação à edição preliminar

Incorporamos sugestões de usuários da Edição Preliminar que nos ajudaram a tornar a exposição tão clara e concisa quanto possível. Muitas das figuras foram refeitas, particularmente as figuras em três dimensões.

- Capítulo 1. Acrescentamos uma seção sobre Limites e Continuidade.
- Capítulo 2. As definições geométrica e algébrica dos produtos escalar e vetorial agora são dadas juntas no começo de cada seção. Cada seção dá um argumento explicando porque as duas definições são equivalentes.
- Capítulo 3. O material sobre derivadas direcionais e gradientes foi substancialmente reorganizado. Introduzimos tanto derivadas direcionais quanto vetores gradiente na Seção 3.4, mas somente no caso de dimensão 2. Substituímos a definição geométrica de gradiente pela definição algébrica, motivada pela fórmula para calcular derivadas direcionais; as propriedades geométricas são então deduzidas desta fórmula. A Seção 3.5 contém material novo sobre a relação entre gradientes em dimensões dois e três, e sobre situações em que o gradiente não tem significado geométrico. Na seção sobre a regra da cadeia acrescentamos um novo exemplo da química física. Acrescentamos uma nova seção no fim sobre a diferenciabilidade de um ponto de vista gráfico e intuitivo, que discute a relação entre diferenciabilidade, derivadas parciais e continuidade.
- Capítulo 4. O material sobre extremos globais da antiga Seção 4.1 foi deslocado para a Seção 4.2, de modo que a Seção 4.1 focaliza unicamente pontos críticos e sua classificação. O material teórico sobre conjuntos fechados e limitados foi deslocado para o fim da Seção 4.2. Isto tem como resultado uma ênfase maior sobre as idéias principais.
- Capítulo 5. Os exemplos introdutórios foram encurtados de modo que a definição é atingida mais depressa.
- Capítulo 6. Reorganizamos substancialmente o material das Seções 6.1 e 6.3. A nova Seção 6.1 se concentra na idéia geométrica de representarem uma curva parametricamente. A nova Seção 6.2 desenvolve a idéia de os vetores de uma curva paramétrica representar um movimento e introduz a velocidade e aceleração. O material sobre representações implícitas, explícitas e paramétricas foi levado para a nova Seção 6.4 sobre o teorema da Função Implícita. Acrescentamos uma Seção

6.5 sobre a explicação de Newton das leis de Kepler.

- Capítulo 8. Acrescentamos material sobre o critério tridimensional do rotacional, antecipando o capítulo 10. Acrescentamos uma nova seção dando uma prova do teorema de Green.
- Capítulo 9. Reorganizamos este capítulo em três seções com algum material novo. A Seção 9.1 contém material novo sobre o cálculo de integrais de fluxo sem parametrizações usando argumentos geométricos simples para reduzir a integral a uma integral dupla. A Seção 9.2 tem material novo sobre o cálculo de integrais de fluxo sobre pedaços de cilindros e esferas.
- Capítulo 10. Refletindo as modificações feitas no Capítulo 2, as definições geométrica e algébrica da divergência e do rotacional são agora apresentadas juntas, com um argumento intuitivo explicando porque dão o mesmo resultado. Acrescentamos alguns exemplos mais desafiadores, e material sobre campos vetoriais livres de divergências e livres de rotacional. Uma nova seção sobre os três teoremas fundamentais discute o critério tridimensional do rotacional e o critério da divergência sobre campos rotacionais. Substituímos a seção final antiga por uma nova dando as provas dos teoremas da divergência e de Stokes baseadas na idéia de parametrizar uma região e usar mudança de variáveis para reduzir a prova ao caso de regiões retangulares, afinada com a prova moderna usual com formas diferenciais. Esta é uma seção desafiadora para estudantes fortes que serve como excelente pedra-de-abóboda para estudantes tomando este curso em forma avançada.
- *Respostas aos Problemas de número ímpar*. Incorporamos o Manual de Respostas para Estudantes no livro. Este dá respostas abreviadas aos problemas de número ímpar que têm respostas breves.

Opções para um curso de um semestre

Instrutores usando o texto em um curso semestral têm as duas escolhas seguintes: Podem parar no fim do Capítulo 8, dando tempo para um tratamento desenvolvido de curvas e superfícies parametrizadas, integrais de linha e teorema de Green; ou podem continuar até o Capítulo 10, cobrindo apenas as primeiras seções dos Capítulo 6, 7, 8 e 9 que fornecem um tratamento breve das integrais de linha e de fluxo de um ponto de vista geométrico e dão aos estudantes base suficiente para entender o teorema da divergência e o teorema de Stokes.

Nossas experiências

No processo de desenvolver as idéias incorporadas neste livro tomamos consciência da necessidade de testar os materiais completamente numa ampla variedade de instituições servindo a muitos tipos diferentes de estudantes. Os membros do grupo usaram versões prévias do livro numa ampla faixa de instituições. Durante o ano acadêmico de 1995–1996 fomos ajudados por colegas em mais de 100 instituições que testaram em classe a Edição Preliminar e relataram suas experiências e as de seus estudantes. Este grupo diverso de instituições usou o livro em sistemas semestrais e trimestrais, em laboratórios de computador, pequenos grupos e configurações tradicionais, com várias tecnologias diferentes. Apreciamos as valiosas sugestões que fizeram, que tentamos incorporar na Primeira Edição do texto.

Agradecimentos

Obrigado para Ruby Aguirre, Ed Alexender, Carole Andersom, Leonid Andreev, Ralph Baierlein, Paul Balister, Frank Beatrous, Jerrie Beibertein, Melanie Bell, Ebo Bentil, Yoav Bergner, Shelina Bhojani, Thomas Bird, Paul Blanchard, Melkana Brakalova, John Bravman, David Bressoud, R. Campbell, Phil Cheifetz, Oksana Cheniavskaya, C.K. Cheung, Dave Chua, Dean Chung, Robert Condon, Eric Connally, Radu Constantinescu, Pat Corn, Josh Cowley, Jie Cui, Caspara Curjel, Bill Dunn, Mike Esposito, Pavel Etingof, Bill Faris, Hermann Flaschlka, Leonid Friedlander, Leonid Fridman, Deborah Gaines, Amanda Galtman, Avijit Gangopadhyay, Howard Georgi, Scott Gilbert, Marty Greenlee, David Granda, Benedict Gross, John Hagood, David G. Harris, Angus Hendrick, John Huth, Robert Indik, Raj Jesudason, Qin Jing, Jerry Johnson, Millie Jonhson, Joe Kanapka, Alesx Kasman, Matthias Kawski, David Kazhdan, Miska Kazhdan, Thomas Kerler, Charlie Kerr, Mike Klucznik, Sandy Koonce, Matt Kruse, Ted Laetsch, Sylvain Laroche, Janny Leung, Dave Levermome, Lei Li, Weiye Li, Li Liu, Carlos Lizzaraga, Patti Frazes Lock, John Lucas, Alex Mallozzi, Brad Mann, Elliot Marks, Ricardo Martinez, Eric Mazur, Mark McConnell, Dan McGee, Tom McMahon, Georgia Mederer, Andrew Metrick, Michal Mlejnek, Jeana Morris, Dom Myers, Bridget Neale, Alan Newell, James Osterburg, Myles Paige, Ed Park, Ted Pyne, Howard Penn, Tony Phillips, Laura Piscatelli, Algo Pisztora, Steve Prothero, Rebecca Rapoport, Russ Shachter, Barbara Shipman, Mary Sibayan, Jeff Silver, Chris Sinclair, Yum-Tong Siu,, Keith Stroyan, Noah Syroid, Francis Su, Suds Ulmer, Adrian Vajiac, Bill Velez, Fave Villalobos, Jianmei Wang, Joseph Warkins, Xianbao Xu, e Brunce Yoshiwara.

William G. McCallum
Sheldon P. Gordon
Wayne Raskind
Deborah Hughes-Hallett
David Mumford
Jeff Tecosky-Feldman
Daniel E. Flath
Brad G. Osgood
Joe B. Thrash
Andrew M. Gleason
Douglas Quinney
Thomas W. Tucher

CONTEÚDO

Prefácio – V

FUNÇÕES DE VÁRIAS VARIÁVEIS – 1
1.1 – Funções de duas variáveis – 1
1.2 – Uma volta pelo espaço tridimensional – 5
1.3 – Gráficos de funções de duas variáveis – 8
1.4 – Diagramas de nível – 13
1.5 – Funções lineares – 21
1.6 – Funções de mais de duas variáveis – 25
1.7 – Limites e continuidade – 29
Problemas de revisão para o Capítulo 1 – 32

UM INSTRUMENTO FUNDAMENTAL: VETORES – 34
2.1 – Vetores de deslocamento – 34
2.2 – Vetores em geral – 39
2.3 – O produto escalar – 43
2.4 – O produto vetorial – 49
Problemas de revisão para o Capítulo 2 – 53

DIFERENCIAÇÃO DE FUNÇÕES DE VÁRIAS VARIÁVEIS – 56
3.1 – A derivada parcial – 56
3.2 – Calcular derivadas parciais algebricamente – 61
3.3 – Linearidade local e a diferencial – 63
3.4 – Gradientes e derivadas direcionais no plano – 68
3.5 – Gradientes e derivadas direcionais no espaço – 74
3.6 – A regra da cadeia – 78
3.7 – Derivadas parciais de segunda ordem – 82
3.8 – Equações diferenciais parciais – 85
3.9 – Notas sobre aproximações de Taylor – 89
3.10– Diferenciabilidade – 93
Problemas de revisão para o Capítulo 3 – 97

OTIMIZAÇÃO: EXTREMOS LOCAIS E GLOBAIS – 102
4.1 – Extremos locais – 102
4.2 – Extremos globais: otimização sem vínculos – 108
4.3 – Otimização com vínculos: multiplicadores de Lagrange – 114
Problemas de revisão para o Capítulo 4 – 121

INTEGRAÇÃO DE FUNÇÕES DE VÁRIAS VARIÁVEIS – 125
5.1 – A integral definida de uma função de duas variáveis – 1245
5.2 – Integrais iteradas – 130
5.3 – Integrais triplas – 135
5.4 – Integração numérica: o método de Monte Carlo – 138
5.5 – Integrais duplas em coordenadas polares – 140
5.6 – Integrais em coordenadas cilíndricas e esféricas – 143
5.7 – Aplicação da integração à probabilidade – 147
5.8 – Notas sobre mudança de variáveis numa integral múltipla – 152
Problemas de revisão para o Capítulo 5 154

CURVAS E SUPERFÍCIES PARAMETRIZADAS – 157
6.1 – Curvas parametrizadas – 157
6.2 – Movimento, velocidade e aceleração – 162
6.3 – Superfícies parametrizadas – 169
6.4 – O teorema da função implícita – 176
6.5 – Notas sobre Newton, Kepler e o movimento planetário – 180
Problemas de revisão para o Capítulo 6 – 184

CAMPOS DE VETORES – 187
7.1 – Campos de vetores – 187
7.2 – A correnteza de uma campo de vetores – 191
Problemas de revisão para o Capítulo 7 – 194

INTEGRAIS CURVILÍNEAS – 197

8.1 – A idéia de integral curvilínea – 197
8.2 – Cálculo de integrais de linha sobre curvas parametrizadas – 203
8.3 – Campos gradientes e campos independentes do caminho – 208
8.4 – Campos de vetores dependentes do caminho e o teorema de Green – 214
8.5 – Prova do teorema de Green – 220
Problemas de revisão para o Capítulo 8 222

INTEGRAIS DE FLUXO – 224

9.1 – A idéia de uma integral de fluxo – 224
9.2 – Integrais de fluxo para gráficos, cilindros e esferas – 231
9.3 – Notas sobre integrais de fluxo sobre superfícies parametrizadas – 236
Problemas de revisão para o Capítulo 9 – 238

CÁLCULO DE CAMPOS DE VETORES – 240

10.1 –A divergência de um campo de vetores – 240
10.2 –O Teorema da Divergência – 246
10.3 –O rotacional de um campo vetorial – 250
10.4 –Teorema de Stokes – 255
10.5 –Os três teoremas fundamentais – 258
10.6 –Prova do teorema da divergência e do teorema de Stokes – 261
Problemas de revisão para o Capítulo 10 265

APÊNDICES – 269

A – Revisão da linearidade local para uma variável – 269
B – Máximos e mínimos de funções de uma variável – 270
C – Determinantes – 270
D – Revisão da integração em uma variável – 271
E – Tabela de integrais – 275
F – Revisão de funções de densidade e probabilidades – 275
G – Revisão de coordenadas polares – 281

RESPOSTAS AOS PROBLEMAS DE NÚMERO ÍMPAR – 282

ÍNDICE – 291

1

FUNÇÕES DE VÁRIAS VARIÁVEIS

Muitas grandezas dependem de mais de uma variável: a quantidade de alimento produzida depende de quantidade de chuva e da quantidade de fertilizante usada; a taxa de uma reação química depende da temperatura e da pressão do ambiente em que se processa; a intensidade da atração gravitacional entre dois corpos depende de suas massas e da distância que os separa; a taxa de matéria ejetada numa explosão vulcânica que cai num lugar depende da distância ao vulcão e do tempo decorrido desde a explosão. Cada exemplo envolve uma função de duas ou mais variáveis. Neste capítulo veremos muitas maneiras diferentes de olhar funções de várias variáveis.

1.1- FUNÇÕES DE DUAS VARIÁVEIS

Notação de função

Suponha que você quer obter um empréstimo pelo prazo de cinco anos para comprar um carro e precisa calcular quanto deverá pagar por mês; isto dependerá tanto da quantidade de dinheiro emprestada quanto da taxa de juro. Estas quantidades podem variar separadamente: o valor do empréstimo pode variar e a taxa de juro permanecer constante, ou a taxa de juro pode mudar enquanto a quantia emprestada permanece constante. Para calcular seu pagamento mensal você precisa conhecer ambos. Se o pagamento mensal é $\$m$, a quantia emprestada é $\$E$ e a taxa de juros é t % então exprimimos o fato de m ser função de E e t escrevendo:

$$m = f(E, t).$$

É exatamente semelhante à notação para função de uma variável. A variável m chama-se a variável dependente e as variáveis E e t se dizem independentes. A letra f representa a *função* ou regra que fornece o valor de m correspondente a valores dados de E e t.

Uma função de duas variáveis pode ser representada graficamente, numericamente por uma tabela de valores, ou algebricamente por uma fórmula. Nesta seção daremos exemplos dessas três maneiras de olhar uma função.

Exemplo gráfico: um mapa do tempo

A Figura 1.1 mostra um mapa do tempo de um jornal. Que informação ele transmite? Mostra a temperatura máxima T prevista, em graus Fahrenheit (°F), através dos Estados Unidos naquele dia. As curvas do mapa, ditas *isotérmicas*, separam o país em zonas, conforme T esteja nos 60°s, 70°s, 80°s, 90°s ou 100°s. (*Iso* significa igual e *thermo* significa calor). Observe que a isotérmica separando as zonas dos 80s e dos 90s liga todos os pontos em que temperatura é exatamente 90°F.

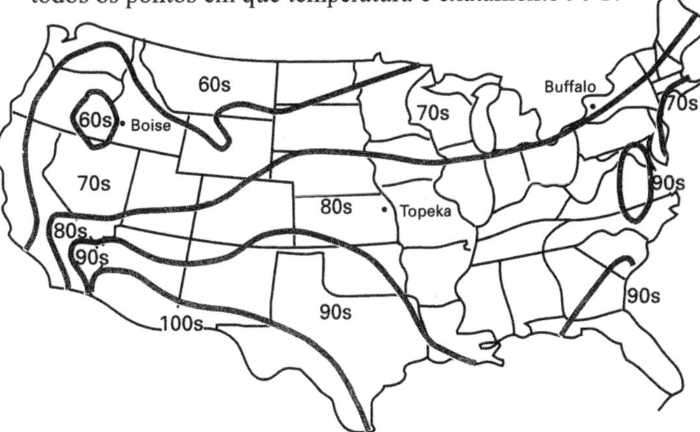

Figura 1.1: Mapa do tempo mostrando as temperaturas máximas T, previstas num dia de verão

Exemplo 1: Avalie o valor previsto T em Boise, Idaho; Topeka, Kansas; e Buffalo, New York

Solução: Boise e Buffalo estão na região dos 70, e Topeka na região dos 80. Assim a temperatura prevista em Boise e Buffalo está entre 70 e 80; a temperatura em Topeka entre 80 e 90. Na verdade, podemos dizer mais. Embora Boise e Buffalo estejam ambas nos 70, Boise está bem perto da isotérmica de $T = 70$, ao passo que Buffalo está perto da isotérmica de $T = 80$. Assim avaliamos que a temperatura estará nos 70 baixos em Boise e nos 70 altos em Buffalo, Topeka está mais ou menos a meia distância entre a isotérmica de $T = 80$ e a de $T = 90$. Assim avaliamos que a temperatura em Topeka estará nos 80 médios. Na verdade as temperaturas máximas naquele dia foram 71°F em Boise, 79°F em Buffalo e 86°F em Topeka.

A máxima T prevista, ilustrada no mapa do tempo, é função de (isto é, depende de) duas variáveis, freqüentemente tomadas como latitude e longitude, ou distância leste-oeste e distância norte-sul de um ponto fixado, por exemplo, Topeka. O mapa de tempo na Figura 1.1 é chamado um mapa de *curvas de nível* ou *diagrama de curvas de nível* da função. A Seção 1.3 mostra outro modo de visualizar funções de duas variáveis usando superfícies. A Seção 1.4 mostra curvas de nível em detalhe.

Exemplo numérico: consumo de carne

Suponha ser um produtor de carne e querer saber quanta carne será comprada. Isso depende de quanto dinheiro as pessoas têm e do preço da carne. O consumo de carne C, (em quilos por semana por família) é função da renda familiar R (em milhares de reais por ano) e do preço da carne p (em reais por quilo). Em notação funcional escrevemos:

$$C = f(R, p)$$

A tabela 1.1 contém valores dessa função. Os valores de p são mostrados no topo, valores de R do lado esquerdo de cima para baixo, valores correspondentes de $f(R, p)$ dados na tabela*. Por exemplo, para achar o valor de $f(40, 3{,}50)$ olhamos a linha a linha correspondendo a $R = 40$ sob $p = 3{,}50$ onde achamos o número 4,05. Assim

$$f(40, 3{,}50) = 4{,}05$$

Isso significa que em média se a renda familiar é de \$40.000 por ano, e o preço da carne é 3,50 o quilo, a família comprará 4,05 quilos de carne por semana.

Observe como difere de tabelas de funções de uma variável, em que uma linha ou uma coluna bastam para listar os valores da função. Aqui precisamos de muitas linhas e colunas porque a função tem um valor para cada *par* de valores das variáveis independentes.

* Adatado de R.G. Lipsey, Introduction to Positive Economics, 3ªedição, Weidenfeld and Nicolson, Londres, 1971.

Tabela 1.1 *Quantidade de carne comprada (quilos/ família / semana)*

		Preço da carne p (\$ por quilo)			
		3,00	3,50	4,00	4,50
Renda familiar por ano R (\$1000)	20	2,65	2,59	2,51	2,43
	40	4,14	4,05	3,94	3,88
	60	5,11	5,00	4,97	4,84
	80	5,35	5,29	5,19	5,07
	100	5,79	5,77	5,60	5,53

Exemplos algébricos: fórmulas

Tanto no exemplo de mapa de tempo quanto no do consumo de carne, não há fórmula para a função subjacente. Isso é o que ocorre usualmente com funções representando dados da vida real. De outro lado para muitos modelos idealizados na física, na engenharia ou na economia há fórmulas exatas.

Exemplo 2: Dê uma formula para a função $D = f(B,t)$ onde D é a quantidade de dinheiro numa conta bancária t anos depois de um investimento inicial de B reais, se os juros são acumulados à taxa de 5% ao ano compostos a) anualmente b) continuamente.

Solução: a) Compostos anualmente significa que D aumenta por um fator de 1,05 a cada ano, de modo que

$$D = f(B, t) = B\,(1{,}05)^t.$$

Composição contínua significa que D cresce conforme a correspondente função exponencial e^{kt}, com $k = 0{,}05$ de modo que

$$D = f(B, t) = Be^{0{,}05t}\ .$$

Exemplo 3: Um cilindro com extremidades fechadas tem um raio r e altura h. Se seu volume é V e sua área da superfície é A, ache fórmulas para as funções $V = f(r, h)$ e $A = g(r, h)$.

Solução: Como a área da base circular é πr^2 temos

$$V = f(r, h) = \text{Área da base . Altura} = \pi r^2 h\ .$$

A área da superfície lateral é a circunferência da base, $2\pi r$, vezes a altura h, dando $2\pi rh$. Assim

$$A = g(r, h) = 2\ .\ \text{Área da base} + \text{Área lateral} = 2\pi r^2 + 2\pi rh.$$

Estratégia para investigar funções de duas variáveis: uma variável de cada vez

Podemos aprender muito sobre funções de duas ou mais variáveis fazendo variar uma variável de cada vez mantendo as outras fixas, obtendo assim uma função de uma variável.

A onda

Suponha que você está num estádio onde a audiência está fazendo a onda. Este é um ritual em que membros da audiência se levantam e sentam de modo a criar uma onda que se desloca à volta do estádio. Normalmente uma única onda viaja a toda volta do estádio, mas podemos supor que há uma seqüência contínua de ondas. Que espécie de função descreveria o movimento da audiência? Para conservar simples as coisas, olhamos só uma fileira de espectadores. Consideramos a função que descreve o movimento de cada indivíduo na fileira. Este é função de duas variáveis: x (número do lugar) e t (tempo em segundos). Para cada valor de x e t escrevemos $h(x, t)$ para a altura (em centímetros) acima do solo da cabeça do espectador no lugar de número x ao tempo de t segundos. Suponhamos que nos dizem que

$$h(x, t) = 150 + 30 \cos(0{,}5x - t).$$

Exemplo 4: a) Explique o sentido de $h(x, 5)$ em termos da onda. Ache o período de $h(x,5)$. O que representa esse período?

b) Explique o significado de $h(2, t)$ em termos da onda. Ache o período de $h(2, t)$. O que representa esse período?

Solução: a) Fixar $t = 5$ significa que estamos tomando um particular momento no tempo; fazer x variar significa que estamos olhando toda a fileira neste instante.

Assim a função $h(x, 5) = 150 + 30\cos(0{,}5x - 5)$ dá as alturas ao longo da fileira no instante $t = 5$. A Figura 1.2 dá o gráfico de $h(x, 5)$ que é uma foto instantânea da fileira em $t = 5$. As alturas formam uma onda de período 4π, ou aproximadamente 12,6 lugares. Esse período nos diz que o comprimento da onda é de cerca de 13 lugares.

b) Fixar $x = 2$ significa que estamos nos concentrando no espectador com o lugar de número 2, fazer t variar significa que estamos observando o movimento desse espectador no correr do tempo. A Figura 1.3 mostra o gráfico de $h(2, t) = 150 + 30 \cos(1 - t)$. Observe que o valor de h varia entre 120 e 180 cm quando o espectador se senta ou se levanta. O período é 2π ou cerca de 6,3 segundos. Este período representa o tempo que o espectador leva para levantar-se e sentar-se uma vez.

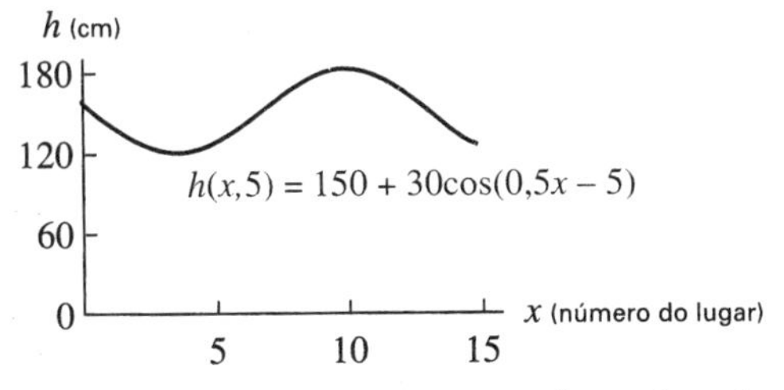

Figura 1.2: A função $h(x, 5)$ mostra a forma da onda no instante $t = 5$.

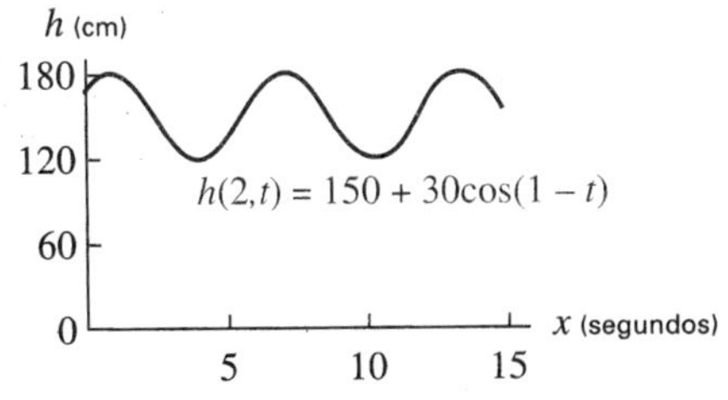

Figura 1.3: A função $h(2, t)$ mostra o movimento do espectador no lugar de número 2

De modo geral, a função de uma variável $h(a, t)$ dá o movimento do espectador no lugar a. A Figura 1.3 mostra o movimento da pessoa no lugar 2. Se escolhermos uma pessoa em outro lugar, teremos uma função semelhante, só que o gráfico pode ser deslocado para a direita ou para a esquerda.

Exemplo 5: Mostre que o gráfico de $h(7, t)$ tem a mesma forma que o gráfico de $h(2, t)$.

Solução: O movimento da pessoa no lugar 7 é descrito por

$$h(7, t) = 150 + 30 \cos(0{,}5(7) - t) = 150 + 30 \cos(3{,}5 - t).$$

Como $h(2, t) = 150 + 30 \cos(1 - t)$ podemos reescrever $h(7, t)$ como

$$h(7, t) = 150 + 30 \cos(1 + 2{,}5 - t)$$
$$= 150 + 30 \cos(1 - (t - 2{,}5)) = h(2, t - 2{,}5).$$

Assim o gráfico de $h(7, t)$ é o gráfico de $h(2, t)$ deslocado de 2,5 segundos para a direita, isto é, 2,5 segundos depois. E o espectador do lugar 7 se levanta 2,5 segundos depois que a pessoa no lugar 2 se levantou. (Ver Figura 1.4). Este atraso é o que faz a onda mover-se à volta do estádio. Se todos os espectadores se levantassem e sentassem ao mesmo tempo não haveria onda.

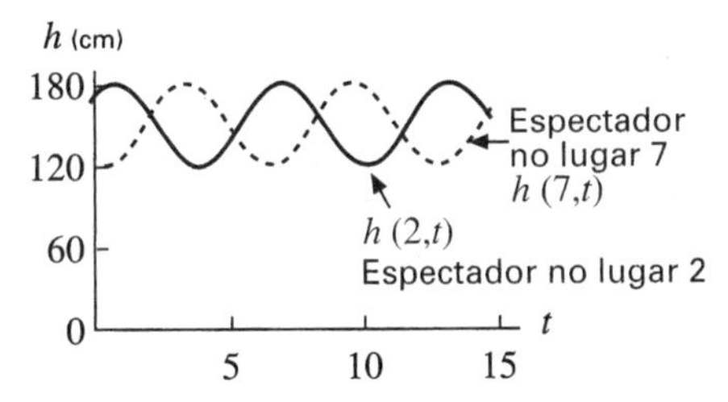

Figura 1.4: Comparação dos movimentos

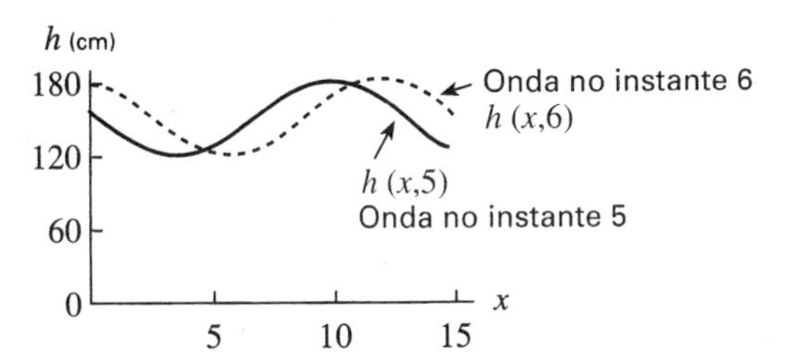

Figura 1.5: A forma da onda dos espectadores nos lugares 2 e 7 em $t = 5$ e em $t = 6$

Exemplo 6: Use o resultado no Exemplo 5 para achar a velocidade da onda.

Solução: Como o espectador no lugar 7 faz o mesmo que o espectador do lugar 2 mas 2,5 segundos depois, a onda se moveu de 5 lugares em 2, 5 segundos. Assim a velocidade é $5/2{,}5 = 2$ lugares por segundo.

Exemplo 7: Use as funções $h(x, 5)$ e $h(x, 6)$ para mostrar que a velocidade da onda é de 2 lugares por segundo.

Solução: A Figura 1.5 mostra os gráficos de $h(x, 5) = 150 + 30 \cos(0{,}5x - 5)$ e $h(x, 6) = 150 + 30 \cos(0{,}5x - 6)$, isto é, fotos instantâneas da onda nos instantes $t = 5$ e $t = 6$. A forma da onda a $t = 6$ é a mesma que a forma da onda a $t = 5$, somente deslocada para a direita de cerca de 2 lugares. Assim a onda se move à taxa de cerca de 2 assentos por segundo. Para confirmar que a velocidade é exatamente 2 lugares por segundo, precisamos usar álgebra. Quando $t = 5$ a equação da onda é

$$h(x, 5) = 150 + 30\cos(0{,}5x - 5)$$

que tem um máximo onde

$$0{,}5x - 5 = 0$$

portanto em

$$x = 10,$$

Isto é, no décimo lugar. Um segundo depois, a $t = 6$, a equação da onda é

$$h = 150 + 30\cos(0{,}5x - 6)$$

que tem um máximo onde

$$0{,}5x - 6 = 0$$

portanto em

$$x = 12$$

isto é, no duodécimo lugar. Assim a onda se desloca de 2 lugares num segundo.

Os dados da carne

Para uma função dada por uma tabela de valores tal como os dados de consumo de carne, deixamos uma variável variar de cada vez olhando uma linha e uma coluna. Por exemplo para fixar a renda em 40 olhamos a linha $R = 40$. Esta linha dá valores da função $f(40, p)$. Como R está fixo temos agora uma função de uma variável que mostra quanta carne é comprada dos vários preços por quem ganha $40.000 por ano. A Tabela 1.2 mostra que $f(40, p)$ decresce quando p cresce. As outras linhas contam a mesma história: para cada renda R o consumo de carne decai quando o preço p cresce.

Tabela 1.2 *Consumo de carne por famílias ganhando $40.000*

p	3,00	3,50	4,00	4,50
$f(40, p)$	4,14	4,05	3,94	3,88

Mapa do tempo

O que acontece como mapa na Figura 1.1 quando fazemos variar uma só variável de cada vez? Suponha que x representa milhas a leste-oeste de Topeka e y milhas norte-sul, e suponha que nos movemos sobre a linha oeste-leste por Topeka. Mantemos y fixo no zero e deixamos x variar. Ao longo da linha a temperatura máxima T vai dos 60s na costa oeste para os 70s em Nevada e Utah, para os 80s em Topeka, aos 90s logo antes da costa leste e então volta aos 80s. Um gráfico possível é mostrado na Figura 1.6. Outros gráficos são possíveis porque não sabemos com segurança como a temperatura varia entre curvas de nível.

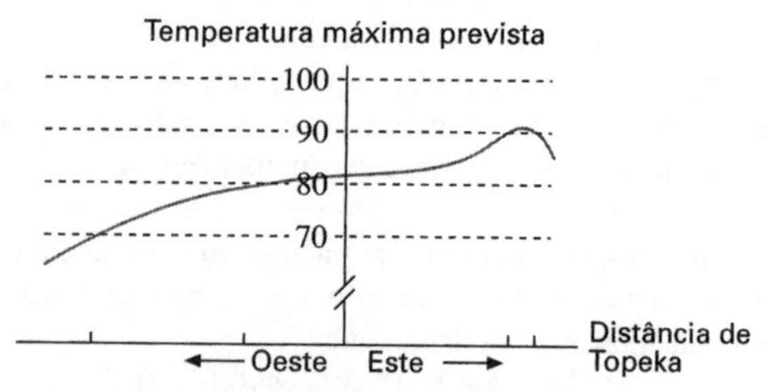

Figura 1.6: Temperatura máxima prevista numa linha oeste–leste por Topeka

Problemas para a seção 1.1

Os problemas 1–3 se referem ao mapa de tempo na Figura 1.1 página 1

1 Dê o intervalo da variação das máximas temperaturas diárias para
a) Pennnsylvania b) North Dakota c) California

2 Esboce o gráfico da temperatura máxima T em uma linha norte–sul através de Topeka.

3 Esboce o gráfico da temperatura máxima T sobre linha norte-sul e linha leste-oeste passando por Boise.

Para os problemas 4-8 a referência é a Tabela 1.1 na página 2, onde p é o preço da carne e R é a renda familiar anual.

4 Faça tabela mostrando a quantia Q que a família média gasta em carne (em reais por família por semana) como função do preço da carne e da renda familiar.

5 Dê tabelas para consumo de carne como função de p, com R fixo em $R = 20$ e $R = 100$. Dê tabelas para consumo de carne com função de R, com p fixo em 3,00 e $p = 4{,}00$. Comente o que vê nas tabelas.

6 Como varia o consumo de carne como função da renda familiar se o preço da carne é mantido constante?

7 Faça uma tabela da proporção P da renda familiar gasta em carne por semana como função do preço e da renda (Note que P é a fração da renda gasta em carne.)

8 Expresse P, a proporção da renda familiar gasta em carne por semana, em termos da função original $f(R, p)$ que dá o consumo como função de p e R.

9 Esboce o gráfico da função f de conta corrente no Exemplo 2(a), mantendo B fixo em três valores diferentes e fazendo somente t variar. Explique o que vê.

10 Você está planejando um longa viagem de carro e sua despesa principal será com gasolina.

a) Faça tabela mostrando como o custo diário de combustível varia como função do preço da gasolina (em reais por litro) e do número de litros que você compra cada dia.

b) Se seu carro faz 9 km para cada litro de gasolina, faça uma tabela mostrando com varia o custo diário de combustível como função da distância percorrida cada dia e do preço da gasolina.

11 Considere a aceleração da gravidade g a uma altura h

sobre a superfície de uma planeta de massa m.

a) Se m fica constante, g é função crescente ou decrescente de h? Porque?

b) Se h é mantido constante, g é função crescente ou decrescente de m? Porque?

12 A temperatura ajustada para o fator vento é uma temperatura que diz quanto frio se percebe como combinação de vento e temperatura. A Tabela 1.3 mostra a temperatura ajustada para o fator vento como função da velocidade do vento e da temperatura.

Tabela 1.3: *Temperatura ajustada para o fator vento* (°F)

Velocidade do vento (mph)	Temperatura (°F) 35	30	25	20	15	10	5	0
5	33	27	21	16	12	7	0	–5
10	22	16	10	3	–3	–9	–15	–22
15	16	9	2	–5	–11	–18	–25	–31
20	12	4	–3	–10	17	–24	–31	–39
25	8	1	–7	–15	–22	–29	–36	–44

a) Se a temperatura é 0°F e a velocidade do vento é 15 mph, quão frio parece?

b) Se a temperatura é 35°F que velocidade do vento faz parecer 22°F?

c) Se a temperatura é 25°F que velocidade do vento faz parecer 20°F?

d) Se o vento soprar a 15mph que temperatura parece ser de 0°F?

13 Usando a Tabela 1.3 faça tabelas de temperatura ajustada para o fator vento como função da velocidade do vento, para temperaturas de 20°F e 0°F.

14 Usando a Tabela 1.3 faça tabelas da temperatura ajustada para o fator vento como função da temperatura, para velocidades do vento de 5 mph e 20 mph.

15 Suponha que a função onda no estádio na página 2 fosse dada por $h(x, t) = 150 + 30\cos(x - 2t)$. Como essa onda se compara com a onda original? Qual é a velocidade dessa onda (em lugares por segundo)?

16 Suponha que a onda no estádio da página 2 se movesse em sentido contrário, direita para a esquerda em vez de esquerda para a direita. Dê uma fórmula possível para h.

Os Problemas 17–20 dizem respeito a uma corda de violão vibrante. Suponha que você faça vibrar uma corda de violão. Fotos instantâneas da corda a intervalos de milissegundo são mostradas na Figura 1.7.

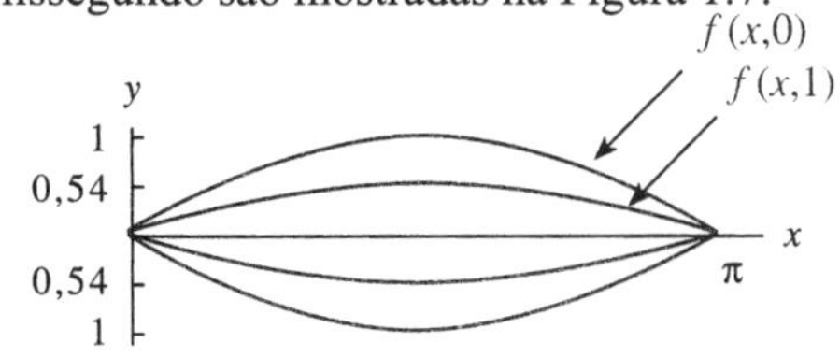

Figura 1.7: Uma corda vibrante: $f(x, t) = \cos t \operatorname{sen} x$ para quatro valores de t

Pense na corda esticada ao longo do eixo dos x de $x = 0$ a $x = \pi$. Cada ponto da corda tem um valor x, $0 \le x \le \pi$. Quando a corda vibra cada ponto da corda se move de um lado para outro do eixo dos x. Seja $y = f(x, t)$ o deslocamento no instante t do ponto da corda localizado a x unidades da extremidade esquerda. Então uma possível fórmula para $y = f(x, t)$ é

$$y = f(x, t) = \cos t \operatorname{sen} x, \quad 0 \le x \le \pi, \; t \text{ em milissegundos}$$

17 a) Esboce gráficos de y como função de x para valores fixados de t, $t = 0, \pi/4, \pi/2, 3\pi/4, \pi$.

b) Use seus gráficos para explicar porque essa função poderia representar uma corda de violão vibrante.

18 Explique o que as funções $f(x, 0)$ e $f(x, 1)$ representam em termos da corda vibrante.

19 Explique o que as funções $f(0, t)$ e $f(1, t)$ representam em termos da corda vibrante.

20 Descreva o movimento das cordas cujos deslocamentos são dados por:

(a) $y = g(x, t) = \cos 2t \operatorname{sen} x$

(b) $y = h(z, t) = \cos t \operatorname{sen} 2x$

1.2 - UMA VOLTA PELO ESPAÇO TRIDIMENSIONAL

Coordenadas cartesianas no espaço tridimensional

Imagine três eixos de coordenadas encontrando-se na origem: um eixo vertical, e dois eixos horizontais perpendiculares entre si. (Ver Figura 1.8.) Pense no plano-xy como sendo horizontal, ao passo que o eixo-z se estende verticalmente acima e abaixo do plano. As indicações x, y e z mostram que parte de cada eixo é positiva; o outro lado é negativo. Em geral usamos eixos em que olhando para baixo ao longo do eixo-z tem-se a visão usual do plano-xy. Especificamos um ponto no 3-espaço dando suas coordenadas (x, y, z) com relação a esses eixos. Pense nas coordenadas como instruções que lhe dizem como chegar ao ponto: comece na origem, vá x unidades ao longo do eixo-x, depois y unidades paralelamente ao eixo-y e finalmente z unidades paralelamente ao eixo-z. As coordenadas podem ser positivas, zero, ou negativas; uma coordenada zero diz "não se mova nesta direção", e uma coordenada negativa significa "vá no sentido negativo paralelamente a este eixo". Por exemplo, a origem tem coordenadas (0, 0, 0), pois vamos lá partindo da origem fazendo absolutamente nada

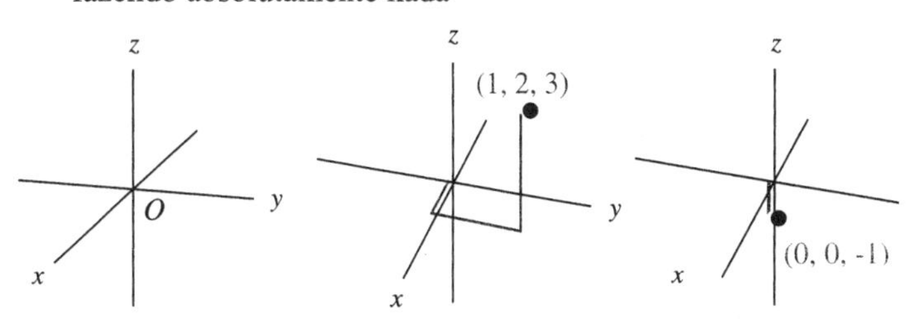

Figura 1.8: Eixos de coordenadas no espaço tridimensional

Figura 1.9: O ponto (1, 2, 3) no 3-espaço

Figura 1.10 O ponto (0, 0, –1) no 3-espaço

Exemplo 1: Descreva a posição dos pontos com coordenadas $(1, 2, 3)$ e $(0, 0, -1)$

Solução: Chegamos ao ponto $(1, 2, 3)$ partindo da origem, caminhando 1 unidade ao longo do eixo dos x, 2 unidades na direção paralela ao eixo-y e 3 unidades para cima paralelamente ao eixo-z. (Ver Figura 1.9.)

Para chegar a $(0, 0, -1)$ não nos movemos nada nas direções x e y, mas caminhamos 1 unidade no sentido de z negativo. Assim o ponto está no eixo-z negativo. (Ver Figura 1.10.) Pode verificar que a posição final não depende da ordem dos deslocamentos nas direções x, y, z.

Exemplo 2: Você parte da origem, caminha pelo eixo-y uma distância de 2 unidades no sentido positivo, e depois verticalmente para cima uma distância de 1 unidade. Quais são as coordenadas de sua posição final?

Solução: Você partiu do ponto $(0, 0, 0)$. Quando você caminhou ao longo do eixo-y sua coordenada y aumentou para 2. O movimento vertical aumentou a coordenada z de 1; sua coordenada x não mudou. Assim suas coordenadas finais são $(0, 2, 1)$.(Ver Figura 1.11.)

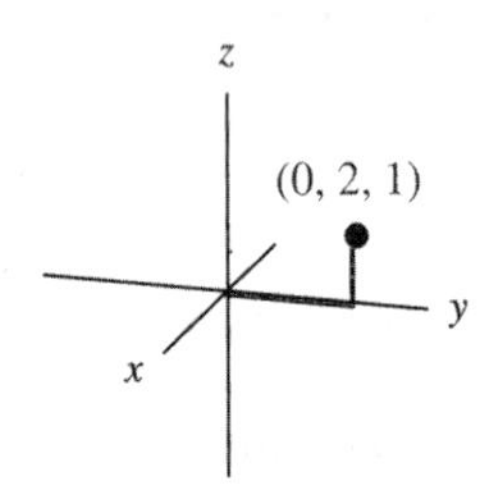

Figura 1.11: O ponto $(0, 2, 1)$ é atingido movendo-se 2 ao longo do eixo-y e 1 para cima

Muitas vezes ajuda imaginar um sistema de coordenadas a três dimensões em termos de uma sala. A origem é um canto ao nível do chão. O eixo-z é a interseção vertical das duas paredes: os eixos x e y são as interseções de cada parede com o chão. Pontos com coordenadas negativas ficam atrás de uma parede na sala vizinha ou abaixo do chão.

Gráficos de equações no espaço tridimensional

Representamos em gráfico no espaço a três dimensões equações envolvendo as variáveis x, y, z.

Exemplo 3: Que forma tem os gráficos das equações $z = 0$, $z = 3$ e $z = -1$?

Solução: Fazer o gráfico de uma equação significa desenhar o conjunto de todos os pontos do espaço cujas coordenadas satisfazem à equação. Assim para fazer o gráfico de $z = 0$ precisamos visualizar o conjunto de pontos cuja coordenada z é zero. Se a coordenada z é zero então devemos estar no mesmo nível vertical da origem, isto é, estamos num plano horizontal contendo a origem. Portanto o gráfico de $z = 0$ é o plano do meio na Figura 1.12. O gráfico de $z = 3$ é um plano paralelo ao gráfico de $z = 0$ mas 3 unidades acima dele. O gráfico de $z = -1$ é um plano paralelo ao gráfico de $z = 0$ mas uma unidade abaixo dele.

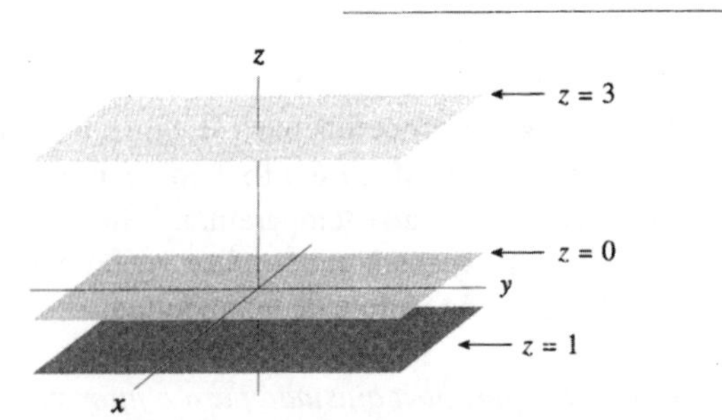

Figura 1.12: Os planos $z = -1$, $z = 0$ e $z = 3$

O plano $z = 0$ contém os eixos x e y de coordenadas e por isso é chamado o plano-xy de coordenadas ou plano-xy simplesmente. Há dois outros planos de coordenadas. O plano-yz contém os eixos y e z e o plano-xz contém os eixos x e z. (Ver Figura 1.13.)

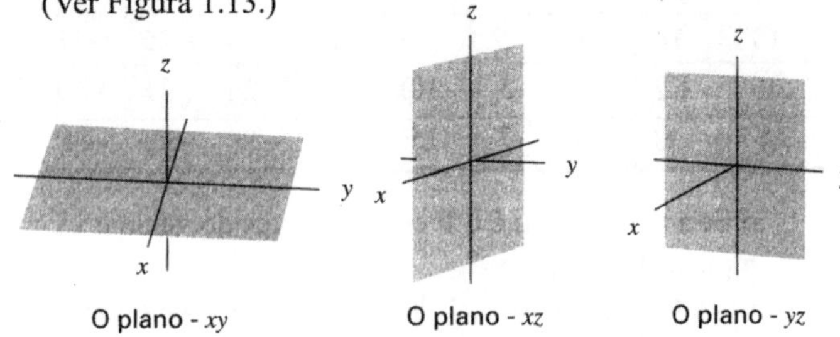

Figura 1.13: Os três planos de coordenadas

Exemplo 4: Qual dos pontos $A = (1, -1, 0)$, $B = (0, 3, 4)$, $C = (2, 2, 1)$ e $D = (0, -4, 0)$ está mais perto do plano-xz? Qual ponto está sobre o eixo-y?

Solução: O tamanho de coordenada y dá a distância ao plano-xz. O ponto A está mais próximo desse plano pois sua coordenada y é a de menor grandeza. Para ter um ponto sobre o eixo-y nós nos movemos sobre o eixo y mas não nos movemos nada nas direções x e z. Assim, um ponto do eixo-y tem ambas as coordenadas x e z iguais a zero. O único ponto dos quatro que satisfaz a isto é D. (Ver Figura 1.14.)

Em geral se um ponto tem uma de suas coordenadas igual a zero ele está sobre um dos planos coordenados. Se um ponto tem duas coordenadas iguais a zero ele está sobre um dos eixos de coordenadas.

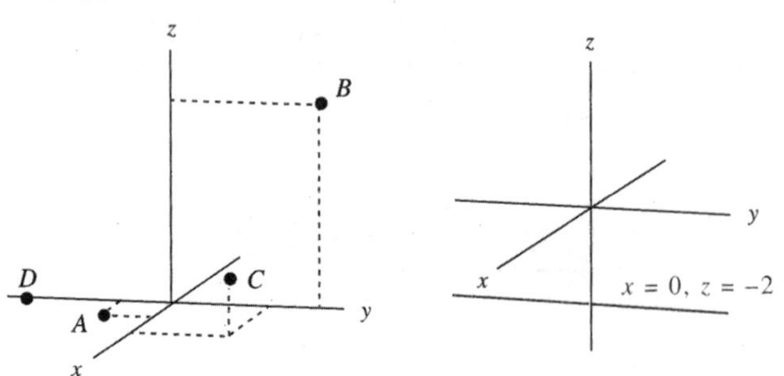

Figura 1.14: Qual ponto está mais perto do plano-xz? Qual ponto está sobre o eixo-y?

Figura 1.15: A reta $x = 0$, $z = -2$

Exemplo 5: Você está 2 unidades abaixo do plano *xy* e está no plano *yz*. Quais as coordenadas?

Solução: Como você está 2 unidades abaixo do plano-*xy* sua coordenada z é -2. Como você está no plano-*yz* sua coordenada x é zero: sua coordenada y pode ser qualquer coisa. Assim você está em $(0, y, -2)$. O conjunto de todos esses pontos forma uma reta paralela ao eixo-*y*, 2 unidades abaixo do plano-*xy* e no plano *yz*. (Ver Figura 1.15.)

Exemplo 6: Você está no ponto (4, 5, 2) olhando para o ponto (0,5, 0, 3). Você está olhando para cima ou para baixo?

Solução: O ponto em que você está tem coordenada z igual a 2, ao passo que o ponto para o qual você está olhando tem coordenada 3; portanto você está olhando para cima.

Exemplo 7: Imagine que o plano-*yz* da Figura 1.15 é uma página deste livro. Descreva a região atrás da página.

Solução: A parte positiva do eixo-*x* se projeta para fora da página; mover-se na direção de x positivo o traz para a frente da página. A região atrás da página corresponde aos valores negativos de x e portanto é o conjunto de todos os pontos do espaço tridimensional que satisfazem à desigualdade $x < 0$.

Distância

No 2-espaço a fórmula para a distância entre dois pontos (x, y) e (a, b) é dada por

$$\text{Distância} = \sqrt{(x-a)^2 + (y-b)^2}$$

A distância entre dois pontos (x, y, z) e (a, b, c) no 3-espaço é representada por PG na Figura 1.16. O lado PE é paralelo ao eixo-*x*, EF é paralelo ao eixo-*y* e FG é paralelo ao eixo-*z*.

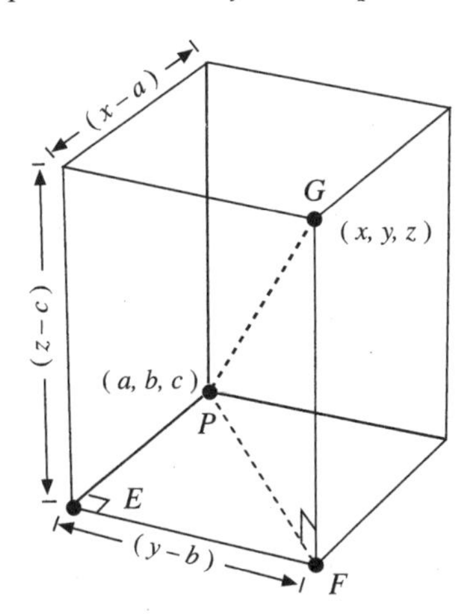

Figura 1.16: A diagonal PG dá a distância entre os pontos (x, y, z) e (a, b, c)

Usando o teorema de Pitágoras duas vezes vem

$$(PG)^2 = (PF)^2 + (FG)^2 = (PE)^2 + (EF)^2 + (FG)^2 = (x-a)^2 + (y-b)^2 + (z-c)^2.$$

Assim uma fórmula para a distância entre os pontos (x, y, z) e (a, b, c) no 3-espaço é

$$\text{Distância} = \sqrt{(x-a)^2 + (y-b)^2 + (z-c)^2}\,.$$

Exemplo 8: Ache a distância entre (1, 2, 1) e (–3, 1, 2).

Solução: A fórmula dá

$$\text{Distância} = \sqrt{(-3-1)^2 + (1-2)^2 + (2-1)^2} = \sqrt{18} = 4{,}24$$

Exemplo 9: Ache uma expressão para a distância da origem ao ponto (x, y, z)

Solução: A origem tem coordenadas (0, 0, 0) assim a distância da origem a (x, y, z) é dada por

$$\text{Distância} = \sqrt{(x-0)^2 + (y-0)^2 + (z-0)^2} = \sqrt{x^2 + y^2 + z^2}$$

Exemplo 10: Ache a equação para uma esfera de raio 1 com centro na origem.

Solução: A esfera consiste de todos os pontos (x, y, z) cuja distância à origem é 1, isto é, que satisfazem à equação

$$\sqrt{x^2 + y^2 + z^2} = 1\,.$$

Esta é uma equação para a esfera. Se elevarmos ao quadrado ambos os membros obteremos a equação na forma

$$x^2 + y^2 + z^2 = 1$$

Note que esta equação representa a *superfície* da esfera. A bola sólida limitada pela esfera é representada pela desigualdade $x^2 + y^2 + z^2 \leq 1$.

Problemas para a seção 1.2

1. Qual dos pontos $A = (1{,}3,\ -2{,}7,\ 0)$, $B = (0{,}9,\ 0,\ 3{,}2)$, $C = (2{,}5,\ 0{,}1,\ -0{,}3)$ está mais próximo do plano-*yz*? Qual pertence ao plano-*xz*? Qual está mais longe do plano-*xy*?
2. Qual dos pontos $A = (23, 92, 48)$, $B = (-60, 0, 0)$, $C = (60, 1, -92)$ está mais próximo do plano-*yz*? Qual está no plano-*xz*? Qual está mais longe do plano-*xy*?
3. Você está no ponto (–1, –3, –3), de pé e de frente para o plano-*yz*. Você caminha 2 unidades para a frente, vira à esquerda e caminha por outras 2 unidades. Qual é sua posição final? Do ponto de vista de um observador olhando o sistema de coordenadas na Figura 1.8 da página 5, você está na frente ou atrás do plano-*yz*? Está à esquerda ou à direita do plano *xz*? Está acima ou abaixo do plano *xy*?
4. Você está no ponto (3, 1, 1) de frente para o plano-*yz*. Suponha que você está de pé. Você caminha 2 unidades para a frente, vira à esquerda e caminha por outras 2 unidades.

Qual é sua posição final? Do ponto de vista de um observador olhando o sistema de coordenadas da Figura 1.8. na página 5, você está na frente ou atrás do plano-yz? Está à esquerda ou à direita do plano-xz? Está acima ou abaixo do plano-xy? Esboce gráficos das equações nos problemas 5–7 no 3-espaço.

5 $x = -3$ **6** $y = 1$ **7** $z = 2$ e $y = 4$

8 Ache uma fórmula para a mínima distância entre um ponto (a, b, c) e o eixo-y.

9 Descreva o conjunto de pontos cuja distância ao eixo-x é 2.

10 Descreva o conjunto dos pontos cuja distância ao eixo-x é igual à distância ao plano-yz.

11 Qual dos pontos $P = (1, 2, 1)$ e $Q = (2, 0, 0)$ está mais perto da origem?

12 Quais dois dos três pontos $P_1 = (1, 2, 3)$, $P_2 = (3, 2, 1)$ e $P_3 = (1, 1, 0)$ estão mais próximos um do outro?

13 Um cubo está localizado de tal forma que seus quatro vértices de topo têm coordenadas $(-1, -2, 2)$, $(-1, 3, 2)$, $(4, -2, 2)$ e $(4, 3, 2)$. Dê as coordenadas do centro do cubo.

14 Um sólido retangular jaz com seu comprimento paralelo ao eixo-y e suas faces superior e inferior paralelas ao plano $z = 0$. Se o centro do objeto é em $(1, 1, -2)$ e se tem um comprimento de 13, altura de 5 e largura de 6, dê as coordenadas de todos os oito vértices e trace a figura denominando todos os vértices.

15 Qual dos pontos $P_1 = (-3, 2, 15)$, $P_2 = (0, -10, 0)$, $P_3 = (-6, 5, 3)$ e $P_4 = (-4, 2, 7)$ está mais perto de $P = (6, 0, 4)$?

16 Num conjunto de eixos x, y, e z orientados como na Figura 1.8 da página 5, trace uma reta pela origem, jazendo no plano-xz e tal que se você se move ao longo da reta com sua coordenada x crescendo, sua coordenada z vá decrescendo.

17 Num conjunto de eixos x, y e z orientados como na Figura 1.8 da página 5, trace uma reta pela origem, jazendo no plano-yz e tal que se você se move ao longo da reta com sua coordenada y crescendo, sua coordenada z cresce.

18 Ache a equação da esfera de raio 5 centrada na origem.

19 Ache a equação da esfera de raio 5 centrada em $(1, 2, 3)$

20 Dada a esfera

$$(x - 1)^2 + (y + 3)^2 + (z - 2)^2 = 4$$

(a) Ache as equações dos círculos (se existem) em que a esfera corta cada um dos planos coordenados.

(b) Ache os pontos (se existem) em que a esfera intercepta cada um dos eixos coordenados.

1.3 - GRÁFICOS DE FUNÇÕES DE DUAS VARIÁVEIS

Como você visualiza uma função de duas variáveis?

O mapa do tempo da página 1 é um modo de visualizar uma função de duas variáveis. Nesta seção vemos como visualizar uma função de duas variáveis de outro modo, usando uma superfície no 3-espaço.

O gráfico de uma função e como construí-lo

Para uma função de uma variável $y = f(x)$, o gráfico de f é o conjunto de todos os pontos (x, y) no 2-espaço, tais que $y = f(x)$. Em geral esses pontos estão sobre uma curva do plano. Quando um computador ou calculadora faz o gráfico de f, o que faz é aproximar calculando pontos no plano-xy, juntando pontos consecutivos por segmentos de reta. Quanto mais pontos, melhor é a aproximação.

Agora considere uma função de duas variáveis.

> O **gráfico** de uma função de duas variáveis f é o conjunto de todos os pontos (x, y, z) tais que $z = f(x, y)$. Em geral, o gráfico de uma função de duas variáveis é uma superfície no 3-espaço

Fazendo o gráfico da função $f(x, y) = x^2 + y^2$

Para esboçar o gráfico de f ligamos pontos como para uma função de uma variável. Primeiro fazemos um tabela de valores de f, tal como a Tabela 1.4.

Tabela 1.4 *Tabela dos valores de* $f(x, y) = x^2 + y^2$

x \ y	−3	−2	−1	0	1	2	3
−3	18	13	10	9	10	13	18
−2	13	8	5	4	5	8	13
−1	10	5	2	1	2	5	10
0	9	4	1	0	1	4	9
1	10	5	2	1	2	5	10
2	13	8	5	4	5	8	13
3	18	13	10	9	10	13	18

Agora colocamos pontos. Por exemplo, colocamos $(1, 2, 5)$ porque $f(1, 2) = 5$ e colocamos $(0, 2, 4)$ porque $f(0,2) = 4$. Então ligamos os pontos correspondentes às linhas e colunas na tabela. O resultado é o que se chama modelo *moldura de arame* do gráfico. Preenchendo os interstícios obtemos uma superfície. Foi assim que um computador traçou os gráficos nas Figuras 1.17 e 1.18. Quanto mais pontos forem colocados mais a figura se parece com a superfície na Figura 1.19.

É bom que se verifique se os esboços fazem sentido. Observe que o gráfico passa pela origem, pois $(x, y, z) = (0, 0, 0)$ satisfaz a $z = x^2 + y^2$. Observe que se fixarmos x e deixarmos y variar, o gráfico mergulha para baixo e depois sobe outra vez, como os elementos nas linhas horizontais da Tabela 1.4. Analogamente, se fixarmos y e deixarmos x variar, o gráfico mergulha para baixo e depois volta para cima, como as colunas da Tabela 1.4.

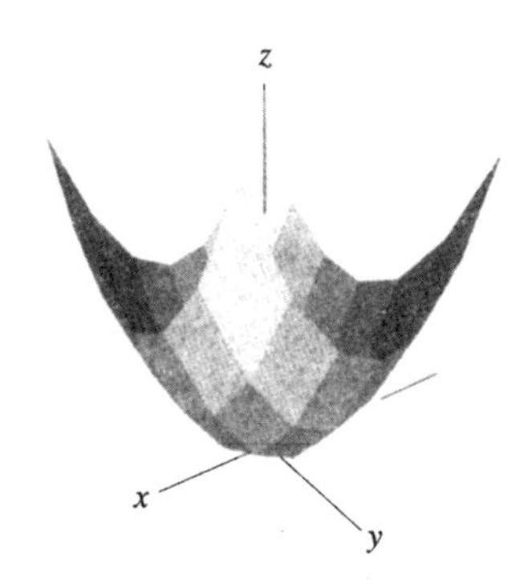

Figura 1.17: Moldura de arame de $f(x, y) = x^2 + y^2$ para $-3 \leq x \leq 3, -3 \leq y \leq 3$

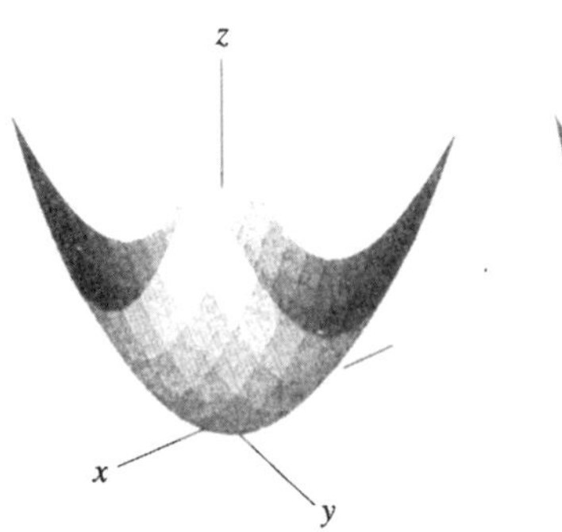

Figura 1.18: Moldura de arame para $f(x, y) = x^2 + y^2$ com mais pontos colocados.

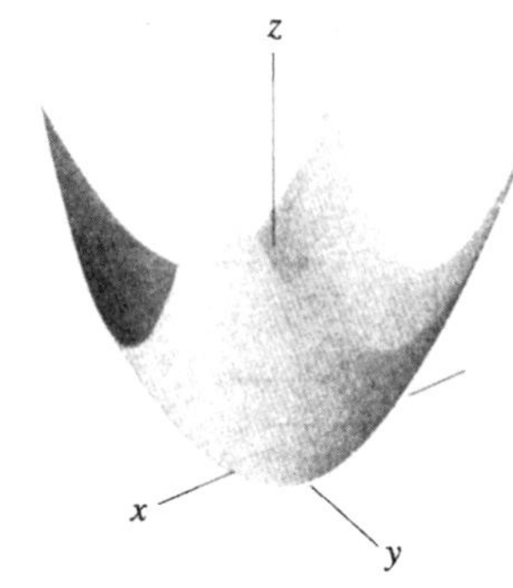

Figura 1.19: Gráfico de $f(x, y) = x^2 + y^2$ para $-3 \leq x \leq 3, -3 \leq y \leq 3$

Gráficos novos a partir de velhos

Podemos usar o gráfico de uma função para visualizar os gráficos de funções relacionadas.

Exemplo 1: Seja $f(x, y) = x^2 + y^2$. Descreva em palavras os gráficos das seguintes funções:

a) $g(x, y) = x^2 + y^2 + 3$, b) $h(x, y) = 5 - x^2 - y^2$,

c) $k(x, y) = x^2 + (y - 1)^2$.

Solução: Sabemos da Figura 1.19 que o gráfico de f é uma concha com o vértice na origem. Disto podemos concluir como são os gráficos de g, h, k.

a) A função $g(x, y) = x^2 + y^2 + 3 = f(x, y) + 3$ de modo que o gráfico é o de f mas levantado de três unidades. Ver Figura 1.20.

b) Como $-x^2 - y^2$ é o negativo de $x^2 + y^2$, o gráfico de $-x^2 - y^2$ é uma concha revirada de cabeça para baixo. Assim o gráfico de $h(x, y) = 5 - x^2 - y^2 = 5 - f(x, y)$ aparece como uma concha invertida com vértice em (0, 0, 5), como na Figura 1.21.

c) O gráfico de $k(x, y) = x^2 + (y - 1)^2 = f(x, y - 1)$ é uma concha com vértice em $x = 0$, $y = 1$, pois é aí que $k(x, y) = 0$, como na Figura 1.22.

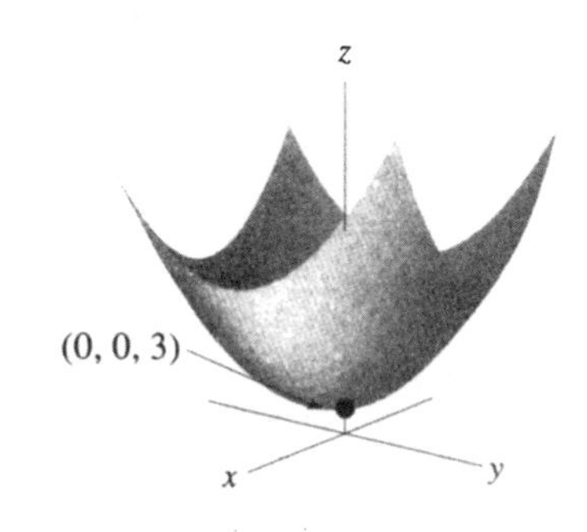

Figura 1.20: Gráfico de $g(x, y) = x^2 + y^2 + 3$

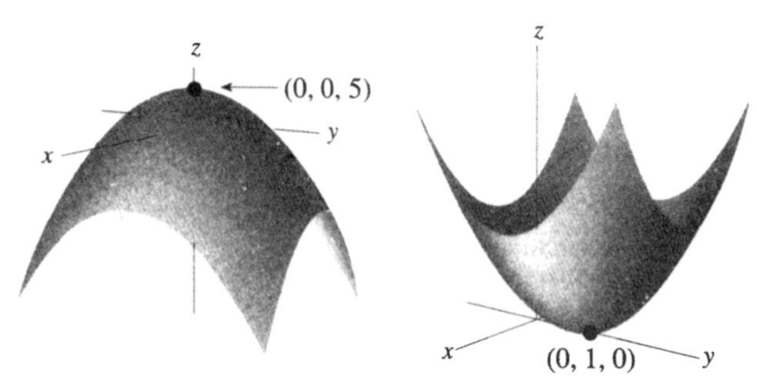

Figura 1.21: Gráfico de $h(x, y) = 5 - x^2 - y^2$

Figura 1.22: Gráfico de $k(x, y) = x^2 + (y - 1)^2$

Exemplo 2: Descreva o gráfico de $G(x, y) = e^{-(x^2 + y^2)}$. Que simetria tem?

Solução: Como a função exponencial é sempre positiva o gráfico jaz totalmente acima do plano-xy. Do gráfico de $x^2 + y^2$ vemos que $x^2 + y^2$ é zero na origem e aumenta quando nos afastamos da origem em qualquer direção. Assim $e^{-(x^2 + y^2)}$ vale 1 na origem e diminui à medida que nos afastamos da origem em qualquer direção. Não pode passar para baixo do plano-xz: em vez disso ele se achata, aproximando-se cada vez mais do plano. Dizemos que a superfície é *assintótica* ao plano-xy. (Ver Figura 1.23.)

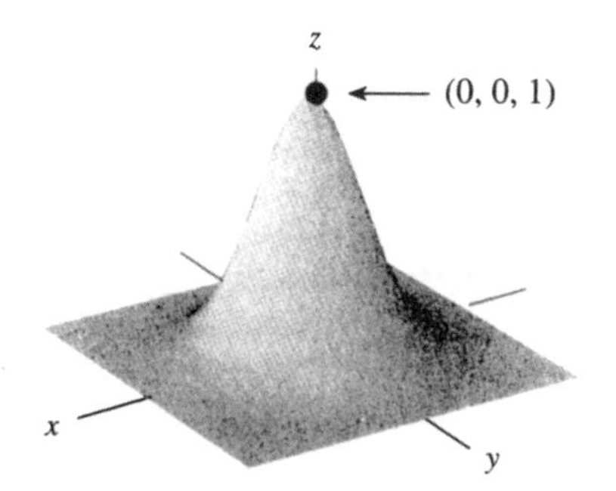

Figura 1.23: Gráfico de $G(x, y) = e^{-(x^2 + y^2)}$

Agora considere um ponto (x, y) no círculo $x^2 + y^2 = r^2$. Como

$G(x, y) = e^{-(x^2 + y^2)} = e^{-r^2}$, o valor da função G é o mesmo em todos os pontos do círculo. Por isso dizemos que o gráfico de G tem *simetria circular*.

Seções e o gráfico de uma função

Vimos que um bom modo de analisar uma função de duas variáveis é deixar variar uma das variáveis enquanto a outra fica fixa.

> Para uma função $f(x, y)$, a função que obtemos mantendo x fixo e deixando y variar chama-se uma *seção* de f com x fixo. O gráfico de $f(x, y)$ com $x = c$ é a curva, ou seção, que obtemos fazendo a interseção do gráfico de f com o plano $x = c$. Definimos analogamente a seção de f com y fixo.

Por exemplo, a seção de $f(x, y) = x^2 + y^2$ com $x = 2$ é $f(2, y) = 4 + y^2$. O gráfico desta seção é a curva que obtemos cortando o gráfico de f pelo plano perpendicular ao eixo-x em $x = 2$. (Ver Figura 1.24.)

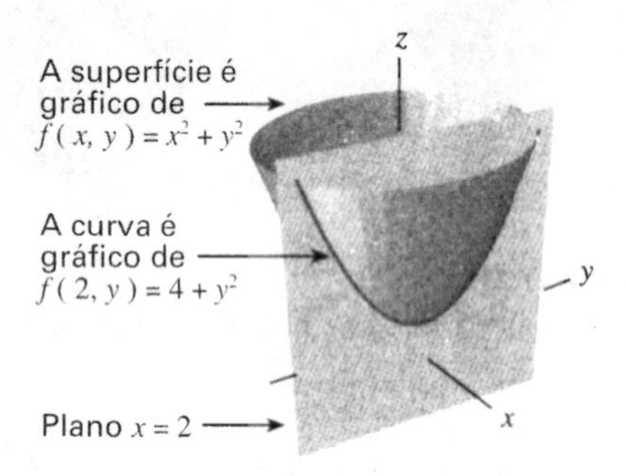

Figura 1.24: Seção da superfície $z = f(x, y)$ pelo plano $x = 2$

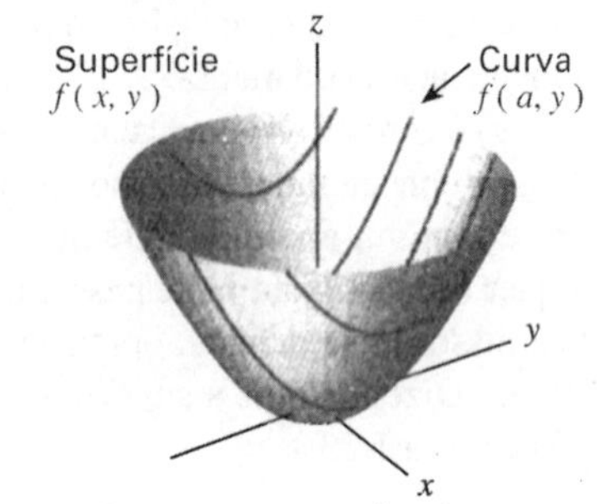

Figura 1.25: As curvas $z = f(a, y)$ com a constante: seção com x fixo.

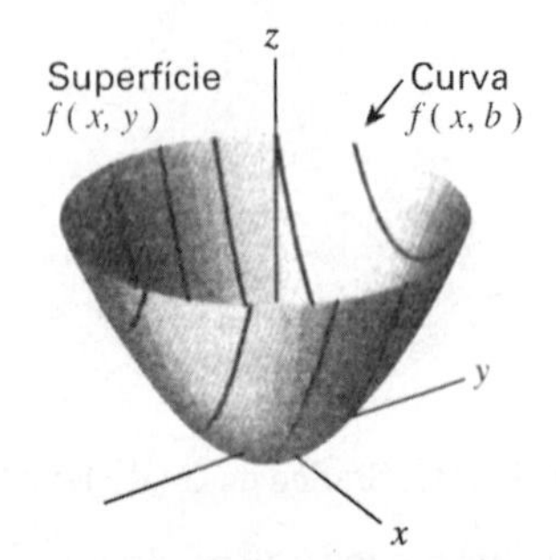

Figura 1.26: As curvas $z = f(x, b)$ com b constante: seção com y fixo.

A Figura 1.25 mostra gráficos de outras seções de f com x fixo. A Figura 1.26 mostra seções com y fixo.

Exemplo 3: Descreva as seções da função $g(x, y) = x^2 - y^2$ com y fixo e depois com x fixo. Use seções para descrever a forma do gráfico de g.

Solução: As seções com y fixo em $y = b$ são dadas por

$$z = g(x, b) = x^2 - b^2.$$

Assim, cada seção com y fixo dá uma parábola abrindo para cima, com mínimo em $z = -b^2$. As seções com x fixo são da forma

$$z = g(a, y) = a^2 - y^2,$$

que são parábolas abrindo para baixo com máximo de $z = a^2$.(Ver Figuras 1.27 e 1.28). O gráfico de g é mostrado na Figura 1.29. Observe as parábolas abrindo para cima na direção x e as parábolas abrindo para baixo na direção y. Dizemos que a superfície tem *forma de sela*

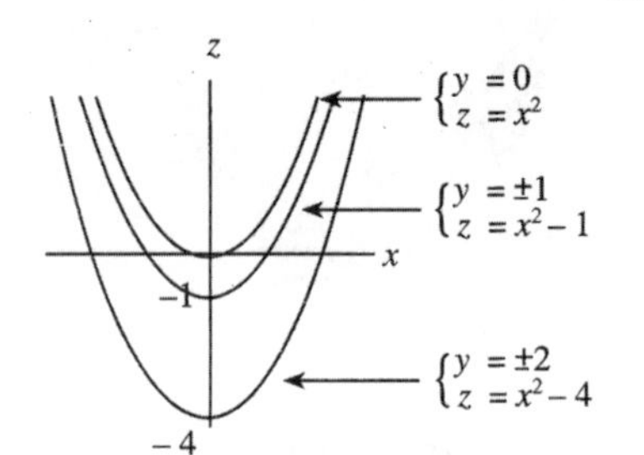

Figura 1.27: Seções de $g(x, y) = x^2 - y^2$ com y fixo

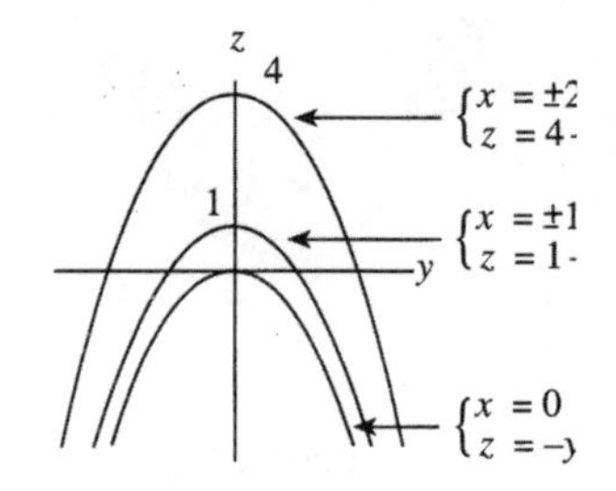

Figura 1.28: Seções de $g(x, y) = x^2 - y^2$ com x fixo

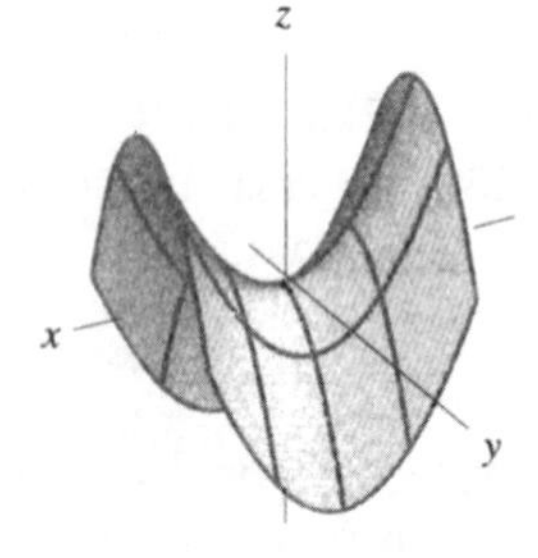

Figura 1.29: Gráfico de $g(x, y) = x^2 - y^2$ mostrando seções

Funções lineares

Funções lineares são centrais no Cálculo de uma variável; são igualmente importantes no Cálculo de várias variáveis. Você talvez possa adivinhar a forma do gráfico de uma função linear de duas variáveis. (É um plano.) Olhemos um exemplo.

Exemplo 4: Descreva o gráfico de $f(x, y) = 1 + x - y$.

Solução: O plano $x = a$ é vertical e paralelo ao plano-yz. Assim a seção com $x = a$ é a reta $z = 1 + a - y$ que se inclina para baixo na direção y. Analogamente, o plano $y = b$ é paralelo ao plano-xz. Assim a seção por $y = b$ é a reta $z = 1 + x - b$ que se inclina para cima na direção x. Como todas as seções são retas, você poderia esperar que o gráfico seja um plano que se inclina para baixo na direção y e para cima na direção x. É o que acontece.(Ver Figura 1.30.)

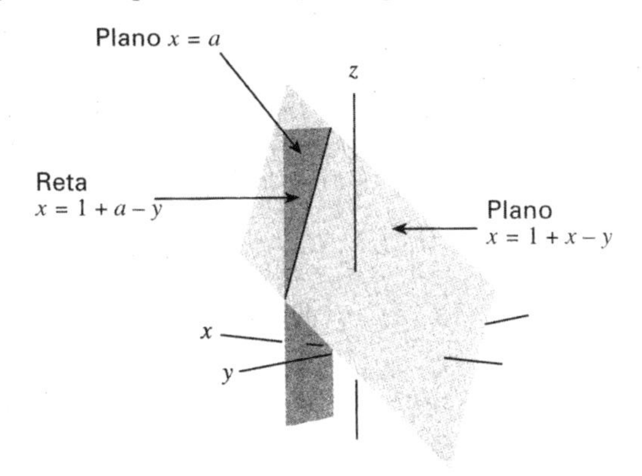

Figura 1.30: Gráfico do plano $z = 1 + x - y$ mostrando seção com $x = a$

Quando falta uma variável: cilindros

Suponha que fazemos o gráfico de uma equação como $z = x^2$ em que falta uma variável. Que aspecto tem a superfície? Como falta y na equação, as seções com y fixo são todas a mesma parábola, $z = x^2$. Quando deixamos y variar para cima e para baixo no eixo-y a parábola varre a superfície em forma de calha mostrada na Figura 1.31. A seção com x fixo é sempre uma reta horizontal, obtida cortando a superfície por um plano perpendicular ao eixo-x.

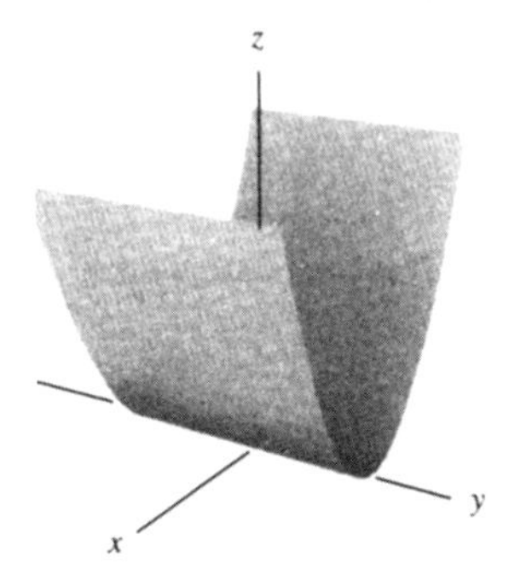

Figura 1.31: Um cilindro parabólico $z = x^2$

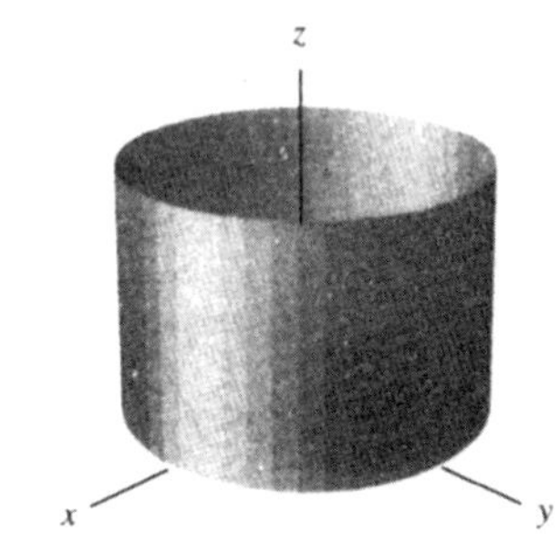

Figura1.32: Cilindro circular $x^2 + y^2 = 1$

Essa superfície chama-se um *cilindro parabólico* porque é formado a partir de uma parábola, do mesmo modo que um cilindro comum é formado a partir de um círculo; tem uma seção parabólica em vez de seção circular.

Exemplo 5: Faça o gráfico da equação $x^2 + y^2 = 1$ no 3-espaço.

Solução: Embora a equação $x^2 + y^2 = 1$ não represente uma função, a superfície que a representa pode ter seu gráfico traçado pelo método usado para $z = x^2$. O gráfico de $x^2 + y^2 = 1$ no plano-xy é um círculo. Como z não aparece na equação, a interseção da superfície com qualquer plano horizontal será sempre o círculo $x^2 + y^2 = 1$. Assim a superfície é o cilindro mostrado na Figura 1.32.

Problemas para a Seção 1.3

1 A superfície na Figura 1.33 é o gráfico da função $z = f(x, y)$ para x e y positivos.

a) Suponha y fixo e positivo. E z cresce ou decresce quando x cresce? Esboce um gráfico de z como função de x.

b) Suponha x fixo e positivo. E z cresce ou decresce quando y cresce? Esboce um gráfico de z como função de y.

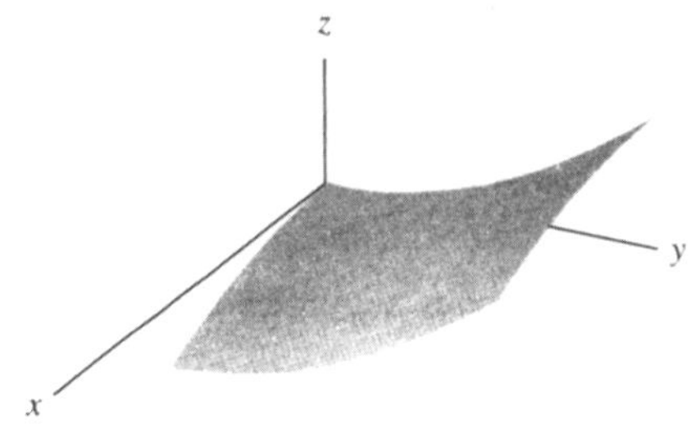

Figura 1.33

2 Combine as seguintes descrições do sucesso de uma companhia com os gráficos da Figura 1.34.

a) Nosso sucesso é medido em reais, pura e simplesmente. Mais trabalho duro não prejudicará mas também não ajudará.

b) Não importa quanto dinheiro ou trabalho duro puséssemos na companhia, não pudemos fazê-la progredir.

c) Embora não fossemos totalmente bem sucedidos, parece que a quantidade de dinheiro investida não importa. Enquanto pusermos trabalho duro na companhia nosso sucesso aumentará.

d) O sucesso da companhia se baseia tanto em trabalho duro quanto em investimento.

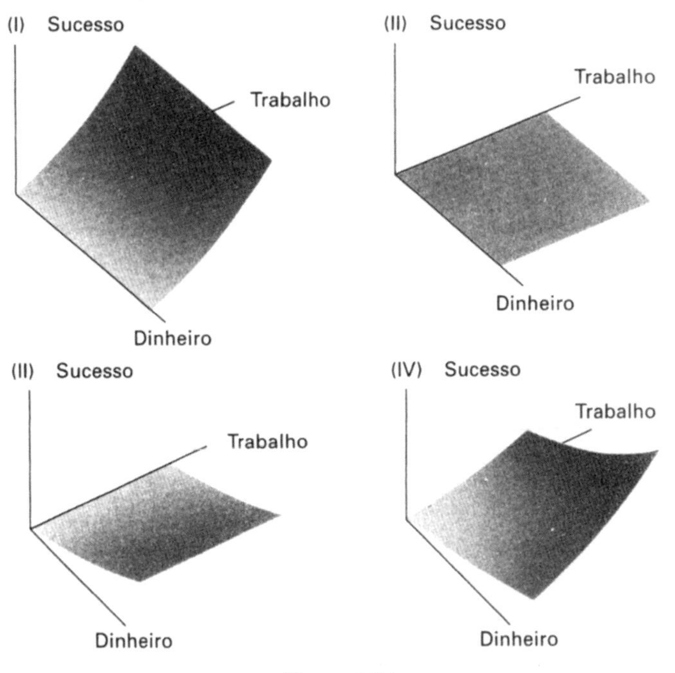

Figura 1.34

3 Para cada uma das funções seguintes decida se poderia ser uma concha, um prato ou nenhum dos dois. Pense num prato como sendo qualquer superfície razoavelmente plana e concha como qualquer coisa que pudesse conter água, supondo que o eixo dos z vai para cima.

a) $z = x^2 + y^2$ b) $z = 1 - x^2 - y^2$

c) $x + y + z = 1$ d) $z = -\sqrt{5 - x^2 - y^2}$

e) $z = 3$

4 Para cada função do Problema 3 esboce seções:

(i) Com x fixado em $x = 0$ e $x = 1$
(ii) Com y fixado em $y = 0$ e $y = 1$

5 Combine as funções seguintes com seus gráficos na Figura 1.35.

a) $z = \dfrac{1}{x^2 + y^2}$ b) $z = -e^{-x^2-y^2}$ c) $z = x + 2y + 3$

d) $z = -y^2$ e) $z = x^3 - \operatorname{sen} y$

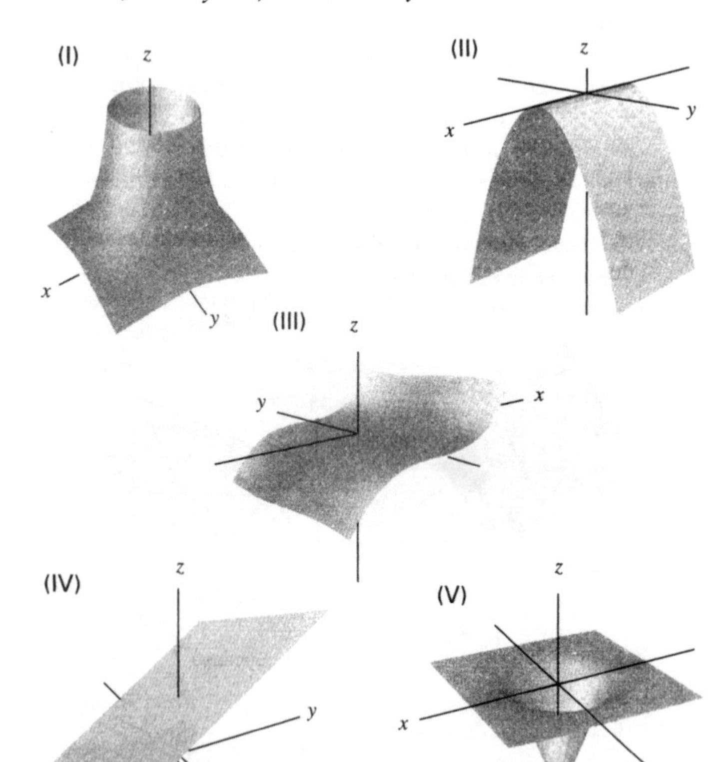

Figura 1.35

6 Você gosta de pizza e de cola. Qual dos gráficos na Figura 1.36 representa sua satisfação como função de quantas pizzas e quantas colas você tem se

a) Para você nunca há pizzas ou colas demais?
b) Pode haver excesso de pizzas ou de colas?
c) Pode haver excesso de colas mas nunca de pizzas?

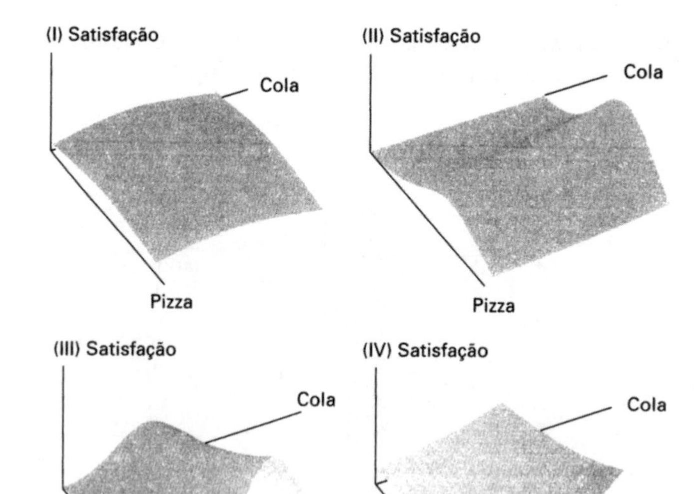

Figura 1.36

7 Para cada um dos gráficos I–IV no Problema 6 esboce:

a) Duas seções com pizza fixa b) Duas seções com cola fixa

8 A Figura 1.37 contém os gráficos das parábolas $z = f(x, b)$ para $b = -2, -1, 0, 1, 2$. Qual dos gráficos na Figura 1.38 melhor se ajusta a essa informação?

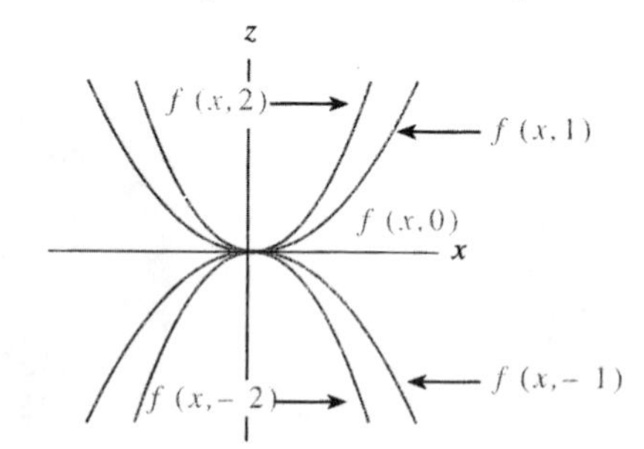

Figura 1.37

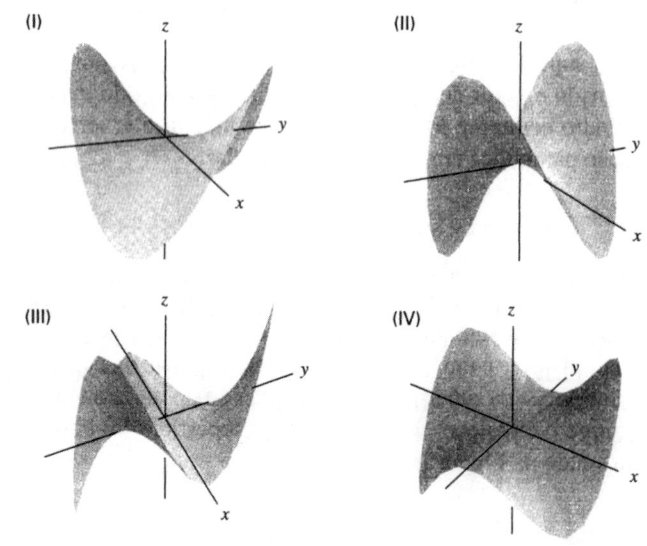

Figura 1.38

9 Imagine uma única onda percorrendo um canal. Suponha que x é a distância ao longo do canal a partir do meio, t é o tempo e z a altura da água acima do nível de equilíbrio. O gráfico de z como função de x e t é mostrado na Figura 1.39.
a) Desenhe o perfil da onda para $t = -1, 0, 1, 2$. (Ponha o eixo-x para a direita e o eixo-z verticalmente.)
b) A onda está indo na direção de x crescente ou decrescente?
c) Esboce uma superfície representando uma onda que vai na direção oposta.

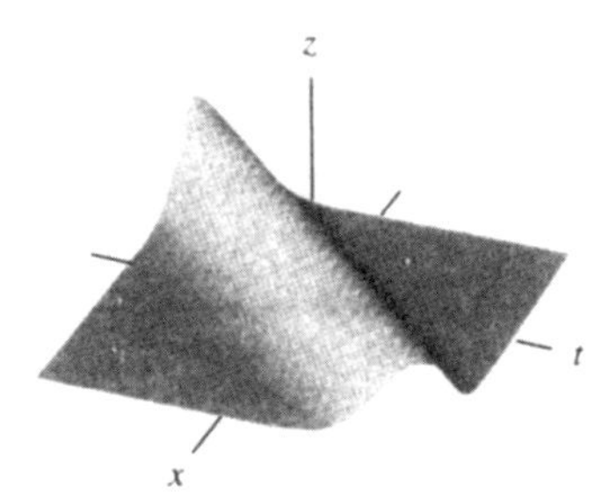

Figura 1.39

10 Descreva em palavras as seções com t fixo e as seções com x fixo da corda de violão vibrante dada pela função

$$f(x, t) = \cos t \operatorname{sen} x, \quad 0 \le x \le \pi, \quad 0 \le t \le 2\pi$$

da página 5. Explique a relação entre essas seções e o gráfico de f.

11 Use um computador ou calculadora para traçar o gráfico da função da corda de violão vibrante:
$g(x, t) = \cos t \operatorname{sen} 2x, \quad 0 \le x \le \pi, \quad 0 \le t \le 2\pi$

Estabeleça relação entre a forma do gráfico e as seções com t fixo e as seções com x fixo.

12 Use um computador ou calculadora para traçar o gráfico da função de onda circulante.

$h(x, t) = 150 + 30 \cos(x - 0{,}5t), \quad 0 \le x \le 2\pi$
$0 \le t \le 2\pi$

Relacione a forma do gráfico a seções com t fixo e as com x fixo.

13 Considere a função f dada por $f(x, y) = y^3 + xy$. Esboce os gráficos das seções com:

a) x fixado em $x = -1$, $x = 0$, e $x = 1$.
b) y fixado em $y = -1$, $y = 0$, e $y = 1$.

14 Um pêndulo consiste de uma massa suspensa na extremidade de uma corda. Num dado momento a corda faz um ângulo x com a vertical e a massa tem velocidade y. Nesse instante a energia E do pêndulo é dada pela expressão*

$$E = 1 - \cos x + \frac{y^2}{2}.$$

a) Considere a superfície que representa a energia. Esboce uma seção por um plano.
(i) Perpendicular ao eixo-x em $x = c$.
(ii) Perpendicular ao eixo-y em $y = c$.

*Adatado de *Calculus in Context*, de James Callahan, Kenneth Hoffman(New York:W.H.Freeman,1995)

b) Para cada um dos gráficos nas Figuras 1.40 e 1.41 use sua reposta à parte a) para decidir qual é o eixo-x e qual é o eixo-y e para pôr unidades razoáveis em cada um.

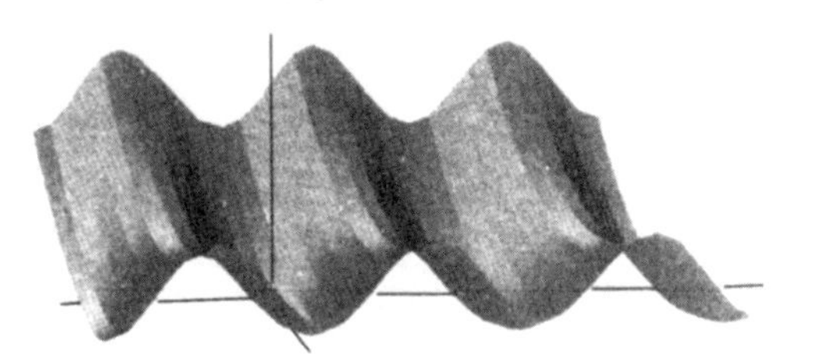

Figura 1.40

Figura 1.41

1.4 - DIAGRAMAS DE NÍVEL

A superfície que representa uma função de duas variáveis muitas vezes dá uma idéia boa do comportamento geral da função – por exemplo, se é crescente ou decrescente quando uma das variáveis cresce. Porém é difícil perceber valores numéricos numa superfície e pode ser difícil ver todo o comportamento da função a partir da superfície. Assim funções de duas variáveis freqüentemente são representadas por diagramas de curvas de nível como o mapa do tempo na página 1. Curvas de nível têm ainda a vantagem de poderem ser estendidas a funções de três variáveis.

Mapas topográficos

Um dos exemplos mais comuns de diagrama de curvas de nível é um mapa topográfico como o mostrado na Figura 1.42. O mapa dá a elevação na região e é uma boa maneira de obter uma visão geral do terreno: onde estão as montanhas, onde as planícies. Tais mapas topográficos freqüentemente são coloridos em verde nas elevações mais baixas e marrom, vermelho ou branco nas mais altas.

As curvas num mapa topográfico que separam as elevações mais baixas das mais altas são chamadas *curvas de contorno*, porque traçam o contorno ou forma do terreno.* Porque cada ponto ao longo de um contorno tem a mesma elevação, são chamadas também *curvas de nível* ou *conjuntos de nível*. Quanto mais próximas umas das outras estiverem a curvas, mais inclinado é o terreno; quanto mais espaçadas, mais plano. (É claro, desde que a elevação entre contornos varie por uma quantidade constante). Certos aspectos têm características marcantes. Um pico montanhoso tipicamente é rodeado de

*Na verdade em geral não são retas. Podem também ser em pedaços desconexos

linhas de nível como os da Figura 1.43. Uma passagem numa cordilheira pode ter contornos como na Figura 1.44. Um longo

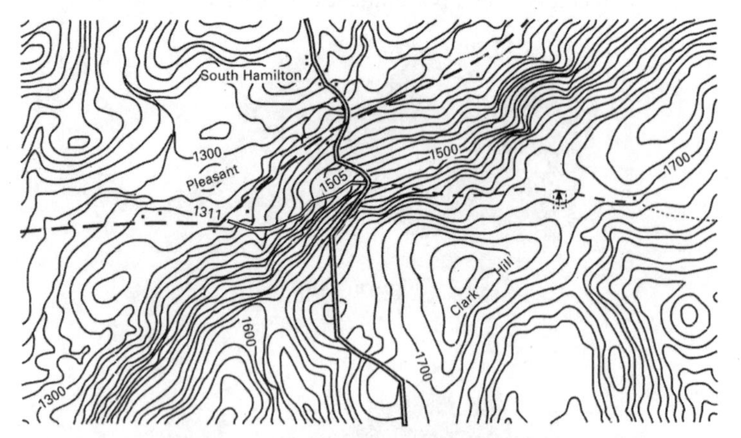

Figura 1.42: Um mapa topográfico mostrando a região em torno de South Hamilton, NY

vale tem linhas de nível paralelas indicando as elevações crescentes de ambos os lados do vale (ver Figura 1.45); uma longa cadeia de montanhas tem o mesmo tipo de curvas de nível, só que as elevações decrescem de ambos os lados do topo. Observe que os números de elevações sobre as curvas de nível são tão importantes quanto as próprias curvas.

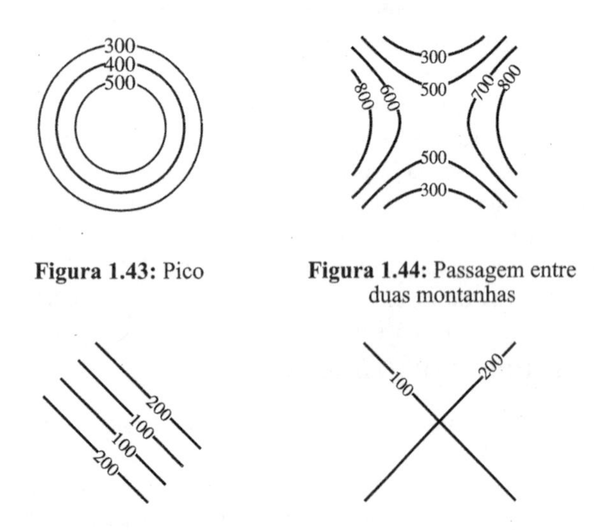

Figura 1.43: Pico

Figura 1.44: Passagem entre duas montanhas

Figura 1.45: Vale longo

Figura 1.46: Linhas impossíveis

Algumas coisas curvas de nível não podem fazer. Duas curvas correspondendo a diferentes elevações não podem cruzar-se como na Figura 1.46. Se o fizéssem, o ponto de interseção teria duas elevações diferentes, o que é impossível (supondo que o terreno não tem sobressaliências). Freqüentemente seguiremos a convenção de traçar curvas para valores igualmente espaçados de z.

Produção de milho

Curvas de nível podem também ser úteis para exibir informação sobre uma função de duas variáveis sem referência a uma superfície. Considere como representar o efeito de diferentes condições de tempo sobre a produção de milho. O que aconteceria se a temperatura média subisse (por causa do aquecimento global, por exemplo)? O que aconteceria se a quantidade de chuva decrescesse (devido a uma seca)? Um modo de avaliar o efeito de tais mudanças climáticas é usar a Figura 1.47. Este é um diagrama de curvas de nível dando a produção de milho $f(C, T)$ como função da quantidade de chuva C e da temperatura T durante a estação de crescimento.* Suponha que neste momento $C = 45$cm e T 25°C . A produção é medida como porcentagem da produção atual: assim, o contorno por $C = 45$, $T = 25$ tem valor 100, isto é, $f(45, 25) = 100$.

Exemplo 1: Use a Figura 1.47 para avaliar $f(54, 26)$ e $f(36, 25)$ e explique a resposta em termos de produção de milho.

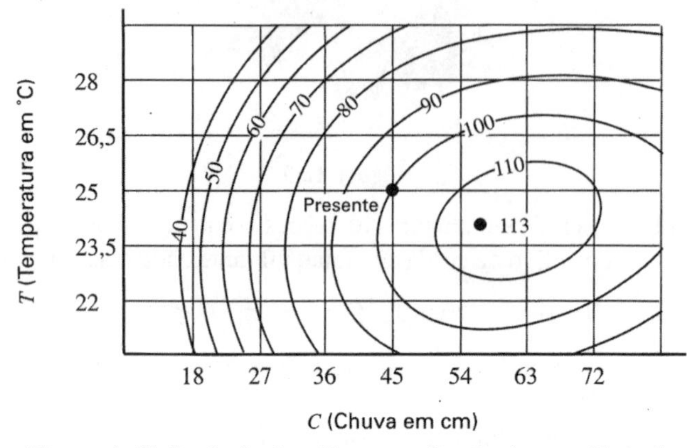

Figura 1.47: Produção de milho como função da quantidade de chuva e da temperatura

Solução: O ponto com coordenada-C 54 e coordenada-T 26,5 está sobre o nível $N = 100$, assim $f(54, 26{,}5) = 100$. Isto significa que se a quantidade de chuva anual fosse 54cm e a temperatura 26,5°C, a produção de milho seria aproximadamente igual à atual, embora estivesse mais chuvoso e quente o tempo que agora.

O ponto com coordenada-C 36 e coordenada-T 25 está aproximadamente a meia distância entre os níveis $N = 80$ e $N = 90$, de modo que $f(36, 25) \approx 85$. Isto significa que se o índice de chuva caísse a 36cm e a temperatura permanecesse a 25°C, a produção de milho cairia a cerca de 85% do que é agora.

Exemplo 2: Descreva em palavras as seções com T e C constantes pelo ponto representando as condições atuais. Dê uma explicação de senso comum para sua resposta.

Solução: Para ver o que acontece com a produção de milho se a temperatura ficar fixa a 25°C mas o índice de chuva variar, olhe a reta horizontal $T = 25$. Partindo do presente e indo para a esquerda ao longo da reta $T = 25$, os valores nas curvas de nível caem. Em outras palavras, se houver uma seca a produção vai baixar. Ao contrário, se o índice de chuva aumenta, isto é, se nos deslocamos da condição atual para a direita ao longo da reta $T = 25$ a produção de milho cresce, chegando a um máximo de mais de 110% quando $C = 63$, e depois decresce (excesso de chuva inunda os campos).

*Adatado de S.Beaty e R.Healy, The Future of American Agriculture, Scientific American, Vol.248, N° 2, Fevereiro1983.(Alterado para nossas medidas na tradução)

Se, em vez disso, a chuva permanece no valor atual e a temperatura cresce, nós nos movemos para cima na reta vertical $C = 45$. Nessas circunstâncias a produção de milho decresce: um aumento de 1°C causa queda de 10% na produção. Isto faz sentido porque temperaturas mais altas levam a maior evaporação, portanto a condições mais secas, mesmo com o índice de chuvas constante. Da mesma forma, uma queda de temperatura leva a um ligeiro aumento da produção, atingindo um máximo a cerca de 102% quando $T = 23$, seguido de baixa (o milho não cresce se faz muito frio).

Curvas de nível e gráficos

Diagramas de nível e gráficos são duas maneiras diferentes de representar uma função de duas variáveis. Como passamos de uma a outra? No caso do mapa topográfico, o diagrama foi criado unindo todos os pontos à mesma altura sobre a superfície e projetando a curva sobre o plano-xy.

Como proceder na outra direção? Suponha que quiséssemos traçar a superfície representando a função de produção de milho $M = f(C, T)$ dada pelo diagrama de contornos na Figura 1.47. Ao longo de cada contorno a função tem valor constante; se tomarmos cada contorno e o elevarmos acima do plano a uma altura igual a esse valor, teremos a superfície na Figura 1.48.

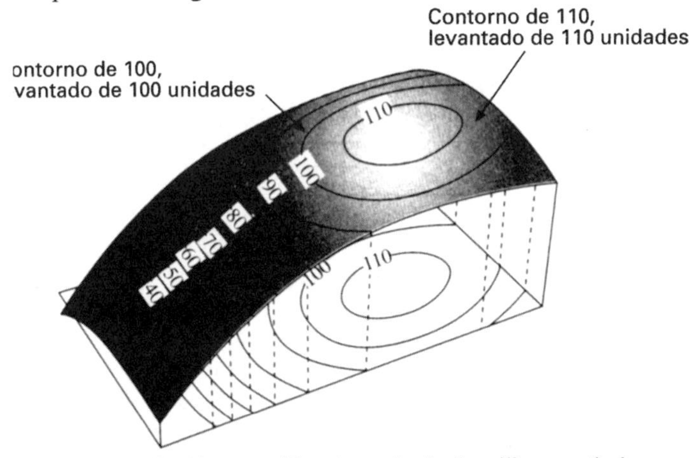

Figura 1.48: Obter o gráfico da produção de milho a partir do diagrama de contornos.

Observe que os contornos levantados são as curvas que obtemos cortando a superfície horizontalmente. De modo geral, temos o seguinte resultado:

> Linhas de contorno, ou curvas de nível, são obtidas de uma superfície cortando-a por planos horizontais.

Achar curvas de nível algebricamente

É fácil achar algebricamente equações para as curvas de nível de uma função f se tivermos uma fórmula para $f(x, y)$. Suponha que a superfície tem a equação.

$$z = f(x, y)$$

Uma curva de nível é obtida cortando a superfície com um plano horizontal de equação $z = c$. Assim a equação para o contorno à altura c é dada por

$$f(x, y) = c$$

Exemplo 3: Ache equações para as curvas de nível de $f(x, y) = x^2 + y^2$ e trace um diagrama de contornos para f. Relacione o diagrama com o gráfico de f.

Solução: O contorno à altura c é dado por

$$f(x, y) = x^2 + y^2 = c\,.$$

Isto é um contorno somente para $c \geq 0$, Para $c > 0$ é um circulo de raio $\sqrt{c}$. Para $c = 0$, é um único ponto (a origem). Assim, os contornos à elevação de $c = 1, 2, 3, 4,...$ são todos círculos centrados na origem de raios $1, \sqrt{2}, \sqrt{3}, 2, \ldots$. O diagrama é mostrado na Figura 1.49. O gráfico em forma de concha de f é mostrado na Figura 1.50. Observe que o gráfico de f sobe mais rapidamente à medida que nos afastamos da origem; isto se reflete no fato de as curvas de nível ficarem mais próximas umas das outras quando nos afastamos da origem; por exemplo, os contornos para $c = 6$ e $c = 8$ estão mais próximos um do outro que os para $c = 2$ e $c = 4$.

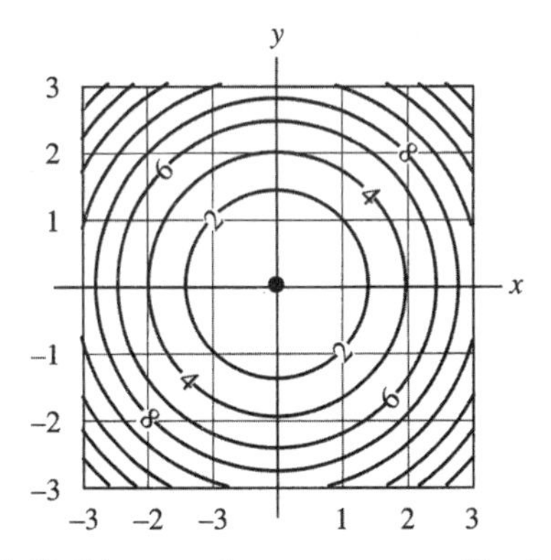

Figura 1.49: Diagrama de contorno para $f(x, y) = x^2 + y^2$ (só valores pares de c)

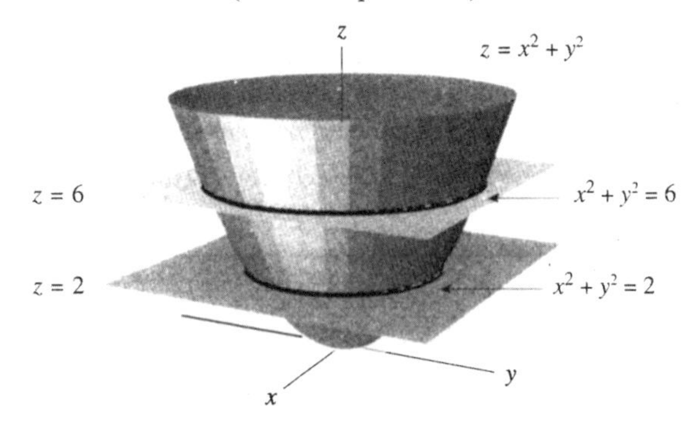

Figura 1.50: O gráfico de $f(x, y) = x^2 + y^2$

Exemplo 4: Trace diagrama de curvas de nível para $f(x, y) = \sqrt{x^2 + y^2}$ e relacione-o com o gráfico de f.

Solução: A curva do nível c é dada por

$$f(x, y) = \sqrt{x^2 + y^2} = c$$

Para $c > 0$ isto é um círculo, como no exemplo anterior, mas aqui o raio é c em vez de $\sqrt{c}$. Para $c = 0$ é a origem. Assim, se o nível c aumenta de 1, o raio da curva aumenta de 1. Isto significa que as linhas de nível são círculos concêntricos igualmente espaçados (ver Figura 1.51) que não ficam mais próximos uns dos outro longe da origem. Assim o gráfico de f tem a mesma inclinação constante quando nos afastamos da origem (ver Figura 1.52), tornando-o um cone e não uma concha.

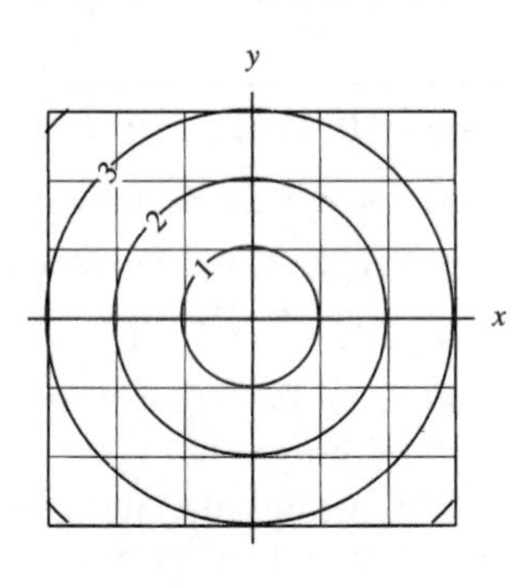

Figura 1.51:
Um diagrama de contornos
para $f(x, y) = \sqrt{x^2 + y^2}$

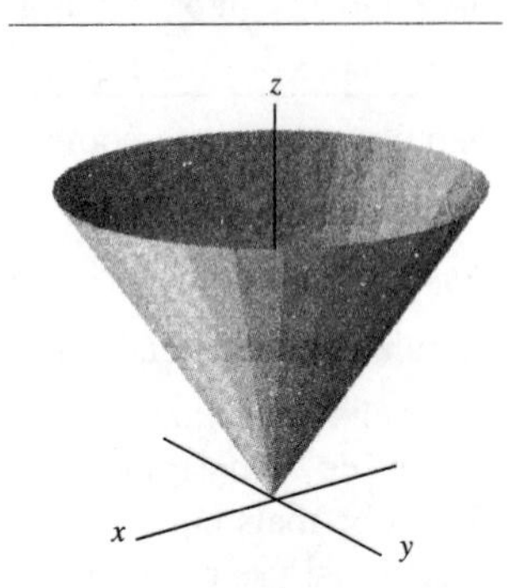

Figura 1.52:
O gráfico de $f(x, y) =$
$\sqrt{x^2 + y^2}$

Nos dois exemplos precedente as curvas de nível eram círculos concêntricos porque as superfícies têm simetria circular. Toda função de duas variáveis que só depende de $(x^2 + y^2)$ tem tal simetria: por exemplo, $G(x, y) = e^{-(x^2+y^2)}$ ou $H(x, y) = \operatorname{sen}\left(\sqrt{x^2 + y^2}\right)$

Exemplo 5: Trace diagrama de contornos para $f(x, y) = 2x + 3y + 1$.

Solução: O contorno do nível c tem equação $2x + 3y + 1 = c$. Reescrevendo isto como $y = -(2/3)x + (c - 1)/3$, vemos que os contornos são retas paralelas com inclinação -2/3. A interseção com o eixo-y deste contorno é $(c - 1)/3$; de cada vez que c aumenta de 3, a interseção move-se para cima de 1. O diagrama é mostrado na Figura 1.53.

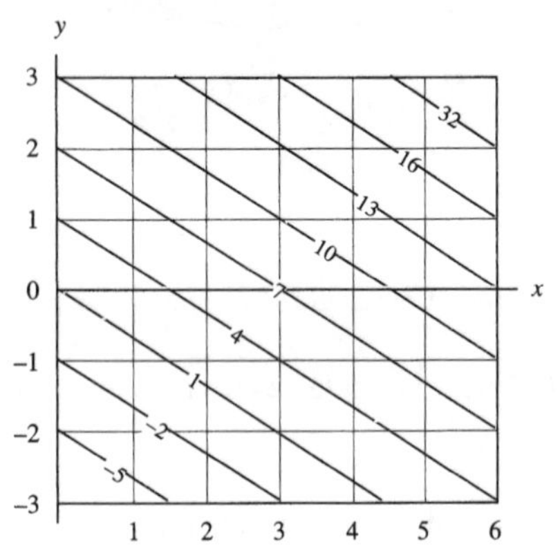

Figura 1.53: Um diagrama de contornos para $f(x, y) = 2x + 3y + 1$

Diagramas de contorno e tabelas

Às vezes podemos ter uma idéia do aspecto do diagrama de contornos de uma função a partir de sua tabela.

Exemplo 6: Relacione os valores de $f(x, y) = x^2 - y^2$ na Tabela 1.5 com seu diagrama de contornos na Figura 1.54

Tabela 1.5 Tabela de valores de $f(x, y) = x^2 - y^2$

y \ x	−3	−2	−1	0	1	2	3
3	0	−5	−8	−9	−8	−5	0
2	5	0	−3	−4	−3	0	5
1	8	3	0	−1	0	3	8
0	9	4	1	0	1	4	9
−1	8	3	0	−1	0	3	8
−2	5	0	−3	−4	−3	0	5
−3	0	−5	−8	−9	−8	−5	0

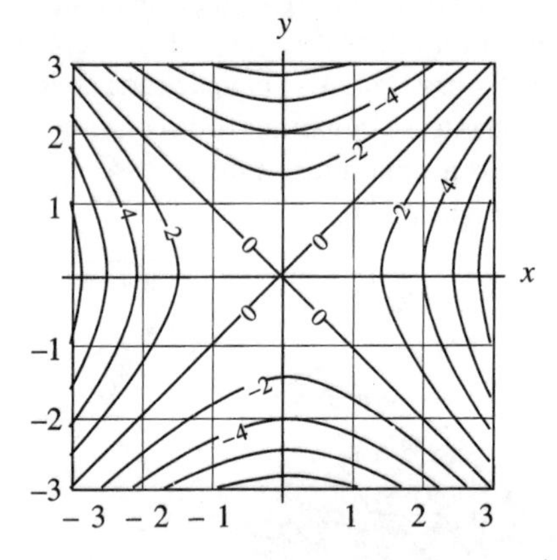

Figura 1.54: Diagrama de contornos $f(x, y) = x^2 - y^2$

Solução: Um aspecto importante dos valores na Tabela 1.5 é o dos zeros nas diagonais. Isto ocorre porque $x^2 - y^2 = 0$ ao longo das retas $y = x$ e $y = -x$. Assim a curva de nível $z = 0$ consiste dessas duas retas. Na região triangular da tabela que fica à direita das duas diagonais os elementos são positivos. À esquerda das duas diagonais são também positivos. Assim no diagrama de contornos os de nível positivo ficarão nas regiões triangulares à direita e à esquerda das retas $y = x$ e $y = -x$. Além disso a tabela mostra que os números da esquerda são iguais aos da direita. Assim cada curva de nível terá dois pedaços, um à direita e outro à esquerda. Ver Figura 1.54. Quando nos afastamos da origem ao longo do eixo dos x atravessamos curvas de nível correspondendo a valores cada vez maiores. No gráfico em forma de sela de $f(x, y) = x^2 - y^2$ mostrado na Figura 1.55 isto corresponde a subir pela sela ao longo de uma crista. Analogamente os contornos negativos ocorrem aos pares nas regiões triangulares acima e em baixo; os valores ficam mais e mais negativos quando nos afastamos ao longo do eixo-y. Isto corresponde a descer na sela ao longo dos vales submersos abaixo do plano-xy na Figura 1.55. Observe que poderíamos também obter o diagrama das curvas de nível traçando as hipérboles $x^2 - y^2 = 0, \pm 2, \pm 4,...$

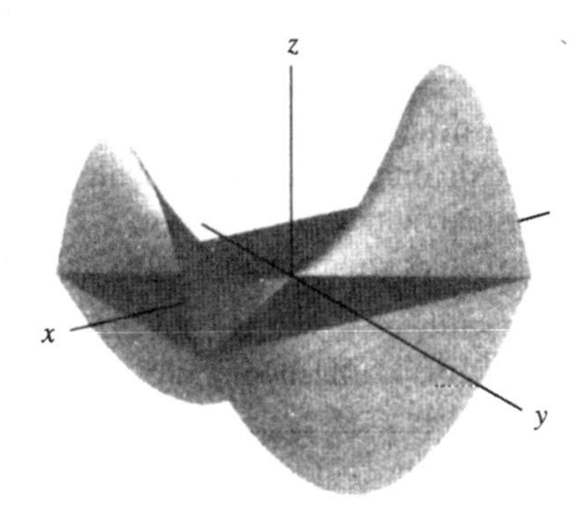

Figura 1.55: Gráfico de $f(x, y) = x^2 - y^2$ mostrando o plano $z = 0$

Uso de diagramas de contornos: a função de produção de Cobb-Douglas

Suponha que você tem um pequeno negócio de impressão e decide expandir porque tem mais encomendas do que pode manejar. Como você deveria expandir? Iniciar um turno noturno e contratar mais empregados? Comprar computadores mais caros mas mais rápidos que permitiriam a seus empregados atuais realizar o trabalho? Ou uma combinação das duas coisas?

Obviamente o modo de chegar a uma decisão na prática envolve outras considerações – tais como saber se você conseguiria ter um turno da noite com pessoal adequadamente treinado ou se há computadores mais rápidos disponíveis. No entanto você poderia modelar a quantidade P de trabalho produzido por seu negócio como uma função de duas variáveis: seu número total N de empregados e o valor total V de seu equipamento.

Como você esperaria que se comportasse uma tal função de produção? Em geral, ter mais equipamento e mais empregados permite que você produza mais. Porém, aumentar o equipamento sem aumentar o número de empregados aumentará a produção, mas não além de um certo ponto. (Se o equipamento já estiver sem utilização, ter mais não adianta.) Também aumentar o número de empregados sem aumentar o equipamento aumentará a produção, mas não além do ponto em que todo o equipamento está inteiramente utilizado, pois novos empregados não terão equipamento disponível.

Exemplo 7: Explique porque o diagrama de contornos na Figura 1.56 não modela o comportamento esperado da função de produção, mas o diagrama da Figura 1.57 sim.

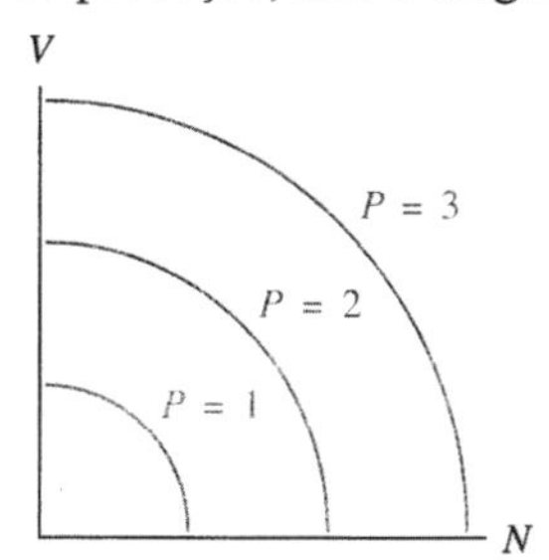

Figura 1.56: Contornos incorretos para a produção

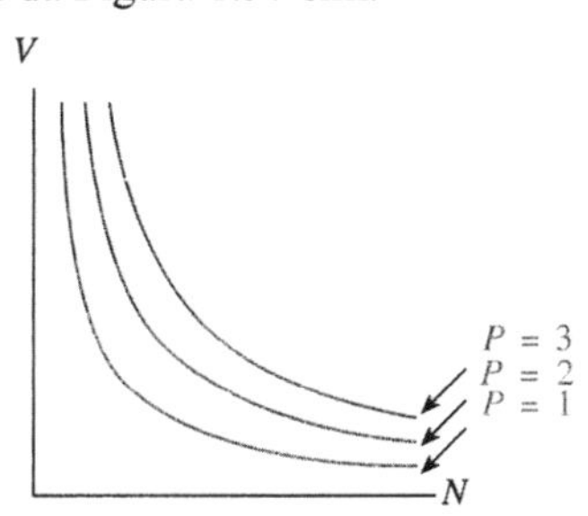

Figura 1.57: Contornos corretos para a produção

Solução: Olhe o diagrama na Figura 1.56. Fixando V num valor particular e deixando N crescer você se move para a direita no diagrama. Ao fazer isso você atravessa curvas de nível com valores de P cada vez maiores, o que significa que a produção aumenta indefinidamente. De outro lado, na Figura 1.57, quando você se move na mesma direção você se moverá quase paralelamente às curvas de nível, cruzando-as cada vez menos freqüentemente. Portanto a produção aumenta mais devagar quando N cresce com V fixo. Da mesma forma, se você fixa N e aumenta V, o diagrama na Figura 1.56 mostra a produção crescendo à taxa constante, ao passo que a Figura 1.57 mostra a produção crescendo mas à taxa decrescente. Assim a Figura 1.57 se ajusta melhor ao comportamento esperado da função de produção.

Fórmula para uma função de produção

Funções de produção com o comportamento qualitativo que desejamos são freqüentemente aproximadas por fórmulas da forma

$$P = f(N, V) = cN^{\alpha}V^{\beta}$$

onde P é a quantidade total produzida e c, α, e β são constantes positivas com $0<\alpha<1$ e $0<\beta<1$.

Exemplo 8: Mostre que as linhas de nível da função $P = cN^{\alpha}V^{\beta}$ tem aproximadamente a forma dos contornos da Figura 1.57.

Solução: As curvas de nível são as curvas em que P é igual a uma constante, digamos P_0, isto é, onde

$$cN^{\alpha}V^{\beta} = P_0$$

Resolvendo para V temos

$$V = \left(\frac{P_0}{c}\right)^{1/\beta} N^{-\alpha/\beta}$$

Assim V é ima função potência de N com expoente negativo e portanto seu gráfico tem a forma mostrada na Figura 1.57.

O modelo de produção Cobb-Douglas

Em 1928, Cobb e Douglas usaram uma função semelhante para modelar a produção de toda a economia dos Estados Unidos no primeiro quarto deste século. Usando estimativas governamentais para P, a produção anual total entre 1899 e 1922, para K, o investimento de capital total, e L, a força de trabalho total, concluíram que P era bem aproximado pela *função de produção de Cobb-Douglas*

$$P = 1{,}01L^{0.75}K^{0.25}$$

Essa função, verificou-se que modelava a economia dos Estados Unidos surpreendentemente bem, tanto para o período em que se baseou quanto por algum tempo depois.

Problemas para a Seção 1.4.

Para as funções no Problemas 1–9 esboce um diagrama de contornos com pelo menos quatro contornos indicados. Descreva em palavras os contornos e como estão espaçados.

1 $f(x,y) = x+y$

2 $f(x,y) = xy$

3 $f(x,y) = x^2 + y^2$

4 $f(x,y) = 3x+3y$

5 $f(x,y) = -x^2 - y^2 + 1$

6 $f(x,y) = x^2 + 2y^2$

7 $f(x,y) = +\sqrt{x^2 + 2y^2}$

8 $f(x,y) = y - x^2$

9 $f(x,y) = \cos\sqrt{x^2 + y^2}$

10 A Figura 1.58 é um diagrama para o pagamento mensal sobre um empréstimo de 5 anos para a compra de um carro, como função da taxa de juros e da quantia emprestada. Suponha que a taxa de juros é de 13% e que você decide tomar emprestados $6.000.

a) Qual é seu pagamento mensal?

b) Se a taxa de juros baixar para 11% quanto mais você pode tomar emprestado sem aumentar seu pagamento mensal?

c) Faça uma tabela de quanto você pode tomar emprestado, sem aumentar seu pagamento mensal, como função da taxa de juros.

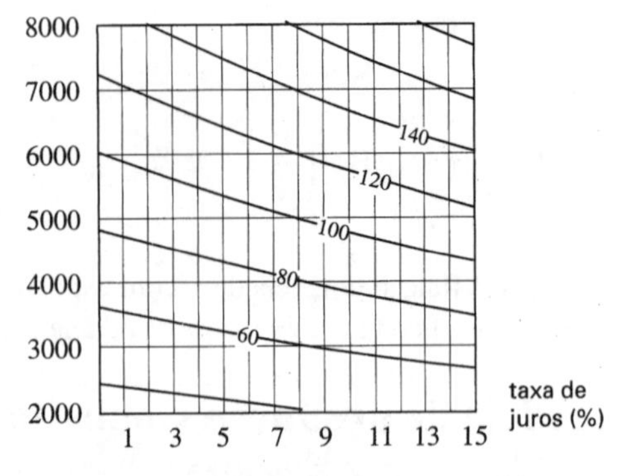

Figura 1.58

11 A Figura 1.59 mostra o mapa de contorno de uma colina com dois caminhos, A e B.

a) Em qual caminho, A ou B, a subida será mais íngreme?

b) Em qual caminho, A ou B, você provavelmente terá uma vista melhor dos arredores? (Supondo que sua visão não seja bloqueada por árvores.)

c) Perto de qual caminho é mais provável que haja um curso de água?

12 Cada um dos diagramas na Figura 1.60 mostra a densidade de população numa certa região. Escolha o diagrama que melhor corresponda a cada uma das situações seguintes. Muitas combinações são possíveis. Escolha alguma razoável e justifique sua escolha.

a) O centro do diagrama é uma cidade.

b) O centro do diagrama é um lago.

c) O centro do diagrama é uma usina de força.

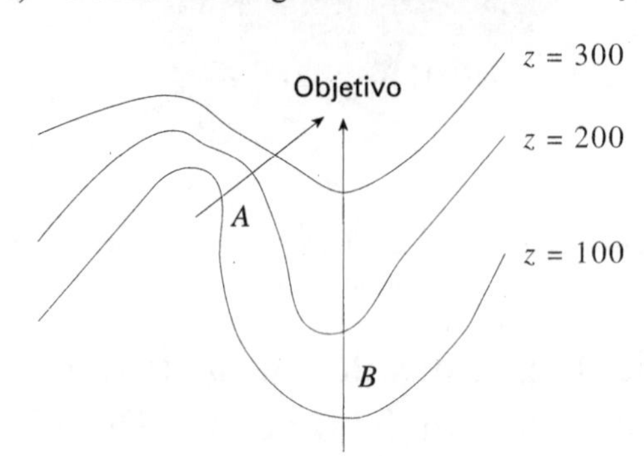

Figura 1.59

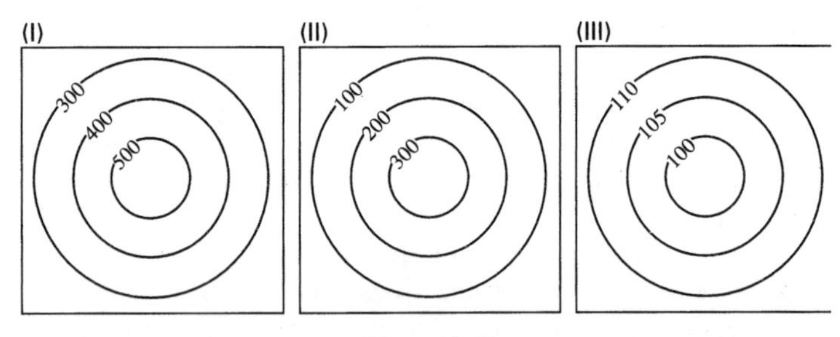

Figura 1.60

Para cada uma das superfícies nos Problemas 13–15 esboce um possível diagrama de contornos, marcado com possíveis valores de z. (Nota: há muitas repostas possíveis.)

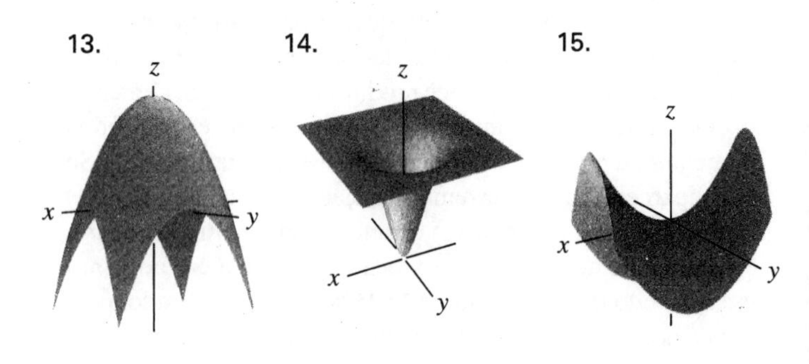

Figura 1.61 **Figura 1.62** **Figura 1.63**

16 A Figura 1.64 mostra a densidade da população de raposas P(em raposas por quilômetro quadrado) para o sul da Inglaterra. Trace duas seções diferentes numa reta norte-sul e duas seções diferentes numa reta leste-oeste da densidade de população P.

17 Use um computador ou calculadora para esboçar um diagrama de contornos para a função corda vibrante

$$f(x, t) = \cos t \operatorname{sen} 2x, \qquad 0 \leq x \leq \pi,\ 0 \leq t \leq \pi.$$

Use $c = -2/3, -1/3, 0, 1/3, 2/3$. (Você não poderá fazer isto algebricamente).

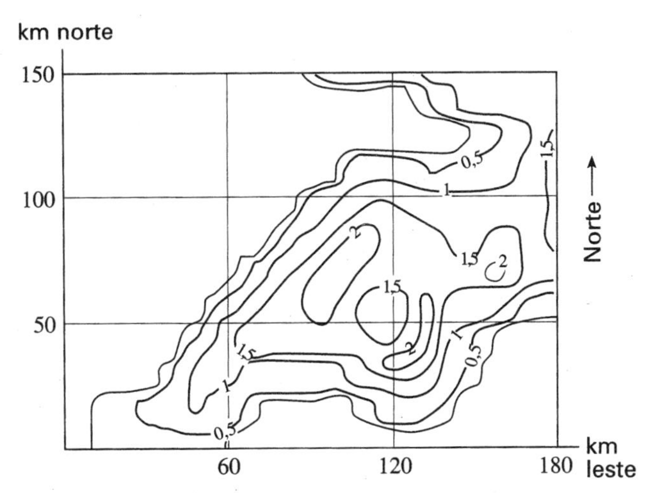

Figura 1.64: Densidade da população de raposas no sudoeste da Inglaterra

18 Na página 3 introduzimos a função da onda

$$h(x, t) = 150 + 30\cos(0{,}5x - t)$$

Trace um diagrama de contornos usando $c = 4\ \ 4{,}5\ \ 5\ \ 5{,}5\ \ 6$ para essa função. Explique como seu diagrama se relaciona com as seções de h discutidas na página 3. Onde as curvas de nível são menos espaçadas? Mais espaçadas?

19 Trace diagramas de contorno para cada um dos gráficos de contentamento-pizza-cola dados no Problema 6 na página 13.

20 Uma manufatura vende duas mercadorias, uma a um preço de \$3.000 a unidade e a outra a um preço \$12.000 a unidade. Suponha que uma quantidade q_1 do primeiro tipo e uma quantidade q_2 do segundo tipo são vendidos a um custo total de \$4.000 para o industrial.

a) Expresse o lucro, π, como função de q_1 e q_2.

b) Esboce curvas de lucro constante no plano-q_1q_2 para $\pi = 10.000$, $\pi = 20.000$ e $\pi = 30.000$ e a curva sem prejuízo-sem lucro $\pi = 0$.

21 A córnea é a superfície da frente do olho. Especialistas da córnea usam um SMT ou Sistema de Modelagem Topográfica para produzir um "mapa" da curvatura da superfície do olho. Um computador analisa a luz refletida no olho e traça curvas de nível unindo pontos de curvatura constante. As regiões entre essas curvas são coloridas com cores diferentes.

As duas primeiras imagens na Figura 1.65 são seções de olhos com curvatura constante, a menor sendo de cerca de 38 unidades, a maior cerca de 50. Em contraste, o terceiro olho tem curvatura variável.

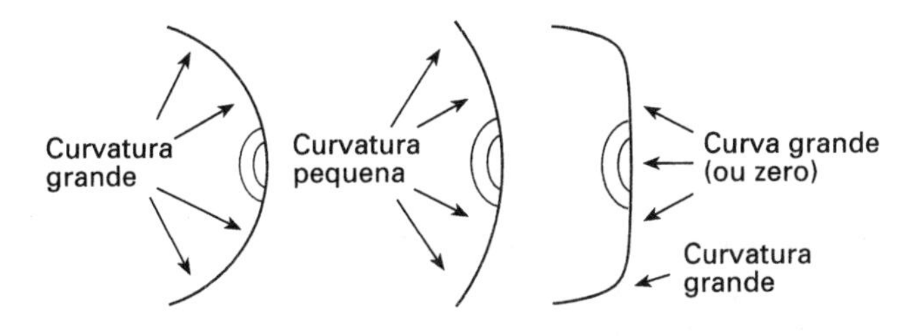

Figura 1.65: Olhos com diferentes curvaturas

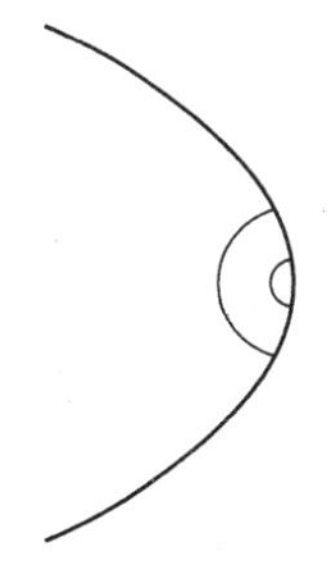

Figura 1.66

a) Descreva em palavras o aspecto do mapa SMT de um olho com curvatura constante.

b) Trace o mapa SMT de um olho com a seção na Figura 1.66. Suponha que o olho é circular quando visto de frente e a seção é a mesma em todas as direções. Ponha marcas numéricas razoáveis em suas curvas de nível.

22 Estabeleça uma correspondência entre as Tabelas 1.6–1.9 e os diagramas de contorno (I)–(IV) na Figura 1.67.

Tabela 1.6

y\x	−1	0	1
−1	2	1	2
0	1	0	1
1	2	1	2

Tabela 1.7

y\x	−1	0	1
−1	0	1	0
0	1	2	1
1	0	1	0

Tabela 1.8

y\x	−1	0	1
−1	2	0	2
0	2	0	2
1	2	0	2

Tabela 1.9

y\x	−1	0	1
−1	2	2	2
0	0	0	0
1	2	2	2

Figura 1.67

23 Estabeleça correspondência entre as superfícies (a)–(e) na Figura 1.68 com os diagramas (I)–(V) na Figura 1.69.

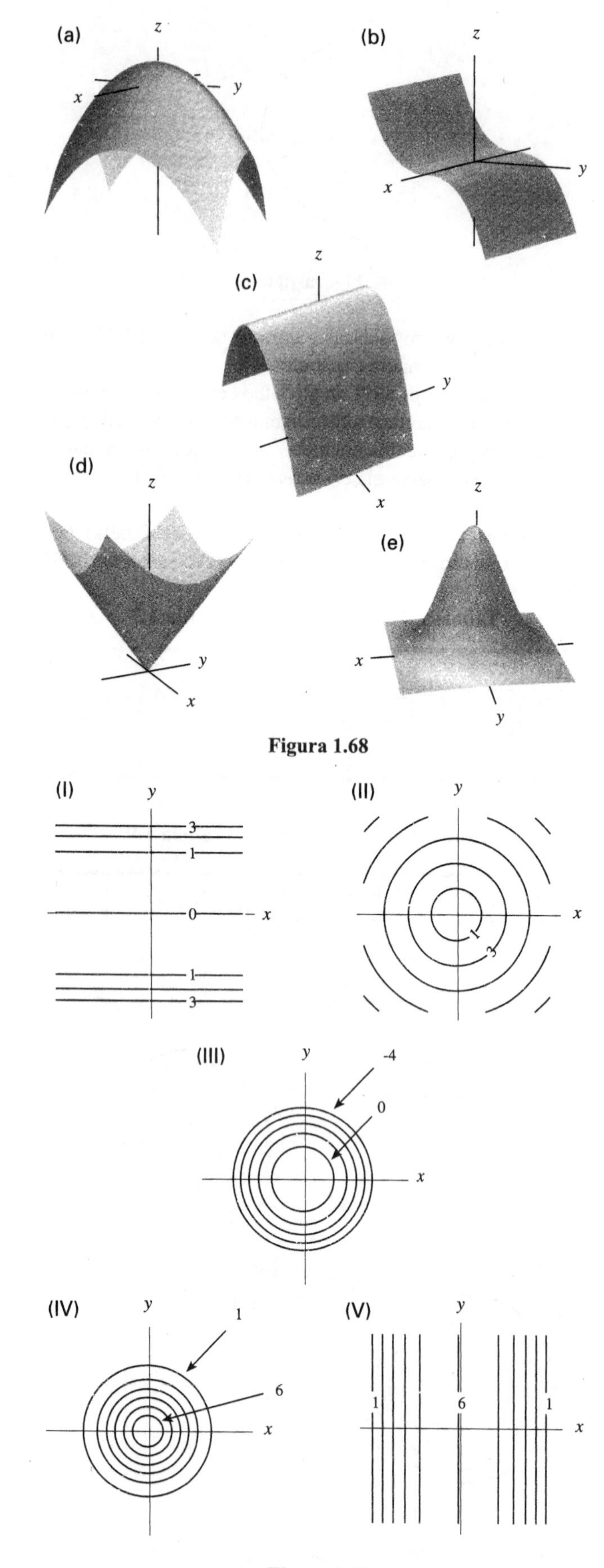

Figura 1.68

Figura 1.69

24 O mapa na Figura 1.70 é da tese de estudante de último ano do Prof. Robert Cook, Diretor do Arnold Arboretum de Harvard. Mostra curvas de nível da função que dá a densidade de espécie de pássaros em reprodução em cada ponto dos Estados Unidos, Canadá e México.

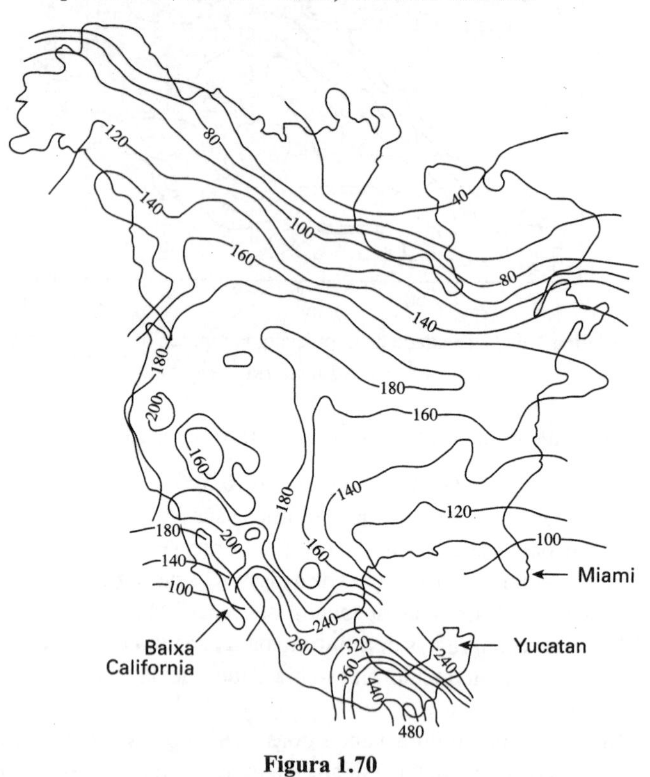

Figura 1.70

Usando o mapa na Figura 1.70 decida se as seguintes afirmações são verdadeiras ou falsas. Explique suas respostas.

a) Indo do sul para o norte através do Canadá a densidade de espécies aumenta.

b) A densidade de espécies na área em volta de Miami é maior que 100.

c) Em geral penínsulas (por exemplo, Flórida, Baja Califórnia, Yucatan) têm menor densidade de espécies que as áreas em volta delas.

d) A maior taxa de mudança em densidade de espécies com relação à distância se encontra no México. Se você acha que isto é verdade, marque o ponto e a direção que dão a maior taxa de variação e explique porque você escolheu esse ponto e essa direção.

25 A temperatura T (em °C) em qualquer ponto da região $-10 \leq x \leq 10, -10 \leq y \leq 10$ é dada pela função

$$T(x, y) = 100 - x^2 - y^2$$

a) Esboce curvas isotérmicas (curvas de temperatura constante) para $T = 100$°C, $T = 75$°C, $T = 50$°C, $T = 25$°C, e $T = 0$°C.

b) Suponha que um inseto que procura calor é colocado em qualquer ponto do plano-xy. Em qual direção ele deveria mover-se para aumentar sua temperatura mais depressa? Como se relaciona a direção com a curva de nível por esse ponto?

26 A Figura 1.71 mostra as curvas de nível da temperatura H numa sala perto de uma janela recentemente aberta. Marque as três curvas com valores razoáveis para H se a casa está nas seguintes locações:
a) Porto Alegre no inverno (invernos duros)
b) Rio de Janeiro no inverno (inverno suave)
c) Salvador no verão (verões quentes)
d) Campos de Jordão no verão (verão suave)

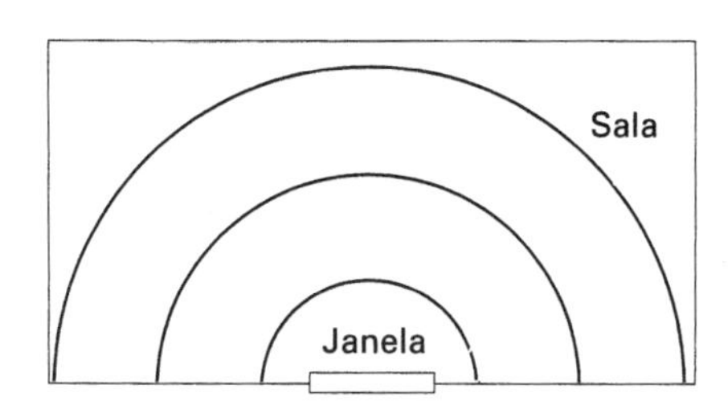

Figura 1.71

27 Associe cada função de produção de Cobb-Douglas com o gráfico correto na Figura 1.72 e com as afirmações corretas.

(a) $F(L, K) = L^{0,25}K^{0,25}$ (D) Triplicar cada entrada triplica saída
(b) $F(L, K) = L^{0,5}K^{0,5}$ (E) Quadruplicar cada entrada duplica saída
(c) $F(L, K) = L^{0,75}K^{0,75}$ (G) Duplicar cada entrada quase triplica a saída

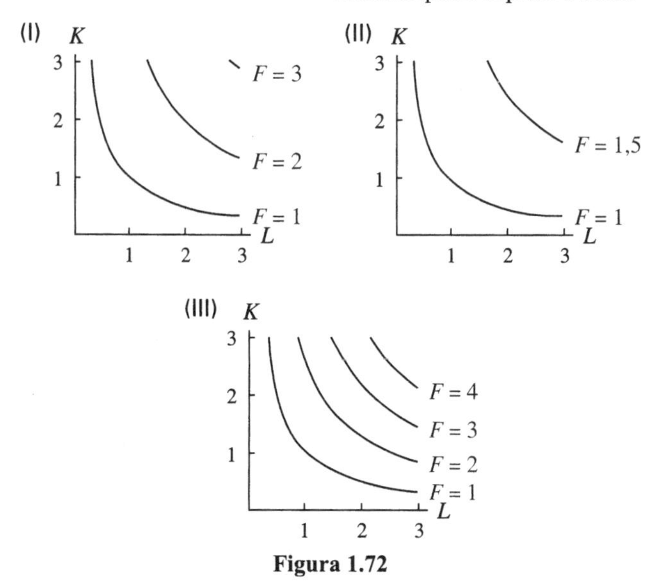

Figura 1.72

28 Considere a função de produção de Cobb-Douglas $P = f(L, K) = 1{,}01\ L^{0,75}K^{0,25}$. Qual o efeito na produção se dobrarmos tanto a força de trabalho L quanto o capital K?

29 Uma função de produção de Cobb-Douglas geral tem a forma

$$P = cL^{\alpha}K^{\beta}$$

Uma questão econômica importante diz respeito ao que acontece com a produção se tanto o trabalho quanto o capital são aumentados. Por exemplo, a produção dobra se dobrarmos tanto trabalho quanto capital?
Os economistas dizem
• *retornos crescentes ao aumento em escala* se dobrar L e K mais que dobra P
• *retorno constante ao aumento em escala* se dobrar L e K dobra exatamente P
• *retorno decrescente ao aumento em escala* se dobrar L e K menos que dobra P
Quais condições sobre α e β levam a retornos crescentes, constantes ou decrescentes ao aumento em escala?

30 A Figura 1.73 mostra os contornos da temperatura ao longo de uma parede de uma sala aquecida durante um dia de inverno, com o tempo indicado como num relógio de 24 horas. A sala tem um aquecedor colocado no canto esquerdo da parede e uma janela na parede. O aquecedor é controlado por um termostato a cerca de 60cm da janela.
a) Onde está a janela?
b) Quando a janela está aberta?
c) Quando o aquecedor está ligado?
d) Faça gráficos da temperatura ao longo da parede às 6h, 11h, 15h, e 17h.
e) Faça um gráfico da temperatura como função do tempo junto ao aquecedor, junto à janela e a meia distância entre eles.
f) A temperatura junto à janela às 17h é mais baixa que às 11h. Porque você acha que isto aconteceu?
g) A que temperatura você acha que o termostato está fixado?
h) Onde está o termostato?

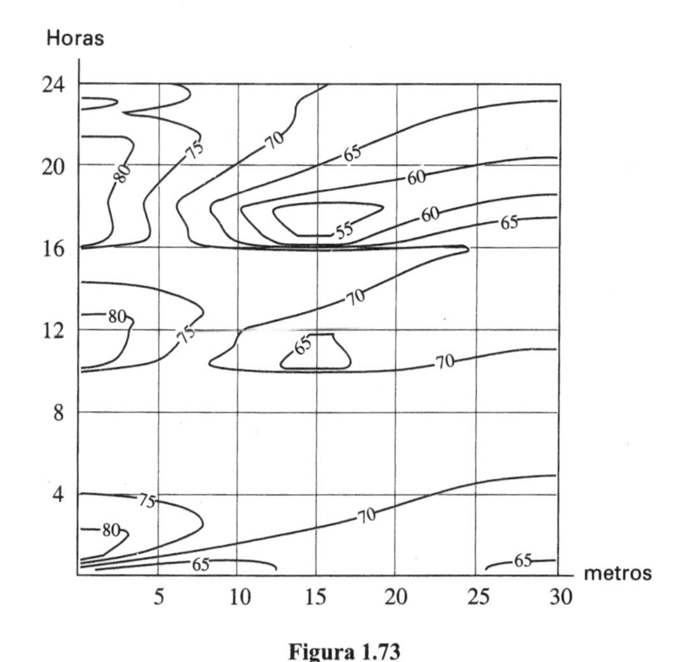

Figura 1.73

1.5 - FUNÇÕES LINEARES

O que é uma função linear de duas variáveis?

As funções lineares desempenharam um papel central no

Cálculo das funções de uma variável porque muitas funções de uma variável são localmente lineares. (Isto é, seus gráficos parecem uma reta quando olhamos muito de perto). No cálculo de duas variáveis, funções lineares são aquelas cujo gráfico é um plano. No Capítulo 3 veremos que a maior parte das funções com as quais trabalhamos, de duas variáveis, têm gráficos que parecem planos quando olhamos de bem perto.

O que faz um plano ser plano?

Que é que há com uma função $f(x, y)$ que torne plano seu gráfico $z = f(x, y)$? Funções lineares de uma variável têm retas como gráficos porque têm inclinação constante. Onde quer que estejamos sobre o gráfico, a inclinação é a mesma: um dado acréscimo da coordenada-x sempre produz o mesmo acréscimo da coordenada-y. Em outras palavras, a razão $\Delta y/\Delta x$ é constante. Num plano a situação é um pouco mais complicada. Se caminharmos num plano inclinado a inclinação não é sempre a mesma, depende da direção segundo a qual caminharmos. Porém ainda é verdade que em todo ponto do plano a inclinação será a mesma desde que caminhemos na mesma direção. Se caminharmos numa direção paralela ao eixo-x sempre nos veremos caminhando para cima ou para baixo com a mesma inclinação: o mesmo vale se caminharmos numa direção paralela ao eixo-y. Em outras palavras a razão $\Delta z/\Delta x$(com y fixo) e a razão $\Delta z/\Delta y$ (com x fixo) são ambas constantes.

Exemplo 1: Estamos num plano que corta o eixo-z em $z = 5$, tem inclinação 2 na direção-x e inclinação -1 na direção-y. Qual é a equação do plano?

Solução: Achar a equação do plano significa construir uma fórmula para a coordenada-z do ponto do plano diretamente sobre o ponto (x, y) no plano-xy. Para chegar a esse ponto partamos do ponto sobre a origem, onde $z = 5$. Então caminhamos x unidades na direção-x. Como a inclinação na direção-x é 2, nossa altura aumenta de $2x$. Então caminhemos y unidades na direção-y. Como a inclinação nessa direção é -1 nossa altura diminui de y unidades. Como a altura variou por $2x - y$ unidades, nosso coordenada-z é $5 + 2x - y$. Assim a equação do plano é

$$z = 5 + 2x - y$$

Para qualquer função linear, se conhecermos seu valor num ponto (x_0, y_0), sua inclinação na direção-x e sua inclinação na direção-y, poderemos escrever a equação da função. É bem como a equação de uma reta, exceto que há duas inclinações em vez de uma.

> Se um plano tem inclinação m na direção-x, inclinação n na direção-y e passa pelo ponto (x_0, y_0, z_0) então sua equação é
>
> $$z = z_0 + m(x - x_0) + n(y - y_0).$$
>
> Este plano é o gráfico da função linear
>
> $$f(x, y) = z_0 + m(x - x_0) + n(y - y_0).$$
>
> Se escrevermos $c = z_0 - mx_0 - ny_0$, então poderemos escrever $f(x, y)$ na forma equivalente
>
> $$f(x, y) = c + mx + ny.$$

Assim como no 2-espaço uma reta é determinada por 2 pontos, também no 3-espaços um plano é determinado por 3 pontos, desde que eles não estejam alinhados.

Exemplo 2: Ache a equação do plano que passa pontos (1, 0, 1), (1, –1, 3), e (3, 0, -1).

Solução: Os dois primeiros pontos têm a mesma coordenada-x, assim nós usamos para achar a inclinação do plano na direção-y. Quando a coordenada-y varia de 0 a -1, a coordenada-z varia de 1 a 3, de modo que a inclinação na direção-y é $n = \Delta z/\Delta y = (3 - 1)/(-1 - 0) = -2$. O primeiro e o terceiro pontos têm a mesma coordenada-y de modo que podemos usá-los para achar a inclinação na direção-x: é $m = \Delta z/\Delta x = (-1 - 1)/(3 - 1) = -1$. Como o plano passa por (1, 0, 1), sua equação é

$$z = 1 - (x - 1) - 2(y - 0) \text{ ou } z = 2 - x - 2y$$

Verifique que esta equação também é satisfeita pelos pontos (1, –1, 3) e (3, 0, –1).

O exemplo precedente foi facilitado pelo fato de dois dos pontos terem a mesma coordenada-x e dois terem a mesma coordenada-y Um método alternativo, que funciona para três pontos quaisquer, é substituir os valores x, y, z de cada um dos três pontos de equação $z = c + mx + ny$. As três equações resultantes em c, m, n podem então ser resolvidas simultaneamente. Ver Problema 2 na página 26.

Funções lineares do ponto de vista numérico

Para evitar aeroplanos voando com muitos lugares vazios as linhas aéreas vendem uns bilhetes ao preço total e alguns com desconto. A Tabela 1.10 mostra o rendimento de uma companhia aérea com bilhetes vendidos numa particular rota, como função do número de bilhetes vendidos ao preço total f, e o número d de bilhetes vendidos com desconto.

Tabela 1.10: *Rendimento da venda de bilhetes*

		Bilhetes a preço total (f)			
		100	200	300	400
Bilhetes	200	39.700	63.600	87.500	111.400
com	400	55.500	79.400	103.300	127.200
desconto	600	71.300	95.200	119.100	143.000
d	800	87.100	111.000	134.900	158.800
	1000	102.900	126.800	150.700	174.600

Olhando qualquer coluna de alto a baixo vemos que o rendimento aumenta de \$15.800 para cada 200 bilhetes com desconto a mais. Assim, cada coluna é uma função linear do número de bilhetes com desconto vendidos. Além disso, cada coluna tem a mesma inclinação, que é 15.800/200 = 79 reais/bilhete. Este é o preço do bilhete com desconto. Analogamente cada linha é uma função linear e todas as linhas têm a mesma inclinação, 239, que é o preço da passagem sem desconto. Assim o rendimento R é uma função linear de f e d dada por

$$R = 239f + 79d$$

Temos o seguinte resultado geral:

> Uma **função linear** pode ser reconhecida a partir de sua tabela pelas características seguintes.
> - Cada linha e cada coluna é linear
> - Todas as colunas têm a mesma inclinação
> - Todas as linhas têm a mesma inclinação (embora a inclinação das colunas e a das linhas sejam em geral diferentes).

Exemplo 3: A tabela contém alguns valores de uma função linear. Preencha o espaço em branco e dê uma fórmula para a função

x\y	1,5	2,0
2	0,5	1,5
3	–0,5	?

Solução: Na primeira coluna a função diminui de 1 (de 0,5 a –0,5) quando x vai de 2 a 3. Como a função é linear, deve decrescer da mesma quantidade na segunda coluna. Assim o elemento que falta deve ser $1{,}5 - 1 = 0{,}5$. A inclinação da função na direção x é –1. A inclinação na direção y é 2, pois em cada linha a função cresce de 1 quando y cresce por 0,5. Da Tabela temos $f(2, 1{,}5) = 0{,}5$. Portanto a fórmula é

$$f(x, y) = 0{,}5 - (x - 2) + 2(y - 1{,}5) = -0{,}5 - x + 2y.$$

Que aparência tem o diagrama de contorno para uma função linear?

Considere a função para o rendimento da companhia aérea dada na Tabela 1.10. Sua fórmula é

$$R = 239f + 79d$$

onde f é o número de passagens sem desconto e d o número de passagens com desconto vendidas. A Figura 1.74 dá o diagrama de contorno para essa função.

Observe que as curvas de nível são retas paralelas. Qual é o significado prático da inclinação? Considere o nível $R = 100.000$; isto significa que procuramos combinações de vendas de bilhetes que forneçam rendimento de \$100.000. Se nos movermos para baixo e para a direita no contorno, a coordenada-f cresce e a coordenada-d decresce, de modo que vendemos mais sem desconto e menos com desconto. Isto faz sentido, porque para ter um rendimento fixo de 100.000 temos que vender mais sem desconto se vendermos menos com desconto. A compensação exata depende da inclinação do contorno; o diagrama mostra que cada contorno tem uma inclinação de cerca de -3. Isto significa que para um rendimento fixo temos que vender três passagens com desconto para substituir uma sem. Isto pode ser visto também comparando os preços. Cada passagem sem desconto contribui com \$239; para ganhar a mesma quantia com passagens com desconto temos que vender $239/79 \approx 3{,}03 \approx 3$ passagens. Como a razão dos preços é independente de quantas passagens de cada tipo vendemos, esta inclinação permanece constante sobre todo o mapa de contorno; assim os contornos são todos retas paralelas.

Você deve observar também que os contornos são igualmente espaçados. Isto significa que não importa em qual contorno estejamos, um acréscimo fixo de uma das variáveis produzirá o mesmo acréscimo no valor da função. Em termos de rendimento isto diz que não importa quantas passagens sejam vendidas, uma passagem extra, inteira ou com desconto trará o mesmo rendimento que trouxe antes.

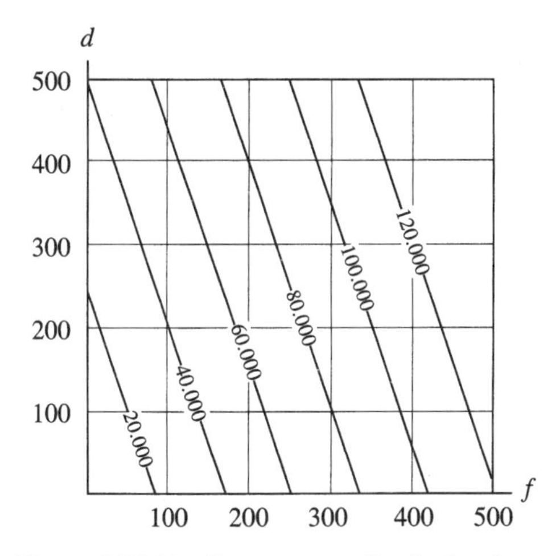

Figura 1.74: Rendimento como função do número de passagens vendidas com e sem desconto.

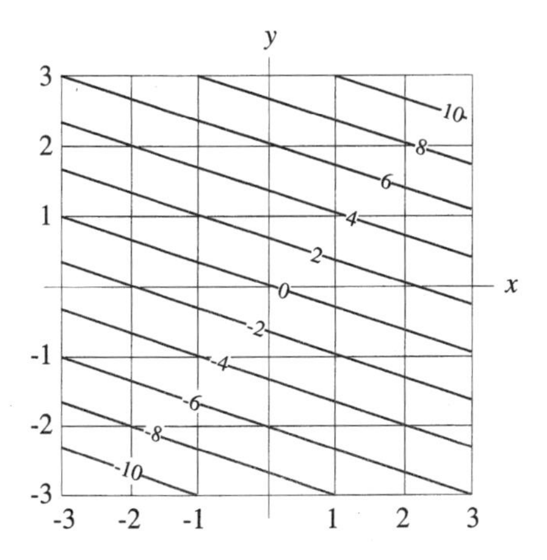

Figura 1.75: Mapa de contorno de função linear $f(x, y)$

Exemplo 4: Ache a equação da função linear cujo diagrama de contorno está na Figura 1.75

Solução: Suponha que partimos da origem no contorno $z = 0$. Se nos movermos 2 unidades na direção-y chegaremos ao contorno $z = 6$, portanto a inclinação na direção-y é $\Delta z/\ \Delta x = 6/2 = 3$. Do mesmo modo um movimento de 2 na direção-x a partir da origem nos leva ao contorno $z = 2$, de modo que a inclinação na direção-x é $\Delta z/\ \Delta x = 2/2 = 1$. Como $f(0, 0) = 0$, temos $f(x, y) = x + 3y$.

Problemas para a Seção 1.5

1 Suponha que z é função linear de x e y com inclinações 2 na direção-x e 3 na direção-y.
a) Uma variação de 0,5 em x e –0,2 em y produz qual variação em z?
b) Se $z = 2$ quando $x = 5$ e $y = 7$, qual é o valor de z quando $x = 4{,}9$ e $y = 7{,}2$?

2 Ache a equação da função linear $z = c + mx + ny$ cujo gráfico contém os pontos (0, 0, 0), (0, 2, –1) e (–3, 0, –4).

3 Ache a função linear cujo gráfico é o plano pelos pontos (4, 0, 0), (0, 3, 0) e (0, 0, 2).

4 Ache uma equação para o plano contendo a reta no plano-xy em que $y = 1$ e a reta no plano-xz em que $z = 2$.

5 Ache a equação da função linear $z = c + mx + ny$ cujo gráfico corta o plano-xz na reta $z = 3x + 4$ e corta o plano-yz na reta $z = y + 4$.

6 Ache a função linear $z = c + mx + ny$ cujo gráfico corta o plano-xy na reta $y = 3x + 4$ e contém o ponto (0, 0, 5).

7 A função representada na Tabela 1.11 é linear? Justifique sua resposta.

Tabela 1.11

$u\backslash v$	1,1	1,2	1,3	1,4
3,2	11,06	12,06	13,07	14,07
3,4	11,75	12,82	13,89	14,95
3,6	12,44	13,57	13,89	14,95
3,8	13,13	14,33	15,52	16,71
4,0	13,82	15,08	16,34	17,59

Figura 1.76

8 Uma loja de música de descontos vende discos compactos a um preço e fitas cassete a outro preço. A Figura 1.76 mostra o rendimento (em reais) da loja como função do número t de fitas e do número c de compactos que ela vende. Qual é o preço das fitas? Qual é o preço dos compactos?

Para os Problemas 9–10 ache equações para as funções lineares com as tabelas dadas.

9

$x\backslash y$	–1	0	1	2
0	1,5	1	0,5	0
1	3,5	3	2,5	2
2	5,5	5	4,5	4
3	7,5	7	6,5	6

10

$x\backslash y$	10	20	30	40
100	3	6	9	12
200	2	5	8	11
300	1	4	7	10
400	0	3	6	9

Cada um dos Problemas 11–12 contém uma tabela parcial de valores para uma função linear. Complete-a .

11

$x\backslash y$	0,0	1,0
0,0		1,0
2,0	3,0	5,0

12

$x\backslash y$	–1,0	0,0	1,0
2,0	4,0		
3,0		3,0	5,0

Nos Problemas 13–14 ache equações para as funções lineares com os diagramas de contorno dados.

13.

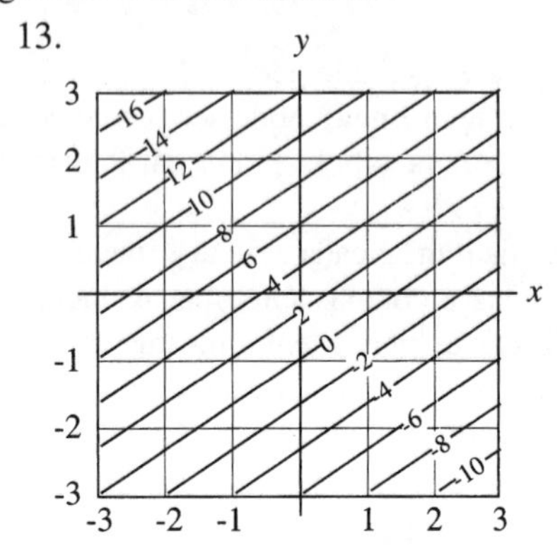

Figura 1.77

14.

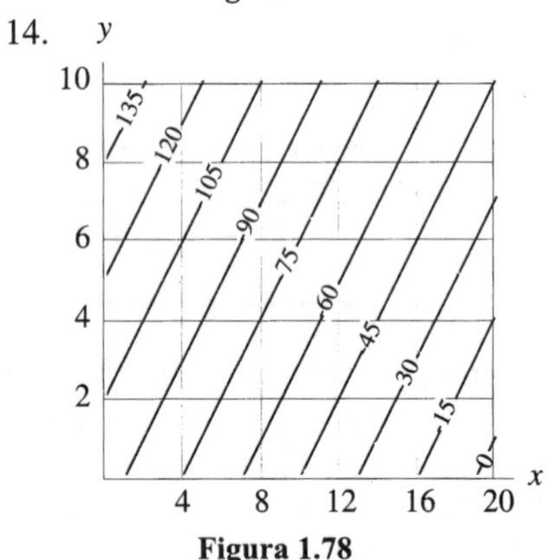

Figura 1.78

É difícil desenhar um plano que é o gráfico de uma função linear a mão. Um método que funciona se as interseções com os eixos-x, y e z são positivas é marcar estas interseções e uní-las por um triângulo como o mostrado na Figura 1.79; esta mostra a parte do gráfico que está no primeiro octante, em que $x \geq 0$, $y \geq 0$ e $z \geq 0$. Se as interseções não são todas positivas o mesmo método funciona se os eixos x, y e z forem desenhados de perspectiva diferente. Use esse método para esboçar os gráficos das funções lineares nos Problemas 15–17.

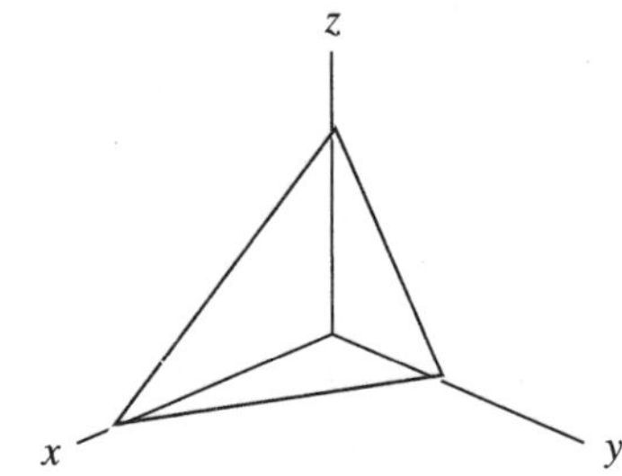

Figura 1.79: Gráfico de uma função linear com interseções x, y e z positivas.

15 $z = 6 - 2x - 3y$ **16** $z = 4 + x - 2y$ **17** $z = 2 - 2x + y$

18 Um industrial faz dois produtos a partir de duas matérias-primas. Sejam q_1, q_2 as quantidades vendidas dos dois produtos, p_1, p_2 seus preços e m_1, m_2 as quantidades compradas das duas matérias-primas. Qual das seguintes funções você espera que seja linear e porque? Em cada caso suponha que todas as variáveis exceto as mencionadas ficam fixas.

a) Gasto com matérias-primas como função de m_1 e m_2

b) Rendimento como função de q_1 e q_2

c) Rendimento como função de p_1 e q_1

19 A secretaria de admissões de um college usa a seguinte equação linear para prever a média das notas de um estudante ingressante:

$$z = 0{,}003x + 0{,}8y - 4$$

onde z é a média prevista numa escala de 0 a 4,3 e x é a soma dos resultados do estudante em exames prévios de Lingua e Matemática numa escala de 400 a 1.600 e y é a média do estudante na escola secundária numa escala de 0 a 4,3. O college aceita estudante cuja média prevista é ao menos 2,3.

a) Um estudante com notas de exame somando 1.050 e média na escola secundária 3,0 será aceito?

b) Todo estudante com notas de exame 1.600 será aceito?

c) Todo estudante com média 4,3 na escola secundária será aceito?

d) Trace diagrama de contorno para a média prevista z com $400 \le x \le 1.600$ e $0 \le y \le 4{,}3$. Hachure os pontos correspondentes aos estudantes que serão aceitos.

e) O que é mais importante, 100 pontos a mais nos exames ou 0,5 a mais na média da escola secundária?

20 Seja f a função linear $f(x, y) = c + mx + ny$ em que c, m, n são constantes e $n \neq 0$.

a) Mostre que todos os contornos de f são retas de inclinação $-m/n$

b) Mostre que para quaisquer x e y

$$f(x + n, y - m) = f(x, y)$$

c) Explique a relação entre as partes (a) e (b).

1.6-FUNÇÕES DE MAIS DE DUAS VARIÁVEIS

Nas aplicações do Cálculo podem aparecer funções em qualquer número de variáveis. A densidade da matéria no universo é função de três variáveis, pois são necessários três números para especificar um ponto do universo. Se quisermos estudar a evolução desta densidade precisamos acrescentar uma quarta variável, o tempo. Precisamos poder aplicar o cálculo a funções de número arbitrário de variáveis.

O problema principal com funções de mais de duas variáveis é que é difícil visualizá-las. O gráfico da função de uma variável é uma curva no 2-espaço, o gráfico de uma função de duas variáveis é uma superfície no 3-espaço, assim o gráfico de uma função de três variáveis seria um sólido no 4-espaço. Não podemos facilmente visualizar o 4-espaço ou qualquer espaço de dimensão maior, por isso não usaremos os gráficos de funções de três ou mais variáveis.

De outro lado a idéia de seções de uma função, obtidas fixando uma das variáveis nos permite representar funções de três variáveis. Também é possível dar diagramas de contorno para tais funções, só que agora temos superfícies de nível no 3-espaço.

Representação de uma função de três variáveis usando diagramas de contorno

Um modo de analisar funções de três variáveis $f(x, y, z)$ é olhar seções com uma variável fixa. Suponha que mantemos z fixo e olhamos f como função das outras duas variáveis. Para cada valor fixo, $z = c$, representamos a função de duas variáveis $f(x, y, c)$ por um diagrama de contornos.

Exemplo 1: Uma lagoa tem 30 metros de profundidade no meio e tem um diâmetro de 200 metros. A lagoa é infestada de algas. Suponha que a densidade de algas a um ponto z metros abaixo, x metros leste, y metros norte do centro da superfície da lagoa é dada aproximadamente pela fórmula

$$f(x,y,z) = \frac{1}{10}\left(50 + \sqrt{x^2 + y^2}\right)(30 - z),$$

onde a densidade é medida em gm/m^3. Trace diagramas de contorno para f na superfície e a uma profundidade de 10 metros. Descreva em palavras como a densidade de algas varia com a profundidade e a distância ao centro da lagoa.

Solução: Na superfície $z = 0$, de modo que a fórmula para a seção $z = 0$

$$f(x,y,0) = \frac{1}{10}\left(50 + \sqrt{x^2 + y^2}\right)(30 - 0) = 150 + 3\sqrt{x^2 + y^2}$$

Observe que agora temos uma função de duas variáveis. Os contornos dessa função são círculos pois $f(x, y)$ é constante quando $x^2 + y^2$ é constante. O diagrama de contornos é mostrado na Figura 1.80.

A uma profundidade de $z = 10$ temos

$$f(x,y,0) = \frac{1}{10}\left(50 + \sqrt{x^2 + y^2}\right)(30 - 10) = 100 + 2\sqrt{x^2 + y^2}$$

O diagrama de contornos para a seção a 10 metros é mostrado na Figura 1.81. Comparando os dois vemos que há mais algas perto da superfície que ao fundo e que há mais algas perto das bordas que no centro da lagoa.

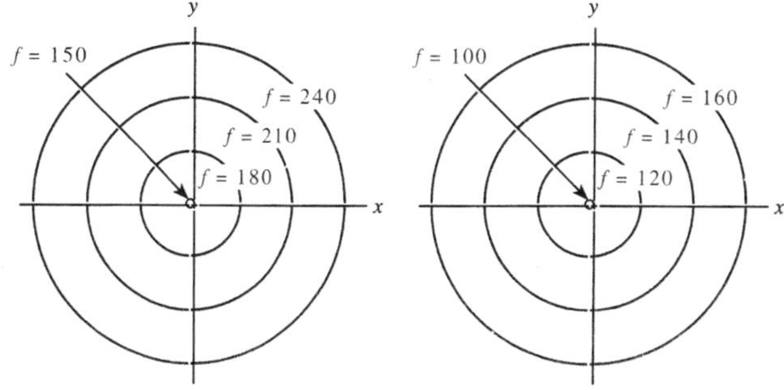

Figura 1.80: Densidade de algas na lagoa na superfície Diagrama de contornos para $z = 0$

Figura 1.81: Densidade de algas na lagoa 10 metros abaixo. Diagrama de contornos para $z = 10$.

Para a previsão do tempo é importante saber a pressão barométrica e a temperatura tanto na superfície da terra quanto alto na atmosfera acima da terra. Na TV pode-se ouvir falar de sistema de pressão baixa de "superfície" ou de sistema de pressão baixa em "nível superior" (baixas em nível superior influenciam a corrente do jato). Os mapas de superfície e níveis superiores estudados pelos metereologistas são diagramas de contorno a diferentes altitudes da função da pressão ou temperatura. Esses mapas são semelhantes aos diagramas de contorno para densidade de algas do exemplo precedente.

Representar uma função de três variáveis usando tabelas

No exemplo precedente olhamos seções de uma função de três variáveis $f(x, y, z)$ como diagramas de contorno de uma função de duas variáveis. Também podemos olhar seções como tabelas de valores.

Exemplo 2: Na Seção 1.1 o consumo de carne como função do preço p da carne e do rendimento familiar R foi dado numa tabela de valores. Na verdade consumo de carne numa família depende de outros fatores, tais como os preços de produtos que competem. Olhemos o consumo C da carne de boi como função do preço q de uma outra carne, por exemplo, de frango, além do preço da carne de boi e do rendimento familiar. Isto é, $C = f(R, p, q)$. Esta função pode ser dada por uma coleção de tabelas, uma para cada valor diferente do preço q do frango. As Tabelas 1.12 e 1.13 mostram duas seções diferentes da função de consumo f com q fixo. Explique como se relacionam as duas tabelas.

Tabela 1.12 *Consumo de carne de boi quando o preço do frango $q = 1,50$*

		p		
		3,00	3,50	4,00
	20	2,65	2,59	2,51
R	60	5,11	5,00	4,97
	100	5,80	5,77	5,60

Tabela 1.13 *Consumo de carne de boi quando o preço do frango $q = 2,00$*

		p		
		3,00	3,50	4,00
	20	2,75	2,75	2,71
R	60	5,21	5,12	5,11
	100	5,80	5,77	5,60

Solução: Comparando as tabelas vê-se que para famílias de renda alta (digamos $R = 100$) mudanças do preço do frango têm pouco efeito na quantidade de carne consumida (porque o preço não é fator importante em suas compras). Porém para rendimentos menores (digamos $R = 20$) um aumento no preço do frango (de $q = 1,50$ para $q = 2,00$) faz com que as famílias gastem mais em carne de boi.

Representar uma função de três variáveis usando uma família de superfícies de nível

Uma função de duas variáveis $f(x, y)$ pode ser representada por uma *família* de curvas de nível da forma $f(x, y) = c$ para vários valores da constante c.

Uma função de três variáveis $f(x, y, z)$ pode ser representada por uma *família* de superfícies da forma $f(x, y, z) = c$ cada uma das quais é chamada uma *superfície de nível.*

Exemplo 3: Suponha que a temperatura em °C num ponto (x, y, z) é dada por $T = f(x, y, z) = x^2 + y^2 + z^2$. Como são as superfícies de nível de f e o que significam em termos de temperatura?

Solução: A superfície de nível correspondendo a $T = 100$ é o conjunto de todos os pontos em que a temperatura é de 100°C. Isto é, onde $f(x, y, z) = 100$, assim

$$x^2 + y^2 + z^2 = 100.$$

Esta é a equação de uma esfera de raio 10, com centro na origem. Analogamente a superfície de nível correspondendo a $T = 200$ é a esfera de raio $\sqrt{200}$. As outras superfícies de nível serão esferas concêntricas. A temperatura é constante sobre cada esfera. Podemos olhar a distribuição de temperatura como um conjunto de esferas encaixadas, como as camadas concêntricas de uma cebola, cada uma assinalada por uma temperatura diferente, começando com temperaturas baixas no centro e esquentando quando nos afastamos do centro. (Ver Figura 1.82). As superfícies de nível se tornam menos espaçadas quando nos afastamos do centro porque as temperaturas crescem mais rapidamente quanto mais longe estivermos do centro.

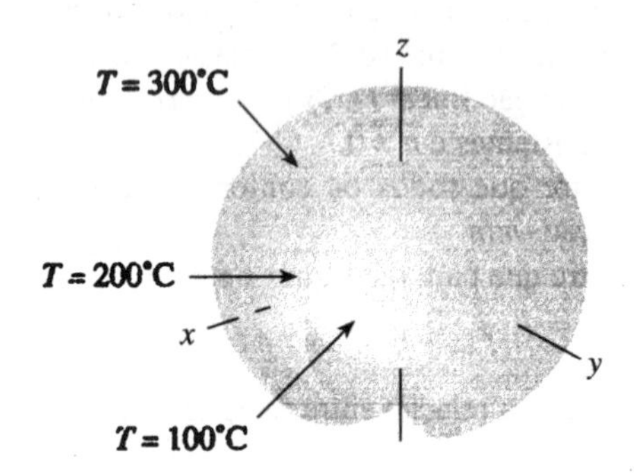

Figura 1.82: Superfícies de nível de $T = f(x, y, z) = x^2 + y^2 + z^2$, cada uma tendo temperatura constante

Em geral as superfícies de nível de uma função estão encaixadas de algum modo, assim freqüentemente é difícil desenhá-las. Em geral usamos cortes para mostrar as superfícies interiores, como fizemos na Figura 1.82.

Exemplo 4: Como são as superfícies de nível de $f(x, y, z) = x^2 + y^2$ e as de $g(x, y, z) = z - y$?

Solução: A superfície de nível de f correspondendo à constante c é a superfície consistindo de todos os pontos que satisfazem à equação

$$x^2 + y^2 = c$$

Como falta a coordenada-z na equação, z pode tomar qualquer valor. Para $c > 0$ isto é um cilindro circular de raio $\sqrt{c}$ em torno do eixo dos z. As superfícies de nível são cilindros concêntricos: os mais estreitos perto do eixo-z são aqueles em que a função tem valor mais baixo, os mais largos são onde a função toma valores maiores. Ver Figura 1.83. A superfície de nível de g correspondendo à constante c é a superfície

$$z - y = c$$

Desta vez falta a variável x, de modo que esta superfície é a que você obtém tomando cada ponto da reta $z - y = c$ no plano-yz e deixando x variar para um lado e para outro. Você obtém um plano que corta o plano-yz diagonalmente; o eixo-x é paralelo a esse plano. Ver Figura 1.84.

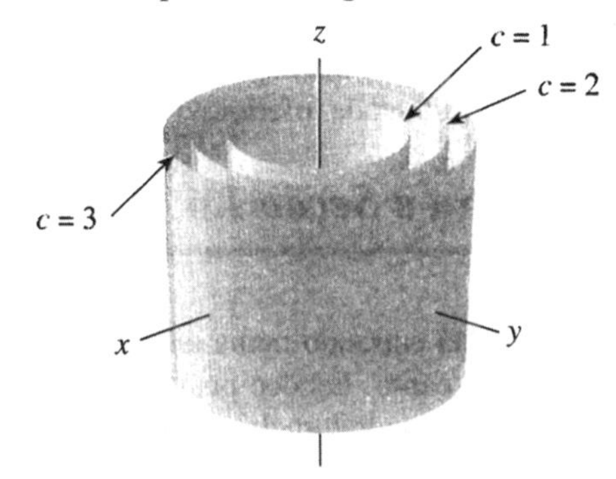

Figura 1.83: Superfícies de nível de $f(x, y, z) = x^2 + y^2$

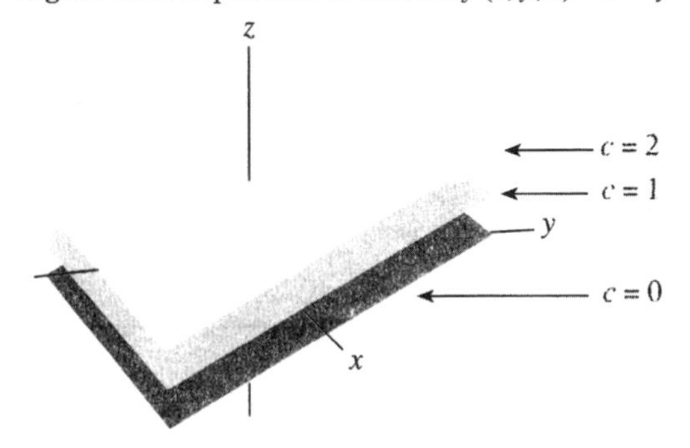

Figura 1.84: Superfícies de nível de $g(x, y, z) = z - y$

Exemplo 5: Como são as superfícies de nível de $f(x, y, z) = x^2 + y^2 - z^2$?

Solução: Da Seção 1.4 você pode lembrar que a função quadrática de duas variáveis $g(x, y) = x^2 - y^2$ tem um gráfico em forma de sela e três tipos de contornos. A equação de contorno $x^2 - y^2 = c$ dá uma hipérbole abrindo para a direita e para a esquerda quando $c > 0$, uma hipérbole abrindo para cima e para baixo se $c < 0$ e um par de retas que se cortam quando $c = 0$. Também a função quadrática de três variáveis $f(x, y, z) = x^2 + y^2 - z^2$ tem três tipos de superfícies de nível dependendo do valor de c na equação $x^2 + y^2 - z^2 = c$. Suponha $c > 0$, digamos $c = 1$. Reescreva a equação como $x^2 + y^2 = z^2 + 1$ e pense no que acontece quando fazemos seções da superfície perpendiculares ao eixo-z tomando z fixo. O resultado é um círculo $x^2 + y^2 =$ constante, de raio pelo menos 1 (pois a constante $z^2 + 1 \geq 1$). Os círculos aumentam quando z aumenta. Se tomarmos a seção $x = 0$ em vez dessa, obteremos a hipérbole $y^2 - z^2 = 1$. O resultado é mostrado na Figura 1.88 com $a = b = c = 1$.

Suponha agora $c < 0$, digamos $c = 1$. Então as seções horizontais de $x^2 + y^2 = z^2 - 1$ são novamente círculos, só que os raios diminuem para 0 e $z = \pm 1$ e entre $z = -1$ e $z = 1$ não há seções. O resultado é mostrado na Figura 1.89 com $a = b = c = 1$.

Quando $c = 0$ obtemos a equação $x^2 + y^2 = z^2$. Novamente as seções horizontais são círculos, desta vez com os raios encolhendo a exatamente 0 quando $z = 0$. A superfície resultante mostrada na Figura 1.90 com $a = b = c = 1$ é o cone $z = \sqrt{x^2 + y^2}$ estudado na Seção 1.4, junto com o cone inferior $z = -\sqrt{x^2 + y^2}$

Um catálogo de superfícies

Para referência posterior damos aqui um pequeno catálogo das superfícies que encontramos.

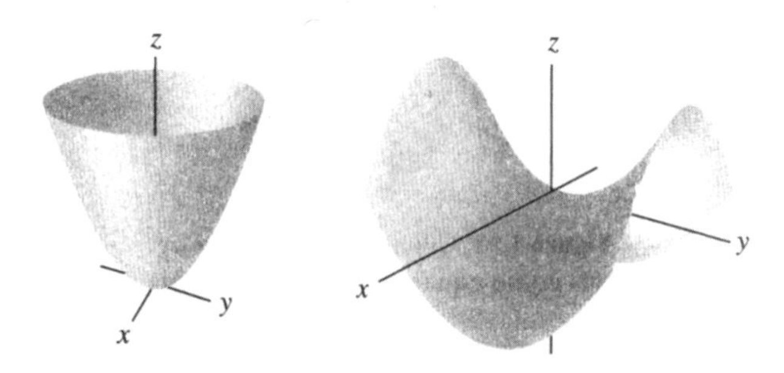

Figura 1.85: Parabolóide elítico $z = \frac{x^2}{a^2} + \frac{y^2}{b^2}$

Figura 1.86: Parabolóide hiperbólico $z = -\frac{x^2}{a^2} + \frac{y^2}{b^2}$

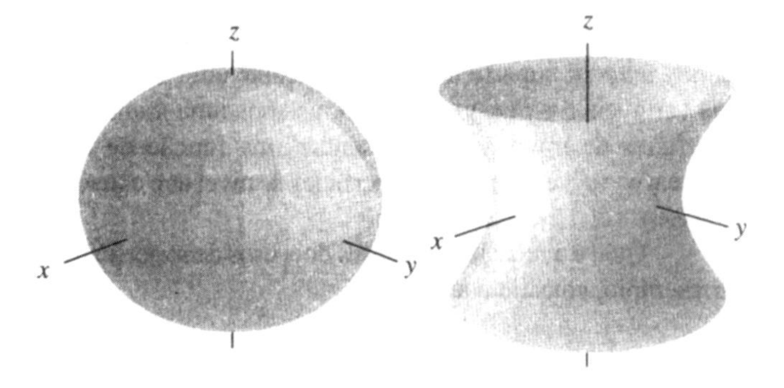

Figura 1.87: Elipsóide $\frac{x^2}{a^2} + \frac{y^2}{b^2} + \frac{z^2}{c^2} = 1$

Figura 1.88: Hiperbolóide de uma folha $\frac{x^2}{a^2} + \frac{y^2}{b^2} - \frac{z^2}{c^2} = 1$

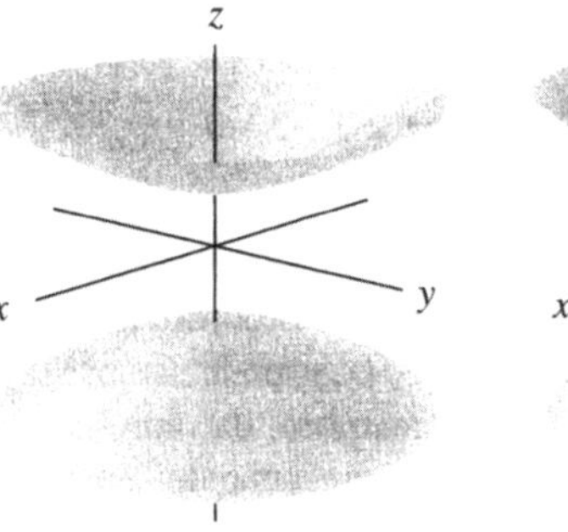

Figura 1.89: Hiperbolóide de duas folhas $\frac{x^2}{a^2} + \frac{y^2}{b^2} - \frac{z^2}{c^2} = -1$

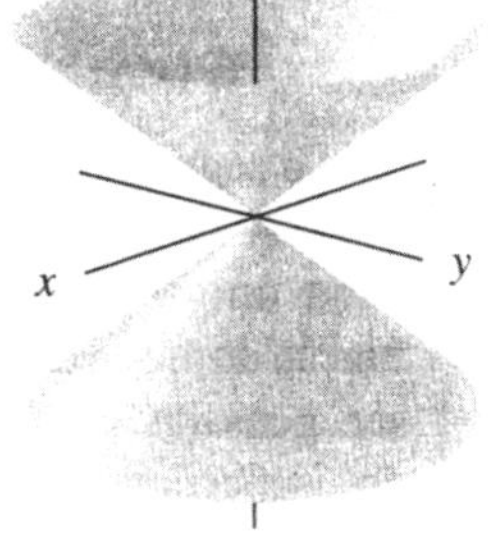

Figura 1.90: Cone $\frac{x^2}{a^2} + \frac{y^2}{b^2} - \frac{z^2}{c^2} = 0$

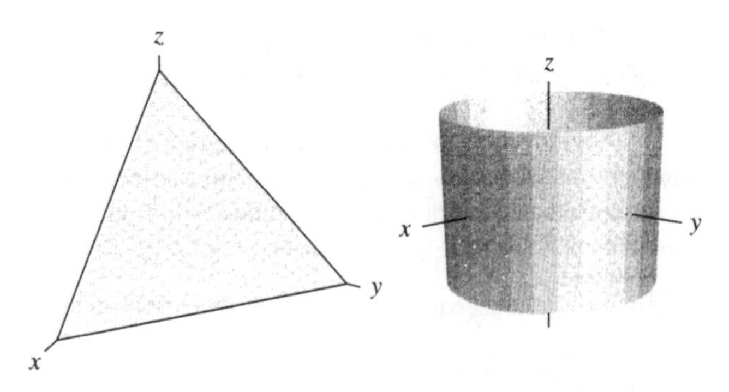

Figura 1.91: Plano $ax + by + cz = d$ **Figura 1.92:** Superfície cilíndrica $x^2 + y^2 = a^2$

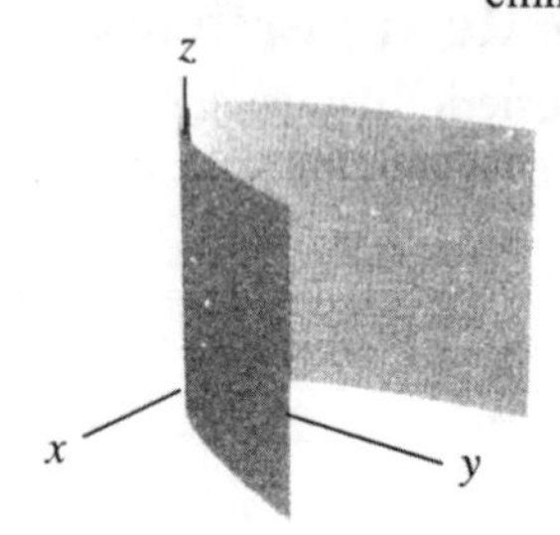

Figura 1.93: Cilindro parabólico $y = ax^2$
(São vistas como equações em três variáveis x, y, z)

Como superfícies podem representar funções de duas variáveis e de três variáveis

Vocês podem ter observado que usamos superfícies para representar funções de duas maneiras diferentes. Primeiro usamos *uma só* superfície para representar uma função de duas variáveis $z = f(x, y)$. Segundo, usamos uma *família* de superfícies de nível para representar uma função de três variáveis $w = F(x, y, z)$. Estas superfícies de nível têm equação $F(x, y, z) = c$.

Qual é a relação entre esses dois usos de superfícies? Por exemplo, considere a equação

$$z = x^2 + y^2 + 3$$

Defina

$$G(x, y, z) = x^2 + y^2 + 3 - z$$

Os pontos que satisfazem $z = x^2 + y^2 + 3$ também satisfazem $x^2 + y^2 + 3 - z = 0$. Assim a superfície $z = x^2 + y^2 + 3$ é a superfície de nível

$$G(x, y, z) = x^2 + y^2 + 3 - z = 0$$

Temos pois o seguinte resultado:

> Uma única superfície representando uma função de duas variáveis $z = f(x, y)$ pode sempre ser pensada como um membro da família de superfícies de nível representando uma função de três variáveis $G(x, y, z) = f(x, y) - z$. O gráfico de $z = f(x, y)$ é a superfície de nível $G(x, y, z) = 0$.

Reciprocamente um único membro de uma família de superfícies de nível pode ser olhado como gráfico de uma função $z = f(x, y)$ se for possível resolver para z. Por exemplo, se $F(x, y, z) = x^2 + y^2 + z^2$, então um membro da família de superfícies de nível é a esfera

$$x^2 + y^2 + z^2 = 1$$

Esta equação define z implicitamente como função de x e y. Resolvendo obtemos duas funções

$$z = \sqrt{1 - x^2 - y^2} \quad \text{e} \quad z = -\sqrt{1 - x^2 - y^2}$$

O gráfico da primeira é a metade superior da esfera e o gráfico da segunda função é a metade inferior.

Problemas para a Seção 1.6

1 Água quente está entrando numa piscina retangular na superfície num canto. Esboce possíveis diagramas de contorno para a temperatura da piscina na superfície e a temperatura 1 metro abaixo da superfície.

2 A Figura 1.94 mostra diagramas de contorno da temperatura numa sala em três instantes diferentes. Descreva o fluxo de calor na sala. O que poderia estar causando isto?

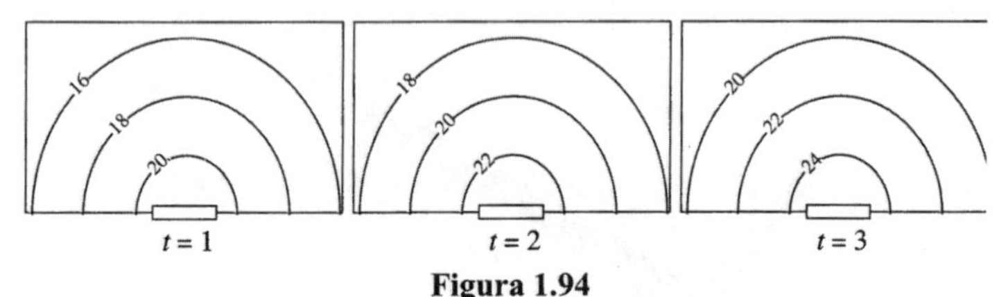

Figura 1.94

3 Combine as funções seguintes com as superfícies de nível da Figura 1.95
a) $f(x, y, z) = y^2 + z^2$ b) $h(x, y, z) = x^2 + z^2$

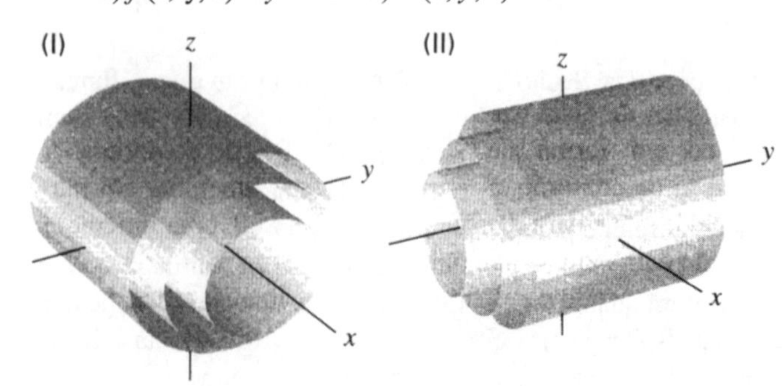

Figura 1.95

4 Descreva em palavras as superfícies de nível de $f(x, y, z) = \text{sen}\,(x, + y + z)$.

5 Trace diagramas de contorno para três seções diferentes com t fixo da função

$$f(x, y, t) = \cos t \cos \sqrt{x^2 + y^2}, 0 \le \sqrt{x^2 + y^2} \le \pi/2.$$

6 A altura (em metros) da água acima do fundo de uma

lagoa no instante t é dada pela função $h(x, y, t) = 20 + \text{sen}(x + y - t)$, onde x e y são medidos horizontalmente com o eixo-y positivo apontando para o norte e o eixo-x positivo leste, e onde t está em segundos. Considerando diagramas de contorno para diferentes valores de t, descreva o movimento da superfície da água na lagoa.

7 Descreva em palavras as superfícies de nível de $g(x, y, z) = e^{-(x^2+y^2+z^2)}$. Nos Problemas 8–9 dê a equação da função linear $f(x, y, z) = ax + by + cz = d$ que tem os valores dados para as seções com $z = 1$ e $z = 4$.

8 Seção com $z = 1$

$x \backslash y$	3	5
0	4	8
1		

Seção com $z = 4$

$x \backslash y$	3	5
0		14
1		9

9 Seção com $z = 1$

$x \backslash y$	3	5
0	4	
1		8

Seção com $z = 4$

$x \backslash y$	3	5
0		
1	14	9

10 Nos Problemas 8–9 suponha que as duas tabelas têm somente três valores indicados. Você poderia determinar f? Suponha que as duas tabelas tivessem cinco valores dados. Seria sempre possível determinar f?

11 Ache a função linear $f(x, y, z) = ax + by + cz + d$ que tem os diagramas de contorno para as seções com $z = 3$ e $z = 4$ mostrados nas Figuras 1.96 e 1.97.

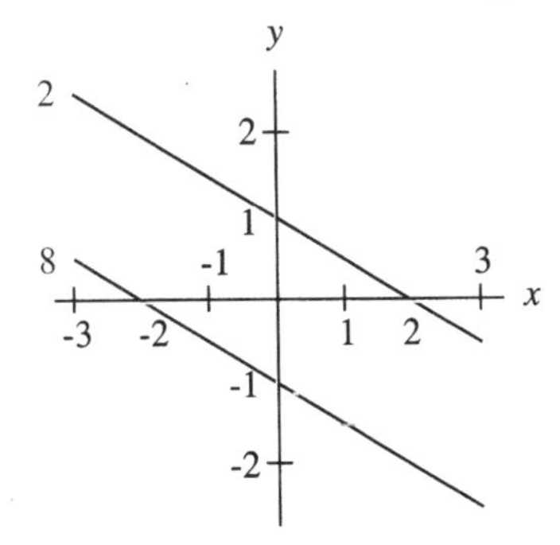

Figura 1.96: Seção com $z = 3$

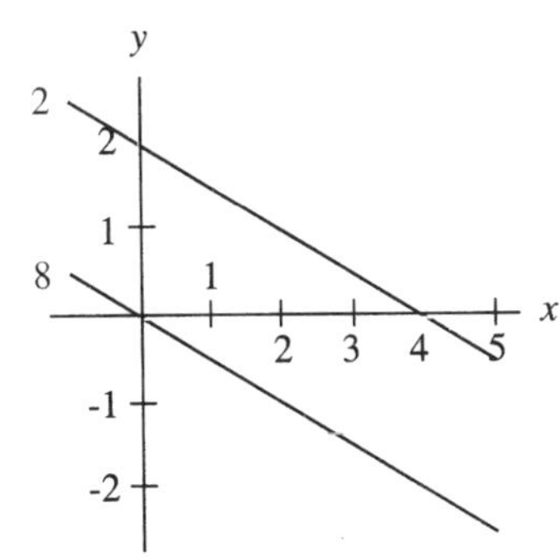

Figura 1.97: Seção com $z = 4$

12 Como são as superfícies de nível de $f(x, y, z) = x^2 - y^2 + z^2$? [Sugestão: use seções com y constante em vez de seções com z constante.]

Use o catálogo de superfícies para identificar as superfícies nos Problemas 13–19.

13 $-x^2 - y^2 + z^2 = 1$ **14** $-x^2 + y^2 - z^2 = 0$ **15** $x^2 + y^2 - z = 0$

16 $x^2 + z^2 = 1$ **17** $x^2 + y^2/4 + z^2 = 1$ **18** $x + y = 1$

19 $(x - 1)^2 + y^2 + z^2 = 1$

20 Descreva a superfície $x^2 + y^2 = (2 + \text{sen}\, z)^2$. Em geral, se $f(z) \oplus 0$ para todo z, descreva a superfície $x^2 + y^2 = (f(z))^2$.

1.7 - LIMITES E CONTINUIDADE

A abrupta face vertical do Half Dome, no Yosemite National Park na Califórnia, foi causada por atividade glacial durante a Era Glacial. (Ver Figura 1.98.) A altura do terreno sobe abruptamente por mais de 300 metros quando escalamos o rochedo pelo oeste, ao passo que é possível fazer uma subida gradual ao topo pelo leste.

Se considerarmos a função h que dá a altura do terreno acima do nível do mar em termos de latitude e longitude, então h tem uma descontinuidade ao longo do caminho na base do rochedo de Half Dome. Olhando o mapa de contorno da região na Figura 1.99, vemos que em quase toda parte uma pequena mudança de posição resulta em pequena mudança de altura, exceto perto do rochedo. Ali, por menor que seja o passo que dermos, teremos grande mudança na altura. (Você pode ver como os contornos se acumulam perto do rochedo; alguns terminam abruptamente na descontinuidade.)

Esse acidente geológico ilustra as idéias de continuidade e descontinuidade. Falando sem rigor, diz-se que uma função é *contínua* num ponto se seus valores em lugares próximos do ponto ficam próximos do valor no ponto. Se isto não acontece, diz-se que a função e *descontínua*.

A propriedade de continuidade, na prática, nós usualmente assumimos nas funções que estamos estudando. Informalmente, esperamos (exceto em circunstâncias especiais) que os valores de uma função não mudem drasticamente quando fazemos pequenas mudanças nas variáveis de entrada. Sempre que modelamos uma função de uma variável por uma curva não quebrada estamos fazendo essa hipótese. Mesmo quando funções vêm como tabelas de dados, usualmente fazemos a hipótese que os valores que faltam da função entre os pontos dados estão próximos dos pontos medidos.

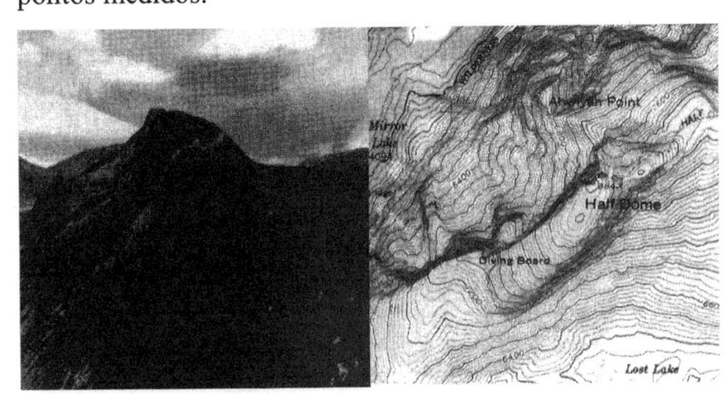

Figura 1.98: Half Dome no Yosemite National Park

Figura 1.99: Mapa de contornos do Half Dome

Nesta seção estudamos limites e continuidade um pouco mais formalmente no contexto de funções de várias variáveis. Por simplicidade estudamos esses conceitos para funções de duas variáveis mas a discussão pode ser adatada a funções de três ou mais variáveis.

Pode-se mostrar que somas, produtos e composições de funções contínuas são contínuas, ao passo que o quociente de duas funções contínuas é contínuo onde o denominador não for zero. Assim, cada uma das funções

$$\cos(x^2y), \quad \ln(x^2+y^2), \quad \frac{e^{x+y}}{x+y}, \quad \ln(\text{sen}(x^2+y^2))$$

é contínua em todas os pontos (x, y) em que está definida.

Como para funções de uma variável, o gráfico de uma função contínua sobre um domínio sem quebras não tem quebras – isto é, a superfície não tem buracos ou rasgões.

Exemplo 1: Das Figuras 1.100–1.103, quais das seguintes funções parece ser contínua em (0, 0)?

$$\text{a) } f(x,y) = \begin{cases} \dfrac{x^2y}{x^2+y^2} & (x,y) \neq (0,0) \\ 0, & (x,y) = (0,0) \end{cases}$$

$$\text{b) } g(x,y) = \begin{cases} \dfrac{x^2}{x^2+y^2}, & (x,y) \neq (0,0) \\ 0, & (x,y) = (0,0) \end{cases}$$

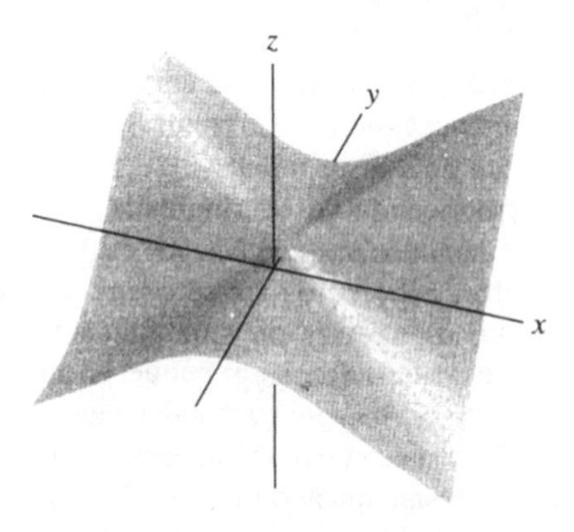

Figura 1.100: Gráfico de $z = x^2y/(x^2 + y^2)$

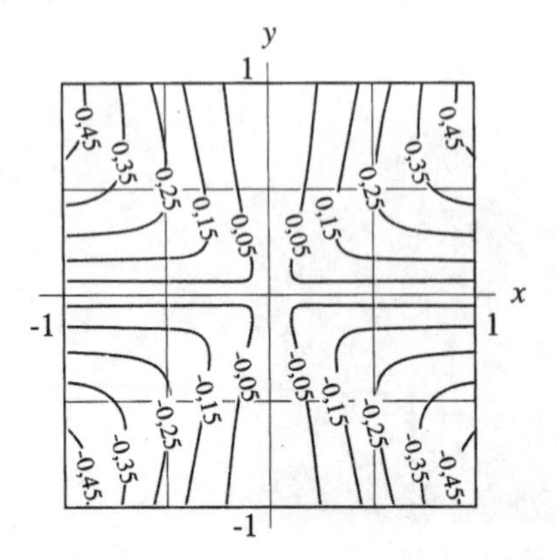

Figura 1.101: Diagrama de contorno de $z = x^2y/(x^2 + y^2)$

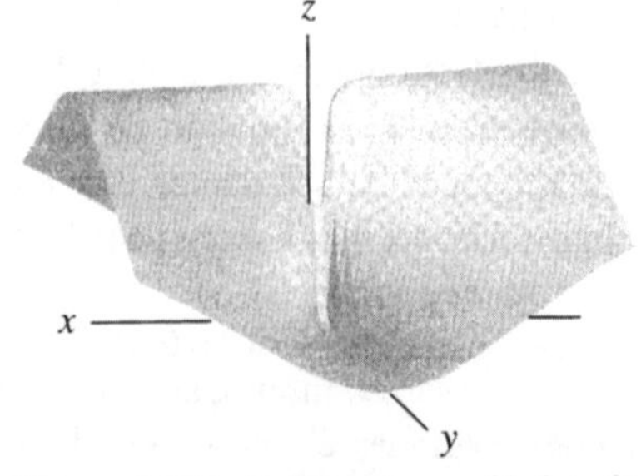

Figura 1.102: Gráfico de $z = x^2/(x^2 + y^2)$

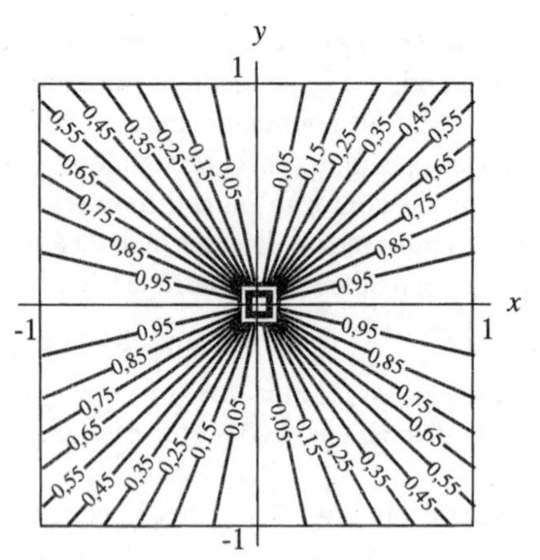

Figura 1.103: Diagrama de contorno de $z = x^2/(x^2 + y^2)$

Solução: a) O gráfico e o diagrama de contorno de f na Figura 1.100 e Figura 1.101 sugerem que f está perto de 0 quando (x, y) está perto de (0, 0); o gráfico parece não ter buracos ou rasgões ali.

Porém, as figuras não podem nos dizer com certeza se f é contínua. Para ter certeza temos que investigar o limite analiticamente, como é feito no Exemplo 2 a) da página 76

b) O gráfico de g e seu diagrama de contornos perto de (0, 0) nas Figuras 1.102 e 1.103 sugerem que g se comporta de modo diferente do de f: os contornos de g parecem "trombar" na origem e o gráfico sobe rapidamente de 0 a 1 perto de (0, 0). Pequenas mudanças em (x, y) perto de (0, 0) podem dar grandes mudanças em g, assim pensamos que g não é contínua no ponto (0, 0). Novamente uma análise mais precisa é dada no Exemplo 2 b) na página 31.

O exemplo anterior sugere que a continuidade *num* ponto depende do comportamento da função perto do ponto. Para estudar o comportamento perto de um ponto mais formalmente precisamos definir o limite de uma função de duas variáveis. Suponha que $f(x, y)$ é uma função definida num conjunto no 2-espaço, que não contém necessariamente o ponto (a, b) mas contendo pontos (x, y) arbitrariamente próximos de (a, b); seja L um número.

> A função f tem **limite** L no ponto (a, b), o que se escreve
>
> $$\lim_{(x,y)\to(a,b)} f(x,y) = L$$
>
> se a diferença $|f(x, y) - L|$ é tão pequena quanto queiramos sempre que a distância do ponto (x, y) ao ponto (a, b) seja suficientemente pequena, mas não zero.

Definimos continuidade para funções de duas variáveis do mesmo modo que para funções de uma variável.

> Uma função f é **contínua num ponto** (a, b) se
>
> $$\lim_{(x,y)\to(a,b)} f(x,y) = f(a,b).$$
>
> Uma função é **contínua** se é contínua em cada ponto de seu domínio.

Assim, se f é contínua no ponto (a, b), então f tem que estar definida em (a, b) e o limite $\lim_{(x,y)\to(0,0)} f(x,y)$ tem que existir e ser igual ao valor de f no ponto (a, b). Se f é definida em (a, b) mas não é contínua ali, dizemos que f é *descontínua* em (a, b).

Agora aplicamos a definição de continuidade às funções no Exemplo 1, mostrando que f é contínua no $(0, 0)$ mas g é descontínua em $(0, 0)$.

Exemplo 2: Sejam f e g as funções definidas em todo o 2-espaço exceto na origem como segue

a) $f(x,y)=\dfrac{x^2y}{x^2+y^2}$ b) $g(x,y)=\dfrac{x^2}{x^2+y^2}$

Use a definição de limite para mostrar que

$\lim_{(x,y)\to(0,0)} f(x,y)=0$ e que $\lim_{(x,y)\to(0,0)} g(x,y)$

não existe.

Solução: a) Tanto o gráfico quanto o diagrama de contornos de f sugerem que $\lim_{(x,y)\to(0,0)} f(x,y)=0$

Para usar a definição de limite, devemos avaliar $|f(x, y) - L|$ com $L = 0$.

$$|f(x,y)-L|=\left|\frac{x^2y}{x^2+y^2}-0\right|=\left|\frac{x^2}{x^2+y^2}\right||y|\le|y|\le\sqrt{x^2+y^2},$$

Agora $\sqrt{x^2+y^2}$ é a distância de (x, y) a $(0, 0)$. Assim para tornar $|f(x, y) - 0| < 0{,}001$ por exemplo, só precisamos exigir que (x, y) esteja a menos que 0,001 de distância da origem. Mais geralmente, para qualquer número positivo u, não importa quão pequeno, temos a certeza de que $|f(x, y)-0|< u$ sempre que (x, y) esteja a distância menor que u da origem. É isto que queremos dizer quando dizemos que a diferença $|f(x, y)-0|$ pode ser tornada tão pequena quanto quisermos escolhendo a distância suficientemente pequena. Assim concluímos que

$$\lim_{(x,y)\to(0,0)} \frac{x^2y}{x^2+y^2}=0$$

Observe que a função f tem um limite no ponto $(0, 0)$ embora f não estivesse definida aí. Para tornar f contínua em $(0, 0)$ temos que definir seu valor aí como sendo 0, como fizemos no Exemplo 1.

b) Embora a fórmula que define g pareça semelhante à de f, vimos no Exemplo 1 que o comportamento de g perto da origem é muito diferente. Se considerarmos pontos $(x, 0)$ ao longo do eixo-x perto de $(0, 0)$ então os valores $g(x, 0)$ são iguais a 1, ao passo que se considerarmos pontos $(0, y)$ ao longo do eixo-y perto de $(0, 0)$, então $g(0, y)$ vale 0, Então dentro de qualquer disco (não importa quão pequeno) centrado na origem existem pontos em que g vale 1 e pontos em que vale 0. Portanto o limite $\lim_{(x,y)\to(0,0)} g(x,y)$ não existe.

Embora as noções de limite e continuidade pareçam formalmente as mesmas para funções de uma e duas variáveis, elas são um tanto mais sutis no caso de várias variáveis. A razão é que sobre a reta (1-espaço) só podemos nos avizinhar de um ponto por duas direções (esquerda ou direita) mas no 2-espaço existe uma infinidade de modos de aproximação a um ponto dado.

Problemas para a Seção 1.7

1 Mostre que a função f não tem limite em $(0, 0)$ examinando os limites de f quando $(x, y) \to (0, 0)$ ao longo da curva $y = kx^2$ para diferentes valores de k. A função é dada por

$$f(x,y)=\frac{x^2}{x^2+y^2}, \qquad x^2+y^2\neq 0.$$

2 Mostre que a função f não tem limite em $(0, 0)$ examinando os limites de f quando $(x, y) \to (0, 0)$ ao longo da reta $y = x$ e ao longo da parábola $y = x^2$. A função é dada por

$$f(x,y)=\frac{x^2y}{x^4+y^2}, \qquad (x,y)\neq(0,0)$$

3 Considere a seguinte função

$$f(x,y)=\begin{cases}\dfrac{xy(x^2-y^2)}{x^2+y^2}, & (x,y)\neq(0,0)\\ 0, & (x,y)=(0,0)\end{cases}$$

a) Use um computador para traçar o gráfico e o diagrama de contornos para f.

b) Suas respostas à parte a) sugerem que f é contínua em $(0, 0)$? Explique sua resposta.

4 Considere a função f cujos gráfico e diagrama de contornos estão nas Figuras 1.104 e 1.105 e que é dada por

$$f(x,y)=\begin{cases}\dfrac{xy}{x^2+y^2}, & (x,y)\neq(0,0)\\ 0, & (x,y)=(0,0)\end{cases}$$

a) Mostre que $f(0, y)$ e $f(x, 0)$ são ambas funções contínuas de uma variável.

b) Mostre que raios partindo da origem estão contidos em contornos de f.

c) f é contínua em $(0, 0)$?

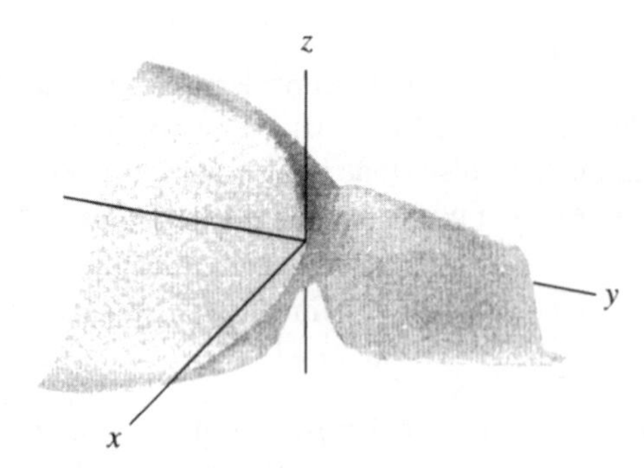

Figura 1.104: Gráfico de $z = xy/(x^2 + y^2)$

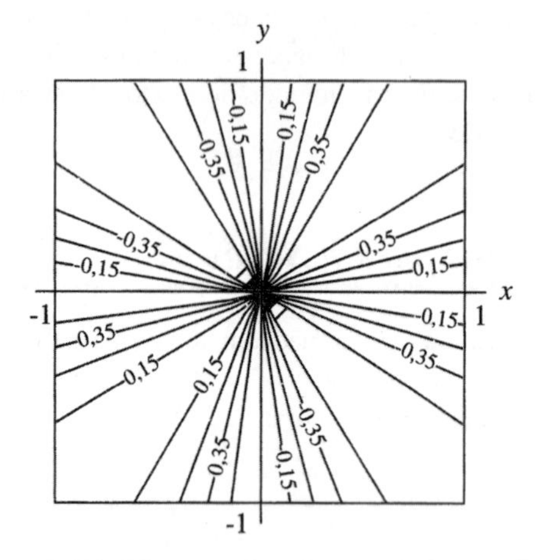

Figura 1.105: Diagrama de contornos de $z = xy/(x^2 + y^2)$

Para os Problemas 5–9 calcule os limites das funções $f(x, y)$ quando $(x, y) \to (0, 0)$. Você pode assumir que polinômios, exponenciais, logaritmos e funções trigonométricas são contínuas.

5 $f(x, y) = x^2 + y^2$ **6** $f(x,y) = e^{-x-y}$

7 $f(x,y) = \dfrac{x}{x^2+1}$ **8** $f(x,y) = \dfrac{x+y}{(\operatorname{sen} y)+2}$

9 $f(x,y) = \dfrac{\operatorname{sen}(x^2+y^2)}{x^2+y^2}$ [Sugestão: pode assumir que $\lim_{t\to 0} (\operatorname{sen} t)/t = 1$.]

Para as funções dos Problemas 10–12 mostre que

$$\lim_{(x,y)\to(0,0)} f(x,y) \text{ não existe.}$$

10 $f(x,y) = \dfrac{x+y}{x-y},\quad x \neq y$ **11** $f(x,y) = \dfrac{x^2-y^2}{x^2+y^2}$

12 $f(x,y) = \dfrac{xy}{|xy|},\quad x \neq 0 \text{ e } y \neq 0$

13 Mostre que os contornos da função g definida no Exemplo 1 b) da página ? são raios emanando da origem. Ache a inclinação do contorno $g(x, y) = c$.

14 Explique porque a função seguinte não é contínua ao longo da reta $y = 0$.

$$f(x,y) = \begin{cases} 1-x, & y \geq 0, \\ -2, & y < 0, \end{cases}$$

Nos Problemas 15–16 determine se existe um valor para c que torne as funções contínuas em toda parte. Se existe, ache. Se não, explique porquê.

15 $f(x,y) = \begin{cases} c+y, & x \leq 3, \\ 5-y, & x > 3. \end{cases}$ **16** $f(x,y) = \begin{cases} c+y, & x \leq 3, \\ 5-x, & x > 3. \end{cases}$

Problemas de revisão para o Capítulo 1

1 Descreva o conjunto de pontos cuja coordenada-x é 2 e cuja coordenada-y é 1.

2 Ache o centro e o raio de esfera com equação $x^2 + 4x + y^2 - 6y + z^2 + 12z = 0$.

3 Ache a equação do plano pelos pontos (0, 0, 2), (0, 3, 0), (5, 0, 0).

4 Ache uma função linear cujo gráfico é o plano que corta o plano-xy ao longo da reta $y = 2x + 2$ e que contém o ponto (1, 2, 2).

5 Considere a função $f(r, h) = \pi r^2 h$ que dá o volume do cilindro de raio r e altura h. Esboce as seções de f, primeiro conservando h fixo, depois conservando r fixo.

6 Considere a função $z = \cos\sqrt{x^2+y^2}$.

a) Esboce as curvas de nível dessa função

b) Esboce uma seção da superfície $z = \cos\sqrt{x^2+y^2}$. pelo plano contendo os eixos x e z. Ponha unidades em seus eixos.

c) Esboce a seção da superfície $z = \cos\sqrt{x^2+y^2}$. pelo plano contendo o eixo-z e a reta $y = x$ no plano-xy.

Para os Problemas 7–10 use um computador ou calculadora para esboçar o gráfico de uma função com as formas dadas. Inclua os eixos e a equação usada para gerá-lo em seu esboço.

7 Um cone de seção circular abrindo para baixo e com vértice na origem.

8 Uma concha voltada para cima e que tem seu vértice no 5 no eixo-z.

9 Um plano que tem interseções com os três eixos positivos.

10 Um cilindro parabólico abrindo para cima sobre a reta $y = x$ no plano-xy.

Decida se as afirmações nos Problemas 11–15 devem ser verdadeiras, poderiam ser verdadeiras ou não poderiam ser verdadeiras. A função $z = f(x, y)$ está definida em toda parte.

11 As curvas de nível correspondendo a $z = 1$ e $z = -1$ se cruzam na origem.

12 A curva de nível $z = 1$ consiste do círculo $x^2 + y^2 = 2$ e do círculo $x^2 + y^2 = 3$, mas não tem outros pontos.

13 A curva de nível $z = 1$ consiste de duas retas que se cortam na origem.

14 Se $z = e^{-(x^2+y^2)}$, existe uma curva de nível para todo valor de z.

15 Se $z = e^{-(x^2+y^2)}$,existe uma curva de nível por todo o ponto (x, y).

Para cada uma das funções nos Problemas 16–19 faça um desenho de contorno na região $-2 \leq x \leq 2$ e $-2 \leq y \leq 2$. Em cada caso, qual é a equação e a forma das linhas de contorno?

16 $z = \operatorname{sen} y$ **17** $z = 3x = 5y + 1$ **18** $z = 2x^2 + y^2$

19 $z = e^{2x^2+y^2}$

20 Suponha que está numa sala de 12 metros de comprimento com um aquecedor numa extremidade. De manhã a sala esta a 65°F. Você liga o aquecedor, que rapidamente aquece a 85°F. Seja $H(x, t)$ a temperatura a x metros do aquecedor, t minutos depois do aquecedor ser ligado. A Figura 1.106 mostra o diagrama de contorno para H. Quão quente está a 3 metros do aquecedor 5 minutos depois de ser ligado? 10 minutos depois de ser ligado?

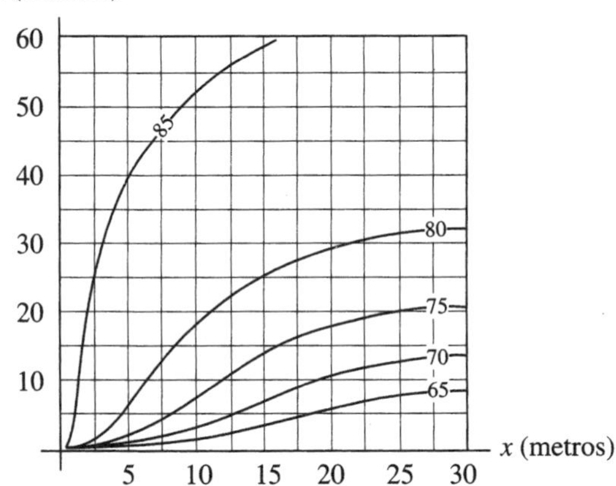

Figura 1.106

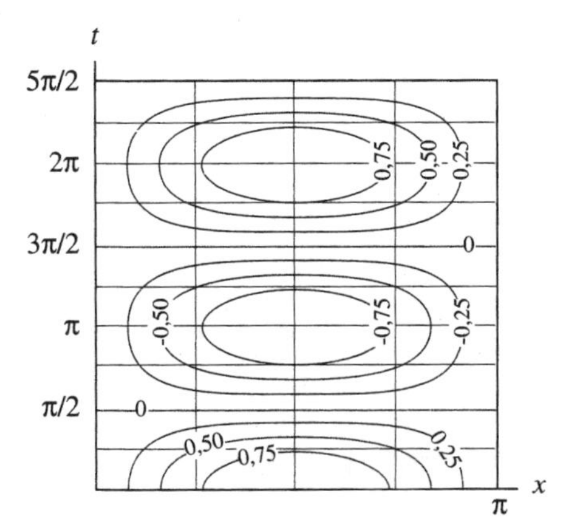

Figura 1.107

21 Usando o diagrama de contornos na Figura 1.106 esboce os gráficos das funções de uma variável $H(x, 5)$ e $H(x, 20)$. Interprete os 2 gráficos em termos práticos e explique a diferença entre eles.

22 A Figura 1.107 mostra o diagrama de contornos para a função da corda vibrante

$f(x, t) = \cos t \operatorname{sen} x, \quad 0 \leq x \leq \pi$

Usando o diagrama, descreva em palavras as seções de f com t fixo e as seções de f com x fixo. Explique o que vê em termos do comportamento da corda.

Ache equações para as funções lineares com os diagramas de contorno no Problemas 23–24.

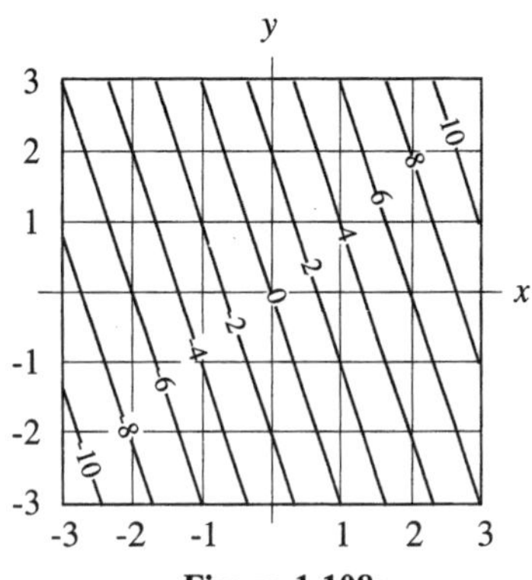

Figura 1.108:
Mapa de contornos de $g(x, y)$

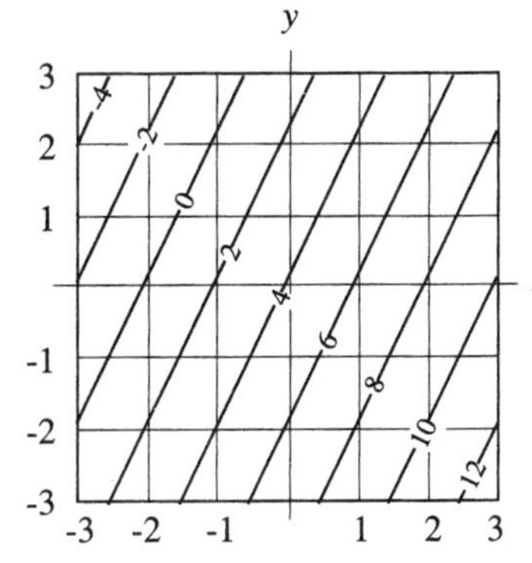

Figura 1.109:
Mapa de contornos de $h(x, y)$

25 A Figura 1.110 mostra os contornos da intensidade da luz como função da localização e do tempo num guia de onda microscópico.

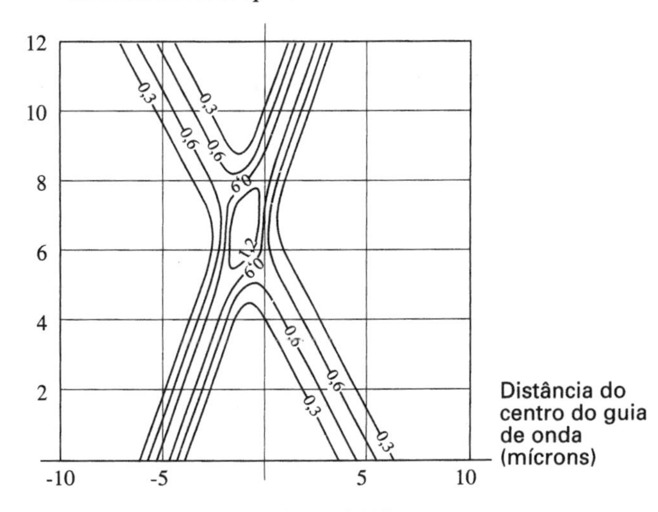

Figura 1.110

a) Trace gráficos mostrando a intensidade como função da localização nos instantes 0, 2, 4, 6, 8 e 10 nanossegundos.
b) Se você pudesse criar uma animação mostrando como o gráfico da intensidade como função da localização varia com a passagem do tempo, como seria ele?
c) Trace um gráfico da intensidade como função do tempo nas localizações –5, 0 e 5 mícrons do centro do guia de onda.
d) Descreva o que os raios de luz estão fazendo nesse guia de onda.

2

UM INSTRUMENTO FUNDAMENTAL: VETORES

No cálculo de uma variável representamos quantidades tais como a velocidade por números. Porem, para especificar a velocidade de um objeto móvel no espaço precisamos dizer quão depressa ele se move, e em que direção ele se move. Neste capítulo usamos *vetores* para representar quantidades que têm direção além de grandeza.

2.1 - VETORES DE DESLOCAMENTO

Suponha que você está planejando um vôo de São Paulo ao Rio de Janeiro. Há duas coisas que você precisa saber: a distância a ser percorrida (de modo que você tenha combustível suficiente) e em que direção ir (para não errar o destino). Estas duas quantidade juntas especificam o deslocamento ou vetor de deslocamento entre as duas cidade.

> O **vetor de deslocamento** de um ponto a outro é uma seta com a cauda no primeiro ponto e a ponta no segundo. A **magnitude** ou **módulo** (ou *comprimento*) do vetor de deslocamento é a distância entre os pontos e é dada pelo comprimento da flecha. A **direção** do vetor de deslocamento é a direção da flecha.

A Figura 2.1 mostra os vetores de deslocamento entre três pares de cidades. Eles têm o mesmo comprimento e a mesma direção. Dizemos que os vetores de deslocamento entre as cidades correspondentes são o mesmo, embora não coincidam. Em outras palavras

> Vetores de deslocamento que apontam na mesma direção e têm o mesmo módulo são considerados o mesmo, embora não coincidam.

Figura 2.1: Vetores de deslocamento entre cidades

Notação e terminologia

0 vetor de deslocamento é nosso primeiro exemplo de vetor. Vetores têm módulo e direção; em comparação, uma quantidade especificada por um único número, mas não por direção, é chamada um *escalar*.* Por exemplo, o tempo que leva o vôo de São Paulo ao Rio de Janeiro é uma quantidade escalar. O deslocamento é um vetor porque exige tanto distância quanto direção para especificá-lo.

Neste livro, escrevemos vetores com uma flecha acima deles, $\vec{v}$, para distinguí-los dos escalares. Outros livros usam um **v** negrito para denotar um vetor. Usamos a notação $\overrightarrow{PQ}$ para

* Assim denominados por W.R. Hamilton porque são simplesmente números na *escala* de $-\infty$ a ∞.

denotar o vetor de deslocamento de um ponto P a um ponto Q. O módulo, ou comprimento, de um vetor $\vec{v}$ é denotado por $\|\vec{v}\|$.

Adição e subtração de vetores de deslocamento

Suponha que a NASA ordena a um robô em Marte que se mova 75 metros numa direção e depois 50 metros em outra direção. (Ver a Figura 2.2.) Onde vai parar o robô? Suponha que os deslocamentos são representados por v e w respectivamente. Então a soma $\vec{v}+\vec{w}$ dá a posição final.

> A **soma** $\vec{v}+\vec{w}$ de dois vetores $\vec{v}$ e $\vec{w}$ é o deslocamento combinado, resultante de primeiro aplicar $\vec{v}$ depois $\vec{w}$. (Ver Figura 2.3.) A soma $\vec{w}+\vec{v}$ dá o mesmo deslocamento.

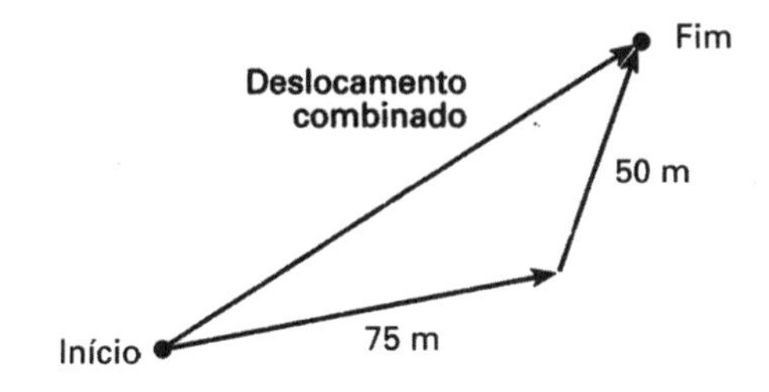

Figura 2.2: Soma dos deslocamentos dos robôs em Marte.

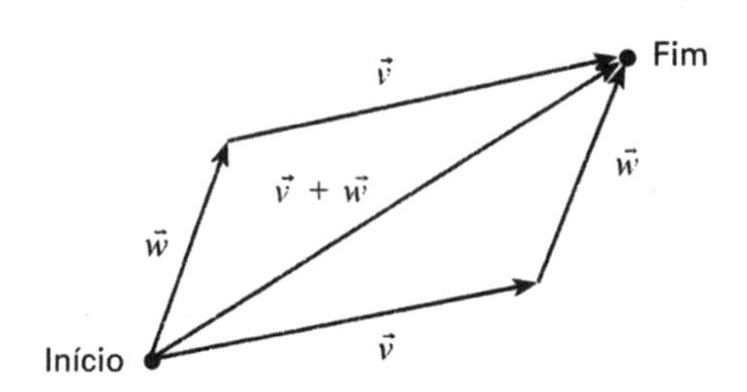

Figura 2.3: A soma $\vec{v}+\vec{w}=\vec{w}+\vec{v}$

Suponha que dois robôs diferentes partem do mesmo lugar. Um se move segundo o vetor de deslocamento $\vec{v}$ e o segundo de acordo com um vetor de deslocamento $\vec{w}$. Qual é o vetor de deslocamento $\vec{x}$ do primeiro vetor para o segundo? (Ver Figura 2.4.) Como $\vec{v}+\vec{x}=\vec{w}$, definimos $\vec{x}$ como sendo a diferença $\vec{x}=\vec{w}-\vec{v}$. Em outras palavras, $\vec{w}-\vec{v}$ leva você de $\vec{v}$ a $\vec{w}$.

> A **diferença** $\vec{w}-\vec{v}$ é o vetor de deslocamento que quando somado a $\vec{v}$ dá $\vec{w}$.
> Isto é, $\vec{w}=\vec{v}+(\vec{w}-\vec{v})$.(Ver Figura 2.4.)

Se o robô acaba no ponto de partida então seu vetor de deslocamento total é o vetor zero $\vec{0}$. O vetor zero não tem direção.

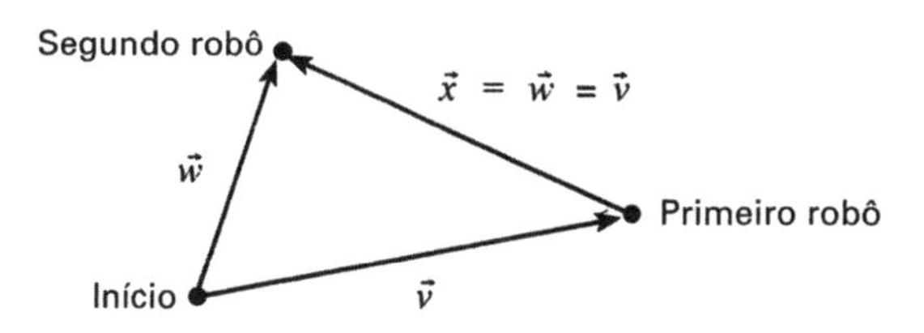

Figura 2.4: A diferença $\vec{w}-\vec{v}$

> O **vetor zero,** $\vec{0}$, é um deslocamento de comprimento zero.

Multiplicação por escalar de vetores de deslocamento

Se $\vec{v}$ representa um vetor de deslocamento, o vetor $2\vec{v}$ representa um deslocamento com o dobro do comprimento, na mesma direção que $\vec{v}$. Analogamente, $-2\vec{v}$ representa um deslocamento com o dobro do comprimento também, mas na direção oposta. (Ver Figura 2.5.)

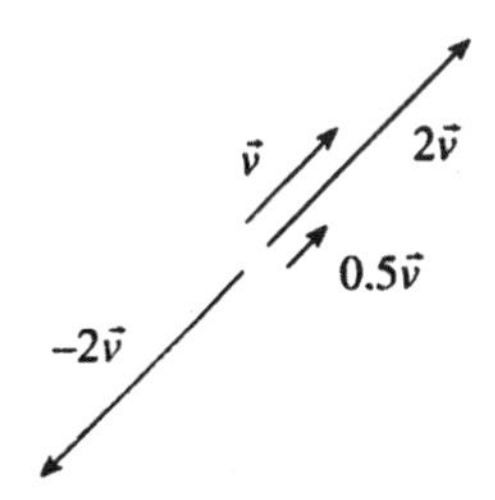

Figura 2.5: Múltiplos por escalar do vetor $\vec{v}$

> Se λ é um escalar e $\vec{v}$ um vetor de deslocamento, o **múltiplo por escalar de** $\vec{v}$ **por** λ, escrito $\lambda\vec{v}$, é um vetor de deslocamento com as propriedades seguintes:
> - O vetor de deslocamento $\lambda\vec{v}$ é paralelo a $\vec{v}$, apontando na mesma direção se $\lambda > 0$ e na oposta se $\lambda < 0$.
> - O comprimento de $\lambda\vec{v}$ é $|\lambda|$ vezes o comprimento de $\vec{v}$, isto é, $\|\lambda\vec{v}\| = |\lambda|\,\|\vec{v}\|$.

Note que $|\lambda|$ representa o valor absoluto do escalar λ ao passo que $\|\lambda\vec{v}\|$ representa o comprimento do vetor $\lambda\vec{v}$.

Exemplo 1: Explique porque $\vec{w}-\vec{v}=\vec{w}+(-1)\vec{v}$.

Solução: O vetor $(-1)\vec{v}$ tem o mesmo comprimento que $\vec{v}$, mas aponta na direção oposta. A Figura 2.6 mostra que o deslocamento combinado $\vec{w}$ $(-1)\vec{v}$ é o mesmo que o deslocamento $\vec{w}-\vec{v}$.

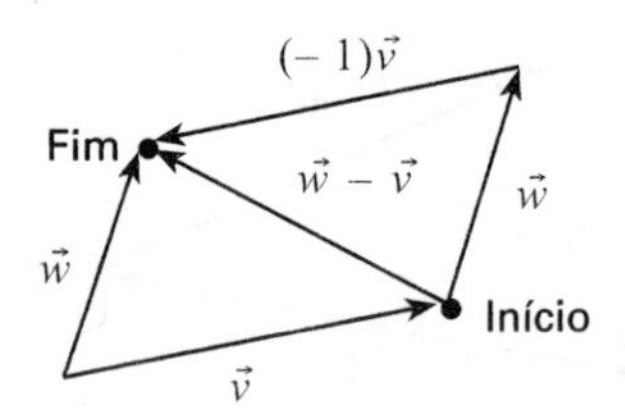

Figura 2.6: Explicação para porque $\vec{w} - \vec{v} = \vec{w} + (-1)\,\vec{v}$

Vetores paralelos

Dois vetores $\vec{v}$ e $\vec{w}$ são *paralelos* se um é múltiplo por escalar do outro, isto é, se $\vec{w} = \lambda\,\vec{v}$.

Componentes de vetores de deslocamento: os vetores $\vec{i}, \vec{j}$, e $\vec{k}$

Suponha que você vive numa cidade com ruas igualmente espaçadas indo de leste a oeste e norte a sul e você quer explicar a alguém como ir de um lugar a outro. Provavelmente você diria quantos quarteirões de leste a oeste e quantos norte a sul ele deve percorrer. Por exemplo, para ir de P a Q na Figura 2.7, percorremos 4 blocos para leste e 1 bloco para o sul. Se $\vec{i}$ e $\vec{j}$ são como mostrando na Figura. 2.7, então o vetor de deslocamento de P a Q é $4\vec{i} - \vec{j}$.

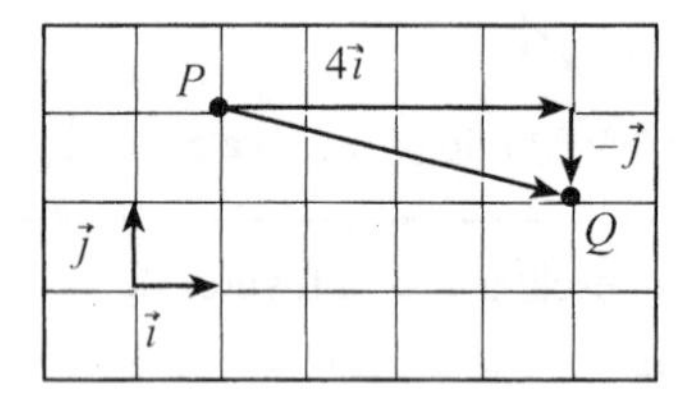

Figura 2.7: O vetor de deslocamento de P a Q é $4\vec{i} - \vec{j}$

Estendemos a mesma idéia a três dimensões. Primeiro escolhemos um sistema de coordenadas cartesianas, isto é, de eixos coordenados. Os três vetores de comprimento 1 mostrando na Figura 2.8 são o vetor $\vec{i}$ que aponta segundo o eixo-x positivo, o vetor $\vec{j}$, segundo o eixo-y positivo, e o vetor $\vec{k}$, segundo o eixo-z positivo.

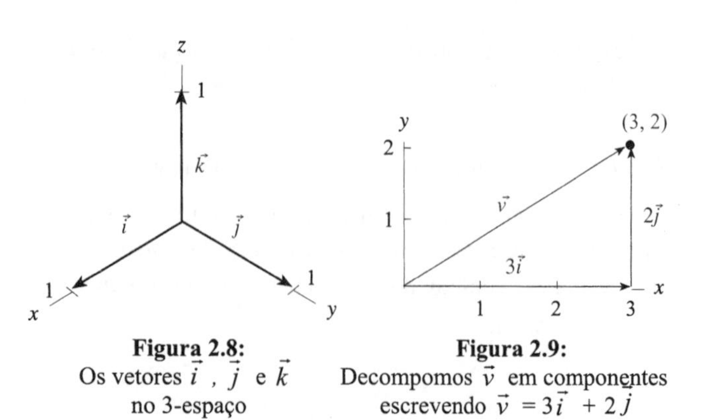

Figura 2.8: Os vetores $\vec{i}$, $\vec{j}$ e $\vec{k}$ no 3-espaço

Figura 2.9: Decompomos $\vec{v}$ em componentes escrevendo $\vec{v} = 3\vec{i} + 2\vec{j}$

Escrever vetores de deslocamento usando $\vec{i}, \vec{j}, \vec{k}$

Todo deslocamento no 3-espaço ou no plano pode ser expresso como combinação de deslocamentos na direções coordenadas. Por exemplo, a Figura 2.9 mostra que o vetor de deslocamento $\vec{v}$ da origem ao ponto (3, 2) pode ser escrito como uma soma de vetores de deslocamento ao longo dos eixos dos x e dos y.

$$\vec{v} = 3\vec{i} + 2\vec{j}.$$

Isto se chama *decompor $\vec{v}$ em componentes*. De modo geral:

> **Decompomos** $\vec{v}$ em componentes escrevendo $\vec{v}$ na forma
>
> $$\vec{v} = v_1\vec{i} + v_2\vec{j} + v_2\vec{k}.$$
>
> Chamamos $v_1\vec{i}, v_2\vec{j}, v_3\vec{k}$ as **componentes** de $\vec{v}$.

Notação alternativa para vetores

Muitos escrevem um vetor em 3 dimensões como uma seqüência de três números, isto é, como

$$\vec{v} = (v_1, v_2, v_3) \text{ em vez de } \vec{v} = v_1\vec{i} + v_2\vec{j} + v_2\vec{k}.$$

Como a primeira notação pode ser confundida com um ponto e a segunda não, costumeiramente usamos a segunda forma.

Exemplo 2: Decomponha o vetor de deslocamento $\vec{v}$, do ponto $P_1 = (2, 4, 10)$ ao ponto $P_2 = (3, 7, 6)$ em componentes.

Solução: Para ir de P_1 a P_2 nos movemos 1 unidade na direção de x positivo, 3 na direção de y positivo e 4 na direção de z negativo. Portanto $\vec{v} = \vec{i} + 3\vec{j} - 4\vec{k}$.

Exemplo 3: Decida se vetor $\vec{v} = 2\vec{i} + 3\vec{j} + 5\vec{k}$ é paralelo a cada um dos seguintes vetores:

$$\vec{w} = 4\vec{i} + 6\vec{j} + 10\vec{k}, \quad \vec{a} = -\vec{i} - 1{,}5\vec{j} - 2{,}5\vec{k},$$
$$\vec{b} = 4\vec{i} + 6\vec{j} + 9\vec{k}$$

Solução: Como $\vec{w} = 2\vec{v}$ e $\vec{a} = -0{,}5\,\vec{v}$, os vetores $\vec{v}$, $\vec{w}$ e $\vec{a}$ são paralelos. Porém $\vec{b}$ não é múltiplo de $\vec{v}$ (pois, por exemplo $4/2 \neq 9/5$) portanto $\vec{v}$ e $\vec{b}$ não são paralelos.

A Figura 2.10 mostra de forma geral como expressar em componentes o vetor de deslocamento entre dois pontos:

> **Componentes de vetores de deslocamento**
>
> O vetor de deslocamento do ponto $P_1 = (x_1, y_1, z_1)$

ao ponto $P_2 = (x_2, y_2, z_2)$ é dado em componentes por

$$\overrightarrow{P_1P_2} = (x_2 - x_1)\vec{i} + (y_2 - y_1)\vec{j} + (z_2 - z_1)\vec{k}\,.$$

Vetores de posição: deslocamento de um ponto a partir da origem

Um vetor de deslocamento cuja cauda está na origem chama-se um *vetor de posição*. Assim, qualquer ponto (x_0, y_0, z_0) do espaço tem associado a ele o vetor de posição $\vec{r}_0 = x_0\vec{i} + y_0\vec{j} + z_0\vec{k}$. (Ver Figura 2.11.) De modo geral um vetor de posição dá o deslocamento de um ponto a partir da origem.

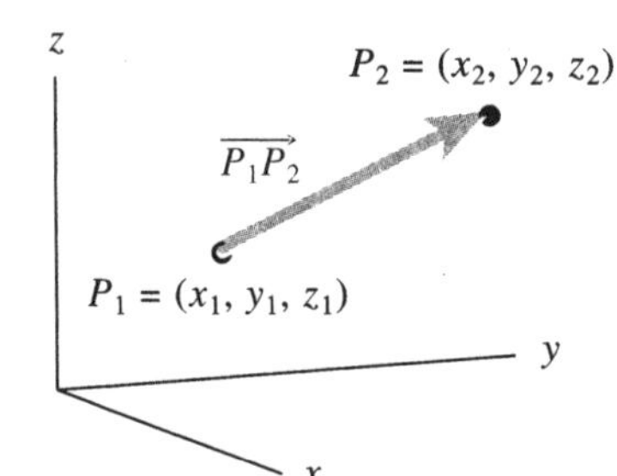

Figura 2.10: O vetor de deslocamento $\overrightarrow{P_1P_2} = (x_2 - x_1)\vec{i} + (y_2 - y_1)\vec{j} + (z_2 - z_1)\vec{k}$

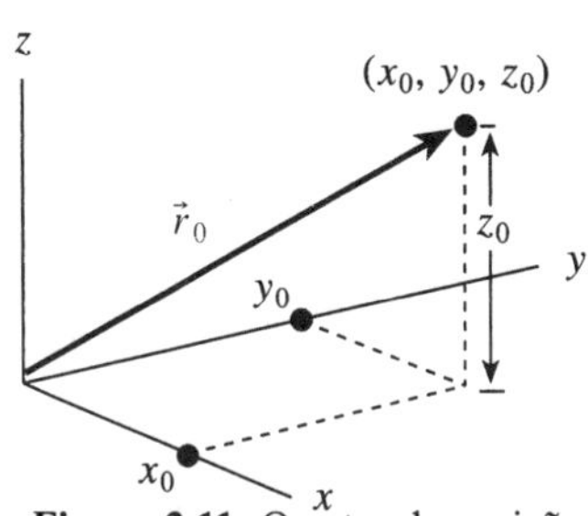

Figura 2.11: O vetor de posição $\vec{r}_0 = x_0\vec{i} + y_0\vec{j} + z_0\vec{k}$

As componentes do vetor zero

O vetor de deslocamento zero tem comprimento igual a zero e é escrito $\vec{0}$. Assim $\vec{0} = 0\,\vec{i} + 0\,\vec{j} + 0\,\vec{k}$.

O comprimento de um vetor pelas componentes

Para um vetor $\vec{v} = v_1\vec{i} + v_2\vec{j}$ o teorema de Pitágoras é usado para achar seu comprimento $\|\vec{v}\|$. (Ver Figura 2.12.)

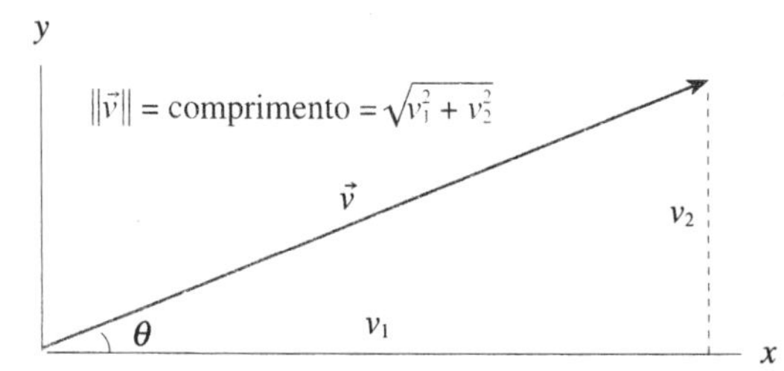

Figura 2.12: Comprimento $\|\vec{v}\|$ de vetor $\vec{v}$ no 2-espaço

Em dimensão 3, para um vetor $\vec{v} = v_1\vec{i} + v_2\vec{j} + v_3\vec{k}$ temos

Comprimento de $\vec{v} = \|\vec{v}\| =$ Comprimento da seta $= \sqrt{v_1^2 + v_2^2 + v_3^2}\,.$

Por exemplo, se $\vec{v} = 3\vec{i} - 4\vec{j} + 5\vec{k}$ então $\|\vec{v}\| = \sqrt{3^2 + (-4)^2 + 5^2} = \sqrt{50}\,.$

Adição e multiplicação por escalar de vetor pelas componentes

Suponha que os vetores $\vec{v}$ e $\vec{w}$ são dados em componentes

$$\vec{v} = v_1\vec{i} + v_2\vec{j} + v_3\vec{k} \quad \text{e} \quad \vec{w} = w_1\vec{i} + w_2\vec{j} + w_3\vec{k}$$

Então

$$\vec{v} + \vec{w} = (v_1 + w_1)\,\vec{i} + (v_2 + w_2)\,\vec{j} + (v_3 + w_3)\,\vec{k}\,,$$

e

$$\lambda\,\vec{v} = \lambda\, v_1\vec{i} + \lambda\, v_2\vec{j} + \lambda\, v_3\vec{k}\,.$$

As figuras 2.13 e 2.14 ilustram essas propriedades em dimensão 2. Finalmente $\vec{v} - \vec{w} = \vec{v} + (-1)\,\vec{w}$, assim podemos escrever $\vec{v} - \vec{w} = (v_1 - w_1)\,\vec{i} + (v_2 - w_2)\,\vec{j} + (v_3 - w_3)\,\vec{k}$.

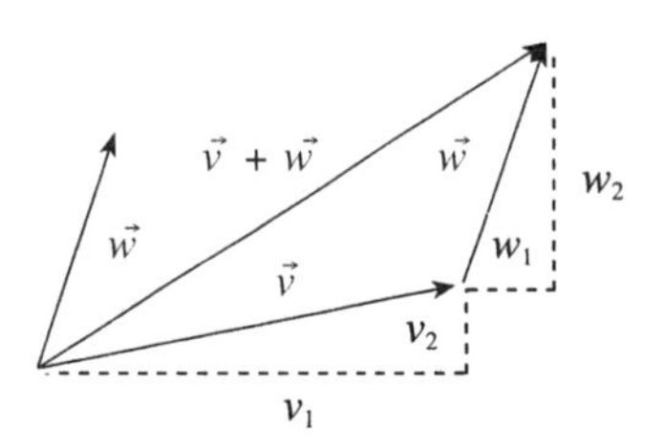

Figura 2.13: Soma $\vec{v} + \vec{w}$ em componentes

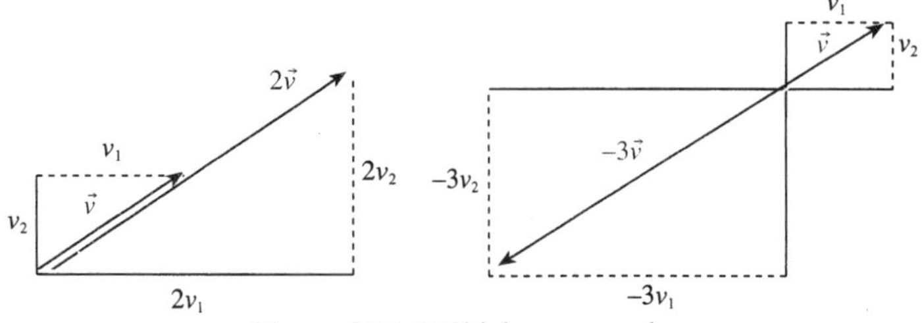

Figura 2.14: Múltiplos por escalar mostrando $\vec{v}$, $2\vec{v}$ e $-3\vec{v}$

Como decompor em vetor em componentes

Pode ser que você se pergunte como achamos as componentes de um vetor no 2-espaço, dados seu comprimento e direção. Suponha que o vetor $\vec{v}$ tem comprimento v e faz um ângulo de θ com o eixo-x, medido no sentido anti-horário, como na Figura 2.15. Se $\vec{v} = v_1\vec{i} + v_2\vec{j}$, a Figura 2.15 mostra que

$$v_1 = v\cos\theta \quad \text{e} \quad v_2 = v\,\text{sen}\,\theta$$

Assim decompomos $\vec{v}$ em componentes escrevendo

$$\vec{v} = (v\cos\theta)\,\vec{i} + (v\,\text{sen}\,\theta)\,\vec{j}\,.$$

Vetores no 3-espaço são decompostos usando os co-senos direcionais, ver o Problema 29 na página 54.

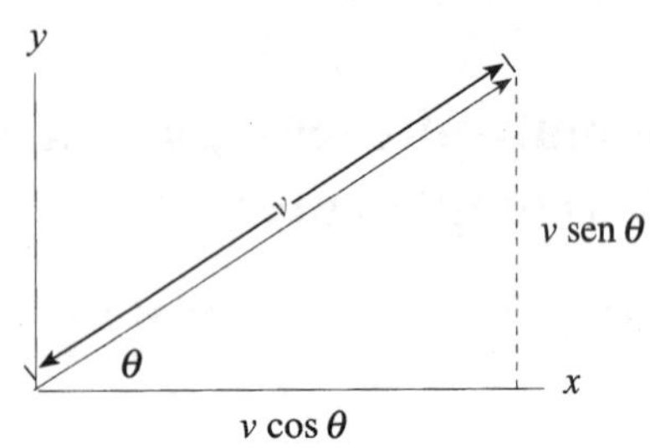

Figura 2.15: Decomposição de um vetor $\vec{v} = (v\cos\theta)\,\vec{i} + (v\,\text{sen}\,\theta)\,\vec{j}$

Exemplo 4: Decomponha $\vec{v}$ em suas componentes se $v = 2$ e $\theta = \pi/6$.

Solução: Temos $\vec{v} = 2\cos(\pi/6)\,\vec{i} + 2\,\text{sen}\,(\pi/6)\,\vec{j} = 2(\sqrt{3}/2)\,\vec{i} + 2(1/2)\,\vec{j} = \sqrt{3}\vec{i} + \vec{j}$

Vetores unitários

Um *vetor unitário* é um vetor cujo comprimento é 1. Os vetores $\vec{i}$, $\vec{j}$, $\vec{k}$ são vetores unitários nas direções dos eixos de coordenadas. Freqüentemente é útil fixar um vetor unitário na mesma direção que um dado vetor $\vec{v}$. Suponha que $\|\vec{v}\| = 10$, um vetor unitário na mesma direção que $\vec{v}$ é $\vec{v}/10$. De modo geral um vetor unitário na direção de qualquer vetor não nulo $\vec{v}$ é

$$\vec{u} = \frac{\vec{v}}{\|\vec{v}\|}.$$

Exemplo 5: Ache um vetor unitário $\vec{u}$ na direção do vetor $\vec{v} = \vec{i} + 3\,\vec{j}$.

Solução: Se $\vec{v} = \vec{i} + 3\,\vec{j}$ então $\|\vec{v}\| = \sqrt{1^2 + 3^2} = \sqrt{10}$.

Assim um vetor unitário na mesma direção é

$$\vec{u} = \frac{\vec{v}}{\sqrt{10}} = \frac{1}{\sqrt{10}}\left(\vec{i} + 3\vec{j}\right) = \frac{1}{\sqrt{10}}\vec{i} + \frac{3}{\sqrt{10}}\vec{j} \approx 0{,}32\vec{i} + 0{,}95\vec{j}$$

Exemplo 6: Ache um vetor unitário no ponto (x, y, z) que aponte radialmente para fora, para longe da origem.

Solução: O vetor da origem a (x, y, z) é o vetor de posição

$$\vec{r} = x\,\vec{i} + y\,\vec{j} + z\,\vec{k}\,.$$

Assim se pusermos a cauda do vetor procurado em (x, y, z) ele apontará para longe da origem. O comprimento do vetor $\vec{r}$ é

$$\|\vec{r}\| = \sqrt{x^2 + y^2 + z^2}$$

assim um vetor unitário na mesma direção é

$$\frac{\vec{r}}{\|\vec{r}\|} = \frac{x\vec{i} + y\vec{j} + z\vec{k}}{\sqrt{x^2 + y^2 + z^2}} = \frac{x}{\sqrt{x^2 + y^2 + z^2}}\vec{i} + \frac{y}{\sqrt{x^2 + y^2 + z^2}}\vec{j} + \frac{z}{\sqrt{x^2 + y^2 + z^2}}\vec{k}.$$

Problemas para a Seção 2.1

1 Os vetores $\vec{w}$ e $\vec{u}$ estão na Figura 2.16. Associe os vetores $\vec{p}$, $\vec{q}$, $\vec{r}$, $\vec{s}$, $\vec{t}$ com cinco dos seguintes vetores: $\vec{u} + \vec{w}$, $\vec{u} - \vec{w}$, $\vec{w} - \vec{u}$, $2\vec{w} - \vec{u}$, $\vec{u} - 2\vec{w}$, $2\vec{w}$, $-2\vec{w}$, $2\vec{u}$, $-2\vec{u}$, $-\vec{w}$, $-\vec{u}$.

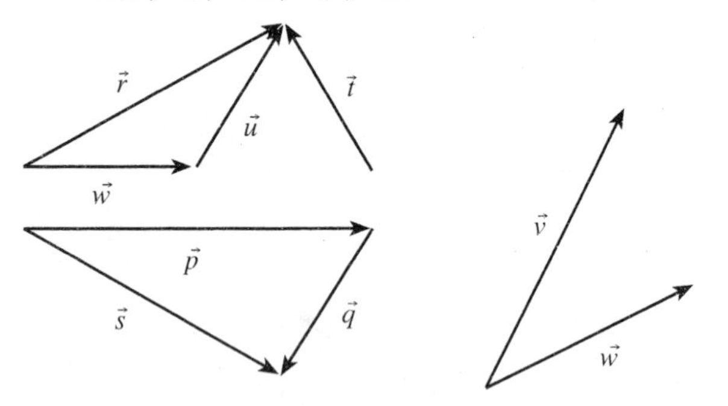

Figura 2.16 **Figura 2.17**

2 Dados os vetores de deslocamento $\vec{v}$ e $\vec{w}$ na Figura 2.17, trace os seguintes vetores:
a) $\vec{v} + \vec{w}$ b) $\vec{v} - \vec{w}$ c) $2\vec{v}$ d) $2\vec{v} + \vec{w}$ e) $\vec{v} - 2\vec{w}$

Para os Problemas 3–8 efetue as operações indicadas sobre os vetores seguintes:

$\vec{a} = 2\vec{j} + \vec{k}$, $\vec{b} = 3\vec{i} + 5\vec{j} + 4\,\vec{k}$, $\vec{c} = \vec{i} + 6\vec{j}$, $\vec{x} = -2\vec{i} + 9\vec{j}$, $\vec{y} = 4\vec{i} - 7\vec{i}$, $\vec{z} = \vec{i} - 3\vec{j} - \vec{k}$.

3 $\|\vec{z}\|$ **4** $\vec{a} + \vec{z}$ **5** $5\vec{b}$

6 $2\vec{c} + \vec{x}$ **7** $\|\vec{y}\|$ **8** $2\vec{a} + 7\vec{b} - 5\vec{z}$

Para os Problemas 9–12 efetue o cálculo indicado

9 $(4\vec{i} + 2\vec{j}) - (3\vec{i} - \vec{j})$

10 $(\vec{i} + 2\vec{j}) + (-3)(2\vec{i} + \vec{j})$

11 $-4(\vec{i} - 2\vec{j}) - 0{,}5(\vec{i} - \vec{k})$

12 $2(0{,}45\vec{i} - 0{,}9\vec{j} - 0{,}01\vec{k}) - 0{,}5(1{,}2\vec{i} - 0{,}1\vec{k})$

Ache os comprimentos dos vetores no Problemas 13–16.

13 $\vec{v} = \vec{i} - \vec{j} + 3\vec{k}$ **14** $\vec{v} = \vec{i} - \vec{j} + 2\vec{k}$

15 $\vec{v} = 1{,}2\vec{i} - 3{,}6\vec{j} + 4{,}1\vec{k}$ **16** $\vec{v} = 7{,}2\vec{i} - 1{,}5\vec{j} + 2{,}1\vec{k}$

Um gato está sentado no chão no ponto (1, 4, 0) observando um esquilo no alto de uma árvore. A árvore tem altura de uma unidade e sua base está no ponto (2, 4, 0). Ache os vetores de deslocamento nos Problemas 17–20.

17 Da origem até o gato. **18** Da base da árvore ao esquilo

19 Da base da árvore ao gato **20** Do gato ao esquilo.

21 No gráfico da Figura 2.18 trace o vetor $\vec{v} = 4\vec{i} + \vec{j}$ duas vezes, uma vez com a cauda na origem e uma vez com a cauda no ponto (3, 2).

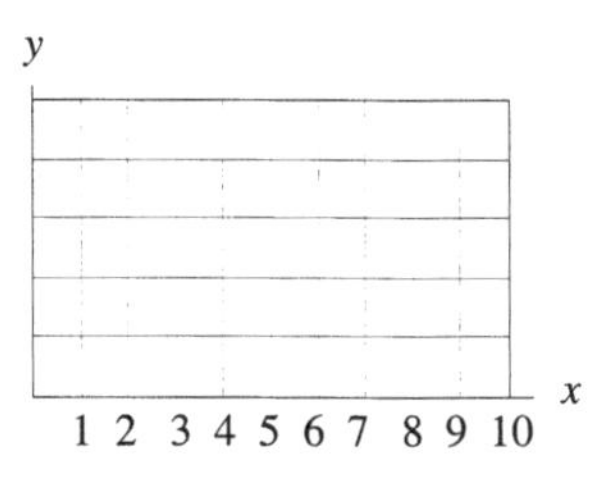

Figura 2.18

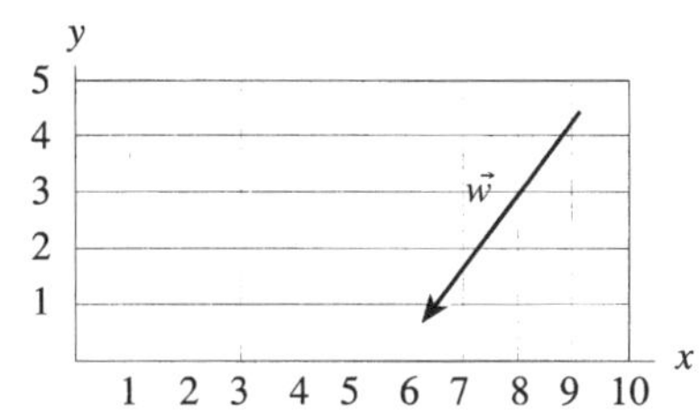

Figura 2.19:
Escala: 1 unidade da rede = unidade de comprimento

Decomponha os vetores nos Problemas 22–26 em componentes.

22 O vetor mostrado na Figura 2.19.

23 Um vetor partindo do ponto $P = (1, 2)$ e terminando no ponto $Q = (4, 6)$.

24 Um vetor partindo do ponto $Q = (4, 6)$ e terminando no ponto $P = (1, 2)$.

25.

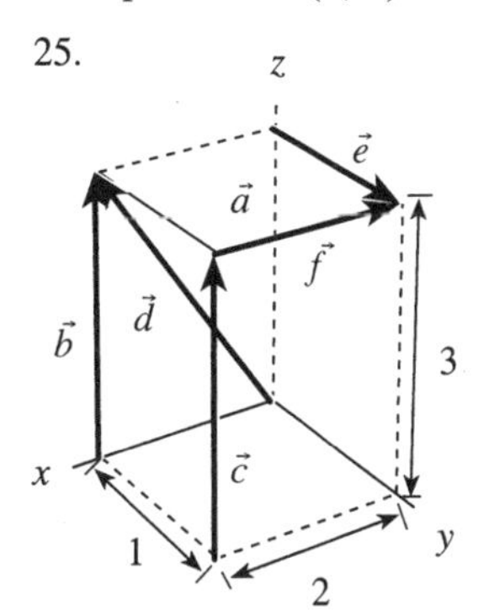

26.

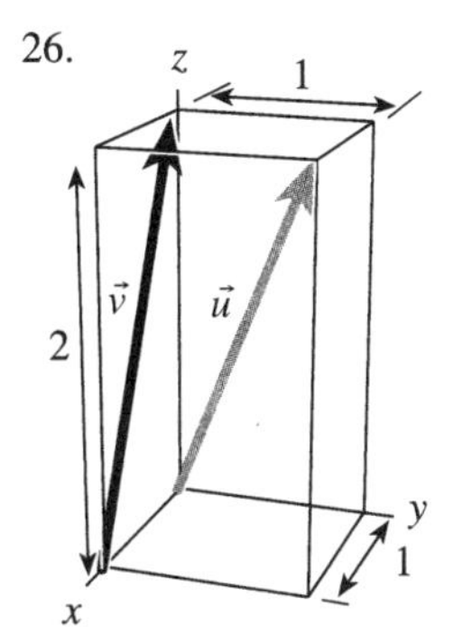

27 Ache os comprimentos dos vetores $\vec{u}$ e $\vec{v}$ no Problema 26.

28 Ache um vetor que aponte na mesma direção que $\vec{i} - \vec{j} + 2\vec{k}$, mas que tenha comprimento 2.

29 a) Ache um vetor unitário do ponto $P = (1, 2)$ e dirigido ao ponto $Q = (4, 6)$.

b) Ache um vetor de comprimento 10 apontando na mesma direção.

30 Quais dos seguintes vetores são paralelos?

$\vec{u} = 2\vec{i} + 4\vec{j} - 2\vec{k}$, $\vec{v} = \vec{i} - \vec{j} + 3\vec{k}$, $\vec{w} = -\vec{i} - 2\vec{j} + \vec{k}$,

$\vec{p} = \vec{i} + \vec{j} + \vec{k}$, $\vec{q} = 4\vec{i} - 4\vec{j} + 12\vec{k}$, $\vec{r} = \vec{i} - \vec{j} + \vec{k}$.

31 A Figura 2.20 mostra uma molécula com quatro átomos em *0*, *A*, *B* e *C*. Verifique que cada átomo da molécula está a 2 unidades de distância de todo outro átomo.

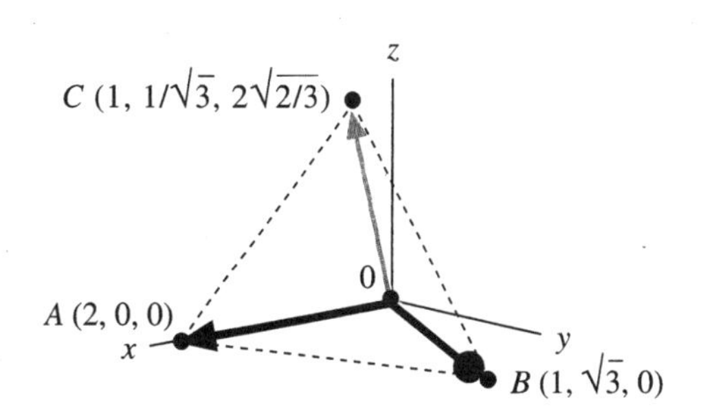

Figura 2.20

Para os Problemas 32–33 considere o mapa na Figura 1.1 na página 1.

32 Se você sai de Topeka na direção dos seguintes vetores, a temperatura cresce ou decresce?

a) $\vec{u} = 3\vec{i} + 2\vec{j}$ b) $\vec{v} = -\vec{i} - \vec{j}$ c) $\vec{w} = -5 - 5\vec{j}$.

33 Partindo de Buffalo, trace um vetor apontando na direção em que a temperatura está crescendo mais rapidamente. Partindo de Boise, trace um vetor apontando na direção em que a temperatura está decrescendo mais rapidamente.

34 Um caminhão está rodando em direção ao norte a 30km/h aproximando-se de uma encruzilhada. Numa estrada perpendicular uma carro de polícia vai para o oeste em direção à interseção a 40km/h. Suponha que ambos os veículos vão chegar à interseção dentro de exatamente 1 hora. Ache o vetor que neste momento representa o deslocamento do caminhão com relação ao carro de polícia.

35 Mostre que as medianas de um triângulo se cortam num ponto a 1/ 3 da distância ao longo de cada mediana ao lado que bissecta.

36 Mostre que as retas que unem o centróide (o ponto de interseção das medianas) de uma face de um tetraedro ao vértice oposto se encontram num ponto a 1/ 4 do caminho de cada centróide ao vértice oposto.

2.2 - VETORES EM GERAL

Além de deslocamentos existem muitas quantidades que têm grandeza e direção e são somadas e multiplicadas por escalares do mesmo modo que deslocamentos. Qualquer tal quantidade é chamada um *vetor* e é representada por uma flecha do mesmo modo pelo qual representamos deslocamentos. O comprimentos da seta é o *modulo* ou *comprimento* do vetor e a direção da seta é a direção do vetor.

Velocidade versus velocidade escalar

A velolcidade escalar de um corpo móvel nos diz quão depressa ele se move, digamos 80km/h. A velocidade escalar é só um número; é portanto um escalar. A velocidade, de outro lado, nos diz quão depressa o corpo se move e também a direção do movimento; é um vetor. Por exemplo, se um carro se move para nordeste a 80km/h, então sua velocidade é um vetor que aponta para nordeste de comprimento 80.

> O **vetor velocidade** de um objeto móvel é um vetor cujo módulo é a velocidade escalar do objeto e cuja direção é a direção do movimento.

Exemplo 1: Um carro viaja para o norte com uma velocidade escalar de 100km/h ao passo que um avião acima dele voa horizontalmente para sudoeste a uma velocidade escalar de 500km/h. Trace os vetores velocidade do carro e do aeroplano.

Solução: A figura 2.21 mostra os vetores velocidade. O vetor velocidade do avião tem comprimento 5 vezes o do vetor velocidade do carro, porque sua velocidade escalar é 5 vezes maior.

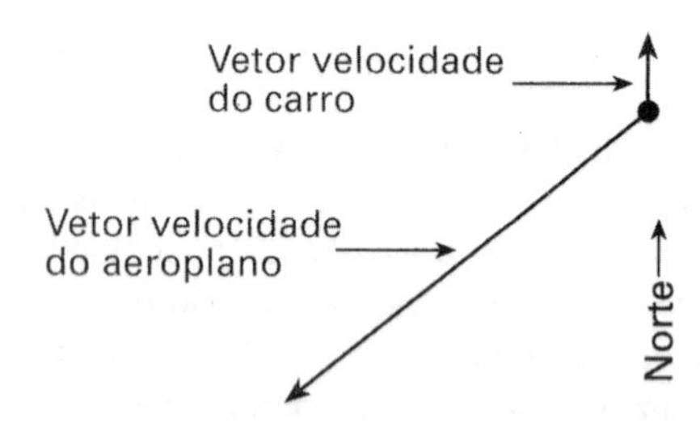

Figura 2.21: Vetor velocidade do carro aponta para o norte e é de 80km/h e o do avião é 500km/h indo a sudoeste.

O exemplo seguinte ilustra que os vetores velocidade para dois movimentos se somam para dar o vetor velocidade do movimento combinado, como o fazem os deslocamentos.

Exemplo 2: Um barco de rio se move com velocidade $\vec{v}$ e velocidade escalar de 8km/h em relação à água. Além disso o rio tem correnteza $\vec{c}$ e velocidade escalar de 1km/h. (Ver Figura2.22.) Qual o significado físico do vetor $\vec{v} + \vec{c}$?

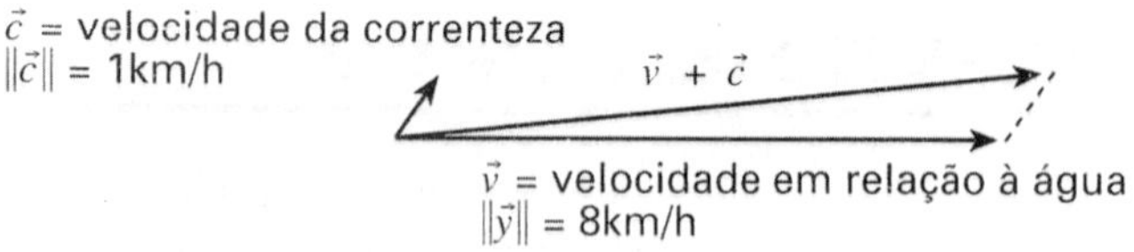

$\vec{c}$ = velocidade da correnteza
$\|\vec{c}\|$ = 1km/h
$\vec{v} + \vec{c}$
$\vec{v}$ = velocidade em relação à água
$\|\vec{v}\|$ = 8km/h

Figura 2.22: Velocidade do barco em relação ao leito do rio é a soma $\vec{v} + \vec{c}$

Solução: O vetor $\vec{v}$ mostra como o barco se move em relação à água, ao passo que $\vec{c}$ mostra como a água se move com relação ao leito do rio. Durante uma hora imagine que o barco primeiro se move por 8km em relação à água, que fica parada; este deslocamento é representado por $\vec{v}$. Então imagine a água movendo-se de 1km enquanto o barco fica estacionário com relação à água; este deslocamento é representando por $\vec{c}$. O deslocamento combinado é representado por $\vec{v} + \vec{c}$. Assim $\vec{v} + \vec{c}$ é a velocidade do barco com relação ao leito do rio.

Note que a velocidade escalar efetiva do barco não é necessariamente 9km/h a menos que o barco se mova na direção da correnteza. Embora somemos os vetores velocidade, não estamos necessariamente somando seus comprimentos.

A multiplicação por escalar também faz sentido para vetores velocidade. Por exemplo, se $\vec{v}$ é um vetor velocidade, então $-2\vec{v}$ representa um vetor velocidade de módulo duas vezes maior na direção oposta.

Exemplo 3: Uma bola se move com velocidade $\vec{v}$ quando esbarra numa parede perpendicular e volta direto para trás, com velocidade escalar reduzida de 20%. Expresse sua nova velocidade em termos da antiga.

Solução: A nova velocidade é $-0{,}8\vec{v}$, onde o sinal negativo exprime o fato de ser a nova direção a oposta da antiga.

Podemos representar vetores velocidade em componentes do mesmo modo que fizemos na página 38.

Exemplo 4: Represente os vetores velocidade do carro e do aeroplano no Exemplo 1 usando componentes. Tome norte como sendo o eixo-y positivo, leste como sendo o eixo-x positivo e para cima como sendo o eixo-z positivo.

Solução: O carro vai para o norte a 100km/h de modo que a componente y de sua velocidade é $100\vec{j}$ e a componente x é $0\vec{i}$. Como viaja na horizontal a componente-z é $0\vec{k}$. Assim temos velocidade do carro =

$$0\vec{i} + 100\vec{j} + 0\vec{k} = 100\vec{j}$$

O vetor velocidade do avião também tem componente $\vec{k}$ igual a zero. Como viaja para sudoeste, suas componentes $\vec{i}$ e $\vec{j}$ têm coeficientes negativos (norte e leste são positivos). Como o aeroplano viaja a 500km/h, em uma hora ele se desloca $500/\sqrt{2} \approx 354$km para oeste e 354km para o sul. (Ver Figura 2.23.) Assim velocidade do avião =

$$-(500\cos 45^\circ)\vec{i} - (500\,\text{sen}\,45^\circ)\vec{j} \approx -354\vec{i} - 354\vec{j}.$$

Naturalmente se o carro estivesse subindo uma colina ou se o avião estivesse descendo para uma aterrissagem então a componente $\vec{k}$ não seria zero.

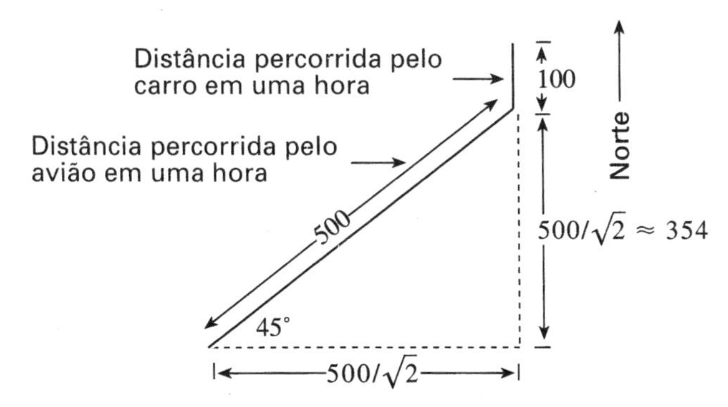

Figura 2.23: Distância percorrida pelo avião e pelo carro em uma hora.

Aceleração

Outro exemplo de quantidade vetorial é a aceleração. A aceleração, como a velocidade, é definida por um módulo e uma direção por exemplo, a aceleração devida à gravidade é 9,81m/seg^2 verticalmente para baixo.

Força

A força é outro exemplo de grandeza vetorial. Suponha que você empurre uma porta aberta. O resultado depende tanto de quão pesadamente você empurra e da direção. Assim para definir uma força temos que dar seu módulo e a direção em que está agindo. Por exemplo, a força gravitacional exercida sobre um objeto pela Terra é um vetor apontado do objeto para o centro da Terra; seu módulo é a medida da força gravitacional.

Exemplo 5: A Terra viaja em torno do sol segundo uma elipse. A força gravitacional sobre a Terra e a velocidade da Terra são governadas pelas seguintes leis:

Lei da gravitação de Newton: O módulo da atração gravitacional F entre duas massas m_1 e m_2 a uma distância r uma da outra é dada por $F = Gm_1m_2/r^2$, onde G é uma constante. O vetor força jaz na reta que liga as massas. *Segunda lei de Kepler*: O segmento de reta que liga um planeta ao sol varre áreas iguais em tempos iguais.

a) Esboce vetores representando a força gravitacional do sol sobre a Terra em duas posições diferentes na órbita da Terra.
b) Esboce o vetor velocidade da Terra em dois pontos de sua órbita.

Solução: a) A Figura 2.24 mostrando a Terra em órbita em torno do sol. Note que a força gravitacional sempre aponta para o sol e é maior quando a Terra está mais perto do sol por causa do termo r^2 no denominador. (Na verdade, a órbita verdadeira é muito mais parecida com um círculo do que mostrado aqui.)

b) O vetor velocidade aponta na direção do movimento da Terra. Assim o vetor velocidade é tangente à elipse. Ver Figura 2.25. Além disso, o vetor velocidade é mais longo em pontos da órbita em que o planeta se move mais depressa, porque o módulo do vetor velocidade mede a velocidade escalar. A segunda lei de Kepler nos permite determinar quando a Terra se move depressa e quando se move devagar. Durante um período fixo de tempo, digamos um mês, a reta que une a Terra ao sol varre um setor que tem uma certa área. A Figura 2.25 mostra dois setores varridos em dois intervalos de um mês diferentes. A lei de Kepler diz que as áreas dos dois setores são iguais. Assim a Terra deve mover-se de distância maior num mês em que esteja próxima do sol do que quando está longe. Portanto a Terra se move mais rapidamente quando está perto do sol do que quando está mais afastada.

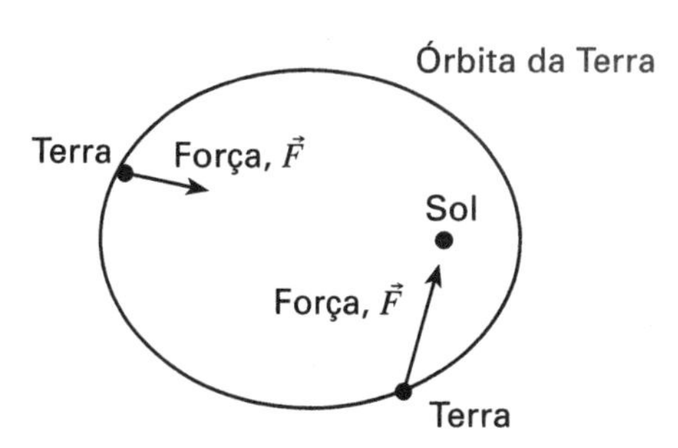

Figura 2.24: Força gravitacional, $\vec{F}$, exercida pelo sol sobre a Terra: maior módulo perto do sol

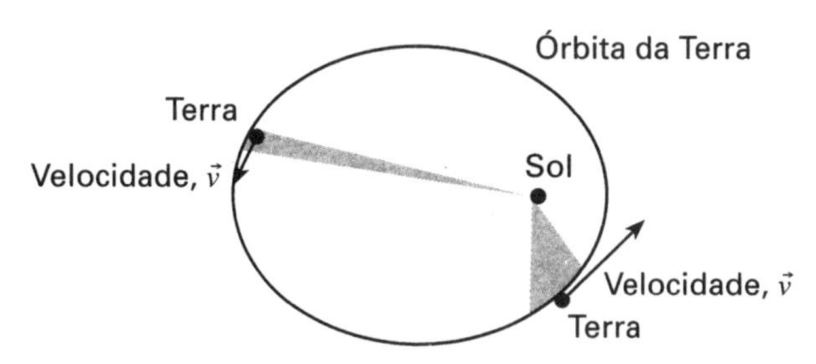

Figura 2.25: O vetor velocidade, $\vec{v}$, da Terra; maior módulo perto do sol

---

Propriedades da adição e da multiplicação por escalar

De modo geral, vetores são somados, subtraídos, multiplicados por escalares do mesmo modo que os vetores de deslocamento. Assim, para quaisquer vetores $\vec{u}$, $\vec{v}$, e $\vec{w}$ e quaisquer escalares α e β temos as propriedades:

Comutatividade	**Associatividade**
1 $\vec{v} + \vec{w} = \vec{w} + \vec{v}$	**2** $(\vec{u} + \vec{v}) + \vec{w} = \vec{u} + (\vec{v} + \vec{w})$ **3** $\alpha(\beta\vec{v}) = (\alpha\beta)\vec{v}$
Distributividade	**Identidade**
4 $(\alpha + \beta)\vec{v} = \alpha\vec{v} + \beta\vec{v}$ **5** $\alpha(\vec{v} + \vec{w}) = \alpha\vec{v} + \alpha\vec{w}$	**6** $1.\vec{v} = \vec{v}$ **7** $0.\vec{v} = 0$ **8** $\vec{v} + 0 = \vec{v}$ **9** $\vec{w} + (-1)\vec{v} = \vec{w} - \vec{v}$

Os Problemas 16–23 no fim desta seção pedem uma justificativa destes resultados em termos de vetores de deslocamento.

Uso de componentes

Exemplo 6: Um aeroplano indo para leste à velocidade escalar aérea de 600km/h sofre um vento de 50km/h soprando para nordeste. Ache a direção do avião e velocidade escalar com relação ao solo.

Solução: Escolhemos um sistema de coordenadas com eixo-x apontando para leste e eixo-y apontando para o norte. Ver Figura 2.26.

A velocidade escalar aérea nos diz a velocidade escalar do avião com relação ao ar parado. Assim o avião se move para o leste com velocidade $\vec{v} = 600\vec{i}$ relativamente ao ar parado. Além disso, o ar se move com velocidade $\vec{w}$, Escrevendo $\vec{w}$ em componentes temos

$$\vec{w} = (50\cos 45°)\,\vec{i} + (50\text{sen}45°)\,\vec{j} = 35{,}4\vec{i} + 35{,}4\,\vec{j}\,.$$

O vetor $\vec{v} + \vec{w}$ representa o deslocamento do aeroplano com relação ao solo em uma hora. Em componentes temos

$$\vec{v} + \vec{w} = 600\,\vec{i} + (35{,}4\,\vec{i} + 35{,}4\,\vec{j}\,) = 635{,}4\,\vec{i} + 35{,}4\,\vec{j}\,.$$

A direção do movimento do avião com relação ao solo é dada pelo ângulo θ na Figura 2.26, onde

$$\tan\theta = \frac{35{,}4}{635{,}4}$$

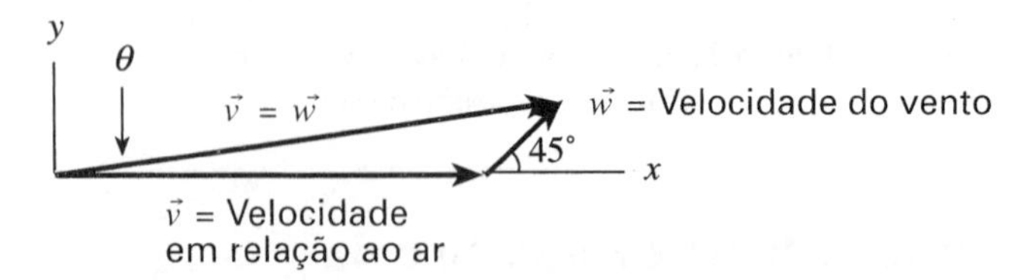

Figura 2.26: Velocidade do avião em relação ao solo é $\vec{v} + \vec{w}$.

Assim

$$\theta = \arctan\left(\frac{35{,}4}{635{,}4}\right) = 3{,}2°$$

A velocidade escalar com relação ao solo é

$$\sqrt{635{,}4^2 + 35{,}4^2} = 636{,}4 \text{ km/h}$$

Assim a velocidade escalar do aeroplano relativa ao solo foi ligeiramente aumentada pelo vento. (Isto é o que seria de se esperar, pois o vento tem uma componente na direção em que o avião viaja.) O ângulo θ mostra quanto o avião é afastado de sua rota pelo vento.

Vetores em *n* dimensões

Usando a notação alternativa $\vec{v} = (v_1, v_2, v_3)$ para um vetor de 3-espaço podemos definir um vetor no n-espaço como seqüência de n números. Assim um vetor a n dimensões pode ser escrito como

$$\vec{c} = (c_1, c_2, \ldots, c_n).$$

A adição e a multiplicação por escalar são definidas pelas fórmulas

$$\vec{v} + \vec{w} = (v_1, v_2, \ldots, v_n) + (w_1, w_2, \ldots, w_n) = (v_1 + w_1, v_2 + w_2, \ldots, v_n + w_n)$$

e

$$\lambda\vec{v} = \lambda(v_1, v_2, \ldots, v_n) = (\lambda v_1, \lambda v_2, \ldots, \lambda v_n).$$

Porque queremos vetores em *n* dimensões?

Vetores em duas ou três dimensões podem ser usados para modelar deslocamentos, velocidades ou forças. Mas e os vetores em n dimensões? Existe uma outra interpretação dos vetores 3-dimensionais (ou 3-vetores) que é útil: podem ser pensados como listando 3 quantidades diferentes – por exemplo, deslocamentos paralelos aos eixos x, y e z. Analogamente o n-vetor

$$\vec{c} = (c_1, c_2, \ldots, c_n)$$

pode ser pensado como um modo de manter organizadas n quantidades diferentes. Por exemplo, um *vetor de população* N mostrando o número de crianças e adultos numa população:

$$\vec{N} = (\text{Número de crianças, Número de adultos}),$$

ou, se estamos interessados numa classificação mais detalhada por idades, poderíamos dar o número em cada faixa de dez anos na população (até a idade de 110 anos) na forma

$$\vec{N} = (N_1, N_2, N_3, N_4, N_5, N_6, N_7, N_8, N_9, N_{10}, N_{11})$$

onde N_1 é a população na faixa de 0–9 anos, N_2 a população na faixa de 10–19anos e assim por diante.

Um *vetor de consumo*

$$\vec{q} = (q_1, q_2, \ldots, q_n)$$

mostra as quantidades $q_1, q_2, \ldots, q_n$ consumidas de cada um de n diferentes bens. Um *vetor de preço*

$$\vec{p} = (p_1, p_2, \ldots, p_n)$$

contém os preços de n itens diferentes.

Em 1907, Hermann Minkowski usou vetores com quatro componentes quando introduziu coordenadas espaço–tempo, pelas quais a cada evento é associado um vetor de posição $\vec{v}$ com quatro coordenadas, três para sua posição no espaço e uma para o tempo:

$$\vec{v} = (x, y, z, t).$$

Exemplo 7: Suponha que $\vec{I}$ representa o número de cópias, em milhares, feitas por cada um de quatro centros de cópia no mês de dezembro e $\vec{J}$ representa o número de cópias feitas nos mesmos centros durante os onze meses anteriores ("ano corrente"). Se $\vec{I} = (25, 211, 818, 642)$ e $\vec{J} = (331, 3227, 1377, 2570)$, calcule $\vec{I} + \vec{J}$. O que representa esta soma?
Solução: A soma é

$$\vec{I} + \vec{J} = (25 + 331, 211 + 3227, 818 + 1377, 642 + 2570) = (356, 3438, 2195, 3212).$$

Cada termo em $\vec{I} + \vec{J}$ representa a soma do número de cópias feitas em dezembro mais as dos onze meses anteriores, isto é, o número total de cópias feitas durante o ano todo num particular centro.

Exemplo 8: O vetor de preço $\vec{p} = (p_1, p_2, p_3)$ representa o preço de três produtos em reais. Escreva um vetor que dê os preços dos mesmos produtos em centavos.
Solução: Os preços em centavos são $100p_1$, $100p_2$ e $100p_3$ de modo que o novo vetor de preço é $(100p_1, 100p_2, 100p_3) = 100\vec{p}$

Problemas para a Seção 2.2

Nos Problemas 1–4 diga se a quantidade dada é um vetor ou um escalar.

1 A distância de Salvador a São Luiz.

2 A população do Brasil.

3 O campo magnético num ponto da superfície da Terra.

4 A temperatura num ponto da superfície da Terra.

5 Um carro viaja a 50km/h. Suponha que o eixo-y positivo aponta para o norte e o eixo-x positivo para leste. Decomponha o vetor velocidade do carro (no 2-espaço) em componentes se o carro viaja em cada uma das seguintes direções:
a) Leste b) Sul c) Sudeste d) Noroeste.

6 Qual viaja mais rápido, um carro cujo vetor velocidade é $21\vec{i} + 35\vec{j}$ ou um carro cujo vetor velocidade é $40\vec{i}$, supondo que as unidade são as mesmas nas duas direções?

7 Um objeto móvel tem vetor velocidade $50\vec{i} + 20\vec{j}$ em metros por segundo. Expresse a velocidade em quilômetros por hora.

8 Um carro percorre a pista na Figura 2.27 em sentido horário, reduzindo a velocidade nas curvas e acelerando nas partes retas. Esboce vetores velocidade nos pontos P, Q e R.

9 Um carro de corrida vai em sentido horário pela pista mostrando na Figura 2.27 com velocidade escalar constante. Em que ponto da pista o carro tem vetor aceleração mais longo e em qual direção aponta? (Lembre que a aceleração é a taxa de variação da velocidade.)

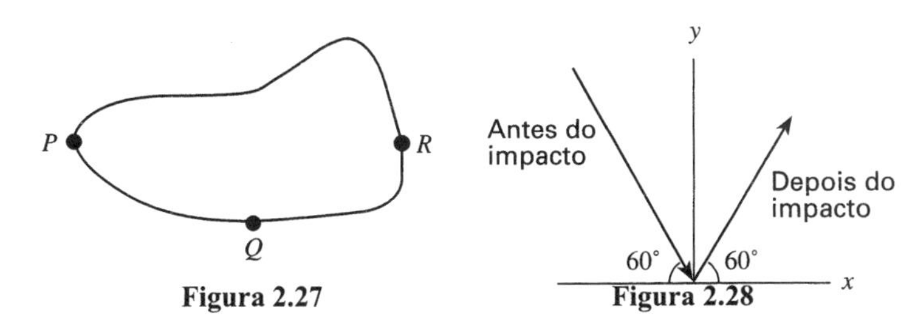

Figura 2.27 Figura 2.28

10 Uma partícula movendo-se com velocidade escalar $\vec{v}$ choca-se com uma barreira a um ângulo de 60° e ricocheteia a um ângulo de 60° na direção oposta com velocidade escalar reduzida de 20%, como mostra a Figura 2.28. Ache o vetor velocidade do objeto depois do impacto.

11 Há cinco estudantes numa classe. Suas notas de meio semestre (até 100) são dadas pelo vetor $\vec{v} = (73, 80, 91, 65, 84)$. Suas notas no final (até 100) são dadas por $\vec{w} = (82, 79, 88, 70, 92)$. Se o final conta duas vezes mais que as notas a meio semestre, ache um vetor dando as notas totais (como porcentagens) dos estudantes.

12 Pouco depois de levantar vôo um aeroplano está subindo para noroeste em ar parado à velocidade escalar aérea de 200km/h e subindo à taxa de 300m/min. Decomponha em componentes seu vetor velocidade num sistema de coordenadas em que o eixo-x aponta para leste, o eixo-y para norte e o eixo-z para cima.

13 Um aeroplano vai para nordeste a 700km/h mas há um vento do oeste a 60km/h. Em qual direção o avião acaba voando? Qual é sua velocidade escalar com relação ao solo?

14 Um aeroplano voa a uma velocidade escalar aérea de 600km/h num vento transversal que vem do oeste a 60km/h. Em qual direção deve ir o avião para acabar indo para leste?

15 Um aeroplano está indo para leste e subindo à taxa de 80km/h. Se sua velocidade escalar aérea é 480km/h e há um vento soprando para nordeste a 100km/h, qual é a velocidade escalar do avião com relação ao solo?

Use a definição geométrica da adição e da multiplicação por escalar para explicar cada uma das propriedades nos Problemas 16–23.

16 $\vec{w} + \vec{v} = \vec{v} + \vec{w}$ **17** $(\alpha + \beta)\vec{v} = \alpha\vec{v} + \beta\vec{v}$

18 $\alpha(\vec{v} + \vec{w}) = \alpha\vec{v} + \alpha\vec{w}$

19 $(\vec{u} + \vec{v}) + \vec{w} = \vec{u} + (\vec{v} + \vec{w})$

20 $\alpha(\beta\vec{v}) = (\alpha\beta)\vec{v}$ **21** $\vec{v} + 0 = \vec{v}$

22 $1\vec{v} = \vec{v}$

23 $\vec{v} + (-1)\vec{w} = \vec{v} - \vec{w}$

2.3 - O PRODUTO ESCALAR

Vimos como somar vetores; podemos multiplicar dois vetores? Nas duas seções seguintes veremos duas maneiras diferentes de fazer isso: o *produto escalar* que produz um escalar, e o *produto vetorial*, que produz um vetor.

Definição do produto escalar

O produto escalar une geometria e álgebra. Já sabemos calcular o comprimento de um vetor a partir de seus componentes; o produto escalar nos dá um modo de calcular o ângulo entre vetores. Para dois vetores quaisquer $\vec{v} = v_1\vec{i} + v_2\vec{j} + v_3\vec{k}$ e $\vec{w} = w_1\vec{i} + w_2\vec{j} + w_3\vec{k}$, mostrados na Figura 2.29, definimos o produto escalar como segue:

> As duas definições seguintes do **produto escalar** $\vec{v} \cdot \vec{w}$ são equivalentes:
>
> - **Definição geométrica**
>
> $\vec{v} \cdot \vec{w} = \|\vec{v}\|\,\|\vec{w}\|\cos\theta$ onde θ é o ângulo entre $\vec{v}$ e $\vec{w}$, $0 \le \theta \le \pi$.
> - **Definição algébrica**
>
> $\vec{v} \cdot \vec{w} = v_1w_1 + v_2w_2 + v_3w_3$
>
> Observe que o produto escalar de dois vetores é um *número*.

Porque não damos só uma definição de $\vec{v} \cdot \vec{w}$? A razão é que as duas definições são igualmente importantes: a definição geométrica dá um quadro do significado do produto escalar e a definição algébrica dá um modo de calculá-lo.

Como sabemos que as duas definições são equivalentes? Isto é, que realmente definem a mesma coisa? Primeiro observe que as duas definições dão o mesmo resultado num exemplo particular. Depois mostramos porque são equivalentes em geral.

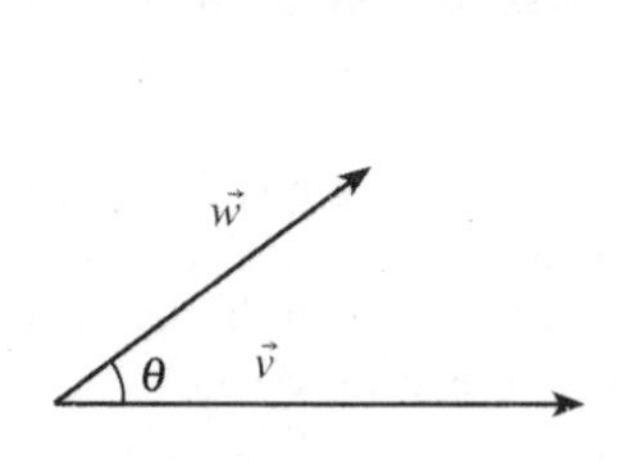

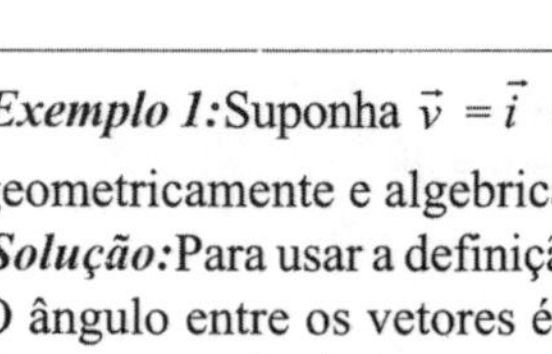

Figura 2.29: Os vetores $\vec{v}$ e $\vec{w}$

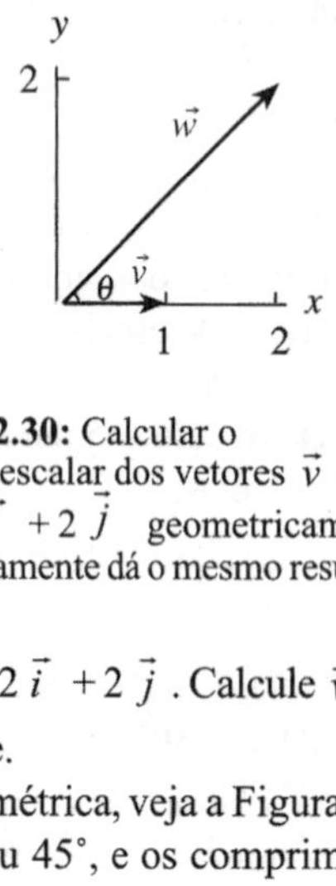

Figura 2.30: Calcular o produto escalar dos vetores $\vec{v} = \vec{i}$ e $\vec{w} = 2\vec{i} + 2\vec{j}$ geometricamente e algebricamente dá o mesmo resultado.

Exemplo 1: Suponha $\vec{v} = \vec{i}$ e $\vec{w} = 2\vec{i} + 2\vec{j}$. Calcule $\vec{v} \cdot \vec{w}$ geometricamente e algebricamente.

Solução: Para usar a definição geométrica, veja a Figura 2.30. O ângulo entre os vetores é $\pi/4$ ou 45°, e os comprimentos dos vetores são dados por

$$\|\vec{v}\| = 1 \quad \text{e} \quad \|\vec{w}\| = 2\sqrt{2}$$

Assim

$$\vec{v} \cdot \vec{w} = \|\vec{v}\|\,\|\vec{w}\|\cos\theta = 1 \cdot 2\sqrt{2}\cos\pi/4 = 2$$

Usando a definição algébrica obtemos o mesmo resultado

$$\vec{v} \cdot \vec{w} = 1 \cdot 2 + 0 \cdot 2 = 2.$$

Porque as duas definições do produto escalar dão o mesmo resultado

No exemplo precedente as duas definições deram o mesmo valor para o produto escalar. Para mostrar que as definições geométrica e algébrica sempre dão o mesmo resultado, precisamos mostrar que para dois vetores quaisquer $\vec{v} = v_1\vec{i} + v_2\vec{j} + v_3\vec{k}$ e $\vec{w} = w_1\vec{i} + w_2\vec{j} + w_3\vec{k}$ com ângulo θ entre eles

$$\|\vec{v}\|\,\|\vec{w}\|\cos\theta = v_1w_1 + v_2w_2 + v_3w_3$$

Segue um método: um método que não usa trigonometria é dado no Problema 33.

Usando a lei dos co-senos. Suponha $0 < \theta < \pi$, de modo que os vetores $\vec{v}$ e $\vec{w}$ formam um triângulo. (Ver Figura 2.31.) Pela lei dos co-senos temos

$$\|\vec{v} - \vec{w}\|^2 = \|\vec{v}\|^2 + \|\vec{w}\|^2 - 2\|\vec{v}\|\,\|\vec{w}\|\cos\theta.$$

Este resultado vale também se $\theta = 0$ ou $\theta = \pi$. Calculamos comprimentos usando componentes

$$\|\vec{v}\|^2 = v_1^2 + v_2^2 + v_3^2$$
$$\|\vec{w}\|^2 = w_1^2 + w_2^2 + w_3^2$$

$$\|\vec{v} - \vec{w}\|^2 = (v_1 - w_1)^2 + (v_2 - w_2)^2 + (v_3 - w_3)^2$$

$$= v_1^2 - 2v_1w_1 + w_1^2 + v_2^2 - 2v_2w_2 + w_2^2 + v_3^2 - 2v_3w_3 + w_3^2.$$

Substituindo na lei dos co-senos e cancelando vemos que

$$-2v_1w_1 - 2v_2w_2 - 2v_3w_3 = -\|2\|\vec{v}\|\,\|\vec{w}\|\cos\theta.$$

Portanto temos o resultado desejado, isto é

$$v_1w_1 + v_2w_2 + v_3w_3 = \|\vec{v}\|\,\|\vec{w}\|\cos\theta$$

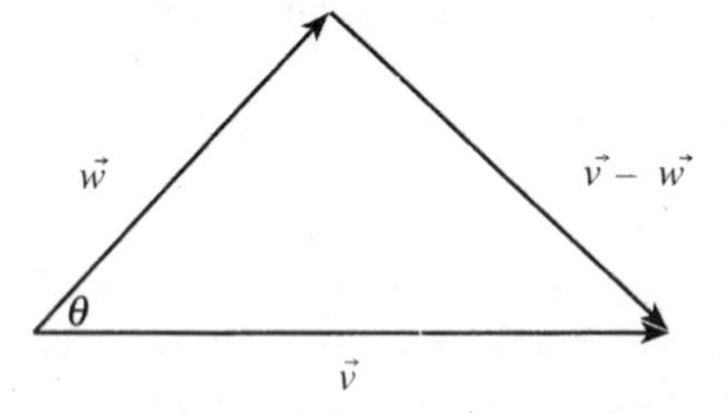

Figura 2.31: Triângulo usado na justificativa de $\|\vec{v}\|\,\|\vec{w}\|\cos\theta = v_1w_1 + v_2w_2 + v_3w_3$

Propriedades do produto escalar

As propriedade seguintes do produto escalar podem ser justificadas usando a definição algébrica; ver o Problema 26 na página 48. Para uma interpretação geométrica da Propriedade 3, ver Problema 30.

> **Propriedades do produto escalar.** Para vetores quaisquer $\vec{u}$, $\vec{v}$ e $\vec{w}$ e qualquer escalar λ,
>
> **1** $\vec{v} \cdot \vec{w} = \vec{w} \cdot \vec{v}$
>
> **2** $\vec{v} \cdot (\lambda\vec{w}) = \lambda(\vec{v} \cdot \vec{w}) = (\lambda\vec{v}) \cdot \vec{w}$
>
> **3** $(\vec{v} + \vec{w}) \cdot \vec{u} = \vec{v} \cdot \vec{u} + \vec{w} \cdot \vec{u}$

Perpendicularismo, comprimento e produtos escalares

Dois vetores são perpendiculares se o ângulo entre eles é $\pi/2$ ou 90°. Como $\cos \pi/2 = 0$, se dois vetores $\vec{v}$ e $\vec{w}$ são perpendiculares então $\vec{v} \cdot \vec{w} = 0$. Reciprocamente, se $\vec{v} \cdot \vec{w} = 0$ então $\cos\theta = 0$ de modo que $\theta = \pi/2$ e os vetores são perpendiculares. Assim temos o seguinte resultado:

> Dois vetores não nulos $\vec{v}$ e $\vec{w}$ são **perpendiculares**, ou **ortogonais**, se e só se
> $$\vec{v} \cdot \vec{w} = 0$$

Por exemplo: $\vec{i} \cdot \vec{j} = 0$, $\vec{j} \cdot \vec{k} = 0$, $\vec{i} \cdot \vec{k} = 0$.

Se tomarmos o produto escalar de um vetor por ele mesmo, então $\theta = 0$ e $\cos\theta = 1$. Para todo vetor $\vec{v}$:

> Módulo e produto escalar têm a relação seguinte:
> $$\vec{v} \cdot \vec{v} = \|\vec{v}\|^2.$$

Por exemplo: $\vec{i} \cdot \vec{i} = 1$, $\vec{j} \cdot \vec{j} = 1$, $\vec{k} \cdot \vec{k} = 1$.

Uso do produto escalar

Dependendo da situação, uma das definições do produto escalar pode ser mais conveniente que a outra. No Exemplo 2 que segue, a definição geométrica é a única que pode ser usada porque não são dadas componentes. No Exemplo 3 usa-se a definição algébrica.

Exemplo 2: Suponha o vetor $\vec{b}$ fixado e que tem comprimento 2; o vetor $\vec{a}$ é livre de girar e tem comprimento 3. Quais são os valores máximo e mínimo do produto escalar $\vec{a} \cdot \vec{b}$ quando $\vec{a}$ gira por todas as posições possíveis? Quais posições de $\vec{a}$ e $\vec{b}$ conduzem a esses valores?

Solução: A definição geométrica dá $\vec{a} \cdot \vec{b} = \|\vec{a}\| \, \|\vec{b}\| \cos\theta = 3 \cdot 2 \cos\theta = 6\cos\theta$. Assim o valor máximo de $\vec{a} \cdot \vec{b}$ é 6 e ocorre quando $\cos\theta = 1$ de modo que $\theta = 0$, isto é, $\vec{a}$ e $\vec{b}$ têm a mesma direção. O valor mínimo é -6 e ocorre quando $\cos\theta = -1$ isto é $\theta = \pi$, e $\vec{a}$ e $\vec{b}$ têm direções opostas. (Ver Figura 2.32.)

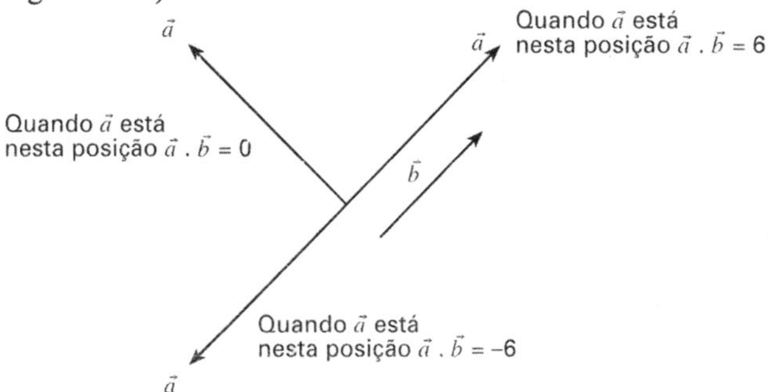

Figura 2.32: Valores máximo e mínimo de $\vec{a} \cdot \vec{b}$ obtidos de um vetor fixo $\vec{b}$ de comprimento 2 e de um vetor que gira $\vec{a}$, de comprimento 3

Exemplo 3: Quais pares da seguinte lista de vetores 3-dimensionais são perpendiculares entre sí?

$$\vec{u} = \vec{i} + \sqrt{3}\,\vec{k}, \quad \vec{v} = \vec{i} + \sqrt{3}\,\vec{j}, \quad \vec{w} = \sqrt{3}\,\vec{i} + \vec{j} - \vec{k}.$$

Solução: A definição geométrica nos diz que dois vetores são perpendiculares se e só se seu produto escalar é zero. Como os vetores são dados em componentes calculamos os produtos usando a definição algébrica:

$$\vec{v} \cdot \vec{u} + (\vec{i} + \sqrt{3}\,\vec{j} + 0\,\vec{k}) \cdot (\vec{i} + 0\,\vec{j} + \sqrt{3}\,\vec{k}) =$$
$$1 \cdot 1 + \sqrt{3} \cdot 0 + 0 \cdot \sqrt{3} = 1,$$
$$\vec{v} \cdot \vec{w} = (\vec{i} + \sqrt{3}\,\vec{j} + 0\,\vec{k}) \cdot (\sqrt{3}\,\vec{i} + \vec{j} - \vec{k}) =$$
$$1 \cdot \sqrt{3} + \sqrt{3} \cdot 1 + 0(-1) = 2\sqrt{3},$$
$$\vec{w} \cdot \vec{u} = (\sqrt{3} + \vec{j} - \vec{k}) \cdot (\vec{i} + 0\,\vec{j} + \sqrt{3}\,\vec{k}) =$$
$$\sqrt{3} \cdot 1 + 1 \cdot 0 + (-1) \cdot \sqrt{3} = 0.$$

Assim os únicos dois vetores que são perpendiculares são $\vec{w}$ e $\vec{u}$.

Vetores normais e a equação de um plano

Na Seção 1.5 escrevemos a equação de um plano dadas sua inclinação-x, inclinação-y e interseção com z. Agora escrevemos a equação de um plano usando um vetor e um ponto do plano. Um *vetor normal* a um plano é um vetor que é perpendicular ao plano, isto é, é perpendicular a todo vetor de deslocamento entre dois pontos do plano. Seja $\vec{n} = a\,\vec{i} + b\,\vec{j} + c\,\vec{k}$ um vetor normal ao plano, seja $P_0 = (x_0, y_0, z_0)$ um ponto fixado no plano, e seja $P = (x, y, z)$ qualquer outro ponto do plano. Então $\overrightarrow{P_0P} = (x - x_0)\,\vec{i} + (y - y_0)\,\vec{j} + (z - z_0)\,\vec{k}$ é um vetor cuja cabeça e cauda pertencem ambas ao plano. (Ver Figura 2.33.) Assim os vetores $\vec{n}$ e $\overrightarrow{P_0P}$ são perpendiculares de modo que $\vec{n} \cdot \overrightarrow{P_0P} = 0$. A definição algébrica do produto escalar dá $\vec{n} \cdot \overrightarrow{P_0P} = a(x - x_0) + b(y - y_0) + c(x - z_0)$ e obtemos o seguinte resultado:

> A **equação do plano** com vetor normal $\vec{n} = a\vec{i} + b\vec{j} + c\vec{k}$ e contendo o ponto $P_0 = (x_0, y_0, z_0)$ é
> $$a(x - x_0) + b(y - y_0) + c(z - z_0) = 0.$$
> Pondo $d = ax_0 + by_0 + cz_0$ (uma constante) podemos escrever a equação do plano na forma
> $$ax + by + cz = d$$

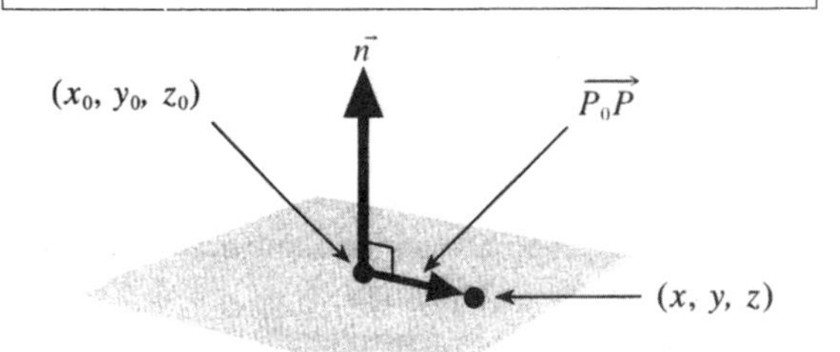

Figura 2.33: Plano com normal $\vec{n}$ e contendo um ponto fixo (x_0, y_0, z_0)

Exemplo 4: Ache a equação do plano perpendicular a $-\vec{i} + 3\vec{j} + 2\vec{k}$ e passando pelo ponto (1, 0,4).

Solução: A equação do plano é

$$-(x-1)+3(y-0)+2(z-4)=0$$

que se simplifica a

$$-x+3y+2z=7.$$

Exemplo 5: Ache um vetor normal ao plano de equação a) $x-y+2z=5$ b) $z=0,5x+1,2y$.

Solução: a) Como os coeficientes de $\vec{i}$, $\vec{j}$ e $\vec{k}$ num vetor normal são os coeficientes de x, y, z na equação do plano, um vetor normal é $\vec{n}=\vec{i}-\vec{j}+2\vec{k}$.

b) Antes de podermos achar o vetor normal reescrevemos a equação do plano na forma

$$0,5x+1,2y-z=0.$$

Assim um vetor normal é $\vec{n}=0,5\vec{i}+1,2\vec{j}-\vec{k}$.

O produto escalar em *n* dimensões

A definição algébrica do produto escalar pode ser estendida a vetores em dimensão maior.

Se $\vec{u}=(u_1,\dots,u_n)$ e $\vec{v}=(v_1,\dots,v_n)$ então o produto escalar de $\vec{u}$ e $\vec{v}$ é o **escalar**

$$\vec{u}\cdot\vec{v}=u_1v_1+\dots+u_nv_n$$

Exemplo 6: Uma loja de vídeos vende vídeos, fitas, CDs e jogos de computador. Definimos o vetor de quantidades $\vec{q}=(q_1,q_2,q_3,q_4)$ onde q_1,q_2,q_3,q_4 denotam as quantidades vendidas de cada um destes itens, e o vetor de preços $\vec{p}=(p_1,p_2,p_3,p_4)$ onde p_1,p_2,p_3,p_4 denotam os preços por unidade de cada item. O que representa o produto escalar?

Solução: O produto escalar é $\vec{p}\cdot\vec{q}=p_1q_1+p_2q_2+p_3q_3+p_4q_4$. A quantidade p_1q_1 representa o que a loja recebeu pelo vídeos, p_2q_2 o que recebeu pelas fitas, e assim por diante. O produto escalar representa o total recebido pela loja pela venda desses quatro itens.

Decomposição de um vetor em componentes: projeções

Na Seção 2.1 decompusemos um vetor em componentes paralelas aos eixos. Agora veremos como decompor um vetor $\vec{v}$ em componentes chamadas $\vec{v}_{\text{paralela}}$ e $\vec{v}_{\text{perp}}$, que são respectivamente paralela e perpendicular a um dado vetor não nulo $\vec{u}$. (Ver Figura 2.34.)

A projeção de $\vec{v}$ sobre $\vec{u}$ denotada $\vec{v}_{\text{paralela}}$, mede (em algum sentido) o quanto o vetor $\vec{v}$ está alinhado com o vetor $\vec{u}$. O comprimento de $\vec{v}_{\text{paralela}}$ é o comprimento da sombra lançada por $\vec{v}$ sobre uma reta na direção de $\vec{u}$.

Para calcular $\vec{v}_{\text{paralela}}$, supomos que $\vec{u}$ é vetor unitário.(Se não for, crie um dividindo pelo seu comprimento). Então a Figura 2.34(a) mostra que, se $0\le\theta\le\pi/2$:

$$\|\vec{v}_{\text{paralela}}\|=\|\vec{v}\|\cos\theta=\vec{v}\cdot\vec{u}\quad(\text{pois }\|\vec{u}\|=1.)$$

Agora $\vec{v}_{\text{paralela}}$ é um múltiplo por escalar de $\vec{u}$, e como $\vec{u}$ é um vetor unitário.

$$\vec{v}_{\text{paralela}}=(\|\vec{v}\|\cos\theta)\,\vec{u}=(\vec{v}\cdot\vec{u})\,\vec{u}.$$

Um argumento semelhante mostra que se $\pi/2\le\theta\le\pi$, como na Figura 2.34(b), esta fórmula para $\vec{v}_{\text{paralela}}$ ainda vale. O vetor $\vec{v}_{\text{perp}}$ é dado por

$$\vec{v}_{\text{perp}}=\vec{v}-\vec{v}_{\text{paralela}}$$

Assim temos os seguintes resultados:

Projeção de $\vec{v}$ sobre a reta na direção do vetor unitário $\vec{u}$

Se $\vec{v}_{\text{paralela}}$ e $\vec{v}_{\text{perp}}$ são componentes de $\vec{v}$ que são paralela e perpendicular, respectivamente, a $\vec{u}$, então

Projeção de $\vec{v}$ sobre $\vec{u}=\vec{v}_{\text{paralela}}=(\vec{v}\cdot\vec{u})\,\vec{u}$ desde que $\|\vec{u}\|=1$

e $\vec{v}=\vec{v}_{\text{paralela}}+\vec{v}_{\text{perp}}$ de modo que

$\vec{v}_{\text{perp}}=\vec{v}-\vec{v}_{\text{paralela}}$

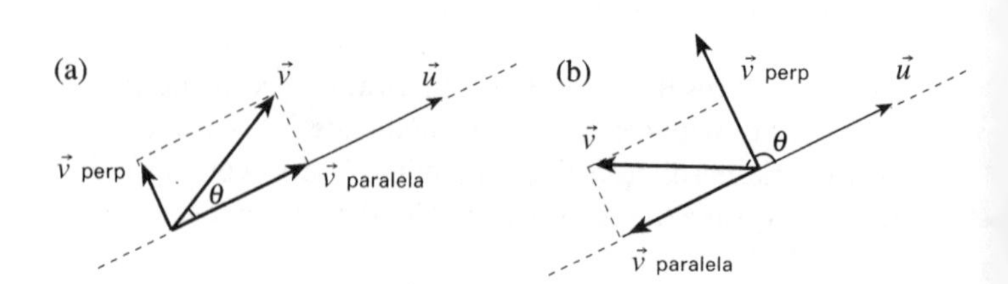

Figura 2.34: Decompor $\vec{v}$ em componentes paralela e perpendicular a $\vec{u}$
a) $0<\theta<\pi/2$ b) $\pi/2<\theta<\pi$

Exemplo 7: A Figura 2.35 mostra a força que o vento exerce sobre a vela de um barco a vela. Ache a componente da força na direção em que o barco está viajando.

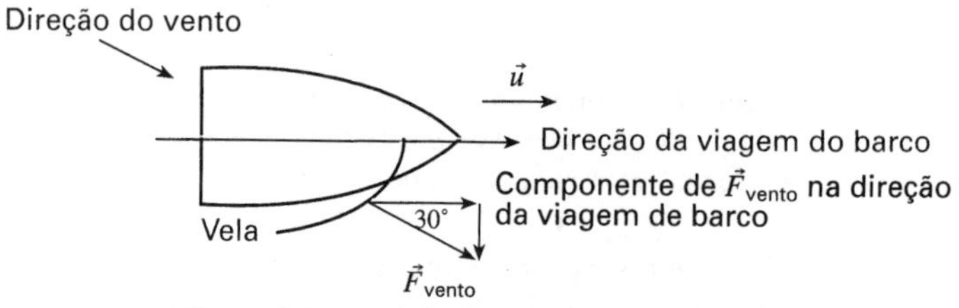

Figura 2.35: Vento movendo um barco a vela

Solução: Seja $\vec{u}$ um vetor unitário na direção da viagem. A força do vento sobre a vela faz um ângulo de 30° com $\vec{u}$. Assim a componente desta força na direção de $\vec{u}$ é

$$\vec{F}_{\text{paralela}} = (F \,.\, \vec{u})\,\vec{u} = \|\,\vec{F}\,\|(\cos 30°)\,\vec{u} = 0{,}87\|\,\vec{F}\,\|\,\vec{u}$$

Assim, o barco está sendo empurrado para a frente com cerca de 87% da força total devida ao vento. (Na verdade, a interação entre vento e vela é muito mais complexa do sugere este modelo).

Uma interpretação física do produto escalar: trabalho

Na física a palavra "trabalho" tem um significado um pouco diferente do significado comum. Na física, quando uma força de módulo F age sobre um objeto numa distância d, dizemos que o trabalho, T, realizado pela força é

$$T = Fd,$$

desde que a força e o deslocamento tenham a mesma direção. Por exemplo, se um corpo de um quilo cai 10 metros sob a ação da gravidade, que é de 9,8 newtons, então o trabalho efetuado pela gravidade é

$$T = (9{,}8 \text{ newtons}) \,.\, (10 \text{ metros}) = 98 \text{ joules}.$$

E se a força e o deslocamento não têm a mesma direção? Suponha que uma força $\vec{F}$ age sobre um objeto que se move segundo um vetor de deslocamento $\vec{d}$. Seja θ o ângulo entre $\vec{F}$ e $\vec{d}$. Primeiro supomos $0 \le \theta \le \pi/2$. A Figura 2.36 mostra como podemos decompor $\vec{F}$ em componentes que são paralela e perpendicular a $\vec{d}$:

$$\vec{F} = \vec{F}_{\text{paralela}} + \vec{F}_{\text{perp}}$$

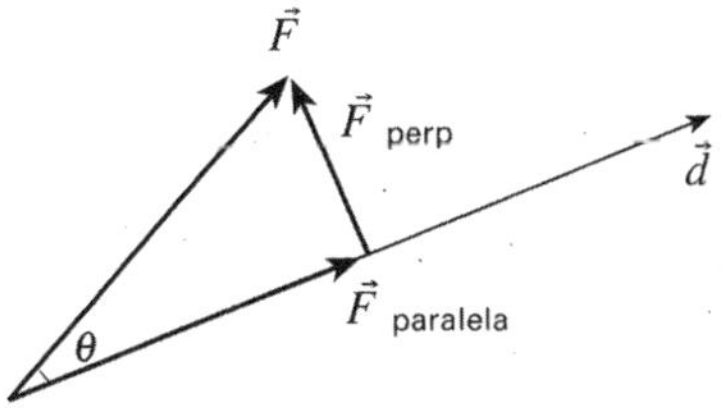

Figura 2.36: Decompor a força $\vec{F}$ em duas, uma paralela a $\vec{d}$, uma perpendicular a $\vec{d}$

Então o trabalho efetuado por $\vec{F}$ é definido como sendo

$$T = \|\,\vec{F}_{\text{paralela}}\,\|\,\|\,\vec{d}\,\|.$$

Vemos da Figura 2.36 que $\vec{F}_{\text{paralela}}$ tem módulo $\|\,\vec{F}\,\|\cos\theta$. Portanto o trabalho efetuado é dado pelo produto escalar

$$T = (\|\,\vec{F}\,\|\cos\theta)\,\|\,\vec{d}\,\| = \|\,\vec{F}\,\|\,\|\,\vec{d}\,\|\cos\theta = \vec{F} \,.\, \vec{d}$$

A fórmula $T = \vec{F} \,.\, \vec{d}$ também funciona quando $\pi/2 \le \theta \le \pi$. Neste caso o trabalho feito pela força é negativo e o objeto se move contra a força. Assim temos a seguinte definição

> O **trabalho** T efetuado por uma força $\vec{F}$ agindo sobre um objeto durante um deslocamento $\vec{d}$ é dado por
>
> $$T = \vec{F} \,.\, \vec{d}$$

Observe que se os vetores $\vec{F}$ e $\vec{d}$ são paralelos e de mesma direção, com magnitudes F e d, então $\cos\theta = \cos 0 = 1$ de modo que $T = \|\,\vec{F}\,\|\,\|\,\vec{d}\,\| = Fd$ o que dá a definição original. Quando os vetores são perpendiculares, $\cos\theta = \cos \pi/2 = 0$ de modo que $T = 0$ e nenhum trabalho foi realizado na definição técnica da palavra. Por exemplo, se você carrega uma carga pesada através de uma sala na mesma horizontal, então a gravidade não efetua nenhum trabalho porque a força da gravidade é vertical mas o deslocamento foi horizontal.

Problemas para a Seção 2.3

Para os Problemas 1–6 efetue as seguintes operações sobre os vetores 3-dimensionais dados.

$\vec{a} = 2\vec{j} + \vec{k} \qquad \vec{b} = -3\vec{i} + 5\vec{j} + 4\vec{k} \qquad \vec{c} = \vec{i} + 6\vec{j}$

$\vec{y} = 4\vec{i} - 7\vec{j} \qquad \vec{z} = \vec{i} - 3\vec{j} - \vec{k}$

1 $\vec{c} \,.\, \vec{y}$ **2** $\vec{a} \,.\, \vec{z}$ **3** $\vec{a} \,.\, \vec{b}$

4 $(\vec{a} \,.\, \vec{b})\vec{a}$ **5** $(\vec{a} \,.\, \vec{y})(\vec{c} \,.\, \vec{z})$ **6** $((\vec{c} \,.\, \vec{c})\vec{a}) \,.\, \vec{a}$

7 Calcule o angulo entre os vetores $\vec{i} + \vec{j} + \vec{k}$ e $\vec{i} - \vec{j} - \vec{k}$.

8 Quais pares dentre os vetores $\sqrt{3}\,\vec{i} + \vec{j}$, $3\vec{i} + \sqrt{3}\,\vec{j}$, $\vec{i} - \sqrt{3}\,\vec{j}$ são paralelos, quais são perpendiculares?

9 Para quais valores de t os vetores $\vec{u} = t\vec{i} - \vec{j} + \vec{k}$ e $\vec{v} = t\vec{i} + t\vec{j} - 2\vec{k}$ são perpendiculares? Existem valores de t para os quais $\vec{u}$ e $\vec{v}$ sejam paralelos?

Nos Problemas 10–12 ache um vetor normal ao plano dado.

10 $2x + y - z = 5$ **11** $z = 3x + 4y - 7$ **12** $2(x - z) = 3(x + y)$

Nos Problemas 13–17 ache uma equação de um plano que satisfaça às condições dadas.

13 Perpendicular ao vetor $-\vec{i} + 2\vec{j} + \vec{k}$ e passando pelo ponto (1, 0, 2).

14 Perpendicular ao vetor $5\vec{i} + \vec{j} - 2\vec{k}$ e passando pelo ponto (0, 1, –1).

15 Perpendicular ao vetor $2\vec{i} = 3\vec{j} + 7\vec{k}$ e passando pelo ponto (1, –1, 2).

16 Paralelo ao plano $2x + 4y - 3z = 1$ e pelo ponto (1, 0, –1).

17 Pelo ponto (–2, 3, 2) e paralelo ao plano $3x + y + z = 4$.

18 Seja S o triângulo com vértices $A = (2, 2, 2)$, $B = (4, 2, 1)$

e $C = (2, 3, 1)$.

a) Ache o comprimento do lado mais curto de S.

b) Ache o co-seno do ângulo BAC no vértice A.

19 Escreva $\vec{a} = 3\vec{i} + 2\vec{j} - 6\vec{k}$ como soma de dois vetores, um paralelo a $\vec{d} = 2\vec{i} - 4\vec{j} + \vec{k}$ e o outro perpendicular a $\vec{d}$.

20 Ache os pontos em que o plano $z = 5x - 4y + 3$ intercepta cada um dos eixos de coordenadas. Depois ache os comprimentos dos lados e os ângulos de um triângulo formado por esses três pontos.

21 Ache o ângulo entre os planos $5(x-1) + 3(y+2) + 2z = 0$ e $x + 3(y-1) + 2(z+4) = 0$.

22 Um ginásio de bola ao cesto tem 25 metros de altura, 80 metros de largura e 200 metros de comprimento. Para uma brincadeira a meio tempo querem passar duas cordas, uma de cada um dos cantos sobre uma cesta aos cantos diagonalmente opostos no chão. Qual é o co-seno do ângulo feito pelas cordas onde se cruzam?

23 Um vetor de consumo para três bens é definido por $\vec{x} = (x_1, x_2, x_3)$ onde x_1, x_2, x_3 são as quantidades consumidas dos três bens. Considere uma restrição de orçamento representada pela equação $\vec{p} \cdot \vec{x} = k$, onde $\vec{p}$ é o vetor preço dos três bens e k é uma constante. Mostre que a diferença entre dois vetores de consumo correspondendo a pontos satisfazendo à mesma restrição de orçamento é perpendicular ao vetor preço $\vec{p}$.

24 Uma corrida de 100 metros é realizada numa pista na direção do vetor $\vec{v} = 2\vec{i} + 6\vec{j}$. A velocidade do vento $\vec{w}$ é $5\vec{i} + \vec{j}$ km/h. As regras dizem que legalmente a velocidade escalar do vento medida na direção da corrente não pode exceder 5 km/h. A corrida será anulada devido a vento ilegal? Justifique sua resposta.

25 Lembre que em dimensões 2 ou 3, se θ é o angulo entre $\vec{v}$ e $\vec{w}$ o produto escalar é dado por

$$\vec{v} \cdot \vec{w} = \| \vec{v} \| \| \vec{w} \| \cos\theta.$$

Usamos esta relação para definir o ângulo entre dois vetores em n-dimensões. Se $\vec{v}$, $\vec{w}$ são n-vetores, então o produto escalar $\vec{v} \cdot \vec{w} = v_1w_1 + v_2w_2 + \ldots + v_nw_n$ é usado para definir * o ângulo θ por

$$\cos\theta = \frac{\vec{v}.\vec{w}}{\|\vec{v}\| \|\vec{w}\|} \quad \text{desde que } \| \vec{v} \|, \| \vec{w} \| \neq \theta$$

Agora usamos esta idéia do ângulo para medir quão próximas duas populações estão uma da outra geneticamente. A Tabela 2.1 mostra as freqüências relativas de quatro aleles (variantes de um gene) em quatro populações.

Tabela 2.1

Alele	Esquimó	Bantu	Inglês	Coreano
A_1	0,29	0,10	0,20	0,22
A_2	0,00	0,08	0,06	0,00
B	0,03	0,12	0,06	0,20
0	0,67	0,69	0,66	0,57

* O resultado do Problema 34 mostra que a quantidade no segundo membro desta equação está entre –1 e 1, de modo que a definição faz sentido.

Seja $\vec{a}_1$ o 4-vetor mostrando as freqüências relativas na população Esquimó

$\vec{a}_2$ o 4-vetor mostrando as freqüências relativas na população Bantu

$\vec{a}_3$ o 4-vetor mostrando as freqüências relativas na população inglesa

$\vec{a}_4$ o 4-vetor mostrando as freqüências relativas na população coreana

A distância genética entre duas populações é definida como sendo o ângulo entre os correspondentes vetores. Usando esta definição, a população inglesa está mais próxima geneticamente dos bantus ou dos coreanos? Explique.*

26 Mostre porque cada uma das propriedades do produto escalar dadas na página 49 resulta da definição algébrica do produto escalar:

$$\vec{v} \cdot \vec{w} = v_1w_1 + v_2w_2 + v_3w_3$$

27 O que diz geometricamente a propriedade 2 do produto escalar na página 49 ?

28 Mostre que os vetores $(\vec{b} \cdot \vec{c})\,\vec{a} - (\vec{a} \cdot \vec{c})\,\vec{b}$ e $\vec{c}$ são perpendiculares.

29 Mostre que se $\vec{u}$ e $\vec{v}$ são dois vetores tais que

$$\vec{u} \cdot \vec{w} = \vec{v} \cdot \vec{w}$$

para todo vetor $\vec{w}$, então

$$\vec{u} = \vec{v}.$$

30 A Figura 2.37 mostra que dados três vetores $\vec{u}$, $\vec{v}$ e $\vec{w}$, a soma das componentes de $\vec{v}$ e $\vec{w}$ na direção de $\vec{u}$ é a componente de $\vec{v} + \vec{w}$ na direção de $\vec{u}$. (Embora a figura esteja desenhada em dimensão 2, o resultado é verdadeiro também em três dimensões. (Use essa figura para mostrar porque a definição geométrica do produto escalar satisfaz $(\vec{v} + \vec{w}) \cdot \vec{u} = \vec{v} \cdot \vec{u} + \vec{w} \cdot \vec{u}$.

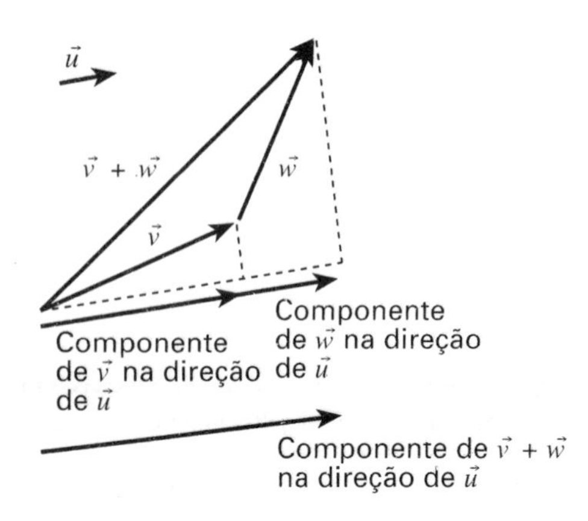

Figura 2.37: A componente de $\vec{v} + \vec{w}$ na direção de $\vec{u}$ é a soma das componentes de $\vec{v}$ e $\vec{w}$ na direção de $\vec{u}$.

31 a) Usando a definição geométrica do produto escalar mostre que

$$\vec{u} \cdot (-\vec{v}) = -(\vec{u} \cdot \vec{v}).$$

* Adatado de Cavalli-Sforza e Edwards, "Models and Estimation Procedures", Am. J. Hum. Genet., Vol. 19 (1967), pp. 223–57

[Sugestão: o que acontece com o ângulo quando se multiplica $\vec{v}$ por –1 ?]

b) Usando a definição geométrica do produto escalar mostre que para todo escalar negativo λ

$$\vec{u} \cdot (\lambda \vec{v}) = \lambda(\vec{u} \cdot \vec{v})$$
$$(\lambda \vec{u}) \cdot \vec{v} = \lambda(\vec{u} \cdot \vec{v}).$$

32 A lei dos co-senos para um triângulo com lados de comprimentos a, b e c e com ângulo C oposto a c diz

$$c^2 = a^2 + b^2 - 2ab \cos C$$

Na página 44 usamos a lei dos co-senos para mostrar que as duas definições de produto escalar são equivalentes. Neste problema você usará a definição geométrica do produto escalar e suas propriedades na página 44 para provar a lei dos co-senos. Sugestão: sejam u e v os vetores de deslocamento de C aos outros dois vértices e exprima c^2 em termos de $\vec{u}$ e $\vec{v}$.

33 Use os passos seguintes e os resultados dos Problemas 30–31 para mostrar (sem trigonometria) que as definições algébrica e geométrica do produto escalar são equivalentes. Siga estes passos. Seja $\vec{u} = u_1\vec{i} + u_2\vec{j} + u_3\vec{k}$ e seja $\vec{v} = v_1\vec{i} + v_2\vec{j} + v_3\vec{k}$, $\vec{u}$ e $\vec{v}$ vetores quaisquer. Escreva $(\vec{u} \cdot \vec{v})_{geom}$ para o resultado do produto escalar computado geometricamente. Substitua $\vec{u}$ por $u_1\vec{i} + u_2\vec{j} + u_3\vec{k}$ e use os Problemas 30–31 para expandir $(\vec{u} \cdot \vec{v})_{geom}$. Em seguida substitua $\vec{v}$ e expanda. Finalmente, calcule geometricamente os produtos $\vec{i} \cdot \vec{i}$, $\vec{i} \cdot \vec{j}$, etc.

34 Suponha que $\vec{v}$ e $\vec{w}$ são dois vetores quaisquer. Considere a seguinte função de t

$$q(t) = (\vec{v} + t\vec{w}) \cdot (\vec{v} + t\vec{w})$$

a) Explique porque $q(t) \geq 0$ para todo t real.

b) Desenvolva $q(t)$ como polinômio quadrático em t usando as propriedades da página 44.

c) Usando o discriminante da forma quadrática mostre que

$$|\vec{v} \cdot \vec{w}| \leq \|\vec{v}\| \|\vec{w}\|.$$

2.4 - O PRODUTO VETORIAL

Na seção precedente combinamos dois vetores para obter um número, o produto escalar. Nesta seção veremos outro modo de combinar dois vetores, desta vez para obter um vetor, o *produto vetorial* . Dois vetores quaisquer no 3-espaço determinam um paralelogramo. Definimos o produto vetorial usando esse paralelogramo.

A área de um paralelogramo

Considere o paralelogramo formado pelos vetores $\vec{v}$ e $\vec{w}$ com um ângulo θ entre eles. Então a Figura 2.38 mostra que

$$\text{Área do paralelogramo} = \text{base} \cdot \text{altura} = \|\vec{v}\| \|\vec{w}\| \operatorname{sen} \theta$$

Como calcularíamos a área do paralelogramo se nos dessem $\vec{v}$ e $\vec{w}$ em componentes? $\vec{v} = v_1\vec{i} + v_2\vec{j} + v_3\vec{k}$ e $\vec{w} = w_1\vec{i} + w_2\vec{j} + w_3\vec{k}$ digamos. O Problema 27 mostra que se $\vec{v}$ *e* $\vec{w}$ estão no plano-*xy* e portanto $v_3 = w_3 = 0$ então

$$\text{Área do paralelogramo} = |v_1w_2 - v_2w_1|.$$

E se $\vec{v}$ e $\vec{w}$ não estão no plano –*xy* ? O produto vetorial nos permitirá calcular a área do paralelogramo formado por dois vetores quaisquer.

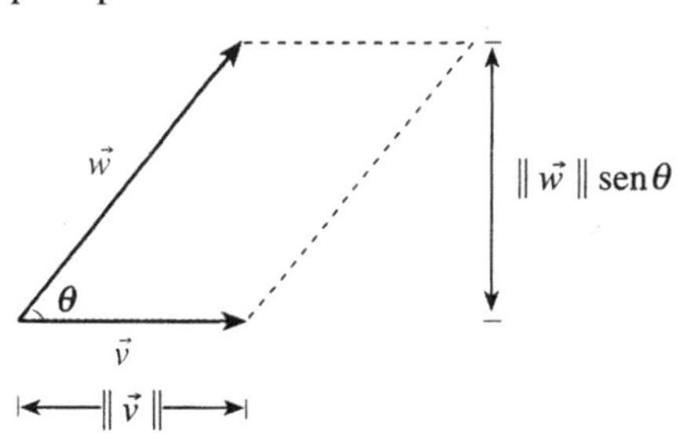

Figura 2.38: Paralelogramo formado por $\vec{v}$ e $\vec{w}$ tem área = $\|\vec{v}\| \|\vec{w}\| \operatorname{sen} \theta$

Definição do produto vetorial

Definimos o produto vetorial dos vetores $\vec{v}$ e $\vec{w}$, escrito $\vec{v} \times \vec{w}$, como sendo um vetor perpendicular a $\vec{v}$ e a $\vec{w}$. O modulo deste vetor é a área do paralelogramo formado pelos vetores. A direção de $\vec{v} \times \vec{w}$ é dada pelo vetor normal ao plano, $\vec{n}$.

Se impusermos que $\vec{n}$ seja unitário, teremos duas escolhas para $\vec{n}$, apontando em direções opostas. Escolhemos uma pela seguinte regra (ver Figura 2.39.)

> **A regra da mão direita:** Coloque $\vec{v}$ e $\vec{w}$ de modo que suas caudas coincidam e dobre os dedos de sua mão direita pelo menor dos dois ângulos entre $\vec{v}$ e $\vec{w}$; seu polegar aponta na direção da normal $\vec{n}$.

Como para o produto escalar, há duas definições equivalentes do produto vetorial:

> As duas definições seguintes do **produto vetorial** são equivalentes:
>
> • **Definição geométrica**
>
> Se $\vec{v}$ e $\vec{w}$ não são paralelos então
>
> $$\vec{v} \times \vec{w} = \begin{pmatrix} \text{Área do paralelogramo} \\ \text{de lados } \vec{v} \text{ e } \vec{w} \end{pmatrix} \vec{n} = (\|\vec{v}\| \|\vec{w}\| \operatorname{sen} \theta)\vec{n},$$
>
> onde $0 \leq \theta \leq \pi$ é o ângulo entre $\vec{v}$ e $\vec{w}$ e $\vec{n}$ é o vetor unitário perpendicular a $\vec{v}$ e a $\vec{w}$ apontando na direção dada pela regra da mão direita. Se $\vec{v}$ e $\vec{w}$ são paralelos então $\vec{v} \times \vec{w} = 0$.
>
> • **Definição algébrica**
>
> $$\vec{v} \times \vec{w} = (v_2w_3 - v_3w_2)\vec{i} + (v_3w_1 - v_1w_3)\vec{j} + (v_1w_2 - v_2w_1)\vec{k}$$

onde $\vec{v} = v_1\vec{i} + v_2\vec{j} + v_3\vec{k}$ e $\vec{w} = w_1\vec{i} + w_2\vec{j} + w_3\vec{k}$

Observe que o modulo da componente $\vec{k}$ é a área de um paralelogramo 2-dimensional e as outras componentes têm forma semelhante. Os Problemas 25 e 26 no fim desta seção mostram que as definições geométrica e algébrica do produto vetorial dão o mesmo resultado.

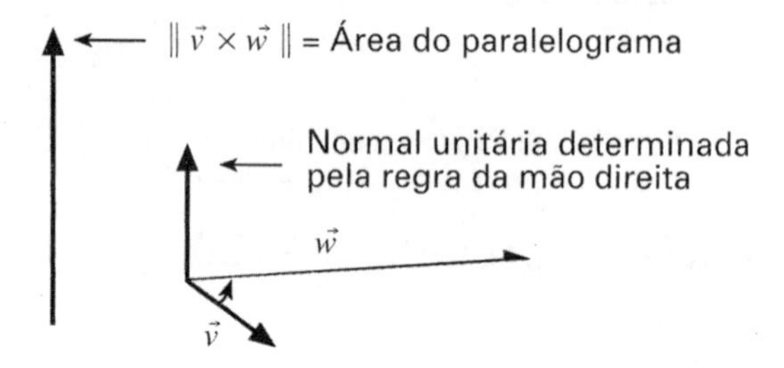

Figura 2.39: Área do paralelogramo $= \|\vec{v} \times \vec{w}\|$

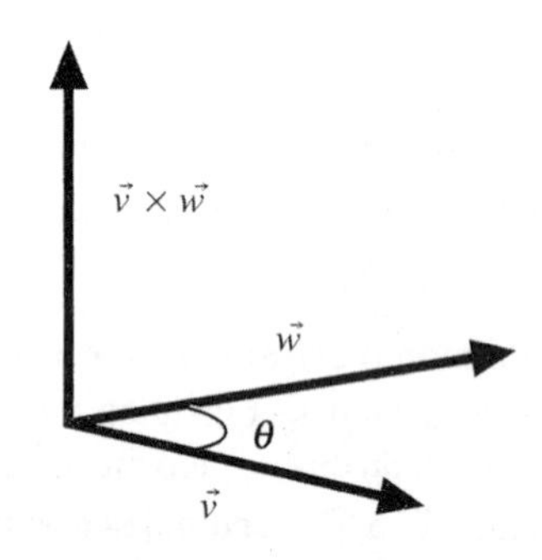

Figura 2.40: O produto vetorial $\vec{v} \times \vec{w}$.

Ao contrário do produto escalar, o produto vetorial só e definido para vetores tridimensionais. A definição geométrica nos mostra que o produto vetorial é invariante por rotação. Imagine os dois vetores $\vec{v}$ e $\vec{w}$ como hastes metálicas soldadas uma na outra. Prenda uma terceira haste cuja direção e comprimento correspondam a $\vec{v} \times \vec{w}$. (Ver Figura 2.40.) Então, não importa como giremos este conjunto de hastes, a terceira será sempre o produto vetorial das outras duas.

É mais fácil lembrar a definição algébrica escrevendo-a como um determinante 3 por 3. (Ver o Apêndice C.)

$$\vec{v} \times \vec{w} = \begin{vmatrix} \vec{i} & \vec{j} & \vec{k} \\ v_1 & v_2 & v_3 \\ w_1 & w_2 & w_3 \end{vmatrix} = (v_2w_3 - v_3w_2)\vec{i} + (v_3w_1 - v_1w_3)\vec{j} + (v_1w_2 - v_2w_1)\vec{k}$$

Exemplo 1: Ache $\vec{i} \times \vec{j}$ e $\vec{j} \times \vec{i}$.

Solução: Os vetores $\vec{i}$ e $\vec{j}$ têm ambos magnitude 1 e o ângulo entre eles é $\pi/2$. Pela regra da mão direita, o vetor $\vec{i} \times \vec{j}$ está na direção de $\vec{k}$, de modo que $\vec{n} = \vec{k}$ e temos

$$\vec{i} \times \vec{j} = (\|\vec{i}\|\|\vec{j}\| \operatorname{sen} \pi/2)\vec{k} = \vec{k}$$

Analogamente a regra da mão direita diz que a direção de $\vec{j} \times \vec{i}$ é a de $-\vec{k}$, de modo que

$$\vec{j} \times \vec{i} = (\|\vec{j}\|\|\vec{i}\| \operatorname{sen} \pi/2)(-\vec{k}) = -\vec{k}.$$

Cálculos semelhantes mostram que $\vec{j} \times \vec{k} = \vec{i}$ e $\vec{k} \times \vec{i} = \vec{j}$.

Exemplo 2: Para qualquer vetor $\vec{v}$, ache $\vec{v} \times \vec{v}$.

Solução: Como $\vec{v}$ é paralelo a si mesmo, $\vec{v} \times \vec{v} = \vec{0}$.

Exemplo 3: Ache o produto vetorial de $\vec{v} = 2\vec{i} + \vec{j} - 2\vec{k}$ e $\vec{w} = 3\vec{i} + \vec{k}$ e verifique que o produto vetorial é perpendicular tanto a $\vec{v}$ quanto a $\vec{w}$.

Solução: Escrevendo $\vec{v} \times \vec{w}$ como um determinante e expandindo-o como três determinantes dois por dois temos

$$\vec{v} \times \vec{w} = \begin{vmatrix} \vec{i} & \vec{j} & \vec{k} \\ 2 & 1 & -2 \\ 3 & 0 & 1 \end{vmatrix} = \vec{i}\begin{vmatrix} 1 & -2 \\ 0 & 1 \end{vmatrix} - \vec{j}\begin{vmatrix} 2 & -2 \\ 3 & 1 \end{vmatrix} + \vec{k}\begin{vmatrix} 2 & 1 \\ 3 & 0 \end{vmatrix}$$

$$= \vec{i}\big(1(1) - 0(-2)\big) - \vec{j}\big(2(1) - 3(-2)\big) + \vec{k}\big(2(0) - 3(1)\big)$$

$$= \vec{i} - 8\vec{j} - 3\vec{k}.$$

Para verificar que $\vec{v} \times \vec{w}$ é perpendicular a $\vec{v}$ calculemos o produto escalar

$\vec{v} \cdot (\vec{v} \times \vec{w}) = (2\vec{i} + \vec{j} - 2\vec{k}) \cdot (\vec{i} - 8\vec{j} - 3\vec{k}) =$
$2 - 8 + 6 = 0.$

Analogamente

$\vec{w} \cdot (\vec{v} \times \vec{w}) = (3\vec{i} + 0\vec{j} + \vec{k}) \cdot (\vec{i} - 8\vec{j} - 3\vec{k}) =$
$3 + 0 - 3 = 0.$

Assim $\vec{v} \times \vec{w}$ é perpendicular a ambos os vetores $\vec{v}$ e $\vec{w}$.

Propriedades do produto vetorial

A regra da mão direita nos diz que $\vec{v} \times \vec{w}$ e $\vec{w} \times \vec{v}$ apontam em direções opostas. Os módulos de $\vec{v} \times \vec{w}$ e $\vec{w} \times \vec{v}$ são iguais, de modo que $\vec{w} \times \vec{v} = -(\vec{v} \times \vec{w})$. (Ver Figura 2.41.)

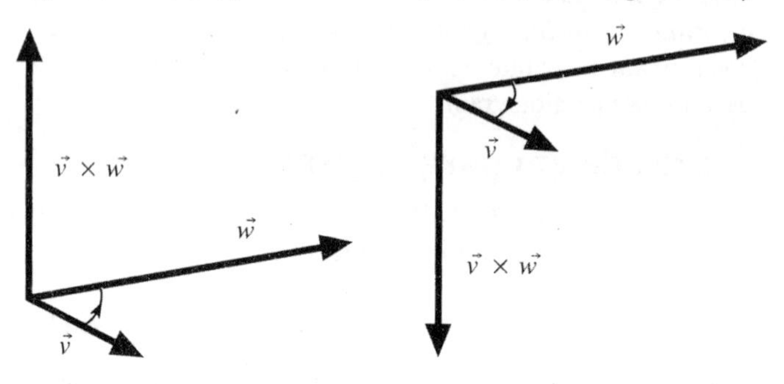

Figura 2.41: Diagrama mostrando que $\vec{v} \times \vec{w} = -(\vec{w} \times \vec{v})$

Isto explica a primeira das propriedade seguintes. As outras duas são deduzidas nos Problemas 17, 21 e 25 no fim desta seção.

Propriedades do produto vetorial

Para vetores $\vec{u}$, $\vec{v}$, $\vec{w}$ e escalar λ

1. $\vec{w} \times \vec{v} = -(\vec{v} \times \vec{w})$
2. $(\lambda\,\vec{v}) \times \vec{w} = \lambda(\vec{v} \times \vec{w}) = \vec{v} \times (\lambda\,\vec{w})$
3. $\vec{u} \times (\vec{v} + \vec{w}) = \vec{u} \times \vec{v} + \vec{u} \times \vec{w}$.

A equivalência das duas definições do produto vetorial

Os Problemas 22 e 25 no final da seção usam argumentos geométricos para mostrar que o produto vetorial é distributivo para a adição. O Problema 26 então mostra como a fórmula na definição algébrica do produto vetorial pode ser deduzida da definição geométrica.

A equação de um plano por três pontos

A equação de um plano é determinada por um ponto $P_0 = (x_0, y_0, z_0)$ do plano e um vetor normal $\vec{n} = a\vec{i} + b\vec{j} + c\vec{k}$:

$$a(x - x_0) + b(y - y_0) + c(z - z_0) = 0$$

Porém um plano pode também ser determinado por três de seus pontos (desde que não estejam sobre uma reta). Neste caso podemos achar uma equação do plano primeiro determinando dois vetores do plano e depois determinando uma normal através do produto vetorial, como no exemplo seguinte.

Exemplo 4: Ache uma equação do plano que contém os pontos $P = (1, 3, 0)$, $Q = (3, 4, -3)$ e $R = (3,6,2)$.

Solução: Como os pontos P e Q estão no plano, o vetor de deslocamento $\overrightarrow{PQ}$ entre eles está no plano, onde

$$\overrightarrow{PQ} = (3-1)\,\vec{i} + (4-3)\,\vec{j} + (-3-0)\,\vec{k} = 2\,\vec{i} + \vec{j} - 3\,\vec{k}.$$

Também o vetor de deslocamento $\overrightarrow{PR}$ está no plano, onde

$$\overrightarrow{PR} = (3-1)\,\vec{i} + (6-3)\,\vec{j} + (2-0)\,\vec{k} = 2\,\vec{i} + 3\,\vec{j} + 2\,\vec{k}$$

Assim um vetor normal $\vec{n}$ ao plano é dado por

$$\vec{n} = \overrightarrow{PQ} \times \overrightarrow{PR} = \begin{vmatrix} \vec{i} & \vec{j} & \vec{k} \\ 2 & 1 & -3 \\ 2 & 3 & 2 \end{vmatrix} = 11\vec{i} - 10\vec{j} + 4\vec{k}.$$

Como o ponto (1, 3, 0) está no plano, a equação do plano é

$$11(x-1) - 10(y-3) + 4(z-0) = 0.$$

Que se simplifica a

$$11x - 10y + 4z = -19.$$

Deve-se verificar que P, Q e R satisfazem à equação.

Áreas e volumes usando produtos vetoriais e determinantes

Podemos usar o produto vetorial para calcular a área do paralelogramo de lados $\vec{v}$ e $\vec{w}$. Dizemos que $\vec{v} \times \vec{w}$ é o *vetor de área* do paralelogramo. A definição geométrica do produto vetorial nos diz que $\vec{v} \times \vec{w}$ é normal ao paralelogramo e nos dá o seguinte resultado:

Área de um paralelogramo com lados $\vec{v} = v_1\vec{i} + v_2\vec{j} + v_3\vec{k}$ e $\vec{w} = w_1\vec{i} + w_2\vec{j} + w_3\vec{k}$ é dada por

$$\text{Área} = \|\,\vec{v} \times \vec{w}\,\| \text{ onde } \vec{v} \times \vec{w} = \begin{vmatrix} \vec{i} & \vec{j} & \vec{k} \\ v_1 & v_2 & v_3 \\ w_1 & w_2 & w_3 \end{vmatrix}$$

Exemplo 5: Ache a área do paralelogramo de lados

$\vec{v} = 2\vec{i} + \vec{j} - 3\vec{k}$ e $\vec{w} = \vec{i} + 3\vec{j} + 2\vec{k}$.

Solução: Calculamos o produto vetorial

$$\vec{v} \times \vec{w} = \begin{vmatrix} \vec{i} & \vec{j} & \vec{k} \\ 2 & 1 & -3 \\ 1 & 3 & 2 \end{vmatrix} = (2+9)\,\vec{i} - (4+3)\,\vec{j} + (6-1)$$

$$\vec{k} = 11\vec{i} - 7\vec{j} + 5\,\vec{k}$$

A área dos paralelogramos com lados $\vec{v}$ e $\vec{w}$ é o modulo do vetor $\vec{v} \times \vec{w}$:

$$\text{Área} = \|\,\vec{v} \times \vec{w}\,\| = \sqrt{11^2 + (-7)^2 + 5^2} = \sqrt{195}$$

Volume de um paralelepípedo

Considere o paralelepípedo com lados formados por $\vec{a}$, $\vec{b}$, $\vec{c}$. (Ver Figura 2.42.) Como a base é formada pelos vetores $\vec{b}$ e $\vec{c}$ temos

$$\text{Área da base do paralelepípedo} = \|\,\vec{b} \times \vec{c}\,\|.$$

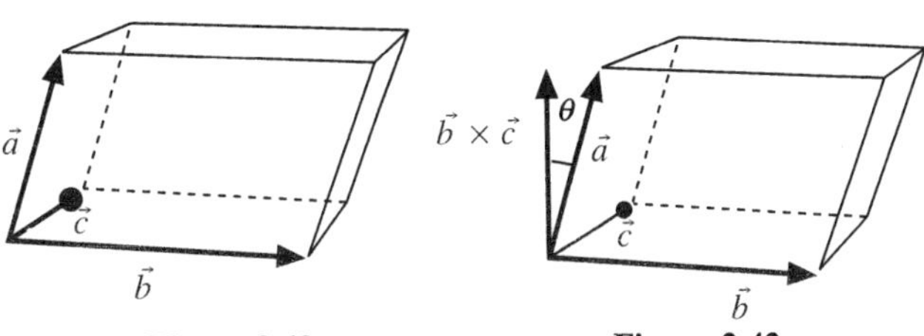

Figura 2.42: Volume de um paralelepípedo

Figura 2.43: Os vetores $\vec{a}$, $\vec{b}$, $\vec{c}$ são ditos um conjunto destro

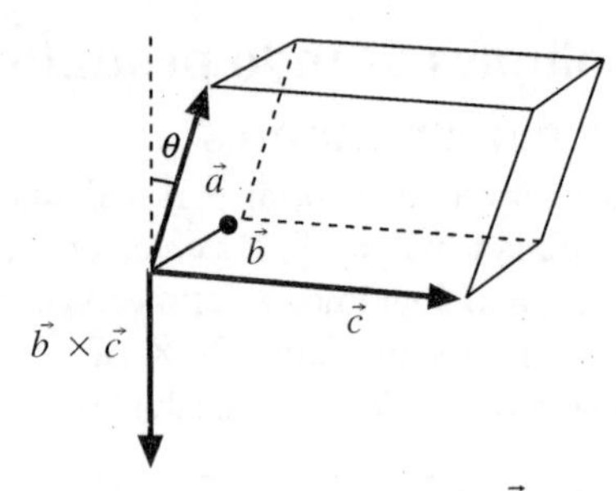

Figura 2.44: Os vetores $\vec{a}$, $\vec{b}$, $\vec{c}$ são ditos um conjunto sinistro

Os vetores $\vec{a}$, $\vec{b}$, $\vec{c}$ podem estar dispostos ou como na Figura 2.43 ou como na Figura 2.44. Em ambos os casos,

Altura do paralelepípedo = $\|\vec{a}\| \cos\theta$

onde θ é o ângulo entre $\vec{a}$ e $\vec{b} \times \vec{c}$. Na Figura 2.43 o ângulo θ é menor que $\pi/2$ e o produto $(\vec{b} \times \vec{c}) \cdot \vec{a}$, chamado o *produto triplo*, é positivo. Assim, neste caso,

Volume do paralelepípedo = base . altura = $\|\vec{b} \times \vec{c}\| \, \|\vec{a}\| \cos\theta = (\vec{b} \times \vec{c}) \cdot \vec{a}$

Na Figura 2.44, o ângulo $\pi - \theta$, entre $\vec{a}$ e $\vec{b} \times \vec{c}$ e maior que $\pi/2$, de modo que o produto $(\vec{b} \times \vec{c}) \cdot \vec{a}$ é negativo. Assim neste caso temos

Volume = base . altura = $\|\vec{b} \times \vec{c}\| \cdot \|\vec{a}\| \cos\theta = -\|\vec{b} \times \vec{c}\| \, \|\vec{a}\| \cos(\pi - \theta)$

$= -(\vec{b} \times \vec{c}) \cdot \vec{a} = |(\vec{b} \times \vec{c}) \cdot \vec{a}|$.

Portanto em ambos os casos o volume é dado por $|(\vec{b} \times \vec{c}) \cdot \vec{a}|$. Usando determinantes podemos escrever

> **O volume de um paralelepípedo** de arestas $\vec{a}$, $\vec{b}$, $\vec{c}$ é dado por
>
> Volume = $|(\vec{b} \times \vec{c}) \cdot \vec{a}|$ = valor absoluto do
>
> determinante $\begin{vmatrix} a_1 & a_2 & a_3 \\ b_1 & b_2 & b_3 \\ c_1 & c_2 & c_3 \end{vmatrix}$.

Problemas para a Seção 2.4

1 Ache $\vec{k} \times \vec{j}$.

2 Vale $\vec{i} \times \vec{i} = \vec{i} \cdot \vec{i}$? Explique sua resposta.

Nos Problemas 3–6, ache $\vec{a} \times \vec{b}$.

3 $\vec{a} = \vec{i} + \vec{k}$ e $\vec{b} = \vec{i} + \vec{j}$

4 $\vec{a} = -\vec{i}$ e $\vec{b} = \vec{j} + \vec{k}$

5 $\vec{a} + \vec{i} + \vec{j} + \vec{k}$ e $\vec{b} = \vec{i} + \vec{j} + -\vec{k}$.

6 $\vec{a} = 2\vec{i} - 3\vec{j} + \vec{k}$ e $\vec{b} = \vec{i} + 2\vec{j} - \vec{k}$.

7 Dados $\vec{a} = 3\vec{i} + \vec{j} - \vec{k}$ e $\vec{b} = \vec{i} - 4\vec{j} + 2\vec{k}$ ache $\vec{a} \times \vec{b}$ e verifique que $\vec{a} \times \vec{b}$ é perpendicular a $\vec{a}$ e $\vec{b}$,

8 Se $\vec{v} \times \vec{w} = 2\vec{i} - 3\vec{j} + 5\vec{k}$ e $\vec{v} \cdot \vec{w} = 3$, ache $\tan\theta$ onde θ é o ângulo entre $\vec{v}$ e $\vec{w}$.

9 Suponha que $\vec{a}$ é um vetor fixo de comprimento 3 na direção do eixo-x positivo e que o vetor $\vec{b}$ de comprimento 2 é livre de girar no plano-xy. Quais são os valores máximo e mínimo do modulo de $\vec{a} \times \vec{b}$? Em que direção aponta $\vec{a} \times \vec{b}$ enquanto $\vec{b}$ gira?

10 Você está usando o simulador de luta de um piloto de jato. Seu monitor lhe diz que dois mísseis apontam para seu aeroplano segundo as direções $3\vec{i} + 5\vec{j} + 2\vec{k}$ e $\vec{i} - 3\vec{j} - 2\vec{k}$. Em qual direção você deveria ir para ter a probabilidade máxima de escapar dos dois ?

Ache uma equação para o plano pelos pontos nos Problemas 11–12.

11 (1, 0, 0), (0, 1, 0), (0, 0, 1).

12 (3, 4, 2), (–2, 1, 0), (0, 2, 1).

13 Dados os pontos $P = (0, 1, 0)$, $Q = (-1, 1, 2)$, $R = (2, 1, -1)$, ache

a) A área do triângulo PQR.

b) A equação do plano que contém P, Q e R.

14 Ache um vetor paralelo à interseção dos planos $2x - 3y + 5z = 2$ e $4x + y - 3z = 7$.

15 Ache a equação do plano pela origem que é perpendicular à reta de interseção dos planos do Problema 14.

16 Ache a equação do plano pelo ponto (4, 5, 6) que é perpendicular à reta de interseção dos planos no Problema 14.

17 Use a definição algébrica do produto vetorial para verificar que

$\vec{a} \times (\vec{b} + \vec{c}) = (\vec{a} \times \vec{b}) + (\vec{a} \times \vec{c})$.

18 Neste problema chegamos à definição algébrica do produto vetorial por um caminho diferente. Seja $\vec{a} = a_1\vec{i} + a_2\vec{j} + a_3\vec{k}$ e $\vec{b} = b_1\vec{i} + b_2\vec{j} + b_3\vec{k}$. Procuramos um vetor $\vec{v} = x\vec{i} + y\vec{j} + z\vec{k}$ que seja perpendicular tanto a $\vec{a}$ quanto a $\vec{b}$. Use esta exigência para construir duas equações para x, y e z. Elimine x e resolva para y em termos de z. Então elimine y e resolva para x em termos de z. Como z pode ter qualquer valor (a direção de $\vec{v}$ não é afetada), escolha o valor de z que elimina o denominador na equação que você obteve. Como se compara a expressão resultante para $\vec{v}$ com a fórmula que achamos na página 50?

19 Sejam $\vec{a}$ e $\vec{b}$ vetores no plano-xy tais que $\vec{a} = a_1\vec{i} + a_2\vec{j}$ e $\vec{b} = b_1\vec{i} + b_2\vec{j}$ com $0 < a_2 < a_1$ e $0 < b_1 < b_2$.

a) Trace $\vec{a}$ e $\vec{b}$ e o vetor $\vec{c} = -a_2\vec{i} + a_1\vec{j}$. Sombreie o paralelogramo formado por $\vec{a}$ e $\vec{b}$.

b) Qual é a relação entre $\vec{a}$ e $\vec{c}$? [Sugestão: ache $\vec{c} \cdot \vec{a}$ e $\vec{c} \cdot \vec{c}$.]

c) Ache $\vec{c} \cdot \vec{b}$.

d) Explique porque $\vec{c} \cdot \vec{b}$ dá a área do paralelogramo formado por $\vec{a}$ e $\vec{b}$.

e) Verifique que neste caso $\vec{a} \times \vec{b} = (a_1 b_2 - a_2 b_1)\vec{k}$

20 Se $\vec{a} + \vec{b} + \vec{c} = 0$, mostre que

$$\vec{a} \times \vec{b} = \vec{b} \times \vec{c} = \vec{c} \times \vec{a}.$$

Geometricamente, o que implica isto para $\vec{a}$, $\vec{b}$, $\vec{c}$?

21 Se $\vec{v}$ e $\vec{w}$ são vetores não nulos, use a definição geométrica do produto vetorial para explicar porque

$$(\lambda \vec{v}) \times \vec{w} = \lambda(\vec{v} \times \vec{w}) = \vec{v} \times (\lambda \vec{w}).$$

Considere separadamente os casos $\lambda > 0$, $\lambda = 0$ e $\lambda < 0$.

22 Use um paralelepípedo para mostrar que $\vec{a} \cdot (\vec{b} \times \vec{c}) = (\vec{a} \times \vec{b}) \cdot \vec{c}$ para quaisquer vetores $\vec{a}$, $\vec{b}$ e $\vec{c}$.

23 Mostre que $\|\vec{a} \times \vec{b}\|^2 = \|\vec{a}\|^2 \|\vec{b}\|^2 - (\vec{a} \cdot \vec{b})^2$.

24 Para vetores $\vec{a}$ e $\vec{b}$, seja $\vec{c} = \vec{a} \times (\vec{b} \times \vec{a})$.

a) Mostre que $\vec{c}$ está no plano que contém $\vec{a}$ e $\vec{b}$.

b) Mostre que $\vec{a} \cdot \vec{c} = 0$ e $\vec{b} \cdot \vec{c} = \|\vec{a}\|^2 \|\vec{b}\|^2 - (\vec{a} \cdot \vec{b})^2$. [Sugestão: use os Problemas 22 e 23.]

c) Mostre que

$$\vec{a} \times (\vec{b} \times \vec{a}) = \|\vec{a}\|^2 \vec{b} - (\vec{a} \cdot \vec{b})\vec{a}.$$

25 Use o resultado do Problema 22 para mostrar que o produto vetorial é distributivo para a adição. Primeiro use a distributividade do produto escalar para mostrar que para todo vetor $\vec{d}$

$$[((\vec{a} + \vec{b}) \times \vec{c}) \cdot \vec{d} = [(\vec{a} \times \vec{c}) + (\vec{b} \times \vec{c})] \cdot \vec{d}$$

Em seguida, mostre que para todo vetor $\vec{d}$,

$$[((\vec{a} + \vec{b}) \times \vec{c}) - (\vec{a} \times \vec{c}) - (\vec{b} \times \vec{c})] \cdot \vec{d} = 0.$$

Finalmente, explique porque você pode concluir que

$$(\vec{a} + \vec{b}) \times \vec{c} = (\vec{a} \times \vec{c}) + (\vec{b} \times \vec{c}).$$

26 Use o fato que $\vec{i} \times \vec{i} = 0$, $\vec{i} \times \vec{j} = \vec{k}$, $\vec{i} \times \vec{k} = -\vec{j}$ e assim por diante, junto com as propriedades do produto vetorial na página 51 para deduzir a definição algébrica para o produto vetorial.

27 Sejam $\vec{a} = a_1\vec{i} + a_2\vec{j}$ e $\vec{b} = b_1\vec{i} + b_2\vec{j}$ dois vetores não paralelos do 2-espaço como na Figura 2.45.

a) Use a identidade sen$(\beta - \alpha)$ = (sen β cos α - cos β sen α) para verificar a fórmula para a área do paralelogramo formado por a $\vec{a}$ e $\vec{b}$:

Área do paralelogramo = $|a_1b_2 - a_2b_1|$.

b) Mostre que $a_1b_2 - a_2b_1$ é positivo quando a rotação de $\vec{a}$ para $\vec{b}$ é anti-horária, negativa quando é horária.

28 Considere o tetraedro determinado pelo três vetores $\vec{a}$, $\vec{b}$ e $\vec{c}$ na Figura 2.46. O *vetor de área* de uma face é um vetor perpendicular à face, apontando para fora, cuja magnitude é a área da face. Mostre que a soma dos quatro vetores de área apontando para fora é o vetor zero.

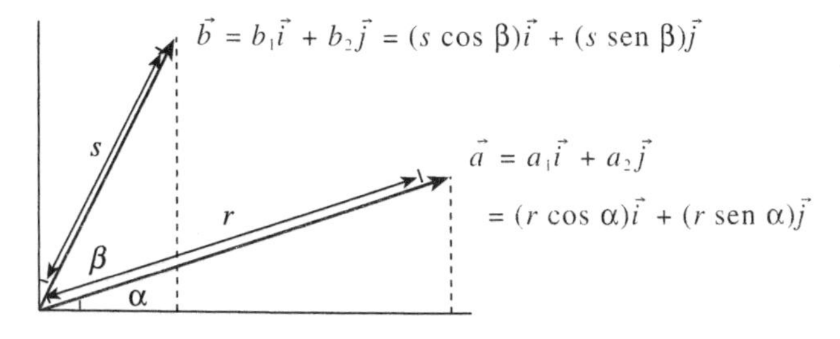

Figura 2.45

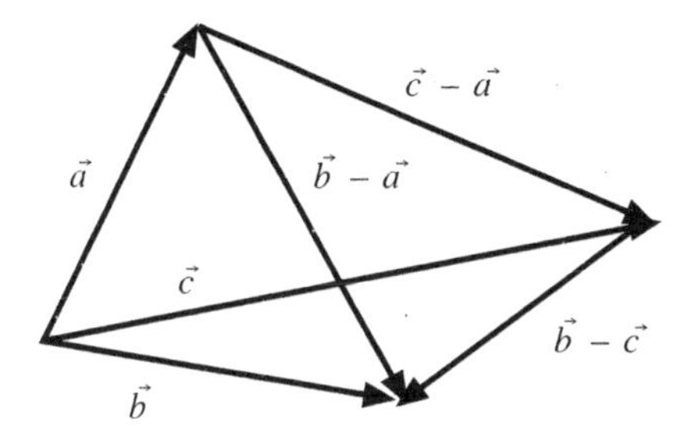

Figura 2.46

Problemas de revisão para o Capítulo 2

1 Dados os vetores de deslocamento $\vec{u}$ e $\vec{v}$ na Figura 2.47, trace os seguintes vetores:

a) $(\vec{u} + \vec{v})\ \vec{u}$ b) $\vec{v} + (\vec{v} + \vec{u})$ c) $(\vec{u} + \vec{u}) + \vec{u}$.

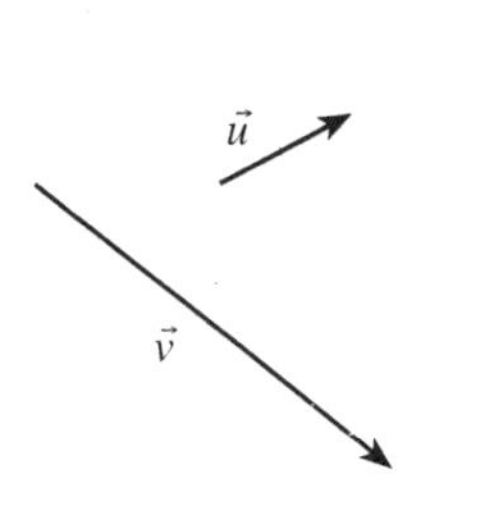

Figura 2.47

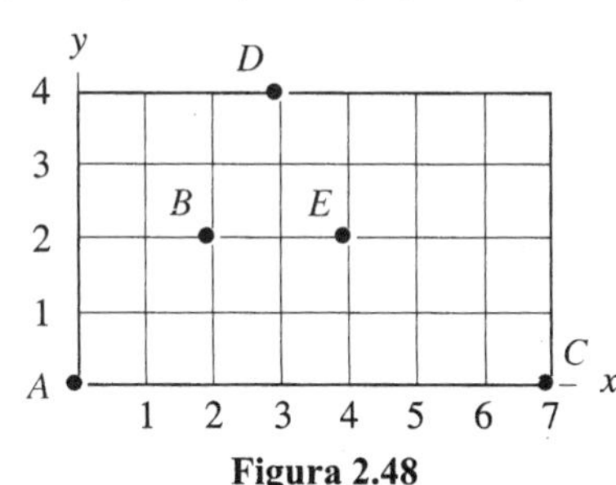

Figura 2.48

2 A Figura 2.48 mostra cinco pontos A, B, C, D, e E.

a) Leia as coordenadas dos cinco pontos e assim decomponha em componentes os dois vetores seguintes:

$$\vec{u} = (2{,}5)\overrightarrow{AB} + (-0{,}8)\overrightarrow{CD},\ \vec{v} = (2{,}5)\overrightarrow{BA} - (-0{,}8)\overrightarrow{CD}.$$

b) Qual e relação entre $\vec{u}$ e $\vec{v}$? Porque isto seria de se esperar ?

3 Ache as componentes de um vetor $\vec{p}$ que tem a mesma direção que $\overline{EA}$ na Figura 2.48 e cujo comprimento é 2 unidades.

4 Para cada uma das quatro afirmações abaixo responda às perguntas seguintes: a afirmação faz sentido ? se faz, é verdadeira para todas as escolhas possíveis de $\vec{a}$ e $\vec{b}$? se não, porque não ? Use sentenças completas para suas respostas.

a) $\vec{a} + \vec{b} = \vec{b} + \vec{a}$

b) $\vec{a} + \|\vec{b}\| = \|\vec{a} + \vec{b}\|$

c) $\|\vec{b} + \vec{a}\| = \|\vec{a} + \vec{b}\|$

d) $\|\vec{a} + \vec{b}\| = \|\vec{a}\| + \|\vec{b}\|$.

5 Dois lados adjacentes de um hexágono regular são dados como os vetores $\vec{u}$ e $\vec{v}$ da Figura 2.49. Marque os lados restantes em termos de $\vec{u}$ e $\vec{v}$.

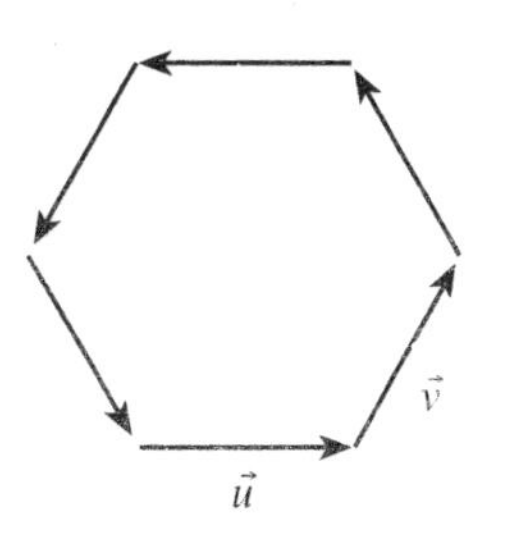

Figura 2.49

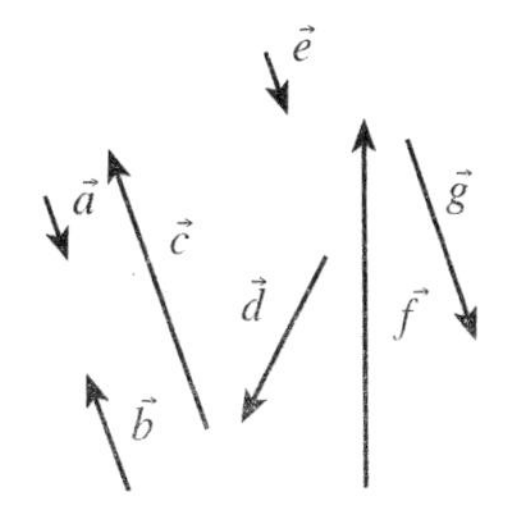

Figura 2.50

6 A Figura 2.50 mostra sete vetores $\vec{a}, \vec{b}, \vec{c}, \vec{d}, \vec{e}, \vec{f}$ e $\vec{g}$.

a) Dois dentre estes vetores são iguais ? Escreva todos os pares iguais.
b) Pode achar um escalar x tal que $\vec{a} = x\vec{g}$? Se sim, ache um tal x, se não, explique porque não.
c) Mesmas questões que na parte b) mas para a equação $\vec{b} = x\vec{d}$.
d) Pode resolver a equação $\vec{f} = u\vec{c} + v\vec{d}$ para os escalares u e v? Se sim, ache-os; se não, explique porque não.

7 Para quais valores de t os seguintes pares de vetores são paralelos ?
a) $2\vec{i} + (2 + 2/3t + 1)\vec{j} + t\vec{k}$, $6\vec{i} + 8\vec{j} + 3\vec{k}$
b) $t\vec{i} + \vec{j} + (t - 1)\vec{k}$, $2\vec{i} - 4\vec{j} + \vec{k}$
c) $2t\vec{i} + t\vec{j} + t\vec{k}$, $6\vec{i} + 3\vec{j} + 3\vec{k}$
Use a definição geométrica para calcular os produtos vetoriais nos Problemas 8–9.

8 $2\vec{i} \times (\vec{i} + \vec{j})$ **9** $(\vec{i} + \vec{j}) \times (\vec{i} - \vec{j})$
Calcule os produtos vetoriais no Problemas 10–11 usando a definição algébrica.

10 $((\vec{i} + \vec{j}) \times \vec{i}) \times \vec{j}$ **11** $(\vec{i} + \vec{j}) \times (\vec{i} \times \vec{j})$

12 Verdadeiro ou falso ? $\vec{a} \times \vec{b} = -(\vec{b} \times \vec{a})$ para quaisquer $\vec{a}$ e $\vec{b}$. Explique sua resposta.

13 Ache a área do triângulo com vértices $P + (-2, 2, 0)$, $Q = (1, 3, -1)$ e $R = (-4, 2, 1)$ usando produto vetorial.

14 Ache a equação do plano pela origem que é paralelo a $z = 4x - 3y + 8$.

15 Ache um vetor normal ao plano $4(x - 1) + 6(z + 3) = 12$.

16 Ache a equação do plano pelos pontos (0, 0, 2), (0, 3, 0), (5, 0, 0).

17 Considere o plano $5x - y + 7z = 21$.
a) Ache um ponto do eixo-x neste plano.
b) Ache dois outros pontos no plano.
c) Ache um vetor perpendicular ao plano.
d) Ache um vetor paralelo ao plano.

18 Dados os pontos $P = (1, 2, 3)$, $Q = (3, 5, 7)$ e $R = (2, 5, 3)$ ache:
a) Um vetor unitário perpendicular ao plano contendo P, Q, R.
b) O ângulo entre PQ e PR.
c) A área do triângulo PQR.
d) A distância de R à reta por P e Q.

19 Ache todos os vetores $\vec{v}$ no plano tais que $\| \vec{v} \| = 1$ e $\| \vec{v} + \vec{i} \| = 1$.

20 Ache todos os vetores $\vec{w}$ no 3-espaço tais que $\| \vec{w} \| = 1$ e $\| \vec{w} + \vec{i} \| = 1$. Descreva isto geometricamente.

21 A coleção das populações de cada um dos estados é uma quantidade vetorial ou escalar?

22 O vetor de preços de feijão, arroz e tofu é (0,30, 0,20, 0,50)em reais por meio quilo. Exprima-o em reais por 100 gramas.

23 Um objeto está preso por uma corda inelástica a um ponto fixo e gira 30 vezes por minuto, num plano horizontal. Mostre que a velocidade escalar do objeto é constante mas a velocidade não. O que isso implica para a aceleração ?

24 Um objeto se move em sentido anti-horário com velocidade escalar constante ao longo do círculo $x^2 + y^2 = 1$, onde x e y são medidos em metros. Completa uma revolução a cada minuto.
a) Qual é sua velocidade escalar ?
b) Qual é seu vetor velocidade 30 segundos depois de passar pelo ponto (1, 0)? Sua resposta muda se ele estiver se movendo em sentido horário? Explique.

25 Num jogo de pega-laser, você dispara uma inofensiva arma laser e tenta atingir um alvo usado na cintura por outros jogadores. Suponha que você está de pé na origem de um sistema de coordenadas tridimensional e que o plano-xy é o chão. Suponha que a altura da cintura significa 90 cm do chão e que o nível do olho é 150 cm acima do chão. Três de seus amigos são seus oponentes. Um está de pé em posição tal que seu alvo está a 900 cm ao longo do eixo-x, o outro está deitado de modo que seu alvo está no ponto $x = 600$, $y = 450$, e o terceiro emboscado de modo que seu alvo está 240 cm acima do ponto $x = 360$, $y = 900$.
a) Se você aponta sua arma ao nível do olho, ache o vetor de sua arma a cada um dos três alvos.
b) Se você atira da altura da cintura, com sua arma a 30 cm à direita do centro de seu corpo quando você olha ao longo do eixo-x, ache o vetor de sua arma a cada um dos três alvos.

26 Um aeroporto está no ponto (220, 10, 0) e um aeroplano que se aproxima está no ponto (550, 60, 4). Suponha o plano-xy horizontal, com o eixo-x apontando para leste e o eixo-y apontando para o norte. Suponha também que o eixo-z aponta para cima e que todas as distâncias são medidas em quilômetros. O aeroplano voa na direção oeste a altitude constante à velocidade escalar de 500 km/h durante meia hora. Então desce a 200 km/h dirigindo-se em linha reta para o aeroporto.
a) Ache o vetor velocidade do aeroplano enquanto voa a altitude constante.
b) Ache as coordenadas do ponto em que o aeroplano começa a descer.

c) Ache um vetor representando a velocidade do aeroplano enquanto está descendo.

27 Um grande navio está sendo puxado por dois rebocadores. O rebocador maior exerce uma força que é 25% maior que a do rebocador menor e a um ângulo de 30° nordeste. Em qual direção deve puxar o rebocador menor para garantir que o navio viaje para leste?

28 Um homem quer remar a menor distância possível de norte para o sul através de um rio que corre a 4 km/h vindo do leste. Ele pode remar a 5 km/h.

a) Em qual direção ele deve remar?

b) Se há um vento de 10 km/h vindo do sudoeste, em que direção ele deve apontar para tentar atravessar o rio diretamente? O que acontece?

29 a) Um vetor de módulo $\vec{v}$ faz um ângulo α com o eixo-x positivo, ângulo β com o eixo-y positivo e ângulo γ com o eixo-z positivo. Mostre que

$$\vec{v} = v\cos\alpha\vec{i} + v\cos\beta\vec{j} + v\cos\gamma\vec{k}$$

b) Cos α, cos β, e cos γ são chamados os *co-senos direcionais*. Mostre que

$$\cos^2\alpha + \cos^2\beta + \cos^2\gamma = 1.$$

30 Ache o vetor $\vec{v}$ com todas as seguintes propriedades:

(i) Modulo 10
(ii) Ângulo de 45° com o eixo-x positivo
(iii) Ângulo de 75° com o eixo-y positivo
(iv) Componente $-\vec{k}$ positiva.

31 Usando vetores, mostre que as perpendiculares bissectoras dos lados de um triângulo se cortam num ponto.

32 Ache a distância do ponto $P = (2, -1, 3)$ ao plano $2x + 4y - z = -1$.

33 Ache uma equação do plano passando pelos três pontos (1, 1, 1), (1, 4, 5), –3, –2, 0). Ache a distância da origem ao plano.

34 Duas retas no espaço são reversas se não são paralelas e não se interceptam. Determine a mínima distância entre duas tais retas.

3

DIFERENCIAÇÃO DE FUNÇÕES DE VÁRIAS VARIÁVEIS

Para um função de uma variável $y = f(x)$ a derivada $dy/dx = f'(x)$ dá a taxa de variação de y com relação a x. Para um função de duas variáveis $z = f(x, y)$ não há algo como *a* taxa de variação, pois x e y podem cada uma variar enquanto a outra fica fixa, ou podem variar as duas ao mesmo tempo. Porém, podemos considerar a taxa de variação com relação a cada uma das variáveis independentes. Este capítulo introduz essas *derivadas parciais* e várias maneiras de usá-las para obter uma imagem completa de como a função varia.

3.1 - A DERIVADA PARCIAL

A derivada de uma função de uma variável mede sua taxa de variação. Nesta seção veremos como uma função de duas variáveis tem duas taxas de variação: uma quando x varia (com y mantido constante) e uma quando y varia (com x mantido constante).

Taxa de variação da temperatura numa barra metálica: um problema em uma variável

Imagine uma barra metálica desigualmente aquecida jazendo ao longo do eixo-x, com a extremidade esquerda na origem e x medido em metros. (Ver Figura 3.1). Seja $u(x)$ a temperatura em °C da barra no ponto x. A Tabela 3.1 dá os valores de $u(x)$. Vemos que a temperatura cresce quando nos movemos ao longo da barra atingindo seu máximo em $x = 4$, depois do que começa a decrescer.

Tabela 3.1: *Temperatura u(x) da barra*

x (m)	0	1	2	3	4	5
$u(x)$ (°C)	125	128	135	160	175	160

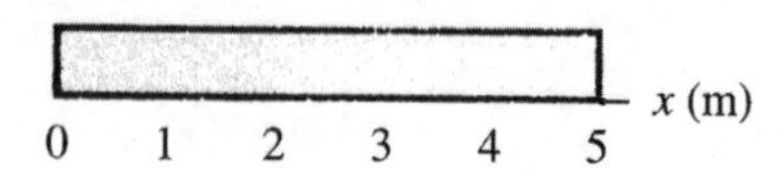

Figura 3.1: Barra metálica desigualmente aquecida

Exemplo 1: Avalie a derivada $u'(2)$ usando a Tabela 3.1 e explique o que a resposta significa em termos de temperatura.

Solução: A derivada $u'(2)$ é definida como um limite de quocientes de diferenças:

$$u'(2) = \lim_{h \to 0} \frac{u(2+h) - u(2)}{h}$$

Escolhendo $h = 1$ de modo que podemos usar os dados na Tabela 3.1 obtemos

$$u'(2) \approx \frac{u(2+1) - u(2)}{1} = \frac{160 - 135}{1} = 25$$

Isto significa que a temperatura cresce a uma taxa de aproximadamente 25°C por metro quando vamos da esquerda para a direita, passando por $x = 2$.

Taxa de variação de temperatura numa placa metálica

Imagine uma placa metálica fina retangular desigualmente

aquecida jazendo sobre o plano-xy, com o canto inferior esquerdo na origem e x e y medidos em metros. A temperatura (em °C) no ponto (x, y) é $T(x, y)$. Ver Figura 3.2 e Tabela 3.2. Como varia T perto do ponto (2, 1)? Consideramos a reta horizontal $y = 1$ contendo o ponto (2, 1). A temperatura ao longo desta reta é a seção $T(x, 1)$ da função $T(x, y)$ com $y = 1$. Escrevamos $u(x) = T(x, 1)$.

Tabela 3.2: *Temperatura da placa metálica*

y (m) \ x (m)	0	1	2	3	4	5
3	85	90	**110**	135	155	180
2	100	110	**120**	145	190	170
1	**125**	**128**	**135**	**160**	**175**	**160**
0	120	135	**155**	160	160	150

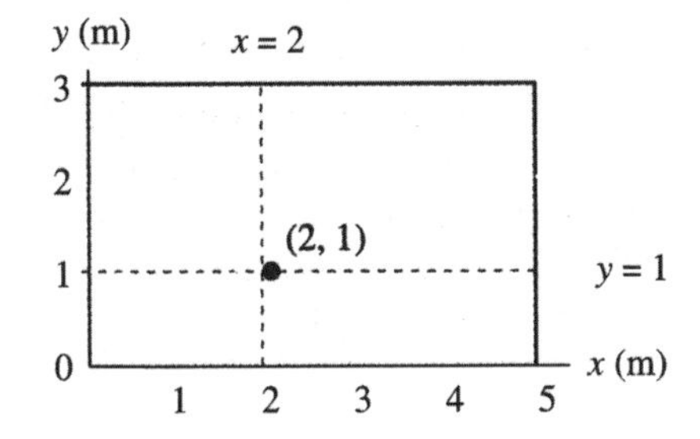

Figura 3.2: Placa metálica desigualmente aquecida

Qual é o significado da derivada $u'(2)$? É a taxa de variação da temperatura T *na direção* x no ponto (2, 1), mantendo y fixo. Denote essa taxa de variação por $T_x(2, 1)$, de modo que

$$T_x(2,1) = u'(2) = \lim_{h \to 0} \frac{u(2+h) - u(2)}{h} = \lim_{h \to 0} \frac{T(2+h,1) - T(2,1)}{h}.$$

Chamamos $T_x(2, 1)$ a *derivada parcial de T com relação a x no ponto* (2, 1). Tomando $h = 1$ podemos ler os valores de T da linha com $y = 1$ na Tabela 3.2, dando

$$T_x(2,1) \approx \frac{T(3,1) - T(2,1)}{1} = \frac{160 - 135}{1} = 25°C/m.$$

O fato de ser $T_x(2, 1)$ positiva significa que a temperatura da placa está aumentando quando nos movemos passando pelo ponto (2, 1) na direção de x crescente (isto é, horizontalmente da esquerda para a direita na Figura 3.2).

Exemplo 2: Avalie a taxa de variação de T na direção-y no ponto (2, 1).

Solução: A temperatura ao longo da reta $x = 2$ é a seção de T com $x = 2$, isto é, a função $v(y) = T(2, y)$. Se denotarmos a taxa de variação de T na direção-y em (2, 1) por $T_y(2, 1)$ então

$$T_y(2,1) = v'(1) = \lim_{h \to 0} \frac{v(1+h) - v(1)}{h} = \lim_{h \to 0} \frac{T(2,1+h) - T(2,1)}{h}.$$

Chamamos $T_y(2,1)$ a *derivada parcial de T com relação a y no ponto* (2, 1). Tomando $h = 1$ de modo a poder usar a coluna com $x = 2$ na Tabela 3.2 obtemos

$$T_y(2,1) \approx \frac{T(2,1+1) - T(2,1)}{1} = \frac{120 - 135}{1} = -15°C/m.$$

O fato de $T_y(2,1)$ ser negativa significa que a temperatura cai quando y cresce.

Definição da derivada parcial

Estudamos separadamente a influência de x e de y sobre o valor da função $f(x, y)$ mantendo uma fixa e deixando a outra variar. Isto leva às definições seguintes.

Derivadas parciais de f com relação a x e a y
Para todos os pontos em que existe o limite definimos as **derivadas parciais no ponto (a, b)** por

$f_x(a,b)$ = Taxa de variação de f em relação a x no ponto (a,b)

$$= \lim_{h \to 0} \frac{f(a+h,b) - f(a,b)}{h}$$

$f_y(a,b)$ = Taxa de variação de f em relação a y no ponto (a,b)

$$= \lim_{h \to 0} \frac{f(a,b+h) - f(a,b)}{h}$$

Se variarmos a e b, teremos as **funções derivadas parciais** $f_x(x,y)$ e $f_y(x,y)$.

Assim como para derivadas ordinárias existe outra notação:

Notação alternativa para derivadas parciais

Se $z = f(x, y)$ podemos escrever

$$f_x(x,y) = \frac{\partial z}{\partial x} \text{ e } f_y(x,y) = \frac{\partial z}{\partial y},$$

$$f_x(a,b) = \left.\frac{\partial z}{\partial x}\right|_{(a,b)} \text{ e } f_y(a,b) = \left.\frac{\partial z}{\partial y}\right|_{(a,b)}$$

Usamos o símbolo ∂ para distinguir derivadas parciais de derivadas ordinárias. Se as variáveis independentes têm nomes diferentes de x e y ajustamos a notação de acordo com isso.

Por exemplo, as derivadas parciais de $f(u, v)$ são denotadas por f_u e f_v.

Visualizar derivadas parciais num gráfico

A derivada ordinária de uma função de uma variável é a inclinação de seu gráfico. Como visualizar a derivada parcial $f_x(a, b)$? O gráfico da função de uma variável $f(x, b)$ é a curva em que o plano vertical $y = b$ corta o gráfico de $f(x, y)$. (Ver Figura 3.3.) Assim $f_x(a, b)$ é a inclinação da reta tangente a esta curva em $x = a$.

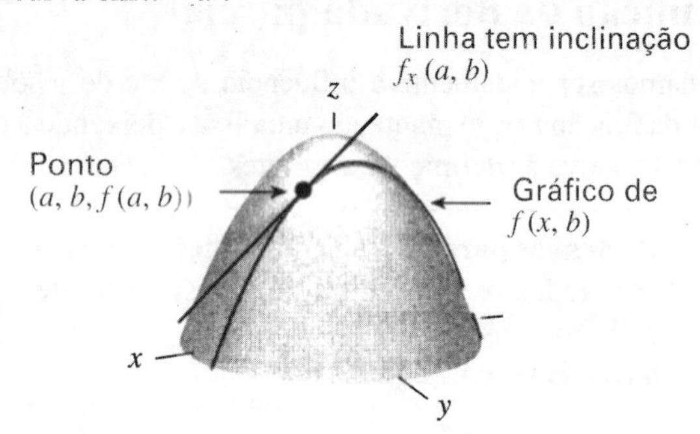

Figura 3.3: A curva $z = f(x, b)$ sobre o gráfico de f tem inclinação $f_x(a, b)$ em $x = a$

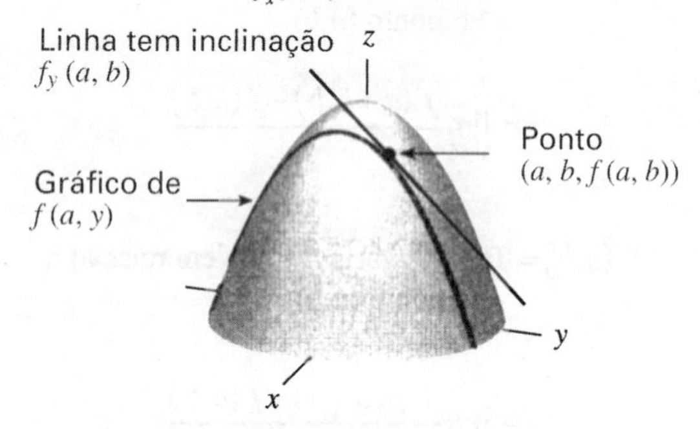

Figura 3.4: A curva $z = f(a, y)$ sobre o gráfico de f tem inclinação $f_y(a, b)$ em $y = b$

Analogamente o gráfico da função $f(a, y)$ é a curva em que o plano vertical $x = a$ corta o gráfico de f, e a derivada parcial $f_y(a, b)$ é a inclinação desta curva em $y = b$. (Ver Figura 3.4.)

Exemplo 3: Em cada ponto assinalado no gráfico da superfície $z = f(x, y)$ na Figura 3.5, diga se cada derivada parcial é positiva ou negativa.

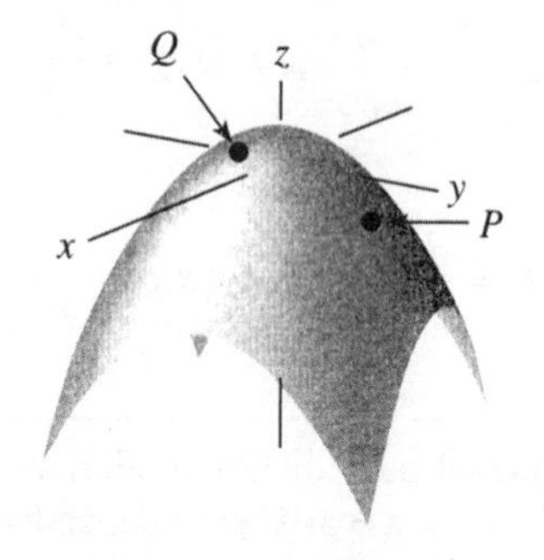

Figura 3.5: Decida os sinais de f_x e f_y em P e Q

Solução: O eixo-x positivo aponta para fora da página. Imagine ir nessa direção a partir do ponto marcado P; descemos rapidamente. Assim a derivada parcial com relação a x é negativa em P, com valor absoluto bastante grande. O mesmo vale para a derivada parcial com relação a y em P, pois há também uma descida forte na direção de y positivo.

No ponto marcado Q, caminhar na direção-x positivo resulta numa descida suave, ao passo que caminhar na direção-y positivo resulta em subida suave. Assim a derivada parcial f_x em Q é negativa mas pequena (isto é, próxima de zero) e a derivada parcial f_y é positiva mas pequena.

Avaliar derivadas parciais a partir de um diagrama de contornos

O gráfico de uma função $f(x, y)$ mostra claramente o sinal das derivadas parciais. Porém avaliações numéricas destas derivadas são feitas mais facilmente a partir de um diagrama de contornos do que de um gráfico de superfície. Se nos movermos paralelamente a um dos eixos num diagrama de contornos a derivada parcial é a taxa de variação do valor da função nos contornos. Por exemplo, se os valores sobre as curvas de nível crescem quando nos movemos na direção positiva, então a derivada parcial deve ser positiva.

Exemplo 4: A Figura 3.6 mostra o diagrama de contornos para a temperatura $H(x, t)$ numa sala como função da distância x (em metros) do aquecedor e do tempo t (em minutos) contado depois de ligado o aquecedor. Quais são os sinais de $H_x(10, 20)$ e $H_t(10, 20)$? Avalie estas derivadas parciais e explique as respostas em termos práticos.

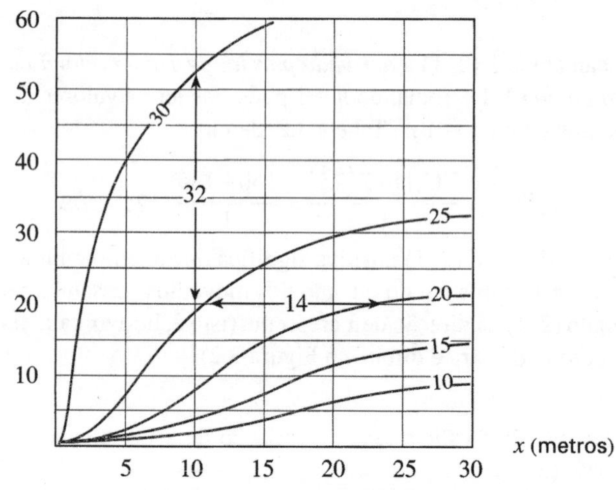

Figura 3.6: Temperatura numa sala aquecida: aquecedor em $x = 0$ é ligado em $t = 0$

Solução: O ponto (10, 20) está quase sobre a curva $H = 25$. Quando x cresce, nós nos movemos para a curva $H = 20$ de modo que H está decrescendo e $H_x(10, 20)$ é negativa. Isto faz sentido porque o contorno $H = 30$ fica à esquerda: quando nos afastamos do aquecedor a temperatura cai. De outro lado quando t cresce nós nos movemos para a curva $H = 30$, de modo que H está crescendo; quando t decresce H decresce. Assim $H_t(10, 20)$ é positiva. Isto diz que com a passagem do tempo a sala se aquece.

Para avaliar as derivadas parciais use um quociente de diferenças. Olhando o diagrama vemos que há um ponto na curva $H = 20$ cerca de 14 unidades à direita do ponto (10, 20). Portanto H decresce de 5 quando x cresce de 14, de modo que

Taxa de variação de H com relação a $x = H_x(10, 20) \approx -5/14 \approx -0{,}36°C/m$

Isto significa que perto do ponto a 10m do aquecedor, depois de 20 minutos a temperatura cai de cerca de 0,36, ou um terço de um grau centígrado, para cada metro de que nos afastamos do aquecedor.

Para avaliar $H_t(10, 20)$ observamos que a curva $H = 30$ está a cerca de 32 unidades diretamente acima do ponto (10, 20). Assim H cresce de 5 quando t cresce de 32. Portanto

Taxa de variação de H com relação a $t = H_t(10, 20) \approx 5/32 = 0{,}16°C/min$

Isto significa que depois de 20 minutos a temperatura sobe de cerca de 0,16 ou 1/6 de grau a cada minuto no ponto a 10 m do aquecedor.

Uso de unidades para interpretar as derivadas parciais

O significado de um derivada parcial pode freqüentemente ser explicado usando unidades.

Exemplo 5: Suponha que seu peso w em quilos é uma função $f(c, n)$ do número c de calorias que você consome diariamente e do número n de minutos de exercício diário. Usando unidades para w, c e n interprete em termos de uso corrente as afirmações

$$\frac{\partial w}{\partial c}(2000{,}15) = 0{,}02 \quad \text{e} \quad \frac{\partial w}{\partial n}(2000{,}15) = -0{,}025$$

Solução: As unidades de $\partial w/\partial c$ são quilos por caloria. A afirmação

$$\frac{\partial w}{\partial c}(2000{,}15) = 0{,}02$$

significa que se você está agora consumindo 2000 calorias por dia e se exercitando durante 15 minutos por dia você pesará 0,02 quilos a mais para cada caloria extra que você consumir diariamente, ou cerca de 2 quilos para cada 100 calorias extra por dia. As unidades de $\partial w/\partial n$ são quilos por minuto. A afirmação

$$\frac{\partial w}{\partial n}(2000{,}15) = -0{,}025$$

significa que para o mesmo consumo de calorias e número de minutos de exercício você pesará 0,025 quilos a menos para cada minuto extra que você faça de exercícios por dia ou cerca de 1 quilo para cada 40 minutos. Assim se você comer 100 calorias a mais por dia e se exercitar 80 minutos a mais cada dia, seu peso deveria ficar mais ou menos constante.

Problemas para a Seção 3.1

1 Usando quocientes de diferenças avalie $f_x(3, 2)$ e $f_y(3, 2)$ para a função dada por

$$f(x, y) = \frac{x^2}{y+1}.$$

[Lembre: um quociente de diferenças é uma expressão da forma $(f(a + h, b) - f(a, b))/h$.]

2 Use quocientes de diferenças com $\Delta x = 0{,}1$ e $\Delta y = 0{,}1$ para avaliar $f_x(1, 3)$ e $f_y(1, 3)$ onde

$$f(x, y) = e^{-x} \operatorname{sen} y$$

Depois dê melhores avaliações usando $\Delta x = 0{,}01$ e $\Delta y = 0{,}01$.

3 O pagamento mensal em reais P para uma hipoteca de uma casa é uma função de três variáveis:

$$P = f(Q, j, N)$$

onde Q é a quantia emprestada, j é a taxa de juros e N é o número de anos para pagamento da hipoteca.

a) $f(92000, 14{,}30) = 1090{,}08$. O que lhe diz isto em termos financeiros?

b) $\partial P/\partial j$ (92000, 14, 30) = 72,82. Qual o significado financeiro do número 72,82?

c) Você esperaria que $\partial P/\partial Q$ seja positiva ou negativa? Porque?

d) Você esperaria que $\partial P/\partial N$ seja positiva ou negativa? Porque?

4 Suponha que você tomou emprestados \$$Q$ numa taxa de juros de j % (ao mês)e paga em t meses fazendo pagamentos mensais de \$$P$, dados pela função $P = g(Q, j, t)$. Em termos financeiros que lhe dizem as afirmações seguintes?

a) $g(8000, 1, 24) = 376{,}59$

b) $\partial g/\partial Q\,(8000, 1, 24) = 0{,}047$

c) $\partial g/\partial j\,(8000, 1, 24) = 44{,}83$

5 Suponha que x é o preço médio de um carro novo e que y é o preço médio de um litro de gasolina. Então q_1, o número de carros novos comprados num ano depende de x e de y, de modo que $q_1 = f(x, y)$. Analogamente, se q_2 é a quantidade de gasolina comprada num ano, então $q_2 = g(x, y)$.

a) Quais sinais você espera que tenham $\partial q_1/\partial x$ e $\partial q_2/\partial y$? Explique.

b) Quais sinais você espera que tenham $\partial q_1/\partial y$ e $\partial q_2/\partial x$? Explique.

6 Um droga é injetada num vaso sanguíneo de uma paciente. A função $c = f(x, t)$ representa a concentração da droga a uma distância x na direção do fluxo sanguíneo medida a partir do ponto de injeção e num tempo t após a injeção. Quais são as unidades das seguintes derivadas parciais ? Que sinais você espera que tenham?

a) $\partial c/\partial x$ b) $\partial c/\partial t$

7 Suponha que P é seu pagamento mensal em reais pelo carro e $P = f(P_0, t, j)$ onde $\$P_0$ é a quantia emprestada, t é o número de meses para pagar o empréstimo e j % é a taxa de juros. Quais são as unidades, os significados financeiros e os sinais de $\partial P/\partial t$ e $\partial P/\partial j$?

8 A superfície $z = f(x, y)$ é mostrada na Figura 3.7. Os pontos A e B estão no plano-xy.

a) Qual é o sinal de $f_x(A)$? b) Qual é o sinal de $f_y(A)$?

c) Suponha que P é um ponto no plano-xy que se move numa reta de A para B. Como muda o sinal de $f_x(P)$? E o sinal de $f_y(P)$?

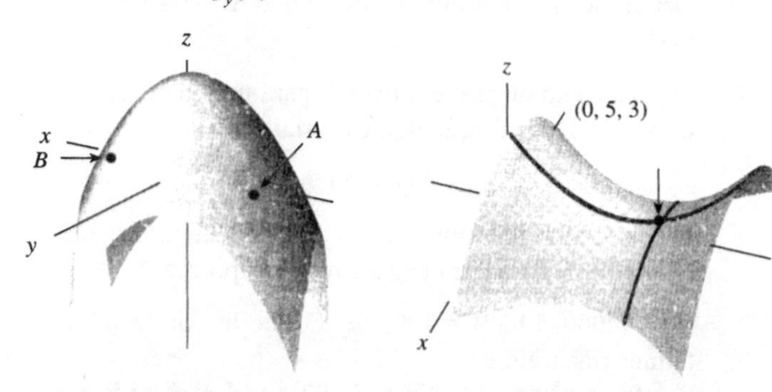

Figura 3.7 **Figura 3.8**

9 Considere a superfície em forma de sela $z = f(x, y)$ cujo gráfico está na Figura 3.8.

a) Qual é o sinal de $f_x(0, 5)$?

b) Qual é o sinal de $f_y(0, 5)$?

Para os Problemas 10–12 refira-se à Tabela 1.3 na página 5 que dá a temperatura ajustada para o fator vento C em °F como função $f(w, T)$ da velocidade do vento w em mph e a temperatura T em °F. A temperatura ajustada para o fator vento diz quão frio parece estar, como resultado da combinação de vento e temperatura.

10 Avalie $f_w(10, 25)$. O que significa a resposta em termos práticos?

11 Avalie $f_T(5, 20)$. O que significa a resposta em termos práticos?

12 Da Tabela 1.3 pode-se ver que quando a temperatura é 20°F a temperatura ajustada para o fator vento cai numa média de cerca de 2,6°F para cada aumento de 1 mph na velocidade do vento de 5 mph a 10 mph. Isto lhe diz algo sobre qual derivada parcial?

13 A Figura 3.9 mostra um diagrama de contorno para o pagamento mensal P como função da taxa de juros, j %, e a quantia, L, do empréstimo por 5 anos. Avalie $\partial P/\partial j$ e $\partial P/\partial L$ nos pontos seguintes. Em cada caso dê as unidades e o significado no dia-a-dia de sua resposta.

a) $j = 8, L = 4.000$ b) $j = 8, L = 6.000$

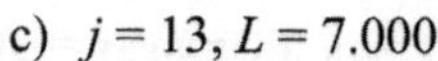

c) $j = 13, L = 7.000$

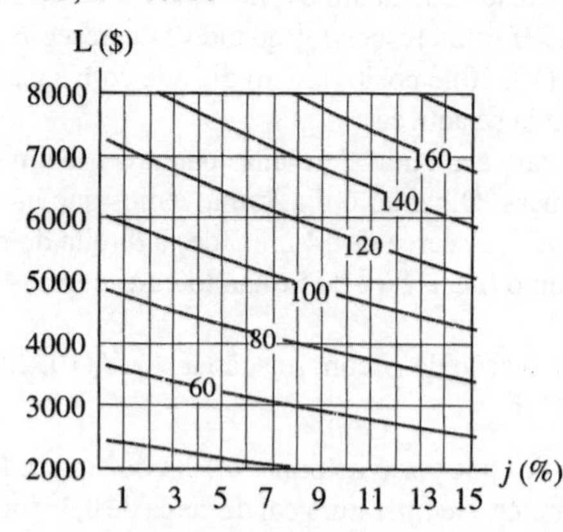

Figura 3.9

14 A Figura 3.10 dá um diagrama de contorno para o número n de raposas por quilômetro quadrado no sudoeste da Inglaterra. Avalie $\partial n/\partial x$ e $\partial n/\partial y$ nos pontos assinalados A, B e C onde x representa quilômetros leste–oeste e y é quilômetros norte–sul.

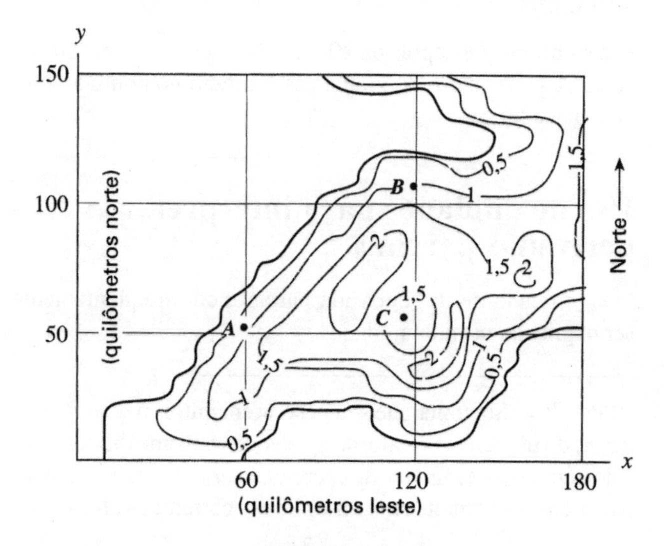

Figura 3.10

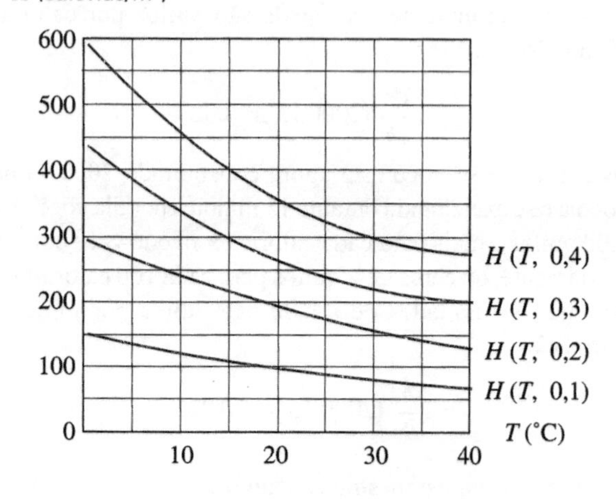

Figura 3.11

Um aeroporto pode ter a neblina levantada aquecendo o

ar. A quantidade de calor necessária para fazer o trabalho depende da temperatura do ar e da umidade da neblina. Os Problemas 15–17 envolvem a Figura 3.11 que mostra o calor $H(T, w)$ necessário (em calorias por metro cúbico de neblina) como função da temperatura T (em graus centígrados) e da quantidade de água w (em gramas por metro cúbico de neblina). Note que a Figura 3.11 não é um diagrama de contorno mas mostra seções de H com w fixo em 0,1, 0,2, 0,3, e 0,4.

15 Use a Figura 3.11 para achar um valor aproximado para $H_T(10,\ 0{,}1)$. Interprete a derivada parcial em termos práticos.

16 Faça um tabela de valores para $H(T, w)$ da Figura 3.11, e use-a para avaliar $H_T(T, w)$ para $T = 10$, 20 e 30 e $w =$ 0,1, 0,2 e 0,3.

17 Repita o Problema 16 para $H_w(T, w)$ em $T = 10$, 20 e 30 e $w =$ 0,1, 0,2 e 0,3. Qual o significado prático dessas derivadas ?

18 A saída cardíaca, representada por c, é o volume de sangue que passa pelo coração de uma pessoa, por unidade de tempo. A resistência vascular sistêmica (RVS), representada por s, é a resistência à passagem do sangue por veias e artérias. Seja p a pressão sangüínea de uma pessoa. Então p é função de c e s, de modo que $p = f(c, s)$.

a) Que representa $\partial p/\partial c$?

Suponha agora que $p = kcs$, onde k é uma constante.

b) Esboce as curvas de nível de p. O que representam? Assinale seus eixos.

c) Para uma pessoa com coração fraco é desejável que o coração bombeie contra resistência menor, mantendo a mesma pressão sangüínea. A uma tal pessoa pode ser dada a droga nitroglicerina para diminuir a *RVS* e a droga dopamine para aumentar a saída cardíaca. Represente isto num gráfico mostrando curvas de nível. Ponha um ponto A no gráfico representando o estado da pessoa antes de serem dadas as drogas e um ponto B para depois.

d) Imediatamente depois de um ataque cardíaco a saída cardíaca de um paciente cai, com isso causando a queda da pressão sangüínea. Um erro comum cometido por residentes médicos é fazer a pressão sangüínea do paciente voltar ao normal usando drogas que aumentam a *RVS*, em vez de aumentar a saída cardíaca. Num gráfico das curvas de nível de p ponha um ponto D representando um paciente antes do ataque cardíaco, um ponto E representando o paciente imediatamente depois do ataque e um terceiro ponto F representando o paciente depois de o residente ter dado drogas para aumentar a *RVS*.

3.2 - CALCULAR DERIVADAS PARCIAIS ALGEBRICAMENTE

Como a derivada parcial $f_x(x, y)$ é a derivada ordinária da função $f(x, y)$ com y mantido constante e $f_y(x, y)$ é a derivada ordinária de $f(x, y)$ com x mantido constante, podemos usar todas as fórmulas de derivação do cálculo de uma variável para achar derivadas parciais.

Exemplo 1: Seja $f(x,y) = x^2/(y+1)$. Ache $f_x(3,\ 2)$ algebricamente.

Solução: Usamos o fato de $f_x(3, 2)$ ser igual à derivada de $f(x, 2)$ em $x = 3$. Como

$$f(x,2) = \frac{x^2}{2+1} = \frac{x^2}{3},$$

diferenciando com relação a x temos

$$f_x(x,2) = \frac{\partial}{\partial x}\left(\frac{x^2}{3}\right) = \frac{2x}{3}, \text{ e assim } f_x(3, 2) = 2$$

Exemplo 2: Calcule as derivadas parciais com relação a x e com relação a y para as seguintes funções.

a) $f(x, y) = y^2 e^{3x}$ b) $z = (3xy + 2x)^5$

c) $g(x,y) = e^{x+3y}\text{sen}(xy)$

Solução: a) É o produto de uma função de x (ou seja e^{3x}) por uma função de y (ou seja y^2). Quando derivamos com relação a x pensamos na função de y como constante e vice-versa. Assim

$$f_x(x,y) = y^2 \frac{\partial}{\partial x}\left(e^{3x}\right) = 3y^2 e^{3x},$$

$$f_y(x,y) = e^{3x} \frac{\partial}{\partial y}\left(y^2\right) = 2ye^{3x}.$$

b) Aqui usamos a regra da cadeia

$$\frac{\partial z}{\partial x} = 5(3xy+2x)^4 \frac{\partial}{\partial x}(3xy+2x) = 5(3xy+2x)^4(3y+2)$$

$$\frac{\partial z}{\partial y} = 5(3xy+2x)^4 \frac{\partial}{\partial y}(3xy+2x) = 5(3xy+2x)^4 3x = 15x(3xy+2x)^4.$$

c) Como cada função no produto é função tanto de x quanto de y precisamos usar a regra do produto para cada derivada parcial:

$$g_x(x,y) = \left(\frac{\partial}{\partial x}\left(e^{x+3y}\right)\right)\text{sen}(xy) + e^{x+3y}\frac{\partial}{\partial x}\left(\text{sen}(xy)\right) =$$

$$= e^{x+3y}\ \text{sen}(xy) + e^{x+3y} y \cos(xy),$$

$$g_y(x,y) = \left(\frac{\partial}{\partial y}\left(e^{x+3y}\right)\right)\text{sen}(xy) + e^{x+3y}\frac{\partial}{\partial y}\left(\text{sen}(xy)\right) =$$

$$= 3\ e\ \text{sen}^{x+3y}(xy) + e^{x+3y} x \cos(xy),$$

Para funções de três ou mais variáveis achamos derivadas parciais pelo mesmo método: derivar com relação a uma variável, olhando as outras variáveis como constantes. Para uma função $f(x, y, z)$ a derivada parcial $f_x(a, b, c)$ dá a taxa de variação de f com relação a x ao longo da reta $y = b$, $z = c$.

Exemplo 3: Ache todas as derivadas parciais de $f(x,y,z) = x^2y^3/z$.

Solução: Para achar $f_x(x, y, z)$, por exemplo, consideramos y e z como fixos dado

$$f_x(x,y,z) = \frac{2xy^3}{z}, \text{ e } f_y(x,y,z) = \frac{3x^2y^2}{z}, \text{ e}$$

$$f_z(x,y,z) = -\frac{x^2y^3}{z^2}.$$

Interpretação de derivadas parciais

Exemplo 4: Uma corda de violão vibrante, originalmente em repouso ao longo do eixo dos x, mostrada na Figura 3.12. Seja x a distância em metros a partir da extremidade esquerda da corda. Ao tempo de t segundos o ponto x foi deslocado $y = f(x, t)$ metros verticalmente a partir de sua posição de repouso, onde

$$y = f(x, t) = 0{,}003 \operatorname{sen}(\pi x) \operatorname{sen}(2765t).$$

Calcule $f_x(0{,}3, 1)$ e $f_t(0{,}3, 1)$ e explique o significado de cada uma em termos da linguagem comum.

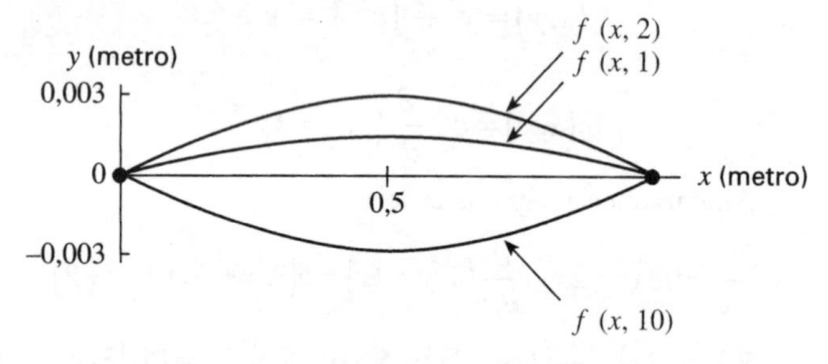

Figura 3.12: A posição da corda vibrante em vários instantes diferentes. Gráfico de $f(x, t)$ para $t = 1, 2, 10$.

Solução: Derivando $f(x, t) = 0{,}003 \operatorname{sen}(\pi x) \operatorname{sen}(2.765t)$ com relação a x temos

$$f_x(x, t) = 0{,}003\pi \cos(\pi x) \operatorname{sen}(2.765t).$$

Em particular, substituindo $x = 0{,}3$ e $t = 1$ tem-se

$$f_x(0{,}3,\ 1) = 0{,}003\pi \cos(\pi(0{,}3)) \operatorname{sen}(2.765) \approx 0{,}002.$$

Para ver o que significa $f_x(0{,}3, 1)$ pense na função $f(x, 1)$. O gráfico na Figura 3.13 de $f(x, 1)$ é uma foto instantânea da corda no instante $t = 1$. Assim a derivada $f_x(0{,}3, 1)$ é a inclinação da corda no ponto $x = 0{,}3$ no instante em que $t = 1$. Analogamente, tomando a derivada de $f(x, t) = 0{,}003 \operatorname{sen}(\pi x) \operatorname{sen}(2765t)$ com relação a t obtemos

$$f_t(x, t) = (0{,}003)(2765) \operatorname{sen}(\pi x) \cos(2765t) = 8{,}3 \operatorname{sen}(\pi x) \cos(2765t).$$

Como $f(x, t)$ está em metros e t em segundos, a derivada $f_t(0{,}3, 1)$ é em m/seg. Assim, substituindo $x = 0{,}3$ e $t = 1$,

$$f_t(0{,}3,\ 1) = 8{,}3 \operatorname{sen}(\pi(0{,}3)) \cos(2765(1)) \approx 6 \text{ m/seg.}$$

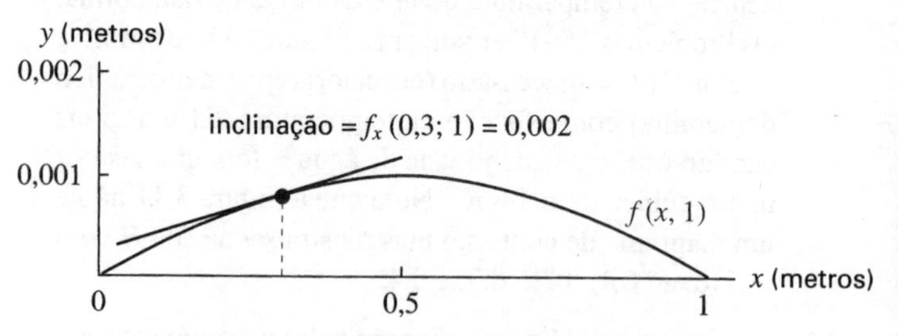

Figura 3.13: Gráfico de $f(x, 1)$: Instantâneo da forma da corda a $t = 1$ seg.

Para ver o que significa $f_t(0{,}3, 1)$, pense na função $f(0{,}3, t)$. O gráfico de $f(0{,}3, t)$ é um gráfico de função contra tempo que acompanha o movimento para cima e para baixo do ponto na corda em que $x = 0{,}3$. (Ver Figura 3.14.) A derivada $f_t(0{,}3, 1) = 6$m/seg é a velocidade do ponto na corda no instante $t = 1$. O fato de $f_t(0{,}3, 1)$ ser positiva indica que o ponto está se movendo para cima quando $t = 1$.

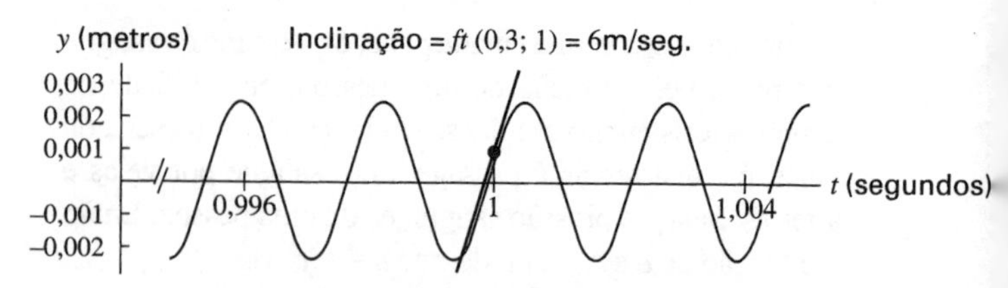

Figura 3.14: Gráfico de $f(0{,}3, 1)$. Posição contra tempo no ponto $x = 0{,}3$m a partir da extremidade da corda

Problemas para a Seção 3.2

1 Seja $f(x, y) = \dfrac{x^2}{y+1}$. Ache $f_y(3, 2)$ algebricamente.

2 Seja $f(u, v) = u(u^2 + v^2)^{3/2}$.

a) Use um quociente de diferenças para aproximar $f_u(1, 3)$ com $h = 0{,}001$.

b) Agora calcule $f_u(1, 3)$ exatamente. A aproximação na parte a) foi razoável?

Ache as derivadas parciais indicadas para os Problemas 3–34. Suponha as variáveis restritas a um domínio em que a função esteja definida.

3 z_x se $z = x^2y + 2x^5y$

4 z_x se $z = \operatorname{sen}(5x^3y - 3xy^2)$

5 g_x se $g(x, y) = \ln(ye^{xy})$

6 F_m se $F = mg$

7 $\dfrac{\partial}{\partial x}\left(a\sqrt{x}\right)$

8 $\dfrac{\partial}{\partial x}\left(xe^{\sqrt{xy}}\right)$

9 $\dfrac{\partial}{\partial y}\left(3x^5y^7 - 32x^4y^3 + 5xy\right)$

10 z_y se $z = \dfrac{3x^2y^7 - y^2}{15xy - 8}$

11 $\dfrac{\partial A}{\partial h}$ se $A = \dfrac{1}{2}(a+b)h$

12 $\dfrac{\partial}{\partial m}\left(\dfrac{1}{2}mv^2\right)$

13 $\dfrac{\partial}{\partial B}\left(\dfrac{1}{u_0}B^2\right)$

14 $\dfrac{\partial}{\partial r}\left(\dfrac{2\pi r}{v}\right)$

15 F_v se $F = \dfrac{mv^2}{r}$

16 $\dfrac{\partial}{\partial v_0}(v_0 + at)$

17 $\dfrac{\partial F}{\partial m_2}$ se $F = \dfrac{Gm_1m_2}{r^2}$

18 a_v se $a = \dfrac{v^2}{r}$

19 $\dfrac{\partial}{\partial T}\left(\dfrac{2\pi r}{T}\right)$

20 $\dfrac{\partial}{\partial t}\left(v_0 t + \dfrac{1}{2}at^2\right)$

21 u_E se $u = \dfrac{1}{2}\in_0 E^2 + \dfrac{1}{2\mu_0}B^2$

22 $\dfrac{\partial f_0}{2L}$ se $f_0 = \dfrac{1}{2\pi\sqrt{LC}}$

23 $\dfrac{\partial y}{\partial t}$ se $y = \text{sen}(ct - 5x)$

24 $\dfrac{\partial}{\partial M}\left(\dfrac{2\pi r^{3/2}}{\sqrt{GM}}\right)$

25 z_x se $z = \dfrac{1}{2x^2ay} + \dfrac{3x^5abc}{y}$

26 $\dfrac{\partial \alpha}{\partial \beta}$ se $\alpha = \dfrac{e^{x\beta - 3}}{2y\beta + 5}$

27 $\dfrac{\partial}{\partial \lambda}\left(\dfrac{x^2y\lambda - 3\lambda^5}{\sqrt{\lambda^2 - 3\lambda + 5}}\right)$

28 $\dfrac{\partial m}{\partial v}$ se $m = \dfrac{m_0}{\sqrt{1 - v^2/c^2}}$

29 $\dfrac{\partial}{\partial w}\left(\sqrt{2\pi xyw - 13x^7y^3v}\right)$

30 $\dfrac{\partial}{\partial w}\left(\dfrac{x^2yw - xy^3w^7}{w-1}\right)^{-7/2}$

31 z_x e z_y para $z = x^7 + 2^y + x^y$

32 $z_x(2, 3)$ se $z = (\cos x) + y$

33 $\left.\dfrac{\partial z}{\partial y}\right|_{(1,0,5)}$ se $z = e^{x+2y}\,\text{sen}\, y$

34 $\left.\dfrac{\partial f}{\partial x}\right|_{(\pi/3,1)}$ se $f(x, y) = x \ln(y \cos x)$

35 Considere a função $f(x\ y) = x^2 + y^2$.

a) Avalie $f_x(2, 1)$ e $f_y(2, 1)$ usando o diagrama de contornos para f na Figura 3.15.

b) Avalie $f_x(2, 1)$ e $f_y(2, 1)$ de uma tabela de valores de f com $x = 1{,}9,\ 2,\ 2{,}1$ e $y = 0{,}9,\ 1,\ 1{,}1$.

c) Compare suas avaliações nas partes a) e b) com os valores exatos de $f_x(2, 1)$ e $f_y(2, 1)$ calculados algebricamente.

36 Mostre que a função de Cobb-Douglas

$$Q = bK^{\alpha}L^{1-\alpha} \quad \text{onde } 0 < \alpha < 1$$

satisfaz à equação

$$K\frac{\partial Q}{\partial K} + L\frac{\partial Q}{\partial L} = Q.$$

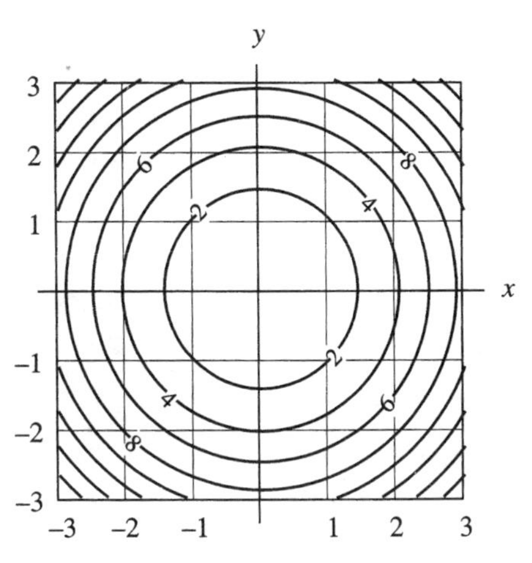

Figura 3.15

37 Dinheiro numa conta bancária ganha juros numa taxa contínua j. A quantia \$$B$ na conta depende da quantia depositada , \$$P$, e do tempo t durante o qual esteve depositada de acordo com a fórmula

$$B = Pe^{jt}.$$

Ache $\partial B/\partial t$ e $\partial B/\partial P$ e interprete cada uma em termos financeiros.

38 Uma barra de 1 metro de comprimento é desigualmente aquecida, com temperatura em °C a uma distância de x metros de uma extremidade num instante t dada por

$$H(x, t) = 100e^{-0{,}1t}\,\text{sen}\,(\pi x) \quad 0 \le x \le 1.$$

a) Esboce um gráfico de H como função de x para $t = 0$ e $t = 1$.

b) Calcule $H_x(0{,}2, t)$ e $H_x(0{,}8, t)$. Qual é a interpretação prática (em termos da temperatura) destas duas derivadas parciais? Explique porque cada uma tem o sinal que tem.

c) Calcule $H_t(x, t)$. Qual é seu sinal? Qual é sua interpretação em termos da temperatura ?

39 Seja $h(x, t) = 150 + 30\cos(0{,}5x - t)$ a função que descreve a onda no estádio na página 3. O valor de $h(x, t)$ dá a altura da cabeça do espectador no lugar x no tempo t segundos. Calcule $h_x(2, 5)$ e $h_t(2, 5)$ e interprete cada uma em termos da onda.

40 Existe uma função f que tem as seguintes derivadas parciais? Se existe, qual é ela? Existem outras?

$$f_x(x, y) = 4x^3y^2 - 3y^4,$$
$$f_y(x, y) = 2x^4y - 12xy^3.$$

3.3 - LINEARIDADE LOCAL E A DIFERENCIAL

Nas Seções 3.1 e 3.2 estudamos uma função de duas variáveis deixando só uma variável mudar de cada vez. Agora deixamos variar as duas ao mesmo tempo para desenvolver uma aproximação linear para funções de duas variáveis

Zooming para observar linearidade local

Para uma função de uma variável, linearidade local significa que se concentramos uma lente no gráfico, ele parece, visto bem de perto, uma reta.(Ver o Apêndice A.) Quando fazemos isto com o gráfico de uma função de duas variáveis, o gráfico usualmente parece um plano, que é o gráfico de uma função linear de duas variáveis. (Ver Figura 3.16.)

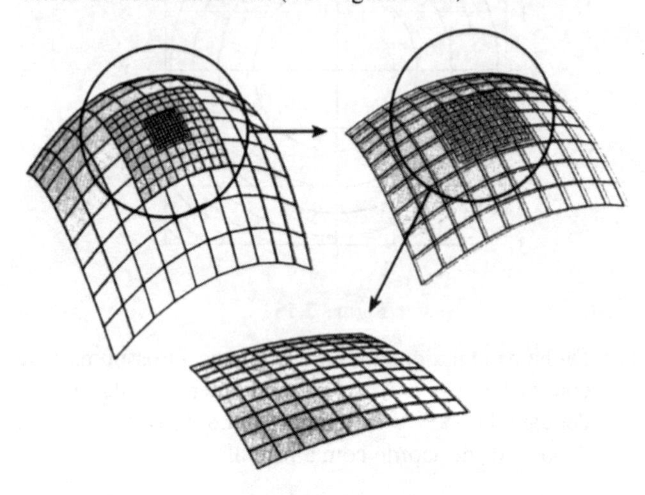

Figura 3.16: Zoom no gráfico de uma função de duas variáveis até que ela pareça um plano.

Analogamente a Figura 3.17 mostra três vistas sucessivas dos contornos perto de um ponto. Quando aproximamos uma lente os contornos parecem mais com retas paralelas igualmente espaçadas, que são os contornos de uma função linear. (Quando se faz a aproximação, tem-se que acrescentar mais contornos.)

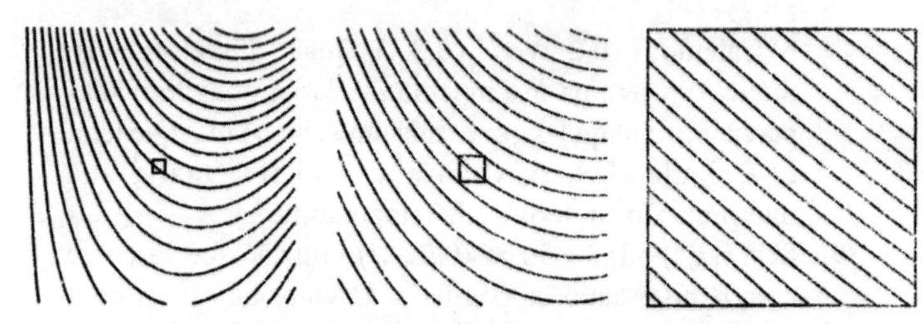

Figura 3.17: Zoom num diagrama de contornos até que as linhas pareçam retas paralelas igualmente espaçadas.

Este efeito também pode ser visto numericamente, olhando bem de perto, com tabelas de valores. A Tabela 3.3 mostra três tabelas de valores para $f(x, y) = x^2 + y^2$ perto de $x = 2$, $y = 1$, cada uma com uma visão mais de perto que a precedente. Observe como cada tabela parece mais com a tabela para uma função linear.

Tabela 3.3: *Zooming nos valores de* $f(x, y) = x^2 + y^3$ *perto de* (2, 1) *até que a tabela pareça linear.*

$x \backslash y$	0	1	2
1	1	2	9
2	4	5	12
3	9	10	17

$x \backslash y$	0,9	1,0	1,1
1,9	4,34	4,61	4,94
2,0	4,73	5,00	5,33
2,1	5,14	5,41	5,74

$x \backslash y$	0,99	1,00	1,01
1,99	4,93	4,96	4,99
2,00	4,97	5,00	5,03
2,01	5,01	5,04	5,07

Zooming algebricamente: diferenciabilidade

Ao ver um plano quando chegamos com a lente bem perto sabemos que (desde que o plano não seja vertical) $f(x, y)$ é bem aproximada perto daquele ponto por uma função linear $L(x, y)$:

$$f(x, y) \approx L(x, y).$$

O gráfico da função $z = L(x, y)$ é o plano tangente nesse ponto. Desde que a aproximação seja suficientemente boa dizemos que $f(x, y)$ é diferenciável no ponto. A Seção 3.10 explica como dizer se a aproximação é suficientemente boa. As funções que encontramos serão diferenciáveis na maior parte dos pontos de seu domínio.

O plano tangente

O plano que vemos ao olhar de perto a superfície é chamado o *plano tangente* à superfície no ponto. A Figura 3.18 mostra o gráfico da uma função com o plano tangente.

Qual é a equação do plano tangente? No ponto (a, b) a x-inclinação do gráfico de f é a derivada parcial $f_x(a, b)$ e a y-inclinação é a derivada $f_y(a, b)$. Assim usando a equação para um plano na página 22 do Capítulo 1 temos o seguinte resultado:

Plano tangente à superfície $z = f(x, y)$ no ponto (a, b)

Supondo f diferenciável em (a, b), a equação do plano tangente é

$$z = f(a, b) + f_x(a, b)(x - a) + f_y(a, b)(y - b).$$

Aqui pensamos em a e b como fixos, de modo que $f(a, b)$, $f_x(a, b)$ e $f_y(a, b)$ são constantes. Assim o segundo membro da equação é uma função linear em x e y.

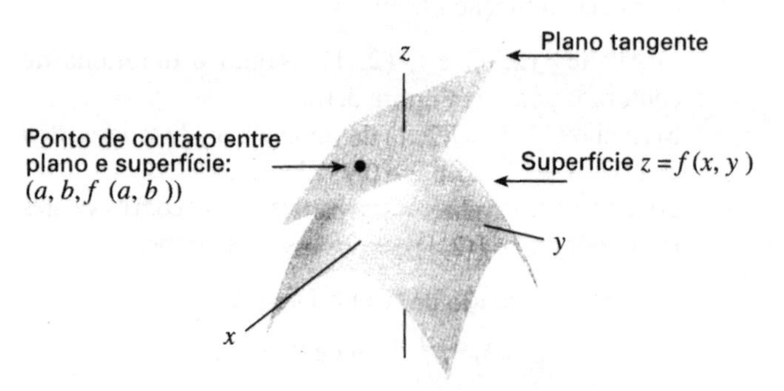

Figura 3.18: O plano tangente à superfície $z = f(x, y)$ no ponto (a, b)

Exemplo 1: Ache a equação do plano tangente à superfície $z = x^2 + y^2$ no ponto (3, 4).

Solução: Temos $f_x(x, y) = 2x$, de modo que $f_x(3, 4) = 6$, e $f_y(x, y) = 2y$, de modo que $f_y(3, 4) = 8$. Além disso $f(3, 4) = 3^2 + 4^2 = 25$. Assim a equação do plano tangente em (3, 4) é

$$z = 25 + 6\,(x - 3) + 8\,(y - 4) = -25 + 6x + 8y.$$

Linearização local

Como o plano tangente fica tão perto da superfície perto do ponto em que se encontram, os z-valores na equação do plano tangente são próximos dos valores de $f(x, y)$ para pontos perto de (a, b). Assim substituindo z por $f(x, y)$ na equação do plano tangente obtemos a seguinte aproximação:

Aproximação pelo plano tangente a $f(x, y)$ para (x, y) próximo do ponto (a, b)

Desde que f seja diferenciável em (a, b) podemos aproximar $f(x, y)$

$$f(x, y) \approx f(a, b) + f_x(a, b)\,(x - a) + f_y(a, b)\,(y - b).$$

Pensamos em a e b como fixos, de modo que a expressão no segundo membro linear em x e y. O segundo membro desta aproximação chama-se a **linearização local** de f perto de $x = a$, $y = b$.

A Figura 3.19 mostra graficamente a aproximação pelo plano tangente.

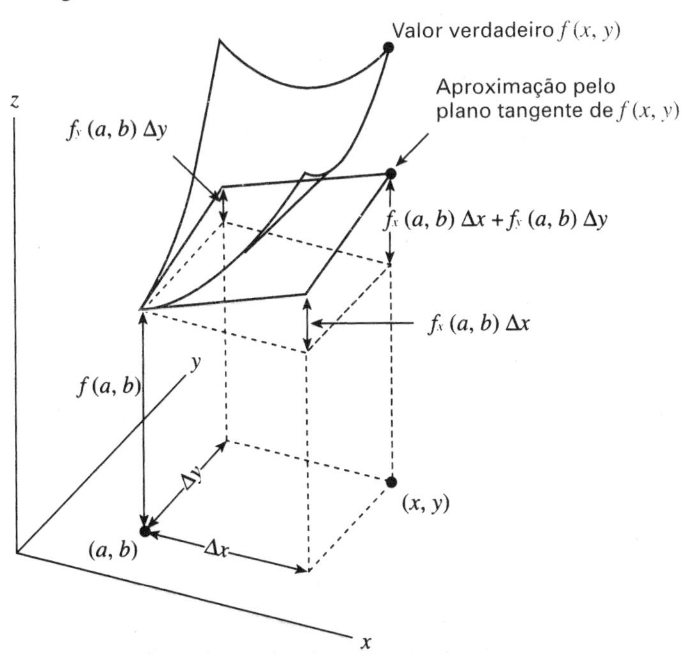

Figura 3.19: Aproximação de $f(x, y)$ pelo valor z no plano tangente

Exemplo 2: Ache a linearização local de $f(x, y) = x^2 + y^2$ no ponto (3, 4). Avalie $f(2{,}9,\ 4{,}2)$ e $f(2, 2)$ usando a linearização e compare suas respostas com os verdadeiros valores.

Solução: Seja $z = f(x, y) = x^2 + y^2$. No Exemplo 1 na coluna ao lado achamos a equação do plano tangente em (3, 4)

$$z = 25 + 6\,(x - 3) + 8\,(y - 4).$$

Portanto para (x, y) perto de (3, 4) temos a linearização local

$$f(x, y) \approx 25 + 6\,(x - 3) + 8\,(y - 4).$$

Substituindo $x + 2{,}9$, $y = 4{,}2$ tem-se

$$f(2{,}9,\ 4{,}2) \approx 25 + 6\,(-0{,}1) + 8\,(0{,}2) = 26.$$

Isto se ajusta bem ao verdadeiro valor $f(2{,}9,\ 4{,}2) = (2{,}9)^2 + (4{,}2)^2 = 26{,}05$.

Porém a linearização local não dá uma boa aproximação em pontos longe de (3, 4). Por exemplo, se $x = 2$, $y = 2$ a linearização local dá

$$f(2, 2) \approx 25 + 6\,(-1) = 8\,(-2) = 3,$$

ao passo que o valor verdadeiro da função é $f(2, 2) = 2^2 + 2^2 = 8$.

Exemplo 3: Planejar caldeiras seguras depende de saber como se comporta o vapor sob variações de temperatura e pressão. Tabelas de vapor, como a Tabela 3.4, dão valores da função $V = f(T, P)$ onde V é o volume (em pés cúbicos) de uma libra de vapor à temperatura T (em °F) e pressão P (em lb/in^2).

a) Dê uma função linear aproximando $V = f(T, P)$ para T perto de 500°F e pressão de 24,3 lb/in^2.
b) Avalie o volume de uma libra de vapor a uma temperatura de 505°F e pressão de 24,3 lb/in^2.

Tabela 3.4: *Volume (em pés cúbicos) de uma libra de vapor a várias temperaturas e pressões*

		Pressão P (lb/in^2)			
		20	22	24	26
Temperatura	480	27,85	25,31	23,19	21,39
T	500	28,46	25,86	23,69	21,86
(°F)	520	29,06	26,41	24,20	22,33
	540	29,66	26,95	24,70	22,79

Solução: a) Queremos a linearização local perto do ponto $T = 500$, $P = 24$, que é

$$f(T, P) \approx f(500, 24) + f_T(500, 24)\,(T - 500) + f_P(500, 24)\,(P - 24).$$

Vemos o valor $f(500,\ 24)$ na tabela, $= 23{,}69$.

Em seguida aproximamos $f_T(500,\ 24)$ por um quociente de diferenças. Da coluna $P = 24$ calculamos a taxa de variação média entre $T = 500$ e $T = 520$:

$$f_T(500{,}24) \approx \frac{f(520{,}24) - f(500{,}24)}{520 - 500} = \frac{24{,}20 - 23{,}69}{20} = 0{,}0255.$$

Note que $f_T(500,\ 24)$ é positiva, porque o vapor se expande quando aquecido.

Em seguida aproximamos $f_P(500, 24)$ olhando a linha $T = 500$ e calculando a taxa de variação média entre $P = 24$ e $P = 26$:

$$f_P(500{,}24) \approx \frac{f(500{,}26) - f(500{,}24)}{26 - 24} = \frac{21{,}86 - 23{,}69}{2} = -0{,}915.$$

Note que $f_P(500, 24)$ é negativa porque quando a pressão do vapor aumenta o volume decresce. Usando estas aproximações para as derivadas parciais obtemos a linearização local:

$V = f(T, P) \approx 23,69 + 0,0255\,(T - 500) - 0,915\,(P - 24)$ ft^3

para T perto de 500°F

e P perto de 24 lb/in^2.

b) Estamos interessados no volume a $T = 505$°F e $P = 24,3$ lb/in^2. Como estes valores estão próximos de $T = 500$°F e $P = 24$ lb/in^2 usamos a aproximação linear obtida na parte a).

$V \approx 23,69 + 0,0255(505 - 500) - 0,915(24,3 - 24) = 23,54$ ft^3.

Linearidade local com três ou mais variáveis

A aproximação linear local para funções de três ou mais variáveis segue o mesmo modelo das funções de duas variáveis. A linearização local de $f(x, y, z)$ em (a, b, c) é dada por

$$f(x, y, z) \approx f(a, b, c) + f_x(a, b, c)(x - a) + f_y(a, b, c)(y - b) + f_z(a, b, c)(z - c)$$

A diferencial

Freqüentemente estamos interessados na variação de uma função quando no movemos do ponto (a, b) a um ponto vizinho (x, y). Então usamos a notação

$$\Delta f = f(x, y) - f(a, b) \quad \text{e} \quad \Delta x = x - a \quad \text{e} \quad \Delta y = y - b$$

para reescrever a aproximação pelo plano tangente

$$f(x, y) \approx f(a, b) + f_x(a, b)(x - a) + f_y(a, b)(y - b)$$

na forma

$$\Delta f \approx f_x(a, b)\Delta x + f_y(a, b)\Delta y.$$

Para a e b fixos o segundo membro é uma função linear de Δx e Δy que pode ser usada para avaliar Δf. Chamamos esta função linear de *diferencial*. Para definir a diferencial em geral introduzimos novas variáveis dx e dy para representar variações de x e y.

> **A diferencial de uma função $z = f(x, y)$**
>
> A **diferencial** df (ou dz), num ponto (a, b) é a função linear de dx e dy dada pela fórmula
>
> $$df = f_x(a, b)\,dx + f_y(a, b)\,dy$$
>
> A diferencial num ponto geral freqüentemente é escrita como $df = f_x dx + f_y dy$.

Note que a diferencial df é uma função de quatro variáveis a, b e dx, dy.

Exemplo 4: Calcule as diferenciais das funções seguintes.

a) $f(x, y) = x^2e^{5y}$ b) $z = x\,\text{sen}\,(xy)$ c) $f(x, y) = x\cos(2x)$

Solução: a) Como $f_x(x, y) = 2xe^{5y}$ e $f_y(x, y) = 5x^2e^{5y}$ temos

$$df = 2xe^{5y}dx + 5x^2e^{5y}dy.$$

b) Como $\partial z/\partial x = \text{sen}(xy) + xy\cos(xy)$ e $\partial z/\partial y = x^2\cos(xy)$ temos

$$dz = (\text{sen}(xy) + xy\cos(xy))\,dx + x^2\cos(xy)dy$$

c) Como $f_x(x, y) = \cos(2x) - 2x\,\text{sen}\,(2x)$ e $f_y(x, y) = 0$ temos

$$df = (\cos(2x) - 2x\,\text{sen}\,(2x))\,dx + 0dy = (\cos(2x) - 2x\,\text{sen}\,(2x))\,dx.$$

Exemplo 5: A densidade ρ (em g/cm^3) do gás dióxido de carbono CO_2 depende de sua temperatura T (em °C) e pressão P (em atmosferas). O modelo de gás ideal para CO_2 dá o que se chama a equação de estado

$$\rho = \frac{0{,}5363P}{T + 273{,}15}.$$

Calcule a diferencial $d\rho$. Explique os sinais dos coeficientes de dT e dP.

Solução: A diferencial para $\rho = f(T, P)$ é

$$d\rho = f_T(T,P)\,dT + f_P(T,P)\,dP = = \frac{-0{,}5363P}{(T + 273{,}15)^2}dT + \frac{0{,}5363}{T + 273{,}15}dP.$$

O coeficiente de dT é negativo porque aumento de temperatura expande o gás (se a pressão é mantida constante) e portanto diminui sua densidade. O coeficiente de dP é positivo porque aumentar a pressão comprime o gás (se a temperatura é mantida constante) e portanto aumenta a densidade.

De onde vem a notação para a diferencial?

Escrevemos a diferencial com função linear das novas variáveis dx e dy. Pode-se perguntar porque escolhemos estes nomes para nossas variáveis. A razão é histórica: as pessoas que inventaram o cálculo pensavam em dx e dy como variações "infinitesimais" em x e y. A equação

$$df = f_x dx + f_y dy$$

era encarada como uma versão infinitesimal da aproximação linear

$$\Delta f \approx f_x \Delta x + f_y \Delta y.$$

Apesar dos problemas para definir exatamente o que significa "infinitesimal", alguns matemáticos, cientistas e engenheiros pensam na diferencial em termos de infinitésimos.

A Figura 3.20 ilustra um modo de pensar sobre diferenciais que combina a definição com este ponto de vista informal. Mostra o gráfico de f juntamente com uma vista do gráfico nas proximidades do ponto $(a, b, f(a, b))$ sob um microscópio. Como f é localmente linear no ponto, a visão aumentada se parece com o plano tangente. Sob o microscópio usamos um sistema de coordenadas aumentado, com a origem no ponto $(a, b, f(a, b))$ e com coordenadas dx, dy e dz ao longo dos três eixos. O gráfico da diferencial df é o plano tangente, cuja equação é $df = f_x(a, b)dx + f_y(a, b)\,dy$ nas coordenadas aumentadas.

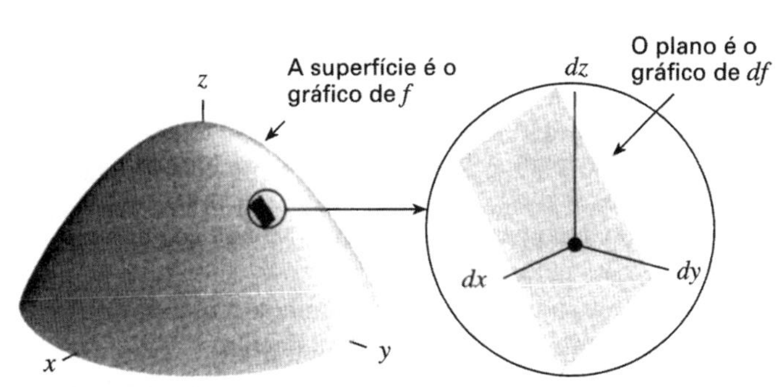

Figura 3.20: O gráfico de f, com visão através de um microscópio mostrando o plano tangente no sistema de coordenadas aumentado.

Problemas para a Seção 3.3

Para as funções dos problemas 1–3 ache a equação do plano tangente no ponto dado.

1 $z = e^{y} + x + x^2 + 6$ no ponto (1, 0, 9)

2 $z = ye^{x/y}$ no ponto (1, 1, e).

3 $z = \frac{1}{2}(x^2 + 4y^2)$ no ponto (2, 1, 4)

4 Pediu-se a um estudante que achasse a equação do plano tangente à superfície $z = x^3 - y^2$ no ponto $(x, y) = (2, 3)$. A resposta do estudante foi

$$z = 3x^2(x-2) - 2y(y-3) - 1.$$

a) Com uma olhada como você percebe que está errado?
b) Que erro o estudante cometeu?
c) Responda corretamente à pergunta.

5 Ache a linearização local da função $f(x, y) = x^2y$ no ponto (3, 1).

6 a) Verifique a linearidade local de $f(x, y) = e^{-x}$ sen y perto do $x = 1, y = 2$ fazendo uma tabela dos valores de f para $x = 0{,}9$, 1,0, 1,1 e $y = 1{,}9$, 2,0, 2,1. Expresse os valores de f com quatro algarismos depois da virgula. Depois faça uma tabela de valores para $x = 0{,}99$, 1,00, 1,01 e $y = 1{,}99$, 2,00, 2,01, novamente com quatro algarismos após a vírgula. As duas tabelas parecem lineares? A segunda tabela parece mais linear que a primeira?

b) Dê a linearização local de $f(x, y) = e^{-x}$ sen y em (2, 1), primeiro usando suas tabelas e em seguida usando que $f_x(x, y) = -e^{x}$ sen y e $f_y(x, y) = e^{x}\cos y$.

7 Dê a linearização local para a função pagamento mensal para o empréstimo para o carro em cada um dos pontos investigados no Problema 13 na página 60.

8 No Exemplo 3 na página 65 achamos uma aproximação linear para $V = f(T, p)$ perto de (500, 24). Agora ache uma aproximação linear perto de (480, 20).

9 No Exemplo 3 da página 65 achamos uma aproximação linear para $V = f(T, p)$ perto de (500, 24).

a) Confira a precisão desta aproximação comparando o seu valor predito com os quatro valores vizinhos na tabela. O que você observa? Quais valores preditos são precisos? Quais não são? Explique sua resposta.

b) Sugira uma aproximação linear para $f(T, p)$ perto de (500, 24) que não tenha a propriedade que você observou na parte a). [Sugestão: avalie as derivadas parciais de modo diferente.]

10 A Figura 3.21 mostra um transistor cujo estado a qualquer momento é determinado por três correntes i_b, i_c e i_e e as duas voltagens v_b e v_c. Estas cinco quantidades podem ser determinadas a partir de medidas de i_b e v_c apenas, porque há funções f e g (chamadas as *características* do transistor) tais que $i_c = f(i_b, v_c)$ e $v_b = g(i_b, v_c)$ e $i_e = -i_b - i_c$. As unidades são microamps (μA) para i_b, volt (V) para v_c e miliamps (mA) para i_c.
Use a Figura 3.22 para achar uma aproximação linear para f que seja válida quando o transistor está operando com i_b próximo de –300 μA e v_c perto de –8V.

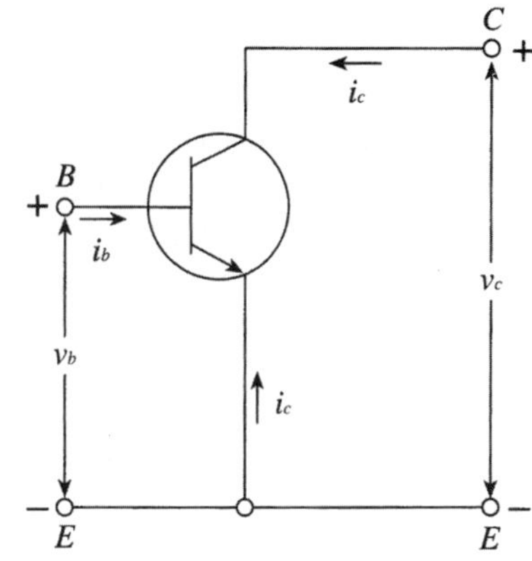

Figura 3.21

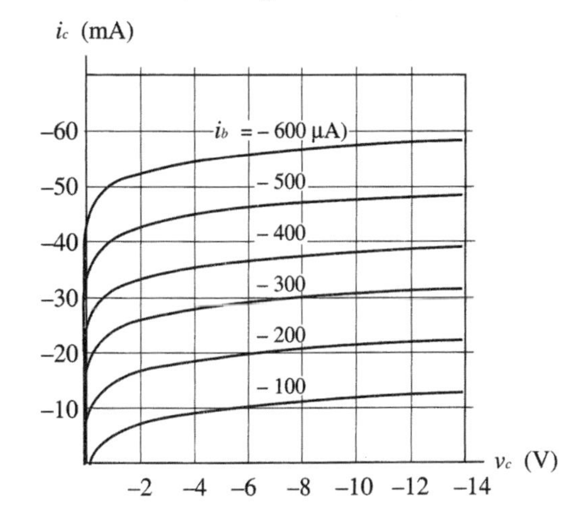

Figura 3.22: Gráfico de f como função de v_c como i_b fixo

Ache as diferenciais das funções nos Problemas 11–14.

11 $f(x, y) =$ sen (x, y) **12** $z = e^{-x}\cos y$

13 $g(u, v) = u^2 + uv$ **14** $h(x, t) = e^{-3t}$ sen $(x + 5t)$

Ache as diferenciais das funções nos Problemas 15–18 nos pontos dados.

15 $f(x, y) = xe^{-y}$ em (1, 0) **16** $g(x, t) = x^2$ sen $(2t)$ em (2, π/4)

17 $P(L, K) = 1{,}01L^{0{,}25}5K^{0{,}75}$ em (100, 1)

18 $F(m, r) = Gm/r^2$ em (100, 10)

19 Ache a diferencial de $f(x, y) = \sqrt{x^2 + y^3}$ no ponto (1, 2). Use-a para avaliar $f(1{,}04\ 1{,}98)$.

20 Uma placa desigualmente aquecida tem temperatura $T(x, y)$ em °C no ponto (x, y). Se $T(2, 1) = 135$ e $T_x(2, 1) = 16$, $T_y(2, 1) = -15$, avalie a temperatura no ponto (2,04, 0,97).

21 Um mol de gás amônia está contido num vaso capaz de mudar seu volume (por exemplo, um compartimento selado por um pistão). A energia total U (em joules) da amônia é um função do volume V (em m³) do recipiente e da temperatura T (em K) do gás. A diferencial dU é dada por

$$dU = 840\, dV + 27{,}32\, dT.$$

a) Como muda a energia se o volume é mantido constante e a temperatura é ligeiramente aumentada?

b) Como muda a energia se a temperatura é mantida constante e o volume é ligeiramente aumentado?

c) Ache aproximadamente a variação da energia se o gás é comprimido por 100cm³ e aquecido por 2K.

22 O coeficiente β da expansão termal de um líquido relaciona a variação no volume V (em m³) de uma quantidade fixa de líquido com um acréscimo de temperatura T (em °C):

$$dV = \beta V\, dT.$$

a) Seja ρ a densidade (em kg/m³) da água como função da temperatura. Escreva uma expressão para $d\rho$ em termos de ρ e dT.

b) O gráfico na Figura 3.23 mostra a densidade da água como função da temperatura. Use-o para avaliar β quando $T = 20$°C e quando $T = 80$°C.

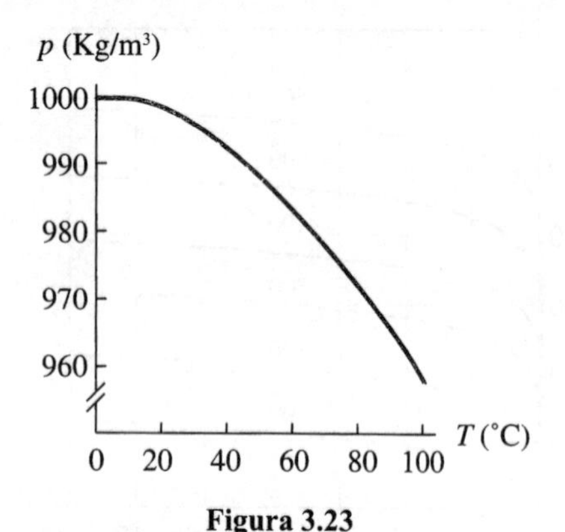

Figura 3.23

23 Um pêndulo de período T e comprimento l foi usado para determinar g pelas fórmulas

$$g = \frac{4\pi^2 l}{T^2} \quad \text{e} \quad l = s + \frac{k^2}{s}, \quad k < s.$$

Se as medidas de k e s são precisas a 1%, ache a porcentagem máxima de erro em l. Se a medida de T é precisa a 0,5%, ache a porcentagem máxima de erro no valor calculado para g.

24 O período T de oscilações em segundos de um relógio de pêndulo é dado por $T = 2\pi\sqrt{l/g}$, onde g é a aceleração devida à gravidade. O comprimento l do pêndulo depende da temperatura t segundo a fórmula $l = l_0(1 + \alpha t)$ onde l_0 é o comprimento do pêndulo à temperatura t_0 e α é uma constante que caracteriza o relógio. O relógio está regulado para o período correto na temperatura t_0. Quantos segundos por dia o relógio se atrasa ou adianta quando a temperatura é $t_0 + \Delta t$? Mostre que esta perda ou ganho independe de l_0.

25 a) Escreva uma fórmula para o número π usando somente o perímetro L e a área A de um círculo.

b) Suponha que L e A são determinados experimentalmente. Mostre que se os erros relativos, ou percentuais, nos valores medidos para L e A são respectivamente λ e μ, então o erro relativo, ou percentual, em π, resultante é $2\lambda - \mu$.

3.4 - GRADIENTES E DERIVADAS DIRECIONAIS NO PLANO

A taxa de variação numa direção arbitrária: a derivada direcional

As derivadas parciais de uma função f nos dão a taxa de variação de f nas direções paralelas aos eixos de coordenadas. Nesta seção veremos como calcular a taxa de variação de f numa direção arbitrária.

Exemplo 1: A Figura 3.24 mostra a temperatura, em ϒC, no ponto (x, y). Avalie a taxa de variação média da temperatura quando vamos do ponto A ao ponto B.

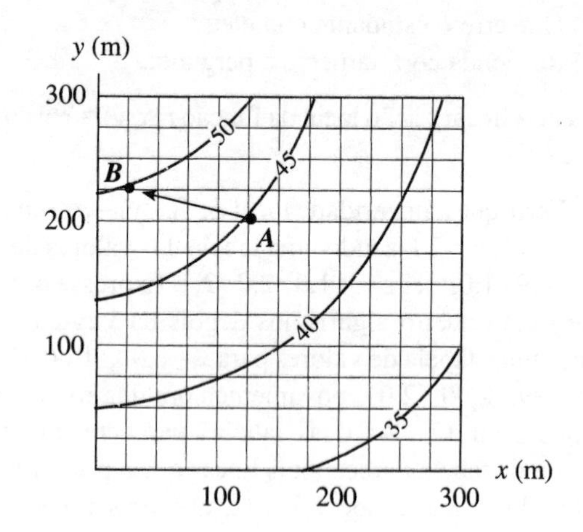

Figura 3.24: Avaliação da taxa de variação num mapa de temperaturas

Solução: No ponto A estamos no contorno $H = 45$°C. Em B estamos no contorno $H = 50$°C. O vetor de deslocamento de A para B tem componente-x aproximadamente $-100\vec{i}$ e componente-y aproximadamente $25\ \vec{j}$, de modo que seu comprimento é $\sqrt{(-100)^2 + 25^2} \approx 103$. Assim a temperatura sobe 5ϒC quando nos movemos 103 metros, de modo que a taxa média de variação da temperatura nessa direção é de cerca de $5/103 \approx 0{,}05$°C/m.

Suponha que queremos calcular a taxa de variação de uma função $f(x, y)$ no ponto $P = (a, b)$ na direção do vetor de deslocamento unitário $\vec{u} = u_1\vec{i} + u_2\vec{j}$. Para $h > 0$ considere o ponto $Q = (a + hu_1, b + hu_2)$ cujo deslocamento a partir de P é $h\vec{u}$. (Ver Figura 3.25.) Como $\|\vec{u}\| = 1$, a distância de P a Q é h. Assim

$$\begin{array}{c}\text{Taxa de variação média}\\ \text{em } f \text{ de } P \text{ a } Q\end{array} = \frac{\text{Variação de } f}{\text{Distância de } P \text{ a } Q} = \frac{f(a + hu_1, b + hu_2) - f(a, b)}{h}$$

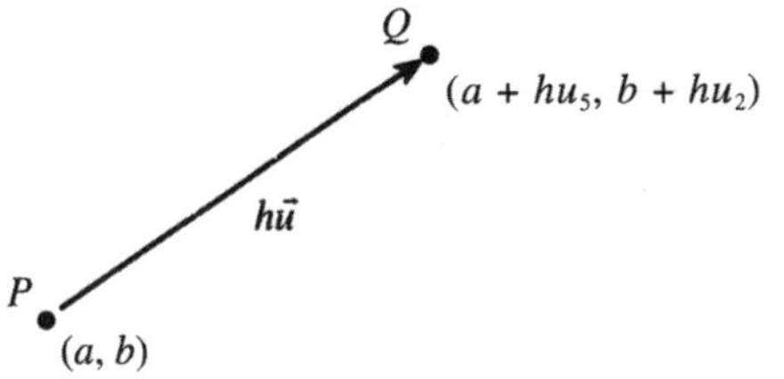

Figura 3.25: Deslocamento de $h\vec{u}$ a partir do ponto (a, b)

Passando ao limite quando $h \to 0$ obtemos a taxa de variação instantânea e a definição seguinte:

> **Derivada direcional de f em (a, b) na direção do vetor unitário $\vec{u}$**
>
> Se $\vec{u} = u_1\vec{i} + u_2\vec{j}$ é um vetor unitário definimos a derivada direcional $f_{\vec{u}}$ por
>
> $$f_{\vec{u}}(a,b) = \begin{array}{c}\text{Taxa de variação}\\ \text{de } f \text{ na direção}\end{array} = \text{de } \vec{u} \text{ em } (a, b)$$
>
> $$= \lim_{h\to 0} \frac{f(a + hu_1, b + hu_2) - f(a,b)}{h}$$
>
> desde que este limite exista.

Observe que se $\vec{u} = \vec{i}$, então $u_1 = 1$, $u_2 = 0$ e a derivada direcional é f_x pois

$$f_{\vec{i}}(a,b) = \lim_{h\to 0} \frac{f(a+h,b) - f(a,b)}{h} = f_x(a,b).$$

Analogamente, se $\vec{u} = \vec{j}$ então a derivada direcional $f_{\vec{j}} = f_y$

E se não temos um vetor unitério ?

Definimos $f_{\vec{u}}$ para $\vec{u}$ um vetor unitário. Se $\vec{v}$ não é um vetor unitário, $\vec{v} \neq \vec{0}$, construímos um vetor unitário $\vec{u} = \vec{v}/\|\vec{v}\|$ na mesma direção que $\vec{v}$ e definimos a taxa de variação de f na direção de $\vec{v}$ como sendo f_u.

Exemplo 2: Para cada uma das funções f, g e h na Figura 3.26, decida se a derivada direcional no ponto indicado é positiva, negativa ou zero na direção do vetor $\vec{v} = \vec{i} + 2\vec{j}$, e na direção do vetor $\vec{w} = 2\vec{i} + \vec{j}$.

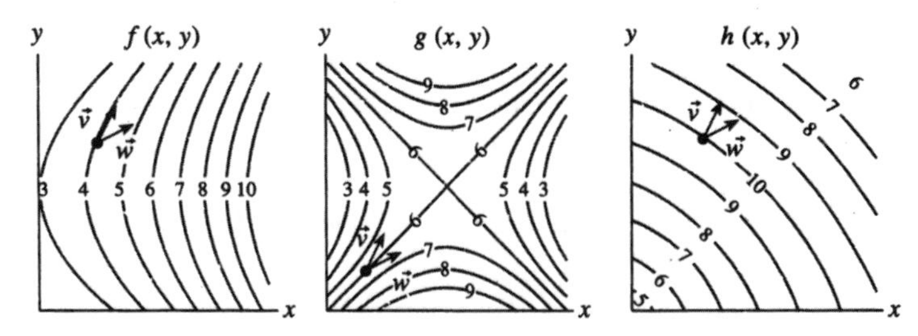

Figura 3.26: Diagrama de contornos das três funções com vetores de direção $\vec{v} = \vec{i} + 2\vec{j}$ e $\vec{w} = 2\vec{i} + \vec{j}$ marcados em cada um.

Solução: No diagrama para f o vetor $\vec{v} = \vec{i} + 2\vec{j}$ parece ser tangente ao contorno. Assim, nesta direção o valor da função não muda de modo que a derivada direcional na direção de $\vec{v}$ é zero. O vetor $\vec{w} = 2\vec{i} + \vec{j}$ aponta do contorno marcado 4 na direção do contorno marcado 5. Assim os valores da função estão crescendo e a derivada direcional na direção de $\vec{w}$ é positiva.

No diagrama para g, o vetor $\vec{v} = \vec{i} + 2\vec{j}$ aponta do contorno marcado 6 para o contorno marcado 5, de modo que a função está decrescendo nessa direção. Assim a taxa de variação é negativa. De outro lado o vetor $\vec{w} = 2\vec{i} + \vec{j}$ aponta do contorno marcado 6 para o contorno marcado 7 e portanto a derivada direcional na direção de $\vec{w}$ é positiva.

Finalmente no diagrama para h ambos os vetores apontam do contorno $h = 10$ para o contorno $h = 9$ de modo que ambas as derivadas direcionais são negativas.

Exemplo 3: Calcule a derivada direcional de $f(x, y) = x^2 + y^2$ em $(1, 0)$ na direção do vetor $\vec{i} + \vec{j}$.

Solução: Primeiro temos que achar um vetor unitário na mesma direção que o vetor $\vec{i} + \vec{j}$. Como este vetor tem magnitude $\sqrt{2}$, o vetor unitário é

$$\vec{u} = \frac{1}{\sqrt{2}}(\vec{i} + \vec{j}) = \frac{1}{\sqrt{2}}\vec{i} + \frac{1}{\sqrt{2}}\vec{j}.$$

Assim

$$f_{\vec{u}}(1,0) = \lim_{h\to 0} \frac{f(1 + h/\sqrt{2}, h/\sqrt{2}) - f(1,0)}{h}$$

$$= \lim_{h\to 0} \frac{(1 + h/\sqrt{2})^2 + (h/\sqrt{2})^2 - 1}{h}$$

$$= \lim_{h\to 0} \frac{\sqrt{2}h + h^2}{h} = \lim_{h\to 0} (\sqrt{2} + h) = \sqrt{2}.$$

Cálculo de derivadas direcionais a partir das derivadas parciais

Se f é diferenciável, veremos agora como usar a linearidade local para achar uma fórmula para a derivada direcional que não envolva limites. Se $\vec{u}$ é um vetor unitário, a definição de $f_{\vec{u}}$ diz

$$f_{\vec{u}}(a,b)=\lim_{h\to 0}\frac{f(a+hu_1,b+hu_2)-f(a,b)}{h}=\lim_{h\to 0}\frac{\Delta f}{h},$$

onde $\Delta f = f(a + hu_1, b + hu_2) - f(a, b)$ é a variação de f. Escrevemos Δx para indicar a variação de x de modo que $\Delta x = (a + hu_1) - a = hu_1$; analogamente $\Delta y = hu_2$. Usando a linearidade local temos

$$\Delta f \approx f_x(a, b)\Delta x + f_y(a, b)\Delta y = f_x(a, b)\, hu1 + f_y(a, b)\, hu_2.$$

Assim, dividindo por h dá

$$\frac{\Delta f}{h}\approx\frac{f_x(a,b)\,hu_1+f_y(a,b)\,hu_2}{h}=f_x(a,b)\,u_1+f_y(a,b)\,u_2.$$

Esta aproximação se torna exata quando $h \to 0$ de modo que temos a fórmula seguinte:

$$f_{\vec{u}}(a,b)=f_x(a,b)\,u_1+f_y(a,b)\,u_2.$$

Exemplo 4: Use a fórmula precedente para calcular a derivada direcional do Exemplo 3. Verifique que obtemos a mesma resposta que antes.

Solução: Calculamos $f_{\vec{u}}(1,0)$ onde $f(x, y) = x_2 + y_2$ e

$$\vec{u}=\frac{1}{\sqrt{2}}\vec{i}+\frac{1}{\sqrt{2}}\vec{j}$$

As derivadas parciais são $f_x(x, y) = 2x$ e $f_y(x, y) = 2y$. Então, como antes

$$f_{\vec{u}}(1,0)=f_x(1,0)\,u_1+f_y(1,0)\,u_2=(2)\left(\frac{1}{\sqrt{2}}\right)+(0)\left(\frac{1}{\sqrt{2}}\right)=\sqrt{2}.$$

O vetor gradiente

Observe que a expressão para $f_{\vec{u}}(a,b)$ pode ser escrita como produto escalar de $\vec{u}$ e um novo vetor:

$$f_{\vec{u}}(a,b)=f_x(a,b)\,u_1+f_y(a,b)\,u_2=$$
$$=\left(f_x(a,b)\,\vec{i}+f_y(a,b)\vec{j}\right)\cdot\left(u_1\vec{i}+u_2\vec{j}\right).$$

O novo vetor, $f_x(a, b)\vec{i} + f_y(a, b)\vec{j}$ é importante. Assim, pomos a seguinte definição:

> **O vetor gradiente** de uma função diferenciável no ponto (a, b) é
>
> $$\text{grad} f(a, b) = f_x(a, b)\vec{i} + f_y(a, b)\vec{j}$$

A fórmula para a derivada direcional pode ser escrita em termos do gradiente da maneira seguinte:

> **A derivada direcional e o gradiente**
>
> Se f é diferenciável em (a, b) então
>
> $$f_{\vec{u}}(a,b)=f_x(a,b)u_1+f_y(a,b)u_2=\text{grad} f(a,b)\vec{u},$$
>
> onde $\vec{u} = u_1\vec{i} + u_2\vec{j}$ é um vetor unitário.

Exemplo 5: Ache o vetor gradiente de $f(x, y) = x + e^y$ no ponto (1, 1).

Solução: Usando a definição temos

$$\text{grad} f = f_x\vec{i} + f_y\vec{j} = \vec{i} + e^y\vec{j},$$

de modo que no ponto (1, 1)

$$\text{grad} f(1, 1) = \vec{i} + e\vec{j}.$$

Notação alternativa para o gradiente

Pode-se pensar em $\frac{\partial f}{\partial x}\vec{i}+\frac{\partial f}{\partial y}\vec{j}$ como sendo o resultado de aplicar o operador vetorial (dito"del")

$$\nabla=\frac{\partial}{\partial x}\vec{i}+\frac{\partial}{\partial y}\vec{j}$$

a função f. Assim temos a notação alternativa

$$\text{grad} f = \Delta f.$$

O que nos diz o gradiente?

O fato de $f_{\vec{u}} = \text{grad} f \,.\, \vec{u}$ nos permite ver o que representa o vetor gradiente. Suponha que θ é o ângulo entre os vetores grad f e $\vec{u}$. No ponto (a, b) temos

$$f_{\vec{u}} = \text{grad} f \,.\, \vec{u} = \|\text{grad} f\|\,\underbrace{\|\vec{u}\|}_{1}\cos\theta = \|\text{grad} f\|\cos\theta.$$

Imagine que grad f está fixo e que $\vec{u}$ pode girar. (Ver Figura 3.27.) O valor máximo de $f_{\vec{u}}$ ocorre quando $\cos\theta = 1$, de modo que $\theta = 0$ e $\vec{u}$ aponta na direção de grad f. Então

$$\text{Máximo } f_{\vec{u}} = \|\text{grad} f\|\cos 0 = \|\text{grad} f\|.$$

O valor mínimo de $f_{\vec{u}}$ ocorre quando $\cos\theta = -1$, de modo que $\theta = \pi$ e $\vec{u}$ aponta em direção oposta a de grad f. Então

$$\text{Mínimo } f_{\vec{u}} = \|\text{grad} f\|\cos\pi = -\|\text{grad} f\|$$

Quando $\theta = \pi/2$ ou $3\pi/2$ então $\cos\theta = 0$ e a derivada direcional é zero.

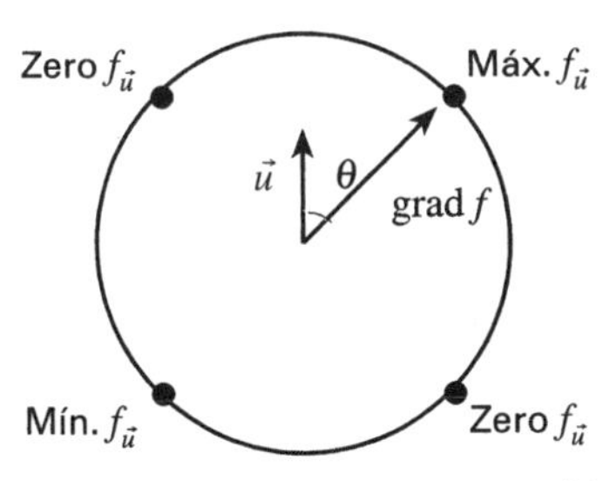

Figura 3.27: Valores da derivada direcional a diferentes ângulos com o gradiente.

Propriedades do vetor gradiente

Vimos que o gradiente aponta na direção da maior taxa de variação num ponto e que o módulo do vetor gradiente é essa taxa máxima.

A Figura 3.28 mostra que o vetor gradiente em qualquer ponto é perpendicular à curva de nível por esse ponto. Supondo que f é diferenciável no ponto (a, b), a linearidade local nos diz que os contornos de f perto de (a, b) parecem retos, paralelos e igualmente espaçados. A maior taxa de variação é obtida indo na direção que nos leva ao contorno seguinte percorrendo a menor distância possível, que é a direção perpendicular ao contorno. Assim temos o seguinte.

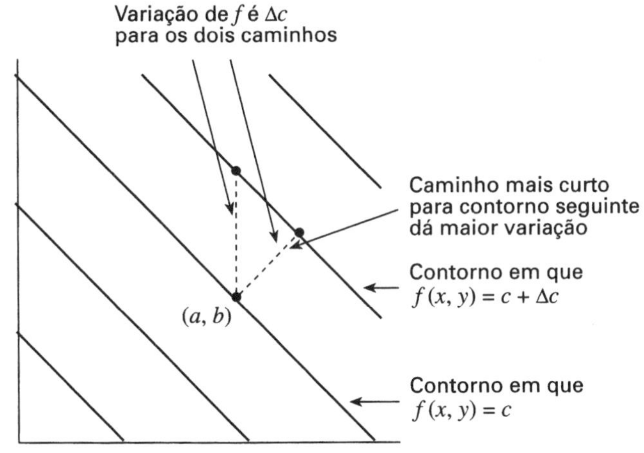

Figura 3.28: Vista em "close-up" dos contornos perto de (a, b), mostrando gradiente perpendicular aos contornos

> **Propriedades geométricas do vetor gradiente**
> Se f é diferenciável no ponto (a, b) e grad $f(a, b) \neq \vec{0}$ então
> - A direção de grad $f(a, b)$ é
>   – Perpendicular ao contorno de f que passa por (a, b)
>   – Paralelo à direção de f crescente
> - O módulo do gradiente, $\|\text{grad} f\|$ é
>   – Taxa de variação máxima de f no ponto
>   – Grande quando os contornos estão próximos uns dos outros e pequena quando estão afastados

Exemplos de derivadas direcionais e vetores gradiente

Exemplo 6: Explique porque os vetores gradiente nos pontos A e C na Figura 3.29 têm a direção e magnitude que têm

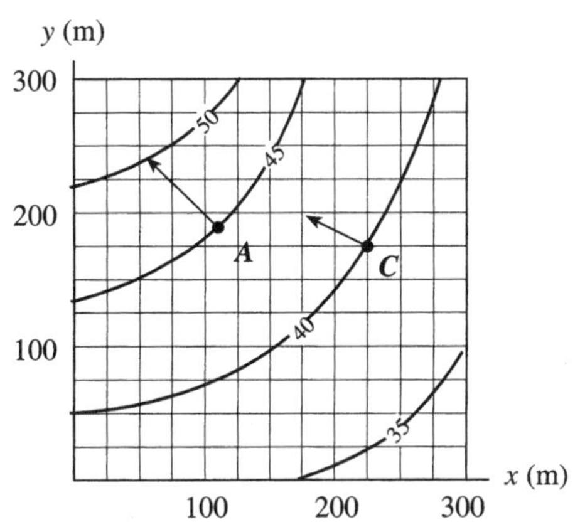

Figura 3.29: Um mapa de temperatura mostrando direções e magnitude relativos de dois vetores gradiente.

Solução: O vetor gradiente aponta na direção do maior crescimento da função. Isto significa que na Figura 3.29 o gradiente aponta diretamente para as temperaturas mais altas. O módulo do vetor gradiente mede a taxa de variação. O vetor gradiente em A é mais longo que o vetor gradiente em C, porque os contornos estão mais juntos em A de modo que a taxa de variação é maior.

O Exemplo 2 na página 75 mostra como o diagrama de contornos pode nos dizer o sinal da derivada direcional. No exemplo seguinte calculamos a derivada direcional em três direções, duas próximas do vetor gradiente e uma que não é.

Exemplo 7: Use o gradiente para achar a derivada direcional de $f(x, y) = x + e^{y}$ no ponto $(1, 1)$ na direção dos vetores $\vec{i} - \vec{j}$, $\vec{i} + 2\vec{j}$, $\vec{i} + 3\vec{j}$.

Solução: No Exemplo 5 achamos

$$\text{grad } f(1,1) = \vec{i} + e\vec{j}.$$

Um vetor unitário na direção de $\vec{i} - \vec{j}$ é $\vec{s} = (\vec{i} - \vec{j})/\sqrt{2}$ e

$$f_{\vec{s}}(1,1) = \text{grad } f(1,1) \cdot \vec{s} = (\vec{i} + e\vec{j}) \cdot \left(\frac{\vec{i} - \vec{j}}{\sqrt{2}}\right) = \frac{1-e}{\sqrt{2}} \approx -1,215.$$

Um vetor unitário na direção de $\vec{i} + 2\vec{j}$ é $\vec{v} = (\vec{i} + 2\vec{j})/\sqrt{5}$ e

$$f_{\vec{v}}(1,1) = \text{grad } f(1,1) \cdot \vec{v} = (\vec{i} + e\vec{j}) \cdot \left(\frac{\vec{i} + 2\vec{j}}{\sqrt{5}}\right) = \frac{1+2e}{\sqrt{5}} \approx 2,879.$$

Um vetor unitário na direção de $\vec{i} + 3\vec{j}$ é $\vec{w} = (\vec{i} + 3\vec{j})/\sqrt{10}$ e

$$f_{\vec{w}}(1,1) = \text{grad}\, f(1,1)\cdot\vec{w} = (\vec{i} + e\vec{j})\cdot\left(\frac{\vec{i}+3\vec{j}}{\sqrt{10}}\right) = \frac{1+3e}{\sqrt{10}} \approx 2,895$$

Agora olhe as respostas e compare com o valor de $\|\text{grad} f\| = \sqrt{1+e^2} \approx 2,896$. Uma resposta não está perto deste valor: as outras duas, $f_{\vec{v}} = 2,879$ e $f_{\vec{w}} = 2,895$ são próximas mas um pouco menores que $\|\text{grad} f\|$. Como $\|\text{grad} f\|$ é a taxa de variação máxima no ponto, esperaríamos que para qualquer vetor unitário $\vec{u}$:

$$f_{\vec{u}}(1,1) \leq \|\text{grad} f\|$$

com igualdade quando $\vec{u}$ está na direção de grad f. Como $e \approx 2.718$, os vetores $\vec{i} + 2\vec{j}$ e $\vec{i} + 3\vec{j}$ apontam aproximadamente, mas não exatamente, na direção do vetor gradiente grad $f(1, 1) = \vec{i} + e\vec{j}$. Assim os valores de $f_{\vec{v}}$ e $f_{\vec{w}}$ são ambos próximos do valor de $\|\text{grad} f\|$. A direção do vetor $\vec{i} - \vec{j}$ não é próxima da direção do vetor gradiente e o valor de $f_{\vec{s}}$ não é próximo do valor de $\|\text{grad} f\|$.

Problemas para a Seção 3.4.

1 Suponha que $f(x, y) = x + \ln y$. Usando quocientes de diferenças como no Exemplo 1 da página 74, avalie

a) A taxa de variação de f quando se vai do ponto (1, 4) na direção do ponto (3, 5).

b) A taxa de variação de f quando se chega ao ponto (3, 5).

2 Usando o limite de um quociente de diferenças calcule a taxa de variação de $f(x, y) = 2x^2 + y^2$ no ponto (2, 1) quando você se move na direção do vetor $\vec{u} = (\vec{i} + \vec{j})/\sqrt{2}$.

Para os Problemas 3–8 use a Figura 3.30 que mostra curvas de nível de $f(x, y)$ para avaliar as derivadas direcionais.

3 $f_{\vec{i}}(3,1)$ **4** $f_{\vec{j}}(3,1)$

5 $f_{\vec{u}}(3,1)$ onde $\vec{u} = (\vec{i} - \vec{j})/\sqrt{2}$

6 $f_{\vec{u}}(3,1)$ onde $\vec{u} = (-\vec{i} + \vec{j})/\sqrt{2}$

7 Em qual parte da região retangular mostrada na Figura 3.30 a $f_{\vec{i}}$ é positiva?

8 Em qual parte da região retangular mostrada na Figura 3.30 a $f_{\vec{j}}$ é negativa?

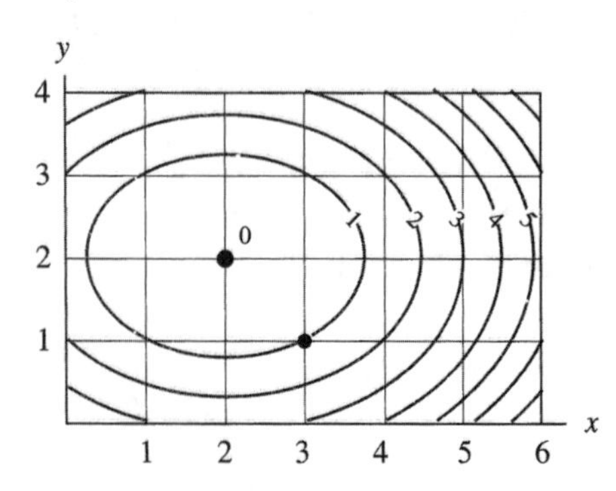

Figura 3.30

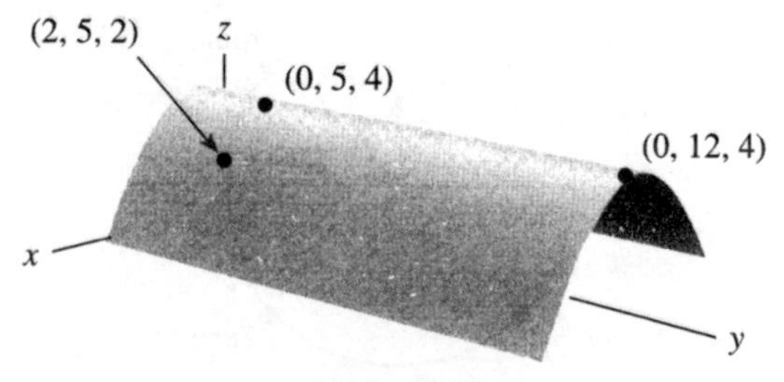

Figura 3.31

9 A superfície $z = g(x, y)$ é mostrada na Figura 3.31. Qual é o sinal de cada uma das seguintes derivadas direcionais?

a) $g_{\vec{u}}(2, 5)$ onde $\vec{u} = (\vec{i} - \vec{j})/\sqrt{2}$.

b) $g_{\vec{u}}(2, 5)$ onde $\vec{u} = (\vec{i} + \vec{j})/\sqrt{2}$.

10 Se $f(x, y) = x^2 + \ln y$, ache a) grad f b) grad f em (4, 1)

Nos Problemas 11–22 ache o gradiente da função dada z. Suponha que as variáveis estão restritas ao domínio em que a função está definida.

11 $z = \text{sen}(x/y)$ **12** $z = xe^{y}$

13 $z = (x + y)e^{y}$ **14** $z = \tan^{-1}(x/y)$

15 $z = \text{sen}(x^2 + y^2)$ **16** $z = xe^{y}/(x + y)$

17 $f(m, n) = m^2 + n^2$ **18** $f(x,y) = \dfrac{3}{2}x^5 - \dfrac{4}{7}y^6$

19 $f(s,t) = \dfrac{1}{\sqrt{s}}(t^2 - 2t + 4)$ **20** $f(\alpha,\beta) = \dfrac{2\alpha+3\beta}{2\alpha-3\beta}$

21 $f(\alpha, \beta) = \sqrt{5\alpha^2 + \beta}$ **22** $f(x, y) = \text{sen}(xy) + \cos(xy)$

Nos Problemas 23–26 calcule o gradiente no ponto especificado.

23 $f(m, n) = 5m^2 + 3n^4$, em (5, 2)

24 $f(x, y) = x^2y + 7xy^3$, em (1, 2)

25 $f(x, y) = \sqrt{\tan x + y}$, em (0, 1)

26 $f(x, y) = \text{sen}(x^2) + \cos y$, em $\left(\dfrac{\sqrt{\pi}}{2}, 0\right)$

27 Seja $f(x, y) = (x + y)/(1 + x^2)$. Ache a derivada direcional em $P = (1, -2)$ na direção dos vetores.

a) $\vec{v} = 3\vec{i} - 2\vec{j}$ b) $\vec{v} = -\vec{i} + 4\vec{j}$.

c) Qual é a direção de máximo crescimento em P?

28 Pediu-se a um estudante que achasse a derivada direcional de $f(x, y) = x^2e^{y}$ no ponto (1, 0) na direção de $\vec{v} = 4\vec{i} + 3\vec{j}$. A resposta do estudante foi

$$f_{\vec{u}}(1,0) = \nabla f(1,0)\cdot\vec{u} = \frac{8}{5}\vec{i} + \frac{3}{5}\vec{j}$$

a) Só de olhara como você sabe que está errado?

b) Qual é a resposta correta?

29 Ache a derivada direcional de $f(x, y) = e^x \tan(y) + 2x^2y$ no ponto $(0, \pi/4)$ nas direções seguintes

a) $\vec{i} - \vec{j}$ b) $\vec{i} + \sqrt{3}\vec{j}$

30 Ache a derivada direcional de $z = x^2y$ no ponto (1, 2) na direção que faz um angulo de $5\pi/4$ com o eixo-x. Em que direção a derivada direcional é máxima?

31 Ache a taxa de variação de $f(x, y) = x^2 + y^2$ no ponto (1, 2) na direção do vetor $\vec{u} = 0{,}6\vec{i} + 0{,}8\vec{j}$.

32 A derivada direcional de $z = f(x, y)$ no ponto (2, 1) na direção que aponta para (1, 3) é $-2/\sqrt{5}$, e a derivada direcional na direção que aponta para (5, 5) é 1. Calcule $\partial z / \partial x$ e $\partial z / \partial y$ no ponto (2, 1).

33 Considere a função $f(x, y)$. Se você parte do ponto (4, 5) e se move na direção do ponto (5, 6) a derivada direcional é 2. Partindo do ponto (4, 5) e movendo-se na direção do ponto (6, 6) tem-se uma derivada direcional igual a 3. Ache ∇f no ponto (4, 5).

34 A temperatura num ponto qualquer do plano é dada por

$$T(x, y) = \frac{100}{x^2 + y^2 + 1}.$$

a) Que forma têm as curvas de nível de T?
b) Em que lugar do plano a temperatura é a maior ? Qual é a temperatura nesse ponto ?
c) Ache a direção de máximo decréscimo na temperatura no ponto (3, 2). Qual é a magnitude do crescimento máximo?
d) Ache a direção de máximo decréscimo na temperatura no ponto (3, 2).
e) Ache a direção no ponto (3, 2) em que a temperatura não cresce nem decresce.

35 Uma função diferenciável $f(x, y)$ tem a propriedade que $f_x(4, 1) = 2$ e $f_y(4, 1) = -1$. Ache a equação da reta tangente à curva de nível de f que passa pelo ponto (4, 1).

36 A Figura 3.32 representa as curvas de nível $f(x, y) = c$; os valores de f sobre cada curva estão marcados. Em cada uma das partes seguintes decida se a quantidade dada é positiva, negativa ou nula. Explique sua resposta.

a) O valor de $\nabla f \cdot \vec{i}$ em P b) O valor de $\nabla f \cdot \vec{j}$ em P
c) $\partial f / \partial x$ em Q d) $\partial f / \partial y$ em Q

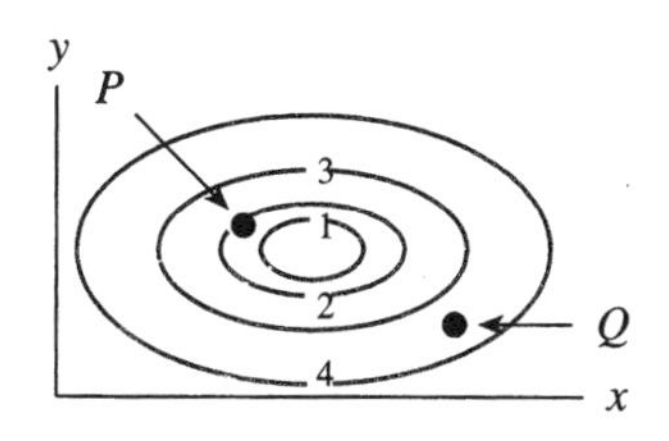

Figura 3.32

37 Na Figura 3.32, qual é maior: $\|\nabla f\|$ em P ou $\|\nabla f\|$ em Q ? Explique como sabe.

38 O esboço na Figura 3.33 mostra as curvas de nível de uma função $z = f(x, y)$. Nos pontos (1, 1) e (1, 4) do esboço trace um vetor representando grad f. Explique como você decidiu a direção aproximada e o comprimento de cada vetor.

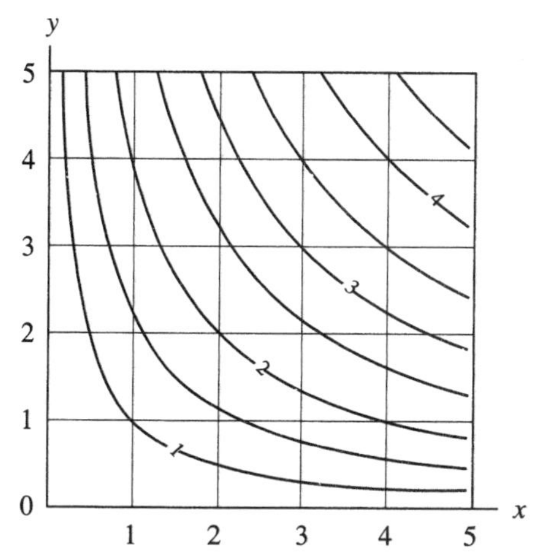

Figura 3.33: Contornos de f

39 A Figura 3.35 é um gráfico da derivada direcional $f_{\vec{u}}$ no ponto (a, b) em correspondência com θ, o ângulo mostrado na Figura 3.34.

a) Quais pontos no gráfico na Figura 3.35 correspondem à taxa máxima de crescimento de f? À maior taxa de decréscimo ?
b) Marque pontos no círculo da Figura 3.34 correspondendo aos pontos P, Q, R, S.
c) Qual é a amplitude da função cujo gráfico está na Figura 3.35? Qual é a fórmula?

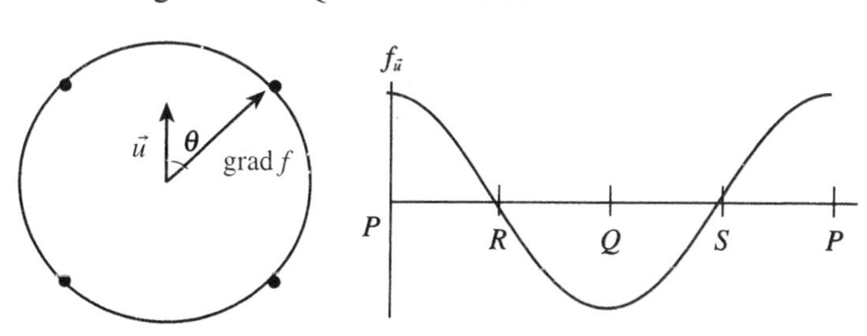

Figura 3.34 **Figura 3.35**

40 Neste problema vemos outro modo de explicar a fórmula $f_{\vec{u}}(a, b) = \text{grad} f(a, b) \cdot \vec{u}$. Imagine que aproxima sua lente sobre uma função $f(x, y)$ num ponto (a, b). Pela linearidade local os contornos em volta de (a, b) parecem os contornos de uma função linear. Ver Figura 3.36. Suponha que você quer achar a derivada direcional $f_{\vec{u}}(a, b)$ na direção de um vetor unitário $\vec{u}$. Se você se move de P a Q, uma pequena distância h na direção de $\vec{u}$ então a derivada direcional é aproximada pelo quociente de diferenças

$$\frac{\text{Variação de } f \text{ entre } P \text{ e } Q}{h}$$

a) Use o gradiente para mostrar que
Variação de $f \approx \|\text{grad} f\| (h \cos \theta)$.

b) Use a parte a) para justificar a fórmula $f_{\vec{u}}(a, b) = \text{grad} f(a, b) \cdot \vec{u}$

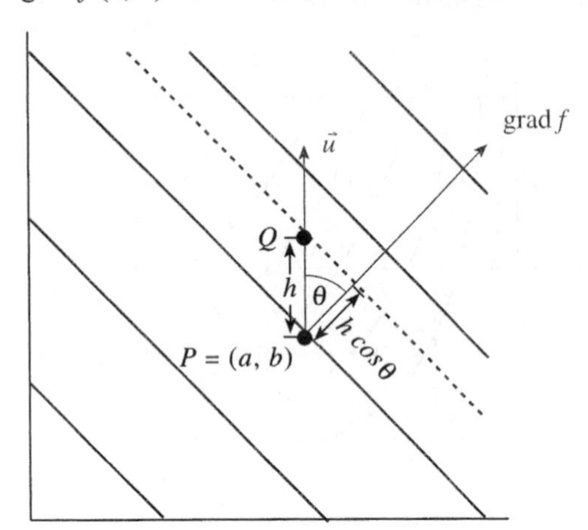

Figura 3.36

3.5 - GRADIENTES E DERIVADAS DIRECIONAIS NO ESPAÇO

Derivadas direcionais de funções de três variáveis

Calculamos as derivadas direcionais de uma função de três variáveis do mesmo modo que para uma função de duas variáveis. Se a função f é diferenciável no ponto (a, b, c) e $\vec{u} = u_1\vec{i} + u_2\vec{j} + u_3\vec{k}$ é um vetor unitário, então a taxa de variação de $f(x, y, z)$ na direção de $\vec{u}$ no ponto (a, b, c) é

$$f_{\vec{u}}(a, b, c) = f_x(a, b, c)u_1 + f_y(a, b, c)u_2 + f_z(a, b, c)u_3.$$

Isto pode ser justificado usando a linearidade local do mesmo modo que para funções de duas variáveis.

Exemplo 1: Ache a derivada direcional de $f(x, y, z) = xy + z$ no ponto $(-1, 0, 1)$ na direção do vetor $\vec{v} = 2\vec{i} + \vec{k}$

Solução: O módulo de $\vec{v}$ é $\|\vec{v}\| = \sqrt{2^2 + 1} = \sqrt{5}$ de modo que um vetor unitário na mesma direção é

$$\vec{u} = \frac{\vec{v}}{\|\vec{v}\|} = \frac{2}{\sqrt{5}}\vec{i} + 0\vec{j} + \frac{1}{\sqrt{5}}\vec{k}.$$

As derivadas parciais de f são

$$f_x(x, y, z) = y \text{ e } f_y(x, y, z) = x \text{ e } f_z(x, y, x) = 1$$

Assim

$$f_{\vec{u}}(-1,0,1) = f_x(-1,0,1)\, u_1 + f_y(-1,0,1)\, u_2 + f_z(-1,0,1)\, u_3$$

$$= (0)\left(\frac{2}{\sqrt{5}}\right) + (-1)(0) + (1)\left(\frac{1}{\sqrt{5}}\right) = \frac{1}{\sqrt{5}}$$

O vetor gradiente de uma função de três variáveis

O gradiente de uma função de três variáveis é definido da mesma forma que para duas variáveis:

$$\text{grad} f(a, b, c) = f_x(a, b, c)\,\vec{i} + f_y(a, b, c)\,\vec{j} + f_z(a, b, c)\,\vec{k}$$

Geometricamente o gradiente é o vetor que aponta na direção de máximo crescimento de f, cujo módulo é a taxa de crescimento nessa direção.

Assim como o vetor gradiente de uma função de duas variáveis é perpendicular às curvas de nível também o gradiente de uma função de três variáveis é perpendicular às superfícies de nível. A razão é a mesma: a função tem o mesmo valor em toda a superfície de nível, de modo que para mudar o valor tão rapidamente quanto possível devemos mover-nos diretamente para longe da superfície de nível, isto é, perpendicularmente à superfície.

Exemplo 2: Seja $f(x, y, z) = x^2 + y^2$ e $g(x, y, z) = -x^2 - y^2 - z^2$. O que você pode dizer quanto à direção dos seguintes vetores?

a) $\text{grad} f(0, 1, 1)$ b) $\text{grad} f(1, 0, 1)$
c) $\text{grad}\, g(0, 1, 1)$ d) $\text{grad}\, g(1, 0, 1)$.

Solução: O cilindro $x^2 + y^2 = 1$ na Figura 3.37 é uma superfície de nível para f e contém os dois pontos $(0, 1, 1)$ e $(1, 0, 1)$.Como o valor de f não muda nada na direção-z todos os vetores gradiente são horizontais. São perpendiculares ao cilindro e apontam para fora porque o valor de f cresce quando nos movemos para fora.

Analogamente, os pontos $(0, 1, 1)$ e $(1, 0, 1)$ pertencem à mesma superfície de nível de g, ou seja, $g(x, y, z) = x^2 - y^2 - z^2 = -2$ que é a esfera $x^2 + y^2 + z^2 = 2$. Parte desta superfície de nível é mostrada na Figura 3.38. Aqui os vetores gradiente apontam para dentro, pois o sinal menos significa que a função cresce (de valores grandes negativos a pequenos negativos) quando nos movemos para dentro.

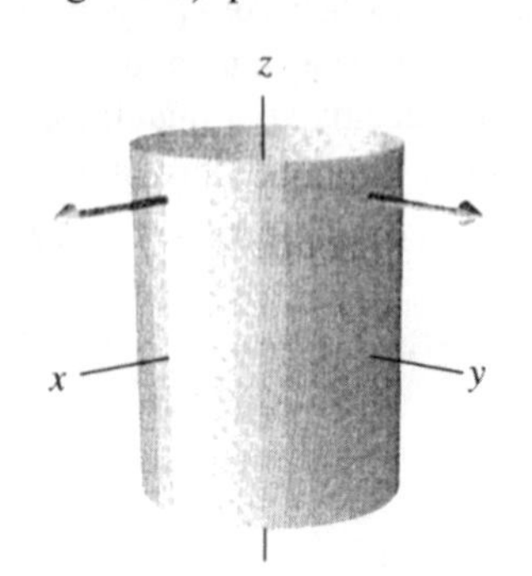

Figura 3.37: A superfície de nível de $f(x, y, z) = x^2 + y^2 = 1$ com dois vetores gradiente

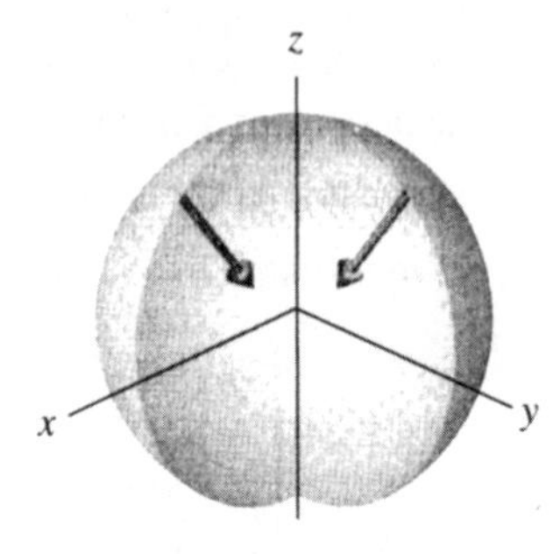

Figura 3.38: A superfície de nível $g(x, y, z) = -x^2 - y^2 - z^2 = -2$ com dois vetores gradientes

---

Exemplo 3: Considere as funções $f(x, y) = 4 - x^2 - 2y^2$ e $g(x, y) = 4 - x^2$. Calcule um vetor perpendicular a cada uma das seguintes:

a) A curva de nível de f no ponto (1, 1)
b) A superfície $z = f(x, y)$ no ponto (1, 1, 1)
c) A curva de nível de g no ponto (1, 1)
d) A superfície $z = g(x, y)$ no ponto (1, 1, 3)

Solução: a) O vetor que queremos é um 2-vetor no plano. Como $\text{grad} f = -2x\vec{i} - 4y\vec{j}$ temos

$$\text{grad} f(1, 1) = -2\vec{i} - 4\vec{j}.$$

Todo múltiplo não nulo deste vetor é perpendicular à curva de nível no ponto (1, 1).

b) Neste caso queremos um 3-vetor no espaço. Para achá-lo reescrevemos $z = 4 - x^2 - 2y^2$ como superfície de nível de uma função F onde

$$F(x, y, z) = 4 - x^2 - 2y^2 - z = 0$$

Então

$$\text{grad } F = -2x\vec{i} - 4y\vec{j} - \vec{k}$$

de modo que

$$\text{grad } F(1, 1, 1) = -2\vec{i} - 4\vec{j} - \vec{k}$$

e grad $F(1, 1, 1)$ é perpendicular à superfície $z = 4 - x^2 - 2y^2$ no ponto (1, 1, 1). Observe que $-2\vec{i} - 4\vec{j} - \vec{k}$ não é a única resposta possível: todo múltiplo deste vetor serve.

c) Procuramos um 2-vetor. Como $\text{grad}\, g = -2x\vec{i} + 0\vec{j}$ temos

$$\text{grad } g(1, 1) = -2\vec{i}$$

Qualquer múltiplo deste vetor é perpendicular também à curva de nível.

c) Procuramos um 3-vetor. Reescrevemos $z = 4 - x^2$ como superfície de nível da função G onde

$$G(x, y, z) = 4 - x^2 - z = 0$$

Então

$$\text{grad } G = -2x\vec{i} - \vec{k}$$

Assim

$$\text{grad } G(1, 1, 3) = -2\vec{i} - \vec{k},$$

e qualquer múltiplo deste vetor grad $G(1, 1, 3)$ é perpendicular à superfície $z = 4 - x^2$ neste ponto.

Exemplo 4: a) Um andarilho sobre a superfície $f(x, y) = 4 - x^2 - 2y^2$ no ponto (1, –1, 1) começa a subir ao longo do caminho de subida mais íngreme. Qual é a relação entre o vetor grad $f(1, -1)$ e um vetor tangente ao caminho para (1, –1, 1) e apontando para cima?
b) Considere a superfície $g(x, y) = 4 - x^2$. Qual a relação entre grad $g(-1, -1)$ e um vetor tangente ao caminho de subida mais íngreme em (–1, –1, 3)?
c) No ponto (1, –1, 1) sobre a superfície $f(x, y) = 4 - x^2 - 2y^2$ calcule um vetor perpendicular à superfície e um vetor T tangente à curva de subida mais íngreme.

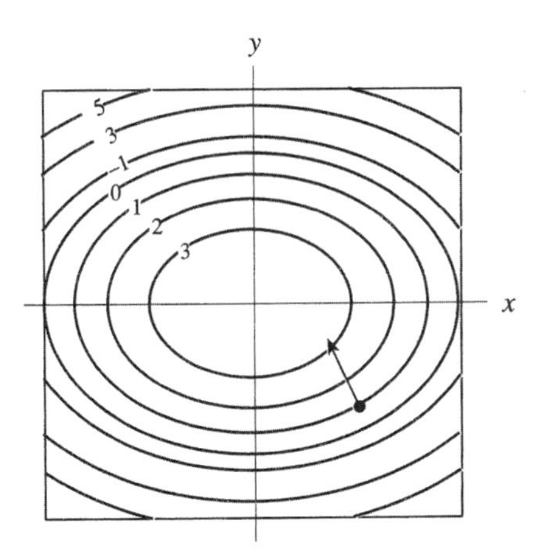

Figura 3.39: Diagrama de contornos para $z = f(x, y) = 4 - x^2 - 2y^2$ mostrando a direção de grad $f(1, -1)$

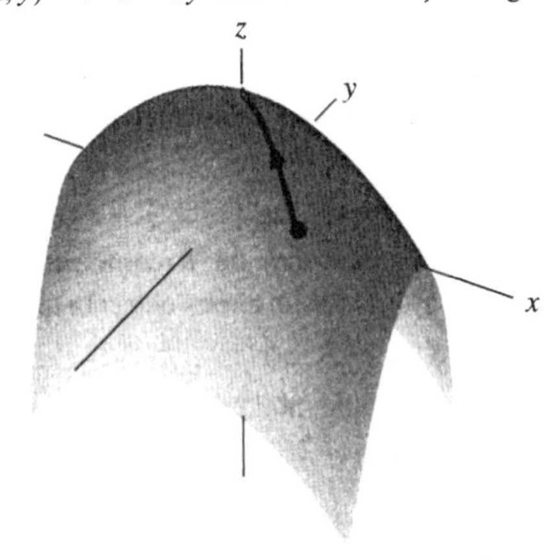

Figura 3.40: Gráfico de $f(x, y) = 4 - x^2 - 2y^2$ mostrando o caminho de subida mais íngreme partindo do ponto (1, –1, 1)

Solução: a) O andarilho no ponto (1, –1, 1) está diretamente sobre o ponto (1, –1) no plano-xy. O vetor grad $f(1, -1)$ está no 2-espaço, apontando como uma bússola na direção em que f cresce mais rapidamente. Portanto grad $f(1, -1)$ está diretamente sob um vetor tangente ao caminho do andarilho em (1, –1, 1) e apontando para cima. (Ver Figuras 3.39 e 3.40.)
b) O ponto (–1, –1, 3) está sobre o ponto (–1, –1). O vetor grad $g(-1, -1)$ aponta na direção em que g cresce mais rapidamente e está diretamente embaixo do caminho de subida mais íngreme. (Ver Figuras 3.41 e 3.42.)

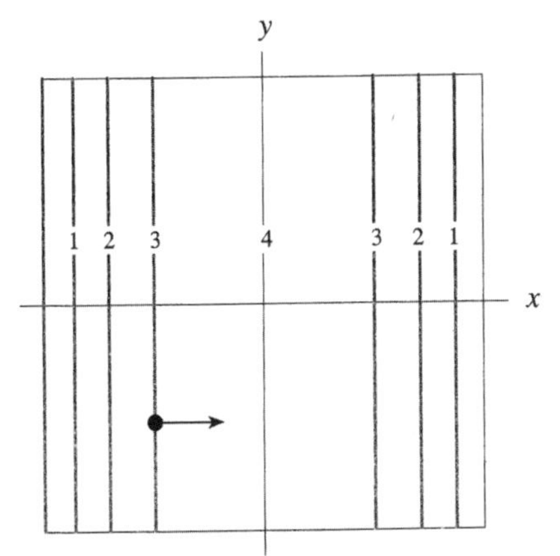

Figura 3.41: Diagrama de contorno para $z = g(x, y) = 4 - x^2$ mostrando a direção de grad $g(-1, -1)$

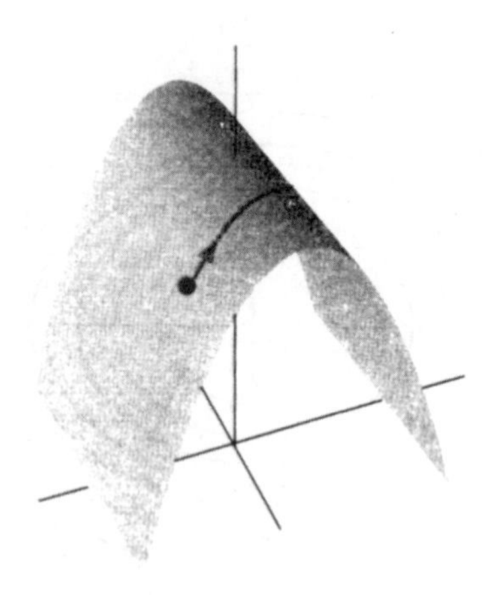

Figura 3.42: Gráfico de $g(x, y) = 4 - x^2$ mostrando o caminho de subida mais íngreme a partir do ponto $(-1, -1, 3)$

c) A superfície é representada por $F(x, y, z) = 4 - x^2 - 2y^2 - z = 0$. Como grad $F = -2x\vec{i} - 4y\vec{j} - \vec{k}$, a normal $\vec{N}$ à superfície é dada por

$$\vec{N} = \text{grad}\, F(1, -1, 1) = -2(1)\vec{i} - 4(-1)\vec{j} - \vec{k} = -2\vec{i} + 4\vec{j} - \vec{k}.$$

Tomamos as componentes $\vec{i}$ e $\vec{j}$ de $\vec{T}$ como sendo o vetor grad$f(1, -1) = -2\vec{i} + 4\vec{j}$. Assim temos que para algum $a > 0$,

$$\vec{T} = -2\vec{i} + 4\vec{j} + a\vec{k}$$

Queremos que $N \cdot \vec{T} = 0$ de modo que

$$\vec{N} \cdot \vec{T} = (-2\vec{i} + 4\vec{j} - \vec{k}) \cdot (-2\vec{i} + 4\vec{j} + a\vec{k}) = 4 + 16 - a = 0$$

Assim $a = 20$ e

$$T = -2\vec{i} + 4\vec{j} + 20\vec{k}.$$

Exemplo 5: Ache a equação do plano tangente à esfera $x^2 + y^2 + z^2 = 14$ no ponto $(1, 2, 3)$

Solução: Escrevemos a esfera como superfície de nível com segue:

$$f(x, y, z) = x^2 + y^2 + z^2 = 14$$

Temos

$$\text{grad}\, f = 2x\vec{i} + 2y\vec{j} + 2z\vec{k}$$

de modo que o vetor

$$\text{grad}\, f(1, 2, 3) = 2\vec{i} + 4\vec{j} + 6\vec{k}$$

é perpendicular à esfera no ponto $(1, 2, 3)$. Como o vetor grad$f$ $(1, 2, 3)$ é normal ao plano tangente, a equação do plano é

$$2x + 4y + 6z = 2(1) + 4(2) + 6(3) = 28 \text{ ou } x + 2y + 3z = 14.$$

Cuidado: unidades e a interpretação geométrica do gradiente

Quando interpretamos o gradiente de uma função geometricamente (página 77), assumimos tacitamente que as escalas ao longo dos eixos x e y são as mesmas. Se não forem, o vetor gradiente pode não parecer perpendicular aos contornos. Considere a função $f(x, y) = x^2 + y$ com vetor gradiente dado por grad$f = 2x\vec{i} + \vec{j}$. A Figura 3.43 mostra o vetor gradiente em $(1, 1)$ usando as mesmas escalas nas direções x e y. Como se espera, o vetor gradiente é perpendicular à curva de contorno. A Figura 3.44 mostra os contornos da mesma função com escalas desiguais nos dois eixos. Observe que o vetor gradiente já não parece perpendicular à linha de contorno. Assim vemos que a interpretação geométrica do vetor gradiente exige que a mesma escala seja usada nos dois eixos.

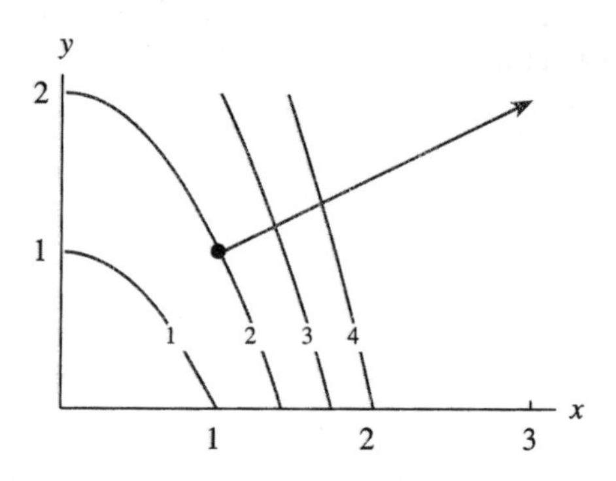

Figura 3.43: O gradiente com escalas x e y iguais

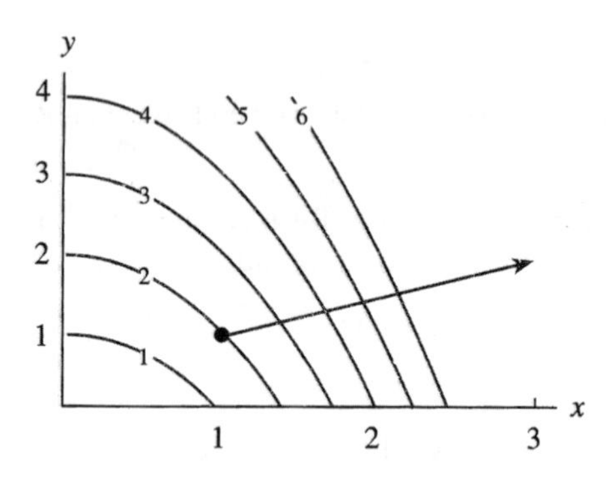

Figura 3.44: O gradiente com escalas x e y desiguais

Um outro problema surge quando x e y são medidos em unidades diferentes. Considere, por exemplo, os dados relacionando a produção de milho com a quantidade de chuva R e a temperatura T, na página 14. Façamos duas figuras, uma vez usando polegadas e graus Celsius e outra usando polegadas e Fahrenheit. As mesmas escalas são usadas ao longo de cada eixo como se as unidades não tivessem importância. A Figura 3.45 (polegadas e °C) mostra o gradiente no ponto (15, 25). Como 25°C = 77°F, na Figura 3.46 (polegadas e °F) mostramos o gradiente no ponto (15, 77). Observe que embora os dois pontos representem o mesmo clima os dois diagramas de contorno e os dois vetores gradiente são diferentes.

Gradientes só fazem sentido geometricamente quando x e y são medidos na mesmas unidades. Quando x e y são ambos distâncias ou ambos custos, por exemplo, o

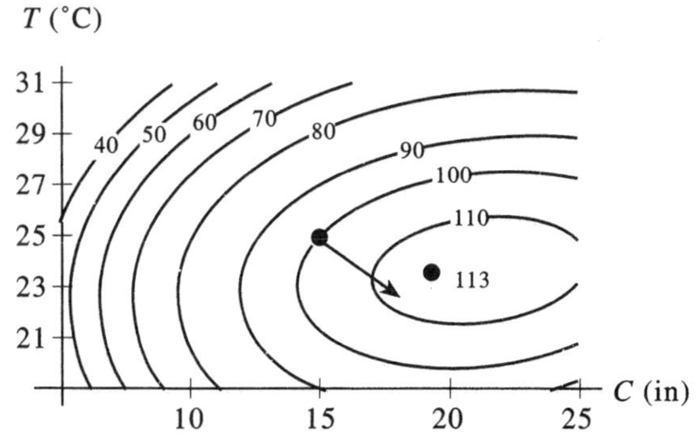

Figura 3.45: Produção de milho: polegadas e °C

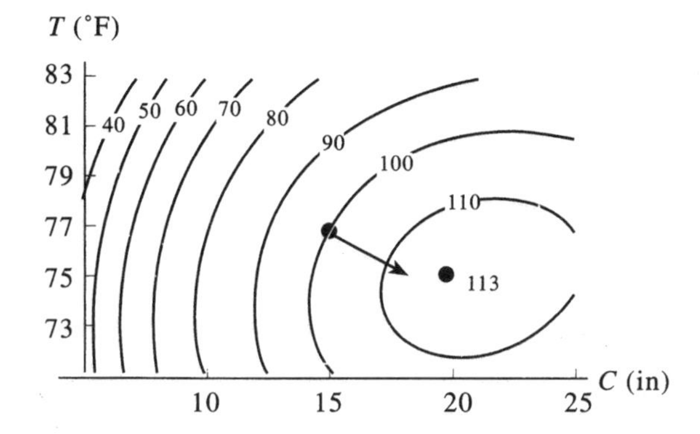

Figura 3.46: Produção de milho: polegadas e °F

tamanho da variação $\sqrt{(\Delta x)^2 + (\Delta y)^2}$ é também uma distância ou um custo, e podemos comparar taxas de variação em todas as direções. Porém, se x e y estão em unidades diferentes, não podemos associar unidades a $\sqrt{(\Delta x)^2 + (\Delta y)^2}$. Neste caso, taxas de variação só fazem sentido em direções paralelas aos eixos.

Problemas para a Seção 3.5

1 Se $f(x, y, z) - x^2 + 3xy + 2z$, ache a derivada direcional no ponto $(2, 0, -1)$ na direção $2\vec{i} + \vec{j} - 2\vec{k}$.

2 Ache a derivada direcional de $f(x, y, z) = 3x^2y^2 + 2yz$ no ponto $(-1, 0, 4)$ nas direções seguintes:

a) $\vec{i} - \vec{k}$ b) $-\vec{i} + 3\vec{j} + 3\vec{k}$.

3 Ache a equação do plano tangente a $z = \sqrt{17 - x^2 - y^2}$ no ponto $(3, 2, 2)$.

4 Ache a equação do plano tangente a $z = 8/(xy)$ no ponto $(1, 2, 4)$.

5 Ache a equação do plano tangente e de um vetor normal à superfície $x = y^3z^7$ no ponto $(1, -1, -1)$.

6 Seja $f(x, y) = \cos x \operatorname{sen} y$ e seja S a superfície $z = f(x, y)$.
a) Ache um vetor normal à superfície S no ponto $(0, \pi/2, 1)$.

b) Qual é a equação do plano tangente à superfície S no ponto $(0, \pi/2, 1)$?

7 Considere a função $f(x, y) = (e^x - x) \cos y$. Seja S a superfície $z = f(x, y)$.

a) Ache um vetor que seja perpendicular à curva de nível de f pelo ponto $(2, 3)$ na direção em que f decresce mais rapidamente.

b) Suponha que $v = 5\vec{i} + 4\vec{j} + a\vec{k}$ é um vetor no 3-espaço que é tangente à superfície S no ponto P da superfície que está acima do ponto $(2, 3)$. Qual é a?

8 a) Esboce a superfície $z = f(x, y) = y^2$ em três dimensões.

b) Esboce as curvas de nível de f no plano-xy.

c) Se você está de pé sobre a superfície $z = y^2$ no ponto $(2, 3, 9)$, em qual direção você deve ir para subir mais rapidamente? (Dê sua resposta como 2-vetor)

9 Seja $z = y - \operatorname{sen} x$.

a) Esboce os contornos para $z = -1, 0, 1, 2$.
b) Uma joaninha parte sobre a superfície do ponto $(\pi/2, 1, 0)$ e caminha sobre a superfície na direção do eixo-y. Está caminhando num vale ou no topo de uma crista? Explique.
c) No contorno $z = 0$ de seu esboço para a parte a) trace os gradientes de z em $x = 0$, $x = \pi/2$ e $x = \pi$.

10 Suponha que $F(x, y, z) = x^2 + y^4 + x^2z^2$ dá a concentração de sal num fluido no ponto (x, y, z) e que você está no ponto $(-1, 1, 1)$.

a) Em que direção você deve ir se você quer que a concentração cresça mais depressa?
b) Suponha que você começou a andar na direção que achou na parte a) a uma velocidade escalar de 4 unidades/seg. Quão depressa a concentração está mudando? Explique sua resposta.

11 Seja S a superfície representada pela equação $F = 0$ onde

$$F(x, y, z) = x^2 - \left(\frac{y}{z^2}\right)$$

a) Ache todos os pontos sobre S em que um vetor normal é paralelo ao plano-xy.

b) Ache o plano tangente a S nos pontos $(0, 0, 1)$ e $(1, 1, 1)$.
c) Ache os vetores unitários $\vec{u}_1$ e $\vec{u}_2$ apontando na direção de máximo crescimento de F nos pontos $(0, 0, 1)$ e $(1, 1, 1)$ respectivamente.

12 Em qual ponto da superfície $z = 1 + x^2 + y^2$ seu plano tangente é paralelo aos seguintes planos ?

a) $z = 5$ b) $z = 5 + 6x - 10y$.

13 Uma função diferenciável $f(x, y)$ tem a propriedade que $f(4, 1) = 3$ e $f_x(4, 1) = 2$ e $f_y(4, 1) = -1$. Ache a equação do plano tangente ao ponto da superfície $z = f(x, y)$ em que $x = 4$, $y = 1$.

14 Uma função diferenciável $f(x, y)$ tem a propriedade que $f(1, 3) = 7$ e $\text{grad} f(1, 3) = 2\vec{i} - 5\vec{j}$.

a) Ache a equação da reta tangente à curva de nível de f pelo ponto (1, 3)

b) Ache a equação do plano tangente à superfície $z = f(x, y)$ no ponto (1, 3, 7).

15 Duas superfícies se dizem *tangenciais* num ponto P se têm o mesmo plano tangente em P. Mostre que as superfícies $z = \sqrt{2x^2 + 2y^2 - 25}$ e $z = \frac{1}{5}(x^2 + y^2)$ são tangenciais no ponto (4, 3, 5)

16 Duas superfícies se dizem *ortogonais* uma 'a outra no ponto P se as normais a seus planos tangentes são perpendiculares em P. Mostre que as superfícies $z = \frac{1}{2}(x^2 + y^2 - 1)$ e $z = \frac{1}{2}(1 - x^2 - y^2)$ são ortogonais em todos os pontos de interseção.

17 Sejam f e g funções no 3-espaço. Suponha que f é diferenciável e que

$$\text{grad} f(x, y, z) = (x\vec{i} + y\vec{j} + z\vec{k})g(x, y, z).$$

Explique porque f deve ser constante sobre toda esfera com centro na origem.

18 Seja $\vec{r}$ o vetor de posição do ponto (x, y, z). Se $\mu = \mu_1\vec{i} + \mu_2\vec{j} + \mu_3\vec{k}$ é um vetor constante mostre que

$$\text{grad}(\vec{\mu} \cdot \vec{r}) = \vec{\mu}.$$

19 Seja $\vec{r}$ o vetor de posição do ponto (x, y, z). Mostre que se a é uma constante

$$\text{grad}(\| \vec{r} \|^a) = a\| \vec{r} \|^{a-2}\, \vec{r}, \quad \vec{r} \neq \vec{0}.$$

20 Suponha que a Terra tenha massa M e está localizada na origem no 3-espaço, ao passo que a Lua tem massa m. A Lei da Gravitação de Newton afirma que se a Lua está no ponto (x, y, z), então a força de atração exercida pela Terra sobre a Lua é dada pelo vetor

$$\vec{F} = -GMm\frac{\vec{r}}{\| \vec{r} \|^3},$$

onde $r = x\vec{i} + y\vec{j} + z\vec{k}$. Mostre que $\vec{F} = \text{grad}\, \varphi$, onde φ é a função dada por

$$\varphi(x, y, z) = \frac{GMm}{\| \vec{r} \|}$$

3.6 - A REGRA DA CADEIA

Composição de funções de várias variáveis e taxas de variação

A regra da cadeia nos permite diferenciar funções compostas. Se temos uma função de duas variáveis $z = f(x, y)$ e pomos $x = g(t)$, $y = h(t)$ dentro de $z = f(x, y)$ então temos uma função em que z é função de t:

$$z = f(g(t), h(t)).$$

Se, de outro lado, pusermos $x = g(u, v)$, $y = h(u, v)$ então temos uma função composta diferente, em que z é função de u e v:

$$z = f(g(u, v), h(u, v)).$$

O exemplo seguinte mostra como calcular a taxa de variação de uma função composta.

Exemplo 1: A produção de milho M depende da quantidade anual de chuva C e da temperatura média T, de modo que $M = f(C, T)$. O aquecimento global prediz que tanto o quantidade de chuva quanto a temperatura média dependem do tempo. Suponha que de acordo com algum particular modelo de aquecimento global, a quantidade de chuva esteja decrescendo a uma taxa de 0,2cm por ano e a temperatura crescendo a 0,1°C por ano. Use o fato de, aos níveis correntes de produção, $f_C = 3{,}3$ e $f_T = -5$ para avaliar a taxa de variação corrente dM/dt.

Solução: Pela linearidade local sabemos que variações ΔC e ΔT geram uma variação ΔM em M dada aproximadamente por

$$\Delta M \approx f_C \Delta C + f_T \Delta T = 3{,}3\Delta C - 5\Delta T.$$

Queremos saber como ΔM depende do acréscimo do tempo Δt. O modelo de aquecimento global nos diz que

$$\frac{dC}{dT} = -0{,}2 \text{ e } \frac{dT}{dt} = 0{,}1$$

Assim um acréscimo Δt do tempo gera variações ΔC e ΔT dadas por

$$\Delta C \approx -0{,}2\Delta t \quad \text{e} \quad \Delta T \approx 0{,}1\Delta t.$$

Substituindo ΔC e ΔT na expressão para ΔM por estes valores dá

$$\Delta M \approx 3{,}3(-0{,}2\Delta t) - 5(0{,}1\Delta t) = -1{,}16\Delta t.$$

Assim

$$\frac{\Delta M}{\Delta t} \approx -1{,}16 \text{ e portanto } \frac{dM}{dt} \approx -1{,}16.$$

Assim uma variação Δt causa variações ΔC e ΔT, que por sua vez causam uma variação ΔM. A relação entre ΔM e Δt que dá o valor de dM / dt é um exemplo da *regra da cadeia*. O argumento no Exemplo 1 pode ser usado para gerar enunciados mais gerais da regra da cadeia.

A regra da cadeia para $z = f(x, y)$, $x = g(t)$, $y = h(t)$

Como $z = f(g(t), h(t))$ é uma função de t podemos considerar a derivada dz/dt. A regra da cadeia mostra como dz/dt se relaciona com as derivadas de f, g e h. Como dz/dt representa a taxa de variação de z com relação a t, olhamos como uma pequena variação Δt de t se propaga para z.

Introduzimos as linearizações locais

$$\Delta x \approx \frac{dx}{dt}\Delta t \text{ e } \Delta y \approx \frac{dy}{dt}\Delta t$$

na linearização local

$$\Delta z \approx \frac{\partial z}{\partial x}\Delta x + \frac{\partial z}{\partial y}\Delta y$$

obtendo

$$\Delta z \approx \frac{\partial z}{\partial x}\frac{dx}{dt}\Delta t + \frac{\partial z}{\partial y}\frac{dy}{dt}\Delta t$$
$$= \left(\frac{\partial z}{\partial x}\frac{dx}{dt} + \frac{\partial z}{\partial y}\frac{dy}{dt}\right)\Delta t.$$

Assim

$$\frac{\Delta z}{\Delta t} \approx \frac{\partial z}{\partial x}\frac{dx}{dt} + \frac{\partial z}{\partial y}\frac{dy}{dt}.$$

Tomando o limite quando $\Delta t \to 0$ obtemos o seguinte resultado:

> Se f, g e h são diferenciáveis e se $z = f(x, y)$ e $x = g(t)$, $y = h(t)$ então
>
> $$\frac{dz}{dt} = \frac{\partial z}{\partial x}\frac{dx}{dt} + \frac{\partial z}{\partial y}\frac{dy}{dt}.$$

Visualização da regra da cadeia com um diagrama em árvore

O "diagrama em árvore" na Figura 3.47 fornece um modo de lembrar a regra da cadeia. Mostra a cadeira de dependência: z depende de x e y, que por sua vez dependem de t. Cada linha no diagrama está assinalada com uma derivada relacionando as variáveis em suas extremidades.

O diagrama acompanha como uma variação em t se propaga através da cadeia das funções compostas. Há dois caminhos dc t a z, um passando por x e o outro por y. Para cada caminho multiplicamos as derivadas ao longo do caminho. Então, para calcular dz/dt somamos as contribuições vindas dos dois caminhos.

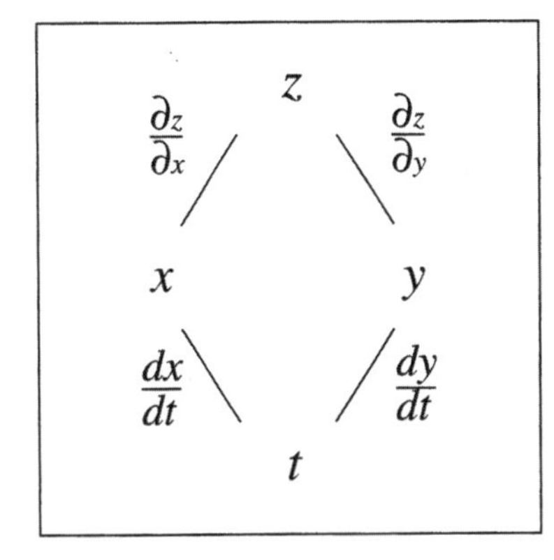

Figura 3.47: O digrama em árvore para $z = f(x, y)$, $x = g(t)$, $y = h(t)$

Exemplo 2: Suponha que $z = f(x, y) = x$ sen y, onde $x = t^2$ e $y = 2t + 1$. Seja $z = g(t)$. Calcule $g'(t)$ por dois métodos diferentes.

Solução: Como $z = g(t) = f(t^2, 2t + 1) = t^2 \operatorname{sen}(2t + 1)$ é possível calcular $g'(t)$ diretamente, por métodos das funções de uma variável:

$$g'(t) = t^2\frac{d}{dt}\left(\operatorname{sen}(2t+1)\right) + \left(\frac{d}{dt}(t^2)\right)\operatorname{sen}(2t+1) =$$
$$= 2t^2\cos(2t+1) + 2t\operatorname{sen}(2t+1).$$

A regra da cadeia fornece um caminho alternativo para chegar à mesma resposta. Temos

$$\frac{dz}{dt} = \frac{\partial z}{\partial x}\frac{dx}{dt} + \frac{\partial z}{\partial y}\frac{dy}{dt} = (\operatorname{sen} y)(2t) + (x\cos y)(2) =$$
$$= 2t\operatorname{sen}(2t+1) + 2t^2\cos(2t+1).$$

A regra da cadeia em geral

> Para achar a taxa de variação de uma variável com relação a outra numa cadeia de funções compostas diferenciáveis:
> • Trace um diagrama em árvore exprimindo as relações entre as variáveis e assinale cada ligação no diagrama com a derivada que relaciona as variáveis nas extremidades.
> • Para cada caminho entre duas variáveis multiplique as derivadas de cada passo ao longo do caminho.
> • Some as contribuições de cada caminho.

Um diagrama em árvore acompanha todos os modos pelos quais uma variação em uma variável pode causar uma mudança em outra: o diagrama gera todos os termos que obteríamos com as substituições apropriadas nas linearizações locais.

Exemplo 3: Suponha que $z = f(x, y)$, com $x = g(u, v)$ e $y = h(u, v)$. Ache fórmulas para $\partial z / \partial u$ e $\partial z / \partial v$.

Solução: A Figura 3.48 mostra o diagrama em árvore para essas variáveis. Somando as contribuições para os dois caminhos de z a u temos

$$\frac{\partial z}{\partial u} = \frac{\partial z}{\partial x}\frac{\partial x}{\partial u} + \frac{\partial z}{\partial y}\frac{\partial y}{\partial u}.$$

Analogamente, olhando os caminhos de z a v temos

$$\frac{\partial z}{\partial v} = \frac{\partial z}{\partial x}\frac{\partial x}{\partial v} + \frac{\partial z}{\partial y}\frac{\partial y}{\partial v}.$$

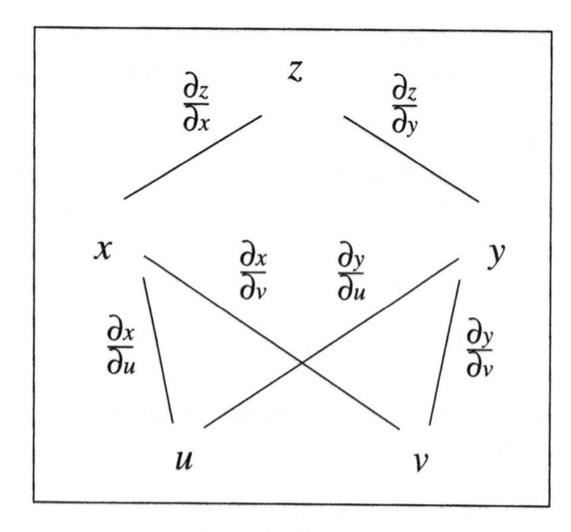

Figura 3.48: Diagrama em árvore para
$z = f(x, y), x = g(u, v), y = h(u, v)$.

Exemplo 4: Seja $w = x^2 e^y$, $x = 4u$ e $y = 3u^2 - 2v$. Calcule $\partial w / \partial u$ e $\partial w / \partial v$ usando a regra da cadeia.

Solução: Usando o resultado do exercício precedente temos

$$\frac{\partial w}{\partial u} = \frac{\partial w}{\partial x}\frac{\partial x}{\partial u} + \frac{\partial w}{\partial y}\frac{\partial y}{\partial u} = 2xe^y(4) + x^2e^y(6u) = (8x + 6x^2u)e^y$$
$$= (32u + 96u^3)e^{3u^2-2v}.$$

analogamente

$$\frac{\partial w}{\partial v} = \frac{\partial w}{\partial x}\frac{\partial x}{\partial v} + \frac{\partial w}{\partial y}\frac{\partial y}{\partial v} = 2xe^y(0) + x^2e^y(-2) = -2x^2e^y$$
$$= -32u^2e^{3u^2-2v}.$$

Exemplo 5: Uma quantidade z pode ser expressa como uma função de x e y, de modo que $z = f(x, y)$ ou como função de u e v, de modo que $z = g(u, v)$. Os dois sistemas de coordenadas são relacionados por

$$x = u + v, y = u - v.$$

a) Use a regra da cadeia para expressar $\partial z / \partial u$ e $\partial z / \partial v$ em termos de $\partial z / \partial x$, $\partial z / \partial y$.

b) Resolva as equações na parte a) para $\partial z / \partial x$ e $\partial z / \partial y$.

c) Mostre que as expressões que obtemos na parte b) são as mesmas que obtemos exprimindo u e v em termos de x e y e usando a regra da cadeia.

Solução: a) Temos $\partial x / \partial u = 1$ e $\partial x / \partial v = 1$, e também $\partial y / \partial u = 1$ e $\partial y / \partial v = -1$ Assim

$$\frac{\partial z}{\partial u} = \frac{\partial z}{\partial x}(1) + \frac{\partial z}{\partial y}(1) = \frac{\partial z}{\partial x} + \frac{\partial z}{\partial y}$$

e

$$\frac{\partial z}{\partial v} = \frac{\partial z}{\partial x}(1) + \frac{\partial z}{\partial y}(-1) = \frac{\partial z}{\partial x} - \frac{\partial z}{\partial y}.$$

b) Somando as equações para $\partial z/\partial u$ e $\partial z/\partial v$ obtemos

$$\frac{\partial z}{\partial u} + \frac{\partial z}{\partial v} = 2\frac{\partial z}{\partial x}, \text{ assim } \frac{\partial z}{\partial x} = \frac{1}{2}\frac{\partial z}{\partial u} + \frac{1}{2}\frac{\partial z}{\partial v}.$$

Analogamente, subtraindo as equações para $\partial z/\partial u$ e $\partial z/\partial v$ dá

$$\frac{\partial z}{\partial y} = \frac{1}{2}\frac{\partial z}{\partial u} - \frac{1}{2}\frac{\partial z}{\partial v}.$$

c) Ou, alternativamente, podemos resolver as equações

$$x = u + v, y = u - v$$

para u e v, o que dá

$$u = \frac{1}{2}x + \frac{1}{2}y, \quad v = \frac{1}{2}x - \frac{1}{2}y.$$

Agora podemos pensar em z como função de u e v, e em u e v como funções de x e y e aplicar novamente a regra da cadeia. Vem

$$\frac{\partial z}{\partial x} = \frac{\partial z}{\partial u}\frac{\partial u}{\partial x} + \frac{\partial z}{\partial v}\frac{\partial v}{\partial x} = \frac{1}{2}\frac{\partial z}{\partial u} + \frac{1}{2}\frac{\partial z}{\partial v}$$

e

$$\frac{\partial z}{\partial y} = \frac{\partial z}{\partial u}\frac{\partial u}{\partial y} + \frac{\partial z}{\partial v}\frac{\partial v}{\partial y} = \frac{1}{2}\frac{\partial z}{\partial u} - \frac{1}{2}\frac{\partial z}{\partial v}.$$

São as mesmas expressões que obtivemos na parte b).

Um exemplo da química física

Um químico investigando as propriedades de um gás como o dióxido de carbono pode querer saber como a energia interna de uma dada quantidade do gás depende de sua temperatura T, pressão P e volume V. As três quantidades, T, P e V não são independentes porém. Por exemplo, segundo a lei do gás ideal, satisfazem à equação.

$$PV = kT$$

onde k é uma constante que depende somente da quantidade de gás. A energia interna então pode ser pensada como função de duas quaisquer das três quantidades T, P, V:

$$U = U_1(T, P) = U_2(T, V) = U_3(P, V).$$

O químico escreve por exemplo $(\partial U / \partial T)_P$ para indicar a derivada parcial de U com relação a T mantendo P constante, para dizer que para seus cálculos U é olhado como função de T e P. Assim interpretamos $(\partial U / \partial T)_P$ como

$$\left(\frac{\partial U}{\partial T}\right)_P = \frac{\partial U_1(T, P)}{\partial T}.$$

Se U vai ser olhado como função de T e V, o químico escreve $(\partial U / \partial T)_V$ para indicar a derivada parcial de U com relação a T mantendo V constante: assim $(\partial U / \partial T)_V = \partial U_2(T, V)/\partial T$.

Cada uma das três funções U_1, U_2, U_3 fornece uma das seguintes fórmulas para a diferencial dU:

$$dU = \left(\frac{\partial U}{\partial T}\right)_P dT + \left(\frac{\partial U}{\partial P}\right)_T dP \qquad \text{corresponde a } U_1$$

$$dU = \left(\frac{\partial U}{\partial T}\right)_V dT + \left(\frac{\partial U}{\partial V}\right)_T dV \qquad \text{corresponde a } U_2$$

$$dU = \left(\frac{\partial U}{\partial P}\right)_V dP + \left(\frac{\partial U}{\partial V}\right)_P dV \qquad \text{corresponde a } U_3$$

Todas as seis derivadas parciais que aparecem nas fórmulas para dU têm significado físico mas não são todas igualmente fáceis de medir experimentalmente. Uma relação entre as derivadas parciais, usualmente obtida através da regra da cadeia, pode tornar possível avaliar uma das derivadas parciais em termos de outras mais fáceis de medir.

Exemplo 6: Exprima $(\partial U / \partial T)_P$ em termos de $(\partial U / \partial T)_V$ e $(\partial U / \partial V)_T$.

Solução: Como estamos interessados nas derivadas $(\partial U / \partial T)_V$ e $(\partial U / \partial V)_T$, pensamos em U como função de T e V e usamos a fórmula

$$dU = \left(\frac{\partial U}{\partial P}\right)_V dT + \left(\frac{\partial U}{\partial V}\right)_T dV \qquad \text{correspondendo a } U_2$$

Queremos achar uma fórmula para $(\partial U / \partial T)_P$ o que significa pensar em U como função de T e P. Assim queremos um substituto para dV. Como V é função de T e P temos

$$dV = \left(\frac{\partial V}{\partial T}\right)_P dT + \left(\frac{\partial V}{\partial P}\right)_T dP.$$

Substituindo dV na fórmula para dU correspondente a U_2 dá

$$dU = \left(\frac{\partial U}{\partial T}\right)_V dT + \left(\frac{\partial U}{\partial V}\right)_T \left(\left(\frac{\partial V}{\partial T}\right)_P dT + \left(\frac{\partial V}{\partial P}\right)_T dP\right)$$

Reunindo os termos contendo dT e os termos contendo dP dá

$$dU = \left(\left(\frac{\partial U}{\partial T}\right)_V + \left(\frac{\partial U}{\partial V}\right)_T \left(\frac{\partial V}{\partial T}\right)_P\right) dT + \left(\frac{\partial U}{\partial V}\right)_T \left(\frac{\partial V}{\partial P}\right)_T dP.$$

Mas temos também a fórmula

$$dU = \left(\frac{\partial U}{\partial T}\right)_P dT + \left(\frac{\partial U}{\partial P}\right)_T dP \qquad \text{correspondendo a } U_1$$

Agora temos duas fórmulas para dU em termos de dT e dP. Os coeficientes de dT devem ser idênticos de modo que concluímos

$$\left(\frac{\partial U}{\partial T}\right)_P = \left(\frac{\partial U}{\partial T}\right)_V + \left(\frac{\partial U}{\partial V}\right)_T \left(\frac{\partial V}{\partial T}\right)_P.$$

O Exemplo 6 exprime $(\partial U / \partial T)_P$ em termos de três outras derivadas parciais. Duas delas, $(\partial U / \partial T)_V$ a capacidade de calor a volume constante e $(\partial V / \partial T)_P$, o coeficiente de expansão, podem ser facilmente medidos experimentalmente. A terceira, a pressão interna $(\partial U / \partial V)_T$, não pode ser medida diretamente mas pode ser relacionada com $(\partial P / \partial T)_V$ que é mensurável. Assim $(\partial U / \partial T)_P$ pode ser determinada indiretamente usando esta identidade.

Problemas para a Seção 3.6

Para os Problemas 1–6 ache dz/dt usando a regra da cadeia. Suponha as variáveis restritas aos domínios em que as funções estão definidas.

1 $z = xy^2$, $x = e^{-t}$, $y = \text{sen } t$

2 $z = x \text{ sen } y + y \text{ sen } x$, $x = t^2$, $y = \ln t$

3 $z = \ln(x^2 + y^2)$, $x = 1/t$, $y = \sqrt{t}$

4 $z = \text{sen}(x/y)$, $x = 2t$, $y = 1 - t^2$

5 $z = xe^y$, $x = 2t$, $y = 1 - t^2$

6 $z = (x + y)e^y$, $x = 2t$, $y = 1 - t^2$

Para os Problemas 7–14 ache $\partial z / \partial u$ e $\partial z / \partial v$. Suponha as variáveis restritas a domínios nos quais as funções estejam definidas.

7 $z = xe^{-y} + ye^{-x}$, $x = u \text{ sen } v$, $y = v \cos u$

8 $z = \cos(x^2 + y^2)$, $x = u \cos v$, $y = u \text{ sen } v$

9 $z = xe^y$, $x = \ln u$, $y = v$

10 $z = (x + y)e^y$, $x = \ln u$, $y = v$

11 $z + xe^y$, $x = u^2 + v^2$, $y = u^2 - v^2$

12 $z = (x + y)e^y$, $x = u^2 + v^2$, $y = u^2 - v^2$

13 $z = \text{sen}(x/y)$, $x = \ln u$, $y = v$

14 $z = \tan^{-1}(x/y)$, $x = u^2 + v^2$, $y = u^2 - v^2$

15 Seja $w = f(x, y, z)$ e x, y, z funções de u e v. Use um diagrama de árvore para escrever a regra da cadeia para $\partial w / \partial u$ e $\partial w / \partial v$.

16 Sejam $w = f(x, y, z)$ e x, y, z todas funções de t. Use um diagrama em árvore para escrever a regra da cadeia para dw / dt.

17 A produção de milho M é função da chuva, C e da temperatura, T. As Figuras 3.49 e 3.50 mostram como a chuva e a temperatura devem, de acordo com as previsões, variar com o tempo por causa do aquecimento global. Suponha que sabemos que $\Delta M \approx 3{,}3\Delta C$ - $5\Delta T$. Use esta avaliação para avaliar a variação na produção de milho entre os anos 2020 e 2021. Então avalie dM / dt quando $t = 2020$.

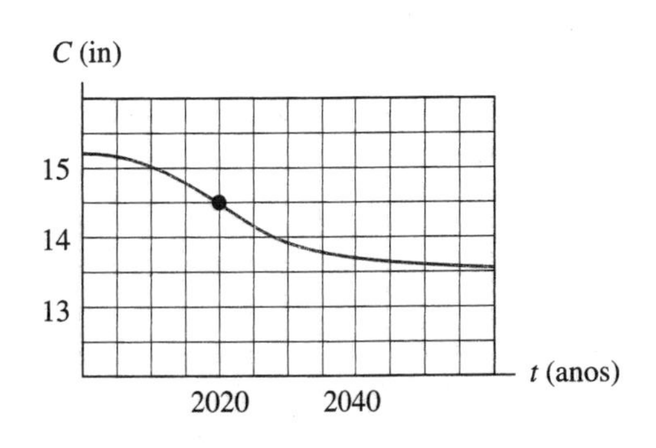

Figura 3.49: Predições de aquecimento global: chuva como função do tempo.

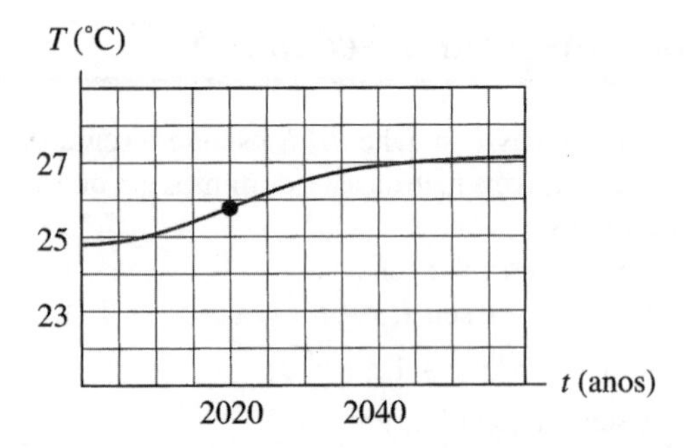

Figura 3.50: Predições de aquecimento global: temperatura como função do tempo.

18 A voltagem V (em volts) através de um circuito é dada pela lei de Ohm: $V = IR$, onde I é a corrente (em amps) passando pelo circuito e R é a resistência (em ohms). Se colocarmos dois circuitos com resistências R_1 e R_2 em paralelo, então sua resistência combinada R é dada por

$$\frac{1}{R} = \frac{1}{R_1} + \frac{1}{R_2}.$$

Suponha que a corrente é 2 amps e cresce a 10^{-2} amp/seg e R_1 é 3 ohms e cresce a 0,5 ohms/seg, ao passo que R_2 é 5 ohms e decresce a 0,1 ohm/seg. Calcule a taxa de variação da voltagem.

19 A função $f(x, y)$ se diz homogênea de grau p se $f(tx, ty) = t^p f(x, y)$ para todo p. Mostre que toda função diferenciável homogênea de grau p satisfaz ao Teorema de Euler:

$$xf_x(x, y) + yf_y(x, y) = pf(x, y).$$

[Sugestão: defina $g(t) = f(tx, ty)$ e calcule $g'(1)$.]

Os Problemas 20–22 são continuações do exemplo da química física na página 80.

20 Escreva $(\partial U / \partial P)_V$ como derivada parcial de uma das funções U_1, U_2, U_3.

21 Expresse $(\partial U / \partial P)_T$ em termos de $(\partial U / \partial V)_T$ e $(\partial V / \partial P)_T$

22 Use o resultado do Problema 21 para mostrar que

$$\left(\frac{\partial U}{\partial V}\right)_P = \frac{\left(\dfrac{\partial U}{\partial T}\right)_V}{\left(\dfrac{\partial V}{\partial T}\right)_P} + \left(\frac{\partial U}{\partial V}\right)_T.$$

Para os problemas 23–24 suponha que a quantidade z pode ser expressa seja como uma função das coordenadas cartesianas (x, y) ou como função das coordenadas polares (r, θ), de modo que $z = f(x, y) = g(r, \theta)$. Lembre que $x = r\cos\theta$, $y = r \operatorname{sen}\theta$ e $r = \sqrt{x^2 + y^2}$, $\theta = \arctan(y / x)$.

23 a) Use a regra da cadeia para achar $\partial z / \partial r$ e $\partial z / \partial\theta$ em termos de $\partial z / \partial x$ e $\partial z / \partial y$.

b) Resolva as equações que acaba de escrever para achar $\partial z / \partial x$ e $\partial z / \partial y$ em termos de $\partial z / \partial r$ e $\partial z / \partial\theta$.

c) Mostre que as expressões que você obteve na parte b) são as mesmas que você obteria usando a regra da cadeia para achar $\partial z / \partial x$ e $\partial z / \partial y$ em termos de $\partial z / \partial r$ e $\partial z / \partial\theta$.

24 Mostre que

$$\left(\frac{\partial z}{\partial x}\right)^2 + \left(\frac{\partial z}{\partial y}\right)^2 = \left(\frac{\partial z}{\partial r}\right)^2 + \frac{1}{r^2}\left(\frac{\partial z}{\partial \theta}\right)^2.$$

25 Seja $F(x, y, z)$ uma função e defina uma função $z = f(x, y)$ implicitamente fazendo $F(x, y, f(x, y)) = 0$. Use a regra da cadeia para mostrar que

$$\frac{\partial z}{\partial x} = -\frac{\partial F/\partial x}{\partial F/\partial z} \text{ e } \frac{\partial z}{\partial y} = -\frac{\partial F/\partial y}{\partial F/\partial z}.$$

3.7 - DERIVADAS PARCIAIS DE SEGUNDA ORDEM

Como as derivadas parciais de uma função são elas próprias funções, podemos diferenciá-las, obtendo as derivadas parciais de segunda ordem. Uma função $z = f(x, y)$ tem duas derivadas parciais de primeira ordem, f_x e f_y, e quatro derivadas parciais de segunda ordem.

As derivadas parciais de segunda ordem de $z = f(x, y)$

$$\frac{\partial^2 z}{\partial x^2} = f_{xx} = (f_x)_x,$$

$$\frac{\partial^2 z}{\partial x \partial y} = f_{yx} = (f_y)_x$$

$$\frac{\partial^2 z}{\partial y \partial x} = f_{xy} = (f_x)_y,$$

$$\frac{\partial^2 z}{\partial y^2} = f_{yy} = (f_y)_y.$$

É usual omitir os parênteses, escrevendo f_{xy} em vez de $(f_x)_y$ e $\dfrac{\partial^2 z}{\partial y \partial x}$ em vez de $\dfrac{\partial}{\partial y}\left(\dfrac{\partial z}{\partial x}\right)$.

Exemplo 1: Calcule as quatro derivadas parciais de segunda ordem de $f(x, y) = xy^2 + 3x^2e^y$.

Solução: De $f_x(xy) = y^2 + 6xe^y$ obtemos

$$f_{xx}(x, y) = \frac{\partial}{\partial x}\left(y^2 + 6xe^y\right) = 6e^y \text{ e}$$

$$f_{xy}(x, y) = \frac{\partial}{\partial y}\left(y^2 + 6xe^y\right) = 2y + 6xe^y.$$

De $f_y(x, y) = 2xy + 3x^2e^y$ obtemos

$$f_{yx}(x, y) = \frac{\partial}{\partial x}\left(2xy + 3x^2e^y\right) = 2y + 6xe^y \text{ e}$$

$$f_{yy}(x, y) = \frac{\partial}{\partial y}\left(2xy + 3x^2e^y\right) = 2x + 3x^2e^y.$$

Observe que $f_{xy} = f_{yx}$ neste exemplo.

Exemplo 2: Use os valores da função $f(x, y)$ na Tabela 3.5. para avaliar $f_{xy}(1, 2)$ e $f_{yx}(1, 2)$.

Tabela 3.5: *Valores de* $f(x, y)$

y/x	0,9	1,0	1,1
1,8	4,72	5,83	7,06
2,9	6,48	8,00	9,60
2,2	8,62	10,65	12,88

Solução: Como $f_{xy} = (f_x)_y$ primeiro avaliamos f_x

$$f_x(1{,}2) \approx \frac{f(1{,}1{,}2) - f(1{,}2)}{0.1} = \frac{9{,}60 - 8{,}00}{0{,}1} = 16{,}0$$

$$f_x(1{,}2{,}2) \approx \frac{f(1{,}1{,}2{,}2) - f(1{,}2{,}2)}{0{,}1} = \frac{12{,}88 - 10{,}65}{0{,}1} = 22{,}3.$$

Assim

$$f_{xy}(1{,}2) \approx \frac{f_x(1{,}2{,}2) - f_x(1{,}2)}{0{,}2} = \frac{22{,}3 - 16{,}0}{0{,}2} = 31{,}5.$$

Analogamente

$$f_{yx}(1{,}2) \approx \frac{f_y(1{,}2{,}2) - f_y(1{,}2)}{0{,}1} \approx$$

$$\approx \frac{1}{0.1}\left(\frac{f(1{,}1{,}2{,}2) - f(1{,}1{,}2)}{0{,}2} - \frac{f(1{,}2{,}2) - f(1{,}2)}{0{,}2}\right)$$

$$= \frac{1}{0{,}1}\left(\frac{12{,}88 - 9{,}60}{0{,}2} - \frac{10{,}65 - 8{,}00}{0{,}2}\right) = 31{,}5.$$

Observe que neste exemplo também $f_{xy} = f_{yx}$.

O que nos dizem as derivadas parciais de segunda ordem?

Exemplo 3: Voltemos à corda de violão do Exemplo 3.2 página 62. A corda tem 1 m de comprimento e ao tempo de t segundos o ponto a x metros de uma extremidade está deslocado de $f(x, t)$ metros de sua posição de repouso, onde

$$f(x, t) = 0{,}003 \operatorname{sen}(\pi x)\operatorname{sen}(2765t).$$

Calcule as quatro derivadas parciais de segunda ordem de f no ponto $(x, y) = (0{,}3, 1)$ e descreva o significado de seus sinais em termos práticos.

Solução: Primeiro calculamos $f_x(x, t) = 0{,}003\pi \cos(\pi x) \operatorname{sen}(2765t)$, e daí obtemos

$$f_{xx}(x,t) = \frac{\partial}{\partial x}(f_x(x,t)) = -0{,}003\pi^2 sen(\pi x) sen(2765\, t),$$

assim $f_{xx}(0{,}3,\ 1) \approx -0{,}01$;

e

$$f_{xt}(x,t) = \frac{\partial}{\partial t}(f_x(x,t)) = (0{,}003)(2765)\ \pi \cos(\pi x)\cos(2765t),$$

assim $f_{xt}(0{,}3,\ 1) \approx 14$

Na página 62 vimos que $f_x(x, t)$ dá a inclinação da corda em qualquer ponto em qualquer tempo. Portanto $f_{xx}(x, t)$ mede a concavidade da corda. O fato de $f_{xx}(0{,}3,\ 1) < 0$ significa que a corda tem concavidade para baixo no ponto $x = 0{,}3$ quando $t = 1$. (Ver Figura 3.51.)

De outro lado, $f_{xt}(x, t)$ é a taxa de variação da inclinação da corda com relação ao tempo. Assim $f_{xt}(0{,}3,\ 1) > 0$ significa que o instante $t = 1$ a inclinação no ponto $x = 0{,}3$ está crescendo. (Ver Figura 3.52.)

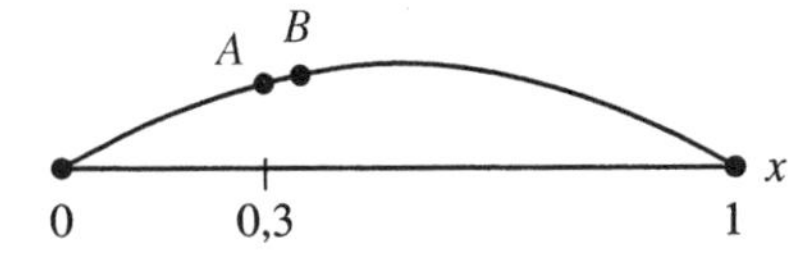

Figura 3.51: Interpretação de $f_{xx}(0{,}3,\ 1) < 0$: a concavidade da corda em $t = 1$

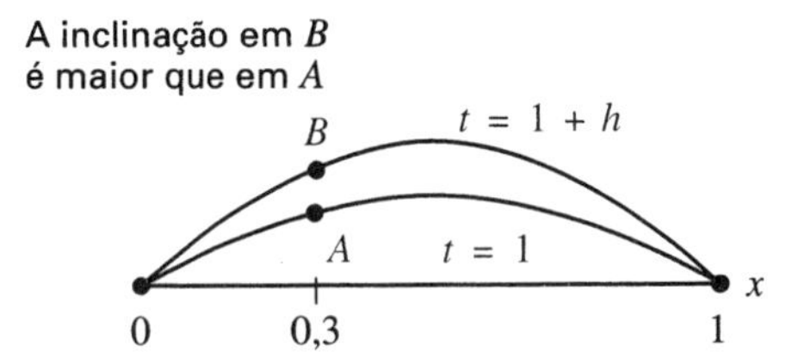

Figura 3.52: Interpretação de $f_{xt}(0{,}3,\ 1) > 0$: a inclinação da curva em dois momentos diferente

Agora calculamos $f_t(x, t) = (0{,}003)(2765)\operatorname{sen}(\pi x) \cos(2765t)$, e daí obtemos

$$f_{tx}(x,t) = \frac{\partial}{\partial x}(f_t(x,t)) = (0{,}003)(2765)\pi \cos(\pi x)\cos(2765t),$$

assim $f_{tx}(0{,}3{,}1) \approx 14$

e

$$f_{tt}(x,t) = \frac{\partial}{\partial t}(f_t(x,t)) = -(0{,}003)(2765)^2 \operatorname{sen}(\pi x)\operatorname{sen}(2765t),$$

assim $f_{tt}(0{,}31) \approx -7200$

Na página 62 vimos que $f_t(x, t)$ dá a velocidade da corda em qualquer ponto e instante. Portanto, $f_{tx}(x, t)$ e $f_{tt}(x, t)$ serão ambas taxas de variação da velocidade. Que $f_{tx}(0{,}3,\ 1) > 0$ significa que no instante $t = 1$ as velocidade dos pontos logo à direita de $x = 0{,}3$ são maiores que a velocidade em $x = 0{,}3$. (Ver Figura 3.53.) Que $f_{tt}(0{,}3,\ 1) < 0$ significa que a velocidade do ponto $x = 0{,}3$ está decrescendo no instante $t = 1$. Assim $f_{tt}(0{,}3,\ 1) = -7200\text{m/seg}^2$ é a aceleração deste ponto. (Ver Figura 3.54.)

A velocidade em B
é maior que em A

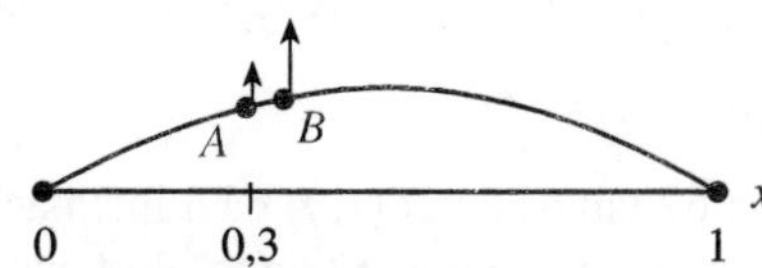

Figura 3.53: Interpretação de $f_{tx}(0{,}3,\ 1) > 0$: a velocidade de diferentes pontos da corda em $t = 1$

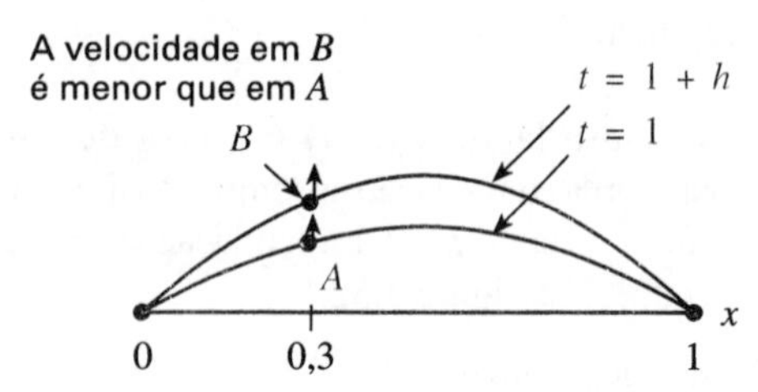

Figura 3.54: Interpretação de $f_{tt}(0{,}3,\ 1) < 0$: aceleração negativa. A velocidade de um ponto da corda em momentos diferentes.

Derivadas parciais mistas são iguais

Não é por acidente que as avaliações de $f_{xy}(1, 2)$ e $f_{yx}(1, 2)$ são iguais no Exemplo 2, porque os mesmos valores da função são usados para calcular cada uma. O fato de $f_{xy} = f_{yx}$ nos Exemplos 1 e 2 corrobora o seguinte resultado geral.

> Se f_{xy} e f_{yx} são contínuas em (a, b) então
> $$f_{xy}(a, b) = f_{yx}(a, b).$$

A maior parte das funções que encontraremos não só têm f_{xy} e f_{yx} iguais mas todas as derivadas parciais de ordem superior (como f_{xxy} ou f_{xyyy}) existirão e serão contínuas. Chamamos tais funções de funções *lisas*.

Problemas para a Seção 3.7

Nos Problemas 1–8 calcule todas as quatro derivadas de segunda ordem e mostre que $f_{xy} = f_{yx}$. Suponha que as variáveis estão restritas ao domínio em que as funções estão definidas.

1 $f(x, y) = (x + y)^2$ **2** $f(x, y) = (x + y)^3$

3 $f(x, y) = xe^y$ **4** $f(x, y) = (x + y)e^y$

5 $f(x, y) = \text{sen}\,(x^2 + y^2)$ **6** $f(x, y) = \sqrt{x^2 + y^2}$

7 $f(x, y) = \text{sen}\,(x/y)$ **8** $f(x, y) = \tan^{-1}(x + y)$

9 Se $z = f(x) + yg(x)$, o que você pode dizer de z_{yy}? Explique sua resposta.

10 Se $z_{xy} = 4y$ o que você pode dizer do valor de a) z_{yx}? b) z_{xyx}? c) z_{xyy}?

Nos Problemas 11–19 use as curvas de nível da função $z = f(x, y)$ para decidir o sinal (positivo, negativo ou zero) de cada uma das seguintes derivadas parciais no ponto P. Suponha que os eixos x e y estão nas posições usuais.

a) $f_x(P)$ b) $f_y(P)$ c) $f_{xx}(P)$
d) $f_{yy}(P)$ e) $f_{xy}(P)$

11.

12.

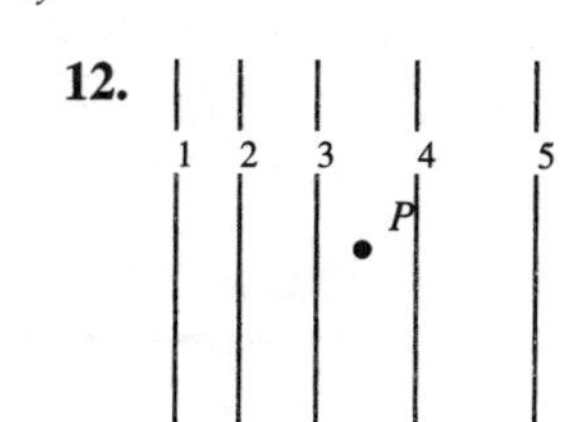

13.

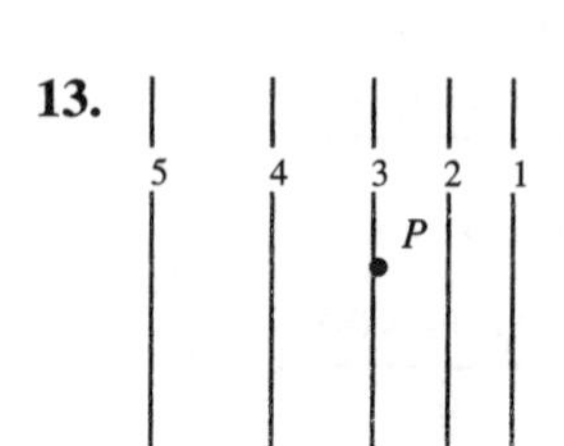

14.

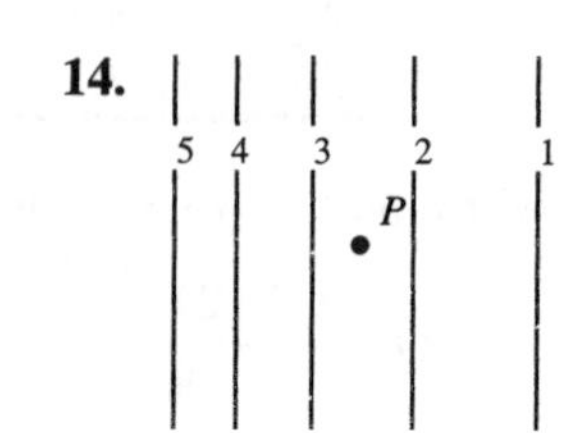

15.

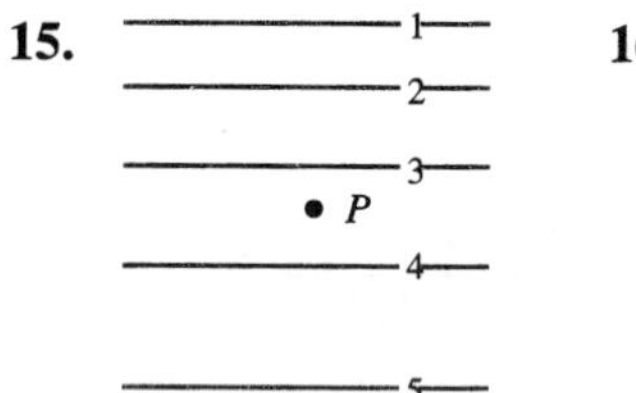

16.

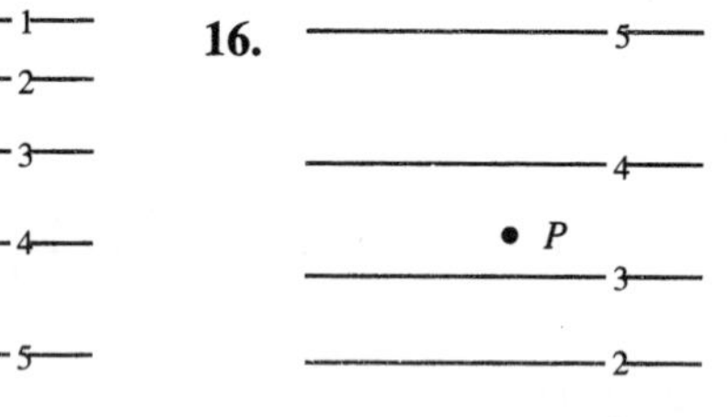

17.

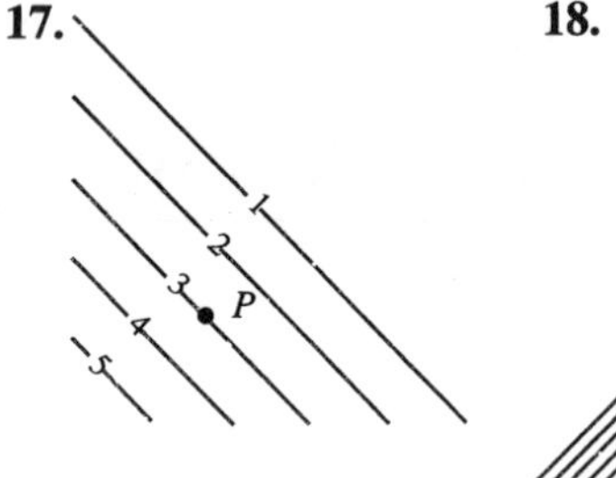

18.

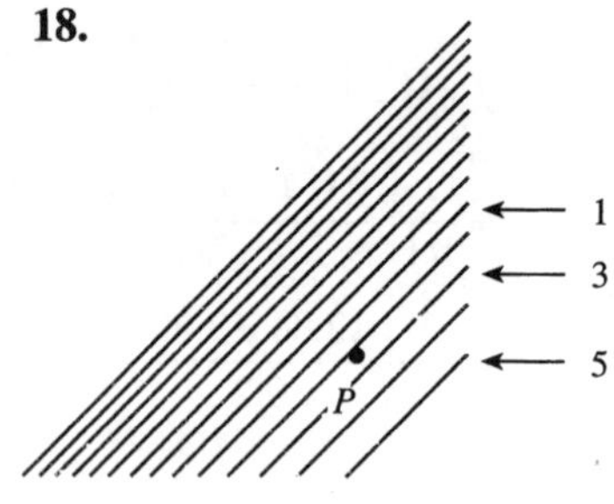

19.

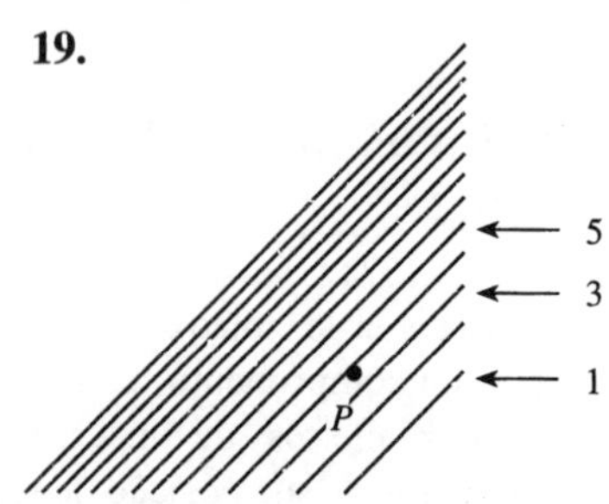

20 Explique porque você poderia esperar que $f_{xy}(a,b) = f_{yx}(a,b)$ usando os seguintes passos:

a) Escreva a definição de $f_x(a, b)$.
b) Escreva a definição de $f_{xy}(a, b)$ como $(f_x)_y$.
c) Substitua a expressão para f_x dentro da definição de f_{xy}.
d) Escreva uma expressão para f_{yx} semelhante à expressão para f_{xy} obtida na parte c)
e) Compare suas respostas às partes c) e d). O que você precisa supor para concluir que f_{xy} e f_{yx} são iguais?

3.8 - EQUAÇÕES DIFERENCIAIS PARCIAIS

Fluxo de calor

Imagine uma sala aquecida por um radiador ao longo de uma parede. O que acontece depois que uma janela na parede oposta é aberta num dia frio ? A temperatura na sala começa a cair, rapidamente perto da janela, mais devagar perto do aquecedor, e eventualmente se estabiliza. A temperatura $T = u(x, y)$ em qualquer ponto na sala é função da distância x em metros da parede aquecida e do tempo t em minutos desde que a janela foi aberta. A Figura 3.55 mostra como a temperatura T poderia parecer como função de x para vários valores de t.

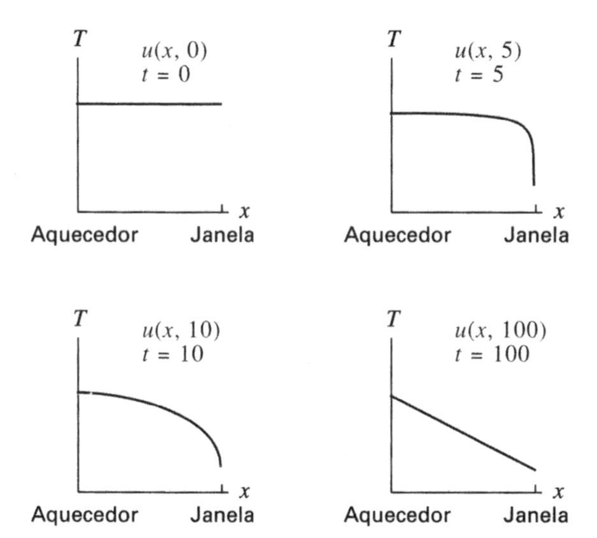

Figura 3.55: Como a temperatura numa sala depende da distância ao aquecedor em quatro tempos diferentes depois que a janela foi aberta.

Lei do resfriamento de Newton

O fluxo de calor entre dois pontos é governado pela lei do resfriamento de Newton, que diz que a taxa de fluxo de calor num ponto x no instante t é proporcional à derivada parcial $u_x(x, t)$. Isto faz sentido pois $u_x(x, t)$ mede a taxa de variação de u com relação a x num instante fixado t; em outras palavras, diz que quanto maior o gradiente de temperatura maior é a taxa de fluxo de calor. A temperatura numa região da sala é crescente se o calor que flui para lá é maior que o calor que flui para fora de lá.

Exemplo 1: A Figura 3.56 mostra a temperatura $T = u(x, t)$ num instante fixado t. Use a lei do resfriamento de Newton para determinar se a temperatura esta crescendo ou decrescendo:

a) No ponto p b) No ponto q.

Solução: a) Precisamos decidir se a pequena região $a < x < b$ que contém p está ganhando ou perdendo calor. (Ver Figura 3.56.) Como o calor flui da região mais quente para a região mais fria, o fluxo de calor é da esquerda para a direita no

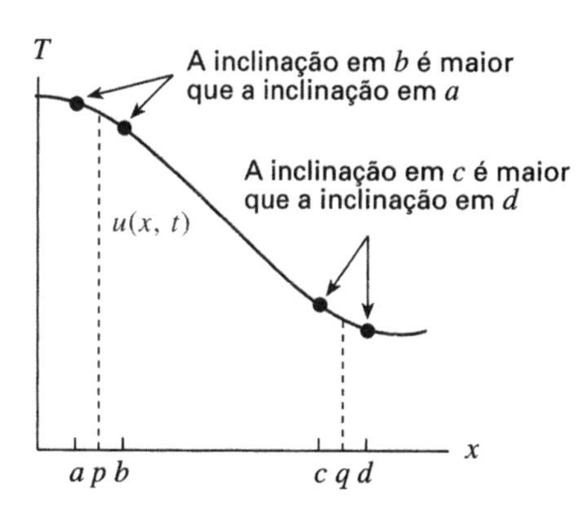

Figura 3.56: A temperatura T como função de x num tempo fixado t.

gráfico. Em outras palavras, num gráfico de temperatura o fluxo de calor vai para baixo. A lei de resfriamento de Newton diz que quanto maior a inclinação $u_x(x, t)$, maior a taxa de fluxo de calor. O calor na região $a < x < b$ flui para dentro da região no ponto a e para fora no ponto b. O fluxo para fora é maior que o fluxo para dentro porque a reta tangente em b é mais inclinada que a reta tangente em a . Assim a região $a < x < b$ está perdendo calor e sua temperatura está decrescendo. Assim $u_t(p, t) < 0$.

b) O calor flui para dentro da pequena região $c < x < d$ no ponto c e flui para fora no ponto d, porque as inclinações $u_t(c, t)$ e $u_x(d, t)$ são negativas. Mas a reta tangente em c é mais inclinada que a reta tangente em d, portanto pela lei de resfriamento de Newton o fluxo para dentro é maior que o fluxo para fora. Assim a região $c < x < d$ está ganhando energia e sua temperatura está subindo. Assim $u_t(q, t) > 0$.

A equação do calor

O Exemplo 1 mostra que, para t fixo, o sinal de u_t é determinado pela concavidade do gráfico de $u(x, t)$. Em $x = p$ vimos que $u_t(p, t) < 0$ e o gráfico tem concavidade para baixo, de modo que $u_{xx}(p, t) < 0$. No ponto q temos $u_t(q, t) > 0$ e $u_{xx}(q, t) > 0$. Na verdade as duas derivadas u_t e u_{xx} sempre têm o mesmo sinal. Em muitas situações as duas derivadas u_t e u_{xx} são na verdade proporcionais, de modo que a função $u(x, t)$ satisfaz à equação seguinte:

> **A equação 1- dimensional do calor (ou difusão)**
>
> $u_t(x, t) = Au_{xx}(x, t)$, onde A é uma constante positiva

A equação do calor é um exemplo de *equação a derivadas parciais* (EDP), isto é, uma equação envolvendo uma ou mais derivadas parciais de uma função desconhecida.

Exemplo 2: Qual destas duas funções satisfaz à equação $u_t = u_{xx}$?

a) $u(x, t) = e^{-4t} \operatorname{sen}(2x)$ b) $u(x, t) = \operatorname{sen}(x + t)$

Solução: a) Calculando derivadas parciais da função u temos

$u_t = -4e^{-4t}\,\text{sen}(2x)$, $u_x = 2e^{-4t}\cos(2x)$, $u_{xx} = -4e^{-4t}$ $= \text{sen}(2x)$,

e portanto $u_t = u_{xx}$. Assim $u(x, t) = e^{-4t}\,\text{sen}(2x)$ é uma solução.

b) Temos

$u_t = \cos(x+t)$, $u_x = \cos(x+t)$, $u_{xx} = \text{sen}(x+t)$,

e assim $u_t \neq u_{xx}$. Assim $u(x, t) = \text{sen}(x+t)$ não é solução

---

Exemplo 3: Uma barra de metal de 10 cm está isolada de modo que o calor pode fluir ao longo da barra mas não ser irradiado para o ar exceto nas extremidades. A temperatura T(°C) a x cm de uma extremidade e no tempo de t segundos é uma função $T = u(x, t)$ que satisfaz à equação do calor $u_t(x, t) = 0{,}1u_{xx}(x, t)$. A temperatura inicial em vários pontos é dada na Tabela 3.6.

Tabela 3.6: *Temperatura em barra metálica em $t = 0$*

x(cm)	0	2	4	6	8	10
$u(x, 0)$(°C)	50	52	56	62	70	80

a) A temperatura no ponto $x = 6$ está crescendo ou decrescendo quando $t = 0$?

b) Avalie a temperatura $T = u(6, 1)$ no ponto $x = 6$ para $t = 1$.

Solução: a) O gráfico de $u(x, 0)$ na Figura 3.57 sugere que $u(x, 0)$ tem concavidade para cima de modo que $u_{xx}(6, 0) > 0$. Como $u_t(6, 0) = 0{,}1u_{xx}(6, 0) > 0$ temos $u_t(6, 0) > 0$ também. Como $u_t(6, 0)$ dá a taxa de variação da temperatura em $x = 6$ com relação ao tempo o fato de ser positiva indica que a temperatura em $x = 6$ está crescendo. Poderíamos ter adivinhado isto do fato de a temperatura 62°C em $x = 6$ estar abaixo da média (56 + 70)/2 = 63°C das temperaturas em pontos vizinhos.

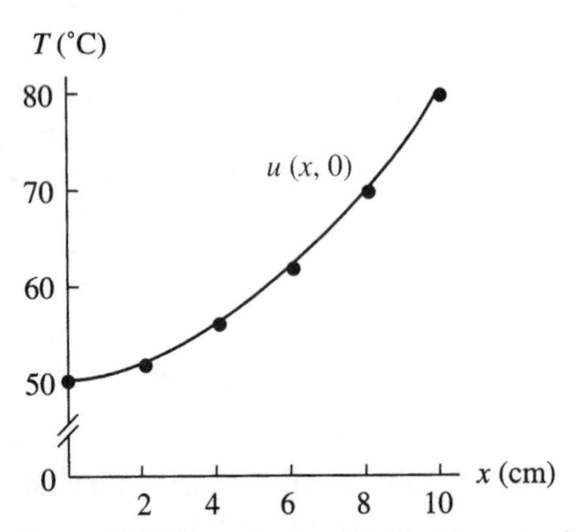

Figura 3.57: Temperatura $T = u(x, 0)$ em $t = 0$

b) Para predizer a temperatura em $t = 1$ da temperatura em $t = 0$ primeiro avaliamos a taxa de variação da temperatura com relação ao tempo $u_t(6, 0)$. Como $u_t(6, 0) = 0{,}1u_{xx}(6, 0)$ avaliamos $u_{xx}(6, 0)$. Como $u_{xx}(6, 0)$ é a taxa de variação de u_x de $(x, 0)$ primeiro avaliamos u_x em dois pontos próximos de $x = 6$:

$$u_x(5,0) \approx \frac{u(6,0)-u(4,0)}{6-4} = \frac{62-56}{2} = 3$$

$$\text{e } u_x(7,0) \approx \frac{u(8,0)-u(6,0)}{8-6} = 4.$$

Portanto

$$u_{xx}(6,0) \approx \frac{u_x(7,0)-u_x(5,0)}{7-5} \approx \frac{4-3}{2} = 0{,}5.$$

Assim

$$u_t(6, 0) \approx 0{,}1u_{xx}(6, 0) \approx (0{,}1)(0{,}5) = 0{,}05\text{°C/seg}.$$

Como a temperatura inicial é 62°C e avaliamos que a temperatura está crescendo a 0,05°C/seg, a temperatura em $t = 1$ é aproximadamente 62,05°C.

Aviso

Obter aproximações boas de soluções de EDP é em geral bastante difícil. O Exemplo 3 mostra que se pode extrair informação quantitativa de uma EDP mas não é um modo prático de obter boas aproximações a soluções.

Condições de fronteira

A equação de calor $u_t = Au_{xx}$ tem muitas soluções. Assim como precisamos de condições iniciais para obter uma solução única para equações diferenciais ordinárias, também mais informação é necessária para que se escolha uma única solução de uma EDP. No caso da sala aquecida, por exemplo, precisaríamos saber a temperatura na sala quando a janela foi aberta, a temperatura exterior em todos os momentos e a temperatura perto do aquecedor (que nos diz o que o aquecedor está fazendo). A esta informação chamamos *condições de fronteira*. Os Problemas 10, 14, 15, 18 na página 88 mostram como são usadas as condições de fronteira.

A onda que viaja

Pense numa garrafa que sobe e desce quando uma onda passa. O movimento da garrafa depende da forma e da velocidade horizontal da onda; investigaremos uma EDP que descreva esse movimento.

Exemplo 4: Suponha que a altura y do mar (e portanto da garrafa flutuante) acima do normal no tempo de t segundos e distância x metros de um ponto de referência é dada pela função $y = u(x, t)$ de que a Figura 3.58 dá o gráfico em $t = 0$. Suponha que a onda se move na direção de x crescente.

a) Decida se $u_x(x, 0)$ e $u_t(x, 0)$ são positivas ou negativas no seguintes pontos:

(i) $x = p$ (ii) $x = q$ (iii) $x = r$

b) $u_t(r, 0)$ seria maior ou menor se a onda estivesse indo mais depressa ?

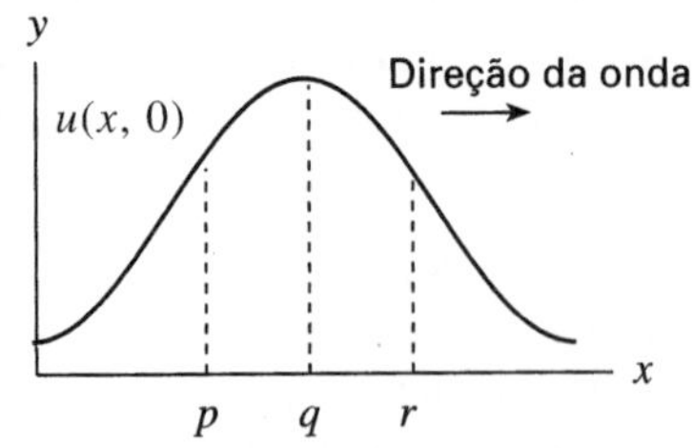

Figura 3.58: A altura da onda em $t = 0$; a onda se move para a direita

Solução: a) (i) A derivada parcial u_x $(p, 0)$ dá a inclinação da reta tangente ao gráfico de $u(x, 0)$ em $x = p$. Da Figura 3.58 é claro que a inclinação é positiva, de modo que u_x $(p, 0) > 0$. De outro lado u_t $(p, 0)$ é igual à velocidade vertical da garrafa no ponto $x = p$ no instante $t = 0$. Como a crista da onda passou, a garrafa está caindo de modo que a velocidade é negativa. Assim u_t $(p, 0) < 0$.
(ii) Temos u_x $(q, 0) = 0$ porque a tangente à onda em $x = q$ e $t = 0$ é horizontal e tem inclinação zero. Uma garrafa em $x = q$ e $t = 0$ está exatamente na crista da onda, momentaneamente parada com velocidade zero. Assim u_t $(q, 0) = 0$.
(iii) Em $t = 0$ o ponto r está na parte de trás da onda, portanto $u_x (r, 0) < 0$. Uma garrafa em $x = r$ estaria subindo em $t = 0$ de modo que u_t $(r, 0) > 0$.
b)Se a onda se movesse mais depressa uma garrafa flutuante subiria e desceria mais depressa, de modo que a velocidade positiva u_t $(r, 0)$ seria maior do que para a onda original, mais lenta.

A equação da onda que viaja

Observe que no Exemplo 4 as derivadas u_x $(x, 0)$ e u_t $(x, 0)$ são de sinais opostos ou são ambas nulas, para todo x. Isto sugere que as duas funções derivadas u_x e u_t podem estar relacionadas.

Para investigar mais suponhamos que uma onda se move para a direita com velocidade c e que suas posições em dois tempos próximos t e $t + \Delta t$ são mostradas na Figura 3.59. Se Δt é suficientemente pequeno, u_x (p, t), a inclinação do gráfico em B, é bem aproximada pela inclinação da secante entre os pontos A e B. Note que durante o intervalo de tempo Δt a onda se move horizontalmente de uma distância $c\Delta t$ (pois distância = velocidade escalar . tempo). Assim temos.

u_x (p, t) = inclinação da tangente em $B \approx$ inclinação da secante entre A e B

$$= \frac{u(p,t) - u(p,t+\Delta t)}{c\Delta t}$$

$$= -\frac{1}{c}\frac{u(p,t+\Delta t) - u(p,t)}{\Delta t}$$

$$\approx -\frac{1}{c}u_t(p,t).$$

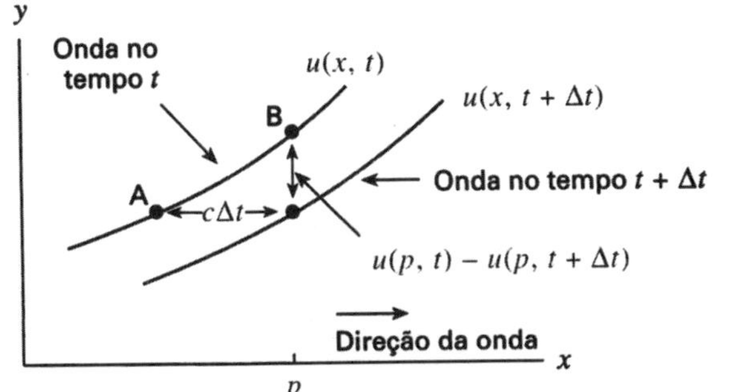

Figura 3.59: Uma onda viaja para a direita à velocidade escalar c: a onda em dois momentos próximos

Portanto, $u(x, t)$ satisfaz à EDP seguinte

> **A equação da onda que viaja** para uma onda que se move na direção de x positivo com velocidade escalar c
>
> u_t $(x, t) = cu_x$ (x, t), onde c é uma constante positiva.

A fórmula para a solução da equação da onda que viaja

Suponha que a onda viajante se move na direção de x positivo com velocidade escalar c e que a onda tem a forma $y = f(x)$ no instante $t = 0$, o que significa que $u(x, 0) = f(x)$. No tempo t a onda se moveu de uma distância ct para a direita de modo que no instante t a onda tem a forma $y = f(x - ct)$. Em outras palavras:

> Uma onda de forma $f(x)$ viajando com a velocidade escalar c na direção de x positivo é representada por
>
> $$u(x, t) = f(x - ct)$$

Exemplo 5: a) Escreva uma fórmula para a função $u(x, t)$ que descreva uma onda cuja forma no instante $t = 0$ é $y = \operatorname{sen} x$ e que move na direção de x positivo com velocidade escalar 0,5.
b) Mostre que a função $u(x, t)$ encontrada na parte a) satisfaz à equação da onda que viaja.
c) Esboce os gráficos de $u(x, t)$ contra x para $t = 0, 1, 2$.

Solução: a) Como a forma da onda permanece a mesma enquanto viaja sabemos que

$$u(x, t) = \operatorname{sen}(x - ct) = \operatorname{sen}(x - 0{,}5t)$$

b) Como u_t $(x, t) = -0{,}5 \cos(x - 0{,}5t)$ e u_x $(x, t) = \cos(x - 0{,}5t)$, a função $u(x, t)$ satisfaz à equação da onda que viaja com $c = 0{,}5$:

$$u_t\ (x, t) = -\,0{,}5\ u_t\ (x, t).$$

c) Os gráficos estão na Figura 3.60. Observe que o movimento para a frente da onda é claramente visível.

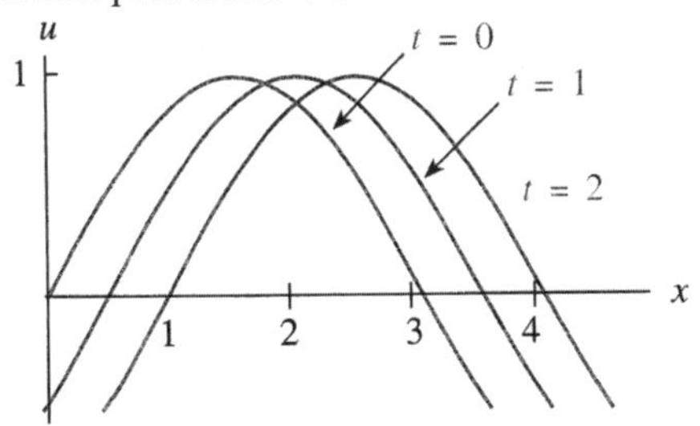

Figura 3.60: Gráfico de $u(x, t) = \operatorname{sen}(x - 0{,}5t)$ em três tempos

Uma corda sob tensão

Como descrevemos o movimento de uma corda vibrante sob tensão, tal como uma corda de violão puxada ? Seja $y = u(x, t)$ o deslocamento a partir da posição de equilíbrio no instante

t do ponto da corda a x unidades de uma extremidade. Então pode-se mostrar que u satisfaz à equação seguinte:

A equação de onda unidimensional

$u_{tt} = c^2 u_{xx}$ onde c é uma constante positiva

Vejamos o que diz a equação. A função $u(x, t)$ descreve o movimento de uma massa (a corda) sob influência de uma força (tensão). Assim a Segunda Lei do Movimento de Newton se aplica, de modo que esperamos uma equação do tipo $F = ma$, onde F é a força, m é a massa e a é aceleração. O termo u_{tt} (x, t) na equação de onda é a aceleração do ponto x no instante t. O termo u_{xx} (x, t) está relacionado de perto com a força pois mede a concavidade da corda. Quanto maior a concavidade, maior é a força de volta para o equilíbrio, exatamente como quando se dispara uma flecha com um arco.

Problemas para a Seção 3.8

1 Suponha que $u(x, t)$ é como no Exemplo 3.

a) Use a Tabela 3.6 para avaliar $u(4, 1)$ e $u(8, 1)$.
b) Use suas respostas na parte a) e a avaliação para $u(6, 1)$ feita no Exemplo 3 para avaliar $u(6, 2)$.

2 Esboce o gráfico de $u(x, t) = 1 - (x - 2t)^2$ para $t = 0, 1, 2$. Explique como o gráfico representa uma onda que viaja. Qual a velocidade escalar e direção da onda?

3 Modelaremos a disseminação de uma epidemia por uma região. Suponha que $I(x, y, t)$ representa a densidade de doentes por unidade de área no ponto (x, y) do plano no instante t. Suponha que I satisfaz à equação de difusão:

$$\frac{\partial I}{\partial t} = D\left(\frac{\partial^2 I}{\partial x^2} + \frac{\partial^2 I}{\partial y^2}\right),$$

onde D é uma constante. Suponha que sabemos que para uma particular epidemia.

$$I = e^{ax + by + ct}.$$

O que pode dizer da relação entre a, b e c?

4 Para quais valores das constantes a e b a função $u = (x + y)e^{ax + by}$ satisfaz à equação

$$\frac{\partial^2 u}{\partial x \partial y} - \frac{\partial u}{\partial x} - \frac{\partial u}{\partial y} + u = 0?$$

Mostre que as funções nos Problemas 5–7 satisfazem à equação de Laplace que é $F_{xx} + F_{yy} = 0$.

5 $F(x, y) = e^{-x} \operatorname{sen} y$ **6** $F(x, y) = \arctan(y/x)$

7 $F(x, y) = e^{x} \operatorname{sen} y + e^{y} \operatorname{sen} x$

8 A função $f(x, t) = 0{,}003 \operatorname{sen}(\pi x)\operatorname{sen}(2765t)$ descreve uma corda de violão vibrante. Mostre que é solução da equação de onda $f_{tt} = c^2 f_{xx}$ para algum c. Qual é esse valor de c?

9 Suponha que f é qualquer função diferenciável de uma variável. Defina V, uma função de duas variáveis, por

$$V(x, t) = f(x + ct).$$

Mostre que V satisfaz à equação

$$\frac{\partial V}{\partial t} = c\frac{\partial V}{\partial x}$$

10 Considere a equação de onda que descreve uma corda vibrante

$$\frac{\partial^2 y}{\partial t^2} = a^2 \frac{\partial^2 y}{\partial x^2},$$

onde a é constante e f é o deslocamento da corda em qualquer ponto x e a qualquer tempo t. Escreva as condições de fronteira para uma corda vibrante de comprimento L para a qual

a) As extremidades em $x = 0$ e $x = L$ são fixas.
b) A forma inicial é dada por $f(x)$.
c) A distribuição inicial de velocidade é dada por $g(x)$.

11 A Figura 3.61 é o gráfico da temperatura contra posição em um instante numa barra metálica em que a temperatura $T = u(x, t)$ satisfaz à equação do calor $u_t = u_{xx}$. Determine para quais x a temperatura está crescendo, para quais está decrescendo e use a informação para esboçar o gráfico da temperatura em um momento um pouco posterior.

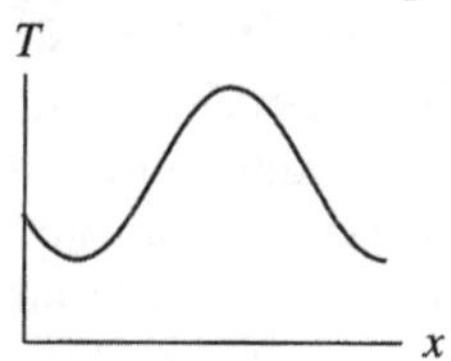

Figura 3.61

12 Em qualquer ponto (x, y, z) fora de uma massa m esfericamente simétrica localizada no ponto (x_0, y_0, z_0), o potencial gravitacional V é definido por $V = -Gm/r$, onde r é a distância de (x, y, z) a (x_0, y_0, z_0) e G é uma constante. Mostre que para todos os pontos fora da massa, V satisfaz à equação de Laplace

$$\frac{\partial^2 V}{\partial x^2} + \frac{\partial^2 V}{\partial y^2} + \frac{\partial^2 V}{\partial z^2} = 0$$

13 Se $u(x, t) = e^{at} \operatorname{sen}(bx)$ satisfaz à equação do calor $u_t = u_{xx}$ ache a relação entre a e b.

14 Supondo que a solução da equação de onda é da forma

$$y = F(x + 2t) + G(x - 2t)$$

ache uma solução satisfazendo às condições de fronteira

$$y(0, t) = y(5, t) = 0, \quad y(x, 0) = 0, \quad \left.\frac{\partial y}{\partial t}\right|_{t=0} = 5 \operatorname{sen}(\pi x),$$

$$0 < x < 5, t > 0.$$

15 a) Estudamos a condução de calor em uma barra metálica de 1 metro, $0 \le x \le 1$, cujos lados estão isolados e cujas extremidades

são mantidas a 0° em todos os tempos colocando-as em banhos de gelo. As condições nas extremidades da barra representam uma condição de fronteira sobre as possíveis funções $u(x, t)$ que poderiam representar a temperatura na barra. Enuncie a condição de fronteira como um par de equações.
b) Determine todos os possíveis valores de a e b tais que $u(x, t) = e^{at}\,\text{sen}(bx)$ satisfaça tanto à EDP $u_t = u_{xx}$ quanto às condições de fronteira da parte a)

16 a) Verifique que a função

$$u(x,t) = \frac{1}{2\sqrt{\pi t}}\, e^{-x^2/(4t)}$$

satisfaz à equação do calor $u_t = u_{xx}$ para $t > 0$ e qualquer x.
b) Esboce os gráficos de $u(x, t)$ contra x para $t = 0{,}01$, 0, 1, 1, 10. Estes gráficos representam a temperatura numa barra isolada infinitamente longa que em $t = 0$ está a 0°C em toda parte exceto na origem $x = 0$ e que está infinitamente quente em $t = 0$ na origem.

17 A temperatura T de uma placa metálica pode ser descrita por uma função $T = u(x, y, t)$ de três variáveis, as duas variáveis de posição x e y e a variável de tempo t. A equação de calor 2-dimensional é a EDP

$u_t = A(u_{xx} + u_{yy})$, onde A é uma constante positiva.

Ache condições sobre a, b e c tais que $u(x, y, t) = e^{-at}$ $\text{sen}(bx)\text{sen}(cy)$ satisfaça à EDP.

18 a) Verifique que $u(x, t) = \text{sen}(ax)\text{sen}(at)$ satisfaz à equação de onda $u_{tt} = u_{xx}$. Esta solução representa uma vibração de período $2\pi/a$, pois $u(x, t + 2\pi/a) = u(x, t)$.
b) Suponha que você quer estudar as vibrações de uma corda de 1 metro com extremidades fixas (tal como uma corda de violão) de modo que $u(0, t) = 0$ e $u(1, t) = 0$ para todo t, e tal que $u_{tt} = u_{xx}$. A condição nas extremidades é uma condição de fronteira. Ache todos os $a > 0$ tais que $u(x, t) = \text{sen}(ax)\text{sen}(at)$ satisfaça tanto à EDP quanto à condição de fronteira. (É conhecido dos músicos pelo menos desde o tempo de Pitágoras que cordas esticadas só podem vibrar a freqüências especiais.)

19 Você pode gerar uma onda que viaja sobre uma corda sob tensão dando um golpe numa extremidade. Isto sugere que devem existir soluções tipo onda que viaja da equação de onda.

a) Mostre que se f é uma função arbitrária então $u(x, t) = f(x - ct)$ é uma solução da equação de onda $u_{tt} = c^2 u_{xx}$.
b) Mostre que se g é uma função arbitrária então $u(x, t) = g(x + ct)$ é uma solução da equação de onda $u_{tt} = c^2 u_{xx}$.
c) Mostre que se f e g são funções arbitrárias então $u(x, t) = f(x - ct) + g(x + ct)$ é solução da equação de onda. (Na verdade todas as soluções da equação de onda podem ser escritas dessa forma, como soma de uma onda viajando para a frente e de uma viajando para trás.)

20 A vibração de um objeto 2-dimensional sob tensão, tal como a cabeça de um tambor é descrita por uma função $u(x, y, t)$ de duas variáveis de espaço x e y e uma de tempo t. Uma tal função freqüentemente satisfaz à equação de onda 2-dimensional $u_{tt} = c^2(u_{xx} + u_{yy})$. Ache condições sobre as constantes a, b e k tais que $u(x, y, t) = \text{sen}(ax)\text{sen}(by)\text{sen}(kt)$ satisfaça a esta equação.

3.9 - NOTAS SOBRE APROXIMAÇÕES DE TAYLOR

Assim como uma função de uma variável em geral pode ser melhor aproximada por uma função quadrática do que por uma função linear, também uma função de várias variáveis pode. Na Seção 3.3 vimos como aproximar $f(x, y)$ por uma função linear (sua linearização local). Nesta seção veremos como melhorar a aproximação de $f(x, y)$ usando uma função quadrática.

Aproximações linear e quadrática perto de (0, 0)

Para uma função de uma variável a linearidade local nos diz que a melhor aproximação linear é a dada pelo polinômio de Taylor

$$f(x) \approx f(a) + f'(a)(x - a) \text{ para } x \text{ perto de } a.$$

Uma melhor aproximação de f é dada pelo polinômio de Taylor de segundo grau.

$$f(x) \approx f(a) + f'(a)(x-a) + \frac{f''(a)}{2}(x-a)^2 \quad \text{para } x \text{ perto de } a$$

Para uma função de duas variáveis a linearização local para (x, y) perto de (a, b) é

$$f(x, y) \approx L(x, y) = f(a, b) + f_x(a, b)(x - a) + f_y(a, b)(y - b).$$

No caso $(a, b) = (0, 0)$ temos

Polinômio de Taylor de grau 1 aproximando $f(x, y)$ para (x, y) perto de (0, 0)

Se f tem derivadas parciais contínuas de primeira ordem então

$$f(x, y) \approx L(x, y) = f(0, 0) + f_x(0, 0)x + f_y(0, 0)y.$$

Obtemos uma aproximação melhor para f usando um polinômio quadrático. Escolhemos um polinômio quadrático com as mesmas derivadas parciais que a função original f. Você pode verificar que o seguinte polinômio tem essa propriedade.

Polinômio de Taylor de grau 2 aproximando $f(x, y)$ para (x, y) perto de (0, 0)

Se f tem derivadas parciais de segunda ordem contínuas então

$$f(x, y) \approx Q(x, y)$$
$$= f(0,0) + f_x(0,0)x + f_y(0,0)y + \frac{f_{xx}(0,0)}{2}x^2 + f_{xy}(0,0)xy + \frac{f_{yy}(0,0)}{2}y^2.$$

Exemplo 1: Seja $f(x, y) = \cos(2x + y) + 3\,\text{sen}(x + y)$

a) Calcule os polinômios de Taylor linear e quadrático L e Q que aproximam f perto de $(0, 0)$.

b) Explique porque os diagramas de contorno de L e Q para $-1 \le x \le 1$, $-1 \le y \le 1$ têm a aparência que têm.

Solução: a) Temos $f(0, 0) = 1$. As derivadas de que precisamos são:

$f_x(x, y) = -2\,\text{sen}(2x + y) + 3\cos(x + y)$ assim $f_x(0, 0) = 3$,

$f_y(x, y) = -\text{sen}(2x + y) + 3\cos(x + y)$ assim $f_y(0, 0) = 3$,

$f_{xx}(x, y) = -4\cos(2x + y) - 3\,\text{sen}(x + y)$ assim $f_{xx}(0, 0) = -4$,

$f_{xy}(x, y) = -2\cos(2x + y) - 3\,\text{sen}(x + y)$ assim $f_{xy}(0, 0) = -2$,

$f_{yy}(x, y) = -\cos(2x + y) - 3\,\text{sen}(x + y)$ assim $f_{yy}(0, 0) = -1$.

Assim a aproximação linear L de $f(x, y)$ perto de $(0, 0)$ é dada por $f(x, y) \approx L(x, y) = f(0, 0) + f_x(0, 0)x + f_y(0, 0)y = 1 + 3x + 3y$.

A aproximação quadrática Q de $f(x, y)$ perto de $(0, 0)$ é dada por $f(x, y) \approx Q(x, y)$

$$= f(0,0) + f_x(0,0)\,x + f_y(0,0)\,y + \frac{f_{xx}(0,0)}{2}x^2 + f_{xy}(0,0)\,xy + \frac{f_{yy}(0,0)}{2}y^2$$

$$= 1 + 3x + 3y - 2x^2 - 2xy - \frac{1}{2}y^2.$$

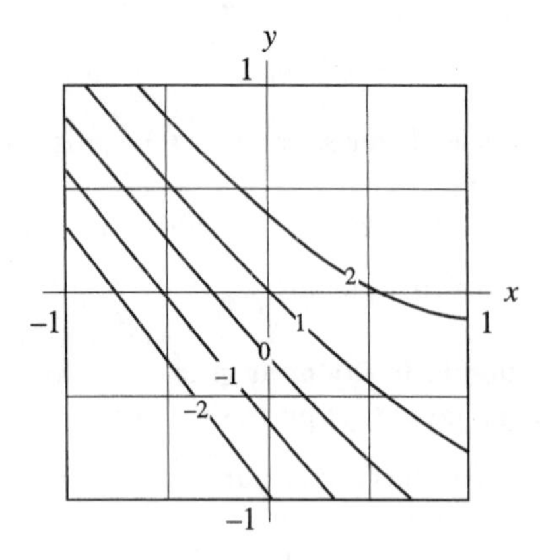

Figura 3.62: A função $f(x, y)$ original

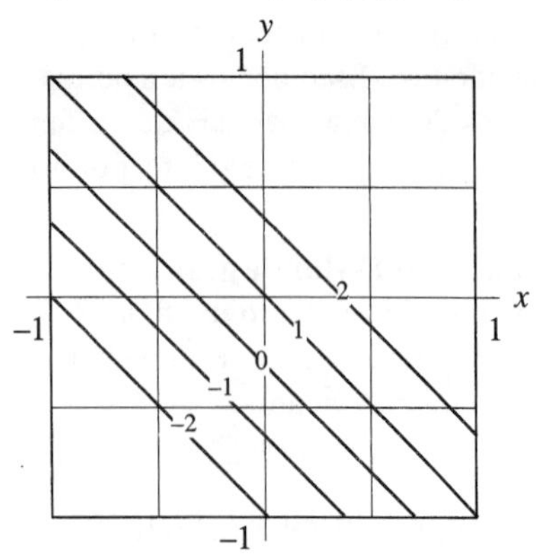

Figura 3.63: Aproximação linear $L(x, y)$

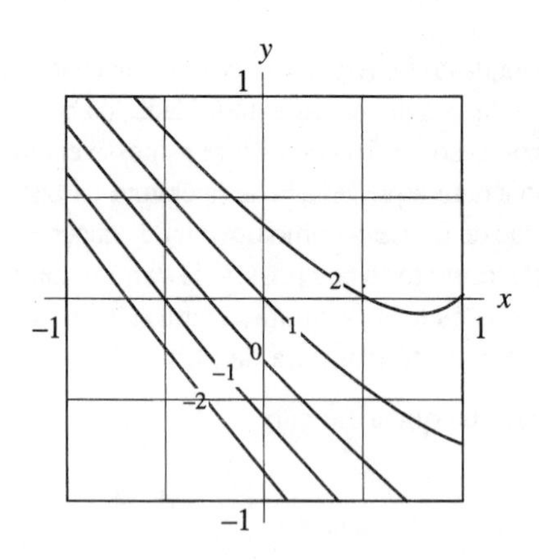

Figura 3.64: Aproximação quadrática $Q(x, y)$

Observe que os termos lineares de $Q(x, y)$ são os mesmos que os de $L(x, y)$. Os termos quadráticos de $Q(x, y)$ podem ser pensados como "termos de correção" à aproximação linear.

b) Os diagramas de contorno para $f(x, y)$, $L(x, y)$ e $Q(x, y)$ estão nas Figuras 3.63–3.64.

Observe que o diagrama de contorno para Q é mais semelhante ao de f que o diagrama de L. Como L é linear seu diagrama consiste de retas paralelas igualmente espaçadas.

Um modo alternativo, e muito mais rápido, de achar o polinômio de Taylor no exemplo anterior é usar a aproximação em uma variável. Por exemplo, como

$$\cos u = 1 - \frac{u^2}{2!} + \frac{u^2}{4!}\ldots \text{ e sen } v = v - \frac{v^3}{3!}\ldots,$$

podemos fazer as substituições $u = 2x + y$ e $v = x + y$ e expandir. Descartamos termos além do segundo grau (pois queremos o polinômio quadrático) obtendo.

$$\cos(2x + y) = 1 - \frac{(2x + y)^2}{2!} + \frac{(2x + y)^4}{4!}\ldots \approx$$
$$\approx 1 - \frac{1}{2}\left(4x^2 + 4xy + y^2\right) = 1 - 2x^2 - 2xy - \frac{1}{2}y^2$$

e

$$\text{sen}(x + y) = (x + y) - \frac{(x + y)^3}{3!}\ldots \approx x + y$$

Combinando estes resultados obtemos

$$\cos(2x + y) + 3sen(x + y) \approx 1 - 2x^2 - 2xy - \frac{1}{2}y^2 + 3(x + y) =$$
$$= 1 + 3x + 3y - 2x^2 - 2xy - \frac{1}{2}y^2.$$

Aproximações linear e quadrática perto de (a, b)

A linearização local para uma função $f(x, y)$ num ponto (a, b) é

> **Polinômio de Taylor de grau 1 aproximando $f(x, y)$ para (x, y) perto de (a, b)**
>
> Se f tem derivadas parciais de primeira ordem contínuas então
>
> $$f(x, y) \approx L(x, y) = $$
> $$= f(a, b) + f_x(a, b)(x - a) + f_y(a, b)(y - b).$$

Isto sugere que uma aproximação quadrática $Q(x, y)$ para $f(x, y)$ perto de um ponto (a, b) deveria ser escrita em termos de $(x - a)$ e $(y - b)$ em vez de x e y. Se exigirmos que $Q(a, b) = f(a, b)$ e que as derivadas parciais de primeira e de segunda ordem de Q e f em (a, b) sejam iguais, então obtemos o seguinte polinômio:

> **Polinômio de Taylor de grau 2 aproximando $f(x, y)$ para (x, y) perto de (a, b)**
>
> Se f tem derivadas parciais de segunda ordem contínuas então
>
> $$f(x, y) \approx Q(x, y)$$
> $$= f(a, b) + f_x(a, b)(x - a) + f_y(a, b)(y - b)$$
> $$+ \frac{f_{xx}(a,b)}{2}(x-a)^2 +$$
> $$+ f_{xy}(a,b)(x-a)(y-b) + \frac{f_{yy}(a,b)}{2}(y-b)^2.$$

Estes coeficientes são deduzidos exatamente do mesmo modo que para $(a, b) = (0, 0)$.

Exemplo 2: Ache o polinômio de Taylor de grau 2 no ponto $(1, 2)$ para a função $f(x, y) = 1/xy$.

Solução: A Tabela 3.7 contém as derivadas parciais e seus valores no ponto $(1, 2)$.

Tabela 3.7: *Derivadas parciais de $f(x, y) = 1/(xy)$*

Derivada	Fórmula	Valor em (1, 2)
$f(x, y)$	$1/(xy)$	$1/2$
$f_x(x, y)$	$-1/(x^2 y)$	$-1/2$
$f_y(x, y)$	$-1/(xy^2)$	$-1/4$
Derivada	**Fórmula**	**Valor em (1, 2)**
$f_{xx}(x, y)$	$2/(x^3 y)$	1
$f_{xy}(x, y)$	$1/(x^2 y^2)$	$1/4$
$f_{yy}(x, y)$	$2/(xy^3)$	$1/4$

Assim, o polinômio de Taylor quadrático de f perto de $(1, 2)$ é

$$\frac{1}{xy} \approx Q(x,y)$$

$$= \frac{1}{2} - \frac{1}{2}(x-1) - \frac{1}{4}(y-2) + \frac{1}{2}(1)(x-1)^2$$
$$+ \frac{1}{4}(x-1)(y-2) + \left(\frac{1}{2}\right)\left(\frac{1}{4}\right)(y-2)^2$$

$$= \frac{1}{2} - \frac{x-1}{2} - \frac{y-2}{4} + \frac{(x-1)^2}{2} + \frac{(x-1)(y-2)}{4} + \frac{(y-2)^2}{8}.$$

O erro em aproximações lineares e quadráticas

Voltemos à função $f(x, y) = \cos(2x + y) + \operatorname{sen}(x, y)$ e suas aproximações linear e quadrática, $L(x, y)$ e $Q(x, y)$. Os diagramas de contornos no Exemplo 1 evidenciam que Q é melhor aproximação que L para f. Agora veremos exatamente quanto é melhor.

Começamos por considerar aproximações perto do ponto $(0, 0)$. Definimos o *erro* na aproximação linear como a diferença

$$E_L = f(x, y) - L(x, y).$$

Analogamente o erro na aproximação quadrática é definido como

$$E_Q = f(x, y) - Q(x, y).$$

A Tabela 3.8 mostra como os tamanhos destes erros, EL e EQ dependem da distância $d(x,y) = \sqrt{x^2 + y^2}$ do ponto (x, y) a $(0, 0)$. Os valores na Tabela 3.8 sugerem que, neste exemplo,

E_L é proporcional a d^2 e E_Q é proporcional a d^3

De modo geral pode-se mostrar que E_L e E_Q são proporcionais a d^2 e d^3 respectivamente.

Tabela 3.8: *Tamanho do erro nas aproximações linear e quadrática a $f(x, y) = \cos(2x + y) + \operatorname{sen}(x + y)$*

Ponto (x, y)	Distância d	Erro, $\lvert E_L \rvert$	Erro, $\lvert E_Q \rvert$
$x = y = 0$	0	0	0
$x = y = 10^{-1}$	$1{,}4 . 10^{-1}$	$5 . 10^{-2}$	$4 . 10^{-3}$
$x = y = 10^{-2}$	$1{,}4 . 10^{-2}$	$5 . 10^{-4}$	$4 . 10^{-6}$
$x = y = 10^{-3}$	$1{,}4 . 10^{-3}$	$5 . 10^{-6}$	$4 . 10^{-9}$
$x = y = 10^{-4}$	$1{,}4 . 10^{-4}$	$5 . 10^{-8}$	$4 . 10^{-12}$

Para usar estes erros na prática precisamos de limitações para suas magnitudes. Se a distância entre (x, y) e (a, b) é representada por $d(x,y) = \sqrt{(x-a)^2 + (y-b)^2}$ pode-se mostrar que valem os seguintes resultados:

Limitação para o erro para a aproximação linear

Suponha que $f(x, y)$ é uma função com derivadas parciais de segunda ordem contínuas tal que para $d(x, y) \le d_0$,

$$|f_{xx}|, |f_{xy}|, |f_{yy}| \le M_L .$$

Suponha que

$f(x, y) = L(x, y) + E_L(x, y)$

$= f(a, b) + f_x(a, b)(x - a) + f_y(a, b)(y - b)$

$+ E_L(x, y).$

Então temos

$|E_L(x, y)| \le 2M_L d(x, y)^2$ para $d(x, y) \le d_0$.

Note que a majoração para o termo de erro $E_L(x, y)$ tem uma forma que faz lembrar o termo de segunda ordem da fórmula de Taylor para $f(x, y)$.

Limitação para o erro para a aproximação quadrática

Suponha que $f(x, y)$ é uma função com derivadas parciais de terceira ordem contínuas tal que para $d(x, y) \le d_0$

$$|f_{xxx}|, |f_{xxy}|, |f_{xyy}|, |f_{yyy}| \le M_Q .$$

Suponha que

$f(x, y) = Q(x, y) + E_Q(x, y)$

$= f(a, b) + fx(a, b)(x - a) + fy(a, b)(y - b)$

$$+\frac{f_{xx}(a,b)}{2}(x-a)^2 + f_{xy}(a,b)(x-a)(y-b) + \frac{f_{yy}(a,b)}{2}(y-b)^2 + E_Q(x,y)$$

Então temos

$|E_Q(x, y)| \le \frac{4}{3} M_Q d(x, y)^3$ para $d(x, y) \le d_0$.

O Problema 20 mostra como essas avaliações para o erro e os coeficientes (2 e 4/3) são obtidos. O importante a observar é o fato que, para d pequeno, o módulo de E_L é muito menor que d e a de E_Q muito menor que d^2. Em outras palavras, temos o seguinte resultado:

Quando $d(x, y) \to 0$:

$$\frac{E_L(x,y)}{d(x,y)} \to 0 \text{ e } \frac{E_Q(x,y)}{(d(x,y))^2} \to 0$$

Isto significa que perto do ponto (a, b) podemos olhar a função de partida e a aproximação como indistinguíveis e se comportando do mesmo modo.

Exemplo 3: Suponha que o polinômio de Taylor de grau 2 para f em (0, 0) é $Q(x, y) = 5x^2 + 3y^2$. Suponha também que nos disseram que

$$|f_{xxx}|, |f_{xxy}|, |f_{xyy}|, |f_{yyy}| \le 9.$$

Observe que $Q(x, y) > 0$ para todo (x, y) exceto (0, 0). Mostre que, exceto em (0, 0), temos

$$f(x, y) > 0 \text{ para todo } (x, y) \text{ tal que } \sqrt{x^2 + y^2} = d < 0{,}25 .$$

Solução: Pela limitação do erro para o polinômio de Taylor de grau 2 temos

$$|E_Q(x,y)| = |f(x,y) - Q(x,y)| \le \frac{4}{3}(9)\, d^3 = 12d^3$$

que pode ser escrito como

$$-12d^3 \le f(x, y) - Q(x, y) \le 12d^3 .$$

Portanto sabemos que

$$Q(x, y) - 12d^3 \le f(x, y).$$

Como $Q(x, y) = 5x^2 + 3y^2$ temos

$$3x^2 + 5y^2 - 12d^3 \le f(x, y)$$

Como $3x^2 + 5y^2 \ge 3x^2 + 3y^2 = 3d^2$ temos

$$3d^2 - 12d^3 \le f(x, y).$$

Na verdade, escrevendo $3d^2 - 12d^3 = 3d^2(1 - 4d)$ vemos que $d < 1/4$ garante que $f(x, y) > 0$, exceto em (0, 0) onde $f = 0$. Assim, f tem o mesmo sinal que Q para pontos perto de (0, 0).

Problemas para a Seção 3.9

Ache os polinômios de Taylor quadráticos perto de (0, 0) para as funções nos Problemas 1–3.

1 $e^{-2x^2-y^2}$ **2** $\text{sen } 2x + \cos y$ **3** $\ln(1 + x^2 - y)$

Para cada uma das funções no Problemas 4–11 ache as aproximações linear e quadrática válidas perto de (1, 1). Compare os valores das aproximações em (1,1, 1,1) com o valor exato da função

4 $z = xe^y$ **5** $z = (x + y)e^y$ **6** $z = \text{sen}(x^2 + y^2)$

7 $z = \sqrt{x^2 + y^2}$ **8** $z = \arctan(x + y)$ **9** $z = \dfrac{xe^y}{x + y}$

10 $z = \text{sen}(x/y)$ **11** $z = \arctan(x/y)$

12 Seja $f(x, y) = \sqrt{x + 2y + 1}$.

a) Calcule a linearização local de f em (0, 0).

b) Calcule o polinômio de Taylor de grau 2 para f em (0, 0).

c) Compare os valores das aproximações linear e quadrática na parte a) e na parte b) com os verdadeiros valores para $f(x, y)$ nos pontos (0,1, 0,1),)(–0,1, 0,1), (0,1, –0,1), (–0,1, –0,1). Qual aproximação dá valores mais próximos?

13 Usando um computador e sua resposta ao Problema 12, trace os seis diagramas de contorno de $f(x, y) = \sqrt{x + 2y + 1}$ e suas aproximações linear e quadrática, $L(x, y)$ e $Q(x, y)$, nas duas janelas [–0,6, 0,6] x [–0,6, 0,6] e [–2, 2] x [–2, 2]. Explique a forma dos contornos, seus espaçamentos e a relação entre os contornos de f, L e Q.

14 A Figura 3.65 mostra as curvas de nível de uma função $f(x, y)$ perto de um máximo ou mínimo M. Um dos pontos P e Q tem coordenadas (x_1, y_1) e o outro tem coordenadas (x_2, y_2). Suponha $b > 0$ e $c > 0$. Considere as duas aproximações lineares de f dadas por

$$f(x, y) \approx a + b(x - x_1) + c(y - y_1)$$
$$f(x, y) \approx k + m(x - x_2) + n(y - y_2).$$

a) Qual é a relação entre os valores de a e de k?
b) Quais são as coordenadas de P?
c) M é um máximo ou um mínimo?
d) O que você pode dizer sobre os sinais das constantes m e n?

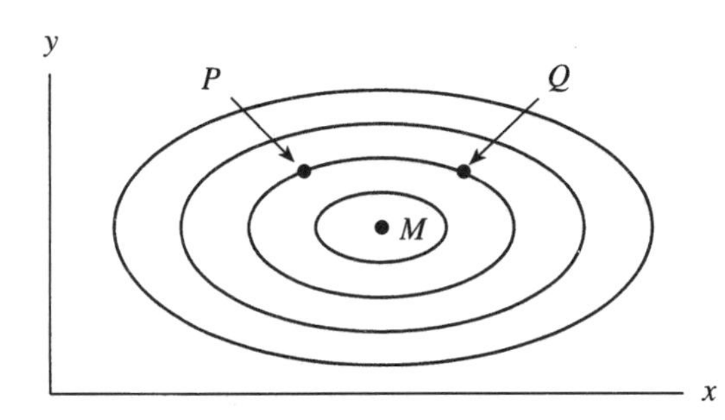

Figura 3.65

15 Considere a função $f(x, y) = (\text{sen } x)(\text{sen } y)$.
a) Ache o polinômio de Taylor de grau 2 para f perto dos pontos (0, 0) e ($\pi/2$, $\pi/2$).
b) Use os polinômios de Taylor para esboçar os contornos de f perto de cada um dos pontos (0, 0) e ($\pi/2$, $\pi/2$).

Para os Problemas 16–19:
a) Ache a linearização local, $L(x, y)$, da função na origem. Avalie o erro $E_L(x, y) = f(x, y) - L(x, y)$ se $|x| \leq 0{,}1$ e $|y| \leq 0{,}1$.
b) Ache o polinômio de Taylor de grau 2, $Q(x, y)$, para a função $f(x, y)$ na origem. Avalie o erro $E_Q(x, y) = f(x, y) - Q(x, y)$ se $|x| \leq 0{,}1$ e $|y| \leq 0{,}1$.
c) Use uma calculadora para calcular exatamente $f(0{,}1,\ 0{,}1)$ e os erros $E_L(0{,}1,\ 0{,}1)$ e $E_Q(0{,}1,\ 0{,}1)$. Como se comparam estes valores com os erros preditos nas partes a) e b)?

16 $f(x, y) = (\cos x)(\cos y)$ **17** $f(x, y) = (e^x - x)\cos y$

18 $f(x, y) = e^{x+y}$ **19** $f(x, y) = (x^2 + y^2)\, e^{x+y}$

20 Sabe-se que se as derivadas de uma função $g(t)$ de uma variável satisfazem

$$|g^{(n+1)}(t)| \leq K \text{ para } |t| \leq d_0,$$

então o erro E_n na n-ésima aproximação de Taylor $P_n(x)$ é limitado como segue

$$|E_n| = |g(t) - P_n(t)| \leq \frac{K}{(n+1)!}|t|^{n+1} \text{ para } |t| \leq d_0.$$

Neste problema usamos este resultado para $g(t)$ para obter as limitações para as aproximações de Taylor linear e quadrática para $f(x, y)$. Para uma dada $f(x, y)$ seja $x = ht$ e $y = kt$ para h e k fixos e defina $g(t)$ como segue:

$$g(t) = f(ht, kt) \text{ para } 0 \leq t \leq 1.$$

a) Calcule $g'(t)$, $g''(t)$ e $g'''(t)$ usando a regra da cadeia.
b) Mostre que $L(ht, kt) = P_1(t)$ e $Q(ht, kt) = P_2(t)$, onde L é a aproximação linear de f em (0, 0) e Q é o polinômio de Taylor de grau 2 para f em (0, 0).
c) Qual é a relação entre $E_L = f(x, y) - L(x, y)$ e E_1? Qual a relação entre $E_Q = f(x, y) - Q(x, y)$ e E_2?
d) Supondo que as derivadas parciais de segunda e terceira ordem de f são limitadas para $d(x, y) \leq d_0$, mostre que E_L e E_Q são limitadas como na página 92.

3.10 - DIFERENCIABILIDADE

Notas sobre diferenciabilidade

Na Seção 3.3 demos uma introdução informal ao conceito de diferenciabilidade. Chamamos uma função $f(x, y)$ *diferenciável* num ponto (a, b) se é bem aproximada por uma função linear perto de (a, b). Esta seção enfoca o significado preciso da frase "bem aproximada". Olhando exemplos veremos que a linearidade local exige a existência de derivadas parciais, mas elas não contam a estória completa. Em particular a existência de derivadas parciais num ponto não basta para garantir a linearidade local nesse ponto.

Começamos por discutir a relação entre continuidade e diferenciabilidade. Como ilustração, tome uma folha de papel, amasse-a numa bola e torne a alisá-la. Onde houver um dobra será difícil aproximar a superfície por um plano – este são pontos de não diferenciabilidade da função que dá a altura do papel sobre o chão. No entanto a folha de papel modela um gráfico que é contínuo – não há quebras. Como no caso de funções de uma variável, a continuidade não implica na diferenciabilidade. Mas a diferenciabilidade exige continuidade: não podem existir aproximações lineares de uma superfície em que há modificações abruptas da altura.

Partindo da definição de diferenciabilidade para funções de uma única variável desenvolvemos uma definição de diferenciabilidade para funções de duas variáveis.

Diferenciabilidade para funções de uma variável

Lembramos que uma função $g(x)$ é diferenciável no ponto a se existe o limite

$$g'(a) = \lim_{h \to 0} \frac{g(a+h) - g(a)}{h}$$

Geometricamente a definição significa que o gráfico de $y = g(x)$ pode ser "bem aproximado" pela reta $y = L(x) = g(a) + g'(a)(x - a)$. Quanto bem esta reta deve aproximar a função $g(x)$ perto do ponto a para que digamos que g é diferenciável em a? Para responder a esta questão, suponhamos g

diferenciável em a e seja $E(x)$ o erro entre a função $g(x)$ e a reta $L(x)$ de modo que

$$\begin{aligned} E(x) &= g(x) - L(x) \\ &= g(x) - g(a) - g'(a)(x - a). \end{aligned}$$

Isto significa que no ponto $x = a + h$ perto de a o erro $E(x)$ é dado por

$$E(a + h) = g(a + h) - g(a) - g'(a)h.$$

Suponhamos que se considere o *erro relativo* $E(a + h)/h$. Temos

$$\frac{E(a+h)}{h} = \frac{g(a+h) - g(a)}{h} - g'(a).$$

Assim, no limite quando $h \to 0$ temos

$$\lim_{h\to 0} \frac{E(a+h)}{h} = \lim_{h\to 0} \frac{g(a+h) - g(a)}{h} - g'(a).$$

Pela definição de derivada o segundo membro da última equação é 0.

Assim vemos que se a função é diferenciável o erro relativo tende a zero quando h tende a zero:

$$\lim_{h\to 0} \frac{E(a+h)}{h} = 0.$$

Tomaremos "bem aproximar" como significando que este limite é zero. Usamos esta idéia para dar uma nova definição de diferenciabilidade que pode ser generalizada a funções de várias variáveis

> Uma função $g(x)$ é **diferenciável no ponto** a se existe uma função linear $L(x) = g(a) + m(x - a)$ tal que se o *erro* $E(x)$ é definido por
>
> $$g(x) = L(x) + E(x)$$
>
> e se $h = x - a$ então o *erro relativo* $E(a + h)/h$ satisfaz
>
> $$\lim_{h\to 0} \frac{E(a+h)}{h} = 0.$$
>
> A função $L(x)$ chama-se a *linearização local* de $g(x)$ perto de a. A função g é *diferenciável* se é diferenciável em cada ponto de seu domínio.

Esta nova definição nos diz que a razão $E(x)/(x - a)$ na Figura 3.66, o erro dividido pela distância ao ponto a, tende a zero quando $x \to a$. Além disso pode-se mostrar que devemos ter $m = g'(a)$.

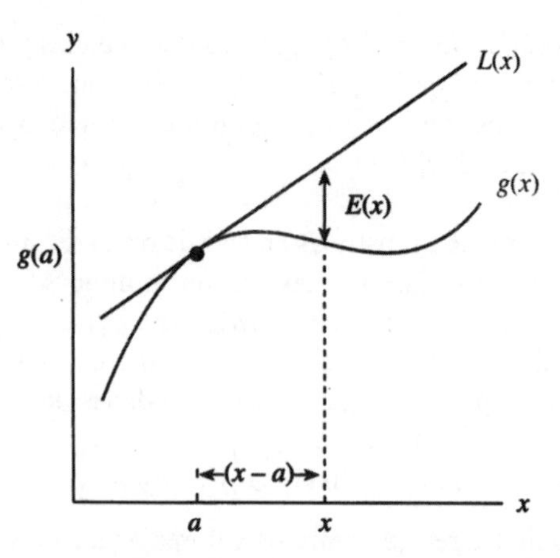

Figura 3.66: Gráfico da função $y = g(x)$ e sua linearização local $y = L(x)$ perto do ponto a

Diferenciabilidade para funções de duas variáveis

Baseados em nossa nova definição de diferenciabilidade, definimos diferenciabilidade de uma função de duas variáveis em termos do erro e da distância ao ponto. Se o ponto é (a, b) e o ponto próximo é $(a + h, b + k)$, a distância é $\sqrt{h^2 + k^2}$. (Ver Figura 3.67.)

> Uma função $f(x, y)$ é **diferenciável no ponto** (a, b) se existe uma função linear
>
> $L(x, y) = f(a, b) + m(x - a) + n(y - b)$ tal que se o *erro* $E(x, y)$ é definido por
>
> $$f(x, y) = L(x, y) + E(x, y)$$
>
> e se $h = x - a$, $k = y - b$ então o *erro relativo* $E(a + h, b + k)/\sqrt{h^2 + k^2}$ satisfaz
>
> $$\lim_{\substack{h\to 0 \\ k\to 0}} \frac{E(a+h, b+k)}{\sqrt{h^2 + k^2}} = 0.$$
>
> A função f é **diferenciável** se é diferenciável em cada ponto de seu domínio.
> A função $L(x, y)$ é chamada a *linearização local* de $f(x, y)$ em (a, b).

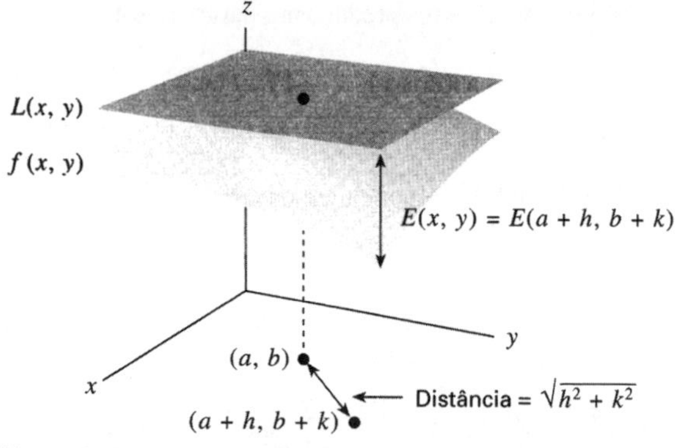

Figura 3.67: Gráfico de função $z = f(x, y)$ e sua linearização local $z = L(x, y)$ perto de (a, b)

Derivadas parciais e diferenciabilidade

No exemplo seguinte mostramos que esta definição de diferenciabilidade é consistente com nossa noção anterior – isto é, que $m = f_x$ e $n = f_y$ e que o gráfico de $L(x, y)$ é o plano tangente.

Exemplo 1: Mostre que se f é diferenciável com linearização local $L(x, y) = f(a, b) + m(x - a) + n(y - b)$ então $m = f_x(a, b)$ e $n = f_y(a, b)$.

Solução: Como f é diferenciável sabemos que o erro relativo em $L(x, y)$ tende a 0 quando nos avizinhamos de (a, b). Suponha $h > 0$ e $k = 0$. Então sabemos que

$$0 = \lim_{h\to 0}\frac{E(a+h,b)}{\sqrt{h^2+k^2}} = \lim_{h\to 0}\frac{E(a+h,b)}{h} =$$

$$= \lim_{h\to 0}\frac{f(a+h,b) - L(a+h,b)}{h}$$

$$= \lim_{h\to 0}\frac{f(a+h,b) - f(a,b) - mh}{h}$$

$$= \lim_{h\to 0}\left(\frac{f(a+h,b) - f(a,b)}{h}\right) - m = f_x(a,b) - m.$$

Um resultado semelhante vale se $h < 0$ de modo que temos $m = f_x(a, b)$. O resultado $n = f_y(a, b)$ é obtido de modo análogo.

O exemplo anterior mostra que se uma função é diferenciável num ponto então ela tem derivadas parciais nesse ponto. Portanto sempre que não existam as derivadas parciais a função não pode ser diferenciável. É o que acontece no exemplo seguinte de um cone.

Exemplo 2: Considere a função $f(x,y) = \sqrt{x^2+y^2}$. f é diferenciável na origem ?

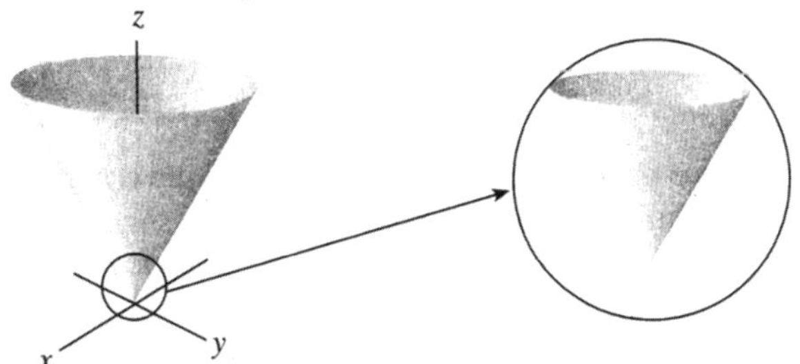

Figura 3.68: A função $f(x,y) = \sqrt{x^2+y^2}$ não é localmente linear em (0, 0): Zooming para (0, 0) não faz o gráfico parecer um plano.

Solução: Se aproximarmos a lente ao gráfico da função $f(x,y) = \sqrt{x^2+y^2}$ na origem, como se vê na Figura 3.68, a ponta aguda permanece: o gráfico não se aplaina de modo a parecer um plano.

Perto do vértice o gráfico não parece ser (em qualquer sentido razoável) bem aproximado por qualquer plano.

A julgar pelo gráfico de f não esperaríamos que f fosse diferenciável em (0, 0). Verifiquemos isto tentando calcular as derivadas parciais de f em (0, 0):

$$f_x(0,0) = \lim_{h\to 0}\frac{f(h,0) - f(0,0)}{h} = \lim_{h\to 0}\frac{\sqrt{h^2+0} - 0}{h} = \lim_{h\to 0}\frac{|h|}{h}.$$

Como $|h|/h = \pm 1$ dependendo de h se avizinhar de 0 pela esquerda ou pela direita este limite não existe nem a derivada parcial $f_x(0, 0)$. Assim, f não pode ser diferenciável na origem porque se fosse as duas derivadas parciais $f_x(0, 0)$ e $f_y(0, 0)$ existiriam.

Alternativamente podemos mostrar que não existe aproximação linear perto de (0, 0) que satisfaça ao critério de pequeno erro relativo para diferenciabilidade. Qualquer plano passando pelo ponto (0, 0, 0) tem a forma $L(x, y) = mx + ny$ para certas constantes m e n. Se $E(x, y) = f(x, y) - L(x, y)$ então

$$E(x,y) = \sqrt{x^2+y^2} - mx - ny.$$

Para f ser diferenciável na origem deveríamos mostrar que

$$\lim_{\substack{h\to 0\\ k\to 0}}\frac{\sqrt{h^2+k^2} - mh - nk}{\sqrt{h^2+k^2}} = 0$$

Tomando $k = 0$ tem-se

$$\lim_{h\to 0}\frac{|h| - mh}{|h|} = 1 - m\lim_{h\to 0}\frac{h}{|h|}.$$

Este limite só existe se $m = 0$ pela mesma razão que antes. Mas então o valor do limite é 1 e não 0 como se exige. Assim novamente concluímos que f não é diferenciável.

No Exemplo 2 as derivadas parciais f_x e f_y não existiam na origem e isto era suficiente para estabelecer a não diferenciabilidade aí . Poderíamos esperar que se as duas derivadas parciais existem então f é diferenciável. Mas o exemplo seguinte mostra que isto não é necessariamente verdade: a existência das duas derivadas parciais num ponto *não* é suficiente para garantir a diferenciabilidade.

Exemplo 3: Considere a função $f(x, y) = x^{1/3}y^{1/3}$. Mostre que as derivadas parciais $f_x(0, 0)$ e $f_y(0, 0)$ existem mas f não é diferenciável em (0, 0)

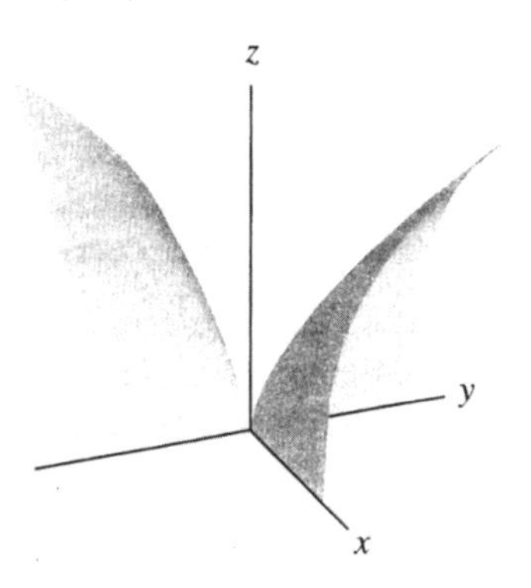

Figura 3.69: Gráfico de $z = x^{1/3}y^{1/3}$ para $z \geq 0$

Solução: Ver figura 3.69 para a parte do gráfico de $z = x^{1/3}y^{1/3}$ em que $z \geq 0$. Temos $f(0, 0) = 0$ e calculamos as derivadas parciais usando a definição:

$$f_x(0,0) = \lim_{h\to 0}\frac{f(h,0)-f(0,0)}{h} = \lim_{h\to 0}\frac{0-0}{h} = 0$$

e analogamente

$$f_y(0,0) = 0.$$

Assim, se existe uma aproximação linear perto da origem teria que ser $L(x, y) = 0$. Mas podemos mostrar que esta escolha de $L(x, y)$ não resulta no pequeno erro relativo que se exige para a diferenciabilidade. De fato, como $E(x, y) = f(x, y) - L(x, y) = f(x, y)$ devemos olhar o limite

$$\lim_{h\to 0}\frac{h^{1/3}k^{1/3}}{\sqrt{h^2k^2}}$$

Se este limite existe obtemos o mesmo valor como quer que h e k se aproximem de 0. Suponhamos que tomamaos $k = h > 0$.

Então o limite fica

$$\lim_{h\to 0}\frac{h^{1/3}h^{1/3}}{\sqrt{h^2h^2}} = \lim_{h\to 0}\frac{h^{2/3}}{h\sqrt{2}} = \lim_{h\to 0}\frac{1}{h^{1/3}\sqrt{2}}$$

Mas este limite não existe pois valores pequenos de h tornarão a fração arbitrariamente grande. Portanto o único possível candidato para a proximação linear na origem não tem um erro relativo suficientemente pequeno. Assim a função *não* é diferenciável na origem, embora existam as derivadas parciais $f_x(0, 0)$ e $f_y(0, 0)$. A figura 3.69 confirma que perto da origem o gráfico de $z = f(x, y)$ não é bem aproximado por plano algum.

Em resumo.

> • Se uma função é diferenciável num ponto então as duas derivadas parciais existem aí.
>
> • Ter as duas derivadas parciais num ponto não garante que a função seja diferenciável aí.

Continuidade e diferenciabilidade

Sabemos que as funções deriváveis de uma variável são contínuas. Pode também ser mostrado que uma função de duas variáveis diferenciáveis num ponto é contínua aí.

No exemplo 3 a função f era contínua no ponto em que não era diferenciável. O Exemplo 4 mostra que mesmo que as derivadas parciais de uma função existam num ponto, a função não é necessariamente contínua no ponto se não é diferenciável aí.

Exemplo 4: Suponha que f é a função de duas variáveis definida por

$$f(x,y) = \begin{cases} \frac{xy}{x^2+y^2}, & (x,y) \neq (0,0), \\ 0, & (x,y) = (0,0). \end{cases}$$

O problema 4 da página 31 mostrou que $f(x, y)$ não é contínua na origem. Mostre que as derivadas parciais $f(0, 0)$ e $f_y(0, 0)$ existem. f poderia ser diferenciável em (0, 0)?

Solução: Da definição de derivada parcial vemos que

$$f_x(0,0) = \lim_{h\to 0}\frac{f(h,0)-f(0,0)}{h} = \lim_{h\to 0}\left(\frac{1}{h}\cdot\frac{0}{h^2+0^2}\right) = \lim_{h\to 0}\frac{0}{h} =$$

e analogamente

$$f_y(0, 0) = 0.$$

Assim as derivadas parciais $f_x(0, 0)$ e $f_y(0, 0)$ existem. Porém f não pode ser diferenciável na origem pois não é contínua aí.

Em resumo.

> • Se a função é diferenciável num ponto então ela é contínua aí.
> • Ter as duas derivadas parciais num ponto não garante que uma função seja contínua aí.

Como saber se uma função é diferenciável ?

Poderíamos usar as derivadas parciais para que nos digam se uma função é diferenciável ? Como vemos do Exemplo 3 e do 4, não basta que as derivadas parciais existam. Porém a condição seguinte garante a diferenciabilidade:

> Se as derivadas parciais f_x e f_y de uma função f existem e são contínuas num pequeno disco centrado em (a, b) então f é diferenciável em (a, b).

Não vamos provar este fato embora forneça um critério para diferenciabilidade que muitas vezes é mais simples que a definição. Verifica-se que a exigência de serem contínuas as derivadas parciais é mais forte que a exigência de diferenciabilidade, de modo que existem funções diferenciáveis cujas derivadas parciais não são contínuas. Porém a maior parte das funções que encontramos terá derivadas contínuas. À classe das funções com derivadas parciais contínuas se dá o nome de C^1.

Exemplo 5: Mostre que a função $f(x, y) = \ln(x^2 + y^2)$ é diferenciável em todo ponto de seu domínio.

Solução: O domínio de f é todo o 2-espaço excetuada a origem. Mostraremos que f tem derivadas parciais contínuas em todo ponto de seu domínio (isto é, a função f pertence a C^1). As derivadas parciais são

$$f_x = \frac{2x}{x^2+y^2} \text{ e } f_y = \frac{2y}{x^2+y^2}.$$

Como f_x e f_y são cada uma um quociente de funções contínuas as derivadas parciais são contínuas em todo ponto exceto a origem (onde os denominadores são zero). Assim f é diferenciável em todo o seu domínio.

A maior parte das funções construídas a partir das funções elementares tem derivadas parciais contínuas, exceto talvez em alguns pontos evidentes. Assim, na prática, podemos freqüentemente dizer que funções são C^1, sem calcular explicitamente as derivadas parciais.

Problemas para a Seção 3.10

Para as funções f nos Problemas 1–4 responda às questões seguintes. Justifique suas respostas.

a) Use um computador para traçar um diagrama de contorno para f.
b) f é diferenciável em todos os pontos $(x, y) \neq (0, 0)$?
c) As derivadas parciais f_x e f_y existem e são contínuas em todos os pontos $(x, y) \neq (0, 0)$?
d) f é diferenciável em $(0, 0)$?
e) As derivadas parciais f_x e f_y existem e são contínuas em $(0, 0)$?

1 $$f(x,y)=\begin{cases}\dfrac{x}{y}+\dfrac{y}{x}, & x \neq 0 \text{ e } y \neq 0,\\ 0, & x = 0 \text{ ou } y = 0.\end{cases}$$

2 $$f(x,y)=\begin{cases}\dfrac{2xy}{\left(x^2+y^2\right)^2}, & (x,y)\neq(0,0)\\ 0, & (x,y)=(0,0)\end{cases}$$

3 $$f(x,y)=\begin{cases}\dfrac{xy}{\sqrt{x^2+y^2}}, & (x,y)\neq(0,0),\\ 0, & (x,y)=(0,0).\end{cases}$$

4 $$f(x,y)=\begin{cases}\dfrac{x^2y}{x^4+y^2}, & (x,y)\neq(0,0)\\ 0, & (x,y)=(0,0)\end{cases}$$

5 Considere a função

$$f(x,y)=\begin{cases}\dfrac{xy^2}{x^2+y^2}, & (x,y)\neq(0,0)\\ 0, & (x,y)=(0,0)\end{cases}$$

a) Use um computador para traçar o diagrama de contornos de f.
b) f é diferenciável para $(x, y) \neq (0, 0)$?
c) Mostre que $f_x(0, 0)$ e $f_y(0, 0)$ existem.
d) f é diferenciável em $(0, 0)$?
e) Suponha $x(t) = at$ e $y(t) = bt$, onde a e b são constantes, não ambas nulas. Se $g(t) = f(x(t), y(t))$ mostre que

$$g'(0)=\frac{ab^2}{a^2+b^2}.$$

f) Mostre que

$$f_x(0,0)x'(0)+f_y(0,0)y'(0)=0.$$

A regra da cadeia vale para a função composta $g(t)$ em $t = 0$? Explique.

g) Mostre que a derivada direcional $f_{\vec{u}}(0, 0)$ existe para cada vetor unitário $\vec{u}$. Isto implica que f é diferenciável em $(0, 0)$?

6 Considere a função

$$f(x,y)=\begin{cases}\dfrac{xy^2}{x^2+y^4}, & (x,y)\neq(0,0)\\ 0, & (x,y)=(0,0)\end{cases}$$

a) Use um computador para traçar o diagrama de contornos para f.
b) Mostre que a derivada direcional $f_{\vec{u}}(0, 0)$ existe para cada vetor unitário $\vec{u}$.
c) f é contínua na origem? f é diferenciável na origem? Explique.

7 Considere a função $f(x, y) = \sqrt{|xy|}$

a) Use um computador para traçar o diagrama de contornos de f. Esse diagrama de contornos parece um plano quando aproximamos a lente da origem?
b) Use um computador para traçar o gráfico de f. O gráfico parece um plano sob o zoom na origem?
c) f é diferenciável para $(x, y) \neq (0, 0)$?
d) Mostre que $f_x(0, 0)$ e $fy(0, 0)$ existem.
e) f é diferenciável em $(0, 0)$? [Sugestão: Considere a derivada direcional $f_{\vec{u}}(0, 0)$ para $\vec{u} = (\vec{i} + \vec{j})/\sqrt{2}$.]

8 Suponha a função f diferenciável no ponto (a, b). Mostre que f é contínua em (a, b).

9 Suponha que $f(x, y)$ é uma função tal que $f_x(0, 0) = 0$ e $f_y(0, 0) = 0$ e $f_{\vec{u}}(0, 0) = 3$ para $\vec{u} = (\vec{i} + \vec{j})/\sqrt{2}$.

a) f é diferenciável em $(0, 0)$? Explique.
b) Dê exemplo de função f definida no 2-espaço que satisfaça a estas condições . [Sugestão: a função não precisa estar definida por uma única fórmula válida em todo o 2-espaço.]

10 Considere a seguinte função:

$$f(x,y)=\begin{cases}\dfrac{xy\left(x^2-y^2\right)}{x^2+y^2}, & (x,y)\neq(0,0)\\ 0, & (x,y)=(0,0)\end{cases}$$

O gráfico de f é mostrado na Figura 3.70 e o diagrama de contornos de f é mostrado na Figura 3.71.

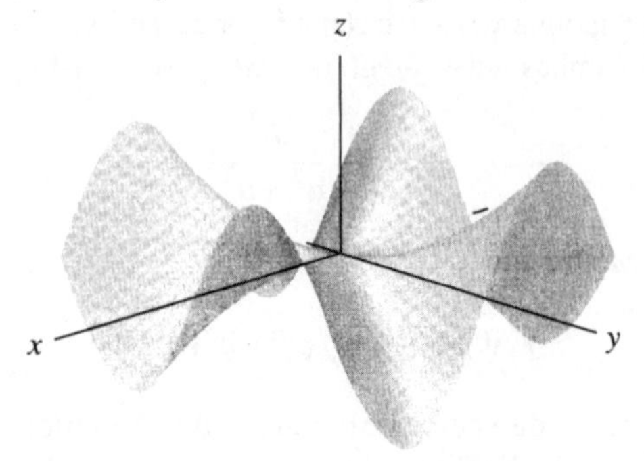

Figura 3.70: Gráfico de $xy\left(x^2 - y^2\right)/\left(x^2 + y^2\right)$

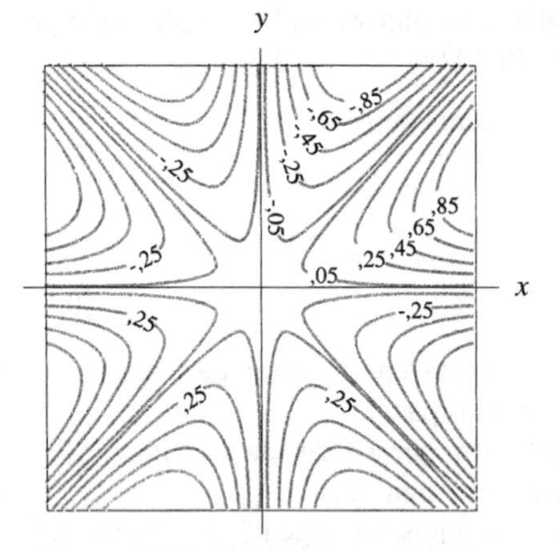

Figura 3.71: Diagrama de contornos de $xy\,(x^2 - y^2)\,/\,(x^2 + y^2)$

a) Ache $f_x(x, y)$ e $f_y(x, y)$ para (x, y) | $(0, 0)$.
b) Mostre que $f_x(0, 0) = 0$ e $f_y(0, 0) = 0$.
c) As funções f_x e f_y são contínuas em $(0, 0)$?
d) f é diferenciável em $(0, 0)$?

Problemas de revisão para o Capítulo 3

Para os Problemas 1–4 ache as derivadas parciais indicadas. Suponha as variáveis restritas ao domínio em que a função está definida.

1 $\dfrac{\partial z}{\partial x}$ e $\dfrac{\partial z}{\partial y}$ se $z = \left(x^2 + x - y\right)^7$

2 $\dfrac{\partial F}{\partial L}$ se $F\left(L,K\right) = 3\sqrt{LK}$

3 $\dfrac{\partial f}{\partial p}$ e $\dfrac{\partial f}{\partial q}$ se $f\left(p,q\right) = e^{p/q}$

4 $\dfrac{\partial f}{\partial x}$ se $f\left(x,y\right) = e^{xy}\left(\ln y\right)$

Ache as duas derivadas parciais para as funções no Problemas 5–8. Suponha as variáveis restritas ao domínio em que a função está definida.

5 $z = x^4 - x^7y^3 + 5xy^2$ **6** $z = \tan(\theta)/r$

7 $w = s\ln(s + t)$ **8** $w = \arctan(ue^{-v})$

9 Se $f(x, y) = x^2y$ e $\vec{v} = 4\vec{i} - 3\vec{j}$, ache a derivada direcional no ponto $(2, 6)$ na direção de $\vec{v}$.

Suponha que $f(x, y)$ é uma função diferenciável. As afirmações nos Problemas 10–16 são verdadeiras ou falsas? Explique sua resposta.

10 $f_{\vec{u}}(x_0, y_0)$ é um escalar **11** $f_{\vec{u}}(a, b) = \|\nabla f(a, b)\|$

12 Se $\vec{u}$ é tangente à curva de nível de f em algum ponto então grad $f \cdot \vec{u} = 0$ aí.

13 Suponha que f é diferenciável em (a, b). Então existe sempre uma direção em que a taxa da variação de f em (a, b) é zero.

14 Existe uma função com um ponto em seu domínio em que $\|$grad $f\| = 0$ e em que existe uma derivada direcional não nula.

15 Existe uma função com $\|$grad $f\| = 4$ e $f_{\vec{i}} = 5$ em algum ponto.

16 Existe uma função com $\|$grad $f\| = 4$ e $f_{\vec{j}} = -3$ em algum ponto.

17 Seja $f\left(w,z\right) = w^2z + 3z^2$. .

a) Use quociente de diferenças com $h = 0{,}01$ para aproximar $f_w(2, 2)$ e $f_z(2, 2)$.
b) Agora calcule $f_w(2, 2)$ e $f_z(2, 2)$ exatamente.

18 A Figura 3.72 mostra um diagrama de contornos para a temperatura T(em °C) ao longo de uma parede numa sala aquecida como função da distância x ao longo da parede e do tempo t em minutos. Avalie $\partial T / \partial x$ e $\partial T / \partial t$ nos pontos dados. Dê unidades para suas respostas e diga o que significam as respostas.

a) $x = 15, t = 20$ b) $x = 5, t = 12$

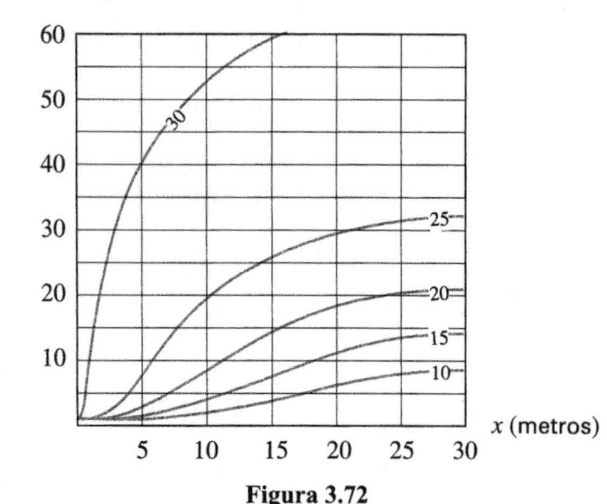

Figura 3.72

19 A Figura 3.73 mostra um diagrama de contornos para uma função de corda vibrante $f(x,t)$

a) $f_t(\pi/2, \pi/2)$ é positiva ou negativa? E $f_t(\pi/2, \pi)$? O que lhe diz o sinal de $f_t(\pi/2, b)$ quanto ao movimento do ponto da corda em $x = \pi/2$ quando $t = b$?

b) Ache todos os t para os quais f_t é positiva, para $0 \leq t \leq 5\pi/2$.

c) Ache todos os x e todos os t tais que f_x é positiva.

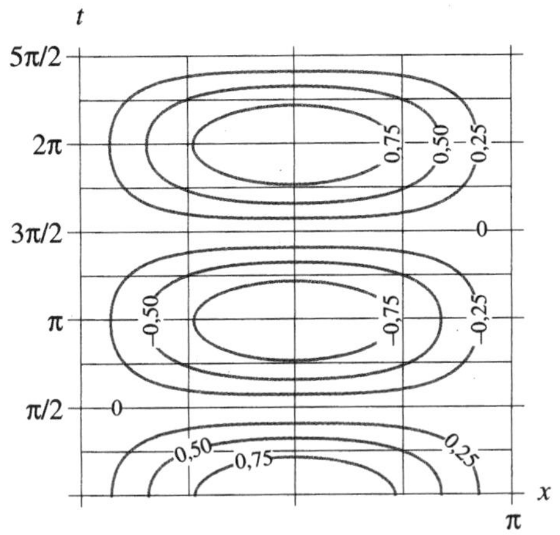

Figura 3.73

20 A quantidade Q de carne (em quilos) que uma certa comunidade compra durante uma semana é uma função $Q = f(b, c)$ dos preços da carne, b, e da galinha, c, durante a semana. Você espera que $\partial Q \,/\, \partial b$ seja positiva ou negativa? E $\partial Q \,/\, \partial c$?

21 Suponha que o custo de produzir uma unidade de um certo produto é dado por

$$c = a + bx + ky,$$

onde x é a quantidade de trabalho usada (em homens/hora) e y é a quantidade de matéria-prima usada (por peso) e a, b e k são constantes. O que significa $\partial c \,/\, \partial x = b$? Qual é a interpretação prática de b ?

22 Pessoas que vão trabalhar numa cidade podem escolher entre ir de trem ou de ônibus. O número de pessoas que escolhe cada método depende em parte do preço de cada um. Seja $f(P_1, P_2)$ o número de pessoas que tomam ônibus quando P_1 é o preço da passagem de ônibus e P_2 o preço da passagem de trem. O que você pode dizer dos sinais de $\partial f / \partial P_1$ e $\partial f / \partial P_2$? Explique suas respostas.

23 A aceleração g devida à gravidade a uma distância r do centro de um planeta de massa m é dada por

$$g = \frac{Gm}{r^2},$$

onde G é a constante universal de gravitação.

a) Ache $\partial g \,/\, \partial m$ e $\partial g \,/\, \partial r$.

b) Interprete cada uma das derivadas parciais que você achou na parte a) como inclinação de um gráfico no plano e esboce o gráfico.

24 Suponha que a função $P = f(K, L)$ exprime a produção de uma firma como função do capital investido K e dos custos de trabalho L.

a) Suponha que $f(K, L) = 60\, K^{1/3} L^{2/3}$. Ache a relação entre K e L se a produtividade marginal do capital (isto é, a taxa de variação da produção com o capital) é igual à produtividade marginal do custo do trabalho (isto é, a taxa de variação da produção com custo do trabalho). Simplifique sua resposta.

b) Agora suponha $f(K, L) = cK^a L^b$ com a, b, c constantes positivas. Responda à mesma questão que na parte a).

25 Ao analisar uma fábrica e decidir se ou não contratar mais operários é útil saber sob quais circunstâncias a produtividade cresce. Suponha que $P = f(x_1, x_2, x_3)$ é a quantidade total produzida como função de x_1, número de operários, e quaisquer outras variáveis x_2, x_3. Definimos a produtividade média de um operário como P/x_1. Mostre que a produtividade média cresce quando x_1 cresce quando a produção marginal $\partial P \,/\, \partial x_1$ é maior que a produtividade média P/x_1.

26 Para a função de produção de Cobb-Douglas $P = 40\, L^{0,25} K^{0,75}$ ache a diferencial dP quando $L = 2$ e $K = 16$.

27 A área de um triângulo pode ser calculada pela fórmula $S = 1/2\ ab$ sen C. Mostre que se é feito um erro de 10'(ou π/1.080 radianos) na medida de C então o erro em S é aproximadamente $\pi S/(1080 \tan C)$. [Nota: 10'significa 10 minutos, onde 1 minuto = 1/60 graus.]

28 A equação de gás para um mol de oxigênio relaciona a pressão P (em atmosferas), sua temperatura T (em K), seu volume V (em decímetros cúbicos, dm^3):

$$T = 16{,}574\frac{1}{V} - 0{,}52754\frac{1}{V^2} + 0{,}3879P + 12{,}187VP$$

a) Ache a temperatura T e a diferencial dT se o volume é 25 dm^3 e a pressão é 1 atmosfera.

b) Use sua resposta na parte a) para avaliar quanto o volume deveria mudar se a pressão fosse aumentada de 0,1 atmosfera e a temperatura ficasse constante.

29 Ache a taxa de variação de $f(x, y) = xe^{y}$ no ponto (1, 1) na direção de $\vec{i} + 2\vec{j}$.

30 Ache a derivada direcional de $z = x^2 - y^2$ no ponto (3, −1) na direção que faz um ângulo $\theta = \pi/4$ com o eixo-x. Em qual direção a derivada direcional será a maior?

31 A Figura 3.74 mostra as curvas de nível de uma função $f(x, y)$. Dê o valor aproximado de $f_{\vec{u}}\,(3, 1)$ com $\vec{u} = (-2\vec{i} + \vec{j})/\sqrt{5}$. Explique sua resposta.

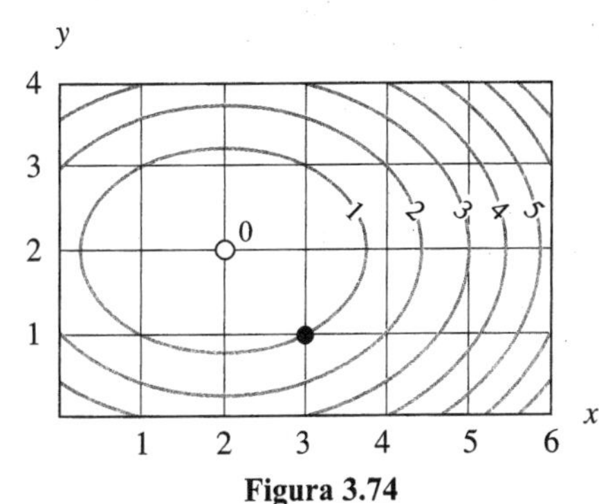

Figura 3.74

32 A Figura 3.75 mostra o pagamento mensal m de um

empréstimo para compra de carro de 5 anos se você toma emprestados P reais ao juro de j por cento. Ache uma fórmula para uma função linear que aproxime m. Qual o significado prático das constantes em sua fórmula?

33 Ache o (s) ponto (s) sobre $x^2 + y^2 + z^2 = 8$ em que o plano tangente é paralelo ao plano $x - y + 3z = 0$.

34 Suponha que a temperatura num ponto (x, y) é dada pela função $T(x, y) = 100 - x^2 - y^2$. Em que direção deveria caminhar uma joaninha em busca de calor a partir do ponto (x, y) para aumentar mais rapidamente sua temperatura?

35 Suponha que os valores da função $f(x, y)$ perto do ponto $x = 2$, $y = 3$, são dados na Tabela 3.9. Avalie

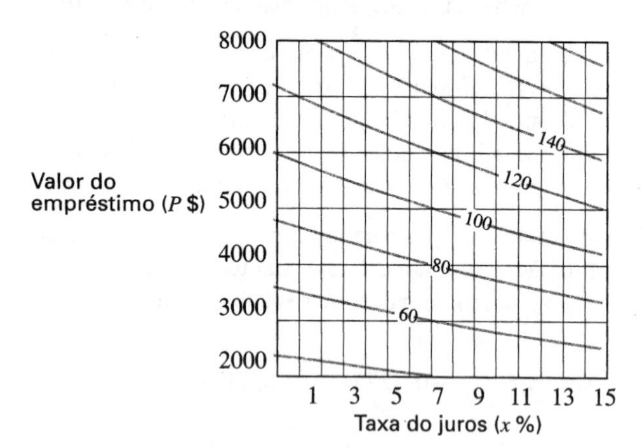

Figura 3.75

a) $\left.\dfrac{\partial f}{\partial x}\right|_{(2,3)}$ e $\left.\dfrac{\partial f}{\partial y}\right|_{(2,3)}$

b) A taxa de variação de f em (2, 3) na direção do vetor $\vec{i} + 3\vec{j}$.

c) A máxima possível taxa de variação de f quando você se afasta de (2, 3). Em qual direção você deveria ir para obter essa taxa de variação ?

d) Escreva uma equação para a curva de nível pelo ponto (2, 3).

e) Ache um vetor tangente à curva de nível de f pelo ponto (2, 3).

f) Ache a diferencial de f no ponto (2, 3). Se $dx = 0{,}03$ e $dy = 0{,}04$ ache df. O que representa df neste caso?

Tabela 3.9

		x	
		2,00	2,01
y	3,00	7,56	7,42
	3,02	7,61	7,47

36 A função $g(x, y)$ é diferenciável e tem a propriedade que $g(1, 3) = 4$ e $g_x(1, 3) = -1$ e $g_y(1, 3) = 2$.

a) Ache a equação da curva de nível de g pelo ponto (1, 3).

b) Ache as coordenadas do ponto sobre a superfície $z = g(x, y)$ acima do ponto (1, 3).

c) Ache a equação do plano tangente à superfície $z = g(x, y)$ no ponto que você achou na parte b)

37 Suponha que $w = f(x, y, z) = 3xy + yz$ e que x, y, z são funções de u e v tais que

$$x = \ln u + \cos v, \quad y = 1 + u \operatorname{sen} v, \quad z = uv$$

a) Ache $\partial w / \partial u$ e $\partial w / \partial v$ em $(u, v) = (1, \pi)$.

b) Suponha agora que u e v são também funções de t tais que

$$u = 1 + \operatorname{sen}(\pi t), \quad v = \pi t^2.$$

Use sua resposta na parte a) para achar dw / dt em $t = 1$.

38 Uma cidade circular tem raio r km e uma densidade média de população de p pessoas/km². Em 1997 a população era de 3 milhões, o raio era 25 km e crescendo a 0,1 km/ano. Se a densidade estava crescendo a 200 pessoas/km²/ano, ache a taxa de crescimento da população total da cidade.

39 Mostre que se F é qualquer função diferenciável de uma variável, então $V = xF(2x + y)$ satisfaz à equação

$$x\frac{\partial V}{\partial x} - 2x\frac{\partial V}{\partial y} = V.$$

40 Ache uma solução particular da equação no Problema 39 satisfazendo

$$V(1, y) = y^2.$$

41 Ache o polinômio de Taylor quadrático para (0, 0) para $f(x, y) = \cos(x + 2y)\operatorname{sen}(x - y)$.

42 Seja $f(x, y) = e^{(x-1)2+(y-3)2}$.

a) Ache o polinômio de Taylor de primeiro grau em (0, 0).

b) Ache o polinômio de Taylor de segundo grau (quadrático) em (1, 3).

c) Ache um 3-vetor perpendicular à superfície $z = f(x, y)$ no ponto (0, 0).

43 A função $T(x, y, z, t)$ é uma solução da *equação de calor*

$$T_t = K\left(T_{xx} + T_{yy} + T_{zz}\right),$$

e dá a temperatura no ponto (x, y, z) no 3-espaço e no tempo t. A constante K é a *condutividade térmica* do meio pelo qual o calor está fluindo.

a) Mostre que a função

$$T(x, y, z, t) = \frac{1}{(4\pi Kt)^{3/2}} e^{-\left(x^2+y^2+z^2\right)/4Kt}$$

é uma solução da equação de calor para todo (x, y, z) no 3-espaço e $t > 0$.

b) Para cada tempo t fixo, quais são as superfícies de nível da função $T(x, y, z, t)$ no 3-espaço?

c) Considere t fixo e calcule grad $T(x, y, z, t)$. O que diz grad $T(x, y, z, t)$ quanto à direção e módulo do fluxo de calor?

44 Cada digrama (I)–(IV) na Figura 3.76 representa as curvas de nível de uma função $f(x, y)$. Para cada função f considere o ponto sobre P na superfície $z = f(x, y)$ e escolha das listas que seguem:

a) Um vetor que poderia ser normal à superfície nesse ponto:

b) Uma equação que poderia ser a equação do plano tangente à superfície no ponto.

(I)

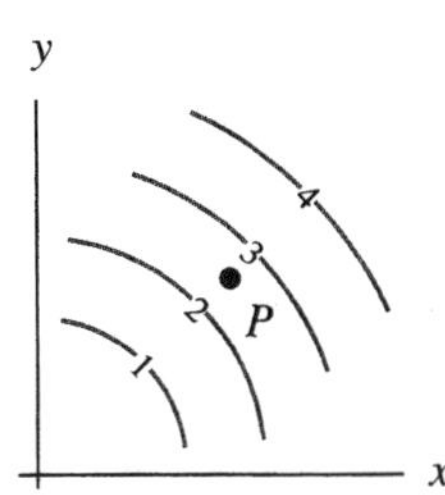

(II)

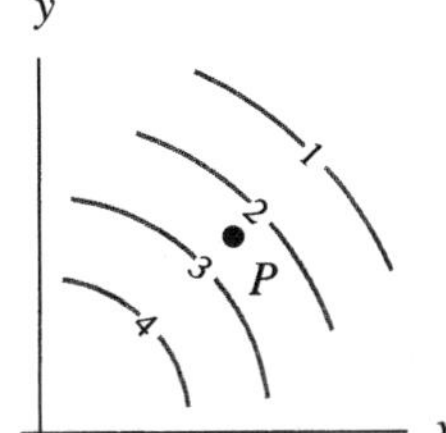

(III)

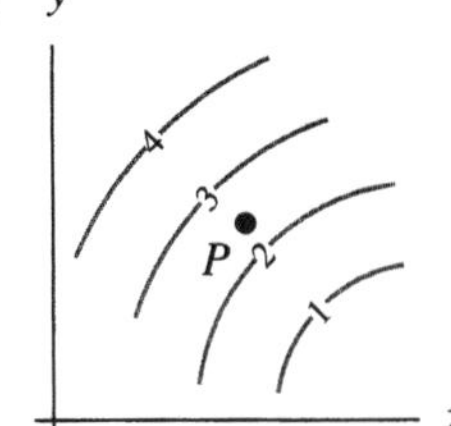

(IV)

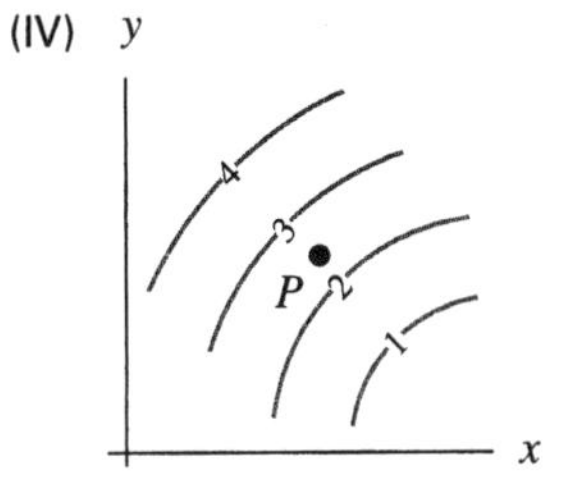

Figura 3.76

Vetores

(E) $2\vec{i} + 2\vec{j} - 2\vec{k}$

(F) $2\vec{i} + 2\vec{j} + 2\vec{k}$

(G) $2\vec{i} - 2\vec{j} + 2\vec{k}$

(H) $-2\vec{i} + 2\vec{j} + 2\vec{k}$

Equações

(J) $x + y + z = 4$

(K) $2x - 2y - 2z = 2$

(L) $-3x - 3y + 3z = 6$

(M) $-\frac{x}{2} + \frac{y}{2} - \frac{z}{2} = -7$

4

OTIMIZAÇÃO: EXTREMOS LOCAIS E GLOBAIS

No cálculo de uma variável vimos como achar os valores máximo e mínimo de uma função de uma variável. Na prática há freqüentemente várias variáveis num problema de otimização. Por exemplo você tem \$10.000 para investir em equipamento novo e anúncios para seu negócio. Qual combinação de equipamento e anúncios dará o maior lucro? Ou, qual combinação de drogas abaixará mais a temperatura de um paciente? Neste capítulo consideramos problemas de otimização, em que as variaveis são completamente livres para variar (otimização sem vínculos) e em que há uma restrição sobre as variáveis, ou vínculo (por exemplo, restrições orçamentárias).

4.1 - EXTREMOS LOCAIS

Funções de várias variáveis, como as de uma variável, podem ter extremos *locais* e *globais*. (Isto é, máximos e mínimos locais e globais). Uma função tem um extremo local num ponto em que toma o maior ou o menor valor numa pequena região em volta do ponto. Extremos globais são o maior ou o menor valor em todo o domínio sob consideração.(Ver Figuras 4.1 e 4.2).

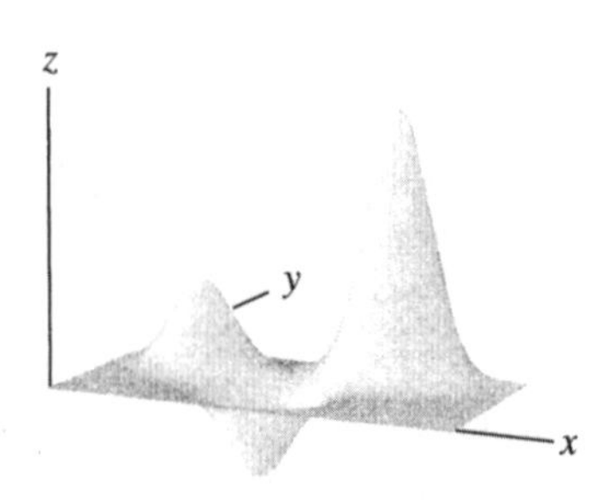

Figura 4.1: Extremos locais e globais para uma função de duas variáveis em $0 \leq x \leq a, 0 \leq y \leq b$

Mais precisamente, considerando somente pontos em que a função está definida, dizemos

- f tem um **máximo local** no ponto P_0 se $f(P_0) \geq f(P)$ para todos os pontos P próximos de P_0.
- f tem um **mínimo local** no ponto P_0 se $f(P_0) \leq f(P)$ para todos os pontos P próximos de P_0.

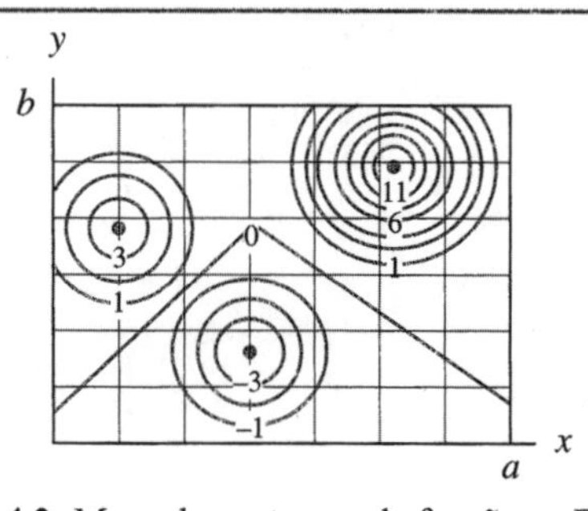

Figura 4.2: Mapa de contornos da função na Figura 4.1.

Como detectar um máximo ou mínimo local?

Lembre que se o vetor gradiente de uma função é definido e não nulo então ele aponta numa direção em que a função cresce. Suponha que uma função f tem um máximo local num ponto P_0 que não está na fronteira do domínio. Se o vetor grad $f(P_0)$ estivesse definido e fosse não nulo então poderíamos aumentar f caminhando na direção do grad $f(P_0)$. Como f tem máximo local em P_0 não há direção em que f cresça. Portanto se grad $f(P_0)$ está definido devemos ter

$$\text{grad} f(P_0) = \vec{0}.$$

Analogamente suponha que f tem mínimo local no ponto P_0. Se grad $f(P_0)$ estivesse definido e fosse não nulo então poderíamos fazer f decrescer caminhando na direção oposta a grad $f(P_0)$ e portanto novamente devemos ter grad $f(P_0) = \vec{0}$. Por isso pomos a seguinte definição:

> Pontos em que o gradiente ou é $\vec{0}$ ou não está definido são chamados **pontos críticos** da função. Se uma função tem um máximo ou mínimo local em um ponto P_0 que não está sobre a fronteira de seu domínio, então P_0 é um ponto crítico.

Para uma função de duas variáveis podemos também ver que o vetor gradiente deve ser zero ou não definido num máximo local olhando um diagrama de contornos e uma representação de seus vetores gradiente. (Ver Figuras 4.3 e 4.4.) Em volta do máximo os vetores todos apontam para dentro, perpendicularmente aos contornos. No máximo, o vetor gradiente deve ser zero ou não estar definido. Um argumento semelhante mostra que o gradiente deve ser zero num ponto de mínimo local.

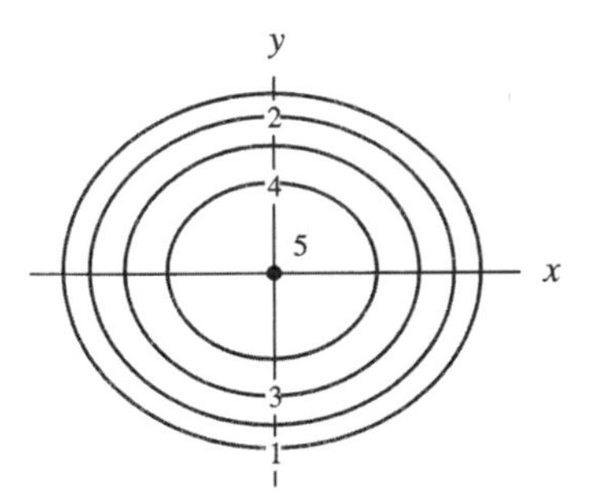

Figura 4.3: Diagrama de contornos em torno de um máximo local de uma função

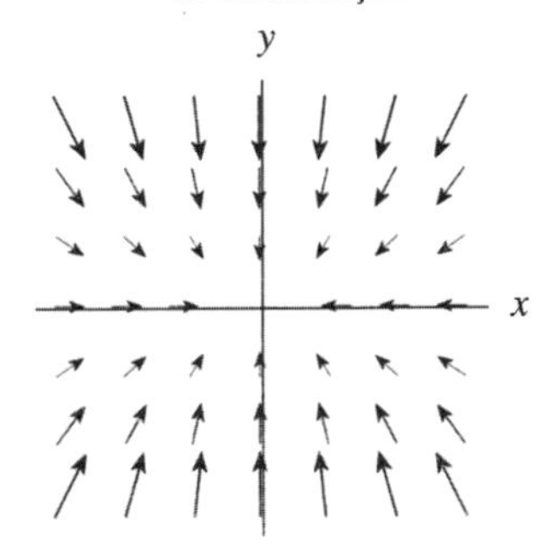

Figura 4.4: Gradientes apontando para o máximo local da função na Figura 4.3

Achar pontos críticos

Para achar pontos críticos pomos grad $f = f_x\vec{i} + f_y\vec{j} + f_z\vec{k} = \vec{0}$, o que significa fazer todas as derivadas parciais de f iguais a zero. Precisamos também olhar os pontos em que uma ou mais das derivadas parciais não estejam definidas.

Exemplo 1: Ache e analise os pontos críticos de $f(x, y) = x^2 - 2x + y^2 - 4y + 5$.

Solução: Para achar os pontos críticos pomos as duas derivadas parciais iguais a zero:

$$f_x = 2x - 2 = 0$$

$$f_y = 2y - 4 = 0.$$

Resolvendo estas equações achamos $x = 1$, $y = 2$. Portanto f tem um único ponto crítico, que é $(1, 2)$. Para ver o comportamento de f perto de $(1, 2)$ olhe os valores da função na Tabela 4.1.

Tabela 4.1: *Valores de $f(x, y)$ perto do ponto* $(1, 2)$

y \ x	0,8	0,9	1,0	1,1	1,2
1,8	0,08	0,05	0,04	0,05	0,08
1,9	0,05	0,02	0,01	0,02	0,05
2,0	0,04	0,01	0,00	0,01	0,04
2,1	0,05	0,02	0,01	0,02	0,05
2,2	0,08	0,05	0,04	0,05	0,08

A tabela sugere que a função tem um valor mínimo local igual a 0 em $(1, 2)$. Podemos verificar isto completando o quadrado:

$$f(x, y) = x^2 - 2x + y^2 - 4y + 5 = (x - 1)^2 + (y - 2)^2.$$

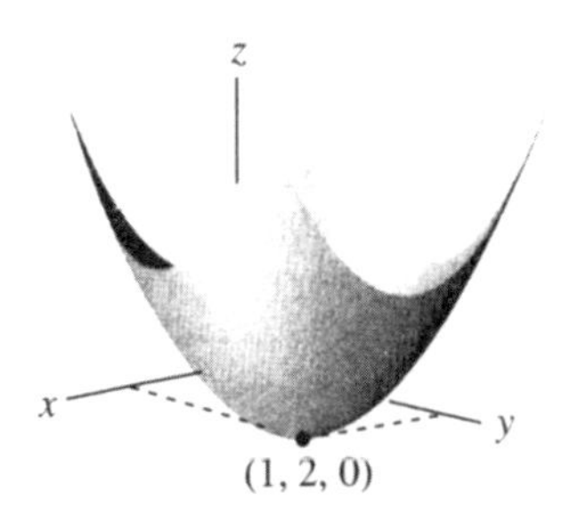

Figura 4.5: O gráfico de $f(x, y) = x^2 - 2x + y^2 - 4y + 5$ com um mínimo local no ponto $(1, 2)$

A Figura 4.5 mostra que o gráfico de f é uma cuia parabólica com vértice no ponto $(1, 2, 0)$. Tem a mesma forma que o gráfico de $z = x^2 + y^2$ mostrado na Figura 1.18, só que o vértice foi deslocado para $(1, 2)$. Assim o ponto $(1, 2)$ é o mínimo local de f (assim como um mínimo global).

Exemplo 2: Ache e analise quaisquer pontos críticos de $f(x, y) = -\sqrt{x^2 + y^2}$.

Solução: Procuramos os pontos em que grad $f = \vec{0}$ ou não está definido. As derivadas parciais são dadas por

$$\frac{\partial f}{\partial x} = -\frac{x}{\sqrt{x^2 + y^2}},$$

$$\frac{\partial f}{\partial y} = -\frac{y}{\sqrt{x^2 + y^2}},$$

Elas nunca são ambas nulas, mas ambas não estão definidas em $x = 0, y = 0$. Assim $(0, 0)$ é um ponto crítico e um possível ponto de extremo. O gráfico de f (ver Figura 4.6) é um cone, com vértice em $(0, 0)$. Então f tem um máximo local e global em $(0, 0)$.

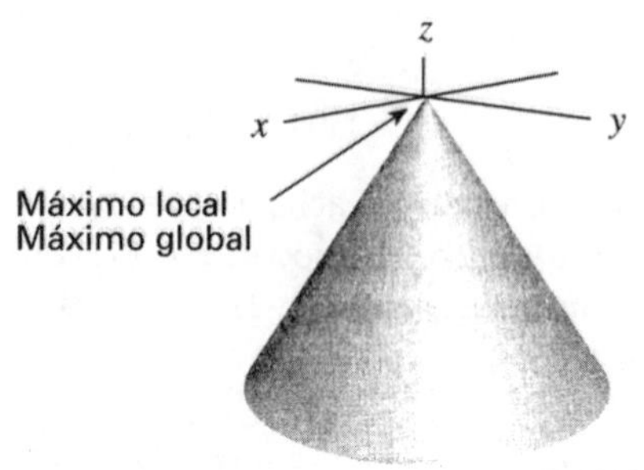

Figura 4.6: Gráfico de $f(x, y) = -\sqrt{x^2 + y^2}$

Exemplo 3: Ache os extremos locais da função $f(x, y) = 8y^3 + 12x^2 - 24xy$.

Solução: Começamos procurando pontos críticos:

$$f_x = 24x - 24y$$

$$f_y = 24y^2 - 24x.$$

Igualando a zero estas expressões obtemos o sistema de equações

$$x = y, \ x = y^2,$$

que tem duas soluções, $(0, 0)$ e $(1, 1)$. São estes pontos máximos, mínimos ou nenhum destas coisas ? Olhemos os contornos perto desses pontos: a Figura 4.7 mostra o diagrama de contornos desta função.

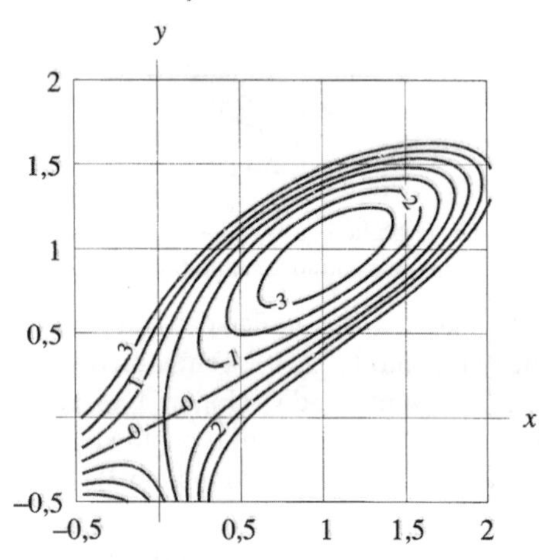

Figura 4.7: Diagrama de contornos de $f(x, y) = 8y^3 + 12x^2 - 24xy$ mostrando os pontos críticos em $(0, 0)$ e 1, 1)

Observe que $f(1, 1) = -4$ e que não há outro contorno -4. Os contornos perto de $P = (1, 1)$ são de forma ovalada e mostram que f está aumentando não importa em que direção você se mova afastando-se de P. Isto sugere que f tem um mínimo local no ponto $(1, 1)$.

As curvas de nível perto de $Q = (0, 0)$ mostram comportamento muito diferente. Ao passo que $f(0, 0) = 0$ vemos que f toma valores tanto positivos quanto negativos em pontos próximos. Assim $(0, 0)$é um ponto crítico que não é nem máximo nem mínimo local.

Pontos de sela

O exemplo anterior mostra que pontos críticos podem ocorrer em pontos de máximo ou mínimo local ou em pontos que não são nenhuma destas coisas. Pomos a seguinte definição:

> Uma função f tem um **ponto de sela** em P_0 se P_0 é um ponto crítico de f e a distâncias de P_0 não importa quão pequenas existem pontos P_1 e P_2 com
>
> $$f(P_1) > f(P_0) \quad \text{e} \quad f(P_2) < f(P_0).$$

Assim vemos da Figura 4.7 que a função $f(x, y) = 8y^3 + 12x^2 - 24xy$ do Exemplo 3 tem um ponto de sela na origem.

Para um outro exemplo, olhe o gráfico de $g(x, y) = x^2 - y^2$ na Figura 4.8. A origem é um ponto crítico e $g(0, 0) = 0$. Como existem valores positivos sobre o eixo-x e valores negativos sobre o eixo-y, a origem é um ponto de sela. Observe que o gráfico de g parece uma sela aí.

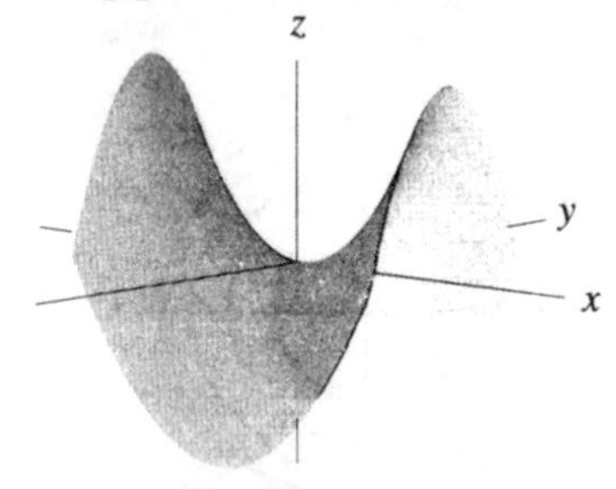

Figura 4.8: Gráfico de $g(x, y) = x^2 - y^2$, mostrando ponto de sela na origem.

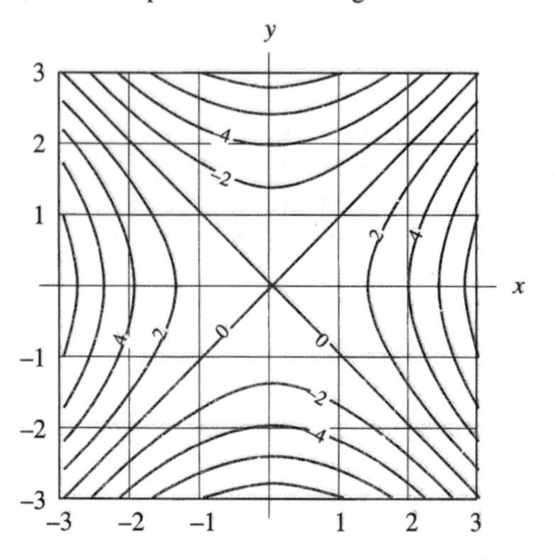

Figura 4.9: Contornos de $g(x, y) = x^2 - y^2$, mostrando ponto de sela na origem

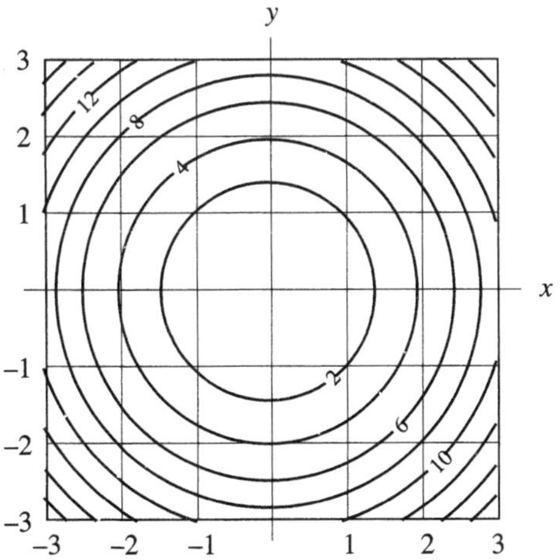

Figura 4.10: Contornos de $h(x, y) = x^2 + y^2$, mostrando mínimo local na origem

A Figura 4.9 mostra as curvas de nível de g perto do ponto de sela (0, 0). São hipérboles mostrando tanto valores positivos quanto negativos de g perto de (0, 0). Compare isto com a aparência das curvas de nível perto de um máximo ou de um mínimo local. Por exemplo a Figura 4.10 mostra $h(x, y) = x^2 + y^2$ perto de (0, 0).

Um ponto crítico é um máximo local, um mínimo local ou um ponto de sela?

Podemos saber se um ponto crítico de uma função f é um máximo, mínimo ou ponto de sela olhando o diagrama de contornos. Há também um método analítico simples para fazer a distinção se o ponto crítico é um ponto em que as derivadas parciais de f são zero. Perto da maior parte dos pontos críticos uma função tem o mesmo comportamento que sua aproximação de Taylor quadrática em torno desse ponto, de modo que precisamos primeiro entender funções quadráticas.

Funções quadráticas da forma $f(x, y) = ax^2 + bxy + cy^2$

Comecemos por olhar o que pode acontecer em pontos críticos de funções quadráticas da forma $f(x, y) = ax^2 + bxy + cy^2$, onde a, b, e c são constantes.

Exemplo 4: Ache e analise os extremos locais da função $f(x, y) = x^2 + xy + y^2$.

Solução: Para achar pontos críticos pomos

$$f_x = 2x + y = 0$$

$$f_y = x + 2y = 0.$$

O único ponto crítico é (0, 0) e o valor da função aí é $f(0, 0) = 0$. Se f for sempre positiva ou nula perto de (0, 0) então (0, 0) é um mínimo local; se f é sempre negativa ou nula perto de (0, 0) então é um máximo local: se f toma valores tanto positivos quanto negativos então é um ponto de sela. O gráfico na Figura 4.11 sugere que (0, 0) é um mínimo local.

Como podemos ter certeza de que (0, 0)é um mínimo local? O modo algébrico de determinar se uma função quadrática é sempre negativa, sempre positiva ou nenhuma destas coisas é por completação do quadrado. Escrevendo

$$f(x,y) = x^2 + xy + y^2 = \left(x + \frac{1}{2}y\right)^2 + \frac{3}{4}y^2,$$

vemos que $f(x, y)$ é a soma de dois quadrados, portanto deve ser sempre maior ou igual a zero. Assim o ponto crítico é um ponto de mínimo tanto local quanto global.

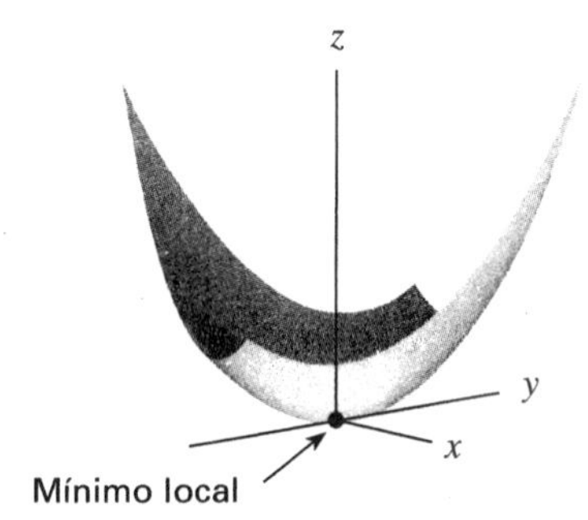

Figura 4.11: Gráfico de $f(x, y) = x^2 + xy + y^2 = (x + 1/2\, y)^2 + 3/4\, y^2$ mostrando mínimo local na origem

---

A forma do gráfico de $f(x, y) = ax^2 + bxy + cy^2$

De modo geral uma função da forma $f(x, y) = ax^2 + bxy + cy^2$ tem um ponto crítico em (0, 0). Para analisar seu gráfico completamos o quadrado. Supondo $a \neq 0$ escrevemos

$$ax^2 + bxy + cy^2 = a\left[x^2 + \frac{b}{a}xy + \frac{c}{a}y^2\right]$$

$$= a\left[\left(x + \frac{b}{2a}y\right)^2 + \left(\frac{c}{a} - \frac{b^2}{4a^2}\right)y^2\right]$$

$$= a\left[\left(x + \frac{b}{2a}y\right)^2 + \left(\frac{4ac - b^2}{4a^2}\right)y^2\right].$$

A forma do gráfico de f depende de o coeficiente de y^2 ser positivo, negativo ou zero. O sinal de $D = 4ac - b^2$, chamado o *discriminante*, determina o sinal do coeficiente de y^2.

• Se $D > 0$ então a expressão entre colchetes é positiva ou zero, de modo que a função tem um máximo local ou um mínimo local.

• Se $a > 0$ a função tem um mínimo local pois o gráfico é um parabolóide virado para cima, como $z = x^2 + y^2$. (ver Figura 4.12).

• Se $a < 0$, a função tem um máximo local pois o gráfico é um parabolóide virado para baixo, como $z = -x^2 - y^2$.

(Ver Figura 4.13).

• Se $D < 0$ então a função sobe em algumas direções e desce em outras, como $z = x^2 - y^2$. Portanto tem ponto de sela. (Ver Figura 4.14).

• Se $D = 0$ então a função quadrática é $a(x + by/2\,a)^2$ cujo gráfico é um cilindro parabólico. (Ver Figura 4.15)

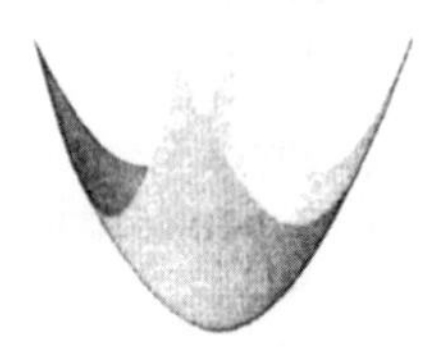

Figura 4.12: Côncavo para cima: $D > 0$ e $a > 0$

Figura 4.13: Côncavo para baixo: $D > 0$ e $a < 0$

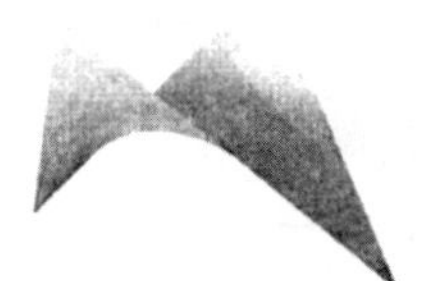

Figura 4.14: Forma de sela: $D < 0$

Figura 4.15: Cilindro parabólico: $D=0$

Mais geralmente o gráfico de $g(x, y) = a(x - x_0)^2 + b(x - x_0)(y - y_0) + c(y - y_0)^2$ tem exatamente a mesma forma que o gráfico de $f(x, y) = ax^2 + bxy + cy^2$, só que o ponto crítico é em (x_0, y_0) em vez de $(0, 0)$. Portanto o critério de discriminante* dá os mesmos resultados para o comportamento de g perto de (x_0, y_0).

Classificação dos pontos críticos de uma função

Suponha agora que f é qualquer função com $f(0, 0) = 0$ e grad $f(0, 0) = \vec{0}$. Lembre da página 89 que f pode ser aproximada por seu polinômio de Taylor quadrático perto de $(0, 0)$:

$$f(x,y) \approx f(0,0) + f_x(0,0)x + f_y(0,0)y$$

$$+\frac{1}{2} f_{xx}(0,0)\,x^2 + f_{xy}(0,0)\,xy + \frac{1}{2} f_{yy}(0,0)\,y^2$$

Como $f(0, 0) = 0$ e $f_x(0, 0) = f_y(0, 0) = 0$, o polinômio quadrático se simplifica a

$$f(x,y) \approx \frac{1}{2} f_{xx}(0,0)\,x^2 + f_{xy}(0,0)\,xy + \frac{1}{2} f_{yy}(0,0)\,y^2.$$

O discriminante é

$$D = 4ac - b^2 = 4\left(\frac{1}{2} f_{xx}(0,0)\right)\left(\frac{1}{2} f_{yy}(0,0)\right) - \left(f_{xy}(0,0)\right)^2,$$

que se simplifica a

* Supusemos que $a \neq 0$. Se $a = 0$ e $c \neq 0$ o mesmo argumento funciona. Se $a = 0$ e $c = 0$ então $f(x, y) = bxy$, que é uma sela.

$$D = f_{xx}(0, 0)f_{yy}(0, 0) - (f_{xy}(0, 0))^2.$$

Existe uma fórmula semelhante para D se $f(0, 0) \neq 0$ ou se o ponto crítico é em (x_0, y_0). Assim, obtemos o seguinte critério:

Critério da segunda derivada para funções de duas variáveis

Seja (x_0, y_0) um ponto em que grad $f(x_0, y_0) = \vec{0}$. Seja

$$D = f_{xx}(x_0, y_0)f_{yy}(x_0, y_0) - (f_{xy}(x_0, y_0))^2.$$

• Se $D > 0$ e $f_{xx}(x_0, y_0) > 0$ então f tem um mínimo local em (x_0, y_0)

• Se $D > 0$ e $f_{xx}(x_0, y_0) < 0$ então f tem um máximo local em (x_0, y_0)

• Se $D < 0$ então f tem ponto de sela em (x_0, y_0).

• Se $D = 0$ tudo pode acontecer: f pode ter um máximo local, ou um mínimo local ou um ponto de sela em (x_0, y_0).

Exemplo 5: Ache os máximos locais, mínimos locais e pontos de sela da função

$$f(x,y) = \frac{x^2}{2} + 3y^3 + 9y^2 - 3xy + 9y - 9x.$$

Solução: As derivadas parciais de f são $f_x = x - 3y - 9$ e $f_y = 9y^2 + 18y - 3x + 9$. As equações $f_x = 0$ e $f_y = 0$ dão

$$9y^2 + 18y + 9 - 3x = 0,$$

$$x - 3y - 9 = 0.$$

Eliminando x vem

$$9y^2 + 9y - 18 = 0,$$

que tem as soluções $y = -2$ e $y = 1$. Achamos os valores correspondentes de x e os pontos críticos de f são $(3, -2)$ e $(12, 1)$, O discriminante é

$$D(x, y) = f_{xx}f_{yy} - f^2_{xy} = (1)(18y + 18)\text{-}(\text{-}3)^2 = 18y + 9.$$

Como $D(3, -2) = -36 + 9 < 0$ sabemos que $(-3, 2)$ é um ponto de sela da f. Como $D(12, 1) = 18 + 9 > 0$ e $f_{xx}(12, 1) = 1 > 0$ sabemos que $(12, 1)$ é um mínimo local de f.

O critério da segunda derivada não dá informação nenhuma no caso $D = 0$. Porém, como ilustram os exemplos seguintes, ainda podemos classificar os pontos críticos olhando o gráfico da função.

Exemplo 6: Classifique o ponto crítico $(0, 0)$ das funções $f(x, y) = x^4 + y^4$ e $g(x, y) = -x^4 - y^4$ e $h(x, y) = x^4 - y^4$.

Solução: Cada uma destas funções tem um ponto crítico em $(0, 0)$. Porém todas as derivadas parciais segundas são 0 aí, assim para cada função $D = 0$. Perto da origem os gráficos de f, g e h se parecem com as superfícies das Figuras 4.12-4.14 respectivamente e portanto vemos que f tem um mínimo em (0, 0), g tem um máximo em (0, 0) e h tem um ponto de sela.

Podemos chegar aos mesmos resultados algébricamente. Como $f(0, 0) = 0$ e $f(x, y) > 0$ no resto, f deve ter um mínimo na origem. Como $g(0, 0) = 0$ e $g(x, y) < 0$ em todo o resto, g tem um máximo em (0, 0). Finalmente h tem um ponto de sela na origem pois $h(0, 0) = 0$ e $h(x, y) > 0$ no eixo-x e $h(x, y) < 0$ no eixo-y

Problemas para a Seção 4.1

1 Considere os pontos marcados A, B, C no diagrama de contorno da figura 4.16. Quais parecem ser pontos críticos? Classifique os que são pontos críticos.

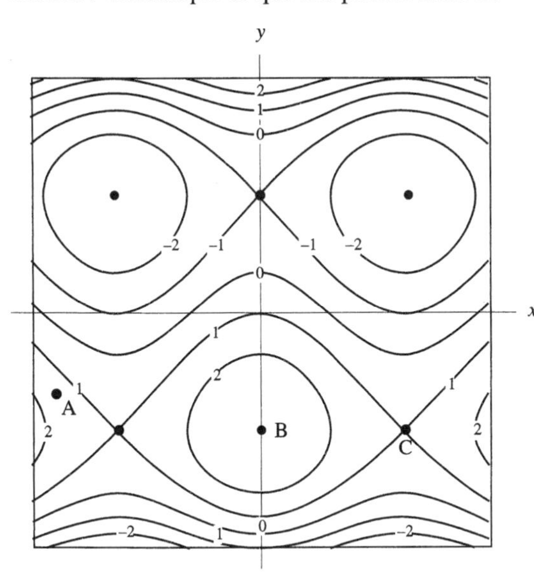

Figura 4.16

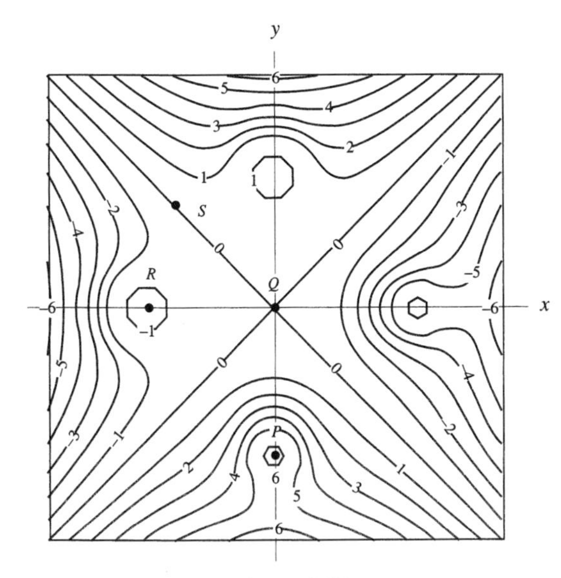

Figura 4.17

Para os Problemas 2-4 use a Figura 4.17, que mostra curvas de nível de alguma função $f(x, y)$.

2 Decida se acha que cada ponto é um máximo local, mínimo local, ponto de sela ou nada disto.
a) P b) Q c) R d) S

3 Esboce a direção de ∇f em vários pontos perto de P, Q e R.

4 Ponha flechas indicando a direção de ∇f nos pontos em que $\|\nabla f\|$ é maior.

Para os Problemas 5-11 ache os máximos e mínimos locais e pontos de sela das funções dadas.

5 $f(x, y) = x^3 - 3x + y^3 - 3y$ **6** $f(x, y) = x^3 + e^{-y^2}$

7 $f(x, y) = (x + y)(xy + 1)$ **8** $f(x, y) = 8xy - 1/4\,(x + y)^4$

9 $E(x, y) = 1 - \cos x + y^2/2$ **10** $f(x, y) = \operatorname{sen} x \operatorname{sen} y$

11 $P(x, y) = 400 - 3x^2 - 4x + 2xy - 5y^2 + 48y$

12 Seja $f(x, y) = A - (x^2 + Bx + y^2 + Cy)$. Que valores de A, B e C dão a $f(x, y)$ um máximo local de valor 15 no ponto $(-2, 1)$?

Cada função nos Problemas 13-15 tem um ponto crítico em (0, 0). Que espécie de ponto crítico é?

13 $f(x, y) = x^6 + y^6$ **14** $g(x, y) = x^4 + y^3$

15 $h(x, y) = \cos x \cos y$

16 a) Ache todos os pontos críticos de

$$f(x, y) = e^x(1 - \cos y).$$

b) Esses pontos críticos são máximos locais, mínimos locais ou pontos de sela?

17 Suponha que $f_x = f_y = 0$ em (1, 3) e $f_{xx} > 0, f_{yy} > 0, f_{xy} = 0$.

a) O que você pode concluir sobre a forma do gráfico de f perto do ponto (1, 3)?
b) Esboce um possível diagrama de contornos

18 Suponha que para alguma função $f(x, y)$ no ponto (a, b) temos $f_x = f_y = 0, f_{xx} > 0, f_{yy} > 0, f_{xy} = 0$.

a) O que você pode concluir quanto à forma do gráfico de f perto do ponto (a, b)?
b) Esboce um possível diagrama de contornos.

19 O comportamento de uma função pode ser complicado perto de um ponto crítico em que $D = 0$. Seja

$$f(x, y) = x^3 - 3xy^2.$$

Mostre que há um ponto crítico em (0, 0) e que $D = 0$ aí. Então mostre que o contorno para $f(x, y) = 0$ consiste de três retas que se cortam na origem e que estas retas dividem o plano em seis regiões em volta da origem em que f é alternadamente positiva e negativa. Esboce um diagrama de contornos para f perto de (0, 0). O gráfico desta função chama-se uma *sela de macaco*.

20 Desenhe num computador diagramas para a família de funções

$$f(x, y) = k(x^2 + y^2) - 2xy$$

para $k = -2, -1, 0, 1, 2$. Use estas figuras para classificar o ponto crítico em (0, 0) para cada valor de k. Explique suas observações usando o discriminante D.

4.2-EXTREMOS GLOBAIS: OTIMIZAÇÃO SEM VÍNCULOS

Suponha que queremos achar o ponto mais alto e o ponto mais baixo de alguma região geográfica. Primeiro, faz diferença de qual região se trata, do país todo, de um estado ou de uma circunscrição.

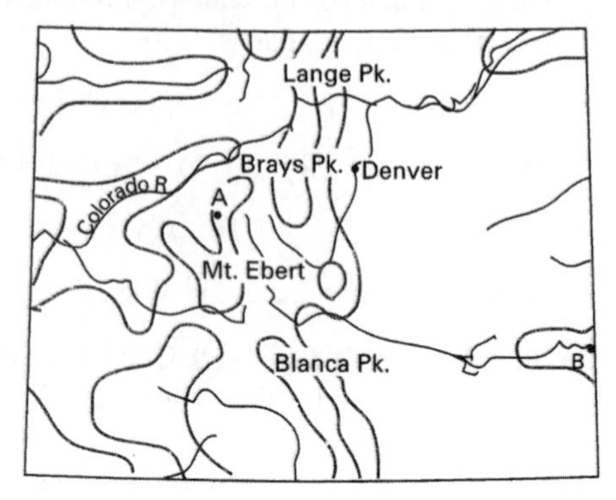

Figura 4.18: O ponto mais alto e o ponto mais baixo no Estado de Colorado

Suponhamos que a região é o Colorado (um mapa de contornos é mostrado na Figura 4.18). O ponto mais alto é o topo do pico de uma montanha (ponto A no mapa, Mt. Ebert). E o ponto mais baixo? O Colorado não tem grandes depressões sem escoamento, como o Vale da Morte na Califórnia. Uma gota de chuva caindo em qualquer ponto do Colorado eventualmente fluirá para fora do estado, ou para o Pacífico ou para o Oceano Atlântico. Se não há mínimo local dentro do estado, onde está o ponto mais baixo? Deve estar na divisa do estado num ponto em que um rio está fluindo para fora do estado (o ponto B onde o rio Arkansas deixa o estado). O ponto mais alto no Colorado é um máximo global para a função elevação no Colorado e o ponto mais baixo é o mínimo global.

De modo geral se nos é dada uma função f definida numa região R dizemos:

- f tem um **máximo global** em R no ponto P_0 se $f(P_0) \geq f(P)$ para todos os pontos P em R.
- f tem um **mínimo global** em R no ponto P_0 se $f(P_0) \leq f(P)$ para todos os pontos P em R.

O processo para achar um máximo ou mínimo global para uma função f numa região R chama-se *otimização*. Se a região é todo o plano-xy falamos em *otimização sem vínculos*; se a região R não é o plano todo, isto é, se x ou y estão restritos de algum modo, falamos em *otimização com vínculos* . Se a região R não está dada explicitamente, entende-se que é todo o plano-xy.

Como achamos máximos e mínimos globais?

Como ilustra o exemplo do Colorado, um extremo global pode ocorrer ou como ponto crítico dentro da região ou num ponto na fronteira da região. Isto é semelhante ao cálculo de uma variável, em que uma função atinge seus extremos globais num intervalo ou num ponto crítico no interior do intervalo, ou numa extremidade do intervalo. A otimização para funções de mais de uma variável porém é mais difícil porque as regiões no 2-espaço podem ter fronteiras muito complicadas.

Para um problema de otimização sem vínculos
- Achar os pontos críticos
- Investigar se os pontos críticos dão máximos globais

Nem todas as funções têm um máximo global ou um mínimo global: depende da função e da região. Para o resto desta seção consideramos aplicações em que por considerações práticas se espera que existam extremos globais. De modo geral, o fato de uma função ter um único máximo local ou um único mínimo local não garante que o ponto seja um máximo ou mínimo global. (Ver Problema 23). Uma exceção é se a função é quadrática, neste caso o máximo local ou mínimo local é o máximo ou mínimo global. Ver Exemplo 1 na página 102.

Exemplos econômicos: maximizar o lucro

Ao planejar a produção uma companhia se preocupa com quanto de um item particular manufaturar e com o preço pelo qual deve vendê-lo. Em geral, quanto maior o preço menos pode ser vendido. Para determinar quanto produzir a companhia freqüentemente escolhe a combinação de preço e quantidade que maximiza o lucro. Para calcular o máximo usamos o fato de

$$\text{Lucro} = \text{Rendimento} - \text{Custo}$$

e, desde que o preço é constante,

$$\text{Rendimento} = \text{Preço} \times \text{Quantidade} = pq.$$

Além disso precisamos saber como o custo e o preço dependem da quantidade.

Exemplo 1: Uma companhia fabrica dois itens que são vendidos em mercados separados. As quantidades q_1 e q_2 pedidas pelos consumidores e os preços p_1 e p_2 de cada item são relacionados por

$$p_1 = 600 - 0{,}3q_1 \quad \text{e} \quad p_2 = 500 - 0{,}2q_2.$$

Assim, se o preço de qualquer dos itens aumenta, a demanda para ele decresce. O custo total de produção da companhia é dado por

$$C = 16 + 1{,}2\,q_1 + 1{,}5\,q_2 + 0{,}2q_1q_2.$$

Se a companhia quer maximizar seu lucro total, quanto de cada produto deve manufaturar? Qual será o lucro máximo ? *

* Adatado de M. Rosser, *Basic mathematics for* ***Economists***, p.316 (New York: Routledege, 1993).

Solução: O rendimento total R é a soma dos rendimentos, p_1q_1 e p_2q_2 de cada mercadoria. Substituindo p_1 e p_2 temos

$$\begin{aligned} R &= p_1q_1 + p_2q_2 \\ &= (600 - 0{,}3q_1)q_1 + (500 - 0{,}2q_2)q_2 \\ &= 600q_1 - 0{,}3q^2_1 + 500q_2 - 0{,}2q^2_2. \end{aligned}$$

Assim, o lucro total P é dado por

$$\begin{aligned} P &= R - C \\ &= 600q_1 - 0{,}3q^2_1 + 500q_2 - 0{,}2q^2_2 - (16 + 1{,}2q_1 + 1{,}5q_2 + 0{,}2q_1q_2) \\ &= -16 + 598{,}8q_1 - 0{,}3q^2_1 + 498{,}5q_2 - 0{,}2q^2_2 - 0{,}2q_1q_2. \end{aligned}$$

Para maximizar P calculamos derivadas parciais e igualamos a zero:

$$\frac{\partial P}{\partial q_1} = 598{,}8 - 0{,}6q_1 - 0{,}2q_2 = 0,$$
$$\frac{\partial P}{\partial q_2} = 498{,}5 - 0{,}4q_2 - 0{,}2q_1 = 0.$$

Como grad P está definido em toda parte os únicos pontos críticos de P são aqueles em que grad $P = \vec{0}$. Assim, resolvendo para q_1 e q_2 temos

$$q_1 = 699{,}1 \quad \text{e} \quad q_2 = 896{,}7.$$

Os preços correspondentes são

$$p_1 = 390{,}27 \quad \text{e} \quad p_2 = 320{,}66.$$

Para ver se temos ou não um máximo calculamos as derivadas parciais segundas:

$$\frac{\partial^2 P}{\partial q_1^2} = -0{,}6, \quad \frac{\partial^2 P}{\partial q_2^2} = -0{,}4, \quad \frac{\partial^2 P}{\partial q_1 \partial q_2} = -0{,}2,$$

e

$$D = \frac{\partial^2 P}{\partial q_1^2}\frac{\partial^2 P}{\partial q_2^2} - \left(\frac{\partial^2 P}{\partial q_1 \partial q_2}\right)^2 = (-0{,}6)(-0{,}4) - (-0{,}2)^2 = 0{,}2.$$

Portanto achamos um máximo local. O gráfico de P é um parabolóide invertido e portanto (699,1, 896,7) é de fato um máximo global. A companhia deveria produzir 699,1 unidades do primeiro item, ao preço de \$ 390,27 por unidade, e 896,7 unidades do segundo item com o preço de \$ 320,66 por unidade. O lucro máximo $P(699{,}1,\ 896{,}7) \approx$ \$ 433.000.

Ajuste de uma reta a dados

Uma aplicação importante da otimização é o problema de ajustar a "melhor" reta a certos dados. Suponha que os dados estão marcados num plano. Medimos a distância da reta aos pontos somando os quadrados das distâncias verticais de cada ponto à reta. Quanto menor esta soma de quadrados melhor a reta se ajusta aos dados. A reta com a mínima soma de quadrados das distâncias é chamada a *reta dos mínimos quadrados*, ou *reta de regressão*. Se os dados são quase lineares a reta dos mínimos quadrados se ajustará bem; de outro modo, isto pode não acontecer. (Ver Figura 4.19).

Figura 4.19: Ajuste de retas a pontos dados

Exemplo 2: Ache reta de mínimos quadrados para os seguintes dados: (1, 1), (2, 1) e (3, 3).

Solução: Suponha que a reta tem equação $y = mx + b$. Se acharmos b e m teremos achado a reta. Assim, para este problema b e m são duas variáveis. Queremos minimizar a função $f(b, m)$ que dá a soma dos quadrados das três distâncias verticais dos pontos à reta na Figura 4.20.

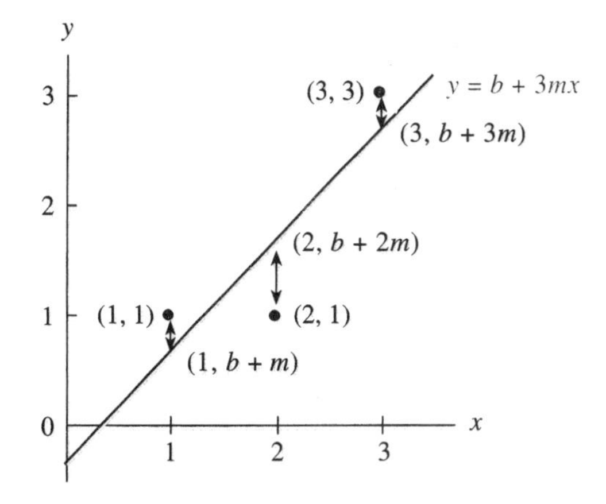

Figura 4.20: A reta dos mínimos quadrados minimiza a soma dos quadrados destas distâncias verticais

A distância vertical do ponto (1, 1) à reta é a diferença das coordenadas-y, $1 - (b + m)$; analogamente para os outros pontos. Assim a soma dos quadrados é

$$f(b, m) = (1 - (b + m))^2 + (1 - (b + 2m))^2 + (3 - (b + 3m))^2.$$

Para minimizar f procuramos pontos críticos. Primeiro derivamos f com relação a b:

$$\begin{aligned} \frac{\partial f}{\partial b} &= -2(1 - (b + m)) - 2(1 - (b + 2m)) - 2(3 - (b + 3m)) \\ &= -2 + 2b + 2m - 2 + 2b + 4m - 6 + 2b + 6m \\ &= -10 + 6b + 12m. \end{aligned}$$

Agora derivamos com relação a m:

$$\frac{\partial f}{\partial m} = 2(1 - (b + m))(-1) + 2(1 - (b + 2m))(-2) +$$

$$+2(3 - (b + 3m))(-3)$$

$$= -2 + 2b + 2m - 4 + 4b + 8m - 18 + 6b + 18m$$

$$= -24 + 12b + 28m.$$

As equações $\partial f / \partial b = 0$ e $\partial f / \partial m = 0$ dão um sistema de duas equações lineares em duas incógnitas:

$$-10 + 6b + 12m = 0$$

$$-24 + 12b + 28m = 0$$

A solução deste par de equações é o ponto crítico $b = 1/3$ e $m = 1$. Como

$$D = f_{bb} f_{mm} - (f_{mb})^2 = (6)(28) - 12^2 = 24 \quad \text{e} \quad f_{bb} = 6 > 0,$$

achamos um mínimo local. O gráfico de $f(b, m)$ é uma cuia parabólica de modo que o mínimo local é um mínimo global. Assim a reta de mínimos quadrados é

$$y = x - \frac{1}{3}.$$

Como verificação observe que a reta $y = x$ passa pelos pontos (1, 1) e (3, 3). É razoável que a introdução do ponto (2, 1) desloque a interseção com o eixo-y para baixo, de 0 a $-1/3$.

As fórmulas gerais para a inclinação e a interseção com o eixo-y de uma reta de mínimos quadrados estão no Problema 18 no fim desta seção. Muitas calculadoras têm embutidas estas fórmulas, de modo que entrando com os dados saem os valores de b e m. Ao mesmo tempo você recebe o *coeficiente de correlação*, que mede o quanto ficam efetivamente perto os pontos dados de ajustar-se à reta dos mínimos quadrados.

Busca pelo gradiente para achar extremos locais

Até agora procuramos valores que maximizem ou minimizem uma função $f(x, y)$, primeiro achando os pontos críticos de f. Achar os pontos críticos significa resolver a equação grad $f = \vec{0}$, que na verdade é um par de equações simultâneas para x e y:

$$\frac{\partial f}{\partial x}(x_0, y_0) = 0 \text{ e } \frac{\partial f}{\partial y}(x_0, y_0) = 0.$$

Porém resolver tais equações pode ser muito difícil. Na prática a maior parte dos problemas de otimização é resolvida por métodos numéricos tais como a *busca do gradiente*. O método da busca do gradiente pode ser explicado por analogia com um escalador de montanhas que quer maximizar sua elevação chegando ao topo da mais alta montanha. Tudo que ele tem a fazer é ir andando e eventualmente ele chegará ao topo de alguma montanha. Se ele partir de perto da mais alta montanha, esta será provavelmente a montanha que ele conquistará. Se não, ele pode subir uma montanha menor, acabando num máximo local em vez do máximo global.

O método de busca pelo gradiente é ilustrado no próximo exemplo. É um problema de minimização, assim imagine um andarilho procurando o fundo do vale mais baixo indo sempre para baixo.

Exemplo 3: Vinte metros cúbicos de cascalho devem ser entregues num aterro por uma caminhoneira. Ela planeja comprar uma caixa sem tampo para transportar o cascalho em numerosas viagens. O custo para ela é o custo da caixa mais \$2 por viagem. A caixa deve ter uma altura de 0,5 m mas ela pode escolher o comprimento e a largura. O custo da caixa será de \$20/m² para as extremidades e \$10/m² para o fundo e lados. Observe a compensação com a qual ela se depara: um caixa menor é mais barata mas exige mais viagens. De que tamanho deve ser a caixa que ela comprar para minimizar o custo total ? *

Solução: Primeiro achamos a expressão algébrica para o custo para a caminhoneira. Seja o comprimento da caixa de x metros e a largura de y metros e a altura 0,5 m (Ver Figura 4.21).

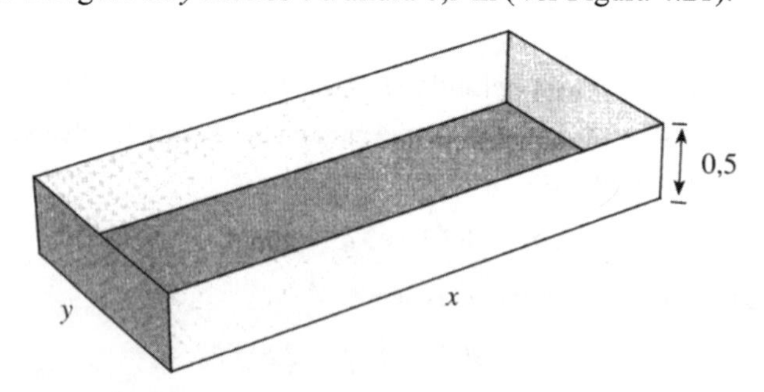

Figura 4.21: A caixa para o transporte do cascalho

Tabela 4.2: Custo por item para a caminhoneira

20/(0,5xy) \$2/viagem	80/(xy)
2 fundos \$20/m² × 0,5 y m²	20y
2 laterais \$10/m² × 0,5 x m²	10x
1 fundo \$10/m² × xy m²	10xy
Custo total	$f(x, y)$

O volume da caixa é 0,5xy m³, de modo que a entrega de 20 m³ de cascalho exigirá 20/(0,5xy) viagens. O custo para a caminhoneira está itemizado na Tabela 4.2. O problema é o de escolher x e y para minimizar

$$\text{Custo total} = f(x, y) = \frac{80}{xy} + 20y + 10x + 10xy.$$

Escolhemos um ponto de partida (x_0, y_0) que pode não minimizar f mas do qual esperamos que não esteja muito longe de um ponto de mínimo. Neste exemplo partimos de $(x_0, y_0) = (5, 5)$ que definitivamente não é um ponto crítico de f porque

$$\text{grad} f(5, 5) = 59{,}4\vec{i} + 69{,}4\vec{j} \neq \vec{0}.$$

* Adatado de Claude McMillan, Jr., *Mathematical Programming*, 2ª. ed., p.156-157 (New York: Wiley, 1978).

Planejamos ir de (x_0, y_0) a um novo ponto (x_1, y_1) de modo que f decresça, isto é $f(x_1, x_1) < f(x_0, y_0)$. Ir na direção de grad f (x_0, y_0) aumenta f tão rapidamente quanto possível, por isso partimos na direção oposta, ou seja - grad $f\ (x_0,\ y_0)$. Continuamos nesta direção até f começar a crescer novamente. Se nos movemos paralelamente a - grad $f\ (x_0,\ y_0)$ nosso deslocamento a partir do ponto original é da forma - t grad f (x_0, y_0), onde t é um escalar a ser determinado. Como grad f $(x_0, y_0) = 59{,}4\vec{i} + 69{,}4\vec{j}$, as coordenadas de nosso ponto final são

$$(x_0 - 59,4t,\ y_0 - 69,4t).$$

Queremos achar o mínimo valor de f quando t cresce. A Figura 4.22 dá o gráfico de

$$f((x_0, y_0) - t \text{ grad } f(x_0, y_0)) = f(5 - 59{,}4t,\ 5 - 69{,}4t)$$

para t positivo. Um zooming mostra que o mínimo local é em $t \approx 0{,}00554$. Assim vamos ao ponto dado por $(x_1, y_1) = (5 - (59{,}4)(0{,}0554), 5 - (69{,}4)(0{,}0554)) \approx (1{,}71,\ 1{,}16)$.

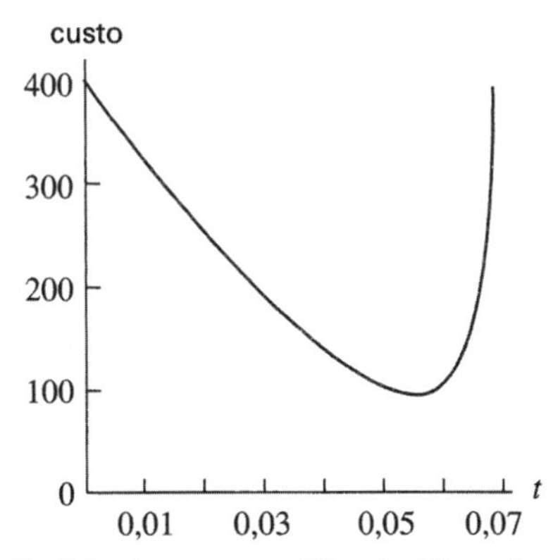

Figura 4.22: Primeiro passo: gráfico de $f((x_0, y_0) - t$ grad $f(x_0, y_0))$ mostrando mínimo local em $t \approx 0{,}0554$

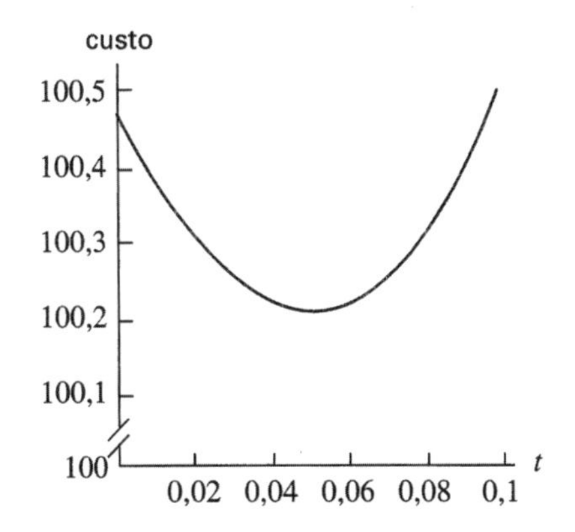

Figura 4.23: Segundo passo: gráfico de $f((x_1, y_1) - t$ grad $f(x_1, y_1))$ mostrando mínimo local em $t \approx 0{,}050$

Observe que o custo no ponto inicial é $f(5, 5) = 403{,}2$ e o custo no novo ponto é $f(1{,}71,\ 1{,}16) = 100{,}47$ de modo que reduzimos consideravelmente o custo.

Podemos reduzir ainda mais o custo partindo de $(1{,}71,\ 1{,}16)$ na direção oposta ao grad $f(1{,}71,\ 1{,}16) = -1{,}99i + 2{,}33j$. A Figura 4.23 dá o gráfico de

$$f((x_1, y_1) - t \text{ grad } f(x_1, y_1)) = f(1{,}71 + 1{,}99t,\ 1{,}16 - 2{,}33t)$$

que tem um mínimo local em $t \approx 0{,}050$. Assim tomamos $(x_2, y_2) = (1{,}71 + (1{,}99)(0{,}050), 1{,}16 - (2{,}33)(0{,}050)) \approx (1{,}81,\ 1{,}04)$. Observe que $f(1{,}81,\ 1{,}04) = 100{,}22$ ao passo que $f(1{,}71,\ 1{,}16) = 100{,}47$. A passagem de (x_1, y_1) a (x_2, y_2) reduziu o custo f por uma quantia bastante pequena, só \$0,25. Assim, embora não tenhamos realizado um mínimo podemos achar que para todos os fins práticos chegamos bastante perto. A caminhoneira vai arredondar comprando um caixa de dimensões cerca de 1,8 m $\times$ 1 m $\times$ 0,5 m.

Como sabemos se uma função tem um máximo ou mínimo global ?

Sob quais circunstâncias uma função de duas variáveis tem um máximo ou mínimo global ? O próximo exemplo mostra que uma função pode ter tanto um máximo quanto um mínimo globais numa região, ou só um, ou nenhum.

Exemplo 4: Investigue os máximos e mínimos globais das funções seguintes:

a) $h(x, y) = 1 + x^2 + y^2$ no disco $x^2 + y^2 \leq 1$.
b) $f(x, y) = x^2 - 2x + y^2 - 4y + 5$ no plano-xy.
c) $g(x, y) = x^2 - y^2$ no plano-xy.

Solução: a) O gráfico de $h(x, y) = 1 + x^2 + y^2$ é um parabolóide em forma de concha com um mínimo global no ponto (0, 0) com o valor 1 e um máximo global valendo 2 na fronteira da região, $x^2 + y^2 = 1$.

b) O gráfico de f na Figura 4.5 na página 102 mostra que f tem um mínimo global no ponto (1, 2) e não tem máximo global (porque o valor de f cresce sem limitações quando $x \to \infty$, $y \to \infty$).

c) O gráfico de g na Figura 4.8 na página 103 mostra que g não tem máximo global porque $g(x, y) \to +\infty$ quando $x \to \infty$ se y constante. Também g não tem mínimo global porque $g(x, y) \to -\infty$ quando $y \to \infty$ se x constante.

Mas existem condições que garantem que uma função tem um máximo e um mínimo globais. Para $h(x)$, função de uma variável, que a função seja contínua num intervalo fechado $a \leq x \leq b$. Se h é contínua num intervalo não limitado, como $a < x < \infty$ então h não precisa ter um valor máximo ou mínimo. Qual é a situação para funções de duas variáveis? Ao que se verifica, um resultado semelhante é verdade para funções contínuas numa região fechada e limitada, análoga ao intervalo fechado e limitado $a \leq x \leq b$. Em linguagem ordinária dizemos

- Uma região **fechada** é uma região que contém sua fronteira
- Uma região **limitada** é uma região que não se estende a infinito em direção alguma.

Definições mais precisas são as seguintes. Suponha

que R é uma região no 2-espaço. Um ponto (x_0, y_0) é um *ponto de fronteira* de R se, para todo $r > 0$ o disco $(x - x_0)^2 + (y - y_0)^2 < r^2$ com centro (x_0, y_0) e raio r contém tanto pontos que pertencem a R quanto pontos que não pertencem a R. Ver Figura 4.24. Um ponto (x_0, y_0) pode ser ponto de fronteira de R sem pertencer a R. Um ponto de R é um *ponto interior* se não é de fronteira; assim, para $r > 0$ suficientemente pequeno o disco de raio r centrado em (x_0, y_0) está todo contido em R. Ver Figura 4.25. A coleção de todos os pontos de fronteira é a *fronteira* de R e a coleção de todos os pontos interiores é o *interior* de R. A região R é *fechada* se contém sua fronteira, ao passo que é *aberta* se todo ponto de R é interior.

Uma região R no 2-espaço é *limitada* se a distância entre qualquer ponto (x, y) de R e a origem é menor ou igual a algum número constante K. Regiões fechadas e limitadas no 3-espaço são definidas do mesmo modo.

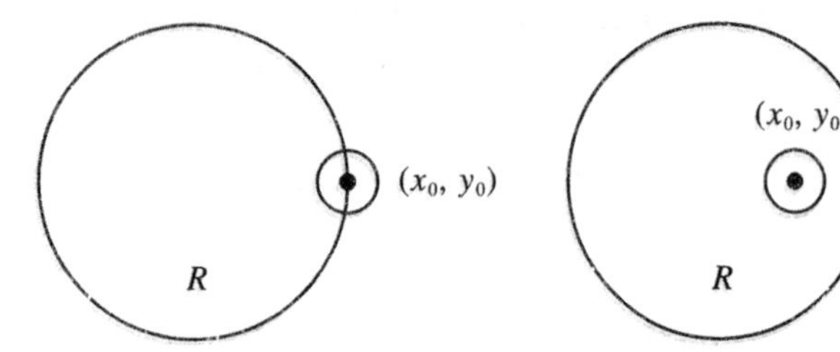

Figura 4.24: Ponto de fronteira (x_0, y_0) de R

Figura 4.25: Ponto interior (x_0, y_0) de R

Exemplo 5: a) O quadrado $-1 \le x \le 1, -1 \le y \le 1$ é fechado e limitado.
b) O primeiro quadrante $x \ge 0,\ y \ge 0$ é fechado mas não limitado.
c) O disco $x^2 + y^2 < 1$ é aberto e limitado, mas não fechado.
d) O semiplano $y > 0$ é aberto, mas nem fechado nem limitado.

A razão pela qual regiões fechadas e limitadas são úteis é o resultado seguinte *:

> Se uma função f é contínua numa região R fechada e limitada então f tem um máximo global em algum ponto (x_0, y_0) de R e um mínimo global em algum ponto (x_1, y_1) de R.

O resultado é também verdadeiro para funções de três ou mais variáveis.

Se f não é contínua ou a região R não é fechada e limitada não há garantia de que f assuma um máximo global ou um mínimo global em R. No Exemplo 4 a função g é contínua mas não assume um máximo global ou um mínimo global no 2-espaço, uma região que é fechada mas não limitada. O exemplo seguinte ilustra o que pode dar errado quando a região é limitada mas não fechada.

* Para uma prova ver W. Rudin, *Principles of Mathematical Analysis*, 2ª. ed. P.89.(New York: MacGraw-Hill, 1976)

Exemplo 6: A função seguinte tem um máximo ou mínimo global na região R dada por $0 < x^2 + y^2 \le 1$?

$$f(x, y) = \frac{1}{x^2 + y^2}$$

Solução: A região R é limitada mas não é fechada porque não contém o ponto de fronteira $(0, 0)$. Vemos pelo gráfico de $z = f(x, y)$ na Figura 4.26 que f tem mínimo global no círculo $x^2 + y^2 = 1$. Porém $f(x,y) \to \infty$ quando $(x,y) \to 0$ de modo que f não tem máximo global.

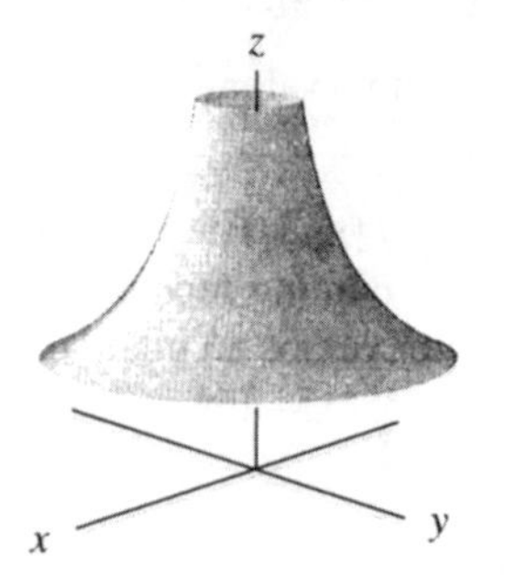

Figura 4.26: Gráfico mostrando que $f(x, y) = 1/(x^2 + y^2)$ não tem máximo global em $0 < x^2 + y^2 \le 1$

Problemas para a Seção 4.2

1 Olhando o mapa do tempo na Figura 1.1na página 1 ache as temperaturas máxima e mínima diárias nos estados de Mississipi, Alabama, Pennsylvania, New York, California, Arizona e Massachusetts.

2 A função $f(x, y) = -2x^2 - 7y^2$ tem máximos globais ? Explique.

3 A função $f(x, y) = x^2/2 + 3y^3 + 9y^2 - 3x + 9y - 9$ tem máximos e mínimos globais ? Explique.

4 Quais das seguintes funções tem tanto máximo global quanto mínimo global ? Quais não tem nenhum dos dois ?

$f(x, y) = 5 + x^2 - 2y^2$, $g(x, y) = x^2y^2$, $h(x, y) = x^3 + y^3$.

Nos Problemas 5—7 ache o máximo global e o mínimo global da função dada no quadrado $-1 \le x \le 1$, $-1 \le y \le 1$ e diga se ocorre na fronteira do quadrado. (Sugestão: considere o gráfico da função.)

5 $z = x^2 + y^2$ **6** $z = x^2 - y^2$ **7** $z = -x^2 - y^2$

8 A quantidade de um produto requerida por consumidores é uma função de seu preço. A quantidade requerida pode depender também do preço de outros produtos. Por exemplo, a procura por chá é afetada pelo preço do café; a procura por carros é afetada pelo preço da gasolina. Suponha que as quantidades requeridas, q_1 e q_2 dependem dos preços p_1, p_2 como segue

$$q_1 = 150 - 2p_1 - p_2$$
$$q_2 = 200 - p_1 - 3p_2.$$

a) O que o fato de os coeficientes de p_1 e p_2 serem negativos lhe diz? Dê um exemplo de dois produtos que poderiam ser ligados desta forma.
b) Suponha que uma manufatura vende ambos os produtos. Como o industrial deveria estabelecer os preços para ter rendimento máximo possível? Qual é esse rendimento máximo possível ?

9 Uma companhia opera duas fábricas que manufaturam o mesmo item e cujas funções de custo total são

$$C_1 = 8{,}5 + 0{,}03q_1^2 \quad \text{e} \quad C_2 = 5{,}2 + 0{,}04q_2^2$$

onde q_1 e q_2 são quantidades produzidas por cada fábrica. A quantidade total requerida, $q = q_1 + q_2$, está relacionada com o preço p por

$$p = 60 - 0{,}04q.$$

Quanto deveria cada fábrica produzir para maximizar o lucro da companhia * ?

10 Suponha que dois produtos são manufaturados em quantidades q_1 e q_2 e vendidos a preços p_1 e p_2 respectivamente, e que o custo de produzí-los é dado por

$$C = 2q_1^2 + 2q_2^2 + 10.$$

a) Ache o máximo lucro que pode ser feito, supondo fixos os preços.

b) Ache a taxa de variação do lucro máximo quando p_1 cresce.

11 Um míssil tem um controle remoto que é sensível tanto à temperatura quanto à umidade. Se t é a temperatura em °C e h é a porcentagem de umidade, o alcance no qual o míssil pode ser controlado é dado por

Alcance em km $= 27800 - 5t^2 - 6ht - 3h^2 + 400t + 300h$.

Quais são as condições atmosféricas ótimas para controlar o míssil?

12 Alguns itens são vendidos a diferentes preços a diferentes grupos de pessoas. Por exemplo, existem às vezes descontos para idosos ou crianças. A razão é que tais grupos podem ser mais sensíveis a preços, assim um desconto terá um impacto maior sobre suas decisões de compras. O vendedor enfrenta um problema de otimização: quão grande pode ser o desconto a oferecer para maximizar os lucros ?
Um teatro pode vender q_c entradas para crianças e q_a entradas para adultos aos preços p_1 e p_2 de acordo com as seguintes funções de demanda

$$q_c = rp_c^{-4} \quad \text{e} \quad q_a = sp_a^{-2}$$

e tem custos operacionais proporcionais ao número total de entradas vendidas. Qual deveria ser o preço relativo de entradas para adultos e para crianças ?

13 Mostre analiticamente que a função $f(x, y)$ no Exemplo 3 tem um mínimo local em (2, 1).

14 Projete uma caixa retangular de leite com largura w, comprimento l e altura h que contenha 512 cm³ de leite. Os lados da caixa custam 1 cent/cm² e o topo e fundo custam 2 cent/cm². Ache as dimensões da caixa que minimizem o custo total do material usado.

15 Uma aerolinha internacional tem um regulamento pelo qual cada passageiro pode carregar uma valise cuja soma da largura, comprimento e altura sejam menores ou iguais a 135 cm. Ache as dimensões da valise de volume máximo que um passageiro pode carregar sob este regulamento.

16 Uma companhia manufatura um produto que exige capital e trabalho para produção. A quantidade Q do produto manufaturado é dada pela função de produção de Cobb-Douglas.

$$Q = AK^a L^b$$

onde K é a quantidade de capital e L a quantidade de trabalho usados e A, a e b são constantes positivas com $0 < a < 1$ e $0 < b < 1$. Suponha que uma unidade de capital custe \$$k$ e uma unidade de trabalho custe \$$l$. O preço do produto é fixado a \$$p$ por unidade.
a) Se $a + b < 1$ quanto capital e trabalho a companhia deve usar para maximizar seu lucro ?
b) Existe um máximo lucro se $a + b = 1$? E se $a + b \geq 1$? Explique.
[Nota: ver página 17 para uma discussão da função de Cobb-Douglas. Os três casos considerados acima, ou seja, $a + b < 1$, $a + b = 1$ e $a + b > 1$ são, respectivamente, os casos de *retornos a escala decrescentes*, *retornos a escala constantes* e *retornos a escala crescentes*.

17 Calcule a reta de regressão para os pontos (–1, 2), (0, –1),(1, 1) usando mínimos quadrados.

18 Neste problema você deve deduzir fórmulas gerais para a inclinação e interseção com o eixo-y de uma reta de quadrados mínimos. Suponha que temos n pontos dados $(x_1, y_1), (x_2, y_2),...,(x_n, y_n)$. Seja a equação da reta para mínimos quadrados $y = b + mx$.
a) Para cada ponto dado (x_i, y_i) mostre que o ponto correspondente diretamente acima ou diretamente abaixo na reta tem coordenada-y $b + mx_i$.
b) Para cada ponto dado (x_i, y_i) mostre que o quadrado da distância vertical do ponto dado ao ponto achado na parte a) é $(y_i-(b + mx_i))^2$.
c) Forme a função $f(b, m)$ que é a soma de todos os n quadrados de distâncias achados na parte b). Isto é,

$$f(b,m) = \sum_{i=1}^{n}\left(y_i - (b + mx_i)\right)^2.$$

Mostre que as derivadas parciais $\partial f/\partial b$ e $\partial f/\partial m$ são dadas por

$$\frac{\partial f}{\partial b} = -2\sum_{i=1}^{n}\left(y_i - (b + mx_i)\right)$$

Adatado de M/Rosser, *Basic Mathematics for Economists*, p. 318 (New York: Routledge, 1993)

e

$$\frac{\partial f}{\partial m} = -2\sum_{i=1}^{n}\left(y_i - \left(b + mx_i\right)\right)\cdot x_i.$$

d) Mostre que as equações para pontos críticos $\partial f/\partial b = 0$ e $\partial f/\partial m = 0$ levam a um par de equações lineares simultâneas para b e m:

$$nb + \left(\sum x_i\right) m = \sum y_i$$

$$\left(\sum x_i\right) b + \left(\sum x_i^2\right) m = \sum x_i y_i$$

e) Resolva as equações na parte d) para b e m obtendo

$$b = \left(\sum_{i=1}^{n} x_i^2 \sum_{i=1}^{n} y_i - \sum_{i=1}^{n} x_i \sum_{i=1}^{n} x_i y_i\right) \Bigg/ \left(n\sum_{i=1}^{n} x_i^2 - \left(\sum_{i=1}^{n} x_i\right)^2\right)$$

f) Aplique estas fórmulas aos pontos dados (1, 1), (2, 1), (3, 3) para verificar que obtém o mesmo resultado que no Exemplo 2.

Quando os dados não são lineares às vezes podem ser transformados de modo a parecerem mais lineares. Por exemplo, suponha que esperamos que os pontos dados (x, y) se situem aproximadamente sobre uma curva exponencial, digamos

$$y = Ce^{ax},$$

onde a e C são constantes. Tomando o log natural de ambos os lados vemos que $\ln y$ é uma função linear de x;

$$\ln y = ax + \ln C$$

Para achar a e C usamos mínimos quadrados para $\ln y$ contra x. Use este método nos Problemas 19-20.

19 A população dos Estados Unidos era de cerca de 180 milhões em 1960, cresceu para 206 milhões em 1970, e 226 milhões em 1980.

a) Baseado neste dados e supondo que a população cresce a taxa exponencial, use o método dos mínimos quadrados para avaliar a população em 1990.
b) De acordo com o censo a população em 1990 era de 249 milhões. O que diz isto quanto à hipótese de crescimento exponencial?
c) Prediga a população no ano de 2010.

20 Os dados na Tabela 4.3 mostra o custo do selo de primeira classe nos Estados Unidos nos últimos 70 anos.

Tabela 4.3: *Custo de selo de primeira classe*

Ano	1920	1932	1958	1963	1968	1971	1974
Selo	0,02	0,03	0,04	0,05	0,06	0,08	0,10
Ano	1975	1978	1981	1985	1988	1991	1995
Selo	0,13	0,15	0,20	0,22	0,25	0,29	0,32

a) Ache a reta de melhor ajuste para os dados. Usando esta reta, prediga o custo de um selo de correio no ano 2010.
b) Assinale os pontos dados. Parece linear?
c) Marque o ano contra o logaritmo natural do preço. Isto parece linear? Se é, o que lhe diz quanto ao preço do selo como função do tempo? Ache a reta de melhor ajuste por estes dados, e use novamente sua resposta para predizer o custo de um selo de correio no ano de 2010.

21 Queremos achar o valor mínimo de

$$f(x, y) = (x+1)^4 + (y-1)^4 + \frac{1}{x^2y^2+1}$$

a) Use um computador para traçar o diagrama de contornos para f.
b) Minimize f usando o método da busca por gradiente.

22 O governo quer construir uma adutora que bombeie água de uma represa para um reservatório, como na Figura 4.27. O custo (em milhões) dependerá do diâmetro d do duto (em metros) e no número de estações de bombeamento, de acordo com a seguinte fórmula*:

$$C = 0,15n + 3\left(\frac{4d}{5}\right)^{-4,87} + \left(\frac{4d}{5}\right)^{1,8} + 3\left(\frac{4d}{5}\right)^{1,8} n^{-1}.$$

Use o método da busca por gradiente para achar o número ótimo de estações de bombeamento e o diâmetro da tubulação.

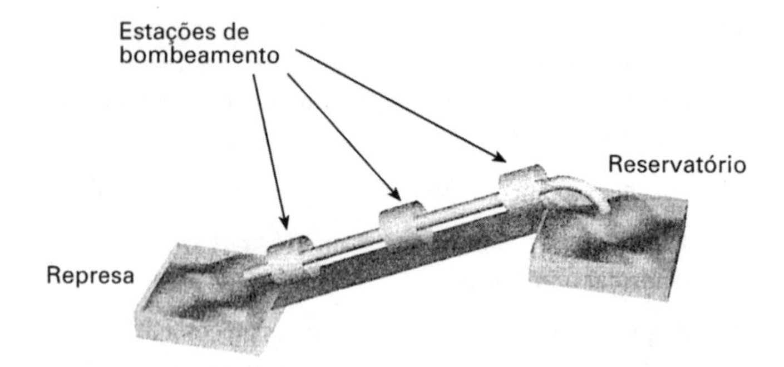

Figura 4.27

23 Considere a função dada por $f(x, y) = x^2(y + 1)^3 + y^2$. Mostre que f tem um único ponto crítico, o (0, 0), e que esse ponto é um mínimo local mas não global. Compare isto com o caso de uma função com um único mínimo local no cálculo de uma variável.

4.3 - OTIMIZAÇÃO COM VÍNCULOS: MULTIPLICADORES DE LAGRANGE

Muitos, talvez a maioria, dos problemas reais de otimização

* De Douglass J. Wilde, *Globally Optimal Design*, (New York: John Wiley & Sons, 1978).

têm restrições por circunstâncias externas. Por exemplo, uma cidade que quer construir um sistema de transportes públicos tem só uma quantia limitada de dinheiro de impostos que pode despender no projeto. Nesta seção veremos como achar um valor ótimo sob tais vínculos.

Procedimento gráfico: maximizar produção com restrições orçamentárias.

Suponha que queremos maximizar a produção de uma firma com uma restrição orçamentária. Suponha que a produção f é função de duas variáveis x e y que são as quantidades de duas matérias-primas e que

$$f(x, y) = x^{2/3}y^{1/3}$$

Se x e y são comprados aos preços p_1 e p_2 por milhares, qual é a produção máxima f que pode ser obtida com um orçamento de c mil?

Para maximizar f sem considerações de orçamento simplesmente aumentamos x e y. Porém o vínculo orçamentário nos impede de aumentar x e y além de um certo ponto. Exatamente como o orçamento nos vincula? Com preços p_1 e p_2 a quantia gasta com x é p_1x e a quantia gasta com y é p_2y de modo que devemos ter

$$g(x, y) = p_1x + p_2y \leq c,$$

onde $g(x, y)$ é o custo total das matérias-primas x e y e c é o orçamento.

Consideremos o caso em que $p_1 = p_2 = 1$ e $c = 3{,}78$. Então

$$x + y \leq 3{,}78.$$

A Figura 4.28 mostra alguns contornos de f e a restrição orçamentária representada pela reta $x + y = 3{,}78$. Qualquer ponto sobre ou abaixo da reta representa um par de valores de x e y que podemos pagar. Um ponto sobre a reta esgota completamente o orçamento, um ponto abaixo da reta representa um par de valores de x e y que podem ser comprados sem gastar todo o orçamento. Qualquer ponto acima da reta representa um par de valores de x e de y que não podemos pagar. Para maximizar f achamos um ponto que esteja sobre a curva de nível com o maior valor possível para f e que esteja sobre a reta. O ponto deve estar sobre o vínculo de orçamento porque deveríamos gastar todo o dinheiro disponível. A menos que estejamos no ponto em que o vínculo é tangente ao contorno $f = 2$, podemos aumentar f movendo-nos ao longo da reta que representa o vínculo na Figura 4.28. Por exemplo se estivermos na reta à esquerda do ponto de tangência, movendo-nos para a direita aumentaremos o valor de f; se estivermos sobre a reta à direita do ponto de tangência, movendo-nos para a esquerda aumentaremos f. Assim o valor máximo de f sobre o vínculo de orçamento ocorre no ponto em que o vínculo é tangente ao contorno $f = 2$.

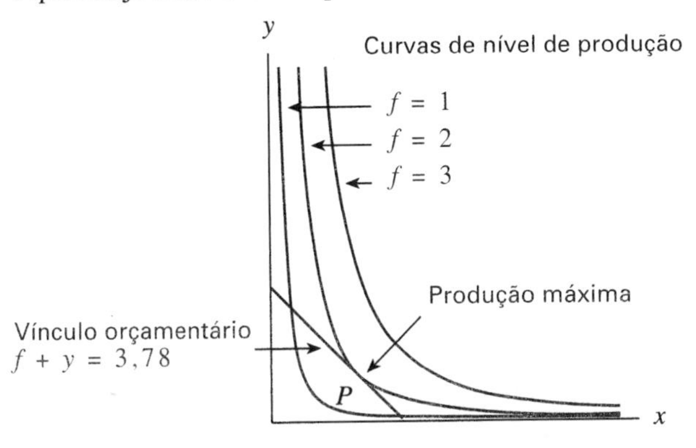

Figura 4.28: Ponto ótimo P, onde o vínculo orçamentário é tangente à curva de nível da produção

Solução analítica: multiplicadores de Lagrange

Sabemos que a produção máxima é realizada no ponto em que o vínculo é tangente a curva de nível da função de produção. O método dos multiplicadores de Lagrange usa este fato em forma algébrica. A Figura 4.29 mostra que no ponto ótimo P o gradiente de f e a normal à reta do vínculo $g(x, y) = 3{,}78$ são paralelos. Assim, em P, grad f e grad g são paralelos, portanto para algum escalar λ , chamado o *multiplicador de Lagrange*

$$\text{grad } f = \lambda \text{ grad } g$$

Como $\text{grad } f = \left(\frac{2}{3}x^{-1/3}y^{1/3}\right)\vec{i} + \left(\frac{1}{3}x^{2/3}y^{-2/3}\right)\vec{j}$ e grad $g = \vec{i} + \vec{j}$, temos, igualando componentes,

$$\frac{2}{3}x^{-1/3}y^{1/3} = \lambda \text{ e } \frac{1}{3}x^{2/3}y^{-2/3} = \lambda$$

Eliminando λ temos

$\frac{2}{3}x^{-1/3}y^{1/3} = \frac{1}{3}x^{2/3}y^{-2/3}$, $\frac{2}{3}x^{-1/3}y^{1/3} = \frac{1}{3}x^{2/3}y^{-2/3}$, que leva a $2y = x$.

Como temos também que satisfazer ao vínculo $x + y = 3{,}78$, temos $x = 2{,}52$ e $y = 1{,}26$. Para estes valores

$$f(2{,}52,\ 1{,}26) = (2{,}52)^{2/3}\,(1{,}26)^{1/3} \approx 2$$

Assim, como antes, vemos que o valor máximo de f é aproximadamente 2; ficamos sabendo também que este máximo ocorre para $x = 2{,}52$ e $y = 1{,}26$.

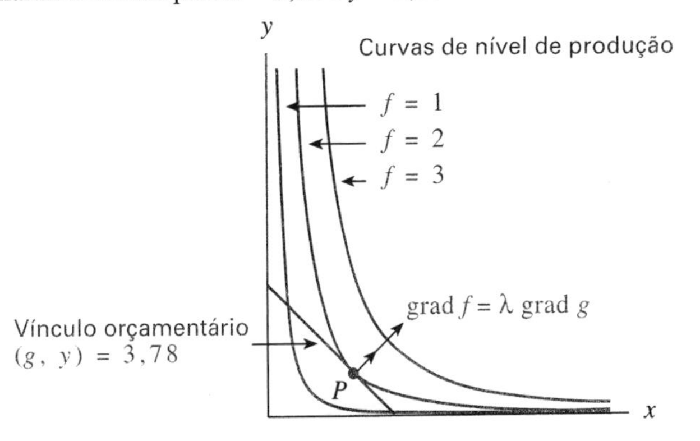

Figura 4.29: No ponto P de produção máxima, os vetores grad f e grad g são paralelos.

Multiplicadores de Lagrange em geral

Suponha que queremos otimizar uma função objetivo $f(x, y)$ sujeita a um vínculo $g(x, y) = c$. Consideramos apenas os pontos que satisfazem ao vínculo e procuramos extremos entre eles. Pomos a seguinte definição

> Suponha que P_0 é um ponto satisfazendo ao vínculo $g(x, y) = c$.
>
> • f tem **um máximo local** em P_0 **sujeito ao vínculo** se $f(P_0) \geq f(P)$ para todos os pontos P próximos de P_0 satisfazendo ao vínculo.
>
> • f tem um **máximo global** em P_0 **sujeito ao vínculo** se $f(P_0) \geq f(P)$ para todo P satisfazendo ao vínculo
>
> Mínimo local e global são definidos analogamente.

Como vimos no exemplo de produção extremos com vínculo ocorrem em pontos em que os contornos de f são tangentes ao contornos de g; podem também ocorrer nas extremidades do vínculo. Às vezes achamos estes extremos por substituição a partir do vínculo para a função objetivo. Porém, o método de Lagrange funciona quando a substituição não é possível.

Em qualquer ponto, grad f aponta na direção em que f cresce mais rapidamente. Suponha que $\vec{u}$ é um vetor unitário tangente ao vínculo. Se grad $f \cdot \vec{u} > 0$ então a derivada direcional $f_{\vec{u}}$ é positiva e se nos movermos na direção de $\vec{u}$ f aumenta. Se grad $f \cdot \vec{u} < 0$ e se nos movermos na direção de $-\vec{u}$ f cresce. Assim, num ponto P_0 em que f tem um máximo local com vínculo, devemos ter grad $f \cdot \vec{u} = 0$. Portanto em P_0 tanto grad f quanto grad g são perpendiculares a u e portanto grad f e grad g são paralelos. (Ver Figura 4.30.) Assim, desde que grad $g \neq 0$ em P_0 podemos usar o seguinte método:

> Para **otimizar f sujeita ao vínculo $g = c$** resolvemos as equações
>
> $$\text{grad } f = \lambda \text{ grad } g \quad \text{e} \quad g = c$$
>
> onde λ chama-se o **multiplicador de Lagrange**.

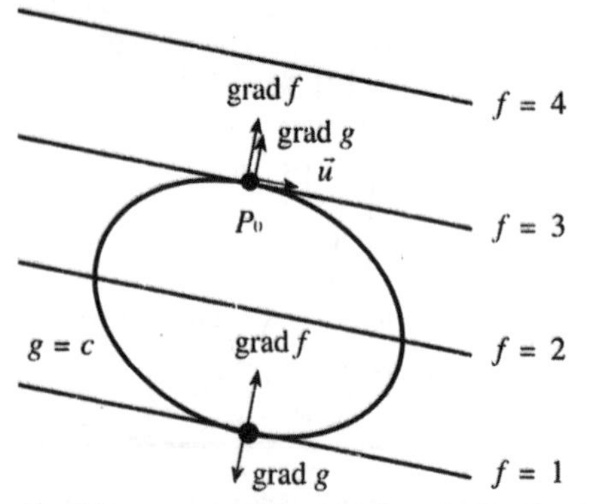

Figura 4.30: Valores máximo e mínimo de $f(x, y)$ sobre $g(x, y) = c$ são em pontos em que grad f é paralelo a grad g.

Se f e g são funções de duas variáveis o método de Lagrange nos dá três equações para três incógnitas x, y, λ :

$$f_x = \lambda\, g_x, \quad f_y = \lambda\, g_y, \quad g(x, y) = c.$$

Se f e g são funções de três variáveis o método de Lagrange nos dá quatro equações para quatro incógnitas x, y, z e λ:

$$f_x = \lambda\, g_x, \quad f_y = \lambda\, g_y, \quad f_z = \lambda\, g_z, \quad g(x, y, z) = c.$$

Exemplo 1: Ache os valores máximo e mínimo de $x + y$ sobre o círculo $x^2 + y^2 = 4$.

Solução: A função objetivo é

$$f(x, y) = x + y,$$

e o vínculo é

$$g(x, y) = x^2 + y^2 = 4.$$

Como grad $f = f_x\vec{i} + f_y\vec{i} = \vec{i} + \vec{j}$ e grad $g = g_x\vec{i} + g_y\vec{j} = 2x\vec{i} + 2y\vec{j}$, então grad $f = \lambda$ grad g dá

$$1 = 2\lambda x,$$
$$1 = 2\lambda y,$$

logo

$$x = y$$

Sabemos também que

$$x^2 + y^2 = 4.$$

O que dá $x = y = \sqrt{2}$ ou $x = y = -\sqrt{2}$.

Como $f(x, y) = x + y$, o valor máximo de f é $f(\sqrt{2}, \sqrt{2}) = 2\sqrt{2}$ e ocorre quando $x = y = \sqrt{2}$; o valor mínimo de f é $f(-\sqrt{2}, -\sqrt{2}) = -2\sqrt{2}$, e ocorre quando $x = -\sqrt{2}$, $y = -\sqrt{2}$. (Ver Figura 4.31).

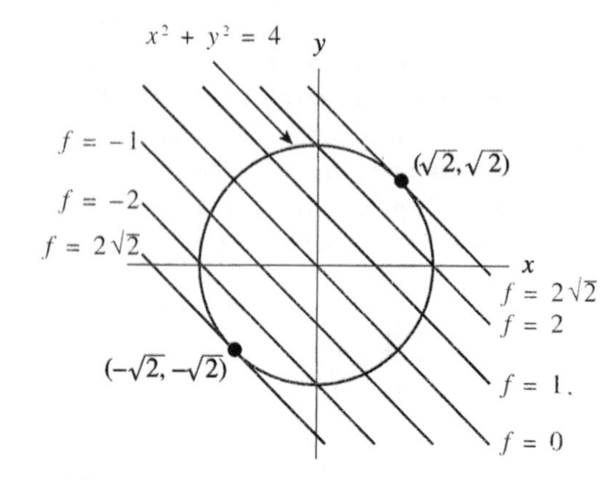

Figura 4.31: Valores máximo e mínimo de $f(x, y) = x + y$ sobre o círculo $x^2 + y^2 = 4$ ocorrem em pontos em que contornos de f são tangentes ao círculo.

Como distinguir máximos de mínimos

Existe um critério de derivadas segundas* para classificar os

* Ver J. E. Marsden e A .J. Tromba, *Vector Calculus*, 2ª. ed., p.224-230 (San Francisco: W.H.Freeman, 1981).

pontos críticos de otimização com vínculo mas é mais complicado que o critério na Seção 4.1. Porém, como se vê em exemplos, o gráfico do vínculo e algumas curvas de nível em geral tornam claro quais pontos são máximos, quais são mínimos e quais são nenhuma dessas coisas.

O significado de λ no exemplo de produção

Em nossos exemplos anteriores nunca achamos (ou precisamos) o valor de λ. Porém λ tem uma interpretação prática.

Olhemos novamente o exemplo do problema de produção em que queríamos maximizar

$$f(x, y) = x^{2/3}\, y^{1/3}$$

sujeita ao vínculo

$$g(x, y) = x + y = 3{,}78.$$

Resolvemos as equações

$$\frac{2}{3}x^{-1/3}y^{1/3} = \lambda,$$

$$\frac{1}{3}x^{2/3}y^{-2/3} = \lambda,$$

$$x + y = 3{,}78,$$

obtendo $x = 2{,}52$, $y = 1{,}26$ e $f(2{,}52,\ 1{,}26) \approx 2$. Continuando para achar λ nos dá

$$\lambda \approx 0{,}53$$

Suponhamos agora que fazemos outro cálculo, aparentemente sem relação com este. Suponhamos que nosso orçamento é ligeiramente aumentado de 3,78 para 4,78, dando o novo vínculo de $x + y = 4{,}78$. Então a solução correspondente é em $x = 3{,}19$ e $y = 1{,}59$ e o novo valor máximo (em vez de $f = 2$) é

$$f = (3{,}19)^{2/3}(1{,}59)^{1/3} \approx 2{,}53.$$

Observe que o aumento de f é 0,53, o valor de λ. Assim, neste exemplo, o valor de λ representa a produção extra conseguida aumentando o orçamento de um - em outras palavras o "extra" que você obtém com "um extra" de orçamento. De fato, isto é verdade em geral:

- O valor de λ é aproximadamente o acréscimo no valor ótimo de f quando o orçamento é aumentado de 1 unidade.

Mais precisamente:

- O valor de λ representa a taxa de variação do valor ótimo de f quando o orçamento aumenta.

O significado de λ em geral

Para interpretar λ olhamos como varia o valor ótimo da função objetivo f quando se varia o valor c da função vínculo g. O ponto ótimo (x_0, y_0) em geral depende do valor do vínculo c. Assim, desde que x_0 e y_0 sejam funções diferenciáveis de c podemos usar a regra da cadeia para derivar o valor ótimo $f((x_0)(c), y_0(c))$ com relação a c:

$$\frac{df}{dc} = \frac{\partial f}{\partial x}\frac{dx_0}{dc} + \frac{\partial f}{\partial y}\frac{dy_0}{dc}.$$

No ponto ótimo (x_0, y_0) temos $f_x = \lambda g_x$ e $f_y = \lambda g_y$ e portanto

$$\frac{df}{dc} = \lambda\left(\frac{\partial g}{\partial x}\frac{dx_0}{dc} + \frac{\partial g}{\partial y}\frac{dy_0}{dc}\right) = \lambda\,\frac{dg}{dc}.$$

Mas como $g(x_0(c), y_0(c)) = c$ vemos que $dg / dc = 1$ e portanto $df\ /\ dc = \lambda$. Assim temos a seguinte interpretação do multiplicador de Lagrange:

> O valor de λ é a taxa de variação do valor ótimo de f quando c cresce (onde $g(x, y) = c$. Se o valor ótimo de f é escrito como $f(x_0(c), y_0(c))$ então
>
> $$\frac{d}{dc}f\big(x_0(c), y_0(c)\big) = \lambda$$

Exemplo 2: Suponha que a quantidade de bens produzidos segundo a função $f(x, y) = x^{2/3}y^{1/3}$ é maximizada sujeita ao vínculo orçamentário $x + y \leq 3{,}78$. Suponha que o orçamento é aumentado para permitir um pequeno acréscimo da produção. Qual deve ser o preço de venda do produto para valer o aumento do orçamento para sua produção ?

Solução: Sabemos que $\lambda = 0{,}53$, o que nos diz que $df / dc = 0{,}53$. Portanto um acréscimo de \$1 no orçamento aumenta a produção por cerca de 0,53 unidades. Para que o aumento no orçamento seja proveitoso, os bens produzidos a mais devem ser vendidos por mais que \$1. Assim, se p é o preço de cada unidade do bem, então $0{,}53p$ é o rendimento da 0,53 unidade vendida a mais. Portanto precisamos que $0{,}53p \geq 1$ de modo que $p \geq 1//0{,}53 = \$1{,}89$.

Otimização com desigualdades como vínculos

O problema de produção que consideramos em primeiro lugar era o de maximizar a produção $f(x, y)$ sujeita ao vínculo orçamentário

$$g(x, y) = p_1x + p_2y \leq c.$$

Este vínculo é uma desigualdade, que restringe (x, y) a uma região do plano e não a uma curva do plano. Em princípio primeiro deveríamos verificar se $f(x, y)$ tem ou não pontos críticos no interior definido por

$$p_1x + p_2y < c.$$

Porém, no caso do vínculo orçamentário, podemos ver que o máximo de f tem de ocorrer quando o orçamento é totalmente gasto, e assim procuramos o máximo valor de f na reta de fronteira:

$$p_1x + p_2y = c.$$

Estratégia para otimizar $f(x, y)$ sujeita ao vínculo $g(x, y) \leq c$.

- Ache todos os pontos no interior $g(x, y) < c$ em que grad f é zero ou não está definido.
- Use multiplicadores de Lagrange para achar os extremos locais de f sobre a fronteira $g(x, y) = c$.
- Calcule f nos pontos encontrados nos dois passos anteriores e compare os valores.

Da Seção 4.2 sabemos que se f é contínua numa região fechada e limitada R então f com certeza atinge seu valor máximo global e seu valor mínimo global em R.

Exemplo 3: Ache os valores máximo e mínimo de $f(x, y) = (x-1)^2 + (y-2)^2$ sujeita ao vínculo $x^2 + y^2 \leq 45$.

Solução: Primeiro procuramos os pontos críticos de f no interior da região. Pondo

$$f_x = 2(x-1) = 0$$

$$f_y = 2(y-2) = 0$$

verificamos que f tem exatamente um ponto crítico em $x = 1, y = 2$. Como $1^2 + 2^2 < 45$ esse ponto crítico está no interior da região.

Em seguida achamos os extremos locais de f na curva de fronteira $x^2 + y^2 = 45$. Para isto, usamos os multiplicadores de Lagrange, com vínculo $g(x, y) = x^2 + y^2 = 45$. Pondo grad $f = \lambda$ grad g temos

$$2(x-1) = \lambda \,.\, 2x$$

$$2(y-2) = \lambda \,.\, 2y$$

Se $\lambda = 0$ então $x = 1, y = 2$, o ponto crítico interior. Assim, na fronteira temos

$$\frac{x}{x-1} = \frac{y}{y-2}$$

e assim

$$y = 2x.$$

Combinando isto com o vínculo $x^2 + y^2 = 45$ vem

$$5x^2 = 45$$

e

$$x = \pm 3.$$

Como $y = 2x$, temos extremos locais possíveis em $x = 3, y = 6$ e $x = -3, y = -6$.

Concluímos que os únicos candidatos para os valores máximo e mínimo de f na região ocorrem em $(1, 2)$,$(3, 6)$ e $(-3, -6)$. Calculando f nestes postos achamos

$$f(1, 2) = 0, \qquad f(3, 6) = 20, \qquad f(-3, -6) = 80.$$

Assim o valor mínimo de f é 0 em $(1, 2)$ e o valor máximo é 80 em $(-3, -6)$.

Problemas de otimização com dois vínculos

Nas aplicações encontramos problemas de otimização em que a função objetivo f é função de três ou mais variáveis e em que há duas ou mais funções vínculo. Neste caso os contornos de f, g_1, g_2 são superfícies. Para otimizar f sujeita aos vínculos $g_1 = c_1$ e $g_2 = c_2$ resolvemos o sistema de equações*

$$\text{grad } f(x, y, z) = \lambda_1 \text{ grad } g_1(x, y, z) + \lambda_2 \text{ grad } g_2(x, y, z),$$

$$g_1(x, y, z) = c_1,$$

$$g_2(x, y, z) = c_2,$$

para as cinco incógnitas $x, y, z, \lambda_1, \lambda_2$.

Exemplo 4: O plano $x + y + z = 1$ corta o cilindro $x^2 + y^2 = 2$ numa curva C. Ache os pontos de C de alturas máxima e mínima acima do plano-xy.

Solução: Como z é a distância de um ponto acima do plano-xy, queremos maximizar $f(x, y, z) = z$ sujeita aos vínculos

$$g_1(x, y, z) = x^2 + y^2 = 2, \quad \text{e} \quad g_2(x, y, z) = x + y + z = 1.$$

Resolvemos as equações grad $f = \lambda_1$ grad $g_1 + \lambda_2$ grad g_2 e $g_1(x, y, z) = 2$ e $g_2(x, y, z) = 1$:

$$0 = 2\lambda_1 x + \lambda_2,$$

$$0 = 2\lambda_1 y + \lambda_2,$$

$$1 = \lambda_2,$$

$$x^2 + y^2 = 2,$$

$$x + y + z = 1.$$

Das duas primeiras equações obtemos $x = y$. Usando também a terceira dá $x = y = -1/(2\lambda_1)$. Substituindo x e y por estes valores na quarta vem

$$\lambda_1 = \pm 1/2.$$

Isto dá $x = y = \pm 1$ e a última equação dá $z = -1$ e $z = 3$. Portanto $P_1 = (-1, -1, 3)$ é o ponto de C de máxima altura sobre o plano-xy e $P_2 = (1, 1, -1)$ é o ponto de altura mínima.

A função lagrangiana

Problemas de otimização com vínculos freqüentemente são resolvidos usando uma *função lagrangiana* L. Por exemplo, para otimizar a função $f(x, y)$ sujeita ao vínculo $g(x, y) = c$ usamos a função lagrangiana.

$$L(x, y, \lambda) = f(x, y) - \lambda(g(x, y) - c).$$

Para ver porque a função L é útil calcule as derivadas parciais de L:

* Uma justificativa do método de multiplicadores de Lagrange exige o *teorema da função implícita*. Ver, por exemplo, J. E. Marsden and M. H. Hoffmann, *Elementary Classical Analysis*, 2nd.ed.(New York: W. H. Freeman, 1993).

$$\frac{\partial L}{\partial x}=\frac{\partial f}{\partial x}-\lambda\frac{\partial g}{\partial x},$$
$$\frac{\partial L}{\partial y}=\frac{\partial f}{\partial y}-\lambda\frac{\partial g}{\partial y},$$
$$\frac{\partial L}{\partial \lambda}=-\left(g(x,y)-c\right).$$

Observe que se (x_0, y_0) é um ponto crítico de f sujeita ao vínculo $g(x, y) = c$ e λ_0 é o multiplicador de Lagrange correspondente então no ponto (x_0, y_0, λ_0) temos

$$\frac{\partial L}{\partial x}=0 \text{ e } \frac{\partial L}{\partial y}=0 \text{ e } \frac{\partial L}{\partial \lambda}=0.$$

Em outras palavras (x_0, y_0, λ_0) é ponto crítico para o problema de otimização sem vínculos da lagrangiana $L(x, y, \lambda)$. Assim a lagrangiana permite-nos converter um problema de otimização com vínculos num problema de otimização sem vínculos.

A Lagrangiana usada para otimizar a função $f(x, y, z)$ sujeita a dois vínculos $g(x, y, z) = c_1$ e $g_2(x, y, z) = c_2$ é

$$L(x, y, z, \lambda_1, \lambda_2) = f(x, y, z) - \lambda_1(g_1(x, y, z) - c_1) - \lambda_2(g_2(x, y, z) - c_2).$$

Exemplo 5: Uma companhia tem uma função de produção com três entradas x, y, e z dada por

$$f(x, y, z) = 50x^{2/5}y^{1/5}z^{1/5}.$$

O orçamento total é \$ 24.000 e a companhia pode comprar x, y e z a \$ 80, \$12 e \$10 a unidade, respectivamente. Qual combinação de entradas maximizará a produção ? *

Solução: Temos que maximizar a função objetivo

$$f(x, y, z) = 50x^{2/5}y^{1/5}z^{1/5}.$$

sujeita ao vínculo

$$g(x, y, z) = 80x + 12y + 10z = 24.000$$

Portanto a função lagrangiana é

$$L(x, y, z) = 50x^{2/5}y^{1/5}z^{1/5} - \lambda(80x + 12y + 10z - 24.000),$$

e assim procuramos soluções do sistema que vem de grad $L = 0$

$$\frac{\partial L}{\partial x}=20x^{-3/5}y^{1/5}z^{1/5}-80\lambda=0,$$
$$\frac{\partial L}{\partial y}=10x^{2/5}y^{-4/5}z^{1/5}-12\lambda=0,$$
$$\frac{\partial L}{\partial z}=10x^{2/5}y^{1/5}z^{-4/5}-10\lambda=0,$$
$$\frac{\partial L}{\partial \lambda}=-\left(80x+12y+10z-24000\right)=0.$$

Simplificamos este sistema a

$$\lambda=\frac{1}{4}x^{-3/5}y^{1/5}z^{1/5},$$
$$\lambda=\frac{5}{6}x^{2/5}y^{-4/5}z^{1/5},$$
$$\lambda=x^{2/5}y^{1/5}z^{-4/5},$$

$$80x + 12y + 10z = 24.000.$$

Eliminando z das duas primeiras equações dá $x = 0{,}3y$. Eliminando x da segunda e terceira equações dá $z = 1{,}2y$. Substituindo no lugar de x e z em $80x + 12y + 10z = 24.000$ dá

$$80(0{,}3y) + 12y + 10(1{,}2y) = 24.000,$$

de modo que $y = 500$. Portanto vem $x = 150$ e $z = 600$, e o valor correspondente para f é $f(150, 500, 600) = 4.622$ unidades.

O gráfico do vínculo é um plano no 3-espaço. Como as entradas x, y, z devem ser não negativas o vínculo é um triângulo no primeiro quadrante, com lados nos planos coordenados. Na fronteira do triângulo uma (ou mais) das variáveis x, y, z é zero e assim a função f é zero. Assim $x = 150$, $y = 500$, $z = 600$ é um máximo.

Problemas para a Seção 4.3.

Nos Problemas 1-17 use multiplicadores de Lagrange para achar os valores máximo e mínimo de $f(x, y)$ sujeita aos vínculos dados.

1 $f(x, y) = x + y,\ x^2 + y^2 = 1$

2 $f(x, y) = 3x - 2y,\ x^2 + 2y^2 = 44$

3 $f(x, y) = x^2 + y,\ x^2 - y^2 = 1$

4 $f(x, y) = xy,\ 4x^2 + y^2 = 8$

5 $f(x, y) = x^2 + y^2,\ x^4 + y^4 = 2$

6 $f(x, y) = x^2 - xy + y^2,\ x^2 - y^2 = 1$

7 $f(x, y, z) = x + 3y + 5z,\ x^2 + y^2 + z^2 = 1$

8 $f(x, y, z) = 2x + y + 4z,\ x^2 + y + z^2 = 16$

9 $f(x, y, z) = x^2 - y^2 - 2z,\ x^2 + y^2 = z$

10 $f(x, y, z) = x^2 + 2^y + 2z^2,\ x^2 + y^2 + z^2 = 1$

11 $f(x, y, z) = x + y + z$, sujeito a $x^2 + y^2 + z^2 = 1$ e $x - y = 1$

12 $f(x, y) = x^2 + 2y^2,\ x^2 + y^2 \leq 4$

13 $f(x, y) = xy,\ x^2 + 2y^2 \leq 1$

14 $f(x, y) = x^2 - y^2,\ x^2 \geq y$

15 $f(x, y) = x + 3y,\ x^2 + y^2 \leq 2$

16 $f(x, y) = x^3 + y,\ x + y \geq 1$

17 $f(x, y) = x^3 - y^2,\ x^2 + y^2 \leq 1$

18 Uma companhia manufatura um produto que usa elementos x, y e z segundo a função de produção

$$Q(x, y, z) = 20x^{1/2}y^{1/4}z^{2/5}.$$

---

* Adatada de M. Rosser, *Basic Mathematics for Economists*, p. 363 (New York: Routledge, 1993.)

Os preços por unidade são \$20 para x, \$10 para y e \$5 para z. Que quantidade de cada elemento a companhia deve usar para manufaturar 1.200 produtos a custo mínimo? *

19 Considere uma firma que manufatura um produto em duas fábricas diferentes. O custo total da manufatura depende das quantidades q_1 e q_2 fornecidas por cada fábrica, e é expressa pela *função de custo unido C* $= f(q_1, q_2)$. Suponha que a função de custo unido é aproximada por

$$f(q_1, q_2) = 2q_1^2 + q_1q_2 + q_2^2 + 500$$

e que o objetivo da companhia é produzir 200 unidades, ao mesmo tempo minimizando os custos de produção. Quantas unidades devem ser fornecidas por cada fábrica?

20 Um indústria manufatura um produto a partir de duas matérias-primas. A quantidade produzida Q pode ser dada pela função de Cobb-Douglas:

$$Q = cx^a y^b,$$

onde x e y são as quantidades de cada uma das duas matérias-primas usadas e a, b e c são constantes positivas. Suponha que a primeira matéria-prima custa $\$P_1$ por unidade e a segunda custa $\$P_2$ por unidade. Ache a máxima produção possível se não se pode gastar mais do que $\$K$ com matéria-prima.

21 Cada pessoa procura equilibrar seu tempo entre lazer e trabalho. A questão é que se você trabalha menos sua renda cai. Portanto cada pessoa tem *curvas de indiferença* que unem o número de horas de lazer, l, e a renda, s. Se, por, exemplo, você é indiferente quanto a 0 hora de lazer e renda de \$1125 por semana de um lado, e 10 horas de lazer e renda de \$750 por semana de outro lado, então os pontos $l = 0, s = 1125$, e $l = 10, s = 750$ pertencem ambos à mesma curva de indiferença. A Tabela 4.4 dá informação sobre três curvas de indiferença I, II e III.

Tabela 4.4

Rendimento semanal			Horas de lazer semanais		
I	II	III	I	II	III
1125	1250	1375	0	20	40
750	875	1000	10	30	50
500	625	750	20	40	60
375	500	625	30	50	70
250	375	500	50	70	90

a) Esboce as três curvas de indiferença sobre papel para gráficos.

b) Suponha que você tem 100 horas por semana disponíveis para trabalho e lazer combinados e que você ganha \$10 por hora. Escreva uma equação em 1 e s que representa este vínculo.

* Adatado de M. Rosser, *Basic Mathematics for Economists*, p.363 (New York: Routledge, 1993).

c) No mesmo papel para gráfico esboce um gráfico deste vínculo.

d) Avalie pelo gráfico qual combinação de horas de lazer e de rendimento você escolheria sob estas circunstâncias. Dê o correspondente número de horas por semana que você trabalharia. Explique como você faz esta avaliação.

22 A Figura 4.32 mostra ∇f para uma função $f(x, y)$ e duas curvas $g(x, y) = 1$ e $g(x,y) = 2$. Observe que $g(x, y) = 1$ é a curva de dentro e $g = 2$ a de fora. Marque os seguintes pontos numa copia desta figura.

a) O(s) ponto(s) A em que f tem máximo local.
b) O(s) ponto(s) B em que f tem ponto de sela.
c) O ponto C em que f tem um máximo sobre $g = 1$.
d) O ponto D em que f tem um mínimo em $g = 1$.
e) Se você usasse multiplicadores de Lagrange para achar C qual seria o sinal de λ ? Porque ?

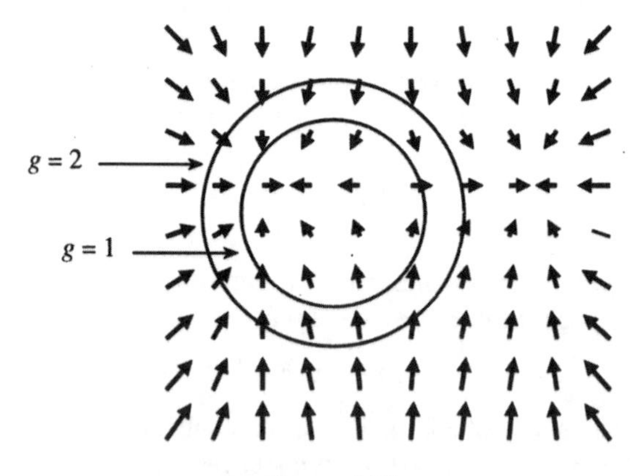

Figura 4.32

23 Planeje um recipiente cilíndrico fechado que contenha 100 cm³ e tenha superfície de área mínima possível. Quais seriam as dimensões ?

24 Um companhia manufatura x unidades de um item e y unidades de outro. O custo total C para produzir estes dois itens é aproximado pela função

$$C = 5x^2 + 2xy + 3y^2 + 800.$$

a) Se a quota de produção para o número total de itens (ambos os tipos combinados) é 39, ache o custo mínimo de produção.

b) Avalie o custo adicional de produção ou a economia se a quota de produção é aumentada para 40 ou diminuída para 38.

25 Uma alpinista no cume de uma montanha quer descer a uma altitude inferior tão depressa quanto possível. Suponha que a altitude da montanha é dada aproximadamente por

$$h(x, y) = 3000 - \frac{1}{10000}\left(5x^2 + 4xy + 2xy^2\right) \text{ metros}$$

onde x, y são coordenadas horizontais sobre a terra (em metros) com o topo da montanha localizado sobre a origem. Em trinta minutos a alpinista pode atingir qualquer ponto (x, y) num círculo de raio 1.000 m. Em qual direção ela deve caminhar para descer o máximo possível ?

26 Suponha que a quantidade q de um produto manufaturado depende do número de operários, W, e da quantia de capital investido, K, e é representada pela função de Cobb-Douglas

$$q = 6W^{3/4} K^{1/4}.$$

Além disso, o trabalho custa $10 por operário e o capital custa $20 por unidade e o orçamento é $3.000.

a) Quais são o número ótimo de operários e o número ótimo de unidades de capital investido ?

b) Mostre que para os valores ótimos de W e K a razão da produtividade marginal do trabalho $(\partial q/\partial W)$ para a produtividade marginal do capital $(\partial q/\partial K)$ é igual à razão do custo da unidade de trabalho para o custo da unidade de capital.

c) Recalcule os valores ótimos de W e K quando o orçamento é aumentado de uma unidade. Verifique que o aumento de $1 no orçamento permite a produção extra de λ unidades, onde λ é o multiplicador de Lagrange.

27 O diretor de um clínica de saúde de bairro tem um orçamento anual de $600.000. Quer alocar este orçamento de modo a maximizar o número de visitas de pacientes, V, que é dado como função do número de médicos, D, e do número de enfermeiras, N, por

$$V = 1000D^{0,6} N^{0,3}.$$

Médicos têm um salário de $40.000, ao passo que enfermeiras recebem $10.000.

a) Escreva o problema de otimização com vínculo do diretor.

b) Descreva, em palavras, as condições que devem ser satisfeitas por $\partial V / \partial D$ e $\partial V / \partial N$ para que V tenha valor ótimo.

c) Resolva o problema formulado na parte a).

d) Ache o valor do multiplicador de Lagrange e interprete seu significado neste problema.

e) No ponto ótimo qual é o custo marginal de uma visita de paciente (isto é, o custo de uma visita adicional) ? O custo marginal aumenta ou diminui com o número de visitas ? Porque ?

28 Minimize

$$f(x,y,z) = \sqrt{(x-a)^2 + (y-b)^2 + (z-c)^2},$$

sujeita ao vínculo $Ax + By + Cz + D = 0$. Qual é o significado geométrico de sua solução ?

29 Seja $f(x, y)$ uma função linear de modo que $f(x, y) = ax + by + c$ onde a, b e c são constantes, e seja R uma região do plano-xy.

a) Se R é um disco qualquer mostre que os valores máximo e mínimo de f ocorrem na fronteira do disco.

b) Se R é retângulo qualquer, mostre que os valores máximo e mínimo de f em R ocorrem nos vértices do retângulo. Podem ocorrer em outros pontos do retângulo também.

c) Explique, com ajuda de um gráfico do plano $z = f(x, y)$, porque você espera as respostas que obteve nas partes a) e b).

30 a) No Problema 26, o valor de λ muda se o orçamento mudar de $3.000 para $4.000 ?

b) No Problema 27 o valor de λ muda se o orçamento muda de $600.000 para $700.000 ?

c) A qual condição deve satisfazer uma função de produção de Cobb-Douglas

$$Q = cK^a L^b$$

para garantir que o aumento marginal de produção (isto é, a taxa de crescimento da produção com o orçamento) não seja afetado pelo tamanho do orçamento ?

Problemas de revisão para o Capítulo 4

1 Ache os máximos locais, mínimos locais e pontos de sela da função

$$f(x, y) = \text{sen}\, x + \text{sen}\, y + \text{sen}(x + y),\ 0 < x < \pi\ ,\quad 0 < y < \pi$$

Para os Problemas 2-4 ache os máximos locais, mínimos locais e pontos de sela das funções dadas. Decida se os máximos ou mínimos locais são globais. Explique.

2 $f(x, y) = x^2 + y^3 - 3xy$

3 $f(x, y) = xy + \ln x + y^2 - 10 \qquad (x > 0)$

4 $f(x,y) = x + y + \dfrac{1}{x} + \dfrac{4}{y}$

5 Suponha $f_x = f_y = 0$ em (1, 3) e $f_{xx} < 0, f_{yy} < 0, f_{xy} = 0$. Trace um possível diagrama de contornos.

6 Ache a reta de mínimos quadrados para os pontos dados (0, 4), (1, 3), (2, 1).

7 Ache o mínimo e o máximo da função $z = 4x^2 - xy + 4y^2$ sobre o disco fechado $x^2 + y^2 \leq 2$.

8 Quais são os valores máximo e mínimo de $f(x, y) = -3x^2 - 2y^2 + 20xy$ sobre a reta $x + y = 100$?

9 Uma companhia vende dois produtos que são substitutos parciais um do outro, tais como café e chá. Se o preço de um produto sobe então a demanda para o outro sobe. As quantidades requeridas, q_1 e q_2, são dadas como função dos preços p_1 e p_2 por

$$q_1 = 517 - 3{,}5\,p_1 + 0{,}8\,p_2 \qquad \text{e} \qquad q_2 = 770 - 4{,}4\,p_2 + 1{,}4\,p_1.$$

Quais preços deveria a companhia fixar para maximizar o rendimento total de vendas?*

10 Uma regra prática biológica diz que se a área de uma ilha

* Adatado de M. Rosser, *Basic Mathematics for Economists*, p.318 (New York: Routledge, 1993).

aumenta dez vezes, o número de espécies N vivendo nela dobra. A Tabela 4.5 mostra a área (em km quadrados) de várias ilhas nas Indias Ocidentais e o número de espécies vivendo em cada uma. Suponha que N é uma função potência de A. Usando a regra prática ache

a) N como função de A b) N como função de $\ln A$.
c) Usando os dados, faça tabela de $\ln N$ contra $\ln A$ e ache a reta de melhor ajuste. Sua resposta concorda com a regra biológica prática ?

Tabela 4.5: *Número de espécies em várias ilhas*

Ilha	Área (km²)	Número
Redonda	3	5
Saba	20	9
Montserrat	192	15
Puerto Rico	8.858	75
Jamaica	10.854	70
Hispaniola(Haiti e Rep. Dominicana)	75.571	130
Cuba	113.715	125

11 Suponha que a quantidade manufaturada de um certo produto, Q, depende da quantidade de trabalho L e do capital K usados segundo a função

$$Q = 900L^{1/2}K^{2/3}.$$

Suponha que o trabalho custa $100 por unidade e que o capital custa $200 por unidade. Qual combinação de trabalho e capital deveria ser usada para produzir 36.000 unidades dos bens a custo mínimo ? Qual é o custo mínimo ?

12 Uma organização internacional precisa decidir como gastar os $2.000 que lhe foram alocados para aliviar a fome numa área remota. Espera dividir o dinheiro entre comprar arroz a $5/saca e feijão a $10/saca. O número P de pessoas que seriam alimentadas se comprarem x sacas de arroz e y sacas de feijão é dado por

$$P = x + 2y + \frac{x^2y^2}{2\cdot 10^8}.$$

Qual é o máximo número de pessoas que podem ser alimentadas, e como a organização deveria alocar o dinheiro ?

13 A quantidade Q de um produto manufaturado por uma companhia é dada por

$$Q = aK^{0,6}L^{0,4},$$

onde a é uma constante positiva, K é a quantidade de capital e L a quantidade de trabalho usados. O custo do capital é $20 por unidade, o trabalho custa $10 por unidade, e a companhia quer que o custo do capital e trabalho combinados não ultrapasse $150. Suponha que lhe pedem para aconselhar a companhia e você fica sabendo que estão sendo usadas 5 unidades de cada, capital e trabalho.

a) O que você aconselha ? A fábrica deveria usar mais ou menos trabalho? Mais ou menos capital ? Em caso afirmativo, quanto ?
b) Escreva um resumo de uma frase que poderia ser usado para vender seu conselho à diretoria.

14 Um médico quer marcar horários para visitas a dois pacientes que foram operados de tumores de modo a minimizar a demora esperada para detectar um novo tumor. Visitas para os pacientes 1 e 2 são marcadas a intervalos de x_1 e x_2 semanas. Um total de m visitas por semana está disponível para os dois pacientes combinados.
As taxas de recorrências para tumores para os pacientes 1 e 2 são estimadas em v_1 e v_2 tumores por semana, respectivamente. Assim, $v_1/(v_1 + v_2)$ e $v_2/(v_1 + v_2)$ são as probabilidades de o paciente 1 e o paciente 2, respectivamente, terem o tumor seguinte. Sabe-se que a demora esperada em detectar um tumor para um paciente examinado a cada x semanas é $x/2$. Portanto a demora esperada para a detecção para os dois pacientes combinados é dada por *

$$f(x_1, x_2) = \frac{v_1}{v_1 + v_2}\cdot\frac{x_1}{2} + \frac{v_2}{v_1 + v_2}\cdot\frac{x_2}{2}.$$

Ache os valores de x_1 e x_2 em termos de v_1 e v_2 que minimizem $f(x_1, x_2)$ sujeita ao fato de m, o número de visitas por semana, ser fixo.

15 Qual é o valor do multiplicador de Lagrange no Problema 14? Quais são as unidades de λ ? Qual é o significado prático para o médico ?

16 A equação de Cobb-Douglas modela a quantidade total q de um bem produzido como função do número de trabalhadores, W, e a quantidade de capital investido, K, pela função de produção

$$q = cW^{1-a}K^a$$

onde a e c são constantes positivas. Suponha que o trabalho custa $\$p_1$ por trabalhador, o capital custa $\$p_2$ por unidade, e há orçamento fixo de $\$b$. Mostre que quando W e K estão em seus níveis ótimos, a razão da propriedade marginal do trabalho para a produtividade marginal do capital é igual à razão dos custos de uma unidade de trabalho para uma unidade de capital.

17 Um canal de irrigação tem seção transversa trapezoidal de área 50 m², como na Figura 4.33. A taxa média de fluxo no canal é inversamente proporcional ao perímetro molhado p do canal, isto é, ao perímetro do trapezóide na Figura 4.33, excluído o topo. Assim, para maximizar o fluxo devemos minimizar p. Ache a profundidade d, largura w da base

* Adatado de Daniel Kent, Ross Schachter *et al.*, *Efficient Scheduling of Cystoscopies in Monitoring for Recurrent Bladder Cancer in Medical Decision Making* (Philadelphia Hanley and Belfus, 1989).

e ângulo θ que dão a taxa de fluxo máxima.*

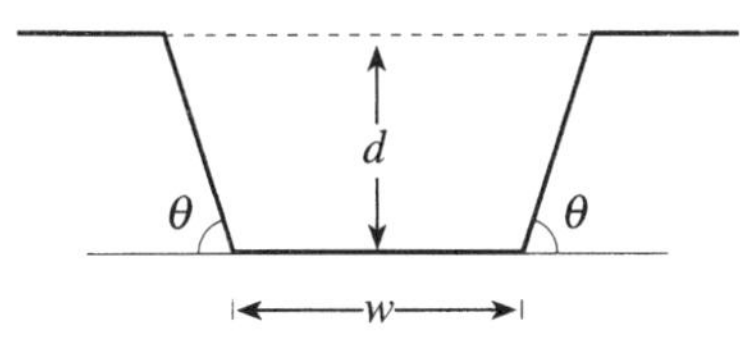

Figura 4.33

18 A energia necessária para comprimir um gás da pressão p^1 à pressão p_{N+1} em N etapas é proporcional a

$$E = \left(\frac{p_2}{p_1}\right)^2 + \left(\frac{p_3}{p_2}\right)^2 + \cdots + \left(\frac{P_{N+1}}{P_N}\right)^2 - N.$$

Mostre como escolher as pressões intermediárias p_2,..., p_N de modo a minimizar a exigência de energia.**

19 Uma família quer mudar-se para uma casa num ponto melhor situado em relação à escola dos filhos e aos lugares de trabalho de ambos os pais, Ver Figura 4.34.

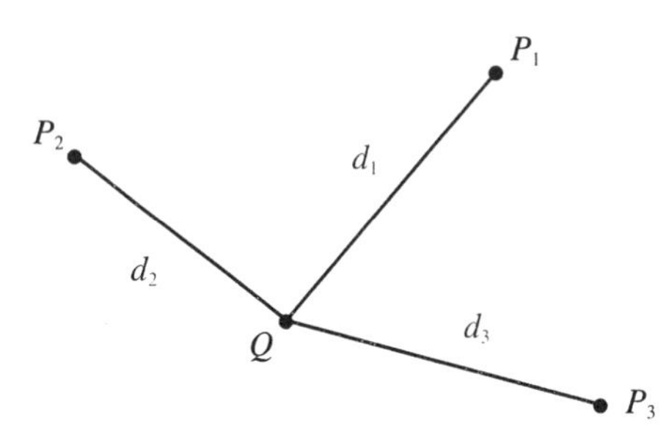

Figura 4.34

Atualmente eles vivem em Q, a escola é em P_1, o trabalho da mãe é em P_2 e o do pai em P_3. Querem minimizar $d = d_1 + d_2 + d_3$, onde

d_1 = distância à escola
d_2 = distância ao trabalho da mãe
d_3 = distância ao trabalho do pai.

a) Mostre que grad d_i é um vetor unitário apontando diretamente para longe de P_1, para $i = 1, 2, 3$. [Sugestão: trace linhas de contorno para d_i, prestando atenção ao espaçamento dos contornos.]
b) Use sua resposta à parte a) para traçar grad d no ponto Q na Figura 4.34. Em qual direção a família deveria mudar-se para diminuir d ?
c) Ache, o melhor que puder, o ponto do diagrama em que grad $d = 0$. Qual condição geométrica caracteriza este lugar ?

20 Considere a função $f(x, y) = 2x^2 - 3xy + 8y^2 + x - y$.
a) Calcule os pontos críticos de f e classifique-os.
b) Completando o quadrado trace o diagrama de contornos de f e mostre que o extremo local achado na parte a) é global.
c) Partindo do ponto (1, 1) minimize f usando o método de busca do gradiente e compare sua resposta depois de duas iterações com sua resposta na parte a).

21 Um raio de luz atravessando a fronteira entre dois meios diferentes (por exemplo, vácuo e vidro, ou ar e água) sofre uma mudança de direção ou é *refratado* por uma quantidade que depende das propriedades dos meios. Suponha que um raio de luz viaja do ponto A ao ponto B, como se vê na Figura 4.35, com velocidade v_1 no meio 1 e velocidade v_2 no meio 2.

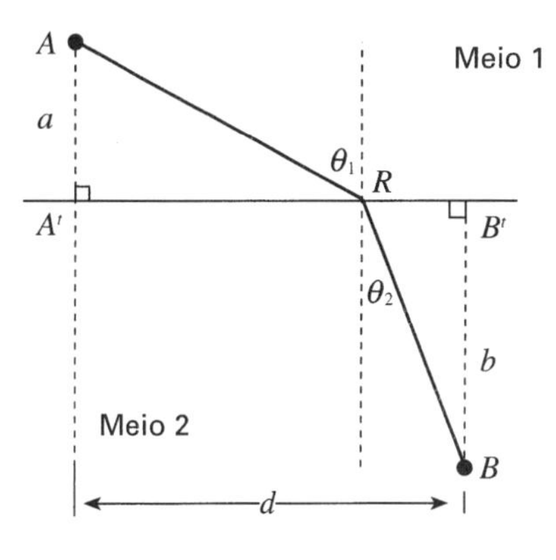

Figura 4.35

a) Ache o tempo $T(\theta_1, \theta_2)$ que o raio leva para ir de A e B em termos dos ângulos θ_1 e θ_2 e das constantes a, b, v_1, v_2.
b) Mostre que os ângulos θ_1, θ_2 satisfazem à condição (vínculo)

$$a \tan \theta_1 + b \tan \theta_2 = d$$

c) Qual é o efeito sobre o tempo T de fazer $\theta_1 \to -\pi/2$ (isto é, de mover R bem para longe à esquerda de A') ou de fazer $\theta_1 \to \pi/2$ (isto é, de mover R bem para longe à direita de B') ?
d) O *princípio de Fermat* diz que o raio de luz segue um caminho tal que o tempo T é minimizado. Use o método dos multiplicadores de Lagrange para mostrar que $T(\theta_1,\theta_2)$ é mínimo quando vale a *Lei de Refração de Snell*:

$$\frac{\operatorname{sen}\theta_1}{\operatorname{sen}\theta_2} = \frac{v_1}{v_2}.$$

(A constante v_1/v_2 chama-se o *índice de refração* do meio 2 com relação ao meio 1. Por exemplo, os índices do ar, água, e vidro com relação ao vácuo são aproximadamente 1,0003, 1,33 e 1,52 respectivamente. As lentes dos modernos óculos de leitura são feitos de plásticos com alto índice de refração afim de reduzir peso e espessura quando a receita é forte).

22 Vinte e seis times competem pela taça Stanley no Hockey. No início da estação um torcedor experimentado calcula que a probabilidade de o time i ganhar é algum número

* Adatado de Robert M. Stark e Robert L. Nichols, *Mathematical Foundations of Design: Engineering Systems,* (New York: McGraw-Hill, 1972.)
** Adatado de Rutherford, Aris, *Discrete Dynamic Programming*, p.35 (New York: Blaidell, 1964.)

p_i, onde $0 \leq p_i \leq 1$ e

$$\sum_{i=1}^{26} p_i = 1.$$

Exatamente um time vai efetivamente ganhar, de modo que as probabilidades têm de somar 1. Se um dos times, digamos o time i, tem certeza de ganhar então $p_i = 1$ e todos os outros p_j têm que ser iguais a 0. Outro caso extremo ocorre se todos os times têm igual probabilidade de ganhar de modo que todos os p_i são iguais a 1/26 e o resultado da temporada de hockey é completamente imprevisível. Assim a incerteza do resultado depende das probabilidades $p_1,...,p_{26}$. Neste problema medimos a incerteza quantitativamente usando a seguinte função

$$S\left(p_1,\ldots,p_{26}\right) = -\sum_{i=1}^{26} p_i \frac{\ln p_i}{\ln 2}.$$

Note que como $p_i \leq 1$ temos $-\ln p_i \geq 0$ e portanto $S \geq 0$.

a) Mostre que $\lim_{p\to 0} p \ln p = 0$. (Isto significa que S é função contínua dos p_i, onde $0 \leq p_i \leq 1$ e $1 \leq i \leq 26$ se pusermos $p \ln p\,|_{p=0}$ igual a zero. Como S é então uma função contínua numa região fechada e limitada, S atinge um valor máximo e um valor mínimo na região.)

b) Ache o valor máximo de $S(p_1,...,p_{26})$ sujeita ao vínculo $p_1+...+p_{26} = 1$. Quais são os valores de p_i neste caso ? O que significa sua resposta em termos da incerteza quanto ao resultado da temporada ?

c) Ache o valor mínimo de $S(p_1,...,p_{26})$ sujeita ao vínculo $p_1+...+p_{26} = 1$. Quais são os valores de p_i neste caso ? O que significa sua resposta em termos da incerteza quanto ao resultado da temporada ?

[Nota: a função S é um exemplo de função de *entropia*: o conceito de entropia é usado em teoria da informação, mecânica estatística e termodinâmica quando se mede a incerteza num experimento (a temporada de hockey neste problema) ou sistema físico.]

23 Ache a mínima distância do ponto (1, 2, 10) ao parabolóide dado pela equação $z = x^2 + y^2$. Dê uma justificativa geométrica para a sua resposta.

24 O cone $z^2 = x^2 + y^2$ é cortado pelo plano $z = 1 + x + y$. Ache os pontos da interseção entre o plano e o cone que estão mais perto e mais longe da origem. Dê uma justificativa geométrica para sua resposta.

5

INTEGRAÇÃO DE FUNÇÕES DE VÁRIAS VARIÁVEIS

Uma integral definida é um limite de uma soma. Usamos uma integral definida para calcular a população total de uma região, dada a densidade de população como função da posição. Se a densidade de população é função de uma única variável (por exemplo, da distância ao centro da cidade) temos uma integral ordinária definida em uma variável. Se a densidade depende de mais de uma variável, precisamos de uma integral em mais de uma variável para calcular a população toda. Neste Capítulo desenvolvemos integrais duplas e triplas, em coordenadas cartesianas e em coordenadas polares.

5.1 - A INTEGRAL DEFINIDA DE UMA FUNÇÃO DE DUAS VARIÁVEIS

Nesta seção veremos como avaliar a população total a partir da densidade de população no plano. Isto levará à definição da integral definida de uma função de duas variáveis.

Densidade da população de raposas na Inglaterra

A população de raposas em partes da Inglaterra é importante para funcionários da saúde pública preocupados com a doença raiva, que é disseminada por animais. O diagrama de contornos da Figura 5.1 mostra a densidade de população $D = f(x, y)$ de raposas no canto sudoeste da Inglaterra, onde x e y são quilômetros a partir do canto sudoeste do mapa e D é em raposas por quilômetro quadrado.* O contorno em negrito é a linha da costa (aproximadamente) e pode ser pensada como contorno $D = 0$; claramente a densidade é zero fora dela.

Exemplo 1: Avalie a população total de raposas na região representada pelo mapa na Figura 5.1.

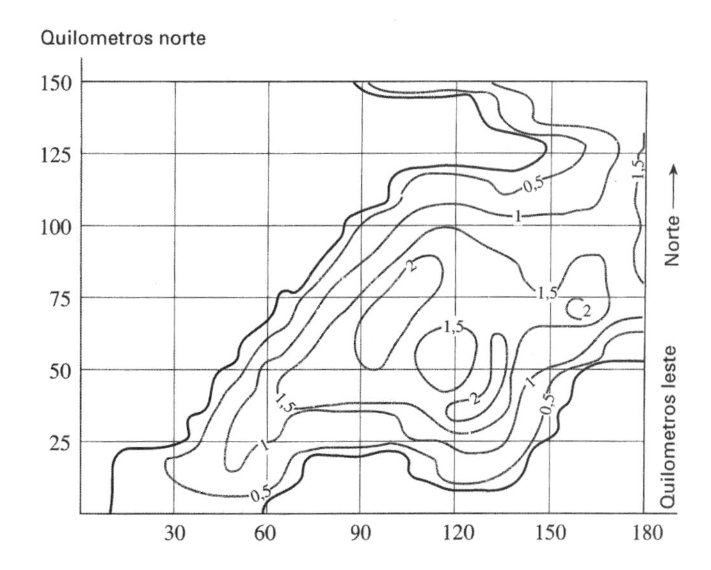

Figura 5.1: Densidade da população de raposas no sudoeste da Inglaterra

Solução: Queremos achar uma majoração e uma minoração para a população. Subdividimos o mapa em 36 retângulos mostrados na Figura 5.1 e avaliamos a população em cada retângulo. Achamos uma majoração para a densidade de população em cada retângulo, multiplicamos pela área do retângulo para obter uma majoração para a população naquele

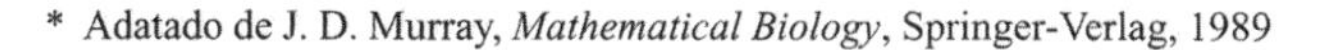

* Adatado de J. D. Murray, *Mathematical Biology*, Springer-Verlag, 1989

retângulo, depois somamos estas majorações para obter uma majoração para a população total. O retângulo em baixo à esquerda contém uma pequena região entre os contornos 0,5 e 1, assim avaliamos a densidade de raposas no retângulo como sendo no máximo de 0,6 raposa por quilômetro quadrado. O retângulo seguinte indo para o norte é só mar e então não há raposas. Porém o retângulo a leste inclui uma região entre os contornos assinalados 1 e 1,5, portanto avaliamos a densidade máxima como sendo 1,3 raposa por quilômetro quadrado. Continuando assim obtemos majorações dadas na Tabela 5.1. Do mesmo modo obtemos as limitações por baixo mostradas na Tabela 5.2.

Tabela 5.1: Avaliação por cima da densidade de população de raposas

0	0	0	0,8	1,5	1,5
0	0	0,5	1,5	1,5	1,5
0	0	1,5	2,5	1,9	2,3
0	1,2	2,2	2,5	2,5	2,5
0	1,3	2	2,2	2,5	0,5
0,6	1,3	1	1	1,3	0

Tabela 5.2: Avaliação por baixo da densidade de população de raposas

0	0	0	0	0	0,1
0	0	0	0	0	0,1
0	0	0	0,5	1,2	1,2
0	0	0	1	1	0
0	0	0,5	0,5	0	0
0	0	0	0	0	0

Cada retângulo tem uma área $30 \times 25 = 750\text{km}^2$, portanto obtemos
Avaliação por baixo = (0,1 + 0,1 + 0,5 + 1,2 + 1,2 + 1 + 1 + 0,5 + 0,5) . 750 = 4575 raposas.

Do mesmo modo obtemos a majoração
Avaliação por cima = 41,6 . 750 = 31.200 raposas

A média de nossas duas avaliações é cerca de 18.000, por isso tomamos isto como nossa avaliação. Observe que há uma larga discrepância entre as avaliações por cima e por baixo; tomando subdivisões mais finas poderíamos obter avaliações superior e inferior mais próximas.

Definição da integral definida

As somas usadas para aproximar a população de raposas são análogas às somas de Riemann usadas para definir a integral definida de uma função de uma variável. Agora definimos a integral definida para uma função f numa região retangular.* Dada uma função contínua $f(x, y)$ definida numa região $a \leq x \leq b$ e $c \leq y \leq d$ construímos uma soma de Riemann subdividindo a região em retângulos menores. Fazemos isto subdividindo cada um dos intervalor $a \leq x \leq b$ e $c \leq c \leq y$ em n e m subintervalos iguais respectivamente, obtendo nm subretângulos (ver Figura 5.2).

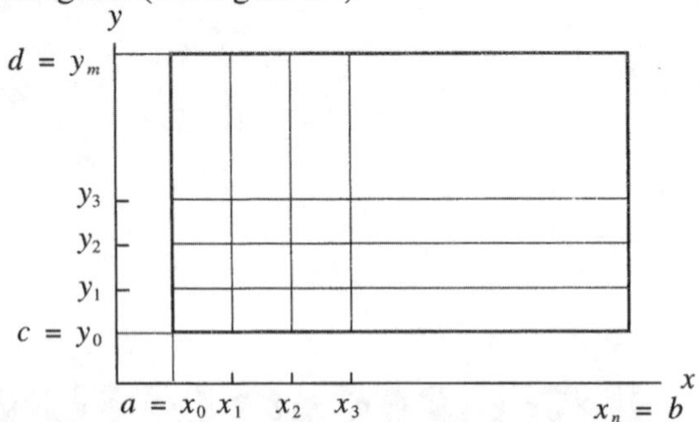

Figura 5.2: Subdivisão de um retângulo em nm subretângulos

A área de cada subretângulo é ΔA, onde $\Delta A = \Delta x \Delta y$ e $\Delta x = (b-a)/n$ é a largura de cada subdivisão ao longo do eixo-x, e $\Delta y = (d-c)/m$ é a largura de cada subdivisão ao longo do eixo-y. Para calcular a soma de Riemann multiplicamos a área de cada subretângulo pelo valor da função num ponto do retângulo e somamos todos os números resultantes. Escolhendo o ponto que dá o valor máximo M_{ij} da função em cada retângulo obtemos a *soma superior* $\sum_{i,j} M_{ij}\Delta x \Delta y$.

A soma inferior $\sum_{i,j} L_{ij} \Delta x \Delta y$ é obtida tomando o valor mínimo em cada retângulo. Assim qualquer outra soma de Riemann satisfaz

$$\sum_{i,j} L_{ij}\Delta x\Delta y \leq \sum_{i,j} f(x_i, y_j)\Delta x\Delta y \leq \sum_{i,j} M_{ij}\Delta x\Delta y$$

onde (x_i, y_j) é qualquer ponto no ij-ésimo retângulo. Definimos a integral definida tomando o limite para os números de subdivisões, n e m, tendendo a infinito. Comparando as somas superior e inferior, como fizemos com a população de raposas, pode-se mostrar que o limite existe quando a função f é contínua. Obtemos o mesmo limite fazendo Δx e Δy tender a zero. Assim temos a seguinte definição:

> Suponha a função f contínua em R, o retângulo $a \leq x \leq b,\ c \leq y \leq d$. Definimos a **integral definida** de f sobre R
>
> $$\int_R f dA = \lim_{\Delta x, \Delta y \to 0} \sum_{i,j} f(x_i, y_j)\Delta x \Delta y$$
>
> Uma tal integral é chamada uma **integral dupla.**

Às vezes pensamos em dA como sendo a área de um retângulo infinitesimal de comprimento dx e altura dy, de modo que $dA = dx\, dy$. Então usamos a notação*

$$\int_R f dA = \int_R f(x, y)\, dx dy.$$

A soma de Riemann usada na definição, com subdivisões retangulares de igual tamanho, é só um tipo de soma de

* Uma revisão da integral definida em uma variável é feita no Apêndice D.

* Outra notação comum para a integral dupla é $\iint_R f dA$

Riemann. Para uma soma de Riemann geral, as subdivisões não precisam ser todas do mesmo tamanho.

Exemplo 2: Seja R o retângulo $0 \leq x \leq 1$ e $0 \leq y \leq 1$. Use somas de Riemann para avaliar $\int_R e^{-(x^2+y^2)} dA$.

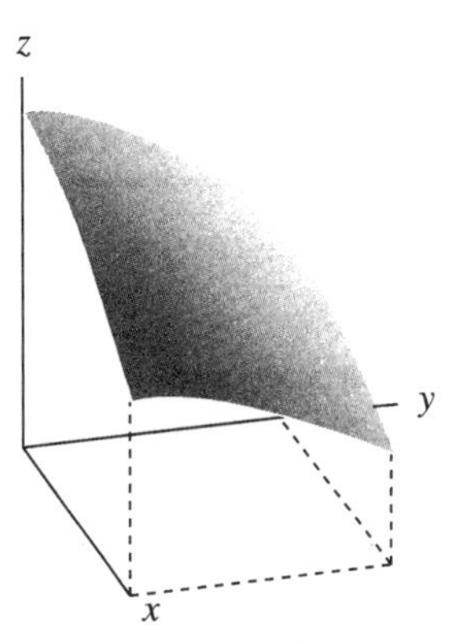

Figura 5.3: O gráfico de $e^{-(x^2+y^2)}$ acima do retângulo R

Solução: Dividimos R em 16 subretângulos dividindo cada lado em 4 partes. A Figura 5.3 mostra que $f(x, y) = e^{-(x^2+y^2)}$ decresce quando nos afastamos da origem. Assim, para ter a soma superior calculamos f em cada subretângulo no canto mais próximo da origem. Por exemplo, no retângulo $0 \leq x \leq 0{,}25$, $0 \leq y \leq 0{,}25$ calculamos f em $(0, 0)$.

Usando a Tabela 5.3 achamos que

Soma superior =

$$
\begin{aligned}
=&[(1 + 0{,}9394 + 0{,}7788 + 0{,}5698) \\
&+ (0{,}9394 + 0{,}8825 + 0{,}7316 + 0{,}5353) \\
&+ (0{,}7788 + 0{,}7316 + 0{,}6065 + 0{,}4437) \\
&+ (0{,}5698 + 0{,}5353 + 0{,}4437 + 0{,}3247)](0{,}0625) = 0{,}68.
\end{aligned}
$$

Para obter uma soma inferior devemos calcular f no canto oposto de cada retângulo porque a superfície se inclina para baixo nas duas direções x e y. Isto dá uma soma inferior de 0,44. Assim,

$$0{,}44 \leq \int_R e^{-(x^2+y^2)} dA \leq 0{,}68.$$

Para obter soma aproximação melhor calculamos avaliações inferior e superior com mais subdivisões. Os resultados para vários casos com números iguais de subdivisões nas direções x e y são mostrados na Tabela 5.4.

Tabela 5.3: Valores de $f(x, y) = e^{-(x^2+y^2)}$ no retângulo R

x \ y	0,0	0,25	0,50	0,75	1,00
0,0	1	0,9394	0,7788	0,5698	0,3679
0,25	0,9394	0,8825	0,7316	0,5353	0,3456
0,50	0,7788	0,7316	0,6065	0,4437	0,2865
0,75	0,5698	0,5353	0,4437	0,3247	0,2096
1,00	0,3679	0,3456	0,2865	0,2096	0,1353

Tabela 5.4: Aproximações por somas de Riemann para $\int_R e^{-(x^2+y^2)} dA$

Número de subdivisões nas direções x e y

	8	16	32	64
Superior	0,6168	0,5873	0,5725	0,5651
Inferior	0,4989	0,5283	0,5430	0,5504

O verdadeiro valor da integral dupla, 0,5577 ..., está apanhado entre as somas superiores e inferiores. Observe que a soma inferior cresce e a soma superior decresce quando o número de subdivisões cresce (Porque acontece isto?) Porém, mesmo com 64 subdivisões, levando a $64^2 = 4.096$ termos na soma de Riemann, as somas superior e inferior concordam com o [illegible]la integral somente na primeira casa decimal. Por isso, devemos procurar melhores meios para aproximar a integral.

A região R

Em nossa definição da integral definida $\int_R f(x, y)\, dA$, a região R é um retângulo. Porém a integral definida pode ser definida para regiões de formas diferentes, incluindo triângulos, círculos e regiões limitadas por gráficos de funções contínuas por partes.

Para aproximar a integral definida sobre uma região R que não seja retangular usamos uma rede de retângulos que aproxime a região. Obtemos esta rede rodeando R com um retângulo grande e subdividindo esse retângulo; consideremos apenas retângulos que estão dentro de R.

Como antes, tomamos um ponto (x_i, y_j) em cada retângulo e formamos a soma de Riemann

$$\sum_{i,j} f(x_i, y_j)\, \Delta x \Delta y.$$

Desta vez, porém, a soma é somente sobre aqueles retângulos dentro de R. Por exemplo, no caso da população de raposas podemos usar os retângulos que estão inteiramente em terra. Quando as subdivisões se tornam mais finas, a rede se parece mais com R. Para uma função f que é contínua em R definimos a integral definida como segue:

$$\int_R f dA = \lim_{\Delta x, \Delta y \to 0} \sum_{i,j} f(x_i, y_j)\, \Delta x \Delta y$$

onde a soma de Riemann é tomada sobre os subretângulos dentro de R.

Você pode perguntar-se porque podemos deixar de fora os retângulos que cobrem a fronteira de R – se os incluíssemos poderíamos obter um valor diferente para a integral? A resposta é que para qualquer região que tenhamos alguma probabilidade de encontrar a área dos subretângulos cobrindo as bordas tende a 0 quando a rede se torna mais fina. Portanto omitir esses retângulos não afeta o limite.

Interpretações da integral dupla

Interpretação como área

Suponha que $f(x, y) = 1$ para todos os pontos (x, y) numa região R. Então cada termo da soma de Riemann é da forma $1 \cdot \Delta A = \Delta A$ e a integral dupla dá a área da região R.

$$\text{Área}\,(R) = \int_R 1dA = \int_R dA$$

Interpretação como volume

Assim como a integral definida de uma função positiva de uma variável pode ser interpretada como uma área sob o gráfico da função, também a integral definida de uma função de duas variáveis pode ser interpretada como volume sob seu gráfico. No caso de uma variável visualizamos a soma de Riemann como área total de retângulos sobre as subdivisões. No caso de duas variáveis obtemos barras sólidas em vez de retângulos. Ao crescer o número de subdivisões os topos das barras aproximam melhor a superfície, e o volume das barras se aproxima mais do volume sob a superfície e acima da região R. (Ver Figura 5.4.)

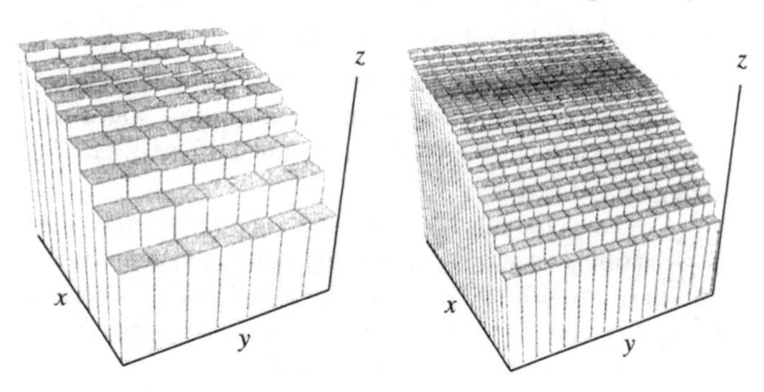

Figura 5.4: Aproximar volume sob o gráfico com somas de Riemann cada vez mais finas

Exemplo 3: Ache o volume sob o gráfico de $f(x, y) = 2 - x^2 - y^2$ que está sobre o retângulo $-1 \leq x \leq 1$ e $-1 \leq y \leq 1$. (Ver Figura 5.5.)

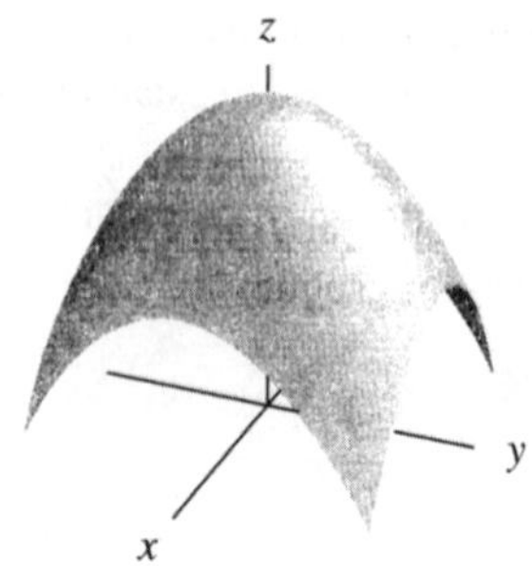

Figura 5.5: Gráfico de $f(x, y) = 2 - x^2 - y^2$ sobre $-1 \leq x \leq 1, -1 \leq y \leq 1$

Solução: Se R é o retângulo $-1 \leq x \leq 1, -1 \leq y \leq 1$, o volume que procuramos é dado por

$$\text{volume} = \int_R \left(2 - x^2 - y^2\right) dA$$

A Tabela 5.5 contém valores das somas de Riemann S_n calculadas subdividindo o retângulo em n^2 subretângulos e calculando f nos pontos com valores mínimos x e y. A tabela sugere que o valor da integral é aproximadamente 5,3.

Tabela 5.5: Somas de Riemann para $\int_R \left(2 - x^2 - y^2\right) dA$

n	5	10	20	40
S_n	5,12	5,28	5,32	5,33

Interpretação da integral quando f é uma função densidade

Uma função de duas variáveis pode representar uma densidade por unidade de área, por exemplo a densidade de população (em raposas por unidade de área) ou a densidade de massa de uma placa metálica fina. Então a integral $\int_R fdA$ representa a população total ou a massa total da região R.

Interpretação da integral definida como um valor médio

Como no caso de uma variável, a integral definida pode ser usada para calcular o valor médio de uma função:

$$\begin{matrix}\text{Valor médio de } f \\ \text{na região } R\end{matrix} = \frac{1}{\text{Área de } R}\int_R f\,dA$$

Podemos reescrever isto como

$$\text{Valor médio} \times \text{Área de } R = \int_R fdA$$

Assim, se interpretarmos a integral como volume sob o gráfico de f, poderemos pensar no valor médio de f como sendo a altura de uma caixa com o mesmo volume que esteja sobre a mesma base. (Ver Figura 5.6.)

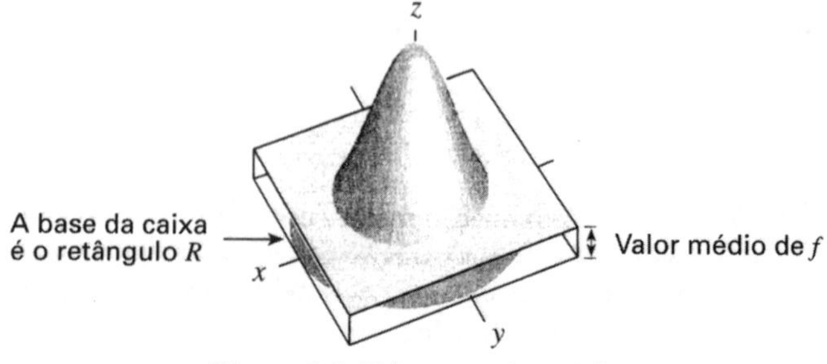

Figura 5.6: Volume e valor médio

Um modo de pensar isto é imaginar que o volume sob o gráfico é feito de cera; se a cera derretesse e se aplainasse dentro de paredes construídas sobre o perímetro de R, então terminaria em forma de caixa com altura igual ao valor médio de f.

Problemas da Seção 5.1

1 A função $f(x, y)$ tem valores na Tabela 5.6. Seja R o retângulo $1 \leq x \leq 1{,}2$, $2 \leq y \leq 2{,}4$. Ache as somas de

Riemann que sejam estimativas razoáveis por cima e por baixo para $\int_R f(x, y)\, dA$ com $\Delta x = 0{,}1$ e $\Delta y = 0{,}2$.

Tabela 5.6

	x		
y	1,0	1,1	1,2
2,0	5	7	10
2,2	4	6	8
2,4	3	5	4

2 Um sólido é formado sobre o retângulo R com $0 \leq x \leq 2$, $0 \leq y \leq 4$ pelo gráfico de $f(x, y) = 2 + xy$. Usando somas de Riemann com quatro subdivisões, ache majoração e minoração para o volume deste sólido.

3 Seja R o retângulo com vértices (0, 0),(4, 0). (4, 4), e (0, 4) e seja $f(x,y) = \sqrt{xy}$.

a) Ache limitações razoáveis superior e inferior para $\int_R fdA$ sem subdividir R.

b) Avalie $\int_R fdA$ dividindo R em quatro subretângulos e avaliando f em seus valores máximo e mínimo em cada subretângulo.

4 A Figura 5.7 mostra a distribuição de temperatura, em °C, numa sala aquecida de 5 metros por 5 metros. Usando somas de Riemann avalie a temperatura média na sala.

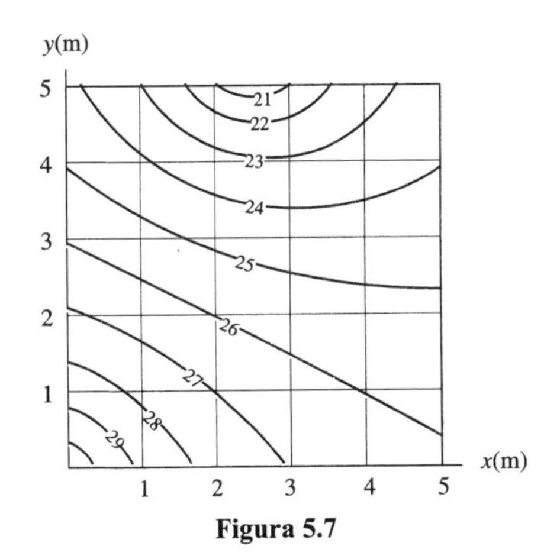

Figura 5.7

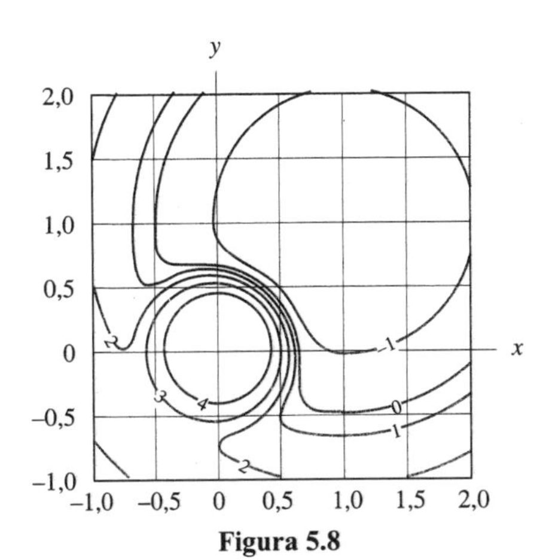

Figura 5.8

5 A Figura 5.8 mostra o diagrama de contornos de uma função $z = f(x, y)$. Seja R o quadrado $-0{,}5 \leq x \leq 1$, $-0{,}5 \leq y \leq 1$. A integral $\int_R fdA$ é positiva ou negativa? Explique seu raciocínio.

6 Um biólogo estudando populações de insetos mede a densidade de população de moscas e mosquitos em vários pontos de uma região de estudo retangular. Os gráficos de duas densidades de população para a região são mostrados nas Figuras 5.9 e 5.10. Supondo que as unidades ao longo dos eixos correspondentes são as mesmas os dois gráficos, há mais moscas ou mais mosquitos na região?

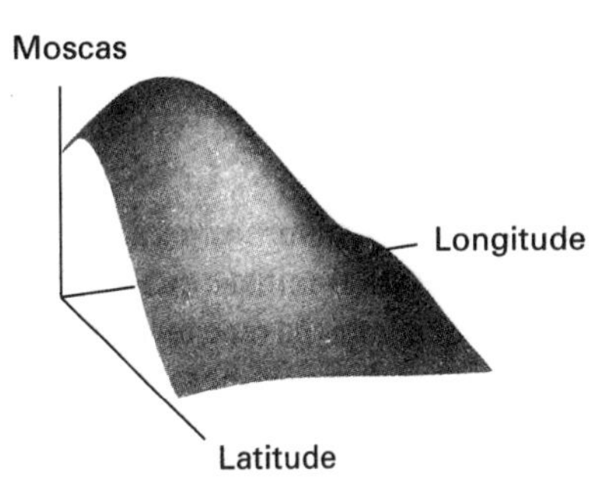

Figura 5.9

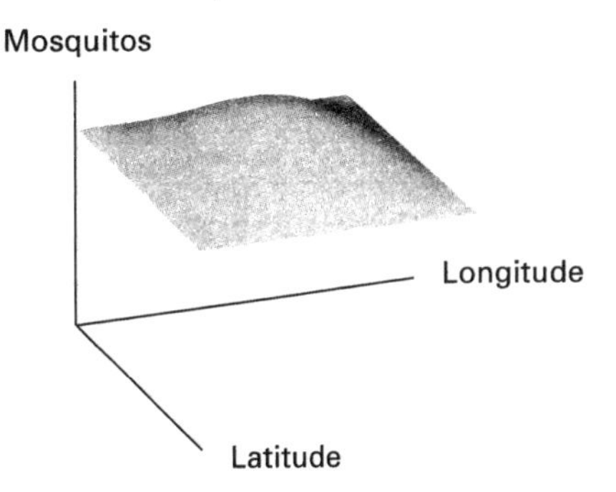

Figura 5.10

Nos Problemas 7–8 use um programa de computador ou de calculadora que ache somas de Riemann na dimensão 2 para avaliar a integral dada.

7 Se R é retângulo $1 \leq x \leq 2$, $1 \leq y \leq 3$, avalie $\int_R (x^2 + y^2)\, dA$.

8 Se R é o retângulo $-\pi \leq x \leq 0$, $0 \leq y \leq \pi/2$, avalie $\int_R \operatorname{sen}(xy)\, dA$.

9 O casco de um certo barco tem largura $w(x, y)$ unidades num ponto a x unidades da frente e y unidades abaixo da linha d'água. Segue uma tabela de valores de w. Monte uma integral definida que dê o volume do casco abaixo da linha d'água e então avalie o valor da integral.

Tabela 5.7

Frente do barco → *Parte de trás do barco*

Profundidade abaixo da linha d'água (em unidades)	0	10	20	30	40	50	60
0	2	8	13	16	17	16	10
2	1	4	8	10	11	10	8
4	0	3	4	6	7	6	4
6	0	1	2	3	4	3	2
8	0	0	1	1	1	1	1

10 Seja $f(x, y)$ uma função de x e y que é independente de y, isto é, $f(x, y) = g(x)$ para alguma função de uma variável g.
a) Que aspecto tem o gráfico de f?
b) Seja R o retângulo $a \le x \le b$, $c \le y \le d$. Interpretando a integral como volume e usando sua resposta para a parte a) expresse $\int_R f dA$ em termos de uma integral em uma variável.

11 A Figura 5.11 mostra contornos para a freqüência anual de tornados por 10.000 milhas quadradas nos Estados Unidos. * Cada quadrado da rede tem lado de 100 milhas. Use o mapa para avaliar o número total de tornados por ano em a) Texas b) Florida c) Arizona.

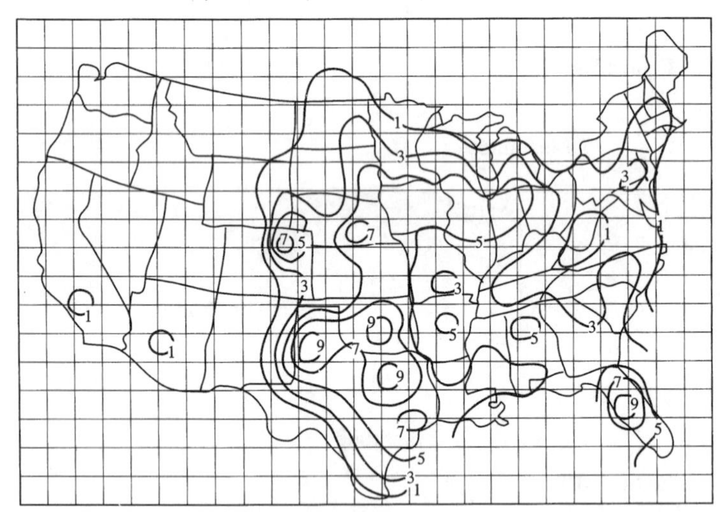

Figura 5.11

12 A Figura 5.12 mostra contornos da quantidade anual de chuvas (em centímetros) no Oregon.** Use-a para avaliar quanta chuva cai no Oregon em um ano. Cada quadrado da rede tem 100 quilômetros de lado.

13 Seja D a região no interior do círculo unitário centrado na origem, seja R a metade direita de D e seja B a metade inferior de D. Decida (sem calcular o valor de qualquer das integrais) se cada integral é positiva, negativa ou zero.

a) $\int_D dA$ b) $\int_B dA$ c) $\int_R 5x dA$

d) $\int_B 5x dA$ e) $\int_B 5x dA$ f) $\int_D \left(y^3 + y^5\right) dA$

g) $\int_B \left(y^3 + y^5\right) dA$ h) $\int_R \left(y^3 + y^5\right) dA$

i) $\int_B \left(y - y^3\right) dA$ j) $\int_D \left(y - y^3\right) dA$ k) $\int_D \operatorname{sen} y dA$

l) $\int_D \cos y dA$ m) $\int_D e^x dA$ n) $\int_D x e^x dA$

o) $\int_D x y^2 dA$ p) $\int_B x \cos y dA$

* De *Modern Physical Geography*, Alan H. Strahler e Arthur H. Strahler, 4ª. ed., John Wiley & Sons, New York, 1992, p. 128
** De *Physical Geography of the Global Environment*, H. J. de Blij and Peter O . Muller, John Wiley & Sons, New York, 1993, p. 133

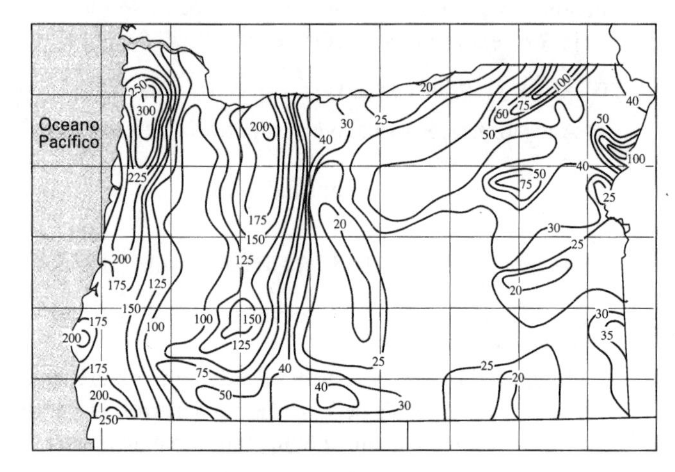

Figura 5.12

14 Para números quaisquer a e b, assuma que $|a + b| \le |a| + |b|$. Use isto para explicar porque

$$\left| \int_R f dA \right| \le \int_R |f| \, dA.$$

5.2- INTEGRAIS ITERADAS

Na Seção 5.1 aproximamos integrais duplas usando somas de Riemann. Nesta seção veremos como calcular integrais duplas usando integrais ordinárias em uma variável.

Novamente a população de raposas: expressar uma integral dupla como integral iterada.

Para avaliar a população de raposas calculamos uma soma da forma

$$\text{População total} \approx \sum_{i,j} f\left(x_i, y_j\right) \Delta x \Delta y$$

onde $1 \le i \le n$ e $1 \le j \le m$ e os valores de $f(x_i, y_j)$ podem ser dispostos como na Tabela 5.8.

Tabela 5.8: *Majorações para densidade de população de raposas para n = m = 6*

0	0	0	0,8	1,5	1,5
0	0	0,5	1,5	1,5	1,5
0	0	1,5	2,5	1,9	2,3
0	1,2	2,2	2,5	2,5	2,5
0	1,3	2	2,2	2,5	0,5
0,6	1,3	1	1	1,3	0

Para quaisquer valores de n e m há duas maneiras de calcular esta soma: uma é somando segundo as linhas primeiro, a outra é somando de alto a baixo nas colunas primeiro. Se somamos primeiro pelas colunas, podemos escrever a soma na forma

$$\text{População total} \approx \sum_{j=i}^{m}\left(\sum_{i=j}^{n} f(x_i, y_j)\,\Delta x\right)\Delta y.$$

A soma interna, $\sum_{i=1}^{n} f(x_i, y_j)\,\Delta x$ aproxima a integral $\int_0^{180} f(x, y)\,dx,$. Assim temos

$$\text{População total} \approx \sum_{j=1}^{m}\left(\int_0^{180} f(x, y_j)\,dx\right)\Delta y.$$

A soma externa representa uma soma de Riemann que aproxima outra integral, desta vez com integrando $\int_0^{180} f(x, y)\,dx,$ que é função de y. Assim podemos escrever a população total em termos de integrais em uma variável encaixadas:

$$\text{População total} = \int_0^{150}\left(\int_0^{180} f(x, y)\,dx\right)dy.$$

Como a população total é representada por $\int_R f dA$, descobrimos um meio de expressar integrais duplas:

> Se R é o retângulo $a \le x \le b, c \le y \le d$ e se $f(x, y)$ é uma função contínua de duas variáveis então
>
> $$\int_R f dA = \int_c^d\left(\int_a^b f(x, y)\,dx\right)dy.$$
>
> A expressão $\int_c^d\left(\int_a^b f(x, y)\,dx\right)dy$, ou simplesmente $\int_c^d\int_a^b f(x, y)\,dxdy$, é chamada uma *integral iterada*.

A integral de dentro é feita em relação a x, mantendo y constante, e depois o resultado é integrado em relação a y.

Comparação entre adição repetida e integração repetida

É útil observar como a notação de soma e a de integral se assemelham. Olhando uma soma de Riemann como soma de somas

$$\sum_{i,j} f(x_i, y_j)\,\Delta x \Delta y = \sum_j\left(\sum_i f(x_i, y_j)\,\Delta x\right)\Delta y$$

somos levados a ver uma integral dupla como uma integral de integrais:

$$\int_R f(x, y)\,dA = \int_c^d\left(\int_a^b f(x, y)\,dx\right)dy,$$

onde R é o retângulo $a \le x \le b,\ \ c \le y \le d$.

Exemplo 1: Um edifício tem largura de 8 unidades e comprimento de 16. Tem um teto plano que tem altura de 12 unidades num canto e 10 em cada canto adjacente. Qual é o volume do edifício?

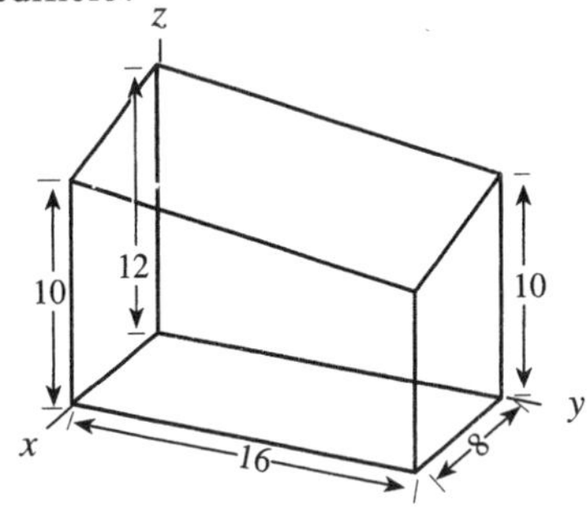

Figura 5.13: Um edifício com teto inclinado

Solução: Se colocarmos o canto mais alto sobre o eixo-z, o lado mais longo do eixo-y e o mais curto ao longo do eixo-x, como na Figura 5.13, então o teto é um plano com z-interseção 12, e inclinação-x $(-2)/8 = -1/4$, e inclinação-y $(-2)/16 = -1/8$. Portanto a equação do plano do teto é $z = 12 - x/4 - y/8$. Para calcular o volume vamos integrar sobre o retângulo $0 \le x \le 8,\ \ 0 \le y \le 16$. Escrevendo uma integral iterada temos

$$\text{Volume} = \int_0^{16}\int_0^8\left(12 - \frac{1}{4}x - \frac{1}{8}y\right)dxdy.$$

A integral interior é

$$\int_0^8\left(12 - \frac{1}{4}x + \frac{1}{8}y\right)dx = \left(12x - \frac{1}{8}x^2 - \frac{1}{8}xy\right)\Bigg|_0^8 = 88 - y.$$

Então a integral de fora é

$$\int_0^{16}(88 - y)\,dy = \left(88y - \frac{1}{2}y^2\right)\Bigg|_0^{16} = 1280.$$

Assim o volume do edifício é 1.280 unidades cúbicas.

A ordem de integração

Ao calcular a população de raposas poderíamos ter escolhido somar colunas (com x fixo) em primeiro lugar, em vez das linhas. Isto leva a uma integral iterada em que x é constante na integral interior, em vez de y. Assim

$$\int_R f(x,y)\,dA = \int_a^b \left(\int_c^d f(x,y)\,dy \right) dx$$

onde R é o retângulo $a \le x \le b,\ c \le y \le d.$

Para qualquer função que tenhamos alguma probabilidade de encontrar, não importa em qual ordem integramos sobre uma região retangular R; de qualquer modo encontramos o mesmo valor para a integral dupla.

$$\int_R f dA = \int_c^d \left(\int_a^b f(x,y)\,dx \right) dy = \int_a^b \left(\int_c^d f(x,y)\,dy \right) dx$$

Exemplo 2: Calcule o volume do Exemplo 1 como integral iterada com y fixo na integral interior.
Solução: Reescrevendo a integral temos

$$\text{Volume} = \int_0^8 \left(\int_0^{16} \left(12 - \frac{1}{4}x - \frac{1}{8}y \right) dy \right) dx =$$

$$= \int_0^8 \left(\left(12y - \frac{1}{4}xy - \frac{1}{16}y^2 \right) \Bigg|_0^{16} \right) dx$$

$$= \int_0^8 (176 - 4x)\,dx = \left(176x - 2x^2\right) \Big|_0^8 = 1280.$$

Integrais iteradas sobre regiões não retangulares

Exemplo 3: A densidade no ponto (x, y) de uma placa de metal que é um triângulo retângulo, como se vê na Figura 5.14, é $\delta(x, y)$. Expresse sua massa como integral iterada.

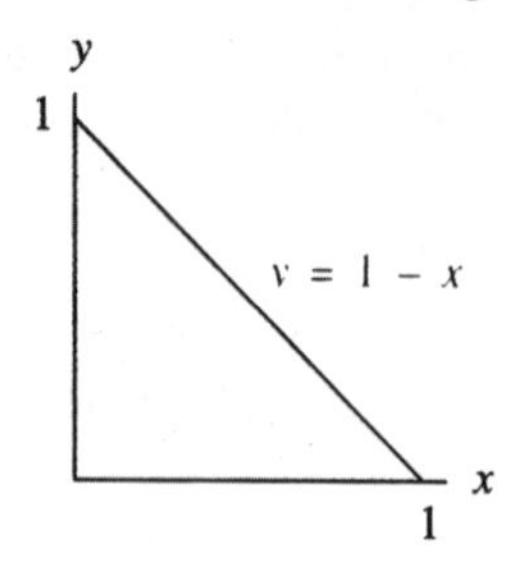

Figura 5.14: Uma placa de metal triangular com densidade $\delta(x, y)$ no ponto (x, y)

Solução: Usando uma grade divida a região em pequenos retângulos de lados Δx e Δy. Assim, a massa de um pedaço é dada por

$$\text{Massa do retângulo} \approx \text{Densidade . Área} \approx \delta(x, y)\,\Delta x \Delta y.$$

Somando sobre todos os retângulos dá uma soma de Riemann que é aproximação de uma integral dupla:

$$\text{Massa} = \int_R \delta(x,y)\,dA$$

onde R é o triângulo. O lado inclinado do triângulo é a reta $y = 1 - x$. Queremos calcular esta integral usando uma integral iterada. Pense como funciona uma integral iterada sobre um retângulo, tal como

$$\int_a^b \int_c^d f(x,y)\,dydx,$$

Esta integral é sobre o retângulo $a \le x \le b,\ c \le y \le d$. A integral interior com relação a y é ao longo de tiras verticais de $y = c$ a $y = d$. Há uma tal tira para cada valor de x entre a e b. Assim, o valor da integral interior depende do valor de x. Depois de calcular a integral interior com relação a y, calculamos a integral exterior em relação a x, o que significa somar as contribuições de cada tira vertical que forma o retângulo. (Ver Figura 5.15.)

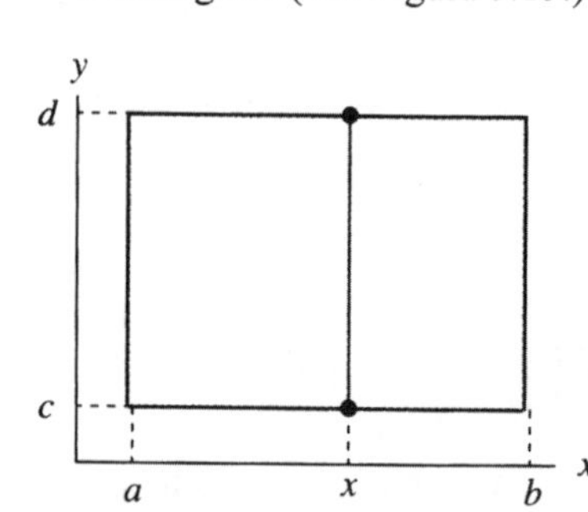

Figura 5.15: Integração num retângulo usando tiras verticais

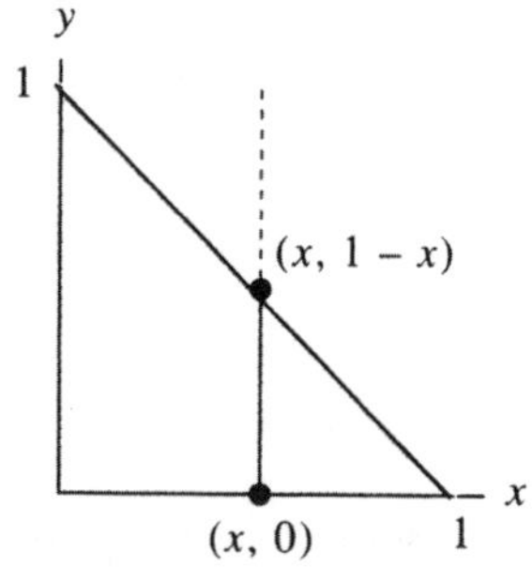

Figura 5.16: Integração num triângulo usando tiras verticais

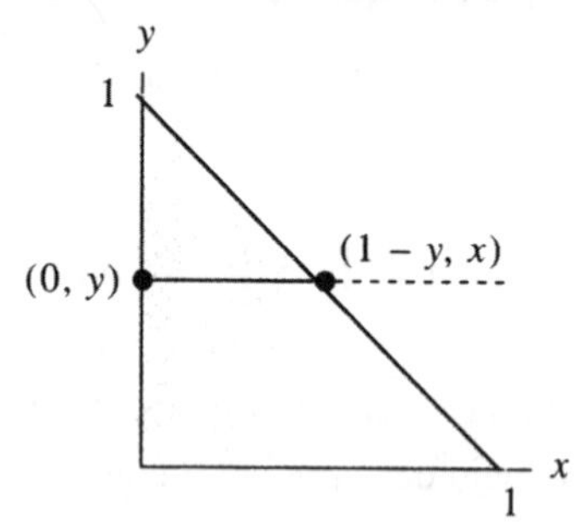

Figura 5. 17: Integração num triângulo usando tiras horizontais

Para a região triangular na Figura 5.14 a idéia é a mesma. A única diferença é que as tiras verticais já não vão todas de $y = c$ a $y = d$. A tira vertical que entra no triângulo no ponto $(x, 0)$ sai dele no ponto $(x, 1 - x)$, porque o bordo superior do triângulo é a reta $y = 1 - x$. Ver Figura 5.16. Assim nesta tira vertical y vai de 0 a $1 - x$. Portanto a integral interior é

$$\int_0^{1-x} \delta(x,y)\,dy.$$

Finalmente, como há uma tal integral para cada valor de x entre 0 e 1, a integral de fora vai de 0 e 1. Assim a integral iterada que queremos é

$$\text{Massa} = \int_0^1 \int_0^{1-x} \delta(x,y)\,dydx$$

Poderíamos ter escolhido integrar na ordem oposta, mantendo y fixo na integral interior em vez de x. Os limites são formados olhando tiras horizontais em vez de verticais e expressando os valores de x nas extremidades em termos de y. Uma tira horizontal típica vai de $x = 0$ a $x = 1 - y$, e como os valores de y no todo vão de 0 a 1, a integral iterada é

$$\text{Massa} = \int_0^1 \int_0^{1-y} \delta(x, y)\, dxdy$$

Limites em integrais iteradas

- Os limites na integral exterior devem ser constantes.
- Se a integral interior é com relação a x, seus limites devem ser constantes ou expressões em termos de y, e vice-versa.

Exemplo 4: Ache a massa M de uma placa metálica R limitada por $y = x$ e $y = x^2$, com densidade dada por $\delta(x, y) = 1 + xy$ kg/metro^2. (Ver Figura 5.18.)

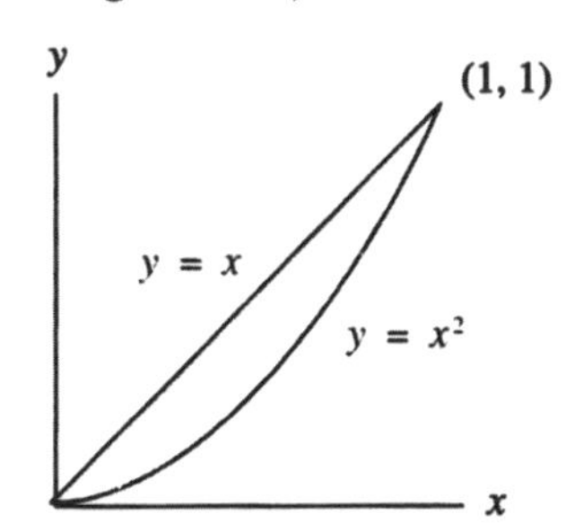

Figura 5.18: Uma placa metálica com densidade $\delta(x, y)$

Solução: A massa é dada por

$$M = \int_R \delta(x, y)\, dA$$

Integramos ao longo de tiras verticais primeiro; isto significa que primeiro fazemos a integral em y, que vai da fronteira inferior $y = x^2$ até a fronteira superior $y = x$. A borda esquerda da região está em $x = 0$ e a direita na interseção de $y = x$ e $y = x^2$, que é (1, 1). Assim a coordenada-x das tiras verticais pode variar de $x = 0$ a $x = 1$, de modo que a massa é dada por

$$M = \int_0^1 \int_{x^2}^{x} \delta(x, y)\, dydx = \int_0^1 \int_{x^2}^{x} (1 + xy)\, dydx$$

Calculando a integral interior primeiro dá

$$M = \int_0^1 \left(\int_{x^2}^{x} (1 + xy)\, dy \right) dx = \int_0^1 \left((y + x\frac{y^2}{2}) \Big|_{y=x^2}^{y=x} \right) dx$$

$$= \int_0^1 \left(x - x^2 + \frac{x^3}{2} - \frac{x^5}{2} \right) dx = \left(\frac{x^2}{2} - \frac{x^3}{3} + \frac{x^4}{8} - \frac{x^6}{12} \right) \Bigg|_0^1$$

$$= \frac{5}{24} \text{ kg}$$

Exemplo 5: Uma cidade tem a forma de uma região semicircular de raio 3km à borda do oceano. Ache a distância média de qualquer ponto da cidade ao oceano.

Solução: Pense no oceano como tudo que está abaixo do eixo-x no plano-xy e pense na cidade como a metade superior do disco circular de raio 3 limitado por $x^2 + y^2 = 9$. (Ver Figura 5.19.)

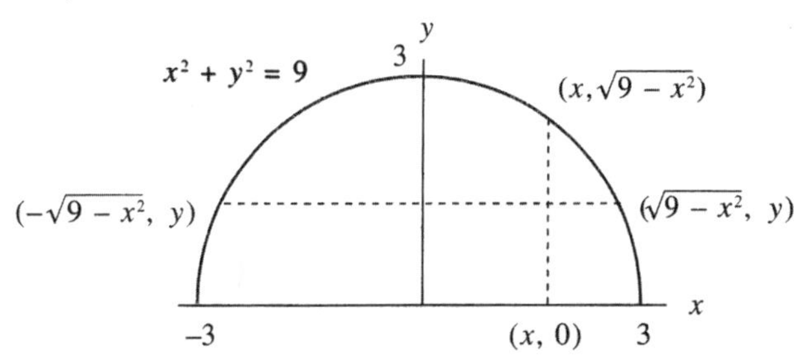

Figura 5.19: A cidade junto ao oceano mostrando uma típica tira vertical e uma típica tira horizontal

A distância de qualquer ponto (x, y) na cidade ao oceano é a distância vertical ao eixo-x ou seja, y. Assim, queremos calcular

$$\text{Distância média} = = \frac{1}{\text{Área } (R)} \int_R y dA$$

onde R é a região entre o semicírculo superior de $x^2 + y^2 = 9$ e o eixo do x. A área de R é R é $\pi 3^2/2 = 9\pi/2$. Para calcular a integral tomemos a integral interior em relação a y. Então uma tira vertical vai do eixo-x, isto é, de $y = 0$ ao semicírculo. O limite superior deve ser expresso em termos de x de modo que resolvemos $x^2 + y^2 = 9$ para obter $y = \sqrt{9 - x^2}$. Como x varia de -3 a 3 na região, a integral é

$$\int_R y dA = \int_{-3}^{3} \left(\int_0^{\sqrt{9-x^2}} y dy \right) dx = \int_{-3}^{3} \left(\frac{y^2}{2} \Bigg|_0^{\sqrt{9-x^2}} \right) dx$$

$$= \int_{-3}^{3} \frac{1}{2}(9 - x^2)\, dx = \frac{1}{2}\left(9x - \frac{x^3}{3} \right) \Bigg|_{-3}^{3} = \frac{1}{2}(18 - (-18)) = 18.$$

Portanto a distância média é $18/(9\pi/2) = 4/\pi$ km.

E se tivéssemos escolhido como integral interior a integral com relação a x ? Então obtemos os limites olhando tiras horizontais em vez de verticais e resolvemos $x^2 + y^2 = 9$ para x em termos de y. Obtemos $x = -\sqrt{9 - y^2}$ na extremidade esquerda da tira e $x = \sqrt{9 - y^2}$ na extremidade direita. Agora y varia de 0 a 3 de modo que a integral fica:

$$\int_R y dA = \int_0^3 \left(\int_{-\sqrt{9-y^2}}^{\sqrt{9-y^2}} y dx \right) dy = \int_0^3 \left(yx \Big|_{x=-\sqrt{9-y^2}}^{x=\sqrt{9-y^2}} \right) dy = \int_0^3 2y\sqrt{9 - y^2} dy$$

$$= -\frac{2}{3}(9 - y^2)^{3/2} \Bigg|_0^3 = -\frac{2}{3}(0 - 27) = 18$$

Obtemos o mesmo resultado que antes. Assim a distância média ao oceano é $(2/(9\pi))18 = 4/\pi$ km.

Nos exemplos até agora a região era dada e o problema era o de determinar os limites para uma integral iterada. Ás vezes só são conhecidos os limites e queremos determinar a região.

Exemplo 6: Esboce a região de integração para a integral iterada $\int_0^6 \int_{x/3}^2 x\sqrt{y^3+1}\,dydx$

Solução: A integral interior é com relação a y de modo que imaginamos uma tira vertical atravessando a região de integração. O ponto mais baixo de cada tira é $y = x/3$, uma reta pela origem, e o ponto mais alto é $y = 2$, uma reta horizontal. Como os limites da integral exterior são 0 e 6, a região toda está contida entre as retas verticais $x = 0$ e $x = 6$. Observe que as retas $y = 2$ e $y = x/3$ se encontram quando $x = 6$. A região é mostrada na Figura 5.20.

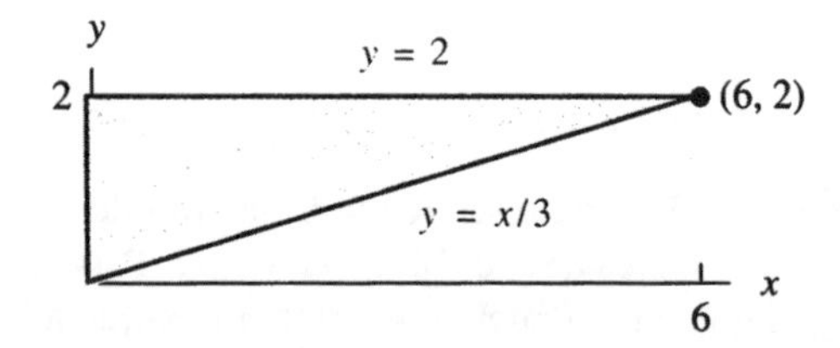

Figura 5.20: A região de integração para o Exemplo 6

Inverter a ordem de integração

Ás vezes pode ser útil inverter a ordem de integração numa integral iterada. Surpreendentemente, uma integral que é difícil ou impossível com os limites numa dada ordem pode ser bastante razoável na outra. O exemplo seguinte mostra um tal caso.

Exemplo 7: Calcule $\int_0^6 \int_{x/3}^2 x\sqrt{y^3+1}\,dydx$ usando a região indicada na Figura 5.20.

Solução: Como $\sqrt{y^3+1}$ não tem primitiva elementar, não podemos calcular a integral interior simbolicamente. Tentamos inverter a ordem de integração. Da Figura 5.20 vemos que tiras horizontais vão de $x = 0$ a $x = 3y$. Para a região toda y varia de 0 a 2. Assim, quando invertemos a ordem de integração obtemos

$$\int_0^6 \int_{x/3}^2 x\sqrt{y^3+1}\,dydx = \int_0^2 \int_0^{3y} x\sqrt{y^3+1}\,dxdy$$

Agora pelo menos podemos efetuar a integral interior porque conhecemos a primitiva de x. E a integral exterior?

$$\int_0^2 \int_0^{3y} x\sqrt{y^3+1}\,dxdy = \int_0^2 \left(\frac{x^2}{2}\sqrt{y^3+1}\right)\Bigg|_{x=0}^{x=3y} dy =$$

$$= \int_0^2 \frac{9y^2}{2}\left(y^3+1\right)^{1/2} dy = \left(y^3+1\right)^{3/2}\Big|_0^2 = 27 - 1 = 26.$$

Assim, invertendo a ordem de integração chegamos a uma integral muito mais fácil no exemplo anterior. Observe que para inverter a ordem é essencial primeiro esboçar a região sobre a qual se vai integrar.

Problemas para a Seção 5.2

Para os Problemas 1–4, calcule a integral dada.

1 $\int_R \sqrt{x+y}\,dA$, onde R é retângulo $0 \le x \le 1,\ 0 \le y \le 2$.

2 Calcule a integral do Problema 1 usando a outra ordem de integração.

3 $\int_R \left(5x^2+1\right)\operatorname{sen}3y\,dA$, onde R é o retângulo $-1 \le x \le 1$, $0 \le y \le \pi/3$.

4 $\int_R (2x+3y)^2\,dA$, onde R é o triângulo de vértices $(-1, 0),(0, 1),(1, 0)$.

Para cada uma das regiões R nos Problemas 5–8 escreva $\int f\,dA$ como integral iterada.

5. **6.**

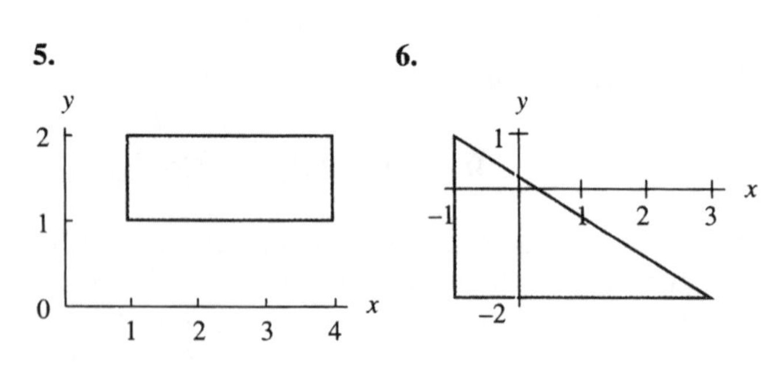

7. **8.**

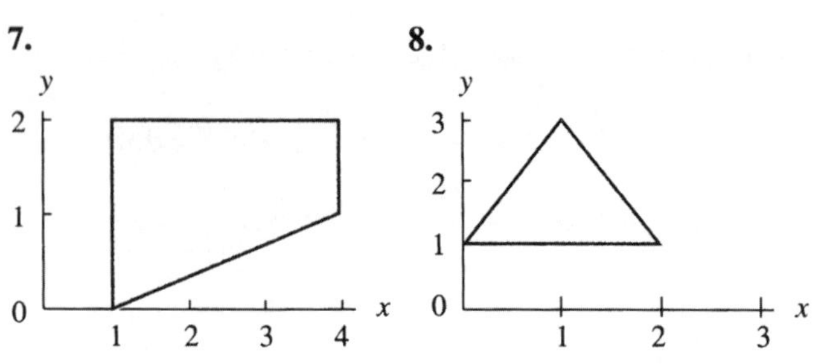

Para os Problemas 9 –13 esboce a região de integração e calcule a integral.

9 $\int_1^3 \int_0^4 e^{x+y}\,dydx$ **10** $\int_0^2 \int_0^x e^{x^2}\,dydx$ **11** $\int_1^5 \int_x^{2x} \operatorname{sen}(x)\,dydx$

12 $\int_1^4 \int_{\sqrt{y}}^{y} x^2 y^3 dxdy$

13 $\int_{-2}^{0} \int_{-\sqrt{9-x^2}}^{0} 2xydydx$

14 Considere a integral $\int_0^4 \int_0^{-(y-4)/2} g(x, y)\, dxdy.$

a) Esboce a região sobre a qual é feita a integração.

b) Escreva a integral com a ordem de integração invertida.

Calcule a integral nos Problemas 15 –17 invertendo a ordem de integração.

15 $\int_0^1 \int_y^1 e^{x^2} dxdy$

16 $\int_0^3 \int_{y^2}^{9} y\mathrm{sen}\left(x^2\right) dxdy$

17 $\int_0^1 \int_{\sqrt{y}}^{1} \sqrt{2+x^3}\, dxdy$

18 Inverta a ordem de integração:

$$\int_{-4}^{0} \int_0^{2x+8} f(x, y)\, dydx + \int_0^4 \int_0^{-2x+8} f(x, y)\, dydx$$

Nos Problemas 19 –21 estabeleça, mas não calcule, uma integral iterada para o volume do sólido.

19 Sob o gráfico de $f(x, y) = 25 - x^2 - y^2$ e acima do plano-xy.

20 Sob o gráfico de $f(x, y) = 25 - x^2 - y^2$ e acima do plano $z = 16$.

21 A pirâmide de três faces laterais cuja base está no plano-xy e cujas três faces laterais são os planos verticais $y = 0$ e $y - x = 4$ e a face inclinada $2x + y + z = 4$.

Nos Problemas 22–24 ache o volume da região dada.

22 Sob o gráfico de $f(x, y) = xy$ e sobre o quadrado $0 \leq x \leq 2$, $0 \leq y \leq 2$ no plano-xy.

23 O sólido entre os planos $z = 3x + 2y + 1$ e $z = x + y$, e sobre o triângulo com vértices (1, 0, 0),(2, 2, 0) e (0, 1, 0) no plano-xy. Ver Figura 5.21.

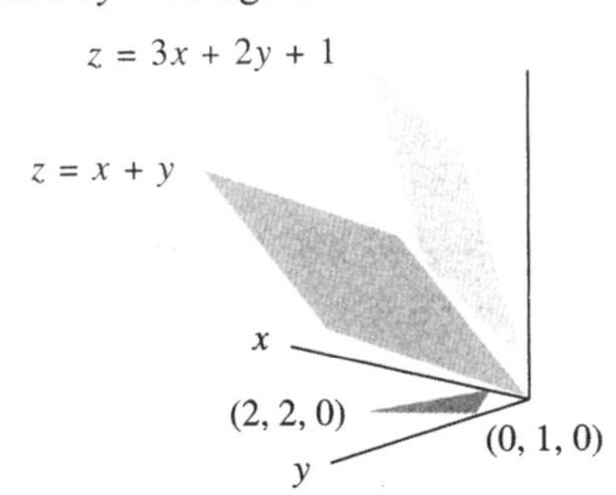

Figura 5.21

24 A região R limitada pelo gráfico de $ax + by + cz = 1$ e pelos planos coordenados. Suponha a, b e c positivos.

25 Ache a distância média ao eixo-x dos pontos da região limitada pelo eixo-x e o gráfico de $y = x - x^2$.

26 Prove que para um triângulo retângulo a distância média de qualquer ponto no triângulo a um dos catetos é um terço do outro cateto.

27 Calcule $\int_0^1 \int_y^1 \mathrm{sen}\left(x^2\right) dxdy$

28 Calcule $\int_0^1 \int_{e^y}^{e} \frac{x}{\ln x} dxdy$

29 Em aeroportos, portões de partida freqüentemente estão alinhados num terminal como pontos de uma reta. Se você chega num portão e vai para outro para um vôo em conexão, que proporção do comprimento do terminal você terá que caminhar, em média? Isto pode ser modelado escolhendo ao acaso dois números, $0 \leq x \leq 1$, $0 \leq y \leq 1$ e calculando o valor médio de $|x - y|$. Use integral dupla para mostrar que em média você tem que caminhar 1/3 do comprimento do terminal.

30 No Problema 29, os portões do terminal não estão localizados continuamente de 0 a 1 como supusemos. Há só um número finito de portões e provavelmente estarão igualmente espaçados. Suponha que há $n + 1$ portões localizados à distância de $1/n$, de uma extremidade do terminal ($x_0 = 0$) até a outra ($x_n = 1$). Suponha que todos os pares (i, j) de portões de chegada e partida são igualmente prováveis e mostre que

$$\text{Distância média entre portões} = \frac{1}{(n+1)^2} \cdot \sum_{i=0}^{n} \sum_{j=0}^{n} \left| \frac{i}{n} - \frac{j}{n} \right|$$

Identifique esta soma como sendo aproximadamente (mas não exatamente) uma soma de Riemann com n subdivisões para o integrando usado no Problema 29. Calcule esta soma para $n = 5$ e $n = 10$ e compare com a resposta 1/3 obtida no Problema 29.

5.3 - INTEGRAIS TRIPLAS

Uma função contínua de três variáveis pode ser integrada sobre uma região sólida W no 3-espaço do mesmo modo que uma função de duas variáveis é integrada sobre uma região no 2-espaço. Novamente partimos de uma soma de Riemann. Primeiro subdividimos W em regiões menores, depois multiplicamos o volume de cada região por um valor da função nessa região, e depois somamos os resultados. Por exemplo, se W é a caixa $a \leq x \leq b$, $c \leq y \leq d$, $p \leq z \leq q$, então subdividimos cada lado em l, m e n partes, com isto picando W em lmn caixas menores, com se vê na Figura 5.22.

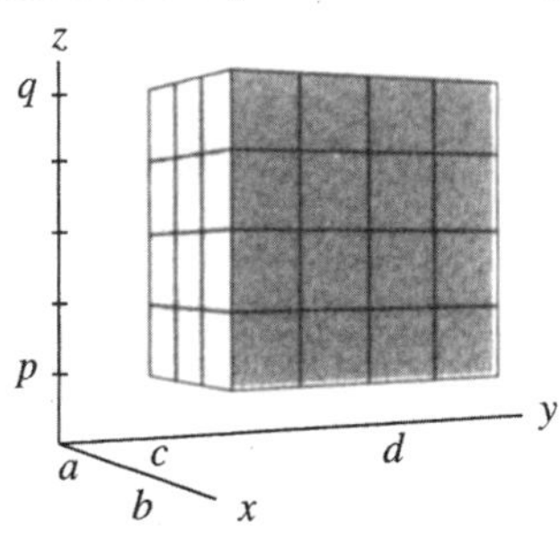

Figura 5.22: Subdivisão de uma caixa tridimensional

O volume de cada caixa menor é

$$\Delta V = \Delta x\, \Delta y\, \Delta z,$$

onde $\Delta x = (b - a)/l$ e $\Delta y = (d - c)/m$, e $\Delta z = (q - p)/n$. Usando esta subdivisão, tomamos um ponto (x_i, y_j, z_k) na *ijk*-ésima pequena caixa e construímos uma soma de Riemann

$$\sum_{i,j,k} f(x_i, y_j, z_k)\,\Delta V.$$

Se f é contínua, quando Δx, Δy, Δz se avizinham de 0, esta soma se avizinha da integral definida $\int_W f dV$, chamada de *integral tripla*, que é definida por

$$\int_W f dV = \lim_{l,m,n\to\infty} \sum_{i,j,k} f(x_i, y_j, z_k)\,\Delta V.$$

Como no caso de integral dupla, esta integral pode ser calculada como integral iterada:

> **Integral tripla como integral iterada**
>
> $$\int_W f dV = \int_p^q \left(\int_c^d \left(\int_a^b f(x, y, z)\, dx \right) dy \right) dz,$$
>
> onde y e z são tratados como constantes na integral mais interna (dx), e z é tratado como constante na integral do meio (dy). A integração pode ser feita em qualquer ordem.

Exemplo 1: Um cubo C tem lados de comprimento 4cm e pode ser feito de um material de densidade variável. Se um canto é a origem e os adjacentes estão nos eixos x, y e z positivos, então a densidade (em gm/cm^3) no ponto (x, y, z) é $\delta(x, y, z) = 1 + xyz$ gm/cm^3. Ache a massa do cubo.

Solução: Considere um pequeno pedaço ΔV do cubo, suficientemente pequeno para que a densidade fique perto de uma constante sobre o pedaço. Então

Massa do pequeno pedaço = Densidade . Volume $\approx \delta(x, y, z)\Delta V$.

Para obter a massa total somamos as massas dos pequenos pedaços e tomamos o limite quando $\Delta V \to 0$. Assim a massa é a integral tripla

$$M = \int_C \delta\, dV = \int_0^4 \int_0^4 \int_0^4 (1 + xyz)\, dxdydz =$$

$$= \int_0^4 \int_0^4 \left[x + \frac{1}{2} x^2 yz \right]_{x=0}^{x=4} dydz = \int_0^4 \int_0^4 (4 + 8yz)\, dydz =$$

$$= \int_0^4 \left[4y + 4y^2 z \right]_{y=0}^{y=4} dz = \int_0^4 (16 + 64z)\, dz = 576gm.$$

Exemplo 2: Expresse o volume do edifício descrito no Exemplo 1 da página 130 como integral tripla.

Solução: O edifício é dado por $0 \le x \le 8$, $0 \le x \le 16$ e $0 \le z \le 12 - x/4 - y/8$ (Ver Figura 5.23.) Para achar seu volume nós o dividimos em pequenos cubos de volume $\Delta V = \Delta x\, \Delta y\, \Delta z$ e somamos. Primeiro formamos uma pilha vertical de cubos sobre o ponto $(x, y, 0)$. Esta pilha vai de $z = 0$ a $z = 12 - x/4 - y/8$, e

Volume da pilha vertical $\approx$

$$\sum_z \Delta V = \sum_z \Delta x \Delta y \Delta z = \left(\sum_z \Delta z \right) \Delta x \Delta y$$

Em seguida, ajuntamos estas pilhas paralelamente ao eixo-y, para formar fatias de $y = 0$ a $y = 16$. Assim

$$\text{Volume da fatia} \approx \left(\sum_y \sum_z \Delta z \Delta y \right) \Delta x.$$

Finalmente alinhamos as fatias ao longo do eixo-x de $x = 0$ a $x = 8$ e somamos seus volumes obtendo

$$\text{Volume do edifício} \approx \sum_x \sum_y \sum_z \Delta z \Delta y \Delta x.$$

Assim, no limite,

$$\text{Volume do edifício} = \int_0^8 \int_0^{16} \int_0^{12-x/4-y/8} 1\, dzdydx.$$

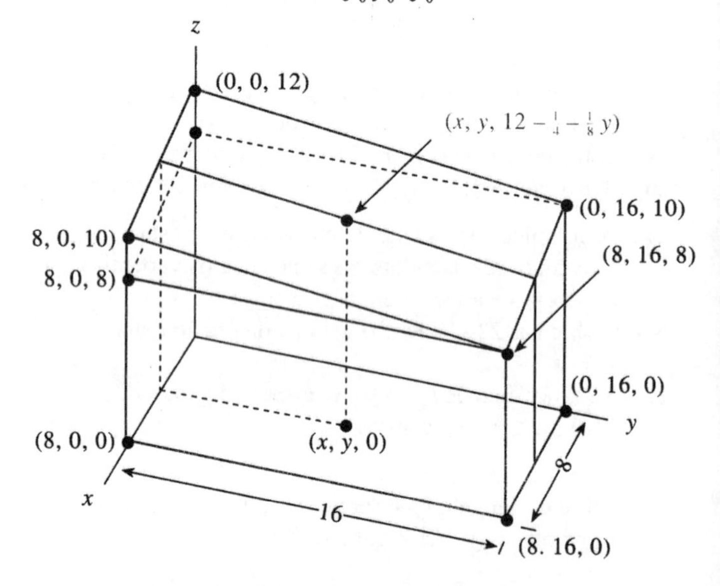

Figura 5.23: Volume do edifício como integral tripla

Exemplo 3: Escreva uma integral tripla para calcular a massa do cone sólido limitado por $z = \sqrt{x^2 + y^2}$ e $z = 3$, se a densidade é dada por $\delta(x, y, z) = z$

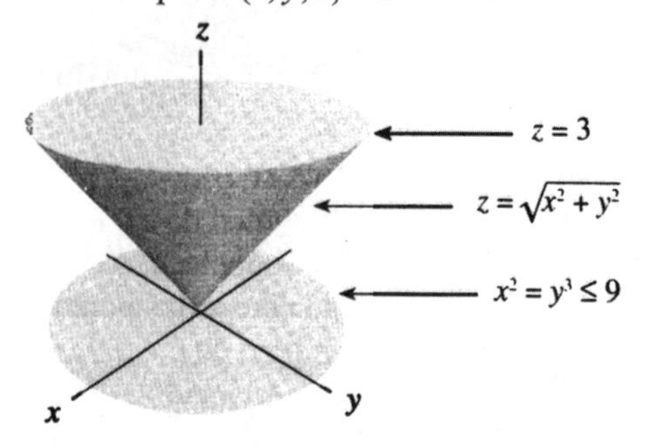

Figura 5.24:

Solução: O cone é mostrado na Figura 5.24. Dividimos o cone em pequenos cubos de volume $\Delta V = \Delta x\, \Delta y\, \Delta z$, nos quais a densidade é aproximadamente constante, e aproximamos a massa de cada cubo por $\delta(x, y, z)\,\Delta x\,\Delta y\,\Delta z$. Empilhando os cubos verticalmente sobre o ponto $(x, y, 0)$ começando à altura $z = \sqrt{x^2 + y^2}$ e subindo até $z = 3$ vemos que a integral interna é

$$\int_{\sqrt{x^2+y^2}}^{3} \delta(x, y, z)\, dz = \int_{\sqrt{x^2+y^2}}^{3} z dz.$$

Há uma pilha em cada ponto do plano-xy na sombra lançada pelo cone. Como o cone $z = \sqrt{x^2 + y^2}$ corta o plano horizontal $z = 3$ no círculo $x^2 + y^2 = 9$, isto significa que há uma pilha para cada (x, y) na região $x^2 + y^2 = \leq 9$. Alinhando as pilhas paralelamente ao eixo-y dá uma fatia de $y = -\sqrt{9 - x^2}$ até $y = \sqrt{9 - x^2}$ para cada valor fixo de x. Assim os limites na integral do meio são

$$\int_{-\sqrt{9-x^2}}^{\sqrt{9-x^2}} \int_{\sqrt{x^2+y^2}}^{3} z dz dy.$$

Finalmente, há uma fatia para cada x entre -3 e 3 de modo que a integral que procuramos é

$$\text{Massa} = \int_{-3}^{3} \int_{-\sqrt{9-x^2}}^{\sqrt{9-x^2}} \int_{\sqrt{x^2+y^2}}^{3} z dz dy dx.$$

Observe que o estabelecimento de limites nas duas integrais externas foi inteiramente semelhante ao do caso da integral dupla sobre a região $x^2 + y^2 \leq 9$.

Como o exemplo anterior ilustra, para uma região W contida entre duas superfícies, os limites mais internos correspondem a essas superfícies. Os limites do meio e externo garantem que estamos integrando sobre a "sombra" de W no plano-xy.

Limites em integrais triplas

- Os limites para a integral externa são constantes.
- Os limites para a integral do meio só podem envolver uma variável (a da integral externa).
- Os limites para a integral interior podem envolver duas variáveis (as das duas integrais externas).

Problemas para a Seção 5.3

Nos Problemas 1–4 ache as integrais das funções dadas sobre as regiões dadas.

1 $f(x, y, z) = x^2 + 5y^2 - z$, W é a caixa retangular $0 \leq x \leq 2$, $-1 \leq y \leq 1$, $2 \leq z \leq 3$.

2 $f(x, y, z) = \text{sen}\, x \cos(y + z)$, W é o cubo $0 \leq x \leq \pi$, $0 \leq y \leq \pi$, $0 \leq z \leq \pi$.

3 $h(x, y, z) = ax + by + cz$, W é a caixa retangular $0 \leq x \leq 1$, $0 \leq y \leq 1$, $0 \leq z \leq 2$.

4 $f(x, y, z) = e^{-x-y-z}$, W é a caixa retangular com cantos em $(0, 0, 0)$, $(a, 0, 0)$, $(0, b, 0)$ e $(0, 0, c)$..

Para os Problemas 5 –11 descreva ou esboce a região de integração para as integrais triplas. Se os limites não fizerem sentido, diga porque.

5 $\int_0^6 \int_0^{3-x/2} \int_0^{6-x-2y} f(x, y, z)\, dz dy dx$

6 $\int_0^1 \int_0^x \int_0^x f(x, y, z)\, dz dy dx$

7 $\int_0^1 \int_0^z \int_0^x f(x, y, z)\, dz dy dx$

8 $\int_0^3 \int_{-\sqrt{9-y^2}}^{0} \int_{\sqrt{x^2+y^2}}^{3} f(x, y, z)\, dz dy dx$

9 $\int_1^3 \int_1^{x+y} \int_0^y f(x, y, z)\, dz dx dy$

10 $\int_0^1 \int_0^{2-x} \int_0^3 f(x, y, z)\, dz dy dx$

11 $\int_{-1}^1 \int_0^{\sqrt{1-x^2}} \int_0^{\sqrt{2-x^2-y^2}} f(x, y, z)\, dz dy dx$

12 Ache o volume da pirâmide com base no plano $z = -6$ e lados formados pelos três planos $y = 0$ e $y - x = 4$ e $2x + y + z = 4$.

13 Ache a massa do sólido limitado pelo plano-xy, plano-xz e o plano $(x/3) + (y/2) + (z/6) = 1$, se a densidade do sólido é dada por $\delta(x, y, z) = x + y$.

14 Ache o valor médio da soma de quadrados de três números x, y, z, onde cada número está entre 0 e 2.

15 Escreva, mas não calcule, uma integral iterada para o volume do sólido formado pela interseção dos cilindros $x^2 + y^2 = 1$ e $y^2 + z^2 = 1$.

O movimento de um objeto sólido pode ser analisado pensando na massa concentrada num único ponto, *o centro de gravidade* ou *de massas*. Se o objeto tem densidade $\rho(x, y, z)$ no ponto (x, y, z) e ocupa a região W, então as coordenadas $(\bar{x}, \bar{y}, \bar{z})$ do centro de gravidade são dadas por

$$\bar{x} = \frac{1}{m}\int_W x\rho dV \quad \bar{y} = \frac{1}{m}\int_W y\rho dV \quad \bar{z} = \frac{1}{m}\int_W z\rho dV$$

onde $m = \int_W \rho dV$ é a massa total do corpo. Use estas definições para os Problemas 16 –17.

16 Um sólido é limitado em baixo pelo quadrado $z = 0$, $0 \leq x \leq 1$, $0 \leq y \leq 1$ e acima pela superfície $z = x + y + 1$. Ache a massa total e as coordenadas do centro de gravidade se a densidade é 1 gm/cm^3 e x, y, z são medidos em centímetros.

17 Ache o centro de gravidade do tetraedro que é limitado pelos planos x, y e z e o plano $x + y/2 + z/3 = 1$. Suponha que a densidade é 1 gm/cm^3.

O *momento de inércia* de um corpo sólido em torno de um eixo no 3-espaço dá a aceleração angular em torno desse eixo para um torque (força torcendo o corpo) dado. Os momentos de inércia em torno dos eixos coordenados de um corpo de densidade constante e massa m ocupando uma região W de volume V são definidos como

$$I_x = \frac{m}{V}\int_W \left(y^2 + z^2\right) dV$$

$$I_y = \frac{m}{V}\int_W \left(x^2 + z^2\right) dV$$

$$I_z = \frac{m}{V}\int_W \left(x^2 + y^2\right) dV$$

Use estas definições para os Problemas 18–20.

18 Ache o momento de inércia em torno do eixo-z do sólido retangular de massa m dado por $0 \le x \le 1$, $0 \le y \le 2$, $0 \le z \le 3$.

19 Ache o momento de inércia em torno do eixo-x do sólido retangular $-a \le x \le a$, $-b \le y \le b$ e $-c \le z \le c$ de massa m.

20 Sejam a, b, c os momentos de inércia de um objeto homogêneo sólido em torno dos eixos x, y e z respectivamente. Explique porque $a + b > c$.

5.4 - INTEGRAÇÃO NÚMERICA: O MÉTODO DE MONTE CARLO

Há muitas integrais definidas em uma variável em que o integrando não tem primitiva elementar. Um exemplo familiar é $\int_0^1 e^{-x^2} dx$. Existem também integrais duplas e triplas intratáveis. Elas podem ser aproximadas por somas de Riemann ou por uma variante da regra de Simpson (ver Problema 10). Nesta seção damos um método alternativo chamado o método de Monte Carlo (do nome do lugar de jogatina).

Um exemplo em uma variável

Consideremos a integral $\int_0^1 x^2 dx$, cujo valor, como sabemos, é 1/3. Agora vamos aproximá-lo probabilisticamente. Fazemos o gráfico de $y = x^2$ no quadrado $0 \le x \le 1$, $0 \le y \le 1$ e jogamos dardos no quadrado. A fração dos dardos que batem abaixo da curva dá uma estimativa da razão da área sob a curva para a área do quadrado. Esta é a base do método de Monte Carlo.

Exemplo 1: Aproxime a integral $\int_0^1 x^2 dx$ usando o método de Monte Carlo.

Solução: Se escolhermos pontos do quadrado unitário na Figura 5.25 ao acaso, esperamos que a razão do número de pontos na região R, digamos N_R, para o número total N de pontos aproxime a integral:

$$\frac{N_R}{N} \approx \frac{\int_0^1 x^2 dx}{\text{Área do quadrado unitário}} = \int_0^1 x^2 dx$$

Como estamos escolhendo os pontos ao acaso não podemos esperar obter a mesma razão a cada vez, mas quando o número de pontos cresce a aproximação deve melhorar. A Tabela 5.9 mostra os valores de N_R/N para seis tentativas diferentes cada uma com $N = 50$ pontos. Estas experiências, e todas as subseqüentes, foram obtidas usando um programa de computador para gerar pontos aleatórios na região e contar quantos caem em R.

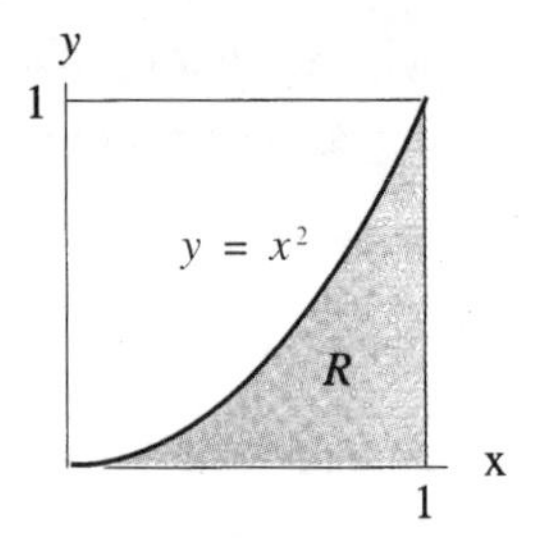

Figura 5.25: Região cuja área é $\int_0^1 x^2 dx$ como fração do quadrado unitário

Tabela 5.9 *Seis jogadas com $N = 50$ pontos*

$N = 50$	1	2	3	4	5	6
N_R/N	0,2	0,24	0,52	0,36	0,38	0,28

Estas aproximações não são particularmente boas. Sua média é 0,33 que tem precisão de dois dígitos. Repetindo este processo com $N = 50$ tem-se os resultados da Tabela 5.10.

Tabela 5.10 *Mais seis tentativas com $N = 50$ pontos*

$N = 50$	1	2	3	4	5	6
N_R/N	0,44	0,42	0,28	0,34	0,28	0,32

Observe que a média destas é 0,347. Isto não está tão perto do valor verdadeiro 1/3 quanto o anterior, mas lembre que isto é um processo aleatório. De cada vez que ele é repetido esperamos um resultado diferente. Para continuar com este exemplo agora aproximamos $\int_0^1 x^2 dx$ tomando valores cada vez maiores de N, digamos $N = 10$, 100, 1.000 e 10.000. Os resultados de um experimento no computador são dados na Tabela 5.11, mas se você realizar um experimento semelhante seus resultados provavelmente serão um pouco diferentes. Porém, acontece que quando N cresce a razão se aproxima do valor exato 1/3.

Tabela 5.11 *Valor de N_R/N quando N cresce*

N	10	100	1.000	10.000
N_R/N	0,2000	0,3400	0,3250	0,3343

A base do método de Monte Carlo é a geração de números aleatórios. Felizmente quase todas as linguagens de programação têm um gerador de números aleatórios embutido.

Quaisquer dois pontos aleatórios x e y, entre 0 e 1, dão um ponto (x, y) no quadrado unitário. Então verificamos se $y \le x^2$. Se isto é verdade o ponto está na região sob a parábola. Assumimos que todo ponto tem igual probabilidade de ser escolhido, permitindo-nos calcular a área da região sob a parábola pelo seguinte método.

Método de Monte Carlo para estimar uma integral

Suponha que a integral $\int_a^b f(x)\,dx$ é dada pela área de uma região R. Circunde a região por um retângulo de área A. Se N pontos aleatórios são escolhidos em A e N_R deles caem na região R então esperamos

$$\frac{N_R}{N} \approx \frac{\text{Área}(R)}{\text{Área}(A)} = \frac{\int_a^b f(x)\,dx}{\text{Área}(A)}$$

Um exemplo em duas variáveis

Podemos estender a idéia do método de Monte Carlo ao cálculo de integrais de mais de uma variável.

Exemplo 2: Use o método de Monte Carlo para aproximar a integral dupla

$$\int_0^1\int_0^1 e^{-\left(x^2+y^2\right)}dxdy$$

Solução: Esta integral dá o volume da região W acima do quadrado unitário e embaixo do gráfico de $z = e^{-(x^2+y^2)}$. Como o volume que consideramos está contido no cubo C dado por $0 \le x \le 1$, $0 \le y \le 1$ e $0 \le z \le 1$, contamos pontos da forma (x, y, z) que estão no cubo e que satisfazem à condição

$$0 \le z \le e^{-(x^2+y^2)}$$

Se N_R dos N pontos escolhidos aleatóriamente satisfazem a esta condição, então, como Vol (C) = 1 temos

$$\frac{N_R}{N} \approx \frac{\text{Vol }(W)}{\text{Vol }(C)} = \text{Vol }(W) = \int_0^1\int_0^1 e^{-(x^2+y^2)}dxdy$$

Tabela 5.12 *Dez tentativas, cada uma com $N = 100$*

$N = 100$	1	2	3	4	5
N_R/N	0,54	0,60	0,57	0,60	0,51
$N = 100$	6	7	8	9	10
N_R/N	0,53	0,59	0,56	0,56	0,57

A Tabela 5.12 mostra o valor de N_R/N para dez tentativas com $N = 100$ pontos cada uma. A média dos dez valores N_R/N é 0,563. Tomamos isto como um valor aproximado para a integral. Tomando $N = 10.000$ dá

$$\int_0^1\int_0^1 e^{-(x^2+y^2)}dxdy \approx \frac{N_R}{N} \approx 0,5654$$

Isto é consistente com a avaliação feita no Exemplo 2 na página 126.

Quando se usa o método de Monte Carlo é importante escolher uma pequena caixa C que contenha completamente a região R. Intuitivamente, quanto melhor o ajuste entre os dois volumes menos números aleatórios são necessários para obter uma aproximação razoável. Na verdade o maior problema com o método de Monte Carlo é o de achar uma caixa retangular suficientemente pequena que contenha o volume.

Problemas para a Seção 5.4

Os Problemas 1–9 exigem um computador ou calculadora que gere números aleatórios.

1 Use um método de Monte Carlo para aproximar a integral $\int_0^1 \sqrt{1-x^2}dx$. Explique geometricamente porque sua resposta dá uma aproximação para $\pi/4$.

2 Use um método de Monte Carlo para aproximar a integral

$$\int_0^1 e^{-x^2}dx$$

3 Aproxime a integral $\int_0^1\int_0^1 e^{-xy}dxdy$ com quatro casas decimais de precisão.

4 Aproxime $\int_0^1\int_0^1 xy^{xy}dxdy$ com duas casas decimais de precisão.

5 Aproxime a integral $\int_0^\pi\int_0^2 x \operatorname{sen} y\, dxdy$ e compare seu resultado com a resposta exata.

6 Explique porque o método de Monte Carlo falha na aproximação de $\int_0^1\int_0^1 x^{-y}dxdy$

No método de Monte Carlo descrito no texto, geramos triplas de números aleatórios e calculamos a função nos dois primeiros números para avaliar uma integral dupla. Damos um outro método de Monte Carlo que exige apenas pares de números aleatórios. Lembre que

$$\text{Valor médio de } f(x,y) \text{ em } R = \frac{1}{\text{Área}(R)}\int_R f(x,y)\,dxdy.$$

Podemos também estimar o valor médio de f escolhendo N pontos (x_i, y_i) aleatoriamente em R, somando os valores de f nesses pontos e dividindo por N, dando

$$A = \frac{1}{N}\sum_{i=1}^{N} f(x_i, y_i).$$

Assim, temos a aproximação

$$\int_R f dA \approx \text{Área}(R) \cdot A$$

Nos Problemas 7–9 use este método para aproximar as integrais com duas casas decimais de precisão.

7 A integral no Problema 3.

8 A integral no Problema 4.

9 A integral no Problema 5.

10 Damos um modo de usar a regra de Simpson duas vezes para aproximar uma integral definida. Suponha que a integral é $\int_1^5 \int_2^6 \sqrt{x^2 + y^2}\, dx dy$. Use a regra de Simpson com $\Delta y = 1$ para aproximar a integral interior quando x está fixado em 1. Repita para $x = 1{,}5$, 2, 2,5, 3, 3,5, 4, 4,5, 5. Agora você tem aproximações para a integral interior em nove valores diferentes de x. Agora use a regra de Simpson novamente com $\Delta x = 1$, usando os nove valores diferentes para a integral interior, para aproximar a integral exterior (e portanto toda a integral dupla).

5.5 - INTEGRAIS DUPLAS EM COORDENADAS POLARES

Integração em coordenadas polares

Começamos este capítulo pondo uma rede retangular sobre o mapa da densidade da população de raposas, para avaliar a população total usando uma soma de Riemann. Porém às vezes uma rede polar é mais adequado. Uma revisão das coordenadas polares acha-se no Apêndice G.

Exemplo 1: Um biólogo estudando população de insetos num lago circular divide a área em setores polares como na Figura 5.26. A densidade de população em cada setor é mostrada em milhões por km quadrado. Avalie a população total de insetos no lago.

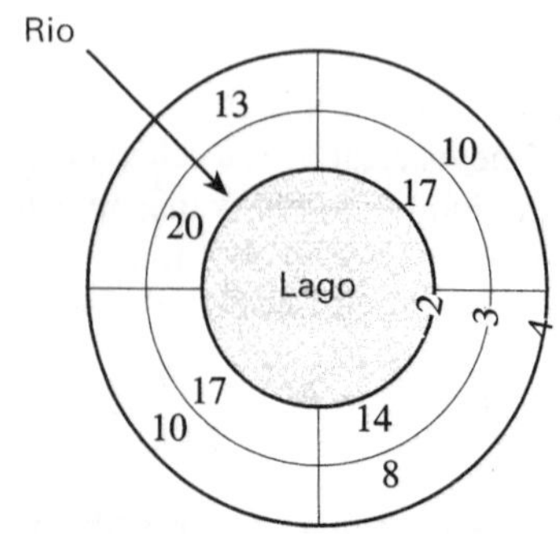

Figura 5.26: Lago infestado de insetos mostrando a densidade de população de insetos por setor

Solução: Para obter nossa estimativa multiplicaremos a densidade de população em cada setor pela área do setor. Ao contrário de retângulos numa rede retangular, os setores nesta rede não têm todos a mesma área. Os setores internos têm área

$$\frac{1}{4}\left(\pi 3^2 - \pi 2^2\right) = \frac{5\pi}{4} \approx 3{,}93\text{Km}^2,$$

e os setores externos têm área

$$\frac{1}{4}\left(\pi 4^2 - \pi 3^2\right) = \frac{7\pi}{4} \approx 5{,}50\text{Km}^2,$$

assim avaliamos

$$\begin{aligned}\text{População} &\approx (20)(3{,}93) + (17)(3{,}93) + (14)(3{,}93) + \\ &+(17)(3{,}93) + (13)(5{,}50) + (10)(5{,}50) + (8)(5{,}50) \\ &+ (10)(5{,}50) \\ &\approx 493 \text{ milhões de insetos}\end{aligned}$$

O que é dA em coordenadas polares ?

No exemplo anterior usou-se uma rede polar em vez de uma rede retângular. Uma rede retangular é construída de retas horizontais e verticais correspondendo a $x = k$ (uma constante) e $y = l$ (outra constante), respectivamente. Em coordenadas polares, pôr $r = k$ dá um círculo de raio k centrado na origem e pôr $\theta = l$ dá um raio emanando da origem (a um ângulo l com o eixo-x). Uma rede polar é formada com estes círculos e raios. A Figura 5.27 mostra uma subdivisão da região polar $a \le r \le b$, $\alpha \le \theta \le \beta$, usando n subdivisões em cada linha. Este retângulo curvo é a espécie de região que é naturalmente representada em coordenadas polares.

Em geral, dividindo R como se mostra na Figura 5.27, tem-se uma soma de Riemann:

$$\sum_{i,j} f\left(r_i, \theta_j\right) \Delta A.$$

Porém, calcular a área ΔA é mais complicado em coordenadas polares que em coordenadas cartesianas. A Figura 5.28 mostra ΔA. Se Δr e $\Delta\theta$ são pequenos, a região sombreada é aproximadamente um retângulo com lados $r\,\Delta\theta$, e Δr, portanto

$$\Delta A \approx r\Delta\theta\, \Delta r$$

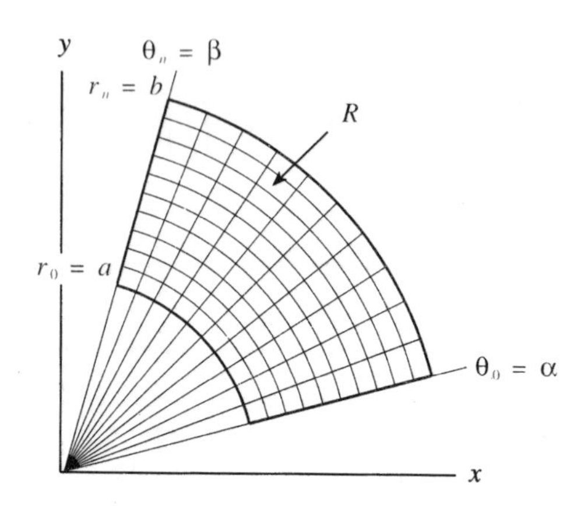

Figura 5.27: Divisão de uma área usando uma rede polar

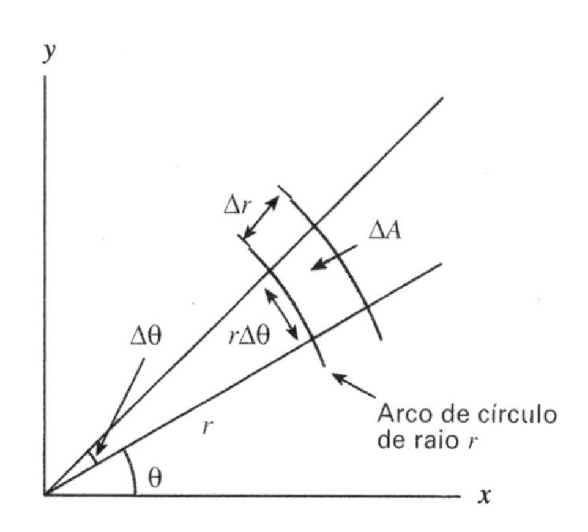

Figura 5.28: Cálculo da área ΔA em coordenadas polares

Assim a soma de Riemann é aproximadamente

$$\sum_{i,j} f\left(r_i, \theta_j\right) r_i \Delta\theta \Delta r.$$

Se passamos ao limite quando Δr . e $\Delta\theta$ se avizinham de 0 obtemos

$$\int_R f dA = \int_\alpha^\beta \int_a^b f\left(r, \theta\right) r dr d\theta.$$

Para calcular integrais em coordenadas polares, ponha $dA = r\ dr\ d\theta$ ou $dA = r\ d\theta\ dr$.

Exemplo 2: Calcule a integral de $f(x, y) = 1/(x^2 + y^2)^{3/2}$ na região R mostrada na Figura 5.29.

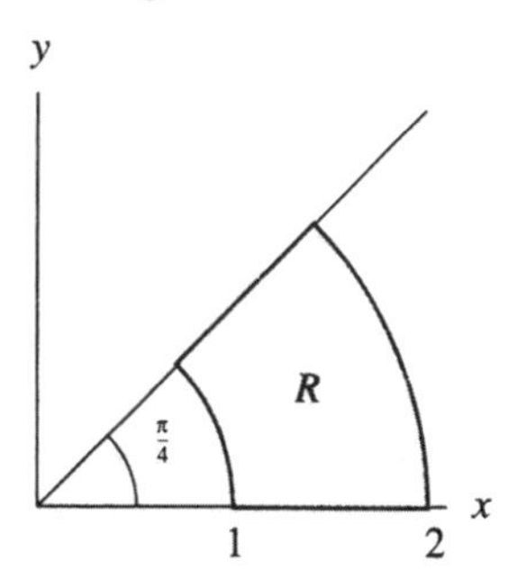

Figura 5.29: Integrar f na região polar

Solução: A região R é descrita pelas desigualdades $1 \leq r \leq 2$, $0 \leq \theta \leq \pi/4$. Em coordenadas polares $r = \sqrt{x^2 + y^2}$ de modo que podemos escrever f como

$$f\left(x, y\right) = \frac{1}{\left(r^2\right)^{3/2}} = \frac{1}{r^3}$$

Então

$$\int_R f dA = \int_0^{\pi/4} \int_1^2 \frac{1}{r^3} r dr d\theta = \int_0^{\pi/4} \left(\int_1^2 r^{-2} dr \right) d\theta$$

$$= \int_0^{\pi/4} \left[-\frac{1}{r} \right]_{r=1}^{r=2} d\theta = \int_0^{\pi/4} \frac{1}{2} d\theta = \frac{\pi}{8}.$$

Exemplo 3: Para cada região na Figura 5.30, decida se integra usando coordenadas polares ou cartesianas. Baseado na sua forma, escreva uma integral iterada de uma função arbitrária $f(x, y)$ sobre a região.

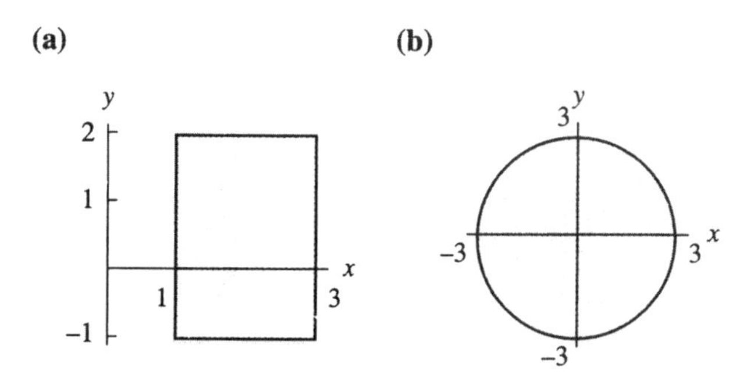

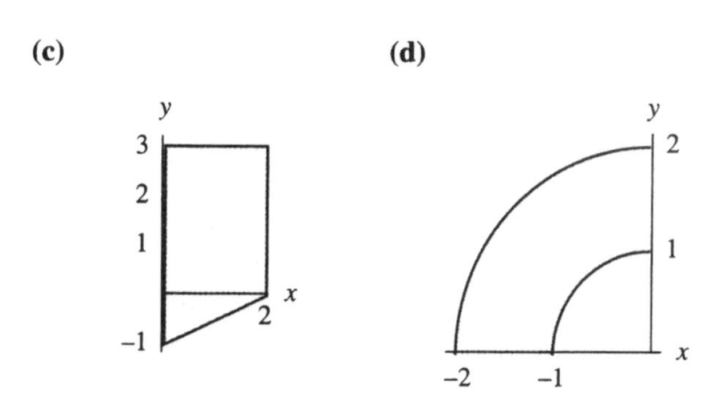

Figura 5.30

Solução: a) Como é uma região retangular, provavelmente a melhor escolha são coordenadas cartesianas. O retângulo é descrito pela desigualdade $1 \leq x \leq 3$ e $1 \leq y\ 2$, de modo que a integral é

$$\int_{-1}^2 \int_1^3 f\left(x, y\right) dx dy.$$

b) Um círculo é melhor descrito em coordenadas polares. O raio é 3, de modo que r vai de 0 a 3, e para descrever o círculo todo θ vai de 0 a 2π. A integral é

$$\int_0^{2\pi} \int_0^3 f\left(r\cos\theta, r\text{sen}\theta\right) r dr d\theta.$$

c) A fronteira inferior deste trapezóide é a reta $y = (x/2) - 1$ e o topo é a reta $y = 3$, assim usamos coordenadas cartesianas. Se integrarmos com relação a y primeiro, o limite inferior da integral é $(x/2) - 1$ e o limite superior é 3. Os limites para x são de $x = 0$ a $x = 2$. Assim a integral é

$$\int_0^2 \int_{(x/2)-1}^3 f\left(x, y\right) dy dx.$$

d) Esta é outra região polar: é um pedaço de um anel em que r vai de 1 a 2. Como está no segundo quadrante, θ vai de $\pi/2$ a π. A integral é

$$\int_{\pi/2}^{\pi} \int_1^2 f\left(r\cos\theta, r sen\theta\right) r dr d\theta.$$

Problemas para a Seção 5.5

Para cada uma das regiões R nos Problemas 1–4 escreva $\int_R f dA$ como integral iterada em coordenadas polares.

1.

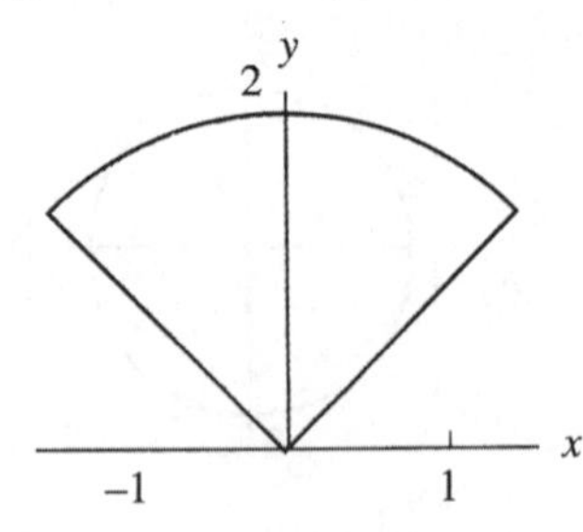

Figura 5.31

2.

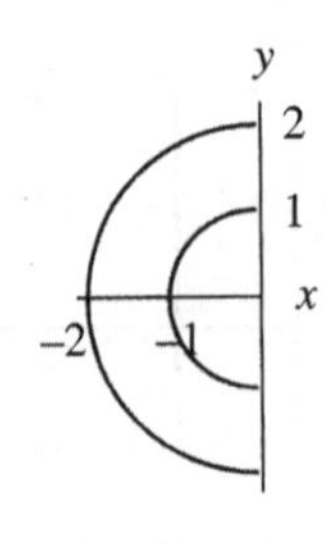

Figura 5.32

3.

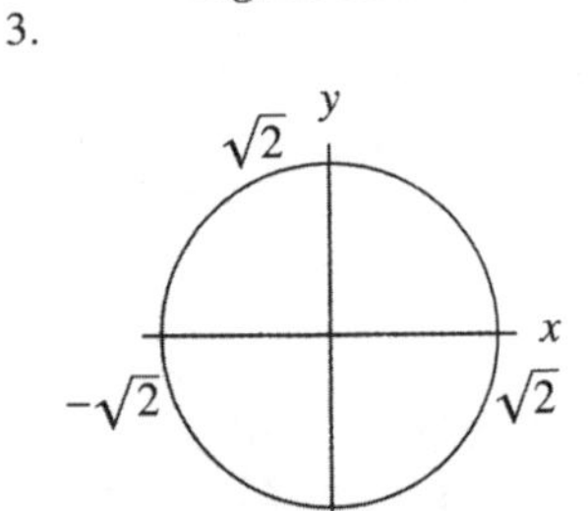

Figura 5.33

4.

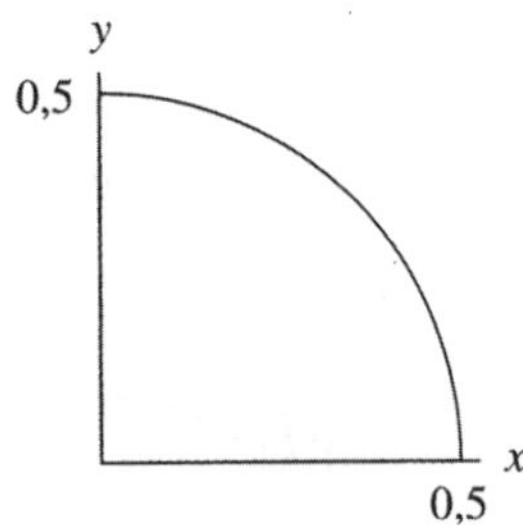

Figura 5.34

Esboce a região sobre a qual as integrais nos Problemas 5 – 11 são calculadas.

5 $\int_0^{2\pi}\int_1^2 f(r,\theta)\, r dr d\theta.$

6 $\int_{\pi/2}^{\pi}\int_0^1 f(r,\theta)\, r dr d\theta.$

7 $\int_{\pi/6}^{\pi/3}\int_0^1 f(r,\theta)\, r dr d\theta$

8 $\int_3^4\int_{3\pi/4}^{3\pi/2} f(r,\theta)\, r d\theta dr$

9 $\int_0^{\pi/4}\int_0^{1/\cos\theta} f(r,\theta)\, r dr d\theta$

10 $\int_{\pi/4}^{\pi/2}\int_0^{2/\operatorname{sen}\theta} f(r,\theta)\, r dr d\theta$

11 $\int_0^4\int_{-\pi/2}^{\pi/2} f(r,\theta)\, r d\theta dr$

12 Calcule $\int_R \operatorname{sen}\left(x^2+y^2\right) dA$, onde R é o disco de raio 2 centrado na origem.

13 Calcule $\int_R \left(x^2-y^2\right) dA$, onde R é a região no primeiro quadrante entre os círculos de raio 1 e raio 2.

14 Considere a integral $\int_0^3\int_{x/3}^1 f(x,y)\, dx dy$

a) Esboce a região R sobre a qual a integração é feita.
b) Reescreva a integral com a ordem de integração invertida.
c) Reescreva a integral em coordenadas polares.

Converta as integrais nos Problemas 15 –17 em coordenadas polares e calcule.

15 $\int_{-1}^0\int_{-\sqrt{1-x^2}}^{\sqrt{1-x^2}} x dy dx$

16 $\int_0^{\sqrt{2}}\int_y^{\sqrt{4-y^2}} xy dx dy$

17 $\int_0^3\int_{-x}^{x} \frac{x}{y^2} dy dx$

18 Ache o volume da região entre o gráfico de $f(x, y) = 25 - x^2 - y^2$ e o plano-xy.

19 Um cone de sorvete pode ser modelado pela região limitada pelo hemisfério $z = \sqrt{8 - x^2 - y^2}$ e o cone $z = \sqrt{x^2 + y^2}$. Ache o volume.

20 Um disco de raio 5 cm tem densidade 10 gm/cm^2 no centro, densidade 0 na borda, e sua densidade é função linear da distância ao centro. Ache a massa do disco.

21 Uma cidade junto ao oceano rodeia uma baía como mostra a Figura 5.35. A densidade de população da cidade (em milhares de pessoas por km quadrado) é dada pela função $\delta(r,\theta)$, onde r e θ são coordenadas polares com relação aos eixos x e y mostrados, e as distâncias indicadas no eixo-y são em km.

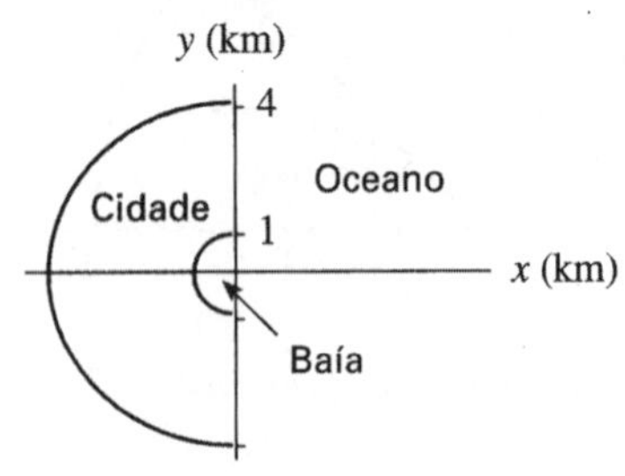

Figura 5.35

a) Escreva uma integral em coordenadas polares dando a população total da cidade.
b) A densidade da população decresce quanto mais longe você mora da praia da baía; também decresce quanto mais longe do oceano você mora. Qual das funções seguintes melhor descreve a situação ?
(i) $\delta(r, \theta) = (4 - r)(2 + \cos\theta)$
(ii) $\delta(r, \theta) = (4 - r)(2 + \operatorname{sen}\theta)$
(iii) $\delta(r, \theta) = (r + 4)(2 + \cos\theta)$
c) Calcule a população usando suas respostas às partes a) e b).

22 Uma mola de relógio está colocada sobre uma mesa. É feita de uma tira de metal em espiral chegando a uma altura de 0,6 cm acima da mesa. A borda interior é a espiral $r = 0{,}75 + 0{,}12\,\theta$, onde $0 \le \theta \le 4\,\pi$ (de modo que a espiral faz duas voltas completas). A borda externa é dada por $r = 0{,}72 + 0{,}12\theta$. Ache o volume da mola.

5.6 - INTEGRAIS EM COORDENADAS CILÍNDRICAS E ESFÉRICAS

Algumas integrais duplas são mais fáceis de calcular em coordenadas polares que em coordenadas cartesianas. Também algumas integrais triplas são mais fáceis em coordenadas não - cartesianas.

Coordenadas cilíndricas

As coordenadas cilíndricas de um ponto (x, y, z) no 3-espaço são obtidas representando as coordenadas x e y em coordenadas polares e deixando a coordenada-z ser a coordenada-z do sistema cartesiano de coordenadas. (Ver Figura 5.36.)

Relação entre coordenadas cartesianas e cilíndricas

Cada ponto no 3-espaço é representado usando $0 \le r < \infty,\ 0 \le \theta \le 2\pi,\ -\infty < z < \infty$.

$$x = r\cos\theta$$
$$y = r\,\text{sen}\,\theta$$
$$z = z.$$

Assim como com coordenadas polares no plano, observamos que $x^2 + y^2 = r^2$.

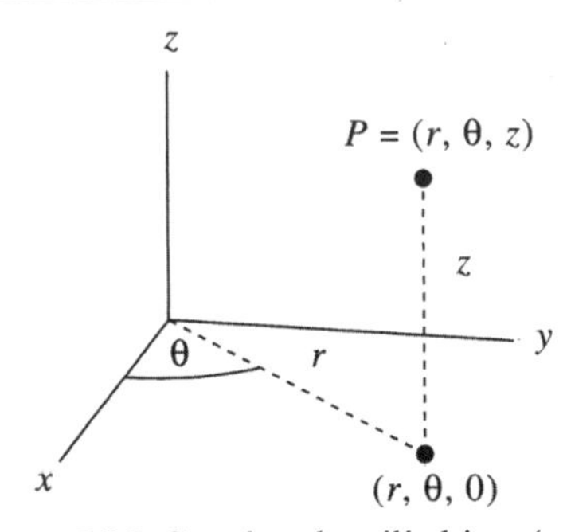

Figura 5.36: Coordenadas cilíndricas (r, θ, z)

Um modo útil de visualizar as coordenadas cilíndricas é esboçar as superfícies obtidas fazendo uma das coordenadas igual a uma constante. Ver Figuras 5.37–5.39.

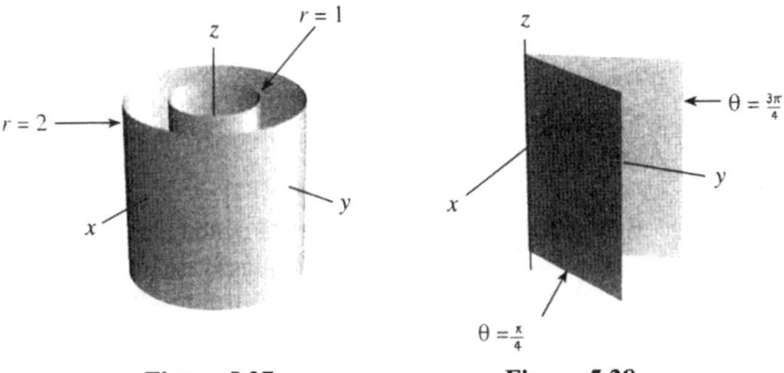

Figura 5.37: As superfícies $r = 1$ e $r = 2$

Figura 5.38: As superfícies $\theta = \pi/4$ e $\theta = 3\pi/4$

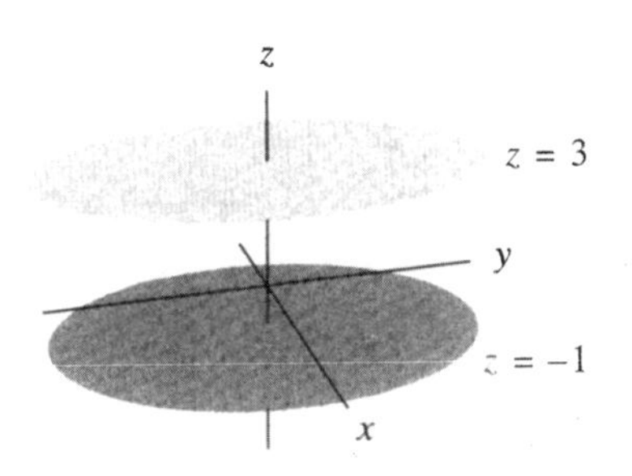

Figura 5.39: As superfícies $z = -1$ e $z = 3$

Por $r = c$ (onde c é constante) dá um cilindro em torno do eixo-z cujo raio é c. Por $\theta = c$ dá um semi-plano perpendicular ao plano-xy com reta origem o eixo-z e fazendo um ângulo c com o eixo-x. Por $z = c$ dá um plano horizontal a $|\,c\,|$ unidades do plano-xy. Chamamos estas de *superfícies fundamentais*.

As regiões que mais facilmente podem ser descritas em coordenadas cilíndricas são aquelas cujas fronteiras são tais superfícies fundamentais. (Por exemplo, cilindros verticais, ou partes em forma de cunha de cilindros verticais.)

Exemplo 1: Descreva em coordenadas cilíndricas uma fatia de queijo em cunha cortada de um cilindro de 4 cm de altura e 6 cm de raio; esta cunha subentende um ângulo de $\pi/6$ no centro. (Ver Figura 5.40.)

Solução: A cunha é descrita pela desigualdades $0 \le r \le 6$ e $0 \le z \le 4$ e $0 \le \theta \le \pi/6$.

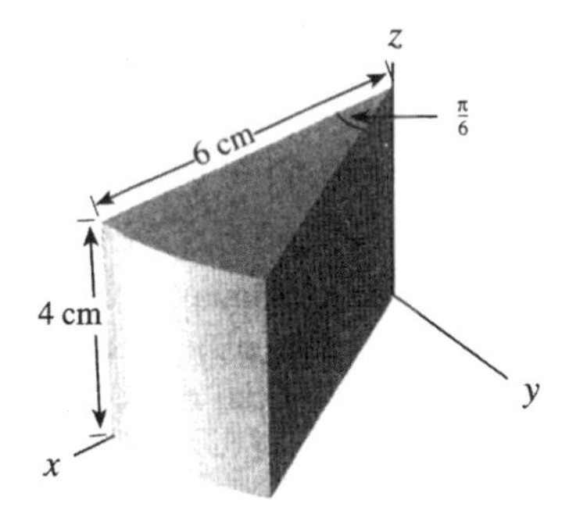

Figura 5.40: Um pedaço de queijo

Integração em coordenadas cilíndricas

Para integrar em coordenadas polares tivemos que exprimir um elemento de área dA em termos das coordenadas polares: $dA = r\,dr\,d\theta$. Para calcular uma integral tripla $\int_W f dV$ em coordenadas cilíndricas temos que exprimir o elemento de volume em coordenadas cilíndricas.

Considere o elemento de volume ΔV mostrado na Figura 5.41. É uma cunha limitada por superfícies fundamentais. A área da base é $\Delta A \approx r\,\Delta r\,\Delta\theta$. Como a altura é Δz, o elemento de volume é dado aproximadamente por $\Delta V \approx r\,\Delta r\,\Delta\theta\,\Delta z$.

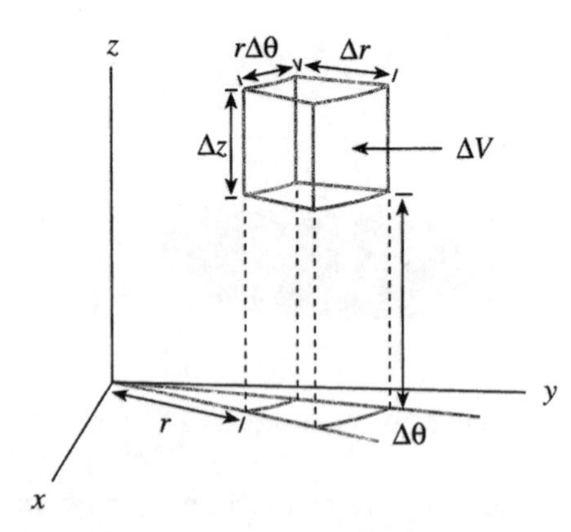

Figura 5.41: Elemento de volume em coordenadas cilíndricas

> Para calcular integrais em coordenadas cilíndricas, ponha $dV = r\,dr\,d\theta\,dz$. Outras ordens de integração também são possíveis.

Exemplo 2: Ache a massa do pedaço de queijo no Exemplo 1, se a sua densidade é 1,2 gram/cm³.

Solução: Se o pedaço de queijo é W, sua massa é

$$\int_W 1{,}2dV$$

Em coordenadas cilíndricas esta integral é

$$\int_0^4\int_0^{\pi/6}\int_0^6 1{,}2rdrd\theta\,dz = \int_0^4\int_0^{\pi/6} 0{,}6r^2\Big|_0^6 d\theta\,dz =$$

$$21{,}6\int_0^4\int_0^{\pi/6} d\theta\,dz = 21{,}6\left(\frac{\pi}{6}\right)4 \approx 45{,}24 \text{ gramas}$$

Exemplo 3: Um reservatório de água em forma de hemisfério tem raio a; sua base é sua face plana. Ache o volume V de água no reservatório como função de h, a profundidade da água.

Solução: Em coordenadas cartesianas uma esfera de raio a tem equação $x^2 + y^2 + z^2 = a^2$. (Ver Figura 5.42.) Em coordenadas cilíndricas, $r^2 = x^2 + y^2$, de modo que isto fica $r^2 + z^2 = a^2$.

Assim, se queremos descrever a quantidade de água no reservatório em coordenadas cilíndricas, fazemos r variar de 0 a $\sqrt{a^2 - z^2}$, fazemos θ variar de 0 a 2π, e fazemos z variar de 0 a h, dando

$$\text{Volume de água} = \int_W dV = \int_0^{2\pi}\int_0^h\int_0^{\sqrt{a^2-z^2}} rdrdzd\theta =$$

$$\int_0^{2\pi}\int_0^h \frac{r^2}{2}\Bigg|_{r=0}^{r=\sqrt{a^2-z^2}} dzd\theta$$

$$= \int_0^{2\pi}\int_0^h \frac{1}{2}\left(a^2 - z^2\right)dzd\theta = \int_0^{2\pi}\frac{1}{2}\left(a^2 z - \frac{z^3}{3}\right)\Bigg|_{z=0}^{z=h} d\theta$$

$$= \int_0^{2\pi}\frac{1}{2}\left(a^2 h - \frac{h^3}{3}\right)d\theta = \pi\left(a^2 h - \frac{h^3}{3}\right).$$

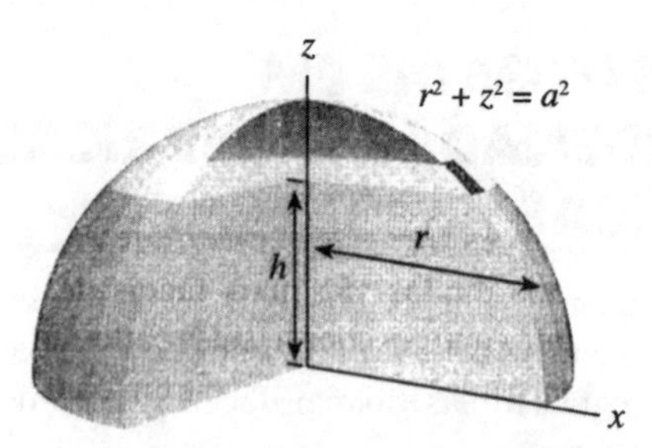

Figura 5.42: Reservatório de água hemisférico com raio a e água a profundidade h

Coordenadas esféricas

Na Figura 5.43 o ponto P tem coordenadas cartesianas (x, y, z). Definimos coordenadas esféricas ρ, ϕ e θ para P como segue: $\rho = \sqrt{x^2 + y^2 + z^2}$ é a distância de P à origem; ϕ é o ângulo entre o eixo-z positivo e a reta pela origem e pelo ponto P; e θ é o mesmo que em coordenadas cilíndricas.

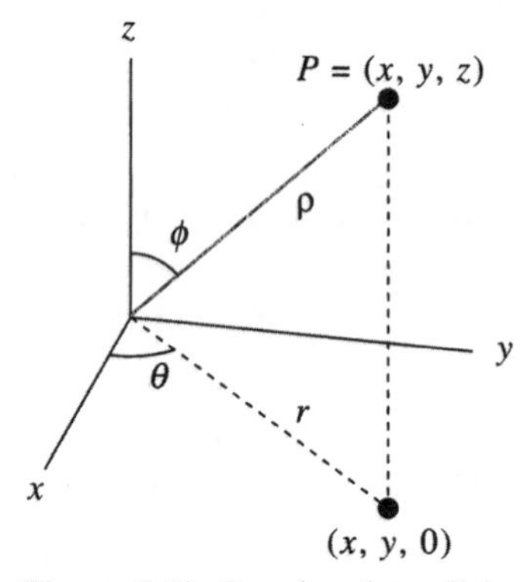

Figura 5.43: Coordenadas esféricas

Em coordenadas cilíndricas tínhamos

$x = r\cos\theta$, e $y = r\,\text{sen}\,\theta$, e $z = z$.

Da Figura 5.43 temos $z = \rho\cos\phi$ e $r = \rho\,\text{sen}\,\phi$, dando as relações seguintes:

> **Relação entre coordenadas esféricas e cartesianas**
> Cada ponto no 3-espaço é representado usando $0 \le \rho < \infty$, $0 \le \phi \le \pi$, e $0 \le \theta \le 2\pi$.
> $x = \rho\,\text{sen}\,\phi\cos\theta$
> $y = \rho\,\text{sen}\,\phi\,\text{sen}\,\theta$
> $z = \rho\cos\phi$
> Além disso, $\rho^2 = x^2 + y^2 + z^2$.

Este sistema de coordenadas é útil quando há simetria esférica com relação à origem, seja na região de integração seja no integrando. As superfícies fundamentais nas coordenadas esféricas são $\rho = k$ (uma constante) que é uma esfera de raio k centrada na origem, $\theta = k$ (uma constante) que é um semiplano com reta origem no eixo-z e $\phi = k$ (uma constante) que é um cone se $k \neq \pi/2$ e é o plano-xy se $k = \pi/2$. (Ver Figuras 5.44–5.46.)

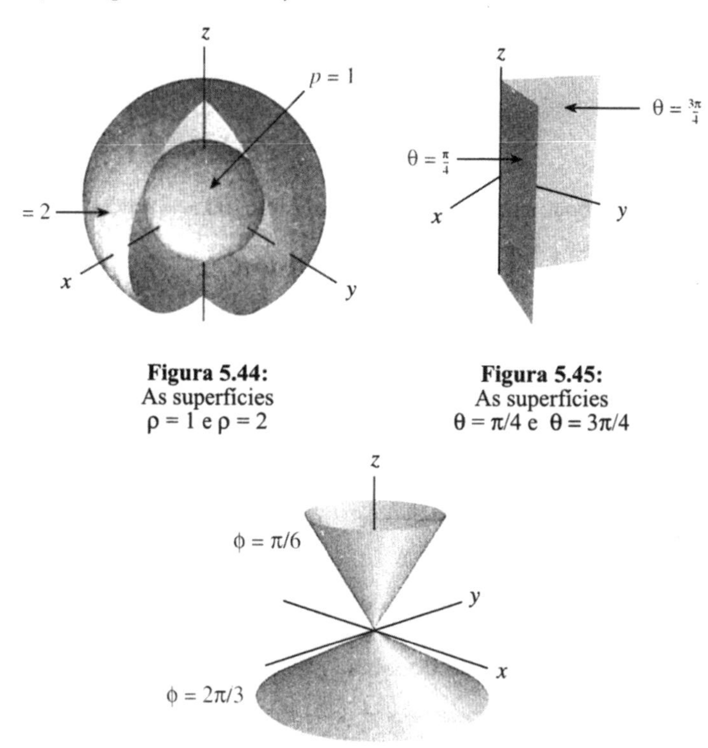

Figura 5.44: As superfícies $\rho = 1$ e $\rho = 2$

Figura 5.45: As superfícies $\theta = \pi/4$ e $\theta = 3\pi/4$

Figura 5.46: As superfícies $\phi = \pi/6$ e $\phi = 2\pi/3$

Integração em coordenadas esféricas

Para usar coordenadas esféricas em integrais triplas precisamos expressar o elemento de volume dV em coordenadas esféricas. Da Figura 5.47 vemos que o elemento de volume pode ser aproximado por uma caixa com arestas curvas. Uma aresta tem comprimento $\Delta\rho$. A aresta paralela ao plano-xy é o arco de círculo feito girando o raio cilíndrico r ($= \rho \operatorname{sen} \phi$) de um ângulo $\Delta\theta$ e portanto tem comprimento $\rho \operatorname{sen} \phi \, \Delta\theta$. O lado restante vem de girar o raio ρ de um ângulo $\Delta\phi$, portanto tem comprimento $\rho\Delta\phi$. Portanto $\Delta V \approx \Delta\rho \, (\rho \, \Delta\phi) \, (\rho \operatorname{sen} \phi \, \Delta\theta) = \rho^2 \operatorname{sen} \phi \, \Delta\rho \, \Delta\phi \, \Delta\theta$.

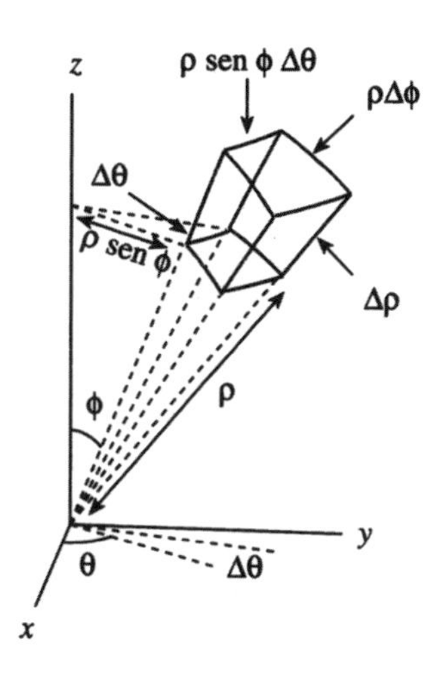

Figura 5.47: Elemento de volume em coordenadas esféricas

Assim

> Para calcular integrais em coordenadas esféricas ponha $dV = \rho^2 \operatorname{sen} \phi \; d\rho \; d\phi \; d\theta$. Outras ordens de integração são também possíveis.

Exemplo 4: Use coordenadas esféricas para obter a fórmula para o volume de uma esfera sólida de raio a

Solução: Em coordenadas esféricas a esfera de raio a é descrita pelas desigualdades $0 \leq \rho \leq a$, $0 \leq \theta \leq 2\pi$, e $0 \leq \phi \leq \pi$. Note que θ dá toda a volta do círculo, ao passo que ϕ só vai de 0 a π. Achamos o volume integrando a função densidade constante 1 sobre a esfera sólida:

$$\text{Volume} = \int_R 1 dV = \int_0^{2\pi}\int_0^{\pi}\int_0^{a} \rho^2 \operatorname{sen}\phi \, d\rho d\phi \, d\theta =$$

$$= \int_0^{2\pi}\int_0^{\pi} \frac{1}{3} a^3 \operatorname{sen}\phi d\phi d\theta = \frac{1}{3} a^3 \int_0^{2\pi} -\cos\phi\Big|_0^{\pi} d\theta$$

$$= \frac{2}{3} a^3 \int_0^{2\pi} d\theta = \frac{4\pi a^3}{3}.$$

Exemplo 5: Ache a magnitude da força gravitacional exercida por um hemisfério sólido de raio a e densidade constante δ sobre uma massa unitária localizada no centro da base do hemisfério.

Solução: Suponha que a base do hemisfério está sobre o plano-xy com centro na origem. (Ver Figura 5.48.) A lei de gravitação de Newton diz que a força entre duas massas m_1 e m_2 separadas por uma distância r é $F = Gm_1m_2/r^2$. Neste exemplo a simetria mostra que a componente resultante da força sobre a partícula na origem devida ao hemisfério é somente na direção z.

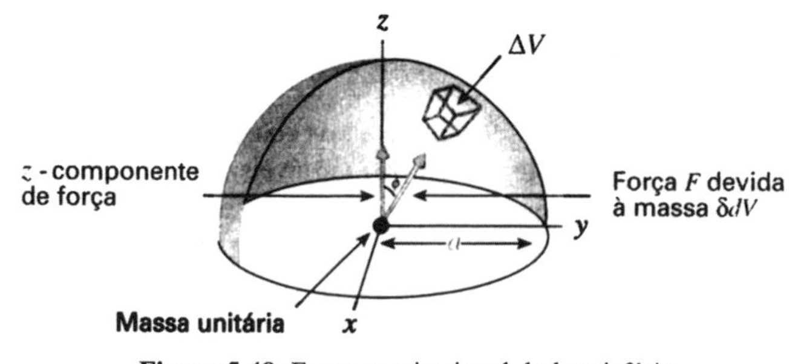

Figura 5.48: Força gravitacional do hemisfério sobre massa na origem

Qualquer força na direção x ou y de alguma parte do hemisfério será cancelada pela força de alguma outra parte do hemisfério diretamente oposta à primeira. Para calcular a componente resultante z da força gravitacional, imaginamos um pequeno pedaço do hemisfério com volume ΔV, localizado em coordenadas esféricas por (ρ, θ, ϕ). Este pedaço tem massa $\delta\,\Delta V$, e exerce uma força de magnitude F sobre a massa unitária na origem. A componente z desta força é dada pela projeção sobre o eixo-z, que, pela figura, vemos ser de $F \cos\phi$. A distância da massa $\delta\, dV$ á massa unitária na origem é a coordenada esférica ρ. Portanto a componente z da força devida ao pequeno pedaço ΔV é

$$\begin{matrix} z\text{-componente} \\ \text{da força} \end{matrix} = \frac{G(\delta \Delta V)(1)}{\rho^2} \cos\phi$$

Somando as contribuições dos pequenos pedaços obtemos uma força vertical de magnitude

$$F = \int_0^{2\pi}\int_0^{\pi/2}\int_0^{a}\left(\frac{G\delta}{\rho^2}\right)(\cos\phi)\,\rho^2 \operatorname{sen}\phi\, d\rho\, d\phi\, d\theta =$$

$$= \int_0^{2\pi}\int_0^{\pi/2} G\delta(\cos\phi \operatorname{sen}\phi)\,\rho\Big|_{\rho=0}^{\rho=a} d\phi\, d\theta =$$

$$= \int_0^{2\pi}\int_0^{\pi/2} G\delta a \cos\phi \operatorname{sen}\phi\, d\phi\, d\theta = G\delta a\left(-\frac{\cos\phi^2}{2}\right)\Bigg|_{\phi=0}^{\phi=\pi/2} d\theta =$$

$$= \int_0^{2\pi} G\delta a\left(\frac{1}{2}\right) d\theta = G\delta a\pi.$$

Problemas para a Seção 5.6

Nos Problemas 1–2 calcule as integrais triplas em coordenadas cilíndricas.

1 $f(x, y, z) = x^2 + y^2 + z^2$, W é a região $0 \le r \le 4$, $\pi/4 \le \theta \le 3\pi/4$, $-1 \le z \le 1$.

2 $f(x, y, z) = \operatorname{sen}(x^2 + y^2)$, W é o cilindro solido de altura 4 e base de raio 1, centrado no eixo-z em $z = -1$.

Nos problemas 3 – 4, calcule as integrais triplas em coordenadas esféricas.

3 $f(x, y, z) = 1/(x^2 + y^2 + z^2)^{1/2}$ sobre a metade inferior da esfera de raio 5 centrada na origem.

4 $f(\rho, \theta, \phi) = \operatorname{sen}\phi$, sobre a região $0 \le \theta \le 2\pi$, $0 \le \phi \le \pi/4$, $1 \le \rho \le 2$.

Para os Problemas 5 – 9 escolha eixos coordenados e depois estabeleça a integral em três variáveis num sistema de coordenadas apropriado para integrar a função densidade δ sobre a região dada.

5.

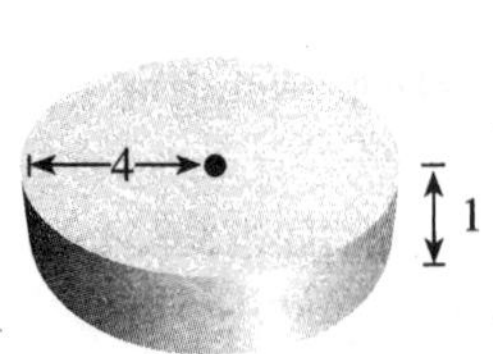

6.
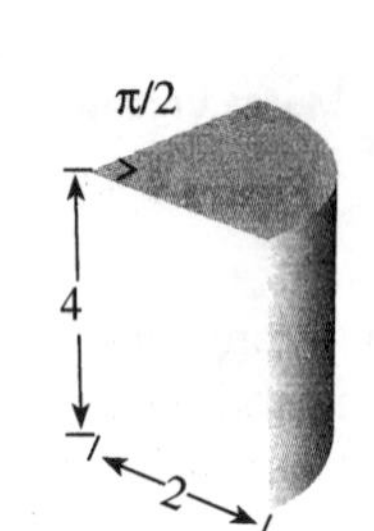

7. Um pedaço da esfera: ângulo no centro de $\pi/3$

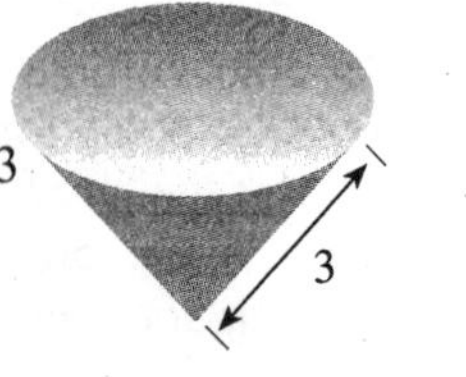

8.
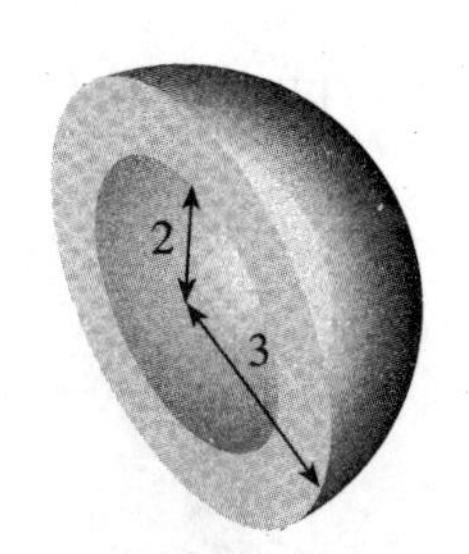

9.
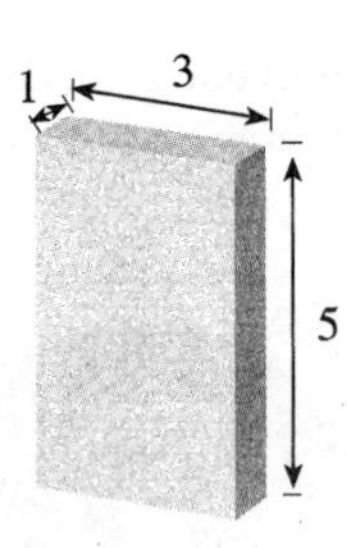

10 Esboce a região R sobre a qual a integral está sendo feita:

$$\int_0^{\pi/2}\int_{\pi/2}^{\pi}\int_0^{1} f(\rho,\phi,\theta)\,\rho^2 \operatorname{sen}\phi\, d\rho\, d\phi\, d\theta.$$

Calcule as integrais nos Problemas 11–12.

11 $$\int_0^1\int_{-\sqrt{1-x^2}}^{\sqrt{1-x^2}}\int_{-\sqrt{1-x^2-z^2}}^{\sqrt{1-x^2-z^2}} \frac{1}{\left(x^2+y^2+z^2\right)^{1/2}}\, dy\, dz\, dx$$

12 $$\int_0^1\int_{-1}^{1}\int_{-\sqrt{1-x^2}}^{\sqrt{1-x^2}} \frac{1}{\left(x^2+y^2\right)^{1/2}}\, dy\, dx\, dz$$

Sem efetuar a integração, decida se cada uma das integrais nos Problemas 13–14 é positiva, negativa ou zero. Dê razões para suas decisões.

13 W_1 é a bola unitária, $x^2 + y^2 + z^2 \le 1$

a) $\int_{W_1} \operatorname{sen}\phi\, dV$ b) $\int_{W_1} \cos\phi\, dV$

14 W_2 é a metade de cima da bola unitária $0 \le z \le \sqrt{1-x^2-y^2}$.

a) $\int_{W_2} \left(z^2 - z\right) dV$ b) $\int_{W_2} (-xz)\, dV$

15 Escreva uma integral tripla representando o volume de uma fatia do bolo cilíndrico de altura 2 e raio 5 entre os planos $\theta = \pi/6$ e $\theta = \pi/3$. Calcule essa integral

16 Ache a massa M da região sólida W dada em coordenadas esféricas por

$W = \{(\rho, \theta, \phi): 0 \le \rho \le 3,\ 0 \le \theta \le 2\pi,\ 0 \le \phi \le \pi/4\}$

se a densidade $\delta(P)$ em qualquer ponto P é dada pela distância do ponto à origem.

17 Uma particular nuvem esférica de gás de raio 3 km é mais densa no centro que perto da borda. A densidade D do gás a uma distância de ρ km do centro é dada por $D(\rho) = 3 - \rho$. Escreva a integral que representa a massa total da nuvem de gás e calcule-a .

18 Ache o volume que fica depois que um buraco cilíndrico de raio R é cavado através de um esfera de raio a, onde $0 < R < a$, passando pelo centro da esfera e pólo.

19 Use coordenadas adequadas para achar a distância média da origem para pontos do cone de sorvete limitado pelo hemisfério $z = \sqrt{8 - x^2 - y^2}$ e pelo cone $z = \sqrt{x^2 + y^2}$.

[Sugestão: o volume dessa região é calculado no Problema 19 da página 142.]

20 Calcule a força de gravidade exercida por um cilindro sólido de raio R, altura H, e densidade constante δ sobre uma massa unitária no centro da base do cilindro.

Para o Problemas 21–24 use a definição de centro de gravidade dada na página 136.

21 Seja C o cone sólido de altura e raio iguais a 1 e contido entre as superfícies $z = \sqrt{x^2 + y^2}$ e $z = 1$. Se C tem densidade constante e igual a 1 gm/cm^3, ache a coordenada-z do centro de gravidade de C.

22 Suponha que a densidade do cone C no Problema 21 é dada por $\rho(z) = z^2$ gm/ cm^3. Ache

a) A massa de C.

b) A coordenada-z do centro de gravidade de C.

23 Para $a > 0$ considere a família de sólidos limitada em baixo pelo parabolóide $z = a(x^2 + y^2)$ e por cima pelo plano $z = 1$. Se os sólidos têm todos densidade constante 1 gm/cm^3 mostre que a coordenada-z do centro de gravidade é 2/3 e portanto independente do parâmetro a.

24 Ache a localização do centro de gravidade de um hemisfério de raio a e densidade b gm/cm^3

Para os Problemas 25–26 use a definição de momento de inércia dado na página 138.

25 O momento de inércia de uma bola sólida homogênea B de massa 1 e raio a centrada na origem é o mesmo em relação a qualquer dos eixos de coordenadas (devido à simetria da bola). É mais fácil calcular a soma das três integrais envolvidas no cálculo do momento de inércia em relação a cada eixo que calculá-las separadamente. Ache a soma dos momentos de inércia em relação aos eixos-x, y e z assim ache cada momento de inércia.

26 Ache o momento de inércia em relação ao eixo-z do sólido "cone de sorvete gordo" dado em coordenadas esféricas por $0 \le \rho \le a$, $0 \le \phi \le \pi/3$, $0 \le \theta \le 2\pi$. Suponha o sólido homogêneo com massa m.

5.7- APLICAÇÃO DA INTEGRAÇÃO À PROBABILIDADE

Para representar como uma quantidade tal como altura ou peso se distribui numa população, usamos uma função densidade. Uma revisão de funções densidade de uma única variável está no Apêndice F. Para estudar duas ou mais quantidades ao mesmo tempo e ver como se relacionam usamos uma função densidade de várias variáveis.

Funções densidade

Distribuição de peso e altura em mulheres grávidas

A Tabela 5.13 mostra a distribuição de peso e altura num estudo de mulheres grávidas. O histograma na Figura 5.49 é construído de tal maneira que o volume de cada barra representa a porcentagem na correspondente faixa de peso e altura. Por exemplo, a barra representando mães que pesavam 60–70 kg e tinham altura 160–165 cm tem base de área 10 kg . 5 cm = 50 kg. cm. O volume desta barra é 12%, por isso sua altura é 12%/50 kg cm = 0,24%/kg cm. Observe que as unidades no eixo vertical são porcento/kg cm. Assim os volumes sob o histograma são em unidades de %. O volume total é 100% = 1.

Tabela 5.13: *Distribuição de peso e altura num estudo de futuras mães*

	45–50kg	50–60kg	60–70kg	70–80kg	80–105kg	Totais por altura
150–155 cm	2	4	4	2	1	13
155–160 cm	0	12	8	2	1	23
160–165 cm	1	7	12	4	3	27
165–170 cm	0	8	12	6	2	28
170–180 cm	0	1	3	4	1	9
Totais por peso	3	32	39	18	8	100

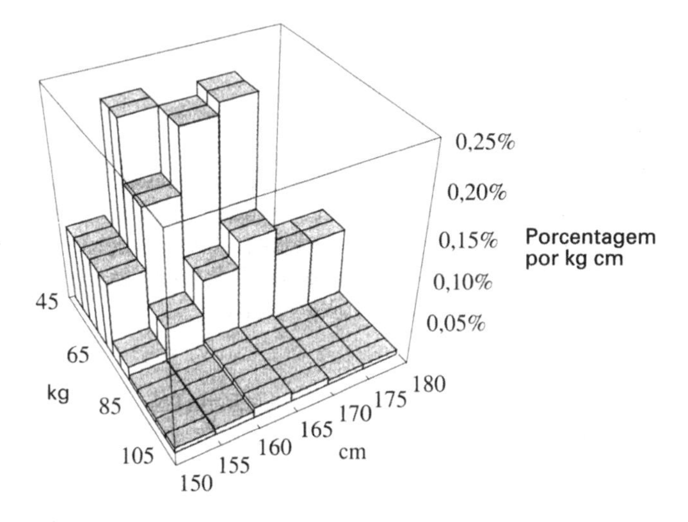

Figura 5.49: Histograma representado os dados na Tabela 5.13

Exemplo 1: Ache a porcentagem de mães no estudo com altura entre 170 e 180 cm.

Solução: Somamos as porcentagens na linha que corresponde à faixa de alturas 170–180 cm; isto equivale a somar os volumes dos sólidos correspondentes no histograma.

Porcentagem de mães = 0 + 1 + 3 + 4 + 1 = 9%.

Alisamento do histograma

Se tivermos grupos de altura e peso menores (e uma amostra maior) poderemos traçar um histograma mais liso e obter melhores estimativas. No limite, substituímos o histograma por uma superfície lisa, de tal modo que o volume sob a superfície acima de um retângulo seja a porcentagem de mães naquele retângulo. Definimos uma função de densidade $p(w, h)$ como sendo a função cujo gráfico é a superfície lisa. Tem a propriedade

Fração da amostra com peso entre a e b e altura entre c e d	=	Volume sob o gráfico de p sobre o retângulo $a \le w \le b, c \le h \le d$

$$= \int_a^b \int_c^d p(w,h)\, dhdw.$$

Funções de densidade conjunta

Generalizamos essa idéia para representar duas características quaisquer, x e y, distribuídas numa população.

> Uma função $p(x, y)$ chama-se uma **função de densidade conjunta** para x e y se
>
> Fração da população com x entre a e b e y entre c e d = Volume sob o gráfico de p acima do retângulo $a \le x \le b, c \le y \le d$
>
> $$= \int_a^b \int_c^d p(x,y)\, dydx.$$
>
> onde
>
> $$= \int_{-\infty}^{\infty} \int_{-\infty}^{\infty} p(x,y)\, dydx = 1 \text{ e } p(x,y) \ge 0 \text{ para}$$
>
> todo x e todo y

Uma função de densidade conjunta não é necessariamente contínua, como no Exemplo 2 que segue. Ainda mais, como no Exemplo 4, as integrais envolvidas podem ser impróprias e devem ser calculadas por métodos semelhantes aos usados para integrais impróprias em uma variável.

Exemplo 2: Seja $p(x, y)$ definida no quadrado $0 \le x \le 1, 0 \le y \le 1$ por $p(x, y) = x + y$; seja $p(x, y) = 0$ se (x, y) está fora do quadrado. Verifique que p é uma função de densidade conjunta. Em termos da distribuição de x e y na população, o que significa que $p(x, y) = 0$ fora do quadrado?

Solução: Primeiro, temos $p(x, y) \ge 0$ para todos os x e y. Para verificar que p é uma função de densidade conjunta, conferimos se o volume total sob o gráfico é 1:

$$= \int_{-\infty}^{\infty} \int_{-\infty}^{\infty} p(x,y)\, dydx = \int_0^1 \int_0^1 (x+y)\, dydx$$

$$= \int_0^1 \left(xy + \frac{y^2}{2} \right)\Bigg|_0^1 dx = \int_0^1 \left(x + \frac{1}{2} \right) dx = \left(\frac{x^2}{2} + \frac{x}{2} \right)\Bigg|_0^1 = 1$$

O fato de $p(x, y) = 0$ fora do quadrado significa que as variáveis x e y nunca tomam valores fora do intervalo [0, 1], isto é, o valor de x e y para qualquer indivíduo da população está sempre entre 0 e 1.

Exemplo 3: Suponha que duas variáveis x e y estão distribuídas numa população segundo a função de densidade do Exemplo 2. Ache a fração da população com $x \le 1/2$, a fração com $y \le 1/2$, a fração com $y \le 1/2$ e a fração com x e y ambos $\le 1/2$.

Solução: A fração com $x \le 1/2$ é o volume sob o gráfico à esquerda da reta $x = 1/2$:

$$\int_0^{1/2} \int_0^1 (x+y)\, dydx = \int_0^{1/2} \left(xy + \frac{y^2}{2} \right)\Bigg|_0^1 dx$$

$$= \int_0^{1/2} \left(x + \frac{1}{2} \right) dx = \left(\frac{x^2}{2} + \frac{x}{2} \right)\Bigg|_0^{1/2} = \frac{1}{8} + \frac{1}{4} = \frac{3}{8}.$$

Como a função é simétrica em x e y, a fração com $y \le 1/2$ é também 3/8. Finalmente, a fração com $x \le 1/2$ e $y \le 1/2$ é

$$\int_0^{1/2} \int_0^{1/2} (x+y)\, dydx = \int_0^{1/2} \left(xy + \frac{y^2}{2} \right)\Bigg|_0^{1/2} dx$$

$$= \int_0^{1/2} \left(\frac{1}{2}x + \frac{1}{8} \right) dx = \left(\frac{1}{4}x^2 + \frac{1}{8}x \right)\Bigg|_0^{1/2} = \frac{1}{16} + \frac{1}{16} = \frac{1}{8}$$

Lembre que uma função de densidade em uma variável $p(x)$ é uma função tal que $p(x) \ge 0$ para todo x, e $\int_{-\infty}^{\infty} p(x)\, dx = 1$. (Ver Apêndice F.)

Exemplo 4: Sejam p_1 e p_2 funções de densidade em uma variável, para x e y respectivamente. Verifique que $p(x, y) = p_1(x)\, p_2(y)$ é uma função de densidade conjunta.

Solução: Como p_1 e p_2 são ambas funções de densidade, elas são não negativas em toda parte. Assim, seu produto $p_1(x)\, p_2(y) = p(x, y)$ é não negativo em toda parte. Agora precisamos verificar que o volume sob o gráfico de p é 1. Como

$\int_{-\infty}^{\infty} p_2(y) dy = 1$ e $\int_{-\infty}^{\infty} p_1(x) dx = 1$ nós temos

$$\int_{-\infty}^{\infty} \int_{-\infty}^{\infty} p(x,y)\, dydx = \int_{-\infty}^{\infty} \int_{-\infty}^{\infty} p_1(x)\, p_2(y)\, dydx$$

$$= \int_{-\infty}^{\infty} p_1(x) \left(\int_{-\infty}^{\infty} p_2(y)\, dy \right) dx = \int_{-\infty}^{\infty} p_1(x)(1)\, dx$$

$$= \int_{-\infty}^{\infty} p_1(x)\, dx = 1$$

Funções de densidade e probabilidade

Qual é a probabilidade de uma futura mãe pesar 60–70 kg e ter altura 155 –160 cm ? A Tabela 5.13 mostra que 8% das mães cai neste grupo, assim a probabilidade de uma grávida escolhida aleatoriamente cair neste grupo é de 0,08.

Probabilidade de uma grávida ter peso entre a e b e altura entre c e d	=	Volume sob o gráfico de p sobre o retângulo $a \leq w \leq b,\ c \leq h \leq d$
$= \int_a^b \int_c^d p(w,h)\, dh dw.$		

Para uma função de densidade conjunta $p(x, y)$, a probabilidade de que x caia num intervalo de largura Δx em torno de x_0 e y num intervalo de largura Δy em torno de y_0 é aproximadamente $p(x_0, y_0)\, \Delta x \Delta y$. Assim, p é freqüentemente chamada a *função probabilidade de densidade.*

Exemplo 5: Uma máquina numa indústria está ajustada para produzir componentes com 10 cm de comprimento e 5 cm de diâmetro. Na verdade, há uma pequena variação de uma componente para a seguinte. Uma componente é utilizável se seu comprimento e diâmetro se desviam dos valores corretos por menos de 0,1 cm. Se o comprimento é x cm e o diâmetro é y cm, a função probabilidade de densidade para a variação em x e y é

$$p(x, y) = \frac{50\sqrt{2}}{\pi} e^{-100(x-10)^2} e^{-50(y-5)^2}.$$

Qual a probabilidade de uma componente ser usável ? (Ver Figura 5.50.)

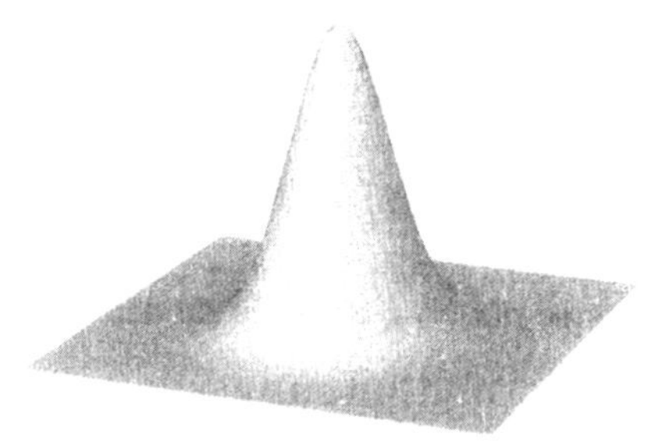

Figura 5.50: A função de densidade $p(x, y) = \frac{50\sqrt{2}}{\pi} e^{-100(x-10)^2} e^{-50(y-5)^2}$.

Solução: Sabemos que

Probabilidade de x e y satisfazerem $x_0 - \Delta x \leq x \leq x_0 + \Delta x,\ y_0 - \Delta y \leq y \leq y_0 + \Delta y$=

$$= \frac{50\sqrt{2}}{\pi} \int_{y_0-\Delta y}^{y_0+\Delta y} \int_{x_0-\Delta x}^{x_0+\Delta x} e^{-100(x-10)^2} e^{-50(y-5)^2}\, dx dy.$$

Assim

Probabilidade da componente ser usável =

$$= \frac{50\sqrt{2}}{\pi} \int_{4,9}^{5,1} \int_{9,9}^{10,1} e^{-100(x-10)^2} e^{-50(y-5)^2}\, dx dy.$$

A integral dupla precisa ser calculada numericamente. Isto dá Probabilidade da componente ser usável =

$$= \frac{50\sqrt{2}}{\pi}(0,02556) \approx 0,57530.$$

Assim, há uma probabilidade de 57,5% de que a componente será usável.

Dependência e independência de variáveis

Se estudarmos a distribuição de altura e peso numa população, esperaremos ver uma relação entre eles. Todas as outras variáveis sendo iguais, pessoas altas tem maior probabilidade de serem pesadas do que as baixas. De outro lado, se estudarmos a distribuição de altura e rendimento anual, não esperamos ver muita relação; pessoas altas e pessoas baixas provavelmente ganham o mesmo, em média.

Como podemos determinar dependência a partir da função de densidade conjunta ?

Vejamos como a dependência entre peso e altura aparece nos dados na tabela 5.13. Olhe a coluna correspondente a mães futuras pesando 70–80 kg. Este grupo é 18% de toda a amostra. O subconjunto deste grupo com altura entre 170 e 180 cm é 4% do total da amostra. Assim a probabilidade de uma mulher neste grupo de peso ter altura 170–180 cm é

$$\frac{\text{Probabilidade de altura ser 170 - 180 cm e peso 70 - 80Kg}}{\text{Probabilidade de peso ser 70 - 80Kg}}$$

$$= \frac{4}{18} = 0,22.$$

Agora olhe um grupo mais leve, as mulheres que pesam 60–70 kg. Este grupo forma 39% do total, e o subconjunto com altura 170–180 é 3% do total. Assim a probabilidade de uma mulher neste grupo ter altura 170–180 cm é

$$\frac{\text{Probabilidade de altura ser 170 - 180 e peso 60 - 70Kg}}{\text{Probabilidade de peso ser 60 - 70Kg}}$$

$$= \frac{3}{39} = 0,08.$$

Esta probabilidade é menor que para o grupo 70–80 kg. Isto porque é menos provável que uma mulher leve seja alta do que uma mulher pesada. Nesta situação dizemos que as duas variáveis w e h parecem *dependentes*, porque até certo ponto elas dependem uma da outra.

Probabilidade condicional

Podemos generalizar estas idéias a qualquer função de densidade conjunta. Queremos calcular a probabilidade de que y caia numa certa faixa, dado que x cai numa certa faixa.

Se $p(x, y)$ é uma função probabilidade de densidade, definimos a **probabilidade condicional** por

$$\begin{array}{c}\text{Probabilidade condicional} \\ \text{de } a \leq x \leq b \text{ dado } c \leq y \leq d\end{array} = \frac{\begin{array}{c}\text{Probabildade de} \\ a \leq x \leq b \text{ e } c \leq y \leq d\end{array}}{\begin{array}{c}\text{Probabilidade de} \\ c \leq y \leq d\end{array}} =$$

$$= \frac{\int_a^b \int_c^d p(x, y)\, dydx}{\int_{-\infty}^{\infty} \int_c^d p(x, y)\, dydx}$$

Exemplo 6: Para a função probabilidade de densidade no Exemplo 5, calcular a probabilidade de o comprimento estar entre 9,9 e 10,1 cm, dado que o diâmetro está entre

a) 4,9 e 5,1 cm b) 5,3 e 5,5 cm.

Solução: a) Temos que

Probabilidade de $9{,}9 \le x \le 10{,}1$ dado que $4{,}9 \le y \le 5{,}1$=

$$= \frac{\text{Probabilidade de } 9{,}9 \le x \le 10{,}1 \text{ e } 4{,}9 \le y \le 5{,}1}{\text{Probabilidade de } 4{,}9 \le y \le 5{,}1}$$

$$= \frac{\frac{50\sqrt{2}}{\pi} \int_{9,9}^{10,1} \int_{4,9}^{5,1} e^{-100(x-10)^2} e^{-50(y-5)^2} dydx}{\frac{50\sqrt{2}}{\pi} \int_{-\infty}^{\infty} \int_{4,9}^{5,1} e^{-100(x-10)^2} e^{-50(y-5)^2} dydx}$$

$$\approx \frac{0{,}57}{0{,}68} \approx 0{,}84.$$

b) Analogamente vemos que

Probabilidade de $9{,}9 \le x \le 10{,}1$ dado que $5{,}3 \le y \le 5{,}5$

$$= \frac{\text{Probabilidade de } 9{,}9 \le x \le 10{,}1 \text{ e } 5{,}3 \le y \le 5{,}5}{\text{Probabilidade de } 5{,}3 \le y \le 5{,}5}$$

$$= \frac{\frac{50\sqrt{2}}{\pi} \int_{9,9}^{10,1} \int_{5,3}^{5,5} e^{-100(x-10)^2} e^{-50(y-5)^2} dydx}{\frac{50\sqrt{2}}{\pi} \int_{-\infty}^{\infty} \int_{5,3}^{5,5} e^{-100(x-10)^2} e^{-50(y-5)^2} dydx}$$

$$\approx \frac{0{,}00114}{0{,}00135} \approx 0{,}84.$$

Olhe os denominadores nas razões usadas para calcular as probabilidade condicionais. Observe que é muito menos provável que $5{,}3 \le y \le 5{,}5$ do que $4{,}9 \le y \le 5{,}1$ (uma probabilidade de 0,00135 contra 0,68). Mas a probabilidade de que o comprimento x caia na faixa $9{,}9 \le x \le 10{,}1$ é a mesma nos dois casos, cerca de 0,84. Assim a variação no comprimento parece ser independente da variação no diâmetro. Dizemos que as variáveis x e y são independentes.

Exemplo 7: Para a função de densidade no Exemplo 2, ache a probabilidade de ser $x \le 1/2$, dado que $y \le 1/2$.
Solução: Temos que
Probabilidade de $x \le 1/2$ dado que $y \le 1/2$=

$$= \frac{\text{Probabilidade de } x \le 1/2 \text{ e } y \le 1/2}{\text{Probabilidade de } y \le 1/2} = \frac{1/8}{3/8} = \frac{1}{3}.$$

Como $1/3 < 3/8$, vemos que ter $y \le 1/2$ torna $x \le 1/2$ menos provável. Neste caso as variáveis não aparecem como independentes.

Como podemos dizer se duas variáveis são independentes ?

Dois eventos se dizem independentes se a probabilidade de que ambos aconteçam é o produto das probabilidades de acontecerem individualmente. Por exemplo, se lançamos dois dados, a probabilidade de um quatro duplo é (1/6) . (1/6) = 1/36. Isto porque a face aparente no primeiro dado é independente da face aparente no segundo e a probabilidade de um quatro em qualquer dado é 1/6. Usamos esta idéia para achar a função de distribuição de probabilidade conjunta para duas qualidades x e y que variam independentemente numa população.

Suponhamos que x tem função de densidade $p_1(x)$ e y tem função de densidade $p_2(y)$. Se x e y são independentes então esperamos que

$$\begin{gathered}\text{Probabilidade de que}\\ x_0 \le x \le x_0 + \Delta x \text{ e } y_0 \le y \le y_0 + \Delta y\end{gathered}$$

$$= \begin{matrix}\text{Probabilidade de que}\\ x_0 \le x \le x_0 + \Delta x\end{matrix} \cdot \begin{matrix}\text{Probabilidade de que}\\ y_0 \le y \le y_0 + \Delta y\end{matrix}$$

$$\approx \left(p_1(x_0)\,\Delta x\right)\cdot\left(p_2(y_0)\,\Delta y\right) = p_1(x_0)\,p_2(x_0)\,\Delta x \Delta y$$

De outro lado, se $p(x, y)$ é a função de densidade conjunta para x e y,

Probabilidade de que		Volume sob o gráfico de p
$x_0 \le x \le x_0 + \Delta x$	=	acima de $x_0 \le x \le x_0 + \Delta x$,
e $y_0 \le y \le y_0 + \Delta y$		$y_0 \le y \le y_0 + \Delta y$
		$\approx p(x_0, y_0)\, \Delta x\, \Delta y$.

Assim

$$p_1(x_0)\, p_2(y_0)\, \Delta x\, \Delta y \approx p(x_0, y_0)\, \Delta x\, \Delta y.$$

Dividindo por $\Delta x\, \Delta y$, concluímos que

> Se x tem densidade de probabilidade $p_1(x)$ e y tem densidade de probabilidade $p_2(y)$, e se x e y são independentes, então a densidade conjunta para x e y é $p(x, y) = p_1(x)\, p_2(y)$.

Reciprocamente, se a função de densidade conjunta $p(x, y)$ pode ser escrita como um produto de funções densidade em uma variável $p_1(x)$ e $p_2(y)$ então
Probabilidade de que $a \le x \le b$ e $c \le y \le d$

$$= \int_a^b \int_c^d p_1(x)\, p_2(y)\, dydx = \int_a^b p_1(x) \left(\int_c^d p_2(y)\, dy \right) dx$$

$$= \int_a^b p_1(x)\, dx. \text{ (Probabilidade de que } c \le y \le d)$$

= Probabilidade de $a \le x \le b$. Probabilidade de $c \le y \le d$. Portanto as variáveis são independentes. Concluímos portanto que:

> Se a função de densidade conjunta p de x e y pode ser expressa como um produto $p(x, y) = p_1(x)\ p_2(y)$, onde p_1 e p_2 são funções de densidade, então x e y são independentes.

A função probabilidade *normal* de densidade em uma variável com média μ e desvio padrão σ é definida por

$$p(x) = \frac{1}{\sigma\sqrt{2\pi}} e^{-(x-\mu)^2/(2\sigma^2)}.$$

A função de densidade normal surge freqüentemente em aplicações e é uma das funções probabilidade de densidade mais amplamente usadas.

Exemplo 8: Mostre que o comprimento e diâmetro das componentes no Exemplo 5 são independentes.

Solução: A função de densidade conjunta pode ser escrita como

$$\frac{50\sqrt{2}}{\pi} e^{-100(x-10)^2} e^{-50(y-5)^2}$$

$$= \left(\frac{10\sqrt{2}}{\sqrt{2\pi}} e^{-(x-10)^2 \Big/ \left(2\left(\frac{1}{10\sqrt{2}}\right)^2\right)} \right) \left(\frac{10}{\sqrt{2\pi}} e^{-(y-5)^2 \Big/ \left(2\left(\frac{1}{10}\right)^2\right)} \right)$$

que é o produto de uma distribuição normal em x com média 10 e desvio $1/(10\sqrt{2})$ e uma distribuição normal em y com média 5 e desvio padrão 1/10.

Problemas para a Seção 5.7

1 Suponhamos que x e y têm função de densidade conjunta

$$p(x,y) = \begin{cases} \frac{2}{3}(x+2y) & \text{para } 0 \le x \le 1, 0 \le y \le 1, \\ 0 & \text{caso contrário} \end{cases}$$

Ache a probabilidade para a) $x > 1/3$ b) $x < (1/3) + y$.

2 A Tabela 5.14 dá alguns valores da função de densidade conjunta para duas variáveis x e y. Supomos que x pode tomar os valores 1, 2, 3 e 4 que y pode tomar os valores 1, 2 e 3.

Tabela 5.14

x \ y	1	2	3
1	0,3	0,2	0,1
2	0,2	0,1	0
3	0,1	0	0
4	0	0	0

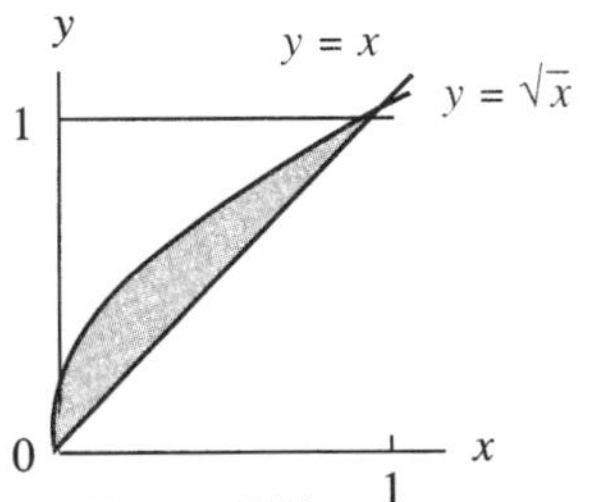

Figura 5.51

a) Explique porque esta tabela define uma função de densidade conjunta.

b) Qual a probabilidade de ser $x = 2$?

c) Ache a probabilidade para $y \le 2$.

d) Ache a probabilidade para $x \le 3$ e $y \le 2$.

3 Suponha que a função de densidade conjunta para x, y é dada por

$$f(x,y) = \begin{cases} kxy & \text{para } 0 \le x \le y \le 1 \\ 0 & \text{caso contrário} \end{cases}$$

a) Determine o valor de k.

b) Ache a probabilidade para que (x, y) esteja na região sombreada na Figura 5.51.

4 Uma função de densidade conjunta é dada por

$$f(x,y) = \begin{cases} kx^2 & \text{para } 0 \le x \le 2 \text{ e } 0 \le y \le 1 \\ 0 & \text{caso contrário} \end{cases}$$

a) Ache o valor da constante k.

b) Ache a probabilidade de um ponto (x, y) satisfazer $x + y \le 2$.

c) Ache a probabilidade de um ponto (x, y) satisfazer $x \le 1$ e $y \le 1/2$.

5 Uma companhia de seguro de saúde quer saber qual proporção de suas apólices vão custar-lhes muito dinheiro porque os segurados têm mais de 65 anos e tem má saúde. Para calcular esta proporção a companhia define um *índice de incapacitação*, x, com $0 \le x \le 1$, onde $x = 0$ representa saúde perfeita e $x = 1$ representa incapacitação total. Mais ainda, a companhia usa um função densidade $f(x, y)$ definida de tal modo que a quantidade $f(x, y)\ \Delta x\ \Delta y$ aproxima a fração da população com índice de incapacitação entre x e $x + \Delta x$, e com idade entre y e $y + \Delta y$. A companhia sabe por experiência que uma apólice já não cobre seus custos se o segurado tem mais de 65 anos e índice de incapacitação maior que 0,8. Escreva uma expressão para a fração das apólices da companhia que pertence a pessoas satisfazendo a esses critérios.

6 Suponha que um ponto é escolhido ao acaso na região S do plano-xy que contém todos os pontos (x, y) tais que $-1 \le x \le 1, -2 \le y \le 2$ e $x - y \ge 0$ (ao acaso significa que a função densidade é constante em S),

a) Determine a função densidade conjunta para x e y,

b) Se T é um subconjunto de S com área α, então ache a probabilidade de um ponto (x, y) estar em T.

7 Dê a densidade conjunta de x e y onde x e y são independentes, x tem uma distribuição normal com média 5 e desvio padrão 1/10 e y tem distribuição normal com média 15 e desvio padrão 1/6.

8 A probabilidade de uma substância radioativa decair no tempo t é modelada pela função densidade $p(t) = \lambda e^{-\lambda t}$ para $t \ge 0$, e $p(t) = 0$ para $t < 0$. A constante positiva λ depende do material e é chamada a taxa de decaimento.

a) Verifique que p é uma função densidade

b) Considere dois materiais com taxas de decaimento λ

e μ, que decaem independentemente um do outro. Escreva a função densidade conjunta para a probabilidade de decaimento do primeiro material ao tempo t e do segundo ao tempo s.

c) Ache a probabilidade de que a primeira decaia antes da segunda.

9 Suponha que a Figura 5.52 representa um campo de beisebol, com as bases em (1, 0),(1, 1),(0, 1) e "*home plate*" em (0, 0). O limite exterior do campo é um arco de círculo em torno da origem com raio 4. Sempre que uma bola é batida podemos registrar o ponto no campo (isto é, no plano) em que a bola é apanhada.
Seja $p(r, \theta)$ uma função no plano que dá a densidade da distribuição de tais pontos. Escreva uma expressão que represente a probabilidade de uma bola ser apanhada em
a)Campo direito (região R)
b) O campo central (região C)

Figura 5.52.

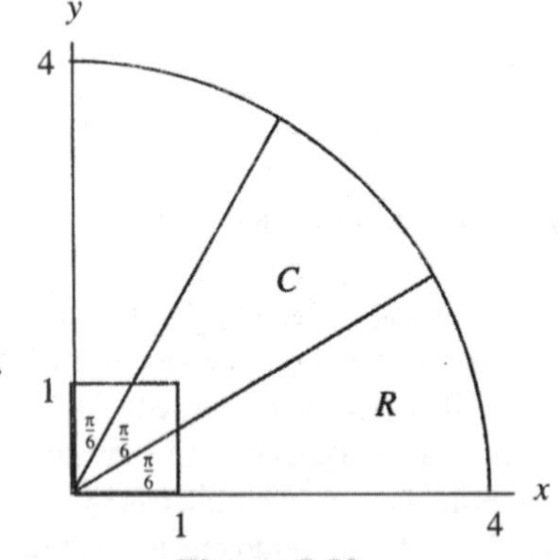

Figura 5.52

5.8 - NOTAS SOBRE MUDANÇA DE VARIÁVEIS NUMA INTEGRAL MÚLTIPLA

Nas seções anteriores usamos coordenadas polares, cilíndricas e esféricas para simplificar integrais iteradas. Nesta seção discutimos mudanças de variável mais gerais. No processo veremos de onde vem o fator r extra quando mudamos de coordenadas cartesianas para polares e o fator $\rho^2 \operatorname{sen} \phi$ quando mudamos de coordenadas cartesianas para esféricas.

Mudança de variáveis polar revisitada

Considere a integral $\int_R (x+y)\, dA$ onde R é a região no primeiro quadrante limitada pelo círculo $x^2 + y^2 = 16$ e pelos eixos x e y. Escrevendo a integral em coordenadas cartesianas e polares temos

$$\int_R (x+y)\, dA = \int_0^4 \int_0^{\sqrt{16-x^2}} (x+y)\, dydx =$$

$$= \int_0^{\pi/2} \int_0^4 (r \cos\theta + r \operatorname{sen}\theta)\, rdrd\theta$$

Esta última é uma integral sobre o retângulo no espaço-$r\theta$ dado por $0 \le r \le 4$, $0 \le \theta \le \pi/2$. A conversão de coordenadas polares para cartesianas transforma este retângulo num quarto de disco. A Figura 5.53 mostra como um retângulo típico (sombreado) no plano-$r\theta$ com lados Δr e $\Delta\theta$ corresponde a um retângulo curvo no plano-xy com lados de comprimentos Δr e $r\Delta\theta$. O r extra é necessário porque a correspondência entre r,θ e x, y não só curva as retas $r = 1,2,3...$ em círculos, mas também estica essas retas em círculos cada vez maiores.

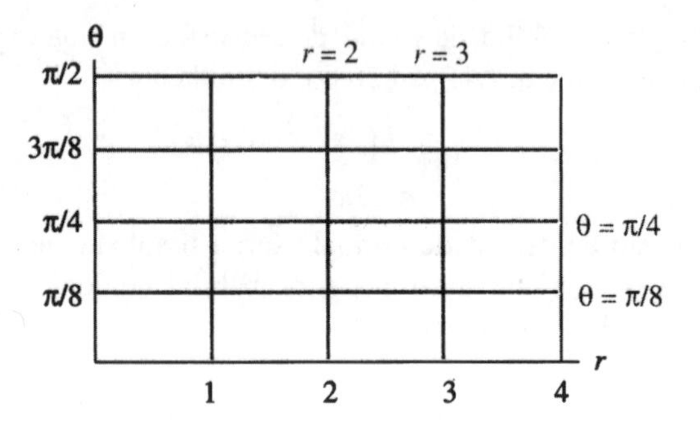

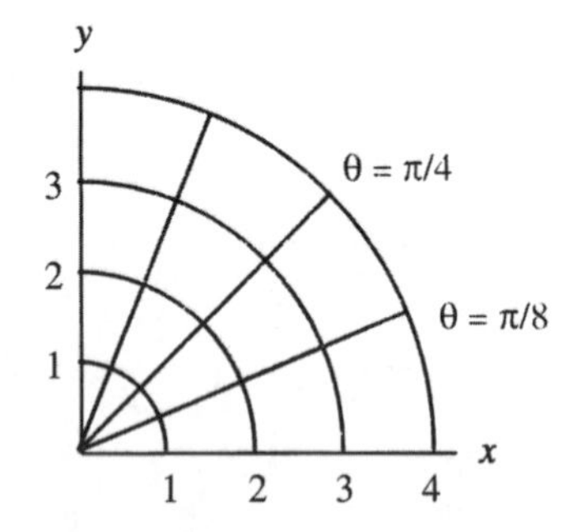

Figura 5.53: Uma grade no plano-$r\theta$ e a correspondente grade curva no plano-xy

Mudança de variáveis geral

Agora consideramos uma mudança de variáveis geral, onde as coordenadas x, y são relacionadas a coordenadas s, t pelas funções diferenciáveis

$$x = x(s, t) \qquad y = y(s, t).$$

Assim como uma região retangular no plano-$r\theta$ corresponde a uma região circular no plano-xy, uma região retangular T no plano-st corresponde a uma região curva R no plano-xy. Supomos que a mudança de coordenadas é um-a-um, isto é, que cada ponto em R corresponde a um ponto em T.

Dividimos T em pequenos retângulos $T_{I,j}$ com lados de comprimentos Δs e Δt. (Ver Figura 5.54.) O pedaço $R_{i,j}$ do plano-xy é um quadrilátero com lados curvos. Se tomarmos Δs e Δt muito pequenos, então por linearidade local $R_{i,j}$ é aproximadamente um paralelogramo.

Lembre do Capítulo 2 que a área do paralelogramo com lados $\vec{a}$ e $\vec{b}$ é $\| \vec{a} \times \vec{b} \|$. Assim, precisamos achar os lados de $R_{i,j}$ como vetores. O lado de $R_{i,j}$ correspondendo ao lado inferior de $T_{I,j}$ tem extremidades $(x(s, t), y(s, t))$ e $(x(s + \Delta s, t), y(s, \Delta s, t))$, de modo que em forma vetorial esse lado é

$$\vec{a} = \left(x(s+\Delta s, t) - x(s,t)\right)\vec{i} + \left(y(s+\Delta s, t) - y(s,t)\right)\vec{j} + 0\vec{k}$$

$$\approx \left(\frac{\partial x}{\partial s}\Delta s\right)\vec{i} + \left(\frac{\partial y}{\partial s}\Delta s\right)\vec{j} + 0\vec{k}.$$

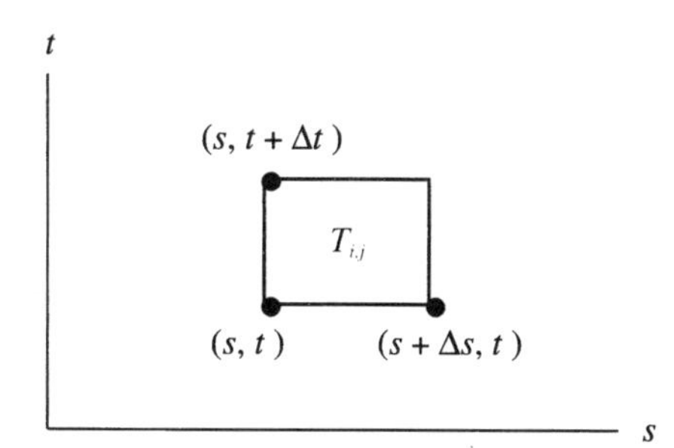

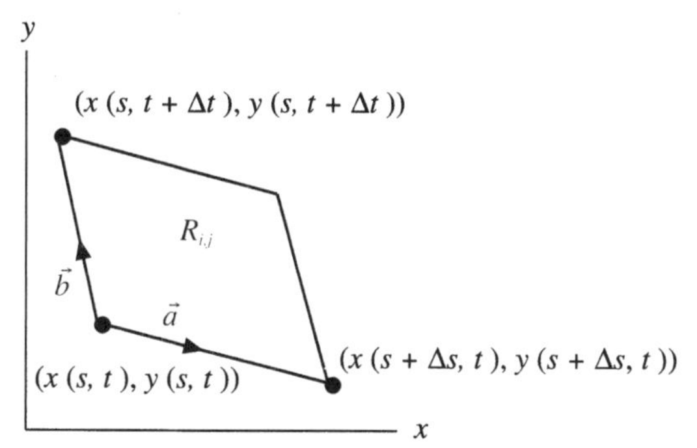

Figura 5.54: Um pequeno retângulo $T_{I,j}$ no plano-*st* e a correspondente região $R_{i,j}$ no plano-*xy*

Analogamente o lado de $R_{i,j}$ que corresponde ao lado esquerdo de $T_{I,j}$ é dado por

$$\vec{b} \approx \left(\frac{\partial x}{\partial t}\Delta t\right)\vec{i} + \left(\frac{\partial y}{\partial t}\Delta t\right)\vec{j} + 0\vec{k}$$

Calculando o produto vetorial temos

$$\text{Area } R_{i,j} \approx \|\vec{a}\times\vec{b}\| \approx \left|\left(\frac{\partial x}{\partial s}\Delta s\right)\left(\frac{\partial y}{\partial t}\Delta t\right) - \left(\frac{\partial x}{\partial t}\Delta t\right)\left(\frac{\partial y}{\partial s}\Delta s\right)\right|$$

$$= \left|\frac{\partial x}{\partial s}\cdot\frac{\partial y}{\partial t} - \frac{\partial x}{\partial t}\cdot\frac{\partial y}{\partial s}\right|\Delta s\Delta t.$$

Usando notação de determinantes, definimos o *jacobiano* $\dfrac{\partial(x,y)}{\partial(s,t)}$ como segue

$$\frac{\partial(x,y)}{\partial(s,t)} = \frac{\partial x}{\partial s}\cdot\frac{\partial y}{\partial t} - \frac{\partial x}{\partial t}\cdot\frac{\partial y}{\partial s} = \begin{vmatrix} \dfrac{\partial x}{\partial s} & \dfrac{\partial y}{\partial s} \\ \dfrac{\partial x}{\partial t} & \dfrac{\partial y}{\partial t} \end{vmatrix}$$

Assim podemos escrever

$$\text{Área } R_{i,j} \approx \left|\frac{\partial(x,y)}{\partial(s,t)}\right|\Delta s\Delta t.$$

Para calcular $\int_R f(x,y)\,dA$, onde f é uma função contínua,olhamos a soma de Riemann obtida dividindo a região R em pequenas regiões curvas $R_{i,j}$ dando

$$\int_R f(x,y)\,dA \approx \sum_{i,j} f(x_i, y_j)\cdot \text{Área de } R_{i,j}$$

$$\approx \sum_{i,j} f(x_i, y_j)\left|\frac{\partial(x,y)}{\partial(s,t)}\right|\Delta s\Delta t.$$

Cada ponto (x_i, y_j) corresponde a um ponto (s_i, t_j) de modo que a soma pode ser escrita em termos de s e t:

$$\sum_{i,j} f\left(x(s_i,t_j), y(s_i,t_j)\right)\left|\frac{\partial(x,y)}{\partial(s,t)}\right|\Delta s\Delta t.$$

Esta é uma soma de Riemann em termos de s e t, de modo que quando Δs e Δt se avizinham de 0 vem

$$\int_R f(x,y)\,dA = \int_T f\left(x(s,t), y(s,t)\right)\left|\frac{\partial(x,y)}{\partial(s,t)}\right| ds dt.$$

> Para transformar uma integral das variáveis x, y a coordenadas s, t fazemos três mudanças:
> 1. Substituir x, y no integrando em termos de s e t.
> 2. Mudar a região-*xy* R para uma região-*st* T.
> 3. Introduzir o valor absoluto do jacobiano, $\left|\dfrac{\partial(x,y)}{\partial(s,t)}\right|$, representado a mudança no elemento de área.

Exemplo 1: Verifique que o jacobiano $\dfrac{\partial(x,y)}{\partial(r,\theta)} = r$ para coordenadas polares $x = r\cos\theta$, $y = r\operatorname{sen}\theta$.

Solução:

$$\frac{\partial(x,y)}{\partial(r,\theta)} = \begin{vmatrix} \dfrac{\partial x}{\partial r} & \dfrac{\partial y}{\partial r} \\ \dfrac{\partial x}{\partial \theta} & \dfrac{\partial y}{\partial \theta} \end{vmatrix} = \begin{vmatrix} \cos\theta & \operatorname{sen}\theta \\ -r\operatorname{sen}\theta & r\cos\theta \end{vmatrix} = \cos\theta + r\operatorname{sen}^2\theta = r$$

Exemplo 2: Ache a área da elipse $x^2/a^2 + y^2/b^2 = 1$.

Solução: Seja $x = as$, $y = bt$. Então a elipse $x^2/a^2 + y^2/b^2 = 1$ no plano-*xy* corresponde ao círculo $s^2 + t^2 = 1$ no plano-*st*. O jacobiano é $\begin{vmatrix} a & 0 \\ 0 & b \end{vmatrix} = ab$. Assim, se R é a elipse no plano-*xy* e

T o círculo unitário no plano-st temos

Área da elipse-xy $= \int_R 1dA = \int_T 1abdsdt = ab\int_T dsdt$

$= ab$. Área do círculo-st $= \pi ab$.

Mudança de variáveis em integrais triplas

Para integrais triplas há uma fórmula semelhante. Suponha que as funções diferenciáveis

$$x = x(s, t, u), \quad y = y(s, t, u), \quad z = z(s, t, u)$$

definem uma mudança de variáveis de uma região S do espaço-stu para uma região W no espaço-xyz. Então o jacobiano desta mudança de variáveis é dado pelo determinante.

$$\frac{\partial(x,y,z)}{\partial(s,t,u)} \begin{vmatrix} \frac{\partial x}{\partial s} & \frac{\partial y}{\partial s} & \frac{\partial z}{\partial s} \\ \frac{\partial x}{\partial t} & \frac{\partial y}{\partial t} & \frac{\partial z}{\partial t} \\ \frac{\partial x}{\partial u} & \frac{\partial y}{\partial u} & \frac{\partial z}{\partial u} \end{vmatrix}$$

Assim como o jacobiano em duas dimensões dá a mudança no elemento de área, o jacobiano em três dimensões representa a mudança no elemento de volume. Assim temos

$$\int_W f(x,y,z)dxdydz$$

$$= \int_S f\left(x(s,t,u), y(s,t,u)\right)\left|\frac{\partial(x,y,z)}{\partial(s,t,u}\right|dsdtdu$$

O Problema 3 no fim desta seção pede-lhe para verificar que o jacobiano para a mudança de variáveis para coordenadas esféricas é ρ^2 sen ϕ. O exemplo seguinte generaliza o Exemplo 2 para elipsóides.

Exemplo 3: Ache o volume do elipsóide $x^2/a^2 + y^2/b^2 + z^2/c^2 = 1$

Solução: Seja $x = as$, $y = bt$, $z = cu$. O jacobiano dá abc. O elipsóide xyz corresponde à esfera-stu $s^2 + t^2 + u^{2=1}$. Assim, como no Exemplo 2,

Volume do elipsóide-xyz = abc. Volume da esfera-stu =

$$abc\frac{4}{3}\pi = \frac{4}{3}\pi abc$$

Problemas para a Seção 5.8

1 Ache a região R no plano-xy correspondendo à região $T = \{(s,t) \mid 0 \le s \le 3, 0 \le t \le 1\}$ sob a mudança de variáveis $x = 2s - 3t$, $y = s - 2t$. Verifique que

$$\int_R dxdy = \int_T \left|\frac{\partial(x,y}{\partial(s,t}\right|dsdt.$$

2 Ache a região R no plano-xy correspondendo à região $T = \{(s,t) \mid 0 \le s \le 2, s \le t \le 2\}$ sob a mudança de variáveis $x = s^2$, $y = t$. Verifique que

$$\int_R dxdy = \int_T \left|\frac{\partial(x,y}{\partial(s,t}\right|dsdt.$$

3 Calcule o jacobiano para a mudança de variáveis em coordenadas esféricas

$x = \rho$ sen ϕ cos θ, $y = \rho$ sen ϕ sen θ, $z = \rho$ cos ϕ

4 Para a mudança de variáveis $x = 3s - 4t$, $y = 5s + 2t$, mostre que

$$\frac{\partial(x,y)}{\partial(s,t)} \cdot \frac{\partial(s,t)}{\partial(x,y)} = 1$$

5 Use a mudança de variáveis $x = 2s + t$, $y = s - t$ para calcular a integral $\int_R (x + y)\, dA$, onde R é o paralelogramo formado por (0, 0), (3, –3), (5, –2) e (2, 1).

6 Use a mudança de variáveis $x = s/2$, $y = t/3$ para calcular a integral $\int_R (x^2 + y^2)\, dA$ onde R é a região limitada pela curva $4x^2 + 9y^2 = 36$.

7 Use a mudança de variáveis $s = xy$, $t = xy^2$ para calcular $\int_R (xy^2)\, dA$, onde R é a região limitada por $xy = 1$, $xy = 4$, $xy^2 = 1$, $xy^2 = 4$.

8 Calcule a integral $\int_R \cos\left(\frac{x-y}{x+y}\right)dxdy$ onde R é o triângulo limitado por $x + y = 1$, $x = 0$ e $y = 0$.

Problemas de revisão para o Capítulo 5

1 A Figura 5.55 mostra contornos da quantidade anual média de chuva na América do Sul*. Cada quadrado da rede tem lado de 500 milhas. Avalia o volume total de chuva que cai na área considerada em um ano.

2 A Figura 5.56 dá isotérmicas para a temperatura mínima em Washington, DC.* Os quadrados da rede tem lado de 1 milha. Ache a temperatura mínima média sobre toda a cidade (a cidade é a região sombreada).

* De *Modern Physical Geography*, Alan H. Strahler e Arthur H. Strahler, fourth edition, John Wiley & Sons, New York, 1992, p. 144.

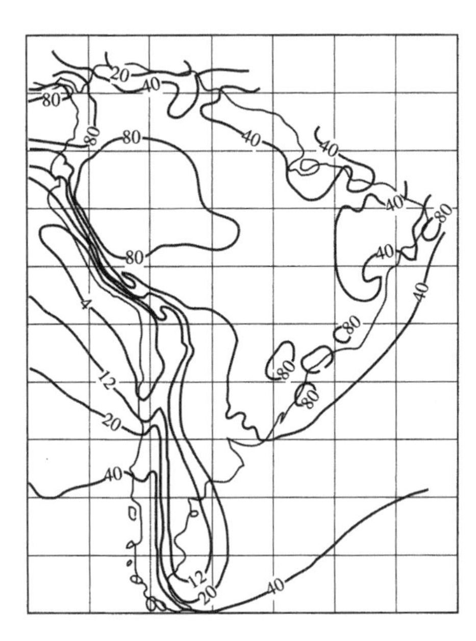

Figura 5.55

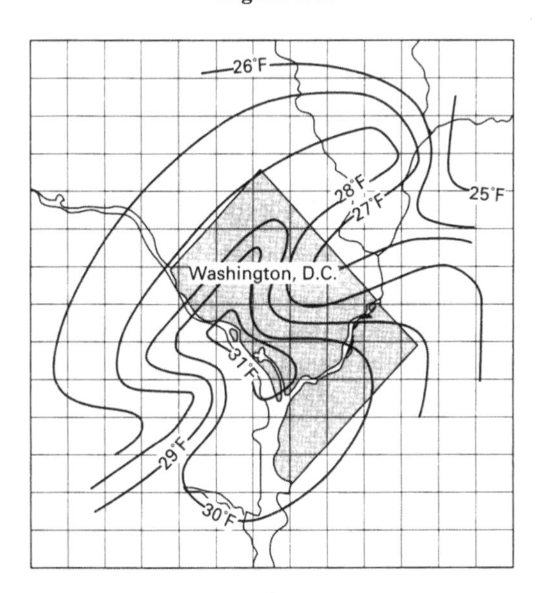

Figura 5.56

Esboce as regiões sobre as quais são feitas as integrais nos Problemas 3–6.

3 $\int_1^4 \int_{-\sqrt{y}}^{\sqrt{y}} f(x, y)dxdy$ **4** $\int_0^1 \int_0^{\text{sen}^{-1} y} f(x, y)dxdy$

5 $\int_{-1}^1 \int_{-\sqrt{1-x^2}}^{\sqrt{1-x^2}} f(x, y)dydx$ **6** $\int_0^2 \int_{\sqrt{4-y^2}}^0 f(x, y)dxdy$

Calcule exatamente as integrais nos Problemas 7–12. (Sua resposta pode conter e, π, $\sqrt{2}$, e assim por diante.

7 $\int_0^1 \int_0^z \int_0^2 (y+z)^7 dxdydz$

* De *Physical Geography of the Global Environment*, H. J. de Blij and Peter O. Muller, John Wiley & Sons, New York, 1993, p. 220.

8 $\int_0^1 \int_3^4 \left(\text{sen}(2-y)\right)\cos\left(3x-7\right)dxdy$

9 $\int_0^{10} \int_0^{0,1} xe^{xy}\, dydx$

10 $\int_0^1 \int_0^y \left(\text{sen}^{3x}\right)\left(\cos x\right)\left(\cos y\right) dxdy$

11 $\int_3^4 \int_0^1 x^2\, y \cos\left(xy\right) dydx$

12 $\int_0^1 \int_{-\sqrt{1-x^2}}^{\sqrt{1-x^2}} e^{-(x^2+y^2)} dydx$

13 Escreva $\int f(x, y)\, dA$ como integral iterada se R é a região na Figura 5.57.

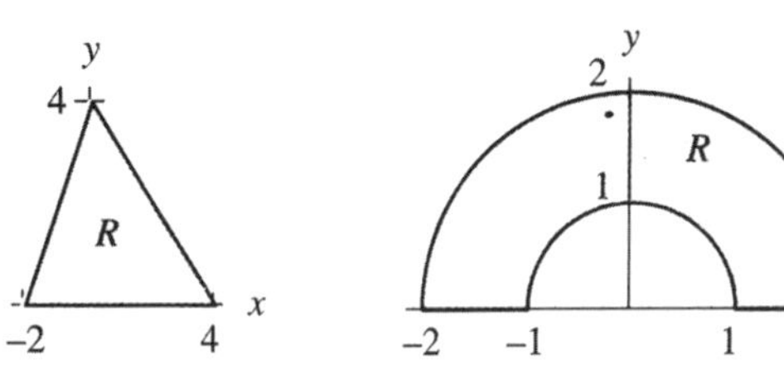

Figura 5.57 **Figura 5.58**

14 Calcule $\int_R \sqrt{x^2 + y^2}\, dA$ onde R é a região da Figura 5.58.

15 Escreva $\int_R f dV$ como integral iterada em todas as seis possíveis ordens de integração, onde R é o hemisfério limitado pela metade superior de $x^2 + y^2 + z^2 = 1$ e o plano-xy.

Calcule as integrais nos Problemas 16–18 transformando-as a coordenadas cilíndricas ou esféricas como for apropriado.

16 $\int_{-\sqrt{3}}^{\sqrt{3}} \int_{-\sqrt{3-x^2}}^{\sqrt{3-x^2}} \int_1^{4-x^2-y^2} \frac{1}{z^2} dzdydx$

17 $\int_0^3 \int_{-\sqrt{9-z^2}}^{\sqrt{9-z^2}} \int_{-\sqrt{9-y^2-z^2}}^{\sqrt{9-y^2-z^2}} x^2 dxdydz$

18 $\int_0^1 \int_0^{\sqrt{1-x^2}} \int_0^{\sqrt{x^2-y^2}} \left(z + \sqrt{x^2+y^2}\right) dzdydx$

19 Se $W = \{(x,y,z)\colon\ 1 \le x^2 + y^2 \le 4,\ 0 \le z \le 4\}$ calcule a integral $\int_W \frac{z}{(x^2+y^2)^{3/2}} dV$

20 Escreva uma integral representando a massa de uma esfera de raio 3 se a densidade da esfera em qualquer ponto é o dobro da distância do ponto ao centro da esfera.

21 Uma floresta perto de uma estrada tem a forma na Figura 5.59. A densidade de população de coelhos é proporcional à distância da estrada. É 0 na estrada e 10 coelhos por quilômetro quadrado na fronteira oposta da floresta. Ache a população total de coelhos na floresta.

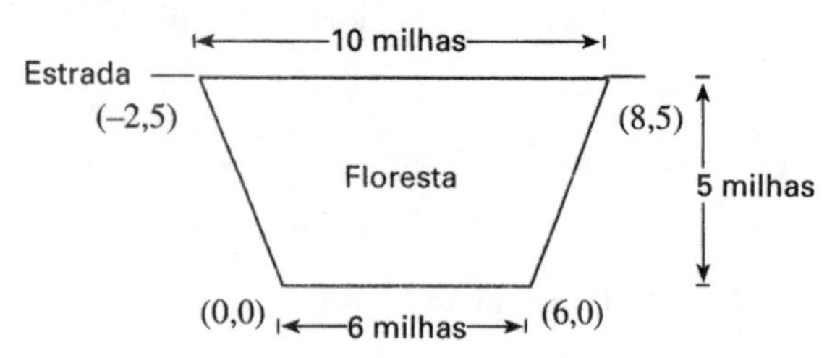

Figura 5.59

Para os Problemas 22–23 use a definição de momento de inércia na página 138.

22 Considere um tijolo retangular com comprimento 5, largura 3 e altura 1, e de densidade uniforme 1. Calcule o momento de inércia em relação a cada um dos três eixos passando pelo centro do tijolo, perpendicularmente a uma das faces.

23 Calcule o momento de inércia de uma bola de raio R em relação a um eixo passando pelo centro. Assuma que a bola tem densidade constante 1.

24 Neste problema você obterá uma das fórmulas notáveis da matemática, que diz

$$\int_{-\infty}^{\infty} e^{-x^2}dx = \sqrt{\pi}$$

a) Tranforme a seguinte integral dupla para coordenadas polares e calcule-a:

$$\int_{-\infty}^{\infty}\int_{-\infty}^{\infty} e^{-(x^2+y^2)}dxdy$$

b) Explique porque

$$\int_{-\infty}^{\infty}\int_{-\infty}^{\infty} e^{-(x^2+y^2)}dxdy = \left(\int_{-\infty}^{\infty} e^{-x^2}dx\right)^2$$

c) Explique porque as respostas às partes a) e b) dão a fórmula que queremos

25 Uma partícula de massa m é colocada no centro da base de uma casca cilíndrica circular de raio interno r^1, raio externo r^2 e densidade constante δ. Ache a força de atração gravitacional exercida pelo cilindro sobre a partícula.

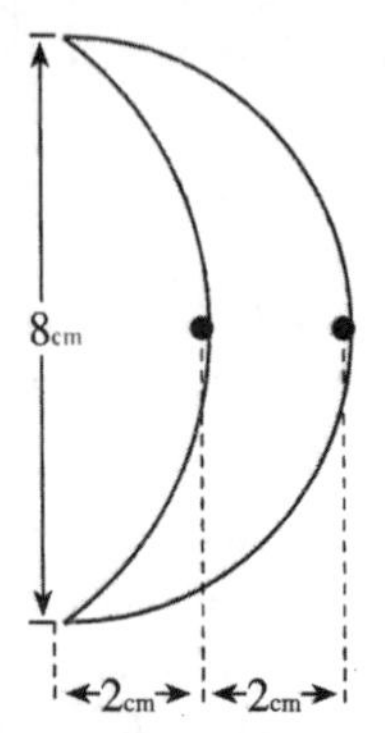

Figura 5.60

26 Ache a área da forma de meia-lua com arcos circulares como fronteira e as dimensões mostradas na Figura 5.60.

27 Ache a área das molduras metálicas com um ou quatro recortes mostrados na Figura 5.61. Comece com coordenadas cartesianas x, y alinhadas ao longo de um lado. Considere coordenadas inclinadas $u = x - y$, $v = y$ em que a moldura é "endireitada". [Sugestão: primeiro descreva a forma do recorte no plano-uv; segundo, calcule sua área no plano-uv; terceiro, usando jacobianos, calcule sua área no plano-xy.]

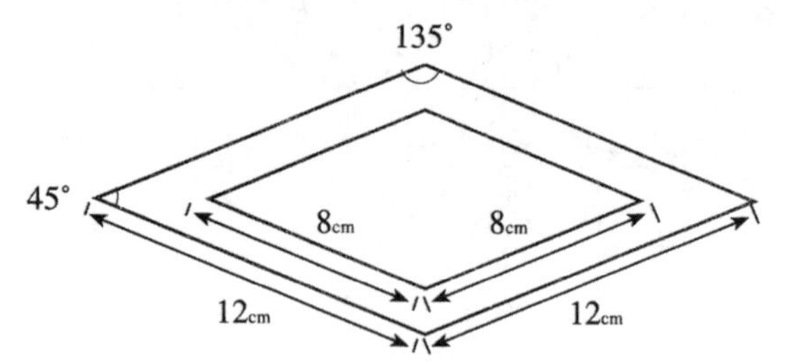

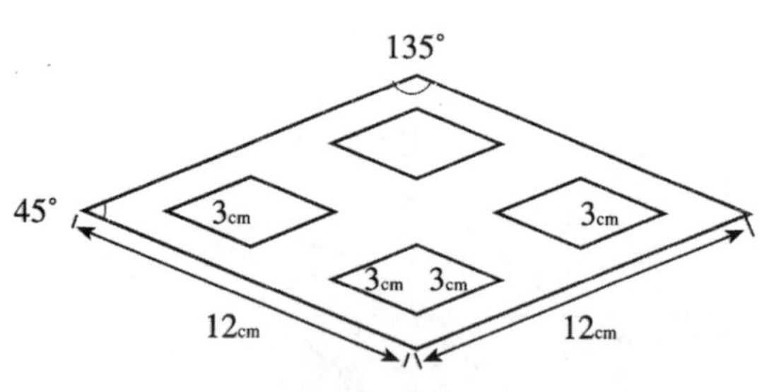

Figura 5.61

28 Um rio segue o caminho $y = f(x)$ onde x, y são quilômetros. Perto do mar, ele se alarga em uma lagoa, depois se estreita outra vez na embocadura. Ver Figura 5.62. No ponto (x, y) a profundidade $d(x, y)$ da lagoa é dada por

$$d(x, y) = 40 - 160\,(y - f(x))^2 - 40\,x^2 \text{ metros}$$

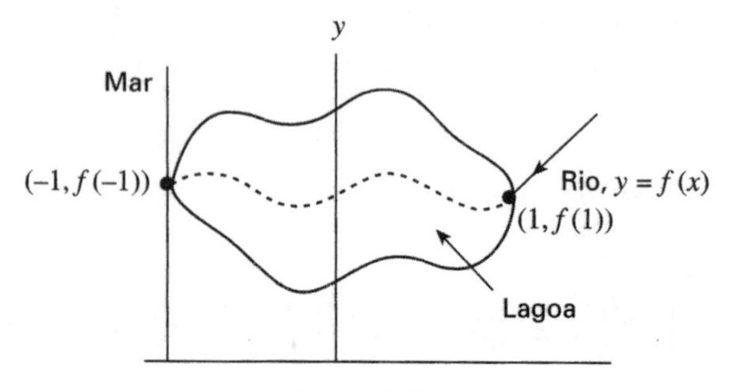

Figura 5.62

A lagoa é descrita por $d(x, y) \geq 0$. Qual é o volume da lagoa em metros cúbicos ? [Sugestão: use novas coordenadas $u = x/2$, $v = y - f(x)$ e jacobianos.]

6

CURVAS E SUPERFÍCIES PARAMETRIZADAS

No cálculo de funções de uma variável estudamos o movimento de uma partícula ao longo de uma reta. Por exemplo, representamos o movimento de um objeto lançado diretamente para cima para o ar por uma única função $h(t)$, a altura do objeto acima do solo no instante t.

Para estudar o movimento de uma partícula no espaço, precisamos expressar todas as coordenadas da partícula em função de t, dando $x(t)$, $y(t)$ e $z(t)$ se o movimento é no 3-espaço. Isto se chama a representação paramétrica do caminho do movimento, que é uma curva. A representação paramétrica nos permite achar a velocidade e a aceleração da partícula. Ainda mais, usamos parametrização para estudar superfícies no espaço 3-dimensional.

6.1 - CURVAS PARAMETRIZADAS

Como representamos movimento ?

Para representar o movimento de uma partícula no plano-xy usamos duas equações, uma para a coordenada-x da partícula, $x = f(t)$, e outra para a coordenada-y, $y = g(t)$. Assim, no tempo t a partícula está no ponto $(f(t), g(t))$. A equação para x descreve o movimento esquerda–direita; a equação para y descreve o movimento para baixo–para cima. As duas equações para x e y são chamadas *equações paramétricas* com *parâmetro t*.

Exemplo 1: Descreva o movimento de uma partícula cujas coordenadas no instante t são $x = \cos t$, $y = \text{sen } t$.

Solução: Como $(\cos t)^2 + (\text{sen } t)^2 = 1$ temos $x^2 + y^2 = 1$. Isto é, a qualquer tempo t a partícula está num ponto (x, y) em algum lugar no círculo $x^2 + y^2 = 1$. Marcamos pontos em diferentes momentos para ver como a partícula se move sobre o círculo. (Ver Figura 6.1 e Tabela 6.1.) A partícula se move a velocidade escalar uniforme, completando uma volta completa no sentido anti-horário em volta do círculo a cada 2π unidades de tempo. Observe como a coordenada-x vai repetidamente de -1 a 1 e de volta enquanto a coordenada-y vai repetidamente para cima e para baixo entre -1 e 1. Os dois movimentos se combinam para traçar o círculo.

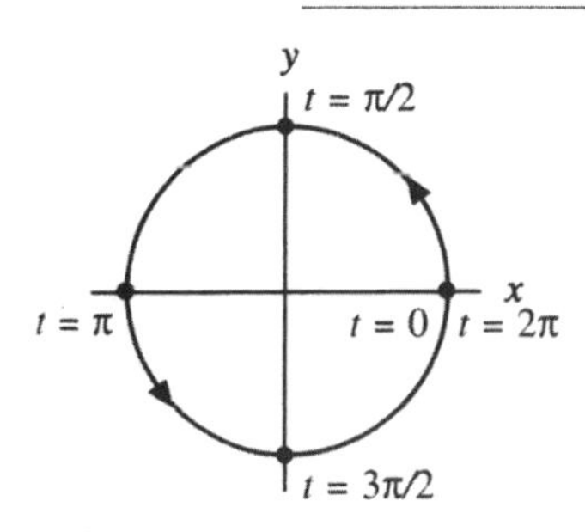

Figura 6.1: O círculo parametrizado por $x = \cos t$, $y = \text{sen } t$

Tabela 6.1: *Pontos no círculo com x = cost, y = sen t*

t	x	y
0	1	0
$\pi/2$	0	1
π	-1	0
$3\pi/2$	0	-1
2π	1	0

Exemplo 2: A Figura 6.2 mostra os gráficos de duas funções, $f(t)$ e $g(t)$. Descreva o movimento da partícula cujas coordenadas no tempo t são $x = f(t)$ e $y = g(t)$.

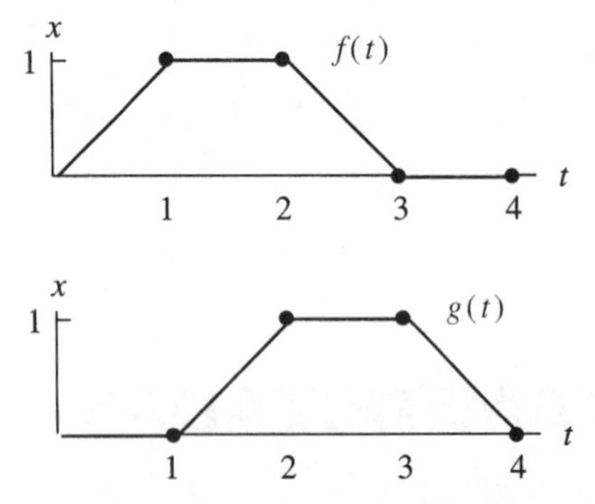

Figura 6.2: Gráficos de $x = f(t)$ e $y = g(t)$ usados para traçar o gráfico do caminho $(f(t), g(t))$ na Figura 6.3.

Solução: Entre os tempos $t = 0$ e $t = 1$ a coordenada x vai de 0 e 1,enquanto a coordenada y fica fixa no 0. Assim a partícula se move ao longo do eixo-x de (0, 0) a (1, 0). Então, entre os tempos $t = 1$ e $t = 2$ a coordenada-x fica fixa em $x = 1$, enquanto a coordenada y vai de 0 a 1. Assim a partícula se move ao longo da reta vertical de (1, 0) a (1, 1). Analogamente, entre os tempos $t = 2$ e $t = 3$, ela se move horizontalmente de volta a (0, 1), e entre os tempos $t = 3$ e $t = 4$ ela se move para baixo no eixo-y até (0, 0). Assim, a partícula traça o quadrado na Figura 6.3.

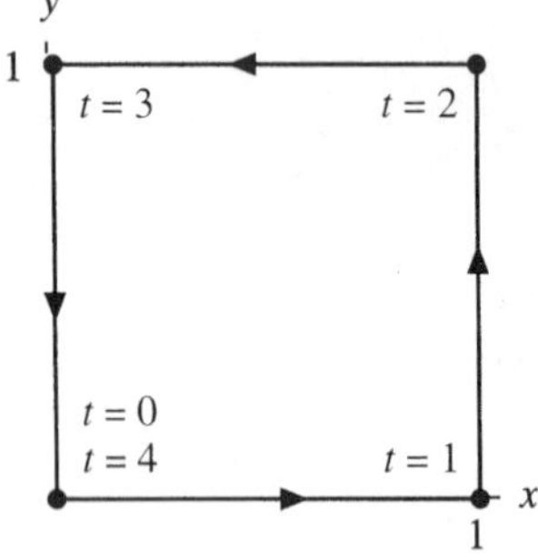

Figura 6.3: O quadrado parametrizado por $(f(t), g(t))$

Movimentos diferentes ao longo do mesmo caminho

Exemplo 3: Descreva o movimento da partícula cujas coordenadas x e y no tempo t são dadas pelas equações

$$x = \cos 3t, \quad y = \operatorname{sen} 3t.$$

Solução: Como $(\cos 3t)^2 + (\text{se } 3t)^2 = 1$, temos $x^2 + y^2 = 1$, dando um movimento em volta do círculo. Mas se marcarmos pontos em diferentes tempos, vemos que neste caso a partícula está se movendo três vezes mais depressa que no Exemplo 1 da página 157. (Ver Figura 6.4 e Tabela 6.2.)

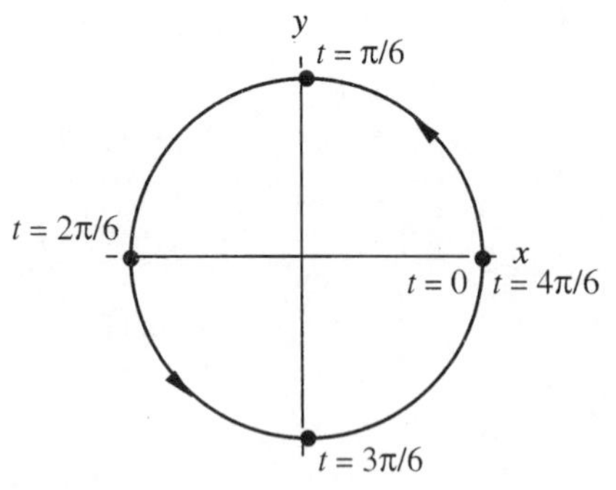

Figura 6.4: O círculo parametrizado por $x = \cos 3t$, $y = \operatorname{sen} 3t$

Tabela 6.2: Pontos sobre o círculo com $x = \cos 3t$, $y = \operatorname{sen} 3t$

t	x	y
0	1	0
$\pi/6$	0	1
$2\pi/6$	−1	0
$3\pi/6$	0	−1
$4\pi/6$	1	0

O Exemplo 3 é obtido do Exemplo 1 substituindo t por $3t$; isto se chama uma *mudança de parâmetro*. Se fizermos uma mudança de parâmetro, a partícula traça a mesma curva (ou parte dela) mas a rapidez diferente ou em direção diferente. A Seção 6.2 mostra como calcular a velocidade escalar de uma partícula móvel.

Exemplo 4: Descreva o movimento de uma partícula cujas coordenadas x e y no tempo t são dadas por

$$x = \cos\left(e^{-t^2}\right) \; y = \operatorname{sen}\left(e^{-t^2}\right)$$

Solução: Como nos exemplos 1 e 3 temos $x^2 + y^2 = 1$ de modo que o movimento é sobre o círculo unitário. Quando o tempo t vai de $-\infty$ (lá para trás no passado) a 0 (o presente) a ∞ (muito longe no futuro), e^{-t^2} vai de perto de 0 a 1 e de volta a perto de 0. Assim $(x, y) = (\cos(e^{-t^2}), \operatorname{sen}(e^{-t^2}))$ vai de perto de (1, 0) a (cos 1, sen 1) e de volta a perto de (1, 0). A partícula não chega a atingir o ponto (1, 0). (Ver Figura 6.5 e Tabela 6.3.)

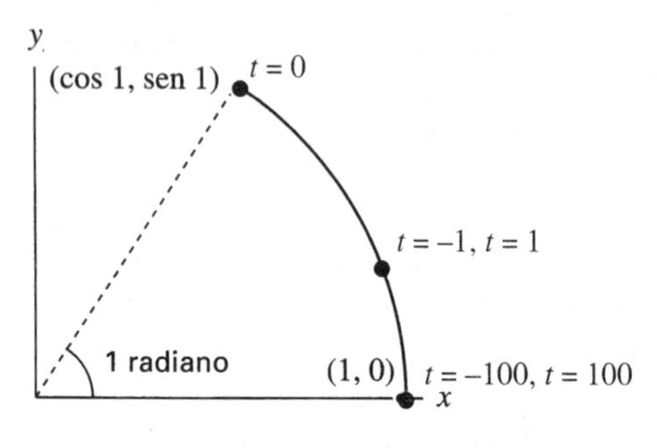

Figura 6.5: O círculo parametrizado por $x = \cos\left(e^{-t^2}\right)$, $y = \operatorname{sen}\left(e^{-t^2}\right)$

Tabela 6.3 *pontos sobre o círculo com* $x = \cos(e^{-t^2}),\ y = \text{sen}(e^{-t^2})$

t	x	y
-100	~ 1	~ 0
-1	0,93	0,36
0	0,54	0,84
1	0,93	0,36
100	~ 1	~ 0

Representação paramétrica de curvas no plano

Às vezes estamos mais interessados na curva traçada pela partícula do que no movimento em si. Nesse caso chamaremos as equações paramétricas de *parametrização* da curva. Podemos ver, comparando os exemplos 1 e 3, que duas parametrizações diferentes podem descrever a mesma curva no 2-espaço. Embora o parâmetro, que usualmente denotamos por t, possa não ter significado físico é útil de qualquer forma pensar nele como sendo o tempo.

Exemplo 5: Dê uma parametrização do semicírculo de raio 1 mostrado na Figura 6.6.
Solução: Podemos usar as equações $x = \cos t$ e $y = \text{sen}\, t$ para o movimento anti-horário sobre o círculo, no Exemplo 1 na página 156. A partícula passa por $(0, -1)$ em $t = \pi/2$, move-se em sentido anti-horário em volta do círculo e atinge $(0, 1)$ a $t = 3\pi/2$. Assim uma parametrização é

$$x = \cos t,\ y = \text{sen}\, t, \qquad \pi/2 \leq t \leq 3\,\pi/2.$$

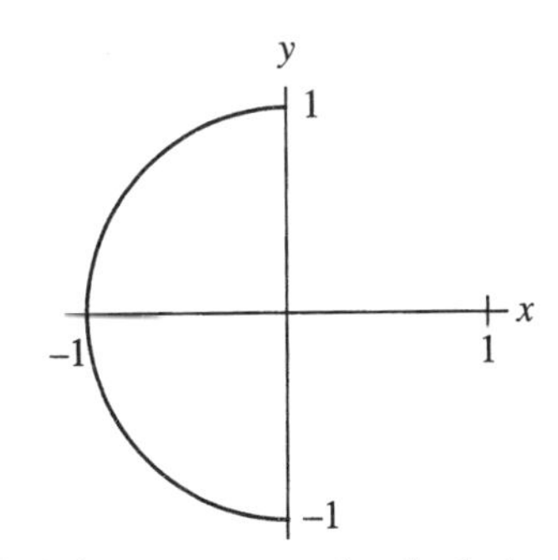

Figura 6.6: Ache uma parametrização deste semicírculo

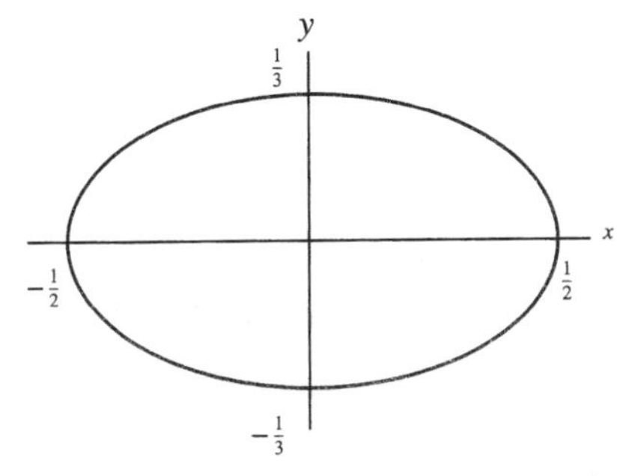

Figura 6.7: Ache uma parametrização da elipse $4x^2 + 9y^2 = 1$

Exemplo 6: Dê uma parametrização da elipse $4x^2 + 9y^2 = 1$ mostrada na Figura 6.7.

Solução: Como $(2x)^2 + (3y)^2 = 1$ ajustamos a parametrização do círculo no Exemplo 1. Substituindo x por $2x$ e y por $3y$ dá as equações $2x = \cos t$, $3y = \text{sen}\, t$. Assim uma parametrização da elipse é

$$x = \frac{1}{2}\cos t,\ y = \frac{1}{3}\text{sen} t,\ 0 \leq t \leq 2\pi$$

Em geral exigimos que a parametrização de uma curva vá de uma extremidade da curva à outra sem passar duas vezes por qualquer parte da curva. Isto é diferente de parametrizar o movimento de uma partícula, onde por exemplo uma partícula pode mover-se em redor de um círculo muitas vezes.

Parametrização do gráfico de uma função

O gráfico de qualquer função $y = f(x)$ pode ser parametrizado fazendo o parâmetro t ser x:

$$x = t, \qquad y = f(t).$$

Exemplo 7: Dê equações paramétricas para a curva $y = x^3 - x$. Em qual direção essa parametrização traça a curva ?

Solução: Seja $x = t$, $y = t^3 - t$. Assim, $y = t^3 - t = x^3 - x$. Como $x = t$, quando o tempo cresce a coordenada x se move da esquerda para a direita, portanto a partícula traça a curva $y = x^3 - x$ da esquerda para a direita.

Curvas dadas parametricamente

Algumas curvas complicadas podem ser traçadas graficamente mais facilmente usando equações paramétricas; o exemplo seguinte mostra uma tal curva.

Exemplo 8: Suponha o tempo t dado em segundos. Esboce a curva traçada por uma partícula cujo movimento é dado por

$$x = \cos 3t, \qquad y = \text{sen}\, 5t.$$

Solução: A coordenada-x oscila ida e volta entre 1 e -1, completando 3 oscilações a cada 2π segundos. A coordenada-y oscila para cima e para baixo entre 1 e -1, completando 5 oscilações a cada 2π segundos. Como x e y ambas retornam aos valores originais a cada 2π segundos, a curva é retraçada a cada 2π segundos. O resultado é uma configuração chamada uma figura de Lissajous. (Ver Figura 6.8.) Os Problemas 35 – 38 se referem a Figuras de Lissajous $x = \cos at$, $y = \text{sen}\, bt$ para outros valores de a e b.

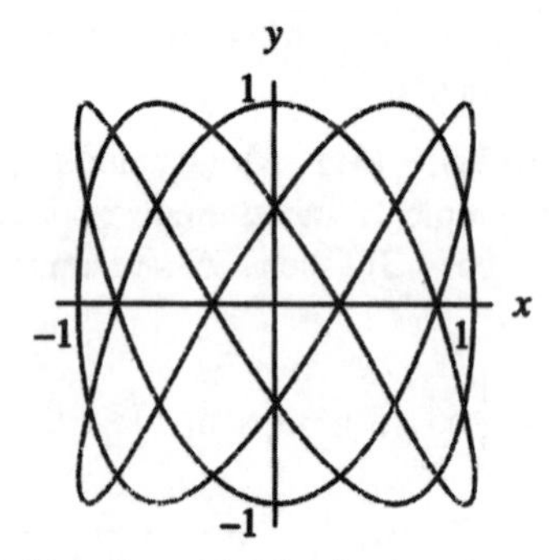

Figura 6.8: Uma figura de Lissajous $x = \cos 3t$, $y = \text{sen } 5t$

Equações paramétricas em três dimensões

Para descrever um movimento no espaço tridimensional parametricamente, precisamos de uma terceira equação dando z em termos de t.

Exemplo 9: Descreva em palavras o movimento dado parametricamente por

$$x = \cos t, \quad y = \text{sen } t, \quad z = t.$$

Solução: As coordenadas-x e y da partícula são as mesmas que no Exemplo 1, que dá movimento circular no plano-xy, ao passo que a coordenada-z cresce sempre. Assim, a partícula traça uma espiral ascendente, como uma mola. (Ver Figura 6.9.) Esta curva chama-se uma *hélice*.

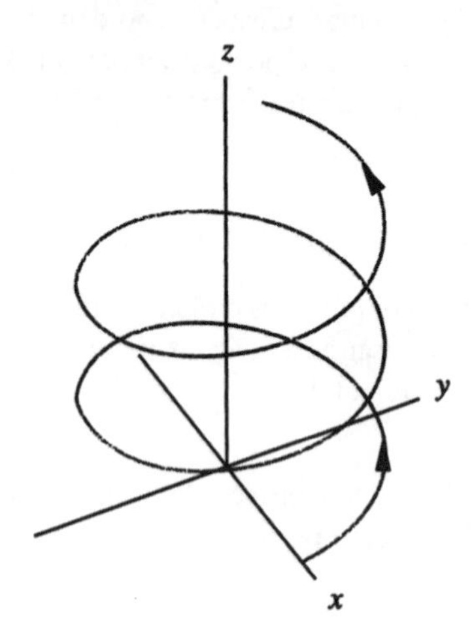

Figura 6.9: A hélice $x = \cos t$, $y = \text{sen t}$, $z = t$

Exemplo 10: Ache equações paramétricas para a reta pelo ponto (1, 5, 7) e paralela ao vetor $2\vec{i} + 3\vec{j} + 4\vec{k}$.

Solução: Imaginemos uma partícula no ponto (1, 5, 7) no tempo $t = 0$ e que se move por um deslocamento $2\vec{i} + 3\vec{j} + 4\vec{k}$ a cada unidade de tempo. Quando $t = 0$, $x = 1$ e x cresce por 2 unidades a cada unidade de tempo. Assim no tempo t a coordenada-x da partícula é dada por

$$x = 1 + 2t.$$

Analogamente, a coordenada-y começa em $y = 5$ e cresce numa taxa de 3 unidades para cada unidade de tempo. A coordenada-z começa em $z = 7$ e cresce por 4 unidades a cada unidade de tempo. Assim as equações paramétricas da reta são

$$x = 1 + 2t, \quad y = 5 + 3t, \quad z = 7 + 4t.$$

Podemos generalizar o exemplo anterior como segue:

> **Equações paramétricas de uma reta** por ponto (x_0, y_0, z_0) e paralela ao vetor $a\vec{i} + b\vec{j} + c\vec{k}$ são
>
> $$x = x_0 + at, \quad y = y_0 + bt, \quad z = z_0 + ct.$$

Observe que a parametrização de uma reta dada acima expressa as coordenadas x, y e z como funções lineares do parâmetro t.

Exemplo 11: a) Descreva em palavras a curva dada por estas equações paramétricas:

$$x = 3 + t, \quad y = 2t, \quad z = 1 - t.$$

b) Ache equações paramétricas para reta pelos pontos (1, 2, –1) e (3, 3, 4).

Solução: a) A curva é uma reta pelo ponto (3, 0, 1) e paralela ao vetor $\vec{i} + 2\vec{j} - \vec{k}$.
b) A reta é paralela ao vetor de deslocamento entre os pontos $P = (1, 2, -1)$ e $Q = (3, 3, 4)$.

$$\vec{PQ} = (3-1)\vec{i} + (3-2)\vec{j} + (4-(-1))\vec{k} = 2\vec{i} + \vec{j} + 5\vec{k}.$$

Assim as equações paramétricas são

$$x = 1 + 2t, \quad y = 2 + t, \quad z = -1 + 5t.$$

Note que as equações $x = 3 + 2t$, $y = 3 + t$, $z = 4 + 5t$ representam a mesma reta.

Onde uma curva atravessa uma superfície?

Equações paramétricas para uma curva permite-nos achar sua interseção com uma dada superfície.

Exemplo 12: Ache os pontos em que a reta $x = t$, $y = 2t$, $z = 1 + t$ atravessa a esfera de raio 10 centrada na origem.

Solução: A equação para a esfera de raio 10 e centro na origem é

$$x^2 + y^2 + z^2 = 100$$

Para achar os pontos de interseção da reta e da esfera substitua as equações paramétricas da reta na equação da esfera, dando

$$t^2 + 4t^2 + (1 + t)^2 = 100,$$

portanto

$$6t^2 + 2t - 99 = 0,$$

que tem as duas soluções aproximadamente em $t = -4{,}23$ e $t = 3{,}90$. Usando a equação paramétrica para a reta, $(x, y, z) = (t, 2t, 1 + t)$ vemos que a reta corta a esfera nos dois pontos:

$(x, y, z) = (-4{,}23, 2(-4{,}23), 1 + (-4{,}23)) = (-4{,}23, -8{,}46, -3{,}23)$,

e $(x, y, z) = (3{,}90, 2(3{,}90), 1 + 3{,}90) = (3{,}90, 7{,}80, 4{,}90)$.

Problemas para a Seção 6.1

Para os Problemas 1– 4 descreva o movimento de uma partícula cuja posição no tempo t é $x = f(t)$, $y = g(t)$, onde os gráficos de f e g são como mostrados abaixo:

1

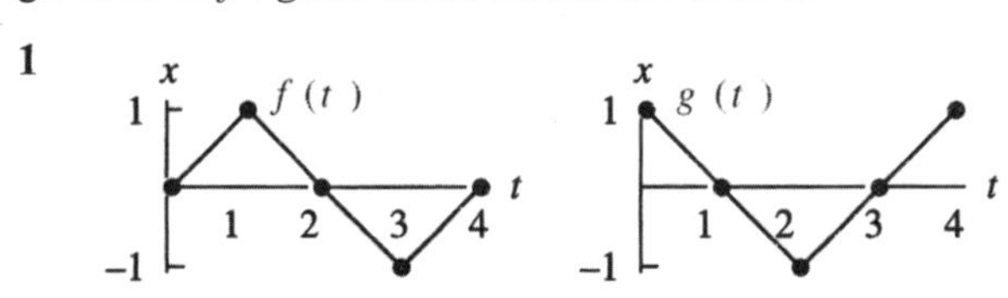

Figura 6.10

2

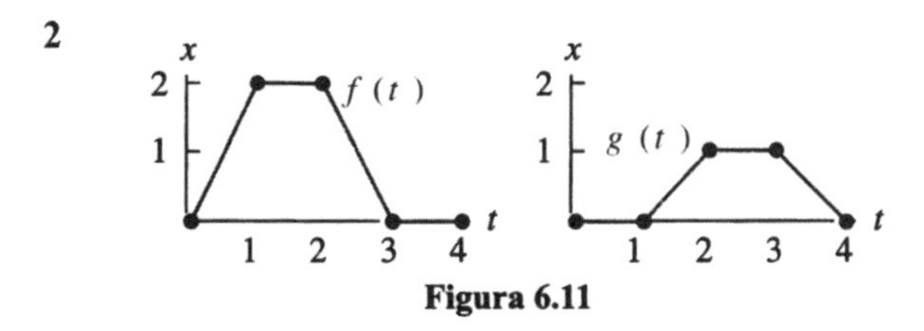

Figura 6.11

3

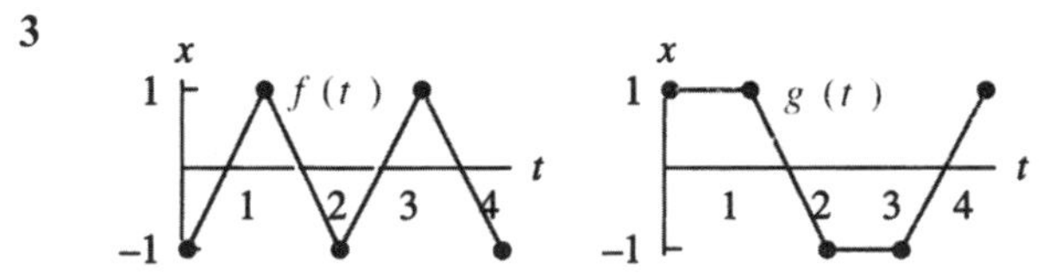

Figura 6.12

4

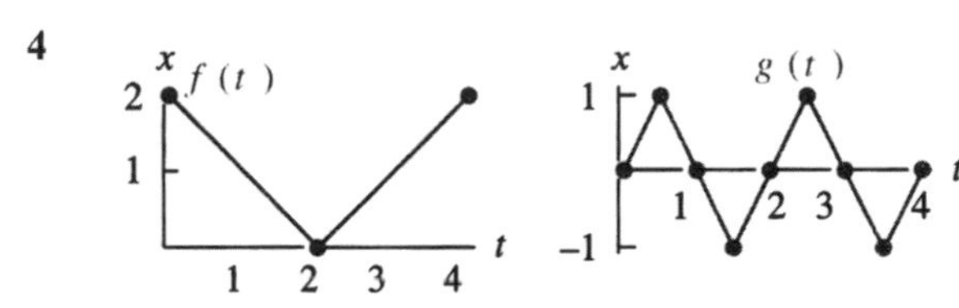

Figura 6.13

Os Problemas 5 –10 dão parametrizações do círculo unitário ou de parte dele. Em cada caso descreva em palavras como o círculo é traçado, inclusive quando e onde a partícula se move em sentido horário e quando e onde a partícula se move em sentido anti-horário.

5 $x = \cos t$, $y = -\operatorname{sen} t$ **6** $x = \operatorname{sen} t$, $y = \cos t$

7 $x = \cos(t^2)$, $y = \operatorname{sen}(t^2)$ **8** $x = \cos(t^3 - t)$, $y = \operatorname{sen}(t^3 - t)$

9 $x = \cos(\ln t)$, $y = \operatorname{sen}(\ln t)$ **10** $x = \cos(\cos t)$, $y = \operatorname{sen}(\cos t)$

11 Descreva as semelhanças e diferenças entre os movimentos no plano dados pelos três pares seguintes de equações paramétricas:

a) $x = t, y = t^2$ b) $x = t^2, y = t^4$ c) $x = t^3, y = t^6$.

Escreva uma parametrização para cada uma das curvas no plano-xy nos Problemas 12 –18.

12 Um círculo de raio 3 centrado na origem e percorrido em sentido horário.

13 Uma reta vertical pelo ponto $(-2, -3)$.

14 Um círculo de raio 5 centrado no ponto $(2, 1)$ e percorrido em sentido anti-horário.

15 Um círculo de raio 2 centrado na origem percorrido em sentido horário partindo de $(-2, 0)$ quando $t = 0$.

16 A reta pelos pontos $(2, -1)$ e $(1, 3)$.

17 Uma elipse centrada na origem, atravessando o eixo-x em ± 5 e o eixo-y em ± 7.

18 Uma elipse centrada na origem, atravessando o eixo-x em ± 3 e o eixo-y em ± 7. Comece do ponto $(-3, 0)$ e trace a elipse em sentido anti-horário.

19 Variando t as seguintes equações paramétricas traçam uma reta no plano

$$x = 2 + 3t, \qquad y = 4 + 7t.$$

a) Qual parte da reta se obtém restringindo t aos números não negativos ?
b) Qual parte da reta se obtém restringindo t a $-1 \le t \le 0$?
c) Como se deve restringir t para dar a parte da reta à esquerda do eixo-y ?

20 Suponha $a, b, c, d, m, n, p, q > 0$. Associe cada par de equações paramétricas abaixo a uma das retas l_1, l_2, l_3, l_4 na Figura 6.14.

$$\text{I.} \begin{cases} x = a + ct \\ y = -b + dt \end{cases} \qquad \text{II.} \begin{cases} x = m + pt \\ y = n - qt \end{cases}$$

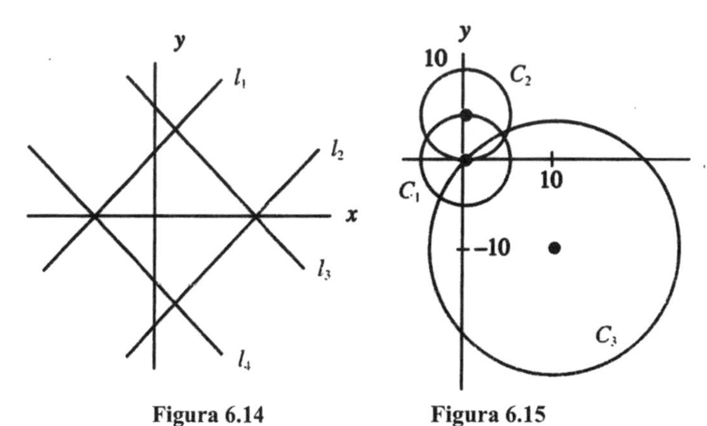

Figura 6.14 **Figura 6.15**

21 O que pode você dizer sobre os valores de a, b e k se as equações

$$x = a + k\cos t, \quad y = b + k\operatorname{sen} t, \quad 0 \le t \le 2\pi,$$

traçam cada um dos círculos na Figura 6.15 ?
a) C_1 b) C_2 c) C_3

22 Descreva em palavras a curva representada pelas equações paramétricas.

$$x = 3 + t^3, \quad y = 5 - t^3, \quad z = 7 + 2t^3$$

Escreva uma parametrização no 3-espaço para cada uma das curvas nos Problemas 23 –24.

23 O círculo de raio 2 no plano-xz, centrado na origem.

24 O círculo de raio 3 centrado no ponto (0, 0, 2) paralelo ao plano-xy.

Nos Problemas 25 – 29 ache equações paramétricas para a reta dada.

25 A reta pelos pontos (2, 3, –1) e (5, 2, 0).

26 A reta apontando na direção do vetor $3\vec{i} - 3\vec{j} + \vec{k}$ e passando por (1, 2, 3).

27 A reta paralela ao eixo-z passando através do ponto (1, 0, 0)

28 A linha de interseção dos planos $x - y + z = 3$ e $2x + y - z = 5$.

29 A reta perpendicular à superfície $z = x^2 + y^2$ no ponto (1, 2, 5).

30 As retas nos Problemas 25 e 26 se cortam ?

31 O ponto (–3, –4, 2) é visível do ponto (4, 5, 0) se há uma bola opaca de raio 1 centrada na origem ?

32 Mostre que as equações

$$x = 3 + t, \qquad y = 2t, \qquad z = 1 - t$$

satisfazem às equações $x + y + 3z = 6$ e $x - y - z = 2$. O que isto lhe diz sobre a curva parametrizada por essas equações ?

33 Duas partículas viajam pelo espaço. No tempo t a primeira partícula está no ponto $(-1 + t,\ 4 - t,\ -1 + 2t)$ e a segunda partícula está em $(-7 + 2t,\ -6 + 2t,\ -1 + t)$.

a) Descreva os dois caminhos.
b) As partículas colidem ? Se sim, quando e onde ?
c) Os caminhos das duas se cruzam ? Se sim, onde ?

34 Imagine uma luz brilhando sobre a hélice do Exemplo 9 na página ? bem debaixo de cada eixo. Esboce a sombra lançada pela hélice sobre cada um dos planos coordenados: xy, xz e yz.

Faça os gráficos das figuras de Lissajous nos Problemas 35 – 38, usando uma calculadora ou computador.

35 $x = \cos 2t,\ y = \text{sen}\ 5t$ **36** $x = \cos 3t,\quad y = \text{sen}\ 7t$

37 $x = \cos 2t,\ y = \text{sen}\ 4t$ **38** $x = \cos 2t,\quad y = \text{sen}\ \sqrt{3}t$

39 Um movimento ao longo de uma reta é dado por uma única equação, digamos, $x = t^3 - t$, onde x é a distância ao longo da reta. É difícil ver o movimento marcando o ponto: ele simplesmente traça a reta-x, como na Figura 6.16. Para visualizar o movimento introduzimos uma coordenada-y e deixamos que cresça lentamente, dando a Figura 6.17. Tente o seguinte numa calculadora ou computador. Ponha $y = t$. Agora trace as equações paramétricas $x = t^3 - t$, $y = t$ para, digamos, $-3 \le t \le 3$. O que a curva obtida na Figura 6.17 lhe diz sobre o movimento da partícula ?

x

Figura 6.16

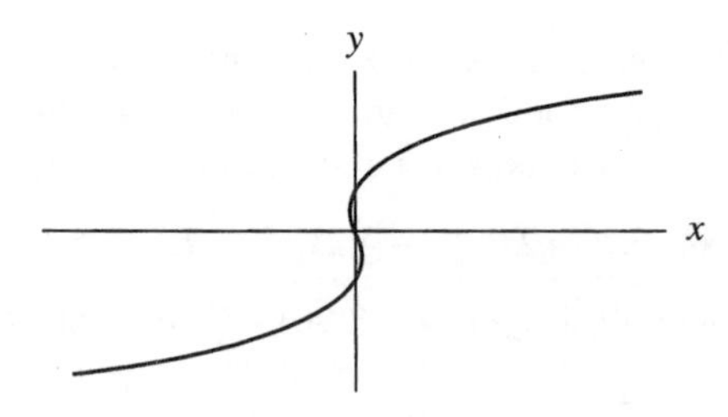

Figura 6.17

Para os Problemas 40 – 42 marque o movimento ao longo da reta-x pelo método do Problema 39. O que lhe diz a figura resultante sobre o movimento da partícula ?

40 $x = \cos t,\ -10 \le t \le 10$

41 $x = t^4 - 2t^2 + 3t - 7,\ -3 \le t \le 2$

42 $x = t \ln t,\ 0{,}01 \le t \le 10$

6.2 - MOVIMENTO, VELOCIDADE E ACELERAÇÃO

Nesta Seção escrevemos equações paramétricas usando vetores de posição. Isto nos permite calcular a velocidade e a aceleração de uma partícula que se move no 2-ou 3-espaço.

Uso de vetores de posição para escrever curvas parametrizadas como funções vetoriais

Lembre que um ponto no plano com coordenadas (x, y) pode ser representado pelo vetor de posição $\vec{r} = x\vec{i} + y\vec{j}$ mostrado na Figura 6.18. Analogamente no 3-espaço escrevemos $\vec{r} = x\vec{i} + y\vec{j} + z\vec{k}$. (Ver Figura 6.19.)

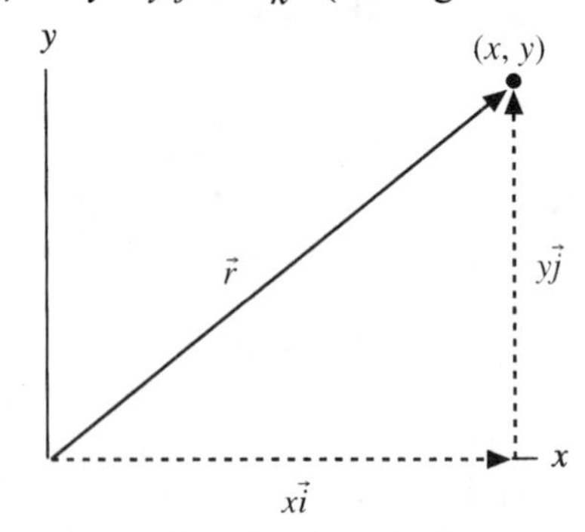

Figura 6.18: Vetor de posição $\vec{r}$ para o ponto (x, y)

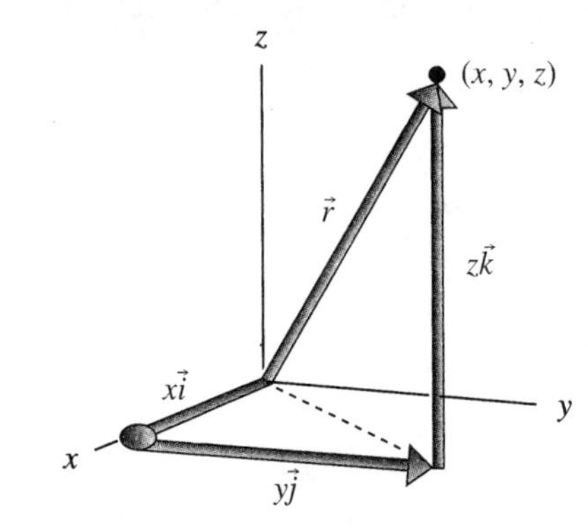

Figura 6.19: Vetor de posição $\vec{r}$ para o ponto (x, y, z)

Podemos escrever as equações paramétricas $x = f(t)$, $y = g(t)$, $z = h(t)$ como uma única equação vetorial

$$\vec{r}(t) = f(t)\vec{i} + g(t)\vec{j} + h(t)\vec{k}$$

chamada *parametrização*. Quando o parâmetro t varia, o ponto com vetor de posição $\vec{r}(t)$ traça uma curva no 3-espaço. Por exemplo, o movimento circular

$x = \cos t,\ y = \operatorname{sen} t$ pode ser escrito como

$$\vec{r} = (\cos t)\, i + (\operatorname{sen} t)\, j$$

e a hélice

$x = \cos t,\ y = \operatorname{sen} t,\ z = t$ pode ser escrita como

$$\vec{r} = (\cos t)\,\vec{i} + (\operatorname{sen} t)\,\vec{j} + t\vec{k}.$$

Ver Figura 6.20.

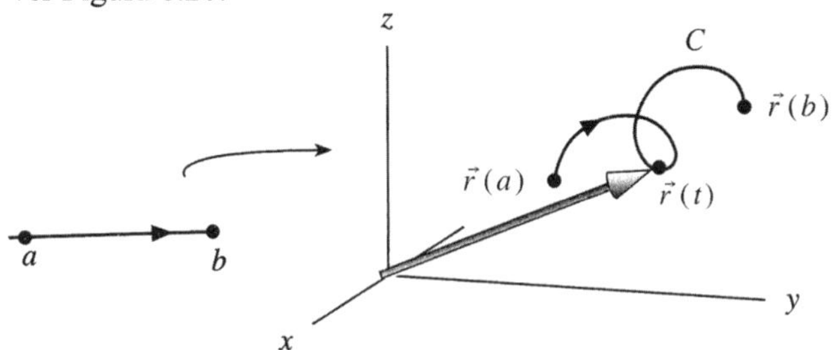

Figura 6.20: A parametrização envia o intervalo $a \le t \le b$ na curva C no 3-espaço

Exemplo 1: Dê uma parametrização para o círculo de raio 1/ 2 centrado no ponto (–1, 2).

Solução: O círculo de raio 1 centrado na origem é parametrizado pela função a valores vetoriais

$$\vec{r}_1(t) = \cos t\vec{i} + \operatorname{sen} t\vec{j}, \quad 0 \le t \le 2\pi.$$

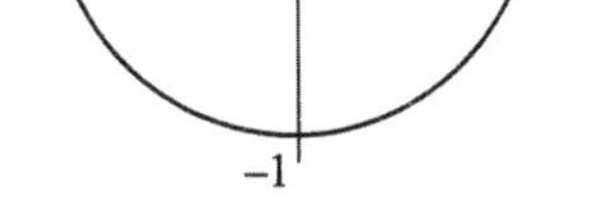

Figura 6.21: O círculo $x^2 + y^2 = 1$ parametrizado por $\vec{r}_1(t) = \cos t\vec{i} + \operatorname{sen} t\vec{j}$

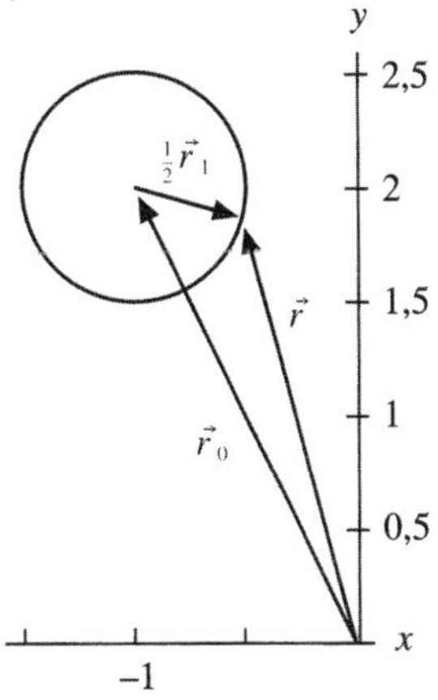

Figura 6.22: O círculo de raio 1/2 e centro (–1, 2) parametrizado por $\vec{r}(t) = \vec{r}_0 + 1/2\,\vec{r}_1(t)$

O ponto (–1, 2) tem vetor de posição $\vec{r}_0 = -\vec{i} + 2\vec{j}$. O vetor de posição $r(\vec{t})$ de um ponto no círculo de raio 1/ 2 centrado em (–1, 2) é encontrado somando $1/2\,\vec{r}_1$ a $\vec{r}_0$. (Ver Figuras 6.21 e 6.22.) Assim

$$\vec{r}(t) = \vec{r}_0 + \frac{1}{2}\vec{r}_1(t) = -\vec{i} + 2\vec{j} + \frac{1}{2}(\cos t\vec{i} + \operatorname{sen} t\vec{j})$$

$$= \left(-1 + \frac{1}{2}\cos t\right)\vec{i} + \left(2 + \frac{1}{2}\operatorname{sen} t\right)\vec{j}$$

ou equivalentemente

$$x = -1 + \frac{1}{2}\cos t, \quad y = 2 + \frac{1}{2}\operatorname{sen} t, \quad 0 \le t \le 2\pi.$$

Equação paramétrica de uma reta

Considere uma reta na direção do vetor $\vec{v}$ passando pelo ponto (x_0, y_0, z_0) com vetor de posição $\vec{r}_0$. Começamos em $\vec{r}_0$ e nos movemos pela reta somando diferentes múltiplos de $\vec{v}$ a $\vec{r}_0$. (Ver Figura 6.23.)

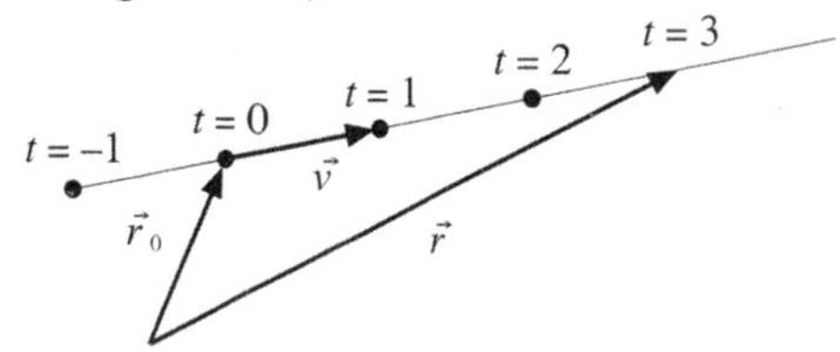

Figura 6.23: A reta $\vec{r}(t) = \vec{r}_0 + t\vec{v}$

Desta forma todo ponto da reta pode ser escrito como $\vec{r}_0 + t\vec{v}$, o que fornece

> **Equação paramétrica de uma reta**
>
> A reta pelo ponto com vetor de posição $\vec{r}_0 = x_0\vec{i} + y_0\vec{j} + z_0\vec{k}$ na direção do vetor $\vec{v} = a\vec{i} + b\vec{j} + c\vec{k}$ tem equação paramétrica
>
> $$\vec{r}(t) = \vec{r}_0 + t\vec{v}.$$

Exemplo 2: Ache a equação paramétrica para

a) A reta passando pelo pontos (2, –1, 3) e (–1, 5, 4).
b) O segmento de reta de (2, –1, 3) a (–1, 5, 4).

Solução: a) A reta passa por (2, –1, 3) e é paralela ao vetor de deslocamento $\vec{v} = -3\vec{i} + 6\vec{j} + \vec{k}$ de (2, –1, 3) a (–1, 5, 4). Assim a equação paramétrica é

$$\vec{r}(t) = 2\vec{i} - \vec{j} + 3\vec{k} + t(-3\vec{i} + 6\vec{j} + \vec{k}).$$

b) Na parametrização na parte a), $t = 0$ corresponde ao ponto (2, –1, 3) e $t = 1$ corresponde ao ponto (–1, 5, 4). Assim a parametrização do segmento é

$$\vec{r}(t) = 2\vec{i} - \vec{j} + 3\vec{k} + t(-3\vec{i} + 6\vec{j} + \vec{k}), \quad 0 \le t \le 1$$

O vetor velocidade

A velocidade de uma partícula móvel pode ser representada por um vetor com as seguintes propriedades:

O vetor velocidade de um objeto móvel é um vetor $\vec{v}$ tal que
- A norma de $\vec{v}$ é a velocidade escalar do objeto.
- A direção de $\vec{v}$ é a direção do movimento.

Assim a velocidade escalar do objeto é $\|\vec{v}\|$ e o vetor velocidade é tangente à trajetória do objeto.

Exemplo 3: Uma criança está sentada numa roda gigante com diâmetro de 10 metros, dando uma volta a cada 2 minutos. Ache a velocidade escalar da criança e trace vetores velocidade em dois instantes diferentes.

Solução: A criança se move a velocidade escalar constante num círculo de raio de 5 metros, completando uma revolução a cada 2 minutos. Uma revolução sobre um círculo de raio 5 metros é uma distância de 10 π, de modo que a velocidade escalar da criança é $10\pi/2 = 5\pi \approx 15{,}7$m/min. Portanto a norma do vetor velocidade é 15,7 m/min. A direção do movimento é tangente ao círculo e portanto perpendicular ao raio nesse ponto. A Figura 6.24 mostra a direção do vetor em dois tempos diferentes.

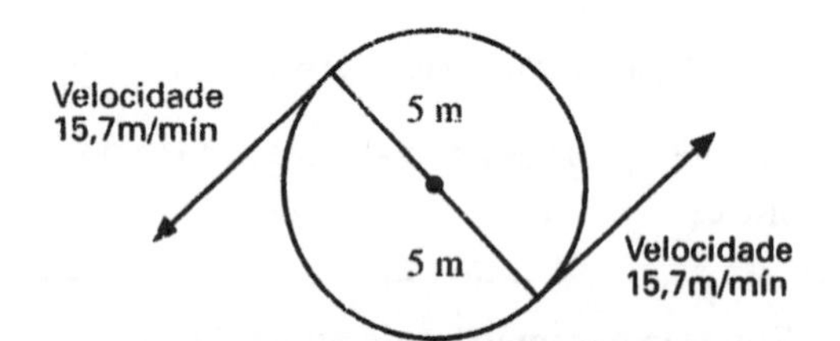

Figura 6.24: Vetores velocidade de uma criança numa roda gigante (note que os vetores estariam na direção oposta se vistos do outro lado.)

Cálculo da Velocidade

Achamos a velocidade, como no cálculo de uma variável calculando um limite. Se o vetor de posição da partícula é $\vec{r}\,(t)$ no instante t, então o vetor de deslocamento entre as posições nos instantes t e $t + \Delta t$ é $\Delta\vec{r} = \vec{r}\,(t + \Delta t) = \vec{r}\,(t)$. (Ver Figura 6.25.) Sobre esse intervalo

$$\text{Velocidade média} = \frac{\Delta\vec{r}}{\Delta t}.$$

No limite quando Δt vai para zero temos a velocidade instantânea no tempo t:

O vetor velocidade $\vec{v}\,(t)$ de um objeto móvel com vetor de posição $\vec{r}\,(t)$ no tempo t é

$$\vec{v}(t) = \lim_{\Delta t \to 0} \frac{\Delta\vec{r}}{\Delta t} = \lim_{\Delta t \to 0} \frac{\vec{r}(t + \Delta t) - \vec{r}(t)}{\Delta t},$$

sempre que esse limite existe. Usamos a notação $\vec{v} = \dfrac{d\vec{r}}{dt} = \vec{r}\,'(t)$.

Observe que a direção do vetor velocidade $\vec{r}\,'(t)$ na Figura 6.25 é aproximada pela direção do vetor $\Delta\vec{r}$ e que a aproximação melhora quando $\Delta t \to 0$.

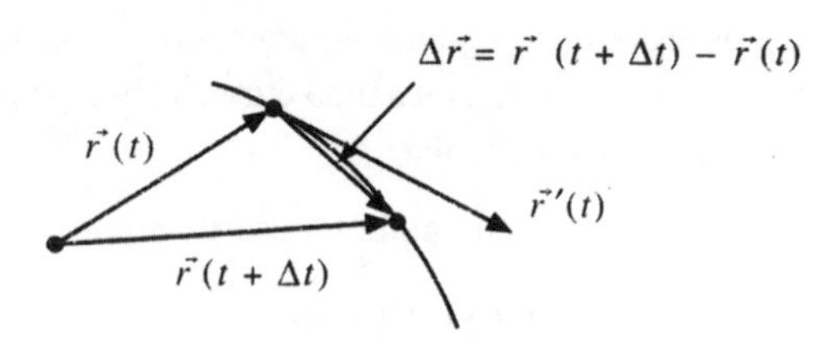

Figura 6.25: A variação $\Delta\vec{r}$ no vetor de posição para uma partícula que se move numa curva e o vetor velocidade $\vec{v} = \vec{r}\,'(t)$

As componentes do vetor velocidade

Se representarmos um curva parametricamente por $x = f(t)$, $y = g(t)$, $z = h(t)$, então podemos escrever seu vetor de posição com $\vec{r}\,(t) = f(t)\vec{i} + g(t)\vec{j} + h(t)\vec{k}$. Agora podemos calcular o vetor velocidade:

$$\vec{v}(t) = \lim_{\Delta t \to 0} \frac{\vec{r}(t + \Delta t) - \vec{r}(t)}{\Delta t}$$

$$= \lim_{\Delta t \to 0} \frac{\left(f(t + \Delta t)\vec{i} + g(t + \Delta t)\vec{j} + h(t + \Delta t)\vec{k}\right) - \left(f(t)\vec{i} + g(t)\vec{j} + h(t)\vec{k}\right)}{\Delta t}$$

$$= \lim_{\Delta \to 0} \left(\frac{f(t + \Delta t) - f(t)}{\Delta t}\vec{i} + \frac{g(t + \Delta t) - g(t)}{\Delta t}\vec{j} + \frac{h(t + \Delta t) - h(t)}{\Delta t}\vec{k} \right)$$

$$= f'(t)\vec{i} + g'(t)\vec{j} + h'(t)\vec{k} = \frac{dx}{dt}\vec{i} + \frac{dy}{dt}\vec{j} + \frac{dz}{dt}\vec{k}.$$

Assim temos o seguinte resultado:

> **As componentes do vetor velocidade de uma partícula que se move no espaço com vetor de posição $\vec{r}\,(t) = f(t)\,\vec{i} + g(t)\,\vec{j} + h(t)\vec{k}$ no tempo t são dadas por**
>
> $$\vec{v}(t) = f'(t)\vec{i} + g'(t)\vec{j} + h'(t)\vec{k} = \frac{dx}{dt}\vec{i} + \frac{dy}{dt}\vec{j} + \frac{dz}{dt}\vec{k}.$$

Exemplo 4: Ache as componentes do vetor velocidade para a criança na roda gigante no Exemplo 3 usando um sistema de coordenadas que tem sua origem no centro da roda e que gira em sentido anti-horário .

Solução: A roda gigante tem raio de 5 metros e completa 1 revolução anti-horária a cada 2 minutos. O movimento é parametrizado por uma equação da forma

$$\vec{r}(t) = 5\cos(\omega t)\vec{i} + 5\operatorname{sen}(\omega t)\vec{j},$$

onde ω e escolhido para que o período seja de 2 minutos. Como o período de $\cos(\omega t)$ e $\operatorname{sen}(\omega t)$ é $2\pi/\omega$, devemos ter

$$\frac{2\pi}{\omega} = 2 \text{ e } \omega = \pi.$$

Assim o movimento é descrito pela equação

$$\vec{r}(t) = 5\cos(\pi t)\,\vec{i} + 5\,\text{sen}(\pi t)\,\vec{j},$$

onde t é em minutos. A velocidade é dada por

$$\vec{v} = \frac{dx}{dt}\vec{i} + \frac{dy}{dt}\vec{j} = -5\pi\,\text{sen}(\pi t)\,\vec{i} + 5\pi\cos(\pi t)\,\vec{j}.$$

Para verificar, calculamos o comprimento de $\vec{v}$,

$$\|\vec{v}\| = \sqrt{(-5\pi)^2\,\text{sen}^2(\pi t) + (5\pi)^2\cos^2(\pi t)}$$

$$= 5\pi\sqrt{\text{sen}^2(\pi t) + \cos^2(\pi t)} = 5\pi \approx 15,7$$

que concorda com a velocidade escalar que calculamos no Exemplo 3. Para ver que a direção está correta devemos mostrar que o vetor $\vec{v}$ em qualquer instante t é perpendicular ao vetor de posição da partícula no tempo t. Para ver isto calculamos o produto escalar de $\vec{v}$ e $\vec{r}$:

$$\vec{v}\cdot\vec{r} = \left(-5\pi\,sen(\pi t)\,\vec{i} + 5\pi\cos(\pi t)\vec{j}\right)\cdot$$

$$\cdot\left(5\cos(\pi t)\,\vec{i} + 5\,\text{sen}(\pi t)\,\vec{j}\right) = -25\pi\,sen(\pi t)\cos(\pi t)$$

$$+25\pi\cos(\pi t)\,\text{sen}(\pi t) = 0.$$

Assim o vetor velocidade $\vec{v}$ é perpendicular a $\vec{r}$ e portanto tangente ao círculo. (Ver Figura 6.26.)

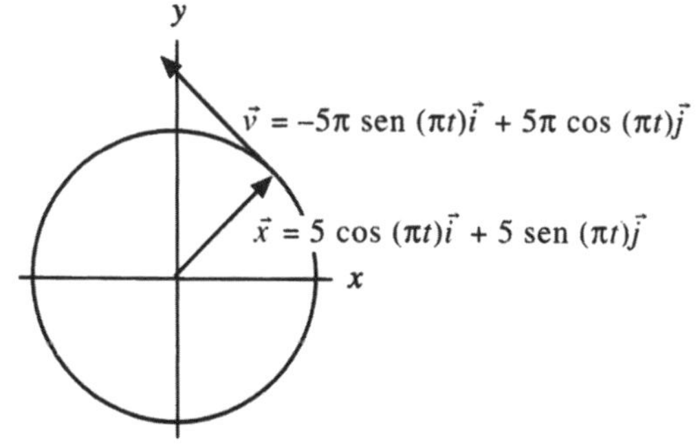

Figura 6.26: Velocidade e raio vetor do movimento à volta de um círculo

Vetores velocidade e retas tangentes

Como o vetor velocidade é tangente ao caminho do movimento, ele pode ser usado para achar equações paramétricas da reta tangente, se ela existe.

Exemplo 5: Ache a reta tangente no ponto (1, 1, 2) à curva definida pela equação paramétrica

$$\vec{r}(t) = t^2\vec{i} + t^3\vec{j} + 2t\vec{k}.$$

Solução: No tempo $t = 1$ a partícula está no ponto (1, 1, 2) com vetor de posição $\vec{r}_0 = \vec{i} + \vec{j} + 2\vec{k}$. O vetor velocidade no tempo t é $\vec{r}\,'(t) = 2t\vec{i} + 3t^2\vec{j} + 2\vec{k}$, portanto em $t = 1$ a velocidade é $\vec{v} = \vec{r}\,'(1) = 2\vec{i} + 3\vec{j} + 2\vec{k}$. A reta tangente passa por (1, 1, 2) na direção de $\vec{v}$ de modo que tem a equação paramétrica

$$\vec{r}(t) = \vec{r}_0 + t\vec{v} = (\vec{i} + \vec{j} + 2\vec{k}) + t(2\vec{i} + 3\vec{j} + 2\vec{k}).$$

O vetor aceleração

Assim como a velocidade de uma partícula que se move no 2-espaço ou 3-espaço é uma quantidade vetorial, também a taxa de variação da velocidade da partícula, isto é, sua aceleração, é vetorial. A Figura 6.27 mostra uma partícula no tempo t com vetor velocidade $\vec{v}(t)$ e depois um pouco mais tarde no tempo $t + \Delta t$. O vetor $\Delta\vec{v} = \vec{v}(t + \Delta t) - \vec{v}(t)$ é a variação da velocidade e aponta aproximadamente na direção da aceleração. Assim

$$\text{aceleração média} = \frac{\Delta\vec{v}}{\Delta t}$$

No limite quando $\Delta t \to 0$ temos a aceleração instantânea no tempo t:

> O **vetor aceleração** de um objeto que se move com velocidade $\vec{v}(t)$ no tempo t é
>
> $$\vec{a}(t) = \lim_{\Delta t\to 0}\frac{\Delta\vec{v}}{\Delta t} = \lim_{\Delta t\to 0}\frac{\vec{v}(t+\Delta t) - \vec{v}(t)}{\Delta t},$$
>
> se o limite existe. Usamos a notação
>
> $$\vec{a} = \frac{d\vec{v}}{dt} = \frac{d^2\vec{r}}{dt^2} = \vec{r}\,''(t).$$

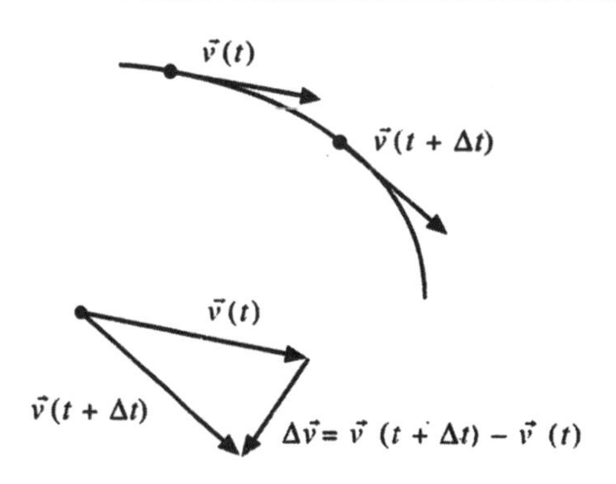

Figura 6.27: Cálculo da diferença entre dois vetores velocidade

Componentes do vetor aceleração

Se representarmos uma curva no espaço parametricamente por $x = f(t)$, $y = g(t)$, $z = h(t)$, poderemos expressar sua aceleração em componentes. O vetor velocidade $\vec{v}(t)$ é dado por

$$\vec{v}(t) = f'(t)\vec{i} + g'(t)\vec{j} + h'(t)\vec{k}$$

Da definição do vetor aceleração temos

$$\vec{a}(t) = \lim_{\Delta t \to 0} \frac{\vec{v}(t+\Delta t) - \vec{v}(t)}{\Delta t} = \frac{d\vec{v}}{dt}.$$

Usando o mesmo método para calcular $d\vec{v}/dt$ que usamos para calcular $d\vec{r}/dt$ na página 176J J obtemos

As **componentes do vetor aceleração**, $\vec{a}(t)$, no tempo t de uma partícula que se move no espaço com vetor de posição $\vec{r}(t) = f(t)\vec{i} + g(t)\vec{j} + h(t)\vec{k}$ no tempo t são dadas por

$$\vec{a}(t) = f''(t)\vec{i} + g''(t)\vec{j} + h''(t)\vec{k}$$
$$= \frac{d^2x}{dt^2}\vec{i} + \frac{d^2y}{dt^2}\vec{j} + \frac{d^2z}{dt^2}\vec{k}.$$

Movimento num circulo e ao longo de uma reta

Exemplo 6: Ache o vetor de aceleração para a criança na roda gigante nos Exemplos 3 e 4.

Solução: O vetor de posição da criança é dado por $\vec{r}(t) = 5\cos(\pi t)\vec{i} + 5\,\text{sen}(\pi t)\vec{j}$. No Exemplo 4 vimos que o vetor velocidade é

$$\vec{v}(t) = \frac{dx}{dt}\vec{i} + \frac{dy}{dt}\vec{j} = -5\pi\,\text{sen}(\pi t)\,\vec{i} + 5\pi\cos(\pi t)\vec{j}.$$

Portanto o vetor aceleração é

$$\vec{a}(t) = \frac{d^2x}{dt^2}\vec{i} + \frac{d^2y}{dt^2}\vec{j} = -(5\pi)\cdot\pi\cos(\pi t)\,\vec{i}$$
$$-(5\pi)\cdot\pi\,\text{sen}(\pi t)\vec{j} = -5\pi^2\cos(\pi t)\,\vec{i} - 5\pi^2\,\text{sen}(\pi t)\,\vec{j}$$

Observe que $\vec{a}(t) = -\pi^2\vec{r}(t)$. Assim o vetor de aceleração é um múltiplo de $\vec{r}(t)$ e aponta para a origem.

O movimento da criança na roda gigante é um exemplo de movimento circular uniforme, cujas propriedades damos em seguida. (Ver Problema 26.)

Movimento circular uniforme

Uma partícula cujo movimento é descrito por

$$\vec{r}(t) = R\cos(\omega t)\vec{i} + R\,\text{sen}(\omega t)\vec{j}$$

- Move-se em um círculo de raio R com período $2\pi/\omega$.
- A velocidade $\vec{v}$ é tangente ao círculo e a velocidade escalar é constante $\|\vec{v}\| = \omega R$.
- A aceleração $\vec{a}$ aponta para o centro do círculo com $\|\vec{a}\| = \|\vec{v}\|^2/R$.

No movimento circular uniforme o vetor aceleração reflete o fato de o vetor velocidade não mudar no comprimento, só na direção. Agora olhamos um movimento sobre uma reta em que o vetor velocidade tem sempre a mesma direção mas o comprimento muda. A expectativa é que o vetor aceleração aponte na mesma direção que o vetor velocidade se a velocidade escalar estiver crescendo, em sentido oposto se a rapidez decrescer.

Exemplo 7: Considere o movimento dado pela equação vetorial

$$\vec{r}(t) = 2\vec{i} + 6\vec{j} + (t^3 + t)(4\vec{i} + 3\vec{j} + \vec{k}).$$

Mostre que é um movimento retilíneo na direção do vetor $4\vec{i} + 3\vec{j} + \vec{k}$ e relacione o vetor aceleração com o vetor velocidade.

Solução: O vetor velocidade é

$$\vec{v} = (3t^2 + 1)(4\vec{i} + 3\vec{j} + \vec{k}).$$

Como $(3t^2 + 1)$ é um escalar positivo, o vetor velocidade sempre aponta na direção do vetor $4\vec{i} + 3\vec{j} + \vec{k}$. Além disso

Velocidade escalar =

$$\|\vec{v}\| = (3t^2+1)\sqrt{4^2+3^2+1^2} = \sqrt{26}(3t^2+1).$$

Observe que a velocidade escalar é decrescente até $t = 0$ depois começa a crescer. O vetor aceleração é

$$\vec{a} = 6t(4\vec{i} + 3\vec{j} + \vec{k}).$$

Para $t > 0$ o vetor aceleração aponta na mesma direção que $4\vec{i} + 3\vec{j} + \vec{k}$, que é a direção de $\vec{v}$. Isto faz sentido porque o objeto está indo mais rápido. Para $t < 0$ o vetor aceleração $6t(4\vec{i} + 3\vec{j} + \vec{k})$ aponta em direção oposta a de $\vec{v}$ porque o objeto está indo mais devagar.

O comprimento de uma curva

A velocidade escalar de uma partícula é a norma de seu vetor velocidade:

$$\text{Velocidade escalar} = \|\vec{v}\| = \sqrt{\left(\frac{dx}{dt}\right)^2 + \left(\frac{dy}{dt}\right)^2 + \left(\frac{dz}{dt}\right)^2}.$$

Como em dimensão 1, podemos achar a distância percorrida pela partícula integrando sua velocidade escalar. Assim

$$\text{Distância percorrida} = \int_a^b \|\vec{v}\|\,dt.$$

Se a partícula nunca pára ou inverte a direção ao mover-se sobre a curva, a distância que percorre será o comprimento da curva. Isto sugere a seguinte fórmula, que é justificada no Problema 33:

> Se a curva C é dada parametricamente para $a \leq t \leq b$ por funções lisas e se o vetor velocidade nunca é $\vec{0}$ para $a < t < b$, então
>
> $$\text{Comprimento de C} = \int_a^b \|\vec{v}\|\, dt$$

Exemplo 8: Ache a circunferência da elipse dada pelas equações paramétricas

$$x = 2\cos t, \qquad y = \operatorname{sen} t, \qquad 0 \leq t \leq 2\pi.$$

Solução: A circunferência desta curva é dada por uma integral que precisa ser calculada numericamente:

$$\text{Circunferência} = \int_0^{2\pi} \sqrt{\left(\frac{dx}{dt}\right)^2 + \left(\frac{dy}{dt}\right)^2}\, dt$$

$$= \int_0^{2\pi} \sqrt{(-2 sent)^2 + (\cos t)^2}\, dt$$

$$= \int_0^{2\pi} \sqrt{4\operatorname{sen}^2 t + \cos^2 t}\, dt = 9{,}69.$$

Como a elipse está inscrita num círculo de raio 2 e circunscreve um círculo de raio 1, esperaríamos que o comprimento da elipse estivesse entre $2\pi(2) \approx 12{,}57$ e $2\pi(1) \approx 6{,}28$, de modo que o valor 9,69 é razoável.

Problemas para a Seção 6.2.

1 a) Explique como você sabe que os dois pares seguintes de equações parametrizam a mesma reta:

$$\vec{r} = (2+t)\vec{i} + (4+3t)\vec{j}\ ,\vec{r} = (1-2t)\vec{i} + (1-6t)\vec{j}\ .$$

b) Qual é a inclinação e quais as interseções x e y desta reta ?

2 A equação $\vec{r} = 10\vec{k} + t(\vec{i} + 2\vec{j} + 3\vec{k})$ parametriza uma reta.
a) Suponha que nos restringimos a $t < 0$. Que parte da reta obtemos ?
b) Suponha que nos restringimos a $0 \leq t \leq 1$. Que parte da reta obtemos ?

3 a) Explique porque a reta interseção de dois planos deve ser paralela ao produto vetorial de um vetor normal ao primeiro plano e um vetor normal ao segundo plano.
b) Ache um vetor paralelo à reta interseção dos dois planos $x + 2y - 3z = 7$ e $3x - y + z = 0$.
c) Ache equações paramétricas para a reta na parte b).

4 Use acréscimos de tempo de 0,01 para dar uma tabela de valores perto de $t = 1$ para o vetor de posição do movimento circular

$$\vec{r}(t) = (\cos t)\vec{i} + (\operatorname{sen} t)\vec{j}$$

Use a tabela para aproximar o vetor velocidade $\vec{v}$ no tempo $t = 1$. Mostre que $\vec{v}$ é perpendicular ao raio da origem em $t = 1$.

5 a) Esboce a curva parametrizada $x = t\cos t$, $y = t \operatorname{sen} t$ para $0 \leq t \leq 4\pi$.
b) Use quocientes de diferenças para aproximar os vetores velocidade $\vec{v}(t)$ para $t = 2, 4, 6$.
c) Calcule os vetores velocidade $\vec{v}(t)$ para $t = 2, 4, 6$ exatamente e trace-os no gráfico da curva.

Para os Problemas 6–9, ache o vetor velocidade $\vec{v}(t)$ para o movimento da partícula dado. Também ache a velocidade escalar $\|\vec{v}(t)\|$ a quaisquer tempos em que a partícula tenha uma parada.

6 $x = t^2,\ y = t^3$ **7** $x = \cos(t^2),\ y = \operatorname{sen}(t^2)$

8 $x = \cos 2t, y = \operatorname{sen} t$ **9** $x = t^2 - 2t, y = t^3 - 3t, z = 3t^4 - 4t^3$

10 Ache equações paramétricas para a reta tangente em $t = 2$ no Problema 6.

Para os Problemas 11–14 ache os vetores velocidade e aceleração para os movimentos dados.

11 $x = 3\cos t,\ y = 4 \operatorname{sen} t$ **12** $x = t,\ y = t^3 - t$

13 $x = 2 + 3t,\ y = 4 + t,\ z = 1 - t$

14 $x = 3\cos(t^2),\ y = 3\operatorname{sen}(t^2),\ z = t^2$

Ache os comprimentos das curvas nos Problemas 15–17.

15 $x = 3 + 5t, y = 1 + 4t, z = 3 - t$ para $1 \leq t \leq 2$. Explique sua resposta.

16 $x = \cos(e^t),\ y = \operatorname{sen}(e^t)$ para $0 \leq t \leq 1$. Explique porque sua resposta é razoável.

17 $x = \cos 3t,\ y = \operatorname{sen} 5t$, para $0 \leq t \leq 2\pi$.

18 Uma partícula que passa pelo ponto $P = (5, 4, -2)$ no tempo $t = 4$ se move com velocidade constante $\vec{v} = 2\vec{i} - 3\vec{j} + \vec{k}$. Ache as equações paramétricas para seu movimento.

19 Uma partícula que passa pelo ponto $P = (5, 4, 3)$ no tempo $t = 7$ se move com velocidade constante $\vec{v} = 3\vec{i} + \vec{j} + 2\vec{k}$. Ache as equações para sua posição no tempo t.

20 Um objeto que se move com velocidade constante no 3-espaço (com coordenadas em metros) passa pelo ponto (1, 1, 1) e depois passa pelo ponto (2, –1, 3) cinco segundos mais tarde. Qual é seu vetor velocidade ? Qual é seu vetor aceleração ?

21 A Tabela 6.4 dá x e y coordenadas de uma partícula no plano ao tempo t. Supondo que o caminho é liso, avalie as seguintes quantidades:

a) O vetor velocidade e a velocidade escalar em $t = 2$.
b) Quaisquer tempos em que a partícula esteja movendo-se paralelamente ao eixo-y.
c) Quaisquer tempos em que a partículas dê uma parada.

Tabela 6.4

t	0	0,5	1,0	1,5	2,0	2,5	3,0	3,5	4,0
x	1	4	6	7	6	3	2	3	5
y	3	2	3	5	8	10	11	10	9

22 Considere o movimento da partícula dado pelas equações paramétricas

$$x = t^3 - 3t, \quad y = t^2 - 2t$$

onde o eixo-y é vertical e o eixo-x é horizontal.
a) A partícula alguma vez pára ? Se sim, onde ?
b) A partícula move-se diretamente para cima ou para baixo em algum momento ? Se sim, quando e onde ?
c) A partícula move-se horizontalmente para a direita ou para a esquerda em algum momento ? Se sim, quando e onde ?

23 Suponha que $\vec{r}(t) = \cos t\vec{i} + \operatorname{sen} t\vec{j} + 2t\vec{k}$ representa a posição de uma partícula sobre uma hélice, onde z é a altura da partícula acima do solo.
a) A partícula em algum momento se move para baixo ? Quando ?
b) Quando a partícula atinge um ponto 10 unidades acima do solo ?
c) Qual é a velocidade da partícula quando está 10 unidades acima do solo ?
d) Suponha que a partícula deixa a hélice e se move ao longo da reta tangente à espiral nesse ponto. Ache equações paramétricas para a reta tangente.

24 O Sr. Andanocéu viaja ao longo da curva dada por

$$\vec{r}(t) = -2e^{3t}\vec{i} + 5\cos t\vec{j} - 3\operatorname{sen}(2t)\vec{k}.$$

Se os propulsores são desligados sua nave voa sobre uma reta tangente a $\vec{r}(t)$. Está quase sem potência quando observa que uma estação em Xardon está aberta no ponto com coordenadas (1,5, 5, 3,5). Calculando rapidamente sua posição, desliga os propulsores em $t = 0$. Ele chega à estação em Xardon ? Explique.

25 Determine o vetor de posição $\vec{r}(t)$ para um foguete que é lançado da origem ao tempo $t = 0$ segundo, atinge seu ponto mais alto com $(x, y, z) = (1.000, 3.000, 10.000)$, onde x, y, z são medidos em metros, e depois do lançamento está sujeito apenas à aceleração devida à gravidade, 9,8m/seg^2.

26 O movimento de uma partícula é dado por $\vec{r}(t) = R\cos(\omega t)\vec{i} + R\operatorname{sen}(\omega t)\vec{j}$, com $R > 0$, $\omega > 0$.
a) Mostre que a partícula se move num círculo e ache o raio, direção e período.
b) Determine o vetor velocidade da partícula, e sua direção e velocidade escalar.
c) Quais são a direção e comprimento do vetor aceleração da partícula ?

27 Uma pedra é girada presa a uma corda a velocidade constante com período 2π segundos num círculo horizontal centrado no ponto (0, 0, 8). Quando $t = 0$ a pedra está no ponto (0, 5, 8); move-se em sentido horário quando olhada de cima. Quando a pedra está no ponto (5, 0, 8) a corda arrebenta e a pedra se move sob a gravidade.
a) Parametrize a trajetória circular da pedra.
b) Ache a velocidade e a aceleração da pedra no momento antes da corda se romper.
c) Escreva, mas não resolva, as equações diferenciais (com condições iniciais) satisfeitas pelas coordenadas x, y, z que dão a posição da pedra depois de sair do círculo.

28 Emília está na borda externa de uma carrossel, a 10 metros do centro. O carrossel completa uma volta inteira a cada 20 segundos. Quando Emília passa sobre um ponto P no chão ela deixa cair uma bola de uma altura de 3 metros acima do solo.
a) A qual velocidade vai Emília ?
b) A qual distância de P a bola chega ao chão ?
(A aceleração devida à gravidade é de 9,8 m/seg^2.)
c) A qual distância de Emília a bola bate no solo ?

29 Um farol L está localizado numa ilha no meio de uma lago como se vê na Figura 6.28. Considere o movimento do ponto em que o facho de luz de L atinge a orla do lago.

a) Suponha que o facho gira em sentido anti-horário em torno de L a uma velocidade angular constante. Em qual dos pontos A, B, C, D, E a velocidade escalar do ponto é maior ? Em qual ponto é menor ?
b) Repita a parte a) supondo que o facho gira em sentido anti-horário de modo a varrer áreas iguais do lago em tempos iguais.
c) O que acontece se você colocar o farol em diferentes pontos do lago ? A velocidade escalar do ponto na orla pode em algum momento ser infinita para a parte a) ?
d) Suponha agora que o lago é retangular. O que acontece com o vetor velocidade nos cantos ? Para a parte b) mostre que a rapidez é constante ao longo de cada lado (possivelmente uma constante diferente em cada lado).

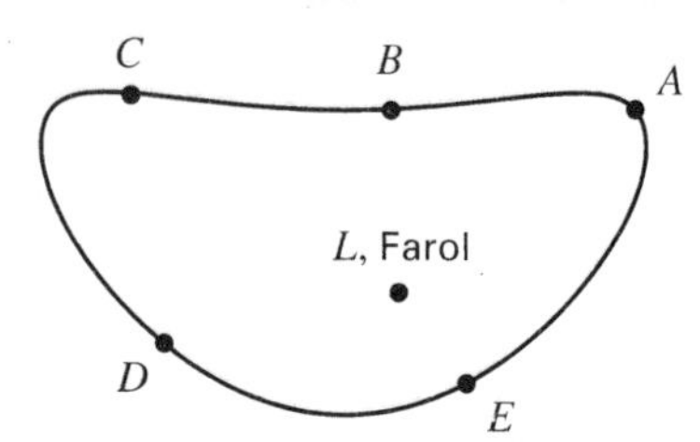

Figura 6.28: O farol no lago

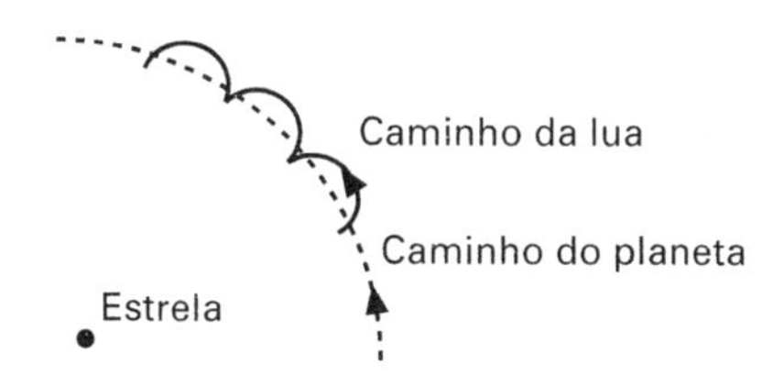

Figura 6.29

30 Uma lua hipotética está em órbita ao redor de um planeta que por sua vez está em órbita ao redor de uma estrela. Suponha que as órbitas são circulares e que a lua descreve sua órbita 12 vezes no tempo que o planeta leva para descrever sua órbita uma vez. Neste problema vamos investigar se a lua poderia ter uma parada em algum instante. (Ver Figura 6.29.)

a) Suponha que o raio da órbita da lua em volta do planeta é 1 unidade e o raio da órbita do planeta ao redor da estrela é R unidades. Explique porque o movimento da lua relativamente ao astro pode ser descrito pelas equações paramétricas:
$x = R\cos t + \cos(12t)$, $\quad y = R \operatorname{sen} t + \operatorname{sen}(12t)$
b) Ache um valor para R e t tal que a lua pára com relação à estrela no tempo t.
c) Numa calculadora gráfica, marque o caminho da lua para o valor R que você obteve na parte b). Experimente com outros valores para R.

31 Suponha que $F(x, y) = 1/(x^2 + y^2 + 1)$ dá a temperatura no ponto (x, y) do plano. Uma joaninha se move ao longo de uma parábola segundo as equações paramétricas.

$$x = t, \quad y = t^2$$

Ache a taxa de variação da temperatura da joaninha no tempo t.

32 Este problema generaliza o resultado no Problema 31. Suponha que $F(x, y)$ dá a temperatura em qualquer ponto (x, y) do plano e que uma joaninha se move no plano com vetor de posição no tempo t dado por $\vec{r}(t) = x(t)\vec{i} + y(t)\vec{j}$ e vetor velocidade $\vec{r}\,'(t)$. Use a regra da cadeia para mostrar que
Taxa de variação na temperatura da joaninha no tempo
$t = \operatorname{grad} F(\vec{r}(t))$.

33 Neste problema justificamos a fórmula para o comprimento de uma curva dada na página 178©. Suponha que a curva C é dada por equações paramétricas lisas $x = x(t)$, $y = y(t)$, $z = z(t)$ para $a \leq t \leq b$. Subdividindo o intervalo $a \leq t \leq b$ do parâmetro nos pontos $t_1, \ldots, t_{n-1}$ em pequenos segmentos de comprimento $\Delta t = t_{i+1} - t_i$, obtemos uma correspondente divisão da curva C em pequenos pedaços. Ver Figura 6.30, onde os pontos $P_i = (x(t_i), y(t_i), z(t_i))$ sobre a curva C correspondem aos valores $t = t_i$ do parâmetro. Seja C_i a parte da curva C entre P_i e P_{i+1}.
a) Use a linearidade local para mostrar que

$$\text{Comprimento de } C_i \approx \sqrt{x'(t_i)^2 + y'(t_i)^2 + z'(t_i)^2}\,\Delta t.$$

b) Use a parte a) e uma soma de Riemann para explicar porque

$$\text{Comprimento de } C = \int_a^b \sqrt{x'(t)^2 + y'(t)^2 + z'(t)^2}\,dt.$$

Δt
$a = t_0 \quad t_1 \quad t_2 \qquad t_i \quad t_{i+1} \qquad t_n + b$

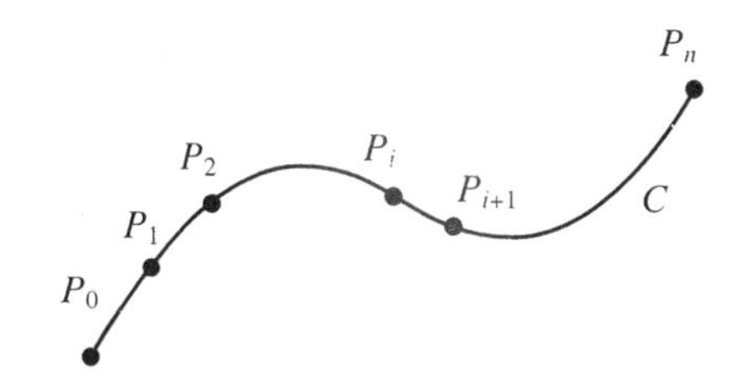

Figura 6.30: Uma subdivisão do intervalo do parâmetro e a correspondente subdivisão da curva C

16.3 - SUPERFÍCIES PARAMETRIZADAS

Como parametrizamos uma superfície ?

Na Seção 6.1 parametrizamos um círculo no 2-espaço usando as equações

$$x = \cos t, \quad y = \operatorname{sen} t.$$

No 3-espaço, o mesmo círculo no plano-xy tem equações paramétricas

$$x = \cos t, \quad y = \operatorname{sen} t, \quad z = 0.$$

Acrescentamos a equação $z = 0$ para especificar que o círculo está no plano-xy. Se quiséssemos um círculo no plano $z = 3$ usaríamos as equações

$$x = \cos t, \quad y = \operatorname{sen} t, \quad z = 3.$$

Suponha agora que deixamos z variar livremente, bem como t. Obtemos círculos em cada plano horizontal, formando o cilindro na Figura 6.31. Assim, precisamos de dois parâmetros, t e z, para parametrizar o cilindro.

Isto é verdade em geral. Uma curva, embora possa viver em duas ou três dimensões, é ela própria unidimensional: se nos movemos ao longo dela, podemos só mover-nos para a frente e para trás, em uma direção. Assim, só é necessário um parâmetro para traçar uma curva.

Uma superfície é 2-dimensional; em qualquer ponto há duas direções independentes em que podemos nos mover. Por exemplo, no cilindro podemos nos mover verticalmente ou podemos dar voltas em torno do eixo-z horizontalmente. Assim precisamos de dois parâmetros para descrevê-lo. Podemos pensar nos parâmetros como coordenadas num mapa, como latitude e longitude sobre a superfície da terra.

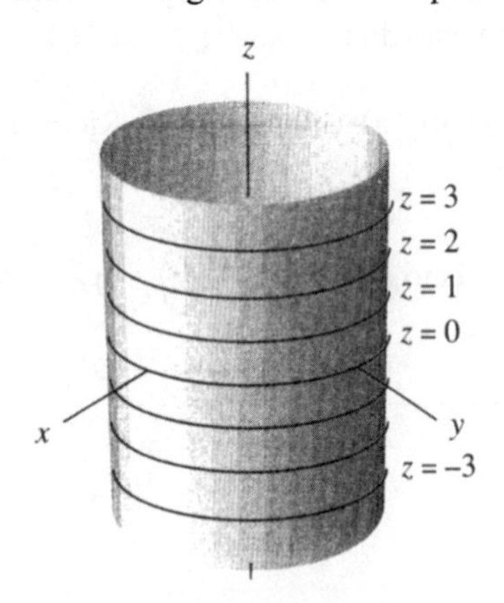

Figura 6.31: O cilindro $x = \cos t,\ y = \operatorname{sen} t,\ z = z$

No caso do cilindro nossos parâmetros são t e z, assim

$$x = \cos t, \quad y = \operatorname{sen} t, \quad z = z, \quad 0 \leq t \leq 2\pi,$$
$$-\infty < z < \infty.$$

A última equação, $z = z$, parece estranha, mas nos lembra que estamos em três dimensões, não duas, e que a coordenada-z sobre nossa superfície pode variar livremente. De modo geral, expressamos as coordenadas (x, y, z) de um ponto sobre uma superfície S em termos de dois parâmetros, s e t:

$$x = f_1(s, t), \qquad y = f_2(s, t), \qquad z = f_3(s, t),$$

Variando s e t o ponto correspondente (x, y, z) percorre uma superfície S. (Ver Figura 6.32.) A função que envia o ponto (s, t) no ponto (x, y, z) é chamada a *parametrização da superfície*.

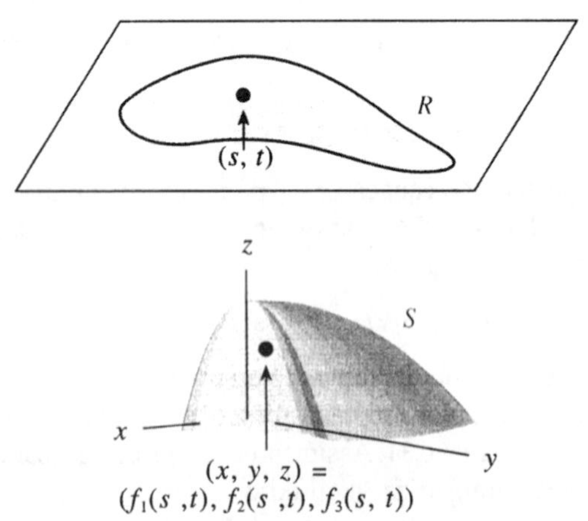

Figura 6.32: A parametrização envia cada ponto (s, t) da região dos parâmetros R num ponto $(x, y, z) = (f_1(s, t),\ f_2(s, t),\ f_3(s, t))$ da superfície S

Uso de vetores de posição

Podemos usar o vetor de posição $\vec{r} = x\vec{i} + y\vec{j} + z\vec{k}$ para juntar as três equações paramétricas para uma superfície numa única equação vetorial. Por exemplo, a parametrização do cilindro $x = \cos t$, $y = \operatorname{sen} t$, $z = z$ pode ser escrita como

$$\vec{r}(t, z) = \cos t\vec{i} + \operatorname{sen} t\vec{j} + z\vec{k} \quad 0 \leq t \leq 2\pi,\ -\infty < z < \infty.$$

Para uma superfície parametrizada S geral escrevemos

$$\vec{r}(s, t) = f_1(s, t)\,\vec{i} + f_2(s, t)\,\vec{j} + f_3(s, t)\,\vec{k}.$$

Parametrização de uma superfície da forma $z = f(x, y)$

O gráfico de uma função $z = f(x, y)$ pode ser dado parametricamente simplesmente tomando os parâmetros s e t como sendo x e y:

$$x = s, \quad y = t, \quad z = f(s, t).$$

Exemplo 1: Dê uma descrição paramétrica do hemisfério inferior da esfera $x^2 + y^2 + z^2 = 1$.

Solução: A superfície é o gráfico da função $z = -\sqrt{1 - x^2 - y^2}$ sobre a região $x^2 + y^2 \leq 1$ no plano. As equações paramétricas são $x = s$, $y = t$, $z = -\sqrt{1 - s^2 - t^2}$, onde os parâmetros s e t devem variar dentro do círculo unitário.

Na prática freqüentemente pensamos em x e y como parâmetros em vez de introduzir novas variáveis s e t. Assim, podemos escrever $x = x$, $y = y$, $z = f(x, y)$.

Parametrização de planos

Considere um plano contendo dois vetores não paralelos $\vec{v}_1$ e $\vec{v}_2$ e um ponto P_0 com vetor de posição $\vec{r}_0$. Podemos chegar a qualquer ponto do plano partindo de P_0 e caminhando paralelamente a $\vec{v}_1$ e $\vec{v}_2$, somando múltiplos deles a $\vec{r}_0$. (Ver Figura 6.33.)

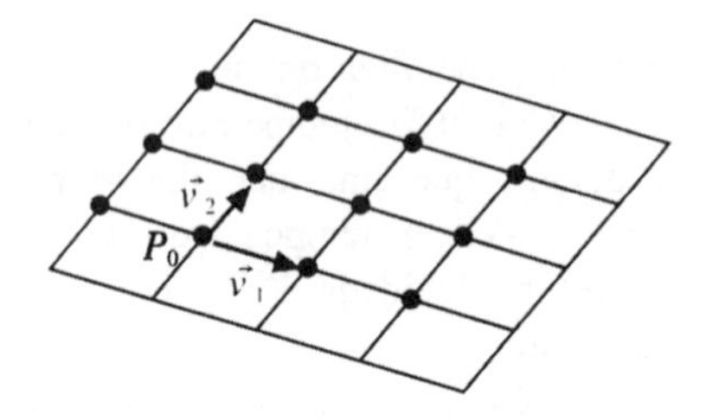

Figura 6.33: O plano $\vec{r}(s, t) = \vec{r}_0 + s\vec{v}_1 + t\vec{v}_2$ e alguns pontos correspondendo a varias escolhas de s e t

Como $s\vec{v}_1$ é paralelo a $\vec{v}_1$ e $t\vec{v}_2$ é paralelo a $\vec{v}_2$ temos o seguinte resultado:

> **Equações paramétricas para um plano**
>
> Um plano pelo ponto com vetor de posição $\vec{r}_0$ e contendo dois vetores não paralelos $\vec{v}_1$ e $\vec{v}_2$ tem equação paramétrica
>
> $$\vec{r}(s, t) = \vec{r}_0 + s\vec{v}_1 + t\vec{v}_2$$

Se $\vec{r}_0 = x_0\vec{i} + y_0\vec{j} + z_0\vec{k}$ e $\vec{v}_1 = a_1\vec{i} + a_2\vec{j} + a_3\vec{k}$ e $\vec{v}_2 = b_1 i + b_2 j + b_3 k$, então as equações paramétricas do plano podem ser escritas na forma

$$x = x_0 + sa_1 + tb_1, \quad y = y_0 + sa_2 + tb_2, \quad z = z_0 + sa_3 + tb_3.$$

Observe que a parametrização do plano expressa as coordenadas x, y e z como funções lineares dos parâmetros s e t.

Exemplo 2: Escreva uma equação paramétrica para o plano pelo ponto (2, –1, 3) e contendo os vetores

$$\vec{v}_1 = 2\vec{i} + 3\vec{j} - \vec{k} \quad \text{e} \quad \vec{v}_2 = \vec{i} - 4\vec{j} + 5\vec{k}.$$

Solução: A equação paramétrica é

$$\vec{r}(s,t) = \vec{r}_0 + s\vec{v}_1 + t\vec{v}_2 = 2\vec{i} - \vec{j} + 3\vec{k} + s(2\vec{i} + 3\vec{j} - \vec{k}) +$$
$$t(\vec{i} - 4\vec{j} + 5\vec{k}) = (2 + 2s + t)\vec{i} + (-1 + 3s - 4t)\vec{j} +$$
$$(3 - s + 5t)\vec{k},$$

ou, equivalentemente,

$$x = 2 + 2s + t, \quad y = -1 + 3s - 4t, \quad z = 3 - s + 5t.$$

Parametrização usando coordenadas esféricas

Lembre as coordenadas esféricas ρ, ϕ e θ introduzidas na página 143 do Capítulo 5. Sobre uma esfera de raio $\rho = a$ podemos usar ϕ e θ como coordenadas semelhantes a latitude e longitude sobre a superfície da Terra. (Ver Figura 6.34.) A latitude porém é medida a partir do equador, ao passo que ϕ é medida partindo do pólo norte. Se o eixo-x positivo passa pelo meridiano de Greenwich, a longitude e θ são iguais para $0 \le \theta \le \pi$.

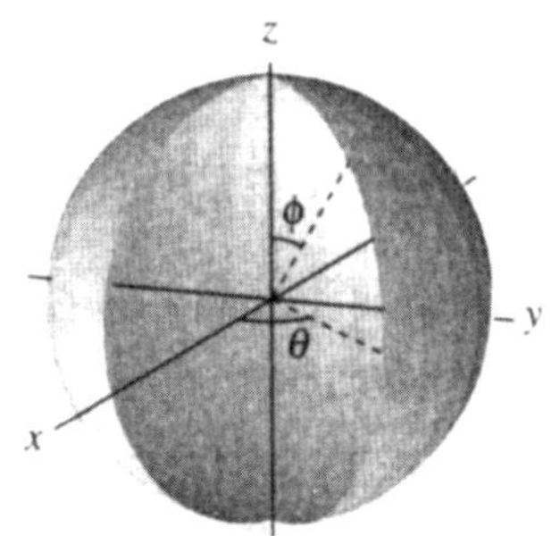

Figura 6.34: Parametrização da esfera por ϕ e θ.

Exemplo 3: Você está num ponto da esfera com $\phi = 3\pi/4$. Você está no hemisférico norte ou sul ? Se ϕ decresce, você se aproxima ou se afasta do equador ?
Solução: O equador tem $\phi = \pi/2$. Como $3\pi/4 > \pi/2$, você está no hemisfério sul. Se ϕ decresce você se aproxima do equador.

Exemplo 4: Sobre uma esfera você está num ponto com coordenadas ϕ_0 e θ_0. Seu ponto antípoda é o ponto do outro lado da esfera sobre uma reta passando por você e pelo centro. Quais são as coordenadas ϕ, θ de seu ponto antípoda ?
Solução: A Figura 6.35 mostra que as coordenadas são $\theta = \pi + \theta_0$ se $\theta_0 < \pi$ ou $\theta = \theta_0 - \pi$ se $\pi \le \theta_0 \le 2\pi$, e $\phi = \pi - \phi_0$. Observe que se você está no equador então o mesmo se dá com seu antípoda.

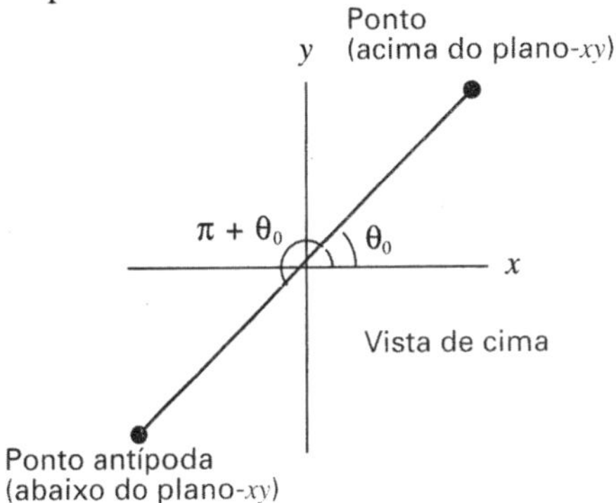

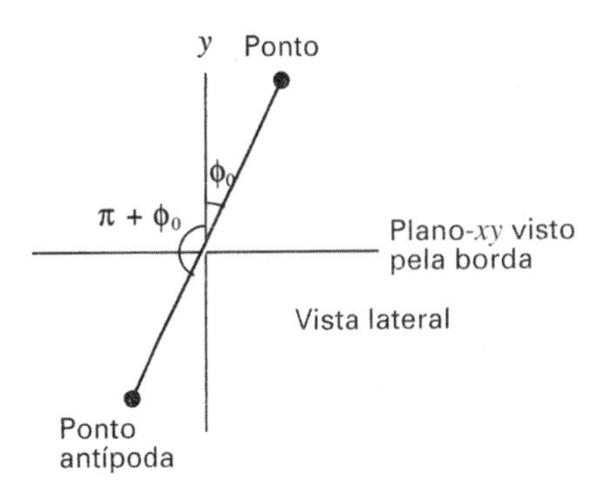

Figura 6.35: Duas vistas do sistema de coordenadas-xyz mostrando coordenadas de pontos antípodas

Parametrização da esfera usndo coordenadas esféricas

A esfera de raio 1 centrada na origem é parametrizada por

$$x = \text{sen}\,\phi\,\cos\theta, \quad y = \text{sen}\phi\,\text{sen}\theta, \quad z = \cos\phi,$$

onde $0 \le \theta \le 2\pi$ e $0 \le \phi \le \pi$. (Ver Figura 6.36.)

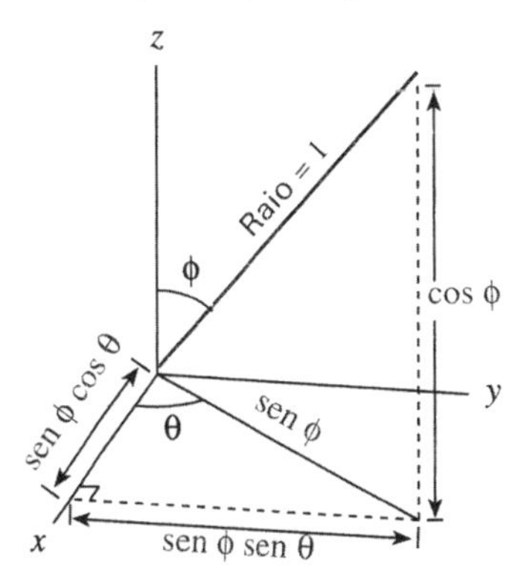

Figura 6.36: A relação entre x, y, z e ϕ, θ sobre uma esfera de raio 1.

Podemos também escrever estas equações em forma vetorial:

$$\vec{r}(\theta,\phi) = \text{sen}\,\phi\cos\theta\,\vec{i} + \text{sen}\,\phi\,\text{sen}\,\theta\,\vec{j} + \cos\phi\,\vec{k}.$$

Como $x^2 + y^2 + z^2 = \text{sen}^2\phi\,(\cos^2\theta + \text{sen}^2\theta) + \cos^2\phi$

$= \text{sen}^2\phi + \cos^2\phi = 1$ isto verifica que de fato o ponto com vetor de posição $\vec{r}(\theta,\phi)$ jaz sobre a esfera de raio 1. Observe que a coordenada-z depende somente do parâmetro ϕ. Geometricamente isto significa que todos os pontos com a mesma latitude têm a mesma coordenada-z.

Exemplo 5: Ache equações paramétricas para as seguintes esferas:

a) Centro na origem e raio 2.
b) Centro no ponto (2, –1, 3) e raio 2.

Solução: a) Devemos multiplicar a distância da origem por 2. Assim, temos

$x = 2\ \text{sen}\,\phi\cos\theta,\quad y = 2\ \text{sen}\,\phi\cos\theta,\quad z = 2\cos\phi,$

onde $0 \le \theta \le 2\pi$ e $0 \le \phi \le \pi$. Em forma vetorial isto se escreve

$$\vec{r}(\theta,\phi) = 2\ \text{sen}\,\phi\cos\theta\,\vec{i} + 2\ \text{sen}\,\phi\ \text{sen}\ \vec{j} + 2\cos\phi\,\vec{k}.$$

b) Para deslocar o centro da esfera da origem para o ponto (2, –1, 3), somamos o vetor parametrização achado na parte a) ao vetor de posição de (2, –1, 3). (Ver Figura 6.37.) Isto dá

$\vec{r}(\theta,\phi) = 2\vec{i} - \vec{j} + 3\vec{k}$

$+ (2\ \text{sen}\,\phi\cos\theta\,\vec{i} + 2\ \text{sen}\,\phi\ \text{sen}\,\theta\,\vec{j} + 2\cos\phi\,\vec{k})$

$= (2 + 2\ \text{sen}\,\phi\cos\theta)\,\vec{i} + (-1 + 2\ \text{sen}\,\phi\ \text{sen}\,\theta)\,\vec{j}$

$+ (3 + 2\cos\phi)\,\vec{k},$

onde $0 \le \theta \le 2\pi$ e $0 \le \phi \le \pi$. Ou, posto de outro modo,
$x = 2 + 2\ \text{sen}\,\phi\cos\theta,\quad y = -1 + 2\ \text{sen}\,\phi\ \text{sen}\,\theta,$
$z = 3 + 2\cos\phi$

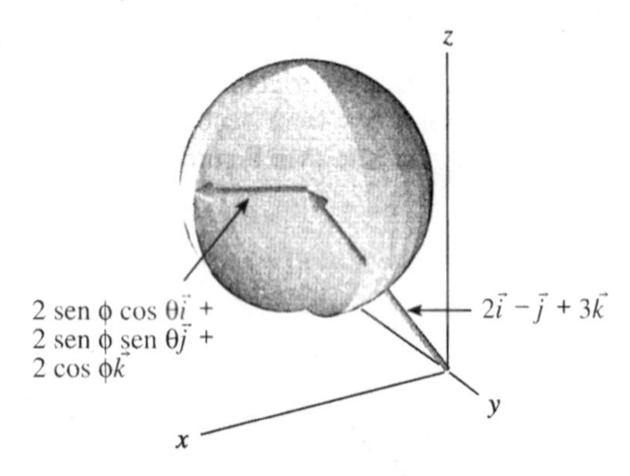

Figura 6.37: Esfera com centro no ponto (2, –1, 3) e raio 2

Observe que o mesmo ponto pode ter mais de um valor para θ ou ϕ. Por exemplo, pontos com $\theta = 0$ também têm $\theta = 2\pi$, a menos que θ seja restrito à faixa $0 \le \theta < 2\pi$. Também o pólo norte, com $\phi = 0$, e o pólo sul, com $\phi = \pi$, podem ter qualquer valor para θ.

Parametrização de superfícies de revolução

Muitas superfícies têm um eixo de simetria rotacional e seções perpendiculares a esse eixo circulares. Estas superfícies são chamadas *superfícies de revolução.*

Exemplo 6: Ache uma parametrização do cone cuja base é o círculo $x^2 + y^2 = a^2$ no plano-xy e cujo vértice está a uma altura h acima do plano-xy. (Ver Figura 6.38.)

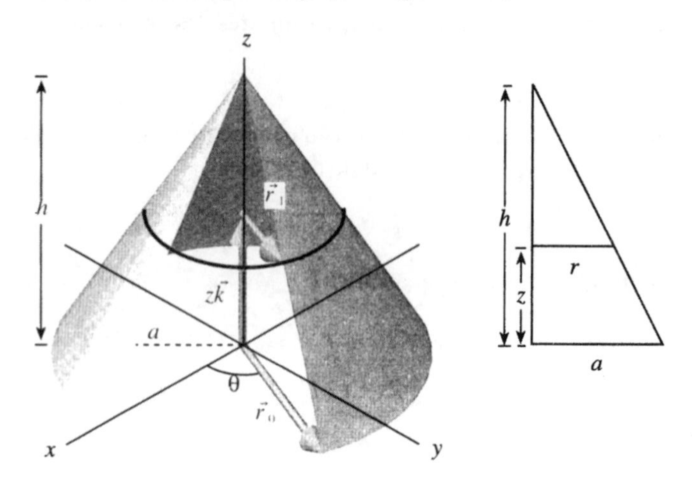

Figura 6.38: O cone cuja base é o círculo $x^2 + y^2 = a^2$ no plano-xy e cujo vértice é o ponto $(0, 0, h)$ e a seção vertical através do cone

Solução: Usamos coordenadas cilíndricas, r, θ, z. (Ver Figura 6.38.) No plano-xy o raio vetor $\vec{r}_0$ do eixo-z a um ponto do cone no plano-xy é

$$\vec{r}_0 = a\cos\theta\,\vec{i} + a\ \text{sen}\,\theta\,\vec{j}.$$

Acima do plano-xy, o raio da seção circular, r, decresce linearmente de $r = a$ quando $z = 0$ a $r = 0$ quando $z = h$. Dos triângulos semelhantes na Figura 6.38,

$$\frac{a}{h} = \frac{r}{h-z}.$$

Revendo para r temos

$$r = \left(1 - \frac{z}{h}\right)a.$$

O raio vetor horizontal $\vec{r}_1$ à altura z, tem componentes às de $\vec{r}_0$, mas com a substituído por r:

$$\vec{r}_1 = r\cos\theta\,\vec{i} + r\text{sen}\theta\,\vec{j} = \left(1 - \frac{z}{h}\right)a\cos\theta\,\vec{i} + \left(1 - \frac{z}{h}\right)a\text{sen}\theta\,\vec{j}.$$

Quando θ varia de 0 a 2π, o vetor $\vec{r}_1$ traça o círculo horizontal na Figura 6.38. Obtemos o vetor de posição $\vec{r}$ de um ponto do cone somando o vetor $z\vec{k}$, assim

$$\vec{r} = \vec{r}_1 + z\vec{k} = a\left(1 - \frac{z}{h}\right)\cos\theta\,\vec{i} + a\left(1 - \frac{z}{h}\right)sen\theta\,\vec{j} + z\vec{k}$$

$$\text{para } 0 \le z \le h \text{ e } 0 \le \theta \le 2\pi$$

Estas equações podem ser escritas como

$$x=\left(1-\frac{z}{h}\right)a\cos\theta,\ \ y=\left(1-\frac{z}{h}\right)a\operatorname{sen}\theta,\ \ z=z.$$

Os parâmetros são θ e z.

Exemplo 7: Considere a boca de um trompete. Um modelo para o raio $z=f(x)$ da boca (em cm) a uma distância x cm da extremidade aberta é dada pela função

$$f(x)=\frac{6}{(x+1)^{0,7}}$$

A boca é obtida girando o gráfico de f em torno do eixo-x. Ache uma parametrização para os primeiros 24 cm da boca. (Ver Figura 6.39.)

Figura 6.39: A boca de um trompete obtida girando o gráfico de $z=f(x)$ em torno do eixo-x

Solução: À distância x da extremidade mais larga aberta do trompete, a seção paralela ao plano-yz é um círculo de raio $f(x)$, com centro no eixo-x. Um tal círculo pode ser parametrizado por $y=f(x)\cos\theta$, $z=f(x)\operatorname{sen}\theta$. Assim temos a parametrização

$$x=x,\ y=\left(\frac{6}{(x+1)^{0,7}}\right)\cos\theta,\ z=\left(\frac{6}{(x+1)^{0,7}}\right)\operatorname{sen}\theta$$

$$0\le x\le 24,\ \ 0\le\theta\le 2\pi.$$

Os parâmetros são x e θ.

Curvas paramétricas

Sobre uma superfície parametrizada, a curva obtida fazendo um dos parâmetros igual a uma constante e deixando variar o outro chama-se uma *curva paramétrica*. Se a superfície é parametrizada por

$$\vec{r}(s,t)=f_1(s,t)\vec{i}+f_2(s,t)\vec{j}+f_3(s,t)\vec{k},$$

há duas famílias de curvas paramétricas sobre a superfície, uma família com t constante e a outra com s constante.

Exemplo 8: Considere o cilindro vertical

$$x=\cos t,\quad y=\operatorname{sen} t,\quad z=z.$$

a) Descreva as duas curvas paramétricas pelo ponto (0, 1, 1).
b) Descreva a família de curvas paramétricas com t constante e a família com z constante.

Solução: a) Como o ponto (0, 1, 1) corresponde aos valores $t=\pi/2$ e $z=1$ para os parâmetros, há duas curvas paramétricas, uma com $t=\pi/2$ e a outra com $z=1$. A curva paramétrica com $t=\pi/2$ tem as equações paramétricas

$$x=\cos\left(\frac{\pi}{2}\right)=0,\ \ y=\operatorname{sen}\left(\frac{\pi}{2}\right)=1,\ \ z=z,$$

com parâmetro z. É uma reta pelo ponto (0, 1, 1) paralela ao eixo-z.

A curva paramétrica com $z=1$ tem as equações paramétricas

$$x=\cos t,\quad y=\operatorname{sen} t,\quad z=1,$$

com parâmetro t. É um círculo unitário paralelo a e uma unidade acima do plano-xy com centro no eixo-z.

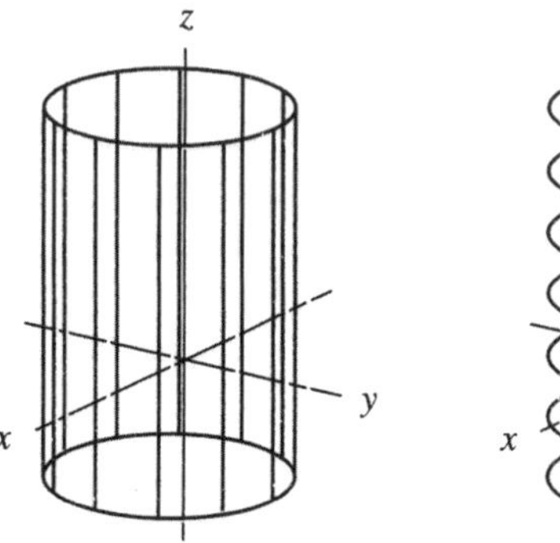

Figura 6.40:
A família de curvas paramétricas com $t=t_0$ para o cilindro $x=\cos t, y=\operatorname{sen} t, z=z$.

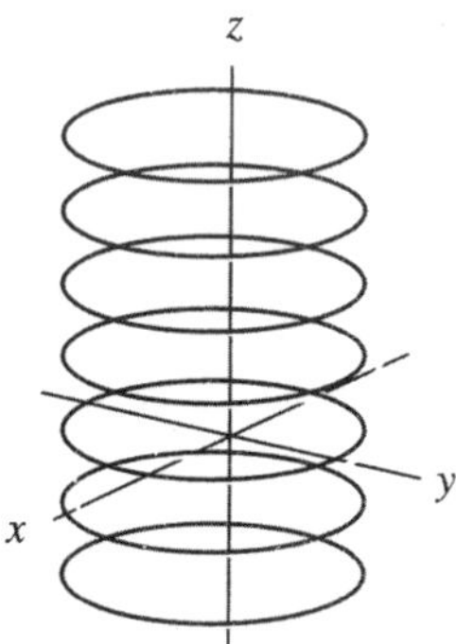

Figura 6.41:
A família de curvas paramétricas com $z=z_0$ para o cilindro $x=\cos t,\ y=\operatorname{sen} t,\ z=z$

b) Primeiro fixe $t=t_0$ para t e deixe z variar. As curvas parametrizadas por z têm equação

$$x=\cos t_0,\quad y=\operatorname{sen} t_0,\quad z=z.$$

São retas verticais sobre o cilindro paralelas ao eixo-z. (Ver Figura 6.40.)

A outra família é obtida fixando $z=z_0$ e variando t. As curvas desta família são parametrizadas por t e têm equação

$$x=\cos t,\quad y=\operatorname{sen} t,\quad z=z_0.$$

São círculos de raio 1 paralelos ao plano-xy e com centro no eixo-z. (Ver Figura 6.41.)

Exemplo 9: Descreva as famílias de curvas paramétricas com $\theta=\theta_0$ e $\phi=\phi_0$ para a esfera

$$x=\operatorname{sen}\phi\cos\theta,\quad y=\operatorname{sen}\phi\operatorname{sen}\theta,\quad z=\cos\phi,$$

onde $0\le\theta\le 2\pi$, $0\le\phi\le\pi$.

Solução: Como ϕ mede a latitude, a família com ϕ constante consiste de círculos de latitude constante. (Ver Figura 6.42.) Analogamente, a família com θ constante consiste de meridianos (semicírculos) unindo o pólo norte e o pólo sul. (Ver Figura 6.43.)

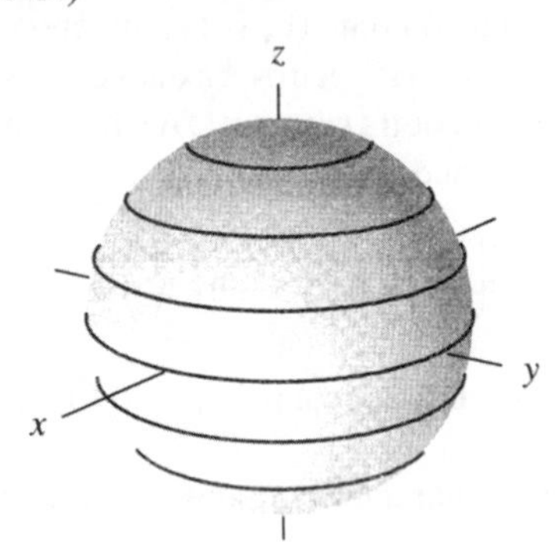

Figura 6.42: A família de curvas paramétricas com $\phi = \phi_0$ para a esfera parametrizada por (θ, ϕ)

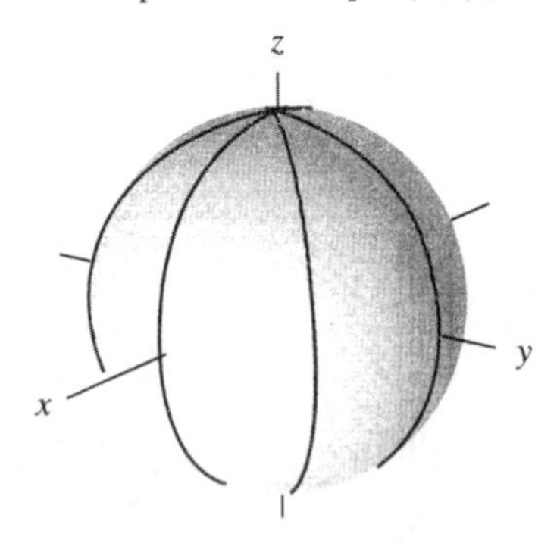

Figura 6.43: A família de curvas paramétricas com $\theta = \theta_0$ para a esfera parametrizada por (θ, ϕ).

Já vimos curvas paramétricas nas páginas 24–25 da Seção 1.3. As seções com $x = a$ e $y = b$ sobre uma superfície $z = f(x, y)$ são exemplos de curvas paramétricas. Também as linhas da rede no esboço de uma superfície por um computador. As pequenas regiões com forma semelhante à de paralelogramos rodeados por curvas paramétricas próximas são chamadas *retângulos paramétricos*. Ver Figura 6.44.

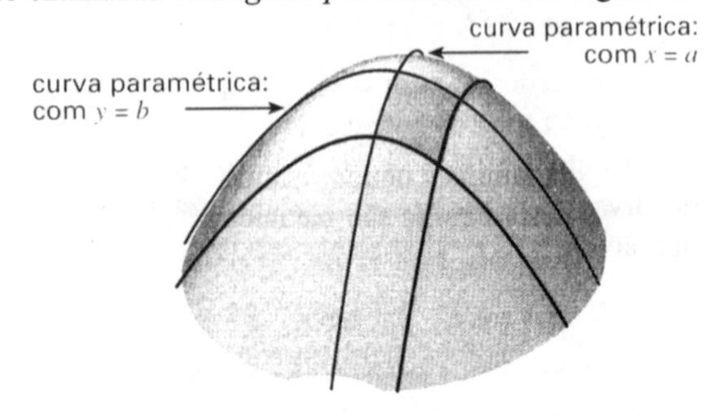

Figura 6.44: Curvas paramétricas $x = a$ e $y = b$ sobre superfície $z = f(x, y)$; a região sombreada é um retângulo paramétrico.

Problemas para a Seção 6.3

Descreva em palavras os objetos parametrizados pelas equações nos Problemas 1–8.

1 $x = r\cos\theta$, $y = r\,\text{sen}\,\theta$, $z = 7$; $\quad 0 \le r \le 5$, $0 \le \theta \le 2$

2 $x = 5\cos\theta$, $y = 5\,\text{sen}\,\theta$, $z = 7$; $\quad 0 \le \theta \le 2\pi$

3 $x = 5\cos\theta$, $y = 5\,\text{sen}\,\theta$, $z = z$; $\quad 0 \le \theta \le 2\pi$, $0 \le z \le 7$

4 $x = 5\cos\theta$, $y = 5\,\text{sen}\,\theta$, $z = 5\theta$; $\quad 0 \le \theta \le 2\pi$

5 $x = r\cos\theta$, $y = r\,\text{sen}\,\theta$, $z = r$; $\quad 0 \le r \le 5$, $0 \le \theta \le 2\pi$

6 $x = 2z\cos\theta$, $y = 2z\,\text{sen}\,\theta$, $z = z$; $\quad 0 \le z \le 7$, $0 \le \theta \le 2\pi$

7 $x = 3\cos\theta$, $y = 2\,\text{sen}\,\theta$, $z = z$; $\quad 0 \le \theta \le 2\pi$, $0 \le z \le 7$

8 $x = x$, $y = x^2$, $z = z$; $\quad -5 \le x \le 5$, $0 \le z \le 7$

9 Ache uma parametrização do cilindro circular de raio a cujo eixo está sobre o eixo-z, de $z = 0$ a uma altura $z = h$. Ver Figura 6.45.

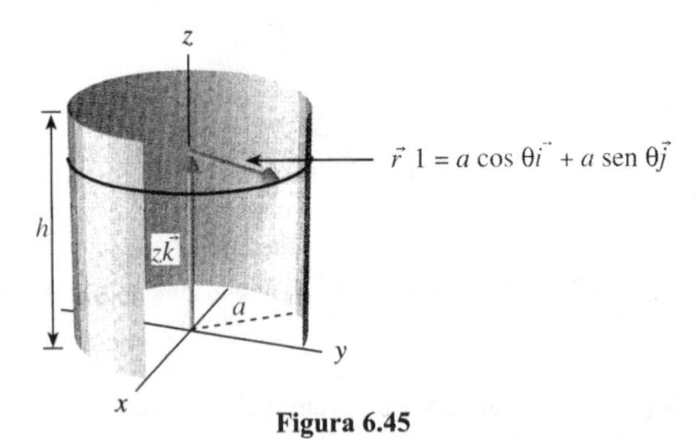

Figura 6.45

10 Uma cidade é descrita parametricamente pela equação

$$\vec{r} = (x_0\vec{i} + y_0\vec{j} + z_0\vec{k}) + s\vec{v}_1 + t\vec{v}_2$$

onde $\vec{v}_1 = 2\vec{i} - 3\vec{j} + 2\vec{k}$ e $\vec{v}_2 = \vec{i} + 4\vec{j} + 5\vec{k}$. Um quarteirão da cidade é um retângulo determinado por $\vec{v}_1$ e $\vec{v}_2$. Leste é a direção de $\vec{v}_1$ e norte na direção de $\vec{v}_2$. Partindo do ponto (x_0, y_0, z_0) você caminha 5 quarteirões para leste, 4 para norte, 1 para oeste e 2 para sul. Quais são os parâmetros do ponto a que você chega? Quais são suas coordenadas x, y e z nesse ponto?

11 Ache uma parametrização para o plano por $(1, 3, 4)$ e ortogonal a $\vec{n} = 2\vec{i} + \vec{j} - \vec{k}$.

12 O plano $\vec{r}(s, t) = (2 + s)\vec{i} + (3 + s + t)\vec{j} + 4t\vec{k}$ contém os pontos seguintes?

a) $(4, 8, 12)$ b) $(1, 2, 3)$

13 Os planos seguintes são paralelos?

$x = 2 + s + t, \quad y = 4 + s - t, \quad z = 1 + 2s,$ e

$x = 2 + s + 2t, \quad y = t, \quad z = s - t.$

14 Você está num ponto da terra com longitude 80° oeste de Greenwich, Inglaterra, e latitude 40° norte do equador.

a) Se sua latitude decresce você se aproximou ou se afastou do equador?

b) Se sua latitude decresce, você se aproximou ou se afastou do pólo norte?

c) Se sua longitude cresce (digamos, para 90° oeste) você se aproximou ou se afastou de Grenwich ?

15 Descreva em palavras a curva $\phi = \pi/4$ sobre a superfície do globo.

16 Descreva em palavras a curva $\theta = \pi/4$ sobre a superfície do globo.

17 Ache equações paramétricas para a esfera centrada na origem com raio 5.

18 Ache equações paramétricas para a esfera centrada no ponto (2, –1, 3) com raio 5.

19 Ache equações paramétricas para a esfera $(x - a)^2 + (y - b)^2 + (z - c)^2 = d^2$.

20 Adate a parametrização da esfera para achar uma parametização do elipsóide

$$\frac{x^2}{a^2}+\frac{y^2}{b^2}+\frac{z^2}{c^2}=1.$$

21 Suponha que você está num ponto do equador de uma esfera, parametrizado por coordenadas esféricas θ_0 e ϕ_0. Se você faz metade da volta do equador e metade do caminho para cima para o pólo norte ao longo de uma longitude, quais são suas novas coordenadas θ e ϕ ?

22 Se a esfera é parametrizada usando coordenadas esféricas θ e ϕ, descreva em palavras a parte da esfera dada pela seguintes restrições:
a) $0 \leq \theta \leq 2\pi$, $0 \leq \phi \leq \pi/2$
b) $\pi \leq \theta \leq 2\pi$, $0 \leq \phi \leq \pi$
c) $\pi/4 \leq \theta \leq \pi/3$, $0 \leq \phi \leq \pi$
d) $0 \leq \theta \leq \pi$, $\pi/4 \leq \phi \leq \pi/3$

23 Ache equações paramétricas para o cone $x^2 + y^2 = z^2$

24 Parametrize o cone do Exemplo 6 da página 184 em termos de r e θ.

25 Parametrize um cone de altura h e raio máximo a com vértice na origem e abertura para cima. Faça isto de dois modos, dando os intervalos de variação para cada parâmetro em cada caso:
a) Use r e θ. b) Use z e θ.

26 Parametrize o parabolóide $z = x^2 + y^2$ usando coordenadas cilíndricas.

27 Parametrize um vaso formado girando a curva $z = 10\sqrt{x-1}$, $1 \leq x \leq 2$, em torno do eixo-z. Esboce o vaso.

Para os Problemas 28–31
a) Escreva uma equação em x, y, z e identifique a superfície paramétrica.
b) Desenhe a superfície.

28 $x = 2s$ $\quad 0 \leq s \leq 1$
$y = s + t$ $\quad 0 \leq t \leq 1$
$z = 1 + s - t$

29 $x = s + t$ $\quad 0 \leq s \leq 1$
$y = s - t$ $\quad 0 \leq t \leq 1$
$z = s^2 + t^2$

30 $x = 3 \operatorname{sen} s$ $\quad 0 \leq s \leq \pi$
$y = 3 \cos s$ $\quad 0 \leq t \leq 1$
$z = t + 1$

31 $x = s$ $\quad s^2 + t^2 \geq 1$
$y = t$ $\quad s, t \leq 0$
$z = \sqrt{1 - s^2 - t^2}$

32 a) Descreva a superfície dada parametricamente pelas equações

$$x = \cos(s - t), \qquad y = \operatorname{sen}(s - t), \qquad z = s + t$$

b) Descreva as duas famílias de curvas paramétricas sobre a superfície.

33 Dê uma parametrização do círculo de raio a centrado no ponto (x_0, y_0, z_0) e situado no plano paralelo a dois vetores unitários dados $\vec{u}$ e $\vec{v}$ tais que $\vec{u} \cdot \vec{v} = 0$.

34 Um toro (biscoito em anel) é construído girando um pequeno círculo de raio a num grande círculo de raio b centrado na origem. O pequeno círculo está num plano vertical (que gira) passando pela origem e o círculo grande está no plano-xy. (Ver Figura 6.46.) Parametrize o toro como segue.
a) Parametrize o círculo maior.
b) Para um ponto típico no círculo grande ache dois vetores unitários perpendiculares entre si e no plano do pequeno círculo pelo ponto. Use estes vetores para parametrizar o pequeno círculo relativamente a seu centro.
c) Combine suas respostas às partes a) e b) para parametrizar o toro.

35 Um pedestal decorativo de carvalho tem 48 cm de comprimento e é feito num torno de modo que seu perfil seja sinusoidal como se vê na Figura 6.47.
a) Descreva a superfície do pedestal parametricamente usando coordenadas cilíndricas.
b) Ache o volume do pedestal.

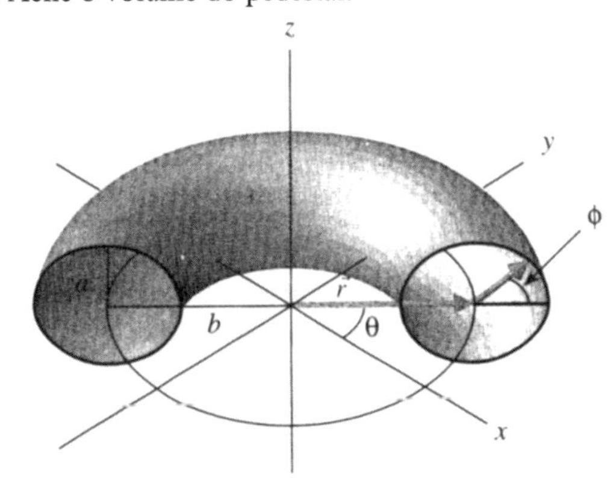

Figura 6.46

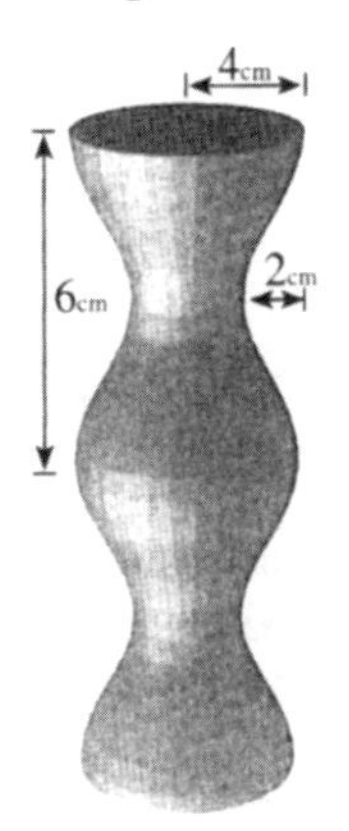

Figura 6.47

6.4 - O TEOREMA DA FUNÇÃO IMPLÍCITA

Nesta seção explicamos o Teorema da Função Implícita e como pode ser usado para achar aproximações lineares de pequenos pedaços de curvas e superfícies lisas.

Representações implícitas, explícitas e paramétricas de curvas no 2-espaço

O círculo de raio 1 centrado na origem pode ser representado implicitamente pela equação

$$x^2 + y^2 = 1,$$

ou explicitamente pelas equações

$$y = \sqrt{1-x^2} \quad \text{e} \quad y = -\sqrt{1-x^2}$$

ou parametricamente pelas equações

$$x = \cos t, \quad y = \text{sen}\, t, \quad 0 \le t \le 2\pi.$$

Em geral

> • Uma representação **implícita** de uma curva no plano-xy é dada por uma única equação em x e y da forma $f(x, y) = 0$.
> • Uma representação **explícita** de uma curva no plano-xy é dada por equações expressando y em termos de x ou x em termos de y na forma $y = g(x)$ ou $x = h(y)$.
> • Uma representação **paramétrica** de uma curva no plano-xy é dada por um par de equações expressando x e y em termos de uma terceira variável, freqüentemente denotada por t.

Podem existir muitas representações implícitas ou paramétricas diferentes de uma curva dada.

Exemplo 1: Dê representações implícita, explícita e paramétrica da reta que passa pelos pontos (3, 0) e (0, 5).

Solução: Uma representação implícita é $x/3 + y/5 - 1 = 0$.(Você deve verificar que a interseção-x é 3 e a interseção-y é 5.) Uma representação explícita é $y = 5 - (5/3)x$. Uma representação paramétrica é $x = 3t$, $y = 5 - 5t$.

Transformar representações paramétricas em implícitas ou explícitas

Exemplo 2: Dê representações implícita e explícita da curva que tem a representação paramétrica

$$x = 3 + 5\,\text{sen}\, t, \quad y = 1 + 2\cos t, \quad 0 \le t \le 2\pi.$$

Solução : Temos que eliminar o parâmetro t. Resolvendo para sen t e cos t obtemos sen $t = (x-3)/5$, $\cos t = (y-1)/2$. Como $\text{sen}^2 t + \cos^2 t = 1$ temos

$$\left(\frac{x-3}{5}\right)^2 + \left(\frac{y-1}{2}\right)^2 = 1$$

Esta é uma representação implícita para uma elipse centrada no ponto (3, 1). Para obter uma representação explícita resolvemos para y em termos de x:

$$\left(\frac{y-1}{2}\right)^2 = 1 - \left(\frac{x-3}{5}\right)^2, \text{ donde } \frac{y-1}{2} = \pm\sqrt{1-\left(\frac{x-3}{5}\right)^2},$$

e assim

$$y = 1 \pm 2\sqrt{1 - \frac{(x-3)^2}{25}}.$$

Não obtemos uma única representação explícita para a elipse toda: em vez disso, temos uma para a metade superior (a raiz quadrada positiva) e uma para a metade inferior (a raiz quadrada negativa).

Equações explícitas e paramétricas são mais fáceis de traduzir em figuras que equações implícitas. Para esboçar $y = f(x)$ calculamos $f(x)$ para diferentes valores de x e marcamos pontos. Analogamente, para esboçar uma curva dada parametricamente calculamos x e y para vários valores de t e marcamos os pontos. Para uma representação implícita, porém, substituímos um valor para x mas depois temos que resolver a equação implícita para achar y; podem existir muitas ou nenhuma solução. Ainda mais, pode ser impossível resolver algebricamente a equação para y.

Uso de linearização para construir uma aproximação local

Mesmo quando não podemos resolver uma equação implícita explicitamente para y em termos de x, freqüentemente podemos substituir a equação por uma aproximação linear válida perto de um ponto. Essa aproximação em geral pode ser resolvida para y. Assim, perto de uma ponto particular, uma equação implícita usualmente define efetivamente uma aproximação linear explícita.

Exemplo 3: O ponto (1, 1) está sobre a curva $y^3 + x^2 y + x^3 = 3$. Ache uma equação linear explícita que dê uma boa aproximação para a parte da curva próxima do ponto (1, 1).

Solução: A aproximação linear para a função $f(x, y) = y^3 + x^2 y + x^3$ perto do ponto (1, 1) é

$$f(x,y) \approx f(1,1) + f_x(1,1)(x-1) + f_y(1,1)(y-1)$$
$$= 3 + 5(x-1) + 4(y-1).$$

A curva tem equação $f(x, y) = 3$, de modo que perto do ponto (1, 1) a curva é bem aproximada por

$$3 + 5(x - 1) + 4(y - 1) = 3.$$

Resolvendo para x obtemos a equação linear explícita

$$y = 1 - \frac{5}{4}(x - 1).$$

Esta é a equação da reta tangente à curva no ponto (1, 1). (Ver Figura 6.48.)

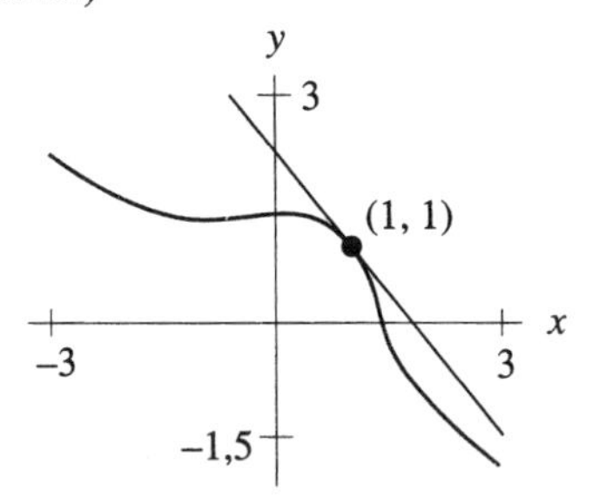

Figura 6.48: A curva $y^3 + x^2 y + x^3 = 3$ é bem aproximada por sua reta tangente perto do ponto (1, 1)

Representações implícita, explícita e paramétrica para superfícies no 3-espaço

Equações implícitas e explícitas em 3 variáveis descrevem superfícies no 3-espaço, não curvas. Por exemplo, a esfera de raio 1 e centro na origem pode ser representada implicitamente pela equação

$$x^2 + y^2 + z^2 = 1$$

ou explicitamente pelas equações

$$z = \sqrt{1 - x^2 - y^2} \quad \text{e} \quad z = -\sqrt{1 - x^2 - y^2},$$

ou parametricamente por
$x = \text{sen}\,\phi \cos\theta$, $y = \text{sen}\,\phi\, \text{sen}\theta$, $z = \cos\phi$, $0 \le \theta \le 2\pi$, $0 \le \phi \le \pi$.

Curvas no 3-espaço não podem ser representadas por uma equação, implícita ou explicitamente, porque uma única equação em 3 variáveis usualmente representada uma superfície. Porém, como vimos, curvas no 3-espaço podem ser dadas parametricamente. Por exemplo, uma hélice sobre o cilindro de raio 1 centrado no eixo-z pode ser descrita parametricamento por

$$x = \cos t, \quad y = \text{sen}\, t, \quad z = t, \quad -\infty < t < \infty.$$

Observe a diferença entre a representação paramétrica de curvas e superfícies. Curvas requerem um parâmetro, superfícies dois. Por esta razão dizemos que curvas são objetos 1-dimensionais e que superfícies são 2-dimensionais.

Obter uma função explícita a partir de uma equação implícita

Observe que embora um círculo e uma esfera sejam representados por equações implícitas, ambos dão origem a funções explícitas, cada uma representado uma parte do gráfico. Por exemplo, a esfera

$$x^2 + y^2 + z^2 = 1$$

corresponde às funções explícitas para a parte superior e para a parte inferior da esfera:

$$z = f_1(x, y), \sqrt{1 - x^2 - y^2} \quad \text{e} \quad f_2(x, y) = -\sqrt{1 - x^2 - y^2}$$

Agora olhamos um exemplo mais complicado.

Exemplo 4: Mostre que a equação implícita $z^3 - 7yz + 6e^x = 0$ não define z como função de x e y.

Solução: Como exemplo, tentemos calcular o valor de z correspondendo a $x = 0$ e $y = 1$. Substituímos $x = 0$ e $y = 1$ na equação e resolvemos para z. Como

$$z^3 - 7z + 6 = (z = 2)(z - 1)(z + 3) = 0,$$

temos três soluções: $z = 2$, $z = 1$, $z = -3$. Assim, z não é função de x e y.

Este exemplo mostra que se $z^3 - 7yz + 6e^x = 0$, então não podemos esperar escrever z explicitamente como função de x e y. Porém talvez possamos escrever z como função explícita de x e y numa parte do gráfico.

O gráfico da equação $z^3 - 7yz + 6e^x = 0$ é uma superfície que contém os três pontos (0, 1, 2), (0, 1, 1) e (0, 1, −3). Esperamos achar funções

$$z = f_1(x, y), \quad z = f_2(x, y), \quad z = f_3(x, y),$$

tais que f_1 forneça pontos da superfície próximos de (0, 1, 2) e f_2 pontos próximos de (0, 1, 1) e f_3 pontos perto de (0, 1, −3).

Quais são as fórmulas para f_1, f_2, f_3? Como a equação $z^3 - 7yz + 6e^x = 0$ não pode ser facilmente resolvida para z, não podemos achar facilmente fórmulas para f_1, f_2 e f_3. Mas isto *não* significa que não existam tais funções. Ainda podemos calcular f_1, f_2, f_3.

Exemplo 5: Suponha que as funções f_1, f_2, f_3 são funções definidas por $z^3 - 7yz + 6e^x = 0$.
a) Ache $f_1(0, 1)$, $f_2(0, 1)$, $f_3(0, 1)$.
b) Ache $f_1(0{,}02\ 1{,}01)$, $f_2(0{,}02, 1{,}01)$, $f_3(0{,}02\ 1{,}01)$.

Solução: a) Como f_1 dá os valores de z perto do ponto (0, 1, 2) temos

$$f_1(0, 1) = 2.$$

Analogamente

$$f_2(0, 1) = 1 \quad \text{e} \quad f_3(0, 1) = -3.$$

b) Para calcular $f_1(0{,}02, 1{,}01)$ substituímos $x = 0{,}02$ e $y = 1{,}01$ na equação implícita

$$z^3 - 7{,}07z + 6e^{0{,}02} = 0$$

Resolvendo numericamente para z novamente obtemos três soluções, $z = 2{,}0038$, $z = 1{,}0127$, $z = -3{,}0165$. Assim esperamos que

$f_1(0{,}02,\ 1{,}01) = 2{,}0038,\quad f_2(0{,}02,\ 1{,}01) = 1{,}0127,$

$f_3(0{,}02,\ 1{,}01) = -3{,}0165.$

Este exemplo sugere que as funções f_1, f_2, f_3 estão bem definidas e que podemos calculá-las para x perto de 0 e y perto de 1.

Achar uma aproximação linear explícita

Embora não possamos achar fórmulas explícitas para f_1, f_2, f_3, podemos achar funções lineares explícitas que aproximem cada uma delas perto do correspondente ponto da superfície. Para isto fazemos uma aproximação linear da equação implícita original $z^3 - 7yz + 6e^x = 0$ e resolvemos para z.

Exemplo 6:

a) Ache uma função linear explícita para l que aproxime a função f_1 perto de $(0, 1, 2)$.
b) Compare o valor dado por esta aproximação com os valores de $f_1(0, 1)$ e $f_1(0{,}02,\ 1{,}01)$.

Solução: a) Para achar uma função explícita válida perto de $(0, 1, 2)$ usamos uma aproximação linear e resolvemos para z. Seja $F(x, y, z) = z^3 - 7yz + 6e^x = 0$. Então

$F_x(x, y, z) = 6e^x,\quad F_y(x, y, z) = -7z,\quad F_z(x, y, z) = 3z^2 - 7y,$
$F_x(0, 1, 2) = 6,\quad F_y(0, 1, 2) = -14,\quad F_z(0, 1, 2) = 5.$

A aproximação linear de F perto de $(0, 1, 2)$ é

$$F(x, y, z) \approx F(0, 1, 2) + F_x(0, 1, 2)(x - 0) + F_y(0, 1, 2)(y - 1) + F_z(0, 1, 2)(z - 2).$$

Como $F(0, 1, 2) = 0$ temos

$F(x, y, z) \approx 0 + 6x - 14(y - 1) + 5(z - 2)$ para (x, y, z) perto de $(0, 1, 2)$.

Como a superfície é dada por $F(x, y, z) = 0$ temos

$$0 \approx 6x - 14(y - 1) + 5(z - 2).$$

Resolvendo para z ficamos sabendo que para (x, y, z) perto de $(0, 1, 2)$ temos

$$z \approx -0{,}8 - 1{,}2x + 2{,}8y.$$

Se definirmos a função explícita l por

$$l(x, y) = -0{,}8 - 1{,}2x + 2{,}8y$$

então a função $z = l(x, y)$ é uma boa aproximação da função $z = f_1(x, y)$ para (x, y) perto de $(0, 1)$.

b) Temos $l(0, 1) = 2$ e $l(0{,}02.\ 1{,}01) = 2{,}004$, ao passo que $f_1(0, 1) = 2$ e $f_1(0{,}02,\ 1{,}01) = 2{,}0038$. Assim os valores de l e f_1 são exatamente iguais em $(0, 1)$ e estão próximos para (x, y) perto de $(0, 1)$.

Exemplo 7: Tente achar uma função linear $l(x, y)$ tal que $z = l(x, y)$ aproxime as soluções de

$$x^2 + y^2 + z^2 = 25$$

perto da solução $(x, y, z) = (3, 4, 0)$.

Solução: Considere a equação equivalente $F(x, y, z) = x^2 + y^2 + z^2 - 25 = 0$. Como $F_x = 2x$, $F_y = 2y$, $F_z = 2z$, temos

$$F_x(3, 4, 0) = 6,\quad F_y(3, 4, 0) = 8,\quad F_z(3, 4\ 0) = 0.$$

A linearização local de F para (x, y, z) perto de $(3, 4, 0)$ é dada por

$$F(x, y, z) \approx 6(x - 3) + 8(y - 4) + 0(z - 0)$$

Assim a linearização da equação $F(x, y, z) = 0$ perto de $(3, 4, 0)$ é

$$6(x - 3) + 8(y - 4) = 0$$

que não pode ser resolvida para z porque z não aparece nesta equação. Portanto este método não dá uma aproximação para z como função de (x, y) perto do ponto $(3, 4, 0)$.

A solução do exemplo 7 mostra que embora não possamos resolver para z perto de $(3, 4, 0)$, poderíamos resolver para y, digamos, e expressar $y = l_1(x, z)$ perto desse ponto. Isto nos diz que embora não possamos usar x e y para parametrizar a esfera perto de $(3, 4, 0)$, podemos usar x e z.

A Figura 6.49 mostra porque o ponto $(3, 4, 0)$ dá complicações. A equação $x^2 + y^2 + z^2 = 25$ é uma esfera de raio 5 centrada na origem. Valores de (x, y) perto de $(3, 4)$ determinam valores únicos de z perto de 0 tais que (x, y, z) pertença à esfera ? A resposta é não, por duas razões. Para pontos tais como $(3{,}01,\ 4{,}01)$ em que $x^2 + y^2 > 25$ não há z algum tal que (x, y, z) pertença à esfera.. Para pontos como $(2{,}99,\ 3{,}99)$ em que $x^2 + y^2$ é um pouco menor que 25 há dois valores de z próximos de zero que satisfazem à equação, ou seja, $z = \sqrt{25 - x^2 - y^2}$ e $z = -\sqrt{25 - x^2 - y^2}$. (Ver Figura 6.49.) Como a equação $x^2 + y^2 + z^2 = 25$ não determina valores únicos para z para todo (x, y) perto de $(3, 4)$, não há função a aproximar perto de $(3, 4)$.

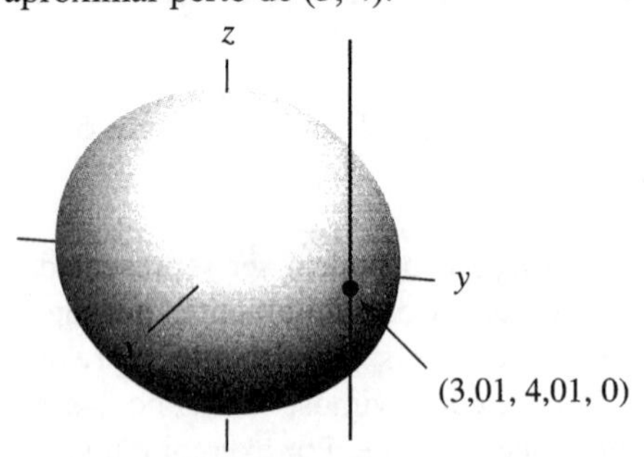

Figura 6.49: A esfera $x^2 + y^2 + z^2 = 25$ e uma reta vertical pelo ponto $(3{,}01,\ 4{,}01,\ 0)$

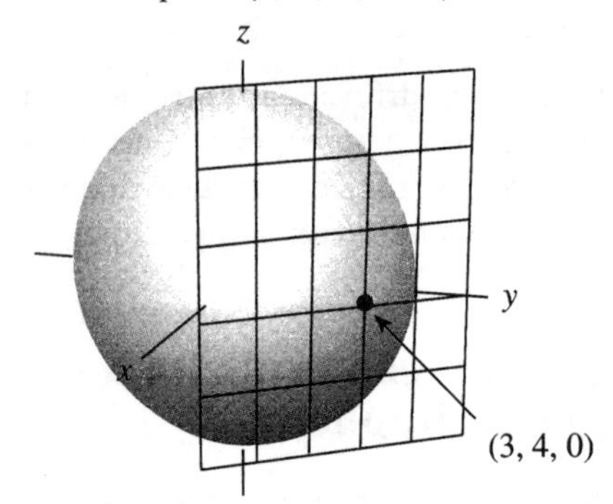

Figura 6.50: Plano tangente vertical à esfera $x^2 + y^2 + z^2 = 25$ no ponto $(3, 4, 0)$

O plano tangente à esfera no ponto (3, 4, 0) é a linearização $6(x-3)+8(y-4)=0$. A ausência de z nesta equação indica que o plano tangente é vertical e não determina z como função de x e y. (Ver Figura 6.50.) O fato de faltar z corresponde ao fato de $F_z(3, 4, 0) = 0$.

Resumimos os exemplos precedentes no seguinte teorema, cuja prova pode ser achada em textos mais avançados.

> **O teorema da função implícita**
>
> Suponha que $F(x, y, z)$ é uma função lisa e (a, b, c) é um ponto tal que
> - $F(a, b, c) = 0$
> - $F_z(a, b, c) \mid 0$
>
> Então existe uma função lisa $z = f(x, y)$ tal que para (x, y)perto de (a, b),
>
> $$F(x, y, f(x, y)) = 0$$
>
> A aproximação linear $l(x, y)$ de $f(x, y)$ no ponto (a, b) é obtida resolvendo com relação a z a equação $L(x, y, z) = 0$ onde $L(x, y, z)$ é a aproximação linear de $F(x, y, z)$ no ponto (a, b, c).

Podermos resolver para z e escrever $z = f(x, y)$ nos diz que perto de (a, b, c) a superfície $F(x, y, z) = 0$ pode ser parametrizada por x e y:

$$x = s, \quad y = t, \quad z = f(s, t).$$

Esta parametrização nem sempre é global e, como no Exemplo 7, podemos ter que usar x e z ou y e z em vez de x e y.

Problemas para a Seção 6.4

Quais curvas as equações paramétricas no Problemas 1–3 representam ? Ache uma equação explícita ou implícita para cada curva.

1 $x = 2 + \cos t$, $y = 2 - \operatorname{sen} t$

2 $x = 2 + \cos t$, $y = 2 - \cos t$

3 $x = 2 + \cos t$, $y = \cos^2 t$

Diga se as equações nos Problemas 4 – 6 representam uma cura paramétrica, implícita ou explicitamente. Dê os outros dois tipos de representação para a mesma curva.

4 $xy = 1$ para $x > 0$ **5** $x^2 - 2x + y^2 = 0$ para $y < 0$

6 $x = e^t$, $y = e^{2t}$ para todo t

7 Ache uma equação para a reta tangente à curva $xe^y + 2ye^x = 0$ no ponto (0, 0).

8 A equação $x \cos y + e^x + y = 1$ não pode ser resolvida explicitamente para y em termos de x.
a) Ache uma equação linear que tenha aproximadamente as mesmas soluções perto de (0, 0) e resolva-a para y em termos de x.
b) Qual o significado geométrico da equação linear que você achou na parte a) ?

9 Seja f_1 a função no exemplo 5. Faça uma tabela de valores para f_1 para

$$x = -0{,}02,\ -0{,}01,\ 0{,}00,\ 0{,}01,\ 0{,}02,$$

$$y = 0{,}98,\ 0{,}99,\ 1{,}00,\ 1{,}01,\ 1{,}02.$$

10 Compare os valores da aproximação linear local l do exemplo 6 com os valores de f_1 calculados no Problema 9.

11 Seja $z = f_2(x, y)$ a função, definida para (x, y) perto de (0, 1) tal que z esteja perto de 1 e $z^3 - 7yz + 6e^x = 0$.
a) Calcule $f_2(0{,}01,\ 0{,}98)$.
b) Ache uma aproximação linear para $f_2(x, y)$ para (x, y) perto de (0, 1) e use-a para aproximar $f_2(0{,}01,\ 0{,}98)$.
c) Ache $f f_2/f x$ em (0, 1) e $f f_2/f y$ em (0, 1).

12 Seja $z = f_3(x, y)$ a função definida para (x, y) perto de (0, 1) tal que z está perto de -3 e $z^3 - 7yz + 6e^x = 0$.
a) Calcule $f_3(0{,}01,\ 0{,}98)$.
b) Ache uma aproximação linear para $f_3(x, y)$ perto de (0, 1) e use-a para aproximar $f_3(0{,}01,\ 0{,}98)$.
c) Ache $f f_3 / f x$ em (0, 1) e $f f_3 / f y$ em (0, 1).

13 No ponto (3, 5, 7) uma certa função continuamente diferenciável $f(x, y, z)$ tem a linearização local $L(x, y, z) = 2(x-3) + 4(y-5) + 5(z-7)$.
a) O que você pode dizer do gráfico da equação $f(x, y, z) = 0$?
b) O que você pode dizer das soluções da equação $f(x, y, z) = 0$?

14 Ache a equação do plano tangente à superfície $z^2 + x^2 - y = 0$ no ponto (1, 1, 0) usando a linearização local.

15 Suponha que a satisfação que uma pessoa experimenta como resultado de consumir uma quantidade x_1 de um item e uma quantidade x_2 de outro item é dada como função de x_1 e x_2 por

$$S = f(x_1, x_2) = a \ln x_1 + (1-a) \ln x_2,$$

onde a é uma constan te, $0 < a < 1$. Os preços dos dois itens são p_1 e p_2 respectivamente e o orçamento é b.
a) Expresse a satisfação máxima que pode ser obtida como função de p_1, p_2 e b, isto é, $S = g(p_1,\ p_2$ e $b)$.
b) Ache uma função que dê a quantia que deve ser gasta para obter um determinado nível de satisfação, c, como uma função de p_1, p_2 e c, isto é, $b = h(p_1, p_2, c)$.
c) Explique porque a parte b) é um exemplo do teorema da função implícita.

16 A *utilidade* (satisfação) máxima que uma pessoa pode obter como resultado de consumir x_1 unidades de um item e x_2 unidades de outro é uma função dos preços p_1 e p_2 dos dois itens e do orçamento m. Escrevemos

$$u = f(p_1,\ p_2,\ m)$$

a) Supomos que u é função crescente de m. De qual derivada parcial isto está nos dizendo alguma coisa ? O que esta hipótese significa em termos econômicos ?

b) Use o teorema da função implícita para mostrar que existe uma função $m = g(p_1, p_2, u)$ satisfazendo

$$u = f(p_1, p_2, g(p_1, p_2, u)).$$

c) Explique porque g é chamada *função de gastos*. O que isto nos diz em termos econômicos ?

6.5 - NOTAS SOBRE NEWTON, KEPLER E O MOVIMENTO PLANETÁRIO

Cada noite a abóboda estelar gira lentamente sobre nossas cabeças. A princípio as estrelas parecem fixas em relação uma à outra, mas a observação por muitas noites revela que algumas estrelas se movem em relação ao resto. Estes viajantes não são estrelas mas planetas. Cinco deles são visíveis a olho nu: Mercúrio, Venus, Marte, Júpiter e Saturno, todos com nomes de antigos deuses romanos. Seus caminhos erráticos fizeram com que os povos lhes atribuíssem poderes sobrenaturais; por exemplo, a astrologia é baseada grandemente na posição dos planetas com relação a estrelas fixas. As explicações matemáticas de Newton e Kepler para o movimento planetário foram duas das descobertas que mais abriram caminhos na história da ciência.

Primeiros passos: Eratóstenes e Copérnico

O primeiro passo na direção da explicação do movimento planetário foi a percepção de que

> A Terra é redonda, uma esfera de raio aproximadamente de 6.000 km.

Isto era sabido de alguns na Grécia antiga. Eratóstenes (276–197 AC) fez uma avaliação razoável do raio da Terra observando o ângulo do sol ao meio dia de 21 de junho em dois lugares diferentes. (Ver Problema 1.) Outro passo importante foi a percepção de que

> A Terra gira uma vez por dia sobre um eixo central passando pelos pólos norte e sul.

O filósofo grego Aristóteles (384–322 AC) pensava, ao contrário, que a Terra ficava fixa enquanto outros corpos celestes se moviam em torno dela. Na verdade, a simples idéia de que a Terra gire pode parecer absurda: não seríamos jogados para fora do planeta ? Na verdade, a aceleração no equador causada pela rotação da Terra é menos de 1% da aceleração da gravidade, e é mais ou menos a mesma que a aceleração na borda de um carrossel com raio de 6 metros girando uma vez a cada $1\frac{1}{2}$ minuto (Ver Problema 2).

Durante a Renascença, Nicolau Copérnico (1473–1543) propôs o ponto de vista mais moderno, que o aparente movimento das estrelas cada noite seja causado pela rotação da Terra. Copérnico também contradisse teorias anteriores ao colocar o sol no centro do sistema solar com a Terra e outros planetas resolvendo em torno dele.

> A Terra e os planetas orbitam em torno do sol. A Terra completa uma revolução em torno do sol a cada $365\frac{1}{4}$ dias (aproximadamente). A lua orbita em torno da Terra completando uma revolução em cerca de $27\frac{1}{3}$ dias.

Na verdade Aristarco de Samos (310 – 230 AC) já tinha proposto uma tal teoria, dizendo que o movimento da Terra e dos planetas em volta do sol explica os movimentos aparentes dos planetas.

Leis de Kepler para o movimento planetário

Sabemos agora que os planetas não têm órbitas circulares com o sol no centro, nem a lua tem órbita circular com a Terra no centro. Por exemplo, a distância da Lua à Terra varia de 220.000 a 260.000 milhas. Na última metade do século XVI o astrônomo dinamarquês Tycho Brahe (1546–1601) fez medidas das posições dos planetas. Johann Kepler (1571–1630) estudou esses dados durante anos e depois de algumas tentativas falhas chegou a três leis para o movimento dos planetas:

> **Leis de Kepler**
> I. A órbita de cada planeta é uma elipse com o sol em um dos focos. Em particular, a órbita jaz sobre um plano que contém sol.
> II. Enquanto o planeta orbita em torno do sol, o segmento de reta do sol ao planeta varre áreas iguais em tempos iguais.
> III. A razão p^2/d^3 é a mesma para cada planeta girando em torno do sol, onde p é o período da órbita (o tempo para completar uma revolução) e d é a distância média da órbita (média entre a menor e a maior das distâncias ao sol).

Uma elipse é uma curva fechada no plano tal que a soma das distâncias de qualquer ponto da curva a dois pontos fixos, chamados focos da elipse, é constante. Se os dois focos estão localizados em $(0, -b)$ e $(0, b)$ no eixo-y e a soma constante das distâncias é $2d$, então pode-se mostrar que a equação da elipse é

$$\frac{x^2}{c^2} + \frac{y^2}{d^2} = 1,$$

onde d é a distância média e $c^2 = d^2 - b^2$.(Ver Problema 3.)

A segunda lei de Kepler diz que a reta do planeta ao sol sempre varre a mesma área em uma unidade de tempo. Isto implica que a velocidade do planeta não é constante, porque o planeta precisa mover-se mais depressa quando está mais perto do sol . (Ver Figura 6.51.)

A terceira lei diz que p^2/d^3 é a mesma para todos os planetas. Em particular, isto significa que se sabemos o período p para um planeta em anos terrestres, então sabemos a razão de sua distância média para a distância média da Terra. Newton mais tarde mostrou que o valor constante p^2/d^3 depende da massa do objeto em torno do qual os planetas giram.

As Leis de Kepler são impressionantes, mas puramente descritivas; não explicavam o movimento dos planetas. A grande realização de Newton foi achar a causa subjacente a elas.

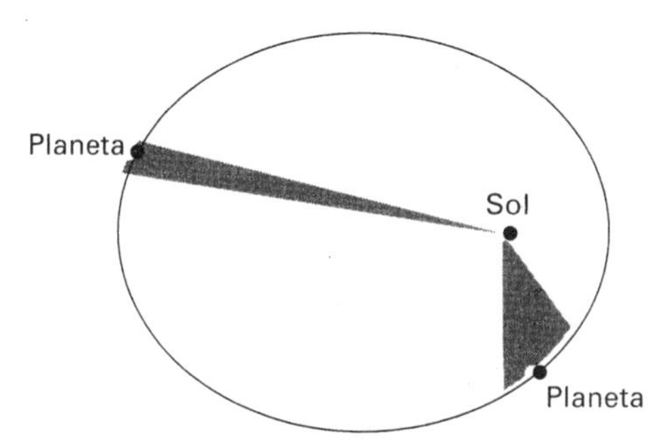

Figura 6.51: O segmento que une o planeta ao sol varre áreas iguais em tempos iguais.

A primeira e a segunda leis de Newton e a gravitação universal

Em 1687 Isaac Newton (1642 –1727) publicou os *Principia Mathematica.** Nos *Principia,* Newton desenvolveu uma teoria do movimento baseada no conceito de força. Começou por observar que um movimento curvo é indicação de aceleração, e se propôs achar uma lei específica de aceleração que explicasse as leis de Kepler. Newton definiu o "movimento" de um corpo, que nós chamaríamos momento, como sendo o produto de sua massa m por sua velocidade $\vec{v}$.

> **Primeira lei do movimento de Newton**
>
> Todo corpo permanece em repouso ou movimento [momento] constante sobre uma reta, a menos que seja obrigado a mudar esse estado por forças agindo sobre ele.

Em linguagem moderna, a Primeira Lei diz que $m\vec{v}$ é um vetor constante se nenhum força atua. Em particular, um planeta só pode se mover sobre uma elipse se há uma força agindo sobre ele.

* O titulo completo em latim era *Philosophiae Naturalis Principia Mathematica*, que significa *Princípios Matemáticos da Filosofia Natural.*

> **Segunda lei do movimento de Newton**
>
> A taxa de variação do movimento [momento] de um corpo é proporcional à força que age sobre ele; e é na direção da reta em que age a força.

Newton reconheceu que a taxa de variação do momento era uma quantidade vetorial. Sua segunda lei dá a direção da taxa de variação: em notação moderna, se m é massa e $\vec{v}$ é velocidade então

$$\frac{d}{dt}(m\vec{v}) = m\frac{d\vec{v}}{dt} = m\vec{a}.$$

Escrevendo $\vec{F}$ para denotar a força agindo sobre o corpo obtemos a versao moderna da segunda lei de Newton, $\vec{F} = m\,\vec{a}$. (as unidades são escolhidas de modo que a constante de proporcionalidade seja 1.)

Para completar sua explicação das leis de Kepler, Newton precisava de uma lei dando a força gravitacional do sol sobre uma planeta.

> **A Lei Universal da Gravitação**
>
> Dois objetos de massas M e m são atraídos um ao outro por uma força F proporcional ao produto de suas massas e ao inverso do quadrado das distâncias entre eles:
>
> $$F = \frac{GMm}{r^2},$$
>
> onde G é uma constante universal.

Embora a obra de Newton contenha muitas das idéias fundamentais do Cálculo, seu raciocínio usava triângulos semelhantes e geometria.** No restante desta seção explicaremos o procedimento de Newton com provas modernas usando derivadas, vetores e produtos vetoriais.

A explicação de Newton da segunda lei de Kepler

A segunda lei de Newton diz que o vetor aceleração de um planeta aponta na direção da da força gravitacional agindo sobre ele, e a lei da gravitação diz que o vetor força gravitacional aponta para o sol. Assim, o vetor aceleração de um planeta sempre aponta para o sol. Definimos movimento centrípeto em torno de um ponto fixo A como sendo um movimento em que o vetor aceleração sempre aponta para A (ou diretamente para longe de A). Newton provou que o movimento centrípeto é equivalente a movimento num plano

**Ver Tristan Needham, *Newton and the Transmutation of Force*, The American Mathematical Monthly, vol.100, 1993, p.119–137, para uma exposição do procedimento de Newton.

obedecendo à segunda lei de Kepler.

> **Teorema de Newton: leis de Kepler e movimento centrípeto**
>
> Suponha que um objeto se move num plano contendo o ponto A de tal modo que o segmento de reta de A ao objeto varre áreas iguais em tempos iguais. Então o movimento é centrípeto em torno de A. Reciprocamente, se o movimento é centrípeto em torno de A então o objeto se move num plano contendo A e o segmento de reta de A ao objeto varre áreas iguais em tempos iguais.

Newton deu uma prova geométrica deste teorema. Damos uma prova moderna. Considere o vetor $\vec{r} \times \vec{v}$ onde $\vec{r}$ é o vetor de A ao objeto e $\vec{v}$ é o vetor velocidade do objeto. (Ver Figura 6.52.) Mostramos que $\vec{r} \times \vec{v}$ representa a taxa que áreas são varridas pelo vetor $\vec{r}$.

Suponha que no tempo Δt o vetor $\vec{r}$ se torna $\vec{r}$ + $\Delta\vec{r}$. A Figura 6.53 mostra que a área varrida pelo vetor $\vec{r}$ durante o intervalo de tempo Δt é aproximadamente triangular e é dada por

$$\Delta\vec{A} \approx \frac{1}{2}\vec{r} \times (\vec{r} + \Delta\vec{r}) = \frac{1}{2}\vec{r} \times \vec{r} + \frac{1}{2}\vec{r} \times \Delta\vec{r} = \frac{1}{2}\vec{r} \times \Delta\vec{r}$$

pois $\vec{r} \times \vec{r} = \vec{0}$. Dividindo por Δt temos

$$\frac{\Delta\vec{A}}{\Delta t} \approx \frac{1}{2}\vec{r} \times \frac{\Delta\vec{r}}{\Delta t}.$$

Fazer $\Delta t \to 0$ dá

$$\frac{d\vec{A}}{dt} = \frac{1}{2}\vec{r} \times \vec{v}.$$

Assim vemos que a área do triângulo determinado por $\vec{r}$ e $\vec{v}$ dá a taxa a que áreas são varridas quando o objeto se move em sua órbita.

A direção de $\vec{r} \times \vec{v}$ é perpendicular ao plano contendo $\vec{r}$ e $\vec{v}$. Assim, se a área está sendo varrida a uma taxa constante e se $\vec{r}$ e $\vec{v}$ estão sempre no plano do movimento, então $\vec{r} \times \vec{v}$ é um vetor constante. Para ver se $\vec{r} \times \vec{v}$ é constante, tomemos a derivada de $\vec{r} \times \vec{v}$. Usando a regra do produto, o fato de $\vec{v} \times \vec{v} = 0$ e escrevendo a aceleração $\vec{a} = d\vec{v}/dt$ obtemos

$$\frac{d}{dt}(\vec{r} \times \vec{v}) = \frac{d\vec{r}}{dt} \times \vec{v} + \vec{r} \times \frac{d\vec{v}}{dt} = \vec{v} \times \vec{v} + \vec{r} \times \vec{a} = \vec{r} \times \vec{a}.$$

Primeiro, suponhamos que o movimento se dá num plano contendo A e que o segmento de reta varre áreas iguais em tempos iguais. Então $\vec{r} \times \vec{v}$ é constante de modo que devemos ter $\vec{r} \times \vec{a} = \vec{0}$. Isto significa que $\vec{a}$ deve ser paralelo a $\vec{r}$. Mas isto significa que $\vec{a}$ sempre aponta para (ou para longe) de A, de modo que o movimento é centrípeto.

Reciprocamente suponha que o movimento é centrípeto. Então $\vec{r}$ e $\vec{a}$ são paralelos de modo que $\vec{r} \times \vec{a} = \vec{0}$, o que implica que $\vec{r} \times \vec{v}$ é constante. Isto nos diz que áreas iguais são varridas em tempos iguais e que $\vec{r}$ e $\vec{v}$ sempre estão num mesmo plano (o plano perpendicular a $\vec{r} \times \vec{v}$).

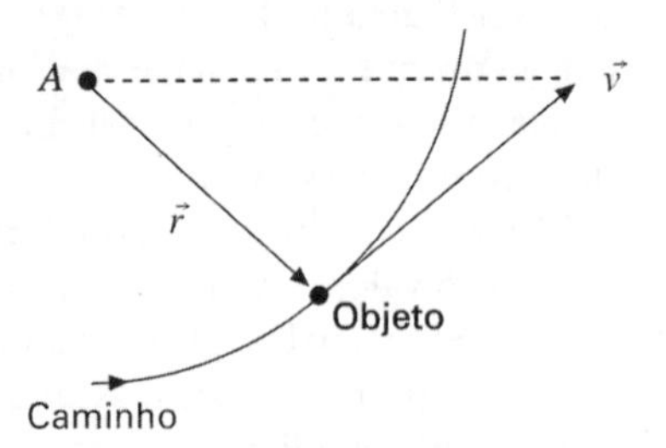

Figura 6.52: O triângulo representa a taxa a que áreas são varridas pelo vetor $\vec{r}$ quando o corpo se move com velocidade $\vec{v}$

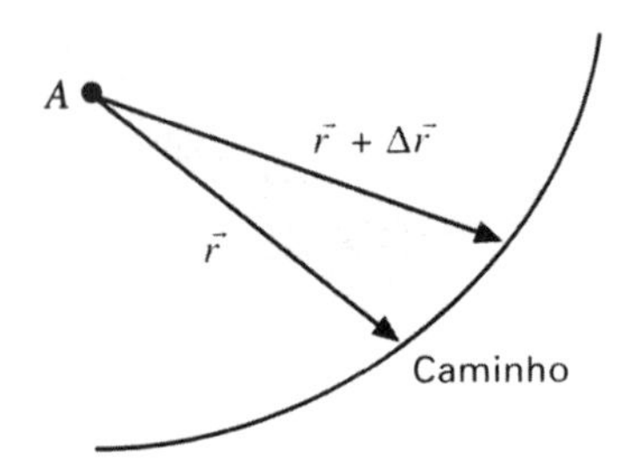

Figura 6.53: Área varrida no tempo Δt

Explicação de Newton para a primeira lei de Klepler

A equivalência entre a segunda lei de Kepler e o movimento centrípeto nos diz que o vetor aceleração de um planeta aponta sempre para o sol . Mas qual é sua norma ? Newton mostrou que a norma da aceleração podia ser obtida da primeira lei de Kepler, que diz que o planeta se move numa elipse, centripetamente em torno de um dos focos. Seu resultado foi o seguinte:

> **Teorema de Newton: movimento em torno do foco da elipse**
>
> Suponha que o objeto se move numa elipse contripetamente em torno de um foco B da elipse. Suponha que a distância meia da elipse é d e que o período do movimento é p. Se r é a distância do objeto a B então a norma da aceleração é dada por
>
> $$a = \frac{k}{r^2}, \text{ onde } k = \frac{4\pi^2 d^3}{p^2}.$$
>
> Assim a é proporcional ao inverso do quadrado de r.

A força gravitacional

Até agora nos concentramos na aceleração e não na força.

Newton percebeu que devia haver uma força curvando o caminho da lua enquanto girava em volta da Terra. Sua visão foi de que a força puxando a maçã para a Terra era a mesma força que acelerava a lua em sua órbita. A norma da força da gravidade é dada pela lei Universal da Gravitação,

$$F = \frac{GMm}{r^2},$$

onde G é uma constante. Para um planeta de massa m em órbita em torno do sol de massa M temos

$$F = ma = \frac{GMm}{r^2} \text{ de modo que } a = \frac{GM}{r^2}.$$

Observe que a formulação de Newton da lei da gravidade explica o fato das leis de Kepler não envolverem as massas dos planetas individuais. Como $F = ma$ e $F = GMm/r^2$, a massa m é cancelada. Esta é a explicação para a notável descoberta de Galileu de que a aceleração de um corpo em queda livre não depende da massa do corpo.

Pelo teorema de Newton a constante de proporcionalidade é $4\pi^2 d^3/p^2$ de modo que temos

$$GM = \frac{4\pi^2 d^3}{p^2}.$$

Esta relação nos diz que se conhecermos a constante gravitacional G poderemos calcular a massa M. Esses cálculos supõem que M é muito maior que m, de modo que M pode ser considerada estacionária. Isto se aplica a planetas em órbita em torno do sol , à lua em órbita em torno da Terra ou a uma lua em órbita em torno de Júpiter. Como experimentos de laboratório na Terra nos dão o valor de G, a lei de Newton abriu caminho para o cálculo da massa do sol, da Terra e de Júpiter.

A obra de Newton abriu uma nova era na ciência em que o uso de equações diferenciais trouxe avanços espetaculares na Física e na Astronomia.

Problemas para a Seção 6.5

1 No terceiro século AC Eratóstenes avaliou a circunferência da Terra pelo método seguinte. Ele sabia que perto de Syene, Egito, no mais longo dia do ano, o sol podia ser visto refletido no fundo de um poço profundo de modo que estava diretamente em cima. No mesmo dia em Alexandria, Egito, ele observou que o sol passava a cerca de 1/50 de um círculo completo a sul do zênite (isto é, ao sul de diretamente acima). Falando aos condutores de camelos, Eratóstenes também soube que a distância norte–sul entre Alexandria e Syene era de cerca de 5.000 stadia (um *stadium* era uma unidade grega de comprimento que se julga ser de cerca de 185 metros). Use esta informação para avaliar a circunferência da Terra.

2 Para um ponto no equador calcule a norma da aceleração causada pela rotação da Terra. Use metros segundo por segundo como unidades. O raio da Terra é de 6.000 km aproximadamente e (como você sabe) o período de rotação é de 24 horas. Compare sua resposta com o valor da aceleração devida à gravidade $g = 9{,}8$ m/seg^2. Suponha que um ponto na borda de um carrossel de raio 8 metros tem a mesma aceleração que o ponto no equador. Qual é a velocidade escalar do ponto do carrossel ? Qual é o período do carrossel ?

3 Suponha que uma elipse tem focos em $(0, b)$ e $(0, -b)$ no plano-xy e que a distância ao foco em $(0, b)$ é d. Mostre que a soma constante das distâncias de qualquer ponto da elipse aos focos é $2d$. Então mostre que a equação da elipse é

$$\frac{x^2}{c^2} + \frac{y^2}{d^2} = 1$$

onde d é a distância média e $c^2 = d^2 - b^2$.

4 Suponha que uma partícula se move no plano-xy de modo que seu vetor aceleração $\vec{a}$ sempre aponte para a origem e tem norma proporcional a distância à origem. Escolha o eixo-x de modo que o ponto do caminho da partícula mais próximo da origem é $(a, 0)$. Explique porque nesse ponto o vetor velocidade é perpendicular ao eixo-x. Mostre que com as coordenadas x e y dadas, se definirmos $t = 0$ como sendo o instante em que a partícula está em $(a, 0)$, então a partícula satisfaz às equações diferencias

$$\frac{d^2x}{dt^2} = -kx, \quad \frac{d^2y}{dt^2} = -ky, \quad k > 0,$$

com condições iniciais $x(0) = a$, $x'(0) = 0$ e $y(0) = 0$, $y'(0) = c$. Aqui c é a velocidade na direção-y no instante $t = 0$. Agora mostre que se $b = c/\sqrt{k}$, a solução destas equações diferenciais é

$$x = a \cos\sqrt{k}\,t\,, \quad y = b \operatorname{sen}\sqrt{k}\,t\,.$$

5 Experimente num computador ou calculadora com as órbitas resultantes da aceleração centrípeta. Você precisará de um programa que trace trajetórias (soluções) para sistemas de equações diferenciais. Por exemplo, para olhar órbitas com aceleração centrípeta de k/r você precisa resolver um sistema de equações diferenciais com quatro variáveis, as variáveis de posição x e y e as variáveis de velocidade $u = dx/dt$, $v = dy/dt$, que satisfazem ao sistema

$$\frac{dx}{dt} = u, \quad \frac{dy}{dt} = v, \quad \frac{du}{dt} = \frac{-kx}{x^2+y^2}, \quad \frac{dv}{dt} = \frac{-ky}{x^2+y^2}$$

Verifique que essas equações implicam que o vetor aceleração $(d^2x/dt^2)\vec{i} + d^2y/dt^2)\vec{j} = (du/dt)\vec{i} + (dv/dt)\vec{j}$ tem a direção e a norma corretas. Então use o computador para obter as variáveis x e y partindo de valores iniciais para x, y, u, v. Tente outras leis: k/r^2, kr^2. As órbitas são sempre fechadas ?

6 Uma hipérbole é uma curva tal que a *diferença* das distâncias de qualquer ponto sobre a curva a dois pontos fixos (chamados focos) é constante. A equação para a hipérbole centrada na origem é

$$-\frac{x^2}{c^2}+\frac{y^2}{d^2}=1$$

onde $2d$ é a diferença constante das distâncias aos focos em $(0, b)$ e $(0, -b)$ e $c^2 = b^2 - d^2$. Mostre que o movimento parametrizado por

$$x=\frac{c}{2}\left(e^{kt}-e^{-kt}\right),\quad y=\frac{d}{2}\left(e^{kt}+e^{-kt}\right)$$

jaz sobre a hipérbole $-x^2/c^2 + y^2/d^2 = 1$ e também que

$$\frac{d^2x}{dt^2}=k^2x,\quad \frac{d^2y}{dt^2}=k^2y.$$

Assim o movimento dado tem aceleração apontando para longe da origem com norma proporcional à distância à origem.

Problemas de revisão para o Capítulo 6

Escreva uma parametrização para cada uma das curvas no Problemas 1–10.

1 A reta horizontal pelo ponto (0, 5).

2 O círculo de raio 2 centrado na origem, começando no ponto (0, 2) quando $t = 0$.

3 O círculo de raio 4 centrado no ponto (4, 4) começando no eixo-x quando $t = 0$.

4 O círculo de raio 1 no plano-xy centrado na origem percorrido em sentido anti-horário quando visto de cima.

5 A reta pelo pontos (2, –1, 4) e 1, 2, 5).

6 A reta pelo ponto (1, 3, 2) perpendicular ao plano-xz.

7 A reta pelo ponto (1, 1, 1) perpendicular ao plano $2x - 3y + 5z = 4$.

8 O círculo de raio 2 paralelo ao plano-xy, centrado no ponto (0, 0, 1) e percorrido em sentido anti-horário quando visto de baixo.

9 O círculo de raio 3 paralelo ao plano-xz, centrado ao ponto (0, 5, 0) e percorrido em sentido anti-horário quando visto de (0, 10, 0).

10 O círculo de raio 2 centrado em (0, 1, 0) jazendo no plano $x + z = 0$.

11 Considere as equações paramétricas abaixo para $0 \le t \le \pi$.

I. $\vec{r} = \cos(2t)\vec{i} + \text{sen}(2t)\vec{j}$ II. $\vec{r} = 2\cos t\vec{i} + 2\,\text{sen}\, t\vec{j}$

III. $\vec{r} = \cos(t/2)\vec{i} + \text{sen}(t/2)\vec{j}$ IV. $\vec{r} = 2\cos t\vec{i} - 2\,\text{sen}\, t\vec{j}$

a) Associe as equações acima com quatro das curvas C_1, C_2, C_3, C_4, C_5 e C_6 na Figura 6.54.(Cada curva é parte de um círculo.)

b) Dê equações paramétricas para as curvas que não tem associados, novamente supondo $0 \le t \le \pi$.

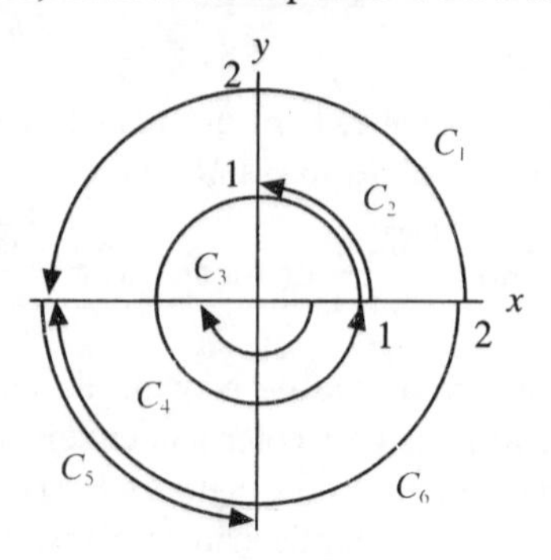

Figura 6.54

12 Numa calculadora gráfica ou computador trace $x = 2t/(t^2 + 1)$, $y = (t^2 - 1)/(t^2 + 1)$, primeiro para $-50 \le t \le 50$, depois para $-5 \le t \le 5$. Explique o que você vê. A curva é realmente um círculo ?

13 Seja $f(x, y) = (x^2 - y^2)/(x^2 + y^2)$.

a) Em qual direção você deve mover-se do ponto (1, 1) para obter a máxima taxa de aumento para f?

b) Ache uma direção em que a derivada direcional no ponto (1, 1) é igual a zero.

c) Suponha que você se move ao longo da curva $x = e^{2t}$, $y = 2t^3 + 6t + 1$. Quanto vale df/dt em $t = 0$?

14 Ache a equação paramétrica da reta de interseção dos planos $z = 4 + 2x + 5y$ e $z = 3 + x + 3y$.

15 Ache equações paramétricas da reta passando pelo pontos (1, 2, 3), (3, 5, 7) e calcule a menor distância da reta à origem.

16 As retas $x = 3 + 2t$, $y = 5 - t$, $z = 7 + 3t$ e $x = 3 + t$, $y = 5 + 2t$, $z = 7 + 2t$ são paralelas ?

17 Trace a figura de Lissajous dada por $x \cos 2t$, $y = \text{sen}\, t$ usando uma calculadora gráfica ou um computador. Explique porque ela parece parte de uma parábola. Sugestão: use uma identidade do ângulo duplo da trigonometria.

18 Suponha que um planeta P no plano-xy orbita em torno de uma estrela S em sentido anti-horário num círculo de raio 10 unidades, completando uma órbita em 2π unidades de tempo. Suponha além disso que uma lua M orbita em torno do planeta P em sentido antiohorário num círculo de 3 unidades, completando uma órbita em $2\pi/8$ unidades de tempo. A estrela S está fixa na origem $x = 0$, $y = 0$ e no tempo $t = 0$ o planeta P está no ponto (10, 0) e a lua M no ponto (13, 0).

a) Ache equações paramétricas para as coordenadas x e y do planeta no tempo t.

b) Ache equações paramétricas para as coordenadas x e y da lua no tempo t. Sugestão: para a posição da lua no tempo t tome um vetor do sol ao planeta no tempo t e some um vetor do planeta à lua.

c) Trace o caminho do planeta usando uma calculadora gráfica ou um computador.

d) Experimente variar raio e velocidade escalar para a órbita da lua em torno do planeta.

19 Uma partícula se move ao longo de uma reta, com posição no tempo t dada por

$$\vec{r}\,(t) = (2 + 5t)\vec{i} \;+ (3 + t)\;\vec{j} = 2t\vec{k}\;.$$

a) Onde está a partícula quando $t = 0$?

b) A que tempo a partícula atinge o ponto (12, 5, 4)?

c) A partícula chega em algum tempo ao ponto (12, 4, 4) ? Porque ou porque não ?

20 Uma formiga, partindo da origem, se move a 2 unidades/seg ao longo do eixo-x até o ponto (1, 0). A formiga então se move em sentido anti-horário ao longo do círculo unitário até (0, 1) a uma velocidade escalar de $3\pi/2$ unidades/seg, então diretamente para baixo para a origem a uma rapidez de 2 unidades/seg ao longo do eixo-y .

a) Expresse as coordenadas da formiga como função do tempo t em segundos.

b) Expresse o caminho inverso como uma função do tempo.

21 Uma jogadora de basquete arremessa a bola de 1,80 m acima do solo em direção à cesta que está a 3,3 m acima do solo e 5m de distância horizontalmente.

a) Suponha que ela arremessa a bola a um ângulo de A graus acima da horizontal ($0 < A < \pi/2$) com velocidade escalar inicial V. Dê as coordenadas x e y da posição da bola no tempo t. Suponha que a coordenada-x da cesta é 0 e que a coordenada-x da jogadora é -5. [Sugestão: há uma aceleração de - 9,8 m/seg^2 na direção-y, não há aceleração na direção-x. Ignore a resistência do ar.]

b) Usando equações paramétricas que você obteve na parte a) experimente com diferentes valores para V e A, traçando o caminho da bola numa calculadora gráfica ou num computador para ver quão perto a bola chega da cesta. (Marcas no eixo-y podem ser usadas para localizar a cesta.)

c) Ache o ângulo A que minimiza a velocidade necessária para que a bola atinja a cesta. (Este é um cálculo longo. Primeiro ache uma equação em V e A que vale se o caminho da bola passar pelo ponto a 5 m da jogadora e 3,2 m acima do solo. Então minimize V.)

22 Uma líder de torcida tem um bastão de 0,4 m de comprimento com uma luz numa extremidade. Ela joga o bastão de tal modo que seu centro descreve uma parábola e o bastão gira em sentido anti-horário em torno do centro com velocidade angular constante. O bastão inicialmente está horizontal e 1,5 m acima do solo; sua velocidade inicial é 8 m/seg^2 revoluções por segundo. Ache equações paramétricas descrevendo os seguintes movimentos;

a) O centro do bastão relativamente ao solo.

b) A extremidade do bastão relativamente ao centro.

c) O caminho percorrido pela extremidade do bastão relativamente ao solo.

d) Esboce o gráfico do movimento da extremidade do bastão

23 Uma roda de raio 1 metro repousa sobre o eixo-x com o centro sobre o eixo-y. Há uma marca na borda no ponto (1, 1). Ver Figura 6.55. No tempo $t = 0$ a roda começa a rolar no eixo-x na direção mostrada à taxa de 1 radiano por segundo.

a) Ache equações paramétricas descrevendo o movimento do centro da roda.

b) Ache equações paramétricas descrevendo o movimento da marca na borda. Trace seu caminho.

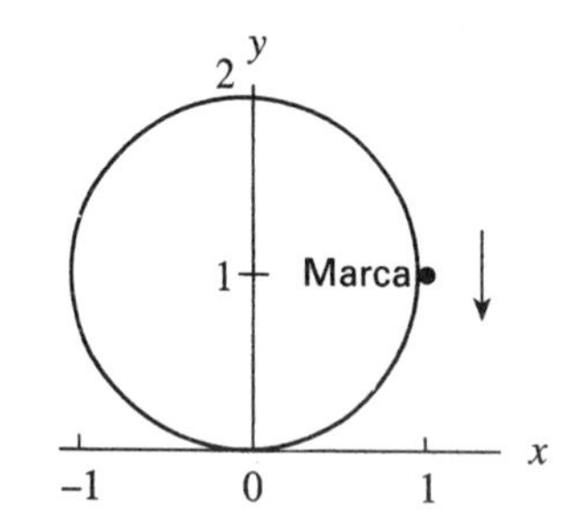

Figura 6.55

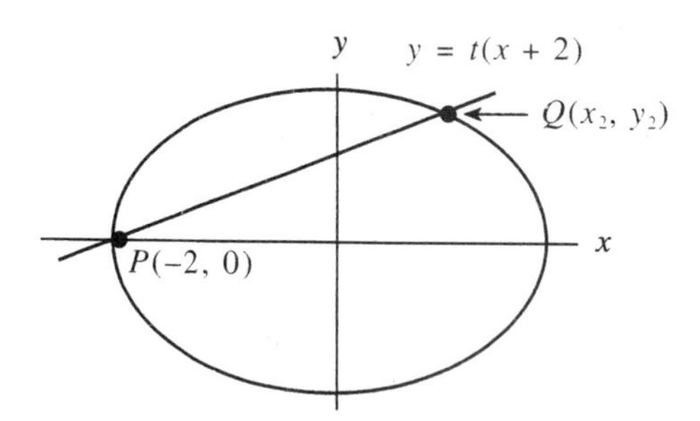

Figura 6.56

24 a) A elipse $2x^2 + 3y^2 = 8$ corta a reta de inclinação t pelo ponto $P = (-2, 0)$ em dois pontos, um dos quais é P. Calcule as coordenadas do outro ponto Q. Ver Figura 6.56.

b) Dê uma parametrização da elipse $2x^2 + 3y^2 = 8$ por funções racionais.

25 Ache equações paramétricas para o plano $3x + 4y + 5z = 10$.

26 a) Ache um vetor normal ao plano $\vec{r} = (3 - 5s + 2t)\vec{i}\; +$

$(1 + s + 3t)\vec{j}\; + (s - t)\vec{k}$

b) Ache uma equação implícita para o plano.

27 Você está parado no ponto (–5, 0, 5), sua amiga Joana está parada no ponto (0, –5, 5) e a amiga Júlia dela está no ponto (10, 5, 0). Ache equações paramétricas para o plano em que estão os três de modo que seus parâmetros sejam (0, 0), os de Júlia sejam (1, 0) e os de Joana sejam (0, 1). Ache uma parametrização que permute os parâmetros de Júlia e Joana.

28 Há um modo famoso de parametrizar uma esfera chamado *projeção estereográfica*. Trabalhamos com a esfera $x^2 + y^2 + z^2 = 1$. Trace uma reta do ponto no plano-xy ao pólo norte (0, 0, 1). Esta reta corta a esfera num ponto (x, y, z). Isto dá uma parametrização da esfera por pontos do plano.

a) Qual ponto corresponde ao pólo sul ?

b) Quais pontos correspondem ao equador ?

c) Obtemos todos os pontos da esfera por esta parametrização ?

d) Quais pontos correspondem ao hemisfério superior ?

e) Quais pontos correspondem ao hemisfério inferior ?

29 Muitos instrumentos de metal são aproximadamente trompas de Bessel, que são superfícies de revolução em torno do eixo-x de

$$z = f(x) = \frac{b}{(x+a)^m}$$

para constantes positivas a, b, m. Assim $f(x)$ é o raio da campânula a uma distância x da grande extremidade aberta. Usualmente m está na faixa $0{,}5 \leq m \leq 1$

Determine a e b e esboce o gráfico de f para $0 \leq x \leq 20$ se o raio em $x = 0$ é 15 cm e o raio em $x = 20$ cm é 1 cm para cada um dos três casos seguintes: $m = 0{,}5$, $m = 0{,}7$, $m = 1$. Porque m é chamado o parâmetro de abertura ?

30 Dê uma parametrização da superfície do Problema 29 com $m = 0{,}5$.

31 A Figura 6.57 representa a superfície paramétrica

$$x = a\,(s + t), \quad y = b\,(s - t), \quad z = 4ct^2,$$

para $a = 1$, $b = 1$ e $c = 1$. O que acontece se você aumenta a ? Aumenta b ? Aumenta c ? Como poderíamos revirar a superfície de cabeça para baixo ?

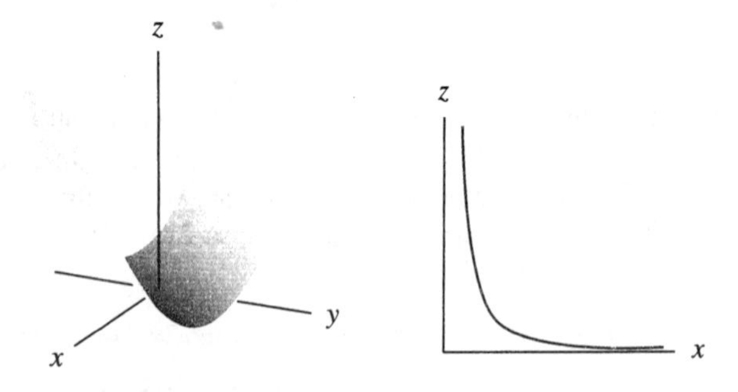

Figura 6.57 **Figura 6.58**

32 A Figura 6.58 mostra a curva $x^2z = 1$ no plano-xz. Obtenha uma parametrização da superfície obtida girando esta curva.

a) Em torno do eixo-x para $x > 0$.

b) Em torno do eixo-z para $z > 0$.

33 A representação paramétrica de uma reta em três dimensões é usada para achar onde uma reta por dois pontos corta um plano dado. Por exemplo, as figuras de curvas e superfícies no 3-espaço neste livro são traçadas por computador. Para fazer isto, o computador primeiro calcula as coordenadas-xyz de alguns pontos da curva ou superfície. Para cada tal ponto ele calcula então a reta do ponto ao olho de um observador imaginário e determina onde essa reta corta uma janela imaginária (o plano da tela do computador) situada entre o ponto e o olho do observador. As coordenadas bidimensionais da tela para esse ponto de interseção são calculadas de modo que o ponto possa ser marcado na tela. Ache fórmulas para as coordenadas do ponto de interseção do plano $Ax + By + Cz = D$ com a reta do ponto (a, b, c) ao observador no ponto (A, B, C).

34 No Problema 33, as coordenadas-xyz são calculadas para o ponto em que a linha de visão de um observador em (A, B, C) a um ponto (a, b, c) encontra um plano de visão (a tela) $Ax + By + Cz = D$. O computador precisa calcular coordenadas da tela deste ponto, não as coordenadas no espaço-xyz. Para fazer isto, tome dois vetores $\vec{u}$ e $\vec{v}$ perpendiculares um ao outro partindo da origem da tela e jazendo no plano da tela. Então cada ponto da tela pode ser escrito como $r\vec{u} + s\vec{v}$ para convenientes números r e s; estes números são as coordenadas na tela. Escolha para origem na tela o ponto Q em que a linha de visão do observador (A, B, C) à origem-xyz (0, 0, 0) encontra o plano de visão $Ax + By + Cz = D$. Escolha $\vec{u}$ como sendo um vetor unitário paralelo ao plano-xy apontando para a direita do observador e $\vec{v}$ um vetor unitário perpendicular a $\vec{u}$ e apontando para cima (com componente-z positiva). As coordenadas na tela podem ser encontradas tomando o produto escalar com $\vec{u}$ e $\vec{v}$ do vetor da origem Q da tela ao ponto de interseção calculado no Problema 33.

a) Ache as coordenadas-xyz da origem na tela Q em termos de A, B, C, D.

b) Ache o vetor $\vec{u}$ em termos de A, B, C.

c) Ache o vetor $\vec{v}$ em termos de A, B, C.

d) Ache as coordenadas do ponto de interseção calculado no Problema 33.

e) Ache as coordenadas r e s na tela do ponto calculado no Problema 33. Isto é, ache $r = \vec{u}\ .\ (\vec{P} - \vec{Q})$ e $s = \vec{v}\ .\ (\vec{P} - \vec{Q})$. [Sugestão: use o fato de $\vec{u}\ .\ (A\vec{i} + B\vec{j} + C\vec{k}) = 0$ e $\vec{v}\ .\ (A\vec{i} + B\vec{j} + C\vec{k}) = 0$.]

7

CAMPOS DE VETORES

Algumas quantidades físicas (tais como temperatura) são melhor representadas por escalares; outras (como a velocidade) por vetores. Consideramos funções de várias variáveis cujos valores são escalares, por exemplo, temperatura como função de posição num mapa do tempo. Tais funções são chamadas funções a valores escalares.

Alguns mapas do tempo indicam a velocidade do vento em vários pontos por setas. A velocidade do vento é um exemplo de função a valores vetoriais, pois seu valor num ponto é o vetor indicando a direção e a força do vento. Tais funções são também chamadas *campos de vetores*. Já vimos um importante exemplo de um campo de vetores, ou seja, o campo gradiente de uma função a valores escalares. Neste capítulo olharemos outros exemplos, tais como campos de vetores velocidade descrevendo a correnteza de um fluido. Também olharemos o caminho percorrido por uma partícula que se move com a correnteza, que se chama uma *linha de correnteza* do campo de vetores.

7.1 - CAMPOS DE VETORES

Introdução a campos de vetores

Um *campo de vetores* é uma função que associa um vetor a cada ponto no plano ou no 3-espaço. Um exemplo de campo de vetores é o gradiente de uma função $f(x, y)$: em cada ponto (x, y) o vetor grad $f(x, y)$ aponta na direção de taxa de crescimento máxima de f. Nesta seção consideraremos outros campos de vetores representando velocidades ou forças.

Campos de vetores velocidades

A Figura 7.1 representa o movimento fluido de uma parte da corrente do Golfo, uma corrente no Oceano Atlântico.* É um exemplo de um campo de vetores velocidade: cada vetor mostra a velocidade da correnteza nesse ponto. A correnteza é mais rápida onde os vetores velocidade são mais longos, no meio da corrente. Além da corrente há redemoinhos onde a água flui em círculos.

* Baseado em dados fornecidos por Avijit Gangopadhyay do Laboratório de Propulsão a Jato

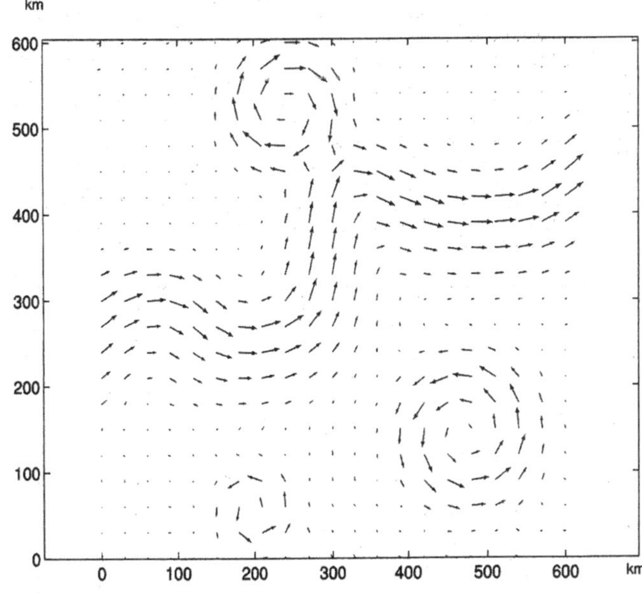

Figura 7.1: O campo de vetores velocidades da corrente do Golfo

Campos de força

Outra quantidade física representada por um vetor é força. Quando experimentamos uma força, às vezes ela resulta de contato direto com o objeto que fornece a força (por exemplo um empurrão). Muitas forças, porém, podem ser sentidas em todos os pontos do espaço. Por exemplo, a Terra exerce atração gravitacional em todas as outras massas. Tais forças podem ser representadas por campos de vetores.

A Figura 7.2 mostra a força gravitacional exercida pela Terra sobre uma massa de um quilograma em diferentes pontos do espaço. Isto é um esboço de um campo de vetores no 3-espaço. Pode-se ver que os vetores em todos os pontos apontam para a Terra (que não é mostrada no diagrama) e que os vetores mais afastados da Terra são menores em norma.

Figura 7.2: O campo gravitacional da Terra

Definição de um campo de vetores

Agora que vimos alguns exemplos de campos de vetores damos uma definição mais formal.

> Um **campo de vetores** no 2-espaço é uma função $\vec{F}\ (x, y)$ cujo valor num ponto (x, y) é um vetor no 2-espaço. Analogamente, um campo de vetores no 3-espaço é uma função $\vec{F}\ (x, y, z)$ cujos valores são vetores do 3-espaço.

Observe a seta sobre a função $\vec{F}$, indicando que seu valor é um vetor, não um escalar. Freqüentemente representamos o ponto (x, y) (ou (x, y, z)) por seu vetor de posição $\vec{r}$ e escrevemos o campo de vetores como $\vec{F}(\vec{r}\,)$.

Visualização de uma campo de vetores dado por uma fórmula

Como um campo de vetores é uma função que associa um vetor a cada ponto, um campo de vetores freqüentemente é dado por uma fórmula.

Exemplo 1: Esboce o campo de vetores no 2-espaço dado por $\vec{F}\,(x, y) = -y\vec{i}\ + x\vec{j}$.

Solução: A Tabela 7.1 mostra o valor do campo de vetores em alguns pontos. Observe que cada valor é um vetor. Para figurar o campo de vetores marcamos $\vec{F}\ (x, y)$ com a cauda em (x, y) (Ver Figura 7.3).

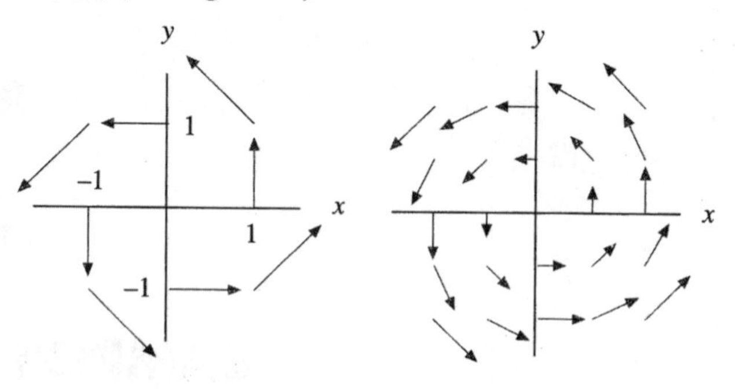

Figura 7.3: O valor de $\vec{F}\,(x, y)$ é colocado no ponto (x, y)

Figura 7.4: O campo de vetores $\vec{F}\,(x, y) = -y\vec{i} + x\vec{j}$, os vetores em escala menor para caberem no diagrama

Tabela 7.1 *Alguns valores de* $\vec{F}\,(x, y) = -\ y\vec{i}\ + x\vec{j}$

x \ y	−1	0	1
−1	$\vec{i} - \vec{j}$	$-\vec{j}$	$-\vec{i} - \vec{j}$
0	$\vec{i}$	$\vec{0}$	$-\vec{i}$
1	$\vec{i} + \vec{j}$	$\vec{j}$	$-\vec{i} + \vec{j}$

Agora olhamos a fórmula para obter um esboço melhor. A norma do vetor em (x, y) é $\|\ \vec{F}\,(x, y)\ \| = \|\ -y\vec{i}\ + x\vec{j}\ \ \| = \sqrt{x^2 + y^2}$, que é a distância de (x, y) à origem. Portanto todos os vetores a uma distância fixa da origem (isto é, num círculo centrado na origem) têm a mesma norma. A norma fica maior quando nos afastamos da origem. E a direção ? A Figura 7.3 sugere que em cada ponto (x, y) .o vetor $\vec{F}\,(x, y)$ é perpendicular ao vetor de posição $\vec{r}\ = x\vec{i}\ + y\vec{j}$. Verificamos isto usando o produto escalar: $\vec{r} \cdot \vec{F}\,(x, y) = (x\vec{i}\ + y\vec{j}\ ).(-y\vec{i}\ + x\vec{j}\ ) = 0$. Isto significa que os vetores deste campo de vetores são tangentes a círculos centrados na origem e ficam mais longos quando vamos para longe. Na Figura 7.4 os vetores foram postos em escala de modo a não esconderem uns aos outros.

Exemplo 2: Faça figuras dos campos de vetores no 2-espaço dados por a) $\vec{F}\,(x, y) = x\vec{j}$ b) $G(x, y) = x\vec{i}$.

Solução: a) O vetor $x\vec{j}$ é paralelo à direção-y, apontando para cima quando x é positivo e para baixo quando x é negativo. Também quanto maior $|\ x\ |$ mais longo é o vetor. Os vetores no campo são constantes ao longo de retas verticais pois o campo de vetores não depende de y. (Ver Figura 7.5)

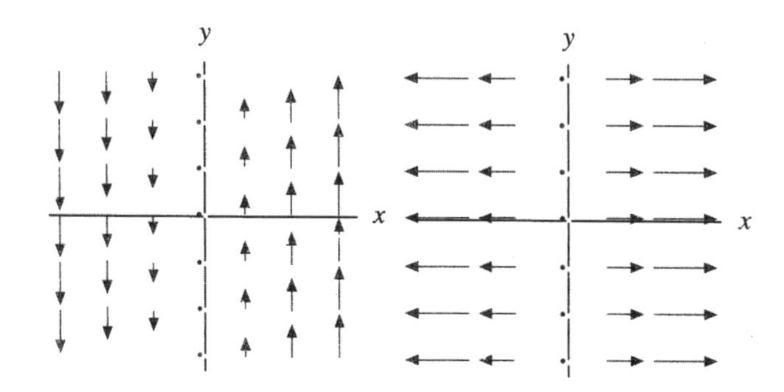

Figura 7.5: O campo de vetores $\vec{F}(x, y) = x\vec{j}$

Figura 7.6: O campo de vetores $G(x, y) = x\vec{i}$

b) É semelhante ao anterior, só que o vetor $x\vec{i}$ é paralelo ao eixo-x, apontando para a direita se x é positivo, para a esquerda se x é negativo. Novamente quanto maior é $|x|$ mais longo é o vetor e os vetores são constantes ao longo de retas verticais pois o campo de vetores não depende de y (Ver Figura 7.6).

Exemplo 3: Descreva o campo de vetores no 3-espaço dado por $\vec{F}(\vec{r}) = \vec{r}$, onde $\vec{r} = x\vec{i} + y\vec{j} + z\vec{k}$.

Solução: A notação $\vec{F}(\vec{r}) = \vec{r}$ significa que o valor de $\vec{F}$ no ponto (x, y,z) com vetor de posição $\vec{r}$ é o vetor $\vec{r}$ com a cauda no ponto (x, y, z). Assim, o campo de vetores aponta para fora. Ver Figura 7.7. Note que os comprimentos dos vetores foram reduzidos de modo a caber no diagrama. Este campo de vetores pode também ser escrito com $\vec{F}(x, y, z) = x\vec{i} + y\vec{j} + z\vec{k}$. Pode ver que a notação usando $\vec{r}$ é mais concisa.

Figura 7.7: O campo de vetores $\vec{F}(\vec{r}) = \vec{r}$

Achar uma fórmula para um campo de vetores

Exemplo 4: A lei da gravitação de Newton diz que a norma da força gravitacional exercida por um objeto de massa M sobre um objeto de massa m é proporcional a M e m e inversamente proporcional ao quadrado da distância entre eles. A direção da força é de m para M ao longo da reta que os une (Ver Figura 7.8). Ache uma fórmula para o campo de vetores $\vec{F}(\vec{r})$ que representa a força de gravidade, supondo M localizado na origem e m no ponto com vetor de posição $\vec{r}$.

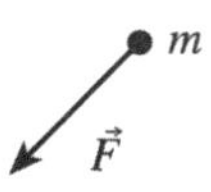

Figura 7. 8: Força exercida sobre a massa m pela massa M

Solução: Como a massa m está localizada em $\vec{r}$, a lei de Newton diz que a norma da força é dada por

$$\|\vec{F}(\vec{r})\| = \frac{GMm}{\|\vec{r}\|^2},$$

onde G é chamada a constante gravitacional universal. Um vetor unitário na direção da força é $-\vec{r}/\|\vec{r}\|$, onde o sinal negativo indica que a direção da força é para a origem (a gravidade é atrativa). Tomando o produto da norma da força pelo vetor unitário na direção da força obtemos uma expressão para o campo de vetores de força

$$\vec{F}(\vec{r}) = \frac{GMm}{\|\vec{r}\|^2}\left(-\frac{\vec{r}}{\|\vec{r}\|}\right) = \frac{-GMm\vec{r}}{\|\vec{r}\|^3}.$$

Já vimos representação deste campo de vetores na Figura 7.2.

Campos de vetores gradientes

O gradiente de uma função escalar f é uma função que associa um vetor a cada ponto e é portanto um campo de vetores. Chama-se o *campo gradiente* de f. Muitos campos de vetores na física são campos gradiente.

Exemplo 5: Esboce o campo gradiente das funções nas Figuras 7.9 -7.11.

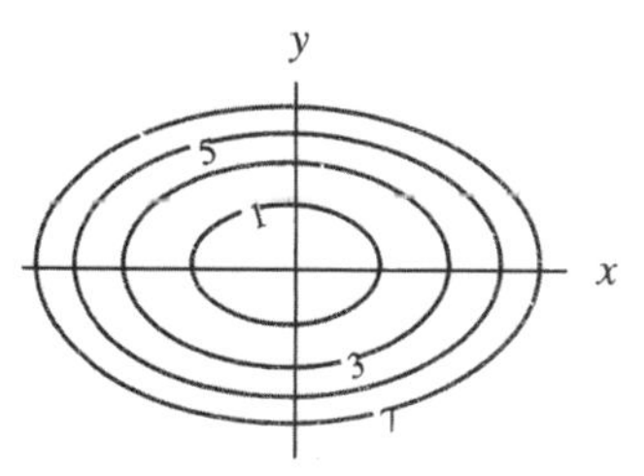

Figura 7.9: O diagrama de contornos de $f(x, y) = x^2 + 2y^2$

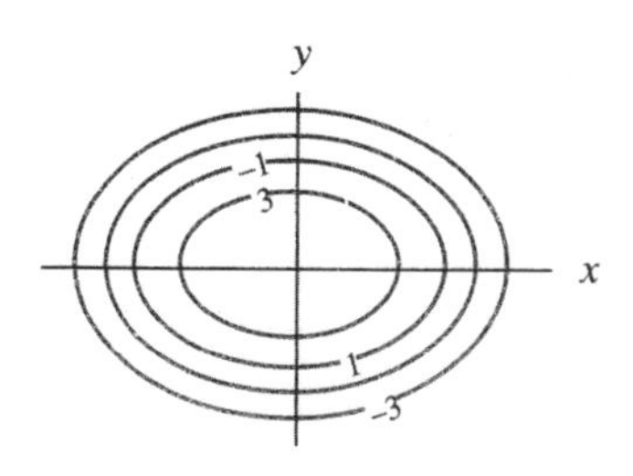

Figura 7.10: O diagrama de contornos de $g(x, y) = 5 - x^2 - 2y^2$

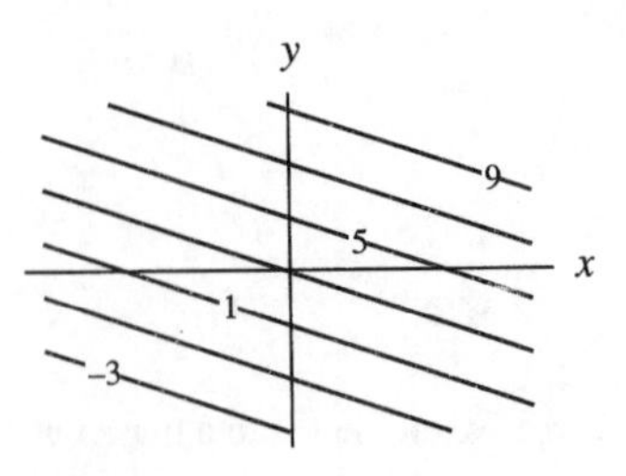

Figura 7.11: O diagrama de contornos de $h(x, y) = x + 2y + 3$

Solução: Ver Figuras 7.12-7.14. Para uma função $f(x, y)$ o vetor gradiente num ponto é perpendicular aos contornos na direção de f crescente e sua norma é a taxa de variação nessa direção. A taxa de variação é grande quando os contornos estão próximos uns dos outros e pequena quando estão longe. Observe que na Figura 7.12 todos os vetores apontam para fora, afastando-se do mínimo local na origem e na Figura 7.13 os vetores de grad g todos apontam para dentro, indo para o máximo local de g. Como h é uma função linear, seu gradiente é constante, de modo que grad h na Figura 7.14 é uma campo de vetores constante.

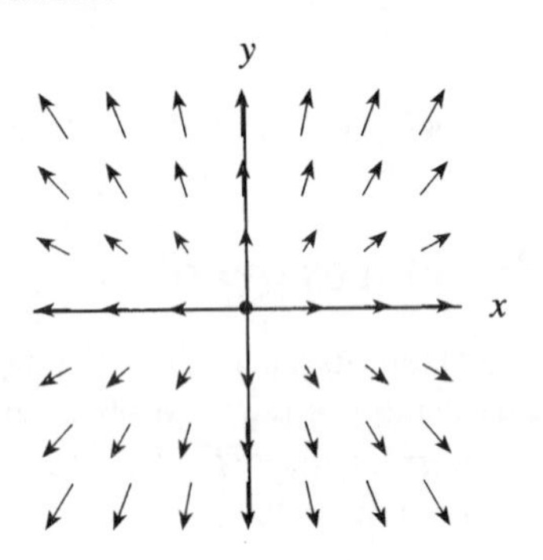

Figura 7.12: grad f

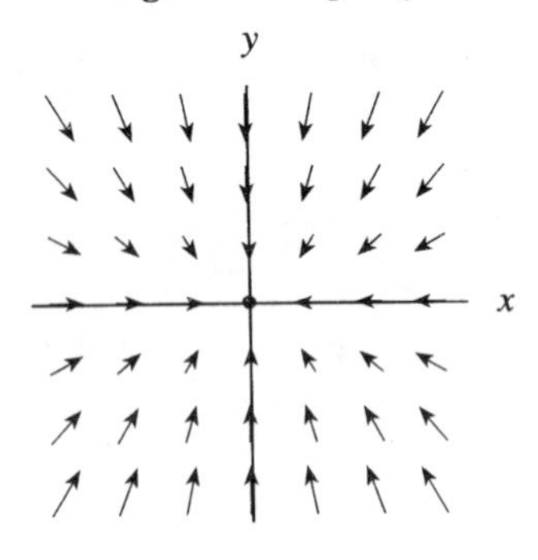

Figura 7.13: grad g

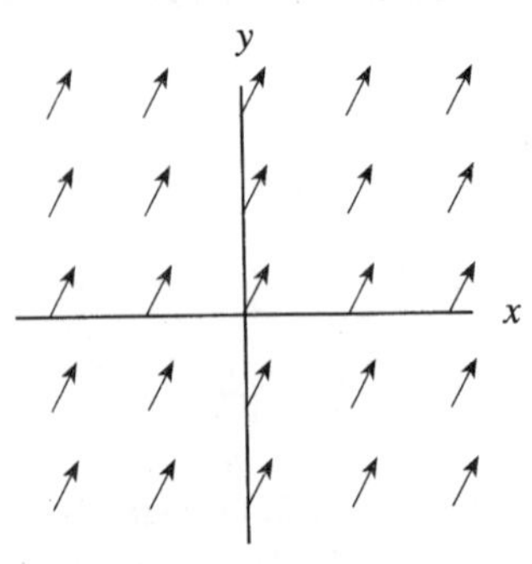

Figura 7.14: grad h

Problemas para a Seção 7.1

1 Cada campo de vetores nas Figuras (I)-(IV) representa a força sobre uma partícula em diferentes pontos do espaço como resultado de outra partícula na origem. Associe os campos de vetores com as descrições abaixo.

a) Uma força repulsiva cuja norma decresce quando a distância cresce, como a força entre partículas elétricas de mesmo sinal.

b) Uma força repulsiva cuja norma cresce quando a distância cresce.

c) Uma força atrativa cuja norma decresce quando a distância cresce, como a gravidade.

d) Uma força atrativa cuja norma cresce quando a distância cresce.

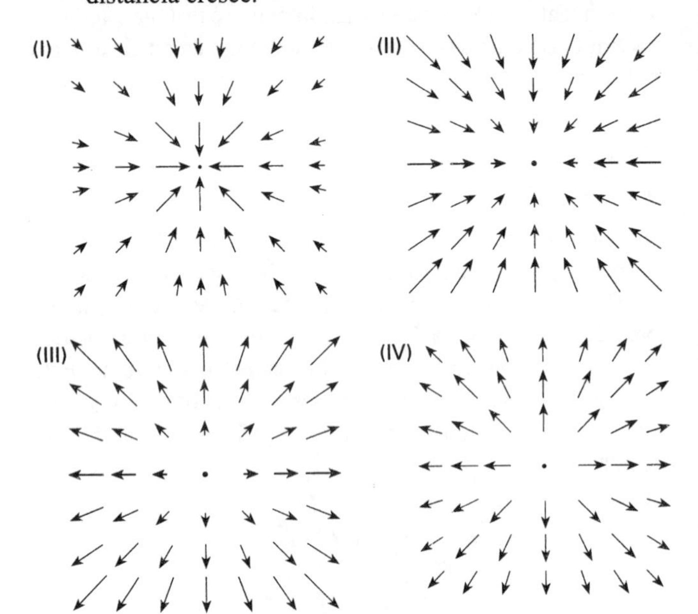

Esboce os campos de vetores nos Problemas 2-7.

2 $\vec{F}(x,y) = 2\vec{i} + 3\vec{j}$ **3** $\vec{F}(x,y) = y\vec{i}$

4 $\vec{F}(x,y) = 2x\vec{i} + x\vec{j}$ **5** $\vec{F}(\vec{r}) = 2\vec{r}$

6 $\vec{F}(\vec{r}) = \dfrac{\vec{r}}{\|\vec{r}\|}$ **7** $\vec{F}(x,y) = (x+y)\vec{i} + (x-y)\vec{j}$

Nos Problemas 8 - 13 ache fórmulas para os campos de vetores (Há muitas respostas possíveis.)

8 **9**

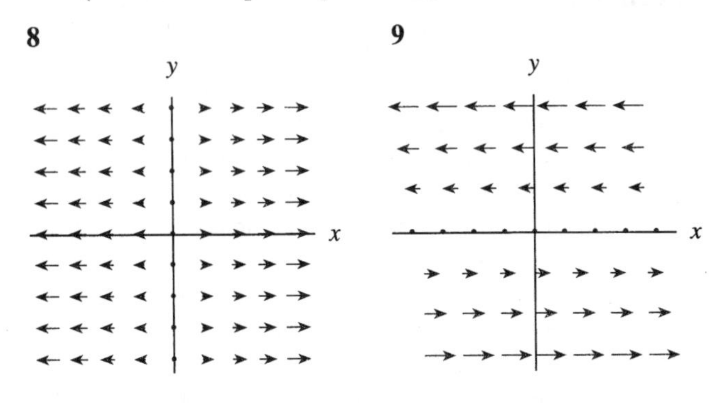

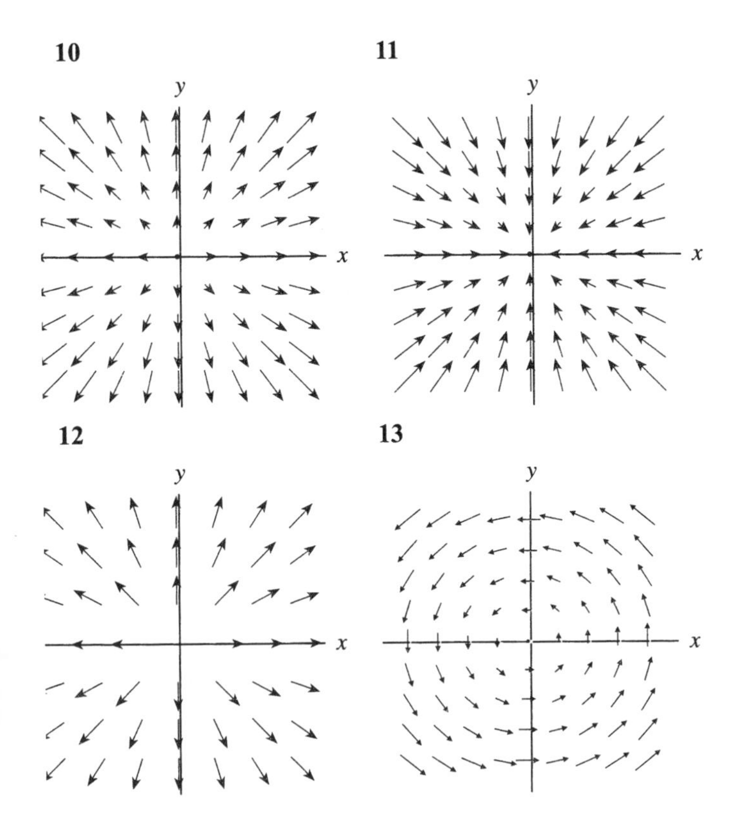

14 As Figuras 7.15 e 7.16 mostram o gradiente das funções $z = f(x, y)$ e $z = g(x, y)$.

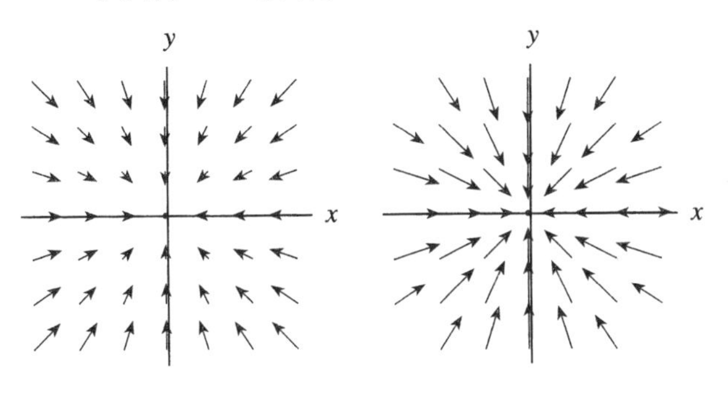

Figura 7.15: Gradiente de $z = f(x, y)$

Figura 7.16: Gradiente dc $z = g(x, y)$

a) Para cada função faça um esboço tosco das curvas de nível, mostrando possíveis valores de z.
b) O plano-xz corta cada uma das superfícies $z = f(x, y)$ e $z = g(x, y)$ numa curva. Esboce cada uma dessas curvas, dizendo claramente em que são semelhantes e em que são diferentes uma da outra.

Nos Problemas 15 -17 use um computador para imprimir campos de vetores com as propriedades dadas. Mostre na impressão a fórmula usada para gerá-lo. (Há muitas respostas possíveis.)

15 Todos os vetores são paralelos ao eixo-x; todos os vetores numa reta vertical têm a mesma norma.

16 Todos os vetores apontam para a origem e têm comprimento constante.

17 Todos os vetores são unitários e perpendiculares ao vetor de posição no ponto.

18 Imagine um rio largo fluindo regularmente no meio do qual há uma fonte que lança água horizontalmente em todas as direções.

a) Suponha que o rio corre na direção $\vec{i}$ no plano-xy e que a fonte está na origem. Explique porque a expressão poderia representar o campo de velocidades para a correnteza combinada do rio e da fonte.

$$\vec{v} = A\vec{i} + K\left(x^2 + y^2\right)^{-1/2}\left(x\vec{i} + y\vec{j}\right), \quad A > 0, K > 0$$

b) Qual é o significado das constantes A e K?
c) Usando um computador esboce o campo de vetores $\vec{v}$ para $K = 1$ e $A = 1$ e $A = 2$, e para $A = 0{,}2$, $K = 2$.

7.2 - A CORRENTEZA DE UM CAMPO DE VETORES

Quando um iceberg é visto no Atlântico Norte, é importante poder prever onde é provável que ele esteja um dia ou uma semana depois. Para isto precisamos conhecer o campo de vetores velocidade das correntes oceânicas, isto é, quão depressa e em qual direção a água se move em cada ponto.

Nesta seção usamos equações diferenciais para achar o caminho de um objeto na correnteza de uma fluido. Este caminho chama-se uma linha de correnteza . A Figura 7.17 mostra várias linhas de correnteza para o campo de vetores velocidade da corrente do Golfo na Figura 7.1 da página 187. As setas em cada linha de correnteza indicam a direção da corrente ao longo dela.

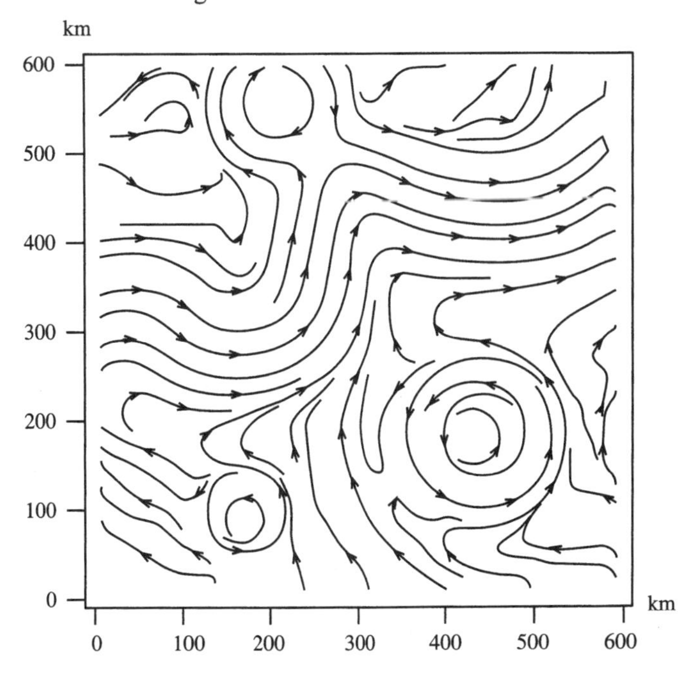

Figura 7.17: As linhas de correnteza para objetos na corrente do Golfo com diferentes pontos de partida

Como achamos uma linha de correnteza ?

Suponha que $\vec{F}$ é o campo de vetores velocidade da água na superfície de um riacho e imagine uma semente sendo carregada pela corrente. Queremos saber o vetor de posição $\vec{r}\,(t)$ da semente no tempo t. Sabemos

$$\begin{array}{c}\text{Velocidade da semente}\\ \text{no tempo } t\end{array} = \begin{array}{c}\text{Velocidade da corrente na}\\ \text{posição da semente no tempo } t\end{array}$$

isto é,

$$\vec{r}\,'(t) = \vec{F}(\vec{r}\,(t)).$$

Para um campo de vetores arbitrário pomos a seguinte definição:

> Uma **linha de correnteza** de um campo de vetores $\vec{v} = \vec{F}(\vec{r}\,)$ é um caminho $\vec{r}\,(t)$ cujo vetor velocidade é igual a $\vec{v}$. Assim
>
> $$\vec{r}\,'(t) = \vec{v} = \vec{F}(\vec{r}\,(t)).$$
>
> A **correnteza** de um campo de vetores é a família de todas as suas linhas de correnteza.

Uma linha de correnteza é também chamada uma *curva integral*. Definimos linhas de correnteza para qualquer campo de vetores porque isto é útil para estudar a correnteza de campos (por exemplo, elétricos ou magnéticos) que não são campos de velocidade.

Decompondo $\vec{F}$ e $\vec{r}$ em componentes, $\vec{F} = F_1\vec{i} + F_2\vec{j}$ e $\vec{r}\,(t) = x(t)\vec{i} + y(t)\vec{j}$, a definição de uma linha de correnteza nos diz que $x(t)$ e $y(t)$ satisfazem ao sistema de equações diferenciais

$$x'(t) = F_1(x(t), y(t)) \text{ e } y'(t) = F_2(x(t), y(t)).$$

Resolvendo estas equações diferenciais obtemos uma parametrização da linha de correnteza.

Exemplo 1: Ache a linha de correnteza do campo de velocidade constante $\vec{v} = 3\vec{i} + 4\vec{j}$ cm/seg que passa pelo ponto (1, 2) no tempo $t = 0$.

Solução: Seja $\vec{r}\,(t) = x(t)\vec{i} + y(t)\vec{j}$ a posição em cm de uma partícula no tempo t, onde t está em segundos. Temos

$$x'(t) = 3 \text{ e } y'(t) = 4.$$

Assim,

$$x(t) = 3t + x_0 \quad \text{e} \quad y(t) = 4t + y_0.$$

Como o caminho passa pelo ponto (1, 2) em $t = 0$ temos $x_0 = 1$ e $y_0 = 2$ e portanto

$$x(t) = 3t + 1 \text{ e } y(t) = 4t + 2.$$

Assim o caminho é a reta dada parametricamente por

$$\vec{r}\,(t) = (3t+1)\vec{i} + (4t+2)\vec{j}$$

(Ver Figura 7.18). Para achar uma equação explícita para o caminho eliminamos t entre essas equações obtendo

$$\frac{x-1}{3} = \frac{y-2}{4} \text{ ou } y = \frac{4}{3}x + \frac{2}{3}$$

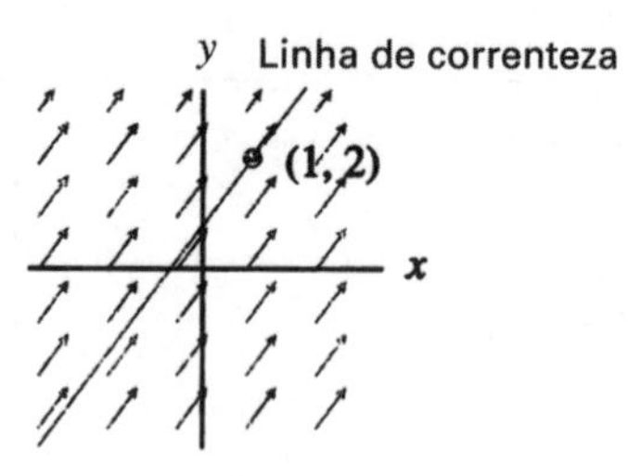

Figura 7.18: Campos de vetores $\vec{F} = 3\vec{i} + 4\vec{j}$ com a linha de correnteza por (1, 2)

Exemplo 2: A velocidade de uma correnteza no ponto (x, y) é $\vec{F}(x, y) = \vec{i} + x\vec{j}$. Ache o caminho do movimento de um objeto na correnteza que no tempo $t = 0$ está no ponto (–2, 2).

Solução: A Figura 7.19 mostra um esboço desse campo. Como $\vec{r}\,'(t) = \vec{F}(\vec{r}\,(t))$ estamos procurando a linha de correnteza que satisfaz ao sistema de equações diferenciais

$$x'(t) = 1, \quad y'(t) = x(t).$$

Resolvendo para x em primeiro lugar obtemos $x(t) = t + x_0$, onde x_0 é a constante de integração. Assim $y'(t) = t + x_0$ de modo que $y(t) = \frac{1}{2}t^2 + x_0 t + y_0$, onde y_0 é também uma constante de integração. Como $x(0) = x_0 = -2$ e $y(0) = y_0 = 2$ o caminho do movimento é dado por

$$x(t) = t - 2, \quad y(t) = \frac{1}{2}t^2 - 2t + 2,$$

ou equivalentemente

$$\vec{r}(t) = (t-2)\vec{i} + \left(\frac{1}{2}t^2 - 2t + 2\right)\vec{j}.$$

O gráfico desta linha de correnteza na Figura 7.20 parece uma parábola. Verificamos isto observando que uma equação explícita para o caminho é $y = \frac{1}{2}x^2$

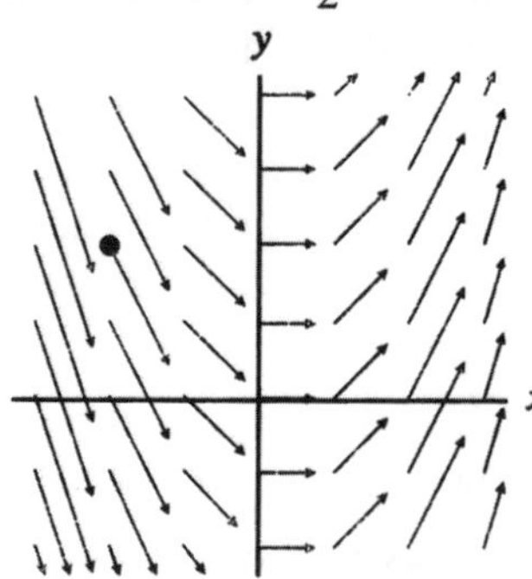

Figura 7.19: O campo de velocidade $\vec{v} = \vec{i} + x\vec{j}$

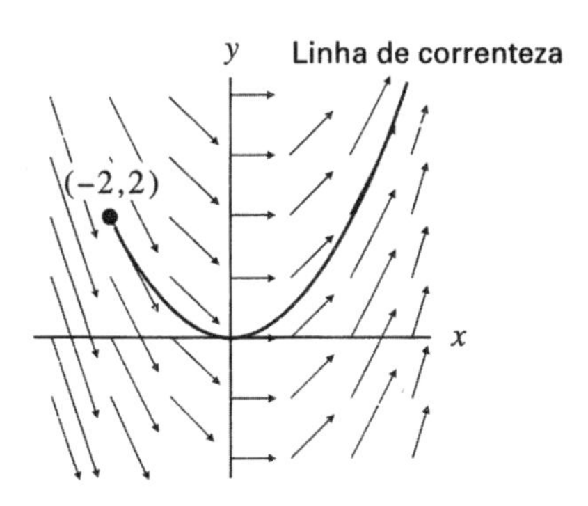

Figura 7.20: Uma linha de correnteza do campo de velocidade $\vec{v} = \vec{i} + x\vec{j}$

Exemplo 3: Determine as linhas de corrente do campo de vetores $\vec{v} = -y\vec{i} + x\vec{j}$.

Solução: A Figura 7.21 sugere que as linhas de corrente são círculos concêntricos em sentido anti-horário, centrados na origem. O sistema de equações diferenciais para a correnteza é

$$x'(t) = -y(t), \quad y'(t) = x(t).$$

As equações $(x(t), y(t)) = (a \cos t, a \operatorname{sen} t)$ parametrizam uma família de círculos de raio a centrados na origem e percorridos em sentido anti-horário. Conferimos se esta família satisfaz ao sistema de equações

$$x'(t) = -a \operatorname{sen} t = -y(t), \quad y'(t) = a \cos t = x(t).$$

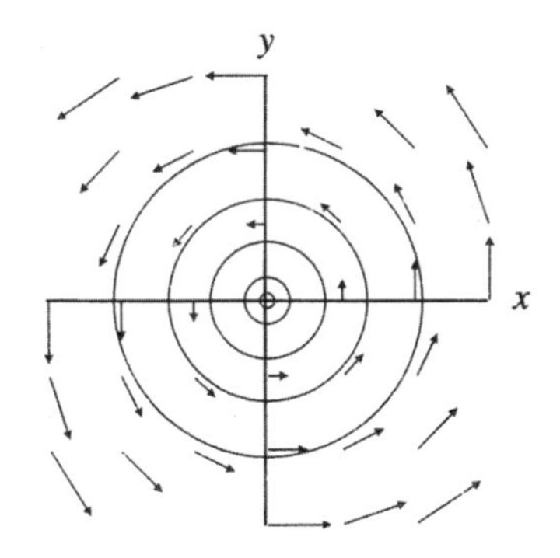

Figura 7.21: A correnteza do campo de vetores $\vec{v} = -y\vec{i} + x\vec{j}$

Achar numericamente as linhas de correnteza

Freqüentemente não é possível achar fórmulas para as linhas de correnteza de um campo de vetores. Porém podemos aproximá-las numericamente pelo método de Euler para a resolução de equações diferenciais. Como as linhas de correnteza $\vec{r}(t) = x(t)\vec{i} + y(t)\vec{j}$ de um campo de vetores $\vec{v} = \vec{F}(x, y)$ satisfazem à equação diferencial $\vec{r}'(t) = \vec{F}(\vec{r}(t))$ temos

$$\vec{r}(t + \Delta t) \approx \vec{r}(t) + (\Delta t)\,\vec{r}'(t)$$

$$= \vec{r}(t) + (\Delta t)\,\vec{F}(\vec{r}(t)) \text{ para } \Delta t \text{ próximo de } 0.$$

Para aproximar a linha de correnteza partimos do ponto $\vec{r}_0 = \vec{r}(0)$ e avaliamos a posição r_1 de uma partícula no tempo Δt mais tarde:

$$\vec{r}_1 = \vec{r}(\Delta t) \approx \vec{r}(0) + (\Delta t)\,\vec{F}(\vec{r}(0))$$
$$= \vec{r}_0 + (\Delta t)\,\vec{F}(\vec{r}_0).$$

Então repetimos o mesmo processo partindo de $\vec{r}_1$ e assim por diante. A fórmula geral para ir de um ponto ao seguinte é

$$\vec{r}_{n+1} = \vec{r}_n + (\Delta t)\,\vec{F}(\vec{r}_n).$$

Os pontos com vetores de posição $\vec{r}_0$, $\vec{r}_1$,... traçam o caminho, como se vê no exemplo seguinte.

Exemplo 4: Use o método de Euler para aproximar a linha de correnteza por (1, 2) para o campo de vetores $\vec{v} = y^2\vec{i} + 2x^2\vec{j}$.

Solução: A correnteza é determinada pelas equações diferenciais $\vec{r}'(t) = \vec{v}$ ou equivalentemente

$$x'(t) = y^2, \quad y'(t) = 2x^2.$$

Usamos o método de Euler com $\Delta t = 0{,}02$, o que dá

$$\vec{r}_{n+1} = \vec{r}_n + 0{,}02\ \vec{v}(x_n, y_n)$$
$$= x_n\vec{i} + y_n\vec{j} + 0{,}02(y_n^2\vec{i} + 2x_n^2\vec{j}),$$

ou equivalentemente

$$x_{n+1} = x_n + 0{,}02\,y_n^2, \qquad y_{n+1} = y_n + 0{,}02 \,.\, 2x_n^2.$$

Quando $t = 0$ temos $(x_0, y_0) = (1, 2)$. Então

$$x_1 = x_0 + 0{,}02 \,.\, y_0^2 = 1 + 0{,}02 \,.\, 2^2 = 1{,}08,$$
$$y_1 = y_0 + 0{,}02 \,.\, 2\,x_0^2 = 2 + 0{,}02 \,.\, 2 \,.\, 1^2 = 2{,}04.$$

Assim depois de um passo $x(0{,}02) \approx 1{,}08$ e $y(0{,}02) \approx 2{,}04$. De modo semelhante obtém-se $x(0{,}04) = x(2\ \Delta t) \approx 1{,}16$, $y(0{,}04) = y(2\ \Delta t) \approx 2{,}08$ e assim por diante. Outros valores ao longo da linha de correnteza são dados na Tabela 7.2 e marcados na Figura 7.22.

Tabela 7.2: *A linha de correnteza aproximada para o campo de vetor $\vec{v} = y^2\vec{i} + 2x^2\vec{j}$ partindo do ponto (1, 2)*

t	0	0,02	0,04	0,06	0,08
x	1	1,08	1,16	1,25	1,34
y	2	2,04	2,08	2,14	2,20
t	0,1	0,12	0,14	0,16	0,18
x	1,44	1,54	1,65	1,77	1,90
y	2,28	2,36	2,45	2,56	2,69

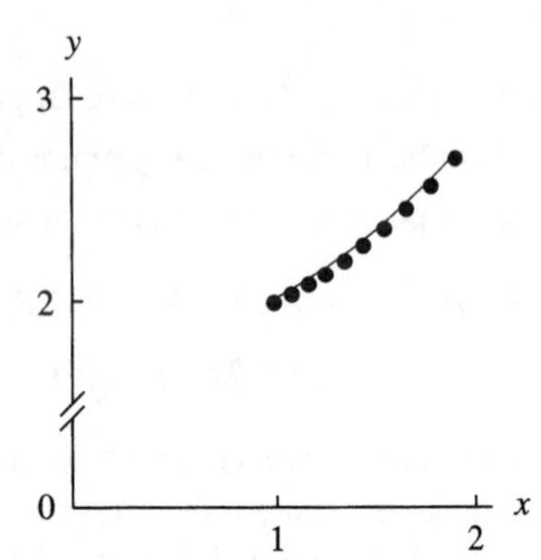

Figura 7.22: O método de Euler para resolução de

$x' = y^2\ ,\ y' + 2\,x^2$

Problemas para a Seção 7.2

Para os Problemas 1-3 esboce o campo de vetores e sua correnteza.

1 $\vec{v} = 3\vec{i}$ **2** $\vec{v} = 2\vec{j}$ **3** $\vec{v} = 3\vec{i} - 2\vec{j}$

Para os Problemas 4—7 esboce o campo de vetores e a correnteza. Então ache o sistema de equações diferenciais associado ao campo de vetores e verifique que a correnteza satisfaz ao sistema.

4 $\vec{v} = y\vec{i} + x\vec{j}$; $x(t) = a(e^{t} + e^{-t})$, $y(t) = a(e^{t} - e^{-t})$.

5 $\vec{v} = y\vec{i} - x\vec{j}$; $x(t) = a \operatorname{sen} t$, $y(t) = a\cos t$.

6 $\vec{v} = x\vec{i} + y\vec{j}$; $x(t) = ae^{t}$, $y(t) = be^{t}$.

7 $\vec{v} = x\vec{i} - y\vec{j}$; $x(t) = ae^{t}$, $y(t) = be^{-t}$.

8 Use um computador ou calculadora com o método de Euler para aproximar a linha de corrente por (1, 2) para o campo de vetores $\vec{v} = y^2\vec{i} + 2x^2\vec{j}$ usando cinco passos com um intervalo de tempo Δ t = 0, 1.

9 Associe os seguintes campos de vetores com suas linhas de correnteza. Ponha flechas nas linhas de correnteza indicando a direção da correnteza.

a) $y\vec{i} + x\vec{j}$ b) $-y\vec{i} + x\vec{j}$

c) $x\vec{i} + y\vec{j}$ d) $-y\vec{i} + (x + y/10)\vec{j}$

e) $-y\vec{i} + (x - y/10)\vec{j}$ f) $(x - y)\,\vec{i} + (x - y)\,\vec{j}$

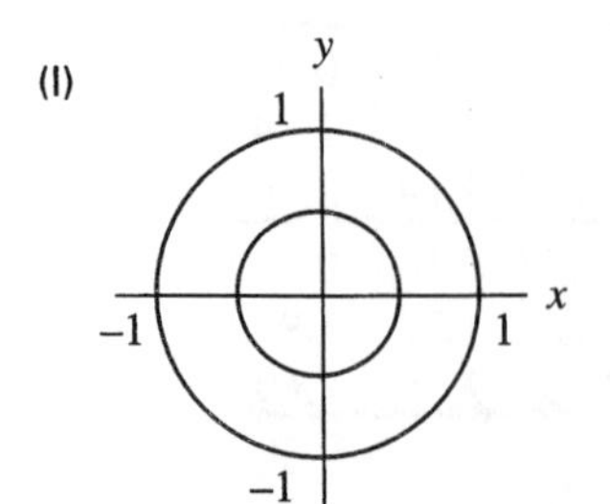

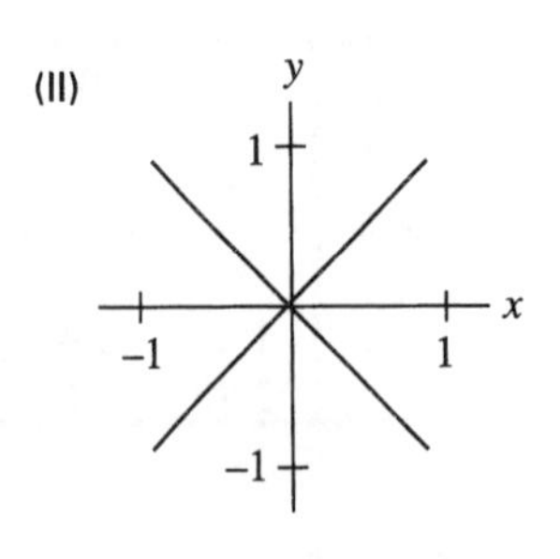

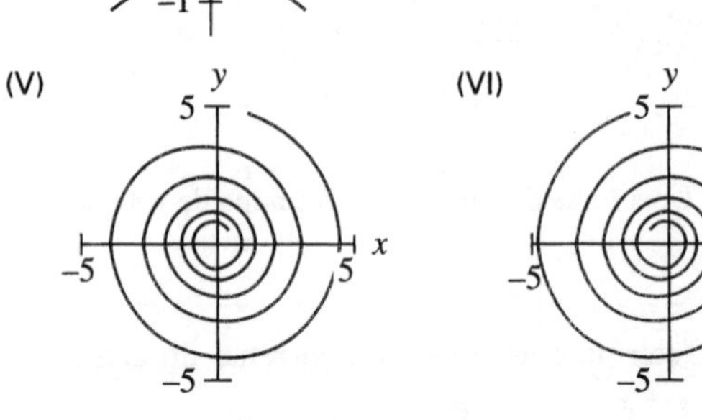

10 Temos um sistema de eixos fixo e uma bola de metal sólida cujo centro está na origem. A bola gira uma vez cada 24 horas em torno do eixo-*z*. A direção da rotação é anti-horária quando vista de cima. Considere o ponto (*x*, *y*, *z*) de nosso sistema de coordenadas situado dentro da bola. Seja $\vec{v}(x, y,. z)$ o vetor de velocidade da partícula de metal nesse ponto. Suponha *x*, *y*, *z* em metros e o tempo em horas.

a) Ache uma fórmula para o campo de vetores $\vec{v}$. Dê unidades para sua resposta.

b) Descreva em palavras as linhas de correnteza de $\vec{v}$.

Problemas de revisão para o Capítulo 7

1 a) Que se entende por campo de vetores ?

b) Suponha que $\vec{a} = a_1\vec{i} + a_2\vec{j} + a_3\vec{k}$ é um vetor constante. Quais dos seguintes são campos de vetores ? Explique.

(i) $\vec{r} + \vec{a}$ (ii) $\vec{r}\,.\,\vec{a}$

(iii) $x^2\vec{i} + y^2\vec{j} + z^2\vec{k}$ (iv) $x^2 + y^2 + z^2$

Esboce os campos de vetores nos Problemas 2-4.

2 $\vec{F} = \left(\dfrac{y}{\sqrt{x^2+y^2}}\right)\vec{i} - \left(\dfrac{x}{\sqrt{x^2+y^2}}\right)\vec{j}$

3 $\vec{F} = \left(\dfrac{y}{x^2+y^2}\right)\vec{i} - \left(\dfrac{x}{x^2+y^2}\right)\vec{j}$

4 $\vec{F} = y\vec{i} - x\vec{j}$

5 Se $\vec{F} = \vec{r} \,/\, \|\,\vec{r}\,\|^3$, ache as seguintes quantidades em termos de *x*, *y*, *z* ou *t*.

a) $\| \vec{F} \|$

b) $\vec{F} \cdot \vec{r}$

c) Um vetor unitário paralelo a $\vec{F}$ e apontando na mesma direção.

d) Um vetor unitário paralelo a $\vec{F}$ e apontando na direção oposta.

e) $\vec{F}$ se $\vec{r} = \cos t\vec{i} + \text{sen}\, t\vec{j} + \vec{k}$

f) $\vec{F} \cdot \vec{r}$ se $\vec{r} = \cos t\vec{i} + \text{sen}\, t\vec{j} + \vec{k}$

Para os Problemas 6 - 9 ache a região do campo de velocidade da corrente do Golfo na Figura 7.23 representada pela tabela dada de vetores velocidade (em cm/seg).

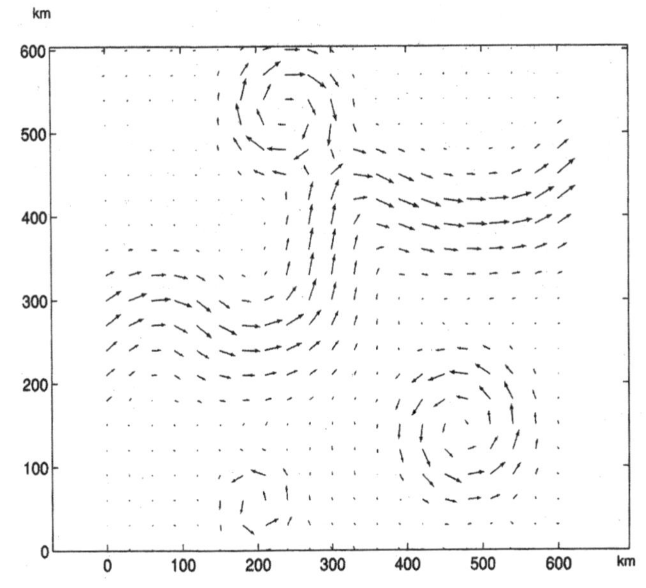

Figura 7.23: O campo de velocidades da corrente do Golfo

6

$35\vec{i} + 131\vec{j}$	$48\vec{i} + 92\vec{j}$	$47\vec{i} + \vec{j}$
$-32\vec{i} + 132\vec{j}$	$-44\vec{i} + 92\vec{j}$	$-42\vec{i} + \vec{j}$
$-51\vec{i} + 73\vec{j}$	$-119\vec{i} + 84\vec{j}$	$-128\vec{i} + 6\vec{j}$

7

$10\vec{i} - 3\vec{j}$	$11\vec{i} + 16\vec{j}$	$20\vec{i} + 75\vec{j}$
$53\vec{i} + 7\vec{j}$	$58\vec{i} + 23\vec{j}$	$64\vec{i} + 80\vec{j}$
$119\vec{i} + 8\vec{j}$	$121\vec{i} + 31\vec{j}$	$114\vec{i} + 66\vec{j}$

8

$97\vec{i} - 41\vec{j}$	$72\vec{i} - 24\vec{j}$	$54\vec{i} - 10\vec{j}$
$134\vec{i} - 49\vec{j}$	$131\vec{i} + 44\vec{j}$	$129\vec{i} - 18\vec{j}$
$103\vec{i} - 36\vec{j}$	$122\vec{i} - 30\vec{j}$	$131\vec{i} - 17\vec{j}$

9

$-95\vec{i} - 60\vec{j}$	$18\vec{i} - 48\vec{j}$	$82\vec{i} - 22\vec{j}$
$-29\vec{i} + 48\vec{j}$	$76\vec{i} + 63\vec{j}$	$128\vec{i} - 16\vec{j}$
$26\vec{i} + 105\vec{j}$	$49\vec{i} + 119\vec{j}$	$88\vec{i} + 13\vec{j}$

10 Cada um dos campos de vetores seguintes representa uma corrente oceânica. Esboce o campo de vetores e esboce o caminho de um iceberg nessa correnteza. Determine a posição do iceberg no tempo $t = 7$ se ele está no ponto $(1, 3)$ no tempo $t = 0$.

a) A corrente em toda parte é $\vec{i}$.

b) A corrente em (x, y) é $2x\vec{i} + y\vec{j}$.

c) A corrente em (x, y) é $-y\vec{i} + x\vec{j}$.

Suponha que $q_1,..., q_n$ são cargas elétricas em pontos com vetores de posição $\vec{r}_1,..., \vec{r}_n$. Os Problemas 11-12 usam a lei de Coulomb que diz que no ponto com vetor de posição $\vec{r}$ o campo elétrico resultante $\vec{E}$ é dado por

$$\vec{E}(\vec{r}) = \sum_{i=1}^{n} q_i \frac{(\vec{r} - \vec{r}_i)}{\|\vec{r} - \vec{r}_i\|^3}.$$

11 Uma configuração de cargas com apenas duas cargas q_1 e q_2 no 3-espaço chama-se um *dipolo elétrico*. Suponha $\vec{r}_1 = \vec{i}$ e $\vec{r}_2 = -\vec{i}$.

a) Se $q_1 = q$ e $q_2 = -q$, use um computador para esboçar o campo de vetores $\vec{E}$ no plano-xy produzido por estas duas cargas opostas.

b) Se $q_1 = q_2 = q$ esboce o campo de vetores $\vec{E}$ no plano-xy produzido por essas duas cargas iguais.

12 Um *dipolo elétrico ideal* pode ser pensado como um dipolo infinitesinal; seu comprimento e direção são dados por seu vetor de momento de dipolo $\vec{p}$. O campo elétrico resultante D no ponto com vetor de posição $\vec{r}$ é dado por

$$\vec{D}(\vec{r}) = 3\frac{(\vec{r} \cdot \vec{p})\vec{r}}{\|\vec{r}\|^5} - \frac{\vec{p}}{\|\vec{r}\|^3}.$$

Suponha $\vec{p} = p\vec{i}$, de modo que o dipolo aponta na direção $\vec{i}$ e tem comprimento p.

a) Use um computador para marcar o campo de vetores $\vec{D}$ no plano-xy para três valores diferentes de p.

b) O campo $\vec{D}$ é uma aproximação do campo elétrico $\vec{E}$ produzido por duas cargas opostas, q em $\vec{r}_2$ e $-q$ em

$\vec{r}_1$, quando a distância $\| \vec{r}_2 - \vec{r}_1 \|$ é pequena. O momento de dipolo desta configuração de cargas é definido como sendo $\vec{p} = q\,(\vec{r}_2 - \vec{r}_1)$. Suponha $\vec{r}_2 = (l/2)\vec{i}$ e $\vec{r}_1 = -(l/2)\vec{i}$, de modo que $p = ql\vec{i}$.

(i) Marque o campo de vetores $\vec{E}$ usando os mesmos valores de $p = ql$ que você usou para $\vec{D}$.

(ii) Onde o campo de vetores $\vec{D}$ é uma boa aproximação de $\vec{E}$? Onde é uma aproximação fraca ?

(iii) A norma de cada termo na expressão para $\vec{E}$ decai como $1/\| \vec{r} \|^2$ ao passo que a de $\vec{D}$ decai como $1/\| \vec{r} \|^3$. Se se supõe que o campo de vetores D é uma boa aproximação de $\vec{E}$ quando a distância $\| \vec{r} \|$ da origem é grande, sugira uma razão para esta aparente discrepância.

8

INTEGRAIS CURVILÍNEAS

Quando uma força constante $\vec{F}$ age sobre um objeto que se move por um deslocamento $\vec{d}$, o trabalho feito pela força é o produto escalar $\vec{F} \cdot \vec{d}$. E se o objeto se move segundo uma curva num campo de forças variável ? Neste capítulo definimos uma *integral curvilínea* ou *integral de linha* que calcula o trabalho nesta situação. Também definimos a *circulação* que é usada para medir a intensidade de redemoinhos numa corrente de um fluido.

Integrais de linha nos fornecem o análogo do teorema fundamental do Cálculo, que nos diz como recuperar uma função a partir de sua derivada. O análogo em integral de linha do teorema fundamental mostra como se pode usar um integral de linha para recuperar uma função de várias variáveis a partir de seu campo gradiente.

Em contraste com a situação em uma variável, nem todos os campos vetoriais são campos gradiente. A integral de linha pode ser usada para distinguir os que o são, usando o conceito de *campo de vetores independente do caminho* (ou *conservativo*). Estudaremos campos independentes do caminho, que são centrais na física, e terminamos com o teorema de Green.

8.1 - A IDÉIA DE INTEGRAL CURVILÍNEA

Imagine que você está remando num rio com uma corrente apreciável. Às vezes você pode estar trabalhando contra a corrente e outras você pode estar movendo-se com ela. No fim você tem um sentimento de, no todo, ter sido ajudado ou atrapalhado pela corrente. A integral de linha definida nesta seção mede o quanto uma curva, no campo de vetores, está, no todo, caminhando com o campo de vetores ou contra ele.

Orientação de uma curva

Uma curva pode ser traçada em duas direções, como mostra a Figura 8.1. Temos que escolher uma direção antes de definir a integral de linha.

> Dizemos que uma curva está **orientada** quando tivermos escolhido uma direção para percorrê-la.

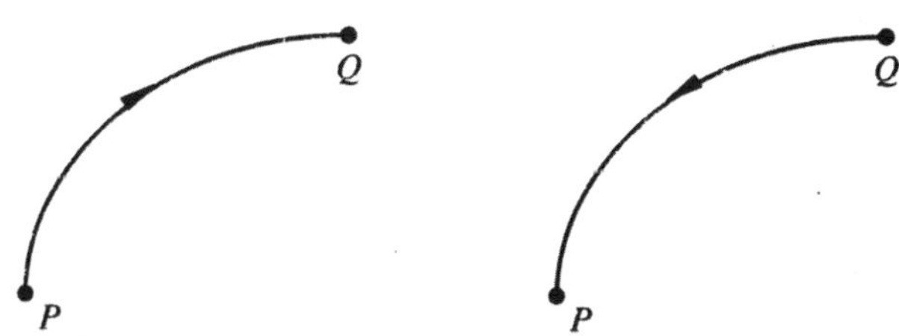

Figura 8.1: Uma curva com duas orientações diferentes representadas por pontas de flechas.

Definição da integral de linha

Considere um campo de vetores $\vec{F}$ e uma curva orientada C. Começamos por dividir C em n pequenos pedaços, quase retilíneos, ao longo dos quais $\vec{F}$ é aproximadamente constante. Cada pedaço pode ser representado por um vetor de deslocamento $\Delta\vec{r}_i = \vec{r}_{i+1} - \vec{r}_i$ e o valor de $\vec{F}$ em cada ponto deste pequeno pedaço de C é aproximadamente $\vec{F}(\vec{r}_i)$.

Ver Figuras 8.2 e 8.3.

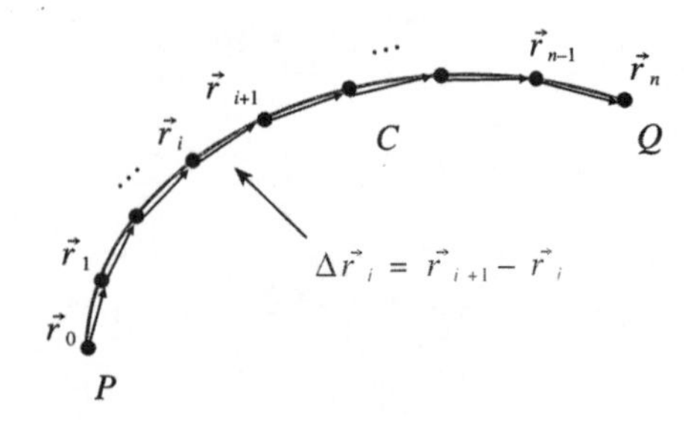

Figura 8.2: A curva C orientada de P a Q, aproximada por segmentos de reta representados por vetores de deslocamento $\Delta\vec{r}_i = \vec{r}_{i+1} - \vec{r}_i$

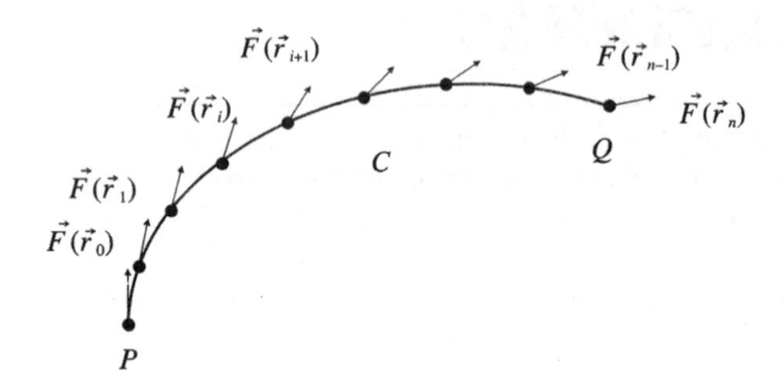

Figura 8.3: O campo de vetores $\vec{F}$ calculado em pontos com vetor de posição $\vec{r}_i$ sobre a curva C orientada de P a Q.

Para cada ponto com vetor de posição $\vec{r}_i$ sobre C formamos o produto escalar $\vec{F}(\vec{r}_i) \cdot \Delta\vec{r}_i$. Somando sobre todos esse pedaços obtemos uma soma de Riemann:

$$\sum_{i=0}^{n-1} \vec{F}(\vec{r}_i) \cdot \Delta\vec{r}_i.$$

Definimos a integral de linha, denotada por $\int_C \vec{F} \cdot d\vec{r}$ tomando o limite quando $\|\Delta\vec{r}_i\| \to 0$. Se o limite existe dizemos

> A **integral de linha** de um campo de vetores $\vec{F}$ sobre uma curva orientada C é
>
> $$\int_C \vec{F} \cdot d\vec{r} = \lim_{\|\Delta\vec{r}_i\| \to 0} \sum_{i=0}^{n-1} \vec{F}(\vec{r}_i) \cdot \Delta\vec{r}_i.$$

Como funciona o limite que define uma integral curvilínea ?

O limite na definição de uma integral curvilínea existe se $\vec{F}$ é contínua sobre a curva C e se C é obtida unindo pelas extremidades um número finito de curvas lisas, isto é, curvas que podem ser parametrizadas por funções lisas. Podemos usar a parametrização para subdividir uma curva lisa subdividindo o intervalo paramétrico do mesmo modo que para uma integral ordinária de uma variável. A parametrização deve ir de uma ponta da curva à outra, sempre indo para a frente, sem repassar por qualquer porção da curva. Nestas condições a integral de linha é independente do modo pelo qual são feitas as subdivisões. Todas as curvas que consideramos neste livro são *lisas por partes* neste sentido. A Seção 8.2 mostra como usar uma parametrização para calcular uma integral de linha.

Exemplo 1: Ache a integral do campo de vetores constante $\vec{F} = \vec{i} + 2\vec{j}$ ao longo do caminho de (1, 1) a (10, 10) mostrado na Figura 8.4.

Solução: Seja C_1 o segmento horizontal do caminho de (1, 1) a (10, 1). Quando subdividimos este caminho em pedaços, cada pedaço $\Delta\vec{r}$ é horizontal de modo que $\Delta\vec{r} = \Delta x\vec{i}$ e $\vec{F} \cdot \Delta\vec{r} = (\vec{i} + 2\vec{j}) \cdot \Delta x\vec{i} = \Delta x$. Portanto

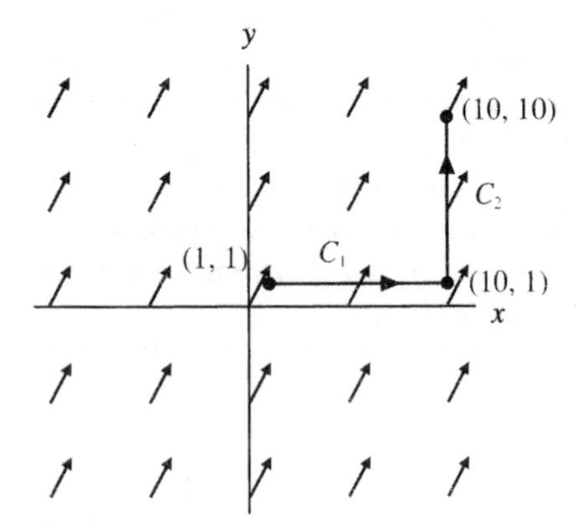

Figura 8.4: O campo de vetores constante $\vec{F} = \vec{i} + 2\vec{j}$ e o caminho de (1, 1) a (10, 10)

$$\int_{C_1} \vec{F} \cdot d\vec{r} = \int_{x=1}^{x=10} dx = 9.$$

Analogamente, sobre o segmento vertical C_2 temos $\Delta\vec{r} = \Delta y\vec{j}$ e $\vec{F} \cdot \Delta\vec{r} = (\vec{i} + 2\vec{j}) \cdot \Delta y\vec{j} = 2\Delta y$, de modo que

$$\int_{C_2} \vec{F} \cdot d\vec{r} = \int_{y=1}^{y=10} 2dy = 18.$$

Assim

$$\int_C \vec{F} \cdot d\vec{r} = \int_{C_1} \vec{F} \cdot d\vec{r} + \int_{C_2} \vec{F} \cdot d\vec{r} = 9 + 18 = 27$$

O que nos diz a integral de linha ?

Lembre que para dois vetores quaisquer $\vec{u}$ e $\vec{v}$ o produto escalar $\vec{u} \cdot \vec{v}$ é positivo se $\vec{u}$ e $\vec{v}$ apontam mais ou menos na mesma direção (isto é, se o ângulo entre eles é menor que $\pi/2$). O produto escalar é zero se $\vec{u}$ é perpendicular a $\vec{v}$ e negativo se eles apontam mais ou menos em direções opostas (isto é, se o ângulo entre eles é maior que $\pi/2$).

A integral de linha de $\vec{F}$ soma os produtos escalares de $\vec{F}$ e $\Delta\vec{r}$ ao longo do caminho. Se $\|\vec{F}\|$ é constante, a integral de linha dá um número positivo se $\vec{F}$ a maior parte do tempo aponta na mesma direção que $\Delta\vec{r}$, um número negativo se $\vec{F}$ aponta mais na direção aposta. A integral é zero se $\vec{F}$ é perpendicular ao caminho em todos os pontos ou se as contribuições positivas e negativas se cancelam. Em geral, a integral de um campo de vetores $\vec{F}$ ao longo de uma curva C diz em que medida C vai junto com $\vec{F}$ ou contra.

Exemplo 2: O campo de vetores $\vec{F}$ e as curvas orientadas C_1, C_2, C_3, C_4 são mostradas na Figura 8.5. As curvas C_1 e C_3 têm o mesmo comprimento. Quais das integrais $\int_{C_i} \vec{F}\cdot d\vec{r}$ para i = 1, 2, 3, 4 são positivas ? Quais negativas ? Disponha essas integrais em ordem ascendente.

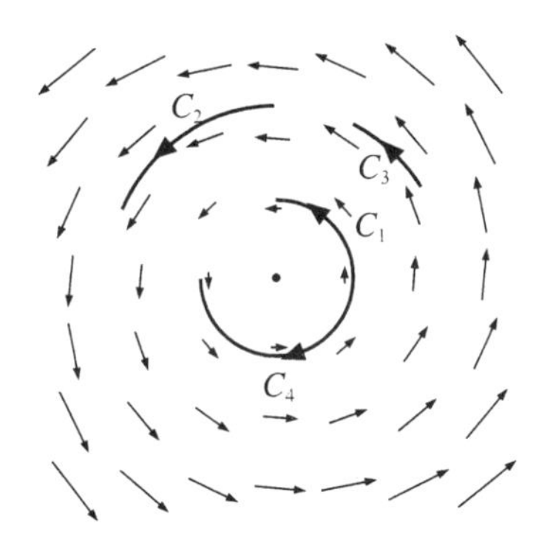

Figura 8.5: Campo de vetores e caminhos C_1, C_2, C_3, C_4

Solução: O campo vetorial $\vec{F}$ e os segmentos de reta $\Delta\vec{r}$ são aproximadamente paralelos e na mesma direção para as curva C_1, C_2 e C_3. Assim a contribuição de cada termo $\vec{F}\;.\;\Delta\vec{r}$ é positiva para estas curvas. Resulta que $\int_{C_1} \vec{F}\cdot d\vec{r}$, $\int_{C_2} \vec{F}\cdot d\vec{r}$ e $\int_{C_3} \vec{F}\cdot d\vec{r}$ são positivas. Para a curva C_4 o campo de vetores e os segmentos de reta vão em direções opostas de modo que cada termo $\vec{F}\;.\Delta\vec{r}$ é negativo e portanto a integral $\int_{C_4} \vec{F}\cdot d\vec{r}$ é negativa.

Como a norma do campo de vetores é menor ao longo de C_1 do que ao longo de C_3 e estas curvas têm o mesmo comprimento temos

$$\int_{C_1} \vec{F}\cdot d\vec{r} < \int_{C_3} \vec{F}\cdot d\vec{r}.$$

Além disso, a norma do campo de vetores é a mesma ao longo de C_2 e C_3, mas a curva C_2 é mais longa do que a curva C_3. Assim

$$\int_{C_3} \vec{F}\cdot d\vec{r} < \int_{C_2} \vec{F}\cdot d\vec{r}.$$

Reunindo estes resultados com o fato de $\int_{C_4} \vec{F}\cdot d\vec{r}$ ser negativa temos

$$\int_{C_4} \vec{F}\cdot d\vec{r} < \int_{C_1} \vec{F}\cdot d\vec{r}. < \int_{C_3} \vec{F}\cdot d\vec{r} < \int_{C_2} \vec{F}\cdot d\vec{r}.$$

Interpretações da integral de linha

Trabalho

Lembre da Seção 2.3 que se uma força constante $\vec{F}$ age sobre um objeto que se move sobre uma reta por um deslocamento $\vec{d}$, o trabalho efetuado pela força sobre o objeto é

$$\text{Trabalho efetuado} = \vec{F}\;.\;\vec{d}\;.$$

Agora suponha que desejamos achar o trabalho efetuado pela gravidade sobre um objeto que se move muito acima da superfície da Terra. Como a força da gravidade varia com a distância da Terra e o caminho pode não ser reto, não podemos usar a fórmula $\vec{F}\;.\;\vec{d}$. Aproximamos o caminho por segmentos de reta que sejam suficientemente pequenos para que a força seja aproximadamente constante sobre cada um. Suponha que a força num ponto com vetor de posição $\vec{r}$ é $\vec{F}(\vec{r})$ como nas Figuras 8.2 e 8.3. Então

Trabalho efetuado pela força $F(\vec{r}_i)$ sobre o pequeno deslocamento $\Delta\vec{r}_i$ $\approx \vec{F}(\vec{r}_i)\,.\,\Delta\vec{r}_i$

e assim

Trabalho total efetuado pela força $\vec{F}$ ao longo da curva orientada C $\approx \sum_i \vec{F}(\vec{r}_i)\cdot\Delta\vec{r}_i$

Passando ao limite para $\|\Delta\vec{r}_i\|\to 0$ vem

> Trabalho efetuado pela força $\vec{F}(\vec{r})$ ao longo da curva C
>
> $$= \lim_{\|\Delta\vec{r}_i\|\to 0} \sum_i \vec{F}(\vec{r}_i)\,.\,\Delta\vec{r}_i = \int_C \vec{F}\cdot d\vec{r}$$

Exemplo 3: Uma massa jazendo sobre uma mesa está presa a uma mola cuja outra extremidade está presa à parede. (Ver Figura 8.6.) A mola é estendida de 20 cm além de sua posição de repouso e solta. Se os eixos são como mostra a Figura 8.6, quando a mola é estendida por uma distância x a força exercida pela mola sobre a massa é dada por

$$\vec{F}(x) = -kx\vec{i}\;,$$

onde k é uma constante positiva que depende de quanto a mola é forte.

Suponha que a massa volta à posição de repouso. Quanto trabalho foi efetuado pela força exercida pela mola ?

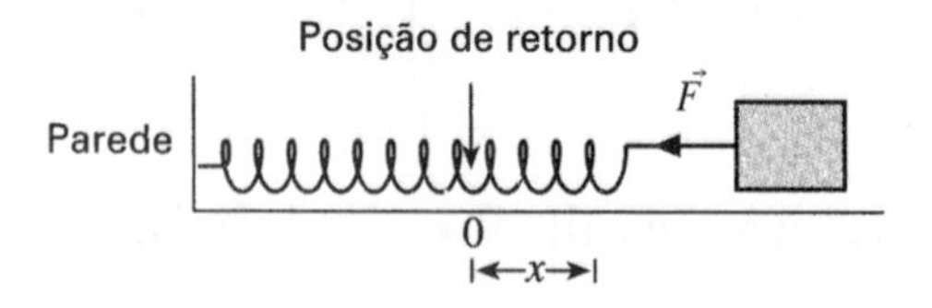

Figura 8.6: Força sobre massa devida à mola estendida

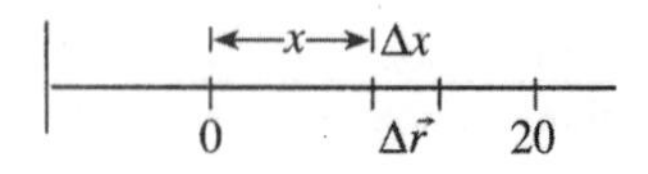

Figura 8.7: Dividir o intervalo $0 \leq x \leq 20$ para calcular o trabalho realizado

Solução: O caminho de $x = 20$ a $x = 0$ é dividido como se vê na Figura 8.7, com um segmento típico representado por

$$\Delta\vec{r} = \Delta x\vec{i},$$

Como nos movemos de $x = 20$ a $x = 0$ a quantidade Δx será negativa. O trabalho dado pela força quando a massa se desloca sobre esse segmento é aproximado por

Trabalho efetuado $\approx \vec{F} \cdot \Delta\vec{r} = (-kx\vec{i}) \cdot (\Delta x\vec{i}) = -kx\Delta x.$

Assim temos

$$\text{Trabalho total efetuado} \approx \sum -kx\,\Delta x.$$

No limite quando $\| \Delta x \| \to 0$ esta soma se torna uma integral definida ordinária. Como o caminho começa em $x = 20$, este é o limite inferior da integração; $x = 0$ é o limite superior. Assim temos

$$\text{Trabalho total efetuado} = \int_{x=20}^{x=0} -kx dx = -\frac{kx^2}{2}\bigg|_{20}^{0}$$

$$= k(20)^2/2 = 200k.$$

Note que o trabalho é positivo, pois a força age na direção do movimento.

O Exemplo 3 mostra como uma integral de linha sobre um caminho paralelo ao eixo-x se reduz a uma integral em uma variável. A Seção 8.2 mostra como transformar qualquer integral de linha em uma integral em uma variável.

Exemplo 4: Uma partícula com vetor de posição $\vec{r}$ está sujeita a uma força $\vec{F}$ devida à gravidade. Qual é o *sinal* do trabalho feito por $\vec{F}$ quando a partícula se move ao longo do caminho C_1, uma reta radial passando pelo centro da Terra, partindo de 8.000 km do centro e terminando a 10.000 km do centro (Ver Figura 8.8.) ?

Solução: Dividimos o caminho em pequenos segmentos radiais $\Delta\vec{r}$ apontando para longe do centro da Terra e paralelos à força gravitacional. Os vetores $\vec{F}$ e $\Delta\vec{r}$ apontam em direções opostas, de modo que cada termo $\vec{F} \cdot \Delta\vec{r}$, é negativo. Somando todas essas quantidades negativas e passando ao limite tem-se um resultado negativo, para o trabalho total. Assim, o trabalho efetuado pela força de gravidade é negativo. O sinal negativo indica que teríamos que trabalhar contra a gravidade para mover a partícula ao longo do caminho C_1.

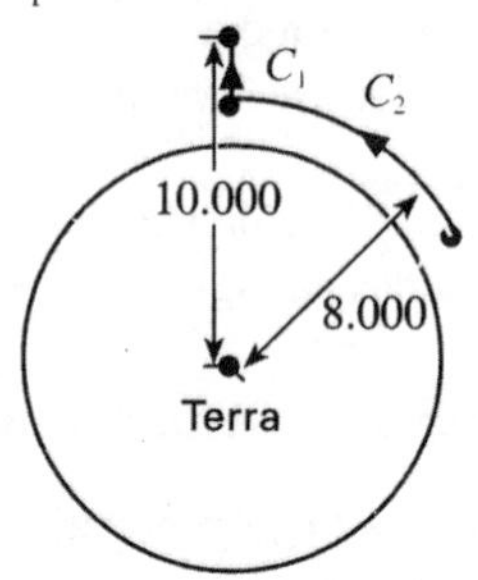

Figura 8.8: A Terra

Exemplo 5: Ache o sinal do trabalho efetuado pela gravidade ao longo da curva C_1 mas com a orientação oposta.

Solução: Percorrer a curva na direção oposta troca o sinal da integral porque todos os segmentos $\Delta\vec{r}$ trocam de sentido e assim cada termo $\vec{F} \cdot \Delta\vec{r}$ troca de sinal. Assim o resultado será o oposto do resultado encontrado no Exemplo 4. Portanto o trabalho efetuado pela gravidade quando a partícula se move ao longo de C_1 na direção do centro da Terra é positivo.

Exemplo 6: Ache o trabalho efetuado pela gravidade quando uma partícula se move ao longo de C_2, um arco de círculo de comprimento 8.000 km à distância de 8.000 km do centro da Terra. (Ver Figura 8.8.)

Solução: Como C_2 é sempre perpendicular à força gravitacional, $\vec{F} \cdot \Delta\vec{r} = 0$ para todo $\Delta\vec{r}$ ao longo de C_2. Assim

$$\text{Trabalho efetuado} = \int_{C_2} \vec{F} \cdot d\vec{r} = 0,$$

e o trabalho efetuado é zero. É por isso que satélites podem permanecer em órbita sem gastar combustível, uma vez que tenham atingido a altura e a velocidade corretas.

Circulação

O campo de vetores velocidade para a corrente do Golfo na página 197 mostra redemoinhos ou regiões em que a água circula. Podemos medir esta circulação usando uma curva fechada, isto é, uma curva cujo início e fim são o mesmo ponto.

> Se C é uma curva fechada orientada, a integral de linha de um campo de vetores $\vec{F}$ em torno de C é chamada a **circulação** de $\vec{F}$ em torno de C.

A circulação é uma medida da tendência do campo de vetores

de apontar ao redor da curva C. Para enfatizar que C é fechada, a circulação é às vezes denotada por $\oint_C \vec{F} \cdot d\vec{r}$, com um pequeno círculo sobre o sinal de integral.

Exemplo 7: Descreva a rotação dos campos de vetores nas Figuras 8.9 e 8.10. Ache o sinal da circulação dos campos de vetores nos caminhos indicados.

Solução: Considere o campo de vetores na Figura 8.9. Se você pensar nele como representando a velocidade de água movendo-se numa lagoa, você verá que a água está circulando. A integral de linha em torno de C, medindo a circulação em volta de C, é positiva, porque os vetores do campo todos apontam na direção do caminho. Em contraste, olhe o campo de vetores na Figura 8.10. Aqui a integral de linha sobre C é zero porque as porções verticais do caminho são perpendiculares ao campo e as contribuições dos dois pedaços horizontais se cancelam. Isto significa que não há tendência da água de circular em torno de C.

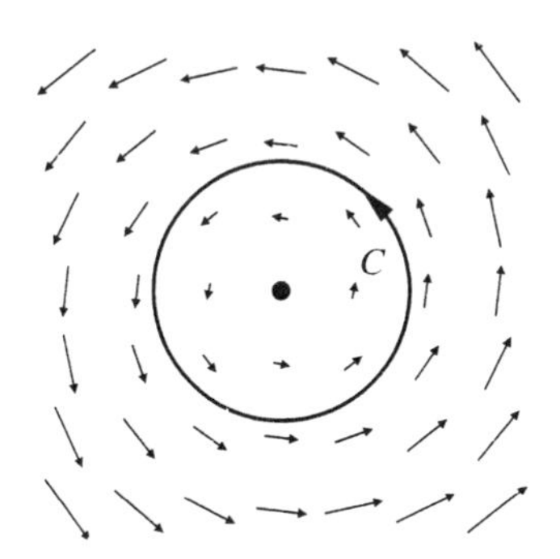

Figura 8.9: Uma corrente circulante

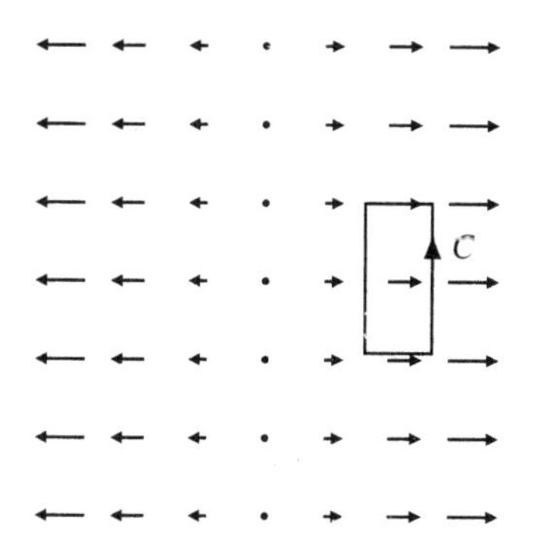

Figura 8.10: Corrente com circulação zero

Acontece que o campo de vetores na Figura 8.10 tem a propriedade de ter circulação zero sobre qualquer curva fechada. Água que se move segundo este campo de vetores não tem tendência a circular em torno de ponto algum, e uma folha largada na água não vai girar. Mais tarde olharemos outra vez este campos especiais quando falarmos do *rotacional* de um campo de vetores.

Propriedade das integrais de linha

As integrais de linha têm algumas propriedades em comum com as integrais ordinárias em uma variável:

> Para uma constante escalar λ, campos de vetores $\vec{F}$ e $\vec{G}$, e curvas orientadas C, C_1 e C_2:
>
> **1** $\int_C \lambda\vec{F} . d\vec{r} = \lambda \int_C \vec{F} \cdot d\vec{r}.$
>
> **2** $\int_C (\vec{F}+\vec{G}) \cdot d\vec{r} = \int_C \vec{F} \cdot d\vec{r} + \int_C \vec{G} \cdot d\vec{r}.$
>
> **3** $\int_{-C} \vec{F} \cdot d\vec{r} = -\int_C \vec{F} \cdot d\vec{r}.$
>
> **4** $\int_{C_1+C_2} \vec{F} \cdot d\vec{r} = \int_{C_1} \vec{F} \cdot d\vec{r} + \int_{C_2} \vec{F} \cdot d\vec{r}.$

As propriedades 3 e 4 dizem respeito à curva C sobre a qual a integral é tomada. Se C é uma curva orientada, então $-C$ é a mesma curva percorrida em sentido contrário, isto é, com a orientação oposta. (Ver Figura 8.11.) A propriedade 3 vale porque se integramos ao longo de $-C$ os vetores $\Delta\vec{r}$ apontam na direção oposta e os produtos escalares $\vec{F} \cdot \Delta\vec{r}$ são os opostos dos tomados ao longo de C.

Se C_1 e C_2 são curvas orientadas, com C_1 terminando onde C_2 começa, construímos uma nova curva orientada, chamada $C_1 + C_2$, unindo as duas. (Ver Figura 8.12.) A propriedade 4 é o análogo para integrais de linha da propriedade das integrais definidas que diz que

$$\int_a^b f(x)dx = \int_a^c f(x)dx + \int_c^b f(x)dx.$$

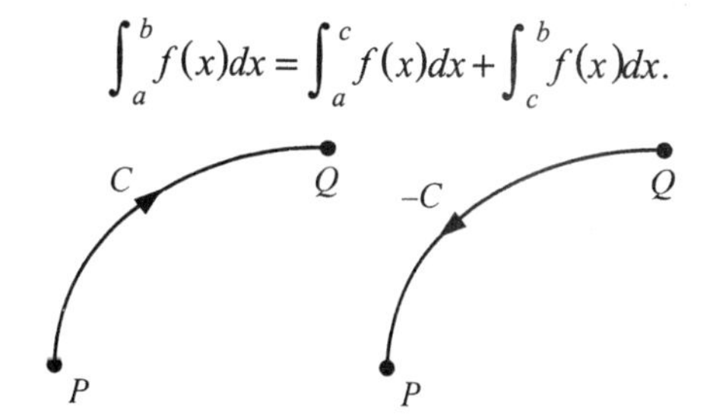

Figura 8.11: Uma curva C e sua oposta $-C$

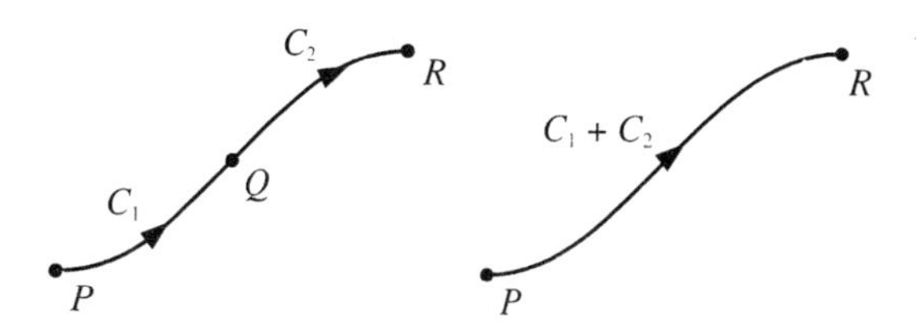

Figura 8.12: Unir duas curvas C_1 e C_2 para formar uma nova $C_1 + C_2$

Problemas para a Seção 8.1

Nos Problemas 1–4 diga se você espera que a integral de linha do campo de vetores representado sobre a curva dada seja positiva, negativa ou zero.

1

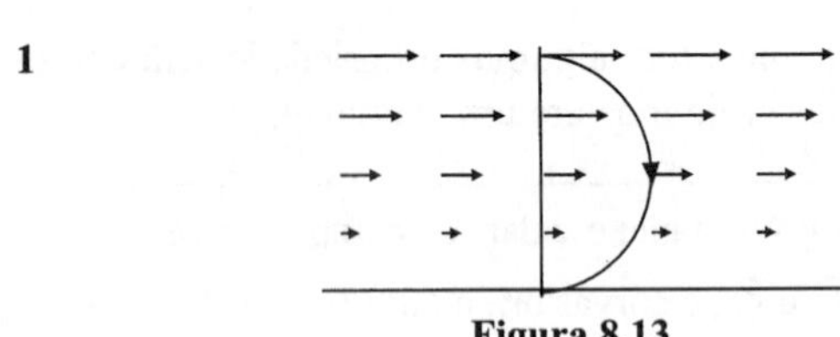

Figura 8.13

2

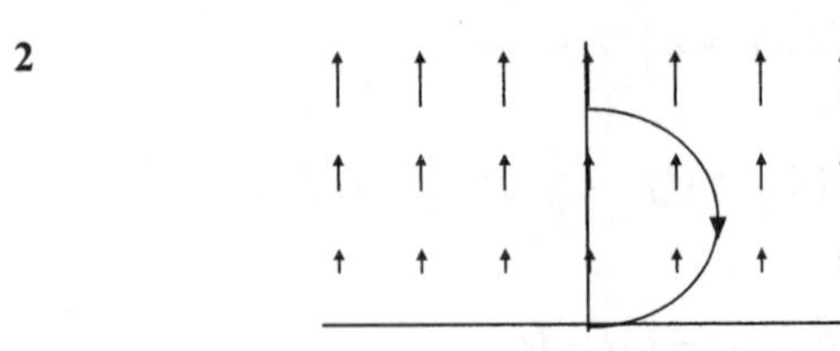

Figura 8.14

3

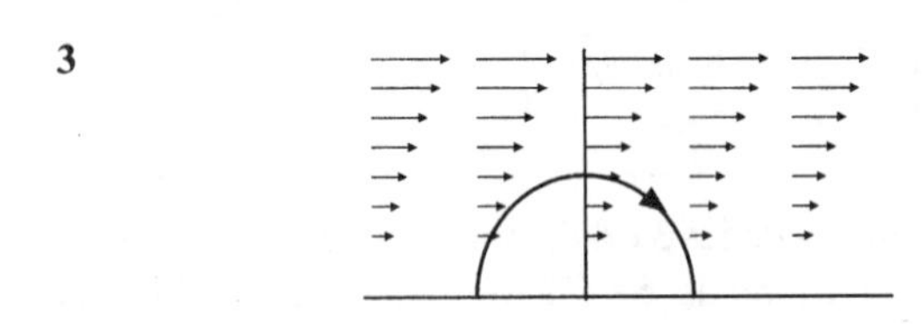

Figura 8.15

4

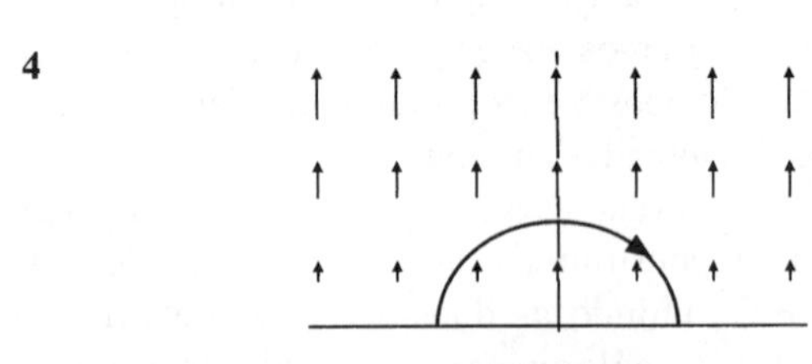

Figura 8.16

5 Considere o campo de vetores $\vec{F}$ mostrado na Figura 8.17, juntamente com os caminhos C_1, C_2 e C_3. Disponha as integrais de linha $\int_{C_1} \vec{F} \cdot d\vec{r}$, $\int_{C_2} \vec{F} \cdot d\vec{r}$ e $\int_{C_3} \vec{F} \cdot d\vec{r}$ em ordem crescente.

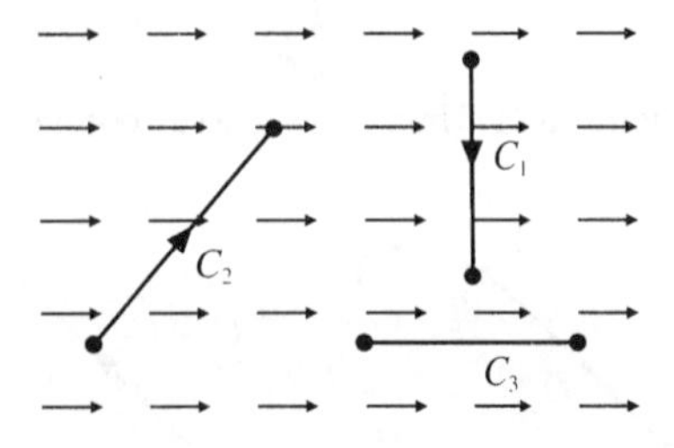

Figura 8.17

Para os Problemas 6–10, diga se você espera que o campo de vetores dado tenha circulação positiva, negativa ou zero em torno da curva C da Figura 8.18. Os segmentos C_1 e C_3 são arcos de círculo centrados na origem, C_2 e C_4 são segmentos de reta radiais. Você pode achar que ajuda esboçar o campo de vetores.

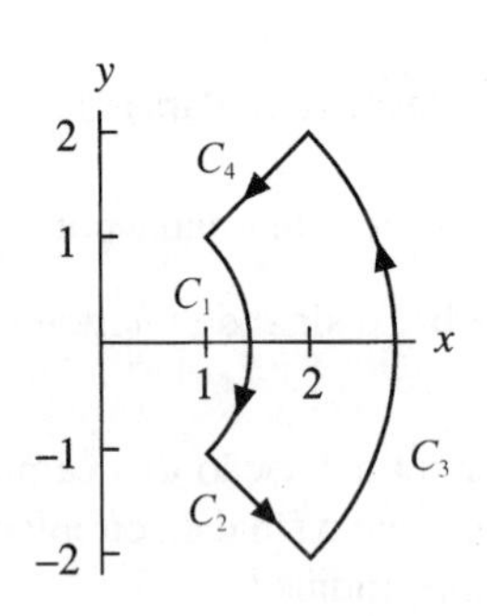

Figura 8.18: A curva fechada $C = C_1 + C_2 + C_3 + C_4$

6 $\vec{F}(x, y) = x\vec{i} + y\vec{j}$ **7** $\vec{F}(x, y) = -y\vec{i} + x\vec{j}$

8 $\vec{F}(x, y) = y\vec{i} - x\vec{j}$ **9** $\vec{F}(x, y) = x^2\vec{i}$

10 $\vec{F}(x, y) = -\dfrac{y}{x^2 + y^2}\vec{i} + \dfrac{x}{x^2 + y^2}\vec{j}$

Nos Problemas 11–16 calcule a integral de linha ao longo da reta pelos dois pontos dados.

11 $\vec{F} = x\vec{j}$, de (1, 0) a (3, 0)

12 $\vec{F} = x\vec{j}$, de (2, 0) a (2, 5)

13 $\vec{F} = x\vec{i}$, de (2, 0) a (6, 0)

14 $\vec{F} = x\vec{i} + y\vec{j}$, de (2, 0) a (6, 0)

15 $\vec{F} = \vec{r}$, de (2, 2) a (6, 6)

16 $\vec{F} = 3\vec{i} + 4\vec{j}$, de (0, 6) a (0, 13)

17 Trace uma curva orientada C e um campo de vetores $\vec{F}$ ao longo de C que não seja sempre perpendicular a C mas para o qual $\int_C \vec{F} \cdot d\vec{r} = 0$

18 Dado o campo de forças $\vec{F}(x, y) = y\vec{i} + x^2\vec{j}$ e a curva ângulo reto C dos pontos (0, −1) a (4, −1) a (4, 3) mostrada na Figura 8.19:

a) Calcule F nos pontos (0, −1), (1, −1), (2, −1), (3, −1), (4, −1), (4, 0), (4, 1), (4, 2), (4, 3).

b) Faça um esboço mostrando o campo de forças ao longo de C.

c) Avalie o trabalho efetuado pelo campo de forças indicado sobre um objeto percorrendo a curva

19 Se $\vec{F}$ é o campo de forças constantes $\vec{j}$ considere o trabalho efetuado pelo campo sobre partículas percorrendo os caminhos C_1, C_2 e C_3 da Figura 8.20. Sobre qual desses caminhos o trabalho será zero ? Explique.

Para os Problemas 20 –23 use computador para calcular as seguintes integrais.

a) A integral de linha de $\vec{F}$ em várias curvas fechadas. O que você obtém ?

b) A integral de linha de $\vec{F}$ ao longo de três curvas, cada uma das quais começa na origem e termina no ponto $\left(\frac{1}{2},\frac{1}{2}\right)$. O que você observa ?

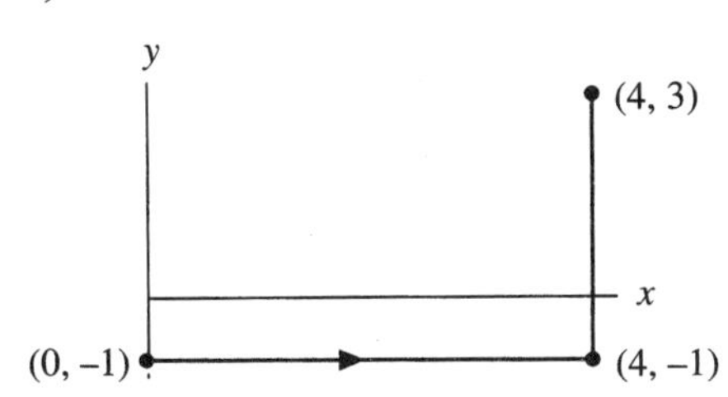

Figura 8.19

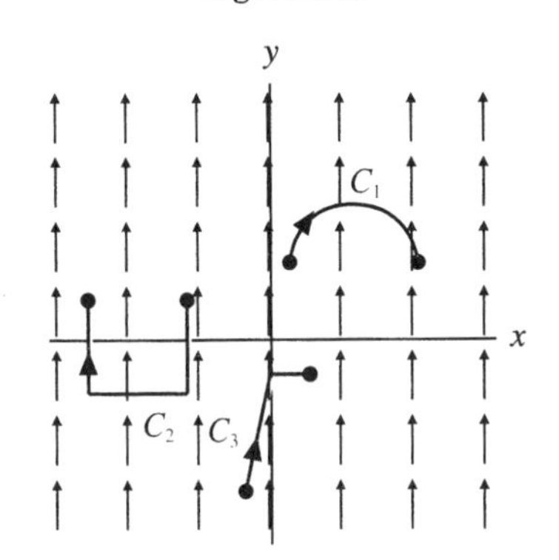

Figura 8.20

20 $\vec{F} = x\vec{i} + y\vec{j}$ **21** $\vec{F} = -y\vec{i} + x\vec{j}$

22 $\vec{F} = \vec{i} + y\vec{j}$ **23** $\vec{F} = \vec{i} + x\vec{j}$

24 Como resultado de suas respostas aos Problemas 20–23 você deve ter observado que a seguinte afirmação é verdadeira: sempre que a integral de linha de um campo de vetores sobre qualquer curva fechada é zero, a integral de linha sobre curvas com extremidades fixas tem um valor constante (isto é, a integral de linha é independente do caminho que a curva segue entre as extremidades). Explique porque isto vale.

25 Como resultado de suas respostas aos Problemas 20–23 você deve ter observado que a recíproca da afirmação no Problema 24 é também verdadeira: Sempre que a integral de linha de um campo de vetores depende somente das extremidades e não dos caminhos, a circulação é sempre zero. Explique porque isto vale.

Nos Problemas 26 –27 use o fato de a força de gravidade sobre uma partícula de massa m no ponto em vetor de posição r ser dada por

$$\vec{F} = -\frac{GMm\vec{r}}{r^3}$$

onde $r = \| \vec{r} \|$ e G é a constante gravitacional e M é a massa da Terra.

26 Calcule o trabalho efetuado pela força de gravidade sobre uma partícula de massa m que se move de 8.000 km para 10.000 km do centro da Terra.

27 Calcule o trabalho efetuado pela força de gravidade sobre uma partícula de massa m que se move de 8.000 km do centro da Terra para infinitamente longe.

28 O fato de uma corrente elétrica dar origem a um campo magnético é a base de certos motores elétricos. A lei de Ampère relaciona o campo magnético $\vec{B}$ a uma corrente constante I. Diz

$$\int_C \vec{B}\cdot d\vec{r} = kI$$

onde I* é a corrente que passa pela curva fechada C e k é uma constante. A Figura 8.21 mostra uma barra carregando uma corrente e o campo magnético induzido em torno da barra. Se a barra é muito longa e fina, experiências mostram que o campo magnético $\vec{B}$ é tangente a cada círculo que é perpendicular à barra e tem centro no eixo da barra (como C na Figura 8.21). A norma de B é constante ao longo de qualquer tal círculo. Use a lei de Ampère para mostrar que em torno de um círculo de raio r o campo magnético devido à corrente I tem norma dada por

$$\|\vec{B}\| = \frac{kI}{2\pi r}$$

(Em outras palavras a intensidade do campo é inversamente proporcional à distância radial à barra).

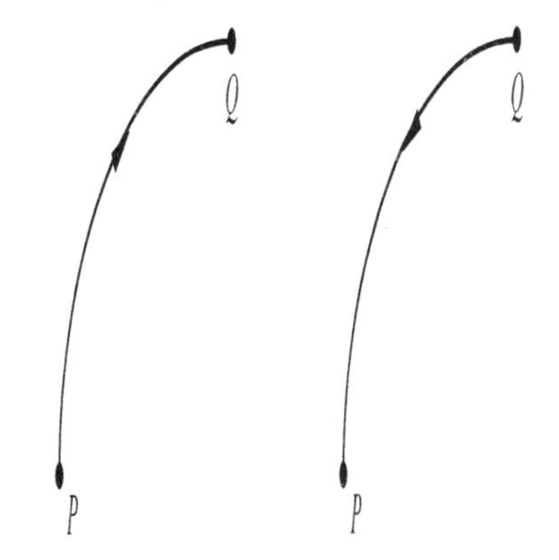

Figura 8.21

8.2 - CÁLCULO DE INTEGRAIS DE LINHA SOBRE CURVAS PARAMETRIZADAS

O objetivo desta seção é mostrar como usar uma parametrização de uma curva para transformar uma integral de linha em uma integral ordinária em uma variável.

* Mais precisamente, I é a corrente por qualquer superfície que tem C como bordo.

Uso de parametrização para calcular uma integral de linha

Lembre a definição da integral de linha,

$$\int_C \vec{F}\cdot d\vec{r} = \lim_{\|\Delta\vec{r}_i\|\to 0}\sum \vec{F}(\vec{r}_i)\cdot\Delta\vec{r}_i,$$

onde os $\vec{r}_i$ são vetores de posição de pontos que subdividem a curva em pedaços curtos. Agora suponhamos que se tem uma parametrização lisa $\vec{r}\,(t)$ de C, para $a \le t \le b$, de modo que $\vec{r}\,(a)$ é o vetor de posição do início da curva e $\vec{r}\,(b)$ é o vetor de posição do fim. Então podemos dividir C em n partes dividindo o intervalo $a \le t \le b$ em n pedaços, cada um de comprimento $\Delta t = (b-a)/n$. Ver Figuras 8.22 e 8.23.

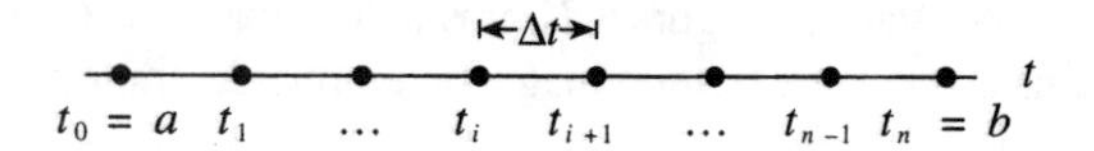

Figura 8.22: Subdivisão do intervalo $a \le t \le b$

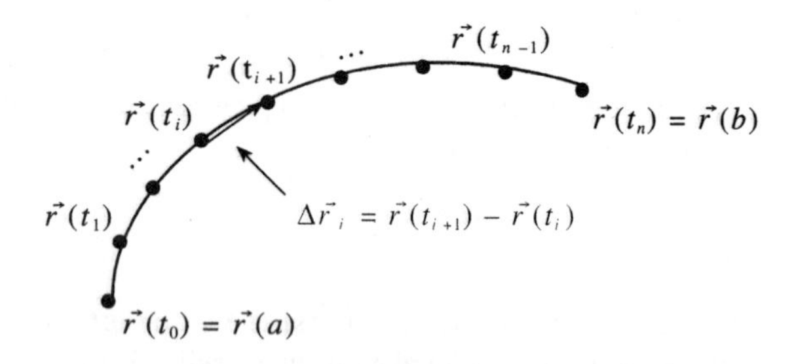

Figura 8.23: Subdivisão correspondente do caminho parametrizado C

Em cada ponto $\vec{r}_i = \vec{r}\,(t_i)$ queremos calcular

$$\vec{F}\,(\vec{r}_i)\,.\,\Delta\vec{r}_i.$$

Como $t_{i+1} = t_i + \Delta t$, os vetores de deslocamento $\Delta\vec{r}_i$ são dados por

$$\begin{aligned}\Delta\vec{r}_i &= \vec{r}(t_{i+1}) - \vec{r}(t_i)\\ &= \vec{r}(t_i+\Delta t) - \vec{r}(t_i)\\ &= \frac{\vec{r}(t_i+\Delta t) - \vec{r}(t_i)}{\Delta t}\cdot\Delta t\\ &\approx \vec{r}\,'(t_i)\Delta t,\end{aligned}$$

onde usamos os fatos de Δt ser pequeno e $\vec{r}\,(t)$ diferenciável para obter a última aproximação.

Portanto,

$$\int_C \vec{F}\cdot d\vec{r} \approx \sum \vec{F}(\vec{r}_i)\cdot\Delta\vec{r}_i \approx \sum \vec{F}(\vec{r}(t_i))\cdot\vec{r}\,'(t_i)\,\Delta t$$

Observe que $\vec{F}(\vec{r}(t_i))\,\vec{r}\,'(t_i)$ é o valor em t_i de uma função de uma variável t, de modo que essa última soma é na verdade uma soma de Riemann em uma variável. No limite quando $\Delta t \to 0$ obtemos uma integral definida:

$$\lim_{\Delta t\to 0}\sum \vec{F}(\vec{r}(t_i))\cdot\vec{r}\,'(t_i)\,\Delta t = \int_a^b \vec{F}(\vec{r}(t))\cdot\vec{r}\,'(t)dt.$$

Temos pois o resultado seguinte:

> Se $\vec{r}\,(t)$, para $a \le t \le b$ é uma parametrização lisa de uma curva orientada C e $\vec{F}$ é um campo de vetores que é contínuo sobre C, então
>
> $$\int_C \vec{F}\cdot d\vec{r} = \int_a^b \vec{F}(\vec{r}(t))\cdot\vec{r}\,'(t)dt.$$
>
> Em palavras: para calcular a integral de linha de $\vec{F}$ sobre C, tome-se o produto escalar de $\vec{F}$ calculado sobre C pelo vetor velocidade $\vec{r}\,'(t)$ da parametrização de C e depois integre-se ao longo da curva.

Embora tenhamos assumido que C é lisa, podemos usar a mesma fórmula para calcular integrais de linha sobre curvas que são apenas *lisas por pedaços*, tais como a fronteira de um retângulo: se C é lisa por pedaços aplicamos a fórmula a cada um dos pedaços lisos e somamos os resultados.

Exemplo 1: Calcule $\int_C \vec{F}\cdot d\vec{r}$ onde $\vec{F} = (x+y)\vec{i} + y\vec{j}$ e C é o quarto do círculo unitário, orientado em sentido anti-horário como se vê na Figura 8.24.

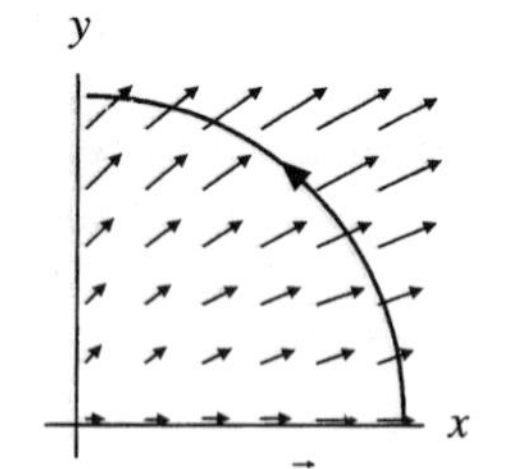

Figura 8.24: O campo de vetores $\vec{F} = (x+y)\vec{i} + y\vec{j}$ e o quarto de círculo C

Solução: Como todos os vetores de $\vec{F}$ ao longo de C apontam de modo geral em direção oposta à orientação de C, esperamos uma resposta negativa. O primeiro passo é parametrizar C por

$$\vec{r}(t) = x(t)\vec{i} + y(t)\vec{j} = \cos t\vec{i} + \operatorname{sen} t\vec{j},\ \ 0 \le t \le \frac{\pi}{2}.$$

Substituindo esta parametrização em $\vec{F}$ obtemos $\vec{F}\,(x(t), y(t)) = (\cos t + \operatorname{sen} t)\,\vec{i} + \operatorname{sen} t\,\vec{j}$. O vetor $\vec{r}\,'(t) = x'(t)\,\vec{i}$

$+ y'(t)\,\vec{j} = -\operatorname{sen} t\vec{i} + \cos t\vec{j}$. Então

$$\int_C \vec{F}\cdot d\vec{r} = \int_0^{\pi/2} \left((\cos t + \operatorname{sen} t)\,\vec{i} + \operatorname{sen} t\vec{j}\right)\cdot\left(-\operatorname{sen} t\vec{i} + \cos t\vec{j}\right) dt$$

$$\int_0^{\pi/2} \left(-\cos t \operatorname{sen} t - \operatorname{sen}^2 t + \operatorname{sen} t \cos t\right) dr$$

$$= \int_0^{\pi/2} -\operatorname{sen}^2 t\,dt = -\frac{\pi}{4} \approx -0{,}7854.$$

Assim a resposta é negativa, como se esperava.

Exemplo 2: Considere o campo de vetores $\vec{F} = x\vec{i} + y\vec{j}$.

a) Suponha que C_1 é o segmento de reta unindo (1, 0) a (0, 2) e que C_2 é parte de uma parábola com o vértice em (0, 2) unindo os mesmos pontos na mesma ordem (Ver Figura 8.25). Verifique que

$$\int_{C_1} \vec{F}\cdot d\vec{r} = \int_{C_2} \vec{F}\cdot d\vec{r}.$$

b) Se C é o triângulo mostrado na Figura 8.26, mostre que

$$\int_C \vec{F}\cdot d\vec{r} = 0$$

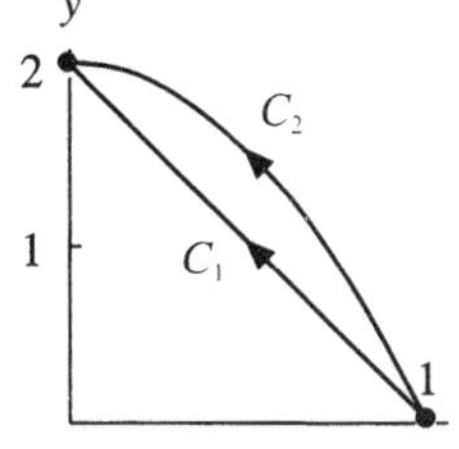

Figura 8.25

Figura 8.26

Solução: a) Parametrizamos C_1 por $\vec{r}(t) = (1-t)\vec{i} + 2t\vec{j}$ com $0 \le t \le 1$. Então $\vec{r}'(t) = -\vec{i} + 2\vec{j}$ e

$$\int_{C_1} \vec{F}\cdot d\vec{r} = \int_0^1 \vec{F}(1-t, 2t)\cdot\left(-\vec{i} + 2\vec{j}\right) dt$$

$$= \int_0^1 \left((1-t)\,\vec{i} + 2t\vec{j}\right)\cdot\left(-\vec{i} + 2\vec{j}\right) dt = \int_0^1 (5t-1)\,dt = \frac{3}{2}.$$

Para parametrizar C_2 usamos o fato de ser parte de uma parábola com vértice em (0, 2) de modo que sua equação é da forma $y = -kx^2 + 2$ para algum k. Como a parábola cruza o eixo-x em (1, 0) vemos que $k = 2$ e $y = -2x^2 + 2$. Portanto usamos a parametrização $\vec{r}(t) = t\vec{i} + (-2t^2 + 2)\,\vec{j}$ com $0 \le t \le 1$, que tem $\vec{r}' = \vec{i} - 4t\vec{j}$. Isto faz percorrer C_2 ao contrário pois $t = 0$ dá (0, 2) e $t = 1$ dá (1, 0). Por isso tomamos $t = 0$ como limite superior de integração e $t = 1$ como limite inferior:

$$\int_{C_2} \vec{F}\cdot d\vec{r} = \int_1^0 \vec{F}\left(t, -2t^2 + 2\right)\cdot\left(\vec{i} - 4t\vec{j}\right) dt$$

$$-\int_0^1 \left(t\vec{i} + \left(-2t^2 + 2\right)\vec{j}\right)\cdot\left(\vec{i} - 4t\vec{j}\right) dt = -\int_0^1 \left(8t^3 - 7t\right) dt = \frac{3}{2}.$$

Vemos que as integrais sobre C_1 e C_2 têm o mesmo valor.

b) Dividimos $\int_C \vec{F}\cdot d\vec{r}$ em três pedaços, (um dos quais, o pedaço unindo (1, 0) a (0, 2), já calculamos, a integral de linha aí valendo 3/2). O pedaço de (0, 2) a (0, 0) pode ser parametrizado por $\vec{r}(t) = (2-t)\,\vec{j}$ com $0 \le t \le 2$. O pedaço que vai de (0, 0) a 1, 0) pode ser parametrizado por $\vec{r}(t) = t\vec{i}$ com $0 \le t \le 1$. Então

$$\int_C \vec{F}\cdot d\vec{r} = \frac{3}{2} + \int_0^2 \vec{F}(0, 2-t)\cdot\left(-\vec{j}\right) dt + \int_0^1 \vec{F}(t, 0)\cdot\vec{i}\,dt$$

$$= \frac{3}{2} + \int_0^2 (2-t)\vec{j}\cdot\left(-\vec{j}\right) dt + \int_0^1 t\vec{i}\cdot\vec{i}\,dt$$

$$= \frac{3}{2} + \int_0^2 (t-2)\,dt + \int_0^1 t\,dt = \frac{3}{2} + (-2) + \frac{1}{2} = 0.$$

Exemplo 3: Seja C a curva fechada que consiste do semicírculo superior de raio 1 e a reta que forma seu diâmetro ao longo do eixo-x, orientado em sentido anti-horário (Ver Figura 8.27.) Ache $\int_C \vec{F}\cdot d\vec{r}$ onde $\vec{F}(x, y) = -y\vec{i} + x\vec{j}$.

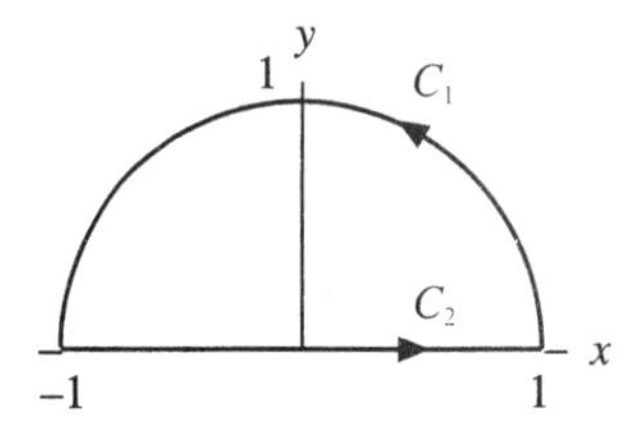

Figura 8.27: A curva $C = C_1 + C_2$ para o Exemplo 3

Solução: Escrevemos $C = C_1 + C_2$ onde C_1 é o semicírculo e C_2 é o segmento, e calculamos $\int_{C_1} \vec{F}\cdot d\vec{r}$ e $\int_{C_2} \vec{F}\cdot d\vec{r}$ separadamente. Parametrizamos C_1 por $\vec{r}(t) = \cos t\vec{i} + \operatorname{sen} t\vec{j}$, com $0 \le t \le \pi$. Então

$$\int_{C_1} \vec{F}\cdot d\vec{r} = \int_0^{\pi} \left(-\operatorname{sen} t\vec{i} + \cos t\vec{j}\right)\cdot\left(-\operatorname{sen} t\vec{i} + \cos t\vec{j}\right) dt$$

$$= \int_0^{\pi} \left(\operatorname{sen}^2 t + \cos^2 t\right) dt = \int_0^{\pi} 1\,dt = \pi.$$

Para C_2 temos $\int_{C_2} \vec{F}\cdot d\vec{r} = 0$ pois o campo de vetores $\vec{F}$ não tem componente segundo o eixo-x (onde $y = 0$) e é portanto perpendicular a C_2 em todos os pontos.

Finalmente podemos escrever

$$\int_C \vec{F}\cdot d\vec{r} = \int_{C_1} \vec{F}\cdot d\vec{r} + \int_{C_2} \vec{F}\cdot d\vec{r} = \pi + 0 = \pi.$$

Não é por acidente que o resultado para $\int_{C_1} \vec{F}\cdot d\vec{r}$ é o mesmo que o comprimento da curva C_1. Ver Problemas 14–15 na página 207.

O exemplo seguinte ilustra o cálculo de uma integral de linha num caminho no 3-espaço.

Exemplo 4: Uma partícula percorre a hélice C dada por $\vec{r}(t) = \cos t\vec{i} + \text{sen}\, t\vec{j} + 2t\vec{k}$ e está sujeita a uma força $\vec{F} = x\vec{i} + z\vec{j} - xy\vec{k}$. Ache o trabalho total efetuado sobre a partícula pela força para $0 \le t \le 3\pi$.

Solução: O trabalho efetuado é dado por uma integral de linha, que calculamos usando a parametrização dada:

$$\text{Trabalho efetuado} = \int_C \vec{F}\cdot d\vec{r} = \int_0^{3\pi} \vec{F}(\vec{r}(t))\cdot \vec{r}'(t)\,dt$$

$$= \int_0^{3\pi} \left(\cos t\vec{i} + 2t\vec{j} - \cos t\,\text{sen} t\vec{k}\right)\cdot\left(-\,\text{sen} t\vec{i} + \cos t\vec{j} + 2\vec{k}\right)dt$$

$$= \int_0^{3\pi} \left(-\cos t\,\text{sen}\, t + 2t\cos t - 2\cos t\,\text{sen}\, t\right)dt$$

$$= \int_0^{3\pi} \left(-3\cos t\,\text{sen} t + 2t\cos t\right)dt = -4.$$

A notação $\int_C Pdx + Qdy + Rdz$

Existe uma outra notação para integrais de linha que é bastante comum,. Dadas funções $P(x, y, z)$, $Q(x, y, z)$ e $R(x, y, z)$ e uma curva orientada C, considere o campo de vetores $\vec{F} = P\vec{i} + Q\vec{j} + R\vec{k}$. Podemos escrever

$$\int_C \vec{F}\cdot d\vec{r} = \int_C P(x,y,z)\,dx + Q(x,y,z)\,dy + R(x,y,z)\,dz,$$

A relação entre as duas notações pode ser lembrada escrevendo

$$d\vec{r} = dx\vec{i} + dy\vec{j} + dz\vec{k}.$$

Exemplo 5: Calcule $\int_C xydx - y^2dy$ onde C é o segmento de reta de (0, 0) a (2, 6).

Solução: Parametrizamos C por $\vec{r}(t) = x(t)\vec{i} + y(t)\vec{j} = t\vec{i} + 3t\vec{j}$, para $0 \le t \le 2$. Assim

$$\int_C xydx - y^2dy = \int_C \left(xy\vec{i} - y^2\vec{j}\right)\cdot d\vec{r}$$

$$= \int_0^2 \left(3t^2\vec{i} - 9t^2\vec{j}\right)\cdot\left(\vec{i} + 3\vec{j}\right)dt = \int_0^2 \left(-24t^2\right)dt = -64$$

Independência da parametrização

Como há muitas maneiras diferentes de parametrizar uma dada curva orientada, você pode estar refletindo sobre o que acontece ao valor de uma determinada integral de linha se você escolher outra parametrização . A resposta é que não faz diferença a escolha de parametrização. Como inicialmente definimos a integral de linha sem referência a uma particular parametrização, isto é exatamente o que esperaríamos.

Exemplo 6: Considere o caminho orientado que é um segmento de reta L indo de (0, 0) a (1, 1). Calcule a integral de linha do campo de vetores $\vec{F} = (3x - y)\vec{i} + x\vec{j}$ ao longo de L usando cada uma das parametrizações

a) $A(t) = (t, t), \quad 0 \le t \le 1,$

b) $D(t) = (e^t - 1, e^t - 1), \quad 0 \le t \le \ln 2.$

Solução: A reta L tem equação $y = x$. Tanto $A(t)$ quanto $D(t)$ dão uma parametrização de L: cada uma tem ambas as coordenadas iguais e começa em (0, 0) e termina em (1, 1). Agora calculemos a integral de linha do campo de vetores $\vec{F} = (3x - y)\vec{i} + x\vec{j}$ usando cada parametrização

a) Usando $A(t)$ temos

$$\int_L \vec{F}\cdot d\vec{r} = \int_0^1 \left((3t - t)\vec{i} + t\vec{j}\right)\cdot\left(\vec{i} + \vec{j}\right)dt = \int_0^1 3tdt = \left.\frac{3t^2}{2}\right|_0^1 = \frac{3}{2}.$$

b) Usando $D(t)$ temos

$$\int_L \vec{F}\cdot d\vec{r}$$

$$= \int_0^{\ln 2} \left(\left(3(e^t - 1) - (e^t - 1)\right)\vec{i} + (e^t - 1)\vec{j}\right)\cdot\left(e^t\vec{i} + e^t\vec{j}\right)dt$$

$$= \int_0^{\ln 2} 3\left(e^{2t} - e^t\right)dt = 3\left.\left(\frac{e^{2t}}{2} - e^t\right)\right|_0^{\ln 2} = \frac{3}{2}.$$

O fato de as duas respostas serem iguais ilustra que o valor de uma integral de linha é independente da parametrização do caminho. Os Problemas 17–19 no fim desta seção dão outro modo de ver isto.

Problemas para a seção 8.2

Nos Problemas 1–10 calcule a integral de linha do campo de vetores dado ao longo do caminho dado.

1 $\vec{F}(x, y) = \ln y\vec{i} + \ln x\vec{j}$ e C é a curva dada parametricamente por $(2t, t^3)$ para $2 \le t \le 4$.

2 $\vec{F} = x\vec{i} + y\vec{j}$ e C é o segmento da origem ao ponto (3, 3).

3 $\vec{F}(x, y) = x^2\vec{i} + y^2\vec{j}$ e C é o segmento do ponto (1, 2) ao ponto (3, 4).

4 $\vec{F} = 2y\vec{i} - (\operatorname{sen} y)\vec{j}$ em sentido anti-horário em torno do círculo unitário C partindo do ponto $(1, 10)$

5 $\vec{F}\,(x, y) = e^x\,\vec{i} + e^y\,\vec{j}$ e C é a parte da elipse $x^2 + 4\,y^2 = 4$ que une o ponto $(0, 1)$ ao ponto $(2, 0)$ em sentido horário.

6 $\vec{F}\,(x, y) = xy\vec{i} + (x - y)\vec{j}$ e C é o triângulo que une os pontos $(1, 0)$, $(0, 1)$ e $(-1, 0)$ em sentido horário.

7 $\vec{F} = x\vec{i} + 2zy\,\vec{j} + x\vec{k}$ e C é dada por $\vec{r} = t\vec{i} + t^2\,\vec{j} + t^3\,\vec{k}$ para $1 \le t \le 2$.

8 $\vec{F} = x^3\,\vec{i} + y^2\,\vec{j} + z\vec{k}$ e C é o segmento da origem ao ponto $(2, 3, 4)$.

9 $\vec{F} = -y\vec{i} + x\vec{j} + 5\vec{k}$ e C é a hélice $x = \cos t$, $y = \operatorname{sen} t$, $z = t$, para $0 \le t \le 4\pi$.

10 $\vec{F} = e^y\,\vec{i} + \ln(x^2 + 1)\,\vec{j} + \vec{k}$ e C é o círculo de raio 2 no plano-yz centrado na origem e percorrido como se vê na Figura 8.28.

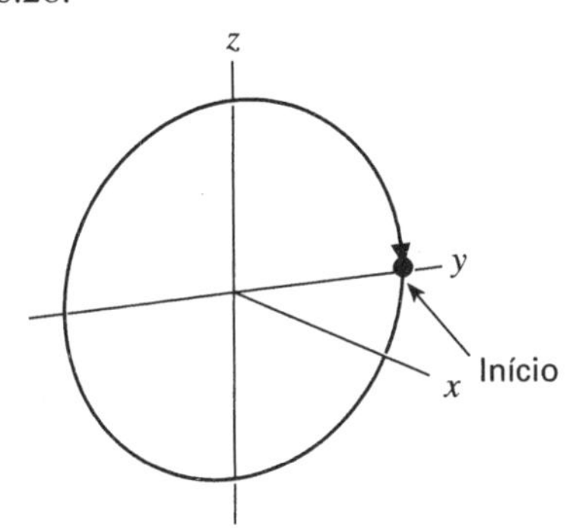

Figura 8.28

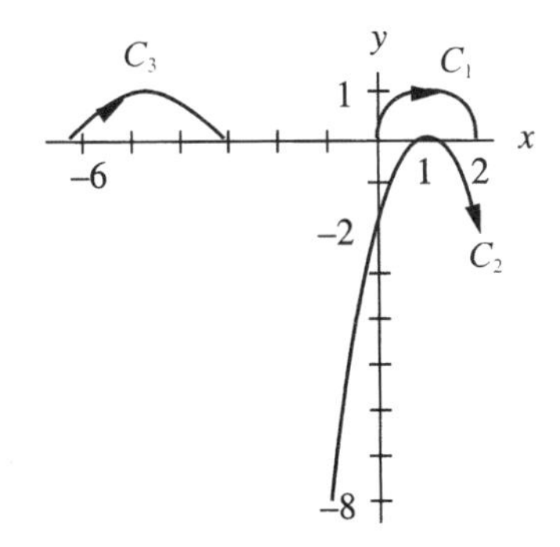

Figura 8.29

11 Ache parametrizações para as curvas orientadas vistas na Figura 8.29. A curva C_1 é um semicírculo de raio 1 centrado no ponto $(1, 0)$. A curva C_2 é um pedaço de uma parábola com vértice no ponto $(1, 0)$ e -2 como interseção-y. A curva C_3 é um arco da sinusóide.

12 Suponha que C é o segmento de reta do ponto $(0, 0)$ ao ponto $(4, 12)$ e $\vec{F} = xy\vec{i} + x\vec{j}$.

a) $\int_C \vec{F} \cdot d\vec{r}$ é maior que, menor que ou igual a zero ? Dê uma explicação geométrica.

b) Uma parametrização de C é $(x(t), y(t)) = (t, 3t)$ para $0 \le t \le 4$. Use isto para calcular $\int_C \vec{F} \cdot d\vec{r}$.

c) Suponha que uma partícula deixa o ponto $(0, 0)$, move-se ao longo da reta na direção do ponto $(4, 12)$, para antes de chegar lá e volta para trás, pára outra vez e inverte sua direção, depois completa a viagem até o ponto final. Toda a viagem se dá sobre o segmento de reta que une o ponto $(0, 0)$ ao ponto $(4, 12)$. Se chamarmos C' este caminho, explique porque $\int_{C'} \vec{F} \cdot d\vec{r} = \int_C \vec{F} \cdot d\vec{r}$.

d) Uma parametrização para o caminho como C' é dada por

$$(x(t), y(t)) = \left(\frac{1}{3}(t^3 - 6t^2 + 11t), (t^3 - 6t^2 + 11t)\right), \quad 0 \le t \le 4.$$

Verifique que começa no ponto $(0, 0)$ e termina no ponto $(4, 12)$. Verifique também que todos os pontos de C' estão no segmento que une o ponto $(0, 0)$ ao ponto $(4, 12)$. Quais são os valores de t em que a partícula muda de direção ?

e) Ache $\int_{C'} \vec{F} \cdot d\vec{r}$ usando a parametrização na parte (d).

Você obtém a mesma resposta que na parte (b) ?

13 No Exemplo 6 da página 206 integramos $\vec{F} = (3x - y)\vec{i} + x\vec{j}$ sobre duas parametrizações da reta de $(0, 0)$ a $(1, 1)$ obtendo $3/2$ de cada vez. Agora calcule a integral de linha sobre dois caminhos diferentes com as mesmas extremidades e mostre que as respostas são diferentes.

a) O caminho (t, t^2) com $0 \le t \le 1$

b) O caminho (t^2, t) com $0 \le t \le 1$

14 Considere o campo de vetores $\vec{F} = -y\vec{i} + x\vec{j}$. Seja C o círculo unitário orientado em sentido anti-horário.

a) Mostre que $\vec{F}$ tem norma constante 1 sobre o círculo C

b) Mostre que $\vec{F}$ é sempre tangente ao círculo C.

c) Mostre que $\int_C \vec{F} \cdot d\vec{r}$ = comprimento de C.

15 Suponha que ao longo de uma curva C um campo de vetores $\vec{F}$ é sempre tangente a C na direção da orientação e tem norma constante $\|\vec{F}\| = m$. Use a definição da integral de linha para explicar porque

$$\int_C \vec{F} \cdot d\vec{r} = m \cdot \text{ comprimento de } C.$$

16 Considere o caminho orientado que é um segmento de reta L indo de $(0, 0)$ a $(1, 1)$. Calcule a integral de linha do campo de vetores $\vec{F} = (3x - y)\vec{i} + x\vec{j}$ ao longo de L usando cada uma das parametrizações

a) $B(t) = 2t, 2t$), $0 \le t \le 1/2$,

b) $C(t) = \left(\dfrac{t^2 - 1}{3}, \dfrac{t^2 - 1}{3}\right), \quad 1 \le t \le 2,$

No Exemplo 6 da página 206 duas parametrizações $A(t)$ e $D(t)$ são usadas para transformar uma integral de linha em uma integral definida. No Problema 16 duas outras parametrizações $B(t)$ e $C(t)$ são usadas para a mesma integral de linha. Nos Problemas 17—19 mostre que duas integrais definidas correspondendo a duas das parametrizações dadas são iguais achando uma substituição que transforma uma integral na outra. Isto nos dá outro modo de ver porque uma mudança de parametrização da curva não muda o valor da integral de linha.

17 $A(t)$ e $B(t)$ **18** $A(t)$ e $C(t)$

19 $A(t)$ e $D(t)$

20 Um escada em espiral num edifício tem a forma de uma hélice de raio 5 metros. Entre dois andares do edifício as escadas dão uma volta completa e sobem 4 metros. Uma pessoa carrega um saco de mercadorias por dois andares. A massa combinada da pessoa e das mercadorias é 70 kg e a força gravitacional é 70 g para baixo, onde g é a aceleração devida à gravidade. Calcule o trabalho efetuado pela pessoa contra a gravidade.

8.3 - CAMPOS GRADIENTES E CAMPOS INDEPENDENTES DO CAMINHO

Para uma função f de uma variável o teorema fundamental do Cálculo nos diz que a integral definida da taxa de variação f' dá a variação total de f:

$$\int_a^b f'(t)\,dt = f(b) - f(a).$$

O que se pode dizer de funções de duas ou mais variáveis ? A quantidade que descreve a taxa de variação é o campo de vetores gradiente. Se conhecemos o gradiente de uma função, podemos calcular a variação total de f entre dois pontos ? A resposta é sim, usando a integral de linha.

Achar a variação total de f a partir de grad f: o teorema fundamental

Para achar a variação de f entre dois pontos P e Q escolhemos um caminho liso C de P a Q, depois dividimos o caminho em pequenos pedaços. Ver Figura 8.30. Primeiro avaliamos a variação de f quando nos movemos por um deslocamento $\Delta\vec{r}_i$ de $\vec{r}_i$ a $\vec{r}_{i+1}$. Suponha que $\vec{u}$ é vetor unitário na direção de $\Delta\vec{r}_i$. Então a variação de f é dada por

$$\begin{aligned} f(\vec{r}_{i+1}) - f(\vec{r}_i) &\approx \text{Taxa de variação de } f \\ &\times \text{ Distância do deslocamento na direção de } \vec{u} \\ &= f_{\vec{u}}(\vec{r}_i)\,\|\Delta\vec{r}_i\| \\ &= \text{grad} f.\ \vec{u}\ \|\Delta\vec{r}_i\| \\ &= \text{grad } f.\,\Delta\vec{r}_i, \quad \text{pois } \Delta\vec{r}_i = \|\Delta\vec{r}_i\|\ \vec{u} \end{aligned}$$

Portanto, somando sobre todos os pedaços do caminho, a variação total de f é dada por

$$\text{Variação total} = f(Q) - f(P) = \sum_{i=0}^{n-1} \text{grad} f(\vec{r}_i)\cdot\Delta\vec{r}_i$$

No limite quando $\Delta\vec{r}_i$ nde a zero obtemos o resultado seguinte:

> **O teorema fundamental do cálculo para integrais de linha**
>
> Suponha de C é um caminho orientado liso por pedaços com ponto inicial P e popnto final Q. Se f é uma função cujo gradiente é contínuo sobre o caminho C então
>
> $$\int_C \text{grad } f\cdot d\vec{r} = f(Q) - f(P)$$

Observe que temos muitos caminhos diferentes de P e Q. (Ver Figura 8.31.) Porém o valor da integral de linha $\int_C \text{grad } f\cdot d\vec{r}$ depende apenas dos pontos extremos de C; não depende de para onde vai C entre eles.*

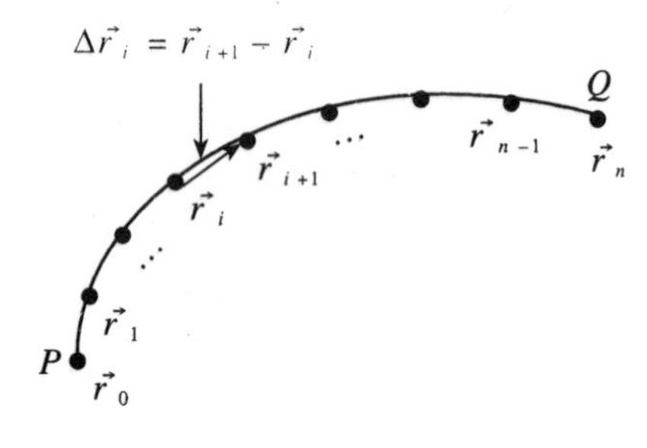

Figura 8.30: Subdivisão do caminho de P e Q. Avaliamos a variação de f ao longo de $\Delta\vec{r}_i$

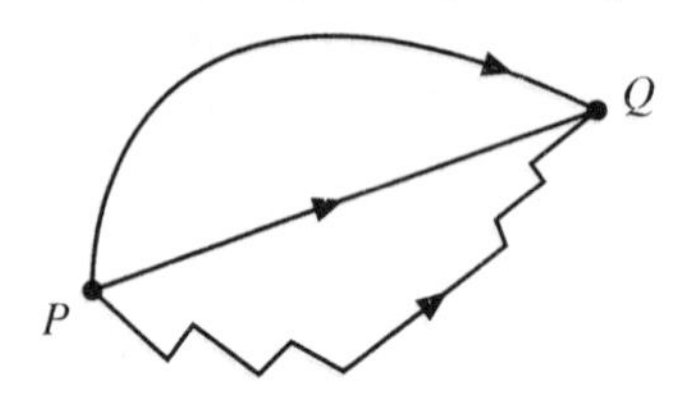

Figura 8.31: Há muitos caminhos diferentes de p e Q: todos dão o mesmo valor de $\int_C \text{grad } f\cdot d\vec{r}$

Exemplo 1: Suponha de grad f é em toda parte perpendicular à curva unindo P e Q mostrada na Figura 8.32.

a) Explique porque você espera que o caminho unindo P e Q seja uma curva de nível.

b) Usando integral de linha mostre que $f(P) = f(Q)$.

* O Problema 13 da página 222 mostra como o teorema fundamental para integrais de linha pode ser deduzido do teorema fundamental do Cálculo.

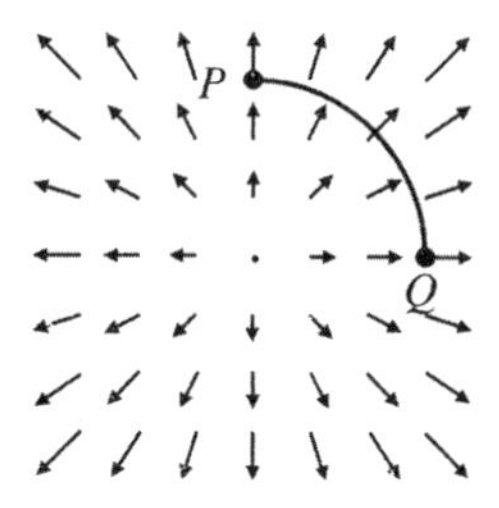

Figura 8.32: O campo de vetores gradiente da função f

Solução: a) O gradiente de f é em todo ponto perpendicular ao caminho de P a Q, como se espera ao longo de um contorno.
b) Considere o caminho de P a Q mostrado na Figura 8.32 e calcule a integral de linha

$$\int_C \text{grad} f \cdot d\vec{r} = f(Q) - f(P)$$

Como grad f é perpendicular ao caminho em todo ponto, a integral de linha é 0. Assim $f(Q) = f(P)$.

Exemplo 2: Considere o campo de vetores $\vec{F} = x\vec{i} + y\vec{j}$. No Exemplo 2 da página 205 e calculamos $\int_{C_1} \vec{F} \cdot d\vec{r}$ e $\int_{C_2} \vec{F} \cdot d\vec{r}$ sobre as curvas orientadas mostradas na Figura 8.33 e vimos que eram iguais. Ache uma função escalar f com grad $f = \vec{F}$. Então ache um modo fácil de calcular as integrais de linha e explique como poderíamos ter previsto que seriam iguais.

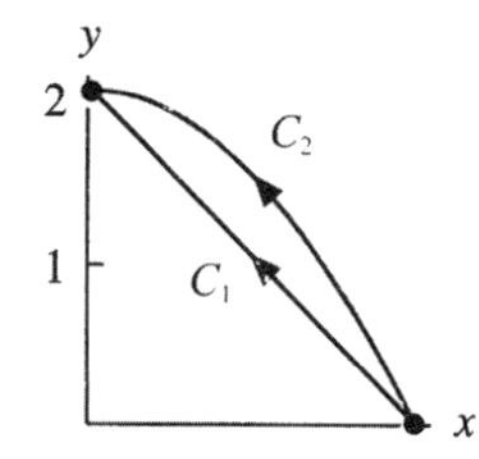

Figura 8.33: Ache a integral de linha de $\vec{F} = x\vec{i} + y\vec{j}$ sobre as curvas C_1 e C_2

Solução: Uma possibilidade para f é

$$f(x, y) = \frac{x^2}{2} + \frac{y^2}{2}.$$

Você pode verificar que grad $f = x\vec{i} + y\vec{j}$. Agora podemos usar o teorema fundamental para calcular a integral de linha. Como $\vec{F}$ = grad f temos

$$\int_{C_1} \vec{F} \cdot d\vec{r} = \int_{C_1} \text{grad} f \cdot d\vec{r} = f(0,2) - f(1,0) = \frac{3}{2}.$$

Observe que o cálculo é exatamente igual para C_2. Como o valor da integral depende apenas do valor de f nas extremidades, é o mesmo qualquer que seja o caminho que escolhemos.

Campos de vetores independentes do caminho, ou conservativos

No exemplo anterior a integral de linha era independente do caminho tomado entre duas extremidades (fixas). Damos a campos de vetores cujas integrais de linha têm essa propriedade um nome especial.

> Um campo de vetores $\vec{F}$ é dito **independente do caminho** ou **conservativo** se para dois pontos quaisquer P e Q a integral $\int_C \vec{F} \cdot d\vec{r}$ tem o mesmo valor ao longo de qualquer caminho C de P a Q contido no domínio de $\vec{F}$.

Se, de outro lado, a integral de linha $\int_C \vec{F} \cdot d\vec{r}$ depende do caminho C que se toma entre P e Q então dizemos que $\vec{F}$ é campo *dependente do caminho.*

Agora suponha que $\vec{F}$ é qualquer campo gradiente, seja $\vec{F}$ = grad f. Se C é um caminho de P a Q o teorema fundamental das integrais de linha nos diz que

$$\int_C \vec{F} \cdot d\vec{r} = f(Q) - f(P).$$

Como o segundo membro desta equação não depende do caminho, somente das extremidades, o campo de vetores $\vec{F}$ é independente do caminho. Assim temos o importante resultado:

> Se $\vec{F}$ é um campo de vetores gradiente então $\vec{F}$ é independente do caminho

Porque nos interessamos por campos de vetores independentes do caminho ou conservativos ?

Muitos dos campos de vetores fundamentais da natureza são independentes do caminho – por exemplo, o campo gravitacional e o campo elétrico de partículas em repouso. O fato de o campo gravitacional ser independente do caminho significa que o trabalho efetuado pela gravidade quando um objeto se move depende somente dos pontos inicial e final e não do caminho seguido. Por exemplo, o trabalho efetuado pela gravidade (calculado como integral de linha) sobre uma bicicleta sendo carregada a um apartamento do sexto andar é o mesmo quer ela seja carregada pelas escadas em ziguezague ou seja levada diretamente para cima de elevador.

Quando um campo de vetores é independente do caminho podemos definir a *energia potencial* de um corpo. Quando o corpo se move para outra posição a energia potencial varia por uma quantidade igual ao trabalho feito pelo campo de vetores, que depende somente das posições inicial e final.

Se o trabalho não fosse independente do caminho a energia potencial dependeria da posição presente do corpo e de como chegou lá, tornando impossível definir uma energia potencial útil.

O Problema 22 da página 213 explica porque campos vetoriais de força independentes do caminho são também chamados *conservativos*: quando uma partícula se move sob a influência de uma campo de vetores conservativo a energia total da partícula é *conservada*. Acontece que o campo de forças é obtido do gradiente da função potencial.

Campos independentes do caminho e campos gradientes

Vimos que todo campo gradiente é independente do caminho. E a recíproca ? Isto é, dado um campo de vetores $\vec{F}$ independente do caminho, poderemos achar um função f tal que $\vec{F}$ = grad f? A resposta é sim.

Como construir f a partir de $\vec{F}$?

Primeiro observe que há muitas escolhas diferentes para f, pois podemos somar uma constante a f sem mudar o grad f. Se escolhermos um ponto de partida fixo P então somando ou subtraindo uma constante a f podemos garantir que $f(P) = 0$. Para qualquer outro ponto Q definimos $f(Q)$ pela fórmula

$$f(Q)=\int_C \vec{F}\cdot d\vec{r}$$, onde C é qualquer caminho de P a Q.

Como $\vec{F}$ é independente do caminho não importa qual caminho escolhemos de P a Q. De outro lado se $\vec{F}$ for dependente do caminho então escolhas diferentes poderiam dar valores diferentes para $f(Q)$ e f não seria uma função (uma função tem de ter um único valor em cada ponto).

Ainda temos que mostrar que o gradiente da função f é realmente $\vec{F}$; fazemos isto na página 211. Porém, construindo uma função f deste modo temos o seguinte resultado:

> Se $\vec{F}$ é um campo de vetores independente do caminho então $\vec{F}$ = grad f para alguma f.

Combinando os dois resultados temos

> Um campo de vetores $\vec{F}$ é independente do caminho se e só se $\vec{F}$ é um campo de vetores gradiente.

A função f é suficientemente importante para ter um nome especial:

> Se um campo de vetores $\vec{F}$ é da forma $\vec{F}$ = grad f para alguma função escalar f, então f chama-se uma **função potencial** para o campo de vetores $\vec{F}$.

Aviso

Os físicos usam a convenção que diz que a função ϕ é uma função potencial para $\vec{F}$ se $\vec{F} = -\text{grad}\,\phi$. Ver Problema 21 na página 213.

Exemplo 3: Mostre que o campo de vetores $\vec{F}(x,y) = y\cos x\vec{i} + \text{sen}\, x\vec{j}$ é independente do caminho.

Solução: Se pudermos achar uma função potencial f então $\vec{F}$ terá que ser independente do caminho. Queremos que grad f= $\vec{F}$. Como

$$\frac{\partial f}{\partial x} = y\cos x$$

f deve ser da forma

$f(x,y) = y\,\text{sen}\,x + g(y)$ onde $g(y)$ é função só de y.

Ainda mais, como grad f= $\vec{F}$ devemos ter

$$\frac{\partial f}{\partial y} = \text{sen} x$$

e derivando $f(x,y) = y\,\text{sen}\,x + g(y)$ dá

$$\frac{\partial f}{\partial y} = \text{sen} x + g'(y)$$

Portanto devemos ter $g'(y) = 0$ de modo que $g(y) = C$ onde C é alguma constante. Assim

$$f(x,y) = y\,\text{sen}\,x + C$$

é uma função potencial para $\vec{F}$. Portanto $\vec{F}$ é independente do caminho.

Exemplo 4: O campo de força gravitacional $\vec{F}$ de um objeto de massa M é dado por

$$\vec{F} = -\frac{GM}{r^3}\vec{r}$$

Mostre que $\vec{F}$ é um campo gradiente achando uma função potencial para $\vec{F}$.

Solução: Todos os vetores de força apontam para a origem. Se $\vec{F}$ = grad f os vetores de força devem ser perpendiculares às superfícies de nível de f, assim as superfícies de nível de f devem ser esferas. Também se grad f= $\vec{F}$ então $\|\text{grad} f\| = \|\vec{F}\| = GM/r^2$ é a taxa de variação de f na direção da origem. Mas derivar com relação a r dá a taxa de variação de f numa direção radialmente para fora. Assim, se $w = f(x, y, z)$ temos

$$\frac{dw}{dr} = -\frac{GM}{r^2} = GM\left(-\frac{1}{r^2}\right) = GM\frac{d}{dr}\left(\frac{1}{r}\right).$$

Então tentemos

$$w = \frac{GM}{r} \text{ ou } f(x,y,z) = \frac{GM}{\sqrt{x^2+y^2+z^2}}.$$

Calculemos

$$f_x = \frac{\partial}{\partial x}\frac{GM}{\sqrt{x^2+y^2+z^2}} = \frac{-GMx}{(x^2+y^2+z^2)^{3/2}},$$

$$f_y = \frac{\partial}{\partial y}\frac{GM}{\sqrt{x^2+y^2+z^2}} = \frac{-GMy}{(x^2+y^2+z^2)^{3/2}},$$

$$f_z = \frac{\partial}{\partial z}\frac{GM}{\sqrt{x^2+y^2+z^2}} = \frac{-GMz}{(x^2+y^2+z^2)^{3/2}}$$

Então

$$\text{grad} f = f_x\vec{i} + f_y\vec{j} + f_z\vec{k} = \frac{-GM}{(x^2+y^2+z^2)^{3/2}}(x\vec{i} + y\vec{j} + z\vec{k})$$

$$= \frac{-GM}{r^3}\vec{r} = \vec{F}.$$

Nossos cálculos mostram que $\vec{F}$ é um campo gradiente e que $f = GM/r$ é uma função potencial para $\vec{F}$.

Porque campos vetoriais independentes do caminho são campos gradientes: mostrar que grad $f = \vec{F}$

Suponhamos que $\vec{F}$ é um campo de vetores independente do caminho. Na página 210 definimos a função f da qual esperamos que satisfaça grad $f = \vec{F}$ como segue:

$$f(x_0, y_0) = \int_C \vec{F} \cdot d\vec{r},$$

onde C é um caminho de um ponto de partida fixo P a um ponto $Q = (x_0, y_0)$. Esta integral tem o mesmo valor para qualquer caminho de P a Q porque $\vec{F}$ é independente do caminho. Agora mostramos porque grad $f = \vec{F}$. Consideramos vetores no 2-espaço; o argumento no 3-espaço é essencialmente o mesmo.

Primeiro escrevemos a integral de linha em termos das componentes $\vec{F}(x, y) = F_1(x, y)\vec{i} + F_2(x, y)\vec{j}$ e as componentes $d\vec{r} = dx\vec{i} + dy\vec{j}$:

$$f(x_0, y_0) = \int_C F_1(x, y)\, dx + F_2(x, y)\, dy.$$

Queremos calcular derivadas parciais de f, isto é, a taxa de variação de f em (x_0, y_0) paralelamente aos eixos. Para fazer isto facilmente escolhemos um caminho que atinja o ponto (x_0, y_0) num segmento horizontal ou vertical. Seja C' um caminho partindo P que acaba perto de Q num ponto (a, b) e sejam L_x e L_y os caminhos mostrados na Figura 8.34.

Então podemos decompor a integral de linha em três pedaços. Como $d\vec{r} = \vec{j}\, dy$ sobre L_y e $d\vec{r} = \vec{i}\, dx$ sobre L_x temos

$$f(x_0, y_0) = \int_{C'} \vec{F} \cdot d\vec{r} + \int_{L_y} \vec{F} \cdot d\vec{r} + \int_{L_x} \vec{F} \cdot d\vec{r}$$

$$= \int_{C'} \vec{F} \cdot d\vec{r} + \int_b^{y_0} F_2(a, y)\, dy + \int_a^{x_0} F_1(x, y_0)\, dx.$$

Os dois primeiros integrandos não envolvem x_0. Pensando em x_0 como uma variável e derivando em relação a ela dá

$$f_{x_0}(x_0, y_0) = \frac{\partial}{\partial x_0}\int_{C'} \vec{F} \cdot d\vec{r} + \frac{\partial}{\partial x_0}\int_b^{y_0} F_2(a, y)\, dy$$

$$+ \frac{\partial}{\partial x_0}\int_a^{x_0} F_1(x, y_0)\, dx = 0 + 0 + F_1(x_0, y_0) = F_1(x_0, y_0),$$

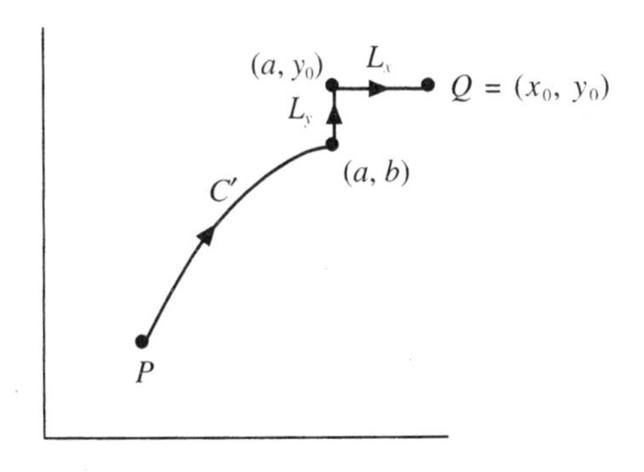

Figura 8.34: O caminho $C' + L_x + L_y$ é usado para mostrar que $f_x = F_1$

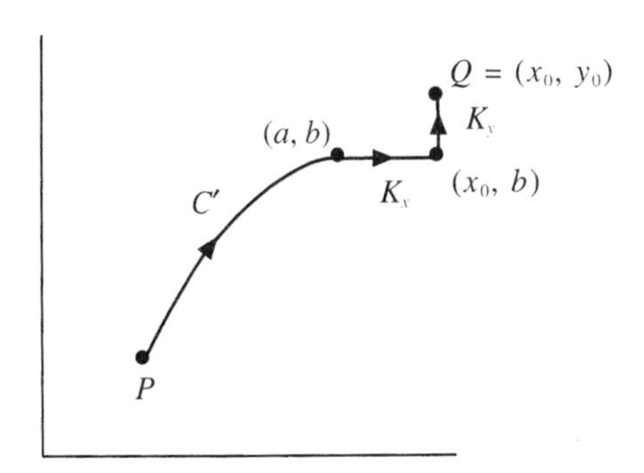

Figura 8.35: O caminho $C' + K_x + K_y$ é usado para mostrar que $f_y = F_2$.

Assim

$$f_x(x, y) = F_1(x, y).$$

Um cálculo semelhante para y usando o caminho de P a Q mostrado na Figura 8.35 dá

$$f_y(x_0, y_0) = F_2(x_0, y_0).$$

Portanto, como afirmamos

$$\text{grad } f = f_x\vec{i} + f_y\vec{j} = F_1\vec{i} + F_2\vec{j} = \vec{F}$$

Resumo

Estudamos dois tipos de campos de vetores aparentemente diferentes: os campos de vetores independentes do caminho e os campos de vetores gradientes. Acontece que são os mesmos. Eis um resumo das definições e propriedades desses campos de vetores:

- **Campos de vetores independentes do caminho** têm a propriedade de para dois pontos quaisquer P e Q a integral de linha ao longo de um caminho de P a Q ser a mesma não importa qual caminho se escolha.
- **Campos de vetores gradientes** são da forma grad f para alguma função escalar f chamada a função potencial do campo de vetores.
- **Campos de vetores gradientes são independentes do caminho** pelo teorema fundamental das integrais de linha,

$$\int_C \operatorname{grad} f \cdot d\vec{r} = f(Q) - f(P).$$

- **Campos de vetores independentes do caminho são campos gradientes** porque podemos usar uma integral de linha e a independência do caminho para construir um função potencial.

Problemas para a Seção 8.3

1 O campo de vetores $\vec{F}(x, y) = x\vec{i} + y\vec{j}$ é independente do caminho. Calcule geometricamente as integrais de linha sobre os três caminhos A, B e C mostrados na Figura 8.36 de (1, 0) a (0, 1) e verifique que são iguais. Aqui A é um pedaço de um círculo, B é uma reta e C consiste de dois segmentos de reta que se encontram em ângulo reto.

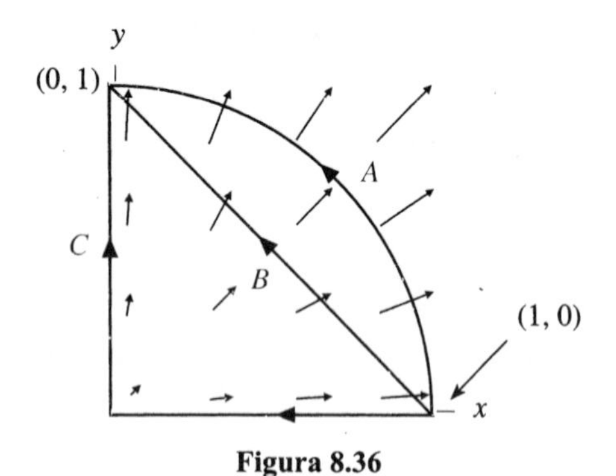

Figura 8.36

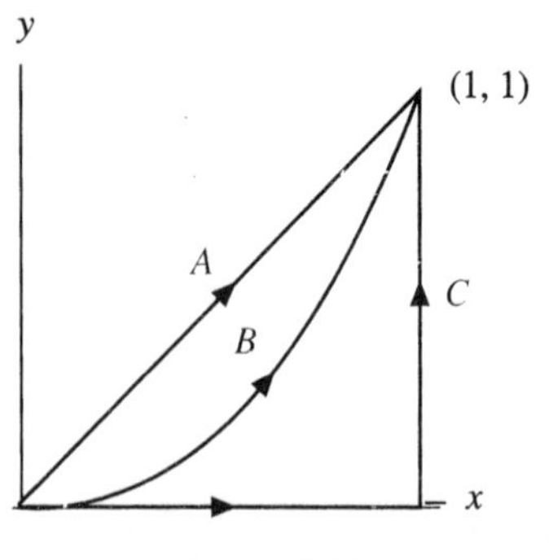

Figura 8.37

2 O campo de vetores $\vec{F}(x, y) = x\vec{i} + y\vec{j}$ é independente do caminho. Calcule algebricamente as integrais de linha sobre os três caminhos A, B e C mostrados na Figura 8.37 de (0, 0) a (1, 1) e verifique que são iguais. Aqui A é um segmento de reta, B é parte do gráfico de $f(x) = x^2$ e C consiste de dois segmentos de reta encontrando-se em ângulo reto.

Para os Problemas 3 – 6 decida se ou não os campos de vetores dados poderiam ser campos vetoriais gradiente. Dê uma justificativa para sua resposta.

3 $\vec{F}(x, y) = x\vec{i}$ **4** $\vec{G}(x, y) = (x^2 + y^2)\vec{i} - 2xy\vec{j}$

5 $\vec{F}(x,y,z) = \dfrac{-z}{\sqrt{x^2+z^2}}\vec{i} + \dfrac{y}{\sqrt{x^2+z^2}}\vec{j} + \dfrac{x}{\sqrt{x^2+z^2}}\vec{k}$

6 $\vec{F}(\vec{r}) = \vec{r} / \| \vec{r} \|^3$, onde $\vec{r} = x\vec{i} + y\vec{j} + z\vec{k}$

Para os campos de vetores dos Problemas 7–10 ache a integral de linha ao longo da curva C da origem seguindo pelo eixo-x até o ponto (3, 0) e depois em sentido anti-horário sobre o círculo $x^2 + y^2 = 9$ até o ponto $(3/\sqrt{2}, 3/\sqrt{2})$.

7 $\vec{F} = x\vec{i} + y\vec{j}$ **8** $\vec{H} = -y\vec{i} + x\vec{j}$

9 $\vec{F} = y(x+1)^{-1}\vec{i} + \ln(x+1)\vec{j}$

10 $\vec{G} = (ye^{xy} + \cos(x+y))\vec{i} + (xe^{xy} + \cos(x+y))\vec{j}$

11 Suponha que grad $f = 2xe^{x^2} \operatorname{sen} y\vec{i} + e^{x^2}\cos y\vec{j}$. Ache a variação de f entre (0, 0) e $(1, \pi/2)$:

a) Calculando uma integral de linha b) Calculando f.

12 A integral de linha $\vec{F} = (x+y)\vec{i} + x\vec{j}$ segundo cada um dos seguintes caminhos é 3/2:
(i) O caminho (t, t^2) com $0 \le t \le 1$.
(ii) O caminho (t^2, t) com $0 \le t \le 1$.
(iii) O caminho (t, t^n) com $n > 0$ e $0 \le t \le 1$.
Verifique a afirmação
a) Usando a parametrização dada para calcular a integral de linha.
b) Usando o teorema fundamental do Cálculo para integrais de linha.

13 Considere o campo de vetores $\vec{F}(x, y) = x\vec{j}$ mostrado na Figura 8.38.

a) Ache caminhos C_1, C_2 e C_3 de P a Q tais que

$$\int_{C_1} \vec{F} \cdot d\vec{r} = 0, \quad \int_{C_2} \vec{F} \cdot d\vec{r} > 0, \quad \text{e} \quad \int_{C_3} \vec{F} \cdot d\vec{r} < 0.$$

b) $\vec{F}$ é um campo gradiente ?

14 Considere o campo de vetores $\vec{F}$ representado na Figura 8.39.

a) A integral de linha $\int_C \vec{F} \cdot d\vec{r}$ é positiva, negativa ou zero ?

b) De sua resposta na parte a) você pode decidir se ou não $\vec{F} = \text{grad} f$ para alguma função f?

c) Qual das seguintes fórmulas melhor se ajusta a esse campo de vetores ?

$$\vec{F}_1 = \frac{x}{x^2+y^2}\vec{i} + \frac{y}{x^2+y^2}\vec{j},\quad \vec{F}_2 = -y\vec{i} + x\vec{j},$$

$$\vec{F}_3 = \frac{-y}{\left(x^2+y^2\right)^2}\vec{i} + \frac{x}{\left(x^2+y^2\right)^2}\vec{j}.$$

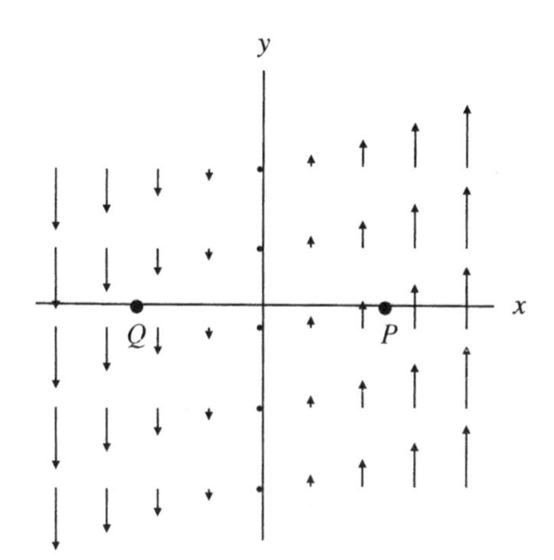

Figura 8.38

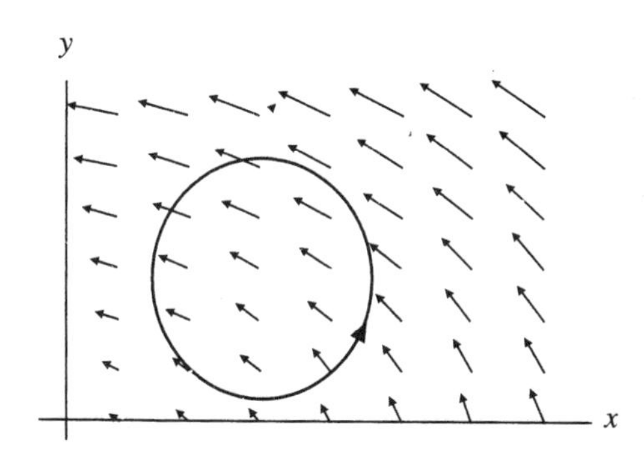

Figura 8.39

Nos Problemas 15–18 cada uma das afirmações é *falsa*. Explique porque ou dê um contraexemplo.

15 Se $\int_C \vec{F}\cdot d\vec{r} = 0$ para um particular caminho fechado C então $\vec{F}$ é independente do caminho.

16 $\int_C \vec{F}\cdot d\vec{r}$ é a variação total de $\vec{F}$ ao longo de C.

17 Se os campos de vetores $\vec{F}$ e $\vec{G}$ têm $\int_C \vec{F}\cdot d\vec{r} = \int_C \vec{G}\cdot d\vec{r}$ para um particular caminho C então $\vec{F} = \vec{G}$.

18 Se a variação total de uma função f ao longo de uma curva C é zero então C deve ser uma curva de nível de f.

19 Suponha que uma partícula sujeita a uma força $\vec{F}(x, y) = y\vec{i} - x\vec{j}$ se move em sentido horário ao longo do arco de círculo unitário centrado na origem que começa em $(-1, 0)$ e termina em $(0, 1)$.

a) Ache o trabalho efetuado por $\vec{F}$. Explique o sinal de sua resposta .

b) $\vec{F}$ é independente do caminho ? Explique.

20 Uma partícula se move com vetor de posição $\vec{r}(t) = x(t)\vec{i} + y(t)\vec{j} + z(t)\vec{k}$. Sejam $\vec{v}(t)$ e $\vec{a}(t)$ seus vetores de velocidade e aceleração. Mostre que

$$\frac{1}{2}\frac{d}{dt}\|\vec{v}(t)\|^2 = \vec{a}(t)\cdot\vec{v}(t).$$

21 Seja $\vec{F}$ um campo de vetores independente do caminho. Na física, a função potencial ϕ usualmente deve satisfazer $\vec{F} = -\nabla\phi$. Este problema ilustra o significado do sinal negativo. *

a) Suponha que o plano-xy representa parte da superfície da Terra com o eixo-z apontando para fora da Terra (Supomos a escala suficientemente pequena para que um plano seja uma aproximação suficientemente boa da superfície da Terra). Seja $\vec{r} = x\vec{i} + y\vec{j} + z\vec{k}$, com $z > 0$ e x, y, z em metros, o vetor de posição de um rochedo de massa unitária. A função de energia potencial gravitacional para o rochedo é $\phi(x, y, z) = gz$, onde $g \approx 9{,}8$ m/seg^2. Descreva em palavras as superfícies de nível de ϕ. A energia potencial cresce ou decresce com a altura acima da Terra ?

b) Qual a relação entre o vetor gravitacional $\vec{F}$ e o vetor $\nabla\phi$? Explique o significado do sinal negativo na equação $\vec{F} = -\nabla\phi$.

22 Neste problema mostramos o princípio da conservação da energia. A energia cinética de uma partícula de massa m que se move com velocidade escalar v é $(1/2)mv^2$. Suponha que a partícula tem energia potencial $f(\vec{r})$ na posição $\vec{r}$ devida a um campo de forças $\vec{F} = -\nabla f$. Se a partícula se move com o vetor de posição $\vec{r}(t)$ e velocidade $\vec{v}\,'(t)$ então o princípio de conservação da energia diz que

Energia total = energia cinética + energia potencial =

$$\frac{1}{2}m\|\vec{v}(t)\|^2 + f(\vec{r}(t)) = \text{constante}.$$

Sejam P e Q dois pontos do espaço e seja C um caminho entre P e Q parametrizado por $\vec{r}(t)$ para $t_0 \le t \le t_1$, onde $\vec{r}(t_0) = P$ e $\vec{r}(t_1) = Q$.

a) Usando o resultado do Problema 20 e a lei de Newton $\vec{F} = m\vec{a}$ mostre que

Trabalho efetuado por F quando a partícula se move por C = Energia cinética em Q – Energia cinética em P

b) Use o teorema fundamental do Cálculo para integrais de linha para mostrar que

Trabalho efetuado por F quando a partícula se move por C = Energia potencial em P – Energia potencial em Q.

c) Use as partes a) e b) para mostrar que a energia total em P é a mesma que em Q.

* Adatado de V.I. Arnold, *Mathematical Methods of Classical Mechanics*, 2nd Ed., Graduate Texts in Mathematics, Springer

Este problema explica porque campos vetoriais de força que são *independentes do caminho* usualmente são chamados campos vetoriais (de força) *conservativos*.

8.4 - CAMPOS DE VETORES DEPENDENTES DO CAMINHO E O TEOREMA DE GREEN

Suponha que nos é dado um campo de vetores mas não nos dizem se é ou não independente do caminho. Como podemos saber se ele tem uma função potencial, isto é, se é um campo gradiente ?

Como saber se um campo de vetores é dependente dos caminhos usando integrais de linha

Exemplo 1: O campo de vetores $\vec{F}$ mostrado na Figura 8.40 é independente do caminho ? Em todo ponto $\vec{F}$ tem norma igual à distância da origem e direção perpendicular à reta que une o ponto à origem.

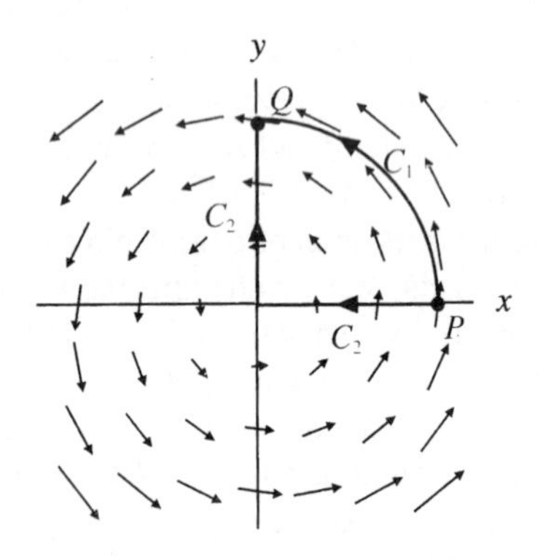

Figura 8.40: Este campo de vetores é independente do caminho ?

Solução: Escolhemos $P = (1, 0)$ e $Q = (0, 1)$ e dois caminhos entre eles: C_1, um quarto de círculo de raio 1, e C_2 formado de partes dos eixos-x e y. (Ver Figura 8.40.) Ao longo de C_1 a integral de linha $\int_{C_1} \vec{F}\cdot d\vec{r} > 0$ pois $\vec{F}$ aponta na direção da curva. Ao longo de C_2 porém temos $\int_{C_2} \vec{F}\cdot d\vec{r} = 0$ pois $\vec{F}$ é perpendicular a C_2 em todo ponto. Assim, $\vec{F}$ não é independente do caminho.

Campos dependentes do caminho e circulação

Observe que o campo de vetores no exemplo anterior tem circulação não nula em torno da origem. O que podemos dizer quanto à circulação de um campo de vetores geral independente do caminho em torno de uma curva fechada C? Suponha que C é uma curva fechada simples, isto é, uma curva que não se corta. Se P e Q são dois pontos quaisquer no caminho então podemos pensar em C(orientada como se vê na Figura 8.41) como sendo formada pelo caminho C_1 seguido de $-C_2$. Como F é independente do caminho sabemos que

$$\int_{C_1} \vec{F}\cdot d\vec{r} = \int_{C_2} \vec{F}\cdot d\vec{r}$$

Portanto vemos que a circulação em torno de C é zero:

$$\int_{C} \vec{F}\cdot d\vec{r} = \int_{C_1} \vec{F}\cdot d\vec{r} + \int_{-C_2} \vec{F}\cdot d\vec{r}$$
$$= \int_{C_1} \vec{F}\cdot d\vec{r} - \int_{C_2} \vec{F}\cdot d\vec{r} = 0.$$

Se a curva C corta a si mesma, nós a partimos em curvas fechadas simples como se vê na Figura 8.42 e aplicamos o mesmo argumento a cada uma.

Agora suponhamos que sabemos que a integral de linha sobre qualquer curva fechada é zero. Para dois pontos quaisquer P e Q com dois caminhos C_1 e C_2 entre eles, podemos criar uma curva fechada C como na Figura 8.41. Como a circulação sobre essa curva fechada é zero as integrais de linha ao longo de C_1 e C_2 são iguais. Portanto $\vec{F}$ é independente do caminho. Assim, temos o seguinte resultado:

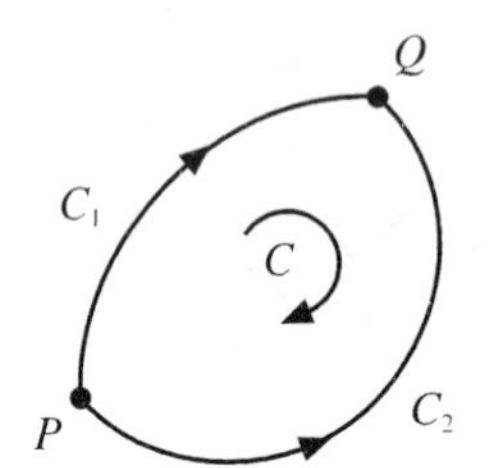

Figura 8.41: Uma curva simples fechada C dividida em dois pedaços C_1 e C_2

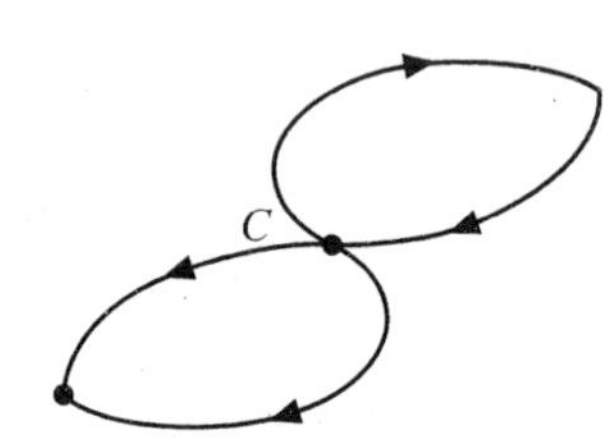

Figura 8.42: Uma curva C que se corta pode ser dividida em curvas simples fechadas

> Um campo de vetores é independente do caminho se e só se $\int_C \vec{F}\cdot d\vec{r} = 0$ para toda curva fechada C.

Assim para ver se um campo é dependente do caminho procuramos um caminho fechado com circulação não zero. Por exemplo, o campo de vetores do Exemplo 1 tem circulação não nula num círculo em torno da origem, mostrando que é dependente do caminho.

Como saber se um campo de vetores é dependente dos caminhos algebricamente: o rotacional

Exemplo 2: O campo de vetores $\vec{F} = 2xy\vec{i} + xy\vec{j}$ tem uma função potencial ? Se tiver, ache-a

Solução: Suponhamos que $\vec{F}$ tem uma função potencial f, de modo que $\vec{F}$ = grad f. Isto significa que

$$\frac{\partial f}{\partial x} = 2xy \text{ e } \frac{\partial f}{\partial y} = xy.$$

Integrando a expressão para $\partial f/\partial x$ vemos que se deve ter

$f(x, y) = x^2y + C(y)$ onde $C(y)$ é função de y.

Diferenciando a expressão para $f(x, y)$ com relação a y e usando o fato que $\partial f/\partial y = xy$ vem

$$\frac{\partial f}{\partial y} = x^2 + C'(y) = xy.$$

Assim devemos ter

$$C'(y) = xy - x^2.$$

Mas esta expressão para $C'(y)$ é impossível porque $C'(y)$ é função só de y. Este argumento mostra que não há função potencial para o campo de vetores $\vec{F}$.

Há algum modo mais simples para ver se um campo de vetores não possui função potencial ? A resposta é sim. Primeiro olhemos um campo de vetores em dimensão 2, $\vec{F} = F_1\vec{i} + F_2\vec{j}$. Se $\vec{F}$ é um campo gradiente, então existe uma função potencial f tal que

$$\vec{F} = F_1\vec{i} + F_2\vec{j} = \frac{\partial f}{\partial x}\vec{i} + \frac{\partial f}{\partial y}\vec{j}.$$

Assim

$$F_1 = \frac{\partial f}{\partial x} \text{ e } F_2 = \frac{\partial f}{\partial y}.$$

Suponhamos que f tem derivadas segundas contínuas. Então, pela igualdade das derivadas parciais mistas

$$\frac{\partial F_1}{\partial y} = \frac{\partial^2 f}{\partial y \partial x} = \frac{\partial^2 f}{\partial x \partial y} = \frac{\partial F_2}{\partial x}$$

Temos pois o seguinte resultado:

> Se $\vec{F}(x, y) = F_1\vec{i} + F_2\vec{j}$ é um campo de vetores gradiente com derivadas parciais contínuas, então
>
> $$\frac{\partial F_2}{\partial x} - \frac{\partial F_1}{\partial y} = 0$$
>
> Chamamos $\frac{\partial F_2}{\partial x} - \frac{\partial F_1}{\partial y}$ o **rotacional** 2-dimensional ou escalar do campo de vetores $\vec{F}$.

Observe que sabemos agora que se um campo $\vec{F}$ é gradiente então seu rotacional é zero. Não sabemos (ainda) se a recíproca é verdadeira. (Isto é: se o rotacional é 0, $\vec{F}$ tem que ser um campo gradiente ?) Porém o rotacional já nos permite mostrar que um campo de vetores não é um campo gradiente.

Exemplo 3: Mostre que $\vec{F} = 2xy\vec{i} + xy\vec{j}$ não pode ser um campo de vetores gradiente.

Solução: Temos $F_1 = 2xy$ e $F_2 = xy$. Como $\partial F_1/\partial y = 2x$ e $\partial F_2/\partial x = y$ neste caso

$$\partial F_2/\partial x - \partial F_1/\partial y \neq 0$$

de modo que $\vec{F}$ não pode ser um campo gradiente.

Agora temos dois modos de ver se um campo de vetores $\vec{F}$ no plano é dependente do caminho. Podemos calcular $\int_C \vec{F} \cdot d\vec{r}$ para alguma curva fechada e constatar que não é zero, ou podemos mostrar que $\partial F_2/\partial x - \partial F_1/\partial y \neq 0$. É natural pensar que

$$\int_C \vec{F} \cdot d\vec{r} \text{ e } \frac{\partial F_2}{\partial x} - \frac{\partial F_1}{\partial y}$$

possam ter alguma relação. A relação chama-se o Teorema de Green.

Teorema de Green

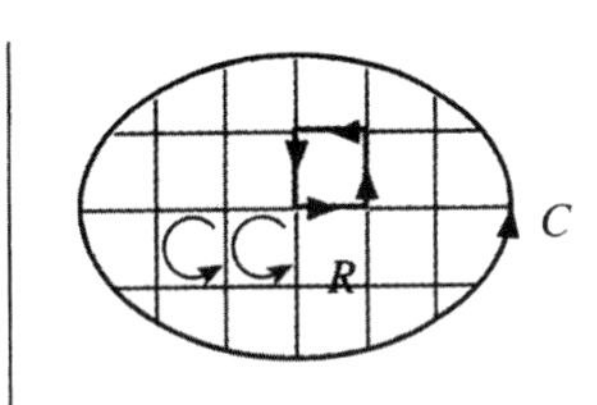

Figura 8.43: Região R limitada por uma curva fechada C e dividida em muitas pequenas regiões ΔR

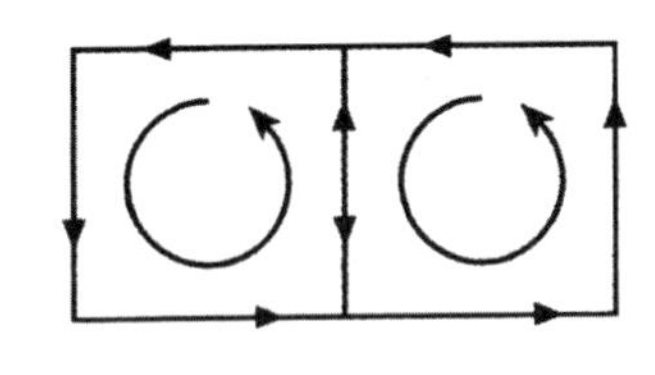

Figura 8.44: Duas pequenas curvas fechadas adjacentes

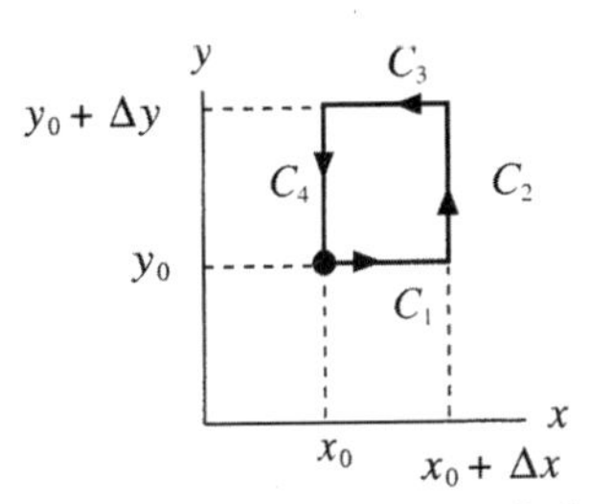

Figura 8.45: Uma pequena curva fechada ΔC dividida em C_1, C_2, C_3, C_4,

Obtemos o enunciado do teorema de Green dividindo uma região em pequenas partes e olhando a relação entre a integral de linha e o rotacional em cada uma.

No 2-espaço uma curva fechada simples separa o plano em pontos dentro e ponto fora de C. Consideramos $\int_C \vec{F} \cdot d\vec{r}$, onde C é orientada como na Figura 8.43. Dividimos a região R dentro de C em pequenos pedaços, cada um limitado por uma curva simples fechada com a orientação que se vê na Figura 8.43. A Figura 8.44 mostra que se somarmos as circulações em torno de todas essas pequenas curvas fechadas, cada lado comum de um par de curvas adjacentes é contado duas vezes, uma em cada orientação. Portanto as integrais de linha ao longo deles se cancelam. Então todas as integrais de linha ao longo dos lados dentro da região R se cancelam dando

$$\begin{matrix}\text{Circulação de } \vec{F} \\ \text{em torno de } C\end{matrix} = \sum_{\Delta C} \begin{matrix}\text{Circulação de } \vec{F} \text{ em torno} \\ \text{da pequena curva } \Delta C\end{matrix}$$

Agora avaliamos a integral de linha em torno de uma dessas pequenas curvas fechadas ΔC. Dividimos ΔC em C_1, C_2, C_3, C_4 como se vê na Figura 8.45. Então calculamos integrais de linha C_1 e C_3, onde $\Delta\vec{r}$ é paralelo ao eixo-x de modo que $\Delta\vec{r} = \Delta x\vec{i}$.

Assim, sobre C_1 e C_3

$$\vec{F}\cdot\Delta\vec{r} = (F_1\vec{i} + F_2\vec{j}\,).\,\Delta x\vec{i} = F_1\Delta x.$$

Porém a função F_1 é calculada em (x,y_0) em C_1 e em $(x,y_0+\Delta y)$ em C_2 de modo que

$$\int_{C_1}\vec{F}\cdot d\vec{r} + \int_{C_3}\vec{F}\cdot d\vec{r} = \int_{C_1} F_1(x,y_0)\,dx + \int_{C_3} F_1(x,y_0+\Delta y)\,dx$$

$$= \int_{x=x_0}^{x_0+\Delta x} F_1(x,y_0)\,dx + \int_{x_0+\Delta x}^{x=x_0} F_1(x,y_0+\Delta y)\,dx$$

$$= \int_{x=x_0}^{x_0+\Delta x} F_1(x,y_0)\,dx - \int_{x=x_0}^{x_0+\Delta x} F_1(x,y_0+\Delta y)\,dx$$

$$= \int_{x=x_0}^{x_0+\Delta x} \big(F_1(x,y_0) - F_1(x,y_0+\Delta y)\big)\,dx.$$

Como F_1 é diferenciável e Δy é pequeno

$$F_1(x,y_0) - F_1(x,y_0+\Delta y) = -\big(F_1(x,y_0+\Delta y) - F_1(x,y_0)\big)$$

$$\approx -\frac{\partial F_1}{\partial y}(x,y_0)\,\Delta y,$$

de modo que temos

$$\int_{x=x_0}^{x_0+\Delta x} \big(F_1(x,y_0) - F_1(x,y_0+\Delta y)\big)\,dx \approx -\left(\int_{x=x_0}^{x_0+\Delta x} \frac{\partial F_1}{\partial y}\,dx\right)\Delta y.$$

Supondo que $\frac{\partial F_1}{\partial y}(x,y_0)$ é aproximadamente constante no intervalo $x_0 \le x \le x_0\ \Delta x$ vem

$$-\left(\int_{x=x_0}^{x_0+\Delta x} \frac{\partial F_1}{\partial y}\,dx\right)\Delta y \approx -\frac{\partial F_1}{\partial y}(x_0,y_0)\left(\int_{x=x_0}^{x_0+\Delta x} dx\right)\Delta y =$$

$$= -\frac{\partial F_1}{\partial y}(x_0,y_0)\,\Delta x\Delta y.$$

Por um argumento semelhante sobre C_2 e C_4 temos

$$\int_{C_2}\vec{F}\cdot d\vec{r} + \int_{C_4}\vec{F}\cdot d\vec{r} \approx \frac{\partial F_2}{\partial x}\Delta x\Delta y.$$

Combinando esses resultados para C_1, C_2, C_3 e C_4 vem

$$\int_{\Delta C}\vec{F}\cdot d\vec{r} = \int_{C_1}\vec{F}\cdot d\vec{r} + \int_{C_2}\vec{F}\cdot d\vec{r} + \int_{C_3}\vec{F}\cdot d\vec{r} + \int_{C_4}\vec{F}\cdot d\vec{r}$$

$$\approx \frac{\partial F_2}{\partial x}\Delta x\Delta y - \frac{\partial F_1}{\partial y}\Delta x\Delta y.$$

Somando sobre todas as pequenas regiões ΔR tem-se

$$\int_C \vec{F}\cdot d\vec{r} \approx \sum_{\Delta C}\int_{\Delta C}\vec{F}\cdot d\vec{r} \approx \sum_{\Delta R}\left(\frac{\partial F_2}{\partial x} - \frac{\partial F_1}{\partial y}\right)\Delta x\Delta y.$$

Esta última soma é uma soma de Riemann que aproxima uma integral dupla; passando ao limite para Δx, Δy tendendo a zero vem

Teorema de Green

Seja C uma curva simples fechada em volta de uma região R do plano e orientada de modo que a região está à esquerda quando nos movemos sobre a curva. Suponha que $\vec{F} = F_1\vec{i} + F_2\vec{j}$ é um campo de vetores liso definido em cada ponto da região R e da fronteira C. Então

$$\int_C \vec{F}\cdot d\vec{r} = \int_R \left(\frac{\partial F_2}{\partial x} - \frac{\partial F_1}{\partial y}\right)dxdy.$$

A Seção 8.5 contém uma prova do teorema de Green usando a fórmula para mudança de variáveis para integrais duplas.

O critério do rotacional para campos de vetores no plano

Já sabemos que se $\vec{F} = F_1\vec{i} + F_2\vec{j}$ é um campo gradiente com derivadas parciais contínuas então

$$\frac{\partial F_2}{\partial x} - \frac{\partial F_1}{\partial y} = 0$$

Agora mostramos que a recíproca é verdadeira se o domínio de $\vec{F}$ não tem buracos. Isto quer dizer que supomos que

$$\frac{\partial F_2}{\partial x} - \frac{\partial F_1}{\partial y} = 0$$

e mostramos que $\vec{F}$ é independente do caminho. Se C é uma curva fechada orientada qualquer no domínio de $\vec{F}$ e R é a região dentro de C então

$$\int_R \left(\frac{\partial F_2}{\partial x} - \frac{\partial F_1}{\partial y} \right) dxdy = 0$$

pois o integrando é identicamente zero. Portanto, pelo teorema de Green

$$\int_C \vec{F} \cdot d\vec{r} = \int_R \left(\frac{\partial F_2}{\partial x} - \frac{\partial F_1}{\partial y} \right) dxdy = 0.$$

Assim $\vec{F}$ é independente do caminho e portanto um campo gradiente. Este argumento é válido para toda curva fechada C desde que a região R esteja toda contida no domínio de $\vec{F}$. Temos pois o resultado seguinte:

O critério do rotacional para campos de vetores no 2-espaço

Seja $\vec{F} = F_1\vec{i} + F_2\vec{j}$ um campo de vetores com derivadas parciais contínuas, tal que

- O domínio de $\vec{F}$ tem a propriedade que toda curva fechada contida nele contorna uma região toda contida no domínio. Em particular, o domínio de $\vec{F}$ não tem buracos.
- $\dfrac{\partial F_2}{\partial x} - \dfrac{\partial F_1}{\partial y} = 0$

Então $\vec{F}$ é independente do caminho de modo que $\vec{F}$ é um campo gradiente e tem uma função potencial

Porque são importantes buracos no domínio do campo de vetores ?

A razão para supormos que o domínio do campo de vetores $\vec{F}$ não tem buracos é que se deve garantir que a região R dentro de C está de fato contida no domínio de $\vec{F}$. De outra forma não podemos aplicar o teorema de Green. Os dois exemplos seguintes mostram que se $\partial F_2/\partial x - \partial F_1/\partial y = 0$ mas o domínio de $\vec{F}$ tem um buraco então $\vec{F}$ pode ser ou não independente do caminho.

Exemplo 4: Seja $\vec{F}$ o campo de vetores dado por

$$\vec{F}(x,y) = \frac{-y\vec{i} + x\vec{j}}{x^2 + y^2}.$$

a) Calcule $\partial F_2/\partial x - \partial F_1/\partial y$. O critério do ratacional implica que $\vec{F}$ é independente do caminho?

b) Calcule $\int_C \vec{F} \cdot d\vec{r}$ onde C é o círculo unitário centrado na origem e percorrido em sentido anti-horário. $\vec{F}$ é um campo independente do caminho?

c) Explique porque as respostas às partes a) e b) não contradizem o teorema de Green.

Solução: a) Tomando derivadas parciais temos

$$\frac{\partial F_2}{\partial x} = \frac{\partial}{\partial x}\left(\frac{x}{x^2 + y^2} \right) = \frac{1}{x^2 + y^2} - \frac{x \cdot 2x}{\left(x^2 + y^2\right)^2} = \frac{y^2 - x^2}{\left(x^2 + y^2\right)^2}.$$

Analogamente

$$\frac{\partial F_1}{\partial y} = \frac{\partial}{\partial y}\left(\frac{-y}{x^2 + y^2} \right) = \frac{-1}{x^2 + y^2} + \frac{y \cdot 2y}{\left(x^2 + y^2\right)^2} = \frac{y^2 - x^2}{\left(x^2 + y^2\right)^2}.$$

Logo

$$\frac{\partial F_2}{\partial x} - \frac{\partial F_1}{\partial y} = 0.$$

Como $\vec{F}$ não está definida na origem, o domínio de $\vec{F}$ tem um buraco. Portanto o critério do rotacional não se aplica.

b) No círculo unitário $\vec{F}$ é tangente ao círculo e $\| \vec{F} \| = 1$. Então

$$\int_C \vec{F} \cdot d\vec{r} = \|\vec{F}\| \cdot \text{Comprimento da curva} = 1 \cdot 2\pi = 2\pi.$$

Como a integral sobre a curva fechada C é não nula, $\vec{F}$ não é independente do caminho.

c) O domínio de $\vec{F}$ é o "plano perfurado" como mostra a Figura 8.46. Como $\vec{F}$ não está definida na origem, que está dentro de C, o teorema de Green não se aplica. Neste caso

$$2\pi = \int_C \vec{F} \cdot d\vec{r} \neq \int_R \left(\frac{\partial F_2}{\partial x} - \frac{\partial F_1}{\partial y} \right) dxdy = 0.$$

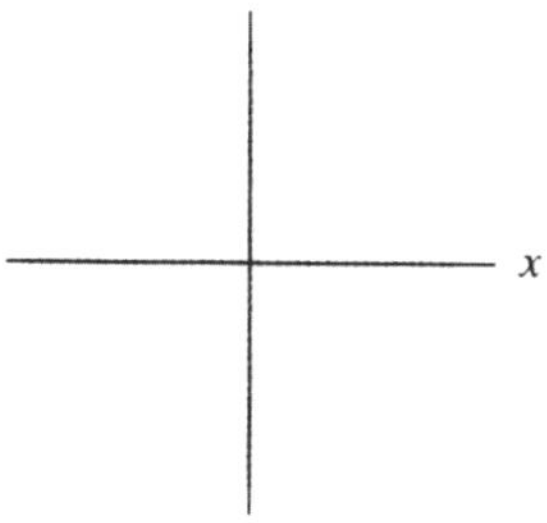

Figura 8.46:
O domínio de
$\vec{F}(x, y) = (-y\vec{i} + x\vec{j}) / (x^2 + y^2)$
é o plano menos a origem

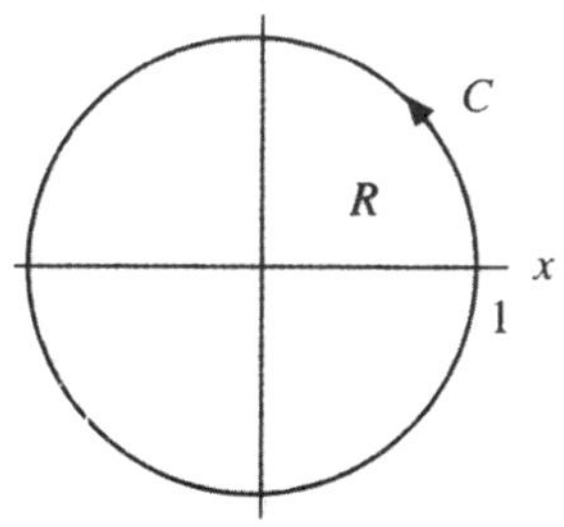

Figura 8.47:
A região R não está contida
no domínio de
$\vec{F}(x, y) = (-y\vec{i} + x\vec{j}) / (x^2 + y^2)$

Embora o campo de vetores $\vec{F}$ não esteja definido na origem, este fato em si não impede o campo de vetores de ser independente do caminho como vemos no exemplo seguinte.

Exemplo 5: Considere o campo de vetores $\vec{F}$ dado por $\vec{F}(x,y)=(x\vec{i}+y\vec{j})/(x^2+y^2)$

a) Calcule $\partial F_2/\partial x - \partial F_1/\partial y$. O critério do rotacional implica que $\vec{F}$ é independente do caminho?

b) Explique como sabemos que $\int_C \vec{F}\cdot d\vec{r}=0$, onde C é o círculo unitário centrado na origem e orientado em sentido anti-horário. Isto implica que $\vec{F}$ é independente do caminho ?

c) Verifique que $f(x,y)=\frac{1}{2}\ln(x^2+y^2)$ é uma função potencial para $\vec{F}$. Isto implica que $\vec{F}$ é independente do caminho ?

Solução: a) Calculando derivadas parciais temos

$$\frac{\partial F_2}{\partial x}=\frac{\partial}{\partial x}\left(\frac{y}{x^2+y^2}\right)=\frac{-2xy}{\left(x^2+y^2\right)^2} \text{ e}$$

$$\frac{\partial F_1}{\partial y}=\frac{\partial}{\partial y}\left(\frac{x}{x^2+y^2}\right)=-\frac{-2xy}{\left(x^2+y^2\right)^2}$$

Portanto

$$\frac{\partial F_2}{\partial x}-\frac{\partial F_1}{\partial y}=0.$$

Isto *não* implica que $\vec{F}$ é independente do caminho: o domínio de $\vec{F}$ contém um buraco pois $\vec{F}$ não está definida na origem. Assim o critério do rotacional não se aplica.

b) Como $\vec{F}(x,y)=x\vec{i}+y\vec{r}$ no círculo unitário C, o campo $\vec{F}$ é em todo ponto perpendicular a C, e então

$$\int_C \vec{F}\cdot d\vec{r}=0$$

O fato de $\int_C \vec{F}\cdot d\vec{r}=0$ quando C é o círculo unitário *não* implica que $\vec{F}$ e independente do caminho. Para saber que $\vec{F}$ é independente do caminho teríamos que mostrar que $\int_C \vec{F}\cdot d\vec{r}=0$ para toda curva fechada C no domínio de $\vec{F}$, não apenas no círculo unitário.

c) Para verificar que grad $f=\vec{F}$ diferenciamos f

$$f_x=\frac{1}{2}\frac{\partial}{\partial x}\ln\left(x^2+y^2\right)=\frac{1}{2}\frac{2x}{x^2+y^2}=\frac{x}{x^2+y^2},$$

e

$$f_y=\frac{1}{2}\frac{\partial}{\partial y}\ln\left(x^2+y^2\right)=\frac{1}{2}\frac{2y}{x^2+y^2}=\frac{y}{x^2+y^2},$$

de modo que

$$\text{grad} f=\frac{x\vec{i}+y\vec{j}}{x^2+y^2}=\vec{F}.$$

Assim $\vec{F}$ é um campo gradiente e portanto independente do caminho embora $\vec{F}$ não esteja definida na origem.

O critério do rotacional para campos de vetores no 3-espaço

O critério do rotacional é um modo conveniente de decidir se um campo de vetores em dimensão 2 é independente do caminho. Felizmente há um critério análogo para campos em dimensão 3, embora possamos justificá-lo somente no Capítulo 10.

Se $\vec{F}(x,y,z)=F_1\vec{i}+F_2\vec{j}+F_3\vec{k}$ é um campo de vetores no 3-espaço, definimos um novo campo de vetores rot $\vec{F}$, no 3-espaço por

$$\text{rot}\,\vec{F}=\left(\frac{\partial F_3}{\partial y}-\frac{\partial F_2}{\partial z}\right)\vec{i}+\left(\frac{\partial F_1}{\partial z}-\frac{\partial F_3}{\partial x}\right)\vec{j}+\left(\frac{\partial F_2}{\partial x}-\frac{\partial F_1}{\partial y}\right)\vec{k}.$$

O campo de vetores rot $\vec{F}$ pode ser usado para determinar se o campo de vetores $\vec{F}$ é independente do caminho .

Critério do rotacional para campos de vetores no 3-espaço

Suponha que $\vec{F}$ é um campo de vetores no 3-espaço com derivadas parciais contínuas tal que

- O domínio de $\vec{F}$ tem a propriedade de toda curva fechada nele poder ser contraída a um ponto de modo liso, sem nunca sair do domínio.
- rot $\vec{F}=\vec{0}$.

Então $\vec{F}$ é independente do caminho, isto é, é um campo gradiente e possui uma função potencial.

Para o critério do rotacional em dimensão 2 o domínio de $\vec{F}$ não deve ter buracos. Isto significa que se $\vec{F}$ estivesse definido numa curva fechada C então estaria também definido em todos os pontos dentro de C. Um modo de verificar se há buracos é "laçá-los" com uma curva fechada. Se toda curva fechada no domínio pode ser puxada até se reduzir a um ponto sem esbarrar num buraco, isto é, sem se desgarrar para fora do domínio, então o domínio não tem buracos. No 3-espaço é preciso que a mesma condição esteja satisfeita; devemos poder puxar cada curva fechada a um ponto, como um laço de boiadeiro, sem sair do domínio.

Exemplo 6: Decida se os seguintes campos de vetores são independentes do caminho e se ou não o critério do rotacional se aplica.

a) $\vec{F} = \dfrac{x\vec{i} + y\vec{j} + z\vec{k}}{(x^2 + y^2 + z^2)^{3/2}}$ b) $\vec{G} = \dfrac{-y\vec{i} + x\vec{j}}{x^2 + y^2}$

Solução: a) Seja $f = -(x^2 + y^2 + z^2)^{-1/2}$. Então $f_x = x(x^2 + y^2 + z^2)^{-3/2}$ e analogamente grad $f = \vec{F}$. Assim $\vec{F}$ é um campo gradiente e portanto independente do caminho. Cálculos mostram que rot $\vec{F} = 0$. O domínio de $\vec{F}$ é todo o 3-espaço menos a origem e toda curva fechada no domínio pode ser puxada a um ponto sem deixar o domínio. Assim o critério do rotacional se aplica.

b) Seja C o círculo $x^2 + y^2 = 1$, $z = 0$ percorrido em sentido anti-horário quando visto do eixo-z positivo. O campo de vetores é tangente a essa curva em todo ponto e tem norma 1, portanto

$$\int_C \vec{G} \cdot d\vec{r} = \|\vec{G}\| \cdot \text{Comprimento da curva} = 1 \cdot 2\pi = 2\pi$$

Como a integral de linha sobre esta curva fechada não é zero, $\vec{G}$ é dependente do caminho. Cálculos mostram que rot $\vec{G} = 0$. Porém o domínio de $\vec{G}$ é todo o 3-espaço menos o eixo-z, e não satisfaz à condição para o domínio no critério do rotacional. Por exemplo o círculo C está laçando o eixo-z e não pode ser puxado a um ponto sem esbarrar no eixo-z. Assim o critério do rotacional não se aplica.

Problemas para a Seção 8.4

1 O Exemplo 1 na página 214 mostrou que o campo de vetores na Figura 8.48 não poderia ser um campo gradiente provando que não é independente do caminho. Aqui mostramos outro modo de ver a mesma coisa. Suponha que o campo de vetores é o gradiente de uma função f. Esboce e marque valores num diagrama mostrando como deveriam ser os contornos de f, e explique porque não seria possível que f tivesse um só valor em qualquer ponto dado.

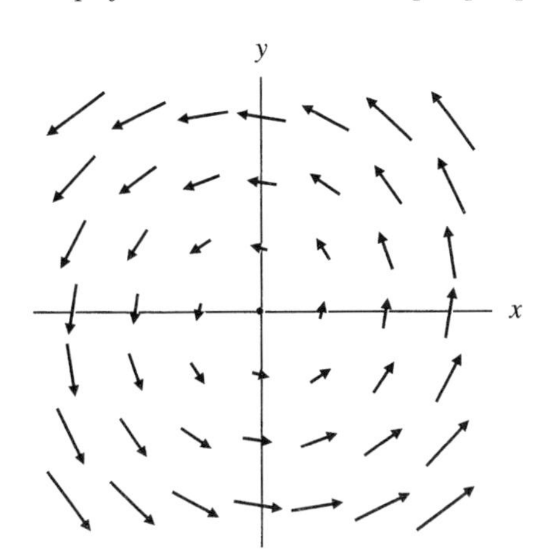

Figura 8.48

2 Repita o Problema 1 para o campo de vetores do Problema 13 na página 212.

3 Ache f se grad $f = 2xy\vec{i} + (x^2 + 8y^3)\vec{j}$.

4 Ache f se grad $f = (yze^{xyz} + z^2\cos(xz^2))\vec{i} + xze^{xyz}\vec{j} + (xye^{xyz} + 2xz\cos(xz^2))\vec{k}$

Para os Problemas 5–6, decida se o campo de vetores dado é o gradiente de uma função. Se for, ache uma tal f. Se não, explique porque não.

5 $y\vec{i} + y\vec{j}$ **6** $(x^2 + y^2)\vec{i} + 2xy\vec{j}$

Os campos de vetores nos Problemas 7–10 têm funções potenciais, tais que $\vec{F}$ = grad f? Se sim, ache-as.

7 $\vec{F} = (2xy^3 + y)\vec{i} + (3x^2y^2 + x)\vec{j}$

8 $\vec{F} = \dfrac{\vec{i}}{x} + \dfrac{\vec{j}}{y} + \dfrac{\vec{k}}{xy}$ **9** $\vec{F} = \dfrac{\vec{i}}{x} + \dfrac{\vec{j}}{y} + \dfrac{\vec{k}}{z}$

10 $\vec{F} = 2x\cos(x^2 + z^2)\vec{i} + \text{sen}(x^2 + z^2)\vec{j} + 2z\cos(x^2 + z^2)\vec{k}$

11 Considere o campo de vetores $\vec{F} = y\vec{i}$.

a) Esboce $\vec{F}$ e decida então o sinal da circulação de $\vec{F}$ em torno do círculo unitário centrado na origem e percorrido em sentido anti-horário.

b) Use o teorema de Green para calcular exatamente a circulação na parte a).

12 Seja $\vec{F} = x\vec{j}$. Mostre que a integral de linha de $\vec{F}$ em torno de uma curva fechada no plano-xy, orientada como no teorema de Green, mede a área da região limitada pela curva.

Use o resultado do Problema 12 para calcular a área da região dentro das curvas parametrizadas nos Problemas 13–15. Em cada caso, esboce a curva.

13 A elipse $x^2/a^2 + y^2/b^2 = 1$ parametrizada por $x = a\cos t$, $y = b$ sen t, para $0 \le t \le 2\pi$.

14 A hipociclóide $x^{2/3} + y^{2/3} = a^{2/3}$ parametrizada por $x = a\cos^3 t$, $y = a\,\text{sen}^3 t$, $0 \le t \le 2\pi$.

15 O folium de Descartes $x^3 + y^3 = 3xy$, parametrizado por $x = 3t/(1 + t^3)$, $y = 3t^2/(1 + t^3)$, para $0 \le t < \infty$.

16 Suponha que R é a região dentro da metade superior do círculo unitário C, centrado na origem, e que queremos calcular a integral dupla

$$\int_R (2x - 2y)\, e^{x^2+y^2}\, dA$$

a) Explique porque converter esta integral em integral iterada em coordenadas cartesianas não nos ajuda a calculá-la.

b) Como a integração iterada fracassa, usamos um método numérico. Mostre agora como o teorema de Green pode ser usado para converter a integral em uma integral em uma variável. Depois calcule a integral em uma variável, usando os métodos numéricos ordinários.

8.5 - PROVA DO TEOREMA DE GREEN

Nesta seção daremos uma prova do teorema de Green baseada na fórmula para mudança de variáveis em integrais duplas. Suponha que o campo de vetores $\vec{F}$ é dado em componentes por

$\vec{F}(x, y) = F_1(x, y)\vec{i} + F_2(x, y)\vec{j}$.

Prova para retângulos

Provamos o teorema de Green primeiro quando R é uma região retangular, como mostra a Figura 8.49. A integral de linha no teorema de Green pode ser escrita como

$$\int_C \vec{F}\cdot d\vec{r} = \int_{C_1} \vec{F}\cdot d\vec{r} + \int_{C_2} \vec{F}\cdot d\vec{r} + \int_{C_3} \vec{F}\cdot d\vec{r} + \int_{C_4} \vec{F}\cdot d\vec{r}$$

$$= \int_a^b F_1(x,c)\,dx + \int_c^d F_2(b,y)\,dy - \int_a^b F_1(x,d)\,dx$$

$$-\int_c^d F_2(a,y)\,dy$$

$$= \int_c^d \left(F_1(b,y) - F_2(a,y)\right)dy + \int_a^b \left(-F_1(x,d) + F_1(x,c)\right)dx.$$

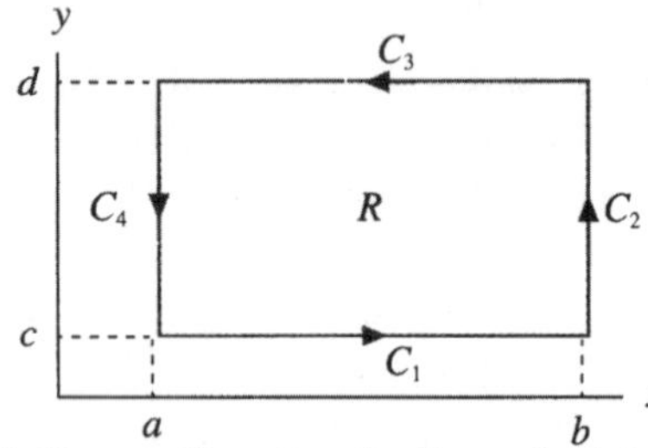

Figura 8.49: Uma região retangular R com fronteira C dividida em C_1, C_2, C_3,C_4.

De outro lado a integral dupla no teorema de Green pode ser escrita como integral iterada. Usando o teorema fundamental do Cálculo calculamos a integral interior.

$$\int_R \left(\frac{\partial F_2}{\partial x} - \frac{\partial F_1}{\partial y}\right)dxdy = \int_R \frac{\partial F_2}{\partial x}dxdy + \int_R -\frac{\partial F_1}{\partial y}dydx$$

$$= \int_c^d \int_a^b \frac{\partial F_2}{\partial x}dxdy + \int_a^b \int_c^d -\frac{\partial F_1}{\partial y}dydx$$

$$= \int_c^d \left(F_2(b,y) - F_2(a,y)\right)dy + \int_a^b \left(-F_1(x,d) + F_1(x,c)\right)dx$$

Como a integral de linha e a integral dupla são iguais, provamos o teorema de Green para retângulos.

Prova para regiões parametrizadas por retângulos

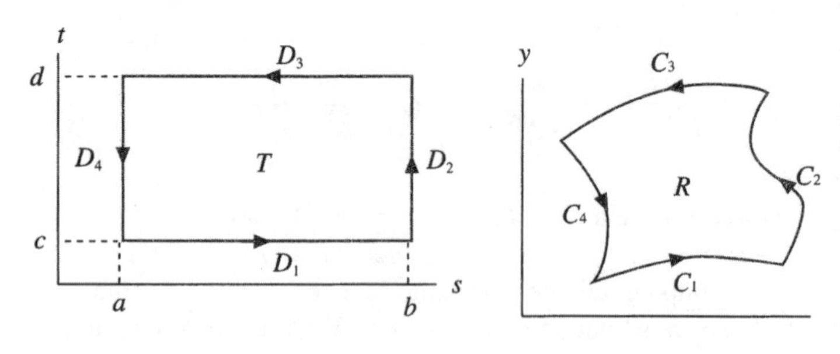

Figura 8.50: Uma região curva R no plano-xy correspondendo a uma região retangular T no plano-st

Agora provamos o teorema de Green para uma região R que pode ser transformada numa região retangular. Suponha que temos uma mudança de coordenadas lisa

$$x = x(s, t), \quad y = y(s, t).$$

Considere a região curva R no plano-xy correspondendo a uma região retangular T no plano-st como na Figura 8.50. Supomos que a mudança de coordenadas é um-a-um no interior de T.

Provamos o teorema de Green para R usando o teorema de Green para T e a fórmula para mudança de variáveis dada na página 152. Primeiro expressamos a integral de linha sobre C

$$\int_C \vec{F}\cdot d\vec{r},$$

como integral de linha no plano-st sobre o retângulo $D = D_1 + D_2 + D_3 + D_4$. Em notação vetorial a mudança de coordenadas é

$$\vec{r} = \vec{r}(s, t) = x(s, t)\vec{i} + y(s, t)\vec{j}$$

e portanto

$$\vec{F}\cdot d\vec{r} = \vec{F}(\vec{r}(s,t))\cdot\frac{\partial \vec{r}}{\partial s}ds + \vec{F}(\vec{r}(s,t))\cdot\frac{\partial \vec{r}}{\partial t}dt.$$

Definimos o campo de vetores $\vec{G}$ no plano-st com componentes

$$G_1 = \vec{F}\cdot\frac{\partial \vec{r}}{\partial s} \text{ e } G_2 = \vec{F}\cdot\frac{\partial \vec{r}}{\partial t}.$$

Então se $\vec{u}$ é o vetor de posição de um ponto no plano-st, temos $\vec{F}\cdot d\vec{r} = G_1 ds + G_2 dt = \vec{G}\cdot d\vec{u}$. O Problema 5 no fim desta seção lhe pede para mostrar que a fórmula para integral de linha sobre caminhos parametrizados leva ao seguinte resultado:

$$\int_C \vec{F}\cdot d\vec{r} = \int_D \vec{G}\cdot d\vec{u}.$$

Além disso, usando a regra para o produto e a regra da cadeia podemos mostrar que

$$\frac{\partial G_2}{\partial s} - \frac{\partial G_1}{\partial t} = \left(\frac{\partial F_2}{\partial x} - \frac{\partial F_1}{\partial y}\right) \begin{vmatrix} \frac{\partial x}{\partial s} & \frac{\partial y}{\partial s} \\ \frac{\partial x}{\partial t} & \frac{\partial y}{\partial t} \end{vmatrix}.$$

(Ver Problema 6 no fim desta seção.) Portanto, pela fórmula de mudança de variáveis para integrais duplas na página 152,

$$\int_R \left(\frac{\partial F_2}{\partial x} - \frac{\partial F_1}{\partial y}\right) dxdy = \int_T \left(\frac{\partial F_2}{\partial x} - \frac{\partial F_1}{\partial y}\right) \begin{vmatrix} \frac{\partial x}{\partial s} & \frac{\partial y}{\partial s} \\ \frac{\partial x}{\partial t} & \frac{\partial y}{\partial t} \end{vmatrix} dsdt$$

$$= \int_T \left(\frac{\partial G_2}{\partial s} - \frac{\partial G_1}{\partial t}\right) dsdt.$$

Assim mostramos que

$$\int_C \vec{F} \cdot d\vec{r} = \int_D \vec{G} \cdot d\vec{u}$$

e que

$$\int_R \left(\frac{\partial F_2}{\partial x} - \frac{\partial F_1}{\partial y}\right) dxdy = \int_T \left(\frac{\partial G_2}{\partial s} - \frac{\partial G_1}{\partial t}\right) dsdt.$$

As integrais nos segundos membros são iguais pelo teorema de Green para retângulos; portanto as integrais nos primeiros membros são iguais o que é o teorema de Green para a região R.

Colar regiões

Finalmente provamos que o teorema de Green vale para uma região formada colando regiões que podem ser transformadas em retângulos. A Figura 8.51 mostra duas regiões R_1 e R_2 que podem ser unidas para formar uma região R. Dividimos a fronteira de R em C_1, a parte compartilhada com R_1, e C_2, a parte compartilhada com R_2. Chamamos C a parte da fronteira de R_2 compartilhada com R_1. Assim

Fronteira de $R = C_1 + C_2$, Fronteira de $R_1 = C_1 + C$, Fronteira de $R_2 = C_2 + (-C)$.

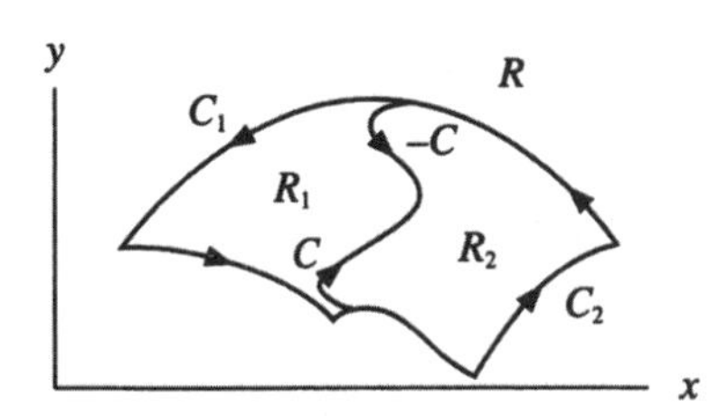

Figura 8.51: Duas regiões R_1 e R_2 coladas para formar um região R

Agora quando a curva C é considerada como parte da fronteira de R_2 ela recebe orientação oposta à que recebe como fronteira de R_1. Assim

$$\int_{\text{Fronteira de } R_1} \vec{F} \cdot d\vec{r} + \int_{\text{Fronteira de } R_2} \vec{F} \cdot d\vec{r}$$

$$= \int_{C_1+C} \vec{F} \cdot d\vec{r} + \int_{C_2+(-C)} \vec{F} \cdot d\vec{r}$$

$$= \int_{C_1} \vec{F} \cdot d\vec{r} + \int_{C} \vec{F} \cdot d\vec{r} + \int_{C_2} \vec{F} \cdot d\vec{r} - \int_{C} \vec{F} \cdot d\vec{r}$$

$$= \int_{C_1} \vec{F} \cdot d\vec{r} + \int_{C_2} \vec{F} \cdot d\vec{r} = \int_{\text{Fronteira de } R} \vec{F} \cdot d\vec{r}.$$

Então, aplicando o teorema de Green para R_1 e R_2 temos

$$\int_R \left(\frac{\partial F_2}{\partial x} - \frac{\partial F_1}{\partial y}\right) dxdy$$

$$= \int_{R_1} \left(\frac{\partial F_2}{\partial x} - \frac{\partial F_1}{\partial y}\right) dxdy + \int_{R_2} \left(\frac{\partial F_2}{\partial x} - \frac{\partial F_1}{\partial y}\right) dxdy$$

$$= \int_{\text{Fronteira de } R_1} \vec{F} \cdot d\vec{r} + \int_{\text{Fronteira de } R_2} \vec{F} \cdot d\vec{r} = \int_{\text{Fronteira de } R} \vec{F} \cdot d\vec{r},$$

que é o teorema de Green para R. Assim provamos o teorema de Green para qualquer região formada colando regiões que são parametrizadas lisamente por retângulos

---

Exemplo 1: Seja R o anel centrado na origem com raio interno 1 e raio externo 2. Usando coordenadas polares mostre que a prova do teorema de Green se aplica a R. Ver Figura 8.52.

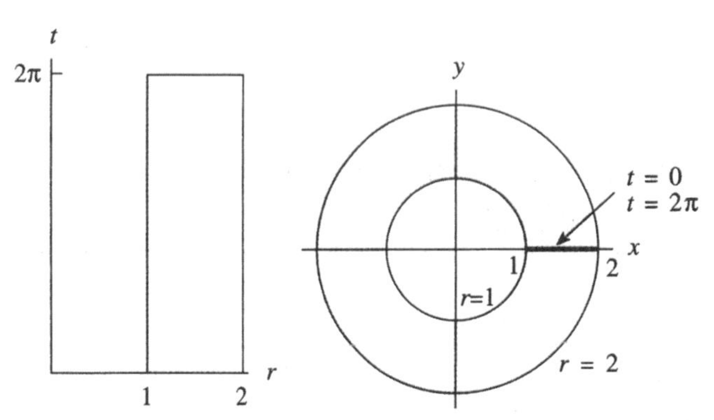

Figura 8.52: O anel R no plano-xy e o correspondente retângulo $1 \leq r \leq 2$, $0 \leq t \leq 2$ no plano-rt

Solução: Em coordenadas polares $x = r \cos t$, $y = r \operatorname{sen} t$ o anel corresponde ao retângulo no plano-rt, $1 \leq r \leq 2$, $0 \leq t \leq 2\pi$. Os lados $t = 0$ e $t=2\pi$ são colados um ao outro no plano-xy ao longo do eixo-x; os outros dois lados se transformam nos círculos interior e exterior do anel. Assim R é formado colando as extremidades de um retângulo uma na outra.

Problemas para a Seção 8.5

1 Seja R o anel centrado em $(-1, 2)$ com raio interior 2 e raio exterior 3. Mostre que R pode ser parametrizado por um retângulo.

2 Seja R a região sob o primeiro arco do gráfico da função seno. Mostre que R pode ser parametrizada por um retângulo.

3 Sejam $f(x)$ e $g(x)$ funções lisas e suponha que $f(x) \le g(x)$ para $a \le x \le b$. Seja R a região $f(x) \le y \le g(x)$, $a \le x \le b$.
a) Esboce um exemplo de uma tal região.
b) Para um x_0 constante parametrize o segmento de reta vertical em R em que $x = x_0$. Escolha sua parametrização de modo que o parâmetro comece em 0 e termine em 1.
c) Reunindo as parametrizações na parte b) para diferentes valores de x_0, mostre que R pode ser parametrizada por um retângulo.

4 Sejam $f(y)$ e $g(y)$ duas funções lisas e suponha que $f(y) \le g(y)$ para $c \le y \le d$. Seja R a região $f(y) \le x \le g(y)$, $c \le y \le d$.
a) Esboce um exemplo de uma tal região.
b) Para um y_0 constante, parametrize o segmento de reta horizontal em R em que $y = y_0$. Escolha sua parametrização de modo que o parâmetro comece no 0 e termine em 1.
c) Reunindo as parametrizações na parte b) para diferentes valores de y_0 mostre que R pode ser parametrizada por um retângulo.

5 Use a fórmula para calcular integrais de linha por parametrização para provar a afirmação na página 220:

$$\int_C \vec{F} \cdot d\vec{r} = \int_D \vec{G} \cdot d\vec{u}.$$

6 Use a regra do produto e a regra da cadeia para provar a fórmula na página 220.

$$\frac{\partial G_2}{\partial s} - \frac{\partial G_1}{\partial t} = \left(\frac{\partial F_2}{\partial x} - \frac{\partial F_1}{\partial y}\right) \begin{vmatrix} \frac{\partial x}{\partial s} & \frac{\partial y}{\partial s} \\ \frac{\partial x}{\partial t} & \frac{\partial y}{\partial t} \end{vmatrix}.$$

Problemas de revisão para o Capítulo 8

Para os Problemas 1–2, considere o campo de vetores $\vec{F}$ mostrado. Diga se espera que a integral de linha $\int_C \vec{F} \cdot d\vec{r}$ seja positiva, negativa ou zero, ao longo de

a) A b) C_1, C_2, C_3, C_4
c) C a curva fechada consistindo de todos os C juntos.

1

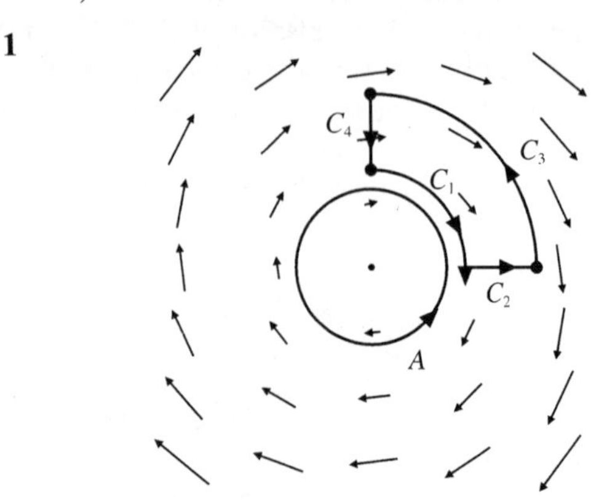

2

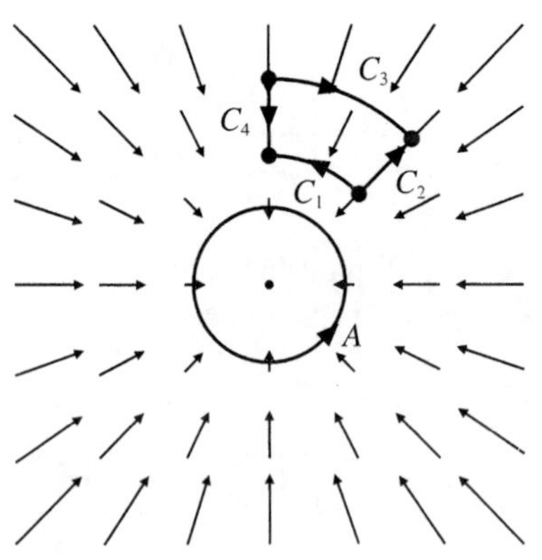

Para os Problemas 3–5 calcule $\int_C \vec{F} \cdot d\vec{r}$ para os $\vec{F}$ e C dados

3 $\vec{F} = (x^2 - y)\vec{i} + (y^2 + x)\vec{j}$ e C é a parábola $y = x^2 + 1$ percorrida de (0, 1) a (1, 2).

4 $\vec{F} = (3x - 2y)\vec{i} + (y + 2z)\vec{j} - x^2\vec{k}$ e C é o caminho consistindo do segmento unindo o ponto (0, 0, 0) a (1, 1, 1).

5 $\vec{F} = (2x - y + 4)\vec{i} + (5y + 3x - 6)\vec{j}$ e C é o triângulo com vértices (0, 0), (3, 0), (3, 2) percorrido em sentido anti-horário.

Os enunciados no Problemas 6–9 são verdadeiros ou falsos ? Explique porque ou dê um contraexemplo.

6 $\int_C \vec{F} \cdot d\vec{r}$ é um vetor

7 $\int_C \vec{F} \cdot d\vec{r} = \vec{F}(Q) - \vec{F}(P)$ onde P e Q são as extremidades de C.

8 O fato de a integral de linha de uma campo de vetores $\vec{F}$ ser zero sobre o círculo unitário $x^2 + y^2 = 1$ significa que $\vec{F}$ tem que ser um campo de vetores gradiente.

9 Suponha que C_1 é o quadrado unitário unindo os pontos (0, 0), (1, 0), (1, 1) e (0, 1) orientado em sentido horário e C_2 é o mesmo quadrado mas percorrido duas vezes na direção oposta. Se $\int_{C_1} \vec{F} \cdot d\vec{r} = 3$, então $\int_{C_2} \vec{F} \cdot d\vec{r} = -6$.

10 Seja $\vec{F} = x\vec{i} + y\vec{j}$ e seja C_1 o segmento unindo o ponto (1, 0) ao ponto (0, 2) e seja C_2 o segmento unindo o ponto (0, 2) ao ponto (–1, 0). Vale $\int_{C_1} \vec{F} \cdot d\vec{r} = -\int_{C_2} \vec{F} \cdot d\vec{r}$? Explique.

11 Qual é o valor de $\int_C \vec{F} \cdot d\vec{r}$ se C é uma curva orientada do ponto (2, –6) ao ponto (4, 4) e $\vec{F} = 6\vec{i} - 7\vec{j}$?

12 Suponha que P e Q estejam ambos sobre o mesmo contorno de f. O que você pode dizer sobre a variação total de f de P para Q? Explique sua resposta em termos de $\int_C \operatorname{grad} f \cdot d\vec{r}$ onde C é a porção do contorno que vai de P a Q.

13 Neste problema vemos como o teorema fundamental para integrais de linha pode ser derivado do teorema fundamental para integrais definidas ordinárias. Suponha que $(x(t), y(t))$ para $a \leq t \leq b$ é uma parametrização de C com extremidades $P = (x(a), y(a))$ e $Q = (x(b), y(b))$, Os valores de f ao longo de C são dados pela função de uma única variável $h(t) = f(x(t), y(t))$.

a) Use a regra da cadeia para mostrar que

$$h'(t) = f_x(x(t), y(t))\, x'(t) + f_y(x(t), y(t)) y'(t)$$

b) Use o teorema fundamental do Cálculo aplicado a $h(t)$ para mostrar que

$$\int_C \operatorname{grad} f \cdot d\vec{r} = f(Q) - f(P).$$

14 Seja $\vec{F}(x, y)$ o campo de vetores independente do caminho na Figura 8.53. O campo de vetores $\vec{F}$ associa a cada ponto um vetor unitário apontando radialmente para fora. As curvas C_1, C_2,... C_7 têm as direções indicadas. Considere as integrais de linha $\int_{C_i} \vec{F} \cdot d\vec{r}$, $i = 1,...,7$. Sem calcular qualquer integral.

a) Liste todas as integrais de linha que você espera que sejam nulas.

b) Liste todas as integrais de linha que você espera que sejam negativas.

c) Disponha as integrais de linha positivas no que você acredita ser a ordem crescente.

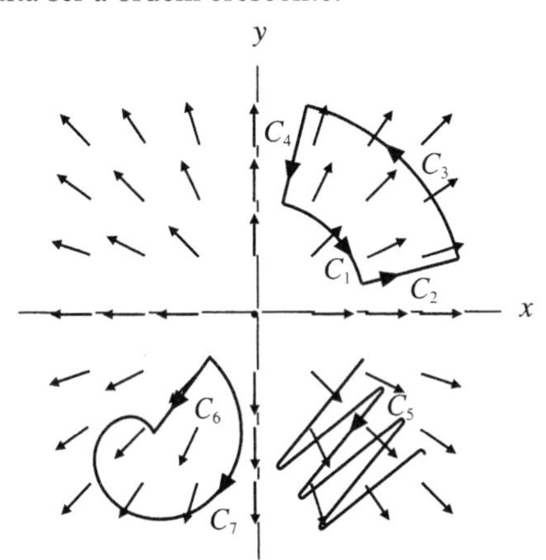

Figura 8.53

15 Um *vórtice livre* circulando em torno da origem no plano-xy (ou em volta do eixo-z no 3-espaço) tem campo de vetores $\vec{v} = K(x^2 + y^2)^{-1}(-y\vec{i} + x\vec{j})$ onde K é uma constante. O modelo de Rankin para um tornado tem como hipótese um núcleo central que gira a velocidade angular constante, rodeado por um vórtice livre. Suponha que o núcleo central tem raio de 100 metros e que $\| \vec{v} \| = 3 \cdot 10^5$ metros/hora a uma distância de 100 metros do centro.

a) Supondo que o tornado gira em sentido anti-horário (visto de acima do plano-xy) e que $\vec{v}$ é contínuo, determine ω e K de modo que

$$\vec{v} = \begin{cases} \omega(-y\vec{i} + x\vec{j}) & \text{se } \sqrt{x^2 + y^2} < 100 \\ K(x^2 + y^2)^{-1}(-y\vec{i} + x\vec{j}) & \text{se } \sqrt{x^2 + y^2} \geq 100. \end{cases}$$

b) Esboce o campo de vetores $\vec{v}$.

c) Calcule a circulação de $\vec{v}$ em torno do círculo de raio r centrado na origem, percorrido em sentido anti-horário.

16 A Figura 8.54 mostra a velocidade tangencial como função do raio para o tornado que atingiu Dallas em 2 de abril de 1.957. Use-a e o Problema 15 para avaliar K e ω para o modelo de Rankine deste tornado.*

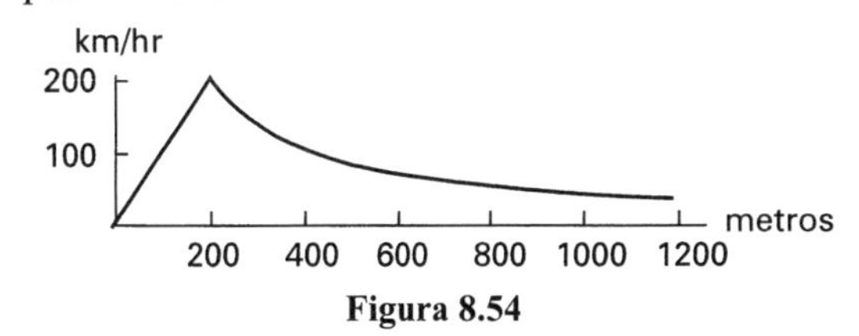

Figura 8.54

17 Um campo de vetores central é um campo de vetores cuja direção é sempre para (ou para longe de) um ponto fixo 0 (o centro) e cuja norma num ponto P é função somente da distância de P a 0. Em duas dimensões isto significa que o campo tem norma constante sobre círculos de centro 0. Os campos gravitacionais e elétricos de fontes com simetria esférica são ambos campos centrais.

a) Esboce um exemplo de um campo de vetores central.

b) Suponha que o campo central $\vec{F}$ é um campo gradiente, isto é, $\vec{F} = \operatorname{grad} f$. Qual deve ser a forma dos contornos de f? Esboce alguns contornos para esse caso.

c) Todo campo gradiente é um campo central ? Explique.

d) Na figura 8.55 são mostrados dois caminhos entre os pontos Q e P. Supondo que os três círculos C_1, C_2, C_3 são centrados em 0, explique porque o trabalho feito por um campo de vetores central $\vec{F}$ é o mesmo para os dois caminhos.

e) É verdade que todo campo de vetores central é um campo gradiente. Use um argumento sugerido pela Figura 8.55 para explicar porque qualquer campo de vetores central deve ser independente do caminho.

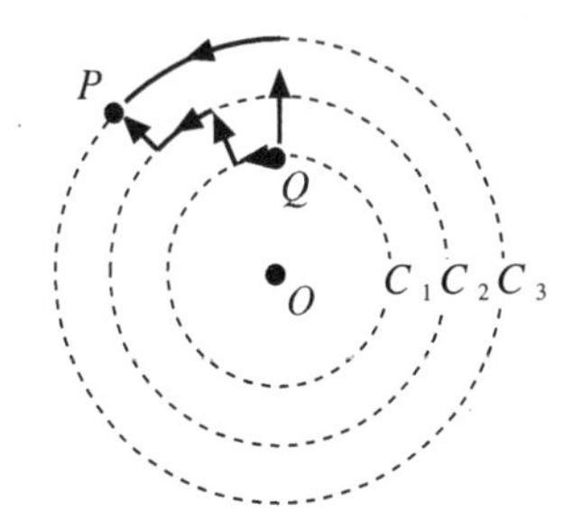

Figura 8.55

18 Considere o campo de vetores

$$\vec{F} = (-y^3 + y \operatorname{sen}(xy))\vec{i} + (4x(1 - y^2) + x \operatorname{sen}(xy))\vec{j}$$

definido no disco d de raio 5 centrado na origem no plano. Considere a integral de linha $\int_C \vec{F} \cdot d\vec{r}$, onde C é alguma curva fechada contida em D. Para qual C o valor desta integral é o maior possível ? [Sugestão: Suponha que C é uma curva fechada feita de pedaços lisos e que nunca se cruza, e orientada em sentido anti-horário.]

* Adatado da *Encyclopedia Britannica Macropedia*, Vol.16, p.477, "Climate and the Weather", Tornadoes anda Waterspouts, 1991.

9

INTEGRAIS DE FLUXO

No capítulo anterior vimos como integrar campos de vetores ao longo de curvas. Neste capítulo definiremos uma nova espécie de integral, que é feita sobre uma superfície em vez de uma curva. Se olharmos o campo de vetores como representando a velocidade da corrente de um fluido, a integral de fluxo nos diz a qual taxa o fluido está passando através da superfície. Além disso, a integral aparece na teoria da eletricidade e magnetismo.

9.1 - A IDÉIA DE UMA INTEGRAL DE FLUXO

Corrente através de uma superfície

Imagine água passando através de uma rede de pescar esticada atravessando uma corrente de água. Suponha que queremos medir a taxa da corrente de água através da rede, isto é, o volume de fluido que passa pela superfície por unidade de tempo. (Ver Figura 9.1.) Esta taxa é chamada o *fluxo* do fluido através da superfície. Podemos também calcular o fluxo de campos de vetores, tais como campos elétricos e magnéticos, onde não haja realmente correnteza.

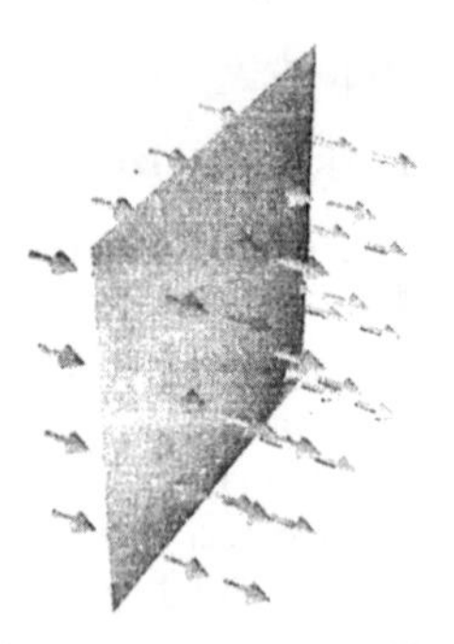

Figura 9.1: O fluxo mede a taxa da correnteza através de uma superfície

Orientação de uma Superfície

Antes de calcular o fluxo de uma campo de vetores através de uma superfície, precisamos decidir qual direção através da superfície é a direção positiva; dizemos que escolhemos uma orientação.*

Em cada ponto de uma superfície lisa há dois vetores normais unitários, um em cada sentido. Escolher uma orientação significa escolher em cada ponto da superfície, de modo contínuo, um destes vetores normais. O vetor normal na direção da orientação é denotado por $\vec{n}$. Para uma superfície fechada em geral escolhemos a orientação para fora.

Dizemos que o fluxo através de uma porção de superfície é positivo se a corrente tem a direção da orientação e negativo se é na direção oposta. (Ver Figura 9.2.)

* Embora não pretendermos estudá-las, existem algumas superfícies para as quais isto não pode ser feito. Ver página 229.

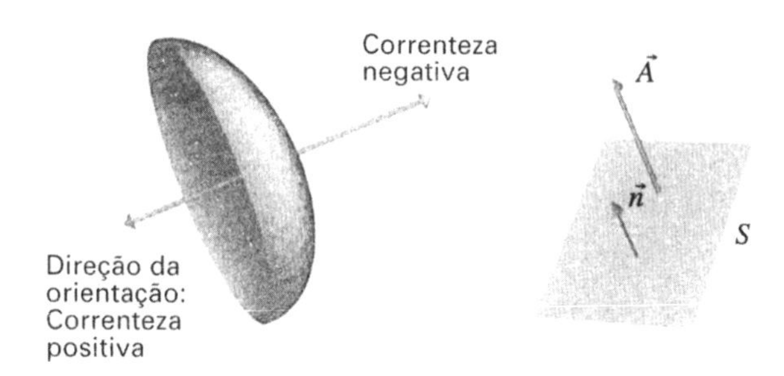

Figura 9.2:
Uma superfície orientada mostrando direções positiva e negativa da correnteza

Figura 9.3:
Vetor de área $\vec{A} = \vec{n}\,A$ de superfície plana com área A e orientação $\vec{n}$.

O Vetor de área

O fluxo através de uma superfície plana depende tanto da área da superfície quanto de sua orientação. Assim é útil representar a área por um vetor como se vê na Figura 9.3.

> O **vetor de área** de uma superfície plana orientada é um vetor $\vec{A}$ tal que
> - A norma de $\vec{A}$ é a área da superfície.
> - A direção de $\vec{A}$ é a direção do vetor de orientação $\vec{n}$.

O fluxo de um campo de vetores constante atráves de uma superfície plana

Suponha que o campo de vetores de velocidade $\vec{v}$ de uma fluido é constante e que $\vec{A}$ é o vetor de área de uma superfície plana. O fluxo através desta superfície é o volume do fluido que passa através dela em uma unidade de tempo. O volume da caixa inclinada na Figura 9.4 que tem área de seção $\|\vec{A}\|$ e altura $\|\vec{v}\|\cos\theta$ é $(\|\vec{v}\|\cos\theta)\|\vec{A}\| = \vec{v}\cdot\vec{A}$. Assim temos o seguinte resultado:

> Se $\vec{v}$ é constante e $\vec{A}$ é o vetor de área de uma superfície plana então
>
> Fluxo através da superfície $= \vec{v}\cdot\vec{A}$.

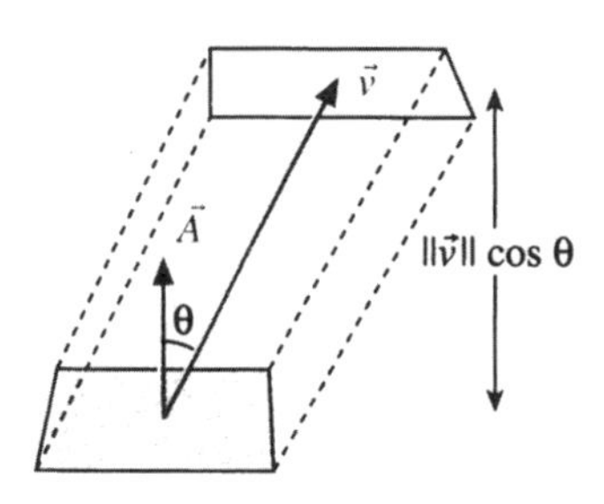

Figura 9.4: O fluxo de $\vec{v}$ através de uma superfície com vetor de área $\vec{A}$ é o volume desta caixa inclinada

Exemplo 1: Água esta fluindo por um tubo cilíndrico com 2 cm de raio com uma velocidade de 3 cm/seg. Ache o fluxo do campo de vetores de velocidade através da região elítica mostrada na Figura 9.5. A normal à elipse faz um ângulo de θ com a direção da corrente e a área da elipse é $4\pi/(\cos\theta)\text{cm}^2$.

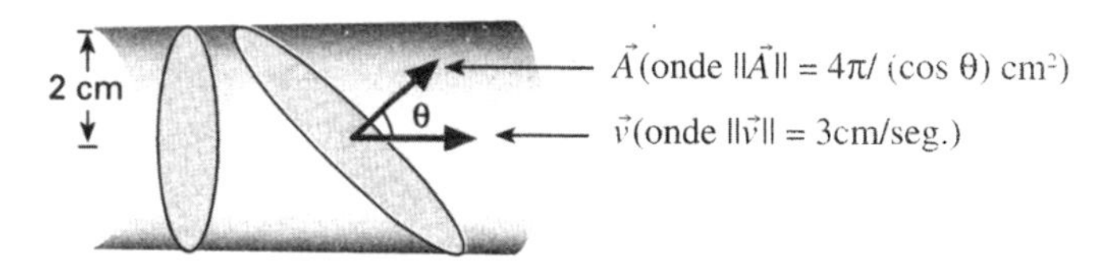

Figura 9.5: Fluxo através de região elítica atravessada num tubo cilíndrico

Solução: Há duas maneiras de atacar este problema. Uma consiste em usar a fórmula obtida que dá

$$\begin{aligned}\text{Fluxo através da elipse} &= \vec{v}\cdot\vec{A} = \|\vec{v}\|\,\|\vec{A}\|\cos\theta \\ &= 3\,(\text{Área da elipse})\cos\theta \\ &= 3\left(\frac{4\pi}{\cos\theta}\right)\cos\theta = 12\pi\ \text{cm}^3/\text{seg.}\end{aligned}$$

A segunda maneira é a de observar que o fluxo através da elipse é igual ao fluxo através do círculo perpendicular ao tubo na Figura 9.5. Como o fluxo é a taxa à qual a água escorre pelo tubo, temos

$$\text{Fluxo através do círculo} = \begin{matrix}\text{Velocidade}\\ \text{da água}\end{matrix} \times \begin{matrix}\text{Área do}\\ \text{círculo}\end{matrix}$$

$$= \left(3\frac{\text{cm}}{\text{seg}}\right)\left(\pi 2^2\text{cm}^2\right) = 12\pi\,\text{cm}^3/\text{seg.}$$

Quando o campo de vetores não é constante ou a superfície não é plana, dividimos a superfície em pedaços pequenos, quase planos, tais que o campo de vetores seja aproximadamente constante em cada um, como segue.

A integral de fluxo

Para calcular o fluxo de um campo de vetores $\vec{F}$ que não é necessariamente constante através de um superfície curva orientada S, dividimos a superfície numa coleção de retalhos, pequenos pedaços aproximadamente planos (como para uma representação por tela de arame da superfície) como se vê na Figura 9.6. Suponha que um particular retalho tem área ΔA. Escolhemos um vetor orientação $\vec{n}$ num ponto do retalho e definimos o vetor de área do retalho, $\Delta\vec{A}$, como sendo

$$\Delta\vec{A} = \vec{n}\,\Delta A.$$

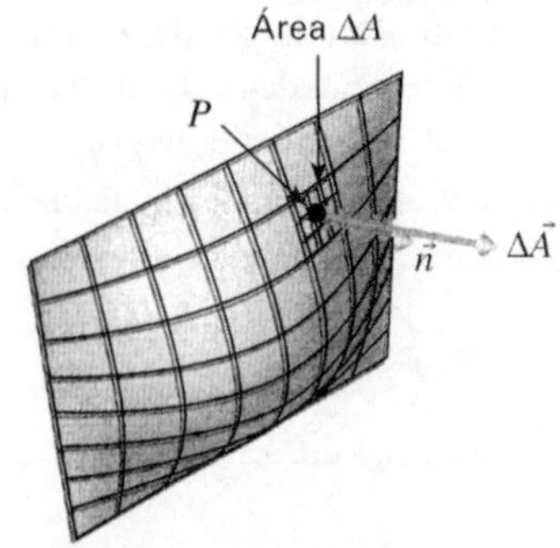

Figura 9.6: Superfície S dividida em pedaços pequenos, quase planos, mostrando um vetor orientação típico $\vec{n}$ e o vetor de área $\Delta\vec{A}$

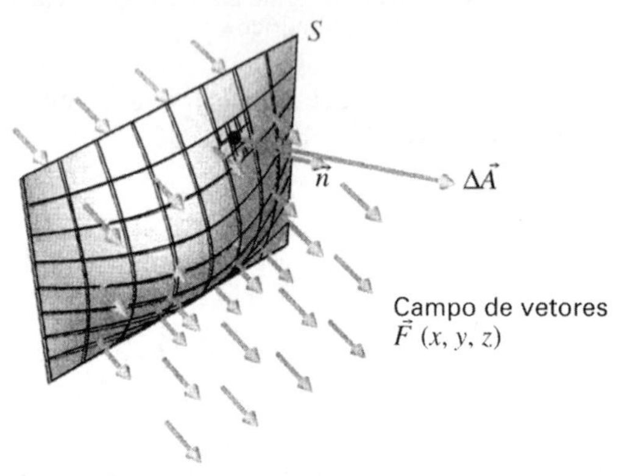

Figura 9.7: Fluxo de um campo de vetores através de uma superfície curva S

(Ver Figura 9.6.) Se os retalhos são suficientemente pequenos podemos supor que $\vec{F}$ é aproximadamente constante em cada pedaço. Então sabemos que

Fluxo através do retalho $\approx \vec{F}\cdot\Delta\vec{A}$ e assim

Fluxo através de toda a superfície $\approx \sum \vec{F}\cdot\Delta\vec{A}$,

onde a soma se estende aos fluxos através de todos os pequenos pedaços. Quando cada pedaço fica cada vez menor e $\|\Delta\vec{A}\|\to 0$ a aproximação melhora e obtemos

$$\text{Fluxo através de } S = \lim_{\|\Delta\vec{A}\|\to 0}\sum \vec{F}\cdot\Delta\vec{A}$$

Assim damos a seguinte definição:

> A **integral de fluxo** do campo de vetores $\vec{F}$ através da superfície orientada S é
>
> $$\int_S \vec{F}\cdot d\vec{A} = \lim_{\|\Delta\vec{A}\|\to 0}\sum \vec{F}\cdot\Delta\vec{A}.$$

Para calcular a integral de fluxo temos que dividir a superfície de modo razoável, ou o limite poderia não existir. Na prática o problema dificilmente surge: porém um modo de evitá-lo é usar o método para calcular integrais de fluxo que introduzimos na Seção 9.3 como sendo a definição da integral de fluxo.

Fluxo e corrente de fluido

Se $\vec{v}$ é o campo de velocidades de um fluido temos

$$\text{Taxa de corrente de fluido através da superfície S} = \text{Fluxo de } \vec{v} \text{ através de S} = \int_S \vec{v}\cdot d\vec{A}$$

A taxa da corrente de fluido é medida em unidades de volume por unidade de tempo.

Exemplo 2: Ache o fluxo do campo de vetores mostrado na Figura 9.8 e dado por

$$\vec{B}(x,y,z) = \frac{-y\vec{i}+x\vec{j}}{x^2+y^2},$$

através do quadrado S de lado 2 mostrado na Figura 9.9, orientado na direção $\vec{j}$.

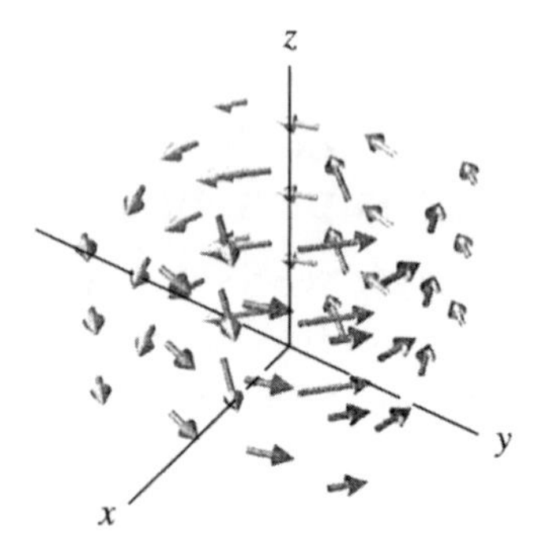

Figura 9.8: O campo de vetores $\vec{B}(x,y,z) = \dfrac{-y\vec{i}+x\vec{j}}{x^2+y^2}$,

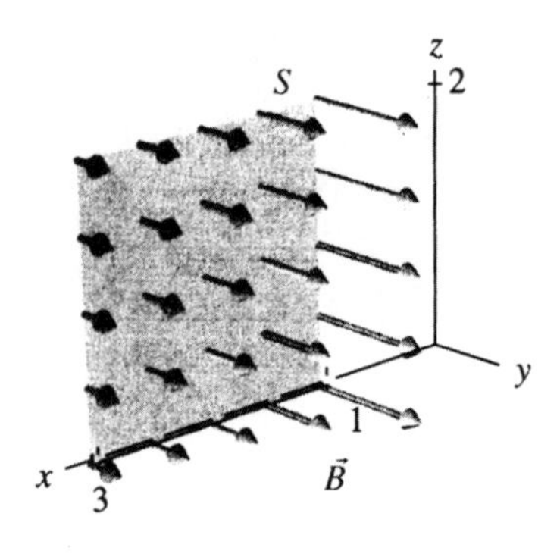

Figura 9.9: Fluxo de $\vec{B}$ através do quadrado S de lado 2 no plano-xz orientado na direção $\vec{j}$

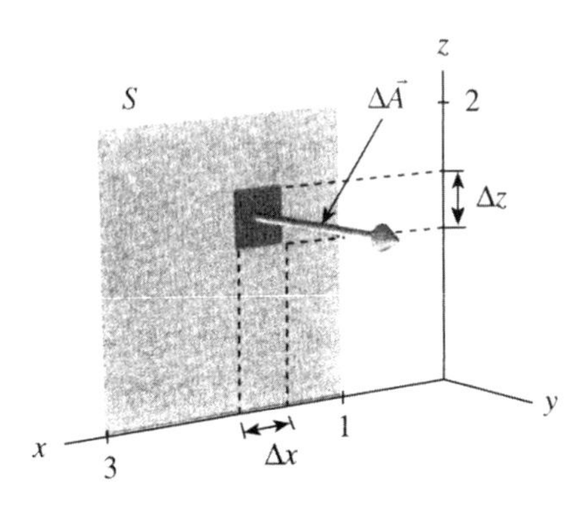

Figura 9.10: Um pequeno pedaço de superfície com área $\|\Delta\vec{A}\| = \Delta x\, \Delta z$

Solução: Considere um pequeno retalho retangular com vetor de área $\Delta\vec{A}$ em S com lados $\Delta x\, \Delta z$ de modo que $\|\Delta\vec{A}\| = \Delta x\, \Delta z$. Como $\Delta\vec{A}$ aponta na direção $\vec{j}$ temos $\Delta\vec{A} = \vec{j}\, \Delta x\, \Delta z$. (Ver Figura 9.10)

No ponto $(x, 0, z)$ em S, substituir $y = 0$ em $\vec{B}$ dá $\vec{B}(x, 0, z) = (1/x)\vec{j}$. Assim temos,

Fluxo através de pequeno

$$\text{retalho} \approx \vec{B}\cdot d\vec{A} = \left(\frac{1}{x}\vec{j}\right)\cdot\left(\vec{j}\Delta x\Delta z\right) = \left(\frac{1}{x}\right)\Delta x\Delta z.$$

Portanto

$$\text{Fluxo através da superfície} = \int_S \vec{B}\cdot d\vec{A}$$

$$= \lim_{\|\Delta\vec{A}\|\to 0}\sum \vec{B}\cdot\Delta\vec{A} = \lim_{\substack{\Delta x\to 0\\ \Delta z\to 0}}\sum\frac{1}{x}\Delta x\Delta z.$$

Esta última expressão é uma soma de Riemann para a integral dupla $\int_R \frac{1}{x} d\vec{A}$, onde R é o quadrado $1 \le x \le 3$, $0 \le z \le 2$.

Assim

$$\text{Fluxo através da superfície} = \int_S \vec{B}\cdot d\vec{A}$$

$$= \int_R \frac{1}{x} dA = \int_3^2 \int_1^3 \frac{1}{x}\, dxdz = 2\ln 3$$

O resultado é positivo porque o campo de vetores atravessa a superfície em sentido positivo.

Exemplo 3: Cada um dos campos de vetores na Figura 9.11 consiste inteiramente de vetores paralelos ao plano-xy e é constante na direção-z (isto é, o campo de vetores é o mesmo em cada plano paralelo ao plano-xy). Para cada um, diga se você acha que o fluxo através de uma superfície fechada rodeando a origem é positivo, negativo ou zero. Na parte a) a superfície é um cubo fechado com faces paralelas aos eixos; nas partes b) e c a superfície é um cilindro fechado. Em cada caso escolhemos orientação para fora. (Ver Figura 9.12.)

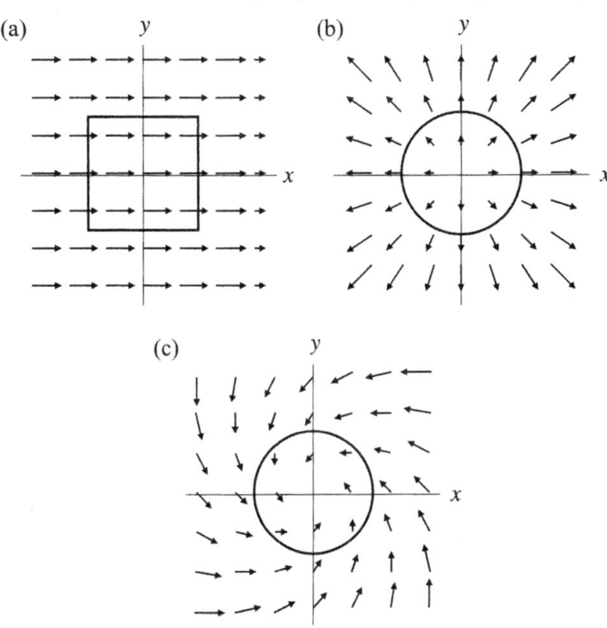

Figura 9.11: Fluxo de um campo de vetores através das superfícies fechadas cujas seções são mostradas no plano-xy

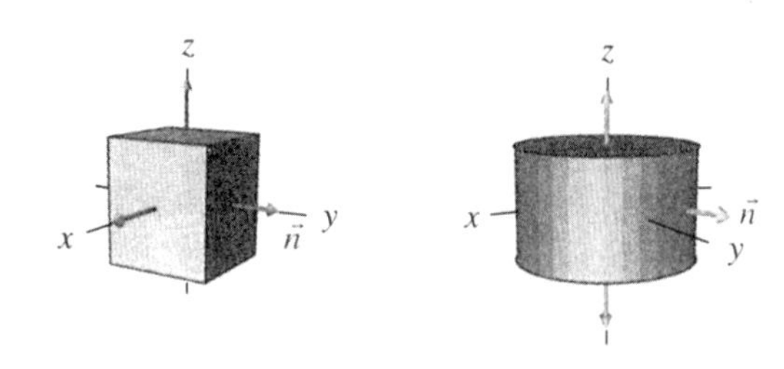

Figura 9.12: O cubo fechado e o cilindro fechado, ambos com orientação para fora

Solução: a) Como o campo de vetores se apresenta paralelo às faces do cubo que são perpendiculares aos eixos-y e z, esperamos que o fluxo através dessas faces seja zero. Os fluxos pelas duas faces perpendiculares ao eixo-x devem ser iguais em norma e de sinais opostos, de modo que esperamos que o fluxo líquido seja zero.

b) Como as faces superior e inferior do cilindro são paralelas à corrente, o fluxo por elas é zero. Na superfície redonda do cilindro $\vec{v}$ e $\Delta\vec{A}$ se apresentam sempre paralelos e na mesma direção, de modo que esperamos que cada termo $\vec{v}.\Delta\vec{A}$ seja positivo e portanto a integral de fluxo $\int_S \vec{v}\cdot d\vec{A}$ deve ser positiva c) Como na parte b) o fluxo nas faces superior e inferior do cilindro é zero. Neste caso $\vec{v}$ e $\Delta\vec{A}$ não são paralelos na superfície redonda do cilindro, mas como o fluido parece fluir para dentro, girando além disso, achamos que cada termo $\vec{v} \cdot \Delta\vec{A}$ seja negativo e portanto que o fluxo total seja negativo.

Cálculo de integrais de fluxo usando $d\vec{A} = \vec{n}dA$

Para um pequeno retalho de superfície ΔS com normal $\vec{n}$ e área ΔA, o vetor de área é $\Delta\vec{A} = \vec{n}\,\Delta A$. O exemplo seguinte mostra como podemos usar esta relação para calcular uma integral de fluxo.

Exemplo 4: Uma carga elétrica q é colocada na origem no 3-espaço. O campo elétrico resultante $\vec{E}(\vec{r})$ no ponto com vetor de posição $\vec{r}$ é dado por

$$\vec{E}(\vec{r}) = q\frac{\vec{r}}{\|\vec{r}\|^3}, \quad \vec{r} \neq \vec{0}.$$

Ache o fluxo de $\vec{E}$ para fora da esfera de raio R centrada na origem. (Ver Figura 9.13.)

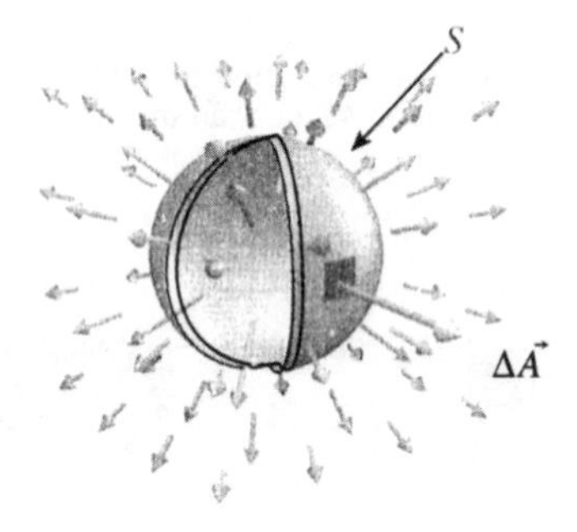

Figura 9.13: Fluxo de $\vec{E} = q\vec{r}/\|r\|^3$ através da superfície de uma esfera de raio R centrada na origem

Solução: O campo de vetores aponta radialmente para fora a partir da origem na mesma direção que $\vec{n}$. Assim, como $\vec{n}$ é vetor unitário

$$\vec{E}\cdot\Delta\vec{A} = \vec{E}\cdot\vec{n}\,\Delta A = \|\vec{E}\|\,\Delta A.$$

Sobre a esfera $\|\vec{E}\| = q/R^2$ de modo que

$$\int_S \vec{E}\cdot d\vec{A} = \lim_{\|\Delta\vec{A}\|\to 0}\sum \vec{E}\cdot\Delta\vec{A} = \lim_{\Delta A\to 0}\sum \frac{q}{R^2}\Delta A$$

$$= \frac{q}{R^2}\lim_{\Delta A\to 0}\sum \Delta A.$$

Esta última soma aproxima a área da superfície da esfera. No limite quando as subdivisões ficam mais finas temos

$$\lim_{\Delta A\to 0}\sum \Delta A = \text{Área da esfera}$$

Assim o fluxo é dado por

$$\int_S \vec{E}\cdot d\vec{A} = \frac{q}{R^2}\lim_{\Delta A\to 0}\sum \Delta A = \frac{q}{R^2}\cdot \text{Área da esfera}$$

$$= \frac{q}{R^2}\left(4\pi R^2\right) = 4\pi q.$$

Este resultado é conhecido como lei de Gauss.

Em vez de usar somas de Riemann, muitas vezes escrevemos $d\vec{A} = \vec{n}\,dA$ como no exemplo seguinte.

Exemplo 5: Suponha que S é a superfície de um cubo limitado pelo seis planos $x = \pm 1$, $y = \pm 1$, $z = \pm 1$. Calcule o fluxo do campo elétrico $\vec{E}$ do exemplo anterior através de S, para fora.

Solução: Basta calcular o fluxo de $\vec{E}$ através de uma única face, digamos a face superior S_1 definida por $z = 1$, onde $-1 \le x \le 1$, $-1 \le y \le 1$. Por simetria o fluxo de $\vec{E}$ através das outras cinco faces de S deve ser igual.

Sobre a face superior S_1 temos $d\vec{A} = \vec{k}\,dx\,dy$ e

$$\vec{E}(x,y,1) = q\frac{x\vec{i} + y\vec{j} + \vec{k}}{\left(x^2+y^2+1\right)^{3/2}}.$$

A correspondente integral de fluxo é dada por

$$\int_{S_1} \vec{E}\cdot d\vec{A} = q\int_{-1}^{1}\int_{-1}^{1} \frac{x\vec{i} + y\vec{j} + \vec{k}}{\left(x^2+y^2+1\right)^{3/2}}\cdot\vec{k}\,dx\,dy$$

$$= q\int_{-1}^{1}\int_{-1}^{1} \frac{1}{\left(x^2+y^2+1\right)^{3/2}}dx\,dy.$$

Calculando esta integral numericamente vê-se que

$$\text{Fluxo através da face superior} = \int_{S_1} \vec{E}\cdot d\vec{A} \approx 2{,}0944q.$$

Assim

$$\text{Fluxo total de } \vec{E} \text{ para fora do cubo}$$

$$= \int_S \vec{E}\cdot d\vec{A} \approx 6\left(2{,}0944q\right) = 12{,}5664q.$$

O Exemplo 4 nesta página mostrou que o fluxo de $\vec{E}$ através da esfera de raio R centrada na origem é $4\pi q$. Como $4\pi \approx 12{,}5664$, o Exemplo 5 sugere que

$$\text{Fluxo total de } \vec{E} \text{ para fora do cubo} = 4\pi q.$$

Calculando exatamente a integral de fluxo no Exemplo 5 pode-se verificar que o fluxo de $\vec{E}$ através do cubo e da esfera são exatamente iguais. Quando chegarmos ao Teorema da divergência no Capítulo 20 veremos porque isto ocorre.

Notas sobre orientação

Duas dificuldades podem surgir na escolha de uma orientação. A primeira é que se a superfície não for lisa ela pode não ter um vetor normal em cada ponto. Por exemplo, um cubo não tem um vetor normal ao longo de suas arestas. Quando temos uma superfície , como o cubo, formada por um número finito de pedaços lisos, escolhemos uma orientação para cada pedaço separadamente. A melhor maneira de fazer isto usualmente é clara. Por exemplo, no cubo podemos escolher a orientação para fora em cada face. (Ver Figura 9.14)

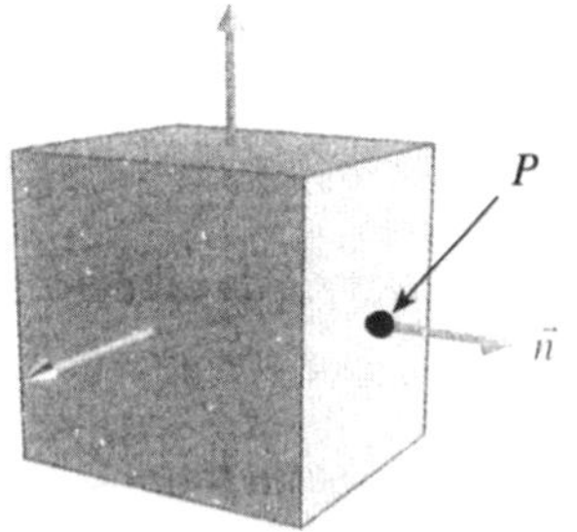

Figura 9.14
O campo de vetores de orientação $\vec{n}$ sobre a superfície do cubo determinada pela escolha do vetor normal unitário no ponto P.

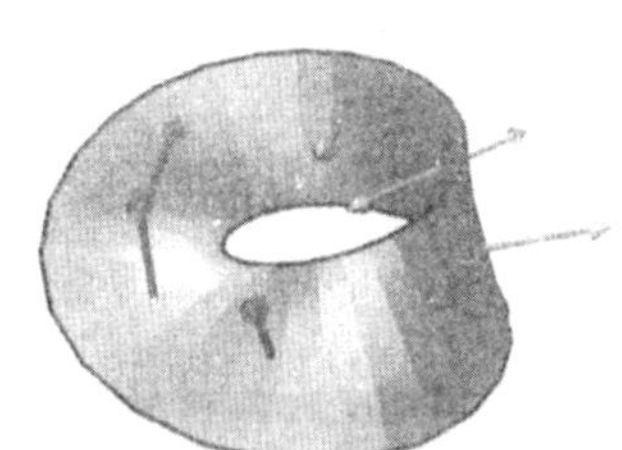

Figura 9.15
A faixa de Möbius é um exemplo de superfície não orientável.

A segunda dificuldade é que existem algumas superfícies que não podem ser orientadas de modo algum, tais como a *faixa de Möbius* na Figura 9.15.

Problemas para a Seção 9.1

1 Seja $\vec{F}(x,y,z)=z\vec{i}$. Para cada uma das superfícies em a)–e) diga se o fluxo de $\vec{F}$ através da superfície é positivo, negativo ou zero. Em cada caso, a orientação da superfície é indicada pelo vetor normal dado.

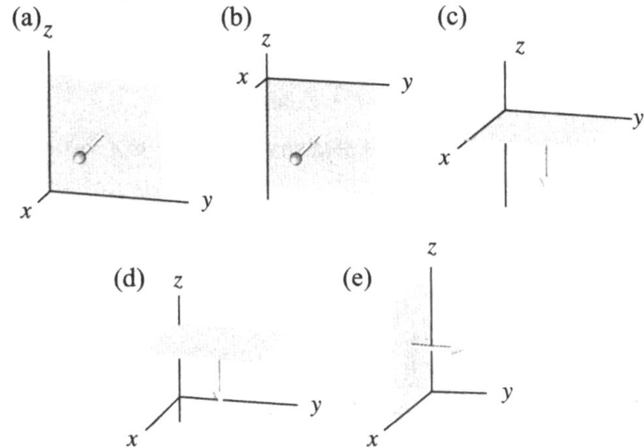

2 Repita o Problema 1 com $\vec{F}(x,y,z)=-z\vec{i}+x\vec{k}$.

3 Repita o Problema 1 com o campo de vetores $\vec{F}(\vec{r})=\vec{r}$.

4 Coloque as seguintes integrais de fluxo

$$\int_{S_i} \vec{F}\cdot d\vec{A},$$

com $i=1,2,3,4$ em ordem crescente se $\vec{F}=-\vec{i}-\vec{j}+\vec{k}$ e S_i são as superfícies seguintes:

- S_1 é um quadrado horizontal de lado 1 com um vértice em (0, 0, 2), acima do primeiro quadrante do plano-xy, orientado para cima.
- S_2 é um quadrado horizontal de lado 1 com vértice em (0, 0, 3), sobre o terceiro quadrante do plano-xy, orientado para cima.
- S_3 é um quadrado de lado $\sqrt{2}$ no plano-xz com um vértice na origem, um lado ao longo do eixo-x positivo, um ao longo do eixo-z negativo, orientado na direção y negativo.
- S_4 é um quadrado de lado $\sqrt{2}$ com um vértice na origem, um lado ao longo do eixo-y positivo, um vértice em (1, 0, 1), orientado para cima.

5 Calcule o fluxo do campo de vetores $\vec{v}=2\vec{i}+3\vec{j}+5\vec{k}$ através de cada uma das regiões em a)–d), supondo cada uma orientada como é mostrado.

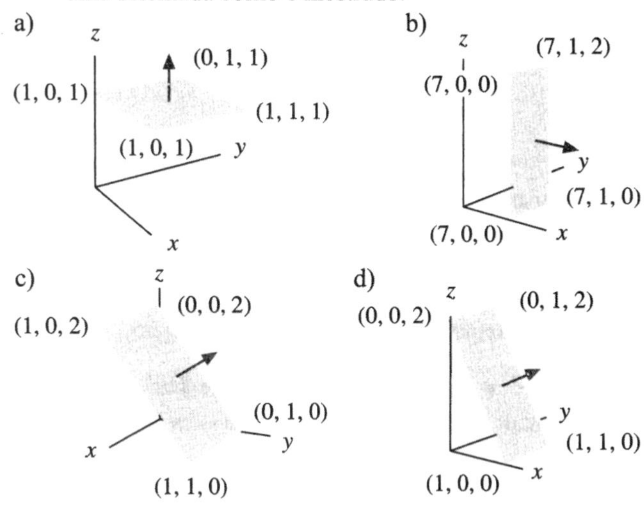

6 A Figura 9.16 mostra uma seção do campo magnético da Terra. Diga se o fluxo magnético através de uma placa horizontal, orientada para o céu, é positivo, negativo ou zero se a placa está

a) No pólo norte b) No pólo sul c) Sobre o equador

[Nota: pode supor que os pólos magnético e geográfico da Terra coincidem.]

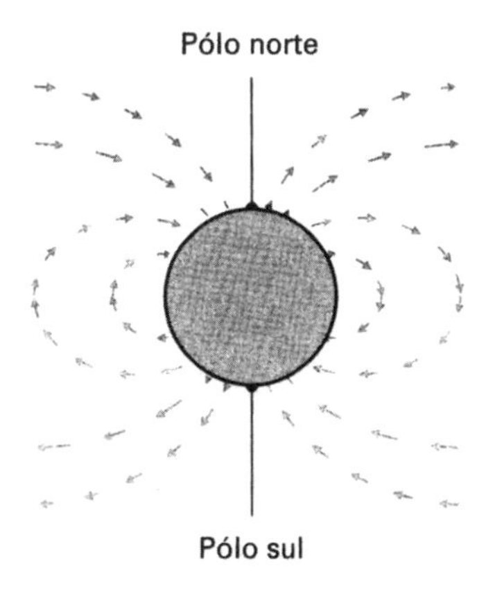

Figura 9.16

7 a) O que acha que deva ser o fluxo elétrico através da superfície cilíndrica colocada como mostra a Figura 9.17 no campo elétrico constante mostrado ali ?
b) E se o cilindro é colocado em pé, como mostra a Figura 9.18 ? Explique.

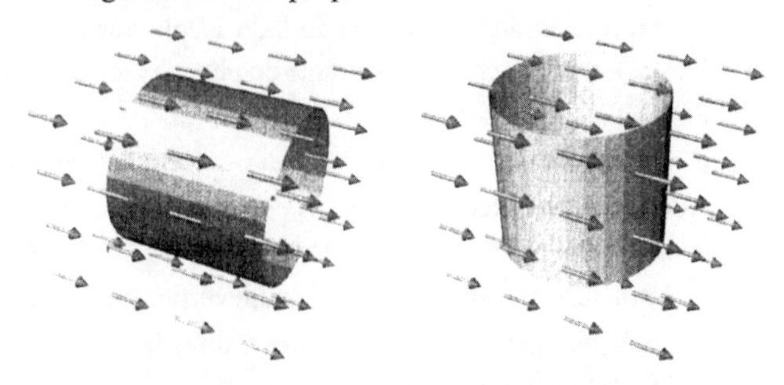

Figura 9.17 **Figura 9.18**

Para os Problemas 8–14 calcule a integral de fluxo do campo de vetores dado através da superfície dada S.

8 $\vec{F} = 2\vec{i}$ e S é um disco de raio 2 sobre o plano $x + y + z = 2$ orientado para cima.

9 $\vec{F} = -y\vec{i} + x\vec{j}$ e S é a placa quadrada no plano-yz com vértices em (0, 1, 1), (0, –1, 1), (0, 1, –1) e (0, –1, –1) orientado na direção-z positiva.

10 $\vec{F} = -y\vec{i} + x\vec{j}$ e S é o disco no plano-xy de raio 2, orientado para cima e com centro na origem.

11 $\vec{F} = \vec{r}$ e S é o disco de raio 2 paralelo ao plano-xy orientado para cima e com centro em (0, 0, 2).

12 $\vec{F} = (2 - x)\vec{i}$ e S é o cubo cujos vértices incluem os pontos (0, 0, 0), (3, 0, 0), (0, 3, 0), (0, 0, 3) e orientado para fora.

13 $\vec{F} = (x^2 + y^2)\vec{i} + xy\vec{j}$ e S é o quadrado no plano-xy com vértices em (1, 1, 0),(-1, 1, 0), (1, -1, 0), (-1, -1, 0) e orientado para cima.

14 $\vec{F} = \vec{r}/r^2$ e S é a esfera de raio R centrada na origem, orientada para fora.

15 Seja S o cubo com aresta de comprimento 2, faces paralelas aos planos coordenados e centrado na origem.
a) Calcule o fluxo total do campo de vetores constante $\vec{v} = -\vec{i} + 2\vec{j} + \vec{k}$ para fora de S calculando o fluxo sobre cada face separadamente.
b) Calcule o fluxo para fora de S de qualquer campo constante $\vec{v} = a\vec{i} + b\vec{j} + c\vec{k}$.
c) Suas respostas em a) e b) fazem sentido? Explique.

16 Seja S o tetraedro com vértices na origem e em (1, 0, 0), (0, 1, 0) e (0, 0, 1).
a) Calcule o fluxo total do campo de vetores constante $\vec{v} = -\vec{i} + 2\vec{j} + \vec{k}$ para fora de S calculando o fluxo sobre cada face separadamente.
b) Calcule o fluxo para fora de S na parte a) para qualquer campo de vetores constante $\vec{v}$.
c) Suas respostas nas partes a) e b) fazem sentido ? Explique.

17 Suponha que o eixo-z carrega uma densidade de carga elétrica constante de λ unidades de carga por unidade de comprimento, com $\lambda > 0$, e que $\vec{E}$ é o campo elétrico resultante.

a) Esboce o campo elétrico $\vec{E}$ no plano-xy, dado que

$$\vec{E}(x,y,z) = 2\lambda \frac{x\vec{i} + y\vec{j}}{x^2 + y^2}.$$

b) Calcule o fluxo de $\vec{E}$ para fora através do cilindro $x^2 + y^2 = R^2$, para $0 \leq z \leq h$.

18 Explique porque se $\vec{F}$ tem norma constante sobre S e é sempre normal a S e tem a direção da orientação então

$$\int_S \vec{F} \cdot d\vec{A} = \|\vec{F}\| \cdot \text{Área de } S.$$

19 Seja $P(x, y, z)$ a pressão no ponto (x, y, z) num fluido. Seja $\vec{F}(x, y, z) = P(x, y, z)\vec{k}$. Seja S a superfície de um corpo submerso no fluido. Se S é orientada para dentro, mostre que $\int_S \vec{F} \cdot d\vec{A}$ é a força de flutuação sobre o corpo, isto é, a força para cima sobre o corpo devida à pressão do fluido que o rodeia. Sugestão: $\vec{F} \cdot d\vec{A} = P(x, y, z)\vec{k} \cdot d\vec{A} = (P(x, y, z)d\vec{A}) \cdot \vec{k}$.

20 Considere a função $\rho(x, y, z)$ que dá a densidade de carga elétrica em pontos do espaço. O campo de vetores $\vec{J}(x, y, z)$ dá a densidade de corrente elétrica em qualquer ponto do espaço e é definido de modo que a corrente através de uma pequena área $d\vec{A}$ é dada por

Corrente através de pequena área $\approx \vec{J} \cdot d\vec{A}$.

Suponha que S é uma superfície fechada envolvendo um volume W.
a) O que representam as integrais seguintes, em termos de eletricidade ?

(i) $\int_W \rho dV$ (ii) $\int_S \vec{J} \cdot d\vec{A}$

b) Usando o fato de a corrente elétrica através de uma superfície ser a taxa à qual carga elétrica passa através da superfície, explique porque

$$\int_S \vec{J} \cdot d\vec{A} = -\frac{\partial}{\partial t}\left(\int_W \rho dV\right).$$

21 Um fluido escorre ao longo de um tubo cilíndrico de raio a na direção $\vec{i}$. A velocidade do fluido à distância radial $\vec{r}$ do centro do tubo é $\vec{v} = u\,(1 - r^2/a^2)\ \vec{i}$.

a) Qual o significado da constante u ?

b) Qual é a velocidade do fluido junto à superfície do tubo ?

c) Ache o fluxo através de uma seção circular do tubo.

22 Suponha que uma região do 3-espaço tem uma temperatura que varia de ponto a ponto. Seja $T(x, y, z)$ a temperatura num ponto (x, y, z). A lei de resfriamento de Newton diz que grad T é proporcional ao campo vetorial $\vec{F}$ da corrente de calor, onde $\vec{F}$ aponta na direção em que o calor flui e tem norma igual à taxa de corrente de calor.

a) Suponha que $\vec{F} = k$ grad T para alguma constante k. Qual é o sinal de k ?

b) Explique porque esta forma da lei de resfriamento de Newton faz sentido.

c) Seja W uma região do espaço limitada pela superfície S. Explique porque.

$$\begin{array}{l}\text{Taxa de perda}\\ \text{de calor de W}\end{array} = k\int_S (\text{grad } T)\, d\vec{A}.$$

23 Este problema investiga o comportamento do campo elétrico produzido por um fio reto, infinitamente longo, uniformemente carregado. (Não há corrente passando pelo fio–todas as cargas são fixas.) Supor que o fio é infinitamente longo significa que podemos supor que o campo elétrico é normal a todo cilindro que tenha o fio como eixo, e que a norma do campo é constante sobre qualquer cilindro destes. Denote por E_r a norma do campo elétrico devido ao fio sobre um cilindro de raio r. (Ver Figura 9.19.)

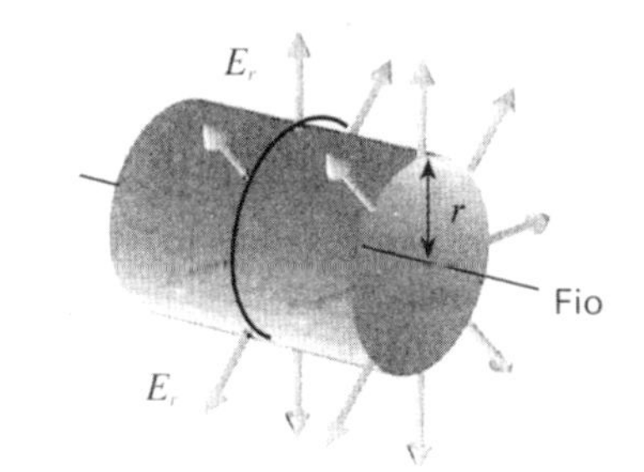

Figura 9.19

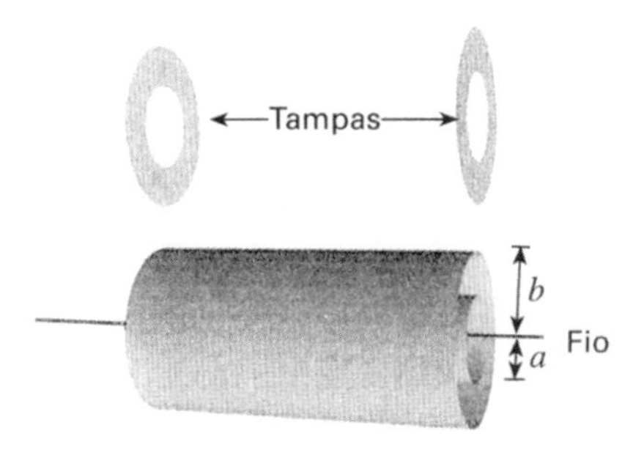

Figura 9.20

Imagine uma superfície fechada S formada de dois cilindros, um de raio a e outro de raio maior b, ambos coaxiais com o fio, e duas tampas nas extremidades. (Ver Figura 9.20.) Note que a orientação para fora de S significa que uma normal ao cilindro de fora aponta para longe do fio e uma normal ao cilindro de dentro aponta na direção do fio.

a) Explique porque o fluxo de $\vec{E}$, o campo elétrico, através das tampas é 0.

b) A Lei de Gauss diz que o fluxo de um campo elétrico através de uma superfície fechada S é proporcional à quantidade de carga elétrica dentro de S. Explique porque a lei de Gauss implica que o fluxo através do cilindro menor é igual ao fluxo através do cilindro exterior. (Note que a carga no fio *não* está dentro da superfície S.)

c) Use a parte b) para mostrar que $E_b/E_a = a/b$.

d) Explique porque a parte c) mostra que a intensidade do campo devido a um fio infinitamente longo e uniformemente carregado é proporcional a $1/r$.

24 Considere uma lâmina plana infinita uniformemente coberta de carga. Como no caso do fio no Problema 23, a simetria mostra que o campo elétrico $\vec{E}$ é perpendicular à lâmina e tem a mesma norma em todos os pontos equidistantes da lâmina. Use a lei de Gauss (descrita no Problema 23) para explicar porque o campo devido à lâmina carregada é o mesmo em todos os pontos do espaço fora da lâmina, de qualquer lado dado da lâmina. [Sugestão: Considere o fluxo através da caixa com faces paralelas à lâmina mostrada na Figura 9.21.]

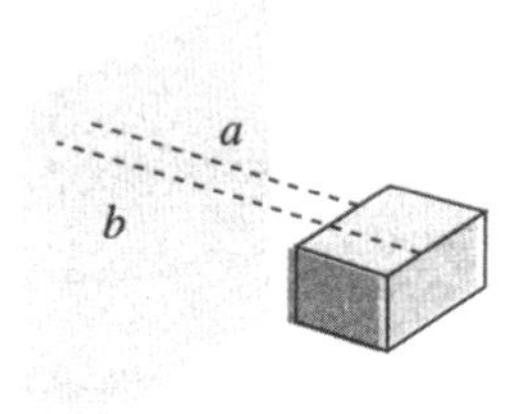

Figura 9.21

9.2 - INTEGRAIS DE FLUXO PARA GRÁFICOS, CILINDROS E ESFERAS

Na Seção 9.1 calculamos integrais de fluxo em certos casos simples. Nesta seção veremos como calcular o fluxo através de superfícies que são gráficos de funções, através de cilindros e através de esferas. Na Seção 9.3 veremos como calcular o fluxo através de superfícies mais gerais.

Fluxo de um campo de vetores através do gráfico de $z = f(x, y)$

Suponha que S é o gráfico de uma função diferenciável $z =$

$f(x, y)$, orientada para cima, e que $\vec{F}$ é um campo de vetores liso. Na Seção 9.1 subdividimos a superfície em pequenos pedaços com vetor de área $\Delta\vec{A}$ e definimos o fluxo de $\vec{F}$ através de S como segue:

$$\int_S \vec{F}\cdot d\vec{A} = \lim_{\|\Delta\vec{A}\|\to 0}\sum \vec{F}\cdot\Delta\vec{A}.$$

Como dividimos s em pequenos pedaços? Um modo é usar as seções de f com x ou y constante e tomar os retalhos na representação numa moldura de arame da superfície. Assim devemos calcular o vetor área de um destes retalhos, que é aproximadamente um paralelogramo.

O vetor de área de um retalho em forma de paralelogramo

Pela definição geométrica do produto vetorial na página 49 o vetor $\vec{v}\times\vec{w}$ tem norma igual à área do paralelogramos formado por $\vec{v}$ e $\vec{w}$ e direção perpendicular a este paralelogramo e determinada pela regra da mão direita. Assim temos

Vetor de área do paralelogramo = $\vec{A} = \vec{v}\times\vec{w}$.

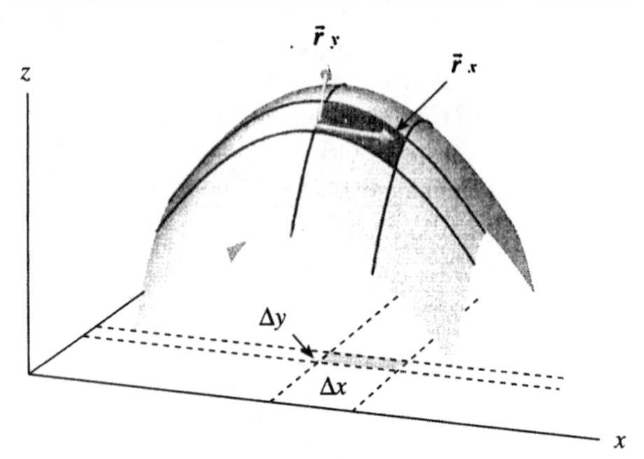

Figura 9.22: Superfície mostrando retângulo de parâmetros e os vetores tangentes $\vec{r}_x$ e $\vec{r}_y$

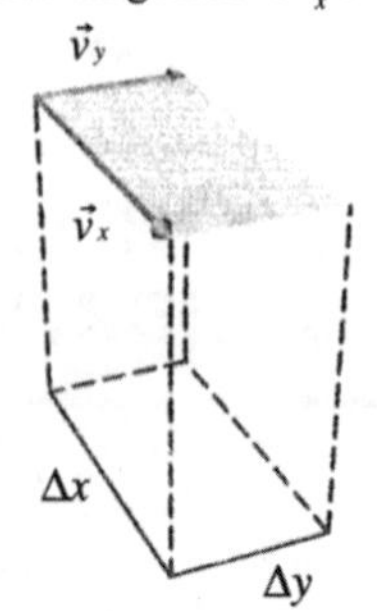

Figura 9.23: Retalho em forma de paralelogramo no plano tangente à superfície

Considere o retalho de superfície sobre a região retangular com lados Δx e Δy no plano-xy mostrado na Figura 9.22. Aproximamos o vetor de área $\Delta\vec{A}$ deste retalho pelo vetor de área do correspondente retalho no plano tangente à superfície. Ver Figura 9.23. Este retalho é o paralelogramo determinado pelo vetores $\vec{v}_x$ e $\vec{v}_y$ de modo que seu vetor de área é dado por

$$\Delta\vec{A} \approx \vec{v}_x\times\vec{v}_y.$$

Para achar $\vec{v}_x$ e $\vec{v}_y$ observe que um ponto da superfície tem vetor de posição $\vec{r} = x\vec{i} + y\vec{j} + f(x, y)\vec{k}$. Assim uma seção de S com y constante tem vetor tangente

$$\vec{r}_x = \frac{\partial\vec{r}}{\partial x} = \vec{i} + f_x\vec{k}$$

e uma seção com x constante tem vetor tangente

$$\vec{r} = \frac{\partial\vec{r}}{\partial y} = \vec{j} + f_y\vec{k}$$

Os vetores $\vec{r}_x$ e $\vec{v}_x$ são paralelos porque são ambos tangentes à superfície e estão no plano-xz. Como a componente-x de $\vec{r}_x$ é $\vec{i}$ e a componente-x de $\vec{v}_x$ é $(\Delta x)\vec{i}$, temos $\vec{v}_x = (\Delta x)\,\vec{r}_x$. Analogamente temos $\vec{v}_y = (\Delta y)\,\vec{r}_y$. Assim o vetor de área, apontado para cima, do paralelogramo é

$$\Delta\vec{A} \approx \vec{v}_x\times\vec{v}_y = \left(\vec{r}_x\times\vec{r}_y\right)\Delta x\Delta y = \left(-f_x\vec{i} - f_y\vec{j} + \vec{k}\right)\Delta x\Delta y$$

Esta é nossa aproximação para o vetor de área $\Delta\vec{A}$ sobre a superfície. Substituindo $\Delta\vec{A}$, Δx e Δy por $d\vec{A}$, dx e dy escrevemos

$$d\vec{A} = (-f_x\vec{i} - f_y\vec{j} + \vec{k})\,dx\,dy.$$

O fluxo de $\vec{F}$ através de uma superfície dada por um gráfico de $z = f(x, y)$

Suponha que a superfície S é a parte do gráfico de $z = f(x, y)$ sobre a região R do plano-xy, e suponha S orientada para cima. O fluxo de $\vec{F}$ através de S é

$$\int_S \vec{F}\cdot d\vec{A} = \int_R \vec{F}\left(x, y, f(x, y)\right)\cdot\left(-f_x\vec{i} - f_y\vec{j} + \vec{k}\right)dxdy.$$

Exemplo 1: Calcule $\int_S \vec{F}\cdot d\vec{A}$, onde $\vec{F}(x, y, z) = z\vec{k}$ e S é a placa retangular com vértices (0, 0, 0), (1, 0, 0),0, 1, 3), (1, 1, 3), orientada para cima.

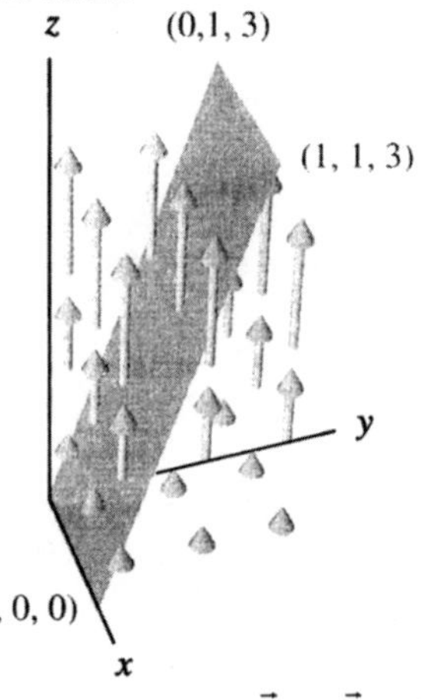

Figura 9.24: O campo de vetores $\vec{F} = z\vec{k}$ sobre a superfície retangular S

Solução: Achamos a equação para o plano S na forma $z = f(x, y)$. Como f é linear com inclinação-x igual a 0 e inclinação-y igual a 3, e $f(0, 0) = 0$ temos

$$z = f(x, y) = 0 + 0x + 3y = 3y.$$

Assim temos

$$= \left(-3\vec{j} + \vec{k}\right) dxdy.$$

A integral de fluxo portanto é

$$\int_S \vec{F}.d\vec{A} = \int_0^1\int_0^1 3y\vec{k}\cdot\left(-3\vec{j}+\vec{k}\right)dxdy = \int_0^1\int_0^1 3ydxdy = 1,5.$$

Fluxo de um campo de vetores através de uma superfície cilíndrica

Considere o cilindro de raio R centrado no eixo-z ilustrado na Figura 9.25 e orientado para longe do eixo-z. O pequeno retalho de superfície, ou retangulo paramétrico, na Figura 9.26 tem área dada por

$$\Delta A \approx R\ \Delta\theta\ \Delta z.$$

O vetor normal unitário orientado para fora $\vec{n}$ tem a direção de $x\vec{i} + y\vec{j}$ de modo que

$$\vec{n} = \frac{x\vec{i} + y\vec{j}}{\left\|x\vec{i} + y\vec{j}\right\|} = \frac{R\cos\theta\,\vec{i} + R\mathrm{sen}\theta\,\vec{j}}{R} = \cos\theta\vec{i} + \mathrm{sen}\theta\vec{j}.$$

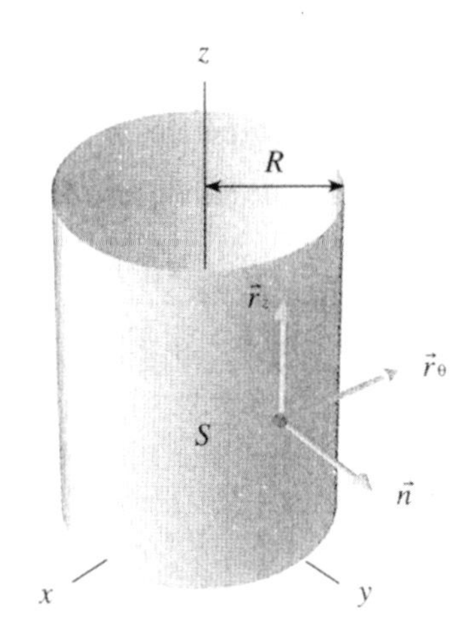

Figura 9.25: Cilindro orientado para fora

Portanto o vetor de área do retângulo paramétrico é aproximado por

$$\Delta\vec{A} = \vec{n}\,\Delta A \approx (\cos\theta\,\vec{i} + \mathrm{sen}\,\theta\,\vec{j}\,)\,R\,\Delta z\,\Delta\theta.$$

Substituindo $\Delta\vec{A}$, Δz e $\Delta\theta$ por $d\vec{A}$, dz e $d\theta$, escrevemos

$$d\vec{A} = (\cos\theta\,\vec{i} + \mathrm{sen}\,\theta\,\vec{j}\,)\,R\,dz\,d\theta.$$

Isto dá o seguinte resultado:

O fluxo de um campo de vetores através de um cilindro

O fluxo de $\vec{F}$ através da superfície cilíndrica S de raio R e orientada para longe do eixo-z é dado por

$$\int_S \vec{F}\cdot d\vec{A} = \int_T \vec{F}(R,\theta,z)\cdot\left(\cos\theta\vec{i} + \mathrm{sen}\theta\vec{j}\right)Rdzd\theta,$$

onde T é a região-$\theta\, z$ correspondente a S.

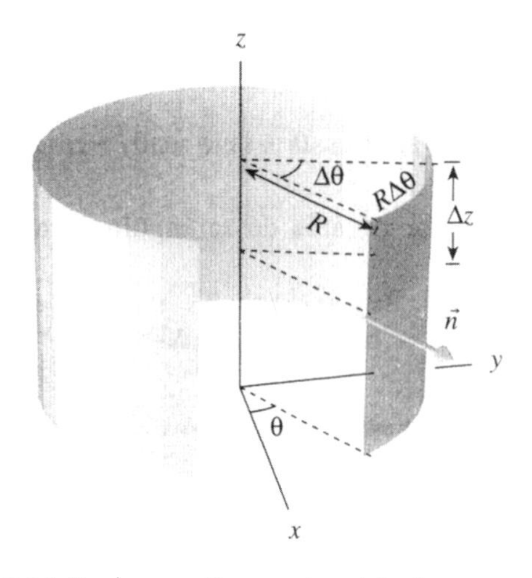

Figura 9.26: Pequeno retalho com área ΔA sobre a superfície do cilindro

Exemplo 2: Calcule $\int_S \vec{F}\cdot d\vec{A}$ onde $\vec{F}\,(x,y,z) = y\vec{j}$ e S é a parte do cilindro de raio 2 centrado no eixo-z com $x \geq 0$, $y \geq 0$ e $0 \leq z \leq 3$. A superfície é orientada na direção para o eixo-z.

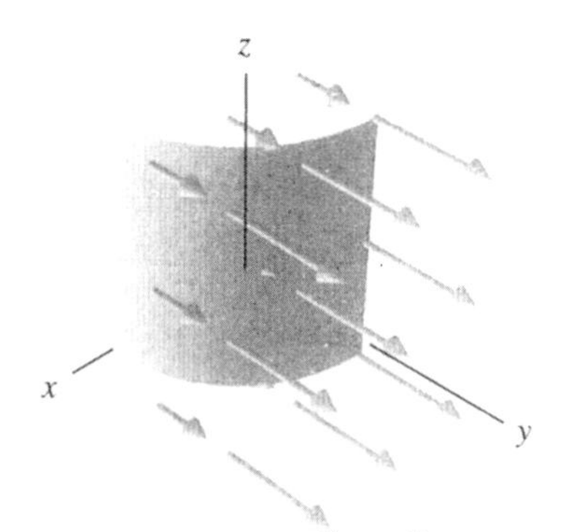

Figura 9.27: O campo de vetores $\vec{F} = y\vec{j}$ sobre a superfície S

Solução: Em coordenadas cilíndricas temos $R = 2$ e $\vec{F} = y\vec{j} = 2\,\mathrm{sen}\theta\,\vec{j}$. Como a orientação de S é na direção para o eixo-z o fluxo através de S é dado por

$$\int_S \vec{F}\cdot d\vec{A} = -\int_T 2\mathrm{sen}\theta\vec{j}\cdot\left(\cos\theta\,\vec{i} + \mathrm{sen}\theta\vec{j}\right)2dzd\theta$$

$$= -4\int_0^{\pi/2}\int_0^3 \operatorname{sen}^2\theta dz d\theta = -3\pi.$$

Fluxo de um campo de vetores sobre uma superfície esférica

Considere o pedaço da esfera de raio R centrada na origem, orientada para fora, ilustrada na Figura 9.28. O pequeno retângulo paramétrico na Figura 9.28 tem área dada por

$$\Delta A \approx R^2 \operatorname{sen}\phi \Delta\phi\Delta\theta.$$

O vetor unitário normal dirigido para fora $\vec{n}$ aponta na direção de $\vec{r} = x\vec{i} + y\vec{j} + z\vec{k}$ de modo que

$$\vec{n} = \frac{\vec{r}}{\|\vec{r}\|} = \operatorname{sen}\phi \cos\theta\vec{i} + \operatorname{sen}\phi \operatorname{sen}\theta\vec{j} + \cos\phi\,\vec{k}.$$

Portanto o vetor de área do retângulo paramétrico é aproximado por

$$\Delta\vec{A} \approx \vec{n}\Delta A = \frac{\vec{r}}{\|\vec{r}\|}\Delta A$$

$$= \left(\operatorname{sen}\phi \cos\theta\vec{i} + \operatorname{sen}\phi \operatorname{sen}\theta\vec{j} + \cos\phi\vec{k}\right)R^2 \operatorname{sen}\phi\, d\phi\, d\theta.$$

Substituindo $\Delta\vec{A}$, $\Delta\phi$ e $\Delta\theta$ por $d\vec{A}$, $d\phi$ e $d\theta$ escrevemos

$$d\vec{A} = \frac{\vec{r}}{\|\vec{r}\|}dA$$

$$= \left(\operatorname{sen}\phi\cos\theta\,\vec{i} + \operatorname{sen}\phi \operatorname{sen}\theta\,\vec{j} + \cos\phi\,\vec{k}\right)R^2 \operatorname{sen}\phi\, d\phi\, d\theta.$$

Assim obtemos o seguinte resultado:

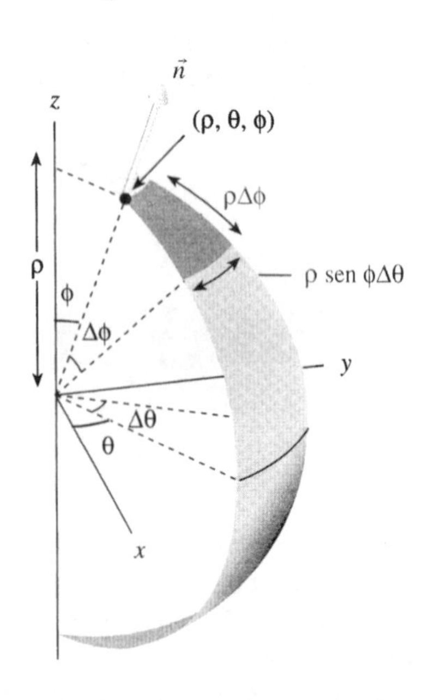

Figura 9.28: Pequeno retalho com área ΔA na superfície da esfera

O fluxo de um campo de vetores através de uma esfera

O fluxo de $\vec{F}$ através da superfície esférica S, com raio R e orientada para longe da origem é dado por

$$\int_S \vec{F}\cdot d\vec{A} = \int_S \vec{F}\cdot\frac{\vec{r}}{\|\vec{r}\|}\,dA = \int_T \vec{F}(R,\theta,\phi).$$

$$\cdot\left(\operatorname{sen}\phi \cos\theta\,\vec{i} + \operatorname{sen}\phi \operatorname{sen}\phi\vec{j} + \cos\phi\,\vec{k}\right)R^2 \operatorname{sen}\phi\, d\phi\, d\theta,$$

onde T é a região-θϕ correspondente a S.

Exemplo 3: Ache o fluxo de $\vec{F} = z\vec{k}$ através de S, o hemisfério superior de raio 2 centrado na origem orientado para fora.

Solução: O hemisfério S é parametrizado por coordenadas esféricas ϕ e θ, com $0 \le \theta \le 2\pi$ e $0 \le \phi \le \pi/2$. Como $R = 2$ e $\vec{F} = z\vec{k} = 2\cos\phi\,\vec{k}$, o fluxo é

$$\int_S \vec{F}\cdot d\vec{A} =$$

$$\int_S 2\cos\phi\vec{k}\cdot\left(\operatorname{sen}\phi\cos\theta\,\vec{i} + \operatorname{sen}\phi \operatorname{sen}\theta\,\vec{j} + \cos\phi\,\vec{k}\right)4\operatorname{sen}\phi\, d\phi\, d\theta$$

$$= \int_0^{2\pi}\int_0^{\pi/2} 8\operatorname{sen}\phi\cos^2\phi\, d\phi\, d\theta = 2\pi\left(8\left(\frac{-\cos^3\phi}{3}\right)\Bigg|_{\phi=0}^{\pi/2}\right)$$

$$= \frac{16\pi}{3}.$$

Exemplo 4: O campo magnético $\vec{B}$ devido ao *dipolo magnético ideal* $\vec{\mu}$ localizado na origem é definido com sendo

$$\vec{B}(\vec{r}) = -\frac{\vec{u}}{\|\vec{r}\|^3} + \frac{3(\vec{\mu}\cdot\vec{r})\,\vec{r}}{\|\vec{r}\|^5}.$$

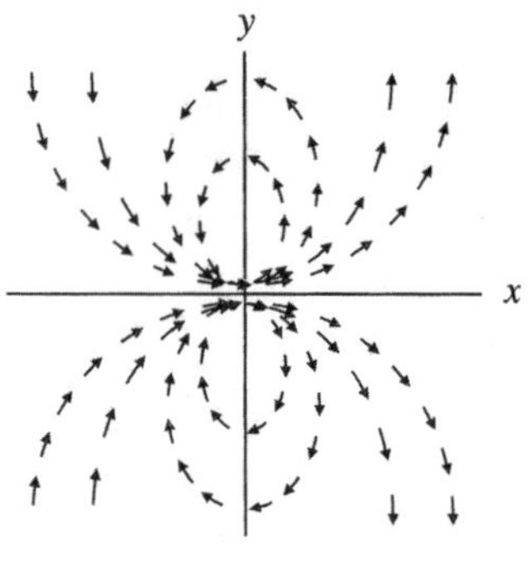

Figura 9.29: O campo magnético de um dipolo $\vec{i}$ na origem

$$\vec{B} = -\frac{-\vec{i}}{\|\vec{r}\|^3} + \frac{3(\vec{i}\cdot\vec{r})\vec{r}}{\|\vec{r}\|^5}.$$

A Figura 9.29 mostra um esboço de $\vec{B}$ no plano $z = 0$ para o dipolo $\vec{\mu} = \vec{i}$. Observe que $\vec{B}$ é semelhante ao campo magnético de um magneto em barra com o pólo norte na ponta do vetor $\vec{i}$ e pólo sul na cauda do vetor $\vec{i}$.

Calcule o fluxo de $\vec{B}$ para fora através da esfera S com centro na origem e raio R.

Solução: Como $\vec{i}\cdot\vec{r} = x$ e $\|\vec{r}\| = R$ sobre a esfera de raio R temos

$$\int_S \vec{B}\cdot d\vec{A} = \int_S\left(-\frac{\vec{i}}{\|\vec{r}\|^3}+\frac{3(\vec{i}\cdot\vec{r})\vec{r}}{\|\vec{r}\|^5}\right)\cdot\frac{\vec{r}}{\|\vec{r}\|}dA$$

$$=\int_S\left(-\frac{\vec{i}\cdot\vec{r}}{\|\vec{r}\|^4}+\frac{3(\vec{i}\cdot\vec{r})\|\vec{r}\|^2}{\|\vec{r}\|^6}\right)dA=\int_S\frac{2\vec{i}\cdot\vec{r}}{\|\vec{r}\|^4}dA$$

$$=\int_S\frac{2x}{\|\vec{r}\|^4}dA=\frac{2}{R^4}\int_S xdA,$$

Mas a esfera S tem centro na origem. Assim a contribuição para a integral de cada valor positivo de x é cancelada pelo correspondente valor negativo de x; assim $\int_S xdA = 0$.

Portanto

$$\int_S \vec{B}\cdot d\vec{A}=\frac{2}{R^4}\int_S xdA=0.$$

Problemas para a Seção 9.2

Nos Problemas 1–12 calcule o fluxo do campo de vetores $\vec{F}$ através da superfície S.

1 $\vec{F} = (x-y)\vec{i} + z\vec{j} + 3x\vec{k}$ e S é a parte do plano $z = x + y$ acima do retângulo $0 \le x \le 2$, $0 \le y \le 3$, orientado para cima.

2 $\vec{F} = \vec{r}$ e S é a parte do plano $x + y + z = 1$ acima do retângulo $0 \le x \le 2$, $0 \le y \le 3$, orientado para cima.

3 $\vec{F} = \vec{r}$ e S é a parte da superfície $z = x^2 + y^2$ acima do disco $x^2 + y^2 \le 1$ orientada para baixo.

4 $\vec{F}(x, y, z) = 2x\vec{j} + y\vec{k}$ e S é a parte da superfície $z = -y + 1$ acima do quadrado $0 \le x \le 1$, $0 \le y \le 1$, orientada para cima.

5 $\vec{F} = 3x\vec{i} + y\vec{j} + z\vec{k}$ e S é a parte da superfície $z = -2x - 4y + 1$ acima do triângulo R no plano-xy com vértices $(0, 0)$, $(0, 2)$ e $(1, 0)$ orientada para cima.

6 $\vec{F} = x\vec{i} + y\vec{j}$ e S é a parte da superfície $z = 25 - (x^2 + y^2)$ acima do disco de raio 5 centrado na origem, orientada para cima.

7 $\vec{F} = \cos(x^2 + y^2)\vec{k}$ e S como no Problema 6.

8 $\vec{F} = -y\vec{j} + z\vec{k}$ e S é a parte da superfície $z = y^2 + 5$ sobre o retângulo $-2 \le x \le 1$, $0 \le y \le 1$, orientada para cima.

9 $\vec{F}(x, y, z) = -xz\vec{i} - yz\vec{j} + z^2\vec{k}$ e S é o cone $z = \sqrt{x^2 + y^2}$ para $0 \le z \le 6$, orientado para cima.

10 $\vec{F} = y\vec{i} + \vec{j} - xz\vec{k}$ e S é a superfície $y = x^2 + y^2$ com $x^2 + y^2$ com ≤ 1, orientada na direção-y positiva.

11 $\vec{F} = xz\vec{i} + y\vec{k}$ e S é o hemisfério $x^2 + y^2 + z^2 = 9$, $z \ge 0$, orientado para cima.

12 $\vec{F} = x^2\vec{i} + y^2\vec{j} + z^2\vec{k}$ e S é a superfície triangular orientada mostrada na Figura 9.30.

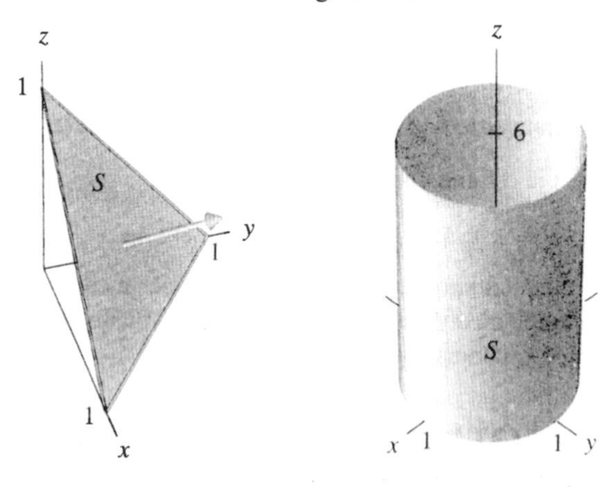

Figura 9.30 **Figura 9.31**

Nos Problemas 13–14 calcule o fluxo do campo de vetores $\vec{F}$ através da superfície cilíndrica mostrada na Figura 9.31, orientada para longe do eixo-z.

13 $\vec{F} = x\vec{i} + y\vec{j}$ **14** $\vec{F} = xz\vec{i} + yz\vec{j} + z^3\vec{k}$

Nos Problemas 15–16 calcule o fluxo do campo de vetores $\vec{F}$ através da superfície esférica S dada.

15 $\vec{F} = z^2\vec{k}$ e S é o hemisfério superior da esfera $x^2 + y^2 + z^2 = 25$ orientada para longe da origem.

16 $\vec{F} = x\vec{i} + \vec{j} + z\vec{k}$ e S é a superfície da esfera $x^2 + y^2 + z^2 = a^2$ orientada para fora.

Para os Problemas 17–18 uma carga elétrica q é colocada na origem no 3-espaço. O campo elétrico induzido $\vec{E}(\vec{r})$ no ponto com vetor de posição $\vec{r}$ é dado por

$$\vec{E}(\vec{r}) = q\frac{\vec{r}}{\|\vec{r}\|^3},\quad \vec{r} \ne \vec{0}.$$

17 Seja S o cilindro aberto de altura $2H$ e raio R dado por $x^2 + y^2 = R^2$, $-H \le z \le H$, orientado para fora.

a) Mostre que o fluxo de $\vec{E}$, o campo elétrico, através de S é dado por

$$\int_S \vec{E}\cdot d\vec{A} = 4\pi q\frac{H}{\sqrt{H^2+R^2}}.$$

b) Quais são os limites do fluxo $\int_S \vec{E}\cdot d\vec{A}$ se

(i) $H \to 0$ ou $H \to \infty$ quando R é fixo ?

(ii) $R \to 0$ ou $R \to \infty$ quando H é fixo ?

18 Seja S o cilindro orientado para fora de altura $2H$ e raio R cuja superfície curva é dada por $x^2 + y^2 = R^2$, $-H \le z \le H$, cujo topo é dado por $z = H$, $x^2 + y^2 \le R^2$ e face inferior por $z = -H$, $x^2 + y^2 \leq R^2$. Use o resultado do problema 17 para mostrar que o fluxo do campo elétrico $\vec{E}$ através de S é dado por

$$\int_S \vec{E} \cdot d\vec{A} = 4\pi q.$$

Note que o fluxo é independente tanto da altura H quanto do raio R do cilindro.

19 Calcule o fluxo de

$$\vec{F} = (xze^{yz})\vec{i} + xz\vec{j} + (5 + x^2 + y^2)\vec{k}$$

através do disco $x^2 + y^2 \leq 1$ no plano-xy, orientado para cima.

20 Calcule o fluxo de

$$\vec{H} = (e^{xy} + 3z + 5)\vec{i} + (e^{xy} + 5z + 3)\vec{j} + (3z + e^{xy})\vec{k}$$

através do quadrado de lado 2 com um vértice na origem, um lado ao longo do eixo-y positivo e um lado no plano-xz com $x > 0$, $z > 0$ e a normal $n = \vec{i} - \vec{k}$.

9.3 - NOTAS SOBRE INTEGRAIS DE FLUXO SOBRE SUPERFÍCIES PARAMETRIZADAS

A maioria das integrais de fluxo que temos probabilidade de encontrar pode ser calculada usando os métodos das Seções 9.1 e 9.2. Nesta seção vamos considerar brevemente o caso geral: como computar o fluxo de um campo de vetores liso $\vec{F}$ através de uma superfície lisa orientada S, parametrizada por

$$\vec{r} = \vec{r}\,(s, t),$$

para (s, t) em alguma região R do espaço de parâmetros. O método é semelhante ao usado para gráficos na Seção 9.2. Consideramos um retângulo paramétrico na superfície S correspondendo a uma região retangular com lados Δs e Δt no espaço dos parâmetros. (Ver Figura 9.32.)

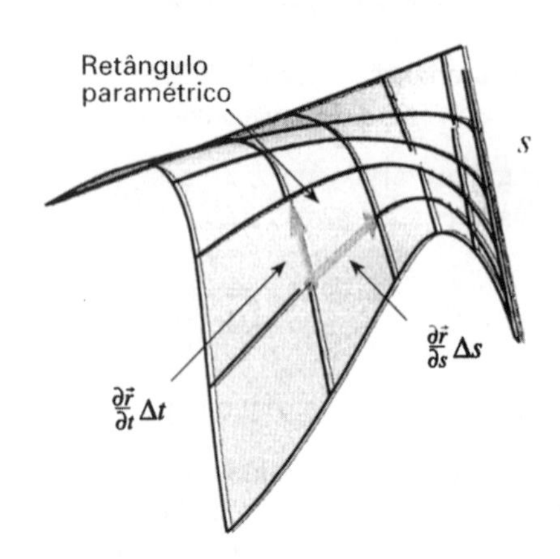

Figura 9.32: Retângulo paramétrico sobre a superfície S correspondendo a

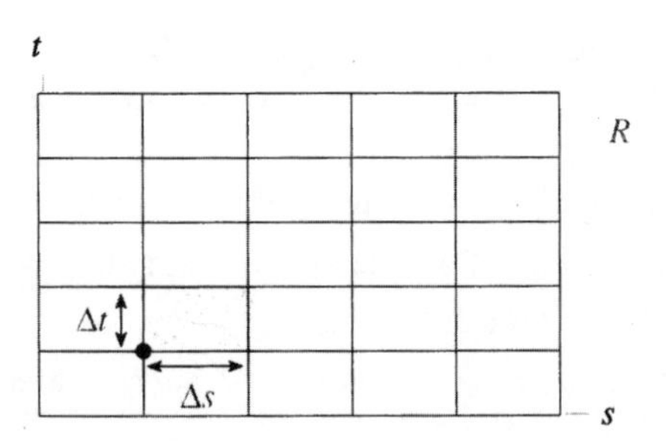

uma pequena região retangular no espaço de parâmetros R

Se Δs e Δt são pequenos o vetor de área $\Delta\vec{A}$ do retalho é aproximadamente o vetor de área do paralelogramo definido pelos vetores

$$\vec{r}(s+\Delta s, t) - \vec{r}(s,t) \approx \frac{\partial \vec{r}}{\partial s}\Delta s, \text{ e}$$

$$\vec{r}(s, t+\Delta t) - \vec{r}(s,t) \approx \frac{\partial \vec{r}}{\partial t}\Delta t$$

Assim

$$\Delta\vec{A} \approx \frac{\partial \vec{r}}{\partial s} \times \frac{\partial \vec{r}}{\partial t}\Delta s \Delta t.$$

Supomos que o vetor $\partial\vec{r}/\partial s \times \partial\vec{r}/\partial t$ nunca se anula e aponta na direção do vetor normal unitário de orientação $\vec{n}$. Se o vetor $\partial\vec{r}/\partial s \times \partial\vec{r}/\partial t$ aponta na direção oposta à de $\vec{n}$, invertemos a ordem do produto vetorial. Substituindo $\Delta\vec{A}$, Δs e Δt por $d\vec{A}$, ds e dt, escrevemos

$$d\vec{A} = \left(\frac{\partial \vec{r}}{\partial s} \times \frac{\partial \vec{r}}{\partial t}\right) ds\,dt.$$

O fluxo de um campo de vetores através de uma superfície parametrizada

O fluxo de um campo de vetores liso $\vec{F}$ através de uma superfície orientada lisa parametrizada por $\vec{r} = \vec{r}\,(s, t)$, onde (s, t) varia numa região paramétrica R, é dado por

$$\int_S \vec{F} \cdot d\vec{A} = \int_R \vec{F}(\vec{r}(s,t)) \cdot \left(\frac{\partial \vec{r}}{\partial s} \times \frac{\partial \vec{r}}{\partial t}\right) ds\,dt.$$

Escolhemos a parametrização de modo que $\partial\vec{r}/\partial s \times \partial\vec{r}/\partial t$ nunca se anule e aponte na direção de $\vec{n}$ em toda parte.

Exemplo 1: Ache o fluxo do campo de vetores $\vec{F} = x\vec{i} + y\vec{j}$ através da superfície S orientada para baixo e dada por $x = 2s$, $y = s + t$, $z = 1 + s - t$, onde $0 \leq s \leq 1$, $0 \leq t \leq 1$.

Solução: Como S é parametrizada por

$$\vec{r}\,(s, t) = 2s\vec{i} + (s\ t)\,\vec{j} + (1 + s - t)\vec{k},$$

temos

$$\frac{\partial \vec{r}}{\partial s} = 2\vec{i} + \vec{j} + \vec{k} \text{ e } \frac{\partial r}{\partial t} = \vec{j} - \vec{k},$$

de modo que

$$\frac{\partial \vec{r}}{\partial s} \times \frac{\partial \vec{r}}{\partial t} = \begin{vmatrix} \vec{i} & \vec{j} & \vec{k} \\ 2 & 1 & 1 \\ 0 & 1 & -1 \end{vmatrix} = -2\vec{i} + 2\vec{j} + 2\vec{k}.$$

Como o vetor $-2\vec{i} + 2\vec{j} + 2\vec{k}$ aponta para cima, usamos $2\vec{i} - 2\vec{j} - 2\vec{k}$ para a orientação para baixo. Assim a integral de fluxo é dada por

$$\int_S \vec{F} \cdot d\vec{A} = \int_0^1 \int_0^1 \left(2s\vec{i} + (s+t)\vec{j}\right) \cdot \left(2\vec{i} - 2\vec{j} - 2\vec{k}\right) dsdt$$

$$= \int_0^1 \int_0^1 (4s - 2s - 2t)\, dsdt = \int_0^1 \int_0^1 (2s - 2t)\, dsdt$$

$$= \int_0^1 \left(s^2 - 2st \Big|_{s=0}^{s=1} \right) dt = \int_0^1 (1 - 2t)\, dt = t - t^2 \Big|_0^1 = 0$$

Área de uma superfície parametrizada

A área ΔA de um pequeno retângulo parametrizado é a norma de seu vetor de área $\Delta \vec{A}$. Portanto

$$\text{Área de } S = \sum \Delta A = \sum \left\|\Delta \vec{A}\right\| \approx \sum \left\| \frac{\partial \vec{r}}{\partial s} \times \frac{\partial \vec{r}}{\partial t} \right\| \Delta s \Delta t.$$

Passando ao limite quando a área dos retângulos paramétricos tende a zero somos levados à seguinte expressão para a área de S.

> **A área de uma superfície parametrizada**
>
> A área da superfície S parametrizada por $\vec{r} = \vec{r}(s, t)$, onde (s, t) varia numa região paramétrica R, e dada por
>
> $$\int_S dA = \int_R \left\| \frac{\partial \vec{r}}{\partial s} \times \frac{\partial \vec{r}}{\partial t} \right\| dsdt.$$

Exemplo 2: Calcule a área da esfera de raio a .

Solução: Tomamos a esfera S de raio a centrada na origem e parametrizamos com as coordenadas esféricas ϕ e θ . A parametrização é

$x = a \text{ sen } \phi \cos \theta$, $y = a \text{ sen } \phi \text{ sen } \theta$, $z = a \cos \phi$, para $0 \le \theta \le 2\pi$, $0 \le \phi \le \pi$.

Calculamos

$$\frac{\partial \vec{r}}{\partial \phi} \times \frac{\partial \vec{r}}{\partial \theta} = \left(a\cos\phi\cos\theta\,\vec{i} + a\cos\phi\,\text{sen}\theta\,\vec{j} - a\text{sen}\phi\,\vec{k}\right)$$

$$\times\left(-a\text{sen}\phi\,\text{sen}\,\theta\,\vec{i} + a\text{sen}\phi\,\cos\theta\,\vec{j}\right)$$

$$= a^2\left(\text{sen}^2\phi\cos\theta\,\vec{i} + \text{sen}^2\phi\,\text{sen}\theta\,\vec{j} + \text{sen}\phi\cos\phi\,\vec{k}\right)$$

e assim

$$\left\| \frac{\partial \vec{r}}{\partial \phi} \times \frac{\partial \vec{r}}{\partial \theta} \right\| = a^2 sen\phi.$$

Vemos pois que a área da esfera é dada por

$$\text{Área da superfície} = \int_S dA = \int_R \left\| \frac{\partial \vec{r}}{\partial \phi} \times \frac{\partial \vec{r}}{\partial \theta} \right\| d\phi d\theta$$

$$= \int_{\phi=0}^{\pi} \int_{\theta=0}^{2\pi} a^2 \text{sen } \phi \, d\theta \, d\phi = 4\pi a^2.$$

Problemas para a Seção 9.3

Nos Problemas 1–5 calcule o fluxo do campo de vetores $\vec{F}$ através da superfície parametrizada S.

1 $\vec{F} = z\vec{k}$ e S é orientada para o eixo-z e dada por $x = s + t$, $y = s - t$, $z = s^2 + t^2$, $0 \le s \le 1$, $0 \le t \le 1$.

2 $\vec{F} = y\vec{i} + x\vec{j}$ e S, orientada para longe do eixo-z, é dada por $x = 3 \text{ sen } s$, $y = 3 \cos s$, $z = t + 1$, $0 \le s \le \pi$, $0 \le t \le 1$.

3 $\vec{F} = z\vec{i} + x\vec{j}$ e S é orientada para cima e dada por $x = s^2$, $y = 2s + t^2$, $z = 5t$, $0 \le s \le 1$, $1 \le t \le 3$.

4 $\vec{F} = \frac{2}{x}\vec{i} + \frac{2}{y}\vec{j}$ e S é orientada para cima e parametrizada por a e θ , onde $x = a \cos \theta$, $y = a \text{ sen } \theta$, $z + \text{sen } a^2$, $1 \le a \le 3$, $0 \le \theta \le \pi$.

5 $\vec{F} = x^2 y^2 z\vec{k}$ e S é o cone $\sqrt{x^2 + y^2} = z$, com $0 \le z \le R$, orientado para baixo. Parametrize o cone usando coordenadas cilíndricas. (Ver Figura 9.33.)

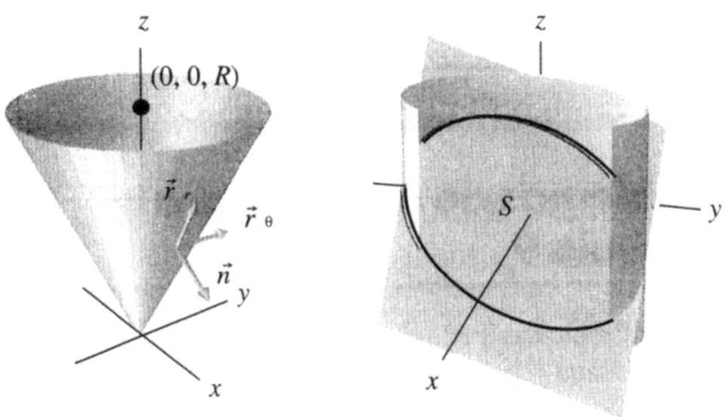

Figura 9.33 **Figura 9.34**

6 Ache a área da elipse S sobre o plano $2x + y + z = 2$ cortada pelo cilindro circular $x^2 + y^2 = 2x$. (Ver Figura 9.34.)

7 Calcule $\int_S \vec{F} \cdot d\vec{A}$, onde $\vec{F} = (bx/a)\vec{i} + (ay/b)\vec{j}$ e S é o cilindro elítico orientado para longe do eixo-z e dado por $x^2/a^2 + y^2/b^2 = 1, |z| \leq c$, onde a, b, c são constantes positivas.

8 Considere a superfície S formada girando o gráfico de $y = f(x)$ em torno do eixo-x entre $x = a$ e $x = b$. Suponha $f(x) \geq 0$ para $a \leq x \leq b$. Mostre que a área de S é

$$2\pi \int_a^b f(x)\sqrt{1 + f'(x)^2}\, dx.$$

Como observamos na Seção 9.1 o limite que define a integral de fluxo poderia não existir se dividirmos a superfície da maneira errada. Um modo de evitar isto é tomar a fórmula para uma integral de fluxo sobre uma superfície parametrizada que desenvolvemos na Seção 9.3 e usá-la como *definição* da integral de fluxo. Nos Problemas 9-12 exploramos o funcionamento disto.

9 Use uma parametrização para verificar a fórmula para uma integral de fluxo sobre um gráfico na página 232.

10 Use uma parametrização para verificar a fórmula para uma integral de fluxo sobre uma superfície cilíndrica na página 233.

11 Use uma parametrização para verificar a fórmula para uma integral de fluxo sobre a superfície esférica na página 234.

12 Um problema quanto a definir a integral de fluxo usando uma parametrização é que a integral parece depender da escolha da parametrização. Porém o fluxo através de uma superfície não deveria depender de como a superfície é parametrizada. Suponha que a superfície S tem duas parametrizações, $\vec{r} = \vec{r}(s, t)$ para (s, t) numa região R do espaço-st, e também $\vec{r} = r(u, v)$ para (u, v) na região T do espaço-uv, e suponha que as duas parametrizações são relacionadas pela mudança de variáveis.

$$u = u(s, t), \qquad v = v(s, t).$$

Suponha que o determinante jacobiano $\partial(u, v)/\partial(s, t)$ é positivo em cada ponto (s, t) de R. Use a fórmula para mudança de variáveis para integrais duplas na página 152 para mostrar que no cálculo da integral de fluxo obtém-se o mesmo resultado usando qualquer das duas parametrizações.

Problemas de revisão para o Capítulo 9

Para os Problemas 1–2, seja $\vec{F}(\vec{r}) = \vec{r}$ e seja S uma placa quadrada perpendicular ao eixo-z e centrada no eixo-z. Esboce como função do tempo o fluxo de $\vec{F}$ através de S quando S se move da maneira dada.

1 S se move de muito longe acima no eixo-z positivo para muito longe embaixo no eixo-z negativo. Suponha S orientado para cima.

2 S gira em torno de um eixo paralelo ao eixo-x passando pelo centro de S. Suponha que S está muito longe acima no eixo-z de modo que $\vec{r}$ seja aproximadamente constante sobre S quando S gira e que S originalmente está orientado para cima.

3 Repita os Problemas 1–2 com $\vec{F}(\vec{r}) = \vec{r}/r^3$ onde $r = \|\vec{r}\|$.

Para os Problemas 4–7 ache o fluxo do campo de vetores constante $\vec{v} = \vec{i} - \vec{j} + 3\vec{k}$ através das superfícies dadas.

4 Um disco de raio 2 no plano-xy, orientado para cima.

5 Uma placa triangular de área 4 no plano-yz orientada na direção-x positiva.

6 Uma placa quadrada de área 4 no plano-yz orientada na direção-x positiva.

7 A placa triangular com vértices $(1, 0, 0), (0, 1, 0), (0, 0, 1)$, orientada para longe da origem.

Nos Problemas 8–15 calcule o fluxo do campo de vetores dado F através da superfície S dada.

8 $\vec{F} = x\vec{i} + y\vec{j} + (z^2 + 3)\vec{k}$ e S é o retângulo $z = 4, 0 \leq x \leq 2, 0 \leq y \leq 3$, orientado na direção-$z$ positiva.

9 $\vec{F} = z\vec{i} + y\vec{j} + 2x\vec{k}$ e S é o retângulo $z = 4, 0 \leq x \leq 2, 0 \leq y \leq 3$, orientado na direção-$z$ positiva.

10 $\vec{F} = (x + \cos z)\vec{i} + y\vec{j} + 2x\vec{k}$ e S é o retângulo $x = 2, 0 \leq y \leq 3, 0 \leq z \leq 4$, orientado na direção-$x$ positiva.

11 $\vec{F} = x^2\vec{i} + (x + e^y)\vec{j} - \vec{k}$ e S é o retângulo $y = -1, 0 \leq x \leq 2, 0 \leq z \leq 4$, orientado na direção-$y$ negativa.

12 $\vec{F} = (5 + xy)\vec{i} + z\vec{j} + yz\vec{k}$ e S é a placa quadrada 2×2 no plano-xy centrada na origem, orientada na direção-x positiva.

13 $\vec{F} = x\vec{i} + y\vec{j}$ e S é a superfície de um cilindro fechado de raio 2 e altura 3 centrado no eixo-z com a base no plano-xy.

14 $\vec{F} = -y\vec{i} + x\vec{j} + z\vec{k}$ e S é a superfície de um cilindro fechado de raio 1 centrado no eixo-z com base no plano $z = -1$ e topo no plano $z = 1$.

15 $\vec{F} = x^2\vec{i} + y^2\vec{j} + z\vec{k}$ e S é o cone $z = \sqrt{x^2 + y^2}$, orientado para cima, com $x^2 + y^2 \leq 1, x \geq 0, y \geq 0$.

16 Suponha que água está escorrendo por um tubo cilíndrico de raio 2 cm e que a velocidade escalar é $(3-(3/4)\, r^2)$ cm/seg a uma distância r do centro do tubo. Ache o fluxo através de uma seção circular do tubo, orientada de modo que o fluxo seja positivo.

17 Seja $\vec{E}$ um campo elétrico *uniforme* no 3-espaço, assim $\vec{E}(x, y, z) = a\vec{i} + b\vec{j} + c\vec{k}$ para todos os pontos (x, y, z), onde a, b, c são constantes. Mostre, usando a simetria, que o fluxo de $\vec{E}$ através de cada uma das superfícies fechadas S seguintes é zero:

a) S é o cubo limitado pelo planos $x = \pm 1$, $y = \pm 1$, $z = \pm 1$.

b) S é a esfera $x^2 + y^2 + z^2 = 1$.

c) S é o cilindro limitado por $x^2 + y^2 = 1$, $z = 0$ e $z = 2$.

18 Pela lei de Coulomb o campo eletrostático $\vec{E}$, no ponto com vetor de posição $\vec{r}$ no 3-espaço, $\vec{E}$ devido a uma carga q na origem, é dado por

$$\vec{E}(\vec{r}) = q\frac{\vec{r}}{\|\vec{r}\|^3}.$$

Seja S_a a esfera orientada para fora no 3-espaço de raio $a > 0$ e centro na origem. Mostre que o fluxo do campo elétrico resultante $\vec{E}$ através da superfície S_a é igual a $4\pi q$, para qualquer raio a. Esta é a lei de Gauss para carga num único ponto.

19 Um fio retilíneo infinitamente longo sobre o eixo-z carrega uma corrente elétrica I passando na direção $\vec{k}$. A lei de Ampère na magnetostática diz que a corrente gera um campo magnético $\vec{B}$ dado por

$$\vec{B}(x, y, z) = \frac{I}{2\pi}\frac{-y\vec{i} + x\vec{j}}{x^2 + y^2}.$$

a) Esboce o campo $\vec{B}$ no plano-xy.

b) Suponha que S_1 é um disco com centro em $(0, 0, h)$, raio a, e paralelo ao plano-xy, orientado na direção $\vec{k}$. Qual é o fluxo de $\vec{B}$ através de S_1? Sua resposta é razoável?

c) Suponha que S_2 é o retângulo dado por $x = 0$, $a \leq y \leq b$, $0 \leq z \leq h$, e orientado na direção $-\vec{i}$. Qual é o fluxo de $\vec{B}$ através de S_2? Sua resposta parece razoável?

20 Um *dipolo elétrico ideal* na eletrostática é caracterizado por sua posição no 3-espaço e pelo vetor momento do dipolo $\vec{p}$. O campo elétrico $\vec{D}$, no ponto cujo vetor de posição é $\vec{r}$, de um dipolo elétrico ideal localizado na origem, com momento $\vec{p}$, é dado por

$$\vec{D}(\vec{r}) = 3\frac{(\vec{r}\cdot\vec{p})\vec{r}}{\|\vec{r}\|^5} - \frac{\vec{p}}{\|\vec{r}\|^3}.$$

Suponha $\vec{p} = p\vec{k}$, de modo que o dipolo aponta na direção $\vec{k}$ e tem norma p.

a) Qual é o fluxo de $\vec{D}$ através de uma esfera S com centro na origem e raio $a > 0$?

b) O campo $\vec{D}$ é uma aproximação útil do campo elétrico $\vec{E}$ produzido por " duas cargas iguais e opostas " q em $\vec{r}_2$ e $-q$ em $\vec{r}_1$, em que a distância $\|\vec{r}_2 - \vec{r}_1\|$ é pequena. O momento de dipolo desta configuração de cargas é definido como sendo $q(\vec{r}_2 - \vec{r}_1)$. A lei de Gauss na eletrostática diz que o fluxo de $\vec{E}$ através de S é igual a 4π vezes a carga total dentro de S. Qual é o fluxo de $\vec{E}$ através de S se as cargas $\vec{r}_1$ e $\vec{r}_2$ estão dentro de S? Como se compara isto com sua resposta para o fluxo de $\vec{D}$ através de S se $\vec{p} = q(\vec{r}_2 - \vec{r}_1)$?

10

CÁLCULO DE CAMPOS DE VETORES

Vimos duas maneiras de integrar campos de vetores em dimensão três: ao longo de curvas e sobre superfícies. Agora olhamos duas maneiras de diferenciá-los. Se olharmos o campo de vetores como o campo de velocidades da correnteza de uma fluido, então um modo de derivar (a divergência) nos fala sobre a intensidade do fluir de um ponto, o outro método (o rotacional) nos fala de intensidade de rotação em torno de um ponto. Cada uma destas maneiras se ajusta a uma das maneiras de integrar para fornecer um análogo vetorial do Teorema Fundamental do Cálculo: o teorema da divergência relaciona a divergência com o fluxo e o teorema de Stokes relaciona o rotacional com a circulação em torno de um caminho fechado.

10.1 - A DIVERGÊNCIA DE UM CAMPO DE VETORES

Imagine que os campos de vetores nas Figuras 10.1 e 10.2 são campos de vetores velocidade descrevendo o movimento de um fluido.* A Figura 10.1 sugere movimento a partir da origem; por exemplo, poderia representar a nuvem de matéria em expansão na teoria do "big bang" da origem do universo. Dizemos que a origem é uma *fonte*. A Figura 10.2 sugere movimento para dentro da origem; neste caso dizemos que a origem é um *poço*.

Nesta seção usaremos o fluxo para fora de uma superfície fechada que rodeia um ponto para medir a saída por unidade de volume aí, também chamada *divergência* ou *densidade de fluxo* (ou *divergente*).

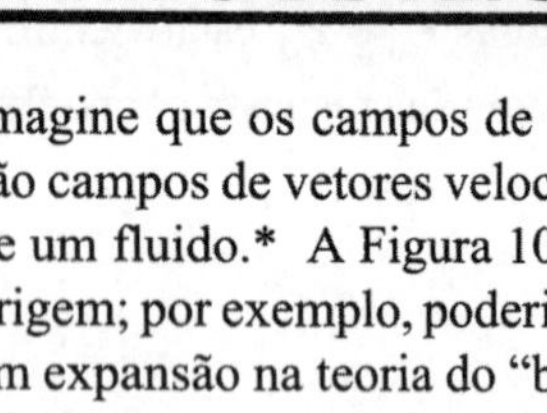

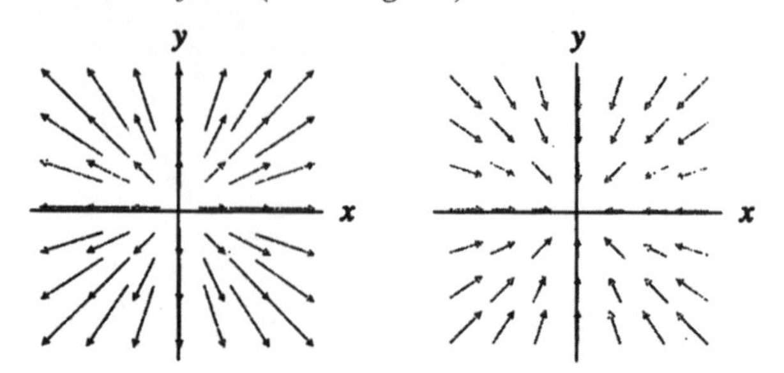

Figura 10.1: Campo de vetores mostrando uma fonte

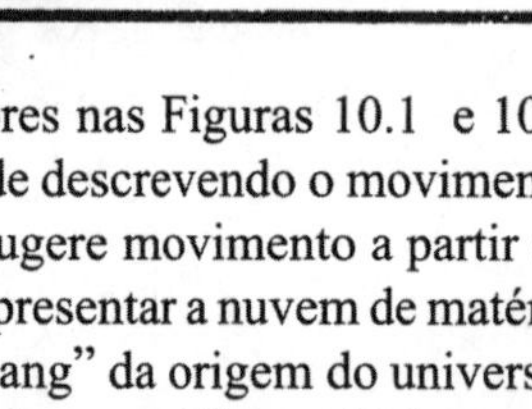

Figura 10.2: Campo de vetores mostrando um poço

* Embora nem todos os campo de vetores representem movimentos de fluidos fisicamente realísticos é útil pensar neles desta forma.

Definição da divergência

Para medir a saída por unidade de volume de um campo de vetores num ponto calculamos o fluxo para fora de uma pequena esfera centrada no ponto, dividimos pelo volume cercado pela esfera e passamos ao limite desta razão de fluxo para volume quando a esfera se contrai ao ponto.

Definição geométrica da divergência

A **divergência** ou **densidade de fluxo** de um campo de vetores liso $\vec{F}$, escrita **div** $\vec{F}$, é uma função a valores escalares definida por

$$\operatorname{div}\vec{F}(x,y,z) = \lim_{\text{Volume}\to 0} \frac{\int_S \vec{F}\cdot d\vec{A}}{\text{Volume de } S}.$$

Aqui S é uma esfera centrada em (x, y, z), orientada para fora, que se contrai a (x, y, z) no limite.

O limite pode ser calculado usando outras formas também, tais como os cubos no Exemplo 2. O Problema 2 na página 266 explica porque isto se justifica.

Definição em coordenadas cartesianas da divergência

Se $\vec{F} = F_1\vec{i} + F_2\vec{j} + F_3\vec{k}$ então

$$\text{div}\vec{F} = \frac{\partial F_1}{\partial x} + \frac{\partial F_2}{\partial y} + \frac{\partial F_3}{\partial z}.$$

Exemplo 1: Calcule a divergência de $\vec{F}(\vec{r}) = \vec{r}$ na origem

a) Usando a definição geométrica.
b) Usando a definição em coordenadas cartesianas.

Solução: a) No Exemplo 4 na página 228 achamos o fluxo de $\vec{F}$ para fora da esfera de raio a centrada na origem, igual a $4\pi a^3$. Assim

$$\text{div}\vec{F}(0,0,0) = \lim_{a\to 0}\frac{\text{Fluxo}}{\text{Volume}} = \lim_{a\to 0}\frac{4\pi a^3}{\frac{4}{3}\pi a^3} = \lim_{a\to 0} 3 = 3.$$

b) Em coordenadas $\vec{F}(x, y, z) = x\vec{i} + y\vec{j} + z\vec{k}$ de modo que

$$\text{div}\vec{F} = \frac{\partial}{\partial x}(x) + \frac{\partial}{\partial y}(y) + \frac{\partial}{\partial z}(z) = 1 + 1 + 1 = 3.$$

O exemplo seguinte mostra que a divergência pode ser negativa se há entrada líquida no ponto.

Exemplo 2: a) Usando a definição geométrica ache a divergência de $\vec{v} = -x\vec{i}$ em i) (0, 0, 0) ii) (2, 2, 0).
b) Confirme que a definição por coordenadas dá os mesmos resultados.

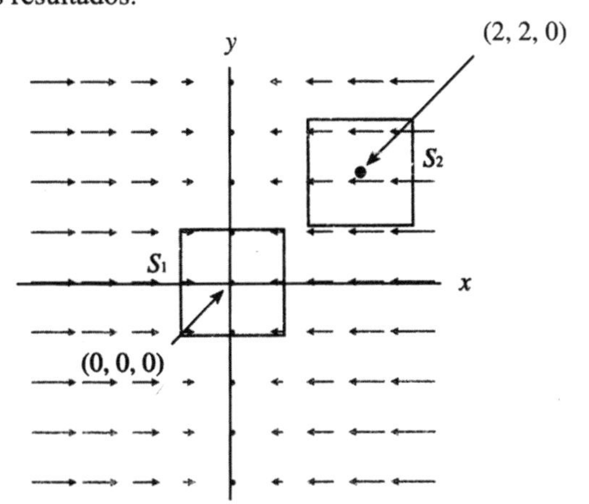

Figura 10.3: Campo de vetores $\vec{v} = -x\vec{i}$

Solução: a) (i) O campo de vetores $\vec{v} = -x\vec{i}$ é paralelo ao eixo-x como mostra a Figura 10.3. Para calcular a densidade de fluxo usamos um cubo S_1 centrado na origem com arestas paralelas aos eixos-y e z é zero (porque o campo de vetores é paralelo a essas faces). Sobre as faces perpendiculares ao eixo-x o campo de vetores e a normal para fora são paralelos mas de sentidos opostos. Sobre a face em $x = c$ temos

$$\vec{v}\cdot\Delta\vec{A} = -c\|\Delta\vec{A}\|$$

Sobre a face em $x = -c$ o produto escalar é ainda negativo e

$$\vec{v}\cdot\Delta\vec{A} = -c\|\Delta\vec{A}\|$$

Portanto o fluxo através do cubo é dado por

$$\int_{S_1}\vec{v}\cdot d\vec{A} = \int_{\text{Face } x=-c}\vec{v}\cdot d\vec{A} + \int_{\text{Face } x=c}\vec{v}\cdot d\vec{A}$$

$$= -c\cdot \text{Área de uma face} + (-c)\cdot \text{Área da outra face}$$

$$= -2c(2c)^2 = -8c^3.$$

Assim,

$$\text{div}\,\vec{v}(0,0,0) = \lim_{\text{Volume}\to 0}\frac{\int_S \vec{v}\cdot d\vec{A}}{\text{Volume do cubo}} = \lim_{c\to 0}\left(\frac{-8c^3}{(2c)^3}\right) = -1.$$

Como o campo de vetores aponta para dentro, em direção ao plano-yz, faz sentido que a divergência seja negativa na origem.

(ii) Tome S_2 como sendo o cubo como antes, mas agora centrado no ponto (2, 2, 0). Ver Figura 10.3. Como antes o fluxo através das faces perpendiculares aos eixos-y e z é zero. Sobre a face em $x = 2 + c$,

$$\vec{v}\cdot\Delta\vec{A} = (2+c)\|\Delta\vec{A}\|.$$

Sobre a face em $x = 2 - c$ com normal para fora o produto escalar é positivo e

$$\vec{v}\cdot\Delta\vec{A} = (2+c)\|\Delta\vec{A}\|.$$

Portanto o fluxo através do cubo é dado por

$$\int_{S_2}\vec{v}\cdot d\vec{A} = \int_{\text{Face } x=2-c}\vec{v}\cdot d\vec{A} + \int_{\text{Face } x=2+c}\vec{v}\cdot d\vec{A}$$

$$= (2-c)\cdot \text{Área de uma face} - (2+c)\cdot \text{Äŕea da outra face}$$

Então, como antes,

$$\text{div}\,\vec{v}(2,2,0) = \lim_{\text{Volume}\to 0}\frac{\int_S \vec{v}\cdot d\vec{A}}{\text{Volume do cubo}} = \lim_{c\to 0}\left(\frac{-8c^3}{(2c)^3}\right) = -1.$$

Embora o campo de vetores esteja fluindo para longe do ponto (2, 2, 0) na esquerda, esta saída é menor em magnitude que a entrada à direita, de modo que a saída líquida é negativa.

b) Como $\vec{v} = -x\vec{i} + 0\vec{j} + 0\vec{k}$ a fórmula dá

$$\text{div}\,\vec{v} = \frac{\partial}{\partial x}(-x) + \frac{\partial}{\partial y}(0) + \frac{\partial}{\partial z}(0) = -1 + 0 + 0 = -1.$$

Porque as duas definições de divergência dão o mesmo resultado ?

A definição geométrica caracteriza div $\vec{F}$ como a densidade de fluxo de $\vec{F}$. Para ver porque a definição por coordenadas dá também a densidade de fluxo imagine calcular o fluxo para fora de uma superfície com a forma de uma pequena caixa em (x_0, y_0, z_0), com lados de comprimentos Δx, Δy, Δz paralelos aos eixos. Sobre S_1 (a face de trás da caixa mostrada na Figura 10.4, em que $x = x_0$), a normal externa é na direcão-x negativa de modo que $d\vec{A} = -\,dy\,dz\,\vec{i}$. Supondo que $\vec{F}$ é aproximadamente constante sobre S_1 temos

$$\int_{S_1} \vec{F}.d\vec{A} = \int_{S_1} \vec{F}.(-\vec{i})dydz \approx -F_1(x_0,y_0,z_0)\int_{S_1} dydz$$
$$= F_1\,(x_0, y_0, z_0)\,.\,\text{Área de } S_1 = -F_1(x_0, y_0, z_0)\,\Delta y\Delta z.$$

Sobre S_2, a face em que $x = x_0 + \Delta x$, a normal para fora aponta na direção de x positivo de modo que $d\vec{A} = dy\,dz\,\vec{i}$. Portanto

$$\int_{S_2} \vec{F}\cdot d\vec{A} = \int_{S_2} \vec{F}\cdot\vec{i}\,dydz \approx F_1\left(x_0 + \Delta x, y_0, z_0\right)\int_{S_2} dydz$$

$$= F_1(x_0 + \Delta x, y_0, z_0)\,.\,\text{Área de } S_2 = F_1(x_0 + \Delta x, y_0, z_0)\,\Delta y\Delta z.$$

Assim

$$\int_{S_1} \vec{F}\cdot d\vec{A} + \int_{S_2} \vec{F}\cdot d\vec{A} \approx F_1\left(x_0 + \Delta x, y_0, z_0\right)\Delta y\Delta z$$

$$-F_1\left(x_0, y_0, z_0\right)\Delta y\Delta z$$

$$= \frac{F_1\left(x_0 + \Delta x, y_0, z_0\right) - F_1\left(x_0, y_0, z_0\right)}{\Delta x}\Delta x\Delta y\Delta z$$

$$\approx \frac{\partial F_1}{\partial x}\Delta x\Delta y\Delta z.$$

Por argumento análogo a contribuição ao fluxo de S_3 e S_4 (as faces perpendiculares ao eixo-y) é aproximadamente

$$\frac{\partial F_2}{\partial y}\Delta x\Delta y\Delta z,$$

e a contribuição ao fluxo de S_5 e S_6 é aproximadamente

$$\frac{\partial F_3}{\partial z}\Delta x\Delta y\Delta z,$$

Somando estas contribuições temos

$$\text{Fluxo total através de } S$$
$$\approx \frac{\partial F_1}{\partial x}\Delta x\Delta y\Delta z + \frac{\partial F_2}{\partial y}\Delta x\Delta y\Delta z + \frac{\partial F_3}{\partial z}\Delta x\Delta y\Delta z.$$

Como o volume da caixa é $\Delta x\ \Delta y\ \Delta z$ a densidade de fluxo é

$$\frac{\text{Fluxo total através de S}}{\text{Volume da caixa}}$$

$$\approx \frac{\frac{\partial F_1}{\partial x}\Delta x\Delta y\Delta z + \frac{\partial F_2}{\partial y}\Delta x\Delta y\Delta z + \frac{\partial F_3}{\partial z}\Delta x\Delta y\Delta z}{\Delta x\Delta y\Delta z}$$

$$= \frac{\partial F_1}{\partial x} + \frac{\partial F_2}{\partial y} + \frac{\partial F_3}{\partial z}.$$

O Problema 2 da página 266 dá uma justificativa mais detalhada do fato de as duas definições darem o mesmo resultado.

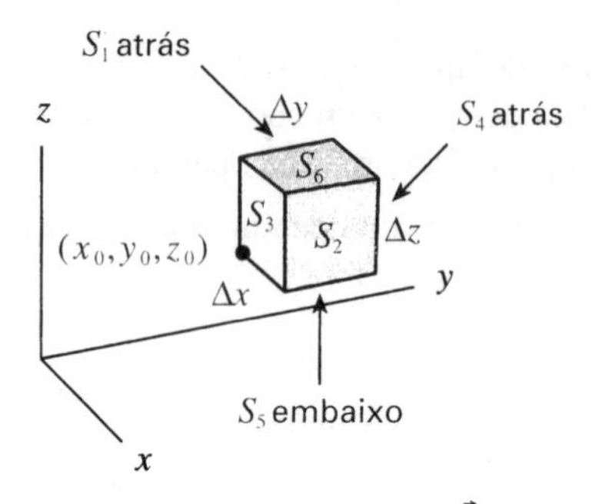

Figura 10.4: Caixa usada para achar div $\vec{F}$ em (x_0, y_0, z_0)

Campos de vetores livres de divergência

Dizemos que um campo de vetores $\vec{F}$ é *livre de divergência* ou *solenoidal* se div $\vec{F} = 0$ em todo ponto em que $\vec{F}$ esteja definido.

Exemplo 3: A figura 10.5 mostra, para três valores da constante p, o campo de vetores

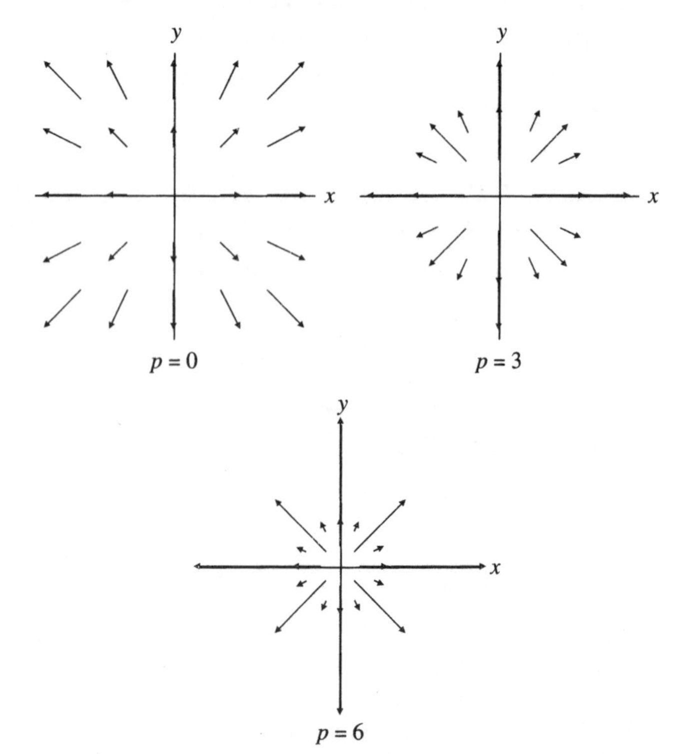

Figura 10.5: O campo de vetores $\vec{E}(\vec{r}) = \vec{r}/\|\vec{r}\|^p$ para $p = 0$, 3 e 6

$$\vec{E} = \frac{\vec{r}}{\|\vec{r}\|^p} \quad \vec{r} \neq \vec{0}.$$

a) Ache uma fórmula para div $\vec{E}$.
b) Existe um valor de p para o qual $\vec{E}$ seja livre de divergência ? Se sim, ache-o.

Solução: a) As componentes de $\vec{E}$ são

$$\vec{E} = \frac{x}{(x^2+y^2+z^2)^{p/2}}\vec{i} + \frac{y}{(x^2+y^2+z^2)^{p/2}}\vec{j}$$

$$+ \frac{z}{(x^2+y^2+z^2)^{p/2}}\vec{k}.$$

Calculamos as derivadas parciais

$$\frac{\partial}{\partial x}\left(\frac{x}{(x^2+y^2+z^2)^{p/2}}\right) = \frac{1}{(x^2+y^2+z^2)^{p/2}}$$

$$-\frac{px^2}{(x^2+y^2+z^2)^{(p/2)+1}}$$

$$\frac{\partial}{\partial y}\left(\frac{y}{(x^2+y^2+z^2)^{p/2}}\right) = \frac{1}{(x^2+y^2+z^2)^{p/2}}$$

$$-\frac{py^2}{(x^2+y^2+z^2)^{(p/2)+1}}$$

$$\frac{\partial}{\partial z}\left(\frac{z}{(x^2+y^2+z^2)^{p/2}}\right) = \frac{1}{(x^7+y^2+z^2)^{p/2}}$$

$$-\frac{pz^2}{(x^2+y^2+z^2)^{(p/2)+1}}.$$

Assim

$$\text{div}\,\vec{E} = \frac{3}{(x^2+y^2+z^2)^{p/2}} - \frac{p(x^2+y^2+z^2)}{(x^2+y^2+z^2)^{(p/2)+1}}$$

$$= \frac{3-p}{(x^2+y^2+z^2)^{p/2}} = \frac{3-p}{\|\vec{r}\|^p}.$$

b) A divergência é zero quando $p = 3$, de modo que $F(\vec{r}) = \vec{r}/\|\vec{r}\|^3$ é campo de vetores livre de divergência.

Campos magnéticos

Uma classe importante de campos de vetores livres de divergência é a dos campos magnéticos. Uma das leis de Maxwell do eletromagnetismo diz que o campo magnético $\vec{B}$ satisfaz

$$\text{div}\,\vec{B} = 0.$$

Exemplo 4: Um laço de corrente infinitesimal, semelhante ao mostrado na Figura 10.6, é chamado um *dipolo magnético*. Sua norma é descrita por um vetor constante $\vec{\mu}$ chamado momento do dipolo. O campo magnético devido ao dipolo magnético com momento $\vec{\mu}$ é

$$\vec{B} = -\frac{\vec{\mu}}{\|\vec{r}\|^3} + \frac{3(\vec{\mu}\cdot\vec{r})\vec{r}}{\|\vec{r}\|^5}, \quad \vec{r} \neq \vec{0}.$$

Mostre que div $\vec{B} = 0$.

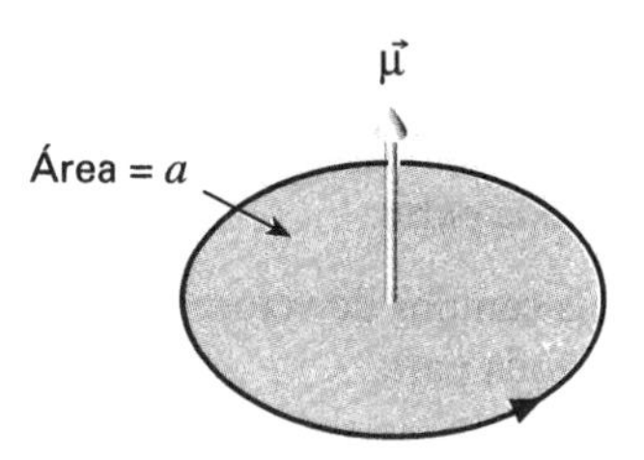

Figura 10.6: Um laço de corrente

Solução: Para mostrar que div $\vec{B} = 0$ podemos usar a seguinte versão da regra do produto para a divergência: se g é uma função escalar e $\vec{F}$ um campo de vetores então

$$\text{div}\,(g\vec{F}) = (\text{grad}\,g)\vec{F} + g\,\text{div}\vec{F}\ .$$

(Ver Problema 12 na página seguinte.) Assim, como div $\vec{\mu} =$ 0 temos

$$\text{div}\left(\frac{\vec{\mu}}{\|\vec{r}\|^3}\right) = \text{div}\left(\frac{1}{\|\vec{r}\|^3}\vec{\mu}\right) = \text{grad}\left(\frac{1}{\|\vec{r}\|^3}\right).\,\vec{\mu} + \frac{1}{\|\vec{r}\|^3}\,.\,0$$

e

Dos Problemas 18 e 19 da página 78 e do Exemplo 3 na página anterior temos

$$\text{grad}\left(\frac{1}{\|\vec{r}\|^3}\right) = \frac{-3\vec{r}}{\|\vec{r}\|^5},\ \text{grad}\,(\vec{\mu}\cdot\vec{r}) = \vec{\mu},\ \text{div}\left(\frac{\vec{r}}{\|\vec{r}\|^5}\right) = \frac{-2}{\|\vec{r}\|^5}.$$

Juntando esses resultados vem

$$\text{div}\,\vec{B} = -\text{grad}\left(\frac{1}{\|\vec{r}\|^3}\right)\cdot\vec{\mu} + 3\,\text{grad}\,(\vec{\mu}\cdot\vec{r})\cdot\frac{\vec{r}}{\|\vec{r}\|^5}$$

$$+ 3\,(\vec{\mu}\,.\,\vec{r})\ \text{div}\left(\frac{\vec{r}}{\|\vec{r}\|^5}\right) = \frac{3\vec{r}.\vec{\mu}}{\|\vec{r}\|^5} + \frac{3\vec{\mu}.\vec{r}}{\|\vec{r}\|^5} - \frac{6\vec{\mu}.\vec{r}}{\|\vec{r}\|^5}$$

Notação alternativa para a divergência

Usando $\nabla = \frac{\partial}{\partial x}\vec{i} + \frac{\partial}{\partial y}\vec{j} + \frac{\partial}{\partial z}\vec{k}$ podemos escrever

$$\text{div}\,\vec{F} = \nabla\,.\,\vec{F} = \left(\frac{\partial}{\partial x}\vec{i}\,\frac{\partial}{\partial y}\vec{j} + \frac{\partial}{\partial z}\vec{k}\right)\cdot(F_1\vec{i} + F_2\vec{j} + F_3\vec{k})$$

$$= \frac{\partial F_1}{\partial x} + \frac{\partial F_2}{\partial y} + \frac{\partial F_3}{\partial z}$$

Problemas para a Seção 10.1

1 Desenhe dois campos de vetores que têm divergência positiva em toda parte.

2 Desenhe dois campos de vetores que têm divergência negativa em toda parte.

3 Desenhe dois campos de vetores que têm divergência zero em toda parte.

Nos problemas 4-10 ache a divergência do campo de vetores dado. (Nota: $\vec{r} = x\vec{i} + y\vec{j} + z\vec{k}$.)

4 $\vec{F}(x, y) = -x\vec{i} + y\vec{j}$

5 $\vec{F}(x, y) = -y\vec{i} + x\vec{j}$

6 $\vec{F}(x, y) = (x^2 - y^2)\,\vec{i} + 2xy\vec{j}$

7 $\vec{F}(\vec{r}) = \vec{a}\times\vec{r}$

8 $\vec{F}(x, y) = \dfrac{-y\vec{i} + x\vec{j}}{x^2 + y^2}$

9 $\vec{F}(\vec{r}) = \dfrac{\vec{r} - \vec{r}_0}{\|\vec{r} - \vec{r}_0\|}$, $\vec{r} \neq \vec{r}_0$

10 $\vec{F}(x, y, z) = (-x + y)\,\vec{i} + (y + z)\,\vec{j} + (-z + x)\,\vec{k}$

11 Mostre que se $\vec{a}$ é vetor constante e $f(x, y, z)$ é uma função então $\text{div}(f\vec{a}) = (\text{grad} f)\,.\,\vec{a}$.

12 Mostre que se $g(x, y, z)$ é uma função a valores escalares e $\vec{F}(x, y, z)$ é um campo de vetores então
$\text{div}\,(g\vec{F}) = (\text{grad}\,g)\,.\,\vec{F} + g\,\text{div}\,\vec{F}$.

Nos Problemas 13–15 use o Problema 12 com $\vec{r} = x\vec{i} + y\vec{j} + z\vec{k}$ para achar a divergência do campo de vetores dado.

13 $\vec{F}(\vec{r}) = \dfrac{1}{\|\vec{r}\|^p}\vec{a}\times\vec{r}$

14 $\vec{B} = \dfrac{1}{x^a}\vec{r}$

15 $\vec{G}(\vec{r}) = (\vec{b}\cdot\vec{r})\vec{a}\times\vec{r}$

16 Qual dos dois campos de vetores seguintes tem maior divergência na origem ? Suponha que as escalas são as mesmas nos dois

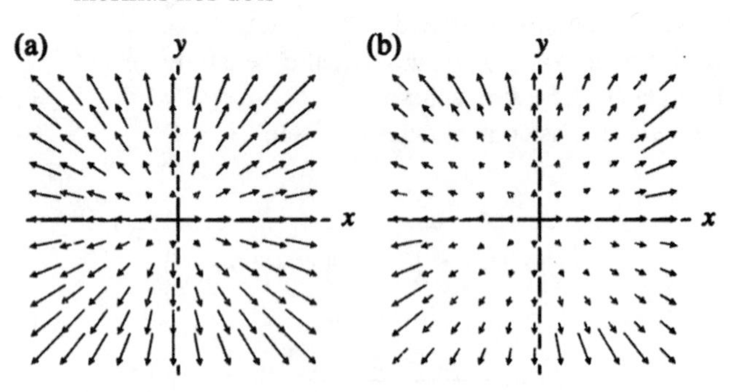

17 Para cada um dos campos de vetores seguintes diga se a divergência é positiva, zero ou negativa no ponto indicado.

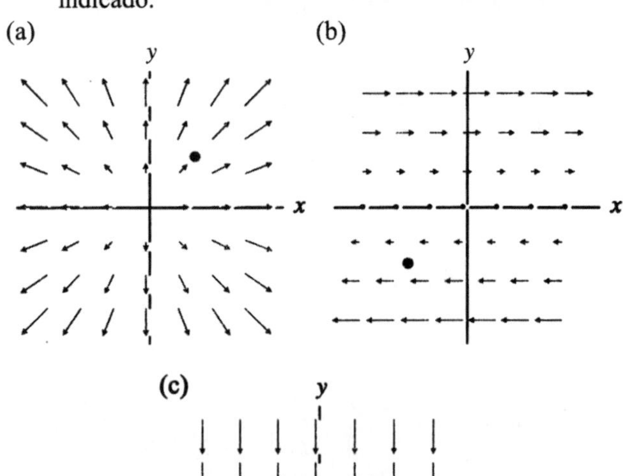

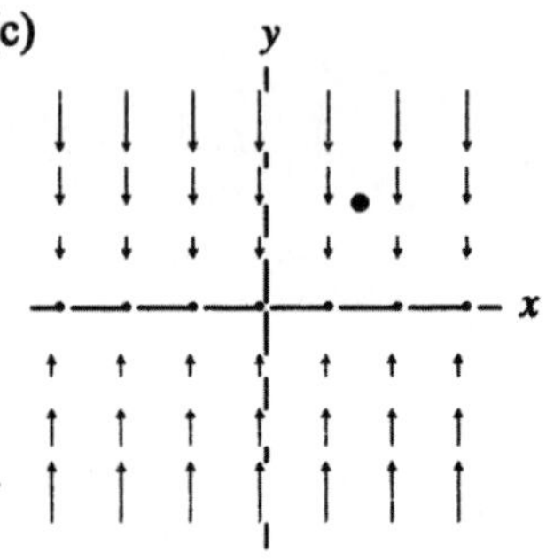

18 Seja $\vec{F}(x, y, z) = z\vec{k}$.

a) Calcule div $\vec{F}$.
b) Esboce $\vec{F}$. Ele parece estar divergindo ? Isto concorda com sua resposta na parte a) ?

19 Seja $\vec{F}(\vec{r}) = \vec{r}/\|\vec{r}\|^3$ (no 3-espaço), $\vec{r} \neq \vec{0}$.

a) Calcule div $\vec{F}$.
b) Esboce $\vec{F}$. Ele parece estar divergindo? Isto concorda com sua resposta na parte a)?

Para os Problemas 20–22,

a) Ache o fluxo do campo de vetores dado através de um cubo no primeiro octante com aresta de comprimento c, um vértice na origem e arestas ao longo dos eixos.
b) Use sua resposta na parte a) para achar div $\vec{F}$ na origem usando a definição geométrica.

c) Calcule div $\vec{F}$ na origem usando derivadas parciais.

20 $\vec{F} = x\vec{i}$

21 $\vec{F} = 2\vec{i} + y\vec{j} + 3\vec{k}$

22 $\vec{F} = x\vec{i} + y\vec{j}$

23 a) Ache o fluxo do campo de vetores $\vec{F} = x\vec{i} + y\vec{j}$ através da superfície do cilindro fechado de raio c e altura c, centrado no eixo-z com base no plano-xy. (Ver Figura 10.7.)
b) Use sua resposta à parte a) para achar div $\vec{F}$ na origem usando a definição geométrica.
c) Calcule div $\vec{F}$ na origem usando derivadas parciais.

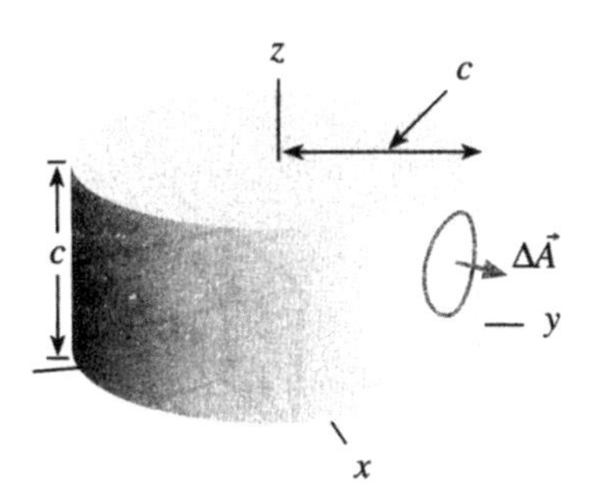

Figura 10.7

Os Problemas 24–25 envolvem campos elétricos. Carga elétrica produz um campo vetorial $\vec{E}$, chamado campo elétrico, que representa a força sobre uma carga unitária positiva colocada no ponto. Duas cargas positivas ou duas cargas negativas se repelem, ao passo que cargas de sinais opostos se atraem. A divergência de $\vec{E}$ é proporcional à densidade de carga elétrica (isto é, carga por unidade de volume), com constante de proporcionalidade positiva.

24 Suponha que uma certa distribuição de carga elétrica produz o campo elétrico mostrado na Figura 10.8. Onde estão concentradas as cargas que produziram este campo elétrico ? Quais concentrações são positivas e quais são negativas ?

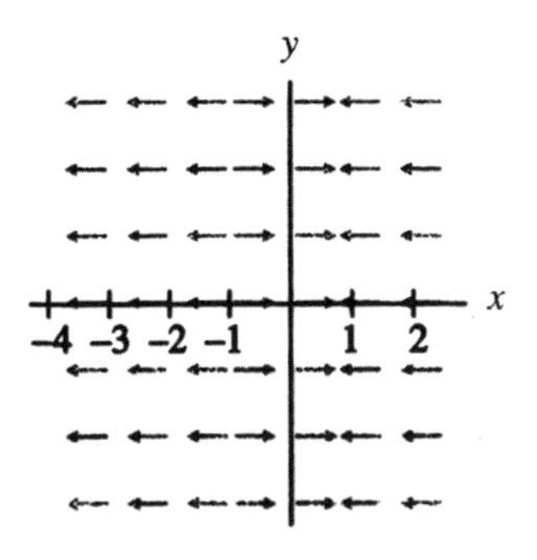

Figura 10.8

25 O campo elétrico no ponto $\vec{r}$ resultante de uma carga pontual na origem é $\vec{E}(\vec{r}) = k\vec{r} / \| \vec{r} \|^3$.

a) Calcule div $\vec{E}$ para $\vec{r} \neq \vec{0}$.
b) Calcule o limite sugerido pela definição geométrica de div $\vec{E}$ no ponto (0, 0, 0).
c) Explique o que significam suas respostas em termos de densidade de carga.

26 A divergência de um campo vetorial magnético $\vec{B}$ deve ser zero em toda parte. Qual (ou quais) dos seguintes campos de vetores não pode ser um campo magnético ?

a) $\vec{B}(x, y, z) = -y\vec{i} + x\vec{j} + (x + y)\vec{k}$
b) $\vec{B}(x, y, z) = -z\vec{i} + y\vec{j} + x\vec{k}$
c) $\vec{B}(x, y, z) = (x^2 - y^2 - x)\vec{i} + (y - 2xy)\vec{j}$

27 Se $f(x, y, z)$ e $g(x, y, z)$ são funções com derivadas parciais segundas contínuas mostre que

$$\text{div}\,(\text{grad } f \times \text{grad } g) = 0.$$

28 No Problema 22 da página 231 foi mostrado que a taxa de perda de calor de um volume V numa região de temperatura não uniforme vale $k\int_S (\text{grad } T)\, d\vec{A}$, onde k é uma constante, S é a superfície limitando o volume V, e $T(x, y, z)$ é a temperatura no ponto (x, y, z) do espaço. Tomando o limite quando V se contrai a um ponto, mostre que $\partial T / \partial t = B$ div grad T nesse ponto, onde B é uma constante em relação a x, y, z mas pode depender do tempo t.

29 Um campo de vetores no plano é uma *fonte pontual* na origem se sua direção é para longe da origem em cada ponto, sua norma depende somente da distância à origem e sua divergência é zero fora da origem.

a) Explique porque uma fonte pontual na origem deve ser da forma $\vec{v} = [f(x^2 + y^2)](x\vec{i} + y\vec{j})$ para alguma função positiva f.
b) Mostre que $\vec{v} = K(x^2 + y^2)^{-1}(x\vec{i} + y\vec{j})$ é uma fonte pontual na origem se $K > 0$.
c) Determine a norma $\|\vec{v}\|$ da fonte na parte b) como função da distância a seu centro.
d) Esboce o campo de vetores $\vec{v} = (x^2 + y^2)^{-1}(x\vec{i} + y\vec{j})$
e) Mostre que $\phi = \frac{k}{2}\log(x^2 + y^2)$ é uma função potencial para a fonte na parte b).

30 Um campo de vetores no plano é um *poço pontual* na origem se sua direção é para a origem em cada ponto, sua norma depende somente da distância à origem e sua divergência é zero fora da origem.

a) Explique porque um poço pontual na origem deve ser da forma $\vec{v} = [f(x^2 + y^2)](x\vec{i} + y\vec{j})$ para alguma função negativa f.
b) Mostre que $\vec{v} = K(x^2 + y^2)^{-1}(x\vec{i} + y\vec{j})$ é um poço pontual na origem se $K < 0$.
c) Determine a norma $\|\vec{v}\|$ do poço na parte b) como função da distância a seu centro.
d) Esboce o campo de vetores $\vec{v} = -(x^2 + y^2)^{-1}(x\vec{i} + y\vec{j})$.

e) Mostre que $\phi = \frac{K}{2}\log\left(x^2 + y^2\right)$ é uma função potencial para o poço na parte b).

10.2 - O TEOREMA DA DIVERGÊNCIA

O Teorema da Divergência é um análogo em várias variáveis do Teorema Fundamental do Cálculo; diz que à integral da densidade de fluxo através de uma região sólida é igual a integral do fluxo através do bordo da região.

O bordo de uma região sólida

O bordo de uma região sólida pode ser pensado como a pele entre o interior da região e o espaço em volta. Por exemplo, o bordo de uma bola sólida é uma superfície esférica, o bordo de um cubo sólido é constituído de suas seis faces e o bordo de um cilindro sólido é um tubo fechado nas duas extremidades por discos. (Ver Figura 10.9.) Uma superfície que é o bordo de uma região sólida é chamada *uma superfície fechada*.

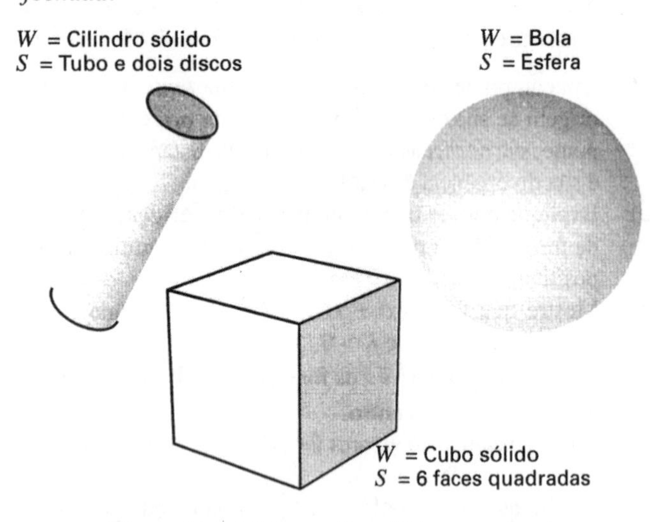

Figura 10.9: Várias regiões sólidas e seus bordos

Cálculo do fluxo a partir da densidade de fluxo

Considere uma região sólida W no 3-espaço cujo bordo é a superfície fechada S. Há dois modos de achar o fluxo total de um campo de vetores $\vec{F}$ para fora de W. Uma é calcular o fluxo de $\vec{F}$ através de S:

$$\text{Fluxo para fora de } W = \int_S \vec{F} \cdot d\vec{A}.$$

Outro modo é usar div $\vec{F}$, que dá a densidade de fluxo em cada ponto de W. Subdividimos W em pequenas caixas como se vê na figura 10.10. Então para uma pequena caixa de volume ΔV,

$$\text{Fluxo para fora da caixa} \approx \text{Densidade de fluxo . Volume} = \text{div}\,\vec{F}\,\Delta V.$$

O que acontece quando somamos os fluxos para fora de todas as caixas ? Considere duas caixas adjacentes, como se vê na Figura 10.11. O fluxo através da face comum é contado duas vezes, uma para fora da caixa de cada lado. Quando somamos estes fluxo estas contribuições se cancelam, portanto obtemos o fluxo para fora da região sólida formada unindo as duas caixas. Continuando assim vemos que

$$\text{Fluxo para fora de } W = \sum \text{Fluxo para fora das pequenas caixas} \approx \sum \text{div}\,\vec{F}\,\Delta V.$$

Aproximamos o fluxo por uma soma de Riemann. Quando as subdivisões se tornam mais finas a soma se avizinha da integral de modo que

$$\text{Fluxo para fora de } W = \int_W \text{div}\,\vec{F} \cdot dV$$

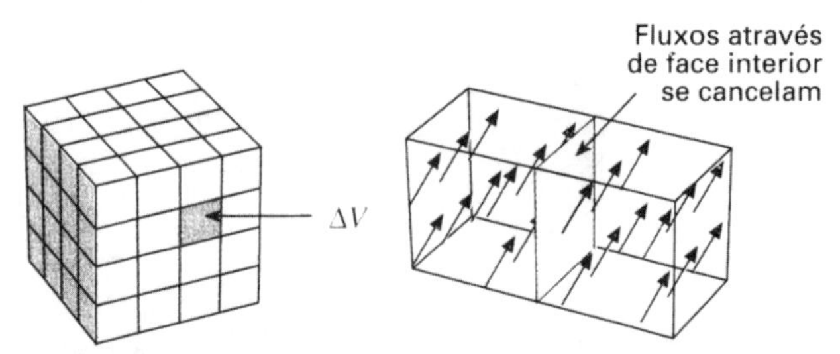

Figura 10.10: Subdivisão da região em pequenas caixas

Figura 10.11: Somar os fluxos para fora de caixas adjacentes

Calculamos o fluxo de dois modos, como integral de fluxo e como integral de volume. Portanto estas duas integrais devem ser iguais. Este resultado vale mesmo que W não seja um sólido retangular como o que é mostrado na Figura 10.10. Temos assim o seguinte resultado.

> **O Teorema da Divergência**
>
> Se W é uma região sólida cujo bordo S é uma superfície lisa por partes e se $\vec{F}$ é um campo de vetores liso definido em todo W e sobre S, então
>
> $$\int_S \vec{F} \cdot d\vec{A} = \int_W \text{div}\,\vec{F} \cdot dV,$$
>
> onde a S é dada a orientação para fora.

Na Seção 10.6 daremos uma prova de Teorema da Divergência usando a definição do divergente por coordenadas.

Exemplo 1: Use o teorema da divergência para calcular o fluxo do campo de vetores $\vec{F}(\vec{r}\,) = \vec{r}$ através da esfera de raio a centrada na origem.

Solução: No Exemplo 4 da página 228 calculamos a integral de fluxo diretamente:

$$\int_S \vec{r} \cdot d\vec{A} = 4\pi a^3.$$

Agora usamos div $\vec{F} = 3$ e o teorema da divergência:

$$\int_S \vec{r} \cdot d\vec{A} = \int_W \text{div}\, \vec{F}\, dV = \int_W 3dV = 3\left(\frac{4}{3}\pi a^3\right) = 4\pi a^3.$$

Exemplo 2: Use o teorema da divergência para calcular o fluxo do campo de vetores

$$\vec{F}(x, y, z) = (x^2 + y^2)\vec{i} + (y^2 + z^2)\vec{j} + (x^2 + z^2)\vec{k}$$

através do cubo da Figura 10.12.

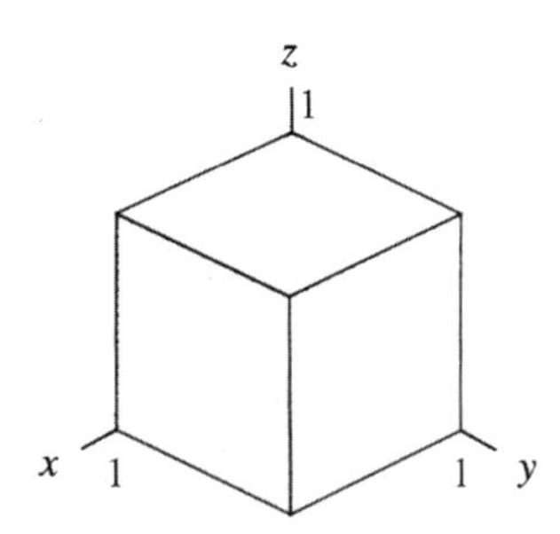

Figura 10.12

Solução: O divergente de $\vec{F}$ é div $\vec{F} = 2x + 2y + 2z$. Como é positivo em toda parte no primeiro quadrante o fluxo através de S é positivo. Pelo teorema da divergência

$$\int_S \vec{F} \cdot d\vec{A} = \int_0^1\int_0^1\int_0^1 2(x + y + z)dxdydz$$

$$= \int_0^1\int_0^1 x^2 + 2x(y + z)\Big|_0^1 dydz = \int_0^1\int_0^1 1 + 2(y + z)dydz$$

$$= \int_0^1 y + y^2 + 2yz\Big|_0^1 dz = \int_0^1 (2 + 2z)dz = 2z + z^2\Big|_0^1 = 3.$$

O teorema da divergência e campos de vetores livres de divergência

Uma aplicação importante do teorema da divergência é ao estudo de campos de vetores livres de divergente.

Exemplo 3: No Exemplo 3 da página 242 vimos que o seguinte campo de vetores é livre de divergência:

$$\vec{F}(\vec{r}) = \frac{\vec{r}}{\|\vec{r}\|^3}, \quad \vec{r} \neq \vec{0}.$$

Calcule $\int_S \vec{F} \cdot d\vec{A}$ usando, se possível, o teorema da divergência para as seguintes superfícies:

a) S_1 é a esfera de raio a centrada na origem.

b) S_2 é a esfera de raio a centrada no ponto $(2a, 0, 0)$.

Solução: a) Não podemos usar o teorema da divergência diretamente porque $\vec{F}$ não está definido em todo ponto dentro da esfera (não está definido na origem). Como $\vec{F}$ aponta para fora em todo ponto de S_1 o fluxo para fora de S_1 é positivo.

Sobre S_1

$$\vec{F} \cdot d\vec{A} = \|\vec{F}\| dA = \frac{a}{a^3} dA,$$

de modo que

$$\int_{S_1} \vec{F} \cdot d\vec{A} = \frac{1}{a^2}\int_{S_1} dA = \frac{1}{a^2}(\text{Área de } S_1) = \frac{1}{a^2} 4\pi a^2 = 4\pi.$$

Observe que o fluxo não é zero, embora div $\vec{F}$ seja zero em todo ponto em que está definido.

b) Suponha que W é a região sólida envolta por S_2. Como div $\vec{F} = 0$ em todo ponto de W podemos usar o teorema da divergência neste caso, dando

$$\int_{S_2} \vec{F} \cdot d\vec{A} = \int_W \text{div}\, \vec{F}\, dV = \int_W 0\, dV = 0.$$

O Teorema da Divergência se aplica a toda região sólida W e seu bordo S, mesmo em casos em que o bordo é formado por duas ou mais superfícies. Por exemplo, se W é a região sólida entre a esfera S_1 de raio 1 e a esfera S_2 de raio 2, ambas centradas no mesmo ponto, então o bordo de W consiste das duas esferas S_1 e S_2. O Teorema da Divergência exige orientação para fora, que em S_2 aponta para longe do centro mas em S_1 aponta para o centro. (Ver Figura 10.13.)

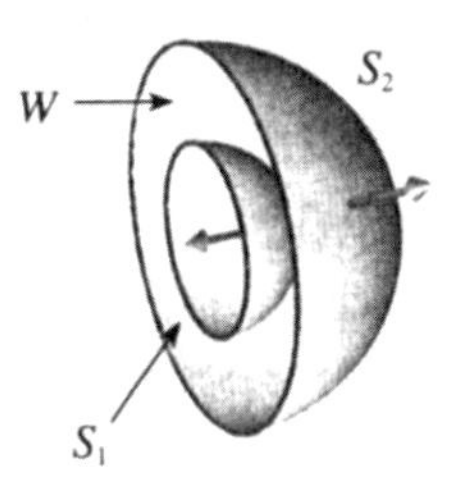

Figura 10.13: Corte da região W entre duas esferas, mostrando vetores de orientação

---

Exemplo 4: Seja S_1 a esfera de raio 1 centrada na origem e seja S_2 o elipsóide $x^2 + y^2 + 4z^2 = 16$, ambos orientados para fora. Para

$$\vec{F}(\vec{r}) = \frac{\vec{r}}{\|\vec{r}\|^3}, \quad \vec{r} \neq \vec{0},$$

mostre que

$$\int_{S_1} \vec{F} \cdot d\vec{A} = \int_{S_2} \vec{F} \cdot d\vec{A}.$$

Solução: O elipsóide contém a esfera, seja W o sólido entre eles. Como W não contém a origem, div $\vec{F}$ é definido e igual a zero em todo ponto de W. Assim, se S é o bordo de W então

$$\int_S \vec{F} \cdot d\vec{A} = \int_W \text{div}\, \vec{F}\, dV = 0.$$

Mas S consiste de S_2 orientado para fora e de W_1 orientado para dentro, logo

$$0 = \int_S \vec{F} \cdot d\vec{A} = \int_{S_2} \vec{F} \cdot d\vec{A} - \int_{S_1} \vec{F} \cdot d\vec{A},$$

e portanto

$$\int_{S_2} \vec{F} \cdot d\vec{A} = \int_{S_1} \vec{F} \cdot d\vec{A}$$

No Exemplo 3 mostramos que $\int_{S_1} \vec{F} \cdot d\vec{A} = 4\pi$, portanto $\int_{S_2} \vec{F} \cdot d\vec{A} = 4\pi$ também. Note que seria mais difícil calcular a integral sobre o elipsóide diretamente.

Campos elétricos

O campo elétrico produzido por uma carga pontual positiva q colocada na origem é

$$\vec{E} = q \frac{\vec{r}}{\|\vec{r}\|^3}$$

Usando o Exemplo 3 vemos que o fluxo do campo elétrico através de qualquer esfera centrada na origem é $4\pi q$. Na verdade, usando a idéia do Exemplo 4 podemos mostrar que o fluxo de $\vec{E}$ através de qualquer superfície simples fechada contendo a origem no interior é $4\pi q$. Ver Problemas 20 e 21 na página 268. Isto é um caso particular da lei de Gauss, que diz que o fluxo de um campo elétrico através de qualquer superfície fechada é proporcional à carga total contida no interior da superfície. Carl Friedrich Gauss (1777–1855) também descobriu o Teorema da Divergência, às vezes chamado de teorema de Gauss.

Funções harmônicas

Uma função ϕ de três variáveis x, y e z se diz *harmônica* numa região se div (grad ϕ) = 0 em todo ponto da região. A equação é também escrita $\nabla^2 \phi = 0$, porque div (grad ϕ) = $\nabla \cdot (\nabla \phi)$. Por exemplo a temperatura de estado-estacionário numa região do espaço é harmônica, como também o potencial elétrico numa região livre de carga do espaço. Várias propriedades básicas das funções harmônicas podem ser deduzidas do teorema da divergência (ver Problemas 19, 23 e 25).

Exemplo 5: É um fato que uma função harmônica não constante ϕ não pode ter um máximo local. Usando o teorema da divergência explique porque isto faz sentido.

Solução: Suponha que uma função não constante ϕ tem um máximo local em (x,y,z). Para a maior parte das funções que você razoavelmente possa encontrar isto significa que perto de (x, y, z) o campo de vetores grad ϕ aponta aproximadamente para (x, y, z) porque aponta na direção de ϕ crescente. Tomando um pequena esfera S centrada em (x, y, z) orientada para fora temos pois

$$\int_S \text{grad}\,\phi \cdot d\vec{A} < 0$$

Mas isto é impossível se ϕ é harmônico, pois pelo teorema da divergência

$$\int_S \text{grad}\,\phi \cdot d\vec{A} = \int_W \text{div}\,(\text{grad}\,\phi)\, dV = 0$$

onde W é a bola de bordo S. Portanto uma função harmônica não pode ter um máximo local.

Uma importante propriedade das funções harmônicas é sua propriedade da média, descoberta por Gauss. Se ϕ é uma função harmônica na região limitada por uma esfera, então o valor de ϕ no centro da esfera é igual ao valor médio de ϕ sobre a esfera. Por exemplo, em equilíbrio, a temperatura num ponto do espaço é igual à média da temperatura sobre qualquer esfera centrada no ponto.

Problemas para a Seção 10.2

Nos Problemas 1–3 calcule a integral de fluxo $\int_S \vec{F} \cdot d\vec{A}$ de dois modos, diretamente e usando o teorema da divergência. Em cada caso, S é fechada e orientada para fora.

1 $\vec{F}(\vec{r}) = \vec{r}$ e S é o cubo que contém o volume $0 \le x \le 2$, $0 \le y \le 2$, $0 \le z \le 2$.

2 $\vec{F}(x, y, z) = y\vec{j}$ e S é o cilindro vertical de altura 2 com base num círculo de raio 1 sobre o plano-xy, centrado na origem. S inclui os discos que fecham o cilindro em cima e em baixo.

3 $\vec{F}(x, y, z) = -z\vec{i} + x\vec{k}$ e S é pirâmide quadrada de altura 3 e base no plano-xy com lado de comprimento 1.

4 Sejam V_1 e V_2 sólidos retângulares no primeiro octante mostrado na Figura 10.14. Ambos têm lados de comprimento 1 paralelos aos eixos; V_1 tem um vértice na origem ao passo que V_2 tem o vértice correspondente no ponto (1, 0, 0). Sejam S_1 e S_2 as superfícies de seis faces de V_1 e V_2 juntos, tendo superfícies exterior S. São verdadeiras ou falsas as afirmações seguintes ? Dê razões.

a) Se $\vec{F}$ é um campo de vetores constante, $\int_S \vec{F} \cdot d\vec{A} = 0$

b) Se S_1, S_2 e S são todas orientadas para fora e $\vec{F}$ é qualquer campo de vetores

$$\int_S \vec{F} \cdot d\vec{A} = \int_{S_1} \vec{F} \cdot d\vec{A} + \int_{S_2} \vec{F} \cdot d\vec{A}$$

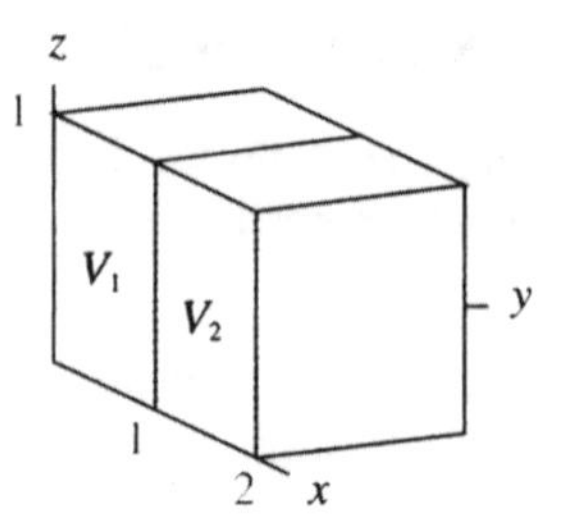

Figura 10.14

5 Calcule $\int_{S_2} \vec{F} \cdot d\vec{A}$ onde $\vec{F} = x^2\vec{i} + 2y^2\vec{j} + 3z^2\vec{k}$ e S_2 como no Problema 4. Faça isto diretamente e usando o teorema da divergência.

6 Use o teorema da divergência para calcular a integral de fluxo $\int_S (x^2\vec{i} + (y - 2xy)\vec{j} + 10xz\vec{k}) \cdot d\vec{A}$, onde S é a esfera de raio 5 centrada na origem e orientada para fora.

7 Use o teorema da divergência para calcular o fluxo do campo de vetores $\vec{F}(x, y, z) = -z\vec{i} + x\vec{k}$ através da esfera de raio a centrada na origem. Dê uma explicação geométrica para sua resposta.

8 Seja $\vec{F}$ um campo de vetores com div $\vec{F} = 10$. Ache o fluxo de $\vec{F}$ para fora de um cilindro de altura a e raio a, centrado no eixo-z e com base no plano-xy.

9 Considere o campo de vetores $\vec{F} = \vec{r} / \| \vec{r} \|^3$.

a) Calcule div $\vec{F}$ para $\vec{r} \neq \vec{0}$.

b) Ache o fluxo de $\vec{F}$ para fora de uma caixa de lado a centrada na origem e com arestas paralelas aos eixos.

10 Seja $\vec{G}$ um campo de vetores com a propriedade que $\vec{G} = \vec{r}$ para $2 \leq \| \vec{r} \| \leq 7$ e suponha que o fluxo de $\vec{G}$ através da esfera de raio 3 centrada na origem é 8π. Ache o fluxo de $\vec{G}$ através da esfera de raio 5 centrada na origem.

11 Suponha que um campo de vetores $\vec{F}$ satisfaz div $\vec{F} = 0$ em todo ponto. Mostre que $\int_S \text{div}\, \vec{F} \cdot d\vec{A} = 0$ para toda superfície S fechada.

12 O campo gravitacional $\vec{F}$ de um planeta de massa m na origem é dado por

$$\vec{F} = -Gm \frac{\vec{r}}{\|\vec{r}\|^3}$$

Use o teorema da divergência para mostrar que o fluxo do campo gravitacional através da esfera de raio a é independente de a .[Sugestão: considere a região limitada por duas esferas concêntricas.]

13 Uma propriedade básica do campo elétrico $\vec{E}$ é que sua divergência é zero em pontos em que não há carga. Suponha que só exista carga ao longo do eixo-z e que o campo elétrico $\vec{E}$ aponta radialmente a partir do eixo-z e que sua norma depende apenas da distância r ao eixo-z. Use o teorema da divergência para mostrar que a norma do campo é proporcional a $1/r$. [Sugestão: considere uma região sólida consistindo de um cilindro de comprimento finito cujo eixo é o eixo-z, e com um cilindro concêntrico menor removido.]

14 Se uma superfície S é submersa num fluido incompressível, uma força $\vec{F}$ é exercida de um lado da superfície pela pressão do fluido. Se escolhermos um sistema de coordenadas em que o eixo-z é vertical, com a direção positiva para cima e o nível do fluido a $z = 0$, então a componente da força na direção de um vetor unitário $\vec{u}$ é dada por

$$\vec{F} \cdot \vec{u} = -\int_S z\rho g \vec{u} \cdot d\vec{A}$$

onde ρ é a densidade do fluido (massa / volume), g é a aceleração devida à gravidade e a superfície é orientada para longe do lado em que a força é exercida. Neste problema consideraremos uma superfície fechada totalmente submersa envolvendo um volume V. Estamos interessados na força do líquido sobre a superfície externa, de modo que S é orientada para dentro.

a) Use o teorema da divergência para mostrar que a força nas direções $\vec{i}$ e $\vec{j}$ é zero.

b) Use o teorema da divergência para mostrar que a força na direção $\vec{k}$ é $\rho g V$, o peso do volume do fluido com o mesmo volume que V. É o *Princípio de Arquimedes*.

15 Calor é gerado dentro da terra por decaimento radioativo. Suponha que é gerado uniformemente através da terra à taxa de 30 watts por quilômetro cúbico. (Um watt é uma taxa de produção de calor.) O calor então flui para a superfície da terra onde se perde para o espaço. Seja $\vec{F}(x, y, z)$ o fluxo de calor medido em watts por quilômetro quadrado. Por definição, o fluxo de $\vec{F}$ através da superfície é a quantidade de calor que atravessa a superfície por unidade de tempo.

a) Qual é o valor de div $\vec{F}$? Inclua unidades.

b) Suponha que o calor flui para fora simetricamente. Verifique que $\vec{F} = \alpha\vec{r}$, onde $\vec{r} = x\vec{i} + y\vec{j} + z\vec{k}$ e α é uma constante conveniente, satisfaz às condições dadas. Ache α.

c) Seja $T(x, y, z)$ a temperatura dentro da terra. Calor flui de acordo com a equação $\vec{F} = -k$ grad T, onde k é uma constante. Explique porque isto faz sentido fisicamente.

d) Se T é dada em °C então $k = 30.000$ watts/km °C. Supondo que a Terra é uma esfera com raio 6.400km e temperatura na superfície de 20°C, qual é a temperatura no centro?

16 Mostre que $\nabla^2\phi(x, y, z) = \partial^2\phi/\partial x^2 + \partial^2\phi/\partial y^2 + \partial^2\phi/\partial z^2$

17 Mostre que funções lineares são harmônicas.

18 Qual é a condição sobre os coeficientes constantes a, b, c, d, e, f para que a função $ax^2 + by^2 + cz^2 + dxy + exz + fyz$ seja harmônica ?

19 Use o teorema da divergência para mostrar que se ϕ é harmônica numa região W então $\int_S \Delta\phi \cdot d\vec{A} = 0$ para toda superfície fechada S em W tal que a região envolvida por S esteja toda contida em W.

20 Seja $\phi = 1/(x^2 + y^2 + z^2)^{1/2} = 1/\| \vec{r} \|$.

a) Mostre que ϕ é harmônica em toda parte exceto na origem.

b) Dê uma explicação geométrica para o fato de ϕ não ter máximo ou mínimo local.

c) Calcule $\int_S \Delta\phi \cdot d\vec{A}$, onde S é a esfera de raio 1 centrada na origem. Sua resposta contradiz a afirmação do Problema 19?

21 Mostre que uma função harmônica não constante não pode ter um mínimo local e que só pode atingir seu mínimo numa região fechada sobre a fronteira.

22 Mostre que se ϕ é uma função harmônica então div (ϕ grad ϕ) = $\|$ grad $\phi \|^2$.

23 Suponha que ϕ é uma função harmônica na região limitada por um superfície fechada S e suponha que $\phi = 0$ em todo ponto de S. Mostre que $\phi = 0$ em todos os pontos da região contida dentro de S. [Sugestão: aplique o teorema da divergência a $\int_S \phi \,\text{grad}\, \phi \cdot d\vec{A}$ e use o Problema 22.]

24 Suponha que ϕ_1 e ϕ_2 e são funções harmônicas na região envolvida por uma superfície S e suponha que $\phi_1 = \phi_2$

em todo ponto de S. Mostre que $\phi_1 = \phi_2$ em todo ponto da região envolvida por S. [Sugestão: use o Problema 23.]

25 Sejam u e v funções harmônicas numa região W. Use o teorema da divergência para mostrar que para toda superfície fechada S em W tal que o volume dentro de S esteja todo contido em W

$$\int_S u \text{ grad } v \cdot d\vec{A} = \int_S v \text{ grad } u \cdot d\vec{A}$$

10.3 - O ROTACIONAL DE UM CAMPO VETORIAL

A divergência de um campo de vetores é uma espécie de derivada escalar que mede a corrente de saída por unidade de volume. Agora introduzimos o rotacional, que mede a circulação de um campo de vetores. Imagine que está segurando a roda de pás na Figura 10.15 na corrente mostrada na Figura 10.16. A velocidade escalar com que a roda gira (sua velocidade angular) mede a intensidade de circulação. Note que a velocidade angular depende da direção a que aponta o cabo. A roda de pás gira de um modo se o cabo aponta para cima e do modo oposto se aponta para baixo. Se o cabo aponta horizontalmente não gira de todo, porque o campo de velocidades bate em pás opostas com igual força.

Figura 10.15:
Um equipamento para medir circulação

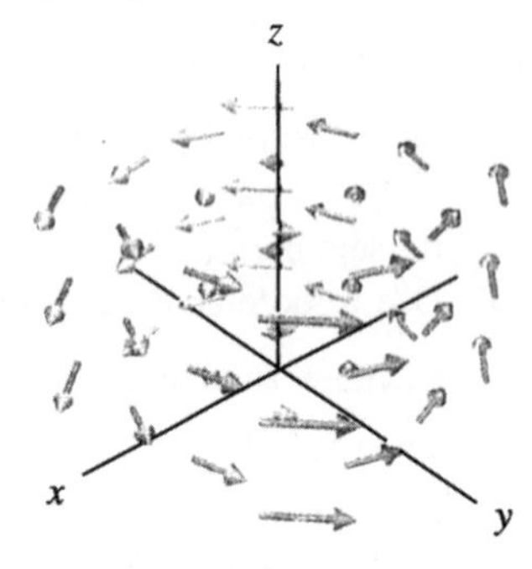

Figura 10.16:
Um campo de vetores com circulação em torno do eixo-z

Densidade de circulação

Medimos a intensidade de circulação usando uma curva fechada. Suponha que C é um círculo com centro (x, y, z) no plano perpendicular a $\vec{n}$, percorrido na direção determinada por $\vec{n}$ pela regra da mão direita. (Ver Figuras 10.17 e 10.18.)

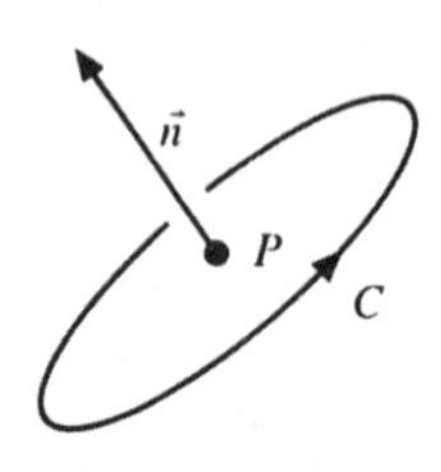

Figura 10.17:
A direção de C se relaciona com a de $\vec{n}$ pela regra da mão direita

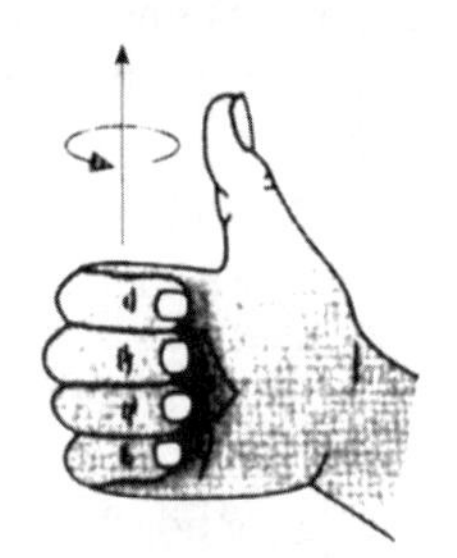

Figura 10.18:
Quando o polegar aponta na direção de $\vec{n}$ os dedos se enrolam na direção de avanço em torno de C

Damos a seguinte definição

A densidade de circulação de um campo de vetores liso $\vec{F}$ em torno da direção do vetor unitário $\vec{n}$ é definida por

$$\text{circ}_{\vec{n}}\vec{F}(x, y, z) = \lim_{\text{Área}\to 0} \frac{\text{Circulação em torno de } C}{\text{Área dentro de } C}$$

$$= \lim_{\text{Área}\to 0} \frac{\int_C \vec{F} \cdot d\vec{r}}{\text{Área dentro de } C}$$

desde que o limite exista

A densidade de circulação determina a velocidade angular* da roda de pás na Figura 10.15 desde que se possa fazer uma suficientemente pequena e leve e inseri-la sem perturbar a corrente.

Exemplo 1: Considere o campo de vetores $\vec{F}$ na Figura 10.16. Suponha que $\vec{F}$ é paralelo ao plano-xy e que a uma distância $\vec{r}$ do eixo-z tem uma norma $2r$. Calcule $\text{circ}_{\vec{n}}\vec{F}$ na origem para

a) $\vec{n} = \vec{k}$ b) $\vec{n} = -\vec{k}$ c) $\vec{n} = \vec{i}$.

Solução: a) Tome um círculo C de raio a no plano-xy, centrado na origem e percorrido na direção determinada por $\vec{k}$ pela regra da mão direita. Então como $\vec{F}$ é tangente a C em toda parte e aponta na direção do avanço ao longo de C temos

$$\text{Circulação em torno de } C = \int_C \vec{F} \cdot d\vec{r}$$

$$= \left\|\vec{F}\right\| \cdot \text{Circulação em torno de } C = 2a(2\pi a) = 4\pi a^2$$

Assim a densidade de circulação é

$$\text{circ}_{\vec{k}}\vec{F} = \lim_{a\to 0} \frac{\text{Circulação em torno de } C}{\text{Área dentro de } C}$$

$$= \lim_{a\to 0} \frac{4\pi a^2}{\pi a^2} = 4$$

b) Se $\vec{n} = -\vec{k}$ o circuito é percorrido na direção oposta de modo que a integral de linha troca de sinal. Assim

$$\text{circ}_{\vec{k}}\vec{F} = -4$$

c) A circulação em torno de $\vec{i}$ é calculada usando círculos no plano-yz. Como $\vec{F}$ é em toda parte perpendicular a um tal círculo C

$$\int_C \vec{F} \cdot d\vec{A} = 0$$

Assim temos

$$\text{circ}_{\vec{i}}\vec{F} = \lim_{a\to 0} \frac{\int_C \vec{F} \cdot d\vec{r}}{\pi a^2} = \lim_{a\to 0} \frac{0}{\pi a^2} = 0$$

* Na verdade é duas vezes a velocidade angular. Ver Exemplo 3 na página 252.

Definição do rotacional

O Exemplo 1 mostra que a densidade de circulação de um campo de vetores pode ser positiva, negativa ou zero, dependendo da direção. Supomos que existe uma direção em que a densidade de circulação é máxima. Agora definimos um única quantidade vetorial que incorpora todas essas diferentes densidades de circulação.

> **Definição geométrica do rotacional**
>
> O rotacional de um campo de vetores liso $\vec{F}$, escrito rot $\vec{F}$, é o campo de vetores com as seguintes propriedades:
> - A direção de rot $\vec{F}(x, y, z)$ é a direção $\vec{n}$ para a qual $\text{circ}_{\vec{n}}(x, y, z)$ é máxima.
> - A norma de rot $\vec{F}(x, y, z)$ é a densidade de circulação de $\vec{F}$ em torno dessa direção.
>
> Se a densidade de circulação é zero em torno de toda direção definimos o rotacional como sendo $\vec{0}$.

> **Definição do rotacional em coordenadas cartesianas**
>
> Se $\vec{F} = F_1\vec{i} + F_2\vec{j} + F_3\vec{k}$ então
>
> $$\text{rot}\vec{F} = \left(\frac{\partial F_3}{\partial y} - \frac{\partial F_2}{\partial z}\right)\vec{i} + \left(\frac{\partial F_1}{\partial z} - \frac{\partial F_3}{\partial x}\right)\vec{j} + \left(\frac{\partial F_2}{\partial x} - \frac{\partial F_1}{\partial y}\right)\vec{k}$$

Exemplo 2: Para cada campo na Figura 10.19 use o esboço e a definição geométrica para decidir se o rotacional na origem aponta para cima, para baixo ou é zero. Então verifique sua resposta usando a definição em coordenadas do rotacional. Note que os campos de vetores não têm componentes-z e são independentes de z.

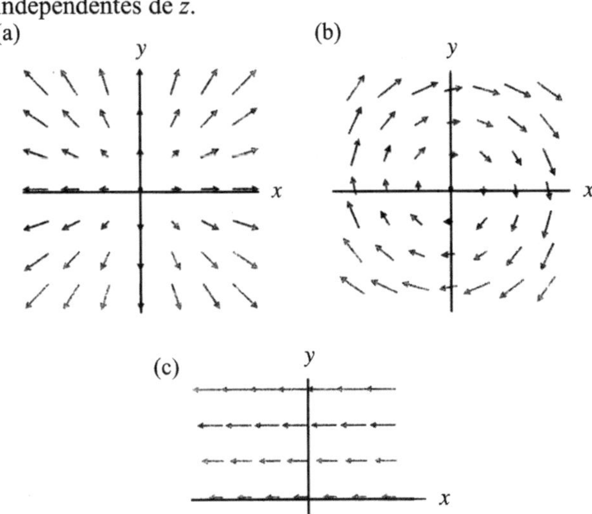

Figura 10.19: Esboços no plano-xy de a) $\vec{F} = x\vec{i} + y\vec{j}$ b) $\vec{F} = y\vec{i} - x\vec{j}$ c) $\vec{F} = -(y+1)\vec{i}$

Solução: a) Este campo de vetores não apresenta rotação e a circulação em torno de qualquer curva fechada deve ser zero, de modo que suspeitamos que seu rotacional é o vetor zero. A definição por coordenadas do rotacional dá

$$\text{rot}\vec{F} = \left(\frac{\partial(0)}{\partial y} - \frac{\partial y}{\partial z}\right)\vec{i} + \left(\frac{\partial x}{\partial z} - \frac{\partial(0)}{\partial x}\right)\vec{j} + \left(\frac{\partial y}{\partial x} - \frac{\partial x}{\partial y}\right)\vec{k} = 0$$

b) O campo de vetores gira em torno do eixo-z. Pela regra da mão direita a densidade de circulação em torno de k é negativa, assim esperamos que a componente-z do rotacional aponte para baixo. A definição por coordenadas dá

$$\text{rot}\vec{F} = \left(\frac{\partial(0)}{\partial y} - \frac{\partial(-x)}{\partial z}\right)\vec{i} + \left(\frac{\partial y}{\partial z} - \frac{\partial(0)}{\partial x}\right)\vec{j} + \left(\frac{\partial(-x)}{\partial x} - \frac{\partial y}{\partial y}\right)\vec{k} = -2\vec{k}$$

c) À primeira vista poderíamos esperar que este campo de vetores tivesse rotacional zero, pois todos os vetores são paralelos ao eixo-x. Porém se calcularmos a circulação em torno da curva C na Figura 10.20, as laterais não dão contribuição (são perpendiculares ao campo de vetores), o lado inferior dá contribuição negativa (a curva vai em direção oposta ao campo) e o topo dá uma contribuição positiva maior (a curva tem a mesma direção que o campo e a norma do campo é maior no topo que em baixo). Assim a circulação em torno de C é positiva e esperamos que o rotacional seja diferente de zero e aponte para cima. A definição por coordenadas dá

$$\text{rot}\vec{F} = \left(\frac{\partial(0)}{\partial y} - \frac{\partial(0)}{\partial z}\right)\vec{i} + \left(\frac{\partial(-(y+1))}{\partial z} - \frac{\partial(0)}{\partial x}\right)\vec{j} + \left(\frac{\partial(0)}{\partial x} - \frac{\partial(-(y+1))}{\partial y}\right)\vec{k} = \vec{k}$$

Outro modo de ver que o rotacional não é zero neste caso é imaginar que o campo de vetores representa a velocidade de água em movimento. Um barco boiando na água tende a girar, porque a água se move mais depressa de um lado que de outro.

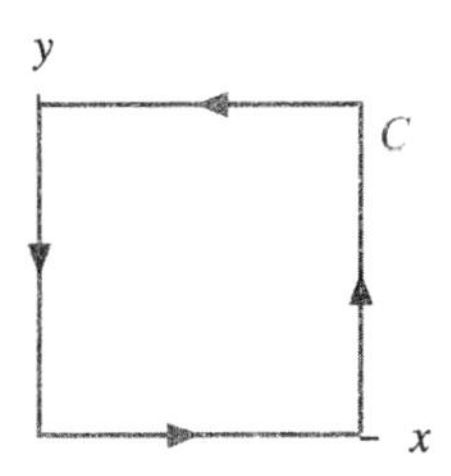

Figura 10.20

Notação alternativa para o rotacional

Usando $\nabla = \frac{\partial}{\partial x}\vec{i} + \frac{\partial}{\partial y}\vec{j} + \frac{\partial}{\partial z}\vec{k}$ podemos escrever

$$\text{rot}\,\vec{F} = \nabla \times \vec{F} = \begin{vmatrix} \vec{i} & \vec{j} & \vec{k} \\ \frac{\partial}{\partial x} & \frac{\partial}{\partial y} & \frac{\partial}{\partial z} \\ F_1 & F_2 & F_3 \end{vmatrix}$$

Exemplo 3: Uma roda horizontal gira com velocidade angular $\vec{\omega}$ e a velocidade de um ponto P com vetor de posição $\vec{r}$ é dada por $\vec{v} = \vec{\omega} \times \vec{r}$. (Ver Figura 10.21.)
Calcule rot $\vec{v}$.

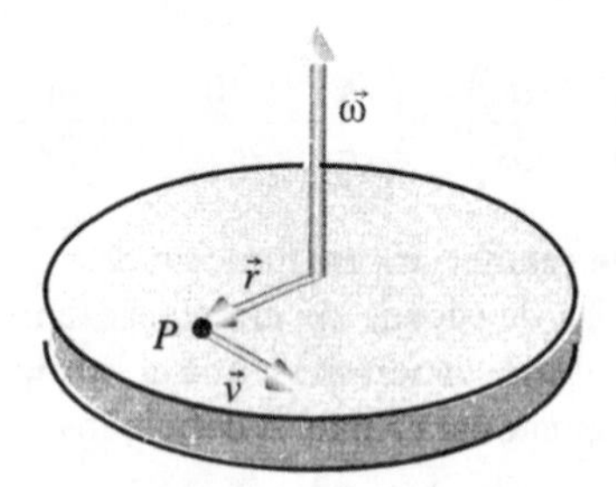

Figura 10.21: Roda girante

Solução: Se $\vec{\omega} = \omega_1 \vec{i} + \omega_2 \vec{j} + \omega_3 \vec{k}$ temos

$$\vec{v} = \omega \times \vec{r} = \begin{vmatrix} \vec{i} & \vec{j} & \vec{k} \\ \omega_1 & \omega_2 & \omega_3 \\ x & y & z \end{vmatrix}$$

$$= (\omega_2 z - \omega_3 y)\vec{i} + (\omega_3 x - \omega_1 z)\vec{j} + (\omega_1 y - \omega_2 x)\vec{k}$$

Assim

$$\text{rot } \vec{v} = \begin{vmatrix} \vec{i} & \vec{j} & \vec{k} \\ \dfrac{\partial}{\partial x} & \dfrac{\partial}{\partial y} & \dfrac{\partial}{\partial z} \\ \omega_2 z - \omega_3 y & \omega_3 x - \omega_1 z & \omega_1 y - \omega_2 x \end{vmatrix}$$

$$= \left(\frac{\partial}{\partial y}(\omega_1 y - \omega_2 x) - \frac{\partial}{\partial z}(\omega_3 x - \omega_2 z) \right)$$

$$+ \left(\frac{\partial}{\partial z}(\omega_2 z - \omega_3 y) - \frac{\partial}{\partial x}(\omega_1 y - \omega_2 x) \right)\vec{j}$$

$$+ \left(\frac{\partial}{\partial x}(\omega_3 x - \omega_1 z) - \frac{\partial}{\partial y}(\omega_2 z - \omega_3 y) \right)\vec{k}$$

$$= 2\,\omega_1 \vec{i} + 2\,\omega_2 \vec{j} + 2\,\omega_3 \vec{k} = 2\,\vec{\omega}$$

Portanto, como esperaríamos, rot $\vec{v}$ é paralelo ao eixo de rotação da roda (ou seja, a direção de $\vec{\omega}$) e a norma de rot $\vec{v}$ é tanto maior quanto mais depressa a roda gira (isto é, quanto maior a norma de $\vec{\omega}$).

Porque as duas definições de rotacional dão o mesmo resultado ?

Usando o teorema de Green em coordenadas cartesianas podemos mostrar que para o rot $\vec{F}$ definido em coordenadas cartesianas

$$\text{rot } \vec{F} \,.\, \vec{n} = \text{circ}_{\vec{n}}\, \vec{F}$$

Isto mostra que rot $\vec{F}$ definido em coordenadas cartesianas satisfaz à definição geométrica, pois o segundo membro tem valor máximo quando $\vec{n}$ aponta na mesma direção que rot $\vec{F}$, e nesse caso seu valor é $\|$ rot $\vec{F}$ $\|$.

O exemplo seguinte justifica esta fórmula num caso específico. Os Problemas 27 e 28 na página 255 mostram como provar em geral que rot $\vec{F} \,.\, \vec{n} = \text{circ}_{\vec{n}} \vec{F}$.

Exemplo 4: Use a definição de rotacional em coordenadas cartesianas e o teorema de Green para mostrar que

$$(\text{rot } \vec{F}\,) \,.\, \vec{k} = \text{circ}_{\vec{k}}\, \vec{F}$$

Solução: Usando a definição de rotacional em coordenadas cartesianas o primeiro membro da fórmula é

$$(\text{rot } \vec{F}) \cdot \vec{k} = \frac{\partial F_2}{\partial x} - \frac{\partial F_1}{\partial y}$$

Agora olhemos o segundo membro. A densidade de circulação em torno de $\vec{k}$ é calculada usando círculos perpendiculares a $\vec{k}$; portanto a componente $\vec{k}$ de $\vec{F}$ não contribui para ela, isto é, a densidade de circulação de $\vec{F}$ em torno de $\vec{k}$ é igual à densidade de circulação de $F_1\vec{i} + F_2\vec{j}$ em torno de $\vec{k}$. Mas, em todo plano perpendicular a $\vec{k}$, z é constante de modo que nesse plano F_1 e F_2 são funções de x e y apenas. Assim $F_1\vec{i} + F_2\vec{j}$ pode ser pensado como campo de vetores de dimensão 2 no plano horizontal pelo ponto (x, y, z) em que a densidade de circulação está sendo calculada. Seja C um círculo nesse plano, com raio a e centrado em (x, y, z), e seja R a região cercada por C. O teorema de Green diz que

$$\int_C \left(F_1\vec{i} + F_2\vec{j}\right) \cdot d\vec{r} = \int_R \left(\frac{\partial F_2}{\partial x} - \frac{\partial F_1}{\partial y} \right) dA.$$

Quando o círculo é pequeno, $\partial F_2 / \partial x - \partial F_1 / \partial y$ é aproximadamente constante em R e

$$\int_R \left(\frac{\partial F_2}{\partial x} - \frac{\partial F_1}{\partial y} \right) dA \approx \left(\frac{\partial F_2}{\partial x} - \frac{\partial F_1}{\partial y} \right) \cdot \text{ Área de } R$$

$$= \left(\frac{\partial F_2}{\partial x} - \frac{\partial F_1}{\partial y} \right) \cdot \pi a^2$$

Assim, passando ao limite para o raio do círculo tendendo a zero temos

$$\text{rot}_{\vec{k}} \vec{F}(x, y, z) = \lim_{a \to 0} \frac{\int_C (F_1\vec{i} + F_2\vec{j}) \cdot d\vec{r}}{\pi a^2}$$

$$= \lim_{a \to 0} \frac{\int_R \left(\frac{\partial F_2}{\partial x} - \frac{\partial F_1}{\partial y} \right) dA}{\pi a^2} = \frac{\partial F_2}{\partial x} - \frac{\partial F_1}{\partial y}$$

Campos livres de rotacional

Um campo de vetores é dito *livre de rotacional* ou *irrotacional* se rot $\vec{F} = 0$ em todo ponto em que $\vec{F}$ esteja definido.

Exemplo 5: A Figura 10.22 mostra o campo de vetores $\vec{B}$ para três valores da constante p, onde $\vec{B}$ é definido no 3-espaço por

$$\vec{B} = \frac{-y\vec{i} + x\vec{j}}{(x^2+y^2)^{p/2}}.$$

a) Ache um fórmula para rot $\vec{B}$.
b) Existe algum valor de p para o qual $\vec{B}$ é livre de rotacional ? Se sim, ache-o

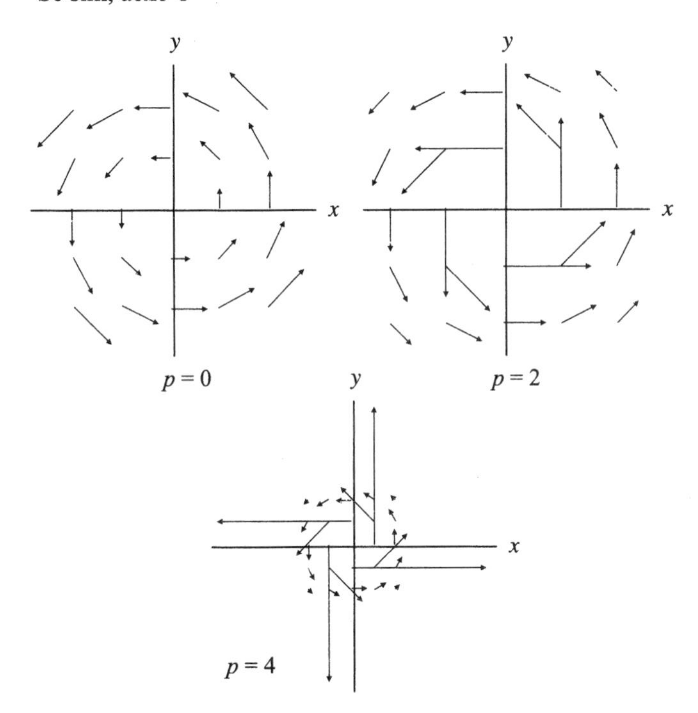

Figura 10.22: O campo de vetores $\vec{B}(\vec{r}) = (-y\vec{i} + x\vec{j})\,/\,(x^2+y^2)^{p/2}$ para $p = 0, 2$ e 4

Solução: a) Podemos usar a seguinte versão da regra do produto para o rotacional. Se ϕ é uma função escalar e $\vec{F}$ é um campo de vetores então

$$\text{rot}\,(\phi\,\vec{F}) = \phi\,\text{rot}\,\vec{F} + (\text{grad}\,\phi\,) \times \vec{F}.$$

(Ver Problema 17 na página seguinte.) Escrevemos

$$\vec{B} = \phi\vec{F} = \frac{1}{(x^2+y^2)^{p/2}}(-y\vec{i} + x\vec{j})$$

Então

$$\text{rot}\,\vec{F} = \text{rot}(-y\vec{i} + x\vec{j}) = 2\vec{k}$$

$$\text{grad}\,\phi = \text{grad}\left(\frac{1}{(x^2+y^2)^{p/2}}\right) = \frac{-p}{(x^2+y^2)^{(p/2)+1}}(x\vec{i} + y\vec{j})$$

Assim temos

$$\text{rot}\,\vec{B} = \frac{1}{(x^2+y^2)^{p/2}}\,\text{rot}\,(-y\vec{i} + x\vec{j}) + \text{grad}\left(\frac{1}{(x^2+y^2)^{p/2}}\right) \times (-y\vec{i} + x\vec{j})$$

$$= \frac{1}{(x^2+y^2)^{p/2}}2\vec{k} + \frac{-p}{(x^2+y^2)^{(p/2)+1}}(x\vec{i} + y\vec{j}) \times (-y\vec{i} + x\vec{j})$$

$$= \frac{1}{(x^2+y^2)^{p/2}}2\vec{k} + \frac{-p}{(x^2+y^2)^{(p/2)+1}}(x^2+y^2)\,\vec{k}$$

$$= \frac{2-p}{(x^2+y^2)^{p/2}}\,\vec{k}$$

b) O rotacional é zero quando $p = 2$. Assim quando $p = 2$ o campo de vetores é irrotacional.

$$\vec{B} = \frac{-y\vec{i} + x\vec{j}}{x^2+y^2}$$

Problemas para a Seção 10.3

Calcule o rotacional dos campos de vetores nos Problemas 1–7.

1 $\vec{F} = (x^2 - y^2)\vec{i} + 2xy\vec{j}$ **2** $\vec{F}(\vec{r}) = \vec{r}/\|\vec{r}\|$

3 $\vec{F} = x^2\vec{i} + y^3\vec{j} + z^4\vec{k}$

4 $\vec{F} = e^x\vec{i} + \cos y\vec{j} + e^{z^2}\vec{k}$

5 $\vec{F} = 2yz\vec{i} + 3xz\vec{j} + 7xy\vec{k}$

6 $\vec{F}\,(-x+y)\,\vec{i} + (y+z)\vec{j} + (-z+x)\vec{k}$

7 $\vec{F} = (x+yz)\vec{i} + (y^2+xzy)\,\vec{j} + (zx^3y^2 + x^7y^6)\vec{k}$

8 Use a definição geométrica do rotacional para achar o rotacional do campo de vetores $\vec{F}(\vec{r}) = \vec{r}$. Verifique sua resposta usando a definição por coordenadas.

9 Usando suas respostas aos Problemas 3–4, faça uma conjetura quanto ao valor do rotacional de $\vec{F}$ quando o campo $\vec{F}$ tem uma certa forma. (Qual forma ?) Mostre porque sua conjetura é verdadeira.

10 Seja $\vec{F}$ o campo de vetores na Figura 10.16 na página 250. Está girando em sentido anti-horário em torno do eixo-z quando olhado de cima. Suponha que a uma distância r do eixo-z $\vec{F}$ tem norma $2r$.
a) Ache uma fórmula para $\vec{F}$.
b) Ache rot $\vec{F}$ usando a definição por coordenadas e relacione sua resposta à densidade de circulação.

11 Decida se cada um dos campos de vetores seguintes tem rotacional não nulo na origem. Em cada caso, o campo de vetores é mostrado no plano-xy; suponha que não tem componente-z e que é independente de z.

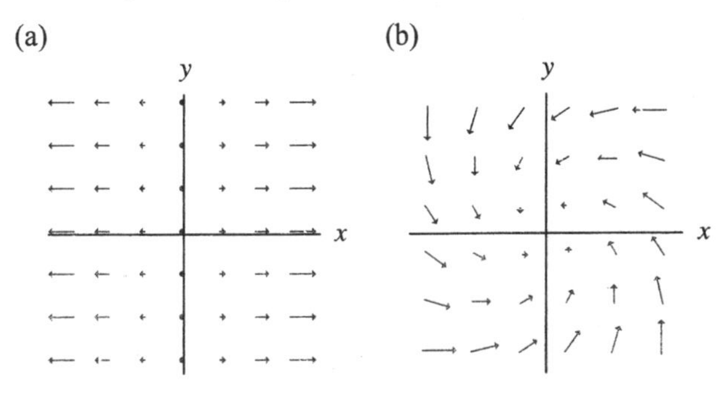

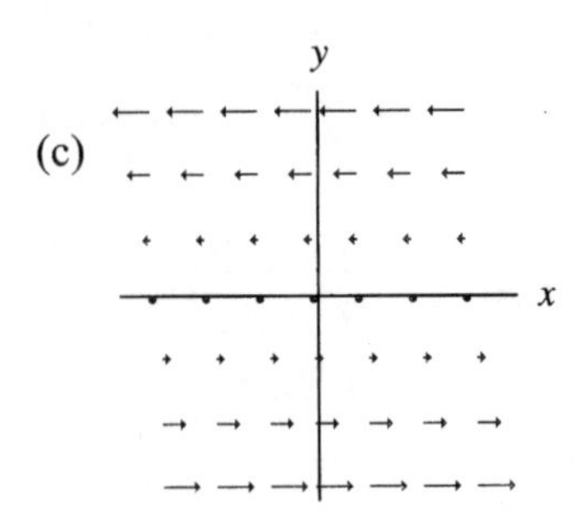

12 Um fogo grande se transforma em tempestade de fogo quando o ar vizinho adquire movimento circular. A corrente para cima associada tem o efeito de trazer mais ar para o fogo, fazendo-o queimar mais depressa. Registros mostram que uma tempestade de fogo se desenvolveu durante o Incêndio de Chicago em 1871 e durante o bombardeio na Segunda Guerra Mundial de Hamburgo, Alemanha, mas não houve tempestade de fogo durante o grande Incêndio de Londres em 1666. Explique como uma tempestade de fogo pode ser identificada usando o rotacional de um campo de vetores.

13 Mostre que rot $(\vec{F}+\vec{C}) = \text{rot}\,\vec{F}$ para um campo de vetores constante $\vec{C}$.

14 Para qualquer campo de vetores constante $\vec{c}$, e qualquer campo de vetores $\vec{F}$, mostre que div $(\vec{F}\times\vec{c}) = \vec{c}\,.\,\text{rot}\,\vec{F}$.

15 No Capítulo 18 vimos como o Teorema Fundamental do Cálculo para Integrais de Linha implica $\int_C \text{grad} f \,.\, d\vec{r} = 0$ para todo caminho liso fechado C e qualquer função lisa f

a) Use a definição geométrica do rotacional para deduzir que rot grad $f = \vec{0}$.

b) Verifique que rot grad $f = \vec{0}$ usando a definição por coordenadas.

16 Se $\vec{F}$ é qualquer campo de vetores cujas componentes têm derivadas segundas contínuas mostre que div rot $\vec{F} = 0$.

17 Mostre que rot $(\phi\vec{F}) = \phi$ rot $\vec{F}$ + (grad ϕ) $\times \vec{F}$ para uma função escalar ϕ e um campo de vetores $\vec{F}$.

18 Um vórtice que gira a velocidade angular constante ω em torno do eixo-z tem campo de vetores velocidade $\vec{v} = \omega(-y\vec{i} + x\vec{j})$.

a) Esboce o campo de vetores com $\omega = 1$ e o campo de vetores com $\omega = -1$.

b) Determine a velocidade escalar $\|\vec{v}\|$ do vórtice como função da distância ao centro.

c) Calcule div $\vec{v}$ e rot $\vec{v}$.

d) Calcule a circulação de $\vec{v}$ em sentido anti-horário em torno do círculo de raio R no plano-xy centrado na origem.

Os Problemas 19–21 dizem respeito aos campos de vetores na Figura 10.23. Em cada caso suponha que a seção é a mesma em todos os planos paralelos ao da seção dada.

19 Três dos campos de vetores têm rotacional zero em cada ponto mostrado. Quais são ? Como sabe ?

20 Três dos campos têm divergência zero em cada ponto mostrado. Quais são eles ? Como sabe ?

21 Quatro das integrais de linha $\int_{C_i} \vec{F} \,.\, d\vec{r}$ são zero. Quais são elas ? Como sabe ?

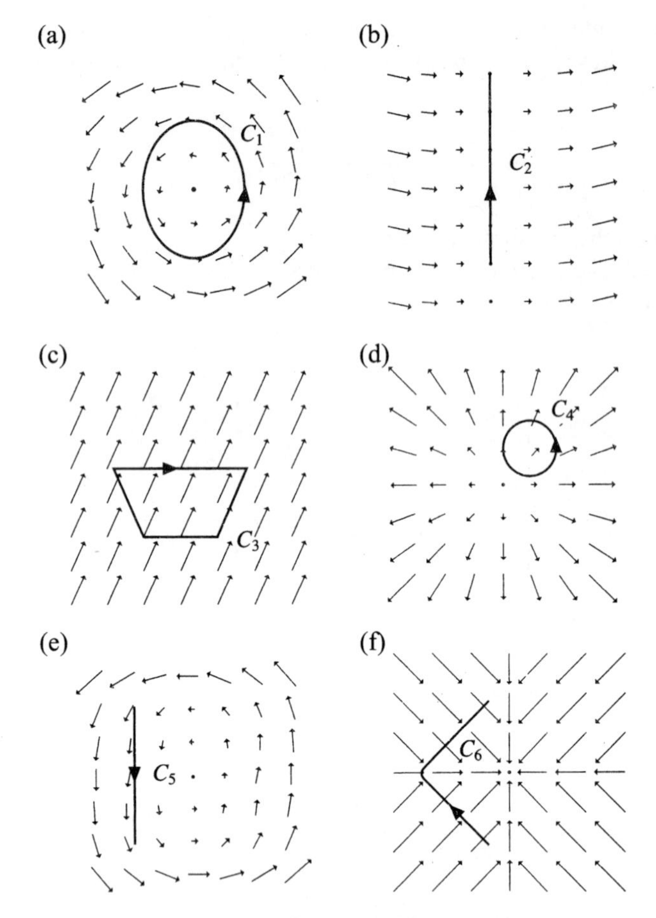

Figura 10.23

22 Mostre que se ϕ é uma função harmônica então grad ϕ é tanto livre de rotacional quanto de divergência.

23 É um teorema de Helmholtz que todo campo de vetores $\vec{F}$ é igual à soma de um campo de vetores livre de rotacional e de um campo de vetores livres de divergência. Mostre como fazer isto supondo que existe uma função ϕ tal que $\nabla^2\phi = \text{div}\,\vec{F}$.

24 Expresse $(3x+2y)\vec{i} + (4x+9y)\vec{j}$ como soma de um campo de vetores livre de rotacional e de um campo de vetores livre de divergência.

25 Ache um campo de vetores $\vec{F}$ tal que rot $\vec{F} = 2\vec{i} - 3\vec{j} + 4\vec{k}$. [Sugestão: tente $\vec{F} = \vec{v} \times \vec{r}$ para algum vetor $\vec{v}$].

26 A Figura 10.24 dá um esboço de um campo de vetores velocidade $\vec{F} = y\vec{i} + x\vec{j}$ no plano-xy.

a) Qual é a direção de rotação de um galhinho fino colocado na origem ao longo do eixo-x ?

b) Qual é a direção de rotação de um galhinho fino colocado na origem ao longo do eixo-y ?

c) Calcule rot $\vec{F}$.

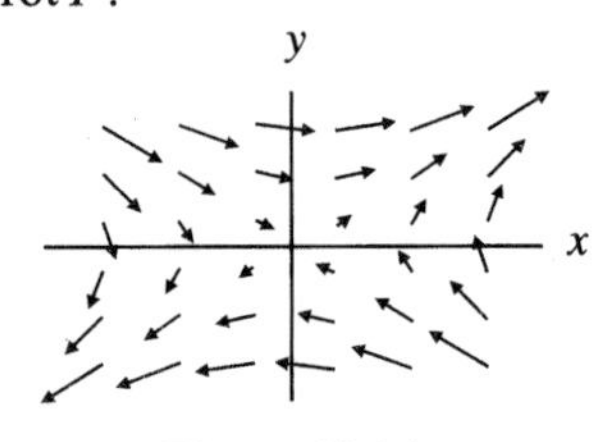

Figura 10.24

27 Seja $\vec{F}$ um campo de vetores liso e sejam $\vec{u}$ e $\vec{v}$ vetores constantes. Usando a definição de rot $\vec{F}$ em coordenadas cartesianas mostre que

$$\text{grad}\,(\vec{F}\cdot\vec{v})\cdot\vec{u} - \text{grad}\,(\vec{F}\cdot\vec{u})\cdot\vec{v} = (\text{rot}\,\vec{F})\cdot\vec{u}\times\vec{v}.$$

28 Seja $\vec{F}$ um campo de vetores liso no 3-espaço. Considere um plano L no 3-espaço parametrizado por

$$\vec{r}(s,t) = \vec{r}_0 + s\vec{u} + t\vec{v},$$

onde $\vec{u}$ e $\vec{v}$ são vetores unitários ortogonais. Podemos pensar neste plano como uma cópia do plano cartesiano com coordenadas s e t, colocado no 3-espaço. Definimos um campo de vetores $\vec{G}$ de dimensão 2 neste plano por

$$\vec{G}(s,t) = \text{componente de } \vec{F}\,(\vec{r}\,(s,t)) \text{ paralela a } L.$$

a) Mostre que $\vec{G} = G_1\vec{u} + G_2\vec{v}$, onde $G_1 = \vec{F}\cdot\vec{u}$ e $G_2 = \vec{F}\cdot\vec{v}$.

b) Mostre que

$$\frac{\partial G_2}{\partial s} - \frac{\partial G_1}{\partial t} = \text{grad}\,(\vec{F}\cdot\vec{v})\cdot\vec{u} - \text{grad}\,(\vec{F}\cdot\vec{u})\cdot\vec{v}.$$

c) Seja $\vec{n} = \vec{u}\times\vec{v}$. Use a parte b) e o Problema 27 para deduzir que

$$\text{rot}\,\vec{F}\cdot\vec{n} = \frac{\partial G_2}{\partial s} - \frac{\partial G_1}{\partial t}.$$

d) Use o método do Exemplo 4 na página 253 e o teorema de Green para concluir que

$$\text{rot}\,\vec{F}(\vec{r}_0)\cdot\vec{n} = \text{circ}_{\vec{n}}\vec{F}(\vec{r}_0).$$

Como $\vec{r}_0$, $\vec{u}$ e $\vec{v}$ podem ser escolhidos como vetores quaisquer, isto prova que vale em geral

$$(\text{rot}\,\vec{F})\cdot\vec{n} = \text{circ}_{\vec{n}}\vec{F}$$

10.4 -TEOREMA DE STOKES

O Teorema de Divergência diz que a integral da densidade de fluxo sobre um região sólida é igual ao fluxo sobre a superfície que limita a região. Analogamente o Teorema de Stokes diz que a integral da densidade de circulação sobre uma superfície é igual à circulação sobre o bordo da superfície.

O bordo de uma superfície

O *bordo* de uma superfície S é a curva que traça a beirada de S (como a bainha em volta de um pedaço de tecido). Uma orientação de S determina uma orientação para seu bordo C como segue. Escolha um vetor normal positivo n em S perto de C e use a regra da mão direita para determinar um sentido de percurso em torno de $\vec{n}$. Isto por sua vez determina um sentido de percurso ao longo do bordo C. Ver Figura 10.25. Outro modo de descrever a orientação sobre C é que alguém caminhando ao longo de C indo para a frente, corpo ereto na direção da normal positiva sobre S, teria a superfície à sua esquerda. Observe que o bordo pode ser formado por duas ou mais curvas, como mostra a superfície à direita na Figura 10.25.

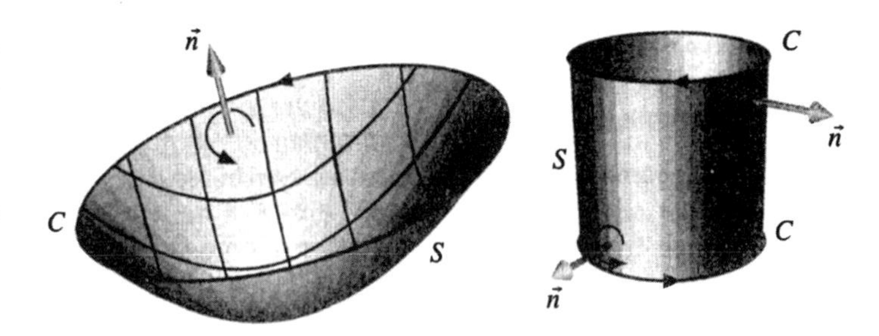

Figura 10.25: Duas superfícies orientadas e seus bordos

Cálculo da circulação a partir da densidade de circulação

Considere uma curva fechada, orientada C no 3-espaço. Podemos achar a circulação de um campo de vetores $\vec{F}$ em torno de C calculando a integral de linha:

$$\begin{matrix}\text{Circulação}\\ \text{em torno de C}\end{matrix} = \int_C \vec{F}\cdot d\vec{r}$$

Se C é o bordo de uma superfície orientada S, há outro modo de calcular a circulação usando o rot $\vec{F}$. Subdividimos S em pedaços como se vê na superfície à esquerda na Figura 10.25. Se $\vec{n}$ é um vetor unitário normal positivo num pedaço de superfície de área ΔA, então $\Delta\vec{A} = \vec{n}\Delta A$. Além disso, $\text{circ}_{\vec{n}}\vec{F}$ é a densidade de circulação de $\vec{F}$ em torno de $\vec{n}$ de modo que

$$\begin{matrix}\text{Circulação de } \vec{F} \text{ em torno}\\ \text{do bordo do pedaço}\end{matrix} \approx \left(\text{circ}_{\vec{n}}\vec{F}\right)\Delta A$$

$$= \left(\left(\text{rot}\,\vec{F}\right)\cdot\vec{n}\right)\Delta A = \left(\text{rot}\,\vec{F}\right)\cdot\Delta\vec{A}.$$

Em seguida somamos as circulações em torno de todos os pequenos pedaços. A integral de linha ao longo da borda comum de pedaços adjacentes aparece com sinais opostos em cada pedaço de modo que se cancela. (Ver Figura 10.26.) Quando somamos todos os pedaços as bordas internas se cancelam e resta-nos a circulação em torno de C, o bordo da superfície toda. Assim

$$\begin{matrix}\text{Circulação}\\ \text{em torno de C}\end{matrix} = \sum \begin{matrix}\text{Circulação em torno dos}\\ \text{bordos dos pedaços}\end{matrix} \approx \sum \text{rot}\,F\cdot\Delta\vec{A}$$

Tomando o limite quando $\Delta A \to 0$ obtemos

$$\begin{matrix}\text{Circulação em}\\ \text{torno de } C\end{matrix} = \int_S \text{rot}\,\vec{F}\cdot d\vec{A}$$

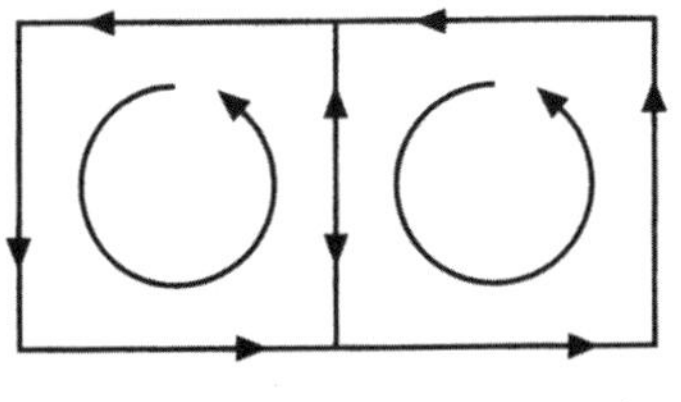

Figura 10.26: Dois pedaços adjacentes da superfície

Expressamos a circulação como integral de linha em torno de C e como integral de fluxo através de S; assim estas duas integrais devem se iguais. Temos pois

> **Teorema de Stokes**
>
> Se S é uma superfície lisa orientada com bordo C liso por pedaços, orientado, e se $\vec{F}$ é um campo de vetores liso que é definido em S e C então
>
> $$\int_C \vec{F} \cdot d\vec{r} = \int_S \text{rot}\, \vec{F} \cdot d\vec{A}.$$
>
> A orientação de C é determinada a partir da orientação de S de acordo com a regra da mão direita.

Exemplo 1: Seja $\vec{F}(x, y, z) = -2y\vec{i} + 2x\vec{j}$. Use o Teorema de Stokes para achar $\int_C \vec{F} \cdot d\vec{r}$, onde C é um círculo

a) Paralelo ao plano-yz, de raio a, centrado num ponto do eixo-x, com qualquer das orientações.

b) Paralelo ao plano-xy, de raio a, centrado num ponto do eixo-z, orientado em sentido anti-horário quando visto de um ponto do eixo-z acima do círculo.

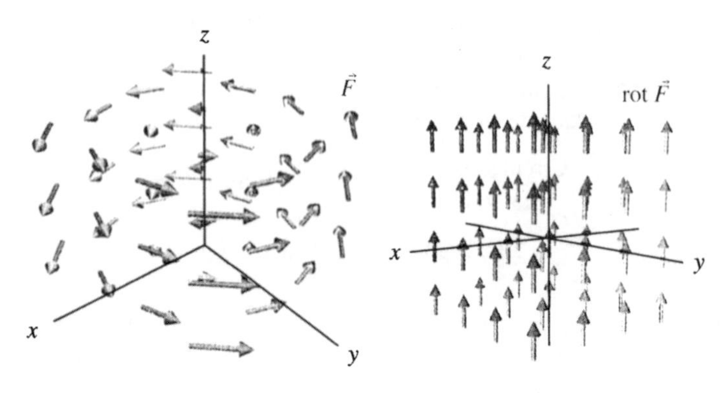

Figura 10.27: Os campos vetoriais $\vec{F}$ e rot $\vec{F}$

Solução: Temos rot $\vec{F} = 4\vec{k}$. A Figura 10.27 mostra esboços de $\vec{F}$ e rot $\vec{F}$.

a) Seja S o disco cercado por C. Como S está num plano vertical, e rot $\vec{F}$ aponta verticalmente em toda parte, o fluxo de rot $\vec{F}$ através de S é zero. Portanto, pelo teorema de Stokes,

$$\int_C \vec{F} \cdot d\vec{r} = \int_S \text{rot}\, \vec{F} \cdot d\vec{A} = 0$$

Faz sentido que a integral seja 0. Se C é paralelo ao plano-yz (mesmo que não esteja sobre o plano) a simetria do campo de vetores significa que a integral de linha de $\vec{F}$ sobre a metade superior do círculo se cancela com a integral de linha sobre a metade inferior.

b) Seja S o disco horizontal envolvido por C. Como rot $\vec{F}$ é um campo de vetores constante apontando na direção de $\vec{k}$, temos, pelo teorema de Stokes,

$$\int_C \vec{F} \cdot d\vec{r} = \int_S \text{rot}\, \vec{F} \cdot d\vec{A} = \left\| \text{rot}\, \vec{F} \right\| \cdot \text{ Área de } S = 4\pi a^2.$$

Como $\vec{F}$ circula em torno do eixo-z na mesma direção que C esperamos que a integral de linha seja positiva. Na verdade, no Exemplo 1 da página 251 calculamos diretamente esta integral de linha.

Campos vetoriais livres de rotacional

O Teorema de Stokes se aplica a qualquer superfície orientada S e seu bordo C, mesmo em casos em que o bordo consiste de duas ou mais curvas. Isto é particularmente útil no estudo de campos de vetores livres de rotacional.

Exemplo 2: Uma corrente I passa ao longo do eixo-z na direção $\vec{k}$. O campo magnético induzido $\vec{B}(x, y, z)$ vale

$$\vec{B}(x, y, z) = \frac{2I}{c}\left(\frac{-y\vec{i} + x\vec{j}}{x^2 + y^2}\right),$$

onde c é a velocidade escalar da luz. No Exemplo 5 da página 253 vimos que rot $\vec{B} = \vec{0}$.

a) Calcule a circulação de $\vec{B}$ em torno do círculo C_1 no plano-xy de raio a centrado na origem e orientado em sentido anti-horário quando visto de cima.

b) Use a parte a) e o teorema de Stokes para calcular $\int_{C_2} \vec{B} \cdot d\vec{r}$, onde C_2 é a elipse $x^2 + 9y^2 = 9$ no plano $z = 2$, orientada em sentido anti-horário quando vista de cima.

Solução: a) Sobre o círculo C_1 temos $\| \vec{B} \| = 2I/(ca)$. Como $\vec{B}$ é tangente a C_1 em toda parte e aponta na direção de percurso de C_1

$$\int_{C_1} \vec{B} \cdot d\vec{r} = \int_{C_1} \left\|\vec{B}\right\| dr = \frac{2I}{ca} \cdot \text{ comprimento de } C_1 = \frac{2I}{ca} \cdot 2\pi a = \frac{4\pi I}{c}$$

b) Seja S a superfície cônica estendendo-se de C_1 a C_2 na Figura 10.28. O bordo desta superfície tem dois pedaços, $-C_2$ e C_1. A orientação de C_1 leva à orientação para fora sobre S, que nos força a escolher a orientação horária para C_2. Pelo teorema de Stokes

$$\int_S \text{rot}\, \vec{B} \cdot d\vec{A} = \int_{-C_2} \vec{B} \cdot d\vec{r} + \int_{C_1} \vec{B} \cdot d\vec{r} = -\int_{C_2} \vec{B} \cdot d\vec{r} + \int_{C_1} \vec{B} \cdot d\vec{r}.$$

Como rot$\vec{B} = \vec{0}$ temos $\int_S \text{rot}\, \vec{B} \cdot d\vec{A} = 0$ de modo que as integrais de linhas devem ser iguais:

$$\int_{C_2} \vec{B} \cdot d\vec{r} = \int_{C_1} \vec{B} \cdot d\vec{r} = \frac{4\pi I}{c}$$

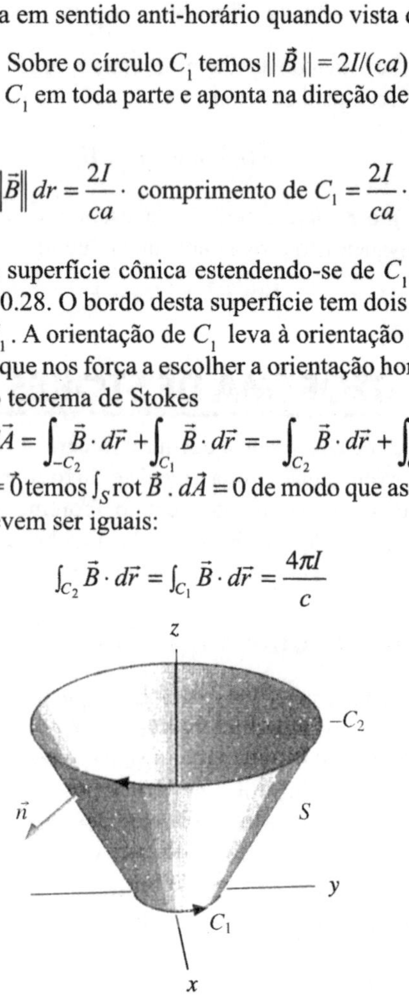

Figura 10.28: Superfície unindo C_1 e C_2, orientada de modo a satisfazer às condições do teorema de Stokes

Campos rotacionais

Um campo de vetores $\vec{F}$ se diz um *campo rotacional* se $\vec{F}$ = rot $\vec{G}$ para algum campo de vetores $\vec{G}$. Lembre que se $\vec{F}$ = grad f então f é chamada uma função potencial. Por analogia se um campo de vetores $\vec{F}$ = rot $\vec{G}$ então $\vec{G}$ é chamado um *potencial vetorial* de $\vec{F}$. O exemplo seguinte mostra que o fluxo de um campo rotacional através de uma superfície depende apenas do bordo da superfície. Isto é análogo ao fato de a integral de linha de um campo gradiente depender somente das extremidades do caminho.

Exemplo 3: Suponha que $\vec{F}$ = rot $\vec{G}$. Suponha de S_1 e S_2 são duas superfícies orientadas com o mesmo bordo C. Mostre que se S_1 e S_2 determinam a mesma orientação sobre C (como na Figura 10.29) então

$$\int_{S_1} \vec{F}\cdot d\vec{A} = \int_{S_2} \vec{F}\cdot d\vec{A}$$

Se S_1 e S_2 determinam orientações opostas sobre C então

$$\int_{S_1} \vec{F}\cdot d\vec{A} = -\int_{S_2} \vec{F}\cdot d\vec{A}$$

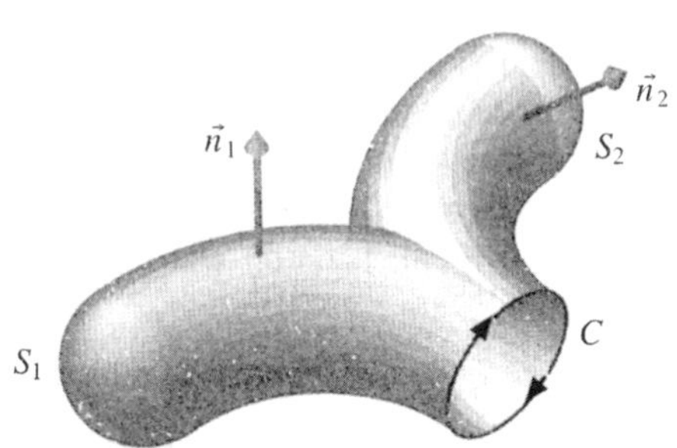

Figura 10.29: O fluxo de um rotacional é o mesmo através de duas superfícies S_1 e S_2 se elas determinam a mesma orientação sobre o bordo C

Solução: Como $\vec{F}$ = rot $\vec{G}$, pelo teorema de Stokes temos

$$\int_{S_1} \vec{F}\cdot d\vec{A} = \int_{S_1} \text{rot}\, \vec{G}\cdot d\vec{A} = \int_C \vec{G}\cdot d\vec{r}$$

e

$$\int_{S_2} \vec{F}\cdot d\vec{A} = \int_{S_2} \text{rot}\, \vec{G}\cdot d\vec{A} = \int_C \vec{G}\cdot d\vec{r}$$

Em cada caso a integral de linha à direita deve ser calculada usando a orientação determinada pela superfície. Assim as duas integrais de fluxo de $\vec{F}$ são iguais se as orientações são as mesmas e são opostas se as orientações são opostas.

Problemas para a seção 10.4

1 Você pode usar o teorema de Stokes para calcular a integral de linha $\int_C (2x\vec{i} + 2y\vec{j} + 2z\vec{k}) \cdot d\vec{r}$ onde C é o segmento de reta do ponto (1, 2, 3) ao ponto (4, 5, 6) ? Porque ou porque não ?

Nos Problemas 2–5 calcule a integral de linha dada usando o teorema de Stokes.

2 $\int_{C_2} \vec{F}\cdot d\vec{r}$ onde $\vec{F} = (z-2y)\vec{i} + (3x-4y)\vec{j} + (z+3y)\vec{k}$ e C é o círculo $x^2 + y^2 = 4$, $z = 1$, orientado em sentido anti-horário quando visto de cima.

3 $\int_C \vec{F}\cdot d\vec{r}$ onde $\vec{F} = (2x - y)\vec{i} + (x - 4y)\vec{j}$ e C é o círculo de raio 10 centrado na origem

a) No plano-xy, orientado em sentido horário quando visto do eixo-z positivo.

b) No plano-yz, orientado em sentido horário quando visto do eixo-x positivo.

4 $\int_C \vec{F}\cdot d\vec{r}$, com $\vec{F} = \vec{r} / \|\vec{r}\|^3$ onde C é o caminho consistindo dos segmentos de reta de (1, 0, 1) a (1, 0, 0) a (0, 0, 1) e de volta a (1, 0, 1).

5 Ache a circulação do campo de vetores $\vec{F} = xz\vec{i} + (x + yz)\vec{j} + x^2\vec{k}$ em torno do círculo $x^2 + y^2 = 1, z = 2$, orientado em sentido anti-horário quando visto de cima.

6 Calcule a integral de linha

$$\int_C \left(\left(yz^2 - y\right)\vec{i} + \left(xz^2 + x\right)\vec{j} + 2xyz\vec{k}\right)\cdot d\vec{r} \text{ onde } C \text{ é o}$$

círculo de raio 3 no plano-xy, centrado na origem, orientado em sentido anti-horário quando visto do eixo-z positivo. Faça-o de dois modos: a) Diretamente b) Usando o teorema de Stokes.

7 Seja S a superfície dada por $z = 1 - x^2$ para $0 \le x \le 1$ e $-2 \le y \le 2$, orientada para cima. Verifique o teorema de Stokes para $\vec{F} = xy\vec{i} + yz\vec{j} + xz\vec{k}$. Esboce a superfície S e a curva C que é bordo de S.

8 Verifique o teorema de Stokes para $\vec{F} = y\vec{i} + z\vec{j} + x\vec{k}$ e S o parabolóide $z = 1 - (x^2 + y^2)$, $z \ge 0$, orientado para cima.
[Sugestão: use coordenadas polares.]

9 Suponha que C é uma curva fechada no plano-xy, orientada em sentido anti-horário quando vista de cima.

Mostre que $\frac{1}{2}\int_C (-y\vec{i} + x\vec{j})\cdot d\vec{r}$ é igual à área da região R do plano envolta por C.

10 Os campos vetoriais $\vec{F}$ e $\vec{G}$ são esboçados nas Figuras 10.30 e 10.31. Cada campo de vetores não tem componente-z e é independente de z. Suponha que todos os eixos têm as mesmas escalas.

a) O que você pode dizer sobre div $\vec{F}$ e div $\vec{G}$ na origem ?

b) O que você pode dizer sobre rot $\vec{F}$ e rot $\vec{G}$ na origem ?

c) Existe uma superfície fechada em volta da origem tal que $\vec{F}$ tenha fluxo não nulo através dela ?

d) Repita a parte c) para $\vec{G}$.

e) Existe um curva fechada em torno da origem tal que $\vec{F}$ tem circulação não nula em torno dela ?

g) Repita a parte e) para $\vec{G}$.

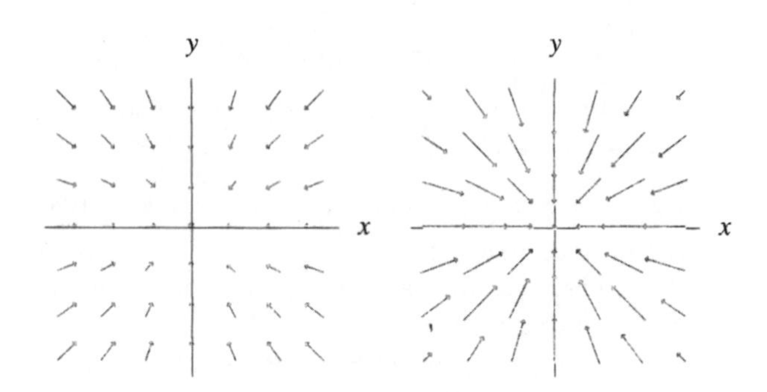

Figura 10.30: Seção de $\vec{F}$ **Figura 10.31:** Seção de $\vec{G}$

11 Use o teorema de Stokes para mostrar que $\int_S \text{rot}\,\vec{F}\cdot d\vec{A} = 0$ para qualquer superfície S que seja o bordo de uma região sólida W. Use a definição geométrica da divergência para mostrar que div rot $\vec{F} = 0$.

12 Mostre que o teorema de Green é um caso particular do teorema de Stokes.

13 Um campo vetorial $\vec{F}$ é definido em toda parte exceto sobre o eixo-z e rot $\vec{F} = \vec{0}$ em todo ponto em que $\vec{F}$ esteja definido. O que você pode dizer sobre $\int_C \vec{F}\cdot d\vec{r}$ se C é um círculo de raio 1 no plano-xy e se o centro de C é a) a origem b) o ponto (2, 0) ?

14 Calcule $\int_C \left(-z\vec{i} + y\vec{j} - x\vec{k}\right)\cdot d\vec{r}$ onde C é o círculo de raio 2 em torno do eixo-y com a orientação indicada na Figura 10.32.

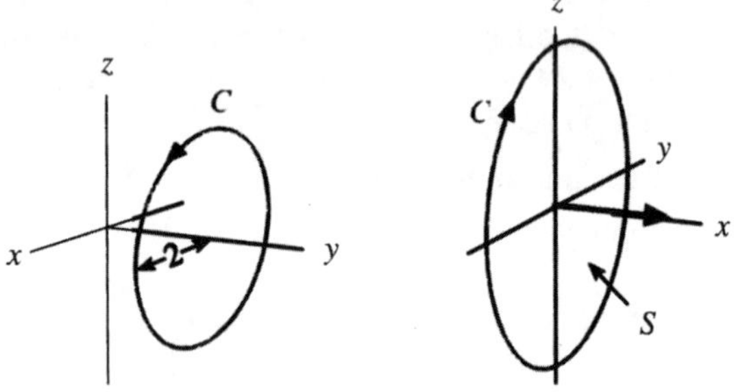

Figura 10.32 **Figura 10.33**

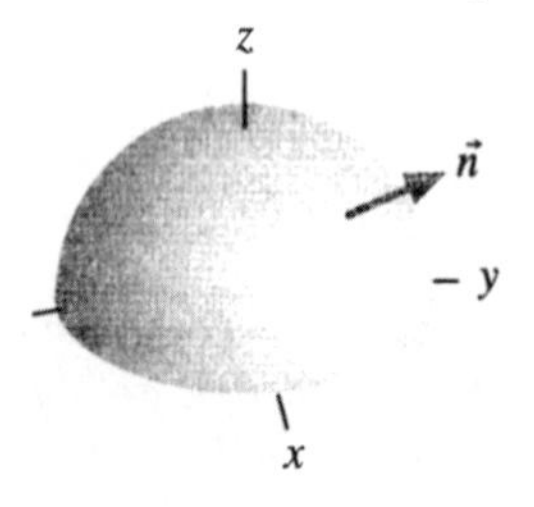

Figura 10.34

15 Seja $\vec{F} = -z\vec{j} + y\vec{k}$, seja C o círculo de raio a no plano-yz orientado em sentido horário quando visto do eixo-x positivo e seja S o disco no plano-yz cujo bordo é C, orientado na direção-x positiva. Ver Figura 10.33.

a) Calcule diretamente $\int_C \vec{F}\cdot d\vec{r}$

b) Calcule diretamente $\int_S \text{rot}\,\vec{F}\cdot d\vec{A}$.

c) As respostas nas partes a) e b) não são iguais. Explique porque isto não contradiz o teorema de Stokes.

16 Seja $\vec{F} = (8yz - z)\vec{j} + (3 - 4z^2)\vec{k}$.

a) Mostre que $\vec{G} = 4yz^2\vec{i} + 3x\vec{j} + xz\vec{k}$ é potencial vetorial para $\vec{F}$.

b) Calcule $\int_S \vec{F}\cdot d\vec{A}$ onde S é hemisfério de raio 5 mostrado na Figura 10.34, orientado para cima. [Sugestão: use o Exemplo 3 na página 258 para simplificar o cálculo.]

17 Seja $\vec{F} = -y\vec{i} + x\vec{j} + \cos(xj)\,z\vec{k}$ e seja S a superfície do hemisfério inferior de $x^2 + y^2 + z^2 = 1$, $z \le 0$, orientado por normal apontando para fora. Ache $\int_S \text{rot}\,\vec{F}\cdot d\vec{A}$

18 Água na banheira tem campo de vetores velocidade perto do ralo dado, para x, y, z em cm, por

$$\vec{F} = -\frac{y + xz}{\left(z^2+1\right)^2}\vec{i} - \frac{yz - x}{\left(z^2+1\right)^2}\vec{j} - \frac{1}{z^2+1}\vec{k} \text{ cm/seg.}$$

a) O ralo na banheira é um disco no plano-xy com centro na origem e raio 1 cm. Ache a taxa à qual a água deixa a banheira (isto é, a taxa à qual água corre através do disco). Dê unidades para sua resposta.

b) Ache a divergência de $\vec{F}$.

c) Ache o fluxo da água através do hemisfério de raio 1 centrado na origem, jazendo abaixo do plano-xy e orientado para baixo.

d) Ache $\int_C \vec{G}\cdot d\vec{r}$ onde C é o bordo do ralo, orientado em sentido horário quando visto de cima e onde

$$\vec{G} = \frac{1}{2}\left(\frac{y}{z^2+1}\vec{i} - \frac{x}{z^2+1}\vec{j} - \frac{x^2+y^2}{\left(z^2+1\right)^2}\vec{k}\right).$$

e) Calcule rot $\vec{G}$.

f) Explique porque suas respostas nas partes c) e d) são iguais.

10.5 - OS TRÊS TEOREMAS FUNDAMENTAIS

Vimos agora três versões em várias variáveis do Teorema Fundamental do Cálculo. Nesta seção examinaremos algumas conseqüências destes teoremas.

Teorema Fundamental do Cálculo para Integrais de Linha

$$\int_C \text{grad} f\cdot d\vec{r} = f(Q) - f(P).$$

Teorema de Stokes

$$\int_S \text{rot}\,\vec{F}\cdot d\vec{A} = \int_C \vec{F}\cdot d\vec{r}.$$

Teorema da divergência

$$\int_W \text{div}\,\vec{F}\cdot dV = \int_S \vec{F}\cdot d\vec{A}.$$

Observe que em cada caso a região de integração no lado direito é o bordo da região no lado esquerdo (exceto que no primeiro teorema simplesmente calculamos f nos pontos de bordo); o integrando no lado esquerdo é uma espécie de derivada do integrando na direita; ver Figura 10.35.

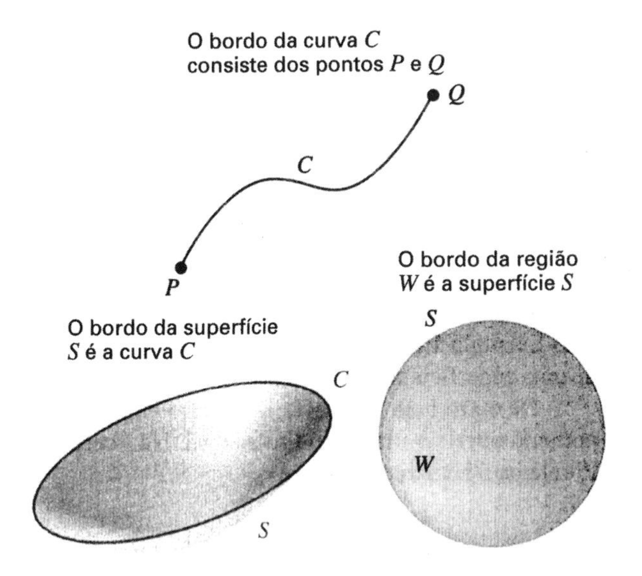

Figura 10.35: Regiões e seus bordos para os três teoremas fundamentais

O gradiente e o rotacional

Seja $\vec{F}$ um campo gradiente liso, de modo que $\vec{F} = \operatorname{grad} f$ para alguma função f. Usando o teorema fundamental para integrais de linha vimos no Capítulo 8 que

$$\int_C \vec{F} \cdot d\vec{r} = 0$$

para toda curva fechada C. Assim, para todo vetor unitário $\vec{n}$

$$\operatorname{circ}_{\vec{n}} \vec{F} = \lim_{\text{Área} \to 0} \frac{\int_C \vec{F} \cdot d\vec{r}}{\text{Área de C}} = \lim_{\text{Área} \to 0} \frac{0}{\text{Área}} = 0,$$

onde o limite é tomado sobre círculos C num plano perpendicular a $\vec{n}$ e orientados pela regra da mão direita. Assim a densidade de circulação de $\vec{F}$ é zero em qualquer direção portanto rot $\vec{F} = \vec{0}$, isto é,

$$\operatorname{rot} \operatorname{grad} \vec{f} = \vec{0}$$

(Esta fórmula pode também ser verificada usando a definição por coordenadas do rotacional. Ver Problema 15 na página 255 .)

A recíproca será verdadeira ? Qualquer campo de vetores cujo rotacional é zero é um campo gradiente? Suponha que rot $\vec{F} = 0$ e vamos considerar a integral de linha $\int_C \vec{F} \cdot d\vec{A}$ para uma curva fechada C contida no domínio de $\vec{F}$. Se C é o bordo de uma superfície orientada S que jaz inteiramente no domínio de $\vec{F}$ então o teorema de Stokes afirma que

$$\int_C \vec{F} \cdot d\vec{r} = \int_S \operatorname{rot} \vec{F} \cdot d\vec{A} = \int_S \vec{0} \cdot d\vec{A} = 0.$$

Se soubéssemos que $\int_C \vec{F} \cdot d\vec{r} = 0$ para toda curva fechada C então f seria independente do caminho e portanto um campo gradiente. Assim precisamos saber se toda curva fechada no domínio de $\vec{F}$ é o bordo de uma superfície orientada toda contida no domínio. Pode ser bastante difícil decidir se uma dada curva é o bordo de uma superfície (suponha por exemplo que a curva é um nó complicado). Porém se a curva pode ser contraída lisamente a um ponto, ficando sempre contida no domínio de $\vec{F}$ então ela é o bordo de uma superfície, da superfície varrida pela curva ao se contrair.* Assim provamos o critério para um campo gradiente que enunciamos no Capítulo 8.

> **O critério do rotacional para campos vetoriais no 3-espaço**
>
> Seja $\vec{F}$ um campo de vetores liso no 3-espaço tal que
> - O domínio de $\vec{F}$ tem a propriedade que toda curva fechada nele pode ser contraída a um ponto de modo liso, permanecendo sempre dentro do domínio.
> - rot $\vec{F} = \vec{0}$.
>
> Então $\vec{F}$ é independente do caminho e portanto é um campo gradiente.

O Exemplo 6 na página 219 mostra como se aplica o critério do rotacional.

O rotacional e a divergência

Nesta seção usaremos o segundo dos teoremas fundamentais para obter um critério para que um campo $\vec{F}$ seja um campo rotacional, isto é, da forma $\vec{F} = \operatorname{rot} \vec{G}$ para algum $\vec{G}$.

Exemplo 1: Seja $\vec{F}$ um campo rotacional liso. Use o teorema de Stokes para mostrar que para qualquer superfície fechada S contida no domínio de $\vec{F}$

$$\int_S \vec{F} \cdot d\vec{A} = 0$$

Solução: Suponhamos que $\vec{F} = \operatorname{rot} \vec{G}$. Trace uma curva fechada C sobre S, dividindo S em duas superfícies S_1 e S_2, como se vê na Figura 10.36. Escolha a orientação para C

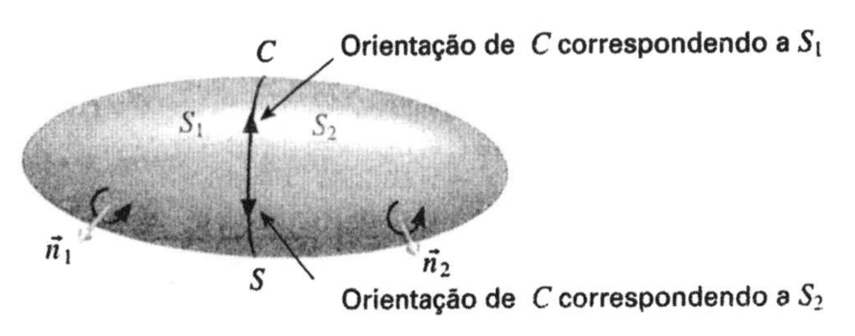

Figura 10.36: A superfície fechada S dividida em duas superfícies S_1 e S_2.

* A superfície poderia ter auto-interseções mas isto não importa para a prova do teorema de Stokes que será dada na Seção 10.6.

correspondendo a S_1; então a orientação de C correspondendo a S_2 é a oposta. Assim, usando o teorema de Stokes

$$\int_{S_1} \vec{F}\cdot d\vec{A} = \int_{S_1} \text{rot}\,\vec{G}\cdot d\vec{A} = \int_C \vec{G}\cdot d\vec{r} = -\int_{S_2} \text{rot}\,\vec{G}\cdot d\vec{A} = -\int_{S_2} \vec{F}\cdot d\vec{A}$$

Portanto, para toda superfície fechada S temos

$$\int_S \vec{F}\cdot d\vec{A} = \int_{S_1} \vec{F}\cdot d\vec{A} + \int_{S_2} \vec{F}\cdot d\vec{A} = 0.$$

Assim se $\vec{F} = \text{rot}\,\vec{G}$ usamos o resultado do Exemplo 1 para ver que

$$\text{div}\,\vec{F} = \lim_{\text{Volume}\to 0} \frac{\int_S F\cdot dA}{\text{Volume envolto por } S}$$

$$= \lim_{\text{Volume}\to 0} \frac{0}{\text{Volume}} = 0$$

onde o limite é tomado sobre esferas S que se contraem a um ponto. Assim concluímos que

$$\text{div rot}\,\vec{G} = 0.$$

(Esta fórmula pode também ser verificada usando coordenadas. Ver Problema 16 na página 255.)

Será que todo campo de vetores cuja divergência é zero é um campo rotacional ? Temos o seguinte análogo do critério do rotacional, embora não o provemos.

Critério da divergência para campos de vetores no 3-espaço

Seja $\vec{F}$ um campo de vetores liso no 3-espaço tal que

- O domínio de $\vec{F}$ tem a propriedade de toda superfície fechada nele ser o bordo de uma região sólida toda contida no domínio
- $\text{div}\,\vec{F} = 0.$

Então $\vec{F}$ é um campo rotacional.

Exemplo 2: Considere os campos de vetores

$$\vec{E} = q\frac{\vec{r}}{\|\vec{r}\|^3} \quad \text{e} \quad \vec{B} = \frac{2I}{c}\left(\frac{-y\vec{i} + x\vec{j}}{x^2+y^2}\right)$$

a) Calcule div $\vec{E}$ e div$\vec{B}$.
b) $\vec{E}$ e $\vec{B}$ satisfazem ao critério da divergência ?
c) $\vec{E}$ ou $\vec{B}$ é campo rotacional ?

Solução: a) O Exemplo 3 na página 242 mostra que div $\vec{E} = 0$. O cálculo seguinte mostra que também div $\vec{B} = 0$.

$$\text{div}\,\vec{B} = \frac{2I}{c}\left(\frac{\partial}{\partial x}\left(\frac{-y}{x^2+y^2}\right) + \frac{\partial}{\partial y}\left(\frac{x}{x^2+y^2}\right) + \frac{\partial}{\partial z}(0)\right)$$

$$= \frac{2I}{c}\left(\frac{2xy}{(x^2+y^2)^2} + \frac{-2yx}{(x^2+y^2)^2}\right) = 0.$$

b) O domínio de $\vec{E}$ é o 3-espaço menos a origem, de modo que uma região está contida no domínio se não contém a origem. Assim a superfície de uma esfera centrada na origem está contida no domínio de E mas a bola sólida dentro dela não. Portanto $\vec{E}$ não satisfaz ao critério da divergência.

O domínio de $\vec{B}$ é o 3-espaço menos o eixo-z, de modo que uma região está contida no domínio de $\vec{B}$ se não encontra o eixo-z. Se S é uma superfície limitando uma região sólida W então o eixo-z não pode furar W sem furar S também. Portando se S evita o eixo-z o mesmo se dá com W. Assim $\vec{B}$ satisfaz ao critério da divergência.

c) No Exemplo 3 da página 247 calculamos o fluxo de $\vec{r}/\|\vec{r}\|^3$ através de uma esfera centrada na origem e achamos que valia 4π, de modo que o fluxo de $\vec{E}$ através desta esfera é $4\pi q$. Portanto $\vec{E}$ não pode ser um campo rotacional, porque pelo Exemplo 1 o fluxo de um campo rotacional através de uma superfície fechada é zero.

De outro lado $\vec{B}$ satisfaz ao critério da divergência portanto deve ser um campo rotacional. Na verdade, o Problema 5 abaixo mostra que

$$\vec{B} = \text{rot}\left(\frac{-I}{c}\ln\left(x^2+y^2\right)\vec{k}\right).$$

Problemas para a Seção 10.5

Qual dos campos de vetores nos Problemas 1–2 é um campo gradiente ?

1 $\vec{F} = yz\vec{i} + (xz + z^2)\vec{j} + (xy + 2yz)\vec{k}$

2 $\vec{G} = -y\vec{i} + x\vec{j}$

3 Seja $\vec{B} = b\vec{k}$ para alguma constante b. Mostre que os campos seguintes são todos possíveis potenciais vetoriais para $\vec{B}$: a) $\vec{A} = -by\vec{i}$ b) $\vec{A} = bx\vec{j}$ c) $\vec{A} = \frac{1}{2}\vec{B}\times\vec{r}$.

4 Ache um potencial vetorial para o campo vetorial constante $\vec{B}$ cujo valor em cada ponto é $\vec{b}$.

5 Mostre que $\vec{A} = \frac{-I}{c}\ln(x^2+y^2)\,\vec{k}$ é um potencial vetorial para $\vec{B} = \frac{2I}{c}\left(\frac{-y\vec{i} + x\vec{j}}{x^2+y^2}\right)$.

6 Existe algum campo de vetores $\vec{G}$ tal que rot $\vec{G} = y\vec{i} + x\vec{j}$? Como sabe ?

Para cada um dos campos de vetores nos Problemas 7–8 determine se existe um potencial vetorial. Se sim, ache um.

7 $\vec{F} = 2x\vec{i} + (3y - z^2)\vec{j} + (x - 5z)\vec{k}$

8 $\vec{G} = x^2\vec{i} + y^2\vec{j} + z^2\vec{k}$

9 Uma carga elétrica q na origem produz um campo elétrico

$\vec{E} = q\vec{r} / \| \vec{r} \|^3$.

a) Vale rot $\vec{E} = \vec{0}$?

b) $\vec{E}$ satisfaz ao critério do rotacional ?

c) $\vec{E}$ é um campo gradiente ?

10 Seja c a velocidade escalar da luz. Um fio fino ao longo do eixo-z carregando uma corrente I produz um campo magnético

$$\vec{B} = \frac{2I}{c}\left(\frac{-y\vec{i} + x\vec{j}}{x^2 + y^2}\right).$$

a) Vale rot $\vec{B} = \vec{0}$?

b) $\vec{B}$ satisfaz ao critério do rotacional ?

c) $\vec{B}$ é um campo gradiente ?

11 Para p constante considere o campo de vetores $\vec{E} = \dfrac{\vec{r}}{\|\vec{r}\|^p}$

a) Ache rot $\vec{E}$.

b) Ache o domínio de $\vec{E}$.

c) Para quais valores de p $\vec{E}$ satisfaz ao critério do rotacional ? Para tais valores de p ache uma função potencial para $\vec{E}$.

12 O campo magnético $\vec{B}$ devido a um dipolo magnético com momento $\vec{\mu}$ satisfaz div $\vec{B} = 0$ e é dado por

$$\vec{B} = -\frac{\vec{\mu}}{\|\vec{r}\|^3} + \frac{3(\vec{u}\cdot\vec{r})\vec{r}}{\|\vec{r}\|^5}, \quad \vec{r} \neq \vec{0}.$$

a) $\vec{B}$ satisfaz ao critério da divergência ?

b) Mostre que um potencial vetorial para $\vec{B}$ é dado por

$$\vec{A} = \frac{\mu \times \vec{r}}{\|\vec{r}\|^3}$$

[Sugestão: use o Problema 17 na página 255. As identidades no Exemplo 3 da página 252, o Problema 19 da página 78 e o Problema 24 na página 53 também podem ser úteis.]

c) Sua resposta na parte

a) contradiz sua resposta na parte b) ? Explique.

13 Seja $\vec{A}$ um potencial vetorial para $\vec{B}$.

a) Mostre que $\vec{A}$ + grad ψ é também um potencial vetorial para $\vec{B}$ para qualquer função ψ com derivadas parciais de segunda ordem contínuas. (Os potenciais vetoriais $\vec{A}$ e $\vec{A}$ + grad ψ são ditos *equivalentes por gauge* e a transformação, para qualquer ψ, de $\vec{A}$ para $\vec{A}$ + grad ψ chama-se uma *transformação de gauge*.)

b) Qual é a divergência de $\vec{A}$ + grad ψ ? Como deveriámos escolher ψ para que $\vec{A}$ + grad ψ tenha divergência zero? (Se div $\vec{A} = 0$ o potencial vetorial magnético $\vec{A}$ se diz estar no *gauge de Coulomb*.)

A condição no critério do rotacional em dimensão 3 sobre contração de curvas pode ser enunciado mais precisamente como segue. Dizemos que uma curva C e *lisamente contraível* a um ponto P se existe uma família de curvas fechadas parametrizadas C_s. $0 \leq s \leq 1$ com parametrizações

$$\vec{r} = \vec{r}_s(t), \quad a \leq t \leq b,$$

tal que C_0 é a curva original e C_1 é o ponto P. (Assim, quando s se move de 0 para 1, a curva C_s se encolhe de C a P; imagine um desenho animado que no tempo s mostra C_s.) Exigimos que $\vec{r}_s(t)$ seja lisa como função das duas variáveis s e t. Observe que, como as curvas C_s são fechadas devemos ter $\vec{r}_s(a) = \vec{r}_s(b)$ para todo s. E a condição do critério do rotacional é que toda curva fechada no domínio de $\vec{F}$ seja lisamente contraível a um ponto de tal modo que C_s esteja no domínio de $\vec{F}$ para todo s. Os Problemas 14–16 usam estas idéias.

14 Seja C um círculo de raio 1 no plano-xy, centrado na origem. Descreva uma família de curvas C_s que contrai lisamente C à origem.

15 Mostre que toda curva C lisamente parametrizada no 3-espaço pode ser lisamente contraída a um ponto qualquer P. [Sugestão: contraia ao longo de retas unindo os pontos de C a P.]

16 Se C é uma curva fechada que é lisamente contraível a um ponto P, mostre que C é o bordo de uma superfície S que é lisamente parametrizada por um retângulo (S pode ter auto-interseções). [Sugestão: use as duas variáveis s e t para parametrizar a superfície.]

10.6 - PROVA DO TEOREMA DA DIVERGÊNCIA E DO TEOREMA DE STOKES

Nesta seção damos provas do teorema da divergência e do teorema de Stokes usando as definições em coordenadas cartesianas.

Prova de teorema da divergência

Para o teorema da divergência usamos o mesmo procedimento que usamos para o teorema de Green; primeiro provar para regiões retangulares, depois usar a fórmula de mudança de variáveis para prová-lo para regiões parametrizadas por regiões retangulares, e finalmente grudar tais regiões para formar regiões gerais.

Prova para sólidos retangulares com lados paralelos aos eixos

Considere um campo de vetores liso $\vec{F}$ definido sobre o sólido retangular $V: a \leq x \leq b, c \leq y \leq d, e \leq z \leq f$. (Ver Figura 10.37.) Começamos por calcular o fluxo de $\vec{F}$ através das duas faces de $\vec{V}$ perpendiculares ao eixo-x, A_1 e A_2, as duas orientadas para fora:

$$\int_{A_1} \vec{F}\cdot d\vec{A} + \int_{A_2} \vec{F}\cdot d\vec{A} =$$

$$= -\int_e^f \int_c^d F_1(a,y,z)\,dydz + \int_e^f \int_c^d F_1(b,y,z)\,dydz$$

$$= \int_e^f \int_c^d \left(F_1(b,y,z) - F_1(a,y,z)\right) dydz.$$

Pelo teorema fundamental do Cálculo

$$F_1(b,y,z) - F_1(a,y,z) = \int_a^b \frac{\partial F_1}{\partial x}\,dx,$$

e assim

$$\int_{A_1} \vec{F}\cdot d\vec{A} + \int_{A_2} \vec{F}\cdot d\vec{A} = \int_e^f \int_c^d \int_a^b \frac{\partial F_1}{\partial x}\,dxdydz = \int_V \frac{\partial F_1}{\partial x}\,dV.$$

Por argumento semelhante

$$\int_{A_3} \vec{F}\cdot d\vec{A} + \int_{A_4} \vec{F}\cdot d\vec{A} = \int_V \frac{\partial F_2}{\partial y}\,dV$$

e

$$\int_{A_5} \vec{F}\cdot d\vec{A} + \int_{A_6} \vec{F}\cdot d\vec{A} = \int_V \frac{\partial F_3}{\partial z}\,dV.$$

Somando temos

$$\int_A \vec{F}\cdot d\vec{A} = \int_V \left(\frac{\partial F_1}{\partial x} + \frac{\partial F_2}{\partial y} + \frac{\partial F_3}{\partial z}\right) dV = \int_V \operatorname{div} \vec{F}\,dV.$$

Este é o teorema da divergência para a região V.

Prova para regiões parametrizadas por sólidos retangulares

Suponhamos que se tenha uma mudança de coordenadas lisa

$$x = x(s,t,u), \quad y = y(s,t,u), \quad z = z(s,t,u).$$

Considere um sólido curvo V no espaço-xyz correspondendo a um sólido retangular W no espaço-stu. Ver Figura 10.38. Supomos que a mudança de coordenadas é um-a-um no interior de W e que seu determinante jacobiano é positivo em W. Provamos o teorema da divergência para V usando o teorema para W.

Seja A o bordo de V. Para provar o teorema da divergência para V devemos mostrar que

$$\int_A \vec{F}\cdot d\vec{A} = \int_V \operatorname{div} \vec{F}\,dV.$$

Primeiro expressamos o fluxo através de A como integral de fluxo no espaço-stu sobre S, o bordo da região retangular W. Em notação vetorial a mudança de coordenadas é

$$\vec{r} = \vec{r}\,(s,t,u) = x(s,t,u)\vec{i} + y(s,t,u)\vec{i} + z(s,t,u)\vec{k}.$$

A face A_1 de V é parametrizada por

$$\vec{r} = \vec{r}\,(a,t,u), \qquad c \le t \le d,\ e \le u \le f,$$

de modo que nesta face

$$d\vec{A} = \pm \frac{\partial \vec{r}}{\partial t} \times \frac{\partial \vec{r}}{\partial u}.$$

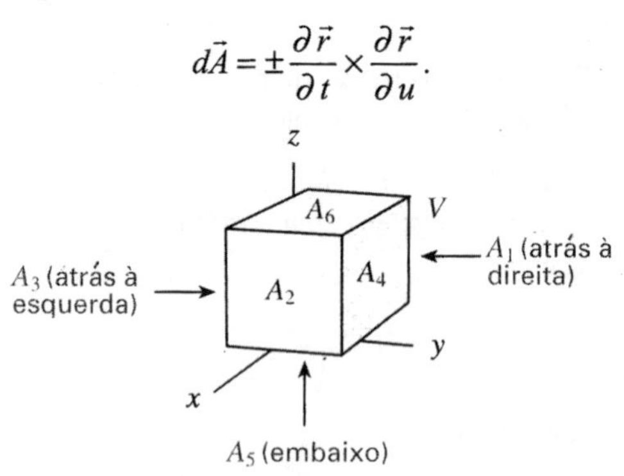

Figura 10.37: Sólido retangular V no espaço-xyz

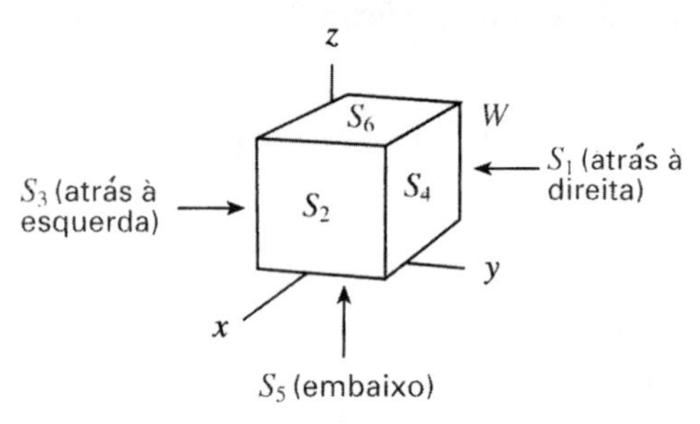

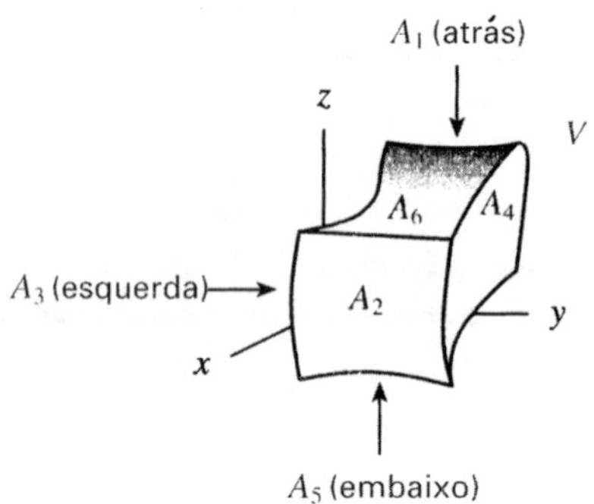

Figura 10.38: Sólido retangular W no espaço-stu é o correspondente sólido curvo V no espaço-xyz

Na verdade, para que $d\vec{A}$ aponte para fora devemos escolher o sinal negativo.(O Problema 3 na página 266 mostra que isto segue do fato de ser positivo o determinante jacobiano.) Assim, se S_1 é a face $s = a$ de W,

$$\int_{A^1} \vec{F}\cdot d\vec{A} = -\int_{S_1} \vec{F}\,\frac{\partial \vec{r}}{\partial t} \times \frac{\partial \vec{r}}{\partial u}\,dtdu,$$

O elemento de área apontado para fora em S_1 é $d\vec{S} = -\vec{i}\,dt\,du$. Portanto se escolhermos um campo de vetores $\vec{G}$ no espaço-stu cuja componente na direção-s é

$$G_1 = \vec{F}\cdot \frac{\partial \vec{r}}{\partial t} \times \frac{\partial \vec{r}}{\partial u},$$

temos

$$\int_{A^1} \vec{F}\cdot d\vec{A} = -\int_{S_1} \vec{G}\cdot d\vec{S}$$

Analogamente se definirmos as componentes de $\vec{G}$ por

$$G_2 = \vec{F}\cdot \frac{\partial \vec{r}}{\partial u} \times \frac{\partial \vec{r}}{\partial s} \text{ e } G_3 = \vec{F}\cdot \frac{\partial \vec{r}}{\partial s} \times \frac{\partial \vec{r}}{\partial t},$$

então

$$\int_{A^i} \vec{F} \cdot d\vec{A} = -\int_{S_i} \vec{G} \cdot d\vec{S}, i = 2, \ldots, 6$$

(Ver Problema 4.) Somando as integrais em todas as faces obtemos

$$\int_A \vec{F} \cdot d\vec{A} = \int_S \vec{G} \cdot d\vec{S}.$$

Como já provamos o teorema da divergência para a região retangular W temos

$$\int_S \vec{G} \cdot d\vec{S} = \int_W \operatorname{div} \vec{G}\, dW,$$

onde

$$\operatorname{div} \vec{G} = \frac{\partial G_1}{\partial s} + \frac{\partial G_2}{\partial t} + \frac{\partial G_3}{\partial u}.$$

Os Problemas 5 e 6 na página 266 mostram que

$$\frac{\partial G_1}{\partial s} + \frac{\partial G_2}{\partial t} + \frac{\partial G_3}{\partial u} = \left| \frac{\partial(x,y,z)}{\partial(s,t,u)} \right| \left(\frac{\partial F_1}{\partial x} + \frac{\partial F_2}{\partial y} + \frac{\partial F_3}{\partial z} \right).$$

Então, pela fórmula de mudança de variáveis em três variáveis na página 153,

$$\int_V \operatorname{div} \vec{F}\, dV = \int_V \left(\frac{\partial F_1}{\partial x} + \frac{\partial F_2}{\partial y} + \frac{\partial F_3}{\partial z} \right) dxdydz$$

$$= \int_W \left(\frac{\partial F_1}{\partial x} + \frac{\partial F_2}{\partial y} + \frac{\partial F_3}{\partial z} \right) \left| \frac{\partial(x,y,z)}{\partial(s,t,u)} \right| dsdtdu$$

$$= \int_W \left(\frac{\partial G_1}{\partial s} + \frac{\partial G_2}{\partial t} + \frac{\partial G_3}{\partial u} \right) dsdtdu = \int_W \operatorname{div} \vec{G}\, dW$$

Em resumo, mostramos que

$$\int_A \vec{F} \cdot d\vec{A} = \int_S \vec{G} \cdot d\vec{S}$$

e

$$\int_V \operatorname{div} \vec{F}\, dV = \int_W \operatorname{div} \vec{G}\, dW.$$

Pelo teorema da divergência para sólidos retangulares os segundos membros destas equações são iguais, de modo que os primeiros membros também são iguais. Isto prova o teorema da divergência para a região curva V.

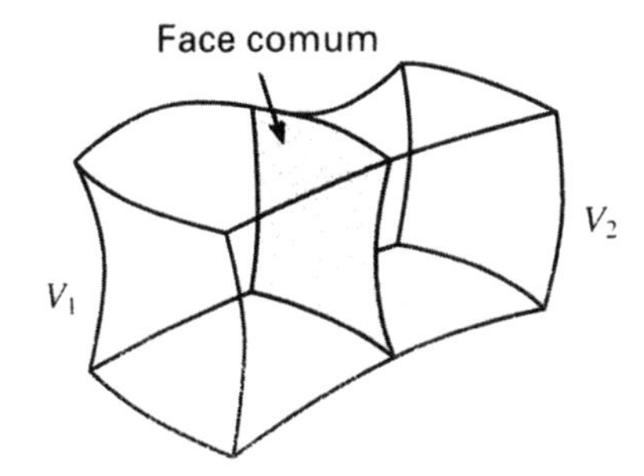

Figura 10.39: Região V formada colando V_1 e V_2

Colar regiões

Como na prova do teorema de Green, provamos o teorema da divergência para regiões mais gerais colando regiões menores ao longo de faces comuns. Suponha que a região sólida V é formada colando os sólidos V_1 e V_2 ao longo de uma face comum, como na Figura 10.39.

A superfície A que limita V é formada juntando as superfícies A_1 e A_2 que limitam V_1 e V_2 e depois apagando a face comum. A integral do fluxo para fora de um campo de vetores $\vec{F}$ através de A_1 inclui a integral sobre a face comum, e a integral do fluxo para fora através de A_2 inclui a integral sobre a mesma face mas orientada na direção oposta. Assim quando somamos as integrais as contribuições vindas da face comum se cancelam, e obtemos o fluxo integral através de A. Assim

$$\int_A \vec{F} \cdot d\vec{A} = \int_{A_1} \vec{F} \cdot d\vec{A} + \int_{A_2} \vec{F} \cdot d\vec{A}.$$

Mas temos também

$$\int_V \operatorname{div} \vec{F}\, dV = \int_{V_1} \operatorname{div} \vec{F}\, dV + \int_{V_2} \operatorname{div} \vec{F}\, dV.$$

Portanto o teorema da divergência para V segue do teorema da divergência para V_1 e V_2. Assim provamos o teorema da divergência para qualquer região obtida colando regiões que possam ser parametrizadas lisamente por sólidos retangulares.

Exemplo 1: Seja V a bola esférica de raio 2 centrada na origem, com uma bola concêntrica de raio 1 removida.. Usando coordenadas esféricas mostre que a prova do teorema da divergência que acabamos de dar se aplica a V.

Solução: Cortamos V em dois hemisférios escavados como W mostrado na Figura 10.40. Em coordenadas esféricas W é $1 \le \rho \le 2, 0 \le \phi \le \pi, 0 \le \theta \le \pi$. Cada face deste sólido se torna parte do bordo de W. As faces $\rho = 1$ e $\rho = 2$ se transformam nas superfícies hemisféricas interior e exterior que são parte do bordo de W. As faces $\theta = 0$ e $\theta = \pi$ se transformam nas duas metades da parte plana do bordo de W. As faces $\phi = 0$ e $\phi = \pi$ são levadas em segmentos de reta ao longo do eixo-z. Podemos formar V colando duas região sólidas como W ao longo das superfícies planas em que θ = constante.

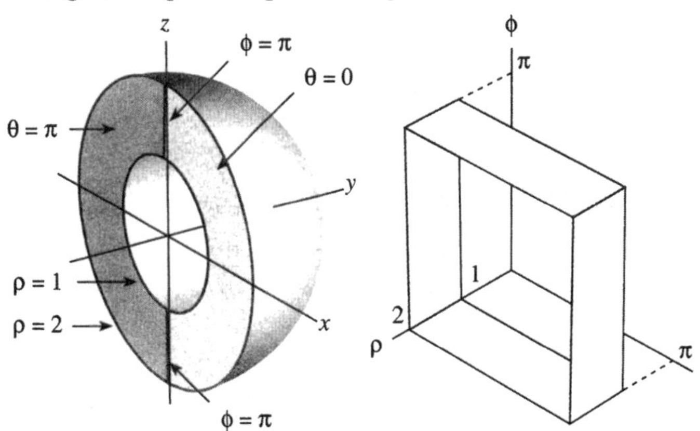

Figura 10.40: O hemisfério oco W e a correspondente região retangular no espaço – $\rho\theta\phi$

Prova do teorema de Stokes

Considere uma superfície orientada A, cujo bordo é a curva B. Queremos provar o teorema de Stokes

$$\int_A \operatorname{rot}\vec{F}\cdot d\vec{A} = \int_B \vec{F}\cdot d\vec{r}.$$

Supomos que A tem uma parametrização lisa $\vec{r} = \vec{r}(s, t)$ de modo que A corresponde a uma região R do plano-st e B corresponde ao bordo C de R. Ver Figura 10.41. Provamos o teorema de Stokes para a superfície A e um campo de vetores $\vec{F}$ expressando as integrais de ambos os lados do teorema em termos de s e t, usando o teorema de Green no plano-st.

Primeiro transformamos a integral $\int_B \vec{F}\cdot d\vec{r}$ numa integral de linha em torno de C:

$$\int_B \vec{F}\cdot d\vec{r} = \int_C \vec{F}\cdot\frac{\partial\vec{r}}{\partial s}\,ds + \vec{F}\cdot\frac{\partial\vec{r}}{\partial t}\,dt.$$

Assim se definirmos um campo de vetores $\vec{G}$ em dimensão 2 no plano-st por

$$G_1 = \vec{F}\cdot\frac{\partial\vec{r}}{\partial s} \text{ e } G_2 = \vec{F}\cdot\frac{\partial\vec{r}}{\partial t},$$

então

$$\int_B \vec{F}\cdot d\vec{r} = \int_C \vec{G}\cdot d\vec{s},$$

usando $\vec{s}$ para denotar o vetor de posição no plano-st.

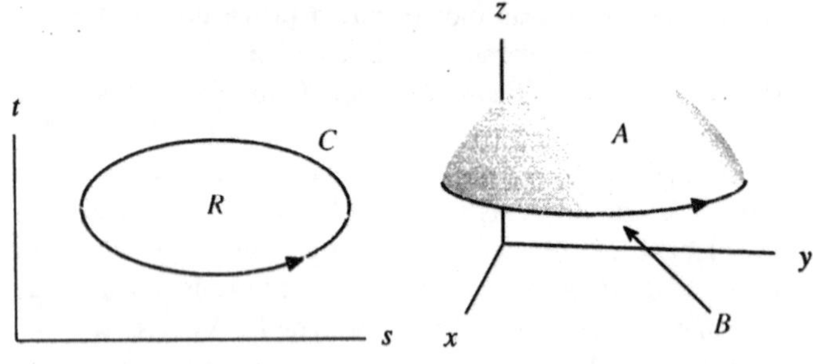

Figura 10.41: Uma região R no plano-st e a correspondente superfície A no espaço-xyz; a curva C corresponde ao bordo B

E o que dizer sobre a integral de fluxo $\int_A \operatorname{rot}\vec{F}\cdot d\vec{A}$ que ocorre no outro membro no teorema de Stokes ? Em termos da parametrização

$$\int_A \operatorname{rot}\vec{F}\cdot d\vec{A} = \int_R \operatorname{rot}\vec{F}\cdot\frac{\partial\vec{r}}{\partial s}\times\frac{\partial\vec{r}}{\partial t}\,dsdt.$$

No Problema 7 da página 267 mostramos que

$$\operatorname{rot}\vec{F}\cdot\frac{\partial\vec{r}}{\partial s}\times\frac{\partial\vec{r}}{\partial t} = \frac{\partial G_2}{\partial s} - \frac{\partial G_1}{\partial t}.$$

Donde

$$\int_A \operatorname{rot}\vec{F}\cdot d\vec{A} = \int_R \left(\frac{\partial G_2}{\partial s} - \frac{\partial G_1}{\partial t}\right) dsdt.$$

Já vimos que

$$\int_B \vec{F}\cdot d\vec{r} = \int_C \vec{G}\cdot d\vec{s}.$$

Pelo teorema de Green os segundos membros das duas últimas equações são iguais. Portanto também os primeiros membros são iguais , o que é o que tínhamos que demonstrar para o teorema de Stokes.

Problemas para a Seção 10.6

1 Seja W um cilindro sólido circular ao longo do eixo-z com um cilindro concêntrico menor removido. Parametrize W por um sólido retangular no espaço-$r\,\theta\,z$, onde r, θ , z são coordenadas cilíndricas

2 Nesta seção provamos o teorema da divergência usando a definição por coordenadas da divergência. Agora usamos o teorema da divergência para mostrar que a definição por coordenadas é a mesma que a geométrica. Seja $\vec{F}$ liso numa vizinhança de (x_0, y_0, z_0) e seja U_R a bola de raio R com centro (x_0, y_0, z_0). Seja m_R o valor mínimo de div $\vec{F}$ sobre U_R e seja M_R o valor máximo.

a) Seja S_R a esfera que limita U_R . Mostre que

$$m_R \le \frac{\int_{S_R}\vec{F}\cdot d\vec{A}}{\text{Volume de } U_R} \le M_R.$$

b) Explique porque podemos concluir que

$$\lim_{R\to 0}\frac{\int_{S_R}\vec{F}\cdot d\vec{A}}{\text{Volume de } U_R} = \operatorname{div}\vec{F}(x_0, y_0, z_0).$$

c) Explique porque a afirmação na parte b) permanece verdadeira se substituirmos U_R por um cubo de lado R centrado em (x_0, y_0, z_0).

Os Problemas 3–6 preenchem os detalhes da prova do teorema da divergência.

3 A Figura 10.38 na página 262 mostra a região sólida V no espaço-xyz parametrizada por um sólido retangular W no espaço-stu usando a mudança de coordenadas

$$\vec{r} = \vec{r}(s, t, u), \quad a \le s \le b, \quad c \le t \le d, \quad e \le u \le f.$$

Suponha que $\frac{\partial\vec{r}}{\partial s}\cdot\left(\frac{\partial\vec{r}}{\partial t}\times\frac{\partial\vec{r}}{\partial u}\right)$ é positivo.

a) Seja A_1 a face de V correspondendo à face $s = a$ de W. Mostre que $\frac{\partial\vec{r}}{\partial s}$, se não for zero, aponta para dentro de W.

b) Mostre que $-\frac{\partial\vec{r}}{\partial t}\times\frac{\partial\vec{r}}{\partial u}$ é normal a A_1 apontando para fora.

c) Ache uma normal a A_2 apontando para fora, A_2 a face de V em que $s = b$.

4 Mostre que para as outras cinco faces do sólido V na prova do teorema da divergência (ver página 262):

$$\int_A \vec{F}\cdot d\vec{A} = \int_{S_i} \vec{G}\cdot d\vec{S},\quad i=2,3,4,5,6.$$

5 Suponha que $\vec{F}$ é um campo de vetores e que $\vec{a}$, $\vec{b}$ e $\vec{c}$ são vetores. Neste problema provamos a fórmula

$$\text{grad}\,(\vec{F}\cdot\vec{b}\times\vec{c})\cdot\vec{a} + \text{grad}\,(\vec{F}\cdot\vec{c}\times\vec{a})\cdot\vec{b} + \text{grad}\,(\vec{F}\cdot\vec{a}\times\vec{b})\cdot\vec{c} = (\vec{a}\cdot\vec{b}\times\vec{c})\,\text{div}\,\vec{F}.$$

a) Interpretando a divergência como densidade de fluxo explique porque a fórmula faz sentido. [Sugestão: considere o fluxo para fora de um pequeno paralelepípedo de arestas paralelas a $\vec{a}, \vec{b}, \vec{c}$.]

b) Diga quantos termos existem na expansão do primeiro membro da fórmula em coordenadas cartesianas sem efetuar a expansão.

c) Escreva todos os termos no primeiro membro que contêm $\partial F_1 / \partial x$. Mostre que a soma destes termos é

$$\vec{a}\cdot\vec{b}\times\vec{c}\,\frac{\partial F_1}{\partial x}.$$

d) Escreva todos os termos que contêm $\partial F_1 / \partial y$. Mostre que sua soma é zero.

e) Explique como as expressões envolvendo as outras sete derivadas parciais vão funcionar e como isto mostra que a fórmula vale.

6 Seja $\vec{F}$ um campo de vetores liso no 3-espaço e seja

$$x = x(s,t,u),\qquad y = y(s,t,u),\qquad z = z(s,t,u)$$

uma mudança de variáveis lisa que escreveremos em forma vetorial como

$$\vec{r} = \vec{r}(s,t,u) = x(s,t,u)\vec{i} + y(s,t,u)\vec{j} + z(s,t,u)\vec{k}.$$

Defina um campo de vetores $\vec{G} = (G_1, G_2, G_3)$ no espaço-*stu* por

$$G_1 = \vec{F}\cdot\frac{\partial\vec{r}}{\partial t}\times\frac{\partial\vec{r}}{\partial u}\qquad G_2 = \vec{F}\cdot\frac{\partial\vec{r}}{\partial u}\times\frac{\partial\vec{r}}{\partial s}$$

$$G_3 = \vec{F}\cdot\frac{\partial\vec{r}}{\partial s}\times\frac{\partial\vec{r}}{\partial t}.$$

a) Mostre que

$$\frac{\partial G_1}{\partial s} + \frac{\partial G_2}{\partial t} + \frac{\partial G_3}{\partial u}$$

$$= \frac{\partial\vec{F}}{\partial s}\cdot\frac{\partial\vec{r}}{\partial t}\times\frac{\partial\vec{r}}{\partial u} + \frac{\partial\vec{F}}{\partial t}\cdot\frac{\partial\vec{r}}{\partial u}\times\frac{\partial\vec{r}}{\partial s} + \frac{\partial\vec{F}}{\partial u}\cdot\frac{\partial\vec{r}}{\partial s}\times\frac{\partial\vec{r}}{\partial t}.$$

b) Seja $\vec{r}_0 = \vec{r}(s_0, t_0, u_0)$ e sejam

$$\vec{a} = \frac{\partial\vec{r}}{\partial s}(\vec{r}_0),\quad \vec{b} = \frac{\partial\vec{r}}{\partial t}(\vec{r}_0),\quad \vec{c} = \frac{\partial\vec{r}}{\partial u}(\vec{r}_0).$$

Use a regra da cadeia para mostrar que

$$\left.\left(\frac{\partial G_1}{\partial s} + \frac{\partial G_2}{\partial t} + \frac{\partial G_3}{\partial u}\right)\right|_{\vec{r}=\vec{r}_0}$$

$$= \text{grad}\,(\vec{F}\cdot\vec{b}\times\vec{c})\cdot\vec{a} + \text{grad}\,(\vec{F}\cdot\vec{c}\times\vec{a})\cdot\vec{b} + \text{grad}\,(\vec{F}\cdot\vec{a}\times\vec{b})\cdot\vec{c}.$$

c) Use o Problema 5 para mostrar que

$$\frac{\partial G_1}{\partial s} + \frac{\partial G_2}{\partial t} + \frac{\partial G_3}{\partial u} = \left|\frac{\partial(x,y,z)}{\partial(s,t,u)}\right|\left(\frac{\partial F_1}{\partial x} + \frac{\partial F_2}{\partial y} + \frac{\partial F_3}{\partial z}\right).$$

7 Este problema completa a prova do teorema de Stokes. Seja $\vec{F}$ um campo de vetores liso no 3-espaço e seja S uma superfície parametrizada por $\vec{r} = \vec{r}(s,t)$. Seja $\vec{r}_0 = \vec{r}(s_0, t_0)$ um ponto fixado sobre S. Definimos um campo de vetores no espaço-*st* como na página 266:

$$G_1 = \vec{F}\cdot\frac{\partial\vec{r}}{\partial s}\qquad G_2 = \vec{F}\cdot\frac{\partial\vec{r}}{\partial t}.$$

a) Sejam $\vec{a} = \dfrac{\partial\vec{r}}{\partial s}(\vec{r}_0)$ e $\vec{b} = \dfrac{\partial\vec{r}}{\partial t}(\vec{r}_0)$. Mostre que

$$\frac{\partial G_1}{\partial t}(\vec{r}_0) - \frac{\partial G_2}{\partial s}(\vec{r}_0) = \text{grad}\,(\vec{F}\cdot a)\cdot\vec{b} - \text{grad}\,(\vec{F}\cdot b)\cdot\vec{a}.$$

b) Use o problema 27 da página 255 para mostrar que

$$\text{rot}\,\vec{F}\cdot\frac{\partial\vec{r}}{\partial s}\times\frac{\partial\vec{r}}{\partial t} = \frac{\partial G_2}{\partial s} - \frac{\partial G_1}{\partial t}.$$

Problemas de revisão para o Capítulo 10

1 Use a definição geométrica de divergência para achar div $\vec{v}$ na origem, onde $\vec{v} = -2\vec{r}$. Verifique que obtém o mesmo resultado usando a definição em coordenadas cartesianas.

2 Você pode calcular a integral de fluxo no problema 12 da página 238 por aplicação do teorema da divergência ? Porque ou porque não ?

3 Se V é um volume envolto por uma superfície fechada S, mostre que $\frac{1}{3}\int_S \vec{r}\cdot d\vec{A} = V$.

4 Use o Problema 3 para calcular o volume da esfera de raio R, dado que a área da superfície é $4\pi R^2$.

5 Use o Problema 3 para calcular o volume do cone de base de raio b e altura h. [Sugestão: coloque o cone com a ponta para baixo e seu eixo ao longo do eixo-z positivo.]

6 a) Ache o fluxo do campo de vetores $\vec{F} = 2x\vec{i} - 3y\vec{j} + 5z\vec{k}$ através de uma caixa com quatro de seus vértices nos pontos (a, b, c), $(a+w, b, c)$, $a, b+w, c)$, $(a, b, c+w)$ e comprimento de aresta w. Ver Figura 10.42.

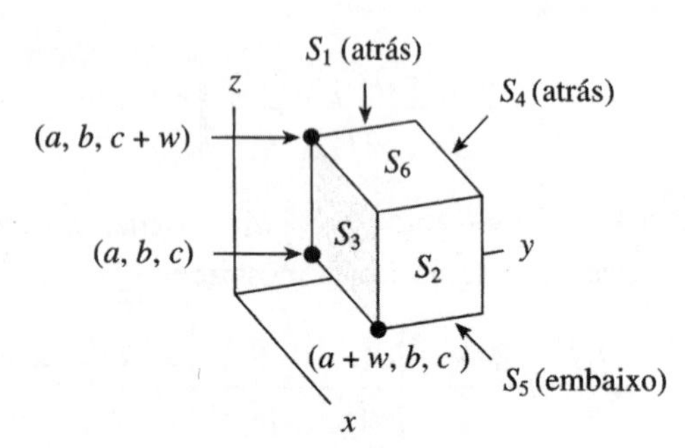

Figura 10.42

b) Use a definição geométrica e a parte a) para achar div $\vec{F}$ no ponto (a, b, c).

c) Ache div $\vec{F}$ usando derivadas parciais.

7 Seja $\vec{F} = (3x + 2)\vec{i} + 4x\vec{j} + (5x + 1)\vec{k}$. Use o método do Problema 6 para achar div $\vec{F}$ no ponto (a, b, c) por dois métodos diferentes.

8 Calcule a integral de fluxo $\int_S \left(x^3\vec{i} + 2y\vec{j} + 3\vec{k}\right)\cdot d\vec{A}$, onde S é a superfície retangular $2 \times 2 \times 2$ centrada na origem, orientada para fora. Faça isto de dois modos:

a) Diretamente

b) Por meio do teorema da divergência

As afirmações nos Problemas 9—16 são verdadeiras ou falsas ? Suponha que $\vec{F}$ e $\vec{G}$ são campos de vetores lisos no 3-espaço. Explique sua resposta.

9 rot $\vec{F}$ é um campo de vetores

10 grad (fg) = (grad f) · (grad g)

11 div $(\vec{F} + \vec{G})$ = div $\vec{F}$ + div $\vec{G}$

12 grad $(\vec{F} \cdot \vec{G}) = \vec{F}$ (div $\vec{G}$) + (div $\vec{F}$)$\vec{G}$

13 rot $(f\vec{G})$ = (grad f) $\times \vec{G} + f$(rot $\vec{G}$)

14 div$\vec{F}$ é um escalar cujo valor pode variar de ponto a ponto.

15 Se $\int_S \vec{F}\cdot d\vec{A} = 12$ e S é um disco plano de área 4π então div $\vec{F} = 3/\pi$.

16 Se $\vec{F}$ é como mostra a Figura 10.43 então rot $\vec{F} \cdot j > 0$.

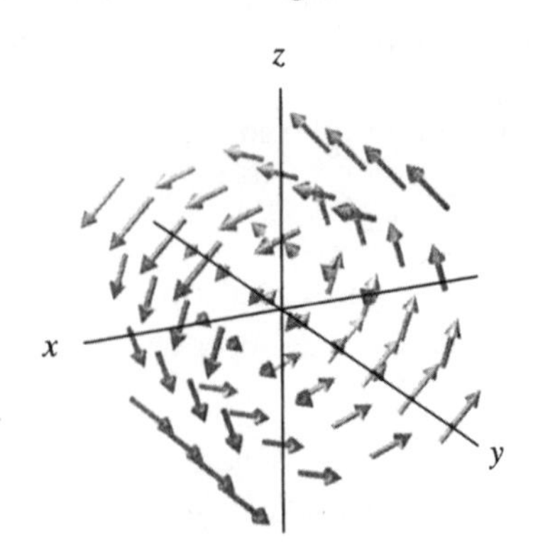

Figura 10.43

17 A Figura 10.44 mostra a parte de um campo de vetores $\vec{E}$ que está no plano-xy. Suponha que o campo de vetores é independente de z, de modo que qualquer seção horizontal tenha a mesma aparência. O que você pode dizer sobre div $\vec{E}$ nos pontos marcados P e Q, supondo que está definido ?

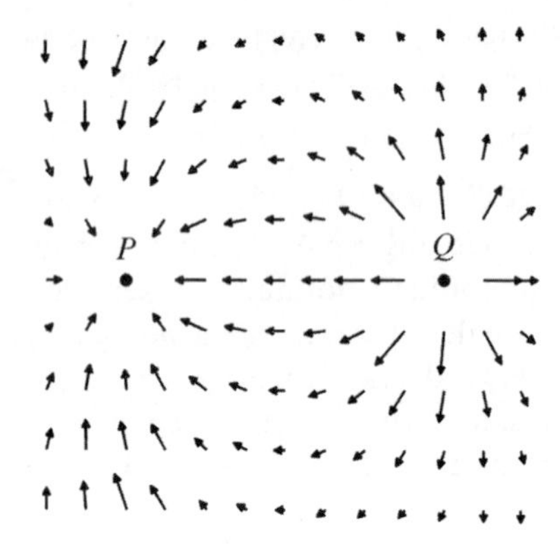

Figura 10.44

18 Seja $\vec{F} = \vec{r}/\|\vec{r}\|^3$. Ache $\int_S \vec{F}\cdot d\vec{A}$ onde S é o elipsóide $x^2 + 2y^2 + 3z^2 = 6$. Dê razões para seu cálculo.

19 Um campo de vetores central é um campo da forma $\vec{F} = f(r)\,\vec{r}$ onde f é qualquer função de $r = \|\vec{r}\|$. Mostre que todo campo central é irrotacional.

20 Segundo a lei de Coulomb o campo eletrostático $\vec{E}$ no ponto $\vec{r}$ devido a uma carga q na origem é dado por

$$\vec{E}(\vec{r}) = q\frac{\vec{r}}{\|\vec{r}\|^3}.$$

a) Calcule div $\vec{E}$.

b) Seja S_a a esfera de raio a centrada na origem e orientada para fora. Mostre que o fluxo de $\vec{E}$ através de S_a é $4\pi q$.

c) Você poderia ter usado o teorema da divergência na parte b) ? Explique porque ou porque não ?

d) Seja S uma superfície arbitrária, fechada, orientada para fora, em volta da origem. Mostre que o fluxo de $\vec{E}$ através de S é ainda $4\pi q$. [Sugestão: aplique o teorema da divergência à região sólida entre a pequena esfera S_a e a superfície S.]

21 Segundo a lei de Coulomb o campo elétrico $\vec{E}$ no ponto $\vec{r}$ devido a uma carga q no ponto $\vec{r}_0$ é dado por

$$\vec{E}(\vec{r}) = q\frac{(\vec{r} - \vec{r}_0)}{\|\vec{r} - \vec{r}_0\|^3}.$$

Seja S uma superfície fechada, orientada para fora e suponha que $\vec{r}_0$ não está sobre S. Mostre que

$$\int_S \vec{E}\cdot d\vec{A} = \begin{cases} 4\pi q \text{ se } q \text{ está dentro de S} \\ 0 \text{ se } q \text{ está fora de S.} \end{cases}$$

22 No ponto com vetor de posição $\vec{r}$ o campo elétrico de um dipolo elétrico ideal com momento $\vec{p}$ localizado na origem é dado por

$$\vec{E}(\vec{r}) = 3\frac{(\vec{r}\cdot\vec{p})\vec{r}}{\|\vec{r}\|^5} - \frac{\vec{p}}{\|\vec{r}\|^3}.$$

a) Quanto é div $\vec{E}$?

b) Seja S uma superfície lisa, fechada, orientada para fora, em torno da origem. Calcule o fluxo de $\vec{E}$ através de S. Pode usar o teorema da divergência diretamente para calcular o fluxo ? Explique porque ou porque não. [Sugestão: primeiro calcule o fluxo do campo $\vec{E}$ do dipolo através de uma esfera S_a e orientada para fora, de raio a e centro na origem. Depois aplique o teorema da divergência à região W entre S e a pequena esfera S_a .]

23 Devido a trabalhos à frente o tráfego numa estrada reduz a velocidade linearmente de 55 km/hora para 15 km/hora num pedaço de 600 metros da estrada, depois se arrasta a 15 km/hora por 1.500 metros, depois aumenta a rapidez linearmente até 55 km/hora nos 300 metros seguintes, depois se move a velocidade escalar constante de 55 km/hora.

a) Esboce o campo de vetores de velocidade para a corrente de tráfego.

b) Escreva um fórmula para o campo de vetores de velocidade $\vec{v}$ (km/hora) como função da distância x metros do ponto inicial da redução de rapidez. (Tome a direção do movimento como sendo $\vec{v}$ e considere os vários pedaços da estrada separadamente.)

c) Calcule div $\vec{v}$ em $x = 300$, 1.500, 2.500, 3.000. Não deixe de incluir as unidades adequadas.

24 O campo de velocidade $\vec{v}$ no Problema 23 não dá uma descrição completa do fluxo de tráfego, pois não leva em conta o espaçamento entre veículos. Seja ρ a densidade (carro/km) da estrada, onde supomos que ρ depende somente de x.

a) Usando sua experiência de estrada, coloque em ordem crescente ρ (0), ρ (300), ρ (1.500).

b) Quais são as unidades e interpretação do campo de vetores $\rho\vec{v}$?

c) Você esperaria que $\rho\vec{v}$ fosse constante ? Porque ? O que significa isto para div($\rho\vec{v}$) ?

d) Determine ρ (x) se ρ (0) = 75 carros/km e $\rho\vec{v}$ é constante.

e) Se a estrada tem duas faixas, ache a distância aproximada entre carros em x = 0, 300, 1.500.

25 a) Um rio corre pelo plano-xy na direção-x positiva e em volta de um rochedo circular de raio 1 centrado na origem. A velocidade do rio pode ser modelada usando a função potencial $\phi = x + (x/(x^2 + y^2))$. Calcule o campo de vetores velocidade $\vec{v}$ = grad ϕ .b) Mostre que div $\vec{v} = 0$.
c) Mostre que a corrente de $\vec{v}$ é tangente ao círculo $x^2 + y^2 = 1$. Isto significa que nenhuma água corta o círculo. A água fora deve então correr toda em volta do círculo.
d) Use um computador para esboçar o campo de vetores $\vec{v}$ na região fora do círculo unitário.

26 Calcule

$$\vec{F} = (\text{grad}\,\phi) + \vec{v}\times\vec{r}$$

onde

$$\phi(x,y,z) = \frac{1}{2}\Big(a_1x^2 + b_2y^2 + c_3z^2 + (a_2+b_1)\,xy$$
$$+(a_3+c_1)\,xz + (b_3+c_2)\,yz\Big)$$

e

$$\vec{v} = \frac{1}{2}\Big((c_2-b_3)\,\vec{i} + (a_3-c_1)\,\vec{j} + (b_1-a_2)\,\vec{k}\Big).$$

Explique porque todo campo de vetores linear pode ser escrito na forma (grad ϕ) + $\vec{v}\times\vec{r}$.

Os Problemas 27–28 usam o fato de o campo elétrico $\vec{E}$ estar relacionado com a densidade de carga ρ (x, y, z) unidades de carga/volume, pela equação

$$\text{div}\,\vec{E} = 4\pi\rho.$$

Além disso, existe um potencial elétrico ϕ cujo gradiente dá o campo elétrico:

$$\vec{E} = -\,\text{grad}\,\phi.$$

27 Calcule e descreva em palavras o campo elétrico e a distribuição de carga correspondentes à função potencial definida com segue:

$$\phi = \begin{cases} x^2+y^2+z^2 & \text{para } x^2+y^2+z^2 \le \dfrac{b^2}{4} \\ \dfrac{b^2}{4} - \dfrac{b^3}{4\left(x^2+y^2+z^2\right)^{1/2}} & \text{para } \dfrac{b^2}{4} \le x^2+y^2+z^2 \end{cases}$$

28 Um campo de vetores que poderia talvez representar um campo elétrico é dado por

$$\vec{E} = 10\,xy\vec{i} + (5x^2 - 5y^2)\vec{j}.$$

a) Calcule a integral de linha de $\vec{E}$ da origem ao ponto (a, b) ao longo do caminho que vai reto da origem ao ponto (a, 0) e depois reto de (a, 0) a (a, b).

b) Calcule a integral de linha de $\vec{E}$ entre os mesmos pontos que na parte a) mas passando pelo ponto (0, b).

c) Porque suas respostas às partes a) e b) sugerem que $\vec{E}$ poderia mesmo ser um campo elétrico ?

d) Ache o potencial elétrico ϕ e calcule grad ϕ para confirmar que $\vec{E} = -$ grad ϕ.

29 As relações entre o campo elétrico $\vec{E}$, o campo magnético $\vec{B}$, a densidade de carga ρ e a densidade de corrente $\vec{J}$ num ponto do espaço são descritas pelas equações

$$\text{div}\,\vec{E} = 4\pi\rho,$$

$$\text{rot}\,\vec{B} - \frac{1}{c}\frac{\partial\vec{E}}{\partial t} = \frac{4\pi}{c}\vec{J},$$

onde c é uma constante (a magnitude da velocidade da luz).

a) Usando os resultados do Problema 16 da página 255 mostre que

$$\frac{\partial\rho}{\partial t} + \text{div}\,\vec{J} = 0.$$

b) O que diz a equação na parte a) sobre a carga e a

densidade de corrente ? Explique em termos intuitivos porque isto é razoável.

c) Porque você pensa que a equação na parte a) é chamada a equação de conservação de carga?

30 Um campo de vetores é *fonte pontual* na origem no 3-espaço se aponta para longe da origem em todo ponto, sua magnitude depende somente da distância à origem e sua divergência é zero exceto na origem. (Um tal campo de vetores poderia ser usado para modelar a corrente de fotons partindo de uma estrela ou a corrente de neutrinos partindo de uma supernova.)

a) Mostre que $\vec{v}= K\,(x^2+y^2+z^2)^{-3/2}\,(x\vec{i}+ y\vec{j} + z\vec{k})$ é uma fonte pontual na origem se $K > 0$.

b) Determine a norma $\|\,\vec{v}\,\|$ da fonte na parte a) como função da distância ao seu centro.

c) Calcule o fluxo de $\vec{v}$ através de uma esfera de raio r centrada na origem.

31 Uma propriedade básica do campo magnético $\vec{B}$ é que rot$\vec{B}$= 0 numa região em que não há corrente. Considere o campo magnético em torno de um fio fino e longo que carrega uma corrente constante. A magnitude do campo magnético depende apenas da distância ao fio e sua direção é sempre tangente ao círculo em torno do fio percorrido numa direção relacionada com a direção da corrente pela regra da mão direita. Use o Teorema de Stokes para deduzir que a norma do campo magnético é proporcional ao inverso da distância ao fio. [Sugestão: considere um anel em torno do fio. Seu bordo tem duas partes: um círculo interno e um círculo externo.]

32 A velocidade escalar de um vórtice natural (tornado, jorro de água, redemoinho) é uma função decrescente da distância ao seu centro, de modo que o modelo com velocidade angular constante do Problema 18 na página 255 não é adequado. Um vórtice livre circulando em torno do eixo-z tem campo de vetores $\vec{v} = K\,(x^2+y^2)^{-1}\,(-y\vec{i}+x\vec{j})$ onde K é uma constante.

a) Esboce o campo de vetores com $K = 1$ e o campo de vetores com $K = -1$.

b) Determine a velocidade escalar $\|\,\vec{v}\,\|$ do vórtice em função da distância a seu centro.

c) Calcule div $\vec{v}$.

d) Mostre que rot $\vec{v} = \vec{0}$.

e) Calcule a circulação de $\vec{v}$ em sentido anti-horário em torno do círculo de raio R na origem.

f) Os cálculos nas partes d) e e) mostram que $\vec{v}$ tem rotacional $\vec{0}$ mas tem circulação não nula em torno da curva fechado na parte e). Explique porque isto não contradiz o teorema de Stokes.

11

APÊNDICES

A	**Revisão da Linearidade Local para uma variável**
B	**Máximos e mínimos de funções de uma variável**
C	**Determinantes**
D	**Revisão de integração em uma variável**
E	**Tabela de integrais**
F	**Revisão de funções de densidade e probabilidades**
G	**Revisão de coordenadas polares**

A - REVISÃO DA LINEARIDADE LOCAL PARA UMA VARIÁVEL

Se fizermos um zoom no gráfico de uma função lisa de uma variável $y = f(x)$ perto de um ponto $x = a$ o gráfico parece cada vez mais uma reta e assim se torna indistinguível de sua reta tangente nesse ponto. (Ver Figura A .1.)

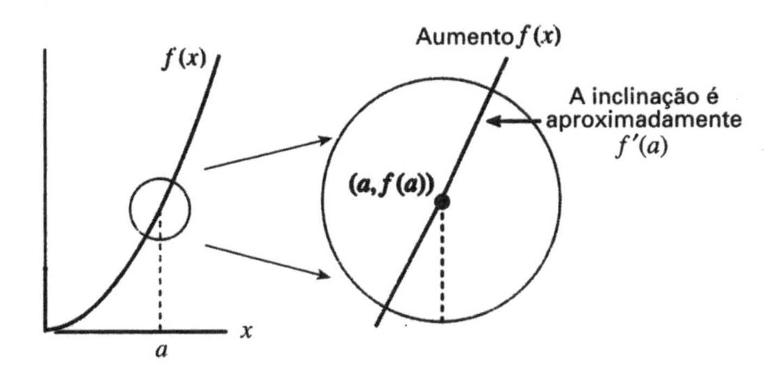

Figura A .1: Zooming sobre uma parte de uma função de uma variável até que o gráfico seja quase reto.

A inclinação da reta tangente é a derivada $f'(a)$ e a reta passa pelo ponto $(a, f(a))$ de modo que sua equação é

$$y = f(a) + f'(a)(x - a).$$

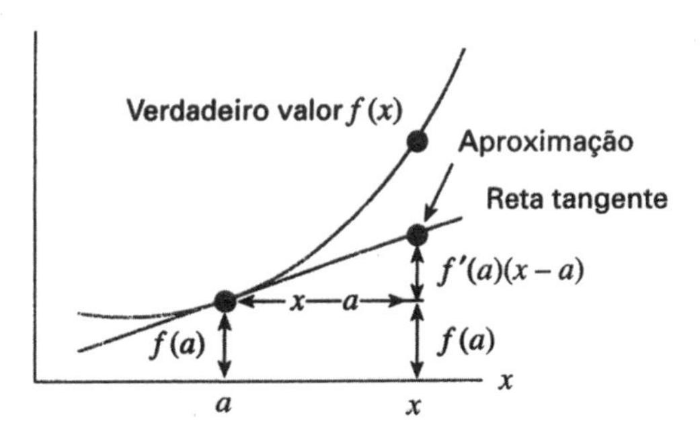

Figura A .2: Linearização local pela aproximação pela reta tangente

(Ver Figura *A* .2.) Agora aproximamos os valores de f pelo valores-y da reta tangente, dando o seguinte resultado

A aproximação pela reta tangente para valores de x próximos de a

$$f(x) \approx f(a) + f'(a)(x - a)$$

Estamos pensando em a como fixo, de modo que $f(a)$ e $f'(a)$ são constantes e a expressão no segundo membro é linear em x. O fato de f ser aproximadamente uma função linear em x perto de a é expresso dizendo que f é *localmente linear* perto de $x = a$.

Exemplo 1: Ache a linearização local em $x = 2$ da função de uma variável u dada por $u(2) = 135$ e $u'(2) = 16$.

Solução: Como $u(2) = 135$ e $u'(2) = 16$ a aproximação pela reta tangente de $u(x)$ perto de $x = 2$ é dada por

$u(x) \approx u(2) + u'(2)(x-2) = 135 + 16(x-2)$ para x perto de 2

B - MÁXIMOS E MÍNIMOS DE FUNÇÕES DE UMA VARIÁVEL

Se f é uma função de uma variável e x é um ponto de seu domínio dizemos

- p é um *ponto crítico* de f se $f'(p) = 0$ ou $f'(p)$ não está definida
- f tem um *máximo local* num ponto crítico x_0 se $f(x) \leq f(x_0)$ para todo x próximo de x_0
- f tem um *mínimo local* num ponto crítico x_0 se $f(x) \geq f(x_0)$ para todo x próximo de x_0
- f tem um *máximo global* em x_0 se $f(x) \leq f(x_0)$ para todo x
- f tem um *mínimo global* em x_0 se $f(x) \geq f(x_0)$ para todo x

Extremos globais (isto é, máximos e mínimos globais) só podem ocorrer em extremos locais ou nas extremidades de um intervalo. (Ver Figura B.3.) Para achar extremos locais primeiro procuramos os pontos críticos. Para achar extremos globais, calcule a função nos pontos críticos e nas extremidades do intervalo (se estão incluídas).

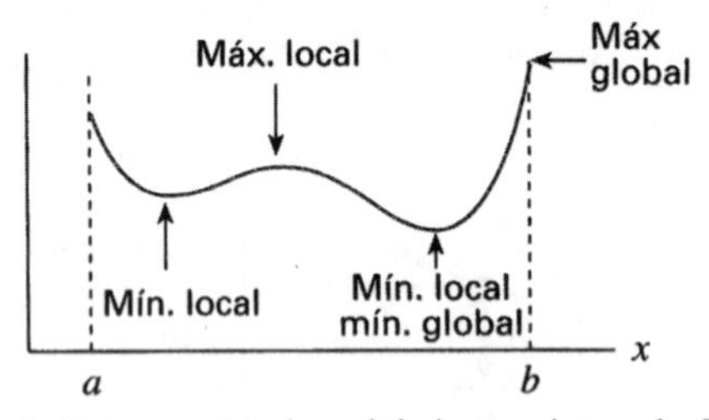

Figura B. 3: Extremos locais e globais num intervalo fechado $a \leq x \leq b$

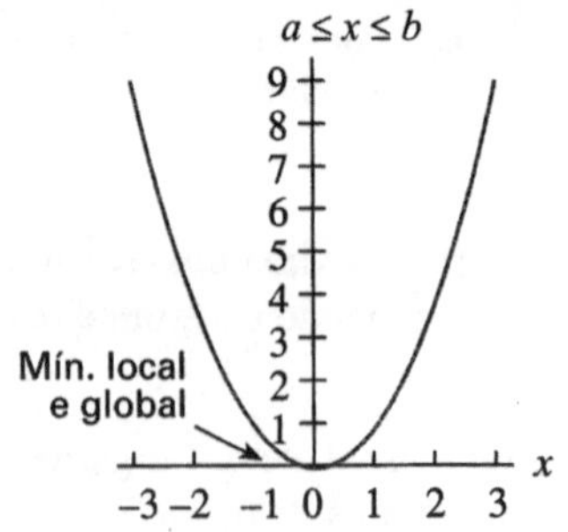

Figura B.4: Extremos de $f(x) = x^2$ na reta real

Funções não têm necessariamente extremos locais ou globais – depende da função e do domínio considerado. Por exemplo, $f(x) = x^2$ tem um mínimo local em $x = 0$ e este mínimo local é também o mínimo global, mas não tem máximos locais ou globais. (Ver Figura B.4.) De outro lado se olharmos a mesma função no domínio $1 \leq x \leq 2$ então f tem um mínimo global em $x = 1$ e um máximo global em $x = 2$ (ver Figura B.5).

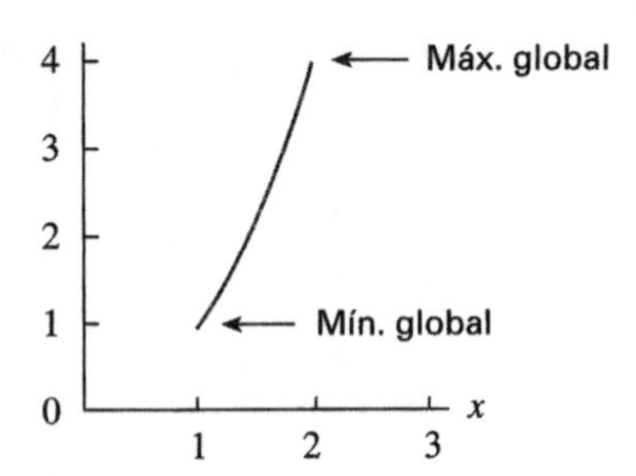

Figura B.5: Extremos de $f(x) = x^2$ restrita a $1 \leq x \leq 2$

Para achar os pontos críticos resolvemos a equação

$$f' = 0 \quad (\text{ou } f' \text{ não definida}).$$

Para decidir se um ponto crítico é um máximo local, mínimo local ou nenhuma dessas coisas, use o Critério da Segunda Derivada:

- Se $f'(p) = 0$ e $f''(p) < 0$ então f tem máximo local em p.
- Se $f'(p) = 0$ e $f''(p) > 0$ então f tem um mínimo local em p.

C - DETERMINANTES

Introduzimos o determinante de um quadro de números. Todo quadro 2 por 2 de números tem um outro número associado a ele, chamado seu determinante, que é dado por

$$\begin{vmatrix} a_1 & a_2 \\ b_1 & b_2 \end{vmatrix} = a_1b_2 - a_2b_1.$$

Por exemplo $$\begin{vmatrix} 2 & 5 \\ -4 & -6 \end{vmatrix} = 2(-6) - 5(-4) = 8.$$

Cada quadro 3 por 3 de números também tem um número associado a ele, chamado seu determinante, que é definido em termos dos determinantes 2 por 2 como segue

$$\begin{vmatrix} a_1 & a_2 & a_3 \\ b_1 & b_2 & b_3 \\ c_1 & c_2 & c_3 \end{vmatrix} = a_1\begin{vmatrix} b_2 & b_3 \\ c_2 & c_3 \end{vmatrix} - a_2\begin{vmatrix} b_1 & b_3 \\ c_1 & c_3 \end{vmatrix} + a_3\begin{vmatrix} b_1 & b_2 \\ c_1 & c_2 \end{vmatrix}.$$

Observe que o determinante do quadro 2 por 2 que está multiplicado por a_i é o determinante do quadro encontrado removendo a linha e a coluna que contêm a_i. Observe também o sinal menos no segundo termo. Um exemplo é dado por

$$\begin{vmatrix} 2 & 1 & -3 \\ 0 & 3 & -1 \\ 4 & 0 & 5 \end{vmatrix} = 2\begin{vmatrix} 3 & -1 \\ 0 & 5 \end{vmatrix} - 1\begin{vmatrix} 0 & -1 \\ 4 & 5 \end{vmatrix} + (-3)\begin{vmatrix} 0 & 3 \\ 4 & 0 \end{vmatrix}$$

$$= 2(15+0) - 1(0-(-4)) + (-3)(0-12) = 62.$$

Suponha que os vetores $\vec{a}$ e $\vec{b}$ têm componentes $\vec{a} = a_1\vec{i} + a_2\vec{j} + a_3\vec{k}$ e $\vec{b} = b_1\vec{i} + b_2\vec{j} + b_3\vec{k}$. Lembre que o produto vetorial $\vec{a} \times \vec{b}$ é dado pela expressão

$$\vec{a} \times \vec{b} = (a_2b_3 - a_3b_2)\,\vec{i} + (a_3b_1 - a_1b_3)\,\vec{j} + (a_1b_2 - a_2b_1)\,\vec{k}\,.$$

Observe que se expandirmos o seguinte determinante, obtemos o produto vetorial

$$\begin{vmatrix} \vec{i} & \vec{j} & \vec{k} \\ a_1 & a_2 & a_3 \\ b_1 & b_2 & b_3 \end{vmatrix} = \vec{i}\left(a_2b_3 - a_3b_2\right) - \vec{j}\left(a_1b_3 - a_3b_1\right)$$

$$+\vec{k}\left(a_1b_2 - a_2b_1\right) = \vec{a} \times \vec{b}.$$

Os determinantes fornecem modo útil de calcular produtos vetoriais.

D - REVISÃO DA INTEGRAÇÃO EM UMA VARIÁVEL

Definição da integral em uma variável

A integral em uma variável

$$\int_a^b f(x)dx$$

é definida como limite de *somas de Riemann*, que podem ser construídas como segue. Dividimos o intervalo $a \le x \le b$ em n partes iguais, cada uma de largura Δx. Assim $\Delta x = (b - a)/\,n$.

Sejam x_0, x_1, x_2, ... , x_n as extremidades das subdivisões, como nas Figuras D.6 e D. 7. Construímos duas somas de Riemann especiais:

Soma pela esquerda $= f(x_0)\Delta x + f(x_1)\Delta x +, ... + f(x_{n-1})\Delta x$

e Soma pela direita $= f(x_1)\Delta x + f(x_2)\Delta x +, ... + f(x_n)\Delta x$

Para definir a integral tomamos o limite dessas somas quando n vai a infinito.

A integral definida de f de a a b escrita

$$\int_a^b f(x)\,dx$$

é o limite das somas pela esquerda e pela direita com n subdivisões quando n se torna arbitrariamente grande. Em outras palavras

$$\int_a^b f(x)\,dx = \lim_{n\to\infty} \text{(soma pela esquerda)}$$

$$= \lim_{n\to\infty}\left(\sum_{i=0}^{n-1} f(x_i)\,\Delta x\right)$$

e $$\int_a^b f(x)dx = \lim_{n\to\infty} \text{(soma pela direita)}$$

$$= \lim_{n\to\infty}\left(\sum_{i=1}^{n} f(x_i)\Delta x\right)$$

Cada uma dessas somas chama-se uma *soma de Riemann*, f chama-se o *integrando* e a e b chamam-se os *limites de integração*.

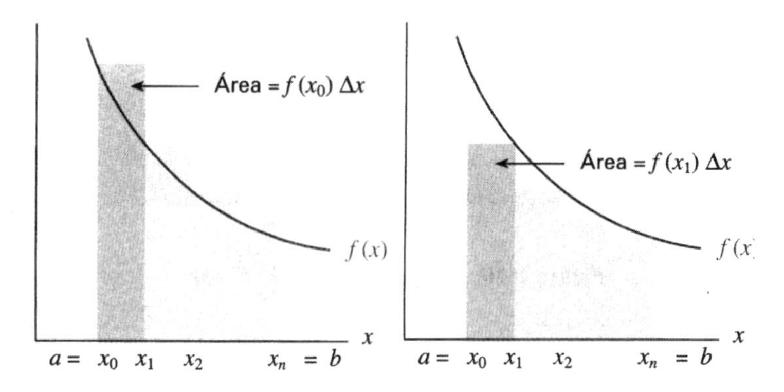

Figura D.6: Soma pela esquerda

Figura D.7: Soma pela direita

Outras somas de Riemann são obtidas calculando a função em outros pontos em cada subintervalo, não apenas as extremidades esquerda ou direita. Graficamente, isto significa que o gráfico da função pode cortar o topo de cada retângulo em qualquer ponto, não apenas nas extremidades. A Figura D.8 mostra todos os retângulos situados abaixo da curva, dando uma estimativa inferior para a integral dita uma *soma inferior*. A Figura D.9 mostra uma *soma superior* para a mesma integral.

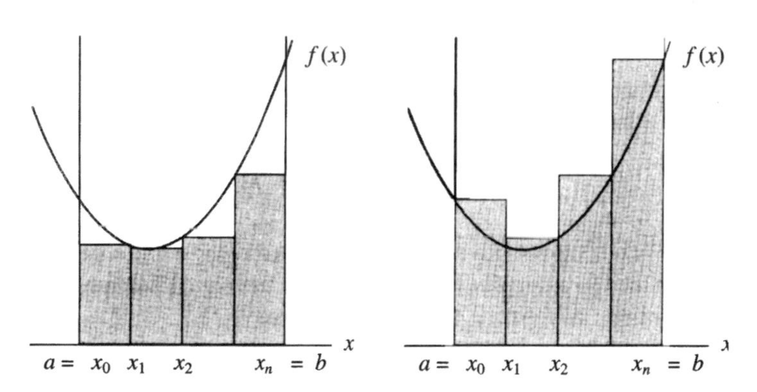

Figura D.8: Uma soma inferior

Figura D.9: Uma soma superior

Interpretações da integral definida

Como área

Se $f(x)$ é positiva podemos interpretar cada termo $f(x_0)\,\Delta x$, $f(x_1)\,\Delta x$, ... numa soma de Riemann à esquerda ou à direita como área de um retângulo. Quando a largura Δx dos retângulos se aproxima de zero, os retângulos se ajustam mais precisamente ao gráfico e a soma de suas áreas se aproxima cada vez mais da área sob a curva, sombreada na Figura D.10.

Assim concluímos que

Se $f(x) \geq 0$ e $a < b$

$$\text{Área sob o gráfico de } f \text{ entre } a \text{ e } b = \int_a^b f(x)dx$$

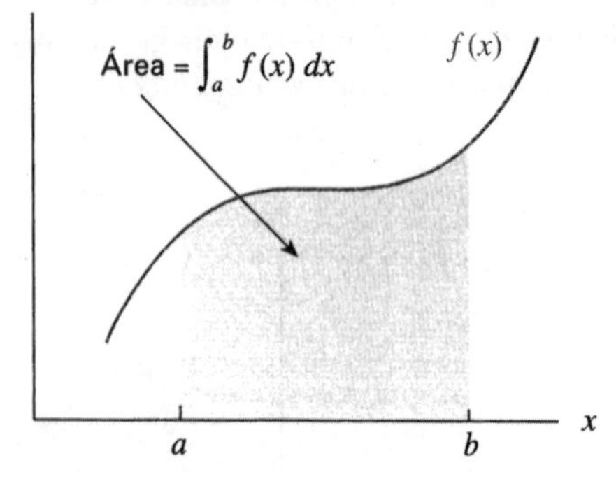

Figura D.10: A integral definida $\int_a^b f(x)dx$

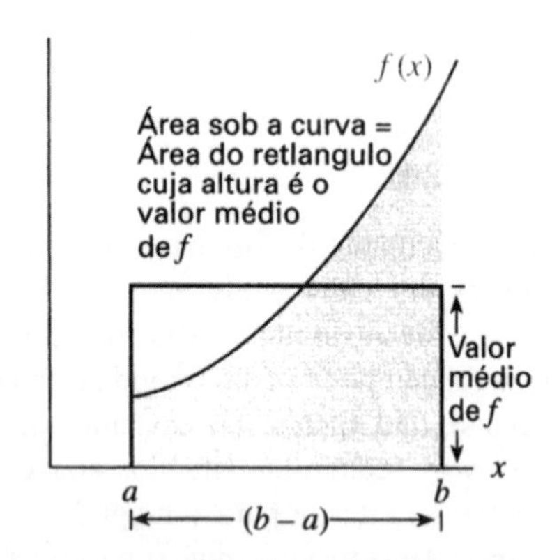

Figura D.11: Área e valor médio

Como valor médio

A integral definida pode ser usada para calcular o valor médio de uma função:

$$\text{Valor médio de } f \text{ de } a \text{ até } b = \frac{1}{b-a}\int_a^b f(x)\,dx.$$

Se $f(x) \geq 0$ podemos pensar no valor médio de f como sendo a altura do retângulo com base $(b-a)$ e área igual à área sob o gráfico de f para $a \leq x \leq b$. (Ver Figura D.11.)

Quando $f(x)$ representa uma densidade

Quando f representa uma densidade, digamos uma densidade de população ou a densidade de uma substância, podemos calcular a massa total ou a população total usando uma integral definida. Dividimos a região em pequenos pedaços e achamos a população ou massa de cada um multiplicando a densidade pelo tamanho desse pedaço. Tomando o limite vem

> Se $f(x)$ representa a densidade de uma substância no intervalo $a \leq x \leq b$ então
>
> $$\text{Massa total} = \int_a^b f(x)\,dx.$$

O teorema fundamental do cálculo

Suponha que $f = F'$. Como $F'(t)$ é a taxa de variação de $F(t)$ com relação a t e como a integral definida da taxa de variação de uma quantidade é a variação total dessa quantidade, temos que

$$\int_a^b F'(t)\,dt = \int_a^b (\text{taxa de variação de } F(t))\,dt$$
$$= \text{Variação de } F(t) \text{ entre } a \text{ e } b = F(b) - F(a).$$

Assim temos

> **O Teorema Fundamental do Cálculo**
>
> Se $f = F'$ então
>
> $$\int_a^b f(x)\,dx = F(b) - F(a).$$

O Teorema Fundamental pode ser usado para calcular integrais definidas sempre que possamos achar uma anti-derivada, ou integral indefinida, para o integrando. O Apêndice E dá uma breve tabela de integrais indefinidas.

Problemas para a Seção D

Nos Problemas 1—20 ache anti-derivada para cada uma das funções dadas.

1 $\int \left(x^2 + 2x + \frac{1}{x}\right)dx$ **2** $\int \frac{t+1}{t^2}dt$ **3** $\int \frac{(t+2)^2}{t^3}dt$

4 $\int \text{sen}\, t\, dt$ **5** $\int \cos 2t\, dt$ **6** $\int \frac{x}{x^2+1}dx$

7 $\int \tan\theta\, d\theta$ **8** $\int e^{5z}dz$ **9** $\int te^{t^2+1}dt$

10 $\int \frac{dz}{1+z^2}$ **11** $\int \frac{dz}{1+4z^2}$ **12** $\int \text{sen}^2\theta\cos\theta\, d\theta$

13 $\int \text{sen}5\theta\cos^3 5\theta\, d\theta$ **14** $\int \text{sen}^3 z\cos^3 z\, dz$

15 $\int \frac{(\ln x)^2}{x}dx$ **16** $\int \cos\theta\sqrt{1+\text{sen}\theta}\,d\theta$ **17** $\int xe^x\, dx$

18 $\int t^3e^t\, dt$ **19** $\int x\ln x\, dx$ **20** $\int \frac{1}{\cos^2\theta}d\theta$

Nos Problemas 21—25 ache a integral definida por dois métodos (Teorema Fundamental e numericamente).

21 $\int_1^3 x(x^2+1)^{70}\,dx$ **22** $\int_0^1 \frac{dx}{x^2+1}$ **23** $\int_0^{10} ze^{-z}dz$

24 $\int_{-\pi/3}^{\pi/4} \text{sen}^3\theta\cos\theta\, d\theta$ **25** $\int_1^4 \frac{e^{\sqrt{x}}}{\sqrt{x}}dx$

26 O gráfico de dy/dt em função de t está na Figura D.12.

Suponha que as três regiões sombreadas têm cada uma área 2. Dado que $y = 0$ quando $t = 0$, trace o gráfico de y como função de t indicando todos os aspectos especiais que o gráfico pode ter (ordenadas conhecidas, máximos e mínimos, pontos de inflexão, etc.). Dê particular atenção à relação entre os gráficos. Marque $t_1, t_2, \ldots, t_5$ no eixo-t.*

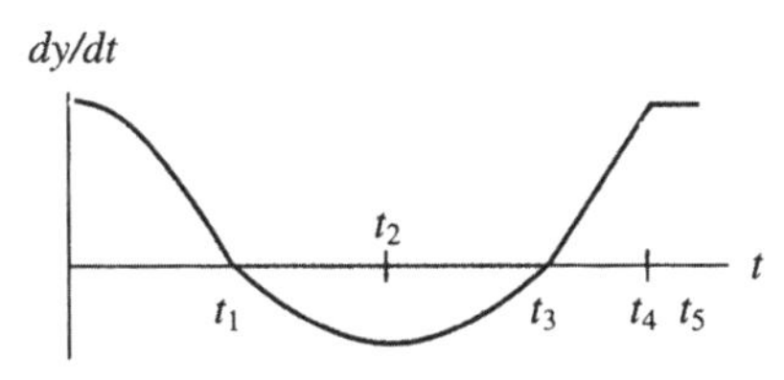

Figura D.12

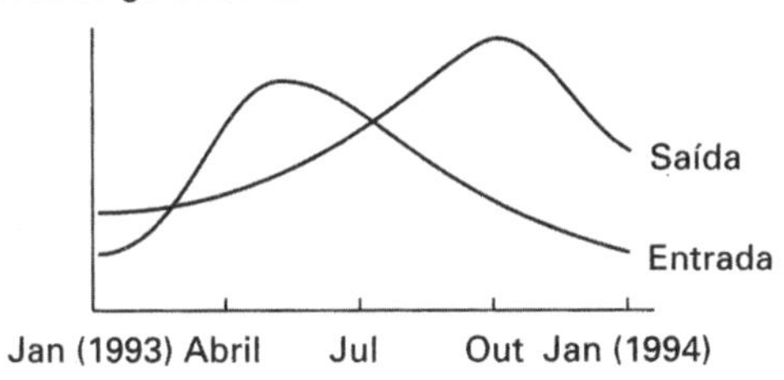

Figura D.13

27 O Reservatório Quabbin na parte oeste de Massachusetts fornece a maior parte da água de Boston. O gráfico na Figura D.13 representa a corrente de água para dentro e para fora do Reservatório Quabbin durante o ano de 1993.

a) Esboce um possível gráfico para a quantidade de água no reservatório como função do tempo.
b) Quando, durante 1993, foi máxima a quantidade de água ? Mínima ? Marque e dê nome a esses pontos no gráfico que você traçou na parte a).
c) Quando a quantidade de água esteve decrescendo mais rapidamente ? Novamente marque e dê nome a esse tempo na Figura D.13 e no gráfico que você traçou na parte a).
d) Por volta de julho de 1994 a quantidade de água era mais ou menos a mesma que em janeiro de 1993. Trace gráficos plausíveis para a corrente para dentro e para fora do reservatório para a primeira metade de 1994. Explique seu gráfico.

28 A taxa à qual o petróleo do mundo está sendo consumido está crescendo continuamente. Suponha que a taxa (em milhões de barrís por ano) é dada por $r = f(t)$ onde t é medido em anos e $t = 0$ é o início de 1990.
a) Escreva a integral definida que representa a quantidade total de petróleo usada entre o início de 1990 e o início de 1995.
b) Suponha $r = 32e^{0{,}05t}$. Usando uma soma pela esquerda com cinco subdivisões ache um valor aproximado para a quantidade total de petróleo usada entre o início de 1990 e o início de 1995.

* De *Calculus: The Analysis of Functions*, por Peter D. Taylor (Toronto: Wall & Emerson, inc., 1992)

c) Interprete cada um dos cinco termos na soma da parte b) Em termos de consumo de petróleo.

29 Uma barra tem comprimento de 2 metros. A uma distância de x metros de sua extremidade esquerda a densidade da barra é dada por
$$\rho(x) = 2 + 6x \text{ g/m}.$$
a) Escreva uma soma de Riemann aproximando a massa total da barra.
b) Ache a massa exata transformando a soma em integral.

30 A densidade de carros (em carros por quilômetro) num trecho de 20 quilômetros de uma estrada pode ser aproximada por
$$\rho(x) = 300\,(2 + \text{sen}\,(4\sqrt{x + 0{,}15})),$$
onde x é a distância ao início.
a) Esboce o gráfico desta função para $0 \leq x \leq 20$.
b) Escreva uma soma que aproxime o número real de carros nesse trecho de 20 quilômetros.
c) Ache o número total de carros nesse trecho de 20 quilômetros.

31 A Cidade Circular, uma metrópole típica, é muito densamente populada perto do centro e sua população rareia gradualmente na direção dos limites da cidade. Na verdade sua densidade de população é de 10.000 $(3 - r)$ pessoas/quilômetro quadrado a uma distância de r quilômetros do centro.
a) Supondo que a densidade de população nos limites da cidade é zero, ache o raio da cidade.
b) Qual é a população total da cidade ?

32 A densidade de óleo numa mancha circular de óleo na superfície do oceano a uma distância de r metros do centro da mancha é dada por $\rho(r) = 50/(1 + r)\text{kg/m}^2$.
a) Se a mancha se estende de $r = 0$ a $r = 10.000$ m, ache uma soma de Riemann aproximando a massa total de óleo na mancha.
b) Ache o valor exato da massa de óleo transformando sua soma numa integral e calculando-a .
c) A que distância r está contida a metade do óleo na mancha ?

33 Um modelo exponencial para a densidade da atmosfera da Terra diz que se a temperatura da atmosfera fosse constante então a densidade da atmosfera como função da altura h (em metros) acima da superfície da Terra seria dada por
$$\rho(h) = 1{,}28\, e^{-0{,}000124\,h} \text{ kg/m}^3.$$
a) Escreva (mas não calcule) uma soma que aproxime a massa da porção da atmosfera de $h = 0$ a $h = 100$ m (isto é, os primeiros 100 metros acima do nível do mar). Suponha que o raio da terra é 6.370 km.
b) Ache a resposta exata transformando a soma na parte a) numa integral. Calcule a integral.

34 Água corre num tubo cilíndrico de raio 1 cm. Porque a água é viscosa e gruda no tubo, a taxa de corrente varia com a distância ao centro. A velocidade escalar da água a uma distância de r centímetros do centro é $10(1 - r^2)$ centímetros por segundo. Qual é a taxa (em centímetros cúbicos por segundo) à qual a água escorre pelo tubo ?

35 O refletor atrás do farol de um carro é feito na forma de uma parábola $x = \frac{4}{9}y^2$, com seção circular como se vê na Figura D.14.

a) Ache uma soma de Riemann que aproxime o volume contido no farol.

b) Ache o volume exatamente.

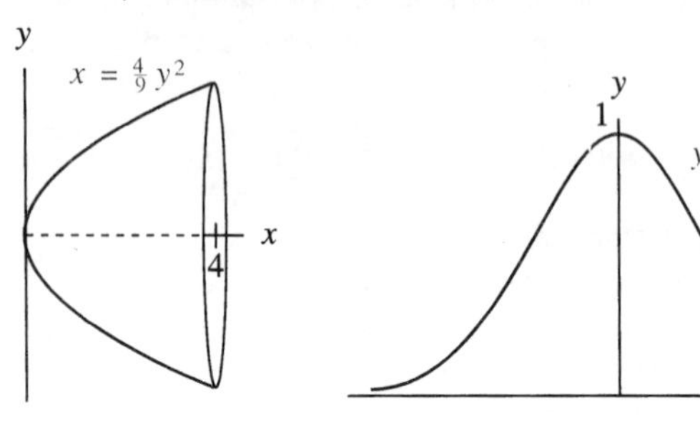

Figura D.14 **Figura D.15**

36 Gire a curva em forma de sino $y = e^{-x^2/2}$ mostrada na Figura D.15 em torno do eixo-y, formando um sólido de revolução em forma de colina. Cortando em fatias horizontais, ache o volume da colina.

37 A circunferência do tronco de uma certa árvore a diferentes alturas acima do solo é dada na seguinte tabela, com medidas iguais para altura e circunferência.

Altura	0	20	40	60	80	100	120
Circunferência	26	22	19	14	6	3	1

Suponha que todas as seções horizontais do tronco são círculos. Avalie o volume da árvore em medida cúbica, usando a regra do trapézio.

38 A maior parte dos estados vai ficar logo sem espaço para o lixo, nos Estados Unidos. Em New York o lixo sólido é compactado em pirâmides com bases quadradas. (O maior de tais despejos de lixo fica em Staten Island.) Uma pequena comunidade tem um despejo com comprimento na base de 100 metros. Um metro verticalmente acima da base o comprimento do lado paralelo à base é 99 metros; a pirâmide pode ser levantada até a altura de 20 metros verticalmente. (O topo da pirâmide nunca é alcançado.) Se 65 metros cúbicos de lixo chegam cada dia, quanto tempo leva para que esse lugar de despejo fique cheio ?

E - TABELA DE INTEGRAIS

Uma breve tabela de integrais indefinidas

I. Funções básicas

1 $\int x^n dx = \frac{1}{n+1}x^{n+1} + C, \ n \neq -1$

2 $\int \frac{1}{x}dx = \ln|x| + C$ **3** $\int a^x dx = \frac{1}{\ln a}a^x + C$

4 $\int \ln x \, dx = x\ln x - x + C, \ x > 0$

5 $\int \operatorname{sen} x \, dx = -\cos x + C$ **6** $\int \cos x \, dx = \operatorname{sen} x + C$

7 $\int \tan x \, dx = -\ln|\cos x| + C$

II. Produtos de e^x, cos x e sen x

8 $\int e^{ax}\operatorname{sen}(bx)\, dx = \frac{1}{a^2+b^2}e^{ax}\left[a \operatorname{sen}(bx) - b \cos(bx)\right] + C$

9 $\int e^{ax}\cos(bx)\, dx = \frac{1}{a^2+b^2}e^{ax}\left[a \cos(bx) + b \operatorname{sen}(bx)\right] + C$

10 $\int \operatorname{sen}(ax)\operatorname{sen}(bx)\, dx$

$= \frac{1}{b^2-a^2}\left[a \cos(ax)\operatorname{sen}(bx) - b \operatorname{sen}(ax)\cos(bx)\right] + C, \ a \neq b$

11 $\int \cos(ax)\cos(bx)\, dx$

$= \frac{1}{b^2-a^2}\left[b \cos(ax)\operatorname{sen}(bx) - a \operatorname{sen}(ax)\cos(bx)\right] + C, \ a \neq b$

12 $\int \operatorname{sen}(ax)\cos(bx)\, dx$

$= \frac{1}{b^2-a^2}\left[b \operatorname{sen}(ax)\operatorname{sen}(bx) + a \cos(ax)\cos(bx)\right] + C, \ a \neq b$

III. Produto de polinômio $p(x)$ por ln x, e^x, cos x, sen x

13 $\int x^n \ln x \, dx = \frac{1}{n+1}x^{n+1}\ln x - \frac{1}{(n+1)^2}x^{n+1} + C,$

$n \neq -1, \ x > 0$

14 $\int p(x)\, e^{ax} dx = \frac{1}{a}p(x)\, e^{ax} - \frac{1}{a}\int p'(x)\, e^{ax} dx$

$= \frac{1}{a}p(x)\, e^{ax} - \frac{1}{a^2}p'(x)\, e^{ax} + \frac{1}{a^3}p''(x)\, e^{ax} - \cdots$

$(+ - + - \ldots)$ (sinais se alternam)

15 $\int p(x) \operatorname{sen} ax \, dx = -\frac{1}{a}p(x)\cos ax + \frac{1}{a}\int p'(x)\cos ax \, dx$

$= -\frac{1}{a}p(x)\cos ax + \frac{1}{a^2}p'(x)\operatorname{sen} ax + \frac{1}{a^3}p''(x)\cos ax - \ldots$

$(- + + - - + + \ldots)$ (sinais se alternam aos pares depois do primeiro termo)

16 $\int p(x)\cos ax \, dx = \frac{1}{a}p(x)\operatorname{sen} ax - \frac{1}{a}\int p'(x)\operatorname{sen} ax dx$

$= \frac{1}{a}p(x)\operatorname{sen} ax + \frac{1}{a^2}p'(x)\cos ax - \frac{1}{a^3}p''(x)\operatorname{sen} ax - \ldots$

$(+ + - - + + - - \ldots)$ (sinais se alternam aos pares)

IV. Potências inteiras de sen x e cos x

17 $\int \text{sen}^n x\, dx = -\frac{1}{n}\text{sen}^{n-1}x\cos x + \frac{n-1}{n}\int \text{sen}^{n-2}x\, dx,$

n positivo

18 $\int \cos^n x\, dx = \frac{1}{n}\cos^{n-1} x\, \text{sen}x + \frac{n-1}{n}\int \cos^{n-2} x\, dx,$

n positivo

19 $\int \frac{1}{\text{sen}^m x}dx = \frac{-1}{m-1}\frac{\cos x}{\text{sen}^{m-1}x} + \frac{m-2}{m-1}\int \frac{1}{\text{sen}^{m-2}}dx,$

$m \neq 1,\ m$ positivo

20 $\int \frac{1}{\text{sen}x}dx = \frac{1}{2}\ln\left|\frac{(\cos x)-1}{(\cos x)+1}\right| + C$

21 $\int \frac{1}{\cos^m x}dx = \frac{1}{m-1}\frac{\text{sen}x}{\cos^{m-1} x} + \frac{m-2}{m-1}\int \frac{1}{\cos^{m-2} x}dx,$

$m \neq 1,\ m$ positivo

22 $\int \frac{1}{\cos x}dx = \frac{1}{2}\ln\left|\frac{(\text{sen}\, x)+1}{(\text{sen}\, x)-1}\right| + C$

23 $\int$ $\text{sen}^m x\ \cos^n x\, dx$: se m for ímpar, ponha $w = \cos x$. Se n for ímpar ponha $w = \text{sen}\, x$. Se m e n são ambos pares e não negativos, transforme tudo para sen x ou para cos x (usando $\text{sen}^2 x + \cos^2 x = 1$) e use IV–17 ou IV–18. Se m e n são pares e um deles é negativo converta a função que esteja em denominador e use IV–19 ou IV–21. O caso em que m e n são ambos pares e negativos é omitido.

V. Quadrática no denominador

24 $\int \frac{1}{x^2+a^2}dx = \frac{1}{a}\arctan\frac{x}{a} + C,\ a \neq 0$

25 $\int \frac{bx+c}{x^2+a^2}dx = \frac{b}{2}\ln\left|x^2+a^2\right| + \frac{c}{a}\arctan\frac{x}{a} + C,\ a \neq 0$

26 $\int \frac{1}{(x-a)(x-b)}dx = \frac{1}{a-b}\left(\ln|x-a| - \ln|x-b|\right) + C, a \neq b$

27 $\int \frac{cx+d}{(x-a)(x-b)}dx$

$= \frac{1}{a-b}\left[(ac+d)\ln|x-a| - (bc+d)\ln|x-b|\right] + C,\ a \neq b$

VI. Integrandos envolvendo $\sqrt{a^2+x^2}$, $\sqrt{a^2-x^2}$, $\sqrt{x^2-a^2}$, $a > 0$

28 $\int \frac{1}{\sqrt{a^2-x^2}}dx = \text{arcsen}\frac{x}{a} + C$

29 $\int \frac{1}{\sqrt{x^2 \pm a^2}}dx = \ln\left|x + \sqrt{x^2 \pm a^2}\right| + C$

30 $\int \sqrt{a^2 \pm x^2}\,dx$

$= \frac{1}{2}\left(x\sqrt{a^2 \pm x^2} + a^2\int \frac{1}{\sqrt{a^2 \pm x^2}}dx\right) + C$

31 $\int \sqrt{x^2-a^2}\,dx$

$= \frac{1}{2}\left(x\sqrt{x^2-a^2} - a^2\int \frac{1}{\sqrt{x^2-a^2}}dx\right) + C$

F - REVISÃO DE FUNÇÕES DE DENSIDADE E PROBABILIDADES

Compreender a distribuição de várias quantidades numa população pode ser importante para os que devem tomar decisões. Por exemplo, a distribuição de renda dá informação útil sobre a estrutura econômica de uma sociedade. Nesta seção olharemos a distribuição de idades nos Estados Unidos. Para alocar fundos para ensino, saúde e previdência social, o governo precisa saber quantas pessoas existem em cada faixa etária. Veremos como representar tal informação por uma função de densidade.

Distribuição por idade nos EUA

Tabela F.1 *Distribuição de idades nos EUA em 1990*

Grupo etário	Percentagem da população total
0–20	30%
20–40	31%
40–60	24%
60–80	14%
Acima de 80	1%

Suponha que temos os dados na Tabela F.1 mostrando como se distribuíam as idades em 1990 nos Estados Unidos. Para representar essa informação graficamente usamos um histograma, pondo uma barra vertical em cima de cada grupo etário de tal modo que a área de cada barra represente a porcentagem naquele grupo. A área total de todos os retângulos é 100% = 1. Suporemos que não há ninguém com mais de

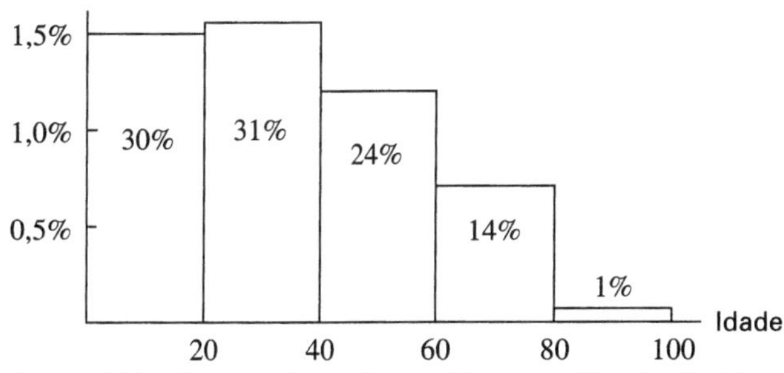

Figura F.16: Como se distribuíam as idades nos Estados Unidos em 1990

100 anos de modo que o último grupo é 80–100. Para o grupo 0–20 a base do retângulo é 20 e queremos que a área seja 30% de modo que a altura deve ser 30%/ 20 = 1,5%. Observe que o eixo vertical é medido em % / ano. (Ver Figura F.16.)

Exemplo 1: Em 1990 que porcentagem da população nos EUA estava:

a) Entre 20 e 60 anos ?
b) A menos de 10 anos ?
c) Entre 75 e 80 anos ou entre 80 e 85 anos ?

Solução: a) Somamos as porcentagens de modo que 31% + 24% = 55%.

b) Para achar a porcentagem dos que têm menos de 10 anos poderíamos supor, por exemplo, que a população estava uniformemente distribuída no grupo 0–20. (Isto significa supor que bebês nasciam a uma taxa razoavelmente constante nos últimos 20 anos, o que provavelmente é razoável.) Se fizermos esta hipótese então poderemos dizer que a população com menos de dez anos era cerca de metade daquela no grupo 0–20, isto é, 15%. Observe que obtemos o mesmo resultado calculando a área do retângulo de 0 e 10. (Ver Figura F.17.)

c) Para achar a população entre 75 e 80 anos, como em 1990 14% dos americanos estavam no grupo 60–80 poderíamos aplicar o mesmo raciocínio e dizer que $\frac{1}{4}$ (14%) = 3,5% da população estava nesse grupo de idades. Este resultado é representado como uma área na Figura F.17. A hipótese de que a população estivesse uniformemente distribuída não é boa aqui; certamente havia mais pessoas entre as idades de 60 e 65 do que entre 75 e 80. Assim a estimativa de 3,5% é certamente demasiado alta.

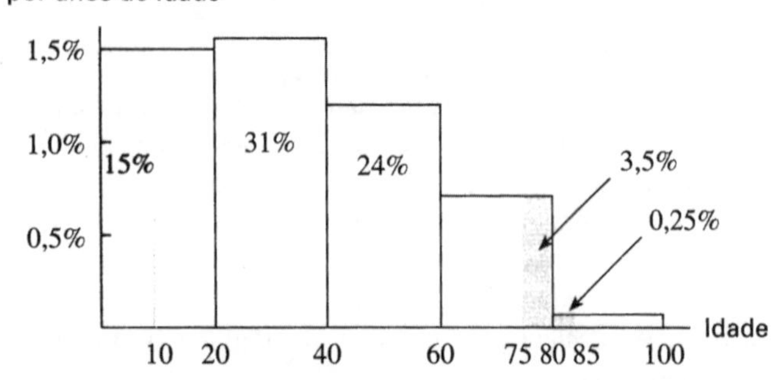

Figura F.17: Idades nos EUA em 1990 – vários sub-grupos (para o exemplo 1)

Novamente usando a hipótese (defeituosa) de que as idades em cada grupo estavam uniformemente distribuídas acharíamos que a porcentagem entre 80–85 anos seria $\frac{1}{4}$ (1%) = 0,25%. (Ver Figura F.17.) Esta avaliação também não é boa – certamente há mais pessoas modo que a estimativa 0,25% é demasiado baixa. Além disso, embora a porcentagem de pessoas na faixa 80–85 fosse certamente menor que a porcentagem na 75–80 a diferença entre 0,25% e 3,5% (um fator de 14) é absurdamente grande. Podemos esperar que a transição de um grupo etário para outro seguinte seja mais lisa e mais gradual.

Alisar o histograma

Poderíamos obter melhores estimativas se tivéssemos grupos etários menores (cada grupo na Figura F.16 é de 20 anos, o que é bastante grande) ou se o histograma fosse mais liso. Suponhamos ter os dados mais detalhados da Tabela F.2, que leva ao novo histograma na Figura F.18.

Tendo informação mais detalhada a silhueta superior do histograma fica mais lisa, mas a área de cada barra ainda representa a porcentagem da população nesse grupo etário. Imagine, no limite, substituir a silhueta superior do histograma por uma curva lisa de tal modo que a área sob a curva acima de um grupo etário seja a mesma que a área do correspondente retângulo. A área total sob a curva é ainda 100% = 1. (Ver Figura F.18.)

A função de densidade de idades

Se t é a idade em anos, definimos $p(t)$, a função densidade de idades, como sendo a função que "alisa " o histograma de idades. Esta função tem a propriedade

$$\begin{matrix}\text{Fração da população} \\ \text{entre as idades a e b}\end{matrix} = \begin{matrix}\text{Área sob o gráfico} \\ \text{de p entre a e b}\end{matrix} = \int_a^b p(t)\,dt$$

Se a e b são a menor e a maior das idades possíveis (digamos $a = 0$ e $b = 100$) de modo que as idades de toda a população estão entre a e b então

$$= \int_a^b p(t)\,dt = \int_0^{100} p(t)\,dt = 1$$

Tabela F.2 *Idades nos EUA em 1990 (mais detalhada)*

Grupo etário	Porcentagem da população total
0 - 10	15%
10 - 20	15%
20 - 30	16%
30 - 40	15%
40 - 50	13%
50 - 60	11%
60 - 70	9%
70 - 80	5%
80 - 90	1%

O que nos diz a função densidade de idades ? Observe que não falamos no significado da própria $p(t)$, somente da integral $\int_a^b p(t)\,dt$. Olhemos isto um pouco mais minuciosamente. Suponhamos por exemplo que $p(10) = 0{,}015 = 1{,}5\%$ por ano. Isto *não* nos diz que 1,5% da população tem exatamente 10 anos (onde 10 anos significa exatamente 10, não $10\frac{1}{2}$ ou $10\frac{1}{4}$, não 10,1). Porém $p(10) = 0{,}015$ nos diz sim que para algum pequeno intervalo Δt em torno de 10 a fração da população com idades nesse intervalo é aproximadamente $p(10)\Delta t = 0{,}015\ \Delta t$. Observe também que as unidades de $p(t)$ são % *por ano* de modo que $p(t)$ deve ser multiplicado por anos para dar uma porcentagem da população.

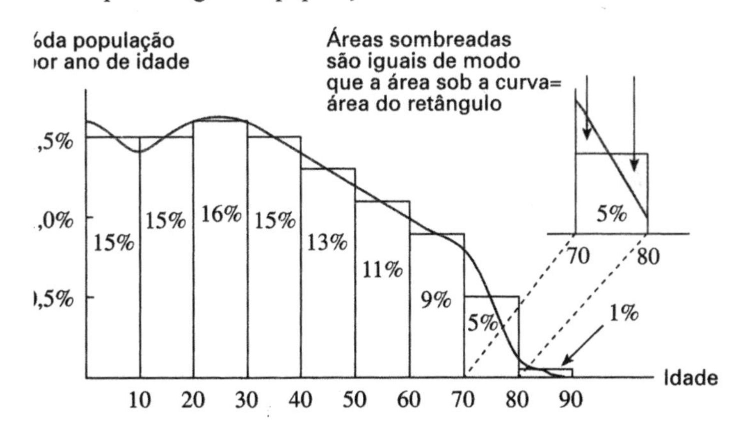

Figura F.18: Alisamento do histograma de idades

A função densidade

Para generalizar a idéia da distribuição de idade, olhemos uma função densidade geral. Suponha que estamos interessados em como uma certa característica, x, está distribuída numa população. Por exemplo, x poderia ser altura, idade, wattagem, a população poderia ser de gente, ou de qualquer coleção de objetos, como lâmpadas. Então definimos uma função densidade geral com as propriedades seguintes:

> A função $p(x)$ é uma **função densidade** se
>
> **A fração da população para a qual x está entre a e b = Área sob o gráfico de p entre a e b** $= \int_a^b p(x)\,dx.$
>
> $$\int_{-\infty}^{\infty} p(x)\,dx = 1 \text{ e } p(x) \geq 0 \text{ para todo } x.$$

A função densidade precisa ser não negativa se sua integral dá sempre uma fração da população. Também, a fração da população com x entre $-\infty$ e ∞ é 1 porque a população toda tem a característica x entre $-\infty$ e ∞. A função $p(t)$ usada para alisar o histograma de idades satisfaz a esta definição de função densidade. Não atribuímos um sentido ao valor de $p(x)$ só, mas interpretamos $p(x)\ \Delta x$ como a fração da população com a característica no pequeno intervalo de comprimento Δx em torno de x.

Exemplo 2: O gráfico na Figura F.19 mostra a distribuição do número de anos de escolaridade completados pelos adultos na população. O que nos diz o gráfico ?

Solução: O fato de a maior parte da área sob o gráfico da função densidade estar concentrada sob duas colinas, centradas em 8 e 12 anos, indica que a maior parte da população pertence a um dos dois grupos, o dos que deixam a escola depois de terminar aproximadamente 8 anos e o dos que terminam cerca de 12. Há um grupo menor de pessoas que termina aproximadamente 16 anos de escola.

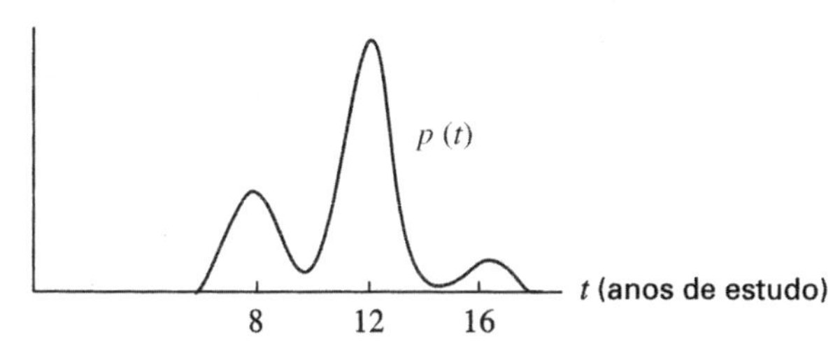

Figura F.19: Distribuição de anos de estudo

Freqüentemente a função densidade é aproximada por fórmulas, com no exemplo seguinte.

Exemplo 3: Ache fórmulas razoáveis representando a função para a distribuição de idades nos Estados Unidos, supondo que a função é constante com valor 1,5% até a idade de 40 e depois cai linearmente.

Solução: Precisamos construir uma função linear inclinada para baixo a partir da idade de 40 de tal modo que $p(40) = 1{,}5\%$ por ano $= 0{,}015$ e que $\int_0^{100} p(t)\,dt = 1$. Seja b como na Figura F.20. Como

$$\int_0^{100} p(t)\,dt = \int_0^{40} p(t)\,dt + \int_{40}^{100} p(t)\,dt = 40(0{,}015) + \frac{1}{2}(0{,}015)\ b = 1$$

temos

$$\frac{0{,}015}{2}b = 0{,}4, \text{ dando } b \approx 53{,}3.$$

Assim a inclinação da curva é $-\ 0{,}015/53{,}3 \approx -\ 0{,}00028$, de modo que para $40 \leq t \leq 40 + 53{,}3 = 93{,}3$,

$$p(t) - 0{,}015 = -\ 0{,}00028(t - 40),$$
$$p(t) = 0{,}0262 - 0{,}00028t.$$

Segundo este modo de alisar os dados não há quem tenha mais de 93,3 anos.

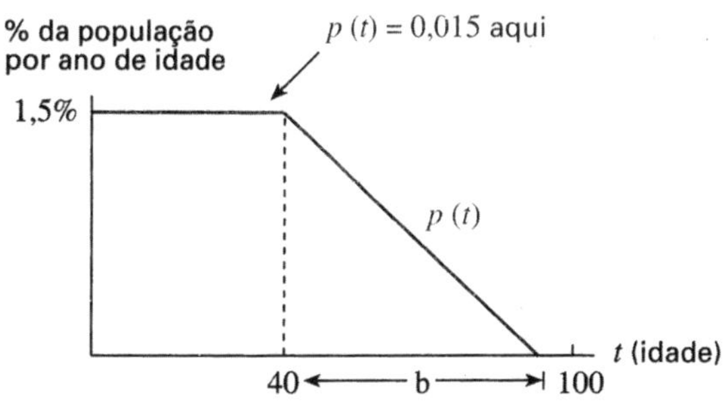

Figura F.20: Função de densidade de idade

Probabilidades

Suponha que escolhemos um membro da população dos Estados Unidos ao acaso e perguntamos qual é a probabilidade dessa pessoa estar, digamos, entre as idades de 60 e 65 anos. Considere a função densidade $p(t)$ definida na página 297 para descrever a distribuição de idades nos EUA. Podemos usar a função densidade para calcular probabilidades como segue:

Probabilidade da pessoa estar entre as idades a e b = Fração da população entre as idades a e b $= \int_a^b p(t)\,dt.$

A mediana e a média

Freqüentemente é útil ser capaz de dar um valor "médio" para uma distribuição. Duas medidas comumente usadas são a mediana e a média.

A mediana

> Uma **mediana** é um valor T tal que metade da população tem valores de x menores que (ou iguais a) T e metade da população tem valores de x maiores que (ou iguais a) T. A mediana T satisfaz
>
> $$\int_{-\infty}^{T} p(dx)\,dx = 0,5,$$
>
> onde p é a função densidade. Em outras palavras, metade da área sob o gráfico de p está à esquerda de T.

Exemplo 4: Ache a idade mediana nos estados Unidos em 1990, usando a função densidade de idade dada por

$$p(t) = \begin{cases} 0,015 & \text{para } 0 \le t \le 40 \\ 0,0262 - 0,00028t & \text{para } 40 \le t \le 93,3. \end{cases}$$

Solução: Queremos achar o valor de T tal que

$$\int_{-\infty}^{T} p(t)\,dt = \int_{0}^{T} p(t)\,dt = 0,5.$$

Como $p(t) = 1,5\%$ até os 40 anos temos

$$\text{Mediana} = T = \frac{50\%}{1,5\%} \approx 33 \text{ anos}$$ (Ver Figura F.21.)

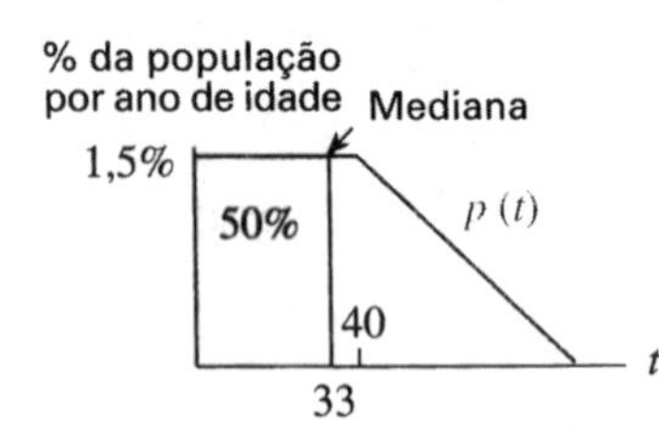

Figura F.21:
Mediana da distribuição de idades

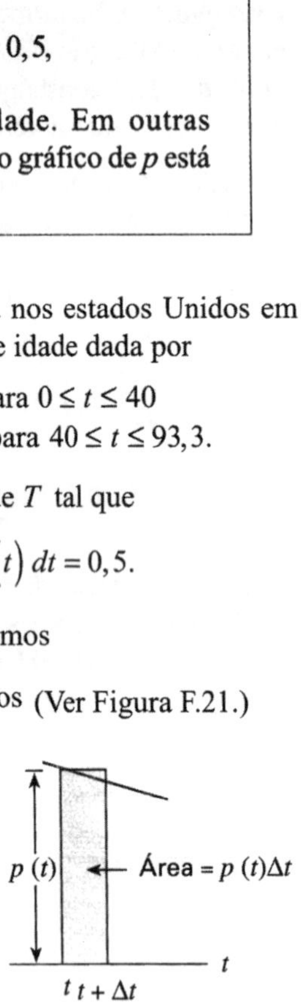

Figura F.22:
A área sombreada é a porcengem da população com idade entre t e $t + \Delta t$

A média

Outro valor comumente usado é a *média*. Para achar a média de N números somamos os números e dividimos a soma por N. Por exemplo, a média dos números 1, 2, 7 e 10 é (1 + 2 + 7 + 10) / 4 = 5. A idade média da população toda dos Estados Unidos é

$$\frac{\sum \text{ Idades de todas as pessoas nos EUA}}{\text{Número total de pessoas nos EUA}}$$

Calcular a soma de todas as idades diretamente seria uma tarefa enorme. Vamos aproximar a soma por uma integral. A idéia é "fatiar "o eixo das idades e considerar as pessoas cuja idade está entre t e $t + \Delta t$. Quantas são ?

A porcentagem da população entre t e $t + \Delta t$ é a área sob o gráfico de p entre esses pontos, que é bem aproximada pela área do retângulo, $p(t)\,\Delta t$. (Ver Figura F.22.)

Se o número total de pessoas na população é N então

$$\text{Número de pessoas com idades entre } t \text{ e } t + \Delta t \approx p(t)\,\Delta t\,N.$$

A idade de todas essas pessoas é aproximadamente t:

$$\begin{matrix}\text{Soma das idades das pessoas} \\ \text{entre as idades } t \text{ e } t + \Delta t\end{matrix} \approx tp(t)\,\Delta t N.$$

Portanto somando e pondo em evidência um N nos dá

$$\text{Soma das idades de todas as pessoas} \approx \left(\sum tp(t)\,\Delta t\right) N.$$

No limite, quando fazemos Δt se reduzir a 0, a soma se torna uma integral de modo que como aproximação.

$$\text{Somas das idades de todas as pessoas} = \left(\int_{0}^{100} tp(t)\,dt\right) N.$$

Portanto, com N igual ao número total de pessoas nos Estados Unidos e supondo que ninguém tem mais de 100 anos,

$$\text{Média de idades} = \frac{\begin{matrix}\text{Soma das idades} \\ \text{de todas as pessoas}\end{matrix}}{N} = \int_{0}^{100} tp(t)\,dt$$

Podemos dar o mesmo argumento para qualquer * função de densidade $p(x)$.

> Se uma quantidade tem função de densidade $p(x)$,
>
> **Valor médio** da quantidade $\displaystyle\int_{-\infty}^{\infty} xp(x)\,dx.$

Pode-se mostrar que a média é o ponto no eixo horizontal em que a região sob o gráfico da função densidade, se fosse feita de papelão, se equilibraria.

Exemplo 5: Ache a média de idades da população dos Estados Unidos usando a função de densidade do exemplo 4.

Solução: As fórmulas de aproximação para p são

$$p(t) = \begin{cases} 0,015 & \text{para } 0 \le t \le 40 \\ 0,0262 - 0,00028t & \text{para } 40 < t \le 93,3. \end{cases}$$

Usando estas fórmulas calculamos

Média de idade =

$$\int_{0}^{100} tp(t)dt = \int_{0}^{40} t(0,015)\,dt + \int_{40}^{93,3} t(0,0262 - 0,00028t)\,dt$$

$$= 0,015\frac{t^2}{2}\Big|_{0}^{40} + 0,0262\frac{t^2}{2}\Big|_{40}^{93,3} - 0,00028\frac{t^3}{3}\Big|_{40}^{93,3} \approx 35 \text{ anos.}$$

A média é mostrada na Figura F.23.

---

* Desde que as integrais impróprias relevantes convirjam.

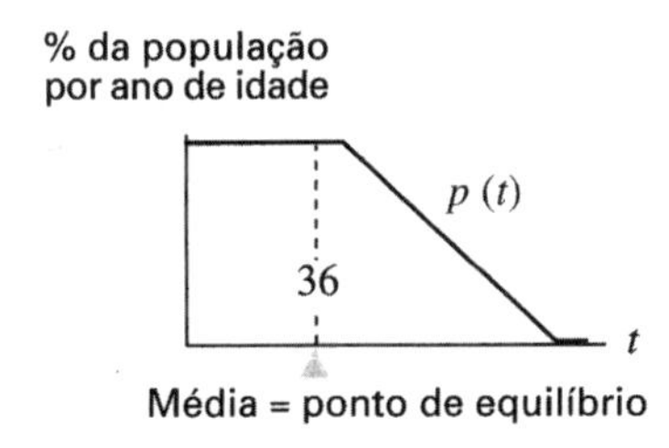

Figura F.23: Média de distribuição de idade

Distribuições normais

Quanta chuva você espera que vá cair em sua cidade este ano ? Se você vive em Anchorage, Alaska, a resposta seria algo próximo a 15 polegadas (incluindo neve). Naturalmente você não espera exatamente isso. Alguns anos será mais, outros anos menos. Na maior parte dos anos porém a quantidade de chuva ficará perto de 15 polegadas; só raramente será muito acima ou muito abaixo disto. Como se apresenta a função de densidade para a quantidade de chuva ? Para dar resposta a esta questão olhamos os dados de quantidade de chuva por muitos anos. Ficam numa curva em forma de sino com ápice em 15 polegadas e cai de cada lado mais ou menor simetricamente. Isto é um exemplo de distribuição normal.

Distribuições normais são usadas freqüentemente para modelar fenômenos reais, desde notas num exame ao número de passageiros numa linha aérea num determinado vôo. Uma distribuição normal é caracterizada por sua *média*, μ , e seu *desvio padrão*, σ. A média nos diz aonde os dados se acumulam: o lugar do pico central. O desvio padrão nos diz de quão perto os dados se acumulam em torno da média. Um valor pequeno de σ nos diz que os dados estão próximos da média; um σ grande nos diz que os dados se espalham. A fórmula para uma distribuição normal é a que segue.

> Uma **distribuição normal** tem uma função de densidade da forma
>
> $$p(x)=\frac{1}{\sigma\sqrt{2\pi}}e^{-(x-\mu)^2/(2\sigma^2)},$$
>
> onde μ é a média da distribuição e σ é o desvio padrão, com $\sigma > 0$.

O fator $1/(\sigma\sqrt{2\pi})$ à frente da função está aí para que a área sob o gráfico seja 1. Que o fator $\sqrt{2\pi}$ está envolvido é uma das descobertas verdadeiramente notáveis da matemática.

Para modelar a queda de chuva em Anchorage usamos uma distribuição normal com $\mu = 15$. O desvio padrão pode ser avaliado olhando os dados. Nós o tomaremos igual a 1. (Ver Figura F.24.)

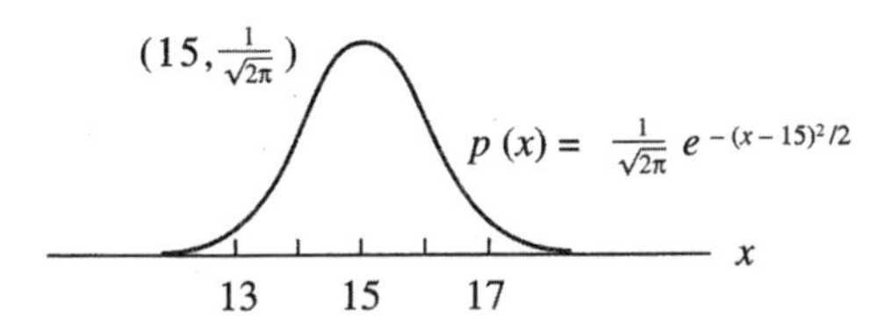

Figura F.24: Distribuição normal com $\mu = 15$ e $\sigma = 1$

No exemplo seguinte verificaremos que para uma distribuição normal uma certa porcentagem dos dados sempre cai a um certo número de desvios padrão da média.

Exemplo 6: Para a chuva em Anchorage use a distribuição normal com a função densidade

$$p(x)=\frac{1}{\sqrt{2\pi}}e^{-(x-15)^2/2},$$

para calcular a fração de anos com quantidade de chuva entre

a) 14 e 16 in. b) 13 e 17 in. c) 12 e 18 in.

Solução: a) A fração de anos com chuva anual entre 14 e 16 in é $\int_{14}^{16}\frac{1}{\sqrt{2\pi}}e^{-(x-15)^2/2}dx$. Como não há anti-derivada elementar para $e^{-(x-15)^2/2}$ achamos a integral numericamente. Seu valor é cerca de 0,68.

$$\text{Fração de anos com chuva entre 14 e 16 in} = \int_{14}^{16}\frac{1}{\sqrt{2\pi}}e^{-(x-15)^2/2}dx \approx 0,68.$$

b) Novamente achando a integral numericamente temos

$$\text{Fração de anos com chuva entre 13 e 17 in} = \int_{13}^{17}\frac{1}{\sqrt{2\pi}}e^{-(x-15)^2/2}dx \approx 0,95.$$

c)Analogamente

$$\text{Fração de anos com chuva entre 12 e 18 in} = \int_{12}^{18}\frac{1}{\sqrt{2\pi}}e^{-(x-15)^2/2}dx \approx 0,997.$$

Como 0,95 está tão perto de 1 esperamos que a maior parte do tempo a quantidade de chuva ficará entre 13 e 17 in por ano.

Observe que no exemplo precedente o desvio padrão é 1 in., de modo que chuva entre 14 e 16 in. por ano está dentro de um desvio padrão de distância da média. Analogamente a chuva entre 13 e 17 in. está dentro de 2 desvios padrões de distância da média e chuva entre 12 e 18 in. está dentro de três desvios padrões da média. As frações das observações a um, dois e três desvios padrões de distância da média calculadas no exemplo precedente valem para toda distribuição normal.

> **Regras práticas para toda distribuição normal**
> - Cerca de 68% das observações caem a um desvio padrão da média.
> - Cerca de 95% das observações caem a dois desvios padrões da média.
> - Mais de 99% das observações caem a três desvios padrões da média.

Problemas para a Seção F

Nos Problemas 1–3 esboce gráficos de uma função densidade que poderia representar a distribuição de rendimentos de uma população com as características dadas.

1 Uma classe média grande.

2 Pequenas classes média e superior, e muitos pobres.

3 Pequena classe média, muitos pobres e muitos ricos.

4 Um grande número de pessoas responde a uma prova estandardizada, recebendo notas descritas pela função densidade p cujo gráfico está na Figura F.25. A função densidade implica que a maioria recebe um grau próximo de 50 ? Explique porque ou porque não.

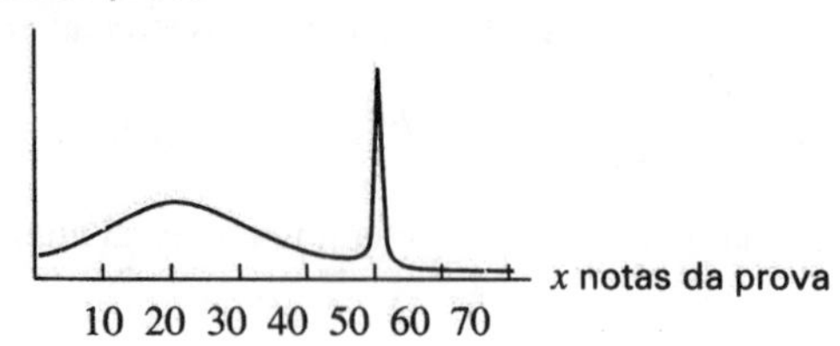

Figura F.25: Função densidade para notas da prova

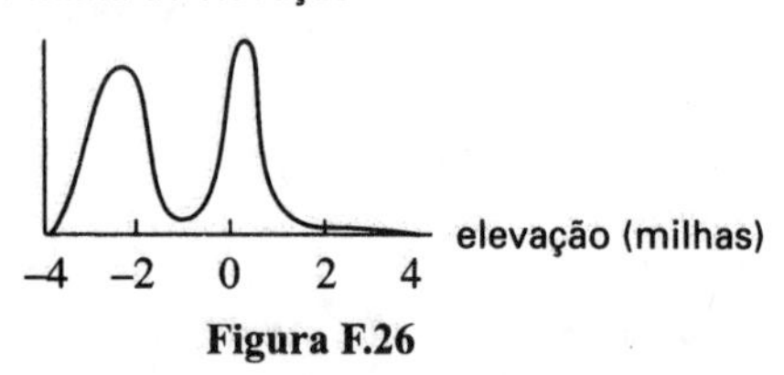

Figura F.26

5 A Figura F.26 mostra a distribuição de elevação, em milhas, na superfície da terra. Elevação positiva denota terra acima do nível do mar; elevação negativa mostra terra abaixo do nível do mar (isto é, o fundo do oceano).

a) Descreva em palavras a elevação da maior parte da superfície da terra.

b) Aproximadamente que fração da superfície da terra está abaixo do nível do mar ?

6 Considere um pêndulo movendo-se num ângulo pequeno. A coordenada x da bolinha move-se entre $-a$ e a, como se vê na Figura F.27.

a) Trace a função de densidade para a locação da coordenada x da ponta do pêndulo (isto é, despreze o movimento para cima e para baixo). Para fazer isto imagine uma máquina fotográfica tirando fotografias do pêndulo em tempos ao acaso. Onde é mais provável que a bolinha na ponta se encontre ? Menos provável ? [Sugestão:

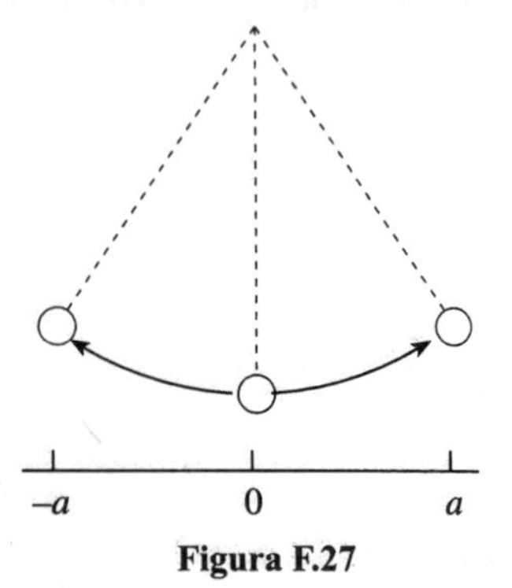

Figura F.27

considere a velocidade escalar do pêndulo em diferentes pontos do caminho. A câmera tem maior probabilidade de pegar bolinha num ponto de seu caminho em que ela se move rapidamente ou em que se move devagar ?]

b) Agora esboce a função

$$f(x)=\begin{cases}\dfrac{1}{\pi\sqrt{a^2-x^2}} & -a<x<a;\\ 0 & |x|\geq a.\end{cases}$$

Como se compara seu gráfico na parte a) com este ?

c) Supondo que a função dada na parte a) é a função densidade para o pêndulo, que espera você que seja

$$\int_{-a}^{a}\frac{1}{\pi\sqrt{a^2-x^2}}dx$$ Verifique isto calculando a integral.

d) Parece razoável, do ponto de vista físico, que $f(x)$ "explode" em a e $-a$? Explique sua resposta.

7 Acredita-se que valores de QI estejam normalmente distribuídos com média 100 e desvio padrão 15.

a) Escreva uma fórmula para a densidade de distribuição de valores de QI.

b) Avalie a fração da população com QI entre 115 e 120.

8 Mostre que vale 1 a área sob o gráfico da função de densidade da distribuição normal

$$p(x)=\frac{1}{\sqrt{2\pi}}e^{-(x-15)^2/2}$$

Esta função não tem anti-derivada elementar, de modo que você deve fazer isto numericamente. Torne claro em sua solução os limites de integração que usou.

9 a) Usando uma calculadora ou computador esboce gráficos da função de densidade da distribuição normal

$$p(x)=\frac{1}{\sigma\sqrt{2\pi}}e^{-(x-\mu)^2/(2\sigma^2)}$$

i) Para μ fixo (digamos $\mu = 5$) e σ variável (digamos σ = 1, 2, 3).

ii)Para μ variável (digamos μ = 4, 5, 6) e σ fixo (digamos σ = 1).

b) Explique como os gráficos confirmam que μ é a média da distribuição e que σ mostra o quanto os dados estão acumulados perto da média.

10 Seja v a velocidade escalar em metros/seg, de uma molécula de oxigênio e seja $p(v)$ a função de densidade da distribuição da velocidade escalar das moléculas de oxigênio à temperatura ambiente. Maxwell mostrou que

$$p(v)=av^2e^{-mv^2/(2kT)},$$

onde $k = 1{,}4 \times 10^{-23}$ é a constante de Boltzmann, T é a temperatura em Kelvin (à temperatura ambiente $T = 293$) e $m = 5 \times 10^{-26}$ é a massa da molécula de oxigênio em quilos.

a) Ache o valor de a .

b) Avalie a velocidade escalar mediana e a média. Ache o máximo de $p(y)$.
c) Como mudam suas respostas na parte b) para a média e o máximo de $p(v)$ quando T varia ?

G - REVISÃO DE COORDENADAS POLARES

Coordenadas polares são outro modo de descrever pontos no plano-xy. Podemos pensar nas coordenadas-x e y como instruções sobre como chegar ao ponto. Para chegar ao ponto (1, 2) ande 1 unidade horizontalmente e duas verticalmente. Coordenadas polares podem ser pensadas do mesmo modo. Há uma coordenada-r que diz a que distância se deve ir ao longo do raio indo até o posto a partir da origem, e há a coordenada θ, que é um ângulo e lhe diz o ângulo que o raio faz com a direção-x positiva. (Ver Figura G.28.)

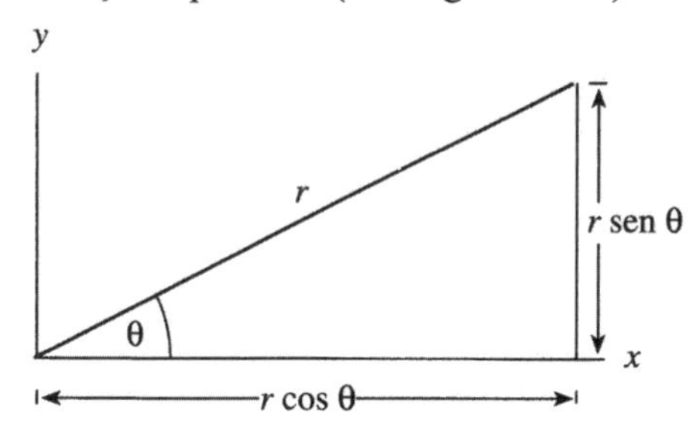

Figura G.28: Coordenadas polares

Exemplo 1: Dê as coordenadas polares dos pontos (1, 0), (0, 1), (– 1, 0) e (1, 1).
Solução: Para chegar ao ponto (1, 0) você anda uma unidade ao longo do eixo horizontal e lá está você. Assim sua coordenada r é 1 e sua coordenada θ é 0, pois você pode caminhar ao longo do eixo-x.
O ponto (0, 1) também está a uma unidade da origem, e você começa do mesmo modo que antes, caminhando uma unidade ao longo do raio. Depois você tem que ir ao longo do círculo de raio 1 por um arco de $\pi/2$ para chegar ao ponto (0, 1). Então $r = 1$ e $\theta = \pi/2$.
O ponto (– 1, 0) também tem coordenadas r igual a 1 mas desta vez você tem que percorrer metade do círculo para chegar lá, portanto sua coordenada θ é π.
O ponto (1, 1) está a uma distância $\sqrt{2}$ da origem e o raio da origem até ele faz um ângulo de $\pi / 4$ com o raio horizontal. Assim, tem coordenada-r igual a $\sqrt{2}$ e coordenada-θ igual a $\pi / 4$. Ver Figura G.29.

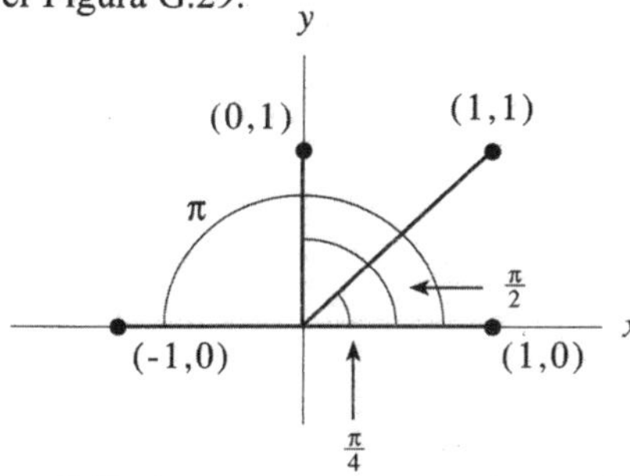

Figura G.29: Quatro pontos mostrando coordenadas cartesianas e polares

Transformações entre coordenadas polares e cartesianas

Suponha que um ponto tem coordenadas cartesianas (x, y). Olhe a Figura G.28. A distância r do ponto à origem é o comprimento da hipotenusa, que pelo teorema de Pitágoras é $\sqrt{x^2 + y^2}$. O ângulo θ com a metade positiva do eixo-x satisfaz $\tan \theta = y/x$.

De outro lado se dão a você r e θ, então da trigonometria você pode ver que $x = r \cos \theta$ e $y = r \operatorname{sen} \theta$.

Relação entre coordenada polares e cartesianas

$$x = r\cos\theta \qquad r = \sqrt{x^2 + y^2}$$
$$y = r \operatorname{sen}\theta \qquad \tan\theta = y / x.$$

Exemplo 2: Dê as coordenadas cartesianas dos pontos com coordenadas polares (2, 3 π/2) e (2, 1).
Solução: Os dois pontos têm coordenada $r = 2$, de modo que estão a 2 unidades da origem. O primeiro tem coordenada-θ igual a $3\pi/2$ o que é 3/ 4 de uma revolução completa, assim está a 3/ 4 do caminho em volta do círculo de raio 2, em (0,- 2). O segundo ponto tem coordenada-θ igual a 1. Das fórmulas acima vemos que

$$x = 2 \cos 1 = 1{,}0806 \text{ e } y = 2 \operatorname{sen} 1 = 1{,}6830.$$

Problemas para a Seção G

Para os Problemas 1–7 dê coordenadas cartesianas para os pontos com as seguintes coordenadas polares (r, θ). Os ângulos são medidos em radianos.

1 (1, 0) **2** (0, 1) **3** (2, π)

4 $\left(\sqrt{2}, 5\pi/4\right)$ **5** (5, – π/6) **6** (3, π/2)

7 (1, 1)

Para os Problemas 8–15 dê coordenadas polares para os pontos com as seguintes coordenadas cartesianas. Escolha $0 \le \theta < 2\pi$.

8 (1, 0) **9** (0, 2) **10** (1, 1)

11 (–1, 1) **12** (– 3, – 3) **13** (0,2, – 0,2)

14 (3, 4) **15** (– 3, 1)

16 Todo ponto do plano pode ser representado por algum par de coordenadas polares, mas as coordenadas polares são univocamente determinadas pelas coordenadas cartesianas (x, y) ? Em outras palavras, para cada par de coordenadas cartesianas, existe um unico par de coordenadas polares para esse ponto? Porque ou porque não?

RESPOSTAS AOS PROBLEMAS DE NÚMERO ÍMPAR

Seção 1.1

1 (a) 80-90°F
(b) 60-72°F
(c) 60-100°F

11 (a) Decrescente
(b) Crescente

15 Meio comprimento de onda original
Rapidez = 2 lugares/seg

Seção 1.2

1 B, B, B

3 $(1, -1, -3)$frente, esquerda, abaixo

9 Raio do cilíndro 2, ao longo do eixo-x

11 Q

13 $(1{,}5,\ 0{,}5,\ -0{,}5)$

15 $(-4, 2, 7)$

19 $(x-1)^2 + (y-2)^2 + (z-3)^2 = 25$

Seção 1.3

1 (a) Decresce
(b) Cresce

3 (a) Concha
(b) Nenhuma delas
(c) Placa
(d) Concha
(e) Placa

5 (a) I
(b) V
(c) IV
(d) II
(e) III

9 (b) x crescente

Seção 1.4

11 (a) A
(b) B
(c) A

23 (a) (III)
(b) (I)
(c) (V)
(d) (II)
(e) (IV)

27 (a) (II) (E)
(b) (I) (D)
(c) (III) (G)

29 $\alpha + \beta > 1$: crescente
$\alpha + \beta = 1$: constante
$\alpha + \beta < 1$: decrescente

Seção 1.5

1 $\Delta z = 0{,}4;\quad z = 2{,}4$

3 $f(x,y) = 2 - \frac{1}{2} \cdot x - \frac{2}{3} \cdot y$

5 $z = 4 + 3x + y$

7 Não

9 $f(x,y) = 2x - 0{,}5y + 1$

11 $-1{,}0$

13 $f(x,y) = 3 - 2x + 3y$

19 (a) não
(b) não
(c) não
(e) 0,5 da média de notas prevista

Seção 1.6

3 (a) I
(b) II

7 Esferas

9 $9x - \frac{5}{2}y + \frac{1}{3}z + \frac{67}{6}$

11 $-(3/2)x - 3y + 3z - 4$

13 Hiperbolóide de duas folhas

15 Parabolóide elítico

17 Elipsóide

19 Esfera

Seção 1.7

3 (b) Sim

5 0

7 0

9 1

13 $\pm\sqrt{(1-c)/c}$.

15 Não

Capítulo 1 – Revisão

1 Reta vertical por (2, 1, 0)

3 $(x/5) + (y/3) + (z/2) = 1$

11 Não pode ser verdade

13 Pode ser verdade

15 Verdade

17 $3x - 5y + 1 = c$

19 $2x^2 + y^2 = k$

23 $g(x,y) = 3x + y$

Seção 2.1

1 $\vec{p} = 2\vec{w}$
$\vec{q} = -\vec{u}$
$\vec{r} = \vec{u} + \vec{w}$
$\vec{s} = 2\vec{w} - \vec{u}$
$\vec{t} = \vec{u} - \vec{w}$

3 $\sqrt{11}$

5 $-15\vec{i} + 25\vec{j} + 20\vec{k}$

7 $\sqrt{65}$

9 $\vec{i} + 3\vec{j}$

11 $-4{,}5\vec{i} + 8\vec{j} + 0{,}5\vec{k}$

13 $\sqrt{11}$

15 5,6

17 $\vec{i} + 4\vec{j}$

19 $-\vec{i}$

23 $3\vec{i} + 4\vec{j}$

25 $\vec{a} = \vec{b} = \vec{c} = 3\vec{k}$
$\vec{d} = 2\vec{i} + 3\vec{k}$
$\vec{e} = \vec{j}$
$\vec{f} = -2\vec{i}$

27 $\|\vec{u}\| = \sqrt{6}$
$\|\vec{v}\| = \sqrt{5}$

29 (a) $(3/5)\vec{i} + (4/5)\vec{j}$
(b) $6\vec{i} + 8\vec{j}$

Seção 2.2

1 Escalar

3 Vetor

5 (a) $50\vec{i}$
(b) $-50\vec{j}$
(c) $25\sqrt{2}\vec{i} - 25\sqrt{2}\vec{j}$
(d) $-25\sqrt{2}\vec{i} + 25\sqrt{2}\vec{j}$

7 $180\vec{i} + 72\vec{j}$

9 P
Em direção ao centro

11 (79,00, 79,33, 89,00, 68,33, 89,33)

13 48,3° nordeste
744 km/h.

15 548,6 km/h

Seção 2.3

1 -38

3 14

5 238

7 1,91 radianos (109,5°)

9 $\vec{u} \perp \vec{v}$ para $t = 2$ ou -1
Nenhum valor de t faz u paralelo a v

11 $3\vec{i} + 4\vec{j} - \vec{k}$
(múltiplos de)

13 $-x + 2y + z = 1$

15 $2x - 3y + 7z = 19$

17 $3x + y + z = -1$

19 $\vec{a} = -\frac{8}{21}\vec{d} + (\frac{79}{21}\vec{i} + \frac{10}{21}\vec{j} - \frac{118}{21}\vec{k})$

21 38,7°

25 Bantus

Seção 2.4

1 $-\vec{i}$

3 $-\vec{i} + \vec{j} + \vec{k}$

5 $-2\vec{i} + 2\vec{j}$

7 $\vec{a} \times \vec{b} = -2\vec{i} - 7\vec{j} - 13\vec{k}$
$\vec{a} \cdot (\vec{a} \times \vec{b}) = 0$
$\vec{b} \cdot (\vec{a} \times \vec{b}) = 0$

9 Máx: 6
Mín: 0

11 $x + y + z = 1$

13 (a) 1,5
(b) $y = 1$

15 $4x + 26y + 14z = 0$

19 (b) $\vec{c} \perp \vec{a}$ e $\|\vec{c}\| = \|\vec{a}\|$
(c) $-a_2b_1 + a_1b_2$

Capítulo 2 – Revisão

3 $\vec{p} = -\frac{4\sqrt{5}}{5}\vec{i} - \frac{2\sqrt{5}}{5}\vec{j}$

5 $-\vec{u}, \vec{v}, \vec{v} - \vec{u}, \vec{u} - \vec{v}$

7 (a) $t = 1$
(b) nenhum valor de t
(c) qualquer valor de t

9 $-2\vec{k}$

11 $\vec{i} - \vec{j}$

13 $\sqrt{6}/2$

15 $\vec{n} = 4\vec{i} + 6\vec{k}$

17 (a) $(21/5, 0, 0)$
(b) $(0, -21, 0)$ e $(0, 0, 3)$
(por exemplo)
(c) $\vec{n} = 5\vec{i} - \vec{j} + 7\vec{k}$
(por exemplo)
(d) $21\vec{j} + 3\vec{k}$
(por exemplo)

19 $-\vec{i}/2 + \sqrt{3}\vec{j}/2$
$-\vec{i}/2 - \sqrt{3}\vec{j}/2$

21 Vetor

25 (a) $30\vec{i} - 2\vec{k}$
$20\vec{i} + 15\vec{j} - 5\vec{k}$
$12\vec{i} + 30\vec{j} + 3\vec{k}$
(b) $30\vec{i} + \vec{j}$
$20\vec{i} + 16\vec{j} - 3\vec{k}$
$12\vec{i} + 31\vec{j} + 5\vec{k}$

27 38,7° sudeste

33 $9x - 16y + 12z = 5$
0,23

Seção 3.1

1 $f_x(3,2) \approx 2$
$f_y(3,2) \approx -1$

3 (c) Positivo
(d) Negativo

5 (a) Ambos negativos
(b) Ambos negativos

7 (a) $\partial P/\partial t$:
quantia/mês
Taxa de variação dos pagamentos com o tempo.
Negativa
(b) $\partial P/\partial r$:
quantia/ponto de porcentagem
Taxa de variação de pagamento com taxa de juros
Positiva

9 (a) Negativa
(b) Positiva

11 $f_T(5,20) \approx 1$

13 (a) 2,5, 0,02
(b) 3,33, 0,02
(c) 3,33, 0,02

15 -1

Seção 3.2

1 -1

3 $2xy + 10x^4y$

5 y

7 $a/(2\sqrt{x})$

9 $21x^5y^6 - 96x^4y^2 + 5x$

11 $(a+b)/2$

13 $2B/u_0$

15 $2mv/r$

17 Gm_1/r^2

19 $-2\pi r/T^2$

21 $\epsilon_0 E$

23 $c\cos(ct - 5x)$

25 $(15a^2bcx^7 - 1)/(ax^3y)$

27 $[x^2y(-3\lambda + 10) - 3\lambda^4(8\lambda^2 - 27\lambda + 50)]/2(\lambda^2 - 3\lambda + 5)^{3/2}$

29 $\pi xy/\sqrt{2\pi xyw - 13x^7y^3v}$

31 $z_x = 7x^6 + yx^{y-1}$
$z_y = 2^y \ln 2 + x^y \ln x$

33 13,6

35 (a) 3,3, 2,5
(b) 4,1, 2,1
(c) 4, 2

37 (a) Pre^{rt}
(b) e^{rt}

39 $h_x(2,5) = -11{,}40$ cm/seg
$h_t(2,5) = 22{,}80$ cm/seg

Seção 3.3

1 $z = 6 + 3x + y$

3 $z = -4 + 2x + 4y$

5 $z = 9 + 6(x-3) + 9(y-1)$

7 $P(r,L) \approx 80 + 2{,}5(r-8) + 0{,}02(L-4000)$, $P(r,L) \approx 120 + 3{,}33(r-8) + 0{,}02(L-6000)$, $P(r,L) \approx 160 + 3{,}33(r-13) + 0{,}02(L-7000)$.

11 $df = y\cos(xy)\,dx + x\cos(xy)\,dy$

13 $dg = (2u+v)\,du + u\,dv$

15 $df = dx - dy$

17 $dP \approx 2{,}395\,dK + 0{,}008\,dL$

19 $df = \frac{1}{3}dx + 2dy$
$f(1{,}04, 1{,}98) \approx 2{,}973$

21 (a) Cresce
(b) Cresce
(c) 55 joules

23 l é 1%; g é 2%

Seção 3.4

1 (a) 1,01
(b) 0,98

3 1

5 2,12

7 $x > 2$

9 (a) Negativo
(b) Negativo

11 $\nabla z = \frac{1}{y}\cos(\frac{x}{y})\vec{i} - \frac{x}{y^2}\cos(\frac{x}{y})\vec{j}$

13 $\nabla z = e^y\vec{i} + e^y(1 + x + y)\vec{j}$

15 $\nabla z = 2x\cos(x^2+y^2)\vec{i} + 2y\cos(x^2+y^2)\vec{j}$

17 $2m\vec{i} + 2n\vec{j}$

19 $-\frac{(t^2-2t+4)}{(2s\sqrt{s})}\vec{i} + \frac{(2t-2)}{\sqrt{s}}\vec{j}$

21 $\left(\frac{5\alpha}{\sqrt{5\alpha^2+\beta}}\right)\vec{i}+\left(\frac{1}{2\sqrt{5\alpha^2+\beta}}\right)\vec{j}$

23 $50\vec{i} + 96\vec{j}$

25 $(1/2)\vec{i} + (1/2)\vec{j}$

27 (a) $2/\sqrt{13}$
(b) $1/\sqrt{17}$
(c) $\vec{i} + \frac{1}{2}\vec{j}$

29 (a) $-\sqrt{2}/2$
(b) $\sqrt{3} + 1/2$

31 4,4

33 $(3\sqrt{5} - 2\sqrt{2})\vec{i} + (4\sqrt{2} - 3\sqrt{5})\vec{j}$

35 $y = 2x - 7$

37 P

39 (a) P, Q
(c) $\|\text{grad } f\|$
$f_{\vec{u}} = \|\text{grad } f\| \cos\theta$

Seção 3.5

1 10/3

3 $2z + 3x + 2y = 17$

5 $x + 3y + 7z = -9$
$\vec{i} + 3\vec{j} + 7\vec{k}$

7 (a) $6{,}33\vec{i} + 0{,}76\vec{j}$
(b) $-34{,}69$

9 (b) Vale

11 (a) $x = y = 0$ e $z \neq 0$.
(b) $y = 0$; $2x - y + 2z = 3$
(c) $-\vec{j}$, $\frac{2}{3}\vec{i} - \frac{1}{3}\vec{j} + \frac{2}{3}\vec{k}$

13 $2x - y - z = 4$

Seção 3.6

1 $\frac{dz}{dt} = e^{-t}\text{sen}(t)(2\cos t - \text{sen } t)$

3 $(t^3 - 2)/(t + t^4)$

5 $2e^{1-t^2}(1 - 2t^2)$

7 $\frac{\partial z}{\partial u} = (e^{-v\cos u} - v\cos(u)e^{-u\,\text{sen}\,v})\,\text{sen}\, v - (-u\,\text{sen}(v)e^{-v\cos u} + e^{-u\,\text{sen}\,v})v\,\text{sen}\, u$
$\frac{\partial z}{\partial v} = (e^{-v\cos u} - v\cos(u)e^{-u\,\text{sen}\,v})u\cos v + (-u\,\text{sen}(v)e^{-v\cos u} + e^{-u\,\text{sen}\,v})\cos u$

9 $\frac{\partial z}{\partial u} = e^v/u$
$\frac{\partial z}{\partial v} = e^v \ln u$

11 $\frac{\partial z}{\partial u} = 2ue^{(u^2-v^2)}(1+u^2+v^2)$
$\frac{\partial z}{\partial v} = 2ve^{(u^2-v^2)}(1-u^2-v^2)$

13 $\frac{\partial z}{\partial u} = \frac{1}{vu}\cos\left(\frac{\ln u}{v}\right)$
$\frac{\partial z}{\partial v} = -\frac{\ln u}{v^2}\cos\left(\frac{\ln u}{v}\right)$

15 $\frac{\partial w}{\partial u} = \frac{\partial w}{\partial x}\frac{\partial x}{\partial u} + \frac{\partial w}{\partial y}\frac{\partial y}{\partial u} + \frac{\partial w}{\partial z}\frac{\partial z}{\partial u}$
$\frac{\partial w}{\partial v} = \frac{\partial w}{\partial x}\frac{\partial x}{\partial v} + \frac{\partial w}{\partial y}\frac{\partial y}{\partial v} + \frac{\partial w}{\partial z}\frac{\partial z}{\partial v}$

17 -0.6

21 $\left(\frac{\partial U}{\partial P}\right)_T = \left(\frac{\partial U}{\partial V}\right)_T\left(\frac{\partial V}{\partial P}\right)_T$

23 (a) $\frac{\partial z}{\partial r} = \cos\theta\frac{\partial z}{\partial x} + \text{sen}\,\theta\frac{\partial z}{\partial y}$
$\frac{\partial z}{\partial \theta} = r(\cos\theta\frac{\partial z}{\partial y} - \text{sen}\,\theta\frac{\partial z}{\partial x})$
(b) $\frac{\partial z}{\partial y} = \text{sen}\,\theta\frac{\partial z}{\partial r} + \frac{\cos\theta}{r}\frac{\partial z}{\partial \theta}$
$\frac{\partial z}{\partial x} = \cos\theta\frac{\partial z}{\partial r} - \frac{\text{sen}\,\theta}{r}\frac{\partial z}{\partial \theta}$

Seção 3.7

1 $f_{xx} = 2$, $f_{yy} = 2$
$f_{yx} = 2$, $f_{xy} = 2$

3 $f_{xx} = 0$
$f_{xy} = e^y = f_{yx}$
$f_{yy} = xe^y$

5 $f_{xx} = -(\text{sen}(x^2 + y^2))4x^2 + 2\cos(x^2 + y^2)$
$f_{xy} = -(\text{sen}(x^2 + y^2))4xy = f_{yx}$
$f_{yy} = -(\text{sen}(x^2 + y^2))4y^2 + 2\cos(x^2 + y^2)$

7 $f_{xx} = -(\text{sen}(\frac{x}{y}))(\frac{1}{y^2})$
$f_{xy} = -(\text{sen}(\frac{x}{y}))(\frac{-x}{y^2})(\frac{1}{y}) + (\cos(\frac{x}{y}))(\frac{-1}{y^2}) = f_{yx}$
$f_{yy} = -(\text{sen}(\frac{x}{y}))(\frac{-x}{y^2})^2 + (\cos(\frac{x}{y}))(\frac{2x}{y^3})$

9 $z_{yy} = 0$

11 (a) Positivo
(b) Zero
(c) Positivo
(d) Zero
(e) Zero

13 (a) Negativo
(b) Zero
(c) Negativo
(d) Zero
(e) Zero

15 (a) Zero
(b) Negativo
(c) Zero
(d) Negativo
(e) Zero

17 (a) Negativo
(b) Negativo
(c) Zero
(d) Zero
(e) Zero

19 (a) Negativo
(b) Positivo
(c) Positivo
(d) Positivo
(e) Negativo

Seção 3.8

1 (a) $u(4, 1) \approx 56{,}05°\text{C}$
$u(8, 1) \approx 70{,}05°\text{C}$
(b) $u(6, 2) \approx 62{,}1°\text{C}$

3 $c = D(a^2 + b^2)$

13 $a = -b^2$

15 (a) $u(0, t) = 0$
$u(1, t) = 0$
(b) $a = -b^2 = -(\pi k)^2$ para qualquer inteiro k

17 $A = a/(b^2 + c^2)$, $a > 0$

Seção 3.9

1 $Q(x, y) = 1 - 2x^2 - y^2$

3 $Q(x, y) = -y + x^2 - y^2/2$

5 $L(x, y) = 2e + e(x - 1) + 3e(y - 1)$
$Q(x, y) = 2e + e(x - 1) + 3e(y - 1) + e(x - 1)(y - 1) + 2e(y - 1)^2$

7 $L(x, y) = \sqrt{2} + \frac{1}{\sqrt{2}}(x - 1) + \frac{1}{\sqrt{2}}(y - 1)$
$Q(x, y) = \sqrt{2} + \frac{1}{\sqrt{2}}(x - 1) + \frac{1}{\sqrt{2}}(y - 1) + \frac{1}{4\sqrt{2}}(x - 1)^2 - \frac{1}{2\sqrt{2}}(x - 1)(y - 1) + \frac{1}{4\sqrt{2}}(y - 1)^2$

9 $L(x, y) = \frac{e}{2} + \frac{e}{4}(x - 1) + \frac{e}{4}(y - 1)$
$Q(x, y) = \frac{e}{2} + \frac{e}{4}(x - 1) + \frac{e}{4}(y - 1) - \frac{e}{8}(x - 1)^2 + \frac{e}{4}(x - 1)(y - 1) + \frac{e}{8}(y - 1)^2$

11 $L(x, y) = \frac{\pi}{4} + \frac{1}{2}(x - 1) - \frac{1}{2}(y - 1)$
$Q(x, y) = \frac{\pi}{4} + \frac{1}{2}(x - 1) - \frac{1}{2}(y - 1) - \frac{1}{4}(x - 1)^2 + \frac{1}{4}(y - 1)^2$

15 (a) xy
$1 - \frac{1}{2}(x - \frac{\pi}{2})^2 - \frac{1}{2}(y - \frac{\pi}{2})^2$

17 (a) $L(x,y) = 1$, $|E_L(x,y)| \leq 0{,}047$
(b) $Q(x,y) = 1+(1/2)x^2-(1/2)y^2$, $|E_Q(x,y)| \leq 0{,}0047$

19 (a) $L(x,y) = 0$, $|E_L(x,y)| \leq 0{,}14$
(b) $Q(x,y) = x^2 + y^2$, $|E_Q(x,y)| \leq 0{,}036$

Seção 3.10

1 (b) Não
(c) Não
(d) Não
(e) Existe, não contínua

3 (b) Sim
(c) Sim
(d) Não
(e) Existe, não contínua

5 (b) Sim
(d) Não
(f) Não

7 (c) Não
(e) Não

9 (a) Não

Capítulo 3 – Revisão

1 $\partial z/\partial x = \frac{14x+7}{(x^2+x-y)^{-6}}$
$\partial z/\partial y = -7(x^2+x-y)^6$

3 $\partial f/\partial p = (1/q)e^{p/q}$
$\partial f/\partial q = -(p/q^2)e^{p/q}$

5 $\partial z/\partial x = 4x^3 - 7x^6y^3 + 5y^2$
$\partial z/\partial y = -3x^7y^2 + 10xy$

7 $\partial w/\partial s = \ln(s+t) + \frac{s}{(s+t)}$
$\partial w/\partial t = \frac{s}{(s+t)}$

9 84/5

11 Falso

13 Verdadeiro

15 Falso

17 (a) $f_w(2,2) \approx 2{,}78$
$f_z(2,2) \approx 4{,}01$
(b) $f_w(2,2) \approx 2{,}773$
$f_z(2,2) = 4$

19 (a) negativo, positivo, para cima se positivo, para baixo se negativo
(b) $\pi < t < 2\pi$
(c) $0 < x < 3\pi/2$ e $0 < t < \pi/2$ ou $3\pi/2 < t < 5\pi/2$.

23 (a) $\partial g/\partial m = G/r^2$
$\partial g/\partial r = -2Gm/r^3$

29 $3e/\sqrt{5}$

31 $f_{\vec{u}}(3,1) \approx -1{,}64$

33 $\pm 4\sqrt{\frac{2}{11}}\left(\frac{1}{2}, -\frac{1}{2}, \frac{3}{2}\right)$

35 (a) -14, $2{,}5$
(b) $-2{,}055$
(c) $14{,}221$ na direção of $-14\vec{i} + 2{,}5\vec{j}$.
(d) $f(x,y) = f(2,3) = 7{,}56$.
(e) Por exemplo, $\vec{v} = 2{,}5\vec{i} + 14\vec{j}$,
(f) $-0{,}32$

37 (a) $\left.\frac{\partial w}{\partial u}\right|_{(1,\pi)} = 3 + \pi$
$\left.\frac{\partial w}{\partial v}\right|_{(1,\pi)} = 4 - \pi$
(b) $\left.\frac{dw}{dt}\right|_{t=1} = 5\pi - 3\pi^2$

41 $x - y$

43 (b) $x^2 + y^2 + z^2 = c^2$
(c) Para fora, decrescendo exponencialmente

Seção 4.1

1 A: não
B: sim, máx.
C: sim, sela

5 Pontos de sela: (1, - 1),(- 1, 1)
máx. local (- 1, - 1)
mín. local (1, 1)

7 (1, - 1) e (-1, 1) são ambos ponto de sela

9 Pontos críticos: $(0,0)$, $(\pm\pi, 0)$, $(\pm 2\pi, 0)$, $(\pm 3\pi, 0)$, $\cdots$
Mínima local: $(0,0)$, $(\pm 2\pi, 0)$, $\pm 4\pi, 0)$, $\cdots$
Pontos de sela: $(\pm\pi, 0)$, $(\pm 3\pi, 0)$, $(\pm 5\pi, 0)$, $\cdots$

11 Máx. local: $(1, 5)$

13 Mínimo local

15 Máximo local

17 (a) $(1,3)$ é um mínimo

Seção 4.2

1 Mississippi:
87 – 88 (máx), 83 – 87 (mín)
Alabama:
88 – 89 (máx), 83 – 87 (mín)
Pennsylvania:
89 – 90 (máx), 70 (mín)
New York:
81 – 84 (máx), 74 – 76 (mín)
California:
100 – 101 (máx)
65 – 68 (mín)
Arizona:
102 – 107 (máx)
85 – 87 (mín)
Massachusetts:
81 – 84 (máx), 70 (mín)

3 Nenhuma dessas coisas

5 Mín = 0 em (0,0) (não na fronteira)
máx = 2 em (1, 1), (1, - 1), $(-1,-1)$ e $(-1,1)$ (na fronteira)

7 Máx = 0 em (0, 0) (não na fronteira)
Mín = 2 em (1, -1), (- 1, -1) $(-1,1)$ e $(1,1)$ (na fronteira)

9 $q_1 = 300, q_2 = 225$.

11 $h = 25\%, t = 25°C$

15 $l = w = h = 45$ cm

17 $y = 2/3 - x/2$

19 (a) 255,2 milhões
(c) 320,6 milhões

21 (b) 0,2575

Seção 4.3

1 Mín $= -\sqrt{2}$, máx $= \sqrt{2}$

3 Mín $= \frac{3}{4}$, não há máx

5 Mín $= \sqrt{2}$, máx $= 2$

7 Mín $= -\sqrt{35}$, máx $= \sqrt{35}$

9 Máx: 0, não há mín

11 Máx: $\frac{3}{\sqrt{6}}$, mín: $-\frac{3}{\sqrt{6}}$

13 Máx: $\frac{\sqrt{2}}{4}$, mín: $-\frac{\sqrt{2}}{4}$.

15 Max: $f(\frac{1}{\sqrt{5}}, \frac{3}{\sqrt{5}}) = 2\sqrt{5}$
Mín: $f(-\frac{1}{\sqrt{5}}, -\frac{3}{\sqrt{5}}) = -2\sqrt{5}$

17 Máx: 1
Mín: -1.

19 $q_1 =$ 50 unidades
$q_2 =$ 150 unidades

21 (b) $S = 1000 - 10l$

23 $r = \sqrt[3]{\frac{50}{\pi}}$
$h = 2\sqrt[3]{\frac{50}{\pi}}$

25 Ao longo da reta $x = 2y$

27 (c) $D = 10$, $N = 20$, $V \approx 9{,}779$
(d) $\lambda = 14{,}67$
(e) \$68, subir

Capítulo 4 – Revisão

1 Máximo local: (π/3, (π/3)

3 $(\sqrt{2}, -\sqrt{2}/2)$ ponto de sela

7 Máximo: (-1, 1) e (1, -1)
Mínimo: (0, 0)

9 $p_1 = 110, p_2 = 115.$

11 $K = 20$
$L = 30$
$C = \$7,000$

13 (a) Reduzir K por 1/ 2 unidade, aumentar L de 1 unidade

15 $\lambda = -\frac{1}{2m^2}(1 + \frac{2(v_1v_2)^{\frac{1}{2}}}{v_1+v_2})$; semanas²

17 $d \approx 5{,}37$ m, $w \approx 6{,}21$ m, $\theta = \pi/3$ radianos

19 (b) $-\operatorname{grad} d$

21 (a) $a/(v_1 \cos\theta_1) + b/(v_2 \cos\theta_2)$

23 $d \approx 0{,}9148.$

Seção 5.1

1 Soma inferior: 0,34
Soma superior: 0,62

3 Soma superior = 46,63
Soma inferior = 8
Média ≈ 27,3

5 Positivo

7 $40/3$

9 $\int_R w(x,y)\,dx\,dy \approx 2700$ unidades cúbicas onde R é a região
$0 \le x \le 60$
$0 \le y \le 8$

11 (a) Cerca de 148 tornados
(b) Cerca de 56 tornados
(c) Cerca de 2 tornados

13 (a) Positivo
(b) Positivo
(c) Positivo
(d) Zero
(e) Zero
(f) Zero
(g) Negativo
(h) Zero
(i) Negativo
(j) Zero
(k) Zero
(l) Positivo
(m) Positivo
(n) Positivo
(o) Zero
(p) Zero

Seção 5.2

1 $\frac{4}{15}(9\sqrt{3} - 4\sqrt{2} - 1) = 2{,}38176$

3 $32/9$

5 $\int_1^4 \int_1^2 f\,dy\,dx$
ou $\int_1^2 \int_1^4 f\,dx\,dy$

7 $\int_1^4 \int_{(x-1)/3}^2 f\,dy\,dx$

9 $(e^4 - 1)(e^3 - e)$

11 $\approx -2{,}68$

13 14

15 $\frac{e-1}{2}$

17 $\frac{2}{9}(3\sqrt{3} - 2\sqrt{2})$

19 $\int_{-5}^{5} \int_{-\sqrt{25-y^2}}^{\sqrt{25-y^2}} (25-x^2-y^2)\,dx\,dy$

21 $\int_0^4 \int_{y-4}^{(4-y)/2} (4-2x-y)\,dx\,dy$

23 Volume = 6

25 $1/10$

27 $\frac{1}{2}(1 - \cos 1) = 0{,}23$

Seção 5.3

1 2

3 $a + b + 2c$

7 Limites não fazem sentido

9 Limites não fazem sentido

13 $\frac{15}{2}$

15 $\int_{-1}^{1} \int_{-\sqrt{1-x^2}}^{\sqrt{1-x^2}} \int_{-\sqrt{1-z^2}}^{\sqrt{1-z^2}} dy\,dz\,dx$

17 $m = 1/36$g; $(\bar{x}, \bar{y}, \bar{z}) = (1/4, 1/8, 1/12)$

19 $m(b^2 + c^2)/3$

Seção 5.4

1 0,7854

3 0,7966

5 4

7 0,79

9 4

Seção 5.5

1 $\int_{\pi/4}^{3\pi/4} \int_0^2 f\,r\,dr\,d\theta$

3 $\int_0^{2\pi} \int_0^{\sqrt{2}} f\,r\,dr\,d\theta$

13 0

15 $-2/3$

17 6

19 $32\pi(\sqrt{2} - 1)/3$

21 (a) $\int_{\pi/2}^{3\pi/2} \int_1^4 \delta(r,\theta)\,r\,dr\,d\theta$
(b) (i)
(c) Cerca de 39.000

Seção 5.6

1 $200\pi/3$

3 25π

5 $\int_0^1 \int_0^{2\pi} \int_0^4 \delta \cdot r\,dr\,d\theta\,dz$

7 $\int_0^{2\pi} \int_0^{\pi/6} \int_0^3 \delta \cdot \rho^2 \operatorname{sen}\phi\,d\rho\,d\phi\,d\theta$

9 $\int_0^3 \int_0^1 \int_0^5 \delta\,dz\,dy\,dx$

11 π

13 (a) Positivo
(b) Zero

15 $25\pi/6$

17 27π

19 $3/\sqrt{2}$

21 $3/4$

25 $3I = \frac{6}{5}a^2$; $I = \frac{2}{5}a^2$.

Seção 5.7

1 (a) 20/27
(b) 199/243

3 (a) $k = 8$
(b) $1/3$

5 $\int_{65}^{100} \int_{0.8}^{1} f(x,y)\,dx\,dy$

7 $f(x,y) = \frac{30}{\pi} e^{-50(x-5)^2 - 18(y-15)^2}$

9 (a) $\int_{\theta}^{\frac{\pi}{6}} \int_{\frac{1}{\cos\theta}}^{4} p(r,\theta)\,r\,dr\,d\theta$
(b) $\int_{\frac{\pi}{6}}^{\frac{\pi}{6}+\frac{\pi}{12}} \int_{\frac{1}{\cos\theta}}^{4} p(r,\theta)\,r\,dr\,d\theta +$
$\int_{\frac{\pi}{6}+\frac{\pi}{12}}^{\frac{2\pi}{6}} \int_{\frac{1}{\sin\theta}}^{4} p(r,\theta)\,r\,dr\,d\theta$

Seção 5.8

3 $\rho^2 \operatorname{sen}\phi$

5 13.5

7 9

Capítulo 5 – Revisão

1 9200 milhas cúbicas

7 $85/12$

9 $10(e - 2)$

11 $-4\cos 4 + 2\operatorname{sen} 4 + 3\cos 3 - 2\operatorname{sen} 3 - 1$

13 $\int_0^4 \int_{\frac{y}{2}-2}^{-y+4} f(x,y)\,dx\,dy$
or $\int_{-2}^{0} \int_0^{2x+4} f(x,y)\,dy\,dx +$
$\int_0^4 \int_0^{-x+4} f(x,y)\,dy\,dx.$

17 $162\pi/5$

19 8π

21 ≈ 183

23 $8\pi R^5/15$

25 $2\pi Gm(r_2 - r_1 - \sqrt{r_2^2 + h^2} + \sqrt{r_1^2 + h^2}$

27 $40\sqrt{2}, 54\sqrt{2}$

Seção 6.1

1 A partícula se move sobre retas de (0, 1) (1, 0) a (1, 0) a (0, -1) a (- 1, 0) e de volta a (0, 1)

3 A partícula se move sobre retas de (- 1, 1) a (1, 1) a (-1, -1) a (1, -1) e de volta a (-1, 1)

5 Sentido horário para todo t

7 Horário: $t < 0$ Anti-horário: $t > 0$

9 Anti-horário: $t > 0$

13 $x = -2,\ y = t$

15 $x = -2\cos t,\ y = 2\,\text{sen}\,t,\ 0 \le t \le 2\pi$

17 $x = 5\cos t,\ y = 7\,\text{sen}\,t,\ 0 \le t \le 2\pi$

19 (a) Direita de (2, 4)
(b) $(-1, -3)$ a $(2, 4)$
(c) $t < -2/3$

21 (a) $a = b = 0, k = 5$ ou -5
(b) $a = 0, b = 5, k = 5$ ou -5
(c) $a = 10, b = -10, k = \sqrt{200}$ ou $-\sqrt{200}$

23 $x = 2\cos t, y = 0, z = 2\,\text{sen}\,t$

25 $x = 2 + 3t,\ y = 3 - t,\ z = -1 + t.$

27 $x = 1,\ y = 0,\ z = t.$

29 $x = 1 + 2t,\ y = 2 + 4t,\ z = 5 - t$

31 Sim

33 (a) Retas
(b) Não
(c) $(1, 2, 3)$

Seção 6.2

1 (a) Ambos parametrizam a reta $y = 3x - 2$
(b) Inclinação = 3,0 interseção $-y = -2$

3 (b) $-\vec{i} - 10\vec{j} - 7\vec{k}$.
(c) $\vec{r} = (1 - t)\vec{i} + (3 - 10t)\vec{j} - 7t\vec{k}$.

5 (a) Espiral
(b) $\vec{v}(2) = -2{,}24\vec{i} + 0{,}08\vec{j}$, $\vec{v}(4) = 2{,}38\vec{i} - 3{,}37\vec{j}$, $\vec{v}(6) = 2{,}63\vec{i} + 5{,}48\vec{j}$.
(c) $\vec{v}(2) = -2{,}235\vec{i} + 0{,}077\vec{j}$, $\vec{v}(4) = 2{,}374\vec{i} - 3{,}371\vec{j}$, $\vec{v}(6) = 2{,}637\vec{i} + 5{,}482\vec{j}$.

7 $\vec{v} = -2t\,\text{sen}(t^2)\vec{i} + 2t\cos(t^2)\vec{j}$, Rapidez = $2|t|$, A partícula para quando $t = 0$.

9 $\vec{v} = (2t - 2)\vec{i} + (3t^2 - 3)\vec{j} + (2t^3 - 12t^2)\vec{k}$, Rapidez = $((2t - 2)^2 + (3t^2 - 3)^2 + (12t^3 - 12t^2)^2)^{1/2}$, A partícula para em $t = 1$.

11 $\vec{v} = -3\,\text{sen}\,t\vec{i} + 4\cos t\vec{j}$, $\vec{a} = -3\cos t\vec{i} - 4\,\text{sen}\,t\vec{j}$

13 $\vec{v} = 3\vec{i} + \vec{j} - \vec{k},\ \vec{a} = \vec{0}$

15 $D = \sqrt{42}$

17 $D \approx 24{,}6$

19 $x = 5 + 3(t - 7),\ y = 4 + 1(t - 7),\ z = 3 + 2(t - 7).$

21 (a) $\vec{v}(2) \approx -4\vec{i} + 5\vec{j}$, Rapidez $\approx \sqrt{41}$
(b) A cerca $t = 1{,}5$
(c) A cerca $t = 3$

23 (a) Não
(b) $t = 5$
(c) $\vec{v}(5) \approx 0{,}959\vec{i} + 0{,}284\vec{j} + 2\vec{k}$
(d) $\vec{r} \approx 0{,}284\vec{i} - 0{,}959\vec{j} + 10\vec{k} + (t - 5)(0{,}959\vec{i} + 0{,}284\vec{j} + 2\vec{k})$.

25 $\vec{r}(t) = 22{,}1t\vec{i} + 66{,}4t\vec{j} + (442{,}7t - 4{,}9t^2)\vec{k}$

27 (a) $x(t) = 5\,\text{sen}\,t,\ y(t) = 5\cos t,\ z(t) = 8$
(b) $\vec{v} = -5\vec{j}, \vec{a} = -5\vec{i}$
(c) $x_{tt}(t) = y_{tt}(t) = 0$, $z_{tt}(t) = -g$, $x_t(0) = z_t(0) = 0$, $y_t(0) = -5, x_t(0) = 5$, $y_t(0) = 0, z_t(0) = 8$

29 (a) C, E.
(b) $E, C.$.
(c) Sim, quando o raio de luz é tangente à linha da praia.
(d) A rapidez não é definida nos cantos

31 $-(2t + 4t^3)/(1 + t^2 + t^4)^2$

Seção 6.3

1 Um disco horizontal de raio 5 no plano $z = 7$.

3 Um cilindro de raio 5 em torno do eixo-z, $0 < z \le 7$.

5 Um cone de altura e raio 5

7 Cilindro, seção elítica

9 $x = a\cos\theta,\ y = a\,\text{sen}\,\theta,\ z = z$

11 $x = u,\ y = v,\ z = 2u + v - 1$

13 Não

15 Círculo horizontal

17 $x = 5\,\text{sen}\,\phi\cos\theta$, $y = 5\,\text{sen}\,\phi\,\text{sen}\,\theta$, $z = 5\cos\phi$

19 $x = a + d\,\text{sen}\,\phi\cos\theta, y = b + d\,\text{sen}\,\phi\,\text{sen}\,\theta,\ z = c + d\cos\phi$ para $0 \le \phi \le \pi$ e $0 \le \theta \le 2\pi$.

21 se $\theta < \pi$, então $(\theta + \pi, \pi/4)$ se $\theta \ge \pi$, então $(\theta - \pi, \pi/4)$

23 $x = u\cos v,\ y = u\,\text{sen}\,v,\ z = u$ para $0 \le v \le 2\pi$

25 (a) $x = r\cos\theta$, $0 \le r \le a$, $y = r\,\text{sen}\,\theta$, $0 \le \theta < 2\pi$, $z = \frac{hr}{a}$
(b) $x = \frac{az}{h}\cos\theta$, $0 \le z \le h$, $y = \frac{az}{h}\,\text{sen}\,\theta$, $0 \le \theta < 2\pi$, $z = z$

27 $x = ((\frac{z}{10})^2 + 1)\cos\theta$, $y = ((\frac{z}{10})^2 + 1)\,\text{sen}\,\theta$, $z = z$, $0 \le \theta \le 2\pi$, $0 \le z \le 10$.

29 (a) $z = (x^2/2) + (y^2/2)$, $0 \le x + y \le 2$, $0 \le x - y \le 2$

31 (a) $x^2 + y^2 + z^2 = 1$, $x, y, z \ge 0$.

33 $\vec{r}(t) = x_0\vec{i} + y_0\vec{j} + z_0\vec{k} + a\cos t\vec{u} + a\,\text{sen}\,t\vec{v}$

35 (a) $x = \left(\cos\left(\frac{\pi}{3}t\right) + 3\right)\cos\theta$, $y = \left(\cos\left(\frac{\pi}{3}t\right) + 3\right)\text{sen}\,\theta$, $z = t\quad 0 \le \theta \le 2\pi, 0 \le t \le 48$
(b) 456π in.^{3}

Seção 6.4

1 Círculo: $(x-2)^2+(y-2)^2=1$

3 Parábola: $y=(x-2)^2$, $1 \leq x \leq 3$

5 Implícita: $x^2-2x+y^2=0, y<0$, Explícita: $y=-\sqrt{-x^2+2x}$, Paramétrica: $x=1+\cos t, y=\operatorname{sen} t$, com $\pi \leq t \leq 2\pi$

7 $x+2y=0$

11 (a) $z=1{,}054217$
(b) $m(x,y,z) \approx 0+6x-7(y-1)-4(z-1)$, $f_2(0{,}01, 0{,}98) \approx 1{,}05$
(c) $\partial f_2/\partial x$ em $(0,1)$ é $3/2$, $\partial f_2/\partial y$ em $(0,1)$ é $-7/4$

13 (a) Gráfico tangente ao plano
(b) $z \approx 7-(2/5)(x-3)-(4/5)(y-5)$

15 (a) $S=\ln(a^a(1-a)^{(1-a)})+\ln b-a\ln p_1-(1-a)\ln p_2$
(b) $b=\frac{e^c p_1^a p_2^{(1-a)}}{a^a(1-a)^{(1-a)}}$

Seção 6.5

1 250.000 stadia ou 46.000 km

5 Nem sempre fechada

Capítulo 6 - Revisão

1 $x=t, y=5$

3 $x=4+4\operatorname{sen} t, y=4-4\cos t$

5 $x=2-t, y=-1+3t, z=4+t$.

7 $x=1+2t, y=1-3t, z=1+5t$.

9 $x=3\cos t$
$y=5$
$z=-3\operatorname{sen} t$

11 (a) $(I)=C_4, (II)=C_1, (III)=C_2, (IV)=C_6$
(b) $C_3: 0{,}5\cos t\vec{i}-0{,}5\operatorname{sen} t\vec{j}$, $C_5: -2\cos(\frac{t}{2})\vec{i}-2\operatorname{sen}(\frac{t}{2})\vec{j}$

13 (a) Na direção dada 'en by pelo vetor: $\vec{i}$ - $\vec{j}$
(b) Direção dadas pelos init vetores unitários: $\frac{1}{\sqrt{2}}\vec{i}+\frac{1}{\sqrt{2}}\vec{j}$ $-\frac{1}{\sqrt{2}}\vec{i}-\frac{1}{\sqrt{2}}\vec{j}$
(c) -4

15 Equação da reta:
$x=1+2t$
$y=2+3t$
$z=3+4t$
Menor distância $\sqrt{174}/29$

17 A equação de curva é $x=1-2y^2, -1 \leq y \leq 1$.

19 (a) $(2,3,0)$
(b) 2
(c) Não, não sobre a linha

21 (a) $x=(V\cos A)\cdot t-15$
$y=-16t^2+(V\operatorname{sen} A)t+6$
(c) $A \approx 52°$

23 (a) $(x,y)=(t,1)$
(b) $(x,y)=(t+\cos t, 1-\operatorname{sen} t)$

25 $x=2-2s-2t$,
$y=3-3s-0{,}5t$,
$z=-1{,}6+3{,}6s+1{,}6t$

29 (a) $a=0{,}0893, b=4{,}48$
(b) $a=0{,}427, b=8{,}26$
(c) $a=1{,}43, b=21{,}4$

31 (a) espalhados
(b) espalhados
(c) comprimidos
(d) seja $c<0$

Seção 7.1

1 (a) IV
(b) III
(c) I
(d) II

9 $\vec{V}=-y\vec{i}$

11 $\vec{V}=-x\vec{i}-y\vec{j}=-\vec{r}$

13 $\vec{V}=-y\vec{i}+x\vec{j}$

15 $\vec{F}(x,y)=x\vec{i}$ (por exemplo)

17 $\vec{F}(x,y)=\dfrac{y\vec{i}-x\vec{j}}{\sqrt{x^2+y^2}}$ (por exemplo)

Seção 7.2

1 $y=$ constante

3 $y=-\frac{2}{3}x+c$

9 (a) III
(b) I
(c) II
(d) V
(e) VI
(f) IV

Capítulo 7 – Revisão

1 (b) (i) sim
(ii) não
(iii) sim
(iv) não

5 (a) $\frac{1}{x^2+y^2+z^2}$
(b) $\frac{1}{\sqrt{x^2+y^2+z^2}}$
(c) $\frac{x}{\sqrt{x^2+y^2+z^2}}\vec{i}+\frac{y}{\sqrt{x^2+y^2+z^2}}\vec{j}+\frac{z}{\sqrt{x^2+y^y+z^2}}\vec{k}$
(d) $\frac{-x}{\sqrt{x^+y^2+z^2}}\vec{i}+\frac{-y}{\sqrt{x^2+y^2+z^2}}\vec{j}+\frac{-z}{\sqrt{x^2+y^y+z^2}}\vec{k}$
(e) $\frac{\cos t}{2\sqrt{2}}\vec{i}+\frac{\operatorname{sen} t}{2\sqrt{2}}\vec{j}+\frac{1}{2\sqrt{2}}\vec{k}$
(f) $\frac{1}{\sqrt{2}}$

Seção 8.1

1 Positivo

3 Positivo

5 $\int_{C_3}\vec{F}\cdot d\vec{r} < \int_{C_1}\vec{F}\cdot d\vec{r} < \int_{C_2}\vec{F}\cdot d\vec{r}$

7 Positivo

9 0

11 0

13 16

15 32

19 C_1, C_2

21 (a) Vários valores
(b) Vários valores

23 (a) Vários valores
(b) Vários valores

27 $-GMm/8000$

Seção 8.2

1 116,28

3 82/3

5 e^2-e

7 85,32

9 24π

11 $C_1: (t, \sqrt{2t-t^2})$, $0 \leq t \leq 2$
$C_2: (t, -2(t-1)^2)$, $-1 \leq t \leq 2$
$C_3: (t, \operatorname{sen} t)$, $-2\pi \leq t \leq -\pi$

13 (a) 11/6
(b) 7/6

Seção 8.3

3 Sim,

5 Não

7 9/2

9 $\frac{3}{\sqrt{2}} \ln(\frac{3}{\sqrt{2}} + 1)$

11 (a) e
(b) e

13 (b) Não

19 (a) $\pi/2$
(b) Não

21 (a) Cresce

Seção 8.4

3 $f(x, y) = x^2y + 2y^4 + K$
K = constante

5 Não

7 Sim, $f = x^2y^3 + xy + C$

9 Sim, $f = \ln A \mid xyz \mid$ onde A é uma constante positiva

11 (b) $-\pi$

13 πab

15 $3/2$

Seção 8.5

1 $x = -1 + r\cos\theta$,
$y = 2 + r\,\text{sen}\,\theta$,
$2 \le r \le 3, 0 \le \theta \le 2\pi$

3 $x = s$,
$y = tg(s) + (1-t)f(s)$,
$a \le s \le b, 0 \le t \le 1$

Capítulo 8 – Revisão

1 (a) Negativo
(b) C_1: Positivo
C_2, C_4: Zero
C_3: Negativo
(c) Negativo

3 2

5 12

7 Falso

9 Verdadeiro

11 −58

15 (a) $\omega = 3000$ rad/hr
$K = 3 \cdot 10^7$ m²·rad/hr
(c) $r < 100$ m, a circulação é $2\omega\pi r^2$
$r \ge 100$ m, a circulação é $2K\pi$

17 (b) Circular
(c) Não

Seção 9.1

1 (a) Positivo
(b) Negativo
(c) Zero
(d) Zero
(e) Zero

3 (a) Zero
(b) Zero
(c) Zero
(d) Negativo
(e) Zero

5 (a) 5
(b) 4
(c) 11
(d) 9

7 (a) Zero
(b) Zero

9 Zero

11 8π

13 Zero

15 (a) Zero
(b) Zero

17 (b) $4\pi\lambda h$

21 (a) Rapidez máxima
(b) 0
(c) $\pi u a^2/2$

Seção 9.2

1 6

3 $\pi/2$

5 $7/3$

7 $\pi\,\text{sen}\,25$

9 1296π

11 $-81\pi/4$

13 12π

15 $625\pi/2$

17 (b) (i) $\lim_{H\to 0} \int_S \vec{E} \cdot d\vec{A} = 0$
$\lim_{H\to\infty} \int_S \vec{E} \cdot d\vec{A} = 4\pi q$
(ii) $\lim_{R\to 0} \int_S \vec{E} \cdot d\vec{A} = 4\pi q$
$\lim_{R\to\infty} \int_S \vec{E} \cdot d\vec{A} = 0$

19 $11\pi/2$

Seção 9.3

1 4/3

3 195

5 $-\pi R^7/28$

7 $2\pi c(a^2 + b^2)$

Capítulo 9 – Revisão

5 4

7 1,5

9 12

11 $-8(1 + e^{-1})$

13 24π

15 $(\pi/6) - 1/3$

19 (b) 0
(c) $Ih \ln|b/a|/2\pi$

Seção 10.1

5 0

7 0

9 $2/\|\vec{r} - \vec{r}_0\|$

13 0

15 $\vec{b} \cdot (\vec{a} \times \vec{r})$

17 (a) Positivo
(b) Zero
(c) Negativo

19 (a) 0

21 (a) Fluxo = c^3
(b) 1
(c) 1

23 (a) $2\pi c^3$
(b) 2
(c) 2

25 (a) 0
(b) Não definido

Seção 10.2

1 24

3 Zero

5 $\int_{S_2} \vec{F} \cdot d\vec{A} = 8$

9 (a) 0
(b) 4π

11 $\int_S \vec{F} \cdot d\vec{A} = \int_R \text{div}\,\vec{F}\, dV = 0$

15 (a) 30 watts/km³
(b) $\alpha = 10$ watts/km³
(d) 6847°C

Seção 10.3

1 $4y\vec{k}$

3 $\vec{0}$

5 $4x\vec{i} - 5y\vec{j} + z\vec{k}$

7 $(2x^3yz + 6x^7y^5 - xy)\vec{i} + (-3x^2y^2z - 7x^6y^6 + y)\vec{j} + (yz - z)\vec{k}$

9 rot $(F_1(x)\vec{i} + F_2(y)\vec{j} + F_3(z)\vec{k}) = 0$

11 (a) Rotacional zero
(b) Rotacional não nulo
(c) rotacional não nulo

19 (c), (d), (f)

21 $C_2, C_3, C_4, C_6,$

23 $\nabla\phi + (\vec{F} - \nabla\phi)$

25 $\vec{F} = (-\frac{3}{2}z - 2y)\vec{i} + (2x - z)\vec{j} + (y + \frac{3}{2}x)\vec{k}$

Seção 10.4

1 Não

3 (a) -200π
(b) 0

5 π

13 (a) Nada pode se dizer
(b) 0

15 (a) $-2\pi a^2$
(b) $2\pi a^2$
(c) As orientações não são relacionadas

17 -2π

Seção 10.5

1 Sim

7 Sim
$(-xy + 5yz)\vec{i} + (2xy + xz^2)\vec{k}$.

9 (a) Sim
(b) Sim
(c) Sim

11 (a) rot $\vec{E} = \vec{0}$
(b) 3 espaço menos um ponto se $p > 0$
3 - espaço se $p \leq 0$.
(c) Satisfaz ao critério para todo p
$\phi(r) = r^{2-p}$ se $p \neq 2$.
$\phi(r) = \ln r$ se $p = 2$.

15 $\vec{r} = (1 - s)\vec{r}(t) + s\vec{r}_0$
$a \leq t \leq b$

Seção 10.6

5 (b) 54

Capítulo 10 – Revisão

1 div $\vec{v} = -6$

5 $\pi b^2 h/3$

7 div $\vec{F} = 3$

9 Verdade

11 Verdade

13 Verdade

15 Falso

17 div $\vec{E}(P) \leq 0$, div $\vec{E}(Q) \geq 0$.

23 (b) $\vec{v}(x) = (55 - x/50)\vec{i}$ mph
se $0 \leq x < 2000$
$\vec{v}(x) = 15\vec{i}$ mph
se $2000 \leq x < 7000$
$\vec{v}(x) = (15 + (x-7000)/25)\vec{i}$ mph
se $7000 \leq x < 8000$
$\vec{v}(x) = 55\vec{i}$ mph
se $x \geq 8000$

(c) div $\vec{v}(1000) = -1/50$
div $\vec{v}(5000) = 0$
div $\vec{v}(7500) = 1/25$
div $\vec{v}(10{,}000) = 0$
mph/ft

25 (a) $\vec{v} = (1 + \frac{y^2-x^2}{(x^2+y^2)^2})\vec{i} + \frac{-2xy}{(x^2+y^2)^2}\vec{j}$

Apêndice D

1 $(1/3)x^3 + x^2 + \ln|x| + C$, C uma constante.

3 $\ln|t| - 4/t - 2/t^2 + C$, C uma constante.

5 $(1/2)\,\text{sen}\,2t + C$, C uma constante.

7 $-\ln|\cos\theta| + C$, C uma constante.

9 $(1/2)e^{t^2+1} + C$, C uma constante.

11 $(1/2)\tan^{-1} 2z + C$, C uma constante.

13 $(-1/20)\cos^4 5\theta + C$, C uma constante

15 $(1/3)(\ln x)^3 + C$, C uma constante.

17 $xe^x - e^x + C$, C uma constante.

19 $(1/2)x^2 \ln x - (1/4)x^2 + C$, C uma constante.

21 $(1/142)(10^{71} - 2^{71})$

23 $-11e^{-10} + 1$

25 $2e(e - 1) \approx 9{,}34$.

27 b) Máximo em julho de 1993
Mínimo em janeiro de 1994
c) Crescimento mais rápido em maio de 1993
Decrescimento mais rápido em outubro de 1993

29 (a) $\sum_{i=1}^{N} \rho(x_i)\Delta x$
(b) 16 gramas

31 (a) 3 milhas
(b) 282,743

33 (a) $\sum_{i=0}^{N-1} 4\pi(r_e + h_i)^2 \times 1{,}28e^{-0{,}000124h_i}\Delta h$
(b) $6{,}48 \times 10^{16}$

35 (a) $\sum_{i=1}^{N} \pi\frac{9x_i}{4}\Delta x$
(b) 18π

37 2267,32 pés cubicos

Apêndice F

5 (b) cerca de $\frac{3}{4}$

7 (a) $p(x) = \frac{e^{-\frac{1}{2}\left(\frac{x-100}{15}\right)^2}}{15\sqrt{2\pi}}$
(b) 6,7% da população

Apêndice G

1 (1,0)

3 $(-2, 0)$

5 $(\frac{5\sqrt{3}}{2}, -\frac{5}{2})$

7 (cos 1, sen 1)

9 $(2, \pi/2)$

11 $(\sqrt{2}, 3\pi/4)$

13 $(0{,}28, 7\pi/4)$

15 $(3{,}16, 2{,}82)$

ÍNDICE

Aberta, região 112
Aceleração 41, 164 - 165
  movimento circular 165
  movimento linear 164
  vetor 164 - 165
    componentes do, 165
    definição como limite do 165
Adição de vetores 35
  componentes 36
  propriedades 41
  visão geométrica 34
Ampère, lei de 203
Aproximação
  linear 64
  quadrática 89 - 92
Área
  do paralelogramo 51
  vetor 225
    de paralelogramo 232
Aristóteles 179
Arquimedes, princípio de 249
Árvore, diagramas de 79
Boltzmann, constante de 282
Cadeia, regra da 78 - 81
  diagrama de árvore para 79
Calor, equação de 85
Caminho, campo de vetores dependente de 214 - 216
  campo de vetores independente de 209 - 211
  campo gradiente 209
  circulação e 209
  definição de 209
Campo
  elétrico 231, 245
  força 188
  gravitacional 189, 249
  magnético 203, 229, 267
Cartesianas, coordenadas
  conversão a cilíndricas 144
  esféricas 144
  polares 282
  tridimensionais 5
Catálogo de superfícies 27
Central, campo de vetores 223
Centrípeto, movimento 181
Centro de gravidade 137, 147
Cilíndricas, coordenadas 143 - 145
  conversão a cartesianas 144
  elemento de volume 143
  integração em 143
  volume e 143, 145
Cilindro
  parabólico 28
  parametrização 169
Circulação 200
  Campo dependente do caminho e 214, 215
  densidade 249
  superfície, em torno de 255
Cobb-Douglas, função de produção de 17
  diagrama de contornos de 17
  fórmula para 17
  retorno em escala 21
Componentes de vetor 36, 37
Cone 27
  parametrização de 171
Conjunto (unida)
  função de custo 120
  função densidade 147
  dependência e 149
  independência e 149
Conservação da energia 213
Conservativo, campo de vetores 209
Constante gravitacional 189
Consumo de carne 2
Consumo, vetor de 42
Continuidade 29
Contorno, linha de 13
Contornos, diagrama de 13 - 17
  Cobb-Douglas 17
  densidade e 125
  derivada parcial e 58
  fórmula algébrica 15
  função linear 23
  olhar 1
  ponto crítico
máximo local 103
    mínimo local 105
    ponto de sela 16, 104
  tabela e 16
Coordenadas
  cartesianas no 3-espaço 5
  cilíndricas 143 - 144
  esféricas 144 - 146
  espaço-tempo 42
  polares 282
Coordenado
  eixo 5
  plano 6
Copérnico179
Corda de violão, vibrante 62
Correlação, coeficiente de 110
Corrente
  através de superfície 225
  calor 85
  circulante 201
  com circulação zero 200
  fluido 187
  fluxo e 226
Correnteza, linhas de
  definição de 192
  método de Euler 193
  solução numérica 193
Crítico, ponto 103
  classificação 106
  como achar 103
  discriminante e 106
  máximo local 102
diagramas de contornos de 104
  mínimo local 102
    diagrama de contornos de 105
    gráfico de 104
  ponto de sela 104
    diagrama de contornos de 104
    gráfico de 104
  segunda derivada, critério da 10
Curva
  comprimento de 166
  de nível 15
    gráfico e 15
  fechada 200
  lisa por partes 198
  orientada 197
  parametrização 158 - 160
  parâmetro 172
  representação
    explícita 175
    implícita 175
    paramétrica 175
Dependente, variável 1
Densidade
  função de duas variáveis 125, 128
  integral definida e 125
Densidade, função de 278
  conjunta 148
    dependência e 149
    independência e 149
  distribuição normal 151
  duas variáveis 147, 148
    probabilidade e 148
  propriedades da 277
  uma variável 272, 276
Derivada
  direcional 68 - 77
  ordinária 57
  parcial 56
  parcial de segunda ordem 82
Derivada parcial 56
  cálculo
    algébrico 61
    graficamente 58
  definição de, 57
  derivadas direcionais 68
  diagrama de contorno e 58
  diferenciabilidade 93, 95
  gráfico, e 58
  interpretação de, 59
  notação alternativa, 57
  quociente de diferenças, e 56
  segunda ordem, 82
  taxa de variação, e 57
Deslocamento, vetor de 34 - 38
Determinante 270
  área e 51
  produto vetorial 271
  volume e 51
Diferenças, quociente de
  derivada parcial e 56
Diferenciabilidade 99
  e derivadas parciais 95, 96
Diferencial 66 - 67
  cálculo de 66

linearidade local e 66
notação 66
Diferencial, equação, parcial 85 - 88
calor, equação do 85
condição de fronteira 86
difusão, equação de 85
onda, equação de
representação de 87
unidimensional 88
viajante 86
Difusão, equação de 85
Dipolo 195, 234, 239, 243
Direção, co-seno de 38, 54
Direcional, derivada 68 - 72
cálculo de 69
definição de 69
e derivadas parciais 69
e vetor gradiente 70
exemplo 71
Discriminante 105, 106
Distância, fórmula da
no 2-espaço 7
no 3-espaço 6
Divergência 204 - 244
coordenadas cartesianas 241
definição de 240
livre de 242, 247
notação alternativa 244
rotacional e 259
Divergência de campo de vetores
critério para campo rotacional 259
Divergência, teorema da 246 - 248, 259
prova do 261 - 264
Divergente, ver Divergência
Eixos
coordenados 5
Elétrico, campo 231, 245
Energia
conservação da 214
potencial 209
Entropia, função de 123
Eratóstenes 179, 182
Escalar, multiplicação por
definição 35
integral de linha e 201
propriedades 41
Escalar, produto 43
definição de 44
equação do plano e 45
propriedades do 44
Esfera
equação para 7
parametrização 170
Esféricas, coordenadas 143 - 146
conversão a cartesianas 144
elemento de volume 145
integração em 145
parametrização da esfera 170
Espaço-tempo, coordenadas 42
Estado, equação de 66
Estereográfica, projeção 185
Euler, método de 193
Explícita, representação, de curva 175
Extremo 102
em região fechada e limitada 111
global 112
local 112
Fator vento 5
Fechada, região 111
Fermat, princípio de 123
Fluxo, integral de 224 - 237
através de superfície 225
definição de 226
orientação 224
teorema da divergência e 246
vetor de área e 225
Força
gravitacional 41
vetor 41
Fronteira (Bordo)
condição de 86
de região 112
de região sólida 246
de superfície 255
ponto de 112
Função
Cobb-Douglas 17
composta 78
contínua 29, 30
num ponto 29
custo conjunto
descontínua 29
densidade 277
duas variáveis 148
uma variável 276
diferencial de 66
diferenciável
duas variáveis 94 - 96
uma variável 93 - 94
duas variáveis
diagrama de nível de 13
fórmula algébrica 2
gráfico de 8 - 11
superfície 28
fixando uma variável 2 - 4, 10, 25
harmônica 248
lagrangiana 117
limite de 30
linear 21 - 24
notação 1
potencial 210
quadrática 105
gráfico de 105
três variáveis 25 - 27
diagrama de contornos de 25
superfície 28
superfície de nível de 26
tabela de 26
Fundamental, teorema, do Cálculo 272
integral de linha 208, 258
uma variável 208, 272
Galileu 182
Gasto, função de 112
Gauss, lei de 228, 231
Global, aquecimento 82
extremo 108
como achar 111
definição de 102, 108
região fechada e limitada 112
Golfo, corrente do 187
Gradiente
busca por 110
e rotacional 259
Gradiente, vetor 70, 74
campo de 189
duas variáveis 70
exemplos de 71
integral de linha de 208
notação alternativa 70
propriedades de 71
três variáveis 74
Gráfico
área sob 272
derivada parcial e 58
função de duas variáveis 22
no 3-espaço 6
plano 22
simetria circular 10
Grau, função homogênea 82
Gravitacional
campo, representação de 188
constante 190
Green, teorema de 215 - 217
prova do 220 - 221
Harmônica, função 248
Hélice 159
Helmholz, teorema de 254
Hiperbolóide, de duas folhas 27
de uma folha 27
Histograma 276, 277
Homogênea, função 82
Ideal, equação do gás 66
Implícita, representação de curva 175
teorema da função 178
Independente, variável 1
Índice de capacitação 151
Inércia, momento de 138, 147
Instantânea, taxa de variação 57
velocidade 165
Integração
coordenadas cartesianas 130, 136, 271
coordenadas cilíndricas 143
coordenadas esféricas 145
coordenadas polares 140 - 141
iterada 130
limites de 271
ordem da 132, 134
região não retangular 132 - 134
região retangular 127
tabelas de 274
técnicas de 274
uma variável 271
Integral

tabelas de 274
Integral definida, duas variáveis 125 - 128
coordenadas polares 138 - 139
definição de 126, 127
interpretação
área 128
função densidade 128
valor médio 128
volume 128
método Monte Carlo 139
mudança de variáveis 164
Integral definida, uma variável 271 - 272
diagrama de 271, 272
definição de 271
interpretação
área 272
função densidade 272
valor médio 272
método Monte Carlo 139
Teorema fundamental de cálculo e 272
Integral definida, tripla 135 - 137, 143 - 146
coordenadas cilíndricas 143 - 146
coordenadas esféricas 144 - 146
mudança de variáveis 154
Integrando 271
Interior
de região 112
ponto 112
Interseção
de curva e superfície 159
de reta e plano 186
Irrotacional, campo de vetores 252
Isotérmicas 1
Iterada, integral 130
integral dupla e 130
integral tripla e 136
limites variáveis 133
região não retangular 132 - 134
visão gráfica 131
Jacobiano 153
Kepler, leis de 41, 179
Lagrange, multiplicador 116
otimização vinculada 116
significado de 117
Lagrangiana, função 118
Laplace, equação de 88
Lei
da gravitação 189
de Ampère 203
de Gauss 231
de Kepler 179
de Newton 85, 180
de Snell, da refração 123
do movimento 180
do movimento planetário 179
dos co-senos 44
Limite 29
Linear, aproximação
limite de erro para 91
Linear, função 10, 21 - 24
diagrama de contornos de 23
duas variáveis 22
equação para 22
tabela de 23
visão numérica 22
Linearização local 63
diferencial e 66
função de duas variáveis 64, 65
função de uma variável 269
funções de três ou mais variáveis 66
tabela 65
Linha de correnteza 192
Linha, integral de 197 - 201
cálculo 203 - 206
circulação 200
conversão a integral em uma variável 203
definição de 197
interpretação de 199
notação para 206
propriedades de 201
significado de 198
teorema fundamental de 208
teorema fundamental do Cálculo 258
vetor gradiente e 208
Lisa por partes, curva 198
Lissajous, figura 159 - 160
Local, extremo
como achar 103, 106
definição de 102
procura por gradiente 103, 106
Lucro, maximização 108
Macaco, sela de 107
Magnético, campo 203, 229, 243, 267
Mão direita,
eixos 5
regra 49, 50, 250, 251
soma 271
Mão esquerda, soma 271
Média 208 - 280
Mediana 278 - 279
Médio, valor, de função
de duas variáveis 128
de uma variável 272
Metal, placa aquecida de 56
Milho, produção 14m 78
Mínimos quadrados 109
Monte Carlo, método de 138 - 139
Mudança de
parâmetro 158
variável 152 - 154
Newton
lei da gravitação 41, 189
lei do resfriamento 85
leis do movimento 180
segunda lei de Kepler e 181
Nível, conjuntos de 13
curva de 13
gráfico e 15
superfícies de 26, 28
Normal, distribuição 280
e desvio padrão 281
Onda 2
equação de 87
Orientação
curva 199
superfície 224
Origem 6
Ortogonal, vetor 45
Otimização
com vínculo 114 - 119
sem vínculo 108 - 111
Otimização com vínculo 114 - 119
desigualdades 117
função lagrangiana 118
multiplicadores de Lagrange 114
solução analítica 115
Padrão, desvio 280
de distribuição normal 280
Parabólico, cilindro 11, 28
Parametrização 157 - 173
curva 159 - 160, 175
complicada 159
gráfico de função 159
mudança 158
independência de 206
integral de linha e 203, 206
plano 169
reta no 3-espaço 162
superfície 169 - 173
coordenadas cilíndricas 171
coordenadas esféricas 170
de revolução 171
tridimensional 160
usando vetor de posição 162
Parâmetro
curva 172
mudança 158
retângulo 174
Perpendicular, vetor 45
Pitágoras, teorema de 7
Plano 22, 28
coordenado 7
diagrama de contornos de 23
equação de 22, 45, 51
parametrização de 169
pontos sobre 22
tangente 64
Polar, coordenadas 282
cilíndricas 143 - 146
conversão a cartesianas 282 - 283
elemento de área 140
esféricas 144 - 147
integração em 140 - 141
Ponto
de fronteira 112
interior 112
Pontual
fonte 245
poço 246
População, vetor de 42
Posição, vetor de 37, 170, 188
Positiva, corrente 224
Potencial
energia 209
função 210
vetorial 256
Preço, vetor de 43
Probabilidade 147, 276
condicional 150

função densidade e 150, 277
histograma 147, 276
variáveis independentes 150
Produção, função de
Cobb-Douglas 17
fórmula geral 17
Produto vetorial 49 - 52
componentes 271
diagrama de 50
definição de 49
determinante de 51
equação do plano e 51
propriedades 50
Projeção estereográfica 185
Propriedades de
adição e multiplicação por escalar 41 - 42
campo de vetores 214
integral de linha 200
produto escalar 41
produto vetorial 51
vetor gradiente 71
Quadrática, aproximação 89 - 92
função 105
critério da segunda derivada e 105
discriminante 105
gráfico de 105
limitação de erro para 92
Rankine, modelo de 223
Raposas, população 125, 131
Região
aberta 112
fechada 111
limitada 111
Regressão, reta de 110
Reta
contorno 14
equação paramétrica para 160, 163
mínimos quadrados 110
regressão 110
Retorno em escala 21
Riemann, soma de
duas variáveis 126, 131
três variáveis 135
uma variável 271
Rotacional
campo 256
critério para campo gradiente 259
definição de 251
e divergência 259, 260
e gradiente 259
em coordenadas cartesianas 251
escalar 215
fórmula para 251
livre de 256
medida 250
notação para 251
Rotacional, critério do
no 2-espaço 217
no 3-espaço 218
Segunda ordem, derivada, critério da 105, 106
Segunda ordem, derivada parcial 82
interpretação da 83
Segundo grau, expansão de Taylor de 90
Sela 10
de macaco 107
diagrama de contornos para 105
gráfico de 104
ponto de 104
Simpson, regra de 140
Solenoidal, campo de vetores 242
Soma, Reimann 271
Stokes, teorema de 255 - 257
prova do 264
Subtração de vetores 35
por componentes 35
visão geométrica 35
Superfície
Bordo de 255
cilíndrica 28
de revolução 172
fechada 246
forma de sela 10
função de duas variáveis 25
função de três variáveis 25
nível 25
orientação 224
parametrização 170 - 174
Superfícies, catálogo de 27
Tabela,
diagrama de contornos e 17
função de duas variáveis 2
função de três variáveis 25
função linear 21, 22
leitura de 2
Tabela de integrais 274
Tangente
aproximação 64
plano 64
reta e vetor velocidade 165
Taxas de variação 56 - 57, 68
Taylor, expansão de
primeiro grau 90
segundo grau 90
Tempo, mapa do 1, 4
Teorema
da divergência 246 - 258
de Green 215 - 216
de Helmholz 254
de Pitágoras 7
de Stokes 255, 258
fundamental do Cálculo 208
Trabalho 47, 199
executado por uma força 199
vetor e 47
Utilidade 179
Variável
dependente 1
independente 1
Velocidade
campo vetorial de 187
escalar 42, 165
instantânea 165
vetor 164 - 167
componentes do 164
definição do 164
reta tangente e 165
Velocidade escalar 166
Vetor 34
adição 37
área 53, 225
de paralelogramo 232
componentes 36, 37
comprimento 37
consumo 42
definição geométrica de 34, 44
deslocamento 34 - 38
gradiente 70, 74
multiplicação por escalar 35
n-dimensional 42
normal 45
a curva 71
a plano 45
a superfície 76
notação 36
ortogonal 45
paralelo 36
perpendicular 45
população 42
posição 37
potencial 257
preço 42
produto escalar 43 - 47
produto vetonal 49 - 52
projeção de 46
subtração 38
trabalho 47
unitário 38
velocidade 39, 164 - 167
reta tangente e 165
zero 37
Vetores, campo de 187 - 190
central 223
conservativo 209
corrente 192
curva integral 192
definição de 188
divergência 240 - 244
gradiente 190, 208
independente do caminho 209
irrotacional 252 - 253
livre de divergência 242
livre de rotacional 252 - 253
propriedades de 212
rotacional de 250 - 252
solenoidal 242
Vibrante, corda de violão 62
Volume 129, 144
de paralelepípedo 51
elemento de 135
cilindro 143
esférico 145
Vórtice, livre de 223, 268
x-seção 10
y-seção 10
Zero, vetor 37